基础数学与生活

（第 7 版）

Mathematics All Around, Seventh Edition

[美] Thomas L. Pirnot　Margaret H. Moore 著

李玉龙　李峻巍 译

電子工業出版社

Publishing House of Electronics Industry

北京 • BEIJING

内 容 简 介

本书是基础数学领域的畅销书籍之一，全书以通俗易懂的文字和图表，结合日常生活中的大量实例，系统地介绍了数学各领域的重要基础知识，深入浅出地探讨了常见概念、原理、方法和应用。全书共 14 章，主要内容包括问题求解、集合论、逻辑、图论（网络）、数系、数论和实数系、代数模型、消费者数学、几何、分配、投票、计数、概率以及描述性统计等。全书强调直觉思维和可视化，以帮助读者理解相关知识并强化记忆为目标，以基本概念、例题和练习题为主线，适当引入了历史回顾、运用技术和生活中的数学等知识点，适时采用了要点、解题策略、建议、自我测试、本章复习题和本章测试等辅助手段。

本书的主要读者对象是中等学校、高等学校文科类专业的学生，也可以是对数学感兴趣的中学生及其他社会公众。

版权贸易合同登记号　图字：01-2022-7099

图书在版编目（CIP）数据

基础数学与生活：第 7 版/（美）托马斯 • L.皮诺特（Thomas L. Pirnot），（美）马格里特 • H.摩尔（Margaret H. Moore）著；李玉龙，李峻巍译. —北京：电子工业出版社，2023.6

书名原文：Mathematics All Around, Seventh Edition

ISBN 978-7-121-45746-3

Ⅰ. ①基… Ⅱ. ①托… ②马… ③李… ④李… Ⅲ.①数学－普及读物 Ⅳ. ①O1-49

中国国家版本馆 CIP 数据核字（2023）第 103955 号

审图号：GS 京（2023）1123 号（本书插图系原文原图）

责任编辑：谭海平

印　　刷：三河市鑫金马印装有限公司

装　　订：三河市鑫金马印装有限公司

出版发行：电子工业出版社

北京市海淀区万寿路 173 信箱　　邮编：100036

开　　本：787×1092　1/16　　印张：39.75　　字数：1121 千字

版　　次：2023 年 6 月第 1 版（原著第 7 版）

印　　次：2024 年 9 月第 6 次印刷

定　　价：139.00 元

凡所购买电子工业出版社图书有缺损问题，请向购买书店调换。若书店售缺，请与本社发行部联系，联系及邮购电话：（010）88254888，88258888。

质量投诉请发邮件至 zlts@phei.com.cn，盗版侵权举报请发邮件至 dbqq@phei.com.cn。

本书咨询联系方式：（010）88254552，tan02@phei.com.cn。

译 者 序

数学是一门古老而重要的学科，时刻伴随在每个人左右。俗话说“学好数理化，走遍天下都不怕”，数学在其中排在首位，而且占据主导地位。既然这么重要，那就一定要学好，奥数由此逐渐升温且热度不减。我没有机会学习奥数，但却有幸遇到了陈庆昌和李德润两位数学老师，他们的学术水平都非常高且人品极好，传道、授业、解惑令我受益匪浅。不过，虽然学习数学很多年，但却始终有种“只见树木不见森林”的感觉，无法从总体上把握和驾驭数学知识。感谢电子工业出版社的信任和邀约，使我能够承担这样一部国外畅销数学教材的翻译工作，不仅学到了大量数学知识并系统梳理了数学思想，而且能非常荣幸地向广大读者推介数学知识。

这本书是国外经典数学教材，迄今已经发行了 7 个版本，通过简单易懂的语言和形象直观的图表，结合贴近实际生活的大量生动案例，深入浅出地描绘了深奥难懂的数学知识。本书原作者长期从事高校数学教学工作，学识渊博，教学经验丰富，文字表达能力强。对于深奥难懂的数学原理（如复利、分形、盒须图、模糊逻辑和密封投标法等），只要遵循书中的指引进行操作，即可轻松理解而毫不费力。本书详细剖析了各种类型的示例，编写了大量练习题和测试题，很多都与实际生活密切相关，具有一定的现实意义。本书虽然是数学专业书籍，但是内容包罗万象，跨度极大，涵盖了经济、金融、艺术、体育、历史、政治、生物、医学、计算机、建筑和物理等诸多领域，对拓宽读者的知识面和培养系统性思维意义重大。在本书的翻译过程中，我们主要秉承两个原则：一是将原书的内容完整、准确、清晰地传递给读者；二是尽可能符合（但不拘泥于）业界标准、约定和惯常用法。

本书由李玉龙和李峻巍翻译，李玉龙负责统稿。本书内容丰富，涉及面广，专业性强，译者的能力和水平有限，肯定存在一些不当甚至错误之处，敬请广大读者批评指正。若有任何意见和建议，请直接联系电子工业出版社（tan02@phei.com.cn），或者发送电子邮件至780954763@qq.com（李玉龙）。

在本版书籍的翻译过程中，孙哲提供了经济金融知识的指导和帮助，孙景和提供了汽车知识的指导和帮助，张喜慧提供了橄榄球知识的指导和帮助，在此一并表示衷心的感谢！最后，感谢家人的理解、支持与陪伴，希望全球新冠疫情早日结束，人们尽快恢复正常的工作和生活。

李玉龙

序　言

由于内容生动有趣、贴合生活实际、强调解题过程且文笔清晰流畅，本书的各个版本均得到了教师和学生的好评，是当今最受文科学生欢迎的数学教材之一。

当代学生置身于变化万千的世界中，各种信息（正确与错误相混杂）扑面而来，因此要学会判断信息是否正确，因为这关系到自己能否与周边的各种数字信息和谐共存。通过运用高度融合的大量策略和原则，本书旨在为广大读者提供一种解题方法，致力于传达“若要真正学好数学，理解比记忆更重要”的理念。

本书重点强调直觉思维和可视化，帮助学生充分理解相关知识，进而强化记忆。全书通过清晰易读的说明文字，辅之以大量图表和注释，提供了易于理解和掌握的许多有趣主题。

0.1　各章主要内容

本书延续了以往版本的优良传统，即通过相关主题、清晰解读、有用图表和常见注释等方式，强化了例题与练习的知识性、趣味性和可读性。

- 第 1 章通过相关示例，探讨了投资活动的风险、“估计”对理解时事的重要性、血型鉴定、运用演绎推理求解聪明方格游戏、图形失真如何影响有效研究结果等内容。
- 第 2 章强调了集合论在维护政府及企业数据库方面的作用，通过大量实例和练习说明了“集合”的概念，使用树图显示了如何直观地表示集合的子集。
- 第 3 章提供了一些非常有实用价值的练习，如求职者在面试中容易犯的错误、经典谜题中的哈利·波特变化形式等。
- 第 4 章利用图论建立课程计划，解释了埃博拉病毒是如何在西非传播的，并通过一些有趣的示例和练习介绍了社交媒体，调查了蜜蜂表现出来的群体智能，规划了太空移民基地建设。
- 第 5 章解释了如何使用十六进制数来表示智能手机上的颜色，并通过一些示例和练习研究了模算术与通用产品代码之间的关系。
- 第 6 章对大量示例和练习中的真实数据进行了处理和更新，探索了寻找热尔曼素数和梅森素数等大素数问题，利用图表有效地说明了如何近似计算无理数，并且讨论了消费者物价指数、通货膨胀和房价指数。
- 第 7 章讨论了如何提高流媒体的服务性能，对比了互联网广告与电视广告的费用等。
- 第 8 章介绍了金融计算，相关主题包括学生债务的设立启示、当前国防开支与往年的比较、通货膨胀与红牛能量饮料的价格、学生贷款再融资以及信用卡账单上的最低还款额产生的后果。
- 第 9 章讨论了七巧板和十六进制符号，展示了几何学是如何解决“格里蝾螈”问题的，确定了最有效的容器形状，介绍了如何利用在线计算器进行验证计算等。
- 第 10 章解释了分配中的“相对不公平度”概念，讨论了各种分配方法及其缺陷。

- 第 11 章彻底剖析了各种投票方法及其缺陷，并且深入探讨了两种相对较新的投票方法。
- 第 12 章介绍了多种概率，如利用在线应用设计衣柜、在经营摊位订购玉米煎饼的若干方式。
- 第 13 章讨论了掷骰子游戏，对比了因灾难性事件而死亡的概率和强力球彩票中头奖的概率。
- 第 14 章进一步讨论了各种数据类型以及选择适当统计工具的重要性，且更新了大量图表。

0.2 本书的特色

本书的写作风格是“简单易用”，旨在帮助学生更轻松地学习数学知识。首先以对话方式提出问题，然后用简单清晰的各种例题加以说明。在大量视觉手段的帮助下，学生可“看见”正在学习的数学知识。

本书设计了大量相关应用，不仅可激发各类数学讨论场景，而且可增强学生对所学内容的兴趣。每章都包含一个或多个“生活中的数学”框，以将数学与学生的日常学习和生活场景密切联系在一起，使得数学学习变得更简单和更有趣味性。每节均包含若干“自测题”，学生可用其检查自己对所学内容的理解。“历史回顾”讨论了当前主题的历史。

0.3 如何才能学好数学

为了帮助学生更好地学习数学，下面推荐一些可在课前、课中和课后做的事情。

- 课前预习。若能在课堂讨论之前阅读相关材料，学生就能从数学课上获得更多的知识，持之以恒则效果最佳。提前阅读可令授课内容更易于理解。
- 精细阅读。阅读教材时需要记住，数学与其他学科（如历史学、社会学或音乐学）的差异较大。由于数学语言非常精炼，几个符号（或词汇）通常就包含大量信息，因此仔细琢磨所用定义和符号的确切含义有助于学生提高自己对数学知识精髓的理解。
- 总览全貌。数学不仅仅是一系列需要记忆的事实和公式，这一点再怎么强调也不为过。对知识全貌理解得越透彻，对数学的整体理解就越好。
- 强化记忆。虽然记住测试的基本内容比较重要，但是未建立在理解基础上的记忆并不扎实。书中用到了大量图表、类比和例题，可以帮助学生理解数学的专用词汇、方程和解题方法。
- 巧做作业。做练习时，要从标有“强化技能”的练习开始，因此这些练习严格按照各节中主题的顺序排列，可以增强学生对总体学习内容的理解。
- 找个学伴。在测试和考试之前，若能与班中的其他同学一起学习，无疑有助于提升学习效果。实践证明，建立学习小组后，许多学生的成绩得到了明显提升。

0.4 致谢

在培生公司众多员工的支持下，我们终于完成了本书第 7 版的撰写，这是一次非常愉快的合作。感谢内容经理 Brian Fisher 对整个项目的管理与推进，感谢 Jonathan Krebs 对大量细节事项的处理，感谢 Rachel Reeve 和项目执行经理 Heidi Aguiar 对教材制作的监督，感谢 Bob Carroll 对练习及相关内容的管理，感谢 Alicia Wilson 对本书的宣传，感谢 Noelle Saligumba、Vicki

Dreyfus 和 Nicholas Sweeny 制作了大量精美的补充资料。感谢 Alicia Gordon、Nathan Kidwell、Patricia Nelson 和 Christine Verity 在保证书籍规范方面付出的大量努力。

Thomas 感谢妻子 Ann 及孩子 Matt、Tony、Joanna 和 Mike，感谢他们给予的巨大鼓励和支持。Margaret 感谢丈夫 Tim 及孩子 Kevin、Christina、John 和 Julie，感谢他们给予的一如既往的支持。

最后，感谢以往版本的评议者和用户帮助我们持续全面地完善书籍，对于大家提出的许多建议，我们总是非常认真地听取和采纳。

Thomas L. Pirnot, Margaret H. Moore

自测题答案

练习答案

基础数学彩图

目录

CONTENTS

第1章 问题求解 1

1.1 问题求解 1
1.1.1 乔治·波利亚解题法 1
1.1.2 解题策略 2
1.1.3 几个数学原则 7
练习 1.1 11
1.2 归纳推理和演绎推理 14
1.2.1 归纳推理 15
1.2.2 错误的归纳推理 17
1.2.3 演绎推理 18
练习 1.2 20
1.3 估计 23
1.3.1 舍入法 23
1.3.2 相容数字法 23
1.3.3 估计图形数据 24
练习 1.3 27
本章复习题 30
本章测试 31

第2章 集合论 32

2.1 集合语言 32
2.1.1 集合的表示法 32
2.1.2 定义明确的集合 34
2.1.3 元素符号 35
2.1.4 基数 35
练习 2.1 36
2.2 集合比较 39
2.2.1 集合相等 39
2.2.2 等价集合 39
2.2.3 子集 40
2.2.4 维恩图 40
练习 2.2 43
2.3 集合运算 46
2.3.1 并集 46
2.3.2 交集 47
2.3.3 补集 48
2.3.4 差集 49
2.3.5 运算顺序 49
练习 2.3 52
2.4 调查问题 54
2.4.1 命名维恩图 54
2.4.2 调查问题 55
2.4.3 调查问题中的矛盾 58
练习 2.4 59
2.5 深入观察：无限集合 62
2.5.1 无限集合 63
2.5.2 可数集合 63
2.5.3 基数 c 64
练习 2.5 65
本章复习题 65
本章测试 66

第3章 逻辑 68

3.1 命题、联结词和量词 68
3.1.1 命题 68
3.1.2 联结词 69
3.1.3 量词 71
3.1.4 量词的否定 72
练习 3.1 73
3.2 真值表 75
3.2.1 真值表 76
3.2.2 复合命题 77
3.2.3 逻辑等价命题 79
3.2.4 德·摩根定律 80
3.2.5 三值逻辑 82
练习 3.2 83
3.3 条件和双条件 85
3.3.1 条件 85
3.3.2 条件的派生形式 87
3.3.3 条件的替代用语 88
3.3.4 双条件 89
练习 3.3 89
3.4 论证的验证 92
3.4.1 论证的验证 92
3.4.2 无效论证 94
3.4.3 有效论证形式和谬误 95

练习 3.4　96
3.5　用欧拉图验证三段论　99
3.5.1　有效三段论　99
3.5.2　无效三段论　100
练习 3.5　103
3.6　深入观察：模糊逻辑　105
3.6.1　模糊命题　105
3.6.2　模糊联结词　105
3.6.3　模糊决策　107
练习 3.6　108
本章复习题　110
本章测试　111

第 4 章　图论（网络）　112

4.1　图、谜题和地图着色　112
4.1.1　图的术语　112
4.1.2　一笔画　113
4.1.3　欧拉定理　114
4.1.4　弗罗莱算法　117
4.1.5　图的欧拉化　118
4.1.6　地图着色　119
练习 4.1　122
4.2　旅行推销员问题　126
4.2.1　哈密顿路径　127
4.2.2　查找哈密顿回路　127
4.2.3　暴力破解算法　130
4.2.4　最近邻算法　131
4.2.5　最佳边算法　133
练习 4.2　134
4.3　有向图　137
4.3.1　有向图　137
4.3.2　影响力建模　138
4.3.3　疾病建模　140
练习 4.3　141
4.4　深入观察：PERT 图及其应用　144
4.4.1　PERT 图　144
4.4.2　高效日程安排　146
练习 4.4　149
本章复习题　151
本章测试　153

第 5 章　数系　154

5.1　数系的演变　154
5.1.1　埃及数系　154
5.1.2　罗马数系　157
5.1.3　中国数系　159
练习 5.1　160
5.2　位值数系　162
5.2.1　巴比伦数系　163
5.2.2　玛雅数系　164
5.2.3　印度－阿拉伯数系　166
5.2.4　排桨帆船法和奈皮尔乘除器　167
练习 5.2　169
5.3　其他进位基数　171
5.3.1　非十进制　171
5.3.2　非十进制算术运算　174
5.3.3　二进制、八进制和十六进制　178
练习 5.3　179
5.4　深入观察：模数系　181
5.4.1　模 m 数系　181
5.4.2　模 m 数系运算　183
5.4.3　解同余　184
练习 5.4　186
本章复习题　188
本章测试　188

第 6 章　数论和实数系　190

6.1　数论　190
6.1.1　素数　190
6.1.2　整除性检验方法和因数分解　192
6.1.3　最大公约数和最小公倍数　194
6.1.4　最大公约数和最小公倍数的应用　197
练习 6.1　198
6.2　整数　200
6.2.1　整数的加减　201
6.2.2　整数的乘除　202
练习 6.2　204
6.3　有理数　206
6.3.1　有理数相等　206
6.3.2　有理数的加减　208
6.3.3　有理数的乘除　209
6.3.4　带分数　211
6.3.5　循环小数　212
练习 6.3　214
6.4　实数系　216
6.4.1　无理数　217
6.4.2　根式计算　219
6.4.3　实数的应用　219
6.4.4　实数的性质　221

练习 6.4 223
6.5 指数和科学记数法 226
6.5.1 指数 226
6.5.2 科学记数法 228
6.5.3 科学记数法的应用 230
练习 6.5 231
6.6 深入观察：数列 233
6.6.1 等差数列 234
6.6.2 等比数列 236
6.6.3 斐波那契数列 238
练习 6.6 240
本章复习题 242
本章测试 242

第 7 章 代数模型 244

7.1 线性方程 244
7.1.1 解线性方程 244
7.1.2 截点 246
7.1.3 直线的斜截式 249
练习 7.1 250
7.2 线性方程建模 253
7.2.1 一个点和斜率建模 254
7.2.2 两点建模 255
7.2.3 最佳拟合直线 256
练习 7.2 258
7.3 二次方程建模 260
7.3.1 二次公式 261
7.3.2 二次方程作图 262
7.3.3 二次方程建模 263
练习 7.3 265
7.4 指数方程和增长 267
7.4.1 指数增长 267
7.4.2 指数模型 270
7.4.3 逻辑斯蒂模型 273
练习 7.4 275
7.5 比例和变分 277
7.5.1 比和比例 278
7.5.2 捕获一再捕获法 279
7.5.3 变分 279
练习 7.5 282
7.6 线性方程组和不等式组建模 285
7.6.1 线性方程组 285
7.6.2 消元法解方程组 286
7.6.3 方程组建模 289
7.6.4 解线性不等式 291
7.6.5 解不等式组 293
7.6.6 不等式组建模 294
练习 7.6 295
7.7 深入研究：动力系统 299
7.7.1 动力系统 299
7.7.2 平衡值和稳定性 301
练习 7.7 303
本章复习题 304
本章测试 306

第 8 章 消费者数学 308

8.1 百分数、税收和通货膨胀 308
8.1.1 百分数 308
8.1.2 变化百分比 309
8.1.3 百分比等式 310
8.1.4 税收 312
8.1.5 通货膨胀 313
练习 8.1 314
8.2 利息 316
8.2.1 单利 317
8.2.2 复利 318
8.2.3 求复利公式中的未知数 319
练习 8.2 323
8.3 消费贷款 325
8.3.1 附加利息法 326
8.3.2 未付余额法 327
8.3.3 日均余额法 328
8.3.4 利息费用计算方法之比较 330
练习 8.3 330
8.4 年金 333
8.4.1 计算年金 333
8.4.2 累积基金 336
练习 8.4 338
8.5 分期偿还贷款 340
8.5.1 分期偿还 340
8.5.2 分期偿还计划 342
8.5.3 计算年金的现值 343
8.5.4 为贷款再融资 344
练习 8.5 346
8.6 深入观察：年百分率 348
8.6.1 计算年百分率 348
8.6.2 估算年百分率 351
练习 8.6 352
本章复习题 353
本章测试 354

第 9 章　几何　356
9.1　线、角和圆　356
9.1.1　点、线和面　356
9.1.2　角　357
9.1.3　圆　360
练习 9.1　362
9.2　多边形　365
9.2.1　多边形　365
9.2.2　多边形和角　367
9.2.3　相似多边形　369
练习 9.2　371
9.3　周长和面积　375
9.3.1　周长和面积　375
9.3.2　衍生面积公式　375
9.3.3　毕达哥拉斯定理　378
9.3.4　圆　379
练习 9.3　382
9.4　体积和表面积　387
9.4.1　体积　387
9.4.2　圆柱　388
9.4.3　圆锥和球体　391
练习 9.4　392
9.5　公制和量纲分析　395
9.5.1　公制　395
9.5.2　公制单位　396
9.5.3　公制计量之间的关系　396
9.5.4　公制换算　396
9.5.5　量纲分析　398
练习 9.5　402
9.6　对称性和密铺　405
9.6.1　刚体运动　405
9.6.2　对称性　409
9.6.3　密铺　410
练习 9.6　413
9.7　深入观察：分形　416
9.7.1　分形　417
9.7.2　长度和面积　419
9.7.3　维数　420
9.7.4　分形的应用　423
练习 9.7　423
本章复习题　424
本章测试　426

第 10 章　分配　428
10.1　理解分配　428
10.1.1　汉弥尔顿分配法　429
10.1.2　衡量公平性　430
练习 10.1　433
10.2　亨廷顿－希尔分配原则　435
10.2.1　分配准则　435
10.2.2　亨廷顿－希尔法　436
10.2.3　分配风电场联合体董事会成员　437
10.2.4　其他应用　438
10.2.5　亨廷顿－希尔原则的推导　439
练习 10.2　440
10.3　其他悖论和分配法　442
10.3.1　标准除数和标准配额　443
10.3.2　更多分配悖论　445
10.3.3　其他分配法　447
练习 10.3　450
10.4　深入观察：公平分配　453
10.4.1　公平分配　453
10.4.2　密封投标法　454
练习 10.4　457
本章复习题　460
本章测试　461

第 11 章　投票　462
11.1　投票方法　462
11.1.1　相对多数法　462
11.1.2　波达计数法　463
11.1.3　末位淘汰法　465
11.1.4　成对比较法　466
练习 11.1　468
11.2　投票方法的缺陷　471
11.2.1　绝对多数准则　471
11.2.2　孔多塞准则　472
11.2.3　无关因素独立性准则　473
11.2.4　单调性准则　475
练习 11.2　477
11.3　加权投票系统　479
11.3.1　加权投票系统　480
11.3.2　联盟　481
11.3.3　班扎夫权力指数　482
练习 11.3　485
11.4　深入观察：夏普利・舒比克指数　487
11.4.1　排列　487
11.4.2　核心投票者　488
11.4.3　夏普利・舒比克指数　489

练习 11.4　491
本章复习题　493
本章测试　494

第 12 章　计数　496
12.1　计数方法简介　496
12.1.1　系统化计数　496
12.1.2　树图　497
12.1.3　树图可视化　500
练习 12.1　501
12.2　基本计数原理　504
12.2.1　基本计数原理　504
12.2.2　槽位图　505
12.2.3　特殊条件处理　506
练习 12.2　507
12.3　排列组合　510
12.3.1　排列　510
12.3.2　阶乘表示法　512
12.3.3　组合　513
12.3.4　计数方法组合　515
练习 12.3　518
12.4　深入观察：计数和赌博　521
12.4.1　基本计数原理在赌博中的应用　521
12.4.2　计数和扑克牌　522
练习 12.4　524
本章复习题　525
本章测试　525

第 13 章　概率　527
13.1　概率论基础　527
13.1.1　样本空间和事件　527
13.1.2　计数和概率　530
13.1.3　几率　533
13.1.4　概率和遗传学　534
练习 13.1　536
13.2　事件的补集和并集　540
13.2.1　事件的补集　540
13.2.2　事件的并集　541
13.2.3　补集公式和并集公式的组合　543
练习 13.2　544
13.3　条件概率和事件的交集　547
13.3.1　条件概率　547
13.3.2　事件的交集　550
13.3.3　概率树　552
13.3.4　相依事件和独立事件　554
练习 13.3　555
13.4　期望值　558
13.4.1　期望值　559
13.4.2　碰运气游戏的期望值　560
13.4.3　期望值的其他应用　562
练习 13.4　563
13.5　深入观察：二项试验　566
13.5.1　二项概率　566
13.5.2　二项概率的应用　568
练习 13.5　570
本章复习题　571
本章测试　572

第 14 章　描述性统计　574
14.1　数据的组织和可视化　574
14.1.1　总体和样本　574
14.1.2　频数表　575
14.1.3　数据可视化表达　577
14.1.4　茎叶图　580
练习 14.1　581
14.2　集中趋势的测度　585
14.2.1　平均数和中位数　585
14.2.2　五数概括　589
14.2.3　集中趋势的测度对比　591
练习 14.2　592
14.3　离散趋势的测度　596
14.3.1　数据集的极差　597
14.3.2　标准差　597
14.3.3　离散系数　600
练习 14.3　602
14.4　正态分布　605
14.4.1　正态分布　605
14.4.2　z 值　607
14.4.3　原始值转换为 z 值　610
14.4.4　应用　612
练习 14.4　614
14.5　深入观察：线性相关　617
14.5.1　散点图　617
14.5.2　线性相关　617
14.5.3　最佳拟合线　620
练习 14.5　621
本章复习题　622
本章测试　623

第 1 章　问题求解

本书为学生准备了一些虚拟场景，通过利用某些未来的技术，解决数学领域的疑难问题。

在科学技术高度发达的信息化时代，学生的生活和学习都离不开高科技。现在也是 30 年前的大学生所憧憬的未来，他们或许也研修过类似的数学课，但是否能想象当代学生的未来工作场景呢？或者说他们是否能想象到高科技具有如此神奇的强大力量，使得每个人都能在云端与整个世界便捷地沟通与交流？他们是否能想象到处理各类身边及远程问题变得如此轻松自如？

30 年前，学生是否能预见到全球变暖、在线电玩游戏、社交媒体经理职业、视频会议、电动滑板车、巨额学生债务、无人机以及智能机器人？

对学生而言，目前的个性化问题或许多种多样，如决定是否租赁（或购买）教科书、是否在校园里堆肥、电动汽车是否比传统汽车更经济、应该选择什么类型的健康保险等。到了本学期末，希望大家能够找到一种有效的方法来组织自己的课程表。

大学教育不应该只着眼于今天或明天，而要教育学生为漫长而丰富多彩的未来生活做好各种准备，使其能够轻松地面对不可预知的各种变化以及需要解决的诸多问题。系统地阅读本书后，学生不仅可以增强对数学的理解，而且能够明显提升对各种技术及原理的应用能力，进而提高自己分析和解决生活中出现的各种实际问题的能力。

1.1　问题求解

本节的编写目标非常明确，即介绍一些实用技术和原理，帮助读者解决日常生活中的某些个人问题和工作问题，如是买车还是租车？是否应借钱去攻读研究生？如何组织大型班级活动？与书中介绍的问题相比，现实生活中的各类问题往往更复杂，但是若掌握了书中介绍的各种技巧，读者解决问题的能力就会得到切实提高。一定要记住，要成为优秀的问题解决者，就不能急于求成。就像生活中的其他事情那样，练习和实践得越多，问题解决能力就越强。

本节的多数内容基于匈牙利著名数学家乔治·波利亚提出的解题过程（见本节末尾的历史回顾），因此下面首先简要介绍乔治·波利亚解题法。

1.1.1　乔治·波利亚解题法

第 1 步：理解问题。这个建议显而易见，似乎没有必要强调，但是在多年的教学实践过程中，我发现许多学生存在这方面的短板，即在完全理解问题之前就试图解决问题。本书稍后将介绍一些技术，以尽量帮助学生不犯此类严重错误。

第 2 步：拟定计划。建立代数方程，或者绘制几何图形，抑或者运用书中介绍的其他数学方法。由于相同的解决方法并不适用于所有问题，拟定计划时可能需要有一些创造性。

第 3 步：执行计划。人们通常认为这是“做数学”的事情，但与操作数字和符号以获取答案的机械过程相比，一定要意识到第 1 步和第 2 步至少同等重要。

第 4 步：检查答案。当认为正确解题后，要返回并判断答案是否符合问题中最初描述的条件。例如，要想知道冬季极限运动会滑雪运动员的参赛人数，19.5 人应该不是一个可以接受的答案；在投资领域中，1000 美元存款的年利息目前不太可能达到 334 美元。如果解题方法不合理，就要查找错误的根源——你或许错误地理解了问题的条件，抑或出现了简单的计算或代数错误。

生活中的数学——解题与职业

表面上看，本书提出的某些问题纯属虚构，即便解决也无实际用途。不过且慢做出定论，请先思考如下这道求职面试题：共多少枚25美分硬币摞在一起才能抵达帝国大厦顶部？

根据某网站上的一篇文章，虽然这个问题可能会令人莫名其妙，感觉其与自己是否能够获得工作资格无关，但是在选择雇佣哪位应聘者来承接一份高薪工作时，这类烧脑问题却起着非常关键的作用。对于这种类型的问题，答案是否正确其实不重要，主要考察应聘者在高度紧张状态下对创造性解题技巧的表现能力。

在解决疑难问题时，人们的创造性思维能力肯定会影响其未来的工作前景，要想了解更多相关知识，要参阅《如何移动富士山？》一书，作者是威廉·庞德斯通。

1.1.2 解题策略

解题/问题求解不仅是科学，而且是艺术。本书将介绍一些非常有用的解题策略，但是如不能列出描述如何撰写小说的规则套路那样，我们也不可能指定一系列步骤来帮助读者解决每个问题。当画家、音乐家和作家创作作品时，需要确定如何运用相关的工具；当学生运用数学工具时，必须具有创造性思维。

在以往的经验中，人们可能感觉数学较死板，而事实并非如此。这里推荐大家运用本节中介绍的各种策略，将注意力集中在理解概念而非记忆公式上，这一点非常重要。这样做后，你可能会惊讶地发现某个特定问题可以采用几种不同的方法来求解。

解题策略：画图

问题通常包含几个必要条件，在尝试解题之前，可以通过画图来理解这些条件，这是非常有益的做法。

例 1　文字题中条件的可视化处理

四名营员（阿德莉亚、本杰明、克里斯汀和达里）刚刚抵达缅因州的“和平种子”夏令营，首先要参加一场“破冰”交流活动，每个人都要与其他的所有人握手。请画出一张示意图，并确定握手次数。

解： 首先用标注为A、B、C和D的点来表示四名营员，然后用直线（表示握手）将这些点连接起来，如图1.1所示。

若用AB表示A与B之间的握手，则共有6次握手，即AB、AC、AD、BC、BD和CD。

现在尝试完成练习01 ~ 04。

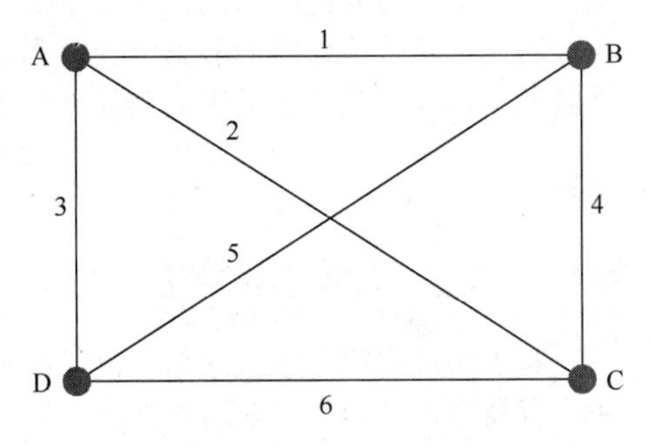

图1.1　握手的可视化

参加校园献血活动时，你发现自己的血型（见第2章）是AB^-，布赖恩的血型是O^+。AB意味着你同时拥有A和B抗原（触发免疫反应的物质），减号（负号）意味着你缺少Rh抗原；O意味着布赖恩缺少A和B抗原，加号意味着他拥有Rh抗原。例2可视化地展示了覆盖这三种抗原的所有血液分类的一种有效方法。

例 2　绘制树图

绘制一张图表，解释不同血液分类的可能性，只考虑A、B和Rh抗原。

解： 最好将该任务划分为3个阶段。考虑某种血型时，首先确认其是否含有A抗原，其次确认其是否含有 B 抗原，最后确认其是否含有 Rh 抗原。这里通过绘制树图/树形图（Tree Diagram），可视化地表达了 3 个阶段的可能性，如图 1.2 所示。在树图中，第 3 个分支（红色）表示血型 A^+，它包含 A 和 Rh 抗原，不包含 B 抗原；第 6 个分支（蓝色）表示血型 B^-。通过统计树图中的分支数，即可发现共有 8 种血液分类涉及 A、B 和 Rh 抗原。

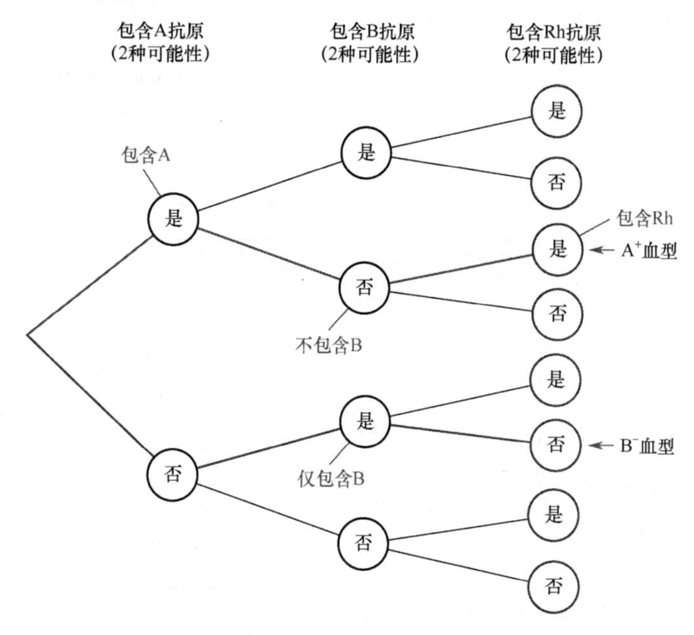

图 1.2　显示 8 种可能血型的树图，仅考虑了 A、B 和 Rh 抗原

现在尝试完成练习 11～12。

自测题 1

a）图 1.2 中的哪个分支与你的血型相符？b）图 1.2 中的哪个分支与布赖恩的血型相符？

解题策略：为未知对象选择一个好名字

“命名问题中的各个对象”是一个好主意，这样就可以很容易地记住其含义。

例 3 结合了命名策略与画图策略（如前所述）。

例 3　命名策略与画图策略相结合

假设酷爱锻炼身体的一组学生正在学习尊巴（Z），另一组学生正在学习普拉提（P）。分别命名这两组学生，并通过图表进行表达。

解：在图 1.3 中，标有 Z 的区域代表学习尊巴的学生，标有 P 的区域代表学习普拉提的学生。

如图 1.3 所示，标有 r_2 的区域代表正在学习尊巴（放弃普拉提）的学生，标有 r_1 的区域代表二者均不参与的学生。

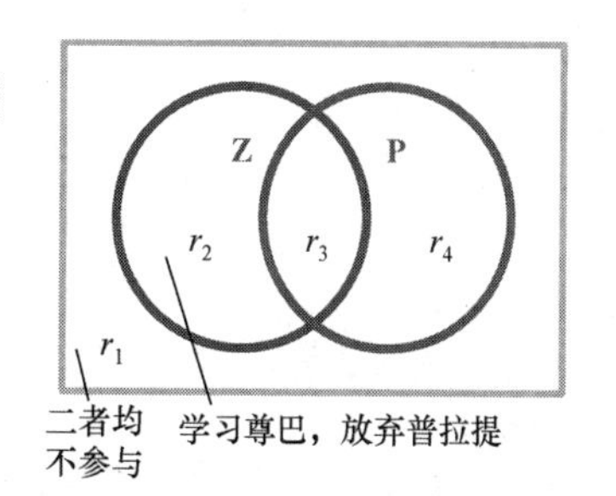

图 1.3　在一个图表中表示多组人群

现在尝试完成练习 17～18。

自测题 2

标有 r_3 的区域代表哪类学生？标有 r_4 的区域代表哪类学生？

解题策略：系统化

若以一种有组织的系统化方式来处理某种情形，则通常会对问题具有较为深入的理解。

例 4　系统化地列出选项

尼科正在考虑购买具有可选功能的新智能手机，并逐渐将范围缩小至 3 种选择：多屏幕、多摄像头和人工智能照片编辑。参考价格因素后，他决定最终做出选择。他有多少种选择方式？

解：尼科的决定分 4 种情形，即全不选择、选择 1 种、选择 2 种和选择 3 种，如表 1.1 所示。

表 1.1　智能手机选择的系统化选择列表

	多屏幕	多摄像头	人工智能照片编辑
全不选择	否	否	否
选择 1 种	是	否	否
	否	是	否
	?	?	?
选择 2 种	是	是	否
	是	否	是
	?	?	?
选择 3 种	是	是	是

由表可见，尼科的选择方式共有 8 种。

现在尝试完成练习 09、10、13 和练习 14。

自测题 3

补充完善表 1.1。

解题策略：找规律

若能在研究情境中识别出一种规律，即可经常用其回答该情境中的相关问题。

例 5　在帕斯卡三角中找规律

图 1.4 所示的常见图案称为帕斯卡三角/杨辉三角（Pascal's Triangle）。

由图可见，每个数字均为其上方紧邻的 2 个数字之和，这 2 个数字中的 1 个偏左，另 1 个偏右。假设要对该图第 9 行中的全部数字求和。

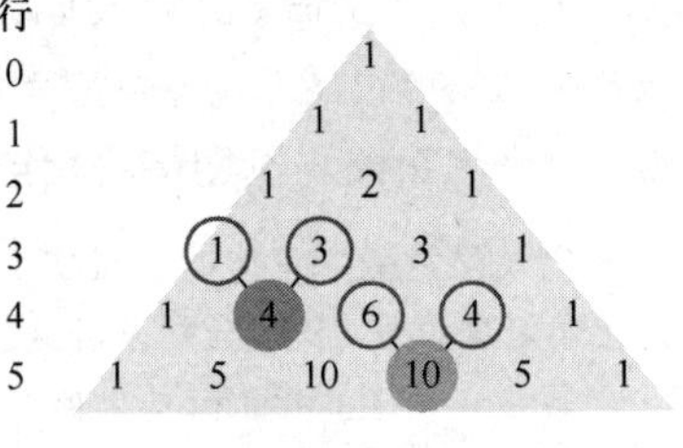

图 1.4　帕斯卡三角/杨辉三角

解：为便于后续章节中的讨论，该图表中的行号从 0（而非 1）开始。可以看到，第 0 行的数字之和为 1，第 1 行的数字之和为 2，第 2 行的数字之和为 4，第 3 行的数字之和为 8，以此类推，如表 1.2 所示。

表 1.2　帕斯卡三角中的每行数字之和

行	0	1	2	3	4	5	6	7	8	9
总和	1	2	4	8	16	32	64	128	256	512

显而易见，帕斯卡三角第 9 行中的数字之和为 512。

自测题 4

a）列举帕斯卡三角第 6 行和第 7 行中的各个数字；b）帕斯卡三角第 12 行的数字之和是多少？

仔细查看例 5 中帕斯卡三角的第 3 行，模式“1, 3, 3, 1”以稍微不同的形式出现在例 4 中。可以看到，“全不选择”有 1 种选法，“选择 1 种”有 3 种选法，“选择 2 种”有 3 种选法，“选择 3 种”有 1 种选法。有趣的是，在看似毫不相干的两种不同的情境下，出现了相同的数学规律。

解题策略：尝试问题的简化版本

通过求解问题的某些简化版本，可以逐步理解复杂的问题。在求解简单问题的过程中，若能找到一种通用规律，就可采用这种规律来解决复杂的问题。

在身份盗用现象频发的今天，当向他人发送个人信息（如社会保险号或银行账号）时，一定要确保这些信息不被恶意截获，否则身份信息将会遭到窃取。

例 6 中的情形与例 1 中的非常相似，只不过采用计算通信链路代替了握手。但是，若采用 12 个对象以各种可能方式连接在一起，画图将变得不切实际。因此，我们将通过查看问题的简化版本进行求解，直至找到能够最终解决问题的规律为止。

例 6　安全通信链路

在美国银行的 12 家分行之间，为了安全地进行资金流转，共需要多少必要的安全通信链路？

解：没有必要考虑所有 12 家分行，只需要关注少量分行，计数链路数量，尽力找出一种规律。这里将这些分行称为 A、B、C、D、E、F、G、H、I、J、K 和 L。在表 1.3 中，A 与 B 之间的链路编号为 AB，A 与 C 之间的链路编号为 AC，以此类推。

表 1.3　查找美国银行各分行之间的链路规律

分行数量	分行名称	链　　路	链路数量	
1	A	无	0	
2	A, B	AB	1	←— 增加 1 条链路
3	A, B, C	AB, AC, BC	3	←— 增加 2 条链路
4	A, B, C, D	AB, AC, AD,BC, BD,CD	6	←— 增加 3 条链路
5	A, B, C, D, E	AB, AC, AD,AE,BC, BD, BE,CD, CE, DE	10	←— 增加 4 条链路

从这些简化示例来看，一种新规律脱颖而出。当增加新分行时，链路数量首先增 1，然后增 2、3 和 4，以此类推。

想象每次只设立 1 家分行，就很容易明白出现这种情况的原因。A 首先设立，不需要链路；随后设立 B 时，A 与 B 之间需要 1 条链路；设立 C 时，需要另外 2 条链路，即 AC 和 BC；设立 D 时，需要另外 3 条链路，即 AD、BD 和 CD。如果继续运用表 1.4 中的这种规律，完全可以解决前面提出的问题。

表 1.4　计算链路

分行数量	1	2	3	4	5	6	7	8	9	10	11	12
链路数量	0	1	3	6	10	15	21	28	36	45	55	66

由此可见，对于 12 家分行而言，链路数量应为 66。

现在尝试完成练习 25 ~ 30。

自测题 5

确定不同分行之间发送电子邮件方式的数量。注意，自 A 至 B 的电子邮件标识为 AB，自 B 至 A 的电子邮件标识为 BA，二者截然不同。

解题策略：大胆猜想

在求解文字题时，常见误区之一是担心说错话，于是在求得正确的解以前，只会盯着问题发呆，不去动笔写点啥。猜想（即便不正确）并不是糟糕的开始，而是可能让你对问题有个大致了解。做出猜想后，随即评估猜想结果，查看与满足问题所有条件的差距有多大。

假设在过几年毕业后，你购置了一套新房，住得非常舒适悠闲，对自己的买房决定相当满意。但是，某天你收到了一封邮件，居然是高达5200美元的学校房地产税账单。你不是一个人在战斗，在美国国内的某些地区，男女老少都在与高财产税作斗争。因此，纳税人团体一直在敦促政府进行改革，建议采用其他方式来资助公共教育。在下个例题中，大胆猜想吧。

例7 通过猜想求解文字题

假设你拥有一套学区房，该学区的年度预算资金为1亿美元。为了降低房屋业主所承担的预算比例，本地纳税人组织已与政府协商并达成了如下协议：

1. 州政府所得税的资助金额将是财产税资助金额的3倍。
2. 州政府销售税的资助金额将比财产税资助金额多1500万美元。

请问由财产税提供资金的预算是多少？

解：下一章介绍如何运用代数方法解题，现在我们只做一些比较靠谱的猜想，然后不断进行调整，直到取得可以接受的答案。这里将财产税资助的预算金额称为 p，将所得税资助的预算金额称为 i，将销售税资助的预算金额称为 s。

首先，设 $p=20$，$i=20$，$s=60$（1亿美元等于100百万美元）。不要为开始猜想而苦恼，首先启动猜想流程，然后评估和完善猜想以求解问题。在下表中，我们将对各种猜想进行组织。

猜想的 p, i, s（百万美元）	评估猜想	
	优　点	缺　点
20, 20, 60	总金额为1亿美元	前两者没有差异
20, 30, 60	各金额存在差异	总金额不是1亿美元；i 并非 p 的3倍；s 并不比 p 多1500万美元
20, 60, 35	i 是 p 的3倍；s 比 p 多1500万美元	总金额大于1亿美元，所以必须缩减 p 值
18, 54, 33	i 是 p 的3倍；s 比 p 多1500万美元	总金额仍然大于1亿美元
17, 51, 32	找到正确解，财产税资助的预算金额为1700万美元	

现在尝试完成练习53～60。

自测题6

芝加哥的菲尔德博物馆收藏了人类迄今为止发现的最大恐龙马克西莫。最近，为了举办一次展出，博物馆新添了3只机械恐龙展品，总重量为50吨。如果迷惑龙/阿普吐龙的重量是鸭嘴龙的7倍，梁龙比鸭嘴龙重14吨，那么每种恐龙的重量是多少？

对于例7的解题过程，你可能不相信猜想方法属于数学范畴。但是，若能进行明智猜想并系统完善，就可能采用可靠、直观及符合逻辑的理由来解释所做的事情。基于这种思想去求解，结果具有非常合理的数学逻辑。猜想存在的问题可能是效率低下的，如果答案比较复杂，或许还需要做一些代数辅助运算。

解题策略：新问题与旧问题相关联

求解新问题时，人们找到了一种非常有效的技巧，就是将其与以前求解过的问题相关联，有时可能还要重写某个条件，使问题变得与以前看到的情形完全一致。

本章开篇提到过如何组织一个学期的课程选择，下面以其为例进行讲解。

例 8

安东尼正在选择下学期的课程。由于每天下午需要上班，再考虑到往返通勤因素，课程只能安排在周一、周三和周五上午，具体课程选择的可能性如下：9、11 或 12 时上数学课；9 或 12 时上英语课；10、11 或 12 时上社会学课；9、10 或 11 时上艺术史课。确定安东尼安排这些课程的可能方式。

解：回顾前文所述的画图策略。如果仔细思考该问题，就会发现安东尼正在做出一系列决定：首先选择数学课（M），然后选择英语课（E），接着选择社会学课（S），最后选择艺术史课（A）。虽然最初可能不明显，但该问题类似于例 2 中提到的血型判断。由于安东尼可以分阶段做出决定，所以我们可以通过绘制树图来理清思路（见图 1.5），该树图与例 2 中绘制的树图比较相似。

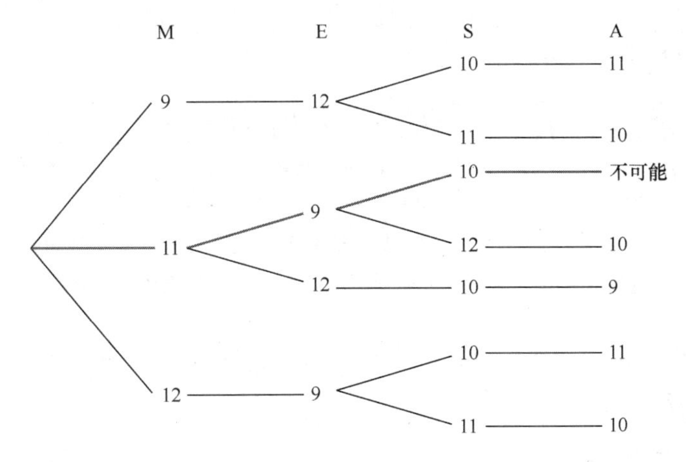

图 1.5　显示安东尼排课时间所有可能方式的树图

在这幅树图中，最左侧的 3 个分支显示了选择数学课的可能性，下一组分支显示了如何在选择数学课后再选择英语课，以此类推。

最上面的分支显示了安东尼的一种选课可能性，即 9 时上数学课，12 时上英语课（注意，若 9 时上数学课，则 9 时无法上英语课），10 时上社会学课，11 时上艺术史课。在树图的第 3 个分支（红色）中，若安东尼选择 11 时上数学课，9 时上英语课，10 时上社会学课，则不可能有时间安排上艺术史课。因此，在这幅树图中，可以看到 6 种令人满意的时间安排可能性。

现在尝试完成练习 65 ~ 68。

自测题 7

假设数学和社会学的上课教室位于校园两侧，相距很远，安东尼无法有效地衔接这两门课程。利用图 1.5，确定合理的排课时间。

1.1.3　几个数学原则

下面介绍本书中经常提到的几个基本数学原则。

解题策略：始终原则

当某个命题在数学意义上正确时，说明该命题任何时候都正确。数学的优势之一是不与“有时正确”或“一般正确”的命题打交道。

例 9　始终正确的代数命题

为了证明下列命题为真/成立，请举例说明：

$$(x+y)^2 = x^2 + 2xy + y^2$$

解：在代数命题中，需要证明 $(x+y)^2 = x^2 + 2xy + y^2$ 适用于所有数字 x 和 y，这意味着用 x 和 y 代替的任何数字都应该使该命题为真。假设 $x=3$，$y=4$，代入该命题，有

$$(3+4)^2 = 3^2 + 2\cdot 3\cdot 4 + 4^2 \text{ 或 } 49 = 9 + 24 + 16$$

自测题 8

举另一个示例证明 $(x+y)^2 = x^2 + 2xy + y^2$。

同理，只有在每组条件下都成立时，我们才能接受某一数学论证。如果由于任一条件造成论证失败，那么该数学论证并非始终正确。

解题策略：反例原则

若某个示例能够证明一个数学命题不为真，则可将其称为反例。记住，如果想要运用一种数学性质，但有人能够找到反例，那么说明正在尝试运用的数学性质不合理。在一个命题中，即便 100 个示例为真，也不能证明其总为真；但是，只要有一个示例失败，该命题必然不为真。当我们说某个命题为假时，并不是说它总为假，而只是说它并不总为真。请务必理解绕口令式的这种表达。也就是说，至少可以找到一个示例，证明该命题为假。

例 10　令代数命题为假的反例

虽然以下两个命题都为假，但是代数知识不够扎实的人却经常认为它们为真。

a）$(x+y)^2 = x^2 + y^2$；b）$\sqrt{x+y} = \sqrt{x} + \sqrt{y}$

请为每个命题分别提供一个反例。

解：a）假设 $x=3$，$y=4$，则有

$$(x+y)^2 = (3+4)^2 = 7^2 = 49$$

这与下列情形并不一致：

$$x^2 + y^2 = 3^2 + 4^2 = 9 + 16 = 25$$

b）假设 $x=16$，$y=9$，则有

$$\sqrt{x+y} = \sqrt{16+9} = \sqrt{25} = 5$$

但是

$$\sqrt{x} + \sqrt{y} = \sqrt{16} + \sqrt{9} = 4 + 3 = 7$$

现在尝试完成练习 31 ~ 38。

自测题 9

求命题 $\dfrac{a+b}{a+c} = \dfrac{b}{c}$ 的一个反例。

解题策略：有序性原则

阅读数学标记法时，要特别关注运算顺序。数学中的运算顺序非常重要，可与人们的日常生活进行类比。例如，早上起床后更衣时，你是先穿袜子后穿鞋，还是先穿鞋后穿袜子？不同更衣顺序的结果不一

样，虽然差异看起来可能不明显，但颠倒数学运算顺序会产生不可接受的结果。注意，颠倒数学运算顺序不总是错误的，但可能会意外改变运算的含义。

例 11　颠倒运算顺序能够改变数学计算的结果

解释例 10 如何说明有序性原则。

解：在例 10 中，命题 a）和 b）均不为真，因为每种情况都不小心改变了运算顺序。

a）在方程 $(x+y)^2=x^2+y^2$ 中，左侧提示先将 x 与 y 相加，后取二者之和的平方；右侧表示先分别取 x 与 y 的平方，后求取二者（平方结果）之和。简而言之，“先相加后平方”与“先平方后相加”完全不同。

b）问题类似。通过自测题 10，测试自己对有序性原则的理解。

现在尝试完成练习 39 ~ 42。

自测题 10

有方程 $\sqrt{x+y}=\sqrt{x}+\sqrt{y}$ 。a）方程左侧共执行了两次运算，这两次运算分别是什么？顺序如何？b）方程右侧执行的运算顺序如何？c）参照例 11 中的 a），总结该方程存在的错误。

在第 2 章中学习集合论及在第 3 章中学习逻辑时，理解有序性原则非常重要。

解题策略：钻牛角尖原则

在阅读数学专业术语时，应该“钻牛角尖”或者“吹毛求疵”。如果两个术语相似，但是听上去略有不同，则其含义通常不完全相同。例如，在日常语境中，相等和等价/等势/对等可以互换使用；但是在数学领域中，二者的含义并不相同。数学符号也存在类似的情形。遇到外观相似但不相同的符号或术语时，一定要努力弄清楚它们之间存在什么差异。“准确表达自己的想法”是良好解题过程的一个重要组成部分。

例 12　辨识符号的差异

观察下列“符号对”的差异。目前，了解这些符号的含义并不重要，知道某些符号存在细微差异即可。

a）$<$ 和 $\leqslant$。在右侧的符号中，$<$下方多了一条线。

b）$\cap$ 和 $\wedge$。左侧的符号是圆角的，右侧的符号是尖角的。

c）$\in$ 和 $\subset$。左侧的符号中多了一条横线。

d）$\varnothing$ 和 0。右侧的符号是数字 0，左侧的符号是其他符号（非数字）。

现在尝试完成练习 43 ~ 48。

自测题 11

解释如下符号对的差异：a）$\supset$ 和 $\supseteq$；b）$\{\varnothing\}$ 和 $\varnothing$；c）$\cup$ 和 $\vee$；d）$\{0\}$ 和 0。

解题策略：类比原则

数学中的大量正式术语听起来像日常生活用语，这并非巧合，只要将真实生活中的想法与数学概念联系起来，就能更好地理解数学知识背后的含义。

例 13　数学术语与日常生活用语相关联

表 1.5 的左列为正式的数学术语，右列为相关英文含义，可以帮助我们记忆数学概念。

表 1.5　与日常生活用语中的词汇存在关联的数学术语

数学概念	相关英文含义	数学概念	相关英文含义
Union（并集）	工会组织，联姻，联合	Equivalent（等价）	等效（某种程度上相同）
Complement（补集）	完成	Slope（斜率）	滑雪坡，屋顶坡度

现在尝试完成练习 49 ~ 52。

自测题 12

对下列数学术语，你能想起哪些英语单词？a）intersection（交集）；b）simultaneous（联立，如在联立方程组中）。

解题策略：三法原则

在本节即将结束时，我们介绍一种数学概念理解方法，如图 1.6 所示。

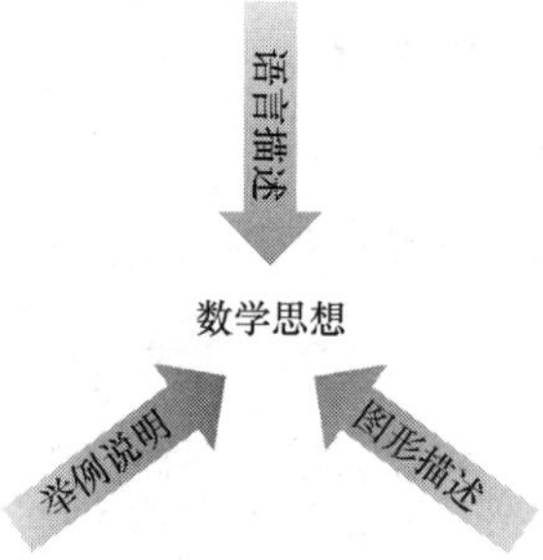

无论是学习一个新概念，还是试图洞察某个问题，若能较好地利用本章介绍的思想，并采用三法原则来处理数学问题，那么对于解决问题会很有帮助。

- 语言描述：进行类比。用自己的语言陈述问题，并将其与其他数学领域的情形进行比较。
- 图形描述：画出图表，绘制示意图。
- 举例说明：采用数字或其他类型示例进行说明。

语言描述
数学思想
举例说明
图形描述

图 1.6　三法原则

在这三种方法中，并非每种方法都适合所有情形。但在学习数学过程中，若能养成利用“语言描述 - 图形描述 - 举例说明”三法原则的良好习惯，就会发现数学知识的内涵更丰富，对死记硬背方法的依赖性越来越弱。若能合理采纳本书介绍的策略和原则，最终会发现自己的数学学习更加轻松和成功。

为了帮助读者开始解决某个问题，本书经常提出一种技巧或原则。如果认为这些建议是“华山一条路”，那么你就大错特错了。一般而言，拓展理解能力的方法有若干种。求解相同的问题时，第 1 名学生画图，第 2 名学生构建更简单的示例，第 3 名学生类比以往见过的模式。哪名学生的做法正确？全都正确！在成为一名优秀解题者的道路上，不能仅仅死记硬背并模仿教师讲授的方法，而要学会有效利用本节介绍的各种工具和原则，进而开发自己的解题方法。

历史回顾——乔治·波利亚

乔治·波利亚（1887—1985）是解题之父，使用许多数学教科书（包括本书）进行授课时，我们都会尽力宣传并证明这一观点。波利亚年轻时想学习法律，但由于不喜欢死记硬背，最终选择了将数学作为研究对象。在担任数学教师期间，他探索并开发了一种解题方法，并为此正式出版了《怎样解题》一书。这本书的销量超过了 100 万册，讨论了本节中介绍的许多解题方法。

波利亚酷爱解题，随时都能发现并解决各种问题。有一天，当他携未婚妻斯特拉在瑞士的一个花园中散步时，先后 6 次遇到另一对年轻夫妇。波利亚非常好奇，想知道这种偶遇（在同一次散步中，遇到同一对夫妇）的可能性有多大。他努力尝试回答这个问题，最终发表了关于随机游走（随机行走/随机漫步）问题的研究论文。

20 世纪 40 年代，波利亚和斯特拉移民到了美国。波利亚在加州斯坦福大学找到了一份工作，继续从事与解题相关的研究，一直到 90 余岁高龄。

练习 1.1

强化技能

在练习 01 ~ 04 中，画图说明每种情形。

01. 小孩正玩“极限陀螺”游戏，陀螺表面被划分为 4 个相等的部分，颜色分别为红色、蓝色、绿色和黄色。

02. 在一场宴席中，5 个人以碰杯方式互相敬酒。

03.《美国达人秀》节目的评委海蒂、豪伊和阿莱莎彼此之间发送推特，介绍各自钟爱的比赛选手。

04. 在民主党、共和党和绿党之间，不存在跨党派成员。

在练习 05 ~ 08 中，为每个项目选择有意义的名称。

05. 为了降低对外国石油的依赖，总统委员会正在考虑增加对混合动力汽车、风力涡轮机和太阳能研发的资助。

06. Tyrion、Jamie、Cersei、Daenerys 和 Sansa 都是志向远大的年轻厨师，在地狱厨房里相互竞争（地狱厨房是美国纽约市曼哈顿岛西岸的一个地区，正式行政区名为克林顿，俗称西中城）。

07. 某人进行了两项投资，一是股票，二是债券。

08. 帕特里克·马霍姆斯希望在自己的饮食中加入更多的钙和蛋白质。

在练习 09 ~ 10 中，列举提到的相关项目，以系统化方式组织列表。

09. 1 美分硬币和 5 美分硬币同时抛出，列举可能出现的正面朝上和反面朝上的不同组合。

10. 利用数字 1、2 和 3 组成尽可能多的有序数字对，如(2, 3)和(3, 2)。数字允许重复，因此(1, 1)也是一个数字对。

11. 参照例 2 绘制一幅树图，显示如下五种面值硬币的不同翻转方式的数量：1 美分、5 美分、10 美分、25 美分和 50 美分。可能性共有多少种？（提示：先做练习 09。）

12. 绘制类似于例 2 的一幅树图，显示一个红色骰子和一个绿色骰子的不同点数的组合数量，共存在多少种可能性？（提示：首先绘制第 1 个骰子的各种翻转分支，然后附加第 2 个骰子的更多对应翻转分支。）

13. 列出主持格莱美奖的所有艺术家组合（2 人一组），候选人为黛米·洛瓦托（L）、泰勒·斯威夫特（S）、碧昂斯（B）、埃米纳姆（E）和德雷克（D）。用双字母表示每对艺术家组合，如将泰勒·斯威夫特和德雷克组合表示为 SD。注意，SD 和 DS 是同一对组合。

14. 按照题图中的箭头方向，从“开始”移至“结束”。

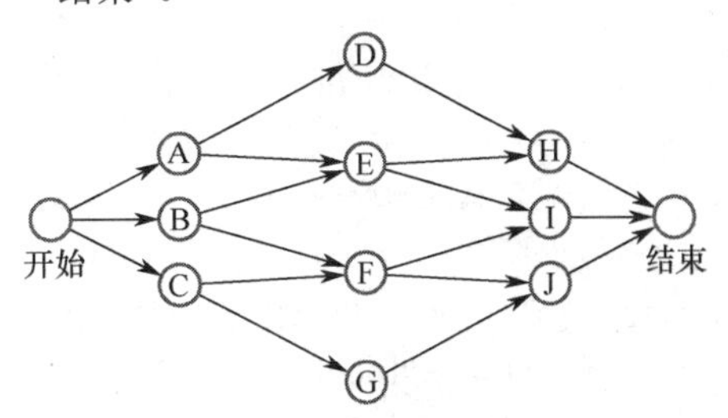

15. 在《龙与地下城》等角色扮演游戏中，骰子可能不是六面体。假设掷 2 个四面体骰子，面的编号分别为 1、2、3 和 4，请绘制一幅树图，列出 2 个骰子掷出时得到的所有可能有序数字对。

16. 问题同练习 15，但只列出包含不同数字的数字对。

17. 题图中的字母（及数字）代表不同的人群，其中 G 是一群优秀歌手，A 是《美国偶像》的一群参赛者。描述位于 r_3 和 r_4 区域的人员情况。

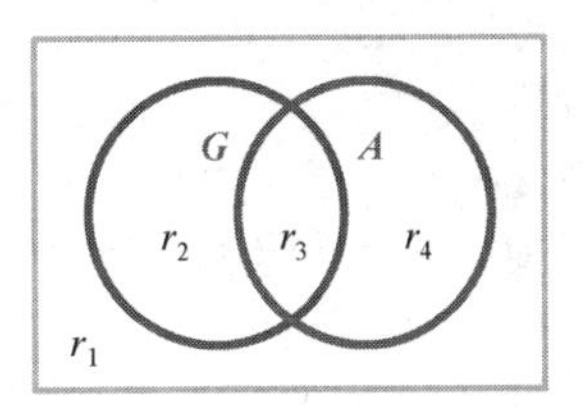

18. 重新绘制练习 17 中的图表，但将两组人群分别标记为 W 和 H，W 是致力于减缓全球变暖的人群，H 是致力于消除世界饥饿的人群。描述位于 r_2 和 r_4 区域中的人员情况。

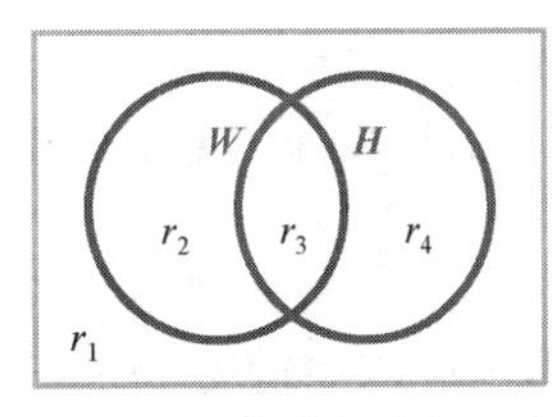

在练习 19 ~ 24 中，继续找规律，补齐列表中（省略号位置）的另外 5 项内容。该规律的延续方法可能不止一种，但我们只提供一种解。

19. 7, 14, 21, 28, ⋯。

20. 1, 3, 9, 27, ⋯。

21. ab, ac, ad, ae, bc, bd, be, ⋯。

22. (1, 1), (1, 2), (1, 3), (1, 4), (1, 5), (1, 6), (2, 1), (2, 2), (2, 3), … 。

23. 1, 1, 2, 3, 5, 8, 13, … 。

24. 2, 3, 5, 7, 11, 13, 17, … 。

练习 25 ~ 30 中都陈述了一个问题。这次不是直接解决问题，而是陈述一个更简单的问题，然后求解它。

25. 10 人因减少污染方面的工作而受到表彰，可以采用多少种方式让这些人列队拍照？

26. 在 10 个猜对错的问题中，填写 10 个答案有多少种不同的方式？

27. 若允许存在相同的字母组合，则利用字母表中的全部字母能够组成多少个双字母代码？如 ah, yy, yo 和 bg。（注意，bg 与 gb 不同。）

28. 照明控制面板上有 7 个开关，它们可以分别设置在向上（u）或向下（d）位置，问这些开关共有多少种不同的设置方式？例如，一种设置方式是 dduuudu。

29. 蓝色款电动法拉利跑车提供 7 种选配方案，即防爆备胎、前排座椅加热、抛光轮辋、前驻车传感器、碳纤维内饰、挡泥板和定制车罩，客户购车时可以任意组合这些选配，不选亦可。问客户共有多少种不同的选择？

30. 打印简历时，可选择 10 种不同颜色的纸张和 20 种不同类型的字体，问简历打印组合方式共有多少种？

提供一个反例，证明练习 31 ~ 38 中的各个命题为假。

31. 在一年的 12 个月中，英文单词拼写含有字母 n 的月份均为 31 天。

32. 美国所有已卸任总统均已去世。

33. $\dfrac{a}{b}+\dfrac{c}{d}=\dfrac{a+c}{b+d}$

34. 若 $a<b$，则 $a^2<b^2$ 。

35. 若 A 是 B 的爸爸，B 是 C 的爸爸，则 A 是 C 的爸爸。

36. 若 X 认识 Y，Y 认识 Z，则 X 认识 Z。

37. 若某款蓝光播放器先涨价 10%，后降价 10%，则价格将保持不变。

38. 由于受到经济景气度的影响，假设你的勤工俭学时薪去年夏天降低了 20%，今年夏天提高了 20%。现在你的工资和去年降薪前一样吗？

在练习 39 ~ 42 中，判断两种运算顺序的结果是否相同。

39. 对一个数字先求平方后加 5；对同一个数字，先加 5 后对和求平方。

40. 先分别对两个数字 x 和 y 求平方，后将结果相减；先求 x 和 y 的差值，后对差值求平方。

41. 先将两个数字 x 和 y 相加，后将结果除以 3；先分别将 x 和 y 除以 3，后对结果求和。

42. 先分别将两个数字 x 和 y 乘以 5，后对结果求和；先将 x 和 y 相加，后将结果乘以 5。

在练习 43 ~ 48 中，解释每对符号的差异。

43. 5 和{5}。

44. A 和 A′ 。

45. U 和 u。

46. {1, 2}和(1, 2)。

47. (2, 3)和(3, 2)。

48. ∅ 和 0。

后续章节将使用下列数学术语，你能从中发现哪些常见的英语用法？

49. 通路/路径、回路、桥、有向。

50. 维、反射、平移、变换。

51. 截距、最佳拟合、复合。

52. 中位数、离均差、集中趋势、相关性。

学以致用

在练习 53 ~ 62 中，不要尝试运用代数方法求解每个问题，而是猜想满足问题的一个或多个条件，然后评估自己的猜想，如例 7 所示。持续调整自己的猜想，直至找到满足问题全部条件的解。

53. 本地历史协会希望保留两栋建筑物。这两栋建筑物的年龄之和是 321 年，其中一栋的年龄是另一栋的 2 倍，问这两栋建筑物的年龄分别是多少？

54. 为了庆祝阿波罗联盟号航天任务成功 40 周年，拉杰制作了一个 40 英寸长的航天飞机状三明治。他将三明治切成不均匀的 3 块，最长一块的长度是中间一块的 3 倍，最短一块比中间一块短 5 英寸。这三块三明治的长度分别是多少？

55. 在全美橄榄球联赛的最近一个赛季中，马霍姆斯、温茨和杰克逊共 94 次触地得分。如果温茨的触地得分比杰克逊多 2 次，比马霍姆斯少 6 次，则马霍姆斯的触地得分是多少次？

56. 在最近一场本垒打德比比赛中，佩德森、格雷罗和阿隆索共击出 72 次本垒打。若佩德森击出的本垒打比格雷罗多 1 次，比阿隆索多 23 次，则佩德森击出了多少次本垒打？

57. 希瑟将 8000 美元投资于两个项目，其中一个项目的回报率是 8%，另一个项目的回报率是

6%。如果投资总收益是 550 美元，则每个项目分别投资了多少美元？

58. 卡洛斯将 9000 美元投资于两只共同基金，其中一只基金的收益率是 11%，另一只基金的收益率是 8%。如果他去年从这两只基金获得的总收益是 936 美元，则他在每只基金上投资了多少美元？

59. 中心城市社区学院的管理部门成立了一个规划委员会，成员总数为 26 人，其中行政管理人员数量为学生的 5 倍，教师比学生多 5 人，问该委员会成员里有多少学生？

60. 为了连任本州的议员，敏霞上周共打了 55 个电话。她联系的老年人数量是年轻人的 3 倍，中年人数量是老年人的 1/2，问她联系了多少位老年人？

61. 画图显示某公司销售代表安排的所有可能路线：从洛杉矶（L）出发，中途经过芝加哥（C）、休斯顿（H）和费城（P），但次序不确定，最后返回洛杉矶。提示：列出各访问城市的英文首字母，描述每条路线，如 LHPCL。

62. 重新考虑练习 61，但是待访问城市变为 10 个，包括洛杉矶。通过查看更简单的示例，寻找判断可能路线总数的规律。假设总是从洛杉矶出发。

在练习 63 ~ 64 中，掷 4 枚硬币，面值分别为 1 美分（P）、5 美分（N）、10 美分（D）和 25 美分（Q）。为帮助回答这些问题，画一幅树图，要有条理性。

63. 列出能够获得 2 个正面朝上的所有方式，如 PQ（只有 1 美分和 25 美分硬币正面朝上）。

64. 列出能够获得 2 个以上正面朝上的所有方式。

在练习 65 ~ 68 中，假设下学期莫纳卡需要从如下课时表中选课：9、10 或 12 时上数学课，9、11 或 12 时上英语课，10 或 12 时上社会学课，9、10 或 11 时上艺术史课。

65. 确定莫纳卡能够安排这些课程的所有可能方式。

66. 假设莫纳卡不能连续上英语课和数学课，则她可能的日程安排是什么？

67. 假设莫纳卡认为课程负担太重，决定不再学习社会学课程，则她的数学、英语和艺术史课程表如何？

68. 选择课程时，莫纳卡发现 10 时的社会学课程已经满员，但 11 时的新社会学课程刚开放选课。确定她可能的课程表。

69. 卡梅洛受命为 2021 年度世界极限运动会制作装饰墙，它由大 X 形图案的方形瓷砖拼贴而成。在下例中，图案由 5 行和 5 列构成。若装饰墙存在由 21 行和 21 列构成的相似图案，则需要多少块彩色方形瓷砖？

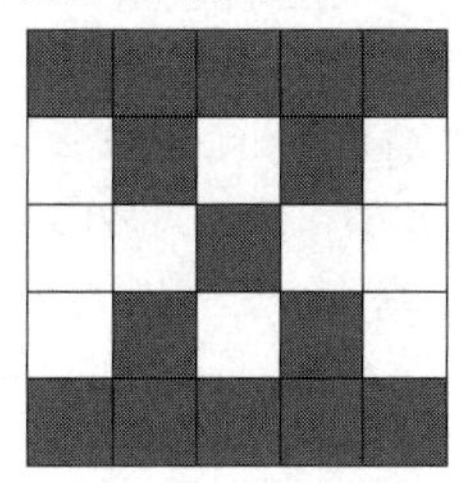

70. 如果练习 69 中的彩色瓷砖形成如下图所示的菱形图案，那么为了拼成 25行×25列 的装饰墙，卡梅洛需要多少块彩色瓷砖？

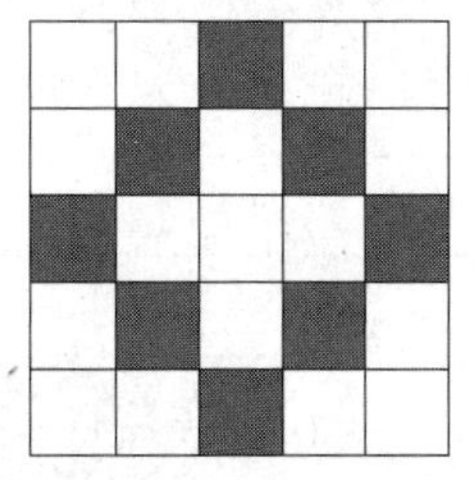

71. 你所在学校的董事会正在考虑增加学费，一派希望今年涨 8%，明年再涨 5%；另一派希望今年涨 5%，明年再涨 8%。有些人认为这并不重要，因为无论采用哪种涨价方式，你都会在第二年支付相同的费用。这两种方式是否存在差异？

72. 假设你所在学校的董事会受限于州法律，未来三年内增加的学费不能超过 10%。如果这三年的学费分别提高 2%、3%和 5%，则董事会的决议是否符合州法律规定？

数学交流

73. 学生经常忽视乔治 • 波利亚解题法的第 1 步和最后 1 步，为什么？后果如何？

74. 讨论考虑简化例题、系统化列举项目及找规律之间的解题关系，它们与乔治 • 波利亚解题法如何相关？

75. 数学学习的三法原则与你过去的学习方法是否相同？指出本节应用了三法原则的至少 3 种方法。

76. 思考个人日常生活中的一个真实问题解决情形（可能包括购买决策、时间管理、日程安排和建筑项目等），描述如何运用本节所学的解题技巧来更好地理解所选的问题。

挑战自我

77. 如果掷 3 个六面体骰子，则可能存在多少三元有序组？

78. 如果掷 3 个十二面体骰子，则可能存在多少三元有序组？

79. 在省略号位置处，列出数对序列中的下两对数：(3, 5), (5, 7), (11, 13), (17, 19), (29, 31), ⋯ 。

80. 在省略号位置处，列出数组序列中的下两个数组：(5, 11), (7, 13), (11, 17), (13, 19), (17, 23), (19, 29), ⋯ 。

81. 下面的题图称为 5×5 正方形，它突出显示了红色的 1×1 正方形和蓝色的 3×3 正方形。求题图中所有可能正方形的数量。为了系统化地求解该问题，首先考虑所有 5×5 正方形，然后考虑所有 4×4 正方形，以此类推。

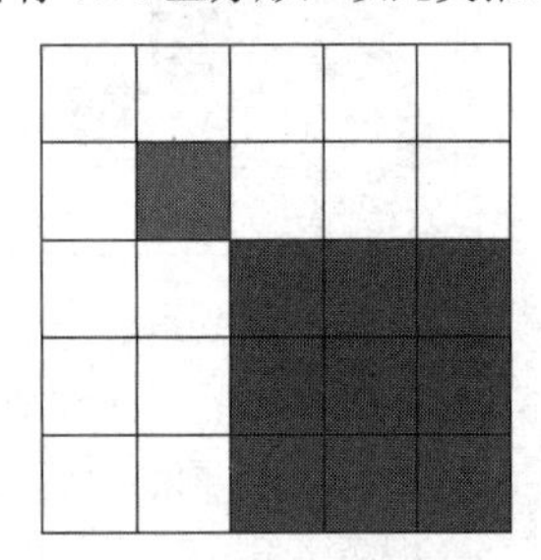

82. 此练习与练习 81 类似，不过需要考虑所有矩形（包括正方形）。插图中用红色标识了一个 1×4 矩形（1 行 4 列），用蓝色标识了一个 3×2 矩形（3 行 2 列）。**a.** 2×1 矩形共有多少个？**b.** 3×2 矩形共有多少个？**c.** 不同尺寸的矩形共有多少个？

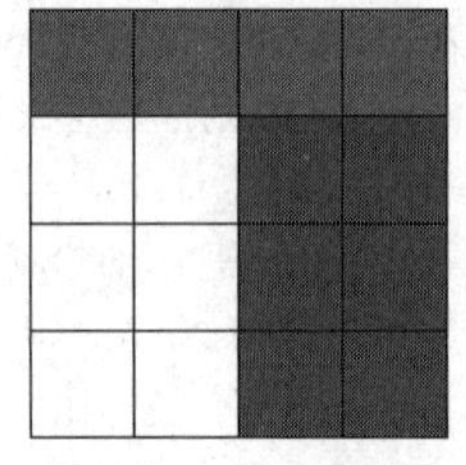

83. 在下面的地图中，从硬石咖啡馆到芝士蛋糕厂共有多少种不同的直达方式？

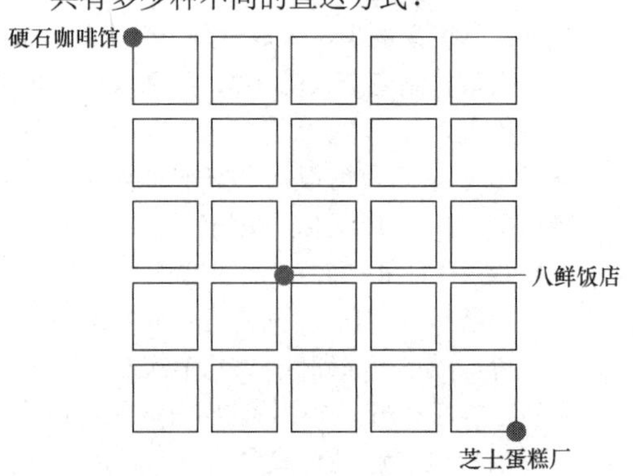

84. 在练习 83 中，假设离开硬石咖啡馆后，你想在八鲜饭店稍停片刻，然后去芝士蛋糕厂，则共有多少条直达路线？

1.2 归纳推理和演绎推理

假设在 2017 年秋天，为即将踏入大学校园做准备，你和父母在银行专用账户中存入了 10000 美元。当你某天在网上冲浪时，偶然间看到了图 1.7(a)，发现比特币（一种加密货币）的价值正在快速攀升。由于经受不住金钱的诱惑，2017 年 12 月 1 日，你决定取出 9706 美元存款并购买了 1 枚比特币。2018 年 1 月 1 日，这枚比特币的价值已升至 13439 美元，涨幅高达 38%。

图 1.7(a) 2017 年的比特币价格

但是，有涨就有跌，美梦即将变成灾难，如图 1.7(b)所示。2018 年 9 月，你的比特币价值仅剩下 7260 美元，净损失高达 2446 美元，相当于本金（9706 美元）亏损 25%（比特币价格经常大起大落，例如 2022 年 06 月 08 日的收盘价高达 30201 美元）。

这个比特币投资案例解释了什么是归纳推理，即基于研究以往示例来得出结论，常用于数学、科学及日常生活等领域。

1.2.1 归纳推理

定义 归纳推理是通过观察具体示例的规律而得出一般结论的过程，这种结论称为假设/假说或猜想。

图 1.7(b) 2018 年的比特币价格

数学家和科学家经常基于观察结果进行猜想，数学家还努力通过数学定律来证明猜想成立。例 1 介绍了古代数学家在几百年前提出的一个著名猜想，但是当代数学家迄今为止仍未完全证明其成立。

例 1 哥德巴赫猜想

1742 年，克里斯蒂安 · 哥德巴赫提出了一个著名猜想，即任一大于 2 的偶数都可表示成两个素数（可以相同）之和。素数/质数是只能被 1 和自身整除的数字，如 3, 5 和 7 等。为了说明哥德巴赫猜想，下面将偶数 20, 48 和 100 表示为两个素数之和。

解：$20=13+7$，$48=11+37$，$100=41+59$

现在尝试完成练习 23 ~ 26。

自测题 13

验证哥德巴赫猜想：a）38；b）46。

生活中的数学——如果泡沫破裂，你将如何应对？

泡沫看似人畜无害，商业泡沫却可能是经济灾难的前奏。当某种商品的价格持续攀升时，投资者若判断商品价格继续上涨，为了获利而持续购买该商品，泡沫就会不可避免地出现。随着泡沫的不断膨大，投资者愿意为商品支付远高于其实际价值的价格。实际上，泡沫是归纳推理风险的一个示例。

17 世纪，荷兰出现了一个著名的经济泡沫案例——投资者开始疯狂投资稀有的郁金香球茎。这场郁金香狂潮将外来物种——郁金香球茎的价格推高至令人眩晕的高度，有人甚至出超高价购买一种名为“永远的奥古斯都”的稀有郁金香球茎，最终成交价相当于一位富商的年收入。当人们用虚幻财富与真实财富进行交易时，有些投资者开始拒绝高价购买郁金香球茎。随着恐慌不断蔓延，郁金香狂潮终于迎来拐点，投资者开始将其视为不良资产而不计代价地疯狂抛售。几周之内，狂潮宣告结束。

21 世纪初，互联网产业获得巨量投资而形成互联网泡沫，泡沫破灭后造成投资者损失高达数十亿美元。2007—2010 年，由于房地产泡沫不可持续，全球出现了严重的金融危机。

虽然目前还没有人能够证明哥德巴赫猜想，但基于归纳推理，许多人相信哥德巴赫猜想为真。在例 2 中，请你做出数学家已经证实的一个猜想。

例 2　被 9 整除的测试

对于数值 a）72、b）491、c）963、d）19856、e）45307 和 f）7538463，确认数值 a）、c）和 f）可以被 9 整除，但 b）、d）和 e）不能被 9 整除。将各个数值中的数字相加，你能找到什么规律？猜想一下。

解：a）$7+2=9$；　　b）$4+9+1=14$；　　c）$9+6+3=18$；

d）$1+9+8+5+6=29$；e）$4+5+3+0+7=19$；f）$7+5+3+8+4+6+3=36$

由此可见，对于可被 9 整除的数值 a）、c）和 f），各个数字之和可被 9 整除；对于不可被 9 整除的数值 b）、d）和 e），各个数字之和不可被 9 整除。故此猜想：某个数值若要能够被 9 整除，其各组成数字之和就必须能够被 9 整除。

自测题 14

验证这个猜想：若一个整数的各组成数字之和可被 8 整除，则这个整数可被 8 整除。

解题策略：始终原则

记住，运用归纳推理时，你只是在做一种有根据的猜测，无法确保结论是否为真。参见 1.1 节中的始终原则和反例原则。

第 4 章将讨论旅行商问题/旅行推销员问题/货郎担问题。该问题存在许多实际应用，如通过通信网络拨打电话、安排航空公司的航班以及通过计算机网络发送电子邮件和文字消息等。问题非常简单，就是销售人员以最低成本在多个城市旅行的最佳路线是什么？这里不会像第 4 章那样讨论完整解，但在下个例题中，我们将运用归纳推理来确定可能存在多少条不同的路线。

例 3　确定销售人员的路线数量

假设沙里法准备访问医疗用品公司的各地分公司，该公司的总部位于亚特兰大（A），各分公司分别位于波士顿（B）、纽约（N）、辛辛那提（C）、迈阿密（M）、底特律（D）、波特兰（P）、洛杉矶（L）、休斯顿（H）和堪萨斯城（K）。她从亚特兰大启程，随后访问所有分公司，最后返回亚特兰大，请问存在多少种不同路线？

解：回顾前文所述的系统化策略。在求解这个问题时，我们将运用 1.1 节中介绍过的几种解题技巧，如简化例题、画图、系统化列举示例以及找规律等。我们将采用城市名称的首字母来代表该城市。假设在亚特兰大有一家分公司，那么沙里法就不会去了。如果还有另一个城市设有分公司，比如说波士顿，则她应当访问波士顿，然后回家。我们将用树图来表示她的一次可能旅行，如图 1.8(a)所示。从树图可知，她只存在一种可能的旅行，即自 A 至 B。现在假设存在 2 家

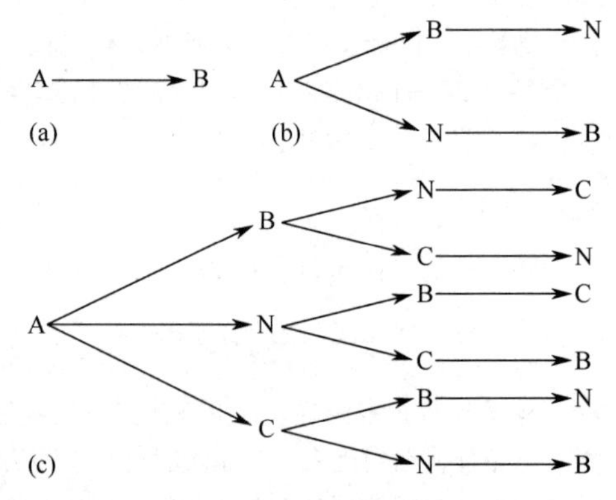

图 1.8　(a)1 家分公司，波士顿（B）；(b)2 家分公司，波士顿（B）和纽约（N）；(c)3 家分公司，波士顿（B）、纽约（N）和辛辛那提（C）

分公司，分别位于波士顿和纽约，如图 1.8(b)所示。此时，她有两种可能的旅行（ABN 和 ANB），然后回家。

若在波士顿、纽约和辛辛那提设有 3 家分公司，则此时的情形如图 1.8(c)所示。随着设有分公司的城市数量不断增多，我们可以继续扩展这幅树图，但是绘制更大的图表很快会变得非常麻烦。

规律开始逐渐显现，参见表 1.6。我们按访问次序列出了各个城市的首字母，并采用字母组合来标明具体的路线。

表 1.6　系统化列举城市增多时的实际路线

分公司数量	分公司名称	路　线	路线数量
0	无	无	0
1	B	AB	1
2	B，N	ABN ANB	$2=2\times1$
3	B，N，C	ABNC ABCN ANBC ANCB ACBN ACNB	$6=3\times2\times1$
4	B, N, C, M	ABNCM ABNMC ABMNC ABMCN ANBCM ANBMC …	$24=4\times3\times2\times1$

← 2 倍路线数量。她可先去 B 或 N，但是最后城市只有 1 个选择

← 3 倍路线数量。从 A 启程，她可选择先去 B、N 或 C，然后采用 2 种方式去其余 2 个城市

← 4 倍路线数量。她可从 4 个城市中选择其一开始访问，然后以 6 种方式访问其余的 3 个城市

若有 5 个城市，沙里法就可以首先访问其中的一个城市，然后以 $4\times3\times2\times1$ 种不同的方式前往其他 4 个城市。对于 9 个城市，这种规律同样适用，可能的路线数量是惊人的 $9\times8\times7\times6\times5\times4\times3\times2\times1=362880$ 条。

自测题 15

在例 3 中，假设有 12 家分公司，猜想共有多少条路线？

1.2.2　错误的归纳推理

归纳推理有时会产生误导，让人将不为真的情形误判为真，如例 4 所示。

例 4　错误的归纳推理

选择圆周上的多个点，并绘制各点之间的线段，可将一个圆划分为多个区域。当圆周上存在 1（此时无线段）、2、3 和 4 个点时，最终得到的最大区域数量如图 1.9 所示。

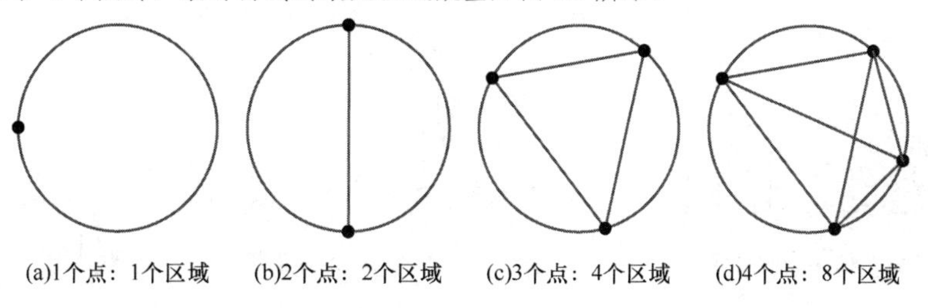

图 1.9　将圆划分为若干区域

如果圆的边缘上有6个点，请用归纳推理求最大的区域数量。

解：回顾前文所述的画图策略。这个问题似乎类似于例 3 中的情形。可以看到，每次添加另一个点时，区域的数量都增大1倍。于是自然地就可能推测圆周上的5个点对应16个区域，6个点对应32个区域。但事实并非如此，你可以尝试画一个大圆，然后在圆周上采用不同的方式选取6个点，最终找到的最大区域数量是31个，而非32个。

1.2.3 演绎推理

归纳推理通过考虑一些具体的示例得出一般性结论。从某种意义上讲，演绎推理是与归纳推理相反的一种推理方法。

定义 演绎推理通过运用公认的事实和一般性原理得出具体结论。

聪明方格（KenKen）是一种类似于数独的数学游戏，目前非常流行。如例 5 所示，求解聪明方格游戏难题主要依靠演绎推理。

例 5 用演绎推理求解聪明方格问题

仔细观察图 1.10(a)中的数字网格，行标记为 A、B、C 和 D，列标记为 1、2、3 和 4。

你需要将数字 1、2、3 和 4 填充到所有的小正方形（称为单元格）中，但是任何行（或列）中都不能有任何重复的数字。在某些单元格的角落中，有些小数字指出了彩色区域中必须出现的内容。例如，在单元格 D2 中，2－表示蓝绿色区域（单元格 D1 和 D2）中的数字之差必须是 2；在单元格 D4 中，10＋表示黄色区域中的 3 个数字之和必须是 10。为了帮助你入门，本书在网格中预先放置了一些数字。

解：第 1 步：首先检查单元格 D1 和 D2（蓝绿色）。由于 4 位于单元格 D4 中，所以只能在本区域内放置 1、2 和 3。要获得差值 2，只能用 3 和 1。3 不能出现在单元格 C1 中 3 的下方，因此单元格 D1 中的数字必定是 1，而 3 应该出现在单元格 D2 中，如图 1.10(b)所示。

第 2 步：接下来，必须在单元格 D3 中放置 2。

第 3 步：单元格 B4 和 C4 中必须包含 2 和 3，由于不能将 3 放到单元格 C4 中，所以应将 3 放到单元格 B4 中，将 2 放到单元格 C4 中，如图 1.10(b)所示。此时，你应能够完成自测题 16 中的网格。

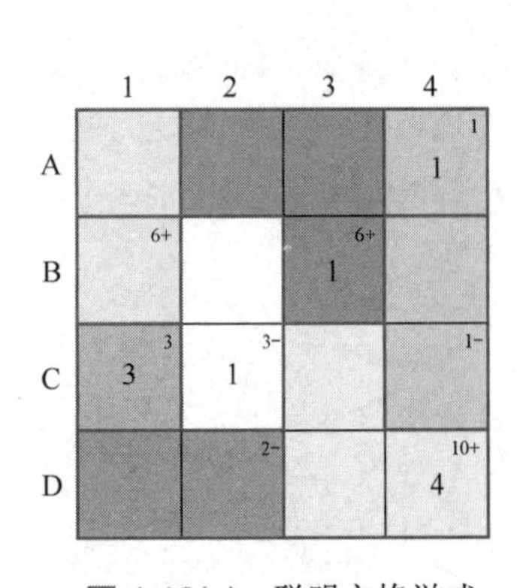

图 1.10(a) 聪明方格游戏

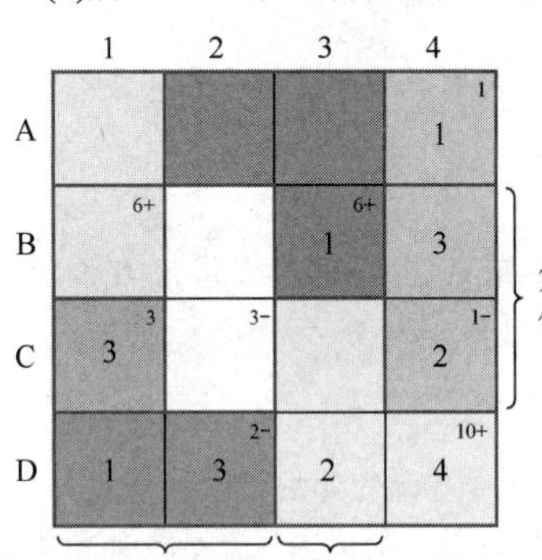

图 1.10(b) 3 步之后的聪明方格

现在尝试完成练习 35～38。

自测题 16

完成例 5 中的聪明方格游戏。提示：下一步处理黄色区域，然后处理白色区域。通过验证是否满足游戏的所有条件，你应能够检查自己的答案正误。

下个例题是演绎推理的另一个较好阐释。

例 6　通过演绎推理来解答谜题

4 名大学生（亚历克斯、卡梅拉、诺亚和温妮）分别参与不同类型的活动（辩论、篮球、管弦乐和戏剧），请通过如下线索确定每名学生参与的活动。

线索 1. 温妮与管弦乐和戏剧的参与者住在同一栋公寓。

线索 2. 管弦乐参与者与诺亚是高中时期的朋友。

线索 3. 卡梅拉的课业负担重于篮球参与者，学分少于戏剧参与者。

线索 4. 诺亚的学分最少，他不在辩论队。

解： 回顾前文所述的系统化策略。为便于思考和分析，我们将在一张表格中列出所有的可能性。从线索 1 可知，温妮既不是管弦乐参与者，又不是戏剧参与者。因此，在表格中的对应位置放上 2 个 X，表明这两种可能性已被排除。

	亚历克斯	卡梅拉	诺　亚	温　妮
辩论				
篮球				
管弦乐				X-线索 1
戏剧				X-线索 1

从线索 2 可知，诺亚不是管弦乐参与者；从线索 3 可以推断卡梅拉既不是篮球参与者，又不是戏剧参与者。因此，在表格中的对应位置再放上 3 个 X。

	亚历克斯	卡梅拉	诺　亚	温　妮
辩论				
篮球		X-线索 3		
管弦乐			X-线索 2	X-线索 1
戏剧		X-线索 3		X-线索 1

从线索 4 可知，诺亚不在辩论队；由于其学分最少，从线索 3 可知诺亚也不是戏剧参与者，此时的表格如下所示。

	亚历克斯	卡梅拉	诺　亚	温　妮
辩论			X-线索 4	
篮球		X-线索 3	√	
管弦乐			X-线索 2	X-线索 1
戏剧		X-线索 3	X-线索 4	X-线索 1

由此可见，诺亚必然是篮球参与者，同时意味着温妮和亚历克斯都不是篮球参与者。显然，温妮是辩论参与者，因此可以排除亚历克斯和卡梅拉作为辩论参与者的可能性。所以，亚历克斯必定是戏剧参与者。

	亚历克斯	卡梅拉	诺　亚	温　妮
辩论	X	X	X-线索 4	√
篮球	X-线索 4	X-线索 3	√	X-线索 4
管弦乐	X	√	X-线索 2	X-线索 1
戏剧	√	X-线索 3	X-线索 4	X-线索 1

答案已经揭晓，亚历克斯是戏剧参与者，卡梅拉是管弦乐参与者，诺亚是篮球参与者，温妮是辩论参与者。

现在尝试完成练习 39 ~ 40。

练习 1.2

强化技能

在下列各种情况下，判断其是归纳推理还是演绎推理。

01. 刚过去的 3 个周末一直下雨，你参加的垒球比赛被迫取消。你认为下周六还会下雨。

02. 为了能够入围系主任的名单，奥利维亚正在计算她需要的国际关系学课程分数。

03. 阅读悬疑惊悚小说《消失的爱人》时，为了解开谜团，你一直在追踪作者提供的线索。

04. 由于朋友杰伊约会时总是迟到，因此在你打算去接他之前，你告诉他提前 15 分钟做好准备。

05. 路易斯发现“在最近 3 个假期之前的每个周五，股市均整体上涨”，为了利用这一趋势营利，他计划在五一劳动节之前的那个周五买入股票。

06. 在一次测验中，玛丽安用代数原理求解了一道文字题。

07. 布雷特正在计算明年的各项开销，以确定其学生贷款需求规模。

08. 拉蒂莎发现：到目前为止，在本学期每次考试的判断题中，“错误”答案都是“正确”答案的 2 倍。在下一次测验中，如果对答案对错没有把握，她就准备猜测答案为“错误”。

09. 美国橄榄球联合会（AFC）球队曾经 4 次赢得超级碗，因此可以预测 AFC 球队今年将再次获胜。

10. 据艾米莉估算，如果平均速度为 50 英里/小时，她将在 5.5 小时内抵达圣迭戈。

在练习 11 ~ 16 中，运用归纳推理，预测数字序列的下一项。

11. 1, 4, 7, 10, 13, ?

12. 2, 8, 14, 20, 26, ?

13. 3, 6, 12, 24, 48, ?

14. 5, 15, 45, 135, 405, ?

15. 1, 1, 2, 3, 5, 8, 13, ?

16. 0.1, 0.10, 0.101, 0.1010, 0.10101, ?

在练习 17 ~ 18 中，运用归纳推理，画出图形序列的下一项。答案可能多样。

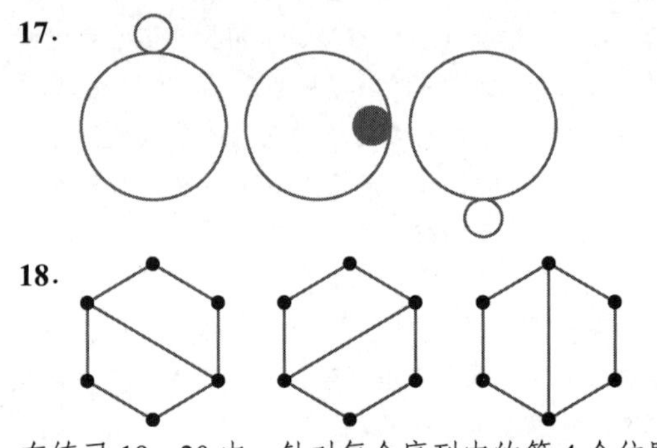

在练习 19 ~ 20 中，针对每个序列中的第 4 个位置和第 5 个位置，从下列表情图标中进行选择。

在练习 21 ~ 22 中，按照既定规律将下一个 X 放入方格中。

21.

	X	X		X		X				X				

22.

X	X	X		X			X					X		

在练习 23 ~ 26 中，以每个数字为例，说明哥德巴赫猜想。

23. 16　**24**. 18　**25**. 20　**26**. 26

学以致用

下面的 4 个练习中提供一系列数值等式，请按规律猜想各系列的下两个数值等式，并用计算器验证自己的猜想。

27. a. $1+2=\frac{2\times3}{2}$　b. $1+2+3=\frac{3\times4}{2}$

c. $1+2+3+4=\frac{4\times5}{2}$

28. a. $2+4=2\times3$　b. $2+4+6=3\times4$

c. $2+4+6+8=4\times5$

29. a. $1+3=4$　　　b. $1+3+5=9$

c. $1+3+5+7=16$

30. a. $\frac{1}{1\times2}+\frac{1}{2\times3}=\frac{2}{3}$　b. $\frac{1}{1\times2}+\frac{1}{2\times3}+\frac{1}{3\times4}=\frac{3}{4}$

c. $\frac{1}{1\times2}+\frac{1}{2\times3}+\frac{1}{3\times4}+\frac{1}{4\times5}=\frac{4}{5}$

31. 在准备进入棒球名人堂时，德里克 • 杰特在一堆棒球上签名，并将其送给球迷。这堆棒球共有多少个？

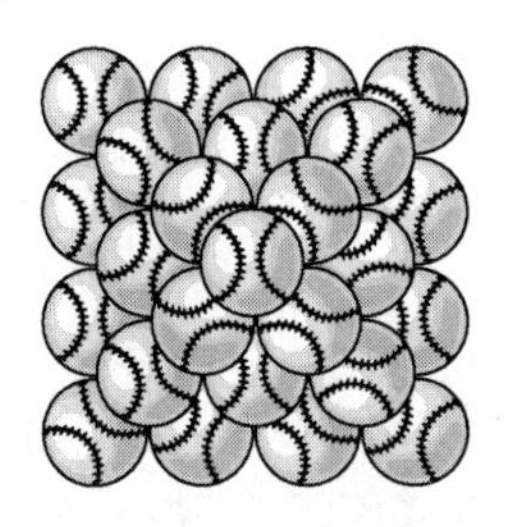

32. 如果类似于练习 31 中的一堆棒球的高度为 6 层，则这堆棒球共有多少个？

幻方是标有数字的正方形排列，任何行、列或对角线上的数字之和均相等。这里显示的幻方称为三阶幻方（3×3 正方形），任何行、列或对角线的数字之和都等于 15。在练习 33 ~ 34 中，幻方仅使用 1 ~ 16 之间的每个整数 1 次。运用演绎推理执行以下操作：**a.** 求正方形中的所有数字之和；**b.** 求每行、每列和对角线上的数字之和；**c.** 完成幻方。解释推理过程。

8	1	6
3	5	7
4	9	2

33.

7			9
			8
13		2	
4	1		14

34.

16	3		13
5			8
	6		12
4		14	

求解下列聪明方格游戏。

35.

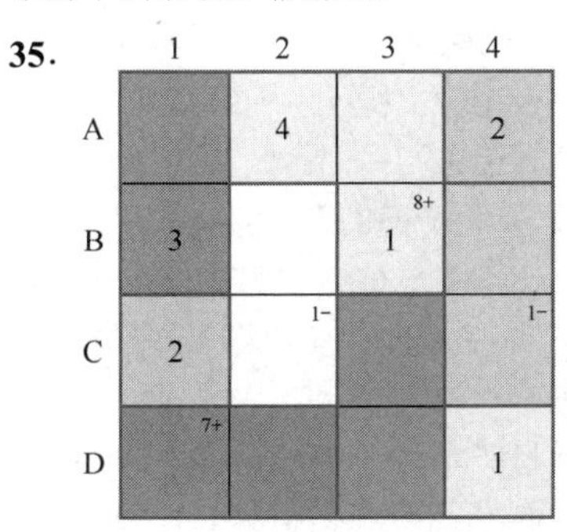

36.

	1	2	3	4
A	3−	9+ 4		3
B		2		
C	2			9+
D	2−			

37. 在练习 35 中，是否可以省略聪明方格中的任何数字或提示，但是仍然能够解决难题？

38. 在练习 36 中，是否可以省略聪明方格中的任何数字或提示，但是仍然能够解决难题？

39. 4 名学生（艾德里安娜、卡莱布、伊桑和朱莉娅）正在准备参加关于世界绿化的一次会议，并分别就废物回收利用、太阳能、节约用水和政治议题等 4 个主题进行演讲。运用如下线索，判断他们的演讲主题分别是什么。

a. 朱莉娅在水资源保护主题演讲之前发言，但在政治议题演讲之后发言。

b. 太阳能演讲者帮助伊桑和朱莉娅制作了 PowerPoint 演示文稿。

c. 最后发言的伊桑对政治议题不感兴趣。

d. 卡莱布将在朱莉娅之后发言。

40. 在最近举行的学生会主席选举中，4 名学生（杰西卡、瑟琳娜、安德烈和艾米莉）参与了竞选。根据以下线索，分析判定最终获胜者是谁，最后一名是谁。

a. 艾米莉的学生会委员任职时间长于票数位居第 3 和第 4 的候选人。

b. 安德烈的排名刚好位于杰西卡之后，主修专业与第 3 名相同。

c. 瑟琳娜虽然没有获胜，但她很高兴没有成为最后一名。

d. 杰西卡的得票数比艾米莉少 37 票。

练习 41 ~ 44 是智商（IQ）测试中的实际问题，请运用归纳推理求解这些问题。

41. 若 GGAGLLGA 的对应数字是 46336466，则 LLGAAGGL 的对应数字是多少？

42. 假设美国航空航天局的科学家分析了来自外太空的陌生信号，且推断出如下结论：

Foofrug Merduc Lilit：你们的领导在哪里？

Niurus Tuume Gazist：我们的星球很遥远。

Foofrug Merduc Gazist：你们的星球在哪里？

由上可知，单词 Lilit 最好翻译成什么？

43. 若单词 Committee 与 Etimoc 相对应，则数字 367768899 与哪个数字相对应？

44. 以下数字系列中的下个数字是什么：8 – 14 – 12 – 18 – 16 – 22 – ?。

45. 解释例 3 中沙里法的路线数量为什么增多。例如，若发现 5 个城市的路线数量是 120，则 6 个城市的路线总量如何增长？7 个城市呢？

46. 证明例 4 中对于 5 个点的猜想为真。若采用 6 个点，则绘出的图形包含 31 个区域。例 4 是如何成为错误归纳推理的示例的？

在练习 47 ~ 48 中，画出序列中的下一个图形。

47.

48.

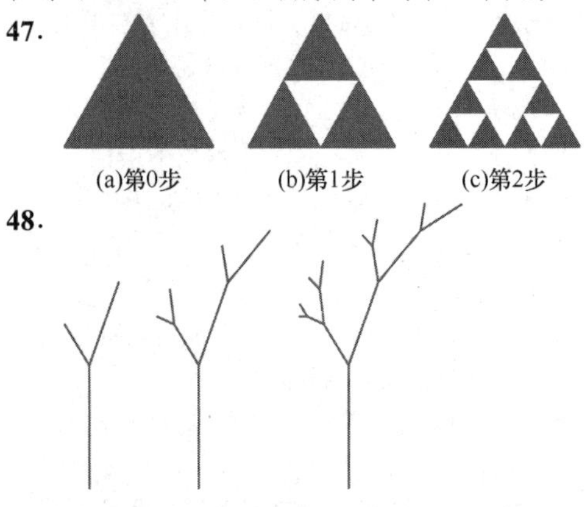

(a)第0步 (b)第1步 (c)第2步

数学交流

49. 归纳推理在数学中的作用是什么？归纳推理与哥德巴赫猜想之类的命题如何相关？在互联网上，搜索尚未被证明的一些数学猜想示例。

50. 证明新数学命题时，按照正确顺序安排下列步骤：猜想；找规律；通过演绎推理证明该命题；举例说明。

51. 列举若干示例，说明在生活中如何运用归纳推理。你认为哪些推理给出了正确结论，哪些推理给出了错误结论？请至少以一个示例分别予以说明。

52. 从媒体（政治演说、报纸社论或者广告等）中查找一个示例，说明归纳推理的用法。

生活中的数学

53. 研究前文所述的郁金香狂潮，举例说明郁金香球茎在狂潮顶峰期间和泡沫破裂后的顾客感知价值。你认为发生这种狂潮的原因是什么？在这个示例中，你学到了什么？

54. 研究美国经济史上的各个泡沫，尝试估算这些泡沫给投资者造成的损失。郁金香狂潮与最近的经济泡沫有何异同？如何保护自己免遭经济泡沫的伤害？

挑战自我

在练习 55 ~ 58 中，求已知数字序列的下 3 个数字。提示：在每种情况下，从第 2（或第 3）个数字开始，该数字是前面各个数字的某种组合。

55. 2, 3, 7, 13, 27, ⋯

56. 5, 21, 85, 341, 1365, ⋯

57. 3, 4, 7, 11, 18, 29, ⋯

58. 3, 4, 10, 18, 38, 74, ⋯

59. 这里显示的矩形包含 3 行 4 列，称为 3×4 矩形。在这个矩形中，你能找到多少个不同大小的正方形？

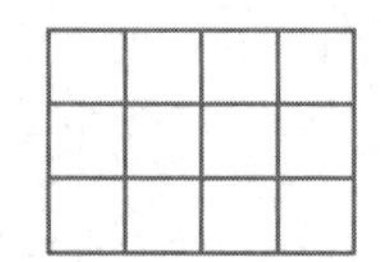

60. 对 6×4 矩形，重做练习 59。

61. **a**. 重做练习 59，但计算所有类型的矩形，包括正方形；**b**. 重做练习 60，但计算所有类型的矩形，包括正方形。做这种练习时，系统化很重要，如计算矩形大小为 1×1, 1×2, 1×3, 1×4, 2×1, 2×2 等。

62. 你是否能够找到一些通用规律，可以计算 10×6 矩形中所有不同大小的矩形，而不需要实际绘制矩形并进行计数？

63. **堆叠棒球**。如果一堆棒球（如练习 31 所示）的基座呈矩形，长度为 6 个棒球，宽度为 4 个棒球，且堆叠了最多可能的棒球，则这个棒球堆中共有多少个棒球？若位于其他 4 个棒球之上，我们只能在棒球堆上放置 1 个棒球。

64. **堆叠棒球**。重做练习 63，但是假设基座的长度为 7 个棒球，宽度为 5 个棒球。

65. 利用自然数 1～9 构建一个自己的 3×3 幻方，并解释是如何构建的。

66. 利用自然数 1～16 构建一个自己的 4×4 幻方，并解释是如何构建的。

在练习 67 ~ 68 中，按照“技巧”的说明，从选择的不同数字开始。假设从数字 n 开始，猜想会得到什么结果，然后用代数和演绎推理来解释自己的猜想。

67. **a.** 选择任意自然数；**b.** 将该数乘以 3；**c.** 将乘积加上 9；**d.** 将(c)的结果除以 3；**e.** 减去开始时的数字。

68. **a.** 选择任意自然数；**b.** 将该数乘以 5；**c.** 将乘积加上 20；**d.** 将(c)的结果除以 5；**e.** 减去 4。

1.3 估计

在便利店购物时，你是否曾与店员争议过“账单不对”？我偶尔如此。在商店购物时，人们通常会在脑海中粗略地估计账单，对预期支付金额做到心中有数。在餐馆吃饭时，若要为 37.86 美元账单留下约 15%的小费，你应留下多少钱？如何快速计算小费金额？

遗憾的是，虽然可以采用多种技术手段进行计算，但在现实生活中，人们可能经常要做出快速而粗略的估计，这也是本节的主要内容。估计/估算也是数学中有效解题的重要组成部分。为了检查自己的工作成果，判断答案是否合理，“可靠的估计”相当有用。

1.3.1 舍入法

例 1 显示了如何运用舍入法进行快速估计。一般而言，在执行舍入操作时，若待舍入数字右侧的数字大于（或等于）5，则执行上舍入，否则执行下舍入（舍入是一种数值修约规则，包括“四舍五入”和“四舍六入五留双”等，本书主要指前者）。

例 1　运用舍入法估计杂货店账单

下班途中你到商场逛了一圈，购买了表 1.7 中所列的各种商品。你还想买半加仑冰激淋（售价是 3.59 美元），但是记起钱包里只剩下 20 美元，又不想在现金不足的情况下排队结账。请通过舍入至最接近 10 美分，确定如下事项：a）估计购物总金额；b）判断将冰激淋放到购物车里是否明智。

表 1.7　估计购物总金额

右侧的数字大于 5，所以上舍入　　右侧的数字小于 5，所以下舍入

商品名称	商品金额（美元）	舍入至最接近 10 美分的商品金额（美元）
麦片	4.29	4.30
牛奶	2.41	2.40
面包	1.89	1.90
午餐肉	3.36	3.40
泡菜	2.37	2.40
洗洁精	2.87	2.90
	小计：17.19 美元	小计：17.30 美元

解：a）你可将舍入后的各个价格相加，结果是 17.30 美元。

b）你觉得半加仑冰激淋可能太贵，于是决定将购买数量降至 1 夸脱（1/4 加仑）。

由例 1 可知，如果舍入至最接近 1 美元，则估计值应是 16 美元，此时你会选择购买半加仑冰激淋，导致最终购物总金额超过 20 美元。

建议　在例 1 中，不需要利用计算器来汇总估计价格。例如，要求 4.30 与 2.40 之和，可先将整数部分（美元）相加，即 2+4=6；然后将小数部分（美分）相加，即 30+40=70 美分；最后汇总结果为 6.70 美元。你可以很容易地将其他数字逐个相加，从而计算出最终商品的总金额。经常做这种心算锻炼会将让你的数学能力变得更强。

1.3.2 相容数字法

快速估计的另一种方法是相容数字法，它与舍入法略有差异。运用相容数字法时，并不利用问题中给出的实际数字，而替换为更便于处理的其他数字。例如，计算 298 除以 14 时，可以

替换为 300 除以 15，得到结果 20；计算 11 乘以 73 时，可以替换为 10 乘以 73，得到结果 730。下个示例介绍如何估计餐馆小费。

例 2　估计餐馆小费

假设你在布法罗鸡翅烧烤吧的账单是 37.86 美元，用相容数字法计算 15%的小费。

解： 若采用 40 美元替换 37.86 美元，则事情会变得非常简单。40 的 10%为 4，40 的 5%为 4 的一半（或 2），因此小费金额大致为 $15\% \times 40 = 10\% \times 40 + 5\% \times 40 = 4 + 2 = 6$ 美元。

注意，由于将 37.86 美元替换为 40 美元，最终支付的小费要比 15%稍多一些。

现在尝试完成练习 13 ~ 28。

建议　当做出某种估计时，最好考虑其是否合理，即应大致知道估计值的大小。比如在例 2 中，6 美元小费略高于 15%，对于 40 美元餐费而言，似乎相当合理。

1.3.3　估计图形数据

在很多情况下，我们可以通过估计来汇总以图形方式提供的信息。

例 3　用相容数字法估计人口数量

根据美国人口普查局的相关数据，美国人口数量将在 2050 年达到 419 854 000 人。利用图 1.11 中的图表，估计 2050 年居住在美国的西班牙裔人口数量。

解： 我们可将 2050 年西班牙裔人口所占百分比（约为 24.4%）替换为更简单的 25%，25%等于分数 $\frac{1}{4}$。此外，还可将美国人口总数 419 854 000 替换为 400 000 000。然后，让二者相乘，即可得到结果为

$$西班牙裔人口数量 = \frac{1}{4} \times 400000000 = 100000000$$

现在尝试完成练习 41 ~ 48。

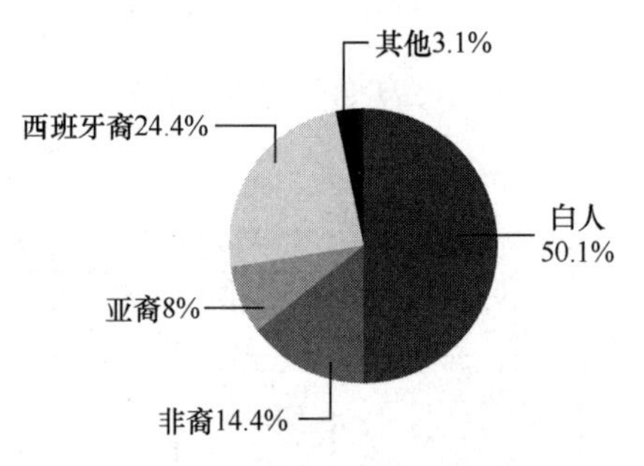

图 1.11　美国 2050 年人口数量

自测题 17

运用相容数字法和图 1.11，估计美国 2050 年将有多少非裔美国人。

例 4 中的图表基于得克萨斯大学当代家庭委员会的一份报告，主题是最近 50 年各个家庭中做家务方式发生的“性别革命”（此为该报告中真实的图表表现方式）。例 4 是一个非常不错的示例，说明“不恰当展示数据”可能会误导读者得出错误结论。

例 4　以误导方式展示数据

快速查看图 1.12(a)和(b)中的图表，似乎发现男性每天做家务要多于女性！此处的信息表达方式存在什么误导性？

解： 乍看之下，现在男性做家务似乎要比女性多，女性每天做家务的时间明显减少，男性每天做家务的时间则大幅增多。

但是，注意查看纵轴标记。女性每天做家务时间的刻度值范围为 0 ~ 250 分钟，单位增量为 50 分钟；男性每天做家务时间的刻度值范围为 0 ~ 80 分钟，单位增量为 20 分钟。这种欺骗实在明显了！

图 1.12(c)更合理地展示了相同的数据，清晰地表明 50 年内女性始终比男性做了更多的家务。

现在尝试完成练习 29 ~ 32 和练习 37 ~ 40。

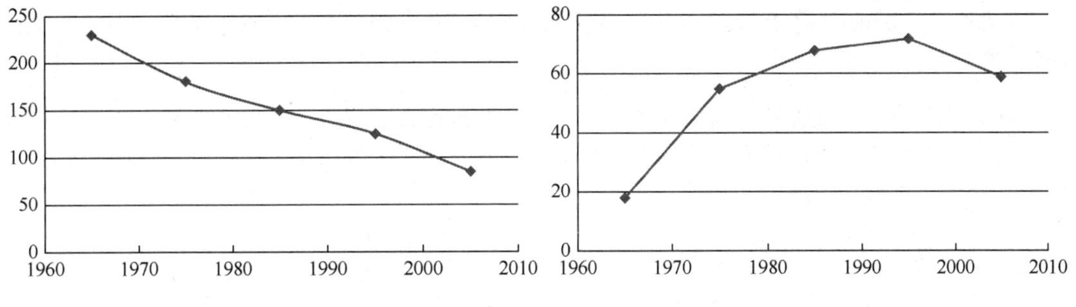

图 1.12(a)　女性每天从事主要家务劳动的时间（以分钟计）

图 1.12(b)　男性每天从事主要家务劳动的时间（以分钟计）

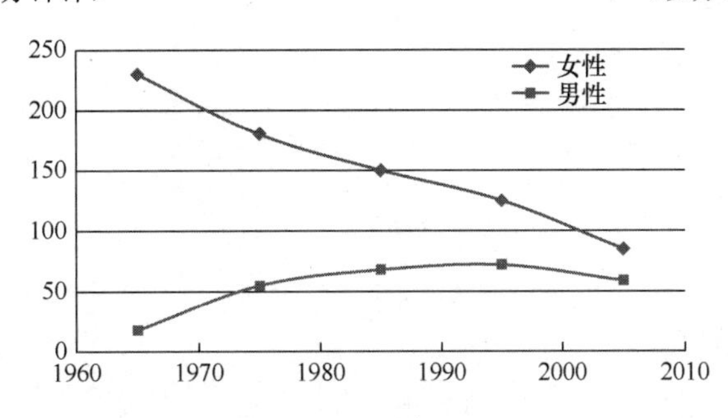

图 1.12(c)　女性和男性每天从事主要家务劳动的时间（以分钟计）

在例 5 和例 6 中，我们将介绍一些其他估计方法。

例 5　基于地图估计距离

在大阿拉斯加挑战赛中，参赛船只从起点普拉德霍湾（A）航行至终点科迪亚克（F），如图 1.13 所示。a）估计比赛航道的长度。假设在赛程中的任一点，船只均沿最短路径航行。b）如果因纽克号船的航行速度为 35 英里/小时，则完成整个航程需要多长时间？

解：a）沿着整个比赛航道，在地图上标出 A、B、C 等各个点。从地图上测量，可知这些距离的总长度约为 2 英寸。根据比例尺，$\frac{3}{4}$ 英寸 $=250$ 英里，所以 1 英寸 $=\frac{4}{3}\times 250\approx 333$ 英里。由此可知，比赛航道总长度约为 666 英里。

b）因纽克号船的航行速度为 35 英里/小时，其完赛时间为 $\frac{666}{35}\approx 19$ 小时。

现在尝试完成练习 49～50。

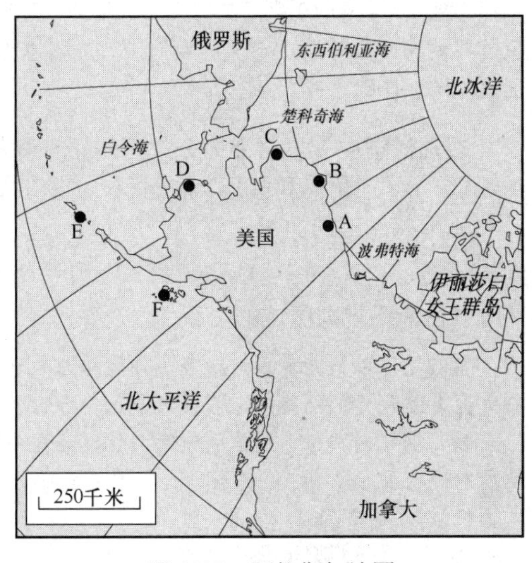

图 1.13　阿拉斯加地图

历史回顾——神奇的估计

古希腊数学家埃拉托色尼（公元前 276—公元前 194 年）设计了一种估计地球周长的聪明方法。他相信埃及的亚历山大和赛伊尼（今阿斯旺）两个城市位于地球的同一个大圆上，还知道这两个城市之间的距离，该距离由测量员贝马蒂斯特以步行方式测得（经严格训练，步幅相等）。贝马蒂斯特采用了称为斯塔德（stadium，1 斯塔德等于 516.73 英尺）的一种计量单位，发现两个城市之间相距 5000 斯塔德。

通过运用简单但巧妙的几何计算（见 9.1 节中的例 3），埃拉托色尼确定从亚历山大到赛伊尼的距离等于地球周长的 1/50。然后利用这些信息，他估计出地球的周长为 24662 英里，这个数值比实际值仅少了 245 英里。

在大型政治集会发生后，新闻媒体通常会估计并报道人群规模。当然，如果人群规模高达数十万人，那么实际上没有人能够真正去计数。例 6 介绍了一种技巧，可用于估计此类数字。但是，在接下来的“生活中的数学”部分，你会发现接受此类报告中的数字时要慎之又慎。

生活中的数学——总人数到底是多少？

2015 年秋天，天主教教皇方济各访问费城，在本杰明 · 富兰克林公园大道举行弥撒。预计参加总人数为 150 万人，但是在活动当天，参加人数明显要少得多。虽然市政府官员和情报部门没有给出官方数据，但是根据媒体的一些报道进行估计，参加弥撒的实际人数约为 80 万人。

不要这么快下定论。根据某些计算方式进行估计，若有 80 万人参加活动，则公园道路长度应为实际长度的 4 倍，宽度也必须是实际宽度的 4 倍！那么，总人数到底是多少呢？利用《费城询问报》摄影记者从公园大道附近一栋 50 层高楼上拍摄的照片，英国曼彻斯特大学大众科学教授基思 · 斯蒂尔估计人群总数为 8 ~ 14.2 万人。那么，究竟是 8 万人、14.2 万人还是 80 万人呢？如你所见，估计就是这样，也许我们应该对人群规模报告持保留态度。

例 6　估计大量物体的数量

估计 M&Ms 巧克力豆的数量，如图 1.14 所示。

解：在图 1.14 中，我们将照片划分成 16 个大小相等的矩形，每个矩形包含的巧克力豆数量大致相等。可以看到，在高亮显示的矩形中，共包含 10 颗巧克力豆（只要部分可见，任何巧克力豆都将纳入计算范围）。因此，估计照片中巧克力豆的合理数量为 $10 \times 16 = 160$。

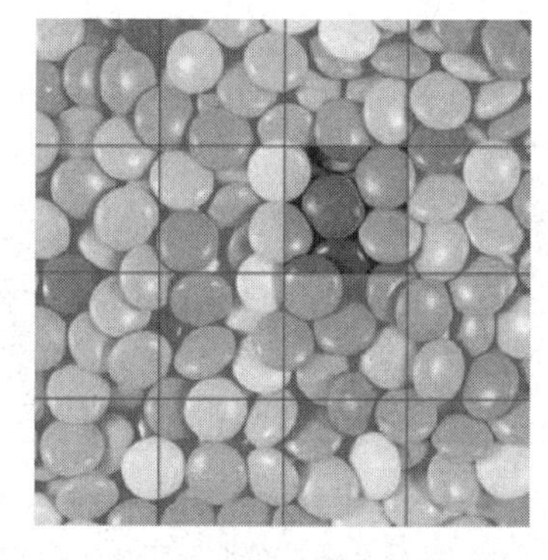

图 1.14　估计 M&Ms 巧克力豆的数量

在几何学中，虽然许多公式可用于计算标准几何图形（如正方形、三角形和圆形）的面积，但有时仍然需要估计不规则形状图形的面积，如例 7 所示。

例 7　估计不规则区域的面积

假设为了防治西尼罗河病毒，环境治理人员正在公园里喷洒药剂，并且需要估计喷洒区域的面积。在如图 1.15 所示的网格中，假设每个正方形的边长为 1 个单位，面积为 1 英亩。

解：回顾前文所述的画图策略。估计分两个阶段进行。首先，求不规则形状区域的内面积。内面积由所有橙色正方形构成，完全包含在图 1.15(b)中的阴影区域内。如果统计橙色正方形的数量，就会发现内面积为 24 英亩。

然后，求不规则形状区域的外面积。外面积等于内面积和所有绿色正方形面积之和，这些绿色正方形与不规则形状区域部分相交（暂将具有红色及蓝色边框的正方形作为绿色正方形）。计算橙色正方形与绿色正方形的数量之和，可知不规则形状区域的外面积为 55 英亩。因此，本题的正确答案介于 24 英亩（内面积）与 55 英亩（外面积）之间。

为了确定最终估计结果，我们求得内面积与外面积的平均值，即 $(24+55)/2=39.5$ 英亩。将所有正方形划分为单位面积为 1/4 英亩的较小正方形，我们还可改进这个估计方案。图 1.15(b)中的红色边框正方形表明，当采用较小的正方形时，标有“a”的 2 个红色边框小正方形将被排除在外，因此会减小外面积。同理，蓝色边框正方形表明，当采用较小的正方形时，标有“b”的 3 个蓝色边框小正方形将被包含在内，因此会增大内面积。采用这种精细网格，我们就可更精确地估计真实面积。

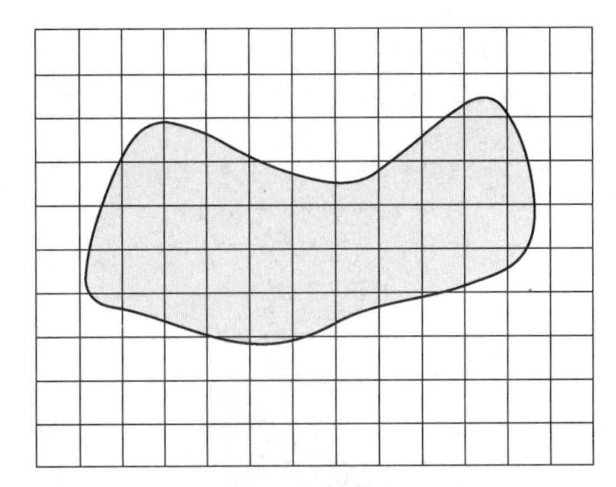

图 1.15(a) 估计不规则形状区域的面积

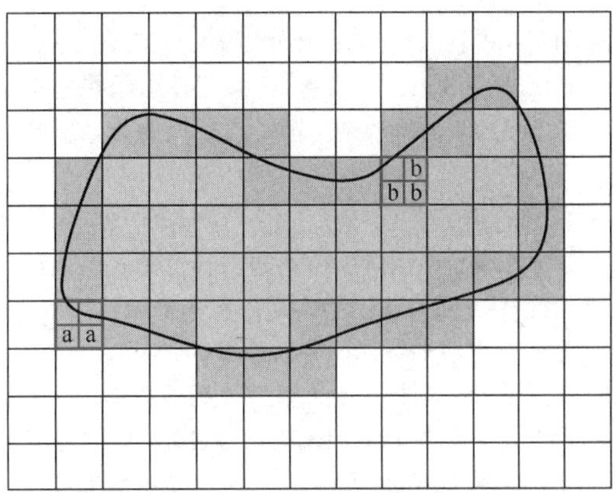

图 1.15(b) 内面积由所有橙色正方形构成；外面积由橙色及绿色正方形所覆盖的区域构成

现在尝试完成练习 59 ~ 60。

练习 1.3

强化技能

运用舍入法或相容数字法，估计下列问题的答案。在某些情况下，所用方法不同，答案可能存在差异。

01. $21.6+38.93+191+42.5$

02. $17.18+27.2+10.31+87.6$

03. $34.6-15.3$

04. $107.28-68.49$

05. 4.75×16.3

06. 1028×14.8

07. $17.4/3.31$

08. $2068/72.4$

09. 0.091×785

10. 0.0008×4026.3

11. $8.7\%\times1024$

12. $18\%\times683$

学以致用

估计下列问题的答案，并解释估计思路。可能的话，说明估计值是大于还是小于正确答案。

13. **越野训练**。迈克正在越野队参加训练，每天要跑 3.7 英里，每周要跑 5 天。在接下来的 6 周时间里，他总共要跑多少英里？

14. **采购用品**。朱莉娅购买了 18 盒铅笔，每盒 0.94 美元，她共花了多少钱？

15. **旅行时间**。为了观看选美比赛，奥利弗从胡佛驱车前往加州雷东多海滩，平均车速为 47.5 英里/小时。如果距离目的地还有 325 英里，当前是下午 1 点，他应该会在什么时候到达？

16. **汽油价格**。在收费公路加油站，拉斐尔花 57.60 美元加了 14.8 加仑汽油，估计每加仑汽油的价格。

17. **计算小费**。普里切特一家出去吃饭，账单金额是 118.45 美元。要想支付 15%的小费，小费金额应是多少？

18. **分担公寓费用**。泰德、莉莉和马歇尔共用一套公寓，若上个月的水电费账单总额为 76.38 美元，则每人应当分担的费用是多少？

19. **购买绿植**。在购买春季种植的绿植时，艾米莉以 2.95 美元/束的价格买了 3 束牵牛花，以 1.39 美元/束的价格买了 4 束长春花，以 2.79 美元/包的价格买了 1 包盆栽土。她应支付的账单总额是多少？

20. **购置电脑**。珊德拉花 1389 美元购置了一台新电脑，如果销售税是 6%，她应支付的账单总额是多少？

21. **电梯载重量**。某部电梯的额定载重量是 2300 磅，艾丽西亚及其 21 名学生（小学五年级）想挤进这部电梯，你认为这安全吗？

22. **电梯载重量**。在参加美国国家橄榄球联盟（NFL）比赛时，如果绿湾包装工队的 8 名前锋球员挤进了练习 21 中提到的那部电梯中，你认为是否安全？

23. 计算纳税额。德怀特的应纳税收入为37840美元，若州所得税税率为2.4%，县工薪所得税税率为1.1%，他将为这两项税收支付的总金额是多少？

24. 估计轮胎保修期。查克为公司汽车购买了新轮胎，以保证行驶42000英里。若他每周5天都开车11.5英里去上班，然后每个周末开14英里，则保修期满前还有多少周？

25. 人口密度。根据美国人口普查局的数据，新泽西州是美国人口最稠密的州（1196人/平方英里），阿拉斯加州是美国人口最稀疏的州（1.2人/平方英里）。新泽西州的人口密度是阿拉斯加州的多少倍？

26. 人口密度。美国的平均人口密度为87.4人/平方英里，佛罗里达州的人口密度为350.6人/平方英里。佛罗里达州的人口密度约为美国总人口密度的多少倍？

27. 计算减税额。玛丽·罗斯是一名财务顾问，主要居家办公，她想为每年的部分开支申请减税。她平均每月支出的基本电话费为13.75美元，电费为68.45美元，水电费为12.80美元。如果可以申请这些费用中的1/7作为减税额，那么她每年的减税额是多少？

28. 计算减税额。本杰明花19880美元买了一辆新车，并缴纳了2.5%的销售税，可以在联邦所得税申报表上扣除这笔金额。如果适用于21%的纳税类别，则这项减税额将为他节省多少税款？

下图根据美国人口普查局的数据显示了按教育程度划分的男性和女性的2019年年薪差距。本书后面将给出正确答案。

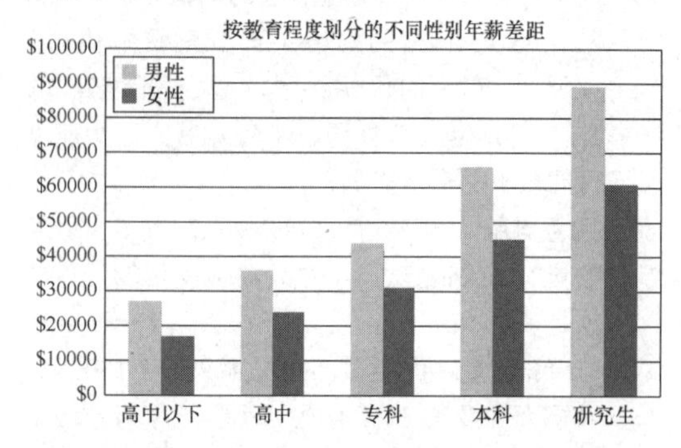

29. 性别工资差距。高中毕业男性的平均年薪是多少？专科毕业女性的平均年薪是多少？

30. 性别工资差距。估计本科毕业男性的年薪比女性高多少？

31. 性别工资差距。哪一组女性的工资与男性的差距最大？哪一组差距最小？

32. 性别工资差距。平均而言，大学毕业男性的年薪比高中毕业男性的高多少？

哈里斯民意调查调研了2309名YouTube成年观众，想了解如果在每段视频之前都加入简短商业广告，他们是否会改变自己的观看习惯。利用下面的调查结果汇总饼状图，完成练习33～36。

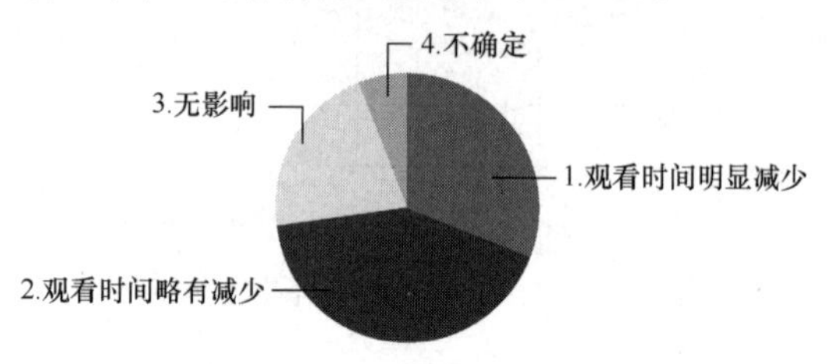

33. 在4个选项中，选择哪个选项的观众人数最多？

34. 对于选择选项3的观众而言，最可能的人数估计是多少（是500、300、1000还是1200）？

35. 在选项1和选项2中，选择哪个选项的观众人数最多？

36. 估计多少观众选择了选项4？

下面的图表中显示了从苹果应用商店（App Store）和谷歌商店（Google Play）下载的智能手机应用的价值差异，时间范围是从2016年到2018年。利用此图表，估计练习37～40的答案，本书后面将会给出正确答案。

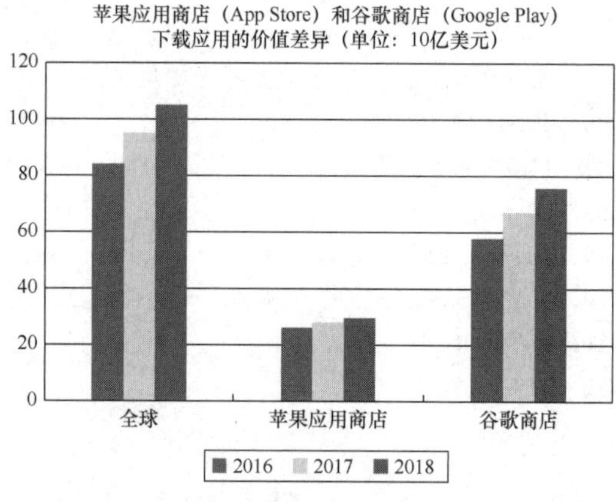

37. 应用程序价值之比较。估计2017年从苹果商店下载的应用程序的大致价值。

38. 应用程序价值之比较。与苹果应用商店相比，估计2018年从谷歌商店下载的应用的价值要高出多少？

39. 应用程序价值之比较。估计全球应用的价值在2016年至2018年间的增长量。

40. 应用程序价值之比较。2016—2018年，对谷歌商店和苹果商店而言，应用之间的价值差异是变小、变大还是保持不变？解释理由。

下面的饼状图显示了联邦政府某年度的财政收入，单位为 10 亿美元。利用该图表估计练习 41～44 的答案。总收入为 21650 亿美元。

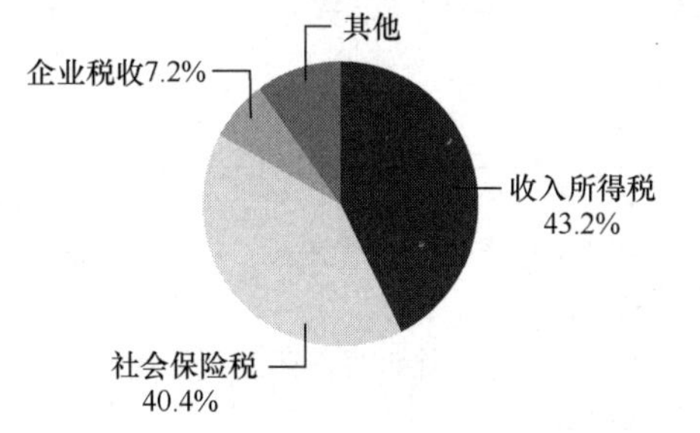

41．多少收入来自社会保险税？

42．多少收入来自收入所得税？

43．多少收入来自企业税收？

44．社会保险税和收入所得税之和是多少？

下面的饼状图显示了美国最近一年的移民分布状况，利用它估计练习 45 ~ 48 的答案。移民总数为 705361 人。

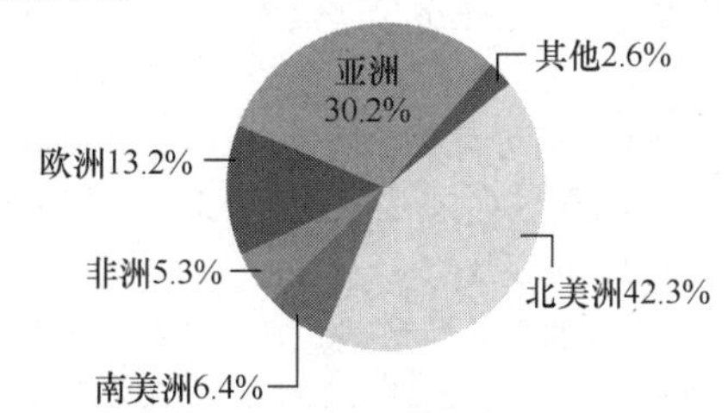

45．多少人从亚洲移民至美国？

46．多少人从欧洲移民至美国？

47．130661 位移民来自墨西哥，占移民总数的百分比是多少？

48．41034 位移民来自中国，占移民总数的百分比是多少？

在练习 49 ~ 50 中利用如下地图估计帆船的航行距离（以英里为单位）。

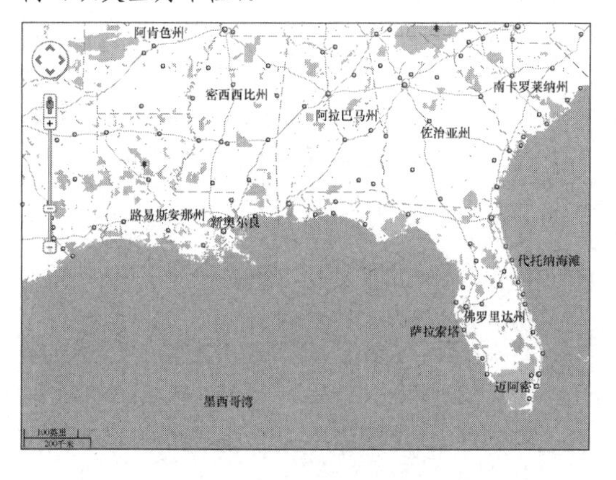

49．从代托纳海滩到萨拉索塔。

50．从迈阿密到新奥尔良。

数学交流

51．回答与数学估计相关的如下问题：**a**. 你认为估计与解题之间的关系如何？**b**. 估计与心算能力如何相关？**c**. 估计可能导致哪些风险？请给出高估风险和低估危险的具体示例。

52．询问相熟的一位全职太太（或全职先生），请教其认为估计与下列情况（或其可能想要讨论的其他情况）有何关系：预算、烹饪、安排聚会、纳税、计划上大学、安排婚礼（或其他重要活动）以及偿还学生贷款。将结果与其他学生的结果进行比较，并报告自己的发现。

生活中的数学

53．针对华盛顿广场上的各种活动，在线开展人群规模估计研究，并讨论因估计差异而产生的任何争议。你或许想要研究 1995 年发生的华盛顿百万黑人大游行。估计商场聚集的最大人群规模。

54．研究人群规模估计方法，包括估计特定活动人群规模的组织和方法。

挑战自我

55．**购买化肥**。马丁内斯家的庭院大小为96英尺×169英尺，如图 1.16 所示。图中列出了房屋、车道和花园的尺寸。庭院的其余部分是草，马丁内斯先生想要给草坪施肥，如果 1 袋肥料能够覆盖 5000 平方英尺的草坪，他共需要多少袋肥料？解释估计思路。

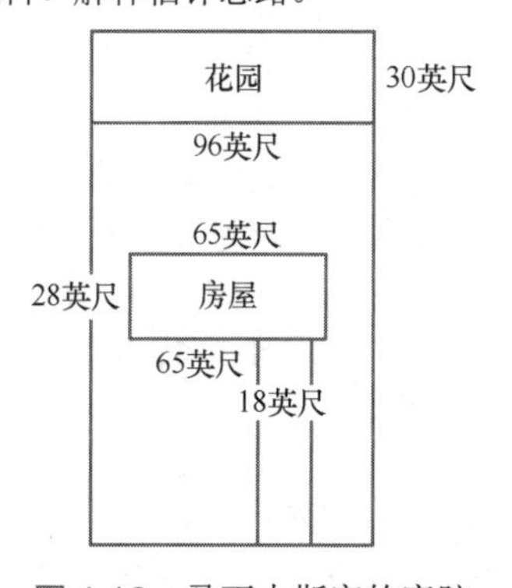

图 1.16　马丁内斯家的庭院

56．**购买涂料**。海蒂和斯宾塞正在粉刷客厅，客厅长 18.5 英尺，宽 11 英尺，高 7.75 英尺。如果在墙上涂两层涂料，1 加仑涂料可以覆盖 200 平方英尺，总计应该购买多少加仑涂料？解释如何估计。

57．估计地球的周长。参照埃及地图，估计亚历山大和阿斯旺之间的距离，然后将估计数乘以 50。在估计地球的周长时，埃拉托色尼还额外增加了 2000 斯塔德，这里也照猫画虎。为了求出估计值中的额外英里数，你需要知道 1 英里等于 5280 英尺。你的估计值与埃拉托色尼的相比如何？

58． 假设在 5 年期间（2016—2020）州教育系统基金分别为 123.4, 125.2, 126.1, 128.2 和 129.3（单位为百万美元），如下图所示。改变垂直比例尺，重新绘制图表，向不同受众强调不同信息。**a**．你正在与大学生家长交流，想要强调本系统基金获得了政府强有力的资金支持；**b**．你正在与反税组织交流，想要表明政府一直在努力控制开支。

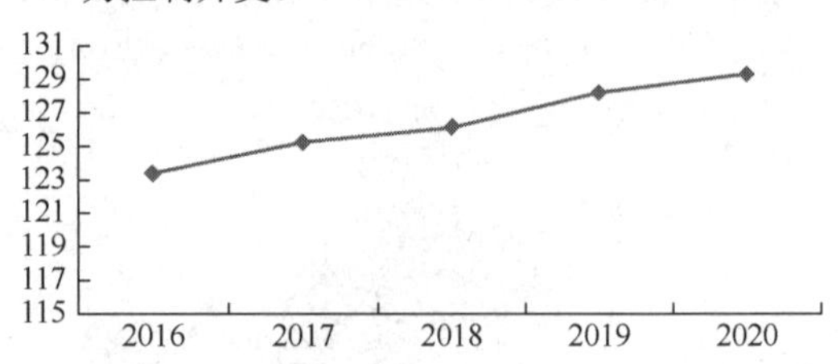

采用例 7 中的方法，估计练习 59 ~ 60 中描述的图形面积。

59． 半径为 4 的一个圆（实际面积约为 50.27 平方单位）。

60． 边长为 5 且已旋转 45° 的一个正方形（实际面积为 25 平方单位）。

本章复习题

1.1 节

01． 列出波利亚解题法的四个步骤。

02． 什么是反例？

03． 雷米（R）、劳伦斯（L）、克里斯（C）、埃姆博（A）和特拉维斯（T）是豪斯博士奖学金的申请者，他们正在诊断一名患者。若从这些学生中选择 2 人来展示诊断结果，则共有多少种不同的方式？选择学生的顺序并不重要。

04． 在一次愉快的周末宴会上，你可以选择 8 道开胃菜、20 道主菜和 10 道甜点。如果每次只能选择 1 道开胃菜、1 道主菜和 1 道甜点，则共有多少种选择方式？尝试描述一个简化版本，然后求解。

05． 西蒙尼上周辛勤工作了 20 小时，部分时间做股票经纪人，工资为 5.65 美元/小时；其余时间做滑雪教练，工资为 8 美元/小时。如果她挣了 141.20 美元，则两份工作的时间分别是多少？在求解问题时，大胆猜想，评估完善，直至找到答案。

06． 命题 $\frac{a}{b}+\frac{c}{d}=\frac{a+c}{b+d}$ 是否为真？若为真，举出 2 个示例；若为假，举出 1 个反例。

07． 解释三法原则。

1.2 节

08． 解释归纳推理与演绎推理之间的差异。

09． 下列情形是属于归纳推理还是属于演绎推理？**a**．在电影《源代码》中，当科尔特·史蒂文斯竭力阻止恐怖分子炸毁火车时，你也在追踪一系列线索；**b**．J. K. 罗琳（《哈利·波特》一书的作者）最近出版了 4 本书，销量超过 1000 万册。如果她再出版一本书，销量还将超过 1000 万册。

10． 运用归纳推理，预测以下数字序列中的下一个数字：**a**．2, 7, 12, 17, 22, ⋯；**b**．3, 4, 7, 11, 18, 29, ⋯。

11． 运用归纳推理，按规律绘制下一个图形。

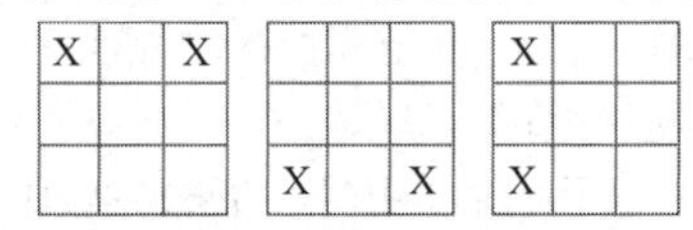

12． 以数字 48 为例，说明哥德巴赫猜想。

13． 从选择几个不同数字开始，按照此"技巧"的说明，对每种情况下得到的结果进行猜想。运用代数和演绎推理，解释为什么你的猜想是正确的。**a**．选择任意自然数；**b**．将这个数字乘以 8；**c**．将乘积加上 12；**d**．将(c)部分得到的结果除以 4；**e**．减去 3。

1.3 节

14． 将下列每个数字舍入为最接近的千位：
a．46358；**b**．27541。

15． 用相容数字法估计以下问题的答案，每个人的答案可能不同：**a**．$209.35-61.19$；**b**．5.85×15.64。

16． 胡安娜去迈阿密旅行，平均速度为 52.4 英里/

小时。如果距离目的地还有 156 英里，现在是下午 4 点，那么她应该什么时候到达？

17. 下图显示了几种常见饮料中的咖啡因含量，单位为盎司：普通咖啡（8），美食家咖啡（12），可乐（12），能量饮料（8），蒸馏咖啡（1.5），诺多士（NoDoz/瞌睡无 1 片），红茶（8）。**a**. 美食家咖啡中的咖啡因含量比 1 片诺多士高多少？**b**. 与 1 杯普通咖啡相比，1 片诺多士药片中的咖啡因含量如何？**c**. 要获得比 1 份美食家咖啡更多的咖啡因，你需要喝多少能量饮料？**d**. 假设有 1 份美食家咖啡，还有 1 份可乐、能量饮料、蒸馏咖啡和红茶的组合，请问二者中哪个含咖啡因更多呢？

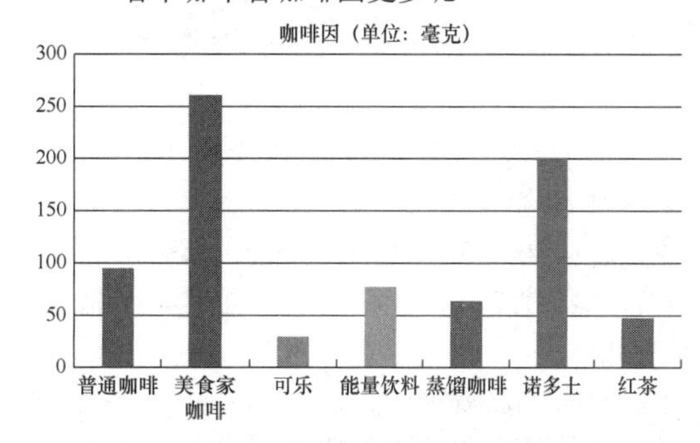

本章测试

01. 列出 1.1 节中介绍的 3 种解题技巧。

02. 指出下列哪个命题为假，并给出反例。

a. $\frac{a+b}{c}=\frac{a}{c}+\frac{b}{c}$ ；**b**. $\frac{a}{b+c}=\frac{a}{b}+\frac{a}{c}$ 。

03. 电玩游戏销售。通过一系列猜想，求解如下问题。截至 2020 年 3 月，《我的世界》《俄罗斯方块》和《侠盗飞车五》是最畅销的 3 款在线电玩游戏，总计售出 4.7 亿份。如果《俄罗斯方块》的销量比《侠盗飞车五》多 5000 万份，比《我的世界》少 1000 万份，那么《我的世界》的销量是多少？

04. 据《今日美国》报道，美国航空航天局正在追踪绕地球飞行的 12000 个空间碎片（体积大小如葡萄柚或者更大），下图显示了碎片所有者的分布情况。**a**. 估计俄罗斯拥有的碎片数量；**b**. 估计中国拥有的碎片数量。

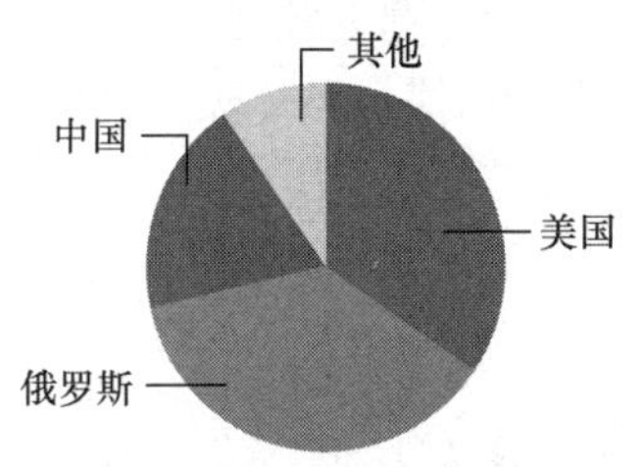

05. 将 36478：**a**. 舍入至最接近的千位数；**b**. 舍入至最接近的百位数。

06. 什么是钻牛角尖原则？

07. 解释归纳推理与演绎推理之间的差异。

08. 下列情况属于何种类型的推理？**a**. 早些时候，你给好朋友卡拉电话留言，请她回到家后给你回电话。卡拉回复留言并做了肯定性答复，但一直没有回电话，因此你认为她还没回到家中；**b**. 通过浏览谷歌地图，你估计了从芝加哥到波士顿的驾驶时间，计算出要在这段时间内到达，需要以 63 英里/小时的速度行驶。

09. 解释三法原则。

10. 你与两名室友共住一套公寓，租金为 625 美元/月，水电费为 180 美元/月，估计你每年应分担的费用。

11. 在数字序列 1, 2, 6, 15, 31, 56, 92, … 中，下一个数字可能是什么？

12. 按照相同的规律，补充列表 abc, abd, abe, bcd, bce, bcf, … 的下三项。

13. 在如下序列中，可能出现的下一个图形是什么样子？

X	X		
	X		
	X		

X	X		
	X	X	

	X	X	
		X	
		X	

14. 以数字 60 为例，说明哥德巴赫猜想。

15. 判断下列命题的真假，若为假，则给出一个反例。若笔记本电脑先降价 10%，随后涨价 10%，则其价格将与原价相同。

16. 从 n 的几个不同数值开始，按下列“技巧”的说明对任意 n 值所能得到的结果进行猜想。运用代数方法证明你的猜想。**a**. 选择任意自然数；**b**. 将该数字乘以 4；**c**. 将乘积加上 40；**d**. 除以 2；**e**. 减去 20。

第 2 章　集合论

在卡内基·梅隆大学的实验室中，阿莱桑德罗·阿奎斯蒂教授为志愿者拍摄照片。他开发了一种人脸识别应用，只需短短 3 秒即可从 Facebook 资料中找到志愿者的个人信息，如姓名、住址、职业及其他细节。Cognitec 公司的主营业务是销售智能摄像机，这种摄像机同样应用了人脸识别技术，可在人们经过时对其信息进行分析。当面对年轻消费者时，这是一款功能强大的智能手机，拥有令人惊叹的人工智能照片编辑功能，用户还可以自定义数字广告。当面对老年消费者时，数字广告的内容可能是新的医疗保险优惠计划。

无论是参加音乐会和政治集会，还是休闲度假，摄影师都可能将你的照片存储在一个非常庞大的数据库（集合）中，其中包含的海量信息完全能够勾勒出你及其他所有人的大致画像。

在网络上购物时，集合论经常出现。例如，在你购买《适用于全体美国人的俄罗斯力量训练秘密》一书作为父亲节礼物后，弹窗可能会问你是否还喜欢《斯巴达勇士训练：30 天成为动作片明星》。这类网站难道具有读心术？在你表达具体想法前，它为何能提出针对性较强的购买建议？

这些不可思议的应用主要基于"集合"相关理论，本章重点介绍此方面的内容。2.4 节介绍一个非常有趣且重要的示例，讨论如何运用集合论对血型进行分类。对于受血者而言，由于性命攸关，重要性不言而喻。

2.1　集合语言

当我开始修订本节的内容时，我决定搜索 sporty hybrid cars（运动型混合动力汽车），但首先想要分别指定每个单词进行搜索。搜索 sporty（运动型）时，结果列表中包含了 980 万个站点，涉及运动鞋、运动服、培养运动型儿童以及运动型手表等内容；搜索 cars（汽车）时，结果列表中包含了近 20 亿个站点；搜索 hybrid（混合）时，结果列表中包含了 7.54 亿个站点，包括混血鲨鱼和数字组合游戏等内容；搜索 sporty hybrid cars（运动型混合动力汽车）时，结果列表中包含的站点数量要少得多，仅有 134 万个。

在第一次搜索中，谷歌浏览了大量网址，返回了包含 sporty 的一个页面集合。在最后一次搜索中，谷歌将包含所有 3 个单词的网站划分到一个集合中，因此列表较短。

数学家常用这种概念（将具有共同特征的物件组合在一起），以便将集合视为单个数学对象。采用数学专业术语进行描述时，由一堆物件构成的整体称为集合，集合中的单个对象称为该集合的元素或成员。

人们通常用大写字母命名集合，用小写字母表示集合中的元素，如用大写字母 G 标识奥运会金牌获得者，用小写字母 x, a, p 或 d 标识获得金牌的具体人员。为便于记忆，最好为集合选择一个好名字，这一点非常重要。例如，虽然可以称一组共和党人为 X，一组民主党人为 Y，但若将共和党人集合命名为 R，将民主党人集合命名为 D，则这些集合的应用会变得更加简单清晰。

2.1.1　集合的表示法

在表示集合时，一般采用列举法，即在花括号中列出集合的所有元素。例如，若将一年的季节集合命名为 S，则可将该集合表示为 S={春，夏，秋，冬}。不过，虽然能够列出一个集合中的所有元素，但有时这样做显得特别麻烦，例如，若 B 是 1～1000 之间所有自然数（含边界）的集合，则列出该集合中的所有元素是一项非常艰巨的工程，此时可将其表示为$B=\{1, 2, 3,\cdots,1000\}$。这里之所以列举$B$集合中的前几个元素，主要目的是形成一种规律，省略号表示该列表以相同的方式一直延续至集合中的最后一个数字（即 1000）。同理，若将所有非负整数的集合命名为W，则可将其表示为$W=\{0, 1, 2, 3,\cdots\}$，省略号后面没有数字，意味着该列表可以一直延续下去。

在一个集合中，若所有元素都具有其他物体无法满足的某些共同特征，则可用集合建构式符号法/描述法表示该集合。例如，假设C是所有肉食性动物的集合，则可用集合建构式符号法表示为

$$C=\{x:x\text{是肉食性动物}\}$$

如图 2.1 所示，该等式可解读为：C是所有x的集合，x是肉食性动物。

显然，狮子是集合C的元素之一，但羔羊不是。

对于列举法表示的集合，人们也经常换用集合建构式符号法，反之亦然。

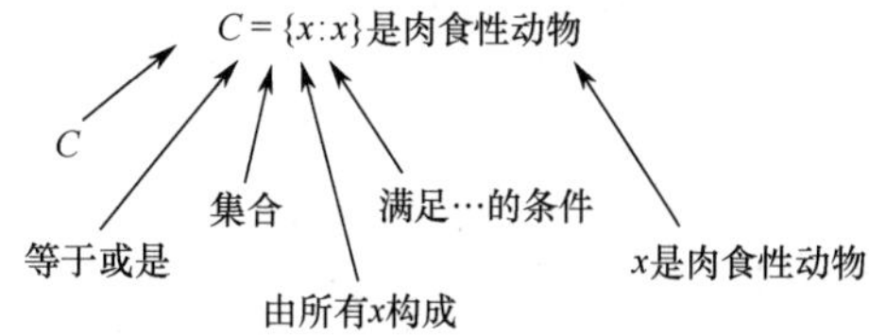

图 2.1　集合建构式符号法

例 1　常见数字集合

简述以下各类数字集合/数集：a）自然数；b）非负整数；c）整数；d）有理数；e）实数。

解：a）自然数集合/自然数集，用N表示：

$$N=\{1,2,3,\cdots\}$$

这是用于计数的数字集合，也称计数集合，用C表示。

b）非负整数集合/非负整数集，用W表示：

$$W=\{0,1,2,3,\cdots\}$$

或者将其视为自然数集合加上数字 0。

c）整数集合/整数集，用I表示：

$$I=\{\cdots,-3,-2,-1,0,1,2,3,\cdots\}$$

d）有理数集合/有理数集，用Q表示：

$$Q=\{x:x\text{ 可以表示为 }\tfrac{a}{b}\text{，}a\text{ 与 }b\text{ 均为整数，且 }b\text{ 不为 }0\}$$

$\frac{3}{4}$，$\frac{-7}{8}$和$\frac{-6}{-11}$都是有理数。数字 5 也是有理数，因其可表示为$5=\frac{5}{1}$。

e）实数集合/实数集，用R表示：

$$R=\{x:x\text{ 具有小数展开式}\}$$

实数集合还可视为能在一个数轴上表示的所有数字的集合。

例 2　运用集合表示法

使用另一种方法写出下面的每个集合：a）$T=\{\mathrm{A}^-,\mathrm{A}^+,\mathrm{B}^-,\mathrm{B}^+,\mathrm{AB}^-,\mathrm{AB}^+,\mathrm{O}^-,\mathrm{O}^+\}$；

b）$B=\{y:y\text{是美国国旗上的颜色}\}$；c）$A=\{a:a\text{是小于 20 的计数数字，可被 3 整除}\}$。

解：a）可用集合建构式符号法表示为$T=\{x:x\text{是一种血型}\}$。

b）可用列举法表示为$B=\{\text{红，白，蓝}\}$。

c）可以表示为$A=\{3,6,9,12,15,18\}$。

现在尝试完成练习 13 ~ 22。

自测题 1

采用另一种方法，表示下列集合：a）$A=\{y:y\text{是一周中的一天}\}$；b）$B=\{1,2,3,\cdots,60\}$。

2.1.2 定义明确的集合

若能辨别某个特定对象是否为某个集合中的元素，则该集合就是“定义明确的集合”，见例 3 中的说明。

例 3 判断集合是否定义明确

下列集合是否定义明确？a）$A=\{x:x$ 是奥斯卡金像奖得主$\}$；b）$T=\{x:x$ 身材高大$\}$。

解：a）这个集合的定义非常明确，人们总能判断某个人是否隶属于集合 A。例如，莱昂纳多 · 迪卡普里奥、蕾妮 · 齐薇格和杰昆 · 菲尼克斯是集合 A 的成员，但伊丽莎白 · 沃伦、哈利 · 波特和德雷克不是集合 A 的成员，因为他们从未获得过奥斯卡金像奖。

b）某人是否隶属于这一集合，取决于人们如何解读“身材高大”，所以 T 集合的定义不明确。在某种情况下，6 英尺身高的人会被认为身材高大；在另一种情况下，6 英尺身高的人可能会被认为身材矮小。

现在尝试完成练习 23 ~ 30。

自测题 2

下列集合是否定义明确？a）$\{x:x$ 是海拔超过 10000 英尺的山峰$\}$；b）$\{y:y$ 是恐怖电影$\}$。

在运用集合建构式符号法时，有时可能出现“没有任何物体满足条件”的情形，如集合 M 中没有任何元素：

$$M=\{m:m\text{在上数学课，同时参加美国国家橄榄球联赛}\}$$

生活中的数学——模糊集合论

在例 3 中，我们强调“对于数学家来说，身材高大之人集合的定义并不明确”。但是在日常生活中，这种说法却经常出现，而且人们能够很好地理解其含义。

土耳其人苏坦 · 科森的身高为 8 英尺 3 英寸，一度成为世界上身材最高的人，假设其身高值是 1；尼泊尔人钱德拉 · 唐吉的身高仅为 21.51 英寸，成为世界上身材最矮的人，假设其身高值是 0。笔者的身高为 5 英尺 9 英寸，没有苏坦那么高，也没有钱德拉那么矮，所以主观上给自己设定了 0.6 的身高值。因此，从某种意义上讲，我是“身高值是 0.6”的人类集合的成员之一。

你的身高值是多少？你的朋友呢？勒布朗 · 詹姆斯呢？①

这种集合理论称为模糊集合论，主要讨论不同程度上隶属于某个集合的各种元素。在社会学、管理科学、机器人科学和医学等领域，这一理论获得了大量应用，主要适用于相关数据并非“非黑即白”的情形，某种程度上能够体现人们的主观判断。

定义 不包含任何元素的集合称为空集，其标识符号为 $\varnothing$，另一种表示法为$\{\ \}$。

前述集合 M 是空集，可以写为 $M=\varnothing$。

例 4 正确运用相似表示法

a）$\{\varnothing\}$与 $\varnothing$ 的含义是否相同？b）$\{\varnothing\}$与$\{0\}$的含义是否相同？

解：回顾前文所述的钻牛角尖原则。

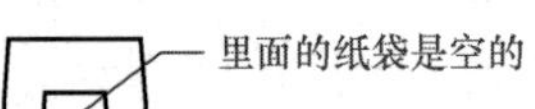

a）注意，$\{\varnothing\}$与 $\varnothing$ 的含义不一样。为便于理解，我们可将集合想象成超市中可以买到的纸袋，空集 $\varnothing$ 相当于

---

① 勒布朗 • 詹姆斯是美国著名职业篮球运动员，目前效力于洛杉矶湖人队。

空纸袋▽，{∅}可以形象地表示为一个空纸袋包含另一个空纸袋。

b）同理，{0}与{∅}的含义也不一样。如果同样画两个纸袋，就会看到{∅}对应于装有空纸袋的纸袋，{0}对应于装有数字0的纸袋。

现在尝试完成练习49～52。

自测题3

{ }与∅的含义是否相同？

人们经常用到的另一种集合称为全集。

定义 全集是含有待研究问题中所有元素的集合，一般用大写字母U标识。

例如，在某个问题中，人们可能只想使用从1到10的数字，此时的全集为$U=\{1,2,3,\cdots,10\}$。在另一种情况下，人们可能只考虑居住在美国的女性消费者，此时的全集为$U=\{x:x$是居住在美国的女性消费者$\}$。

2.1.3 元素符号

我们使用符号$\in$代表“属于”。$\in$看起来有点像字母e，但二者完全不同。$3\in A$表示3是集合A中的元素；若3不是集合A中的元素，则表示为$3\notin A$。

例5 运用集合元素符号

将如下命题中的符号#替换为$\in$或$\notin$：a）3 # $\{2,3,4,5\}$；b）$\{5\}$ # $\{2,3,4,5\}$；c）比尔盖茨 # $\{x:x$是亿万富翁$\}$；d）慢跑 # $\{y:y$是有氧运动$\}$；e）红桃A $\{f:f$是标准52张扑克牌中的人脸牌$\}$。

解：回顾前文所述的钻牛角尖原则。

a）$3\in\{2,3,4,5\}$。

b）$\{5\}\notin\{2,3,4,5\}$。注意，5是数字，$\{5\}$是集合。

c）比尔盖茨$\in\{x:x$是亿万富翁$\}$。

d）慢跑 $\in$ $\{y:y$是有氧运动$\}$。

e）红桃A $\notin$ $\{f:f$是标准52张扑克牌中的人脸牌$\}$。

现在尝试完成练习31～42。

自测题4

判断下列命题是否为真/成立：a）$3\in\{x:x$是奇数$\}$；b）$2\notin\varnothing$；c）巧克力$\in\{x:x$是维生素$\}$。

2.1.4 基数

在求解集合论问题时，一般需要了解集合中的元素总数。

定义 集合A中的元素数量称为集合A的基数，记为$n(A)$。若基数是整数，则该集合为有限集合/有限集。无限集合/无限集含有无限多个元素。

生活中的数学——为何关心冥王星是否是一颗行星？

几年前，各种新闻媒体郑重宣告，人们所爱的冥王星不再是一颗行星。经过激烈的辩论后，国际天文学联合会宣布，根据行星的最新定义，冥王星已被降级为一颗矮行星。当然，我们这里讨论的是“定义明确的行星集合”的重要性。根据这个定义，冥王星要么是行星，要么不是行星，没有其他选项。阿兰·斯特恩是美国航空航天局的冥王星任务的负责人，他郁闷地说“这个定义糟透了……”。虽然有些人曾试图推翻这个定义，但今天冥王星仍是一颗非行星。（注：从技术角度讲，冥王星现在被认为是一颗“矮行星”，而不是一颗充分发育的行星。）

在人们的生活中，明确地定义各种事项非常重要。当为财产、汽车或自身健康而购买保险时，保险公司的律师会仔细定义各项保单条款。遗憾的是，在出险并提出索赔之前，你可能并不知道自己买了些什么。如果不理解保单中的各项定义，就可能会让你损失成千上万美元。

例 6 求集合的基数

说明下列集合是有限集合还是无限集合。若为有限集合，则用 $n(A)$ 表示法说明其基数。

a）$P=\{x:x$ 是太阳系中的一颗行星$\}$；　　b）$N=\{1,2,3,\cdots\}$；

c）$A=\{y:y$ 是居住在美国但并非美国公民的人$\}$；　　d）$\varnothing$；

e）$X=\{\{1,2,3\},\{1,4,5\},\{3\}\}$。

解：a）太阳系共有 8 颗行星，因此这是有限集合，$n(P)=8$。

b）计数集合是无限集合。

c）居住在美国但并非美国公民的人数有限，因此 A 是有限集合。但是，我们可能不知道 $n(A)$。

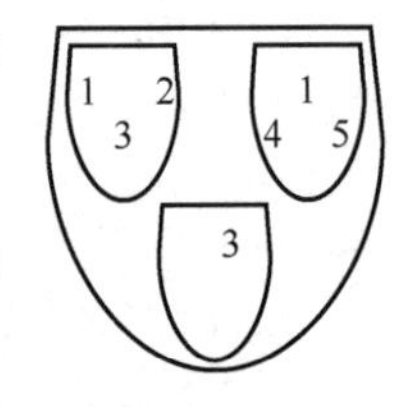

d）空集不包含任何元素，因此是有限集合，$n(\varnothing)=0$。

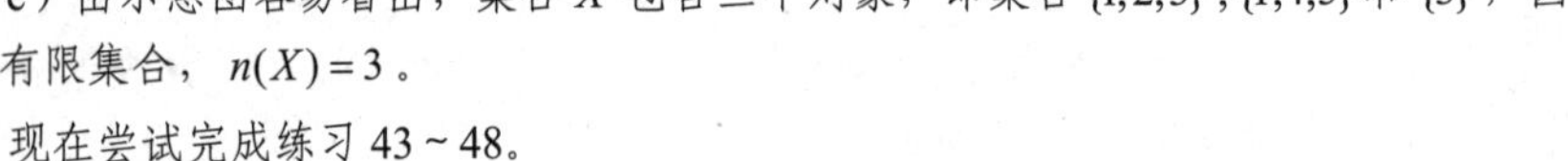

e）由示意图容易看出，集合 X 包含三个对象，即集合 $\{1,2,3\}$，$\{1,4,5\}$ 和 $\{3\}$，因此是有限集合，$n(X)=3$。

现在尝试完成练习 43 ~ 48。

自测题 5

求下列集合的基数：a）$\{2,4,\cdots,20\}$；b）$\{\{1,2\},\{1,3,4\}\}$；c）$\{s:s$是美国的一个州$\}$。

练习 2.1

强化技能

在练习 01 ~ 12 中，运用集合表示法，列举每个集合中的全部元素。

01. 从 10 到 15 的自然数（含边界）。

02. 英文字母表中 e 与 k 之间的字母。

03. $\{17,18,\cdots,25\}$。

04. -5 和 5 之间的整数（不含边界）。

05. 小于 30 且可被 4 整除的自然数。

06. $\{y:y$是6和20之间的奇数$\}$。

07. 一周中的每一天。

08. $\{x:x$是美国50个州之一，以单词New开头$\}$。

09. $\{y:y$是小于0的自然数$\}$。

10. $\{11,13,15,\cdots,25\}$。

11. 在奥巴马前任职的女性美国总统集合。

12. $\{x:x$是美国的一个州，与其他州没有边界$\}$。

在练习 13 ~ 22 中，采用另一种方法来表示每个集合。答案可能多样。

13. $\{3,6,9,12\}$。

14. $\{$红, 橙, 黄, 绿, 青, 蓝, 紫$\}$。

15. $\{n:n$表示一年之中每个月天数的可能性$\}$。

16. $\{z:z$是负整数$\}$。

17. $\{y:y$是一年之中的一个月$\}$。

18. $\{$白羊座,金牛座,双子座,$\cdots$,水瓶座,双鱼座$\}$。

19. $\{y:y$是大于100的自然数$\}$。

20. $\{2,4,6,8,10,\cdots\}$。

21. $\{2,4,6,8,10,\cdots,100\}$。

22. $\{x:x$是可以被3整除的自然数$\}$。

在练习 23 ~ 30 中，判断每个集合是否定义明确。

23. $\{x:x$住在密歇根州$\}$。

24. $\{2,4,6,8,10,\cdots\}$。

25. $\{y:y$有一份有趣的工作$\}$。

26. $\{t:t$走了很多路$\}$。

27. $\{x:x$是凶猛的动物$\}$。

28. $\{y:y$是哺乳动物$\}$。

29. $\{1,-3,5,-7,9,-11,\cdots\}$。

30. $\{y:y$是容易记住的手机号码$\}$。

在练习 31 ~ 42 中，将每个 # 替换为 $\in$ 或 $\notin$，表达一个真命题。

31. 3 # $\{2,4,6,8\}$。

32. 3 # $\{x:x$是整数$\}$。

33．奥巴马 # $\{x:x$是美国前总统$\}$。

34．爱因斯坦 # $\{y:y$是在世的美国诗人$\}$。

35．福特F-150 # $\{x:x$是平板电脑$\}$。

36．泰勒•斯威夫特 # $\{a:a$是专业滑冰运动员$\}$。

37．5 # $\{x:x$是有理数$\}$。

38．-5 # $\{y:y$是实数$\}$。

39．0 # $\varnothing$。

40．$\varnothing$ # $\{0\}$。

41．佛罗里达州 # $\{x:x$ 是位于宾夕法尼亚州以南的一个州$\}$。

42．佛罗里达州 # $\{x:x$ 是位于密西西比州以东的一个州$\}$。

对于下列每个集合 A，求 $n(A)$。

43．$\{1,3,5,7,\cdots,11\}$。

44．$\{3,4,5,\cdots,13\}$。

45．$\{x:x$是1900年以前出生的在世美国总统$\}$。

46．$\{x:x$是美国大陆之一$\}$。

47．$\{x:x$是英文单词Mississippi中的字母$\}$。

48．$\{x:x$是字母表中的元音$\}$。

在练习 49～52 中，绘制类似于例 6 中的“纸袋图”，描述每个集合 A，最后求该集合的基数。

49．$\{\{1,2\},\{1,2,3\}\}$。 50．$\{\{1\},\varnothing,0,\{0\}\}$。

51．$\{\{\{\varnothing\}\}\}$。 52．$\{\{1\},\{2\},\{3\},\{1,2,3\}\}$。

判断下列集合是有限集合还是无限集合。

53．$\{x:x$是J. K. 罗琳所著图书中的词语$\}$。

54．$\{y:y$是曾经在月球上行走的人数$\}$。

55．$\{y:y$是4与5之间的实数$\}$。

56．$\{x:x$是空集中的元素$\}$。

在练习 57～64 中，找出集合 A 中不是集合 B 中元素的元素。正确答案可能比较多。

57．$A=\{y:y$是4与10之间的数字$\}$，
$B=\{y:y$是4与10之间的自然数$\}$。

58．$A=\{y:y$是人类种族之一$\}$，
$B=\{y:y$是美国公民$\}$。

59．$A=\{y:y$是电子产品制造商$\}$，
$B=\{y:y$是总部位于美国的公司$\}$。

60．$A=\{y:y$是动物$\}$，$B=\{y:y$有皮毛$\}$。

61．$A=\{y:y$是世界政治领袖$\}$，
$B=\{y:y$是美国人$\}$。

62．$A=\{y:y$是汽车制造商$\}$，
$B=\{y:y$是总部位于美国的公司$\}$。

63．$A=\{y:y$是一周中的一天$\}$，
$B=\{y:y$是工作日$\}$。

64．$A=\{y:y$是名称首字母为A、B或C的州$\}$，
$B=\{y:y$是名称首字母为A或B的州$\}$。

学以致用

在练习 65～68 中，利用普通教育选修课表，以另一方式描述每个集合。

	人文科学	写　作	世界文化	文化多样性
历史学 012	是	是	是	否
历史学 223	是	是	是	是
英语 010	是	是	否	否
英语 220	是	是	否	否
心理学 200	否	是	否	否
地理学 115	否	否	是	是
人类学 111	是	否	是	是

65．{历史学 012，历史学 223，英语 010，英语 220，人类学 111}。

66．{英语010，英语220，心理学200}。

67．$\{x:x$选修世界文化$\}$。

68．$\{x:x$不选修文化多样性$\}$。

修订本书时，美国普通汽油的均价为 2.21 美元（221 美分）/加仑。采用此信息和给定图表，完成练习 69～72。

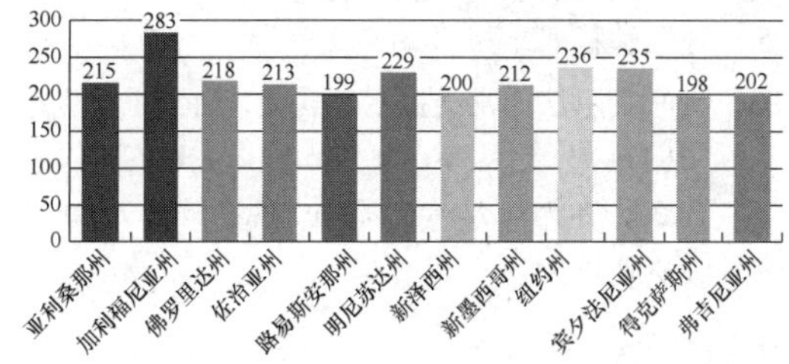

资料来源：汽油价格跟踪机构GasBuddy网站

69．采用列举法，列出普通汽油价格低于全国平均水平的州集合 L。

70．采用列举法，列出普通汽油价格高于全国平均水平的州集合 G。

71．采用集合建构式符号法描述下列州集合：{加利福尼亚州，纽约州}。

72．采用集合建构式符号法描述下列州集合：{路易斯安那州，新泽西州，得克萨斯州，弗吉尼亚州}。

在开始一项新锻炼计划之前，安娜查阅了某在线健身计算器，找到了如下图表，显示了一个半小时内各种体育活动所消耗的卡路里数量。采用此图表，完成练习 73～76。

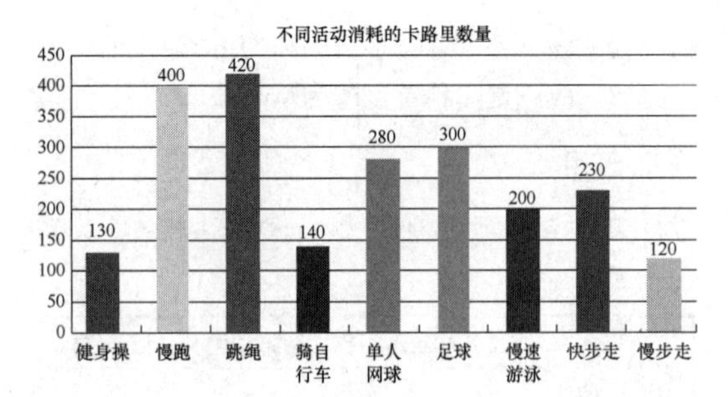

73. 采用列举法，列出消耗 300 卡路里以上的活动集合。

74. 采用列举法，列出消耗卡路里数量低于慢速游泳的活动集合。

75. 采用集合建构式符号法描述下列活动集合：{健身操，慢步走}。可以接受的答案有若干。

76. 采用集合建构式符号法描述下列活动集合：{慢跑，跳绳，足球}。可以接受的答案有若干。

数学交流

77. 类比原则告诉我们，为了寻找术语和自己熟悉的表示法的相似之处，=、≠、≤和<等符号如何帮助你记住相应集合论表示法的含义？

78. 描述一个集合时，什么情况下采用集合建构式符号法（而非列举法）更适合？

79. 详细解释 $\{\varnothing\}$ 和 $\varnothing$ 的含义差异。

80. 良好表示法通常会提示其含义，如 2.1.4 节介绍的 $n(A)$ 符号。**a**. n 代表什么？**b**. A 代表什么？A 为什么要大写？**c**. 现在解释 $n(A)$ 是什么意思。

生活中的数学

81. **定义明确的集合和课程要求**。获取专业要求的一份副本（纸质或网络在线），若尚未选择专业，可以选择一个感兴趣的专业。例如，若是通信专业的学生，一定可在某个地方找到对毕业要求的精确描述。实际上，所在院校对该学位的要求集合是（或至少应该是）明确的。举出几个示例，说明你必须要遵守的具体要求。

82. **模糊集合/模糊集**。除了前文所述的“身材高大”，尝试想象属于模糊集合的其他一些情形。例如，如果在最高限速为 55 英里/小时的区域内超速行驶，你和公路巡警是否会为 68 英里/小时的速度分配相同的模糊值？你和你的朋友具有哪些模糊的个人特征？

挑战自我

83. **知名人士集合**。设 U = {勒布朗·詹姆斯，贝比·鲁斯，贝·多芬，巴赫，达·芬奇，J. K. 罗琳，巴特·辛普森，希拉里·克林顿，贾斯汀·比伯，迈克尔·乔丹，伦勃朗，温斯顿·丘吉尔，尤利乌斯·凯撒，莎士比亚，碧昂丝，哈利·波特，蕾哈娜}。从 U 中选择具有某些共同特征的一个元素集合，同时采用列举法和集合建构式符号法进行定义，如{巴特·辛普森，哈利·波特} = $\{x:x$是虚构角色$\}$。查找尽可能多的类似集合，并用列举法和集合建构式符号法进行定义。

84. **常见物品集合**。设 U = {苹果，平板电视，帽子，天狼星收音机，鱼，沙发，洗衣机，鞋，狗，汽车，薯片，指甲剪，面包，香蕉，真空吸尘器，锤子，床，比萨饼}。从 U 中选择具有某些共同特征的一个元素集合，同时用列举法和集合建构式符号法进行定义，如{平板电视，天狼星收音机，洗衣机，真空吸尘器}= $\{x:x$是电器$\}$。查找尽可能多的类似集合，并用列举法和集合建构式符号法进行定义。

我们将悖论定义为自相矛盾的命题，或者能够同时被证明为“真和假”的命题。完成练习 85 ~ 87 时，需要用到这个定义。

85. **悖论**。某小镇只有一名理发师，而且是男性，他只给自己不刮胡子的那些人刮胡子。问题来了，谁给这名理发师刮胡子？此时可能出现如下两种情况：一是理发师自己刮胡子，二是理发师不自己刮胡子。首先，假设理发师自己刮胡子，此时能得出什么必然的结论？假设理发师不自己刮胡子，此时能得出什么必然的结论？

86. 判断下列命题是否为真：这个语句不正确。这个语句是否正确呢？首先，假设这个语句正确，此时能够得出什么必然的结论？其次，假设这个语句不正确，此时能够得出什么必然的结论？

87. 设 A 为集合 $\{1,2,3\}$，显然 $A \notin A$。现在考虑所有这些集合（并非自身的元素）的集合，并称之为集合 S。也就是说，$S=\{X:X$是一个集合，$X \notin X\}$。现在回答问题“$S \in S$ 吗？”。首先，假设 $S \notin S$，此时能够得出什么必然的结论？现在假设 $S \in S$，此时能够得出什么必然的结论？

2.2 集合比较

从很小的时候起，每个人始终都在做各种比较，如我跑得比你快、她比哥哥聪明、这是我最舒适的鞋子等。在数学领域中，类似的比较情形同样经常发生。

学习集合的比较方式后，你可能联想到数字及代数表达式的比较。若能深刻领悟这些比较方式的异同，你的理解能力就会得到极大提高。

2.2.1 集合相等

对于两个集合之间的关系，首先要弄清一件最基本的事情，就是二者何时被认为相同。

定义 若集合 A 和集合 B 的成员完全相同，则称二者相等，表示为 $A=B$。若集合 A 和集合 B 不相等，则表示为 $A \neq B$。

由此定义可知，要使集合 A 与集合 B 相等，集合 A 中的每个元素就必须是集合 B 中的成员，集合 B 中的每个元素也必须是集合 A 中的成员。

例 1 集合相等

下列哪对集合相等？a）{Facebook, Flickr, Twitter, Pinterest, Instagram, TikTok}和{ Pinterest, Flickr, Instagram, Twitter, Facebook, TikTok, Flickr, Pinterest}；b）$A=\{x:x$ 是美国公民$\}$，$B=\{y:y$ 出生于美国$\}$。

解： a）可以看出这两个集合包含完全相同的元素，由于元素的顺序和重复性都不重要，因此二者相等。

b）阿诺德·施瓦辛格是集合 A 的元素，但不是集合 B 的元素（施瓦辛格出生于奥地利），所以这两个集合不相等。你能想出集合 A 中元素不在集合 B 中的其他示例吗？

现在尝试完成练习 01 ~ 08。

自测题 6

判断下列命题是否为真：a）{苏格拉底，莎士比亚，贝·多芬}={莎士比亚，贝·多芬，苏格拉底}；b）{老虎，灰鲸，大熊猫}=$\{y:y$ 属于濒危物种$\}$。

2.2.2 等价集合

两个集合之间可能存在另外一种关系，即两个集合的元素之间相匹配。

定义 若 $n(A)=n(B)$，则集合 A 和集合 B 等价/等势/对等，或者说具有一一对应关系。换句话说，若两个集合含有相同数量的元素，则二者等价/等势/对等。

下例说明等价集合可能并不相等。

例 2 区分相等集合与等价集合

下列哪对集合相等？哪对集合等价？a）{a,b,c,d} {d,b,a,c,d,c}；b）{1,2,3} {4,5,6}。

解： 回顾前文所述的钻牛角尖原则。a）在一个集合中，元素的重复并不增多成员的数量，因此可忽略重复内容，将这些集合改写为

{a,b,c,d} 和 {d,b,a,c}

由于包含相同的元素，因此两个集合相等。而且，由于含有相同数量的元素，所以其可按如下方式一一对应：

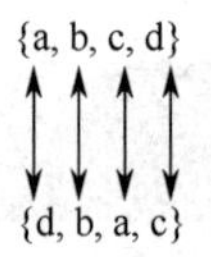

b）这两个集合显然不相等，但是等价，因为可以一一对应：

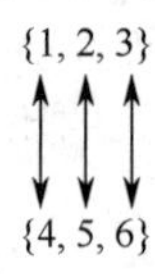

{1, 2, 3}　{1, 2, 3}

{4, 5, 6}　{4, 5, 6}

图 2.2　集合 A 与集合 B 以一一对应关系相匹配的两种方式

图 2.2 显示了集合 $\{1,2,3\}$ 与 $\{4,5,6\}$ 以一一对应关系相匹配的两种方式。

现在尝试完成练习 15 ~ 24。

记住，虽然相等和等价/等势/对等听起来相似，但二者的数学含义不同，不能互换使用。

2.2.3　子集

比较两个集合时，另一种方式是判断一个集合是否为另一个集合的一部分。

定义　若集合 A 中的每个元素也是集合 B 中的元素，则集合 A 称为集合 B 的子集，这种关系表示为 $A \subseteq B$。若集合 A 不是集合 B 的子集，则表示为 $A \not\subseteq B$。

要证明 $A \subseteq B$，则要证明集合 A 中的每个元素也是集合 B 中的元素；要证明集合 A 不是集合 B 的子集，在集合 A 中找到集合 B 中不存在的任意一个元素即可。

解题策略：类比原则

对符号和术语而言，"相似性"通常可以反映所表达含义的对应相似性。例如，符号 $\subseteq$ 的含义为"是……的子集"，符号 $\leqslant$ 的含义为"小于或等于"，二者在相似性方面有着异曲同工之处。

例 3　辨别子集

在下列集合对中，判断其中一个集合是否为另一集合的子集：a）$A=\{1,2,3\}$ 和 $B=\{1,2,3,4\}$；b）$A=\{$维奥拉·戴维斯，彼得·丁克拉奇，尼尔·帕特里克·哈里斯，茱莉娅·路易斯·德莱福斯$\}$和 $E=\{x : x$ 赢得了艾美奖$\}$[1]。

解：a）集合 A 中的每个成员也在集合 B 中，所以 $A \subseteq B$；由于集合 B 中有一个元素不在集合 A 中，所以 $B \not\subseteq A$。

b）因为集合 A 中的每个成员都获得过艾美奖，所以 $A \subseteq E$；众多艾美奖获奖者并不在集合 A 中，如杰森·贝特曼 2019 年获得了艾美奖（执导并出演），但并不在集合 A 中，因此集合 E 不是集合 A 的子集（$E \not\subseteq A$）。

如果 A 是任意集合，由于 A 中的每个元素都是 A 中的元素，所以 $A \subseteq A$。同理，空集也是每个集合的子集，如 $\varnothing \subseteq \{1,2,3\}$。虽然听上去比较奇怪，但空集中的每个元素确实都是 $\{1,2,3\}$ 中的元素。根据 1.1 节中介绍的反例原则，为了证明该命题不为真，必须找到一个反例才行。也就是说，必须找到未包含在 $\{1,2,3\}$ 中的一个元素，此事绝无可能，所以该命题为真。

2.2.4　维恩图

当在工作中遇到数学集合时，一种有效的解题方法是绘制维恩图。在图 2.3 所示的维恩图

[1] 艾美奖是美国电视界的最高奖项。

中，集合 A 是集合 B 的子集。

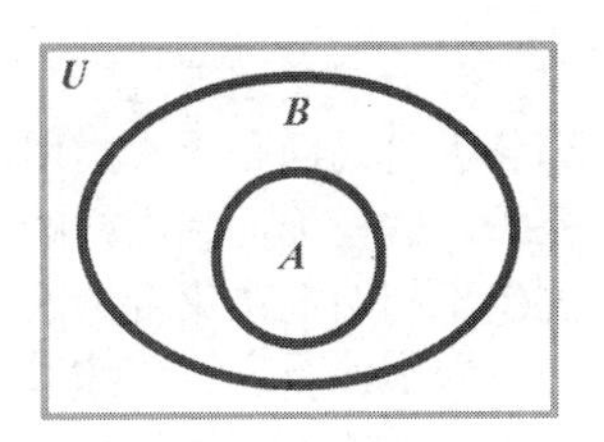

图 2.3　表示集合 A 是集合 B 的子集的维恩图

要点　维恩图以图形方式表示不同集合间的关系。

全集是矩形区域 U，区域 A 完全包含在区域 B 中，说明集合 A 中的所有元素也都包含在集合 B 中。

在大多数情况下，当提及集合 A 是集合 B 的子集时，集合 B 中的某些元素并不是集合 A 中的元素。在真子集的定义中，我们将继续沿用这种思想。

定义　若 $A \subseteq B$，但是 $A \neq B$，则集合 A 称为集合 B 的真子集，这种关系表示为 $A \subset B$。若集合 A 不是集合 B 的真子集，则表示为 $A \not\subset B$。

由此可知，因为 $\{1,2,3,\cdots\}$ 中包含的部分元素并非 $\{2,4,6,\cdots\}$ 中的成员，所以 $\{2,4,6,\cdots\} \subseteq \{1,2,3,\cdots\}$，且 $\{2,4,6,\cdots\} \subset \{1,2,3,\cdots\}$。在例 3(b)中，集合 $A=\{$ 维奥拉 • 戴维斯，彼得 • 丁克拉奇，尼尔 • 帕特里克 • 哈里斯，茱莉娅 • 路易斯 • 德莱福斯$\}$ 是集合 E 的真子集，因为杰森 • 贝特曼不是集合 A 的成员。

建议　区分子集和真子集的符号时，有个小窍门。在表示法“$A \subseteq B$”中，子集符号的下半部分看起来有点像等号，它提醒大家集合 A 和集合 B “有可能”相等。当然，二者实际上未必相等；在表示法“$A \subset B$”中，子集符号底下的横线消失，提醒大家这两个集合不能相等。

例 4　辨别子集

在韩国平昌举行的 2018 年冬季奥运会上，奖牌获得者如下表所示。

运　动　员	参赛项目	奖　　牌	国　　家
米凯拉 • 席弗琳	大回转	金牌	美国
安娜 • 维斯	超级大回转	银牌	奥地利
皮埃尔 • 沃尔蒂尔	单板滑雪	金牌	法国
加布里埃拉 • 帕帕达吉斯	花样滑冰	银牌	法国
戴维 • 怀斯	U 形场地单板滑雪	金牌	美国
马丁 • 松德比	双追逐越野滑雪	银牌	挪威
羽生结弦	花样滑冰	金牌	日本
克里斯 • 马兹泽	无舵雪橇	银牌	美国
克洛伊 • 金	U 形场地单板滑雪	金牌	美国
埃斯彭 • 安德生	北欧两项	银牌	挪威

假设该运动员集合为全集，定义各个集合如下：$A=$ 美国运动员集合；$S=$ 银牌获得者集合；$G=$ 金牌获得者集合；$N=$ 挪威运动员集合。下列哪些命题为真？a）$A \subseteq G$；b）$N \subseteq S$；c）$N \subset S$。

解：a）假。因为克里斯 · 马兹泽是集合 A 的成员，但不是集合 G 的成员。

b）真。集合 N 的每个成员（马丁 · 松德比和埃斯彭 · 安德生）都是集合 S 的成员。

c）真。目前已知集合 N 是集合 S 的子集，由于集合 S 包含安娜 · 维斯，但她不在集合 N 中，因此可以判定 $N \subset S$。

现在尝试完成练习 09 ~ 14。

自测题 7

判断下列各个命题是否为真：a）$\{2,4,6,8,\cdots\} \subseteq \{1,2,3,4,\cdots\}$；b）在例 4 的表格中 $A \subseteq S$。

在一次交通事故中，由于汽车完全报废，我和妻子决定购买一辆新车。在正式签字以前，销售人员询问是否考虑增加 WiFi、OnStar 车载导航系统、SiriusXM 卫星收音机或者附加油漆保护。假设你面临同样的情况，那么你如何考虑通过不同方式做出决定？或许，你首先会随机列出不同的选项集合。这里用 w 表示 WiFi，用 o 表示 OnStar，用 x 表示 SiriusXM 卫星收音机，用 p 表示油漆保护。然后，你的选择可能是 $\{w,o\}$，$\{x,p\}$，$\{o\}$，$\{w,o,p\}$ 和 $\{w,x,p\}$ 等。

这种随机方法存在一个问题，即在辨别了约 11 个或 12 个子集后，新子集的提出会变得越来越困难，且可能会在未创建完整列表的情况下结束。如 1.1 节所述，系统化直击问题非常重要。在例 5 中，为了求解一个相似的问题，我们以一种有计划的系统化解题方式进行说明。

例 5　系统化查找一个集合的所有子集

查找集合 $\{1,2,3,4\}$ 的所有子集。

解：回顾前文所述的系统化策略。在规划求解该问题时，可根据大小（0~4）来考虑各个子集，如下表所示。

子集大小	子　集	子集数量
0	$\varnothing$	1
1	$\{1\},\{2\},\{3\},\{4\}$	4
2	$\{1,2\},\{1,3\},\{1,4\},\{2,3\},\{2,4\},\{3,4\}$	6
3	$\{1,2,3\},\{1,2,4\},\{1,3,4\},\{2,3,4\}$	4
4	$\{1,2,3,4\}$	1
		合计 =16

现在尝试完成练习 25~28。

自测题 8

查找集合 $\{1,2,3\}$ 的所有子集。

若能对某个问题的解题方法进行归纳总结，就可经常运用这些知识来解决其他相关的问题。下面尝试归纳总结例 5 中的解题方法。为了找到一定的规律，我们进一步研究具有不同大小的集合 S 示例。

集合 S	集合 S 的所有子集	集合 S 的子集数量
$\varnothing$	$\varnothing$	1
$\{1\}$	$\varnothing,\{1\}$	2
$\{1,2\}$	$\varnothing,\{1\},\{2\},\{1,2\}$	4
$\{1,2,3\}$	见自测题 8	8
$\{1,2,3,4\}$	见例 5	16

可以看到，每当我们向集合 S 中增加 1 个元素时，集合 S 的子集数量就会倍增。从规律 $1=2^0$，$2=2^1$，$4=2^2$，$8=2^3$ 和 $16=2^4$ 中，即可找出我们所寻求的一般关系。

自测题 9

a）一个集合中包含 5 个元素，该集合有多少个子集？b）利用字母表中的各个字母可以形成多少个子集？

一个集合的子集数量：包含 k 个元素的集合含有 2^k 个子集。

例5通过系统化方法列举子集并查找规律，然后较好地猜测出已知集合具有的子集数量。例6从不同角度研究同一个问题，通常能够获得更强的洞察力，有助于以直观方式记住数学结果。

例6　通过绘制树图来计算子集数量

绘制一幅树图，计算集合 $\{a,b\}$ 的子集数量。

解： 回顾前文所述的画图策略。可以考虑构造 $\{a,b\}$ 的一个子集作为“选择对”。首先，确定是否需要在子集中选择元素 a，然后确定是否需要选择元素 b，如图2.4所示。

第2个分支（红色）显示集合中包含元素 a，但不包含元素 b，因此是子集 $\{a\}$ 的图形表达。注意，树图中的每个分支均对应于集合 $\{a,b\}$ 的1个子集。

现在尝试完成练习49～50。

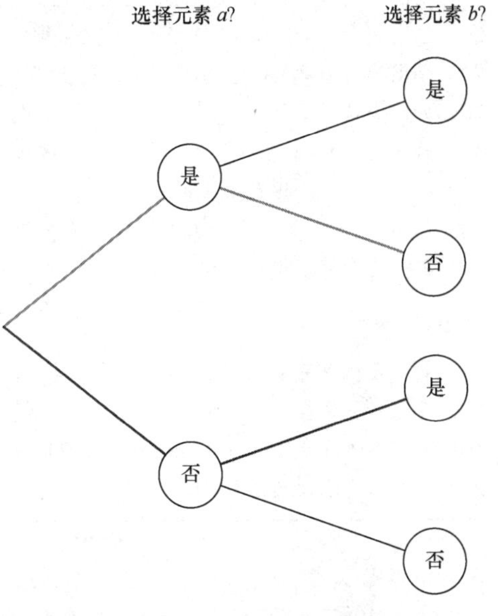

图2.4　选择 $\{a, b\}$ 的子集时所做的决定

自测题10

a）图2.4中的哪个分支表示空集？b）哪个分支表示集合 $\{a,b\}$？

练习2.2

强化技能

在练习01～08中，判断每对集合是否相等，并证明之。

01. $\{1,3,5,7,9\}$ 和 $\{1,5,9,3,7\}$。

02. $\{a,e,i,o,u\}$ 和 $\{a,b,\cdots,u\}$。

03. $\{x:x$是5与19之间的计数数字（含边界）$\}$ 和 $\{y:y$是5与19之间的有理数（含边界）$\}$。

04. $\{x:x$是3与10之间的计数数字（含边界）$\}$ 和 $\{y:y$是3与10之间的整数（含边界）$\}$。

05. $\{1,3,5,\cdots,99\}$ 和 $\{x:x$是0与100之间的奇数计数数字$\}$。

06. $\{3,6,9,12,15\}$ 和 $\{x:x$是能够被3整除的计数数字$\}$。

07. $\varnothing$ 和 $\{x:x$是1800年以前出生的在世美国人$\}$。

08. $\varnothing$ 和 $\{\varnothing\}$。

在练习09～14中，判断每个命题是否为真，并证明之。

09. {玫瑰，雏菊，向日葵，兰花} $\subset$ {玫瑰，兰花，向日葵，雏菊，康乃馨}。

10. {牧羊犬，贵宾犬，猎兔犬，吉娃娃，斗牛犬} $\subseteq$ {斗牛犬，吉娃娃，猎兔犬，贵宾犬，牧羊犬}。

11. $\{x:x$是单词happy中的字母$\} \subseteq \{y:y$是单词happiness中的字母$\}$。

12. $\{t:t$是单词Ruth中的字母$\} \subset \{z:z$是单词truth中的字母$\}$。

13. $\varnothing \subseteq \{1,3,5\}$

14. $\varnothing \subseteq \varnothing$

在练习15～24中，判断每对集合是否等价，并证明之。

15. $\{1,2,3,4,5\}$ 和 $\{a,e,i,o,u\}$。

16. $\{2,4,6,8,10,12\}$ 和 $\{2,3,4,\cdots,12\}$。

17. $\{x:x$是单词song中的字母$\}$ 和 $\{x:x$是单词songs中的字母$\}$。

18. $\{x:x$是单词tenacity中的字母$\}$ 和 $\{x:x$是单词resolve中的字母$\}$。

19. $\varnothing$ 和 $\{\varnothing\}$。

20. $\{\varnothing\}$ 和 $\{0\}$。

21. $\{1,3,5,7,\cdots,15\}$ 和 $\{4,6,8,10,\cdots,18\}$。

22. $\{a,b,c,d,e,\cdots,z\}$ 和 $\{3,4,5,6,\cdots,26\}$。

23. $\{x:x$是2012年的一天$\}$ 和 $\{y:y$是2011年的一天$\}$。

24. $\{x:x$ 是2020年超级碗比赛中旧金山49人队的首发球员$\}$ 和 $\{x:x$ 是2020年超级碗比赛中

堪萨斯城酋长队的首发球员}。

25. 列出集合{1,2,3}中的所有2元素子集。

26. 列出集合{1,2,3,4}中的所有2元素子集。

27. 列出集合{1,2,3,4}中的所有3元素子集。

28. 列出集合{1,2,3,4,5}中的所有3元素子集。

29. 若集合A包含5个元素，则A含有多少个子集？其中真子集有多少？

30. 若集合A包含7个元素，则A含有多少个子集？其中真子集有多少？

学以致用

利用如下表格，完成练习31~34。在练习31~34中，设定如下集合：U（高年级学生）、L（低年级学生）、S（理科专业）、V（GPA大于3.0）、A（艺术专业）、T（运动员）和D（戏剧相关）。

	专业	年级	平均学分绩点（GPA）	活动
艾伦（A）	音乐	大学一年级	1.9	戏剧
贝琳达（B）	艺术	大学四年级	2.8	报纸
卡门（C）	英语	大学一年级	3.1	棒球
达纳（D）	历史	大学一年级	2.9	戏剧
埃尔斯顿（E）	艺术	大学四年级	2.8	乐队
弗兰克（F）	社会学	大学二年级	3.1	橄榄球
吉娜（G）	化学	大学三年级	2.6	报纸
赫克托（H）	物理	大学一年级	2.2	乐队
伊万娜（I）	英语	大学三年级	3.5	篮球
詹姆斯（J）	英语	大学二年级	2.9	报纸

31. 查找等于V的一个集合。

32. 查找与S等价但不相等的一个集合。

33. 查找所有集合中基数最大的一个集合。

34. 查找所有集合中基数最小的一个集合。

利用练习31之前给出的表格，求练习35~38中每个集合的子集数量。

35. 学生集合，大学一年级或运动员，或者大学一年级运动员。

36. 学生集合，大学二年级英语专业。

37. 学生集合，非高年级（三年级或四年级），GPA不低于2.5。

38. 学生集合，高年级，GPA高于2.5。

39. 基于达美乐比萨公司发布的广告，顾客在点普通比萨时，还可搭配奶酪，或者辣椒、辣肉肠、洋葱、香肠、凤尾鱼和橄榄的任意组合。问总共有多少种不同的点餐方式？

40. 如果达美乐比萨公司想要宣传其点餐方式超过500种，则必须提供多少种不同的配料？

41. 汉堡王广告说顾客可以“我选我味”，若其汉堡可以选配0～8种配料（如泡菜、洋葱或西红柿等），则顾客点餐时能够选择多少种不同的方式？

42. 汉堡王希望超越达美乐，拟宣传顾客的点餐方式超过1000种。他们提供不同配料的最小数量是多少？

43. 菲尼克斯火焰足球队的所有者拥有不同数量的特许经营权股票，所以当需要对某个问题进行投票时，他们拥有不同数量的投票权。假设阿尔瓦雷斯和齐亚奇各拥有2票，贝拉多拥有3票，德夫林拥有4票，埃斯皮诺扎拥有1票，为了使某项动议获得通过，投票总数必须至少达到9票。在这群所有者中，多少不同子集的投票权重至少为9？

44. 为了与大型公司竞争，5家互联网公司正在合并。这些公司拥有不同数量的股票，因此投票权也相应地被加权，其中ComCore公司的票数计为4票，AvantNet公司和NanoWeb公司的票数分别计为3票，eNet公司的票数计为2票，MicroNet公司的票数计为1票。要通过任何重要动议，总投票权重必须大于或等于10。在这些公司中，共有多少不同子集的总权重为10或更高？

假设你的钱包中有若干硬币，包括1美分（S）、5美分（P）、10美分（P）、10美分（S）、25美分（S）、25美分（D）和50美分（D），分别铸造于旧金山造币厂（S）、费城造币厂（P）和丹佛造币厂（D），硬币后面括号中标出的是铸造厂。运用列举法，查找练习45~48中描述的集合，用5P表示费城造币厂铸造的5美分硬币，用10S表示旧金山造币厂铸造的10美分硬币，以此类推。

45. 该集合总计不到60美分，等价于旧金山造币厂铸造的硬币集合，但不包含旧金山造币厂铸造的硬币。

46. 该集合总计76美分，包含丹佛造币厂所铸造硬币集合的真子集，硬币数量少于5枚。

47. 该集合总计40美分，包含费城造币厂所铸造的硬币集合。

48. 该集合总计65美分，包含旧金山造币厂所铸造硬币的真子集，硬币数量少于4枚。

在练习 49 ~ 50 中，参照图 2.4，绘制一幅类似的树图，显示集合 $\{a,b,c\}$ 的所有子集。采用例 6 所示的分支标注模式：对于每对新分支，将标注"是"放在上部分支，将标注"否"放在下部分支。可将上部分支视为分支 1，将下一个分支视为分支 2，以此类推。

49． 该树图共有多少分支？

50． a. 哪个分支对应于子集 $\{a,b\}$？**b．** 哪个分支对应于子集 $\{c\}$？

数学交流

在一次考试中，对于练习 51 ~ 52 中的问题，诺亚不明白自己为何答错。解释诺亚这样回答的原因，他到底误解了什么？

51． 对集合{玫瑰，雏菊，向日葵，兰花}和{向日葵，玫瑰，雏菊，兰花}是否相等的问题，诺亚回答"否"。

52． 对集合 $\{x : x$是单词star中的字母$\}$ 和 $\{x : x$是单词stars中的字母$\}$ 是否等价的问题，诺亚回答"否"。

53． 在一次考试中，皮特说集合 B 含有 25 个子集。**a．** 为什么这个答案不正确？**b．** 你认为皮特犯了什么样的错误？**c．** 你认为集合 B 有多少个子集？为什么？

54． 目前已知包含 n 个元素的集合有 2^n 个子集，这种规律与掷硬币有何关系？

挑战自我

找到某个问题的解题方法后，数学家就对能够实际计算该解题方法的实用性感兴趣。在例 5 的表格中，可知包含 k 个元素的集合含有 2^k 个子集。在练习 55 ~ 58 中，我们将对此进行探讨。

55． 在计算器上计算 2^k 时，求不会溢出时 k 的最大值。在我所用的计算器上，k 的最大值是 33。

在练习 56 ~ 57 中使用在线计算机代数系统（CAS）。在 CAS 的帮助下，算出 $2^{50} = 1125899906842624$。

56． 利用在线计算机代数系统（CAS）计算 2^{30}。

57． 若某一集合包含 30 个元素，则其含有 2^{30} 个子集。若每秒可以写出 1 个子集，则列出所有 2^{30} 个子集需要多长时间？（提示：忽略闰年，1 年有 $365 \times 24 \times 60 \times 60$ 秒。）

58． 若某台计算机每秒可以计算 10 亿个子集，则列出包含 100 个元素集合中的所有子集大约需要多少年？注意：计算器不会给出准确答案，该答案将采用科学记数法，参见 6.5 节。

在练习 59 ~ 62 中，回顾 1.1 节介绍的帕斯卡三角，如下图所示。可以看到，这个三角的第 4 行（从 0 而非从 1 开始计数）包含数字 1、4、6、4 和 1，刚好与例 5 中的子集数量（此大小）相吻合，即分别精确对应于包含 0、1、2、3 和 4 个元素（即子集大小为 0 ~ 4）的四元素集合的子集数量。

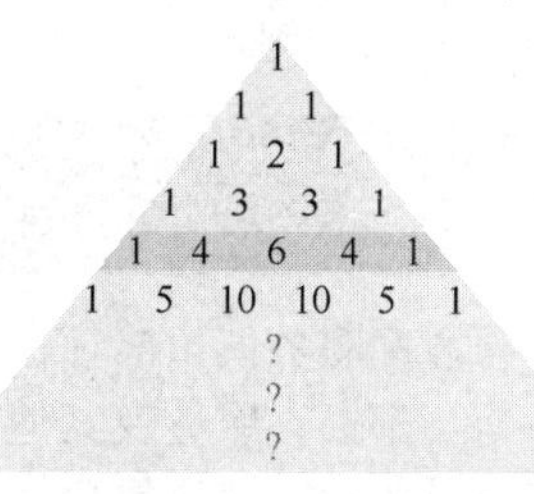

59． 按照相同的规律，如何解释帕斯卡三角的第 5 行？

60． 如何解释帕斯卡三角的第 6 行？

61． 在《天桥娇子》真人秀节目的 9 名参赛者中，海蒂・克鲁姆（主持人兼评委）将挑选 3 人并推荐给《封面女郎》杂志。挑选方法共有多少种？提示：像练习 59~60 那样，使用帕斯卡三角。

62． **选择节目封面**。曾经出现在《蒙面歌王》中的 10 位歌手正在巡回演出，其中 4 位歌手将被选择出现在节目封面上，请问选择方法有多少种？像练习 59~60 那样，使用帕斯卡三角。

63． 对帕斯卡三角每行上的所有数字求和，结果看上去是不是有些眼熟？

64． 可以看到，每行中的数字是对称排列的。查看第 4 行中的两个 4 如何平衡，第 5 行中的两个 5 如何平衡，以此类推。对于这种对称规律，你能给出一种集合论解释吗？

65． 假设"杜威、夏特姆和豪"律师事务所拥有 5 名高级合伙人和 4 名普通合伙人，为了改变一项重要决策，至少要有 3 名高级合伙人投票赞成。请问共有多少种方式可以选择 3 名或以上高级合伙人？（注："杜威、夏特姆和豪"是一家虚构的律师事务所，在电影《三个臭皮匠/活宝三人组》中偶尔被提及。）

66． 在练习 65 中的律师事务所里，若要组建由 3 名高级合伙人和 2 名普通合伙人组成的一个委员会，则共有多少种不同的方式？组建过程可以划分为两个阶段：**a．** 首先，思考选择高级合伙人的方式数量，将其想象为具有很多分支的一棵树；**b．** 其次，思考选择普通合伙人的方式数量，假设将 b 部分中确定的分支数附加到

a 部分中的每个分支，直至最终获得总数为止。如前所述，符号 ⊆（子集）和 ≤（小于或等于）具有相似性。在练习 67 ~ 68 中，针对符号 ≤ 的每个属性，描述符号 ⊆ 的对应属性，然后确认新对应属性是真正有效的集合论属性。

67. 若 $a \leqslant b$ 且 $b \leqslant c$，则 $a \leqslant c$。

68. 若 $a \leqslant b$ 且 $b \leqslant a$，则 $a = b$。

69. 研究示例，找到一种通用规律，对包含 n 个元素的一个集合，知道可以列出多少种不同的一一对应关系。

70. 对有限集合，情形 $A \subset B$ 且 A 与 B 之间存在一一对应关系为何不可能发生？对无限集合，为什么这种情形可能会发生？请给出示例。（提示：见 2.5 节。）

2.3 集合运算

假设校园社区服务俱乐部正在招募志愿者，在附近某个施食处义务承担烹饪、服务及其他工作。在图 2.5 所示的维恩图中，V 表示所有志愿者集合，C 表示烹饪者集合，S 表示服务者集合。

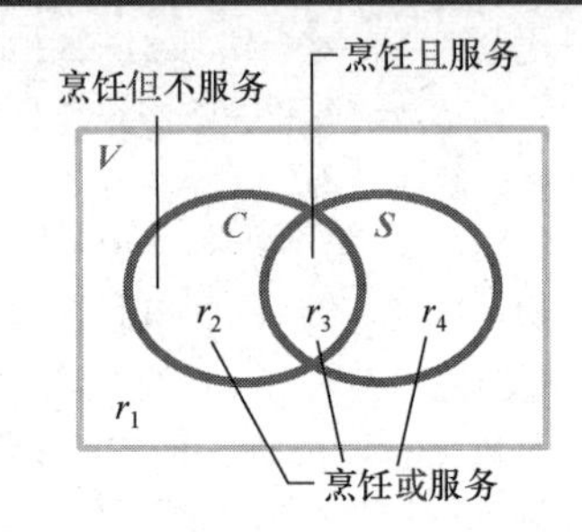

图 2.5　描述施食处志愿者的维恩图

这幅图包含了集合 V 的各个子集。例如，若将集合 C 与集合 S 连接在一起，就会形成一个更大的集合，其中的志愿者将“烹饪或服务”。这个更大的集合可用区域 r_2、r_3 和 r_4 表示。

在图 2.5 中，区域 r_3 为“烹饪且服务”的志愿者集合，可将其视为集合 C 与集合 S 的交叉重叠之处。

最后，通过从集合 C 中去除同属于集合 S 的那些元素，即可找到“烹饪但不服务”的志愿者集合，如区域 r_2 所示。

自测题 11

a）在图 2.5 中，若删除区域 r_2、r_3 和 r_4，请描述志愿者集合状况；b）在图 2.5 中，若将集合 C 从集合 V 中全部删除，结果区域将会如何？代表了哪种志愿者集合？

对于图 2.5 中的各种操作，首先可将各个集合视为数学对象，然后对其执行非正式运算，如连接、交叠和删除，从而形成诸多新集合。本节为这些非正式运算定义更加精确的数学名称，即并集、交集和差集，然后介绍如何运用这些集合运算来进行计算。

2.3.1 并集

形成并集（见下文）时，会将多个集合连接在一起，形成一个更大的集合，例如 $\{1,3,4,5\} \cup \{2,4,6\} = \{1,2,3,4,5,6\}$。注意，虽然 4 是这两个集合的共有元素，但没有必要列出 2 次。

要点　通过将多个集合连接在一起，即可形成并集。

定义　集合 A 与集合 B 的并集表示为 $A \cup B$，并集中的各个元素属于集合 A 或集合 B，或者是这两个集合的共同成员。在集合建构式符号法中，

$$A \cup B = \{x : x \text{ 是 } A \text{ 或 } B \text{ 的成员}\}$$

在两个以上集合的并集中，所有元素至少属于其中一个集合。

下面介绍本节中的几个示例将会用到的一种情境。

在确定选择一种健身活动以前，你可能会考虑该活动是否便于实施，还可能考虑是否需要投入相关的成本。下表对比了几种健身活动的特点。

健身活动	需要特殊场地	需要特殊装备	健身活动	需要特殊场地	需要特殊装备
高温瑜伽	是	否	徒步旅行	否	否
抗阻训练	否	是	慢跑	否	否
自行车	否	是	椭圆机	是	是
健身操	否	否	网球	是	是

这些健身活动形成了全集U：

$U=$\{高温瑜伽，抗阻训练，自行车，健身操，徒步旅行，慢跑，椭圆机，网球\}

定义全集U的下列子集，拟将其用于例1和例2：

$E=$需要特殊装备的健身活动集合$=$\{抗阻训练, 自行车, 椭圆机, 网球\}

$L=$需要特殊场地的健身活动集合$=$\{高温瑜伽, 椭圆机, 网球\}

例1　求集合的并集

求下列集合的并集：a）$A=\{1,3,5,6,8\}$，$B=\{2,3,6,7,9\}$；b）前述的健身活动集合E和L。

解：回顾前文所述的类比原则。a）$A\cup B=\{1,3,5,6,8\}\cup\{2,3,6,7,9\}=$ A或B（或者二者共同）集合中的元素集合$=\{1,3,5,6,8,2,3,6,7,9\}=\{1,2,3,5,6,7,8,9\}$。

注意，最终答案按顺序列出了各个元素，但未列出重复元素，因为这样做并不影响集合相等。

b）$E\cup L=$\{抗阻训练，自行车，椭圆机，网球\}$\cup$\{高温瑜伽，椭圆机，网球\}$=$ E或L（或者二者共同）集合中的元素集合$=$\{高温瑜伽，抗阻训练，自行车，椭圆机，网球\}。

2.3.2　交集

另一种集合运算是交集（见下文），对应于前文所述“交叠”集合的非正式表示法。一般而言，两个集合的交集要小于二者中的任意一个，两个集合的并集要大于二者之中的任意一个。

要点　集合的交集是其共同拥有的所有元素的集合。

定义　集合A与集合B的交集表示为$A\cap B$，交集中的各个元素属于集合A且属于集合B。在集合建构式符号法中，

$$A\cap B=\{x:x\text{既是集合}A\text{的成员，又是集合}B\text{的成员}\}$$

在两个以上集合的交集中，所有元素均属于每个集合。若$A\cap B=\varnothing$，则称A与B不相交。

例2　求集合的交集

求例1中讨论的两个集合的交集。

解：a）$A\cap B=\{1,3,5,6,8\}\cap\{2,3,6,7,9\}=$属于$A$且属于$B$的元素集合$=\{3,6\}$。

b）$E\cap L=$\{抗阻训练，自行车，椭圆机，网球\}$\cap$\{高温瑜伽，椭圆机，网球\}$=$属于E且属于L的元素集合=\{椭圆机，网球\}。

现在尝试完成练习01~18，只包含并集和交集相关内容。

自测题12

设$M=\{x:x$是单词mathematics中的字母$\}$，$B=\{y:y$是单词beauty中的字母$\}$，求$M\cup B$和$M\cap B$。

一般而言，若采用图形化表达方式，人们会更容易理解集合论问题。图2.6显示了如何可视化两个集合的并集和交集。

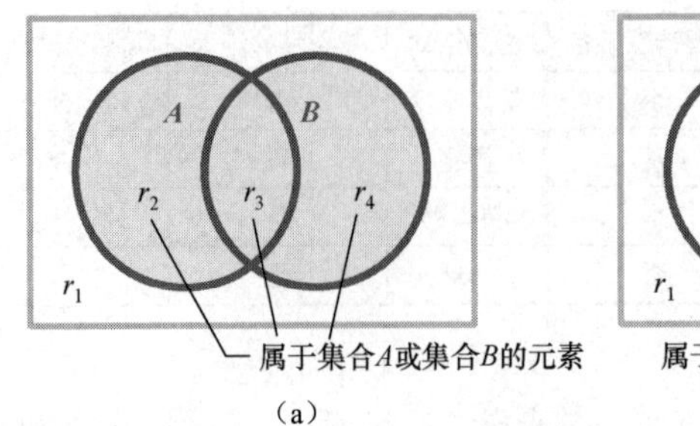

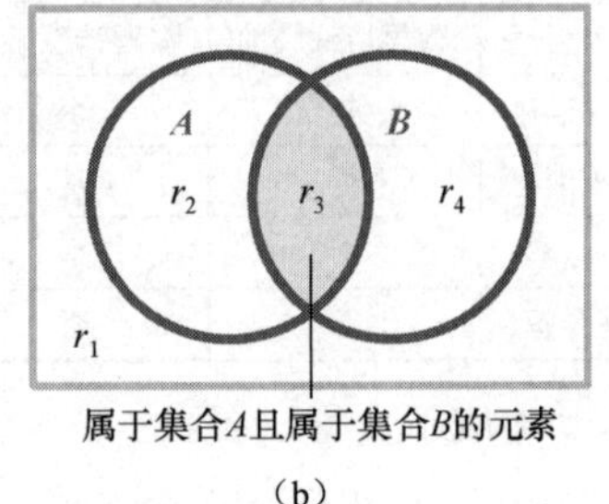

图 2.6 (a)$A\cup B$ 的维恩图；(b)$A\cap B$ 的维恩图

若集合 A 与集合 B 不相交，则当绘制维恩图时，集合 A 与集合 B 不会交叠。

生活中的数学——婴幼儿如何学习？

从婴幼儿时期起，人类就需要感知并理解充满新事物的整个世界，包括人、景象、声音、情感及其他许多东西。那么婴幼儿如何领悟这一切呢？研究认知发展的心理学家对此很感兴趣，他们采用的研究方法之一是向受试者展示一组不同的物体，试图了解“不同主题学习”如何辨别不同物体集合的共同特征。

例如，在某次实验中，某科学家正在训练一只名叫莎拉的黑猩猩，教其识别一组物体的相似性和差异性。这位科学家采用塑料符号作为道具，分别表示给予和索取等动作，以及各种颜色和水果等信息。有一天，这位科学家想让莎拉递给他一种未分配塑料符号的特殊水果，于是向其出示了“给予”“苹果”和“橙色”等符号，结果莎拉递给他一个橙子作为回应。阅读本章时，你会认识到莎拉正在处理一些基本的集合论思想，这刚好是本章所介绍的内容。

我们不知道莎拉在想什么，但是通过运用数学语言，或许她以自己的方式进行了思考，意识到橙子是“圆形物体集合”与“橙色物体集合”交集中的一个成员。

2.3.3 补集

第三种集合运算是补集。对于一个集合的补集，可以设想如下：为了“补充完整该集合”而获得整个全集，你还需要哪些元素。

要点 不属于一个集合的元素形成其补集。

定义 若集合 A 是全集 U 的子集，则 A 的补集是不属于 A 的 U 元素集合，表示为 A'。在集合建构式符号法中，

$$A'=\{x:x\in U，但\ x\notin A\}$$

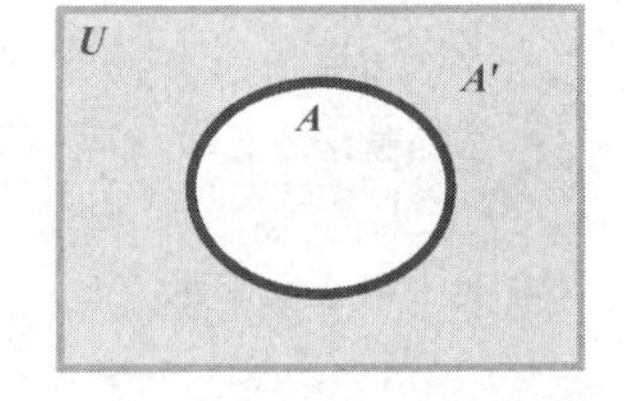

图 2.7 集合 A 的补集的维恩图

在图 2.7 中，集合 A 的补集是有底纹的暗色区域。

例 3 求集合的补集

求每个集合的补集。这里为每个集合设定了一个全集。

a）$U=\{1,2,3,\cdots,10\}$， $A=\{1,3,5,7,9\}$。

b）U 是生活在美国的人员集合，I 是在 Instagram（照片墙）上有照片的人员集合。

c）U 是一副标准 52 张扑克牌中的扑克牌集合，F 是人脸牌集合。

解： 回顾前文所述的类比原则。

a）$A'=$ 不属于集合 A 的 U 中元素集合，因此 $A'=\{2,4,6,8,10\}$。

b）$I'=$ 生活在美国但在 Instagram 上没有照片的人员集合。

c）$F'=$ 非人脸牌的扑克牌集合。

2.3.4 差集

本节讨论的最后一种集合运算是差集。

定义 集合 B 与集合 A 的差集是属于 B 但不属于 A 的元素集合，表示为 $B-A$。在集合建构式符号法中，

$$B-A=\{x:x是 B 的成员，但不是 A 的成员\}$$

要点 要形成一个差集，可从第 1 个集合开始，然后删除属于第 2 个集合的所有元素。

差集符号可能令人想起减法符号，二者确实存在某些相似之处。当我问学生最初如何学习减法时，他们通常会提到"拿走物品"。例如，假设最初有 5 个苹果，若拿走 2 个，则剩下 3 个。因此，要计算差集 $B-A$，可以首先列出集合 B 中的所有元素，然后"拿走"集合 A 中的那些元素。在图 2.8 中，集合 B 与集合 A 的差集以暗色底纹表示。

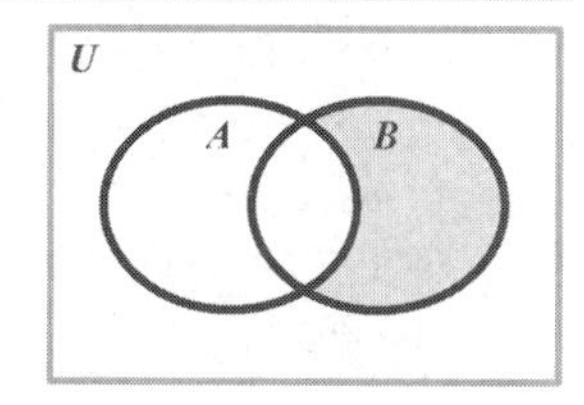

图 2.8 $B-A$ 的维恩图

例 4 求集合的差集

a）求 $\{3,6,9,12\}-\{x:x 是奇数\}$。

b）回顾例 1 和例 2 中的健身活动集合，$E=\{$抗阻训练，自行车，椭圆机，网球$\}$，$L=\{$高温瑜伽，椭圆机，网球$\}$，求 $E-L$ 和 $L-E$。

解： 回顾前文所述的有序性原则。a）从 $\{3, 6, 9, 12\}$ 开始，删除所有奇数，得到 $\{6,12\}$。

b）集合 $E-L=\{$抗阻训练，自行车，椭圆机，网球$\}-\{$高温瑜伽，椭圆机，网球$\}=\{$抗阻训练，自行车$\}$。

集合 $L-E=\{$高温瑜伽，椭圆机，网球$\}-\{$抗阻训练，自行车，椭圆机，网球$\}=\{$高温瑜伽$\}$。$E-L\neq L-E$，这个事实并不奇怪，因为如果改变计算顺序，最终结果通常会发生变化。

自测题 13

a）设 $U=\{a,c,e,g,i,k,m,o,q\}$，$C=\{x:x是单词game中的字母\}$，求 C'。b）设 $A=\{1,3,4,5,6\}$，$B=\{2,3,4,6,7,8\}$，求 $B-A$ 和 $A-B$。

解题策略：类比原则

集合运算与普通英语单词之间可以进行类比，记住这一点很重要。对于并集，可以考虑将多个集合连接在一起，以获得更大的集合；对于交集，可以考虑交叉重叠的街道，一般会得到更小的集合；计算补集时，考虑查找为获得全集而完成集合所需要的元素；求差集时，要记住减法的"拿走"模型。但是，这些非正式类比并不是定义，记住这一点也很重要。要在考试中给出定义，请采用定义框中提供的正式定义。

2.3.5 运算顺序

算术运算必须按照特定的顺序执行，集合运算的执行顺序则由集合表示法指定。

例 5 集合运算的顺序

设 $U=\{1,2,3,\cdots,10\}$，$E=\{x:x 是偶数\}$，$B=\{1,3,4,5,8\}$，$A=\{1,2,4,7,8\}$，求 $(A\cup B)'\cap(E'\cup A)$。

解： 一次性计算完成这个集合基本上不可能，一定要清楚它由几个简单集合组合而成，最重要的事情是确定计算顺序。按照集合表示法的规定，该表达式中的各种运算存在先后之分。例如，在 $(A\cup B)'$ 中，括号提示"在求补集之前，要先形成并集"；在表达式 $(E'\cup A)$ 中，计算并集前首先要求出 E'。下面是完成这些计算的一种方法：

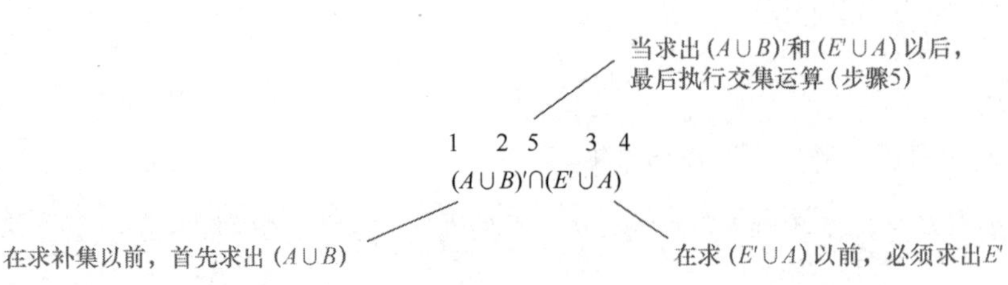

按顺序执行下列运算：

1. $(A\cup B)=\{1,2,4,7,8\}\cup\{1,3,4,5,8\}=\{1,2,3,4,5,7,8\}$，属于集合 A 或集合 B 的元素，或者为二者的共同元素。
2. $(A\cup B)'=\{6,9,10\}$，即不属于“A 并 B”集合中的元素。
3. $E'=\{1,3,5,7,9\}$，不属于集合 E 的元素，即非偶数。
4. $(E'\cup A)=\{1,2,3,4,5,7,8,9\}$，属于集合 E' 或集合 A 的元素，或者为二者的共同元素。
5. $(A\cup B)'\cap(E'\cup A)=\{6,9,10\}\cap\{1,2,3,4,5,7,8,9\}=\{9\}$，第 2 步和第 4 步中集合的共同元素。

现在尝试完成练习 01～12。

建议 进行类似于例 5 中的计算时，有些学生不加思考就开始计算，这是一个非常大的错误！例如，在例 5 中，为了求 $(A\cup B)'\cap(E'\cup A)$，首先要分别计算 $(A\cup B)'$ 和 $(E'\cup A)$，这一点至关重要。同理，在计算 $E'\cup A$ 以前，要先求出 E'。如果不花些时间去思考执行计算的顺序，通常会得到错误结果。

有时，数学符号也会对人们产生误导，将本来不为真的事情误解为真。例如，在代数中，众所周知 $(x+y)^2\neq x^2+y^2$，但看上去仍然可能产生混淆；在集合论中，如果不仔细考虑命题 $(A\cup B)'=A'\cup B'$，则其似乎可能为真。在例 6 中，说明不能变更并集和补集的计算顺序，即 $(A\cup B)'\neq A'\cup B'$。

例 6 并集和补集的计算顺序

设 $U=\{1,2,3,4,5\}$，$A=\{1,3,5\}$，$B=\{1,2,3\}$。a）求 $(A\cup B)'$；b）求 $A'\cup B'$。

解：回顾前文所述的有序性原则。a）在代数中，表达式 $(A\cup B)'$ 中的括号很重要，说明在计算补集之前，首先要处理括号内的计算事项。由此可知

$$(A\cup B)'=(\{1,3,5\}\cup\{1,2,3\})'=(\{1,2,3,5\})'=\{4\}$$

b）下面先求补集，再求并集，计算结果如下：

$$A'\cup B'=\{1,3,5\}'\cup\{1,2,3\}'=\{2,4\}\cup\{4,5\}=\{2,4,5\}$$

可见，$(A\cup B)'\neq A'\cup B'$。

自测题 14

设 $A=\{1,2,5,7,8,9\}$ 和 $B=\{2,3,5,6,7\}$ 均为全集 $U=\{1,2,3,\cdots,10\}$ 的子集，求下列集合运算的结果：a）$(A\cap B)'$；b）A'；c）B'；d）$A'\cup B'$。

仔细查看例 6，就会发现 $(A\cup B)'=A'\cap B'$，这是集合论中的德·摩根定律的结论之一，自测题 14 说明了德·摩根定律的结论之二。

集合论中的德·摩根定律 若 A 和 B 为集合，则 $(A\cup B)'=A'\cap B'$，$(A\cap B)'=A'\cup B'$。

1900 年以前，接受输血治疗后，有些病人获救，有些病人死亡，医生对此现象感到非常困惑。1901 年，维也纳大学研究员卡尔·兰德斯坦纳博士发现了血型，彻底解开了这个谜团，并藉此获得诺贝尔奖。下一个示例基于卡尔·兰德斯坦纳的血型分类，包括 A 和 B 两种抗原（刺激机体免疫系统的蛋白质）。一个人的抗原类型有 4 种可能性：①仅 A；②仅 B；③A 与 B 共存；④A 与 B 均无。在下例中，数据来源为红十字会。

历史回顾——德·摩根和乔治·布尔

生物学家根据动物和花朵的不同特征对其进行分类，数学家则根据数学系统的内在属性对其进行分类。集合论是布尔代数系统的一个实例，该系统以英国数学家乔治·布尔（1815—1864）的名字命名。布尔是一个小商店老板的儿子，不幸的是，他无法进入学校学习，不得不自学拉丁语、希腊语和数学。1854 年，他出版了《思维规律的研究》一书，这是数学史上的经典著作之一。

布尔与德·摩根（1806—1871）及其他人合作，开发了一种执行逻辑计算的方法。这种方法与代数方法类似，成为当今流行的所有数字设备（如 MP3 播放器、硬盘录像机和数码相机）的数学基础。

例 7　血型并集的错误计数

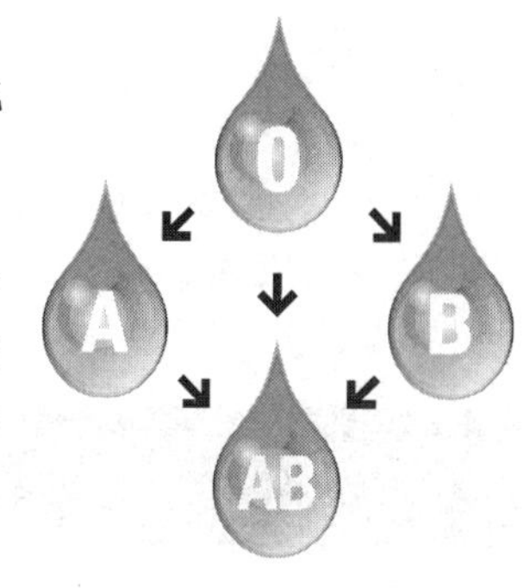

假设测试了一组 100 人，结果发现 40 人含有 A 抗原，11 人含有 B 抗原。若 A 表示第 1 组人，B 表示第 2 组人，则下列等式存在什么问题：$n(A\cup B)=n(A)+n(B)=40+11=51$？

解：在计算人数时，这里忽略了一个事实，即有些人可能同时含有 A 抗原和 B 抗原，因此被计数了 2 次。根据红十字会的说法，在 100 人的小组中，可以假设有 4 人同时含有 A 抗原和 B 抗原。因此，我们必须从总数中减去 4，即

$$n(A\cup B)=n(A)+n(B)-n(A\cap B)=40+11-4=47$$

4 人同时含有 A 抗原和 B 抗原，已经计数了 2 次

在正确计数 $A\cup B$ 中的元素时，我们包含了集合 A 和集合 B 中的元素数量，由于对二者交集中的元素计算了 2 次，所以从总数中减去或排除了集合 $A\cap B$ 的基数。在计算两个集合的并集中的元素数量时，这个公式有时称为容斥原理。

容斥原理：若 A 和 B 为集合，则

$$n(A\cup B)=n(A)+n(B)-n(A\cap B)$$

为了不重复计数这些元素，必须减去 $n(A\cap B)$

既然将集合论视为一种数学系统，那么集合运算是否具有数字系统的某些相同属性呢？例如，我们知道数字系统中存在“乘法对加法的分配律”，即对所有整数 a、b和c 而言，$a\times(b+c)=(a\times b)+(a\times c)$。例 8 中将研究集合论中是否存在“交集对并集的分配律”。

例 8　交集对并集的分配律

设 A、B 和 C 是全集 U 中的集合，是否存在“交集对并集的分配律”？即

$$A\cap(B\cup C)=(A\cap B)\cup(A\cap C)？$$

解：回顾前文所述的画图策略。为了回答这个问题，我们为等式两侧的集合分别绘制维恩图。

对于左侧的集合，括号说明求交集之前必须先求并集。在图 2.9 中，$B\cup C$ 标识为暗色底纹区域，由 r_3, r_4, r_5, r_6, r_7 和 r_8 等区域构成。

求 $B\cup C$ 与集合 A 的交集时，区域 r_3, r_6 和 r_5 为二者所共有，如图 2.9 所示。$A\cap(B\cup C)$ 的维恩图如图 2.10 所示。

为属于集合B或集合C（或者二者兼具）的区域加底纹

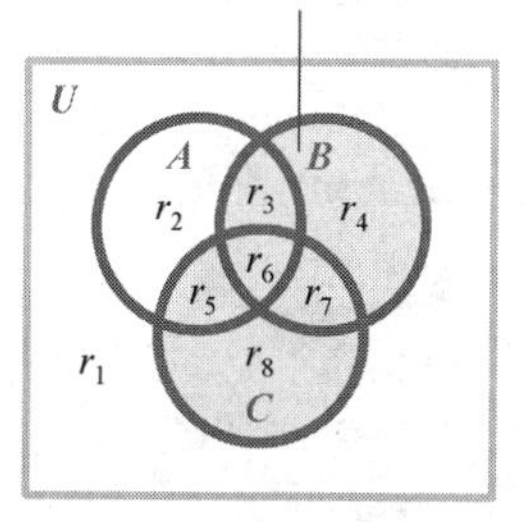

图 2.9　$B\cup C$ 的维恩图

下面查看等式的右侧，即 $(A\cap B)\cup(A\cap C)$，括号说明要先求 $(A\cap B)$ 和 $(A\cap C)$，后求其并集。图 2.11 中为这些集合加了底纹。

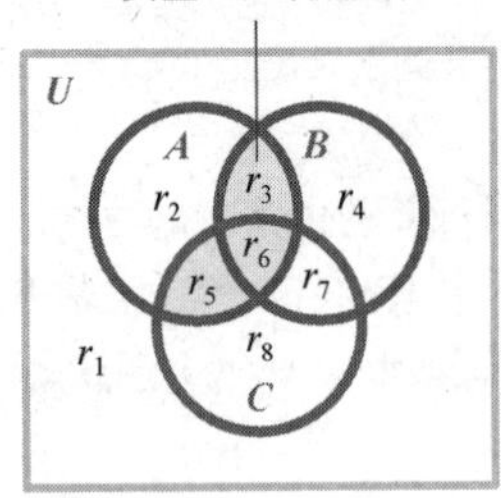

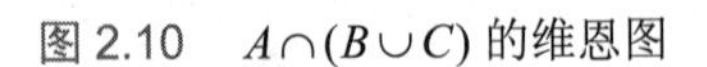
图 2.10　$A\cap(B\cup C)$ 的维恩图

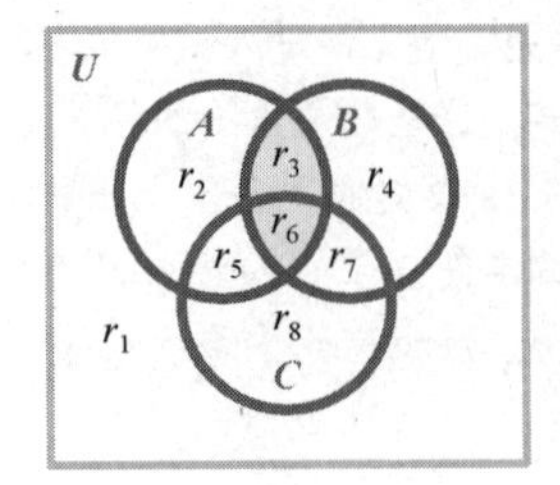

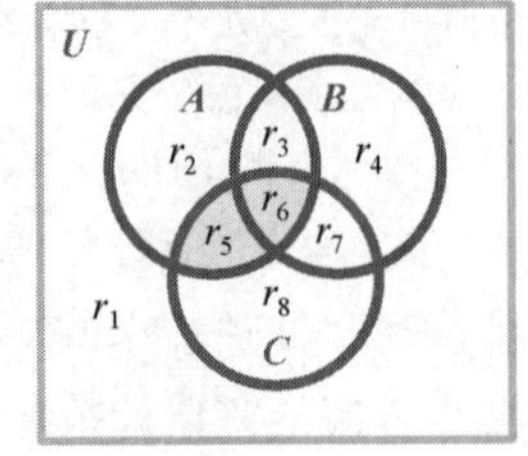

图 2.11　$A\cap B$ 和 $A\cap C$ 的维恩图

因此，$(A\cap B)\cup(A\cap C)$ 由区域 r_3, r_6 和 r_5 构成，与图 2.10 中的加底纹区域相同。因为这两个维恩图相同，所以证明了 $A\cap(B\cup C)=(A\cap B)\cup(A\cap C)$。

现在尝试完成练习 23 ~ 38。

练习 2.3

强化技能

在练习 01 ~ 12 中，$U=\{1,2,3,\cdots,10\}$，$A=\{1,3,5,7,9\}$，$B=\{1,2,3,4,5,6\}$，$C=\{2,4,6,7,8\}$，执行以下操作。

01．$A\cap B$　**02**．$A\cup B$　**03**．$B\cup C$

04．$B\cap C$　**05**．$A\cup\varnothing$　**06**．$A\cap\varnothing$

07．$A\cup U$　**08**．$A\cap U$　**09**．$A\cap(B\cup C)$

10．$A'\cap(B\cup C')$　**11**．$(A-B)\cap(A-C)$

12．$A-(B\cup C)$

在练习 13 ~ 18 中，设全集 $U=\{$苹果，平板电视，帽子，卫星收音机，鱼，沙发，混合动力汽车，薯片，面包，香蕉，锤子，比萨饼$\}$，设 $M=\{x:x$是人造物品$\}$，$E=\{y:y$可食用$\}$，$G=\{t:t$在植物上生长$\}$，求如下的每个集合。

13．$M\cap E$　**14**．$M-E$　**15**．$E-M$

16．E'　**17**．$M'\cap G'$　**18**．$G\cap(M'\cap E)$

针对下列大小不一的彩色几何图形，对练习 19 ~ 22 中的给定图形，指出其在维恩图中的对应区域编号。

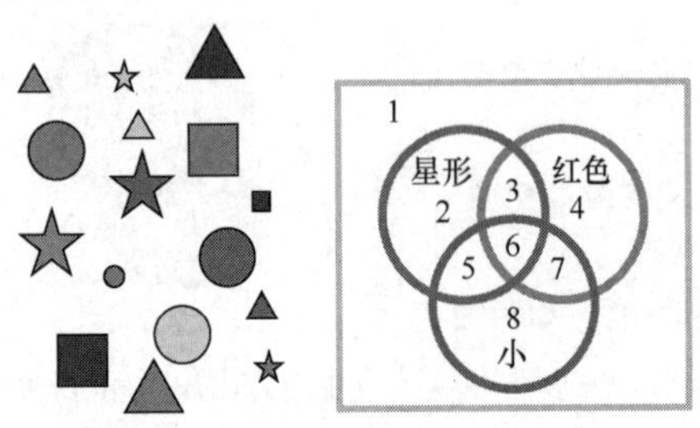

19．■　**20**．★　**21**．☆　**22**．▲

在练习 23 ~ 30 中，利用维恩图来表示每个集合。

23．$A-(B\cup C)$　**24**．$A\cap(B-C)$

25．$(A\cap B)-C$　**26**．$(A\cup B)-C$

27．$A\cup(B-C)$　**28**．$A\cup(B\cup C)$

29．$(A\cup(B\cup C))'$　**30**．$(A\cap(B\cap C))'$

在练习 31 ~ 38 中，采用集合论表示法描述存在底纹的区域。

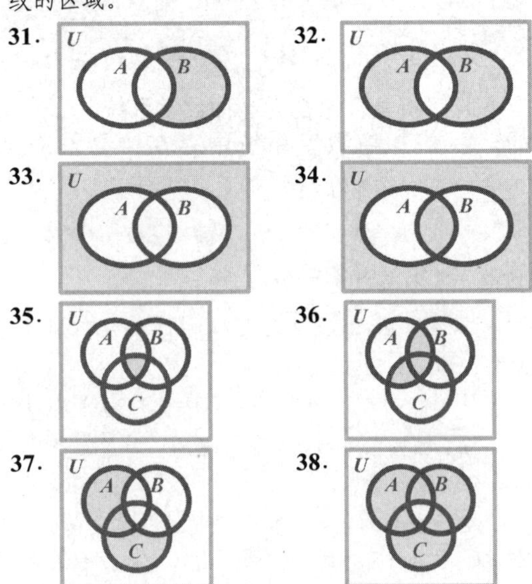

在练习 39 ~ 40 中，利用维恩图判断给定集合对是否相等。

39. $(A\cup B')'$ 与 $A'\cap B$　　40. $(A'\cap B)'$ 与 $A\cap B'$

右侧的维恩图标出了每个区域中的元素数量，在练习 41 ~ 48 中，求下列集合的基数。

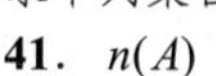

41. $n(A)$　　42. $n(A\cup B)$

43. $n(C')$　　44. $n(A-C)$

45. $n(A\cap C)$　　46. $n(A\cap B\cap C)$

47. $n((A\cup B)\cap C)$　　48. $n((A\cup C)-(B\cup C))$

学以致用

购买新车时，人们可能会考虑如下的各种特征。

	价格（美元）	车　型	保修期（年）	安全等级	防盗功能
a	19800	微型	3	良好	是
b	24500	中型	2	良好	否
c	21300	微型	3	中等	是
d	23500	小型	3	一般	否
e	19200	微型	2	一般	否
f	22700	小型	3	一般	否
g	23000	小型	4	中等	是
h	25700	中型	4	良好	否

在全集 $U=\{a,b,c,\cdots,h\}$ 中，定义具有以下特征的汽车子集：$P=$ 价格高于 22000 美元；$C=$ 小型；$G=$ 安全等级为“良好”；$A=$ 具有防盗功能；$W=$ 保修期至少为 3 年。在练习 49 ~ 56 中，首先描述每个集合，然后求该集合。

49. $P\cap C$。　　50. $A\cup G$。

51. $W\cap G'$。　　52. $G-A$。

53. $P\cap(G\cup W)$。　　54. $G'\cap C'$。

55. $P-(G\cup A)$。　　56. $P'-(G\cup C)$。

下表中给出了快餐店所售商品的营养信息：怪物能量饮料（m）、加奶酪的怪物能量饮料（mc）、培根芝士汉堡（bc）、汉堡（h）、芝士汉堡（c）、鱼三明治（fs）和火腿芝士（hc）。

	最低每日摄入量（MDA）占比（单位：%）			
	蛋　白　质	维生素 A	维生素 B1	钙
m	42	14	25	8
mc	49	21	25	21
bc	49	8	20	17
h	23	3	16	4
c	27	7	16	10
fs	29	—	18	5
hc	37	15	58	19

设 $P=\{x:x$ 至少提供 30%的蛋白质最低每日摄入量$\}$，$C=\{x:x$ 至少提供10%的钙最低每日摄入量$\}$，$B=\{x:x$ 至少提供25%的维生素 B1 最低每日摄入量$\}$，$A=\{x:x$ 至少提供 15%的维生素 A 最低每日摄入量$\}$。

在练习 57 ~ 60 中，求如下的每个集合。

57. $P\cap(B\cup A)$。　　58. $(P\cup C)\cap(B\cup A)$。

59. $P\cup C\cup B$。　　60. $P\cap C\cap B$。

根据百老汇联盟提供的相关数据，截至 2020 年 3 月，百老汇历史上最卖座的音乐剧如下图所示，包括总收入和首演年份。设 $H=\{x:x$赚钱超过10 亿美元$\}$；$B=\{x:x$的首演年份早于2010年$\}$；$L=\{x:x$ 的首演年份早于 2010 年，赚钱少于 10 亿美元$\}$。采用列举法，求练习 61 ~ 64 中确定的集合。

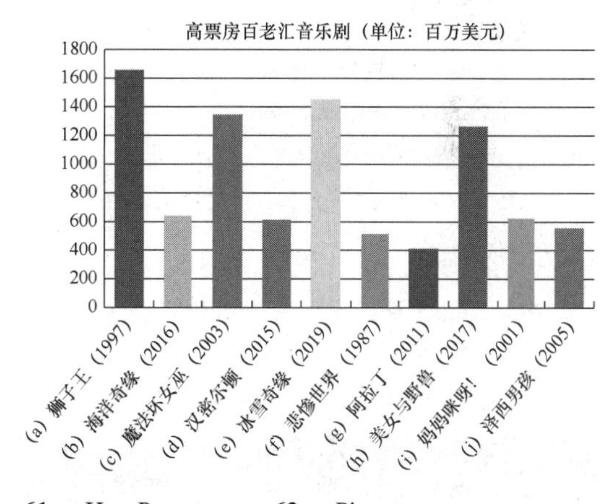

61. $H\cap B$　　62. B'

63. $H-B$　　64. $L\cap(H\cup B)$

截至 2020 年 3 月，Box Office Mojo（电影票房数据统计网站）的相关数据显示，历史上票房收入最高的 10 部电影如下表所示。定义以下集合：$M=$ 赚钱超过 15 亿美元的电影集合；$L=$ 赚钱超过 20 亿美元的电影集合；$B=$ 2016 年以前拍摄的电影集合。

电　　影	总收入（单位：10 亿美元）
(a)复仇者联盟 4：终局之战（2019）	2.8
(b)阿凡达（2009）	2.8
(c)泰坦尼克号（1997）	2.2
(d)星球大战 7：原力觉醒（2015）	2.1
(e)复仇者联盟 3：无限战争（2018）	2.0
(f)侏罗纪世界（2015）	1.7
(g)狮子王（2019）	1.7

（续表）

电　影	总收入 （单位：10亿美元）
(h)复仇者联盟（2012）	1.5
(i)速度与激情7（2015）	1.5
(j)冰雪奇缘2（2019）	1.5

在练习65~70中，描述每个集合，然后将其元素列举为一个集合，如 $B=\{b,c,d,h,i\}$。

65. $M\cap L$　**66.** $M\cup B$　**67.** $M-L$
68. B'　**69.** $L-(M\cup B)$　**70.** $L\cap(M\cup B)$

数学交流

71. 如何牢记并集和交集在集合论中的含义？

72. “差集”的表示法与“拿走物体”的想法有何关系？

73. 学生们是否常把德•摩根定律的结论之一误述为 $(A\cup B)'=A'\cup B'$？为什么？

74. 给出本节中的一些示例，说明三法原则（见1.1节）如何帮助自己理解集合论概念。

生活中的数学

75. **数据库和生活**。重新阅读本章的开篇部分，了解如何利用技术来收集个人信息。你是否担心政府和企业建立关于你个人信息的数据库？请给出支持或反对这种做法的简短论证。

76. **数据库和生活**。数据库中关于你个人的信息量如何影响你的职业生涯？对你的个人生活有什么影响？

挑战自我

在练习77~80中，判断下列命题是否始终为真。举例或绘制维恩图，解释你的答案。如果认为某个命题并不始终为真，请提供一个反例。假设所有集合都是有限集合。

77. 若 $A\subseteq B$，则 $n(A)<n(B)$。

78. 若 $A-B=\varnothing$，则 $A\subseteq B$。

79. 若 $A\cup B=A\cap B$，则 $A=B$。

80. $n(X-Y)=n(X)-n(Y)$。

在练习81~84中，假设 $A\subseteq B$，请以更简单的方式表示每个集合。

81. $A\cap B$。**82.** $A-B$。**83.** $A\cup B$。**84.** $A'\cap B'$。

85. 在对比数字系统与集合论时，可知并集与加法有些相似，交集与乘法有些相似。对于以下的每个数字系统属性，描述相应的集合论属性，并判断其是否为真：**a.** $a\cdot b=b\cdot a$；**b.** $a+(b+c)=(a+b)+c$。

86. 例8说明集合论中存在“交集对并集的分配律”，是否存在“并集对交集的分配律”呢？

2.4　调查问题

购买新苹果平板电脑后，你可能很快会收到一份在线调查问卷，向你提出各种各样的问题：你的年龄有多大？你会将该产品用于工作吗？你会下载书籍或视频吗？你会玩游戏吗？你会分享照片吗？你的所有回答都会被输入数据库，厂家然后利用集合论来提取信息，并将其用于新产品的设计与宣传。

政府机构也建立了海量信息数据库，主要用于设计和评估各类项目，如儿童先行教育计划、青少年妈妈启蒙计划以及老年人社会保障和医疗保险等。

本节介绍如何用集合论来处理数据集，但你首先需要提高维恩图的使用技能。

2.4.1　命名维恩图

在日常生活中，一个人常有多个称呼。例如，对一名女人而言，工作时可能被称为史密斯女士，在家中可能被母亲称为宝贝，被姐妹称为姐姐或妹妹，互联网提供商可能称她为ASmith123，国税局可能称她为178-34-7886。集合也有类似的情况，同一个集合可以有多种不同名称，如图2.12中维恩图显示的4个区域。

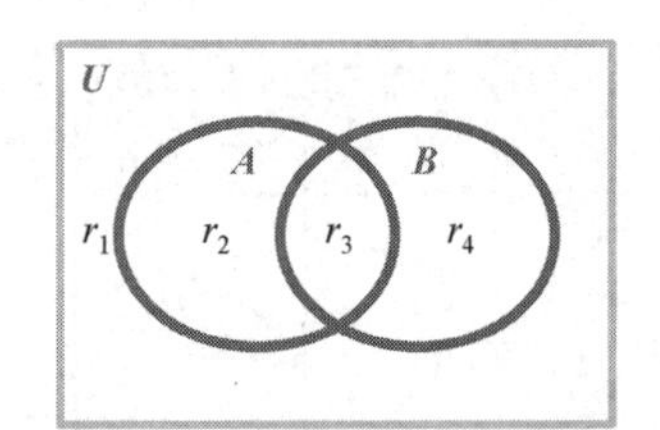

图2.12　包含2个集合的维恩图

我们可用集合表示法来命名这些区域，如区域 r_4 是 $B-A$，区域 r_1 是 $(A\cup B)'$。这些名称并不唯一，基于德•摩根定律的结论之一，区域 r_1 也可称为 $A'\cap B'$，区域 r_4 也可称为 $A'\cap B$。

就像常用不同方式表示数字一样，也可用不同的方式来表示同一个集合。根据正在进行的计算，不但可将 6 写为$3+3$，而且可写为$5+1$。这些想法同样适用于包含两个集合以上的维恩图。

例 1　命名 3 个集合维恩图中的区域

查看图 2.13(a)，回答下列问题：a）命名组合区域 r_6 和 r_7 得到的集合；b）区域 r_2 的集合名称是什么？c）将 $A-B$ 表示为两个集合的并集。

解：a）区域 r_6 和 r_7 刚好是集合 B 与集合 C 的共有区域，所以这个集合为 $B\cap C$，见图 2.13(b)；

b）区域 r_2 显然是集合 A 的一部分，但区域 r_2 中的元素并非集合 B 中的元素，也非集合 C 中的元素，所以该集合的名称可以是 $A\cap B'\cap C'$，见图 2.13(c)。

注意，该集合存在另一种查看方式，即从集合 A（区域 r_2,r_3,r_5 及 r_6）开始，然后删除位于集合 $B\cup C$ 中的那些区域（即 r_3,r_5 及 r_6）。因此，区域 r_2 也可命名为 $A-(B\cup C)$。

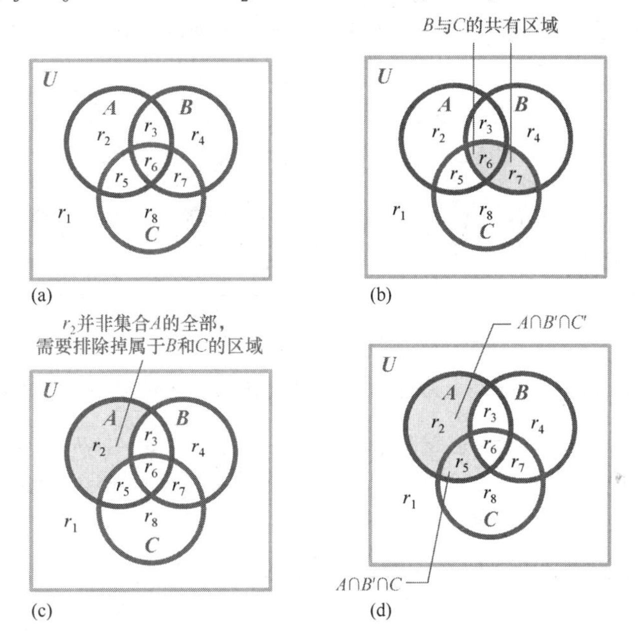

图 2.13　(a)3 个集合的维恩图；(b) $B\cap C$ 的维恩图；(c) $A\cap B'\cap C'$ 的维恩图；(d) $A-B$ 的维恩图

c）$A-B$ 由区域 r_2 和 r_5 构成，对应的集合名称分别为 $A\cap B'\cap C'$ 和 $A\cap B'\cap C$，可以表示为 $A-B=(A\cap B'\cap C')\cup(A\cap B'\cap C)$，如图 2.13(d)所示。

现在尝试完成练习 01 ~ 10。

自测题 15

查看图 2.13，回答下列问题：a）区域 r_8 的集合名称是什么？b）将 $B-C$ 表示为 2 个集合的并集。

2.4.2　调查问题

一般而言，采集数据并将其组织到各个集合中时，人们希望能够分析相关信息，从而回答关于那些集合的各种问题。这类问题通常被称为调查问题，例 2 即为一个调查问题示例。

例 2　全球变暖解决方案中的调查问题

在加利福尼亚州起草《全球温室效应治理法案》的过程中，美国国家资源保护委员会（NRDC）发挥了重要作用，该机构相信采用正确的技术、方法和手段，美国的全球变暖污染将会减半。NRDC 提出了 3 种解决方案，即采用节能电器、驾驶电动汽车及利用可再生能源。假设你调查了 100 位国会议员，询问他们具体支持哪种资助方案，并得到了如下结果：

a）12 人支持仅资助可再生能源；

b）20 人支持资助节能电器和可再生能源；

c）22 人支持资助电动汽车和可再生能源；

d）14 人支持全部三种资助方案。

从以上信息中，判断支持资助可再生能源的总人数。

解：回顾前文所述的“为未知对象选择一个好名字”策略。为表示这些信息，定义以下集合：

$A=\{x:x$支持资助节能电器$\}$；$C=\{x:x$支持资助电动汽车$\}$；$R=\{x:x$支持资助可再生能源$\}$

然后，用集合表示法重写条件 a）~ d)：

a）$n(A'\cap C'\cap R)=12$；b）$n(A\cap R)=20$；c）$n(C\cap R)=22$；d）$n(A\cap C\cap R)=14$

支持 R，不支持 A 和 C　　支持 A 和 R　　支持 C 和 R　　支持 A、C 和 R

接下来在维恩图中显示这些信息。例如，在图 2.14(a)中，可见 $n(A\cap C\cap R)=14$，$n(A'\cap C'\cap R)=12$。

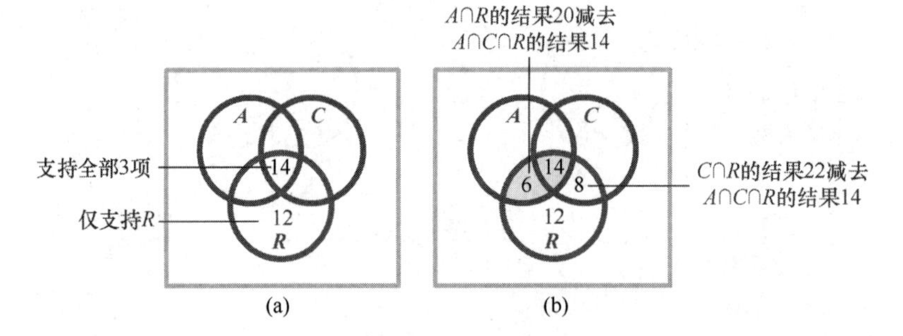

图 2.14　(a)显示条件 a）和 d）的维恩图；(b)显示条件 b）和 c）的维恩图

图 2.14(b)中为 $A\cap R$ 加了底纹。由于已说明 $A\cap C\cap R$ 的结果为 14，所以 $(A\cap R)-C$ 的结果为 6。同理，利用 $n(C\cap R)=22$ 这一事实，可知 $(C\cap R)-A$ 的结果为 8。将所有这些数字相加，即可获知 R 包含的国会议员人数为 $6+14+8+12=40$。

生活中的数学——不一定如此

虽然本节介绍的调查问题是杜撰的，但公众媒体确实经常发布某些真实调查结果，那么他们的调查结果是否可信呢？

我经常观看电视体育脱口秀节目，该节目组每天都通过网站调查观众意见，让观众“投票”决定是否应建造新体育场、解雇教练或者选派新的四分卫球员等。对于这样的调查结果，我们需要认真对待吗？投票者都有谁？他们是否能够代表城市的所有人？如果这些问题没有得到回答，就应该对调查本身持怀疑态度，并认识到真实结果“不一定如此”！

2.3 节介绍了兰德斯坦纳博士，他在人类血液中发现了 A 抗原和 B 抗原。基于这两类抗原，人类的血液相应地划分为 A 型、B 型、AB 型（二者兼具）或 O 型（二者均无）。若血液中含有 Rh 因子（恒河猴因子），则可将其分类为 Rh 阳性（+），反之将其分类为 Rh 阴性（－）。例如，若某人含有 A 抗原、不含 B 抗原且含有 Rh 因子，则将其血液归类为 A^+。例 3 介绍了本章开始提到的问题。

例 3　血型分类

图 2.15 显示了血型的 8 种可能性，描述区域 r_1-r_3（暂时忽略区域 x 和 y）中的血液分类。

解：区域 r_1 同时包含在集合 A 和集合 B 中，因此该血液为 AB 型，同时 r_1 也位于集合 Rh 外，血液中不包含 Rh 因子，因此该血液为 AB^- 型；区域 r_2 位于集合 Rh 内部，但不包含在集合 A 或集合 B 中，因此该血液为 O^+ 型；区域 r_3 不在这些集合中，所以血型为 O^- 型。

现在尝试完成练习 43 ~ 46。

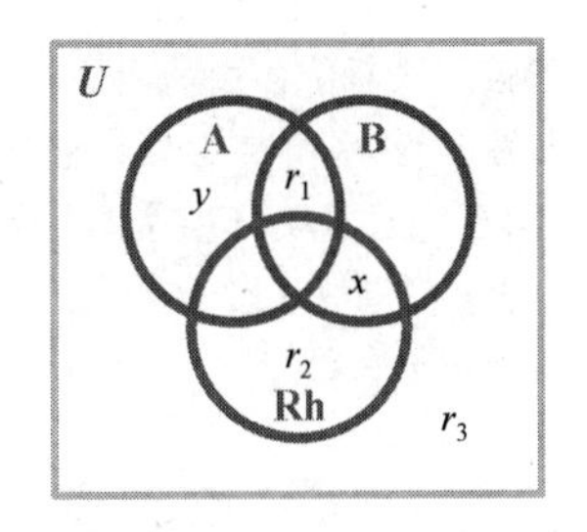

图 2.15　描述 8 种血液分类的维恩图

自测题 16

描述图 2.15 中区域 x 和 y 的血液分类。

例 4　电视观众偏好调查

为了了解 18 ~ 25 岁年龄段人群的晚间观看偏好，某电视台开展市场调查，获得了如下信息：

a）3 人喜欢看工作日早间段的真人秀　　b）14 人想在工作日早间段看电视
c）21 人想在早间段看真人秀　　d）8 人喜欢看工作日的真人秀
e）31 人想在工作日看电视　　f）36 人想在早间段看电视
g）40 人想看真人秀　　h）13 人喜欢看周末晚间节目（真人秀除外）

根据以上这些信息判断有多少人不想看真人秀，有多少人喜欢在周末看电视。

解：回顾前文所述的“为未知对象选择一个好名字”策略。在接受调查的全集人群中，共包含 3 个子集：W = 喜欢在工作日看电视的人；E = 想看早间段节目的人；R = 想看真人秀的人。

绘出的这些集合如图 2.16 所示。根据条件 a）$W \cap E \cap R$ 的结果为 3 人。根据条件 b），$W \cap E$ 的结果为 14 人，既然已经计算了其中 3 人，那么这个区域肯定还有 11 人，我们将此信息记录在图 2.16(a)中。

根据条件 d），8 人想看工作日真人秀，可以推断 5 人尚未计入 $W \cap R$ 中。同理，根据条件 c），可以推断 18 人尚未计入 $R \cap E$ 中，如图 2.16(b)所示。

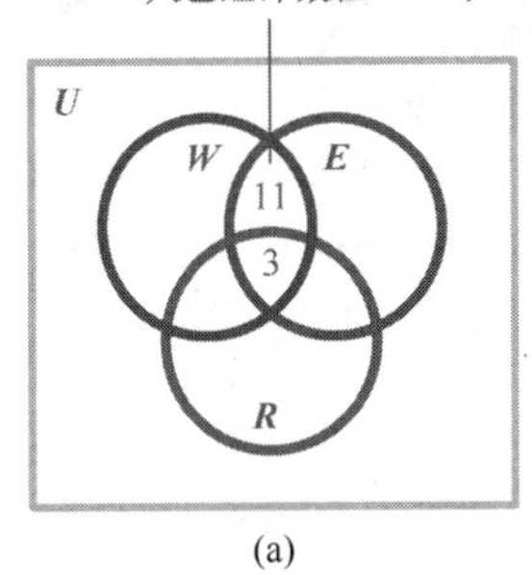

(a)

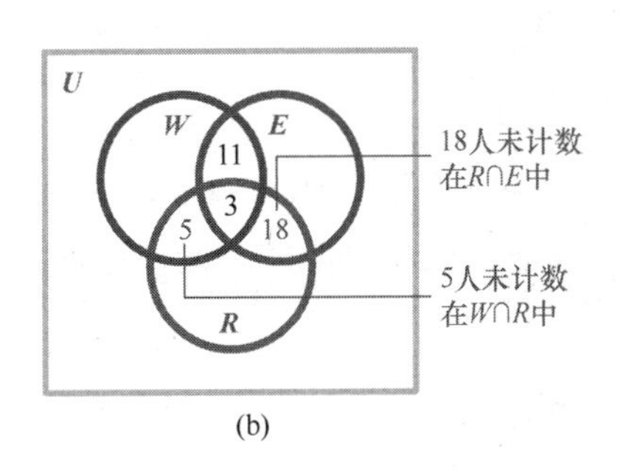

(b)

图 2.16　计算 $W \cap E$、$W \cap R$ 及 $R \cap E$ 中的元素数量

根据条件 e)，31 人希望在工作日看电视，目前计算了 19 人，所以集合 W 中还有 12 人。同理，集合 E 中还有 4 人需要计数，集合 R 中还有 14 人需要计数。由条件 h）可知，集合 W，E 及 R 之外还有 13 人。图 2.17 中汇总了这些信息。

有了这些信息，即可回答问题。不想看真人秀的观众位于集合 R 外，总计 $12+11+4+13=40$ 人；喜欢在周末看电视的人位于集合 W 外，总计 $14+18+4+13=49$ 人。

现在尝试完成练习 27 ~ 38。

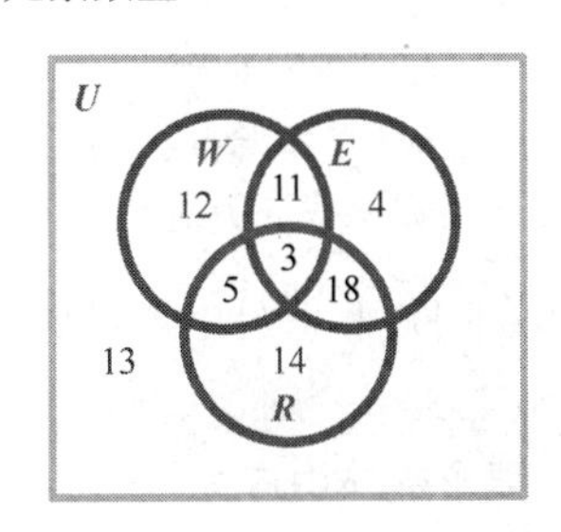

图 2.17　维恩图各个区域中的元素数量

建议 求解例 4 中的问题时，在掌握足够的信息之前，学生常会错误地使用“条件 f)”。在想看早间段电视的 36 人中，有些人可能更喜欢工作日的电视节目，有些人可能刚好相反；有些人可能更喜欢看真人秀，有些人可能刚好相反。从给定的信息中，我们无法判断出这些情形，意味着在获得更多的信息之前，我们不能使用条件 f)。仔细思考就会发现条件 a）或 h）是能够确定的仅有的两个条件，所以必须从其中一个条件开始着手。

2.4.3 调查问题中的矛盾

“列出无法同时满足多个集合的一个条件集合”是可能的。

例 5 调查数据不一致

假设某互联网博客发布了如下信息，它与其会员用户使用音乐流媒体服务相关：

a）316 人使用 iHeartRadio

b）478 人使用 Spotify（声田）

c）104 人使用 iHeartRadio 和 Spotify

d）567 人仅使用其中 1 种服务

请找出数据中的不一致之处。

解：回顾前文所述的画图策略。首先绘制如图 2.18(a)所示的维恩图，设 H 是 iHeartRadio 用户集合，S 是 Spotify 用户集合，同时使用这两种服务的用户数量为 104 人。

集合 H 包含 316 个元素，意味着 $H-S$ 包含 $316-104=212$ 个元素；同理，$478-104=374$ 人只使用 Spotify，所以 $S-H$ 包含 374 个元素，如图 2.18(b)所示。

根据图 2.18(b)，总计 $212+374=586$ 人仅使用二者之一，与条件 d）相矛盾，因此该数据不一致。

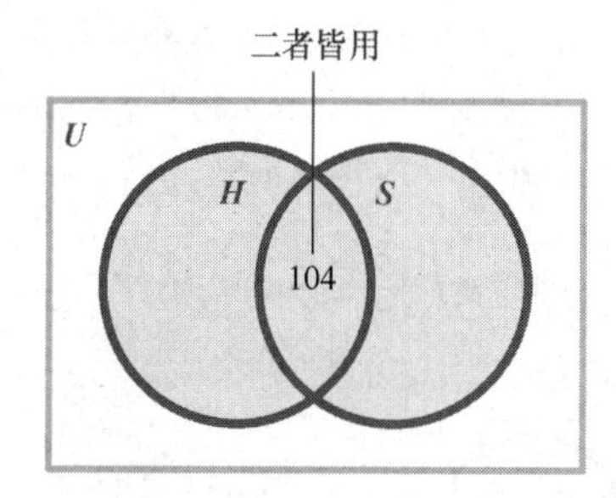

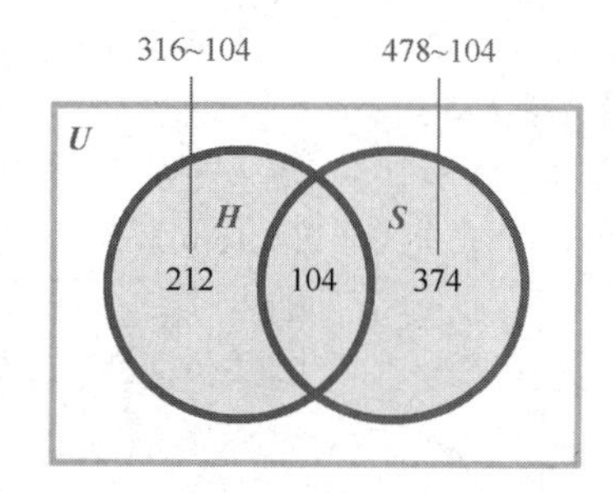

图 2.18 (a)104 人使用两种服务；(b)212 人仅使用 iHeartRadio，374 人仅使用 Spotify

历史回顾——格奥尔格 · 康托尔与集合论

格奥尔格 · 康托尔（Georg Cantor）是 19 世纪的德国数学家，创立了人们至今仍然在学习的许多集合论思想，他不可能预见到其理论在当今社会应用如此广泛。

如本章的下一节所述，康托尔发现了关于无限集合的非凡观点，但这些观点并没有为同时代的人所接受。他以前的老师利奥波德 · 克罗内克称其方法为“一种危险的数学疯狂”，尊贵的法国人亨利 · 庞加莱宣称“后人会将其（康托尔的集合论）视为一种疾病，人们已将其治愈”。

但时至今日，集合论为几乎整个数学领域奠定了基础，20 世纪著名数学家戴维 · 希尔伯特曾经说过“……集合论是人类智力过程的最高成就之一”。

我们可以将信息以表格形式组织在计算机数据库中，例 6 分析了这种情形。

例 6 调查媒体用户

某家媒体公司（主营业务为普拉提视频制作）对其客户进行了调查，了解他们更愿意通过哪种途径购买普拉提视频，主要包括：购买访问码，然后从网站下载；购买超高清蓝光光盘硬拷贝；通过播客直接播放视频。从客户数据库中，该公司提取了以下信息表，a）求 $M \cup D$ 中的元素数量；b）求 A' 中的元素数量。

	访问码（A）	播客（P）	蓝光光盘（D）	合　计
41 岁以下年轻人（Y）	20	15	9	44
41～55 岁中年人（M）	44	34	8	86
55 岁以上老年人（S）	31	14	5	50
总　计	95	63	22	180

解： a）$M \cup D$ 中的元素数量是中年人或喜欢蓝光光盘的人数总和，因此

$$n(M \cup D) = n(M) + n(D) - n(M \cap D) = 86 + 22 - 8 = 100$$

b）A' 是不想购买访问码的人员集合，因此

$$n(A') = 63 + 22 = 85$$

现在尝试完成练习 39 ~ 42。

自测题 17

利用例 6 中的表格，求 $n(Y \cup D)$。

练习 2.4

强化技能

在练习 01 ~ 04 中，判断哪些编号区域构成以下集合：

01. X　　**02.** $X \cap Y$

03. $X \cup Y$　　**04.** $Y - X$

在练习 05 ~ 10 中，以例 1 为模板，通过指向各编号区域，分别描述以下集合：

05. W　　**06.** $W \cap Y$

07. $X - W$　　**08.** $W - (X \cup Y)$

09. $X \cap Y \cap W'$　　**10.** $X \cap Y \cap W$

在给定的维恩图中，各个区域中的不同数字表示每个区域中的元素数量。使用此图表，完成练习 11 ~ 16。

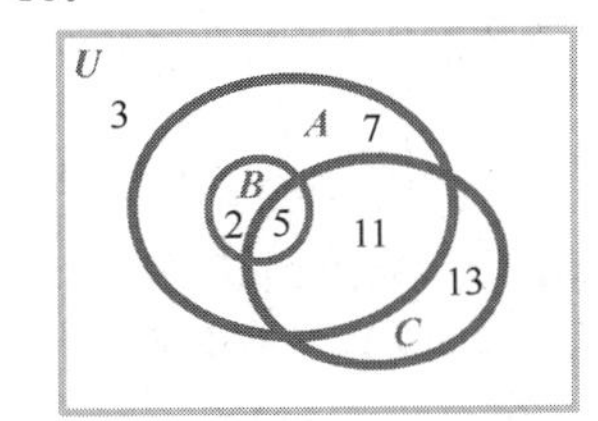

11. $n(A)$　　**12.** $n(C')$

13. $n(A - B)$　　**14.** $n(B \cup C)$

15. $n(A \cap C)$　　**16.** $n(B - A)$

在给定的维恩图中，各个区域中的不同数字表示每个区域中的元素数量。使用此图表，完成练习 17 ~ 20。

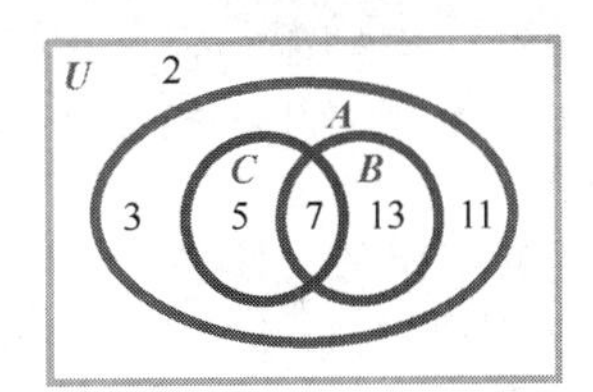

17. $n(B)$　**18.** $n(C')$　**19.** $n(A - B)$　**20.** $(B \cup C)'$

在练习 21 ~ 26 中，如果可能，利用给定的信息，求集合 A、B和C 中的元素数量。若信息存在不一致情形，请说明出现问题的具体位置。

21. $A \cap B = \varnothing$, $n(A \cap C) = 5$, $n(B \cap C) = 3$, $n(C - A) = 7$, $n(A - C) = 2$, $n(U) = 14$

22. $n(U) = 22$, $n(A - B) = 9$, $n(A \cap B \cap C) = 2$, $n(A - C) = 4$, $n(B \cap C) = 5$, $n(A \cap B) = 3$, $n(A \cup B \cup C)' = 7$

23. $n(A \cap B) = 5$, $n(A \cap B \cap C) = 2$, $n(B \cap C) = 6$, $n(B - A) = 10$, $n(B \cup C) = 23$, $n(A \cap C) = 7$, $n(A \cup B \cup C) = 31$

24. $n(B - C) = 4$, $n(C - B) = 9$, $n(A \cap B \cap C) = 3$, $n(B \cup C) = 22$, $n(A - C) = 7$, $n(A \cap B) = 7$, $n(A \cap C) = 5$

25. $A \cap C = \varnothing$, $n(A \cap B) = 3$, $n(C - B) = 2$, $n(B - C) = 7$, $n(B \cup C) = 16$, $n(A \cup B) = 16$

26. $A \subset B$, $A \cap C = \varnothing$, $n(C-A)=8$, $n(A \cup C)=12$, $n(C-B)=3$, $n(B \cup C)=17$

学以致用

27. **汽车事故**。通过调查多起汽车事故，揭示出了如下信息，问总计调查了多少起事故？
    18 起事故与酒驾和超速相关
    26 起事故与酒驾相关
    12 起事故仅与超速相关，与酒驾无关
    21 起事故与酒驾和超速均不相关
28. **关注社会公正**。针对一组 52 名学生，中心城市社区学院社会公正委员会开展了一项调查，发现他们最关心如下事项，问总计有多少人关心经济不平等？
    15 人关心性别问题和经济不平等
    25 人关心性别问题
    11 人关心经济不平等，但不关心性别问题
29. 在抗议破坏热带雨林的 82 人中，34 人为男性，23 人为男学生，20 人为非学生女性。问总计有多少女性学生在抗议？
30. 总 95 名学生申请了奖学金，其中 18 人为少数民族，7 人为少数民族运动员。若申请人中有 20 名运动员，则多少人既不是运动员又不是少数民族？
31. **调查度假者**。在一座度假农场中，通过对 100 名度假人开展调查，获得了如下信息，问总计多少人参加了周末晚间烧烤？多少人购买了旅游指南？
    17 人上了骑马课，参加了周末晚间烧烤，购买了旅游指南
    28 人参加了周末晚间烧烤，购买了旅游指南
    24 人上了骑马课，购买了旅游指南
    42 人上了骑马课，未参加周末晚间烧烤
    86 人上了骑马课，或者购买了旅游指南
    14 人仅购买了旅游指南
    14 人没有参与这 3 件事情
32. **搜索引擎调查**。HubSpot 博客调查了 100 名大学生，了解他们常用哪些流行搜索引擎，并且获得了以下信息，问总计有多少人使用谷歌？多少人不使用必应？
    21 人使用谷歌、雅虎和必应
    32 人使用雅虎和必应
    44 人使用谷歌和必应
    31 人使用谷歌，但不使用雅虎
    78 人使用谷歌或必应
    12 人仅使用必应
    5 人从不使用这 3 款搜索引擎
33. **健康调查**。《个人健身杂志》调查了一组年轻人的锻炼计划，调查结果如下，**a**. 总计调查了多少人？**b**. 多少人仅采用跆博？**c**. 多少人采用普拉提但不采用 CrossFit？
    3 人采用 CrossFit、跆博（Tae-Bo）和普拉提
    5 人采用 CrossFit 和跆博
    12 人采用跆博和普拉提
    8 人采用 CrossFit 和普拉提
    15 人仅采用 CrossFit 训练
    30 人采用跆博
    17 人采用普拉提，但未采用跆博
    14 人从未采用这 3 种训练类型
34. **学术服务调查**。学术服务处对一组学生进行调查，了解他们利用哪些支持服务来帮助提高学业成绩，调查结果如下，**a**. 总计调查了多少学生？**b**. 多少学生仅利用办公时间？**c**. 多少学生利用在线学习小组？
    5 人利用办公时间、单独辅导和在线学习小组
    16 人利用办公时间和单独辅导
    28 人利用单独辅导
    14 人利用单独辅导和在线学习小组
    8 人利用办公时间和在线学习小组，但不利用单独辅导
    23 人利用办公时间，但不利用单独辅导
    18 人仅利用在线学习小组
    37 人从未利用这些服务
35. **国际问题调查**。向一组年轻人提问“在未来十年中，哪些问题非常重要？”的调查结果如下，**a**. 总计调查了多少人？**b**. 多少人认为环境问题非常重要？**c**. 多少人认为只有恐怖主义非常重要？
    13 人认为核战争、恐怖主义和环境问题非常重要
    43 人认为核战争非常重要
    17 人认为核战争和恐怖主义非常重要
    23 人认为核战争或恐怖主义非常重要，环境问题不重要
    28 人认为核战争和环境问题非常重要
    18 人认为恐怖主义非常重要，核战争不重要
    7 人认为只有环境问题非常重要
    6 人认为这些问题都不重要

36. **年轻人的新闻网站**。一项调查询问年轻人经常访问哪些网站来获取新闻。在使用 Mic（以前称为 PolicyMic）网站的 36 人中，13 人仅通过 Mic 网站获取新闻；在使用 TakePart 网站的 48 人中，11 人仅通过 TakePart 网站获取新闻；23 人使用 TakePart、Mic 和 RYOT 网站获取新闻。根据这些信息，判断总计有多少人使用 Mic 和 RYOT 网站获取新闻。

37. **公共交通调查**。为了研究公共交通设施的利用情况，对 200 名城市居民进行了一项调查，调查结果显示：

    83 人不乘坐公共交通工具
    68 人乘坐公共汽车
    44 人只乘坐地铁
    28 人既乘坐公共汽车又乘坐地铁
    59 人乘坐火车

    解释如何利用这些信息来推断“有些居民必定既乘坐公共汽车又乘坐火车”？

38. **在线音乐调查**。Spotify 音乐平台调查了一组订阅用户，了解他们定期使用哪些在线音乐频道，调查结果如下。**a**. 总计调查了多少人？**b**. 多少人听说唱音乐或非主流摇滚乐？**c**. 多少人只听重金属音乐？

    7 人听说唱音乐、重金属音乐和非主流摇滚乐
    10 人听说唱音乐和重金属音乐
    13 人听重金属音乐和非主流摇滚乐
    12 人听说唱音乐和非主流摇滚乐
    17 人听说唱音乐
    24 人听重金属音乐
    22 人听非主流摇滚乐
    9 人从不听这 3 个频道的音乐

在练习 39～42 中，使用例 6 中的下列表格，求每个集合的基数。

	访问码（A）	播客（P）	蓝光光盘（D）	合 计
41 岁以下年轻人（Y）	20	15	9	44
41～55 岁中年人（M）	44	34	8	86
55 岁以上老年人（S）	31	14	5	50
总计	95	63	22	180

39. $A \cup P$ 40. $S \cap D$

41. $A-(M \cup S)$ 42. $Y \cap (A \cup D)$

使用例 3 中的维恩图，指出练习 43～46 中列出的各个区域的血型。

43. $\mathrm{A}-(\mathrm{B} \cup \mathrm{Rh})$ 44. $(\mathrm{A} \cup \mathrm{B} \cup \mathrm{Rh})'$

45. $(\mathrm{A} \cup \mathrm{B})-\mathrm{Rh}$ 46. $(\mathrm{B} \cap \mathrm{Rh})-\mathrm{A}$

受血者要安全地接受献血者的输血，血液中必须含有献血者血液中的所有 A、B 及 Rh 因子，所以 B^+ 型患者可以从 B^+、B^-、O^+ 及 O^- 型献血者那里获得血液，但不能从 A^+、A^-、AB^+ 及 AB^- 型献血者那里获得血液。利用此信息，完成练习 47～50。

47. 运用集合表示法，描述可以接受任何人血液的人员（万能受血者）的血型集合。

48. 运用集合表示法，描述可以向任何人献血的人员（万能献血者）的血型集合。

49. B^- 型人员可以接受哪些血型？

50. A^+ 型患者可以接受哪些血型？

数学交流

51. 在图 2.12 中，学生经常按名称 A 来称呼区域 r_2，这种想法有何错误？

52. 在图 2.13(a)中，学生经常按名称 $A \cap B$ 来称呼区域 r_3，这种想法有何错误？

生活中的数学

53. **调查的有效性**。重新回顾前文所述的“生活中的数学——不一定如此”。在接受调查结果之前，建议认真思考你认为应该回答的其他问题，判断哪些因素可能会影响调查结果。

54. **调查的有效性**。获取真实调查案例，认真思考接受结果有效性之前可能提出的问题。

挑战自我

55. 如 2.3 节所述，在应用容斥原理时，常见的错误是忘记 $A \cap B$ 中的元素已计数 2 次，从而得出结论 $n(A \cup B)=n(A)+n(B)$。下面两个公式用于计数 3 个集合中的元素，给出反例证明其不正确：

    a. $n(A \cup B \cup C)=n(A)+n(B)+n(C)$。

    b. $n(A \cup B \cup C)=n(A)+n(B)+n(C)-n(A \cap B)-n(A \cap C)-n(B \cap C)$。

56. 调整练习 55 中的公式 b，写出计数 3 个集合中元素的正确公式。（提示：公式 b 中减得过多。）

57. 可以看到，若维恩图包含 1 个集合 A，则其将全集划分为 2 个区域（A 和 A'）；若维恩图

包含2个集合 A 和 B，则其将全集划分为4个区域（$A \cap B$，$A \cap B'$，$A' \cap B$ 和 $A' \cap B'$）。若维恩图包含3个集合，则其划分全集的最大区域数量是多少？在命名这些区域时，可以采用与前面包含1（或2）个集合相类似的方式。

58. 按照练习57中的思路，对于包含4个集合的维恩图，你认为可划分的最大区域数量是多少？像练习57一样命名这些区域。在包含4个集合的给定维恩图中，这些区域中的哪个区域丢失了？

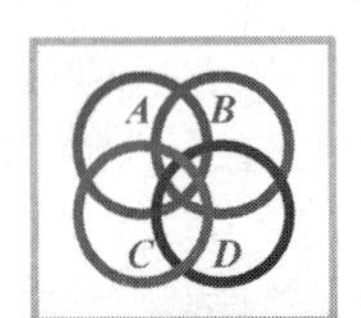

59. 虚构一个调查问题，条件满足以下维恩图。

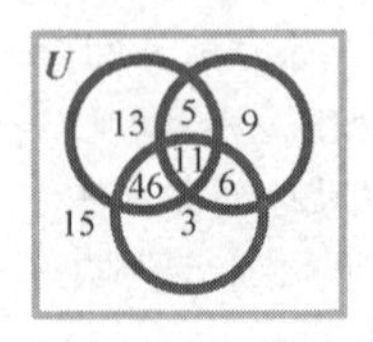

60. 在包含4个集合的以下维恩图中，命名区域 r_1, r_2 和 r_3，例如标记为 r_4 的区域可命名为 $A \cap B \cap C \cap D'$。

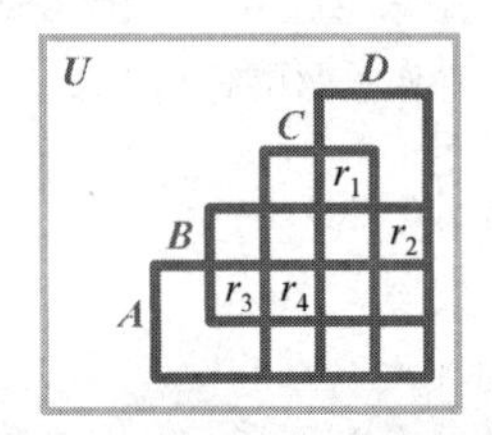

2.5 深入观察：无限集合

就像可爱的太空游侠巴斯光年（巴斯光年是动画电影《玩具总动员》中的角色，自称是捍卫宇宙和平的太空游侠）一样，大多数人并未清晰地理解无穷远/无穷大的真正含义。本节无意讨论无穷大（一个相当模糊的概念），主要介绍无限集合/无穷集合。100多年前，伟大的德国数学家格奥尔格·康托尔证明了一个令人惊讶的事实——无限集合可以有不同的大小。

为了让读者更好地理解无限集合，本书采用“一一对应”概念让无限基数的表示法更加精确。

定义 对于集合 A 和集合 B，若能将2个集合中的所有元素进行配对，使集合 A 中的每个元素刚好能与集合 B 中的1个元素配对，集合 B 中的每个元素刚好能与集合 A 中的1个元素配对，则集合 A 与集合 B 即可称为“一一对应”。

例如，T = {卡雷拉斯，多明戈，帕瓦罗蒂} 是著名男高音集合，F = {阿黛尔，斯威夫特，蕾哈娜} 是流行女歌手集合，这2个集合一一对应，因为集合 T 中的每个男高音均可与集合 F 中的1个女歌手相配对，如下所示：

当然，在集合 T 中的元素与集合 F 中的元素之间，“一一对应”还存在其他几种配对方式，我们将在练习中对此进行更为深入的研究。

自测题 18

描述集合 T 与集合 F 之间的另一种一一对应。

若集合 A 与集合 $\{1,2,3,\cdots,n\}$ 一一对应，则集合 A 为有限集合，基数为 n。例如，如果 $A = \{x : x$是字母表中的字母$\}$，则 $n(A) = 26$，因为 A 与 $\{1,2,3,\cdots,26\}$ 之间一一对应：

$$\begin{array}{ccccc} a & b & c & \cdots & z \\ \updownarrow & \updownarrow & \updownarrow & & \updownarrow \\ 1 & 2 & 3 & \cdots & 26 \end{array}$$

2.5.1 无限集合

注意，有限集合与其真子集不能一一对应，康托尔用这个简单观察定义了无限集合。

定义 若一个集合与其自身的一个真子集一一对应，则它是无限集合/无穷集合/无限集/无穷集。

例 1 自然数集合是无限集合

证明自然数集合是无限集合。

解：设 $N=\{1,2,3,\cdots\}$，$E=\{2,4,6,\cdots\}$，则 N 与其真子集 E 之间的一一对应关系为

$$\begin{array}{cccccc} 1 & 2 & 3 & \cdots & n & \cdots \\ \updownarrow & \updownarrow & \updownarrow & & \updownarrow & \\ 2 & 4 & 6 & \cdots & 2n & \cdots \end{array}$$

自测题 19

在 N 与其一个真子集之间，找到另一种一一对应关系，确保包含通用对应模式。

2.5.2 可数集合

“自然数集合是无限集合”的说法过于简单，下面对其进行更为精确的描述。

定义 康托尔将自然数集合的基数称为 $\aleph_0$，符号 $\aleph$ 是希伯来语字母表中的首个字母。因此，我们可将其表示为 $n(N)=\aleph_0$。对有限集合或者与自然数 N 一一对应的任何集合（基数为 $\aleph_0$）而言，均可称为可数集合/可数集。

例 2 整数集合是可数集合

证明整数集合 I 可以与自然数集合一一对应。

解：下列匹配显示了对应关系。在对应关系中，假设 n 代表一个正整数。

$$\begin{array}{cccccccccccc} 0 & 1 & -1 & 2 & -2 & 3 & -3 & \cdots & n & -n & \cdots \\ \updownarrow & \updownarrow & \updownarrow & \updownarrow & \updownarrow & \updownarrow & \updownarrow & & \updownarrow & \updownarrow & \\ 1 & 2 & 3 & 4 & 5 & 6 & 7 & \cdots & 2n & 2n+1 & \cdots \end{array}$$

因此，$n(I)=\aleph_0$，I 是可数集合。

研究无限集合时，我们会发现一些令人惊讶的结果，如有理数貌似远多于整数，使得我们可能认为有理数的基数大于 $\aleph_0$。事实并非如此，如例 3 所示。

例 3 有理数集合是可数集合

证明有理数集合是可数集合。

解：回顾前文所述的系统化策略。首先考虑正有理数，如图 2.19 所示。第 1 行是分母为 1 的所有正有理数，第 2 行的分母为 2，第 3 行的分母为 3，以此类推。然后，沿图中的线条进行追踪，跳过前面遇到的数字。

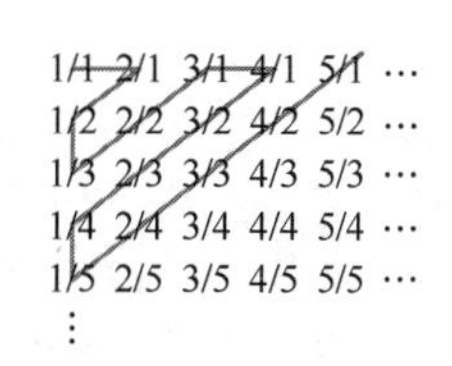

图 2.19 列出正有理数

沿图 2.19 中的有理数路径列出直线中的这些数字，将其与自然数匹配如下：

$$1/1, 2/1, 1/2, 1/3, 2/2, 3/1, 4/1, 3/2, 2/3, 1/4, 1/5, 2/4, 3/3, 4/2, 5/1\cdots$$

1/1	2/1	1/2	1/3	2/2	3/1	4/1	3/2	2/3	1/4	1/5	2/4, 3/3, 4/2	5/1 ⋯
↕	↕	↕	↕	跳过	↕	↕	↕	↕	↕	↕	跳过	↕
1	2	3	4		5	6	7	8	9	10		11 ⋯

注意，在匹配过程中，我们跳过了前面遇到过的有理数，如 2/2、2/4、3/3 和 4/2。

当以此种方式查看正有理数时，就会见到第 1 个数字，然后是第 2 个数字，再后是第 3 个数字，以此类推，每个数字只列出 1 次。因此，在自然数 N 与正有理数之间必定存在一一对应关系。

为了证明整个有理数集合是可数集合，我们还应像例 2 中那样解释 0 和负有理数，但此处不再详细介绍论证过程。总之，有理数集合具有与自然数相同的基数，即 $\aleph_0$。

自测题 20

a）如果继续列出例 3 中的正有理数，那么请列出 5 以后应当会遇到的下 3 个数字。b）在 4/2 之后，需要跳过的下一个数字是什么？

2.5.3 基数 c

到目前为止，我们研究的无限集合均为可数集合，下面介绍基数大于 $\aleph_0$ 的集合。由于即将介绍的论证有些复杂，所以在正式触及实质性问题以前，我们首先来查看较简单的推理版本。

当给学生讲解无限集合时，我经常说教室里约有 35 名学生和 42 把椅子，请他们快速回答教室里学生数和椅子数哪个更多。一名学生立刻抢着回答“椅子更多”，我问她为什么数得这么快，答复是“我没有数”。我接着问“那你怎么知道椅子更多呢？”，她解释说“每名学生都坐着，但是还有空椅子”。在例 4 中，你将会见到此种类型的推理。

例 4　大于 $\aleph_0$ 的基数

我们将重现康托尔的论证，即 0 与 1 之间实数集合的基数大于 $\aleph_0$。首先假设 0 与 1 之间的数字集合与自然数一一对应，然后论证“无论多么努力，总有些数字无法列出”。

虽然实际上并不知道该列表是什么样子，但为了便于论证起见，下面假设列出了 0 与 1 之间的全部数字：

$$\begin{array}{l} 1 \leftrightarrow 0.6348291347\cdots \\ 2 \leftrightarrow 0.2373261008\cdots \\ 3 \leftrightarrow 0.4821063391\cdots \\ 4 \leftrightarrow 0.6824537128\cdots \\ 5 \leftrightarrow 0.4657189233\cdots \\ \vdots \qquad\qquad \vdots \end{array}$$

虽然假设 0 与 1 之间的所有数字均已列出，但下面介绍如何构造一个数字 x，使其位于 0 与 1 之间，但又不在此列表中。我们希望 x 与列表中的第 1 个数字不同，因此首先从 x 的小数展开式开始，在十分位采用除 6 以外的数字，如 $x = 0.5\cdots$。由于不希望 x 等于列表中的第 2 个数字，所以令其百分位采用不等于第 2 个数字所对应的 3，如 4，此时 $x = 0.54\cdots$。注意，为了使这个论证生效，永远不要将数字切换为 0 或 9。

继续参照这种模式，确保 x 中小数点后第 3 位（即千分位）数字不等于列表中第 3 个数字所对应的数字，比如 3；确保 x 中小数点后第 4 位（即万分位）数字不等于列表中第 4 个数字所对应的数字，比如 5；以此类推。至此，$x = 0.5435\cdots$。通过采用这种方式进行构造，x 不可能是列表中的第 1 个数字，也不可能是第 2 个或第 3 个数字，以此类推。实际上，与列表中的每个数字相比，x 至少存在一个不同的小数位，所以 x 不可能是列表中的任何数字。

这意味着前面的假设（0 与 1 之间的数字与自然数相匹配）不正确，所以该集合的基数不是 $\aleph_0$。对于这个基数，康托尔用字母 c 表示，意思是连续统。在 0 与 1 之间，由于有一个数字不能与自然数相匹配，所以可以推断基数 c 大于基数 $\aleph_0$，就像前面讨论椅子和学生哪个更多一样。

练习 2.5

强化技能

在练习 01 ~ 08 中，通过显示自然数与给定集合一一对应，证明每个集合都有基数 $\aleph_0$。务必指出普遍对应。

01. $\{4,8,12,16,20,\cdots\}$

02. $\{5,10,15,20,25,\cdots\}$

03. $\{8,11,14,17,20,\cdots\}$

04. $\{7,11,15,19,23,\cdots\}$

05. $\{2,4,8,16,32,\cdots\}$

06. $\{3,9,27,81,243,\cdots\}$

07. $\{1,1/2,1/3,1/4,1/5,\cdots\}$

08. $\{1/2,2/3,3/4,4/5,5/6,\cdots\}$

练习 09 ~ 12 中给出的表达式描述与自然数 n 相对应的数字。利用这个表达式，描述自然数与其子集之间的一一对应关系。例如，若给出了表达式 $2n$，则请按例 1 所示标出对应关系：

$$\begin{array}{cccccc} 1 & 2 & 3 & \cdots & n & \cdots \\ \updownarrow & \updownarrow & \updownarrow & & \updownarrow & \\ 2 & 4 & 6 & \cdots & 2n & \cdots \end{array}$$

09. $3n$ **10.** $2n+3$ **11.** $3n-2$ **12.** $4n+5$

在练习 13 ~ 22 中，描述给定集合与其真子集之间的一一对应关系。例如，若给定集合 $\{3,5,7,9,11,\cdots\}$，第 n 项是 $2n+1$，通过将 $\{3,5,7,9,11,\cdots\}$ 中的元素与其子集 $\{5,7,9,11,13,\cdots\}$ 中的元素进行匹配，标出对应关系。一般对应应将 $2n+1$ 与 $2n+3$ 相匹配。

13. $\{2,4,6,8,10,\cdots\}$

14. $\{5,10,15,20,25,\cdots\}$

15. $\{7,10,13,16,19,\cdots\}$

16. $\{6,9,12,15,18,\cdots\}$

17. $\{2,4,8,16,32,\cdots\}$

18. $\{3,9,27,81,243,\cdots\}$

19. $\{1,1/2,1/3,1/4,1/5,\cdots\}$

20. $\{1/2,2/3,3/4,4/5,5/6,\cdots\}$

21. $\{1/2,1/4,1/6,1/8,1/10,\cdots\}$

22. $\{1/2,1/4,1/8,1/16,1/32,\cdots\}$

例 3 介绍了如何通过一一对应，将自然数与正有理数相匹配。运用该匹配回答下列问题。

23. 哪个有理数对应于自然数 12？

24. 哪个有理数对应于自然数 15？

25. 哪个自然数与有理数 4/5 相匹配？

26. 哪个自然数与有理数 1/6 相匹配？

数学交流

27. 在例 3 中，为了证明正有理数集合是可数集合，我们是怎么做的？

28. 在例 4 中，对于证明 0 与 1 之间数字集合的基数大于 $\aleph_0$，这个论证的本质是什么？

29. 如何证明集合 $\{1,2,3,4,5\}$ 并非无限集合？

30. 如何证明集合 $\{2,4,6,8,\cdots\}$ 是无限集合？

31. 在例 3 中，为什么要忽略写为 2/2、2/4、3/3 及 4/2 的有理数？

32. 在例 4 中构造数字 x 时，如何确定小数点后第 99 位放什么？

挑战自我

33. 在集合 $\{1,2,3\}$ 与集合 $\{4,5,6\}$ 之间存在多少种一一对应关系？

34. 在分别包含 4 个元素的两个集合之间，存在多少种一一对应关系？

35. 无限基数的算术运算具有一些非常奇怪的属性，如 $1+\aleph_0=\aleph_0$ 就是事实。为了证明这个事实，可以让基数为 1 的集合与基数为 $\aleph_0$ 的不相交集合形成并集，然后证明这两个集合的并集与自然数一一对应。

36. 另一种奇怪的无限算术事实是 $\aleph_0+\aleph_0=\aleph_0$。为了证明这个等式为真，可以考虑基数为 $\aleph_0$ 的两个不相交集合的并集。

37. 假设一条线段代表严格介于 0 与 1 之间的实数集合，我们将其弯曲为缺少端点的一个半圆，如下图所示。解释此图如何证明 0 与 1 之间的实数能够与实数集合一一对应。

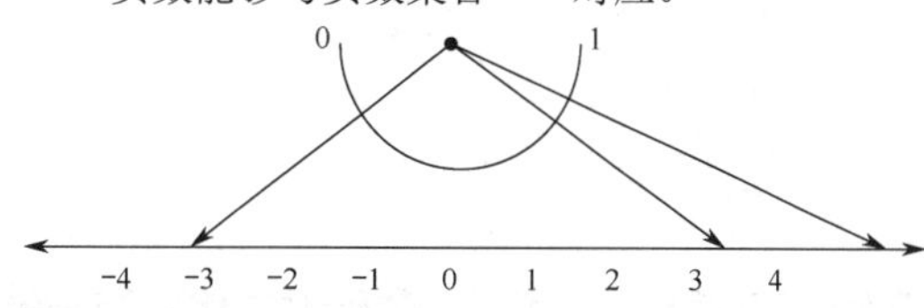

38. 采用类似于练习 37 中的论证，证明一个正方形上的点能与一个三角形上的点一一对应。（提示：在正方形内部绘制三角形。）

本章复习题

2.1 节

01. 采用另一种方法表示下列集合：**a.** $\{2,4,6,8,\cdots,18\}$；**b.** {1月,2月,···,12月}；**c.** $\{x:x$是以单词New开头的州$\}$；**d.** $\{y:y$是达拉斯牛

仔队的球员，同时也是前美 国小姐}。

02. 解释为什么 $\varnothing \neq \{\varnothing\}$？

03. 绘制一个“纸袋图”，描述集合 $\{3,\{\varnothing\},\{\{1,2\},\{1,2,3\}\}\}$。

04. 求下列集合的基数：a. $\{3,6,9,\cdots,18,21\}$；b. $\varnothing$；c. $\{\{1,2,3\},\{4,5\},\{6\},\{\varnothing\}\}$。

2.2 节

05. 判断下列每对集合是否相等，并证明之：a. $\{1,3,5,7,9\}$ 和 $\{9,7,5,3,1\}$；b. $\{2,3,4,5,4,6,4,7,8,9,10,9,11,12\}$ 和 $\{2,3,4,\cdots,12\}$；c. $\{2,4,6,8,\cdots\}$ 和 $\{2,4,6,\cdots,1000\}$。

06. 判断下列命题是否为真，并证明之。
a. {水仙，雏菊，玫瑰，康乃馨}$\subset \{f{:}f$是花朵$\}$；b. {水仙，雏菊，玫瑰，康乃馨}$\subseteq \{f{:}f$是花朵$\}$；c. $\{x:x$是数学课上的学生$\} \subset \{x:x$是学校里的学生$\}$；d. $\varnothing \subseteq \{1,2,3\}$；e. $\varnothing \subset \varnothing$。

07. 下列哪对集合等价？
a. {棒球，足球，篮球，曲棍球，排球} 和 {b, f,b,f,v}；b. $\{1,3,5,7,9,\cdots,99\}$ 和 $\{2,4,6,8,10,\cdots,100\}$；c. $\{x:x$是单词tulips中的字母$\}$ 和 $\{x:x$是单词flower中的字母$\}$；d. $\{\varnothing\}$ 和 $\{0\}$。

08. a. 列出集合 $\{a,b,c\}$ 的所有子集；b. 集合 {3, 5,8,9,12,15,17} 有多少子集？

2.3 节

09. 设 $U=\{1,2,3,\cdots,10\}$，$A=\{2,5,7,8,9\}$，$B=\{3,4,5,7,9,10\}$，$C=\{5,3,8,9,2\}$，求：a. $A\cap B$；b. $B\cup C$；c. C'；d. $A-C$。

10. 采用练习 09 中的相同集合，求：a. $(A\cup B)'$；b. $(A-C)\cup(A-B)$；c. $A'\cap(B'\cup C)$。

11. 采用维恩图表示下列集合：a. $A\cup B$；b. $B\cap C$；c. $A'\cap B\cap C$；d. $(B\cup C)-A$。

12. 采用德・摩根定律，通过不同方法来表示 $(A\cup B)'$。

13. a. 列出并集运算满足的 3 种代数属性；b. 列出交集运算满足的 3 种代数属性；c. 何种代数属性与并集和交集有关？

14. 描述容斥原理及该公式使用时的常见错误。

2.4 节

15. 用以下信息回答给定问题：$n(A\cap B)=4$，$n(A\cap B\cap C)=1$，$n(B\cap C)=8$，$n(B-A)=9$，$n(B\cup C)=23$，$n(A\cap C)=6$，$n(A\cup B\cup C)=35$，$n(B')=32$。a. $C-B$ 中包含多少元素？b. A' 中包含多少元素？

16. 针对大学新生开展的一项调查了解他们在选择学校时重点考虑哪些因素：
82 人考虑费用
15 人考虑费用，不考虑学业
70 人考虑社交活动
48 人考虑全部 3 种因素
56 人考虑费用和社交活动
25 人考虑学业，不考虑社交活动
16 人考虑学业，不考虑费用
在本次调查中，共有多少人考虑学业？多少人既考虑学业又考虑社交活动？

17. 利用 2.4 节中介绍的血液分类维恩图，描述下列区域中的血型：a. B−(A∪Rh)；b. (A∪B)′−Rh。

2.5 节

18. 无限集合的定义是什么？

19. 证明自然数集合是无限集合。

20. 像 2.5 节中的例 3 那样，当把有理数与自然数相匹配时，哪个有理数与 7 相匹配？

21. 在 2.5 节的例 4 中创建数字 x 时，证明了 0 与 1 之间的实数集合不能与自然数一一对应，那么应如何确定在小数点后第 3 位（千分位）放什么？

本章测试

1. 采用另一种方法表示下列集合：a. $\{101,102,103,104,\cdots\}$；b. $\{x:x$是一年之中的月份$\}$；c. $\{y:y$是你数学课上的一个人，并且年龄大于100岁$\}$。

2. 判断下列每对集合是否相等并证明之：a. $\{a,b,c,d,e\}$ 和 $\{e,a,b,d,c\}$；b. $\{\{1\},\{2\},\{3\}\}$ 和 $\{1,2,3\}$；c. $\{2,4,6,8,\cdots\}$ 和 $\{x:x$是大于1的偶数$\}$。

3. 下列哪对集合等价？a. {布拉德利・库珀，詹妮弗・劳伦斯，威尔・史密斯，蕾哈娜}和{玫瑰，雏菊，牧羊犬，火星，巧克力}；b. $\{1,3,5,7,9,\cdots,99\}$ 和 $\{2,4,6,8,10,\cdots,100\}$；c. $\{\varnothing\}$ 和 $\{0\}$。

4．设$U=\{1,2,3,\cdots,10\}$，$A=\{1,2,5,6,9\}$，$B=\{2,3,4,5\}$，$C=\{2,4,6,8,10\}$，求：**a**．C'；**b**．$B-C$；**c**．$(A\cap B)'$；**d**．$(A'\cap B')\cup C$。

5．解释为什么$\varnothing\neq\{\varnothing\}$。

6．求下列集合的基数：**a**．$\{2,4,8,16,32,64,128,256\}$；**b**．$\{\varnothing\}$。

7．集合$\{1,2,3,\cdots,8\}$包含多少子集？

8．绘制一个“纸袋图”，描述集合$\{\{2\},\varnothing,\{\{1,2\},\{1,2,3\}\}\}$。

9．判断下列命题是否为真并证明之：**a**．{拳师犬，卷毛狗，吉娃娃，牧羊犬} $\subseteq$ $\{d:d$是一条狗$\}$；**b**．$\{x:x$是单词love中的字母$\}\subseteq\{x:x$是单词lovely中的字母$\}$；**c**．$\varnothing\in\{1,2,3\}$。

10．采用德•摩根定律，通过不同方法表示$(A\cap B)'$。

11．采用维恩图表示下列集合：**a**．$A\cap C$；**b**．$(A\cup C)-B$。

12．利用下列信息回答给定的问题：$n(A\cap C)=11$，$n(A\cap B\cap C)=5$，$n(B\cap C)=8$，$n(C-A)=10$，$n(B\cup C)=34$，$n(A\cap B)=10$，$n(A\cup B\cup C)=54$，$n(C')=64$。

a．$C-A$中包含多少元素？**b**．B'中包含多少元素？

13．针对司机开展的一项调查了解他们在购买新车时重点考虑哪些因素：

84 人考虑费用

15 人考虑费用，不考虑耗油量

72 人考虑安全性

48 人考虑全部 3 种因素

56 人考虑费用和安全性

25 人考虑耗油量，不考虑安全性

20 人考虑耗油量，不考虑费用

在本次调查中，共有多少人考虑耗油量？多少人既考虑耗油量又考虑安全性？

14．无限集合的定义是什么？

15．证明自然数集合是无限集合。

16．像 2.5 节中的例 3 那样，当把有理数与自然数相匹配时，哪个有理数与 9 相匹配？

17．在 2.5 节的例 4 中创建数字x时，证明了 0 与 1 之间的实数集合不能与自然数一一对应，那么应如何确定在小数点后第 5 位（十万分位）放什么？

18．利用本章中介绍的血型分类，采用集合表示法来描述下列血型：**a**．AB^-；**b**．O^+。

第3章　逻　辑

不合乎常理？不见得。利用本章介绍的逻辑规则，科学家开发了称为“专家系统”的电脑程序，它通过询问一系列问题并扫描X光片，可以非常准确地诊断病人的身体状况。例如，麻省理工学院的研究人员构建了一种电脑模型，它可在几秒内完成数千份病理报告，然后提出关于淋巴瘤的诊断建议。

你是否感觉电脑程序给自己治病不靠谱？假设韩国庆熙大学的一位医生应邀出诊，通过互联网控制机器人来为你检查身体，就诊感觉是不是要好一些？或者，当航班在繁忙的机场着陆时，由“专家系统”充当航空调度员如何？通过分析人们的决策方式，科学家开发了专家系统，并将其广泛应用于人们的日常生活中。

在更加个人化的层面，基于逻辑的消费产品多如牛毛，例如你衣兜里的智能手机、厨房台面上的Alexa个人助理以及Oculus虚拟现实头盔等。

3.4节和3.5节介绍如何运用逻辑来分析“论证”的正确性，以及如何防范日常生活中可能遇到的一些错误论证。

3.1　命题、联结词和量词

当与亲戚或朋友争吵时，你是否曾脱口而出“你就是不明白我在说什么！”？此时此刻，若能在“逻辑计算器”中输入你的论证，然后敲回车键，正误立马见分晓，这是不是很酷？

从某种意义上讲，这也是于19世纪发明符号逻辑的英国数学家乔治•布尔的梦想之一。布尔相信可以运用逻辑思维进行计算，这类似于代数中的数值计算。在代数中，$(x+y)^2 = x^2+2xy+y^2$，对任何数字x和y而言，这个一般命题都成立。同理，为了判断命题是否成立及逻辑论证是否有效，布尔希望能够开发出一套逻辑运算方法。虽然符号逻辑并未取得布尔所预期的成功，但逻辑在各个领域中仍然获得了广泛应用，如智能手机、触摸屏和“云”等电子设备的电路设计，详见3.2节。在“云”中，你可以与同学在线合作，共同完成第二天上午需要提交的小组项目作业。

在代数的解题过程中，第1步是用符号来表达文字描述。例如，对于“矩形的面积等于长度与宽度的乘积”，我们可将其表示为更简洁的命题$A=l\times w$。同样，本节介绍如何用符号来表达文字命题，3.2节介绍如何判断这些命题何时成立。

3.1.1　命题

开始学习符号逻辑时，请务必牢记“我们只关心所分析语句的真假，并不关心其内容的真假”。如3.4节所述，某个论证可能看上去荒唐可笑，但却具有正确的逻辑形式；某个论证看上去似乎可信，但却具有不可接受的逻辑形式。

要点　在符号逻辑中，我们只关心命题是否成立，而不关心其内容。

定义　在逻辑中，命题是一个陈述句，要么为真/成立/正确，要么为假/不成立/错误，用小写字母表示，如p,q或r。

下列示例是命题。记住，要成为命题，语句必须为真或假，但此时不必关心具体真假。

a）2020年冠状病毒发源于芝加哥。

b）如果少吃多运动，你就会减肥成功。

c）在最近10年中，我们已将大气中的温室气体数量减少了25%。

d）在2020年的娱乐业中，加斯·布鲁克斯或泰勒·斯威夫特收入最高。

下列示例不是命题：

e）过来。（非陈述句）

f）恐龙是什么时候灭绝的？（非陈述句）

g）这个命题不成立。（这是一个悖论，既不可能为真，又不可能为假。若假设这个语句为真，则必定得出其为假；若假设这个语句为假，则必定得出其为真。）

可以看到，命题a）～d）划分为两种类型。命题a）和c）表达了单一观点，若删除这些语句中的任何部分，它们将不再有意义，称为简单命题；命题b）和d）显然包含了若干相关观点，构成了更为复杂的语句，称为复合命题。通过if…then（如果……那么/如果……则/若……则）和or（或者/或）来联结多个观点，即可形成复合命题。

自测题1

判断下列命题是简单命题还是复合命题：a）1962年的纽约大都会棒球队是棒球历史上最糟糕的球队；b）如果你违反租约，则押金将被没收；c）全球最高的摩天大楼在迪拜和上海。

定义 简单命题包含单一观点，复合命题包含联结在一起的若干观点，用于联结复合命题观点的词汇称为联结词。

3.1.2 联结词

逻辑中的常见联结词通常包括5种，即否定/逻辑非、合取/逻辑与、析取/逻辑或、条件和双条件。接下来分别讨论每种联结词。

要点 在逻辑中，为了联结各种观点，采用合取、析取、否定、“如果……那么”和“当且仅当”。

定义 否定/逻辑非是表达观点“某件事情不为真”的一种命题，采用符号～进行标识。

例1 命题的否定

否定下列命题：a）r：苹果电脑价格中包含了视网膜显示屏。b）b：蓝鲸是体型最大的生物。

解：a）苹果电脑价格中不包含视网膜显示屏，可用符号$\sim r$表示本命题。

b）蓝鲸不是体型最大的生物，可用符号$\sim b$表示本命题。

定义 合取/逻辑与表达观点“和/与”，采用符号$\wedge$进行标识。

下例中描述签署新公寓租约时可能遇到的一些命题。

例2 用合取联结多个命题

考虑下列命题：p：租客支付水电费；d：需要150美元押金。

a）用符号表示命题“不为真：租客支付水电费和需要150美元押金”。

b）用文字描述命题$\sim p\wedge\sim d$。

解：回顾前文所述的有序性原则。a）这个命题的符号形式是$\sim(p\wedge d)$。

b）租客不支付水电费，且不需要150美元押金。

解题策略：有序性原则

注意观察下图中各命题（见例2）的形式差异：

先求合取

a）$\sim(p\wedge d)$

再求否定

先求否定

b）$\sim p\wedge\sim d$

再求合取

这些命题听上去很相似，但描述的内容不同。记住，一旦更改逻辑运算顺序，就可能改变命题的含义。

定义 析取/逻辑或表达观点“或”，采用符号$\vee$进行标识。

例3 用析取联结多个命题

考虑下列命题。h：我们将制造更多混合动力汽车；f：我们将使用更多外国石油。

a）用符号表示以下命题：我们将不会制造更多混合动力汽车，或者我们将使用更多外国石油。

b）用文字描述命题$\sim(h\vee f)$。

解：回顾前文所述的有序性原则。a）这个命题的符号形式是$(\sim h)\vee f$。

b）不为真：我们将制造更多混合动力汽车，或者我们将使用更多外国石油。

自测题2

考虑以下命题。h: 我在Hulu视频网站上看电影；a: 我在亚马逊Prime（金牌会员服务）上看电影。用符号形式写出下列命题:

a）我不在Hulu视频网站上看电影，或者不在亚马逊Prime上看电影。

b）我不在Hulu视频网站上看电影，但是在亚马逊Prime上看电影。

历史回顾——逻辑的发展演变

为了发现宗教的真相并通往更完美的人生，古代哲学家（如有史以来最伟大的逻辑学家亚里士多德）和神学家（如圣托马斯·阿奎那）以研究逻辑为己任。但是到了17世纪，随着逻辑成为数学的分支，这一重点逐渐发生了改变。

实际上，戈特弗里德•莱布尼茨是17世纪德国著名数学家，他认为符号逻辑的发明会使哲学变得无足轻重，并写道：……我们可以设计出人类思维的一个字母表，通过这个字母表中的字母组合，能够发现及区分一切事物。那时，在两位哲学家之间，讨论将不再必要，只要手里拿着笔，轻描淡写地彼此说“我们计算吧!”，这就足够了。

非常遗憾，逻辑并未达到莱布尼茨的预期，但仍是现代数学中的一种功能强大的工具，具有数量众多的各种应用。

定义 条件表达观点“如果……那么/若…则”，采用箭头符号$\rightarrow$进行标识。

例4 用“如果……那么”联结多个命题

设p表示命题“费城人队赢了世界棒球锦标赛”，t表示命题“汤姆·汉克斯将获得奥斯卡奖”。

a）应将命题$p\rightarrow t$读作“如果费城人队赢了世界棒球锦标赛，那么汤姆·汉克斯将获得奥斯卡奖”。

b）对于命题“如果费城人队没有赢得世界棒球锦标赛，那么汤姆·汉克斯将不会获得奥斯卡奖”，应采用符号$\sim p\rightarrow\sim t$进行标识。

同样，我们要特别注意联结词的使用顺序。例如，若更改了否定和条件的顺序，将b）的答案记为$\sim(p\rightarrow t)$，则结果将不正确。当我们在3.2节中讨论逻辑等价时，这种含义上的差异会变得非常明显。

虽然数学家经常用到下一个联结词，但其在普通语言中并不常见。

定义 双条件表达观点“当且仅当”，采用双箭头符号$\leftrightarrow$进行标识。

例5 用“当且仅当”联结多个命题

用符号形式表示下列双条件命题：a）当且仅当为三角形时，多边形才包含 3 条边；b）当且仅当封条未遭到破坏时，该视频游戏才能退货

解：a）假设 p 表示命题“多边形包含3条边”，t 表示命题“多边形是三角形”，则该命题的符号形式为 $p \leftrightarrow t$；

b）假设 r 表示命题“视频游戏可以退货”，b 表示命题“封条遭到破坏”，则该命题的符号形式为 $r \leftrightarrow \sim b$。

现在尝试完成练习 11 ~ 28。

自测题3

考虑下列命题。f：我飞往休斯顿；q：我将有资格获得常旅客里程。

用符号形式写出下列命题：a）如果不飞往休斯顿，那么我将没有资格获得常旅客里程。b）当且仅当有资格获得常旅客里程，我才飞往休斯顿。

实际使用联结词时，人们通常采用非正式术语“非/不”“与/和”“或”“如果……那么”和“当且仅当”，以替代正式术语“否定”“合取”“析取”“条件”和“双条件”。通过组合这5种联结词，可以形成极为复杂的各种命题。考虑如下简单命题：

t：今天是星期二。　　r：正在下雨。　　s：现在是春天。　h：你饿了。

假设建立如下复合命题：

如果今天不是星期二，而且正在下雨，那么你饿了，或者现在不是春天。

如果在四月份的某个星期三，天正在下雨，你还饿着肚子没有吃午饭，那么前面的命题是否为真？如果在三月份的某个星期二，阳光明媚，你不饿，那么前面的命题是否为真？如你所见，对正在表达的文字命题而言，精准理解一般较为困难。注意，这个命题的符号形式为$(\sim t \wedge r) \rightarrow (h \vee \sim s)$。在 3.2 节中，我们将了解联结词的计算规则，然后即可轻松地回答这些问题。

建议 可用逗号对复合命题的组成部分进行分组，如将“股票价格上涨且通货膨胀下降，或者债券价格下跌”表示为$(s \wedge i) \vee b$，将命题$s \wedge (i \vee b)$描述为“股票价格上涨，且通货膨胀下降或者债券价格下跌”。

3.1.3 量词

在分析命题的过程中，除了联结词，我们还要理解其他一些特殊词汇，这些词汇称为量词。量词表示数量的“多少”，可以划分为两类，即全称量词和存在量词。

要点 量词描述满足给定属性的对象数量。

定义 全称量词是诸如“所有”和“每个”之类的词汇，表示某种类型的所有对象都满足给定的属性。

下列命题均包含全称量词：

18 岁以上的“所有”公民都拥有选举权。

“每个”三角形的内角和都等于 180°。

“每位”纳斯卡赛车手都必须在 8 月 1 日前注册德通纳 500 汽车大赛。

定义 存在量词是诸如“一些”“存在”和“至少有一个”之类的词汇，表示一个或多个对象满足给定的属性。

下列命题均包含存在量词：“一些”司机有资格享受较低的保险费率；“有一个”数字的平方是 25；“有一种”鸟不会飞。

3.1.4 量词的否定

假设要否定命题“所有职业运动员都是富人”。为了实现这个目标，我们必须理解如何否定包含量词的命题，为此可绘制欧拉图，如图 3.1 所示。在图 3.1(a)中，通过将“所有运动员”集合包含在“所有富人”集合内部，描述了原始命题为真的情形；在图 3.1(b)中，稍微移动了代表所有运动员的圆圈，使其一部分位于标有“富人”的圆圈之外。我们证明了命题“并非所有运动员都是富人”与“一些运动员不是富人”的含义相同。

接下来研究如何否定含有“存在量词”的命题，例如命题“一些学生获得奖学金”，如图 3.2(a)所示。为了说明“为假：一些学生获得奖学金”，学生圆圈应与奖学金获得者圆圈没有任何交集，如图 3.2(b)所示。因此，我们可将“对原命题的否定”表述为“没有学生获得奖学金”。

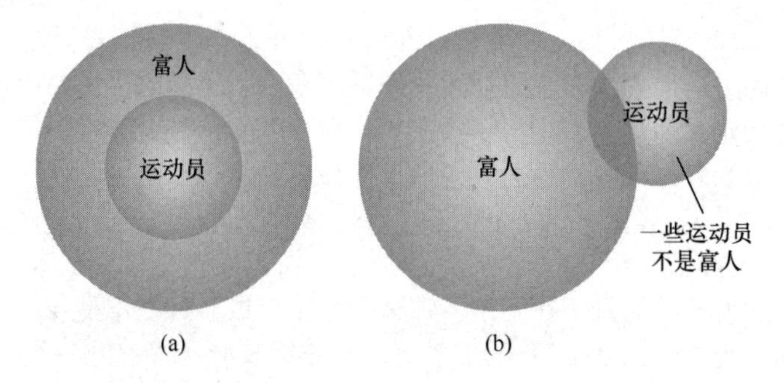

图 3.1 (a)所有运动员都是富人；(b)并非所有运动员都是富人（一些运动员不是富人）

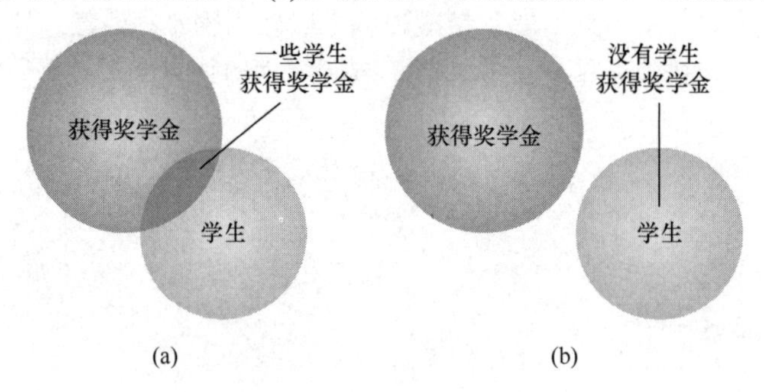

图 3.2 (a)一些学生获得奖学金；(b)为假：一些学生获得奖学金（没有学生获得奖学金）

我们现在总结一下。

否定含有量词的命题 “并非所有都是”与“至少有一个不是”的含义相同；“并非一些是”与“全都不是”的含义相同。

例 6 量化命题的否定

否定下列量化命题并重新描述：a）所有顾客都将得到一份免费甜点；b）一些平板电脑具有两年保修期。

解：a）该命题的否定形式是“并非所有顾客都将得到一份免费甜点”。对于“并非所有都是”形式，可以改写为“至少有一个不是”形式，即“至少有一位顾客得不到免费甜点”；

b）该命题的否定形式是“不为真：一些平板电脑具有两年保修期”。对于“并非一些有”形式，可以改写为“全都没有”形式，即“没有平板电脑具有两年保修期”。

现在尝试完成练习 29 ~ 40。

自测题 4

否定下列量化命题并重新描述：a）所有教授都很友好；b）一些狗咬人。

解题策略：三法原则

1.1 节介绍了三法原则，建议读者绘制量化命题图表，这有助于更好地理解如何写出否定形式。

练习 3.1

强化技能

在练习 01 ~ 10 中，判断哪些语句是命题。

01. 全国半数以上家庭拥有数码相机。

02. X-15 飞机的速度可达 4500 英里/小时。

03. 这个周末来塔霍湖跟我一起滑雪吧。

04. 你准备去参加德雷克的演唱会吗？

05. 你在哪里买的 180s？

06. 在最近 10 年间，水质稳步改善。

07. 你将在 30 岁时成为百万富翁。

08. 《行尸走肉》是一部关于丧尸的热门电视节目。

09. 当我 64 岁的时候，你还会爱我吗？

10. 罗密欧，罗密欧，你为什么是罗密欧？

在练习 11 ~ 20 中，判断每个命题是简单命题还是复合命题。若为复合命题，请判别所用的联结词。

11. 要想乘坐，身高必须超过 48 英寸，且不能携带食物、饮料或氪星石。（注：这是加州洛杉矶六旗魔术山游乐场“超人逃生过山车”的乘坐规定；氪星石是超人故事里的虚构物质，为超人弱点的代名词。）

12. 杰昆·菲尼克斯获得奥斯卡奖实至名归。

13. 扬尼斯或詹姆斯将被卖给太阳队。

14. 如果支持环境议题，那么卡马拉将在政治上获得成功。

15. 阿尔瓦罗喜欢歌剧。

16. 阿米拉未购买数学书的在线辅导包。

17. 如果特斯拉 Model S 汽车是最好的电动汽车，那么起亚 Soul EV 汽车紧随其后。

18. 杰娜今年夏天准备去欧洲。

19. 如果早晨天空变红，那么水手们就会非常警惕。

20. 我有一个梦想。

考虑下列命题。g：全球变暖将加剧；a：开发替代能源；c：国会将通过新能源法。在练习 21 ~ 24 中，用符号形式写出下列命题。

21. 全球变暖将加剧，或者国会不通过新能源法。

22. 如果全球变暖不加剧，那么国会将不会通过新能源法，我们也不会开发替代能源。

23. 如果国会不通过新能源法，那么全球变暖将加剧，或者我们将开发替代能源。

24. 当且仅当全球变暖不加剧时，国会将不会通过新能源法，我们也不会开发替代能源。

考虑下列命题。t：包含子午线轮胎；s：天窗另外收费；w：WiFi 可选。在练习 25 ~ 28 中，将下列命题翻译成文字。

25. $t \vee (\sim s)$

26. $\sim s \wedge \sim w$

27. $t \rightarrow (s \vee \sim w)$

28. $(s \wedge t) \rightarrow \sim w$

在练习 29 ~ 34 中，否定下列量化命题，然后重新描述。

29. 所有蛇都有毒。

30. 一些汽车修理工不称职。

31. 一些个人物品不在租客的保险范围内。

32. 所有已婚夫妇必须提交联合纳税申报表。

33. 一些科学家认为小行星碰撞导致恐龙灭绝。

34. 所有工厂都排放有毒废物。

学以致用

利用下表中的学生信息判断练习 35 ~ 40 中的命题是否为真。若命题为假，则采用本节介绍的量词规则解释其为什么为假。例如，命题“所有二年级学生获得了奖学金”为假，因为“有一名二年级学生（斯蒂芬）没有获得奖学金”。

姓　名	年　级	奖学金	运动员	走　读
伦诺克斯	一年级	是	是	否
马里鲁	一年级	否	否	是
斯蒂芬	二年级	否	是	是
奥马罗萨	三年级	是	否	否
蒂托	二年级	是	是	是
纳迪亚	二年级	是	是	否
皮埃尔	三年级	是	否	是

35．所有二年级学生都是走读生。

36．有一名运动员没有获得奖学金。

37．有一名二年级学生不是运动员。

38．所有一年级学生都是运动员。

39．一年级学生均未获得奖学金。

40．运动员都不是走读生。

观察如下脸孔图标（笑脸和哭脸），判断练习 41～44 中的命题是否为真。若命题为假，明确描述其“否定”。

41．所有黄色笑脸位于蓝色或绿色方框中。

42．所有粉红色笑脸位于黄色方框中。

43．一些绿色笑脸位于黄色方框中。

44．一些蓝色方框包含绿色哭脸。

在练习 45～48 中，查看下列命题，判断用了哪些联结词。本练习以 1040 联邦所得税表格为基础。

45．联邦税表格。如果是未收到 W-2 表格的家庭雇员，那么确保在表格 1040A 中填写收入金额。

46．联邦税表格。如果收到显示股息预扣税款的 1099 表格，那么在第 29 行填写该金额。

47．联邦税表格。你与前配偶缴纳了联合估缴税款，或者更改了姓名并使用曾用名缴纳了税款。

48．联邦税表格。你的养老金抵扣额可能会被取消，但是即使无法抵扣，你仍然可以向养老金账户供款。

在练习 49～54 中仔细检查每个命题，判断用了哪些联结词。为了清晰起见，你可能需要改变命题的表述。

49.“我有两项权利之一，自由或死亡；如果不能拥有其一，那么将拥有其二……”（哈莉特·塔布曼，地下铁路总指挥）（注：“地下铁路”是 19 世纪美国秘密路线网络和避难所，哈莉特·塔布曼用其帮助非裔奴隶逃往自由州和加拿大。）

50.“我发现了给孩子们提出建议的最好方法，就是找出他们想要什么，然后建议他们去做”（哈里·S. 杜鲁门）

51.“挑战在于实践将政治作为艺术，将看似不可能的事情变为可能。”（希拉里·克林顿）

52.“月亮的升起和落下提醒了人类的无知，月升月落……”（黑麋鹿，奥格拉苏族圣人）

53.“基于肤色的政治区域完全是人为所致，当其消失时，不同肤色群体之间的统治也会消失。”（纳尔逊·曼德拉）

54.“女人不能依赖男人的保护，必须要学会保护自己”（苏珊·B. 安东尼）

1937 年，克劳德·香农证明了科学家可用符号逻辑来设计计算机电路，具体方法如下：开关闭合时，电流通过开关；开关断开时，电流不流动。

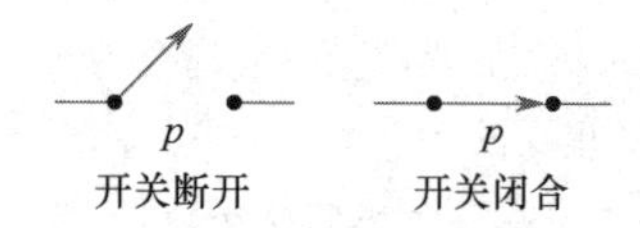

如下图所示，只有当开关 p 和 q 全都闭合时，电流才会通过串联电路，串联电路对应于逻辑中的合取（$p \wedge q$）。如果开关 p 或 q 闭合，电流将通过并联电路，并联电路对应于逻辑中的析取（$p \vee q$）。

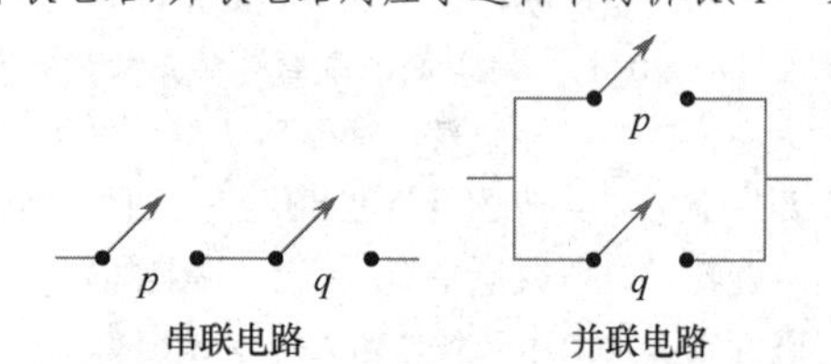

通过串联电路与并联电路的组合，我们可以构建更加复杂的各种电路。在练习 55～58 中，写出与下列电路相对应的逻辑形式。

55.

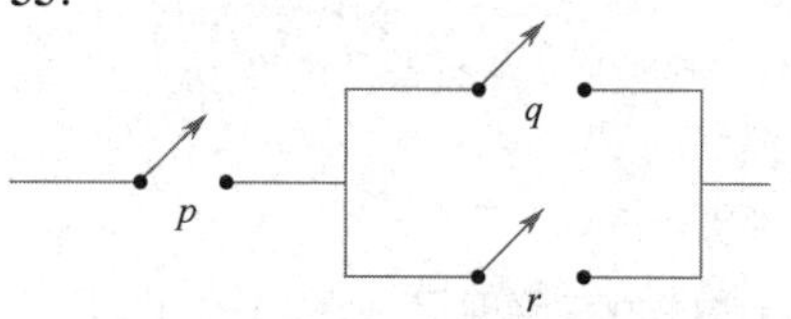

56.

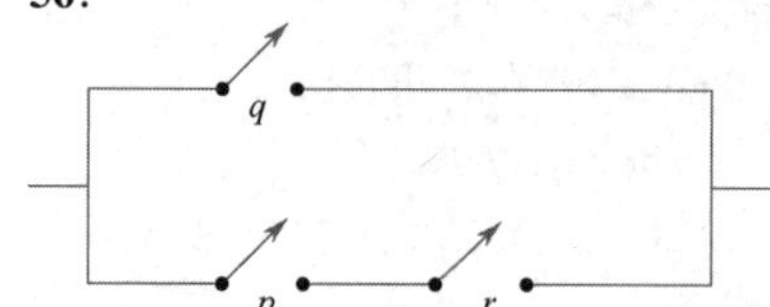

57.

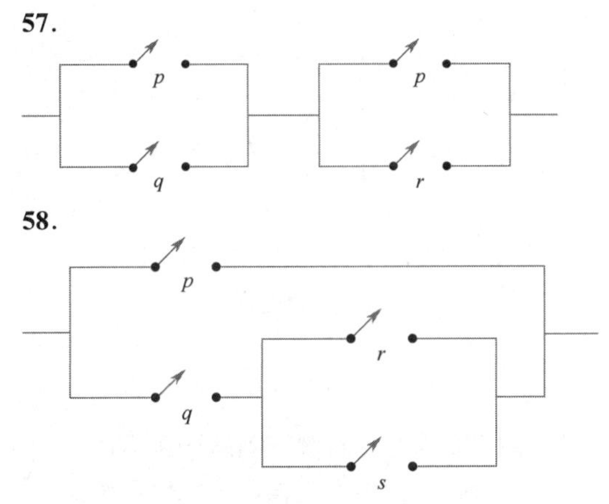

58.

在练习 59～62 中，判断量化命题是否为真。如果命题为假，通过“否定”将其更改为正确命题。要了解与常见数字集合相关的更多信息，请参阅 2.1 节。

59．所有整数都是有理数。

60．有一个有理数并非整数。

61．所有实数都是有理数。

62．有一个非负整数并非整数。

数学交流

在练习 63～66 中，判别下面哪幅图描述了给定命题。如前所述，不要担心这些命题的“常识”意义，考虑它们的形式即可。解释为什么要排除某些图，如对“有一只鸡不是鸟”这个命题，正确答案应是 a, b 和 d，因为 c 中的所有鸡都是鸟。

63．所有鸟都是鸡。

64．一些鸡不是鸟。

65．为假：所有鸟都是鸡。

66．有一种鸟不是鸡。

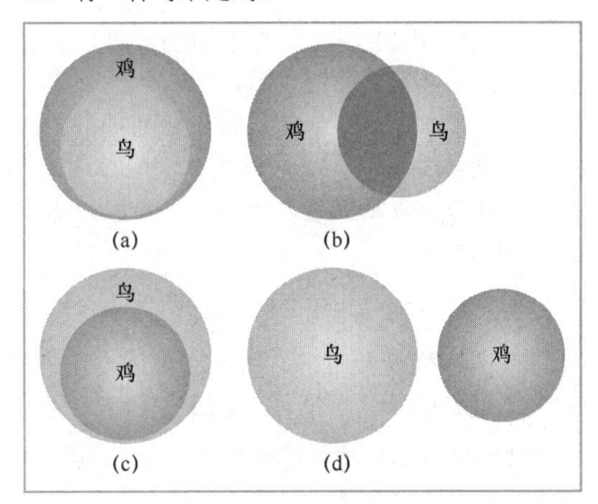

挑战自我

67～72．在符号逻辑中，命题的形式比其内容更重要。但是，如练习 49～54 所示，作家和演说家更关心语言的雄辩力。采用在本节中学习的联结词，改写练习 49～54 中的命题，使命题形式更清晰。首先单独改写，然后在小组中改写，最后对比两次改写答案，判断哪次改写最符合原始引用含义。

73．思考一种可能想用符号逻辑进行分析的现实生活情形。进行这种思考时，你遇到了哪些困难？

74．对于观点“符号逻辑与现实生活无关”，提供支持或反对的论证。

3.2 真值表

在玩“风火轮车模”玩具套装时，一个小孩大声喊道“3 加 5 等于 8”。此时，这个小孩不仅发现了一个非常基本的算术事实，而且认识了一种非常深刻的数学思想，即两个数字可以组合成一个新数字。他或许根本就不认识加法和乘法符号，但却偶然发现了数学家一直在做的事情——组合数学对象而形成新数学对象。你以前肯定也有过类似的经历，不仅在算术方面，而且在代数方面。在集合论中，我们曾用交集和并集运算来组合多个集合，从而生成新集合；3.1 节曾用诸如“和”与“或”之类的联结词来组合多个简单命题，进而形成新的复杂命题。

下面介绍逻辑运算的一些简单规则，它们由乔治•布尔及 19 世纪的其他数学家开发。我们将用真值表来判断复合命题何时为真（或假），然后介绍如何确定不同外观的逻辑形式，如 $\sim(p \wedge q)$ 和 $\sim p \vee \sim q$ 何时表达完全相同的含义。

建议 在逻辑中，对使用了“非”“与”“或”和“如果”等联结词的命题而言，其真值有时与日常用法略有差异，理解这些差异非常重要。

3.2.1 真值表

在逻辑中，“否定”的作用与日常语言完全一致。如果 p 是真命题（如 $2+2=4$），则其否定式 $\sim p$ 为假命题；如果 q 是假命题（如乔治·华盛顿是英国国王），则其否定式 $\sim q$ 为真命题。图 3.3 总结了否定的行为模式，这是真值表的一个示例。

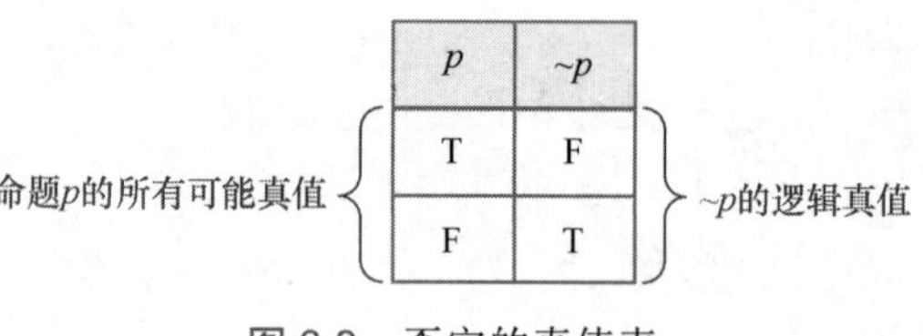

p	$\sim p$
T	F
F	T

图 3.3　否定的真值表

要点　“否定一个命题”会反转其真值。

左侧一列表示命题 p 的所有可能性，既可能为真，又可能为假。右侧一列表示逻辑值 $\sim p$，代表命题 p 的不同可能性。如果 p 为真，真值表说明 $\sim p$ 为假；如果 p 为假，说明 $\sim p$ 为真。

例 1　求否定的真值

判断下列命题是否为真，然后对其进行否定。注意，每个命题的否定与原命题的真值相反。

a）达拉斯牛仔队是非常著名的美式橄榄球队；b）墨西哥是亚洲的富裕国家。

解：a）为真。因此，其否定式“达拉斯牛仔队不是非常著名的美式橄榄球队”为假；

b）为假。因此，其否定式“墨西哥不是亚洲的富裕国家”为真。

要点　只有在组成部分均为真时，合取（逻辑与）才为真。

像在日常生活中一样，联结词“与/和/且”在逻辑中同样有用。假设你对一位朋友说了下面这句话：“我是篮球迷，并且喜欢摇滚乐。”

这个命题的形式是 $p \wedge q$，其中 p 表示“我是篮球迷”，q 表示“我喜欢摇滚乐”。在图 3.4 中，左侧 2 列列出了 p 和 q 真值的所有可能组合，右侧 1 列显示了 $p \wedge q$ 的真值。

p	q	$p \wedge q$
T	T	T
T	F	F
F	T	F
F	F	F

p和q为真（或假）的所有可能方式

图 3.4　只有当 p 和 q 均为真时，合取才为真

如果认真考虑，就会意识到若要该命题为真，唯一方式是“我是篮球迷，并且喜欢摇滚乐”，即 p 和 q 均为真。花一些时间解释图 3.4 中的第 2、3 和 4 行，确认在每种情况下原始合取均为假。

例 2　求合取的真值

判断下列命题是否为真：a）J. K. 罗琳是一位著名作家，皇后是一支著名乐队；b）卡玛拉·哈里斯（贺锦丽）主演了《冰雪奇缘》，且在 2020 年美国总统选举中获胜；c）你将在 50 岁时成为亿万富翁，缅因州的面积大于加利福尼亚州。

解：这些命题的形式是 $p \wedge q$，所以可以用图 3.4 来判断其逻辑值。

a）本例中的合取两侧都为真，由图 3.4 中的第 1 行可知“整个命题为真”；

b）由于命题的两个部分都为假，所以由图 3.4 中的第 4 行可知“整个命题为假”；

c）当然，我们不知道你 50 岁时是否会成为亿万富翁，所以 p 要么为真，要么为假，但是我们不知道具体真假。不过，由于缅因州的面积并不大于加利福尼亚州，所以由图 3.4 中的第 2 行（或第 4 行）可知“在这两种情况下，该命题均为假”。

要点　只有在组成部分均为假时，“析取/逻辑或”才为假。

与人们在日常生活中的用法相比，数学家对“或”的使用略有不同。假设数学老师宣布下周二或周四进行小测验，于是你周二来上课并参加了小测验，但没想到周四还有小测验，就逃掉了周四的课。当下周回来上课时，你发现自己错过了周四的小测验。你可能觉得老师误导了你，其实问题在于你误解了老师对“或”的使用。在日常语言中，我们使用所谓的“异或”，即使没有明确地说出，我们也理解“或”的这个版本是指“一个或另一个，但不是两个”。在数学和逻辑中，我们使用“同或/兼或”，如图 3.5 所示。可以看到，在表格的第 1 行，当 p 为真且 q 为真时，命题 $p \vee q$ 为真，这与“或”在日常生活中的用法（或惯常用法）不同。

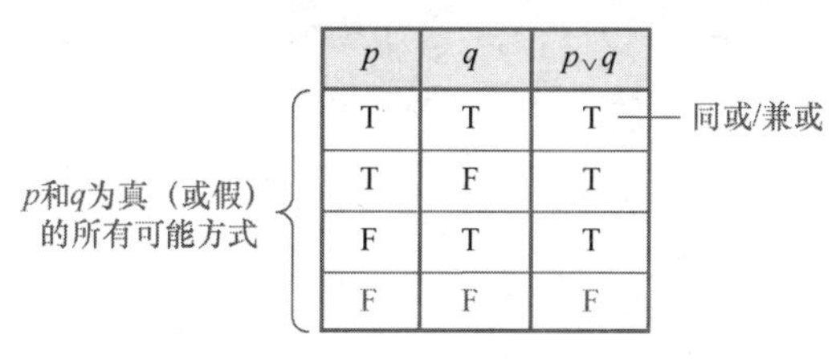

p	q	$p \vee q$
T	T	T
T	F	T
F	T	T
F	F	F

图 3.5　只有当 p 和 q 均为假时析取才为假

建议　记住“与”表格的最后 1 列只有 1 个真值，“或”表格的最后 1 列只有 1 个假值，这可帮助你更快地进行逻辑运算。

例 3　分析广告逻辑

考虑招聘广告：“招聘管理培训生，应聘者须具有 4 年制会计学位，或者 3 年金融机构工作经验。”如果根据图 3.5 来解释“或者”，下列哪位应聘者符合申请条件？

a）阿雅具有 4 年制会计学位，并在一家贷款公司工作了 2 年。

b）海蒂在大学学过会计（但未毕业），从事电子产品销售工作 5 年。

c）蒙特具有 4 年制会计学位，并在一家信用卡公司工作了 5 年。

解：a）阿雅的资历对应于图 3.5 中的第 2 行，所以符合申请条件；b）海蒂的资历对应于图 3.5 中的第 4 行，所以不符合申请条件；c）蒙特的资历对应于图 3.5 中的第 1 行，所以符合申请条件。

自测题 5

判断下列命题是否为真：a）运动可以增强骨骼，或者牛奶是钙的良好来源；b）$10^2 < 0$，且 $(5-3)^2 = 4$；c）巧克力是一种维生素或矿物质；d）你将活到 70 岁，或者地球只有 1 个月亮。

由于都是布尔代数的示例，集合论和逻辑具有许多极其相似的结构，如下表所示。

集合论与逻辑之间的相似性			
逻　辑		集合论	
and（与）	$\wedge$	$\cap$	交集
or（或）	$\vee$	$\cup$	并集
not（非）	~	′	补集
if...then（如果……那么）	$\rightarrow$	$\subseteq$	子集

注意观察“$\wedge$与$\cap$”之间和“$\vee$与$\cup$”之间的相似性

通常，如果集合论的结果为真，则逻辑也存在类似的结果，反之亦然。阅读本章时，请思考这里讨论的内容如何反映集合论中的相应内容。

3.2.2　复合命题

计算复合命题的真值表时，最重要的第 1 步是花一些时间确定计算顺序。如例 4 所述，有时通过思考计算将如何结束，可能会指导自己第 1 步做什么、第 2 步做什么，以此类推。

要点　我们采用真值表来求复杂命题的逻辑值。

例 4　求复合命题的真值表

计算命题 $(\sim p\wedge q)\vee(p\wedge q)$ 的真值表。

解：回顾前文所述的有序性原则。乍看上去，这种计算似乎有些复杂，关键是要明白在计算 $(\sim p\wedge q)\vee(p\wedge q)$ 时，必须最后计算“或”，如下图所示。

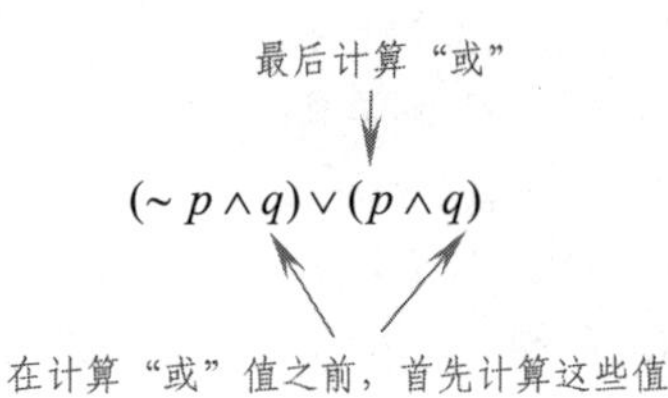

因此，通过将其分解为 3 个更简单的问题，即可轻松求解这个问题：第 1 步，计算 $(\sim p\wedge q)$；第 2 步，计算 $(p\wedge q)$；第 3 步，利用第 1 步和第 2 步的结果，计算 $(\sim p\wedge q)\vee(p\wedge q)$。

接下来在下面这个真值表中，执行每个步骤。

			第 1 步	第 2 步	第 3 步
p	q	$\sim p$	$\sim p\wedge q$	$p\wedge q$	$(\sim p\wedge q)\vee(p\wedge q)$
T	T	F	F	T	**T**
T	F	F	F	F	**F**
F	T	T	T	F	**T**
F	F	T	F	F	**F**

现在，通过用真值表中的最后一列，即可求出任意命题 $(\sim p\wedge q)\vee(p\wedge q)$ 的真值。例如，如果 p 为假，q 为真，则真值表中的第 3 行说明 $(\sim p\wedge q)\vee(p\wedge q)$ 为真。

现在尝试完成练习 15 ~ 19。

自测题 6

为命题 $(p\wedge\sim q)\vee(\sim p\vee q)$ 构造真值表。

可以看到，在自测题 6 的真值表中，最后一列全是 T。总为真的命题称为重言式/永真式。

由于需要频繁计算真值表，所以对其进行有效设置非常重要。如果命题含有单一变量（如 p），由于 p 可以是 T 或 F，所以真值表将有 2 行；如果命题含有 2 个变量，则真值表将有 4 行，分别对应于 TT、TF、FT 和 FF。

解题策略：有序性原则

有些人在计算真值表时，不考虑顺序就“直奔主题”。不要忘记，在解决任何问题时，重中之重是有一个良好的开始。若不首先确定正确的计算顺序，最终结果通常毫无价值。

如图 3.6 中的树图所示，对包含 3 个变量（p, q 和 r）的命题而言，真值表为 8 行。

可以看到，每增加 1 个变量，前面树中的每个分支都分离出 2 个分支，T 和 F 各 1。一般而言，下列规律为真。

真值表中的行数　若命题包含 k 个变量，则其真值表为 2^k 行。

对包含变量 p, q 和 r 的命题而言，真值表为 $2^3=8$ 行。若要快速填充 p, q 和 r 之下的各列，可首先在 p 下放置 4 个 T，再放置 4 个 F；然后在 q 下依次放置 2 个 T、2 个 F、2 个 T 和 2 个 F；最后在 r 下放置 TFTFTFTF。

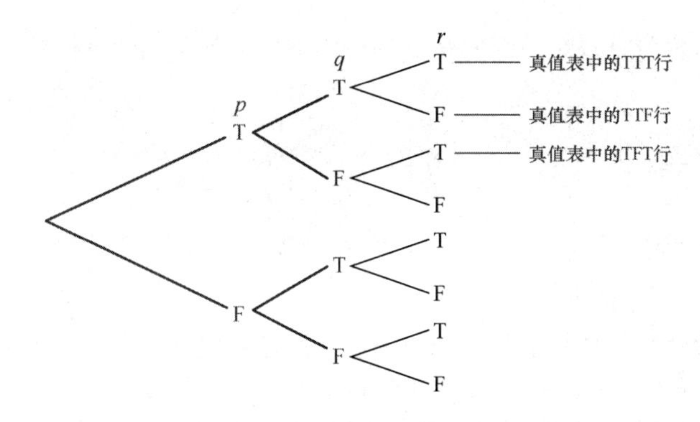

图 3.6　对于包含 3 个变量的命题而言，真值表为 8 行

良好解题方法包括判别以前见过的规律。回顾 1.1 节中的例 2，当依据 3 种抗原（A、B 和 Rh）对血型进行分类时，总计有 $2^3=8$ 种可能的血型；1.1 节的练习 11 中介绍过掷 n 枚硬币的方式有 2^n 种；2.2 节介绍过包含 n 个元素的集合含有 2^n 个子集。在例 5 中，你将再次看到此种规律。

例 5　构造包含 3 个变量的真值表

为 $(\sim p\vee q)\wedge(\sim r)$ 构造真值表。

解：回顾前文所述的有序性原则。为了理解应执行的计算顺序，考虑下面的图表：

最后计算“与”

$$(\sim p\vee q)\wedge(\sim r)$$

在计算“与”以前，首先计算这些值

我们按照以下方式进行计算：第 1 步，计算 $(\sim p\vee q)$；第 2 步，计算 $\sim r$；第 3 步，利用第 1 步和第 2 步的结果计算 $(\sim p\vee q)\wedge(\sim r)$。

在下面的真值表中，我们将执行每个步骤。可以看到，因为命题包含 3 个变量，所以真值表为 $2^3=8$ 行。

				第 1 步	第 2 步	第 3 步
p	q	r	$\sim p$	$\sim p\vee q$	$\sim r$	$(\sim p\vee q)\wedge(\sim r)$
T	T	T	F	T	F	F
T	T	F	F	T	T	T
T	F	T	F	F	F	F
T	F	F	F	F	T	F
F	T	T	T	T	F	F
F	T	F	T	T	T	T
F	F	T	T	T	F	F
F	F	F	T	T	T	T

利用 q 列和 $\sim p$ 列来计算第 1 步

现在尝试完成练习 20～24。

3.2.3　逻辑等价命题

对于具有不同外观的多个命题而言，了解它们何时表达完全相同（或不同）的信息非常重要。为了判断2个命题何时具有相同的含义，我们需要计算它们的真值表。

要点 逻辑等价命题表达相同的含义。

定义 若2个命题包含相同的变量，且计算真值表时的最后1列相同，则称为逻辑等价/等势/等值/对等。

例6 判断命题何时具有相同的含义

假设你有一本娱乐书籍，其中附赠了一些优惠券，覆盖范围包括电影、餐厅及其他休闲活动。如果你考虑去意大利面食吧或熟食店就餐，则以下2个命题是否表达相同的含义？

a）不为真：意大利面食吧接受优惠券，且熟食店接受优惠券。

b）意大利面食吧不接受优惠券，或者熟食店不接受优惠券。

解：回顾前文所述的钻牛角尖原则。若令 p 表示"意大利面食吧接受优惠券"，d 表示"熟食店接受优惠券"，则可用符号形式表达如下：

a）$\sim(p\wedge d)$：先计算"与"，然后否定。

b）$(\sim p)\vee(\sim d)$：先否定，然后计算"或"。

为了确定这些命题的含义是否相同，我们需要制作2个真值表。

p	d	$p \wedge d$	$\sim(p \wedge d)$
T	T	T	**F**
T	F	F	**T**
F	T	F	**T**
F	F	F	**T**

$\sim p$	$\sim d$	$(\sim p) \vee (\sim d)$
F	F	**F**
F	T	**T**
T	F	**T**
T	T	**T**

由于2个真值表中的最后1列相同，所以这2个命题逻辑等价，表达了完全相同的信息。

现在尝试完成练习35~42。

自测题7

证明 $\sim(p\vee q)$ 与 $(\sim p)\wedge(\sim q)$ 逻辑等价。

历史回顾——莱布尼茨梦想的破灭

数百年来，数学家一直在努力追寻莱布尼茨的梦想，希望开发出一种能够构建所有数学内容的逻辑理论。20世纪20年代，英国数学家伯特兰·罗素和阿尔弗雷德·诺思·怀特海做了大量尝试和努力，但最终都没有取得成功。成功的全部希望于1931年彻底破灭，普林斯顿数学家库尔特·哥德尔证明了他著名的"不完全性定理"，这一定理在初等算术等数学理论中表明，永远存在"为真"但无法用理论进行证明的命题！莱布尼茨的梦想最终破灭了。

3.2.4 德·摩根定律

若在数学事实之间建立联系并进行类比，则记住它们更容易。在例6中，$\sim(p\wedge d)$ 与 $(\sim p)\vee(\sim d)$ 逻辑等价，这看上去非常类似于集合论中的德·摩根定律之一，即 $(A\cap B)'=A'\cup B'$。由于逻辑和集合论都是布尔代数，所以这样的相似性值得期待。

逻辑中的德·摩根定律 如果 p 和 q 为命题，则

a）$\sim(p\wedge q)$ 与 $(\sim p)\vee(\sim q)$ 逻辑等价；b）$\sim(p\vee q)$ 与 $(\sim p)\wedge(\sim q)$ 逻辑等价。

通过定义"逻辑等价"，我们向"用代数方法处理逻辑"迈出了一大步。在代数中，当我们说到 $2(x+y)=2x+2y$ 时，实际上提出了一个普适性命题，它适用于无限多种特定的情形。例

如，我们可将x替换为3，将y替换为5，结果$2(3+5)=2\cdot3+2\cdot5$为真命题。同理，提到$\sim(p\wedge q)$与$(\sim p)\vee(\sim q)$逻辑等价时，实际上说明“无限多个成对的文字命题等价”。例如，如果p是命题“今天是星期二”，q是命题“天正在下雨”，则以下2个命题的含义相同：

“不为真：今天是星期二，且天正在下雨。” $\sim(t\wedge r)$

“今天不是星期二，或者天没有下雨。” $\sim t\vee\sim r$

我们现在可根据形式（而非内容）来推断复杂命题的含义。诸多文件（如公寓租契、保险合同、车贷申请、大学入学申请表和所得税介绍等）通常采用前文所述的联结词以法律形式书写。

例7　逻辑在法律文件中的应用

利用德·摩根定律，改写下列命题。该命题基于美国国税局表格1040A的填写说明。

为假：你从卖方融资的抵押贷款中获得利息，买方将该房产用作个人住宅。

解：如果首先采用符号形式进行表示，则改写这个命题非常容易。设r表示“你从卖方融资的抵押贷款中获得利息”，b表示“买方将该房产用作个人住宅”，则该命题的格式为$\sim(r\wedge b)$。

根据德·摩根定律，这个命题与$(\sim r)\vee(\sim b)$等价，现在可将其改写为“你没有从卖方融资的抵押贷款中获得利息，或者买方没有将该房产用作个人住宅”。

现在尝试完成练习29～34。

自测题8

利用德·摩根定律之一，使用文字改写下列命题（来自汽车保修单）：车龄不超过5年，且行驶里程不超过50000英里。

建议　利用逻辑改写命题时，结果听上去可能很怪。为了使语句听起来更好，你可能要理顺语法，这通常是一种错误行为！除非特别小心谨慎，否则很容易改变句子的含义。在逻辑中，命题的形式比文学风格更重要。

有些人喜欢用另一种方法来构造真值表，如例8所示。

要点　构造真值表有一种可选的方法。

例8　构造真值表的可选方法

a）为例4中的$(\sim p\wedge q)\vee(p\wedge q)$构造真值表。

回顾可知，执行下列步骤，可以构造真值表：第1步，计算$(\sim p\wedge q)$；第2步，计算$(p\wedge q)$；第3步，利用下表含有底纹的各列中的数值计算$(\sim p\wedge q)\vee(p\wedge q)$。

			第1步		第3步		第2步	
p	**q**	**(~p**	∧	**q)**	∨	**(p**	∧	**q)**
T	T	F	F	T	T	T	T	T
T	F	F	F	F	F	T	F	F
F	T	T	T	T	T	F	F	T
F	F	T	F	F	F	F	F	F

复制p和q的值

b）执行下列计算，为$(\sim p\vee q)\wedge(\sim r)$构造真值表。

第1步，计算$(\sim p\vee q)$；第2步，计算$\sim r$；第3步，计算$(\sim p\vee q)\wedge(\sim r)$。

p	q	r	$(\sim p$	$\vee$ 第1步	$q)$	$\wedge$ 第3步	$(\sim r)$ 第2步
T	T	T	F	T	T	**F**	F
T	T	F	F	T	T	**T**	T
T	F	T	F	F	F	**F**	F
T	F	F	F	F	F	**F**	T
F	T	T	T	T	T	**F**	F
F	T	F	T	T	T	**T**	T
F	F	T	T	T	F	**F**	F
F	F	F	T	T	F	**T**	T

利用这些值来计算第3步

有时，逻辑中的符号可能令人感到困惑，如表达式 $\sim p \vee q$ 是指 $(\sim p) \vee q$ 还是指 $\sim(p \vee q)$？一般来说“假设否定符号的影响尽可能小”，所以可将 $\sim p \vee q$ 的意思解释为 $(\sim p) \vee q$。对于表达式 $p \wedge q \vee r$，可能意味着 $(p \wedge q) \vee r$ 或 $p \wedge (q \vee r)$。这种情况涉及的规则称为“优先级规则”，但为了避免记住这些复杂规则，我们始终采用括号来明确所考虑的选项。

3.2.5 三值逻辑

若干年前，笔者在公共广播电台做了一次题为“为什么逻辑与现实生活无关”的演讲。虽然这个标题似乎与本章所述的内容相反，但主要描述的是“日常生活中的各种命题不仅为真或假”。例如，如果准备安排一次野餐，你可能会想“明天可能会下雨”；或者考虑到学期成绩，你可能会对朋友说“可能我的数学成绩会得 A”。为了采用“二值逻辑（真一假）”解决这种问题，波兰数学家扬•卢卡西维茨发明了“三值逻辑”，这种逻辑中的命题可以为真、假或“可能”（M）。

下面介绍这种逻辑的几种简单规则。通过联结词“与”联结至“可能命题”的“真命题”称为“可能命题/或然命题”，我们将其表示为 $\mathrm{T} \wedge \mathrm{M} = \mathrm{M}$。例如，假设数学成绩肯定得 A，英语成绩可能得 A，则数学成绩和英语成绩“可能”都得 A。下表列出了采用“可能”进行逻辑计算的一些基本规则。

采用“可能”进行逻辑计算的一些基本规则

$\sim \mathrm{M} = \mathrm{M}$	$\mathrm{T} \wedge \mathrm{M} = \mathrm{M}$	$\mathrm{T} \vee \mathrm{M} = \mathrm{T}$	$\mathrm{M} \wedge \mathrm{M} = \mathrm{M}$
	$\mathrm{F} \wedge \mathrm{M} = \mathrm{F}$	$\mathrm{F} \vee \mathrm{M} = \mathrm{M}$	$\mathrm{M} \vee \mathrm{M} = \mathrm{M}$

例9 三值逻辑中的真值计算

考虑如下命题：b，生物学成绩为 A；h，历史学成绩为 A；s，社会学成绩为 A。

假设 b 为真，h 为假，s 为可能，求下列命题的值：a）$b \vee (h \wedge s)$；b）$b \wedge (\sim h \wedge \sim s)$；c）$(b \vee h) \wedge (b \vee s)$；d）$\sim (b \vee s)$。

解：回顾前文所述的有序性原则。

a）由于 b 为真，h 为假，s 为可能，故表达式 $b \vee (h \wedge s)$ 的值为 $\mathrm{T} \vee (\mathrm{F} \wedge \mathrm{M}) = \mathrm{T} \vee \mathrm{F} = \mathrm{T}$。

b）这个命题的值为 $\mathrm{T} \wedge (\sim \mathrm{F} \wedge \sim \mathrm{M}) = \mathrm{T} \wedge (\mathrm{T} \wedge \mathrm{M}) = \mathrm{T} \wedge \mathrm{M} = \mathrm{M}$。

c）这个命题的值为 $(\mathrm{T} \vee \mathrm{F}) \wedge (\mathrm{T} \vee \mathrm{M}) = \mathrm{T} \wedge \mathrm{T} = \mathrm{T}$。

d）这个命题的值为 $\sim (\mathrm{T} \vee \mathrm{M}) = \sim \mathrm{T} = \mathrm{F}$。

现在尝试完成练习 43 ~ 48。

练习 3.2

强化技能

在练习 01～10 中，假设 p 为真，q 为假，r 为真，计算表达式的真值。

01. $\sim p \wedge q$

02. $\sim r \vee p$

03. $\sim p \wedge (q \vee r)$

04. $\sim r \vee (p \wedge q)$

05. $q \vee (\sim p \wedge \sim r)$

06. $(\sim p \wedge q) \vee (p \wedge r)$

07. $(\sim p \vee q) \vee (p \wedge q)$

08. $(\sim p \wedge q) \wedge (\sim p \vee q)$

09. $(\sim p \wedge q) \vee \sim (p \vee \sim q)$

10. $(\sim p \vee q) \wedge \sim (p \vee \sim q)$

在练习 11～14 中，说明给出的数字是否为真值表中的行数的可能性。如果数字为可能性，说明构造表格时应使用多少不同的逻辑变量。

11. 64　**12.** 36　**13.** 72　**14.** 128

在练习 15～24 中，为每个命题构造真值表。

15. $p \wedge \sim q$

16. $\sim (\sim p \wedge q)$

17. $\sim (p \vee \sim q)$

18. $\sim p \vee \sim q$

19. $\sim (p \wedge q) \vee \sim (p \vee q)$

20. $(p \vee r) \wedge (p \wedge \sim q)$

21. $(p \wedge r) \vee (p \wedge \sim q)$

22. $(p \vee q) \wedge (p \vee r)$

23. $\sim (p \vee \sim q) \wedge r$

24. $(p \wedge \sim q) \vee \sim r$

在练习 25～28 中，判断命题是使用了“同或/兼或”还是使用了“异或”。

25. 现在付钱给我，或者以后再付钱给我。

26. 如果收入低于 23500 美元或者超过 65 岁，你将会获得退税。

27. 如果设备遭到滥用或者维护不当，则保修无效。

28. 惩罚是 500 美元罚款或者 40 小时社区服务。

在练习 29～34 中，利用德 · 摩根定律改写命题的否定。

29. 比尔又高又瘦。

30. 约雷尔将进入法学院，或者攻读工商管理硕士学位。

31. 克里斯蒂安娜将申请学生贷款，或者申请勤工俭学。

32. 乔安娜将辞去工作，加入美国和平队。

33. 肯有资格获得折扣，或者降低利率。

34. 裴莉的电脑获得了更大的磁盘驱动器和延长的保修期。

在练习 35～42 中，判断命题对是否逻辑等价。

35. $\sim (p \wedge \sim q)$，$(\sim p) \vee q$

36. $\sim (p \vee \sim q)$，$(\sim p) \wedge q$

37. $\sim (p \vee \sim q) \wedge \sim (p \vee q)$，$p \vee (p \wedge q)$

38. $\sim (\sim p \vee \sim q)$，$p \vee q$

39. $\sim (p \vee \sim q) \wedge \sim (p \vee q)$，$(\sim p \wedge q) \wedge (\sim p \wedge \sim q)$

40. $(p \wedge \sim q) \vee \sim (p \wedge q)$，$\sim (p \vee \sim q) \vee (\sim p \vee \sim q)$

41. $p \vee (\sim q \wedge r)$，$(p \vee (\sim q)) \wedge (p \vee r)$

42. $p \wedge (\sim q \vee \sim r)$，$(p \wedge (\sim q)) \vee (p \wedge \sim r)$

练习 43～48 涉及三值逻辑。设 p 为真，q 为假，r 为可能，求命题的真值。

43. $\sim r \wedge p$

44. $\sim q \wedge r$

45. $\sim r \vee (p \wedge \sim q)$

46. $\sim r \wedge (p \vee q)$

47. $(\sim p \wedge r) \wedge \sim (r \vee \sim q)$

48. $(\sim p \vee q) \wedge \sim (p \wedge \sim r)$

学以致用

下图来自一项社会学研究，总结了情侣同居 5 年后的状态，求练习 49～52 中命题的真值。设 p 表示命题“认为同居是迈向婚姻一步的情侣最可能在 5 年后结婚”，q 表示命题“认为同居是婚姻替代品的情侣最可能在 5 年后分手”，r 表示命题“与未婚同居的情侣相比，认为同居是婚姻替代品的大多数情侣要晚结婚 5 年”。

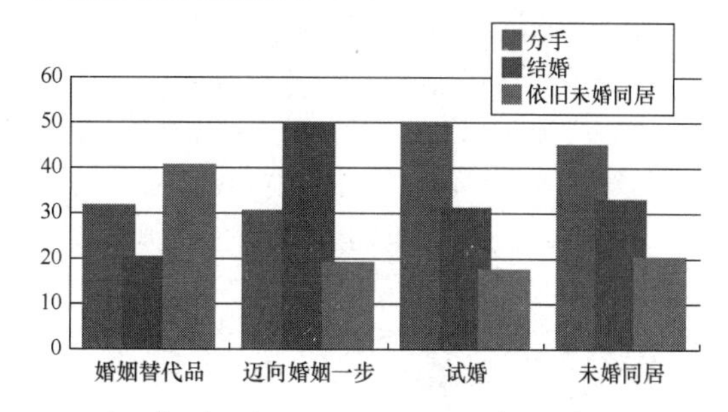

49. $(\sim p) \vee (\sim q)$

50. $\sim (p \wedge q)$

51. $(\sim p \vee q) \wedge r$

52. $r \wedge \sim (q \vee r)$

练习 53～56 中的命题摘自美国国税局表格 1040A 的填报说明，请按例 7 的方式进行改写。

53. 个人收入的所得税并不会减少你所欠的税款，或者不会给你退款。

54. 你不能声称自己或配偶是被赡养人。

55. 你既不是单身，又不是户主。

56. 不为真：你正在提交一份联合申报表，且包含了养老金计划。

为了具备国会实习资格，申请人必须主修政治学、历史学、国际关系学或相关领域学科；下学期为大学四年级，或者毕业不超过 1 年；平均学分绩点（GPA）至少为 3.0。在练习 57~60 中，哪位申请人具备实习资格？

57. **实习要求**。玛吉主修俄罗斯历史，修有 24 个学分，平均学分绩点是 3.2。

58. **实习要求**。霍默主修国际政治，将于下学期毕业，平均学分绩点是 3.6。

59. **实习要求**。巴特主修拉丁美洲研究，平均学分绩点是 3.25，毕业后在一家体育用品店工作了 3 个月。

60. **实习要求**。丽莎主修古典舞，辅修亚洲研究，即将进入大学四年级，平均学分绩点是 3.8。

利用如下图表（基于“全国宠物主人调查”数据），判断练习 61~64 中的命题是否成立。

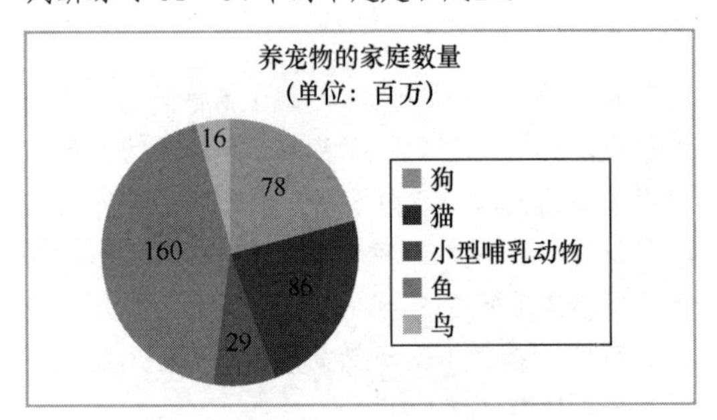

61. 养猫的家庭数量不少于养狗的家庭数量，但养鱼的家庭数量超过养狗的家庭数量。

62. 养小型哺乳动物的家庭数量少于养猫的家庭数量的一半，但超过养狗的家庭数量的一半。

63. 不成立：养小型哺乳动物的家庭数量比养鸟的多，或者养鱼的家庭数量比养其他宠物的少。

64. 不为真：超过 2 亿个家庭养狗或养猫，只有不到 1.4 亿个家庭养鱼。

3.1 节介绍了如何通过逻辑表达式来表示计算机电路，如 $p \wedge q$ 表示串联电路，$p \vee q$ 表示并联电路。

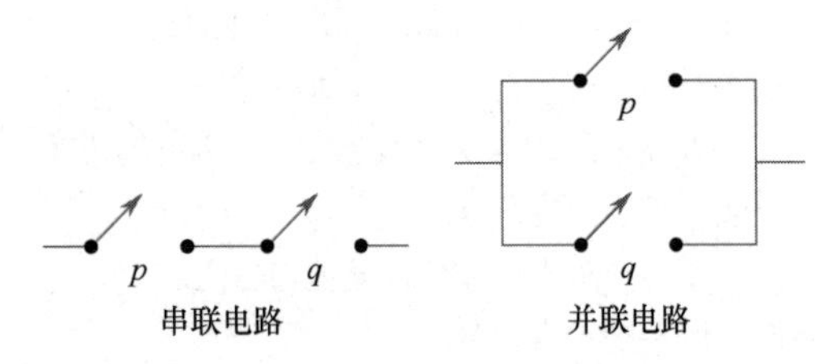

串联电路　　并联电路

逻辑形式 $(p \vee q) \wedge (p \vee r)$ 与 $p \vee (q \wedge r)$ 等价，意味着以下两个电路运行一致：

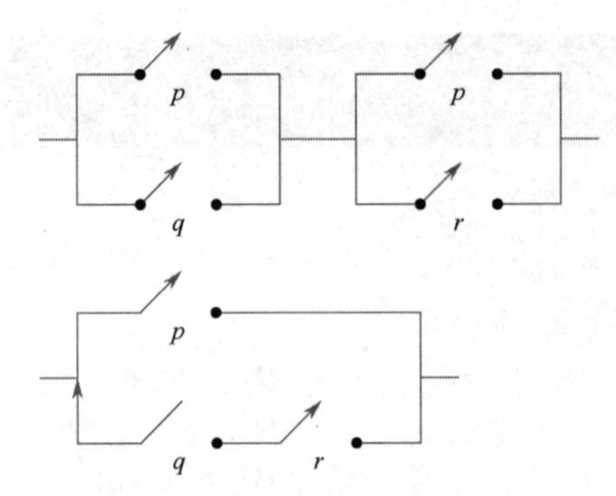

在练习 65~68 中，利用逻辑形式表示每个电路，然后用等价形式改写逻辑形式。采用真值表，证明第 2 种形式与第 1 种形式等价。绘制与第 2 种逻辑形式相对应的电路。如果可能，尝试选择第 2 种形式，使相应电路的开关数量少于原始电路。

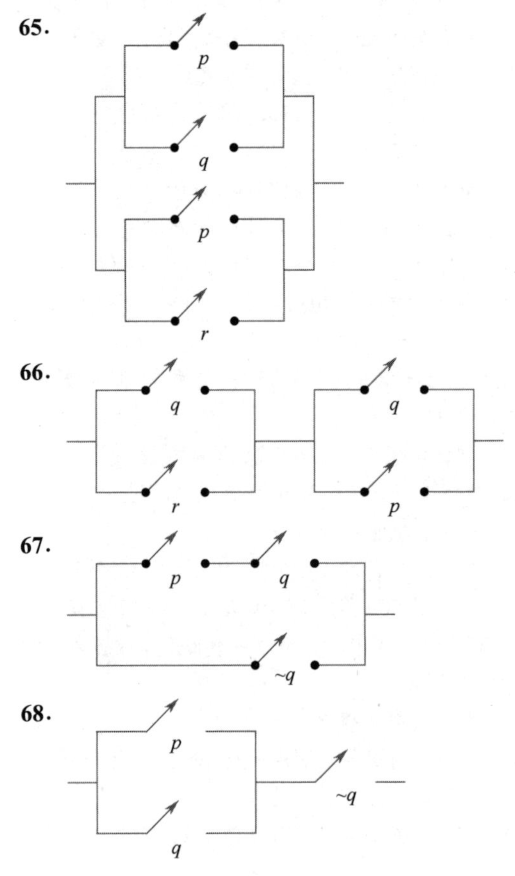

数学交流

69. 我们在逻辑中用的是哪种“或”——是同或还是异或？两种“或”的真值表有何差异？分别给出示例。

70. 与“常识”和语言知识相比，你认为采用真值表来判断逻辑等价有什么优势？

挑战自我

71. 在集合论中，我们证明了包含 k 个元素的集合含有 2^k 个子集。若一个逻辑命题包含变量 p,q和r，请解释$\{p, q, r\}$的 8 个子集如何对应于该命题真值表中的 8 行。

72. 从某种意义上讲，逻辑表达式中的联结词"与"可有可无，可以替换为等价形式$\sim(\sim p \vee \sim q)$，采用真值表对此进行验证。采用类似的方式，证明联结词"或"同样可有可无，并采用真值表进行验证。

联结词"与非"具有右侧所示的真值表。

p	q	$p\|q$
T	T	F
T	F	T
F	T	T
F	F	T

73. 联结词"与非"有时称为 NAND/非与，请解释理由。

74. 证明$\sim p$与$p \mid p$逻辑等价。

75. 证明$p \vee q$与$(p \mid p) \mid (q \mid q)$逻辑等价。

76. 给出一种形式，仅使用与$p \wedge q$等价的联结词"与非"。

3.3 条件和双条件

"如果没有坏，就不要修理它。"你听过多少次类似的建议？这种民间智慧是否也提示说"如果坏了，则修好它"呢？或许如此，或许未必。在本节中学完"条件"后，你将完全理解其中所表达的含义，更重要的是，你还能理解这里没有提到的深层含义。

条件命题在日常生活中很常见，实际上时刻"伴随我们左右"。例如，你的手机可能会弹出一个窗口，提示"如果订阅了亚马逊 Prime（金牌会员服务），则你可以免费观看 Prime 视频"；在游乐园中看见警告牌"如果身高未到 48 英寸，则不能乘坐此过山车"时，玩耍的孩子无疑会感到失望。

本节利用条件和双条件的真值表，计算复合命题的真值。注意，与日常语言相比，数学中使用的条件有时略有差异。

3.3.1 条件

为了理解条件命题何时为真（或假），考虑下面这个示例。作为一家小工厂的老板，盖茨先生接到了一份紧急订单，要求必须在下周一前完成，然后他向你提出了一份非常有诱惑力的提议：

如果你星期六为我工作，我会付你 100 美元奖金。

要点 条件为假只能有 1 种方式。

如果设 w 表示"你星期六为我工作"，b 表示"我会付你 100 美元奖金"，则这个命题的形式是 $w \to b$。为判断盖茨先生何时说真话，何时不说真话，我们必须查验如下 4 种情形。

情形 1（w 为真，b 为真）：你去工作了，并且拿到了奖金。

在这种情况下，盖茨先生当然构造了真命题。

情形 2（w 为真，b 为假）：你去工作了，但却没有拿到奖金。

盖茨先生违背了诺言，他构造了假命题。

情形 3（w 为假，b 为真）：你不去工作，但盖茨先生还是付你奖金。

请认真思考这种情形，因为其不同于日常语言中"如果……那么"的用法。当倾听盖茨先生说的话时，千万不要过度解读。如果不去工作，你就不会期望拿到奖金，因为这是你的日常生活经验。但是，盖茨先生从未这样说过，你只是在"假设这个条件"。记住，逻辑中的命题非真即假，因此，由于盖茨先生没有说假话，所以他说的是真话。

情形 4（w 为假，b 为假）：你不去工作，也没有拿到奖金。

在这种情况下，盖茨先生说的是真话，原因与情形 3 完全一致。由于你未去工作，盖茨先生既可以付你奖金，又可以不付你奖金，无论哪种情形他都没有说谎，因此说的是真话。

该讨论解释了图 3.7 中“如果……那么”联结词的真值表。

p	q	$p \to q$
T	T	T
T	F	F
F	T	T
F	F	T

图 3.7　只有当假设为真且结论为假时，条件命题才为假

定义　在条件命题 $p \to q$ 中，p 称为假设，q 称为结论。（注：有些人将假设称为前件，将结论称为后件。）

建议　记住条件真值表的一种好方法：“条件可能为假”的唯一途径是“假设为真，结论为假”。

对于将条件与前面介绍的联结词组合在一起的命题，我们可以为其建立真值表。

例 1　构造条件命题的真值表

构造命题 $(\sim p \vee q) \to (\sim p \wedge \sim q)$ 的真值表。

解：回顾前文所述的有序性原则。

因为存在两个变量 p 和 q，所以真值表为 4 行。像以前那样，首先考虑操作顺序，如下表所示。

			第 1 步		第 2 步	第 3 步
p	q	$\sim p$	$\sim p \vee q$	$\sim q$	$\sim p \wedge \sim q$	$(\sim p \vee q) \to (\sim p \wedge \sim q)$
T	T	F	Ⓣ	F	Ⓕ	F
T	F	F	F	T	F	T
F	T	T	Ⓣ	F	Ⓕ	F
F	F	T	T	T	T	T

用这些列计算第 3 步

可以看到，在第 1 行和第 3 行中，假设为真，结论为假。因此，如果首先在这些行中填充 F（假），则其他行的值将为 T（真）。

现在尝试完成练习 1 ~ 16。

自测题 9

为命题 $(p \wedge \sim q) \to (\sim p \vee q)$ 构造真值表。

许多正式和非正式合同都采用“如果……那么”联结词，我们可通过符号形式来理解其中的条件。

例 2　分析退货政策

埃米利奥刚从 Overstock 网站购买了一套新的妙韵音乐系统，该系统的退货政策如下：

如果 30 天内原包装退回，那么将获得全额退款。

由于对购买的系统不满意，埃米利奥退回了原包装，但被拒绝退款。从这些信息中，你能推断出什么？

解：设 r, p 和 f 分别表示下列命题：r，埃米利奥在 30 天内退回了音乐系统；p，该系统位于原包装中；f，他获得了全额退款。

该系统的退货政策是 $(r \wedge p) \to f$ 形式。由于埃米利奥没有获得退款，所以 f 为假。如果该网站的政策真实有效，那么假设 $r \wedge p$ 就不可能为真，因为 $\mathrm{T} \to \mathrm{F}$ 形式的条件之一总为假。但是，由于埃米利奥使用了原包装，所以我们知道 p 为真。如果 r 也为真，则 $r \wedge p$ 就为真，刚才已经知道了这根本不可能。因此，我们可以得出结论“r 为假”，即系统未在 30 天内退回。

现在尝试完成练习 75 ~ 76。

3.3.2 条件的派生形式

你或许想要重新改写一个条件，此时可以采用 3 种典型方式。但是，请务必始终牢记，利用逻辑来改写命题时，你可能也在更改其含义。

定义 我们可以从条件 $p \to q$ 中派生出以下命题：
逆命题的形式为 $q \to p$；否命题的形式为 $\sim p \to \sim q$；逆否命题的形式为 $\sim q \to \sim p$。

要点 逆命题、否命题和逆否命题是条件的 3 种派生形式。

生活中的数学——一定要细读那些晦涩难懂的条文！

你是否受到过"即刻购买，一年内无需支付任何利息！"之类的广告的诱惑，从而想要购买一台大屏幕平板电视呢？看到这样的广告时，千万要小心。一般而言，晦涩难懂的条文中都会存在一些描述性文字，说明如果你继续满足合同的某些条件，那么零利率仍然有效。但是，如盖茨先生那一节所述，如果这种条件假设为假（换句话说，如果你只迟了 1 天付款，或者贷款余额超过了 1 年期限，即所谓的"痒利率"），那么罚款金额可能非常巨大，你可能要被迫支付滞纳金，而且惩罚利率可能会高达 30%。对于发放如此诱人贷款的出借人而言，他们非常希望你在零利息期结束前无法偿还余额，或者以某种其他方式违反合同。

下表有助于记忆如何构造条件的这些派生形式：

派生形式名称	构 造 方 式
条件	$p \to q$
逆命题	p 与 q 互换位置
否命题	同时对 p 和 q 求反，不互换位置
逆否命题	同时对 p 和 q 求反，互换位置

例 3 用文字改写命题的逆命题、否命题和逆否命题

用文字写出以下命题的逆命题、否命题和逆否命题："如果大麻合法化，那么吸毒人数就会增加。"

解：为了更好地理解这个问题，首先用符号 $m \to d$ 来表示这个命题，其中 m 表示"大麻合法化"，d 表示"吸毒人数会增加"。接下来，以符号形式写出每种派生形式。

为了形成逆命题，d 与 m 互换位置，获得形式 $d \to m$，翻译成文字为

"如果吸毒人数增加，那么大麻就会合法化。"

为了形成否命题，同时对 m 和 d 求反，获得形式 $\sim m \to \sim d$，翻译成文字为

"如果大麻不合法化，那么吸毒人数就不会增加。"

为了形成逆否命题，同时对 m 和 d 取反，然后互换位置，获得形式 $\sim d \to \sim m$，翻译成文字为

"如果吸毒人数不增加，则大麻就不会合法化。"

现在尝试完成练习 21 ~ 28。

自测题 10

用文字写出以下命题的否命题和逆否命题：若下载视频的价格上涨，则人们会非法复制视频。

派生命题和原始命题可能并不逻辑等价，所以在重新表述条件时，务必要小心谨慎。接下来，我们研究条件的哪些派生形式逻辑等价。

例 4　条件派生形式的逻辑等价

在 $p \to q, q \to p, \sim p \to \sim q$ 和 $\sim q \to \sim p$ 中，哪些命题逻辑等价？

解：回顾前文所述的有序性原则。通过对比这些命题的真值表，我们来回答这个问题。

由表格可知，原始条件与其逆否命题逻辑等价。逆命题和否命题与原始条件均不逻辑等价，但是二者彼此之间逻辑等价。

例 5 介绍了如何在不改变含义的情况下，重新表述租赁、合同、担保和税务表格中的命题类型。

逻辑等价（$p \to q$ 条件 与 $\sim q \to \sim p$ 逆否命题）

p	q	$p \to q$ 条件	$q \to p$ 逆命题	$\sim p$	$\sim q$	$\sim p \to \sim q$ 否命题	$\sim q \to \sim p$ 逆否命题
T	T	T	T	F	F	T	T
T	F	F	T	F	T	T	F
F	T	T	F	T	F	F	T
F	F	T	T	T	T	T	T

逻辑等价（$q \to p$ 逆命题 与 $\sim p \to \sim q$ 否命题）

例 5　改写法律命题

用逆否命题改写下列命题：a）如果你支付定金，我们将为你保留音乐会门票；b）如果你不逐项列出清单，就应该接受按标准扣税。

解：以下图表介绍了如何通过“同时对假设和结论求反，然后互换其位置”，从而写出逆反命题。

a）设 p 表示“你支付定金”，h 表示“我们将为你保留音乐会门票”。

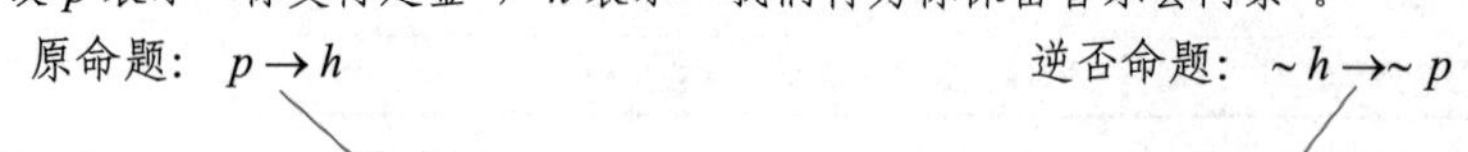

b）设 i 表示“你逐项列出清单”，s 表示“你接受按标准扣税”。

3.3.3　条件的替代用语

条件并不一定非要使用“如果……那么”，表达方法其实还有多种，例如下列每种形式都表示“如果 p，那么 q”：

q，如果 p	这里的“如果”与 p 仍然相关联，只不过出现在句子后面
除非/只有 p，才 q	“除非”与“如果”表达的含义不同，“如果”条件是假设，“除非”条件是结论
p 是 q 的充分条件	充分条件是假设
q 是 p 的必要条件	必要条件是结论

下图有助于记忆上面的信息：

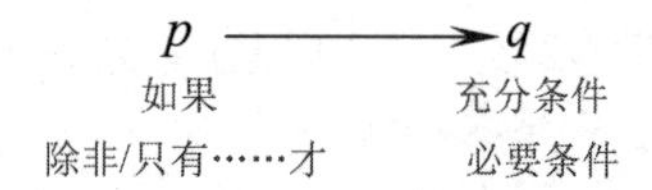

例 6　以“如果……那么”形式改写命题

以“如果……那么”形式改写下列命题：a）你的驾驶执照将被吊销，如果你被判定为酒后驾驶；b）只有平均成绩达到 2.5，你才能毕业；c）你要想保留预订，只需提供信用卡号码即可；d）你要想享受机票折扣，必须要提前 2 周付款。

解：回顾前文所述的钻牛角尖原则。a）因为“如果”与从句“你被判定为酒后驾驶”相连，所以这个从句是假设，可以将其改写为

“如果被判定为酒后驾驶，那么你的驾驶执照将被吊销。”

b）“除非/只有……才”与从句“平均成绩为 2.5 分”相连，所以这是结论，可以将其改写为

“如果你毕业了，那么平均成绩达到 2.5。”

c）“只需……即可”说明这是假设，所以可以将其改写为

“如果提供信用卡号码，我们将为你保留预订。”

d）必要条件是结论，所以可以将其改写为

“如果要想享受机票折扣，那么你需要提前两周付款。”

现在尝试完成练习 41 ~ 48。

自测题 11

利用“如果……那么”联结词写出下列命题：a）要想去亚马孙河旅行，必须更新免疫接种；b）只有每周锻炼 3 次，才能提高心血管健康水平。

3.3.4　双条件

双条件（当且仅当）表示 2 个命题具有相同的含义，例如可以说“当且仅当明天是星期三时，今天才是星期二”；在代数中，可以说“当且仅当 $x=4$ 时，$x+3=7$”。双条件的表示法为 $p \leftrightarrow q$，意味着 $p \rightarrow q$ 和 $q \rightarrow p$ 同时存在。图 3.8 显示了双条件的真值表。

为验证双条件 $p \leftrightarrow q$ 与命题 $(p \rightarrow q) \wedge (q \rightarrow p)$ 逻辑等价，还是应该利用真值表。

p	q	$p \leftrightarrow q$
T	T	T
T	F	F
F	T	F
F	F	T

图 3.8　当 p 和 q 具有相同值时，双条件为真

要点　双条件意味着 2 个命题具有相同的含义。

例 7　计算复合双条件的真值表

构造命题 $\sim(p \vee q) \leftrightarrow (\sim q \wedge p)$ 的真值表。

解：回顾前文所述的有序性原则。

			第 1 步		第 2 步	第 3 步
p	q	$p \vee q$	$\sim(p \vee q)$	$\sim q$	$\sim q \wedge p$	$\sim(p \vee q) \leftrightarrow (\sim q \wedge p)$
T	T	T	F	F	F	T
T	F	T	F	T	T	F
F	T	T	F	F	F	T
F	F	F	T	T	F	F

现在尝试完成练习 17 ~ 20。

练习 3.3

强化技能

在练习 01 ~ 08 中，设 p 表示真命题，q 表示假命题，r 表示真命题，判断每个命题的真值［注：记得在解释这些表达式时，假设“否定”符号对表达

式的影响极小，如应将 $\sim p \wedge q$ 的含义解释为 $(\sim p) \wedge q$ 而非 $\sim(p \wedge q)$]。

01. $\sim(p \vee q) \rightarrow \sim p$　　**02**. $(p \wedge \sim q) \rightarrow q$

03. $(p \wedge q) \rightarrow (q \vee r)$　　**04**. $(p \vee \sim q) \rightarrow r$

05. $(\sim p \vee \sim q) \rightarrow r$　　**06**. $r \rightarrow (\sim p \wedge q)$

07. $\sim(\sim p \wedge q) \rightarrow \sim r$　　**08**. $\sim(\sim p \vee r) \rightarrow \sim q$

在练习 09 ~ 20 中，构造下列命题的真值表。

09. $p \rightarrow \sim q$　　**10**. $\sim p \rightarrow q$

11. $\sim(p \rightarrow q)$　　**12**. $\sim(q \rightarrow p)$

13. $(p \vee r) \rightarrow (p \wedge \sim q)$　　**14**. $(p \wedge q) \rightarrow (p \wedge \sim r)$

15. $\sim(p \vee r) \rightarrow \sim(p \wedge q)$　　**16**. $\sim(p \wedge r) \rightarrow \sim(p \vee q)$

17. $(p \vee q) \leftrightarrow (p \vee r)$　　**18**. $(p \wedge q) \leftrightarrow (p \wedge r)$

19. $(\sim p \rightarrow q) \leftrightarrow (\sim q \rightarrow p)$

20. $(p \rightarrow \sim q) \leftrightarrow (q \rightarrow \sim p)$

在练习 21 ~ 28 中，写出每个命题的逆命题、否命题或逆否命题。

21. 如果下雨，就会下倾盆大雨。(逆命题)

22. 如果此设备在 30 天内出现故障，则将获得免费修复。(逆命题)

23. 如果你购买的是全天候子午线轮胎，则其可以行驶 80000 英里。(否命题)

24. 如果你超过 18 岁，则必须登记兵役服务。(否命题)

25. 如果一个几何图形是等边三角形，则其边长均相等。(逆否命题)

26. 如果一个几何图形是四边形，则其内角和为 180°。(逆否命题)

27. 如果 x 能被 6 整除，则 x 能被 9 整除。(否命题)

28. 如果 x 是偶数素数，则 x 能被 2 整除。(否命题)

假设从形式为 $p \rightarrow q$ 的命题开始，在练习 29 ~ 32 中，以一种更简单方式描述每种给定的形式。

29. 否命题的逆命题。

30. 逆命题的否命题。

31. 否命题的逆否命题。

32. 逆否命题的否命题。

在练习 33 ~ 36 中，以符号形式写出所示的命题。

33. $(\sim p) \rightarrow q$ 的逆命题。

34. $(\sim p) \rightarrow \sim(q \wedge r)$ 的否命题。

35. $p \rightarrow \sim q$ 的逆否命题。

36. $\sim(p \vee r) \rightarrow q$ 的逆否命题。

在练习 37 ~ 40 中，判断哪些“命题对”等价，建议先以符号形式写出命题。

37. 如果在 10 月 1 日前激活手机，则将获得 100 分钟免费通话时间；如果没有获得 100 分钟免费通话时间，则没有在 10 月 1 日前激活手机。

38. 如果未在 8 月 1 日前注册 LSAT（法学院入学考试），则必须支付 30 美元滞纳金；如果在 8 月 1 日前注册了 LSAT，则不必支付 30 美元滞纳金。

39. 如果天下雨了，则使用车前大灯；如果使用车前大灯，则天下雨了。

40. 如果格雷琛・布莱勒在冬奥会单板滑雪比赛中未获得高分，则其不会赢得奖牌；如果格雷琛・布莱勒赢得了奖牌，则其在冬奥会单板滑雪比赛中获得了高分。

在练习 41 ~ 48 中，采用“如果……那么”改写命题。

41. 我将休息一会儿，如果锻炼结束的话。

42. 只有在尚未打开包装的情况下，你才能退回 iPhone 手机。

43. 要想享有这项税收减免资格，你必须填写 3093 表格。

44. 要想预订露营地，只需支付少量订金即可。

45. 只有在 3 月 1 日前注册，你才能获得免费手机。

46. 我将去佛罗里达，如果能省出 850 美元的话。

47. 要降低汽车保险费，保持 3 年内不出事故即可。

48. 要想在本学期毕业，你必须修满 18 个学分。

在练习 49 ~ 52 中，假设 p 为真，q 为可能，r 为假，求下列命题的真值。你可重温 3.2.5 节中关于三值逻辑的讨论，且需要利用练习 73（描述了 $p \rightarrow q$ 与 $\sim p \vee q$ 逻辑等价）。

49. $p \rightarrow q$　　**50**. $\sim p \rightarrow \sim r$

51. $p \rightarrow (q \vee \sim r)$　　**52**. $\sim r \rightarrow (q \vee \sim p)$

学以致用

下图是“今日美国”组织的 2019 年推特投票结果，显示了学生选择大学时考虑的最重要因素。利用此信息，判断练习 53 ~ 56 中命题的真假。

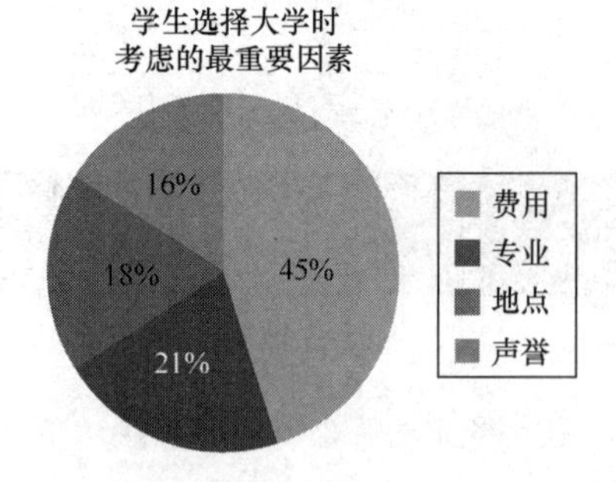

53. 选择大学的因素。如果超过半数学生不认为费用是最重要因素，则少于 20%的学生认为地点是最重要因素。

54. 选择大学的因素。如果 16%的学生认为声誉最重要，则 90%的学生认为地点不是最重要因素。

55. 选择大学的因素。如果专业比费用更重要，则声誉比地点更重要。

56. 选择大学的因素。如果声誉是费用之后的最重要因素，则 16%的学生表示声誉是最重要因素。

根据《今日美国》公布的一项 Accountemps（罗致恒富猎头公司）调查，求职者在面试中经常犯的错误如下:

- 对公司了解甚少：38%
- 没有准备好讨论技能/经验：20%
- 没有准备好讨论职业规划：14%
- 缺乏良好的眼神交流：10%
- 缺乏热情：9%

在练习 57 ~ 60 中，用这些信息判断命题的真假。

57. 求职面试错误。如果超过半数求职者对公司了解甚少，则另外 20%的求职者缺乏热情和良好的眼神交流。

58. 求职面试错误。如果少于 40%的求职者没有准备好讨论技能或职业规划，则超过 1/4 的求职者缺乏热情。

59. 求职面试错误。如果超过 1/4 的求职者对公司了解甚少，则不到 10%的求职者缺乏热情就不为真。

60. 求职面试错误。如果少于 8%的求职者缺乏良好的眼神交流，14%的求职者没有准备好讨论职业规划，则半数求职者对公司了解甚少。

你可能听说过“直升机父母”一词，他们一直“盘旋”在孩子们的头上，保护他们不犯错误（特别是在学校里）。下图汇总了家长们在孩子申请大学时参与甚至主导的活动，用此信息判断练习 61 ~ 64 中命题的真假。

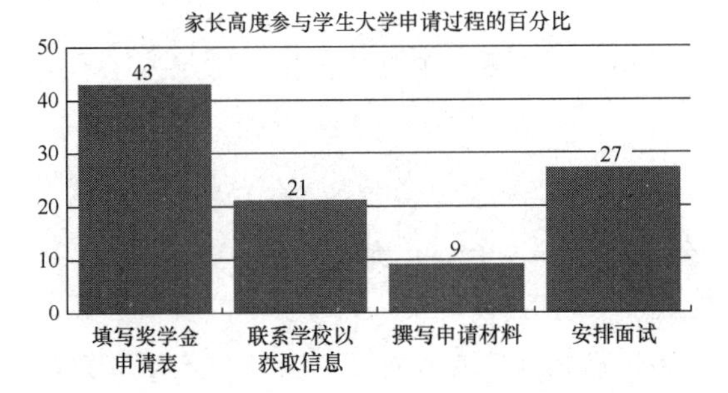

61. 如果不到 10%的家长帮助撰写申请材料，则超过 40%的家长填写奖学金申请表。

62. 若超过 20%的家长联系学校以获取信息，则 27%的家长安排面试，或者少于 40%的家长填写奖学金申请表。

63. 如果超过 20%的家长高度参与安排面试，则超过 10%的家长参与撰写申请材料和联系学校以获取信息。

64. 如果不到 20%的家长安排面试，则超过 50%的家长填写奖学金申请表。

在练习 65 ~ 68 中，根据美国税务局 1040A 表格的填报说明，写出下列条件命题的逆命题、否命题或逆否命题。

65. 解释税务表格。如果总收入超过 2250 美元，则不能申报为其他人的赡养人。(逆否命题)

66. 解释税务表格。如果正在提交联合申报表，则应包含配偶的收入。(否命题)

67. 解释税务表格。如果多付税的金额较大，则减少从工资中扣除的金额。(逆命题)

68. 解释税务表格。如果是非居民外国人，则不能申请所得税抵免。(逆否命题)

69. 证明双条件与 2 个条件的合取逻辑等价。

70. 证明 $p \leftrightarrow q$ 与 $\sim p \leftrightarrow \sim q$ 逻辑等价。

数学交流

71. 给出否命题为假的真条件示例。

72. 是否可能存在逆命题也为假的一个假条件？解释理由。

73. 解释为什么形式 $p \to q$ 与 $\sim p \vee q$ 逻辑等价，利用真值表进行验证。

74. 为什么形式 $p \wedge \sim q$ 与 $\sim(p \to q)$ 逻辑等价？利用真值表进行验证。

在练习 75 ~ 76 中，假设某家信用卡公司的政策如下:

> 如果拥有未偿还余额超过 1000 美元的白金信用卡，或者会员年限超过 10 年，则你有资格享受折扣贷款利率。
>
> 本政策中规定的条件表示如下: p 表示你拥有白金信用卡；b 表示你的未偿还余额超过 1000 美元；m 表示你的会员年限超过 10 年；d 表示你有资格享受折扣贷款利率。

根据给出的部分信息，你能从每种情况中推断出什么？提示: 政策可以用符号形式记为 $((p \wedge b) \vee m) \to d$ 。

75. 杰米是白金信用卡会员，未偿还余额为 750 美元，他没有资格享受折扣贷款利率。

76. 卡拉的白金信用卡未偿还余额为 1245 美元，已成为会员 12 年。

生活中的数学

77. **阅读晦涩难懂的条文**。信用卡公司通常有权提高利率，缩短还款期，并在对其有利的任何时候改变用卡规则。找到你的信用卡协议，仔细阅读客户同意的有关费率、费用及罚款规则。

78. **阅读晦涩难懂的条文**。找到你的手机合同，仔细阅读有关协议的规则，特别是超出合同限制时要面临哪些处罚。

挑战自我

在练习 79~80 中，基于你的逻辑知识，采用更少的联结词，以更简单的等价形式改写每个命题。

79. $(\sim p \vee \sim q) \to \sim r$ **80.** $\sim q \to (\sim r \wedge p)$

在练习 81~84 中，利用给定的假设，推断 q 的真值。

81. $p \to (p \wedge q)$ 为假，且 p 为真

82. $(\sim p) \to (p \vee q)$ 为真，且 p 为假

83. $(p \wedge \sim q) \to \sim p$ 为假

84. $(\sim p \vee \sim q) \to \sim p$ 为真，且 p 为真

练习 85~86 基于前面的练习集，这些练习集讨论了电路与逻辑形式之间的对应关系，绘制对应于每种形式的电路。提示：利用练习 73。

85. $(\sim p) \to \sim(q \wedge r)$ **86.** $p \leftrightarrow (q \wedge \sim r)$

3.4 论证的验证

在英国巨蟒剧团的一部著名短剧《辩论诊所》中，迈克尔 • 佩林饰演的角色是为辩论而付钱的“男人”。在支付了 5 分钟辩论费以后，他被引导至一个房间，“振动先生（约翰 • 克莱斯饰演）”正在那里等待。当男人敲门以后，振动先生首先开口。（注：该短剧视频可在 YouTube 网站上找到。）

振动先生：请进。　　男人：这是辩论房间吗？

振动先生：我告诉过你一次了。　　男人：不，你没告诉过我。

振动先生：我确实告诉过你。　　男人：什么时候？

振动先生：就在刚才！　　男人：不，你确实没告诉。

振动先生：是的，我告诉了！　　男人：没告诉。

振动先生：告诉了。　　男人：……

听到“辩论”这个单词时，你可能会想到类似的争吵或口头争辩。但是，如本节所述，逻辑中的论证是具有精确形式的一系列命题，其有效性可以利用真值表进行分析。

3.4.1 论证的验证

本节介绍命题集合何时形成逻辑结论。我们采用符号化（替代语言）方式来表示论证，并用真值表来判断该论证是否有效。下面是论证的简单示例：

1. 如果马哈拉通过了律师考试，则其有资格从事法律工作；
2. 马哈拉通过了律师考试；

---

3. 因此，马哈拉有资格从事法律工作。

这个论证始于命题 1 和命题 2，称为“前提”；结束于命题 3，称为“结论”。如果两个前提为真，则结论必然为真。换句话说，结论来自前提。

要点 我们用真值表来判断论证是否有效。

定义 论证是称为前提的一系列命题，后面紧跟称为结论的单一命题。如果所有前提均为真，则结论必定为真，此时称该论证有效。

我们用真值表来判断前述论证是否有效。设 p 表示命题“马哈拉通过了律师考试”，q 表示

命题“马哈拉有资格从事法律工作”，则该论证的符号形式如下。在论证的结论中，符号∴表示“所以/因此”：

$$\begin{array}{l} \left.\begin{array}{l} p \to q \\ p \end{array}\right\} \text{前提} \\ \hline \therefore q\} \text{ 结论} \end{array}$$

我们可以将该论证视为具有如下形式的一个条件命题：

如果第 1 个条件为真　且　第 2 个条件为真，则结论为真。

这个论证的形式为$[(p \to q) \wedge p] \to q$。为了证明这个论证有效，一种聪明的方法是证明其不能无效。

如果表达式$[(p \to q) \wedge p]$为真，但是同时q为假，则该论证无效。换句话说，如果前提$(p \to q)$和p都为真，但结论q为假，则该论证无效。我们制作了一个真值表，每个前提都有一列，结论在另一列中。

		前提 1	前提 2	结论	
p	**q**	**p→q**	**p**	**q**	
T	T	T	T	T	← 只有此行的 2 个前提均为真，由于结论也为真，所以论证有效
T	F	F	T	F	
F	T	T	F	T	只有此行的 2 个前提均为真，由于结论也为真，所以论证有效
F	F	T	F	F	

由于“真前提”不会推断出“假结论”，所以该论证有效。$[(p \to q) \wedge p] \to q$形式称为分离规则。注意，我们不仅证明了这个特定论证有效，而且证明了具有这种形式的任何论证均有效。

论证的验证　论证的验证应遵循如下步骤：

1. 建立一个真值表，每个前提和结论都有独立的一列；
2. 只检查表中所有前提都为真的行；
3. 如果第 2 步中检查的行的结论也为真，则该论证有效；
4. 如果第 2 步中检查的任意一行的结论为假，则该论证无效。

例 1　判断论证的有效性

判断下列论证是否有效：

如果购买更贵的葫芦网（Hulu）套餐，则你可以免广告看电视。

你不能免广告看电视。

∴你没有购买更贵的葫芦网套餐。

解：回顾前文所述的有序性原则。设e表示“你购买了更贵的葫芦网套餐”，f表示“你可以免广告看电视”，则该论证具有形式

$$\begin{array}{l} e \to f \\ \underline{\sim f} \\ \therefore \sim e \end{array}$$

现在为这个论证构造真值表。

		前提 1	前提 2	结论	
e	**f**	**e→f**	**~f**	**~e**	
T	T	T	F		
T	F	F	T		
F	T	T	F		
F	F	T	T	T	← 这是前提均为真的唯一一行，由于结论也为真，所以该论证有效

在 2 个前提均为真的唯一一行中，结论也为真，所以可以判定该论证有效。

例 1 中的论证是逆否规则/换质位法规则的示例。

生活中的数学——我们应当限制人工智能吗？

我们无时无刻不在思考，但是否想过自己是如何思考的？为了制造机器和编写程序来模仿人类的推理方式，研究人工智能（AI）的科学家运用形式逻辑来尝试理解人类的思维。

这对我们有什么影响？如果你在秘鲁偏远地区背包旅行时出现急性腹痛，当地医生可能会参考德东巴尔（deDombal）的腹痛系统来诊断你的病情，该系统是一种医学专家系统。或者如果具有绿色理念，你可以在家里安装运用"常识"规则的智能气候控制系统，这样不仅能够节约能源，而且可以改善生活舒适度。

但是也有些情况令人毛骨悚然！有些科学家正在研究装备致命武器的无人驾驶飞机，通过采用人工智能技术，可以在没有人为干预的情况下自行辨别并摧毁目标。作为关心此事的公民，你对此有何感想？人类是否应当深度开发人工智能？计算机程序真可以复制人脑的所有思维过程吗？更重要的是，它们是否应当复制？

3.4.2 无效论证

要点 在论证的真值表中，如果某一行的前提全部为真，但是结论为假，则该论证无效。

例 2 无效论证

判断下列论证是否有效：

a）如果有新的通话计划，则我可以免费给朋友发短信；
我可以免费给朋友发短信；
因此，我有新的通话计划。

b）如果月球由绿色奶酪制成，则泰勒•斯威夫特的数字专辑销量超过10万张；
月亮不是由绿色奶酪制成的；
∴泰勒•斯威夫特的数字专辑销量不超过10万张。

解： a）设 c 表示"我有新的通话计划"，f 表示"我可以免费给朋友发短信"，则可将该论证符号化为

$$\begin{array}{l} c \to f \\ \underline{f} \\ \therefore c \end{array}$$

像例 1 中那样，我们将为其构造真值表，每个前提和结论有独立的一列。表格的第 3 行显示了可能存在"2 个前提为真，但是结论为假"的情形，意味着该论证无效。

		前提 1	前提 2	结论
c	f	$c \to f$	f	c
T	T	T	T	
T	F	F	F	
F	T	T	T	F
F	F	T	F	

← 这是表格中 2 个前提均为真而结论为假的唯一一行

b）设 g 表示"月亮由绿色奶酪制成"，t 表示"泰勒 · 斯威夫特的数字专辑销量超过 10 万张"，则这个论证具有形式

$$\begin{array}{l} g \to t \\ \underline{\sim g} \\ \therefore \sim t \end{array}$$

其真值表为

		前提1	前提2	结论
g	t	$g \to t$	$\sim g$	$\sim t$
T	T	T	F	
T	F	F	F	
F	T	T	T	F
F	F	T	T	

在这一行中，2 个前提为真，但是结论为假，所以论证无效

自测题 12

补充完善例 2 中的 2 个真值表。

例 2 中的 a）说明了一种常见的无效论证形式，称为逆谬误；例 2 中的 b）说明了另一种无效论证形式，称为否谬误。

建议 例 2 展示了利用真值表（而非直觉）来判断论证有效性的重要性。记住，论证形式比命题内容更重要。

3.4.3 有效论证形式和谬误

下面是有效论证和无效论证的部分常见形式。

有效论证				无效论证	
分离规则	逆否规则/换质位法规则	三段论规则	析取三段论/逻辑或三段论	逆谬误	否谬误
$p \to q$ p $\therefore q$	$p \to q$ $\sim q$ $\therefore \sim p$	$p \to q$ $q \to r$ $\therefore p \to r$	$p \vee q$ $\sim p$ $\therefore q$	$p \to q$ q $\therefore p$	$p \to q$ $\sim p$ $\therefore \sim q$

要点 论证包含几种标准形式。

例 3 判别论证的形式

判别下列论证的形式，说明其是否有效。

a）如果想要提高心血管健康水平，则去参加越野滑雪吧；
　　你参加了越野滑雪；
　　因此，你想要提高心血管健康水平。

b）如果在上午数学课上一直睡觉，则你会休息得很好；
　　如果休息得很好，则你的数学考试成绩会很好；
　　因此，如果在上午数学课上一直睡觉，则你的数学考试成绩会很好。

解：a）设 i 表示“你想要提高心血管健康水平”，c 表示“你参加了越野滑雪”，则该论证具有形式

$$\begin{array}{l} i \to c \\ \underline{c} \\ \therefore i \end{array}$$

这是逆谬误，是一种无效论证形式。

b）设 s 表示“你在上午数学课上一直睡觉”，r 表示“你会休息得很好”，w 表示“你的数学考试成绩会很好”，则该论证具有形式

$$\begin{array}{l} s \to r \\ \underline{r \to w} \\ \therefore s \to w \end{array}$$

这是一种三段论，即便推理好像毫无意义，但仍然是有效论证。

现在尝试完成练习 1~16。

自测题 13

判别如下论证的形式，说明其是否有效：

如果将更多钱花在研究上，则医学就会进步；

没有将更多钱花在研究上；

因此，医学不会进步。

对于例 3 中 b）的论证有效，你可能感到惊讶。务必牢记“决定论证有效性的是符号形式而非内容”。

通过利用逻辑，我们可以分析更为复杂的论证。

例 4　分析含有 3 个变量的复杂论证

判断如下论证是否有效：

如果平衡预算或降税，则将有更多资金防治污染；

如果不平衡预算，则将不会降税；

我们将不会将税；

因此，我们将有更多资金防治污染。

解：设 b 表示“我们平衡预算”，r 表示“我们降税”，m 表示“我们将有更多资金防治污染”，则该论证具有形式

$$(b \vee r) \to m$$
$$\sim b \to \sim r$$
$$\sim r$$
$$\therefore m$$

像前面一样，我们将为前提和结论构造真值表。

				前提 1			前提 2	前提 3	结论
b	r	m	$b \vee r$	$(b \vee r) \to m$	$\sim b$	$\sim r$	$\sim b \to \sim r$	$\sim r$	m
T	T	T	T	T	F	F	T	F	
T	T	F	T	F	F	F	T	F	
T	F	T	T	T	F	T	T	T	T
T	F	F	T	F	F	T	T	T	
F	T	T	T	T	T	F	F	F	
F	T	F	T	F	T	F	F	F	
F	F	T	F	T	T	T	T	T	T
F	F	F	F	T	T	T	T	T	Ⓕ

只有在第 3、7 和 8 行中，全部 3 个前提均为真

注意，为清晰起见，我们改写了 $\sim r$ 列和 m 列，强调了论证的结构。若不介意返回查看已求出的值，则不必这么做。在表格中的最后 1 行，3 个前提均为真，但是结论为假，因此该论证无效。

现在尝试完成练习 17~28。

在例 4 中，即便真值表只有唯一的假值，按照“始终”原则，仍然要说这个论证无效。

练习 3.4

强化技能

在练习 01~16 中，判别每个论证的形式，并说明该论证是否有效。

01. 如果汽车装有安全气囊，则其是安全的；

这辆汽车装有安全气囊；

因此，这辆汽车是安全的。

02. 如果通货膨胀相关新闻利好，则股票价格将上涨；
通货膨胀相关新闻利好；
因此，股票价格将上涨。

03. 如果电影好看，则其会赚很多钱；
这部电影赚了很多钱；
因此，这部电影好看。

04. 如果开发替代燃料，则将减少使用国外石油；
我们正在减少使用外国石油；
因此，我们正在开发替代燃料。

05. 安娜的豪华新车配置了零重力座椅或疏水窗；
安娜的汽车没有配置零重力座椅；
因此，这辆汽车配置了疏水窗。

06. 你可以今天接种疫苗，或者以后接种疫苗；
你今天不会接种疫苗；
因此，你将以后接种疫苗。

07. 如果诺亚提前交学费，则其会得到折扣；
他没有提前交学费；
因此，诺亚不会得到折扣。

08. 如果在个人电脑上进行维护，则违反了保修条款；
你不在个人电脑上进行维护；
因此，你没有违反保修条款。

09. 如果阅读《华尔街日报》，则你将在商业上取得成功；
如果在商业上取得成功，则你将拥有一座以你名字命名的摩天大楼；
因此，如果你阅读《华尔街日报》，则你将拥有一座以你名字命名的摩天大楼。

10. 如果6月1日是星期一，则6月2日是星期五；
如果6月2日是星期五，则6月5日是星期三；
因此，如果6月1日是星期一，则6月5日是星期三。

11. 如果本不购买常规赛门票，则其就不能买季后赛门票；
他能购季后赛门票；
因此，本确实购买了常规赛门票。

12. 如果你爱我，则会满足我提出的一切要求；
你没有满足我提出的一切要求；
因此，你不爱我。

13. 如果菲利普加入篮球队，则其就不能做兼职；
菲利普没有加入篮球队；
因此，他能够做兼职。

14. 如果猫不在，老鼠会撒欢；
猫不在；
因此，老鼠会撒欢。

15. 如果1月份有28天，则2月份有31天；
如果2月份有31天，则9月份也有31天；
因此，如果1月份有28天，则9月份有31天。

16. 班克斯或克鲁姆将成为下一任副总统；
班克斯不会成为下一任副总统；
因此，克鲁姆将成为下一任副总统。

在练习 17 ~ 28 中，判断每种形式是否表示有效论证。

17. p
$q \to \sim p$
$\therefore \sim q$

18. p
$\sim q \to p$
$\therefore \sim p \vee q$

19. $\sim r$
$r \to q$
$\therefore \sim q \wedge r$

20. p
$\sim q \to \sim p$
$\therefore q$

21. q
$p \vee \sim q$
$\therefore \sim (p \wedge q) \to \sim p$

22. $\sim q$
$\sim p \vee q$
$\therefore \sim (p \wedge q) \to \sim (p \vee q)$

23. p
$q \to \sim p$
$q \to (r \wedge p)$
$\therefore r$

24. p
$\sim p \to \sim q$
$q \to r$
$\therefore r$

25. r
$r \to \sim q$
$p \vee q$
$\therefore p$

26. r
$r \to q$
$\sim p \vee \sim q$
$\therefore \sim p$

27. $q \to \sim p$
$r \to \sim q$
$\therefore \sim p \to r$

28. p
$\sim p \to \sim q$
$(p \wedge q) \to r$
$\therefore q \to r$

学以致用

对于练习 29 ~ 32，提供一个可使论证有效的结论。

29. 如果马利克获得了视频流服务 Crackle，则其可以不用花钱下载；马利克需要花钱下载；因此……

30. 如果每天锻炼，你就会有更多精力；你没有更多精力；因此……

31. 敏霞将在夏威夷或加利福尼亚上学；她将不在加利福尼亚上学；因此……

32. 在购买日产聆风新车时，罗布将接受 1000 美元折扣，或者免息贷款；他决定不接受折扣；

因此……

在练习 33～40 中，判断描述的论证是否有效。

33. 如果产品的价格较低，则质量不会高；如果产品的价格较高，或者质量较低，则会不可靠；该产品的价格较低；因此，该产品可靠。

34. 如果该球队赢了这场比赛，就有资格进入季后赛；该球队将参加锦标赛，否则将没有资格进入季后赛；该球队赢了这场比赛；因此，该球队将参加锦标赛，并将有资格进入季后赛。

35. 如果从信誉良好的饲养者那里购买，则你的拉布拉多犬不需要注射；如果不从信誉良好的饲养者那里购买，则你将另外支付注射费；你将不另外支付注射费；因此，你的拉布拉多犬不需要注射。

36. 如果戴夫今晚孤单一人，则其不会来参加聚会；如果戴夫今晚不是孤单一人，或者没有来参加聚会，则其将撰写学期论文；戴夫今晚没有写学期论文；因此，戴夫今晚并不是孤单一人。

37. 如果医疗保健得不到改善，则生活质量就不会高；如果医疗保健得到改善，且生活质量较高，则现任者将继续连任；生活质量较高；因此，现任者将继续连任。

38. 劳尔拥有个人养老金账户；如果劳尔拥有个人养老金账户，则其不会撤回存款证（CD）；劳尔将撤回存款证，或者投资债券；因此，劳尔将投资债券。

39. 杰米精通西班牙语；如果杰米精通西班牙语，则其将在马德里工作；她不会访问墨西哥，或者她不在马德里工作；因此，她将访问墨西哥。

40. 克里斯蒂安准备去坎昆；如果克里斯蒂安不准备去坎昆，则其将不继续休春假；如果克里斯蒂安在春假期间去坎昆，则朋友们会羡慕他；因此，如果克里斯蒂安放春假，则朋友们会羡慕他。

数学交流

通过规则和谬误的标准名称的含义，记住其形式比较容易，例如我们知道 $p \to q$ 与 $\sim q \to \sim p$ 等价，所以在逆否规则/换质位法规则中，当假设从前提 $p \to q$ 和前提 $\sim q$ 到结论 $\sim p$ 时，实际效果相当于用其逆否命题的条件等价来构造一个有效命题。在练习 41～42 中，通过给出类似的解释，说明如何记住每种规则和谬误。

41. 分离规则；析取三段论规则。

42. 逆谬误；否谬误。

我们一直在强调逻辑论证的形式比其内容更重要，例如在例 2 中，你看到的论证听上去合理，但却有一种无效形式。在练习 43～46 中，参阅 3.4.3 节中的表格，其中显示了一些标准有效论证和无效论证的形式。在下列练习中，解释你的思考。参照当前新闻中的主题，尽量使示例具有趣味性。

43. 写出听上去合理且形式有效的一个论证。

44. 写出听上去合理但形式无效的一个论证。

45. 写出听上去不合理但形式有效的一个论证。

46. 写出听上去不合理且形式无效的一个论证。

生活中的数学

47. 研究你认为对自己生活有用的 3 种人工智能实际应用，逐项简要描述，并解释为什么有用。

48. 在互联网上，搜索有关自主武器研究的文章，写出 1 篇关于你对这项研究的反应的短文。

挑战自我

练习 49～52 是关于虚构岛屿居民的谜题，岛上的居民要么是骑士（总说真话），要么是无赖（总说假话）。在下列练习中，利用给定信息判断所提到的居民是骑士还是无赖。提示：像前面形成真值表时所做的那样，考虑骑士和无赖的所有可能性。

49. 伏地魔谈到自己和邓布利多时说："我们都是无赖。"

50. 吉尔德罗和西比尔在一起，西比尔说："我们中至少有一个是无赖。"

51. 鲁贝斯说："我们是同一类人。"贝拉特里克斯说："我们不是同一类人。"

52. 西留斯和阿拉斯托坐在长椅上，一个陌生人走近并询问阿拉斯托："你们中有人是骑士吗？"从阿拉斯托的回应中，陌生人知道了阿拉斯托和西留斯是哪类人。

在包含许多变量的复杂论证中，由于体量太大，利用真值表不切实际。但是，我们不一定非要利用真值表，还可以利用有效论证形式进行推理。例如，对于如下论证：

$$\begin{array}{l} p \\ p \to q \\ p \wedge q \to r \\ \underline{\sim s \to \sim r} \\ \therefore s \end{array}$$

假设所有前提均为真，下面通过推理来证明该论证有效：

1. 假设 p 和 $p \to q$ 均为真：因此，根据分离规则，q 为真。
2. 现在，p 和 q 均为真，所以 $p \wedge q$ 也为真。
3. 根据分离规则，$p \wedge q$ 为真，$p \wedge q \to r$ 为真，迫使 r 为真。
4. 由于命题 $\sim s \to \sim r$ 与其逆否命题等价，所以 $r \to s$ 为真。
5. 由于 r 和 $r \to s$ 均为真，所以可以得出结论 s 也为真。

因此，通过假设所有前提均为真，可以推断出结论 s 也必定为真，意味着该论证有效。在练习 53 ~ 54 中，通过进行类似的推断，证明每个论证均有效。

53.

$$\begin{array}{l} a \wedge b \\ b \to c \\ \underline{d \to \sim c} \\ \therefore \sim d \end{array}$$

54.

$$\begin{array}{l} p \to \sim q \\ p \to r \\ \sim s \to q \\ \underline{p} \\ \therefore r \wedge s \end{array}$$

除了本节介绍的各种论证形式，在表达自己的观点时，人们还会采用许多有瑕疵的论证形式。练习 55 ~ 58 中描述了一些众所周知的有瑕疵的论证形式。在下列情况下，请用相同形式写出另一个有瑕疵的论证。

55. 循环推理。在循环推理中，通过简单采用不同（或更强）的语言来重复一个命题，从而支持该命题。示例：“阿诺德·施瓦辛格是一位非常成功的州长，因为他是本州有史以来最好的州长。”

56. 滑坡谬误。滑坡谬误论证错误认定一件事必然导致另一件事被夸大。示例：“如果我们现在不与学费上涨作斗争，则很快就没有人能够上得起大学。”

57. 有偏样本/偏性样本。基于一种比较偏颇的样本，我们得出了一个关于人口的结论。示例：“你在图书馆采访了 20 名学生，发现学生们的校园平均学习时间超过 25 小时/周。”

58. 错误类比。假设两个对象相似，由于其中一个对象具有某种属性，另一个对象也必然具有相同属性。示例：“办一所大学就像办一家企业，二者最重要的事情都是最终盈利。”

3.5 用欧拉图验证三段论

现在，我们分析称为“三段论”的论证，这种论证形式可以追溯到数千年前的亚里士多德（古希腊哲学家）时期。三段论由称为前提的一个命题集合和称为结论的一个命题构成。三段论与 3.4 节中介绍的论证不同，可能包含诸如全部/所有、一些/部分和无/没有之类的量词，3.4 节中的论证则没有这些量词。

3.5.1 有效三段论

只要前提为真，结论均为真，该三段论即有效。如果结论可能为假，则即便所有前提均为真，此三段论也无效。或许最著名的三段论是

所有人都是凡人（会死）。
苏格拉底是人。
———————————————
因此，苏格拉底是凡人（会死）。

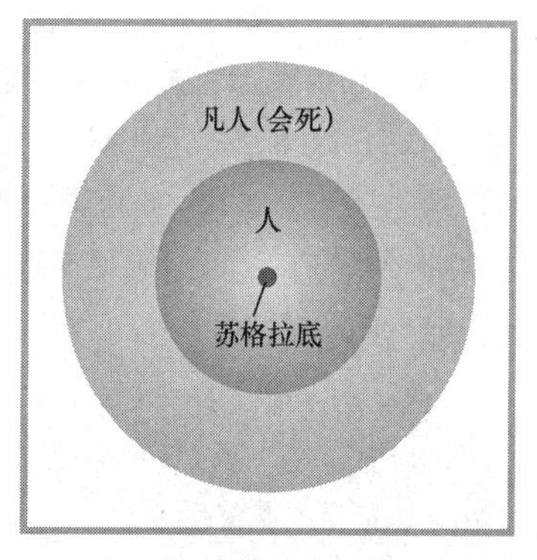

图 3.9 苏格拉底三段论的欧拉图

通过绘制欧拉图，即可判断这个三段论是否有效。如图 3.9 所示，在标为“凡人”的大圆圈内，绘制一个标为“人”的小圆圈，表示第 1 个前提“所有人都是凡人”。接下来，在标为“人”的小圆圈内，放置一个标为“苏格拉底”的点，表示“苏格拉底是人”。如此操作后，点“苏格拉底”将被迫位于大圆圈“凡人”内。由此可见，通过绘制图 3.9 中的 2 个前提，将迫使结论出现在图表中，因此该三段论有效。

在三段论的结论中，常用符号∴来表示词汇“因此/所以”。

例 1　判断三段论的有效性

用欧拉图判断下面这个三段论是否有效：

所有诗人都是优秀拼字者。
但丁不是优秀拼字者。
∴但丁不是诗人。

解： 回顾前文所述的画图策略。考虑图 3.10 中的欧拉图。

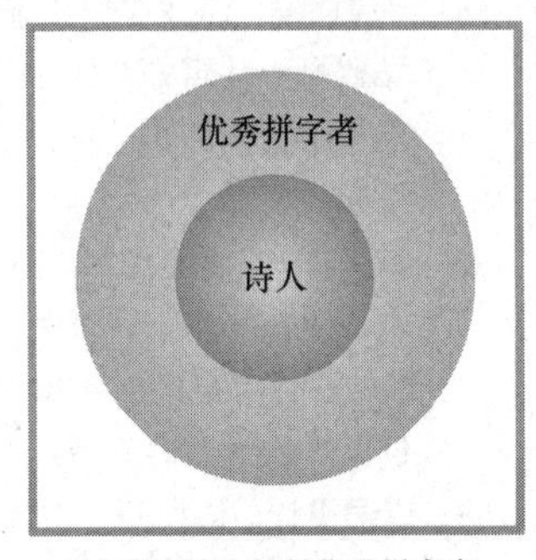

(a) 所有诗人都是优秀拼字者

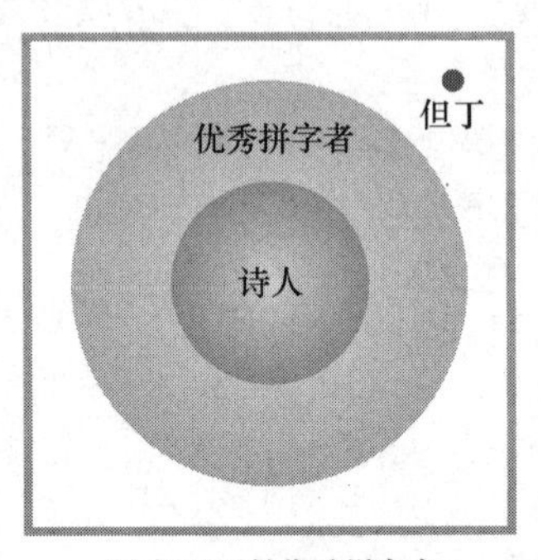

(b) 但丁不是优秀拼字者

图 3.10　例 1 图

从图 3.10(b)中可见，如果但丁不是优秀拼字者，则其不能成为诗人，因此结论有效。

你或许会认为一个人可能成为诗人，但同时并不是优秀拼字者，但你对这个前提的感觉与论证的有效性无关。记住：个别前提或结论为假，但是三段论仍然有效，这种情况是可能的。在判断三段论是否有效时，必须依靠欧拉图而非个人直觉。

3.5.2　无效三段论

例 2　用欧拉图证明三段论无效

用欧拉图证明下面的三段论无效：

所有老虎都是肉食者。
辛巴是肉食者。
∴辛巴是老虎。

解： 回顾前文所述的反例原则。图 3.11 说明了这两个前提。从图 3.11 中可知，对于辛巴而言，“成为肉食者但并非老虎”是可能的。因此，由于前提并不强迫结论成立，所以该论证无效。

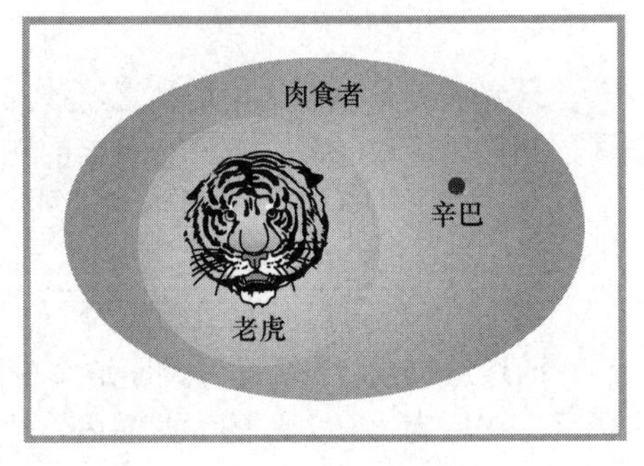

图 3.11　辛巴是肉食者但并非老虎

自测题 14

绘制欧拉图，判断下面的三段论是否有效：

所有信用卡都是塑料制品。
这张卡不是信用卡。
∴这张卡不是塑料制品。

例 3 介绍如何处理包含量词“没有”或“不/无”的前提。

例 3　分析包含量词“不/无/没有”的三段论

假设某个三段论始于下面两个前提：苹果笔记本电脑不会感染病毒；我的笔记本电脑没有感染病毒。a）是否能够得出结论“我的笔记本电脑是苹果笔记本电脑”？b）是否能够得出结论“我的笔记本电脑不是苹果笔记本电脑”？

解：回顾前文所述的始终原则。a）我们需要判断如下三段论的有效性：

苹果笔记本电脑不会感染病毒。
我的笔记本电脑没有感染病毒。
∴我的笔记本电脑是苹果笔记本电脑。

图 3.12 显示了在欧拉图中绘制前两个前提的一种方法。通过绘制两个不相交的圆，表示苹果笔记本电脑和感染病毒的笔记本电脑，我们说明了第 1 个前提。矩形表示所有电脑的集合。

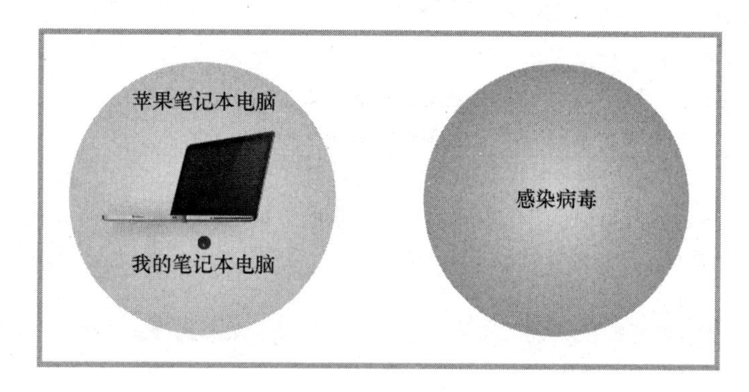

图 3.12　因为结论在此图表中成立，你可能误认为该三段论有效

从图 3.12 中，你可能认为我的笔记本电脑是苹果笔记本电脑，实际上这并不正确。如图 3.13 所示，通过采用另一种方法，同样可以绘出前提“我的笔记本电脑没有感染病毒”。

从图 3.13 中，我们看到三段论无效，因为给定前提并不强迫结论成立。因此，不能得出结论“我的笔记本电脑是苹果笔记本电脑”。

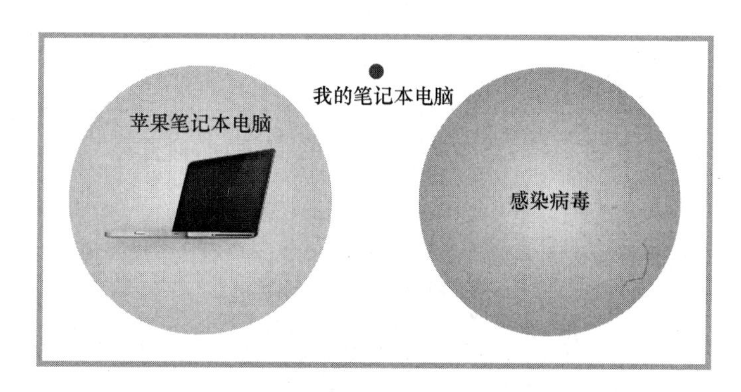

图 3.13　结论在此图表中不成立，所以该三段论不可能有效

b）图 3.12 显示了该前提可以成立，但不能得出结论“我的笔记本电脑不是苹果笔记本电脑”。因此，基于给定的前提，不能得出结论“我的笔记本电脑不是苹果笔记本电脑”。

由于在欧拉图中存在若干不同的表示方法，量词“一些/部分”在三段论中容易被误解。在图 3.14 中，每个图表都表示前提“一些 A 是 B。”

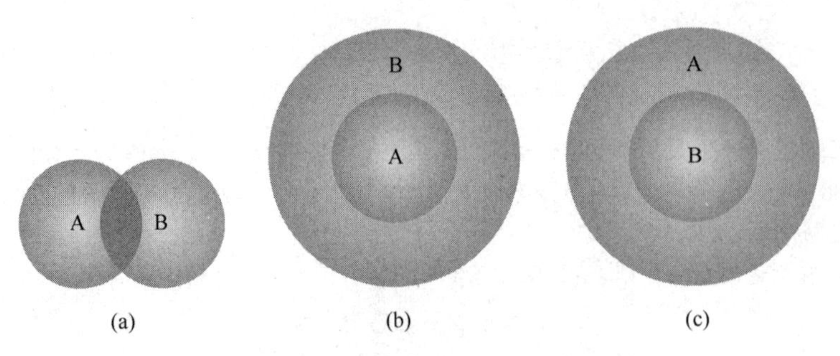

图 3.14　描述“一些 A 是 B”的欧拉图

可以看到，在图 3.14(b)中，“一些 A 是 B”并不排除“所有 A 是 B”的可能性。

例 4　分析含有量词“一些/部分”的三段论

下面的三段论是否有效?

2007年以后制造的所有汽车均配有驾驶员侧安全气囊。

配有驾驶员侧安全气囊的部分汽车还配有乘客侧安全气囊。

∴配有乘客侧安全气囊的部分汽车是2007年以后制造的。

解：由于单一图表即可证明某个三段论无效，所以我们的策略就是查找是否存在这样一幅图表。查看几张图表后，如果觉得无法证明该论证无效，就可以认为其有效。为了描述 2 个前提，图 3.15 显示了 3 种方式。

非常幸运，第 1 幅图表即表明 2007 年以后制造的车辆没有乘客侧安全气囊“是可能的”，如图 3.15(a)所示。因此，结论与前提不符，所以该三段论无效。

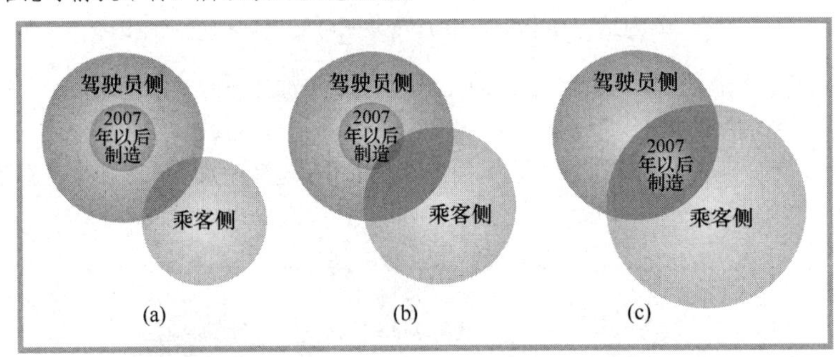

图 3.15　描述安全气囊三段论前提的 3 种方式

自测题 15

判断下面的三段论是否有效:

所有消防员都很勇敢。

一些女人是消防员。

∴一些女人很勇敢。

在例 4 中，我们无法推断出 2007 年以后制造的汽车没有乘客侧安全气囊。在图 3.15(b)和(c)中，我们可以清晰地看到，2007 年以后制造的部分汽车配有乘客侧安全气囊“是可能的”。如例 4 所示，即使结论听上去合理，但其与前提并不相符。

解题策略：反例原则

由 1.1 节中的反例原则可知，欧拉图可以证明某个三段论无效。当验证某个三段论的有效性时，“绘制几幅图表”是非常好的策略，其中一幅图表可能会证明该三段论无效。如果确信没有任何图表可以证明该三段论无效，则可得出结论“该三段论有效”。

绘制欧拉图（特别是运用量词“一些/部分”的三段论）时，通常存在一些干扰性问题：任何图表都将包含并非前提的额外条件，可能误导你判断三段论的有效性。

例 5　欧拉图中必然存在的额外条件

在图 3.16 中，每幅欧拉图都描述了下列前提：所有 A 是 B；一些 B 是 C。
描述每幅图表中存在但是未作为前提进行描述的 1 个条件。

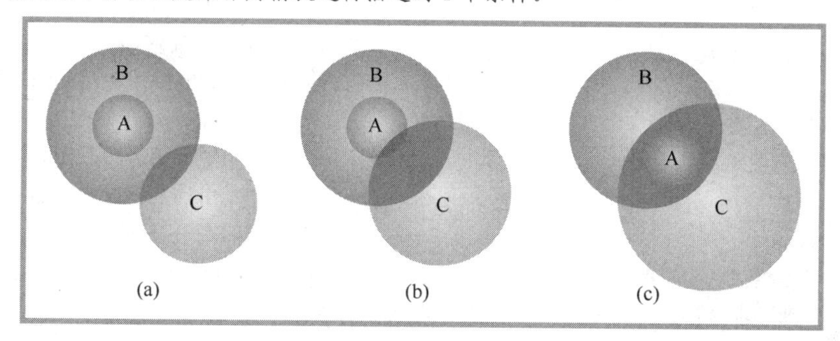

图 3.16　描述“所有 A 是 B”和“一些 B 是 C”的欧拉图

解：这样的条件有很多，下面为每幅图表提供 1 个条件：
a）由于包含 A 和 C 的圆不相交，所以额外条件为“没有 A 是 C”；
b）由于包含 A 和 C 的圆确实相交，所以额外条件为“一些 A 是 C”；
c）由于在包含 C 的圆内绘制了包含 A 的圆，所以额外条件为“所有 A 都是 C”。

自测题 16

在图 3.16 中，查找未描述为前提的 1 个额外条件，例 5 中给出的条件除外。

在图 3.16 中，你可能会找到若干未描述为前提的额外条件。证明三段论有效或许很难，因为根据“始终”原则，结论必须在描述前提的每幅欧拉图中成立。在接受一个三段论有效之前，必须仔细考虑各种图表。

练习 3.5

强化技能

在练习 01 ~ 16 中，判断每个三段论是否有效。

01. 所有原装零件均在保修期内。
这个零件是原装零件。
∴这个零件在保修期内。

02. 所有大学生都雄心勃勃。
卡梅伦雄心勃勃。
∴卡梅伦是大学生。

03. 所有进口商品都要加收附加费。
这件夹克衫要加收附加费。
∴这件夹克衫是进口商品。

04. 所有纪录片作家都存在倾向性。
迈克尔•摩尔是纪录片作家。
∴迈克尔•摩尔存在倾向性。

05. 所有维生素都有益于健康。
牛奶有益于健康。
∴牛奶是维生素。

06. 所有有氧活动都有益于健康。
写博客是有氧活动。
∴写博客有益于健康。

07. 所有运动员都很健康。
胡里奥不是运动员。
∴胡里奥不健康。

08. 所有运动员都很健康。
希娜不健康。
∴希娜不是运动员。

09. 所有政治家都诚实。
沃尔特不诚实。
∴沃尔特不是政治家。

10. 所有销售人员都真诚。
艾米丽不真诚。
∴艾米丽不是销售人员。

11. 一些大公司关心环境。
通用汽车不是大公司。
∴通用汽车不关心环境。

12. 有些孩子喜欢饼干。
丹尼不喜欢饼干。
∴丹尼不是孩子。

13. 一些生物学家相信尼斯湖水怪存在。
所有相信尼斯湖水怪存在的人都是非理性的。
安特万不是非理性的。
∴安特万不是生物学家。

14. 一些投资者很有钱。
所有有钱人都很幸福。
∴一些投资者很幸福。

15. 一些哺乳动物体型很大。
所有体型很大的动物都很危险。
∴一些哺乳动物很危险。

16. 一些哺乳动物体型很大。
一些危险动物体型很大。
∴一些哺乳动物很危险。

学以致用

在练习 17 ~ 24 中，完成每个三段论，使其有效且结论为真。正确答案可能不止一个。

17. 一些税收不公平。
所有不公平税收都应该废除。
∴

18. 所有诚实的政治家都应该得到支持。
玛丽卡不应该得到支持。
∴

19. 在圆顶体育场比赛的球队没有赢得过超级碗橄榄球赛。
一些身穿红色队服的球队赢得了超级碗橄榄球赛。
∴

20. 一些数学家是优秀的音乐家。
所有优秀的音乐家都很聪明。
∴

21. 喜欢乡村音乐的所有人都有卡车。
所有卡车车主都养狗。
一些歌剧演员喜欢乡村音乐。
∴

22. 所有高个子的人都很有钱。
所有有钱人都令人羡慕。
一些篮球运动员不令人羡慕。
∴

23. 所有消防队员都很勇敢。
所有勇敢的人都是英雄。
没有一个芭蕾舞演员是勇敢的。
∴

24. 所有电影明星都很努力工作。
所有努力工作的人都很受欢迎。
不受欢迎的人没有朋友。
∴

数学交流

在练习 25 ~ 28 中，写出给定图表可以描述的两个三段论：(a)一个听起来荒谬的有效三段论；(b)一个听起来合理的无效三段论。尽量要有创意，越幽默越好。

25.

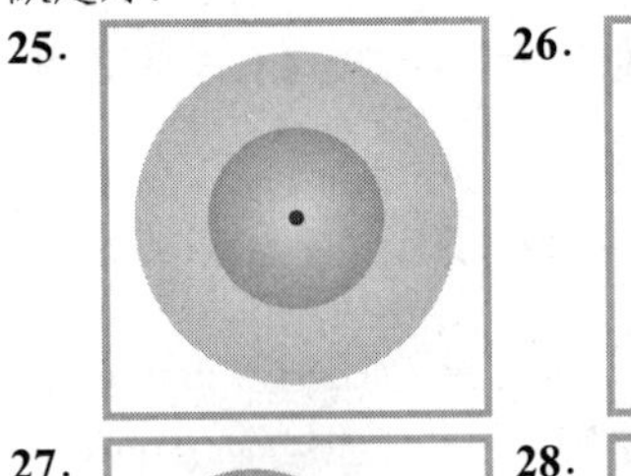

26.

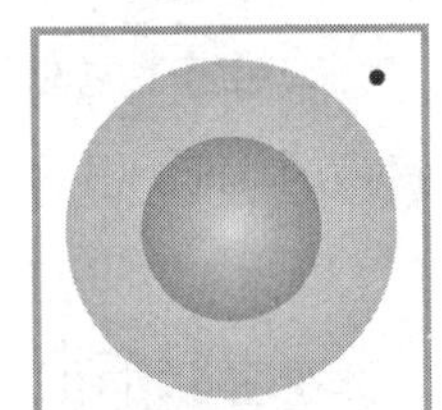

27.

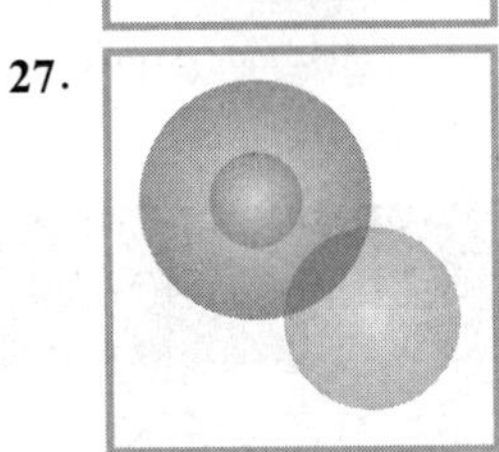

28.

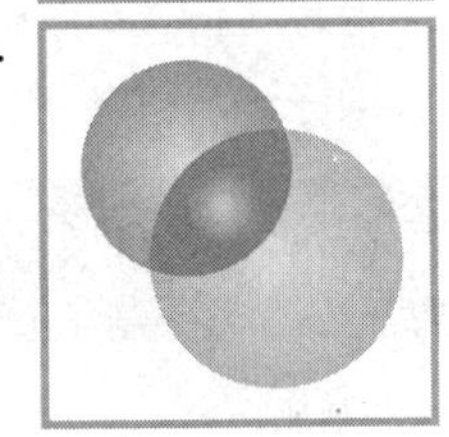

29. 给出结论为假命题的一个有效三段论示例。

30. 给出结论为真命题的一个无效三段论示例。

挑战自我

31. 为命题“所有 A 是 B”和“一些 B 是 C”绘制欧拉图。

32. 为命题“一些 A 是 B”和“一些 B 是 C”绘制欧拉图。

33. 为命题“没有 A 是 B”和“所有 B 是 C”绘制欧拉图。

34. 在为练习 31～33 绘制的欧拉图中，描述命题说明中未出现的 1 个条件。

3.6 深入观察：模糊逻辑

本章至此，你一直在学习亚里士多德的逻辑，但是越来越多的研究者认为，运用模糊思维而放弃正确（或错误）以及真（或假）方法，人们其实能够在求解问题方面做得更好。

实际上，通过运用模糊逻辑，研究者已能帮助人们解决一些生活中的小烦恼，例如模糊空调让家庭更舒适；模糊淋浴控制器可以避免冲厕时极端水温变化带来的冲击；模糊计算机操控的地铁让人们在上下班时更平稳，无须系安全带。

本节介绍如何运用模糊逻辑来分析“某物非白非黑，而是灰色”的情形。

例如，在 3 月 1 日和 8 月中旬，“今天暖和”这句话的含义并不相同。虽然今天可能暖和，但或许不像 2 周前那么暖和。简而言之，“今天暖和”忽略了到底有多暖和。由于存在“命题必须为真或假”的严格条件，使得符号逻辑不适合表达许多实际情况。

3.6.1 模糊命题

为了更加广泛地应用逻辑技术，数学家开发了模糊逻辑。这是一个完全可行且发展良好的数学领域，一旦定义模糊命题的含义并解释模糊联结词的作用，即可像对待其他（非模糊或直接）命题一样进行处理。

定义 在模糊逻辑中，命题是关联的真值介于 0 与 1 之间（含边界）的声明性语句。

要点 在模糊逻辑中，命题的真值介于 0 与 1 之间。

例 1 模糊逻辑中命题的真值

下面是模糊逻辑中的一些命题示例：a）“我喜欢纳斯卡赛车”，真值为 0.7；b）“泰格 · 伍兹（老虎）是伟大的高尔夫球手”，真值为 0.92；c）“缅因州是一个大州”，真值为 0.45；d）“《饥饿游戏》是一部伟大的电影”，真值为 0.73；e）“你发现数学很有趣”，真值为 0.7。

在例 1 中，真值的赋分方式有些随意，例如你可能希望将命题“《饥饿游戏》是一部伟大的电影”的真值赋分为 0.85，因为你认为其伟大程度要超过 0.73。非常好，这就是模糊逻辑的核心要点。如果无法在真值赋分上有所差异，我们会被迫认为《饥饿游戏》是一部伟大的电影，但无法表达对这部电影到底有多伟大的不同看法。

3.6.2 模糊联结词

下面介绍联结词在模糊逻辑中的作用。在例 1 中，我们为命题“我喜欢纳斯卡赛车”的真值赋分为 0.7，既表达了喜欢纳斯卡赛车的程度，又表达了不喜欢纳斯卡赛车的程度（$1-0.7=0.3$）。下一个定义解释了如何计算模糊逻辑中否定的真值。

要点 在模糊逻辑中，否定/逻辑非、合取/逻辑与和析取/逻辑或的定义不同于非模糊逻辑中的对应联结词。

定义 若 p 是模糊逻辑中的命题，则 p 的否定的真值（记为 $\sim p$）为 $1-p$ 的真值。

例 2 计算模糊逻辑中“否定”的真值

计算例 1 中命题 b）和 c）的否定的真值。

解：a）“泰格·伍兹（老虎）不是伟大的高尔夫球手”的真值为$1-0.92=0.08$；b）“缅因州不是一个大州”的真值为$1-0.45=0.55$。

现在尝试完成练习 09～12。

自测题 17

计算例 1 中命题 d）和 e）的“否定”的真值。

在模糊逻辑中，计算合取和析取非常简单。

定义 假设 p 和 q 是模糊逻辑中的 2 个命题：
a）p 和 q “析取/逻辑或”的真值是 p 和 q 真值的“最大值”，可记为 $p\vee q$；
b）p 和 q “合取/逻辑与”的真值是 p 和 q 真值的“最小值”，可记为 $p\wedge q$。

例 3 计算模糊逻辑中的析取和合取

设 i 表示命题“通货膨胀推高大学教育成本”，g 表示命题“政府投入减少推高大学教育成本”。假设 i 的真值为 0.65，g 的真值为 0.73，求下列命题的真值：a）“通货膨胀和政府投入减少推高大学教育成本”；b）“通货膨胀或政府投入减少推高大学教育成本”。

解：a）命题“通货膨胀和政府投入减少推高大学教育成本”的形式为 $i\wedge g$，所以其真值为 0.65 和 0.73 中的最小值，即 0.65。

b）命题“通货膨胀或政府投入减少推高大学教育成本”的形式为 $i\vee g$，所以其真值为 0.65 和 0.73 中的最大值，即 0.73。

现在尝试完成练习 13～16。

自测题 18

设 l 表示命题“我喜欢住在大城市”，其真值为 0.82；e 表示命题“我喜欢住在东海岸”，其真值为 0.45。求下列命题的真值：a）$l\wedge e$；b）$l\vee e$。

通过运用模糊联结词知识，我们能够分析更为复杂的命题。

例 4 计算含有 3 个变量的命题真值

设 h、s 和 c 的定义如下。h：“外国汽车具有较高转售价值”，真值为 0.85；s：“外国汽车比国产汽车更安全”，真值为 0.73；c：“外国汽车比国产汽车更贵”，真值为 0.6。

求命题“外国汽车具有较高转售价值，但并不比国产汽车更安全或更贵”的真值。

解：回顾前文所述的有序性原则。这个命题具有如下形式：

$$h\wedge\sim(s\ \vee\ c)$$

$$0.85\quad 0.73\quad 0.6$$

为便于计算，这里标出了 h、s 和 c 的真值。$s\vee c$ 的真值为 0.73 与 0.6 之间的最大值，即 0.73；$\sim(s\vee c)$ 的真值为 $1-0.73=0.27$；$\sim(s\vee c)$ 和 h 的合取的真值为 0.27 与 0.85 之间的最小值，即 0.27。

自测题 19

设 p 的真值为 0.65，q 的真值为 0.80，r 的真值为 0.55，求下列命题的真值：a）$\sim(p\wedge q)\vee(\sim r)$；b）$((\sim p)\wedge q)\vee r$。

总是谈论“h 和 s 真值的最小值”和“h 和 s 真值的最大值”等说法非常烦琐，为简单起见，计算 $h\vee s$ 的真值时，将其记为 $0.85\vee 0.73=0.85$；计算 $h\wedge s$ 的真值时，将其记为 $0.85\wedge 0.73=0.73$。对于否定，也采用类似的处理方式。如此处理后，就可以采用如下方式计算 $\sim(h\vee\sim(s\wedge\sim h))$：

$$\begin{aligned}\sim(0.85\vee\sim(0.73\wedge\sim 0.85)) &=\sim(0.85\vee\sim(0.73\wedge 0.15))\\ &=\sim(0.85\vee\sim 0.15)\\ &=\sim(0.85\vee 0.85)\\ &=\sim 0.85\\ &=0.15\end{aligned}$$

利用真值表，很容易证明条件 $p\to q$ 逻辑等价于 $(\sim p)\vee q$，我们利用这个结果来定义如何计算模糊逻辑中的条件真值。

定义 如果 p 和 q 是模糊逻辑中的 2 个命题，则条件 $p\to q$ 的真值可定义为 $(\sim p)\vee q$ 的真值。

要点 利用常规逻辑中条件的等价形式，可以定义模糊逻辑中的条件。

例 5 计算条件的真值

设 p 的真值为 0.75，q 的真值为 0.46，求下列命题的真值：a）$p\to q$；b）$q\to p$；c）$\sim q\to\sim p$。

解： a）$p\to q$ 的真值与 $(\sim p)\vee q$ 的真值相同，即 $(\sim 0.75)\vee 0.46=0.25\vee 0.46=0.46$。

b）为计算 $q\to p$ 的真值，我们计算 $(\sim q)\vee p$ 的真值，即 $(\sim 0.46)\vee 0.75=0.54\vee 0.75=0.75$。

c）$\sim q\to\sim p$ 的真值可以通过计算 $\sim(\sim q)\vee(\sim p)$ 求出。通过将 $\sim(\sim q)$ 替换为 q，可以对其进行简化。$q\vee(\sim p)$ 的真值为 $0.46\vee(\sim 0.75)=0.46\vee 0.25=0.46$。这个真值与 $p\to q$ 的真值相同，一点都不奇怪，为什么？

现在尝试完成练习 17 ~ 24。

自测题 20

设 p 的真值为 0.65，q 的真值为 0.80，r 的真值为 0.55，求下列命题的真值：a）$p\to q$；b）$(p\wedge q)\to r$；c）$\sim(p\vee q)\to\sim r$。

3.6.3 模糊决策

下面介绍如何运用模糊逻辑进行决策。当你的汽车需要进行费用昂贵的修理时，“该做些什么”面临着需要考虑不明确因素的情形，这是我们能够运用模糊逻辑分析的一个极好示例。

例 6 运用模糊逻辑进行决策

假设你的汽车坏了，正在犹豫是修理还是另行购置（全新车或二手车）。表 3.1 列出了较为重要的汽车特征，并赋予 0 与 1 之间的数字来标识其重要程度；表 3.2 列出了每个选项满足这些特征的程度。（注：在表 3.1 和表 3.2 中，0 与 1 之间的赋值不太严格，其他人可能会采用不同数值。）

表 3.1 模糊真值描述每个特征的重要程度

特　征	重要程度
费用	0.70
可靠性	0.60
车型（足够大）	0.45
耗油量	0.65
安全性	0.75

表 3.2 模糊真值描述每个选项满足重要特征的程度

	修理汽车	二手车	全新车
费用	0.80	0.65	0.30
可靠性	0.40	0.60	0.95
车型（足够大）	0.90	0.75	0.50
耗油量	0.55	0.80	0.85
安全性	0.45	0.60	0.75

你的理想选项是“对你而言所有重要特征中分值最高”，换言之，需要考虑如下类型的模糊命题：“如果费用对你很重要，则修理汽车满足此条件。”

"如果可靠性对你很重要，则购买全新车满足此条件。"

因此，我们需要形式为 $i \to c$ 的模糊命题的真值，其中 i 表示对你很重要一种特征的命题，c 表示具有该特征一个选项的命题。回想可知，$i \to c$ 与 $(\sim i) \vee c$ 具有相同的真值。接下来，求命题"如果费用对你很重要，则修理汽车满足此条件。"的真值。

这里的 i 表示命题"费用对你很重要"，其在表 3.1 中的真值为 0.70；c 表示命题"修理汽车满足此条件（费用）"，其在表 3.2 中的真值为 0.80。因此，$(\sim i) \vee c$ 的真值为 $(\sim 0.70) \vee 0.80 = 0.30 \vee 0.80 = 0.80$。

下面构造所有命题 $(\sim i) \vee c$ 的真值表，使其适用于每个选项：修理汽车、购买二手车和购买全新车。

	i	$\sim i$	修理汽车 c	修理汽车$(\sim i)\vee c$	购买二手车 c	购买二手车$(\sim i)\vee c$	购买全新车 c	购买全新车$(\sim i)\vee c$
费用	0.70	0.30	0.80	0.80	0.65	0.65	0.30	0.30
可靠性	0.60	0.40	0.40	0.40	0.60	0.60	0.95	0.95
车型	0.45	0.55	0.90	0.90	0.75	0.75	0.50	0.55
耗油量	0.65	0.35	0.55	0.55	0.80	0.80	0.85	0.85
安全性	0.75	0.25	0.45	0.45	0.60	0.60	0.75	0.75
所有$(\sim i)\vee c$ 的合取				**0.40**		**0.60**		**0.30**

对于一个理想选项而言，你需要尽可能满足全部条件，所以要综合考虑费用、可靠性、车型（足够大）、耗油量和安全性。因此，为了完成最终决策，你需要计算每个选项的所有表达式 $(\sim i) \vee c$ 的合取。对于"修理汽车"而言，所有表达式 $(\sim i) \vee c$ 的合取是这一列中的真值最小值，即 0.40（突出显示）。同理，对于购买二手车而言，这个值为 0.60（突出显示）；对于购买全新车而言，这个值为 0.30（突出显示）。由于购买二手车的最终评级最高，所以根据这种评级方法，你的最佳选择是购买二手车。

现在尝试完成练习 25 ~ 28。

自测题 21

计算下列命题的真值：a）"如果可靠性对你很重要，则购买全新车满足此条件。"；b）"如果车型（足够大）对你很重要，则购买二手车满足此条件。"。

在例 6 中，我们使用的方法是运用模糊逻辑进行决策的真实方式，如果不完全同意这种最终决策过程，可在练习中对此方法进行批评并提出替代解。

练习 3.6

强化技能

在练习 01 ~ 08 中，为每个模糊命题赋予 0 与 1 之间的真值。当然，分值因人而异。

01.《辛普森一家》是面向成年人的一部电视剧。

02. 医生的薪水很高。

03. 麦当娜是好歌手。

04. 亚伯拉罕 • 林肯是美国最好的总统。

05. 美国应该增加对外援助。

06. 我们应该花更多钱来收容无家可归者。

07. 金钱带来幸福。

08. 棒球是高难度运动。

在练习 09 ~ 12 中，计算每个模糊命题的否定的真值，括号中为每个模糊命题的真值。

09. 毕加索是著名艺术家（0.95）。

10. 威尔 • 史密斯主要以其歌唱才能而闻名（0.15）。

11. 学习乐器可以教人自律（0.75）。

12. 太空研究对国防至关重要（0.40）。

在练习 13 ~ 16 中，考虑下列模糊命题。p：学生因位置而选择大学（0.75）；q：学生因费用而选择大学（0.85）。判断下列命题的真值。

13. 学生因位置或费用而选择大学。

14. 学生因位置和费用而选择大学。

15. 学生因位置而非费用而选择大学。

16. 学生并非因位置或费用而选择大学。

在练习 17 ~ 24 中，假设 p 的真值为 0.27，q 的真值为 0.64，r 的真值为 0.71，求下列命题的真值。

17. $p\wedge\sim q$　**18.** $\sim(p\vee q)$

19. $\sim(p\vee\sim q)$　**20.** $(p\vee r)\wedge(p\wedge\sim q)$

21. $\sim(p\vee\sim q)\wedge\sim r$　**22.** $p\rightarrow r$

23. $q\rightarrow(p\vee r)$　**24.** $\sim(p\vee q)\rightarrow\sim(q\wedge r)$

学以致用

在练习 25～28 中，用例 6 中描述的方法评估每种情形。

25. 在 2 份工作岗位中，你准备选择其中之一。第 1 份工作是某大型消费品公司的销售培训，第 2 份工作是某通信公司的数据分析。第 1 个表格列出了对你来说很重要的工作特征，第 2 个表格列出了每项工作满足这些特征的程度。你应当选择哪份工作？

特　征	重要程度
工资	0.70
感兴趣	0.80
与人合作	0.60
弹性工时	0.75

	销售培训	数据分析
工资	0.60	0.65
感兴趣	0.50	0.80
与人合作	0.90	0.30
弹性工时	0.80	0.60

26. 你正在犹豫是买房还是租公寓。第 1 个表格列出了对你很重要的特征，第 2 个表格列出了每种情况满足这些特征的程度。你应该怎么办？

特　征	重要程度
费用	0.70
离单位近	0.60
空间大	0.55
靠近市中心	0.65

	买　房	租　公　寓
费用	0.80	0.65
离单位近	0.40	0.80
空间大	0.90	0.75
靠近市中心	0.55	0.90

27. 你妹妹需要从下面 3 所大学中选择一所：小小学院（LSC）、好古老州立大学（GOS）和妈妈最爱大学（MFU）。第 1 个表格列出了每所学校对你妹妹很重要的特征，并对这些特征进行了分级；第 2 个表格列出了每所学校满足这些特征的程度。你妹妹该怎么办？（注：MFU 是妈妈最喜欢的大学，因为她希望你妹妹的学校离家近一些。）

特　征	重要程度
规模（不要太大）	0.60
费用	0.80
学术水平	0.75
社交活动	0.90
离家近	0.30

	LSC	GOS	MFU
规模（不要太大）	0.95	0.60	0.40
费用	0.40	0.80	0.30
学术水平	0.80	0.70	0.65
社交活动	0.55	0.75	0.70
离家近	0.70	0.65	0.95

28. 你准备在下列 3 项投资中选择一种：Allied InterServe（A）、BitLogic（B）或 ComQual（C）。第 1 个表格列出了对你很重要的投资特征，第 2 个表格列出了每项投资满足这些特征的程度。哪项投资是你的最佳选择？

特　征	重要程度
以往业绩	0.85
安全性	0.60
资产变现能力	0.75
最低投资额	0.35
管理费	0.55

	A	B	C
以往业绩	0.80	0.65	0.90
安全性	0.45	0.60	0.80
资产变现能力	0.60	0.75	0.75
最低投资额	0.85	0.60	0.65
管理费	0.45	0.80	0.75

数学交流

29. 就计算规则而言，非模糊逻辑中的联结词真值表与模糊逻辑中的复合命题真值如何一致？

30. 讨论模糊逻辑比二值逻辑更适用的一些使用情形。

挑战自我

31. 在一种你将面对并且必须做出选择的情况下，用例题中介绍的方法做出决定。首先找到对你很重要的特征，然后为其赋予 0 与 1 之间（包含边界）的重要分级，接下来指定每项选择满足每个特征的程度，最后模仿例 6 中的计算做出决定。

32. 你对例 6 中用到的决策方法有什么批评意见吗？你对采用这种方法进行决策的方式满意吗？你能提出哪些建设性修改建议？如果能提出这样的建议，请尽可能实施这些修改，然后重新考虑本节中的例题和练习，查看你的方法是否会导致不同的决策结果。

本章复习题

3.1 节

01. 下列哪项是命题？解释理由。**a.** 为什么这些事情总发生在我身上？**b.** 洛杉矶距离纽约 2000 英里；**c.** 给我带个比萨回来。

02. 设 v 表示命题“我将购买一辆新雪佛兰汽车”，s 表示命题“我将卖掉旧车”，用符号形式写出下列命题：**a.** 我将不购买一辆新雪佛兰汽车，或者我将卖掉旧车；**b.** 不为真：我将购买一辆新雪佛兰汽车，并且不卖掉旧车。

03. 设 f 表示“安东尼奥精通西班牙语”，l 表示“安东尼奥在西班牙生活了一个学期”，用文字写出下列命题：**a.** $\sim(f\wedge\sim l)$；**b.** $\sim f\vee\sim l$。

04. 否定下列量化命题，然后用文字以另一种方式进行改写：**a.** 所有作家都充满激情；**b.** 一些毕业生收到了几份工作邀请。

3.2 节

05. 设 p 表示一些真命题，q 表示一些假命题，r 表示一些假命题，求下列命题的真值：**a.** $p\wedge(\sim q)$；**b.** $r\vee(\sim p\wedge q)$；**c.** $\sim(p\vee q)\wedge\sim r$。

06. 下列命题的真值表中有多少行？**a.** $\sim(p\vee q)\wedge\sim(r\vee p)$；**b.** $(p\vee q)\wedge(r\vee s)\wedge t$。

07. 为下列命题构造真值表：**a.** $\sim(p\vee\sim q)$；**b.** $\sim(p\vee\sim q)\wedge\sim r$。

08. 否定下列命题，然后用德·摩根定律改写该否定：**a.** 我将练习普拉提或尊巴；**b.** 我将不会签署租约，或者将不接受房屋协议。

09. 哪对命题逻辑等价？**a.** $\sim(p\wedge\sim q)$，$(\sim p)\vee q$；**b.** $\sim(p\vee\sim q)\wedge\sim(p\vee q)$，$p\vee(p\wedge q)$。

10. 假设正在处理三值逻辑，p 为假，q 为真，r 为可能，求：**a.** $(p\vee\sim q)\wedge\sim r$；**b.** $(\sim p\vee\sim q)\to(\sim r\wedge q)$。

3.3 节

11. 假设 p 表示真命题，q 表示假命题，r 表示真命题，下列命题的真值是多少？**a.** $\sim(p\vee q)\to\sim p$；**b.** $(p\wedge q)\leftrightarrow(q\vee r)$；**c.** $((\sim p)\vee(\sim q))\to r$。

12. 为下列命题构造真值表：**a.** $\sim p\to q$；**b.** $\sim(p\wedge r)\leftrightarrow\sim(p\vee q)$。

13. 用文字写出命题“如果去星巴克，我要喝新摩卡。”的逆命题、否命题和逆否命题。

14. 采用“如果……那么”形式改写下列命题：**a.** 只有击败湖人队，热火队才能进入决赛；**b.** 要想成为宇航员，必须要有飞行员执照。

3.4 节

15. 判别下列论证的形式。

a. 如果赚了很多钱，则你将很幸福；
你确实赚了很多钱；
∴你很幸福。

b. 如果费利西亚喜欢吃辛辣食物，则她会喜欢这种卡津鸡；
费莉西亚不喜欢这种卡津鸡；
因此，费利西亚不喜欢吃辛辣食物。

16. 判断下面的形式是否表示有效论证：

$\sim p$
$q\to p$
$(p\vee q)\to r$
$\therefore r$

17. 利用真值表判断下列论证是否有效。
如果为电话套餐支付更多费用，则你将拥有更多通话时间；
如果为电话套餐支付更多费用或者拥有更多通话时间，则你将能更经常地给你妈妈打电话；
你为电话套餐支付了更多费用；
因此，你将能更经常地给你妈妈打电话。

3.5 节

在练习 18～19 中，用欧拉图判断每个三段论是否有效。

18. 一些二手车很昂贵；
所有昂贵汽车都比较安全；
这辆车不安全；
∴这辆车不是二手车。

19. 所有教授都是有钱人；
一些教授有健忘症；
所有有钱人都很幸福；
∴一些有健忘症的人很幸福。

3.6 节

20. 设 p 和 q 是真值分别为 0.47 和 0.82 的模糊命题，计算下列命题的真值：a. $p\wedge\sim q$；b. $\sim(p\vee\sim q)$；c. $p\to\sim q$

本章测试

01. 下列哪项是命题？a. 纽约是北美洲的最大城市；b. 红袜队上次赢得锦旗是什么时候？

02. 否定下列量化命题，然后用文字通过另一种方式改写：a. 所有摇滚明星都是优秀音乐家；b. 一些狗具有攻击性。

03. 设 p 表示命题“我将通过救生员考试”，f 表示命题“我今年夏天将会玩得开心”，用符号形式写出下列命题：a. 我将通过救生员考试，否则今年夏天我将不会玩得开心；b. 不为真：我将不会通过救生员考试，且这个夏天将会玩得开心。

04. 设 a 表示“阿斯特罗斯将赢得系列赛”，v 表示“韦兰德将赢得赛扬奖”，用文字写出下列命题：
a. $\sim(a\vee\sim v)$；b. $\sim a\wedge\sim v$。

05. 包含 6 个变量的逻辑命题的真值表有多少行？

06. 如果 p 为假，q 为真，r 为假，则下列命题的真值是什么？
a. $\sim(p\vee\sim q)$；b. $\sim(p\vee q)\wedge\sim r$；c. $\sim(\sim r\vee\sim p)\wedge r$

07. 假设 p，q 和 r 是真值分别为 0.65、0.38 和 0.75 的模糊命题，求下列模糊命题的真值：
a. $\sim(p\vee r)$；b. $(\sim r)\vee\sim(p\wedge q)$。

08. 为下列命题构造真值表：a. $\sim(p\wedge\sim q)$；b. $(\sim p\vee\sim q)\wedge r$。

09. 采用“如果……那么”形式写出下列命题：a. 要为学期论文研究获得足够资源，去维基百科就足够了；b. 只有在付费的情况下，票务大师公司才会给你邮寄音乐会门票。

10. 否定下列命题，然后用德·摩根定律改写该否定：a. 你可以参加期末考试，或者撰写学期论文；b. 我将不会完成这幅画，或者我将不会将其在美术馆展出。

11. 判断下列命题对是否逻辑等价：a. $\sim(p\vee\sim q)$，$\sim p\wedge q$；b. $(\sim p\vee\sim q)\wedge(\sim p\vee q)$，$\sim p\wedge q$。

12. 用文字写出命题“如果闪闪发光，则其是金子。”的逆命题、否命题和逆否命题。

13. 设 p 为真，q 为假，r 为真，下列命题的真值是什么？
a. $(p\vee\sim q)\to\sim q$；b. $(\sim p\wedge q)\to\sim r$；
c. $(p\vee\sim q)\leftrightarrow\sim(p\wedge q)$

14. 假设正在处理三值逻辑，p 为假，q 为真，r 为可能，求：a. $(p\wedge\sim q)\wedge\sim r$；b. $(\sim p\vee q)\to(\sim r\vee q)$。

15. 为下列命题构造真值表：a. $(\sim p\vee q)\to\sim(p\wedge q)$；b. $(\sim p\vee\sim q)\leftrightarrow r$。

16. 判断下列形式是否为有效论证：

p
$\sim p\to\sim r$
$(q\vee r)\to\sim p$
$\therefore\sim r$

17. 判别下列论证的形式：
a. 如果没有坏，则不要修理它；
它坏了；
因此，修理它。

b. 我主修音乐或艺术史；
我不主修音乐；
因此，我主修艺术史。

18. 在模糊逻辑中，我们用何种逻辑形式来代替条件 $p\to q$？

19. 用真值表判断下列论证是否有效：
如果去易趣，则你会找到减价商品，否则你会浪费金钱；
如果不浪费金钱，则你将找到减价商品；
你不去易趣，或者找不到减价商品；
因此，你会浪费金钱。

20. 用欧拉图判断下列三段论是否有效：
一些诗人非常善解人意；
不善解人意的人比较自私；
布列塔尼是一位诗人；
因此，布列塔尼并不自私。

第 4 章　图论（网络）

环游巴黎地铁系统，确定下学期课程安排，调查 COVID-19 在美国的传播，组织太空移民基地建设，这些事情存在哪些共同之处？

在进一步阅读之前，请首先思考这个问题——答案或许并不明显，本章将研究把这四件事情关联在一起的共同主线，即“关系”！

本章的主题是图论，这是处理“关系的数学”的一种数学理论，前述四种情形（地铁站、课程设置次数、COVID-19 患者集合以及太空移民基地项目完成的子任务等）都是相关物件系统中存在的物件示例。

在早期教育阶段，学生学到的数学知识比较简单，其实数学的真正内涵极为宽泛和深入。作为数学的组成部分，小数除法、多项式因式分解和解方程组固然重要，但绝非数学的全部。有些数学家毕生从事“关系”研究，还有一些研究人员则利用前者的研究成果，解决社会学、政治学、流行病学以及城市研究等领域的各种实际问题。

4.3 节解释图论如何帮助大家有效地安排求职面试，4.4 节介绍如何组织复杂项目的设计。

4.1　图、谜题和地图着色

当大儿子 5 岁左右时，我给他绘制了一个谜题，如图 4.1 所示，你也可以试一试。首先将铅笔放在图中的任意一点，然后在不抬笔的情况下一笔画出整个图形，但不能重复画任何线条。你能做到吗？在进一步阅读之前，你可以多尝试几次。

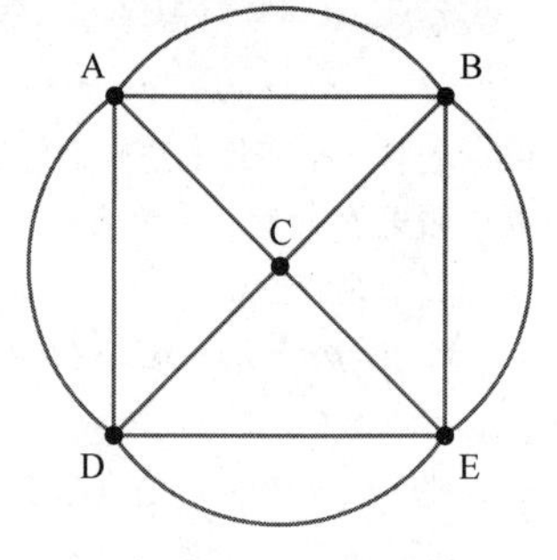

图 4.1　一笔画谜题

努力尝试几分钟后，儿子走到我跟前说：“我做不到……没有人能够做到这一点。”我问他：“为什么这么说呢？”，他回答说：“太多地方卡住了。”你也注意到了这种情形吗？几百年前，才华横溢的瑞士数学家莱昂哈德·欧拉就做到了。学习一些图论知识后，你就会明白为什么这个问题无法解决。

与你以前所学的内容相比，本章介绍的数学可能不太一样。最初，你可能认为图论只涉及儿童游戏，但是正如本章后面所述的那样，这个领域存在大量的实际应用。

首先介绍一些基本术语。

4.1.1　图的术语

定义　图由点和线的一个有限集合组成，其中的点称为顶点/节点，连接“顶点对”的线称为边。图的某些类型称为网络。

要点　图由顶点/节点和边组成。

图 4.1 是图的一个示例，点 A、B、C、D 和 E 是顶点，12 条连接线是边。一般而言，顶点用大写字母标识。如果只有一条边连接了一对顶点，则可通过其连接的顶点来标记这条边，例如在图 4.1 中，可将连接顶点 A 和 C 的边称为 AC 或 CA（顺序不重要）。但是，“AB 标记哪条边”令人感到困惑，因为连接 A 和 B 的边有两条，此时可能会将一条边标记为 e_1 而将另一条边标记为 e_2。

图 4.2(a)中的图包含 5 个顶点，即 A、B、C、D 和 E。虽然边 BC 与 AD 相交，但其交点并非顶点。我们不将两条边的交点作为顶点，除非在那里放置一个实心点并标注为顶点。

当绘制图时，顶点的位置和边的形状并不重要，重要的是“通过边来连接哪些顶点”。图 4.2(a)与图 4.2(b)的含义相同，因为二者包含完全相同的顶点和边。

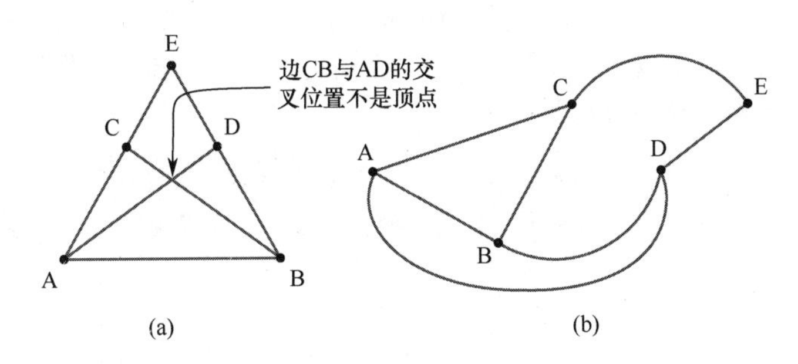

图 4.2　绘制相同图的两种方法

建议　当绘制一幅图时，在见到最终结果之前，你可能会犹豫是否要将某些内容画在纸上。没有必要为此烦恼，即使见不到最终结果的全貌，开始画就是了。你的处女作可能是杂乱无章的图，其中包含的信息或许难于理解，此时可能需要多次重新绘制该图，直至能够清晰地表达你的想法和解决你的问题。

4.1.2　一笔画

下面介绍几种可以通过图来建模的情形。

图论的最著名应用也是一种简单应用，它源于 18 世纪普鲁士的哥尼斯堡（今俄罗斯加里宁格勒）。布雷格尔河将哥尼斯堡城划分为四部分，如图 4.3 所示。

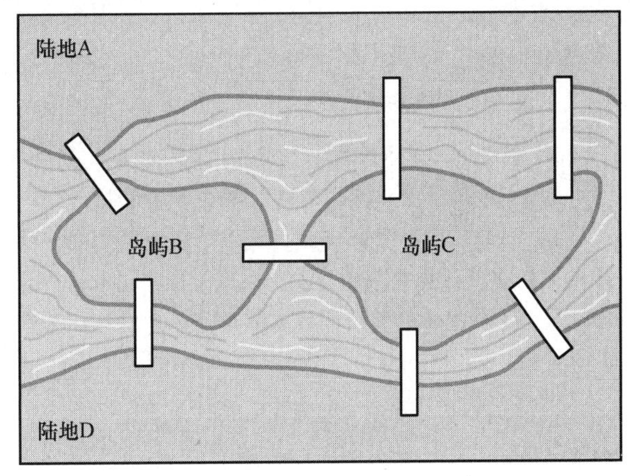

图 4.3　哥尼斯堡地图

要点　图表达物件之间的关系。

历史回顾——图论的先驱

1735 年，通过解决哥尼斯堡七桥问题，瑞士数学家莱昂哈德 · 欧拉成为首个从事图论工作的人。欧拉是一位成果丰硕的数学家，先后撰写了近 900 篇论文。在描述他的数学运算才华时，传记作家阿拉戈如此形容其毫不费力的计算："就像人们的呼吸，或者老鹰在风中站立。" 1771 年，由于白内障手术失败，欧拉彻底失明。但是，欧拉说，这并未给他带来障碍，反而让他少了一些分心。他继续在数学方面开展卓越研究，直至 1783 年去世。

19 世纪，英国数学家阿瑟 · 凯莱开始对四色问题感兴趣（见 4.1.6 节），随后撰写了几篇将图论应用于化学的论文。

七座桥连接了哥尼斯堡城的四部分。哥尼斯堡市民有一种非常流行的休闲方式，即从某个部分开始，徒步游览该城市的所有部分，并尽可能穿越每座桥刚好一次，直至最后返回到出发点。这个问题被称为哥尼斯堡七桥问题。

首先，这并不是明显的图论问题，但正如本章所述，我们常用图来建模各个物件之间的关系。在这种情况下，物件集合是四块土地，它们之间的关系是一些地块通过桥梁相连接。在图 4.4 中，顶点 A、B、C 和 D 表示陆地，七条边表示桥梁。

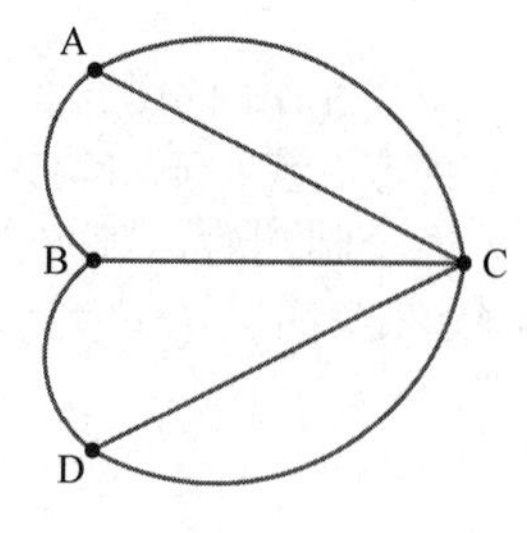

图 4.4　哥尼斯堡“图”模型

1735 年，为判断何时能够一笔画图，莱昂哈德·欧拉找到了一种简单的方法。一笔画意味着从某个顶点开始绘制整幅图，但是既不能抬起铅笔，又不能穿越任何边超过一次。在给出这个“一笔画问题”的正确解之前，我们还需要定义几个词汇。

定义　通过沿连续边移动，如果可以从图中的任何顶点移动至任何其他顶点，则该图是连通图。在连通图中，桥是“如果被移除，则图不再连通”的一条边。连通图通常称为网络。

图 4.5 说明了这些定义。

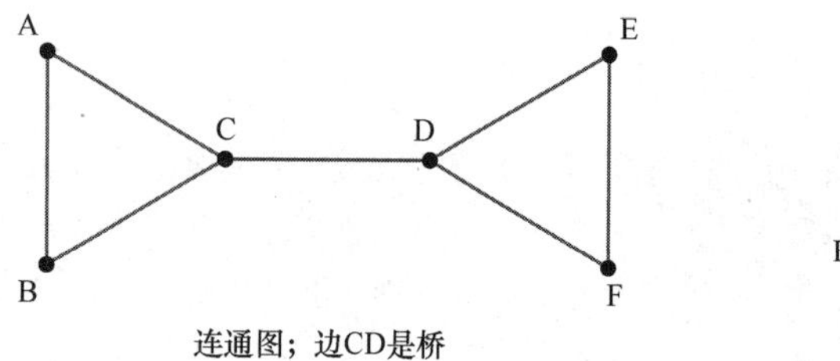

连通图；边CD是桥

非连通图

图 4.5　连通图和非连通图

定义　如果图中的一个顶点是奇数条边的端点，则其称为奇点/奇顶点；如果图中的一个顶点是偶数条边的端点，则其称为偶点/偶顶点。一般而言，顶点的度是与该顶点相关联的边的条数。

例 1　图中的奇点和偶点

a）在图 4.6 所示的图中，顶点 A、C 和 F 的度是多少？

b）图中的哪些顶点是奇点？哪些顶点是偶点？

解：a）顶点 A 是两条边的端点，因此度为 2。同理，顶点 C 的度为 3。由于顶点 F 没有任何相关联的边，所以度为 0。

b）顶点 B 和 C 是奇点，其他顶点都是偶点。注意，由于 0 是偶数，所以顶点 F 是偶点。

现在尝试完成练习 01 ~ 06。

图 4.6　奇点和偶点

自测题 1

右图是否为连通图？列出其奇点和偶点。G 的度是多少？有没有桥？

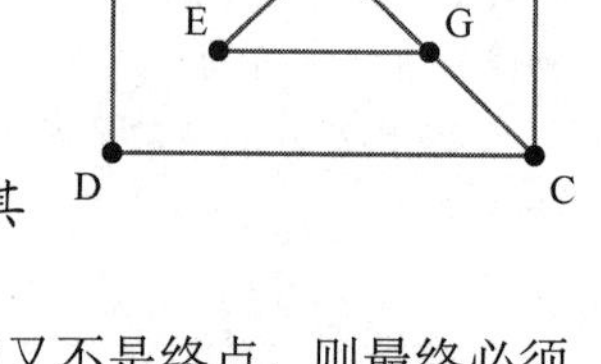

4.1.3　欧拉定理

下面进行两项观察，以了解何时能够一笔画图。

观察 1：如果在一笔画图时，顶点 A 既不是起点又不是终点，则其必定为偶点。

这种情况显而易见。假设正在一笔画图，并且顶点 A 既不是起点又不是终点，则最终必须通过一条边（称为 e_1）进入 A，然后必须通过另一条边（称为 e_2）离开 A，如图 4.7(a)所示。如果没有其他边连接至 A，则 A 刚好是两条边的端点，因此为偶点。

如果有两条以上的边连接至顶点 A，则当继续一笔画图时，通过第三条边（称为e_3）再次进入 A，然后通过第四条边（称为e_4）离开 A，如图 4.7(b)所示。如果 A 是四条以上边的端点，则继续按照这种思路，每次必须从一条边进入 A，然后从另一条边离开 A，因此 A 必定是偶数条边的端点（即偶点）。

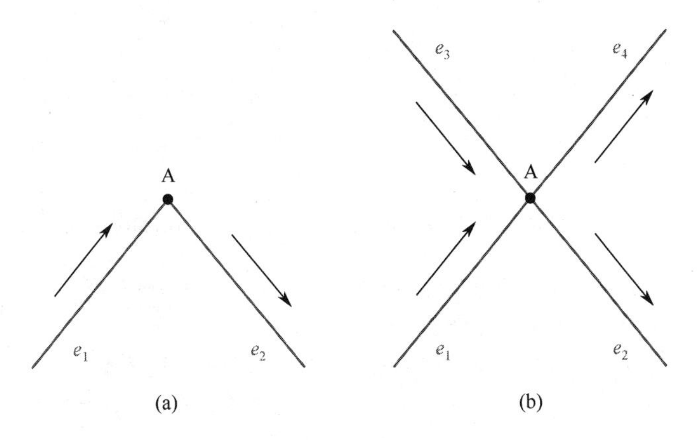

图 4.7　每当通过一条边进入 A 时，必须要通过另一条边离开

由此可以得出结论，当一笔画图时，奇点只能用作起点或终点。

观察 2：如果能够一笔画图，则该图最多可以有两个奇点。

这直接来自观察 1。在一笔画图时，一个奇点可能是起始顶点，另一个奇点可能是终止顶点。由于没有其他顶点可以作为起始（或终止）顶点，所以其他顶点都必定为偶点。

下面介绍欧拉定理，解释何时能够一笔画图。

欧拉定理/一笔画定理：如果图是连通图，并且有 0 个或 2 个奇点，则其可以一笔画。

要点　欧拉定理描述图何时能够一笔画。

如果图有两个奇点，则一笔画必须从其中的一个奇点开始，并在另一个奇点结束。如果所有顶点都是偶点，则一笔画图必须开始和结束于同一个顶点，但具体是哪个顶点并不重要。

例 2　一笔画

在图 4.8 中，哪幅图能够一笔画？图 4.8(a)是图 4.1 中的谜题，图 4.8(b)是哥尼斯堡七桥。

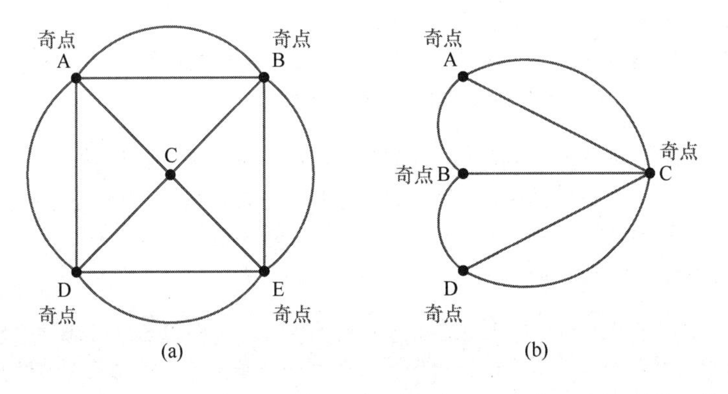

图 4.8　(a)谜题；(b)哥尼斯堡七桥。根据欧拉定理，只有(c)和(d)能够一笔画

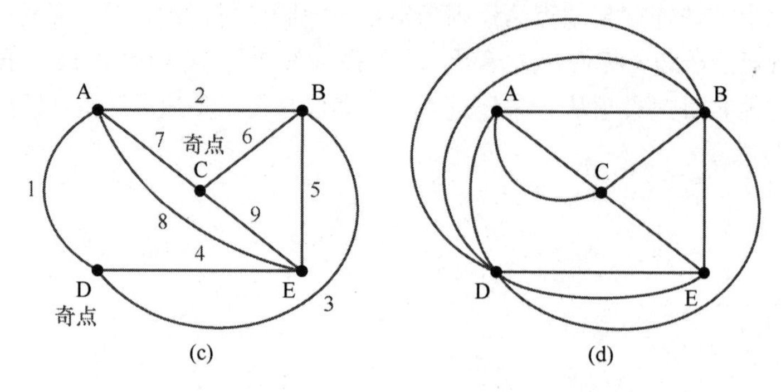

图 4.8　(a)谜题；(b)哥尼斯堡七桥。根据欧拉定理，只有(c)和(d)能够一笔画（续）

解：a）顶点 A、B、D 和 E 都是奇点，所以根据欧拉定理，此图不能一笔画。

b）所有顶点都是奇点，意味着哥尼斯堡七桥无法一笔画。

c）此图有两个奇点（C 和 D），一笔画的方法之一是从 D 开始，按照如下顶点序列进行绘制：D，A，B，D，E，B，C，A，E，C。按照穿过的顺序，我们对每条边都进行了编号。注意，因为从一个奇点（D）开始，所以必须在另一个奇点（C）结束。

d）此图中的所有顶点都是偶点。你能找到描述如何一笔画该图的顶点序列吗？

现在尝试完成练习 07 ~ 12。

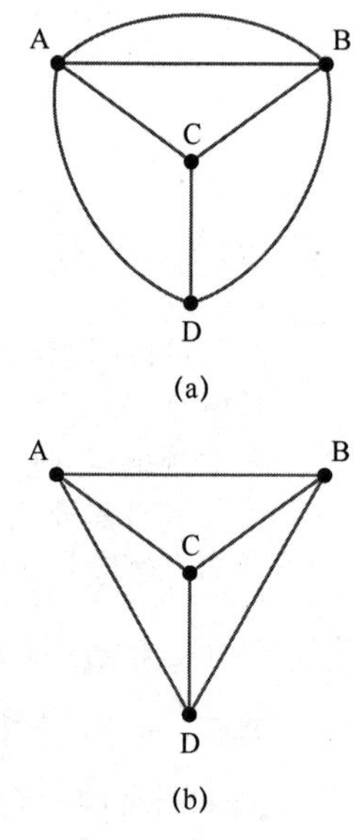

自测题 2

运用欧拉定理，说明右侧哪幅图能够一笔画。对于能够一笔画的图，请列出描述如何一笔画图的顶点序列；对于无法一笔画的图，请说明不满足欧拉定理的哪一部分。

注意观察图 4.8(b)中代表哥尼斯堡七桥的图，了解其如何有助于阐明前文所述哥尼斯堡七桥问题的解题思路。

解题策略：画图

在每个图模型中，哥尼斯堡七桥问题都具有两种特征：

1. 一个物件集合——四块土地。

2. 各个物件之间的关系——通过“桥”连通。

如果一个问题存在这两种特征，则可以利用“图”按如下方式建模：首先，通过具有良好名称的顶点来表示各个物件；其次，用“边”连接表示相关物件的顶点。

我们可以用“图”对许多不同的关系建模。例如，由于具有共同边界，多个国家可能相关联；如果通过光缆相连，则城镇中的多栋房屋可能相关联；在太空移民基地项目中，如果一项任务必须在另一项任务之前完成，则这两项任务可能相关联。

在进一步讨论欧拉定理应用之前，下面介绍更多术语。

定义　“图”中的路径是不存在重复边的一系列连续边；一条路径中“边”的数量称为其长度；包含图中所有边的路径称为欧拉路径；开始和结束于同一个顶点的欧拉路径称为欧拉回路；所有顶点均为偶点的图包含欧拉回路，称为欧拉图。

例 3 欧拉回路

查找图 4.9 所示图的一些路径。

解：此图包含许多路径，例如自 A 至 B 的路径 ACEB 包含 3 条边，因此长度为 3；路径 ACEBDA 是长度为 5 的欧拉路径，也是欧拉回路（因其在同一个顶点开始和结束）。

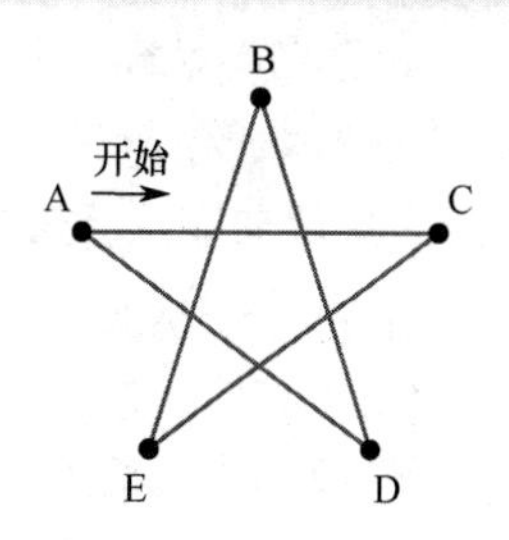

图 4.9 包含欧拉回路的图

自测题 3

a）在下图中，找到一条欧拉路径；b）此图中是否存在欧拉回路？解释理由。

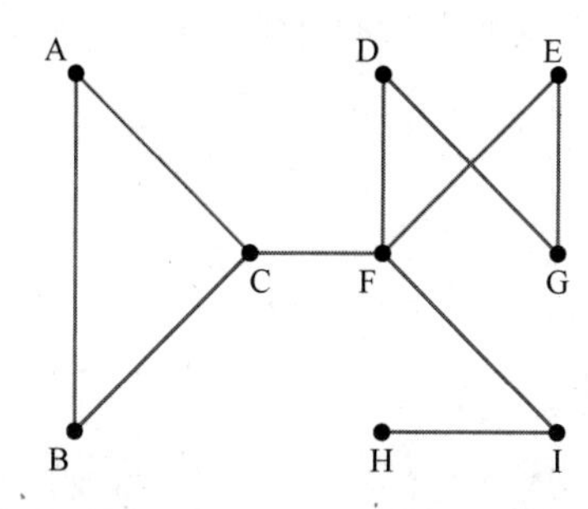

生活中的数学——这毕竟是一个小世界

1929 年，在匈牙利作家弗里杰斯 · 卡林西的一部小说中，首次出现了“六度分隔/六度分割/六度分离”一词，指出地球上的任何两个人都可通过不超过六个关联的一条链连接在一起。

通过随机选择中西部地区人士向马萨诸塞州的陌生人邮寄包裹，社会学家斯坦利 · 米尔格兰姆测试了称为“小世界问题”的理论。邮寄者将包裹寄给自己认为最有可能知道目标的一个人，然后包裹接收者依次照此办理，直至包裹最终成功送达为止。米尔格兰姆发现，平均而言，包裹经过 5 ~ 7 人后即可送达。在与此类似的实验中，其他研究人员发现“电子邮件随机发送者与接收者之间的平均路径长度为 6”。

当我与妻子讨论这件事情时，最终发现“我与披头士乐队的分隔度是 3”，因为我十几岁时曾在某档全国性业余电视节目中露面；同时发现“妻子与加尔各答的特蕾莎修女的分隔度是 2”，因为她参加了一门研究生课程。

这跟你有什么关系呢？在学校活动（如联谊会、俱乐部、音乐组织和体育运动队）中，你在这些个人链条中建立链接，以后可能在生活中利用这些链接来获得相应的利益。实际上，领英之类的公司开发了相关软件，为客户提供可在商务活动中受益的一系列联系人链。

另一方面，“连接度”有时也会产生不利影响，例如在邀请你参加面试以前，未来雇主距离你只有寥寥几度，他们可以利用流行的社交媒体（如 Facebook）来了解你。

4.1.4 弗罗莱算法

欧拉定理可以帮助我们判断给定图中是否存在欧拉回路，但是并未告诉我们如何找到欧拉回路。到目前为止，我们一直在不断试错，这对大图而言效率极低。为了寻找欧拉回路，弗罗莱算法（Fleury's algorithm）提供了一种系统化技术。算法是为完成某件事情所遵循的一系列步骤，这里可将其视为完成某些数学任务的方法。

要点 我们用弗罗莱算法来查找欧拉回路。

弗罗莱算法：如果一个连通图中包含的所有顶点均为偶点，则可以从任意顶点开始，基于以下规则在连续边上移动，从而找到欧拉回路：

1. 当移动经过一条边后，将其擦除。如果某个特定顶点的所有边都已擦除，则也擦除该顶点。
2. 只有当没有其他选择时，才移动经过作为“桥”的边。

例 4　采用弗罗莱算法查找有效路径

假设在主题公园中，你正沿着某条道路（连接位置 A 和 K）进行维护，如图 4.10 所示。查找此图中的一个欧拉回路，通过“不走重复路”来确保工作效率。假设起点和终点均为建筑物 C。

解：回顾前文所述的系统化策略。

下面采用弗罗莱算法查找此图中的一个欧拉回路。

第 1 步：从顶点 C 开始，先后穿过边 CJ、JK、KI 和 IF，我们将这些边分别编号为 1、2、3 和 4（见图 4.10），数字可标识移动顺序。擦除这些边，同时擦除顶点 J 和 K，因为不再有任何边连接至这两个顶点。此时，图的外观如图 4.11 所示。

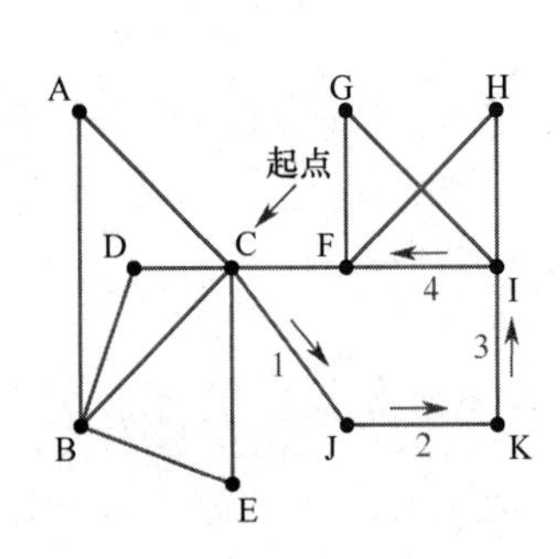

图 4.10　显示主题公园中各条路径的图

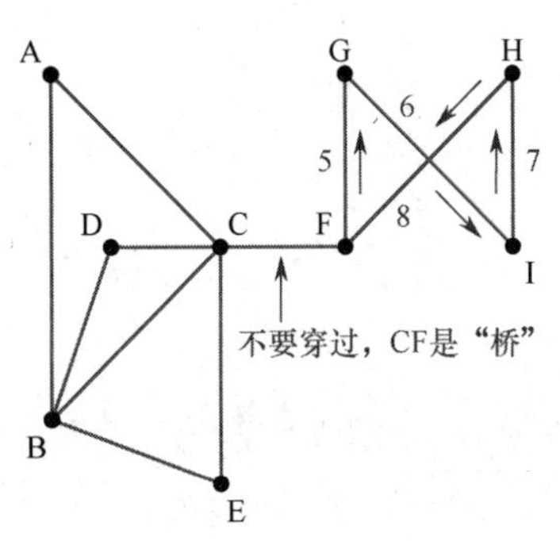

图 4.11　第 1 步

第 2 步：目前位于顶点 F。不要穿过 FC，因为它是“桥”。接下来，穿过 FG、GI、IH 和 HF（分别标记为 5、6、7 和 8），删除这些边和顶点 G、I 和 H。此时，图的外观如图 4.12(a)所示。

第 3 步：现在别无选择，只能穿过 FC（边 9）。然后，选择穿过 CA 和 AB（分别标记为 10 和 11）。删除相应的边和顶点后，图的外观如图 4.12(b)所示。

第 4 步：现在，穿过 BE、EC、CD、DB 和 BC（分别标记为 12、13、14、15 和 16），完成整条回路。

最终回路是 CJKIFGIHFCABECDBC。可以看到，我们已精确地穿过每条边 1 次，并在起点（顶点 C）位置结束。在公园道路上进行维护时，如果遵循此回路，将会精确地覆盖每条路径 1 次。

现在尝试完成练习 13 ~ 16。

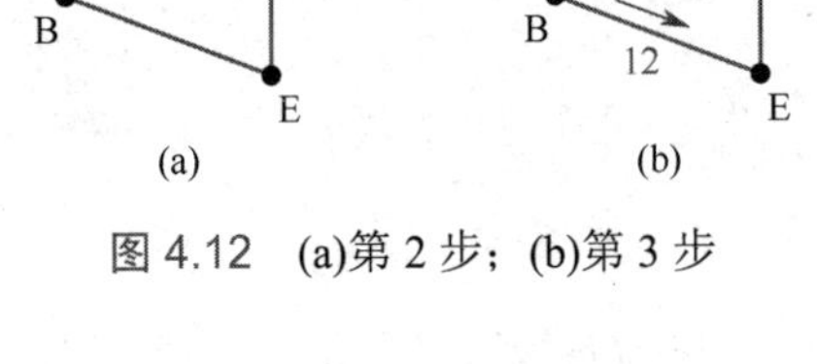

图 4.12　(a)第 2 步；(b)第 3 步

在例 4 中，我们做出的一些决定具有任意性，构造此图的欧拉回路当然存在多种不同的方法。

4.1.5　图的欧拉化

你参加过鸭子船/水陆两用车旅游吗？美国某些城市（如华盛顿特区、迈阿密、西雅图、芝加哥及其他许多城市）开发了一种旅游项目，游客可以乘坐经过翻新的“二战”时期名为“鸭子”的两栖登陆车。在波士顿的一次鸭子船旅游中，导游康杜克托解释说，虽然我们可以在街道上像鸭子那样“嘎嘎”叫人，但是法律将某些地区划为“非嘎嘎区”，这些地区禁止游人“嘎嘎叫”。为了尽可能减少交通拥堵，旅行团不会两次走过同一条街道。在下一个示例中，你将看到如何利用图论来设计最优化鸭子船旅游。

为了解决问题，我们必须向非欧拉图（具有奇点的图）中添加一些边，使新图成为欧拉图，这种技术称为图的欧拉化。

要点　通过添加一些“边”，可将非欧拉图转换为欧拉图。

例 5　设计鸭子船旅游

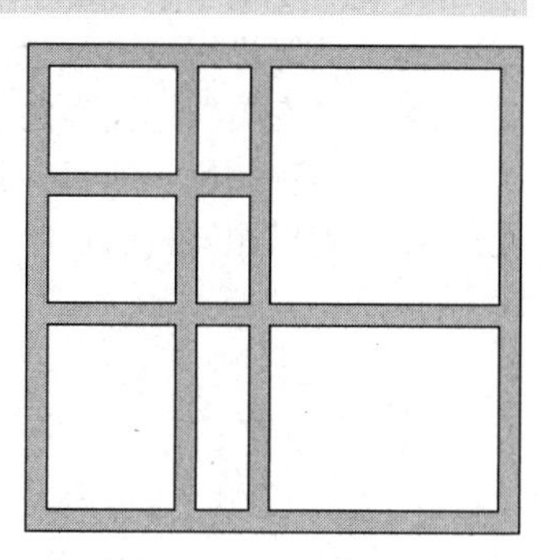

图 4.13　波士顿历史街区地图

在图 4.13 所示波士顿历史街区的地图中，波士顿鸭子船旅游公司想要设计一条鸭子船旅游路线。我们希望在同一地点开始和结束旅行，并且尽量减少在任何街道上重复旅行，请查找这样的一条路线。

解：我们可以用图 4.14 所示的“图”对这幅地图建模，其中每个交汇路口用“顶点”来表示，连接两个交汇路口的每个街道部分用“边”来表示。

此图中的奇点用字母（如 A 和 B 等）标记。为了欧拉化此图，我们复制了一些边，使新图中只包含偶点，如图 4.15 所示。

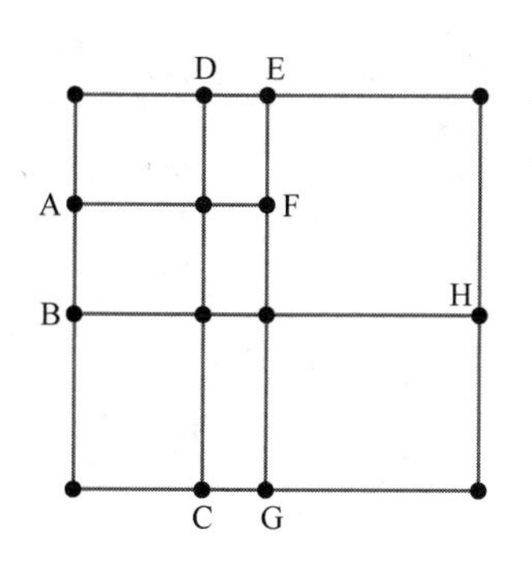

图 4.14　表示波士顿历史街区的图

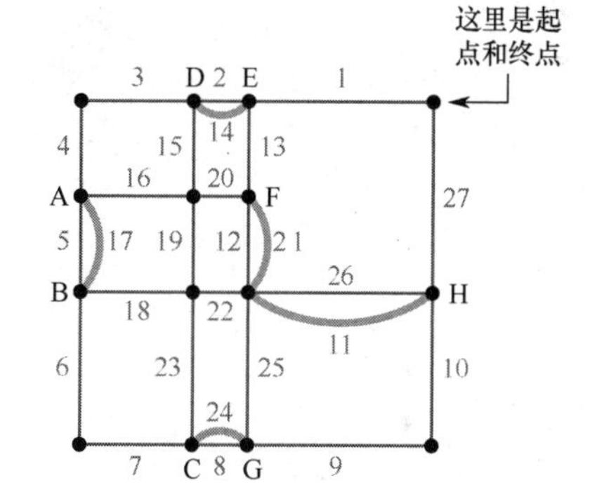

图 4.15　鸭子船旅游路线

如果从图的右上角开始部署旅游路线，并遵循数字编号的各条边的顺序，就会遍历图的所有边并返回起点。注意，5 对重复边（AB 和 CG 等）表示必须穿过 2 次的街道。虽然我们不会证明这一点，但是为了减少重复穿过的街道数量，没有更好的方法来欧拉化原始图。

现在尝试完成练习 33 ~ 36。

自测题 4

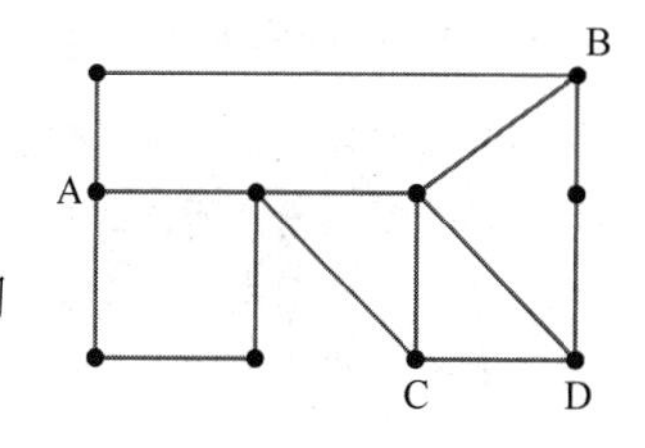

向右图中添加“边”，使其成为欧拉图。

当进行图的欧拉化时，只能复制图中的已有边。在例 5 中，为了对图进行欧拉化，不允许插入从 F 到 H 的一条边。

4.1.6　地图着色

下面将注意力转向四色问题，这个问题非常有趣。虽然我们将其说成是一个谜题，就像哥尼斯堡七桥问题那样，但其却具有很有趣的实际应用。1852 年，作为伦敦大学学院的一名学生，弗南西斯 • 格思里首次向数学教授德 • 摩根提出了这个著名的问题。

四色问题：最多使用四种颜色，是否总是能够为地图着色，使具有共同边界的任意两个区域着上不同的颜色？

要点　四色问题是图论的另一种应用。

由于无法解答这个问题，德·摩根求助于他的朋友——爱尔兰都柏林三一学院的威廉·哈密顿爵士。一百多年以来，这个问题一直都没有解决。1976 年，伊利诺伊大学教授阿佩尔和哈肯宣布解决了这个问题，证明最多通过四种颜色即可着色任何地图。但是，由于证明过程并未采用传统的手工方式（此时每一步均可检验有效性），他们的证明受到了一些质疑。阿佩尔和哈肯编写了计算机程序进行验证，整个证明过程需要耗时 1200 小时！

下面以南美洲地图为例，进一步说明这个问题，如图 4.16 所示。在对这幅地图进行着色时，最多使用四种颜色，即可为具有共同边界的任何两个国家着上不同的颜色，例如不能对哥伦比亚和秘鲁着以相同的颜色，但是可以对巴拉圭和乌拉圭着以相同的颜色。

图 4.16　南美洲地图

例 6　求解南美洲的四色问题

通过“图”对南美洲地图建模，并用此图为地图着色，最多使用四种颜色。

解：回顾前文所述的画图策略。

在这个问题中，一个国家集合中的部分国家具有共同边界，这种情况可以通过“图”来建模。

每个顶点代表一个国家，如果两个国家具有共同的边界，就在相应的顶点之间绘制一条边，如图 4.17 所示。

可以看到，由于秘鲁和哥伦比亚具有共同的边界，因此用一条边来连接代表二者的两个顶点；由于阿根廷和秘鲁没有共同的边界，因此不连接代表二者的两个顶点。

现在，我们可将地图着色问题换成另一种说法：使用四种或更少的颜色，是否能够给图的各个顶点着色，使同一条边的两个顶点均不着以相同的颜色？与原始地图相比，“图”的着色要容易得多。

我们采用图 4.18 所示的四色方案，并在 iPad 上利用称为 Graphynx 的图论应用程序，生成了另一种着色方案，如下图所示，Graphynx 再次必须使用四种颜色对“图”进行着色。

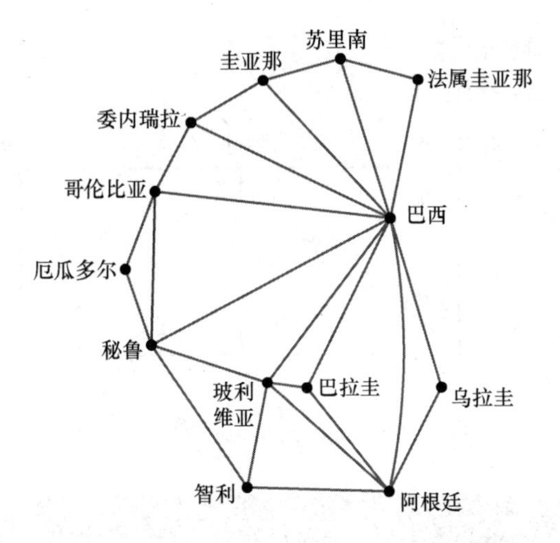

图 4.17　南美洲地图的“图”模型

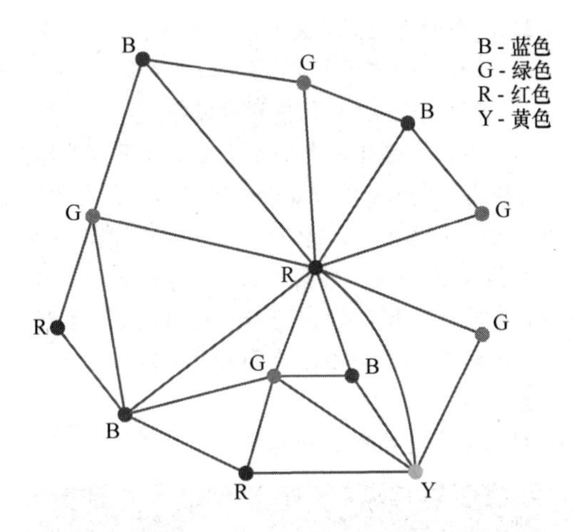

图 4.18　南美洲“图”的着色

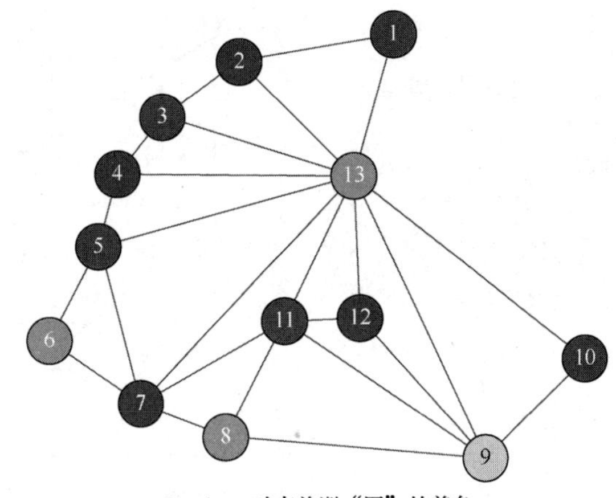

Graphynx对南美洲“图”的着色

现在尝试完成练习 37 ~ 44。

自测题 5

像例 6 中那样，着色右侧的“地图”。首先用“图”对其建模，然后为该图着色。

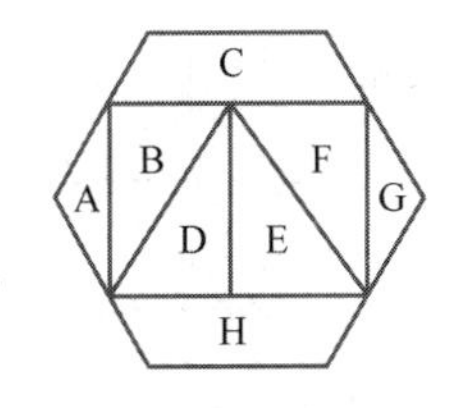

例 7 介绍了地图着色的实际应用。

例 7　用图论模型安排委员会

为了全方位监督市政府的工作，市议会的每位成员通常在若干委员会任职，假设议会成员在以下委员会任职：警察、公园、卫生、金融、发展、街道、消防和公共关系。

表 4.1 中列出了具有共同成员的各个委员会，使用其确定会议的无冲突时间安排。表 4.1 中未列出重复信息，例如由于警察与消防信息冲突，所以未列出消防与警察信息冲突的情形。

表 4.1　具有共同成员的委员会

委员会	与……具有共同成员
警察	公共关系，消防
公园	街道，发展
卫生	消防，公园
金融	警察，公共关系
发展	街道
街道	消防，公共关系
消防	金融

解： 回顾前文所述的画图策略。

回顾可知，在构建“图”的模型时，必须要有两样东西：

1. 一个物件集合，这里是委员会集合。

2. 一种物件之间的关系。如果两个委员会具有共同成员，则可以说“这两个委员会相关”。因此，通过图 4.19 中的图，即可对表 4.1 中的信息建模。

这个问题与地图着色问题类似。如果为此图着色，则具有相同颜色的所有顶点表示可以同时开会的委员会。在图 4.19 所示的图中，我们展示了一种可能的着色方案。

由图 4.19 可见，警察、街道和卫生三个委员会没有共同的成员，因此可以同时开会；公共关系、发展和消防三个委员会可以同时开会；金融和公园两个委员会可以同时开会。

现在尝试完成练习 51 ~ 54。

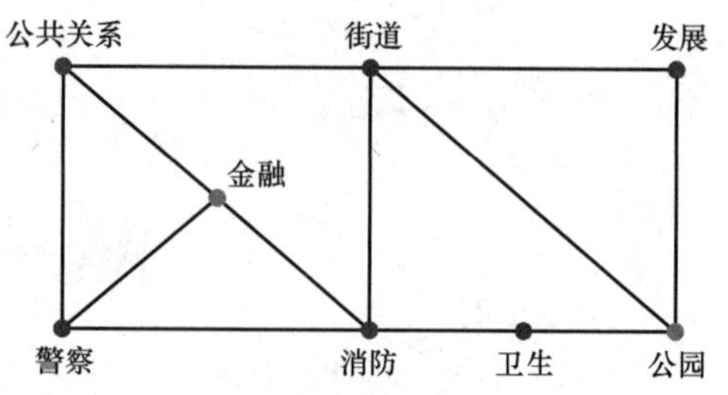

图 4.19　具有共同成员的委员会的图模型

练习 4.1

强化技能

在练习 01 ~ 06 中，判断图是否为连通图。哪些顶点为奇点？哪些顶点为偶点？

01.

02.
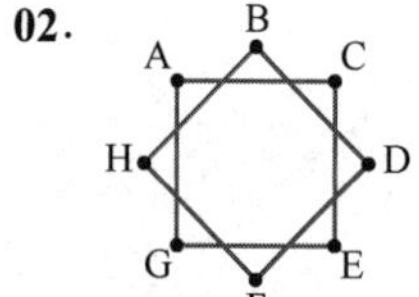

03.
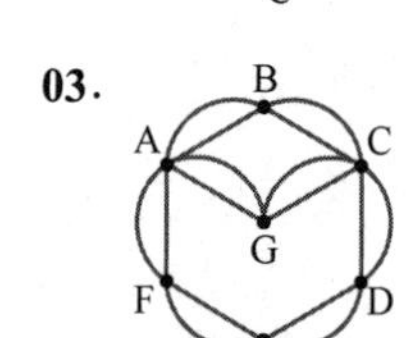

04.
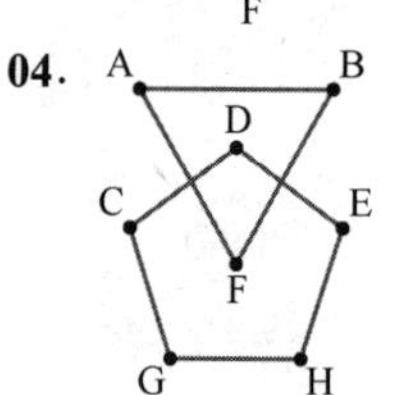

05.
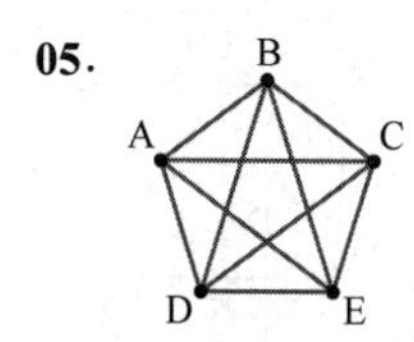

06.
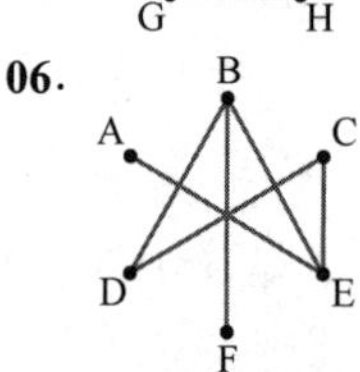

在练习 07 ~ 12 中，利用欧拉定理判断指定图是否能够一笔画。若不能一笔画，说明该定理的哪个条件未满足。

07. 练习 01 中的图。

08. 练习 02 中的图。

09. 练习 03 中的图。

10. 练习 04 中的图。

11. 练习 05 中的图。

12. 练习 06 中的图。

在练习 13 ~ 16 中，如果给定的图是欧拉图，则从中找到一个欧拉回路；如果该图不是欧拉图，则首先对其进行欧拉化，然后查找欧拉回路。像例 4 中那样，将答案写成一个顶点序列。这些练习存在许多可能的正确答案，本书的参考答案只提供其中之一。

13.
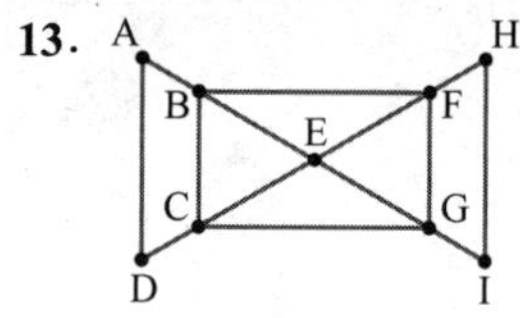

14.
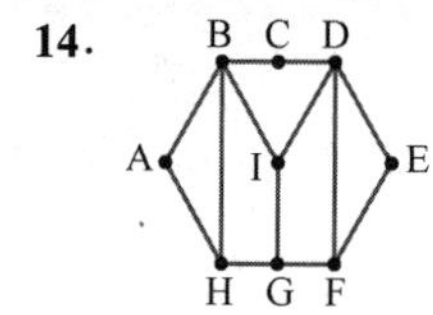

15.
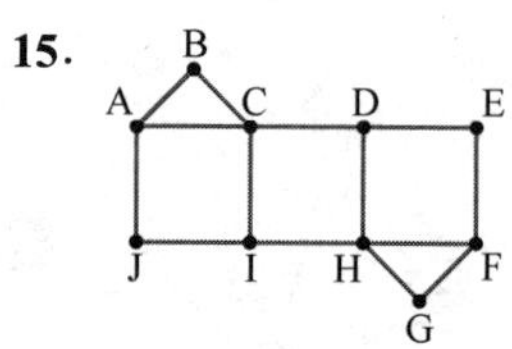

16.
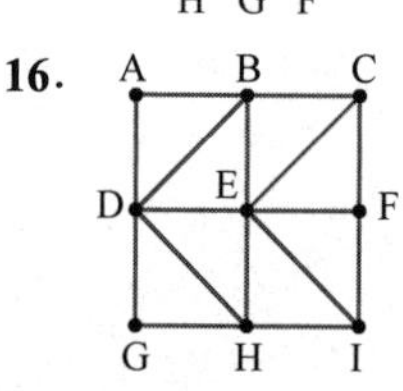

在练习 17 ~ 24 中，请为描述的每幅图给出一个示例。如果多次尝试后仍然无法找到题目所要求的图，则解释为什么无法找到该示例（注：参考答案会给出尽可能简单的示例，使得顶点和边的数量最少）。顶点的度是连接至该顶点的边数。

17. 有 4 个偶点的图。

18. 有 4 个奇点的图。

19. 有 3 个奇点的图。

20. 一个连通图，有 4 个 2 度顶点和 2 个 3 度顶点。

21. 一个连通图，有 1 个偶点和 4 个奇点。

22. 有 1 个奇点的图。

23. 有 6 个 3 度顶点的连通图。

24. 有 5 个顶点的图。包含最多数量的边，不存在重复边，即只有 1 条边连接 A 与 B，只有 1 条边连接 A 与 C，以此类推。

在练习 25 ~ 28 中，删除一条边，将图欧拉化。

25.
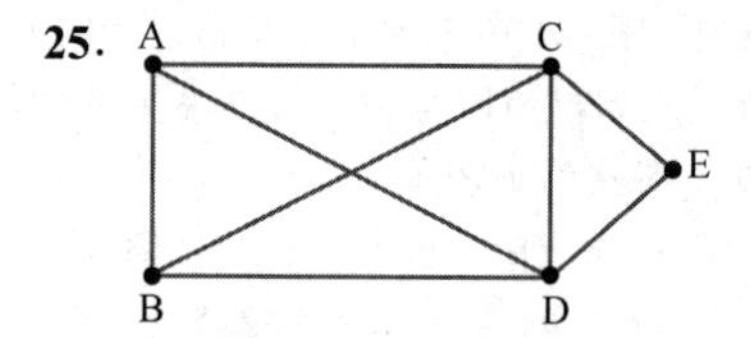

26.

27.

28.

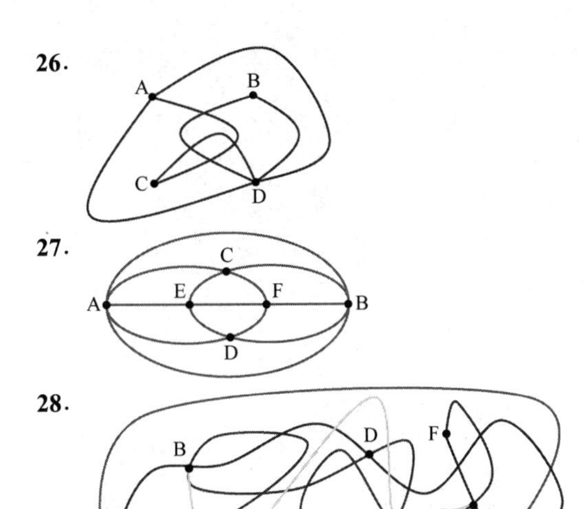

在练习 29 ~ 32 中，尝试重绘相关练习中的图，使其没有意外穿越。

29．练习 06

30．练习 26

31．练习 05

32．练习 28

学以致用

33．**查找有效路线**。出租车司机希望在以下地图所示的每条街道上巡游揽客，但不希望在该路线的任何部分重复行驶。该司机能否做到这一点？解释理由。

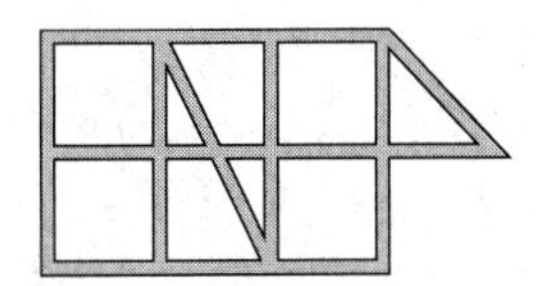

34．**查找有效路线**。对于下面这幅地图，重做练习 33。

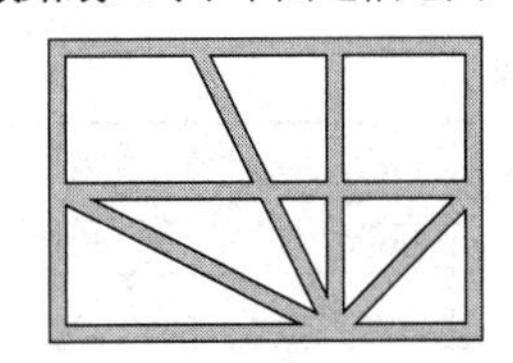

练习 35 ~ 36 类似于例 5 中的鸭子船旅游问题。通过“图”对每幅地图建模，然后将其欧拉化，进而设计出一条路线，使得重复行驶路线的数量降至最低。

35.

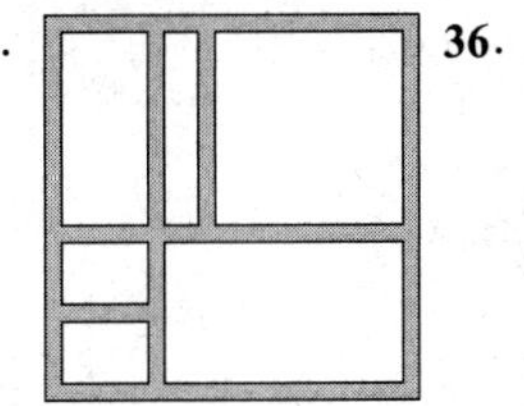

36.

像例 6 中那样，通过“图”表示练习 37 ~ 40 中的地图。回想可知，当且仅当两个顶点代表的两个州具有一段共同边界时，我们才通过一条边来连接这两个顶点。

37.

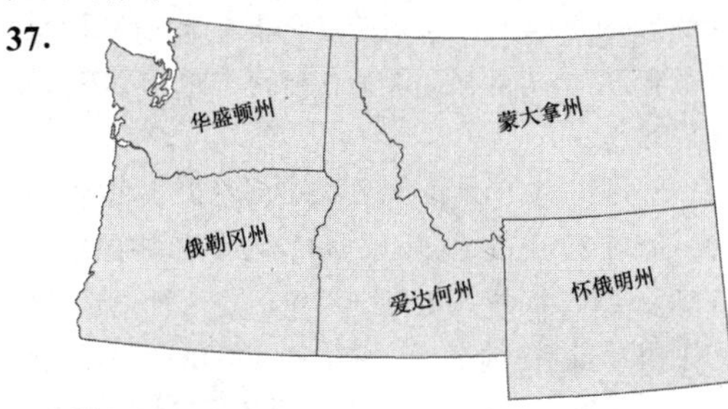

38.

39.

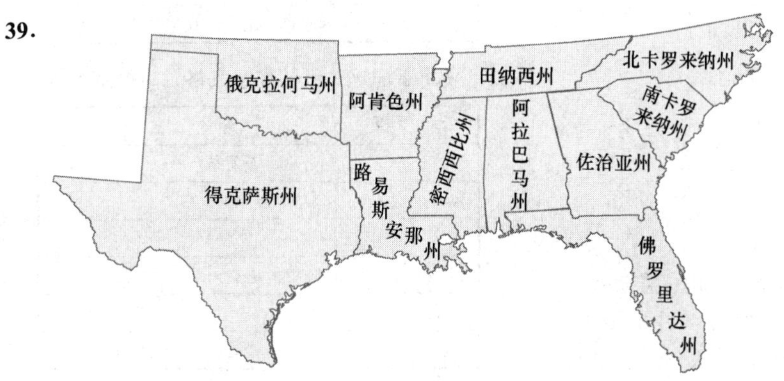

40.

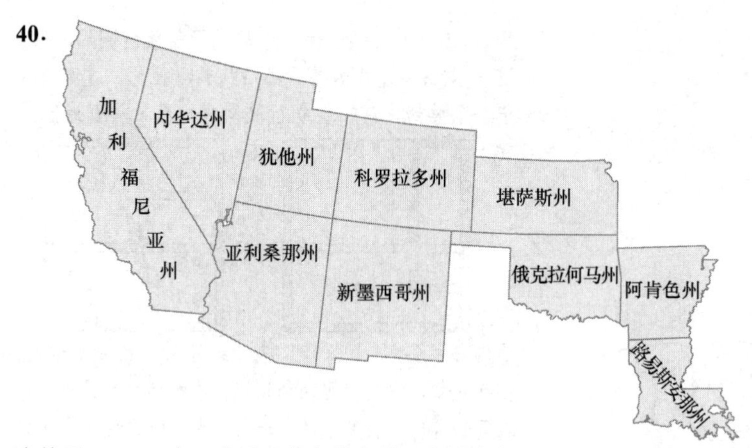

在练习 41 ~ 44 中，求用于着色指定地图的最少颜色数量，使具有共同边界的任何两个州均不着以相同的颜色。

41. 练习 37 中的地图。 **42**. 练习 38 中的地图。

43. 练习 39 中的地图。 **44**. 练习 40 中的地图。

在练习 45 ~ 48 中，给定一组州，是否可能从其中一个州开始，穿越各州，但不重复穿越任意两个州之间的共同边界？（提示：回想练习 37 ~ 40 中绘制的图。）

45. 使用练习 37 中列出的各州。

46. 使用练习 38 中列出的各州。

47. 使用练习 39 中列出的各州。

48. 使用练习 40 中列出的各州。

49. **查找有效路线**。由于迈克尔从福克斯河州立监狱越狱，相关部门正在重新审查安保程序。在如下所示的监狱某部分的建筑平面图中，如果所有门都打开，狱警是否能够做到如下事项：从走廊进入该部分，穿过每一道门，随后立即落锁并离开，中间不必打开前面落锁的任何一道门？（提示：用“图”对此情形建模，可将物件集合考虑为房间和走廊。如果两个房间由一道敞开的门连通，则这两个房间相关联。）

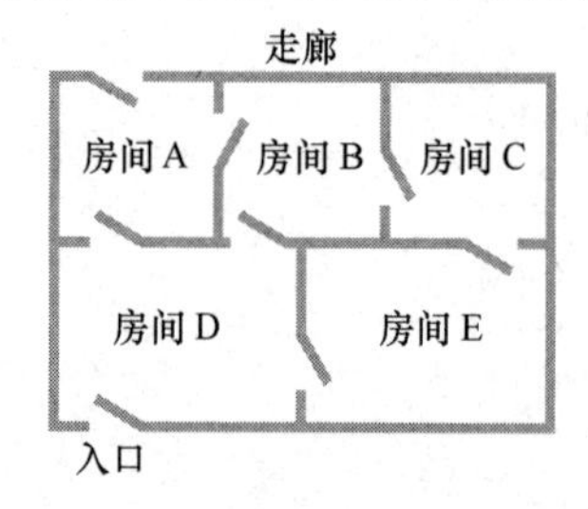

50. **查找有效路线**。下图是福克斯河州立监狱另一部分的建筑平面图，情形与练习 49 中的相同，但只有一道门可供狱警进入房间。在房间 A、B 或 C 之一放置一个“出口门”，使狱警可以通过标有“入口”的门进入，然后穿过每一道门，随后立即落锁，最后通过你刚才放置的“出口门”离开。解释为什么这是放置出口门的唯一可能位置。

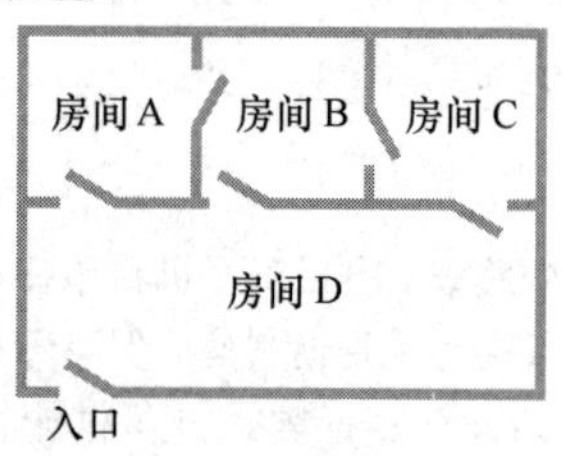

利用例 7 中的技术，完成练习 51 ~ 54。各表格未列出重复信息。

51. 下表总结了 8 个人在 Facebook 中的“是……的朋友”关系。**a**. 画一幅图，表达这种关系；**b**. 该图是否为连通图？**c**. 该图是否有桥？**d**. 如果卡莱布和本不和，是否会影响团队的内部沟通？

学　生	朋　友
本	诺亚，丹妮，马特，卡莱布
诺亚	本，丹妮
丹妮	马特
安娜	卡莱布，尼克，克里斯

52. 采用下面这个新的信息表格，重做练习 51。

学　生	朋　友
本	诺亚，卡莱布
诺亚	安娜，丹妮
卡莱布	马特
丹妮	马特，尼克
尼克	本
安娜	卡莱布，尼克，克里斯，丹妮

53. **避免冲突**。格里芬一家期待着举办一场“家庭”婚礼，但是担心即将到来的婚礼晚宴，因为受邀参加晚宴的某些人彼此之间关系并不融洽，所以“关系不融洽的人一定要位于不同餐桌”这一点非常重要。利用下表中的信息，采用数量尽可能少的餐桌，安排令人满意的晚宴座位。

晚宴客人	与……关系不融洽
彼得	卡特
卡特	格伦，克里斯
格伦	汤姆
洛伊斯	史蒂夫
芭芭拉	汤姆，戴安娜
汤姆	戴安娜，梅格
戴安娜	克里夫兰
梅格	克里夫兰

54. **安排会议**。在某所大学的学生会中，许多委员会每周二 11:00～12:00 开会。如果两个委员会具有共同的学生成员，为了避免发生冲突，“不安排这两个委员会同时开会”非常重要。利用下表（列出了可能会发生的冲突）安排可以接受的会议时间表。

委员会	与……具有共同成员
学术标准	学术例外，奖学金，教师工会
计算机应用	学校发展，事件调度
校园美化	课程，教师工会，事件调度
平权行动	学术例外，奖学金
学校发展	车辆停泊，课程，学术标准
车辆停泊	学术标准，平权行动
教师工会	计算机应用，事件调度
奖学金	校园美化

数学交流

55. 在一笔画图时，如果顶点 A 既不是起点又不是终点，为什么 A 必定是偶点？这如何意味着能够一笔画的图所拥有的奇点不可能超过 2 个？

56. 检查本节绘制的一些图，求出每幅图中所有顶点的度数之和。是否发现了任何规律？解释规律的内容及其存在原因。

57. 欧拉图可以包含“桥”吗？为了回答这个问题，可以研究本节绘制的几幅欧拉图。如果认为自己找到了正确答案，请解释具体理由。

58. 考虑具有奇点和偶点的任意图。若向图中添加一条边，则奇点和偶点的数量是否发生改变？为什么？

生活中的数学

59. 讨论已发生的具有一定影响的道路连通性示例，如商务运营、国家事物、国际事务或社会性事务等。

60. 举例说明生活中用到的道路连通性示例，分析其积极作用或消极作用。

挑战自我

61. 绘制一幅图，只采用 2 种颜色进行着色。

62. 绘制一幅图，不能采用 2 种颜色着色，但可以采用 3 种颜色着色。在着色一幅图时，何种顶点配置将迫使你至少采用 3 种颜色？

63. 绘制一幅图，不能采用 3 种颜色着色，但可以采用 4 种颜色着色。

64. 在着色一幅图时，何种顶点配置将迫使你至少采用 4 种颜色？

65. 通过上下移动 3 个活塞，小号（小喇叭）能够产生不同的音调。下表中显示了这 3 个活塞的 8 种可能位置，以及活塞处于相应位置时所发出的音调。如下情形是否可能：播放这些音调之一，然后每次只改变 1 个活塞并播放所有其他音调，但不重复任何一个音调两次？（提示：将全部音调作为一个集合中的对象，如果只移动 1 个活塞即可从一个音调获得另一个音调，则这两个音调相关联。）

活塞 1	活塞 2	活塞 3	音　调
上移	上移	上移	C
上移	上移	下移	A
上移	下移	上移	B
上移	下移	下移	降 E
下移	上移	上移	F
下移	上移	下移	D
下移	下移	上移	E
下移	下移	下移	C#

66. 如果某乐器有 4 个活塞，则这些活塞共存在 16 个可能位置。对于这种情形，重做练习 65。

67. 假设你所在学校的教务主任正在确定期末考试

时间表，考虑到下列课程的难度特别大，不希望任何学生同一天参加其中两门课程的考试。这些课程包括人类学 215、生物学 325、化学 264、数学 311、物理学 212、金融学 323 和计算机 265。下表显示了哪些课程具有共同的学生，所以应在不同时间安排期末考试。如果两门课程具有任意的共同学生，则可假设二者相关联。用“图”对此课程集合建模，并用其设计期末考试时间表。

课　程	与……具有共同学生
人类学 215	生物学 325，化学 264，数学 311，金融学 323，计算机 265
生物学 325	化学 264，金融学 323
化学 264	数学 311，物理学 212
数学 311	物理学 212，金融学 323，计算机 265

68．参照练习 67，组织一个自己感兴趣的日程安排问题，然后用图论进行求解。

4.2　旅行推销员问题

有些数学问题非常简单，甚至小孩子也能理解，但是全球最伟大的数学家却无法解决。图论中就存在这样一个极为著名的难题，称为旅行推销员问题/旅行商问题/货郎担问题（Traveling Salesperson Problem，TSP），即解决“推销员最有效安排出差行程路径（先后抵达一系列城市，然后返回家中）”的问题。

下面举例说明旅行推销员问题：假设你即将从位于费城的学校毕业，然后受邀到纽约、克利夫兰、亚特兰大和孟菲斯去参加面试（见图 4.20）。为了节省时间和费用，你计划一次性走完所有城市，然后返回费城。

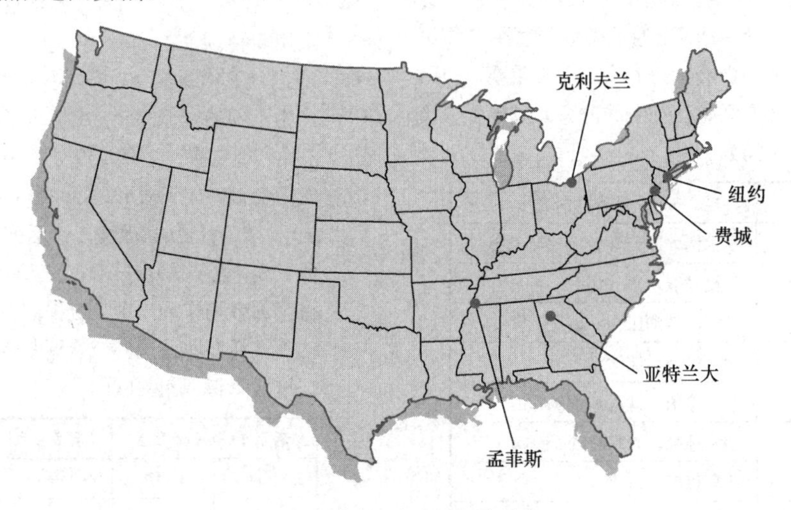

图 4.20　你必须要去往的城市

你已经获得每两个城市之间的航班价格，希望以最便宜的方式来安排行程（假设“方向”在这里不重要，在往返方向上，两个城市之间的单程飞行成本相同）。当从费城出发时，你可以先飞往纽约，然后飞往克利夫兰、亚特兰大和孟菲斯，最后返回费城；或者先飞往克利夫兰，然后飞往亚特兰大、孟菲斯和纽约，最后返回家中。为了找到最便宜的行程安排，你必须要考虑“飞往这四个城市，最后回家”的所有可能方式。

为了与本章的主题保持一致，我们用“图”对这种情形建模。每个城市表示为一个顶点，若可从一个顶点飞往另一个顶点，则用一条边来连接这两个顶点。在此图中，每对顶点由一条边连接在一起。为清晰起见，用字母 P 表示费城，用 N 表示纽约，用 C 表示克利夫兰，用 A 表示亚特兰大，用 M 表示孟菲斯，如图 4.21 所示。

4.2.1 哈密顿路径

下面将利用此图中的路径为你的可能行程建模，例如可通过路径 PNCAMP 表示行程“费城，纽约，克利夫兰，亚特兰大，孟菲斯，费城”，通过路径 PCAMNP 表示行程“费城，克利夫兰，亚特兰大、孟菲斯，纽约，费城”。如果知道所有可能航班的价格，我们就能解决你的问题，但首先需要了解更多的图论知识。

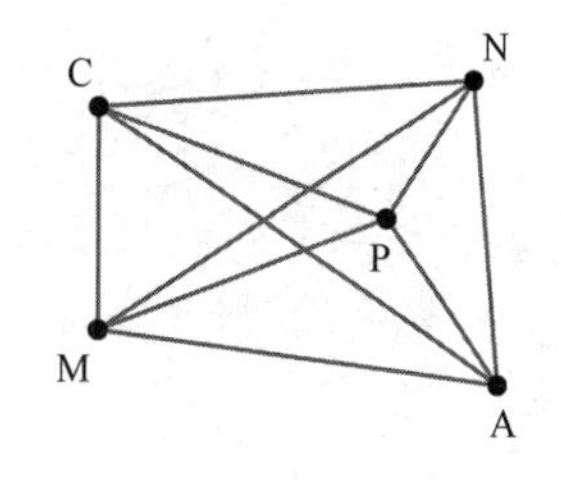

图 4.21　表示你将访问城市的图

定义　刚好穿过图中所有顶点一次的路径称为哈密顿路径。如果哈密顿路径开始并结束于同一个顶点，则称该路径为哈密顿回路。如果图中存在哈密顿回路，则称该图为哈密顿图。

解题策略：钻牛角尖原则

回想 1.1 节中的钻牛角尖原则。虽然哈密顿路径和欧拉路径的定义听起来相似，但是二者并不相同。当生成哈密顿路径时，不必像欧拉路径那样追踪每条边。

例 1　哈密顿路径和哈密顿回路

为图 4.22 中的每幅图查找一条哈密顿路径。

解：a）在图 4.22(a)中，路径 ABCFDGE（红色）为哈密顿路径。若返回顶点 A，则 ABCFDGEA 为哈密顿回路。

b）在图 4.22(b)中，“图”中既没有哈密顿路径，又没有哈密顿回路。若从任意顶点开始，则均无法沿着“边”刚好穿过每个顶点一次。例如，若从顶点 A 开始，然后转到顶点 B 和 C，此时就会遇到大麻烦：如果去 D，就无法不再次穿过 C 而抵达 E；如果去 E，就无法不再次穿过 C 而抵达 D。你可以从其他顶点开始，但是会发现无论怎么尝试，都无法找到哈密顿路径。

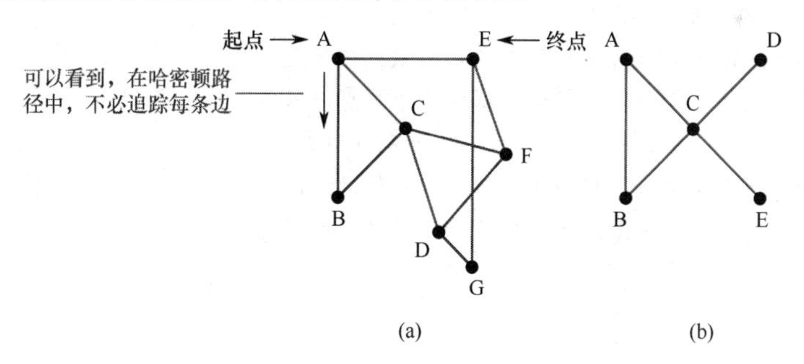

图 4.22　(a)ABCFDGE 是哈密顿路径；(b)不存在哈密顿路径

现在尝试完成练习 01 ~ 04。

与一笔画图的欧拉定理不同，我们不会给出判断一幅图何时包含哈密顿路径的规则。

4.2.2 查找哈密顿回路

认真思考后，你会发现在例 1(b)的图中找不到哈密顿路径的原因：缺乏足够的边。当抵达顶点 D 时，我们已走投无路。如果包含更多的可用边，则可能会避免第 2 次通过 C 而回到顶点 E。通常，我们会处理包含所有可能边的图。

要点　树图有助于系统查找哈密顿回路。

定义　完全图是每对顶点均通过一条边连接的图，具有 n 个顶点的完全图可以表示为 K_n。（注：为了纪念 20 世纪波兰数学家卡西米尔 · 库拉托夫斯基，人们选择 K 作为完全图的符号，他发现了数论中的几个重要定理。）

例 2　完全图

在图 4.23 中，每幅图都是完全图。

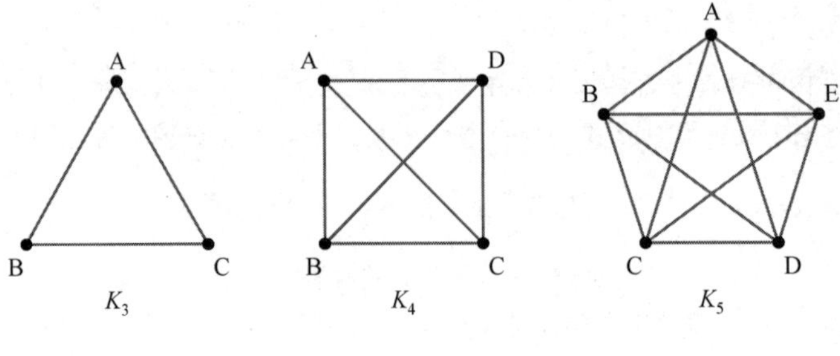

图 4.23　完全图

通常，我们需要查找一幅图中的所有哈密顿回路。在完全图中，做到这一点非常容易。

例 3　查找 K_4 中的哈密顿回路

解：回顾前文所述的系统化策略。

如图 4.24 所示，路径 ABCDA 是 K_4 中的哈密顿回路之一。路径 BCDAB 是与前者相同的路径，因为其以相同的顺序通过相同的顶点，唯一的区别是在顶点 B（而非 A）开始并结束。根据这个说明，我们假设这个例题中的所有哈密顿回路均从顶点 A 开始。

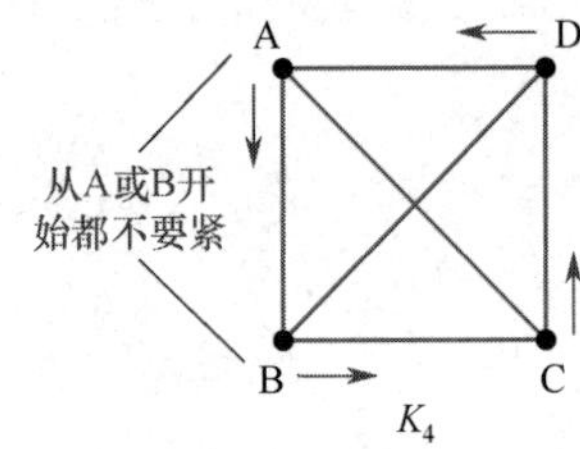

图 4.24　回路 ABCDA 与 BCDAB 相同

若有一张好图，即可正确理解这个问题，继而找到解题方法。请务必牢记，当在 K_4 中构造哈密顿回路时，必须首先确定第 1 个顶点，然后确定第 2 个顶点，再后确定第 3 个顶点，以此类推。这个决策顺序可以通过树图来可视化，如图 4.25 所示。从顶点 A 开始，然后转到顶点 B、C 或 D。如果决定转到 B，接下来可以选择 C 或 D，以此类推。图 4.25 中的红色路径显示了如何构造哈密顿路径 ACBD，然后返回顶点 A，进而获得哈密顿回路 ACBDA。

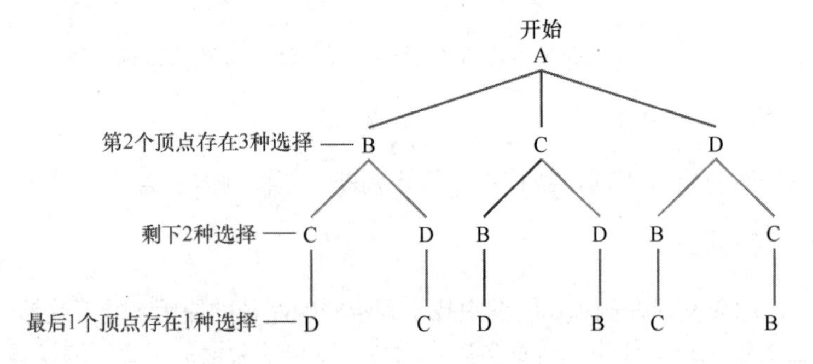

图 4.25　查找 K_4 中的哈密顿回路

通过追踪树图的 6 个分支，可以看到 K_4 包含 6 个哈密顿回路：

反向回路

ABCDA，ABDCA，ACBDA，ACDBA，ADBCA，ADCBA

现在尝试完成练习 05 ~ 06。

自测题 6

a）写出回路 ACBDA，但从顶点 B 开始；b）ACBDA 的反向回路是什么？

由例 3 可知，哈密顿回路成对出现。例如，对于回路 ABCDA，如果以相反顺序列出这些顶点，就可以得到回路 ADCBA。在任何图中，一旦找到一条哈密顿回路，按相反顺序列出顶点就可自动获得另一条哈密顿回路。

对于例 3，我们很容易进行概括。当查找哈密顿回路时，从顶点 A 开始后，可以采用 3 种方式选择第 1 个顶点（A 之后），采用 2 种方式选择第 2 个顶点，采用 1 种方式选择最后 1 个顶点，因此 K_4 中的哈密顿回路总数为 $3\times2\times1=6$。

如果查找 K_5 中的哈密顿回路，再次从顶点 A 开始，则：

第 1 个顶点存在 4 种选择（A 之后），

第 2 个顶点存在 3 种选择，

第 3 个顶点存在 2 种选择，

第 4 个顶点存在 1 种选择。

因此，K_5 中应包含 $4\times3\times2\times1=24$ 条哈密顿回路。

如果在 K_n 中查找哈密顿回路，则从顶点 A 开始后，第 1 个顶点应有 $n-1$ 种选择，第 2 个顶点应有 $n-2$ 种选择，以此类推。以这种方式继续，最终应会得到有 $(n-1)\times(n-2)\times(n-3)\times(n-4)\cdots3\times2\times1$ 个分支的树图。

对于讨论中所用的乘积类型，数学家通过简写符号来表示。像 $4\times3\times2\times1=24$ 这样的乘积，可以称为 4 的阶乘，简写为“4!”。感叹号意味着从 4 开始，乘以“4 减 1”，然后乘以“4 减 1 再减 1”，以此类推，直至为 1 时止。又如，可将 $8\times7\times6\times5\times4\times3\times2\times1$ 写为“8!”或“8 的阶乘”。

K_n 中的哈密顿回路数量：K_n 具有 $(n-1)\times(n-2)\times(n-3)\times(n-4)\cdots3\times2\times1$ 条哈密顿回路，这个数字可以写为 $(n-1)!$，称为 $(n-1)$ 的阶乘。

表 4.2 中显示了各种 n 值下 K_n 中的哈密顿回路数量。

如你所见，随着 n 的增大，K_n 中的哈密顿回路数量以惊人的速度增多。

自测题 7

K_9 中包含多少哈密顿回路？

建议 前述讨论是非常不错的示例，说明了数学优等生如何求解例 3 中的问题。大胆尝试非常重要，随着尝试的开始，各种想法会不断涌现，最终会发现某些规律。例如，你可能会意识到回路 ACBDA 与 BDACB 本质上相同，采用哪个顶点作为回路上的起点并不重要，那么为什么不总是以顶点 A 为起点呢？查看更多示例后，你可能会发现“A 之后的顶点存在 3 种选择”。当然，为了获得最终答案，图片可以提供有益的帮助。

表 4.2 K_n 中的哈密顿回路数量

n	K_n 中的哈密顿回路数量
3	$2!=2\cdot1=2$
4	$3!=3\cdot2\cdot1=6$
5	$4!=4\cdot3\cdot2\cdot1=24$
10	$9!=362880$
15	$14!=87178291200$
20	$19!=121645100408832000$

例 4 安排海选行程

西蒙和豪伊将要访问圣路易斯、华盛顿特区、坦帕湾、洛杉矶、奥斯汀和夏洛特，准备参加下一季美国达人秀的海选。假设他们将在纽约开始和结束旅程，对于其他每个城市，只访问一次。请问他们的旅行方式有多少种?

解：回顾前文所述的找规律策略。

一定要意识到，我们需要求解“从纽约出发，经过其他城市”的哈密顿回路数量。包括纽约在内，共有7个城市，所以可能的旅行方式为 $(7-1)! = 6! = 6\times5\times4\times3\times2\times1 = 720$ 种。

现在尝试完成练习09~10和练习29~32。

历史回顾——威廉·罗恩·哈密顿

“哈密顿回路”以威廉·罗恩·哈密顿的名字命名，他是爱尔兰历史上最伟大的数学家，1805年出生于爱尔兰都柏林。10多岁的时候，他与号称“闪电计算器”的美国青年泽拉·科尔伯恩同时参加了一场算术竞赛，并且荣获亚军，此后即全身心投入数学学习。

哈密顿非常擅长学习各种语言，能够阅读欧几里得的著作（古希腊语）、牛顿的著作（拉丁语）和著名数学家皮埃尔·西蒙·拉普拉斯的著作（法语）。17岁时，他将在拉普拉斯的著作中发现的一个错误发送给了爱尔兰皇家学院，该学院院长据此宣布他为一流数学家。

哈密顿就读于都柏林的三一学院，在数学和诗歌方面都很出色，他说自己虽然职业是数学家，但内心是诗人。在光学方面，他的工作给人们留下了深刻印象，甚至还是本科生时就被任命为天文学教授！虽然哈密顿的工作当时似乎属于理论性质，但对许多数学领域作出了贡献，目前具有大量实际应用。

4.2.3 暴力破解算法

对于本节开始时提出的“寻找最便宜的面试方式”问题，下面准备用哈密顿回路求解。图4.26中的每条边上显示了各个城市之间的旅行费用（以美元计）。

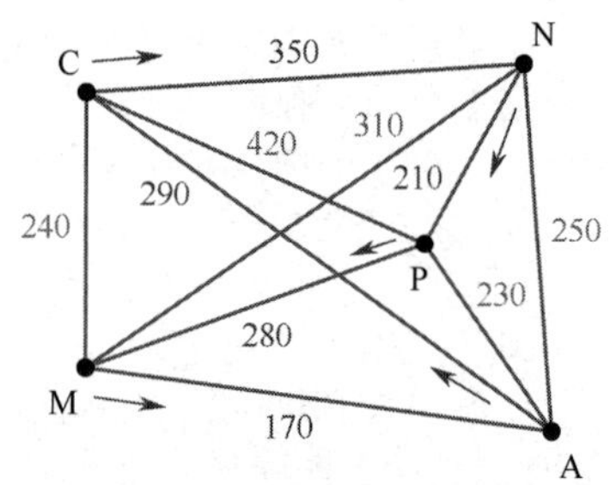

图 4.26　可能行程的模型图。每条边上的权重代表各城市之间的旅行费用

定义　当为图的各条边指定数字时，该图称为加权图，边上的数字称为权重。在加权图中，路径的权重是该路径中各条边的权重之和。

在旅行费用问题中，权重表示金钱；在其他问题中，权重可能表示距离或时间。

例5　用暴力破解算法求解旅行推销员问题

利用图4.26，查找要访问城市的顺序，以最大限度地降低旅行总费用。

解：为了说明这个问题，另一种方法是“找到具有最小权重的哈密顿回路”。例如，若选择回路PMACNP，则旅行费用将为

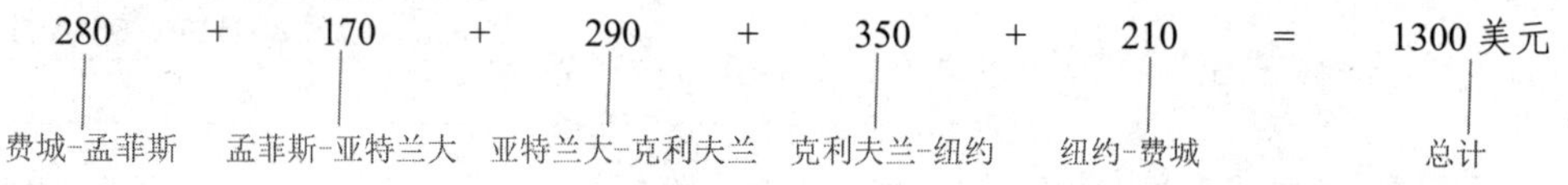

解法简单但却冗长。下面计算该图中每条哈密顿回路的权重，具有最小权重的回路将成为正确解。由于包含5个顶点，所以该图有 $4! = 24$ 条哈密顿回路。但是，表4.3中仅列出了其中12条回路，因为每条回路明显与其反向回路具有相同的权重。

表4.3　哈密顿回路及其权重

哈密顿回路	权重（美元）	哈密顿回路	权重（美元）	哈密顿回路	权重（美元）
PACMNP	1280	PANCMP	1350	PCMANP	1290
PACNMP	1460	PANMCP	1450	PCNAMP	1470
PAMCNP	1200	PCAMNP	1400	PMACNP	1300
PAMNCP	1480	PCANMP	1550	PMCANP	1270

在表 4.3 中，最小权重为 1200 美元，对应于回路 PAMCNP。因此，你应该从费城出发，依次前往亚特兰大、孟菲斯、克利夫兰和纽约，最后返回家中。

现在尝试完成练习 13 ~ 16。

例 5 的解法既不精巧又不复杂，只是简单考虑了哈密顿回路的所有可能性，并且选择了最恰当的一条回路。旅行推销员问题（TSP）的这种解法称为暴力破解/穷举。如果准备访问 15 个城市，就会知道这种方法多么不切实际，由表 4.2 可知，此时须考虑 $14! = 87178291200$ 条哈密顿回路。

虽然这个问题非常大，但你可能认为一台高速计算机能够快速解决。假设某以计算机每秒可以检查 100 条回路，1 年包含 31536000 秒，则该计算机每年可以检查 $31536000 \times 100 = 3153600000$ 条哈密顿回路。因此，要求解出这个问题的完整答案，该计算机的总运行时间为

$$\frac{14!}{3153600000} = \frac{87178291200}{3153600000} \approx 28\text{年}$$

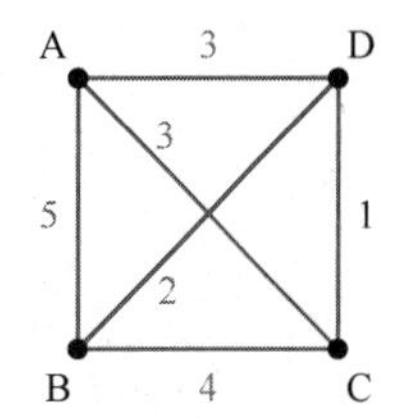

算法是为问题找到解法的一系列步骤，下面正式确定例 5 中用到的算法。

自测题 8

采用暴力破解/穷举算法，查找右图中具有最小权重的哈密顿回路。

求解旅行推销员问题的暴力破解/穷举算法：

第 1 步：列出图中的所有哈密顿回路。

第 2 步：查找第 1 步中找到的每条回路的权重。

第 3 步：具有最小权重的回路即为旅行推销员问题的正确解。

4.2.4 最近邻算法

与暴力破解算法相比，如果有一种算法能够更快地求解旅行推销员（TSP）问题，那就太好了。非常遗憾，至少目前还没有这样的算法，实事求是地讲，数学家甚至不知道是否能够找到这样的算法。

在这种情形下，数学家会提出另外一个问题："是否存在一种算法，虽然可能找不到最佳解，但却能够找到与最佳解相当接近的近似值？" 实际上，许多算法都能做到这一点。最近邻算法/最邻近算法是一种相当直观的简单方法，它可在构造哈密顿回路时总选择具有最小权重的下一条边。

要点 与暴力破解算法相比，有些算法只需通过少量计算即可获得旅行推销员问题的较好近似解。

求解旅行推销员问题的最近邻算法：

第 1 步：从任意顶点 X 开始。

第 2 步：从连接至顶点 X 的所有边中，选择具有最小权重的任何一条边（可能几条边都具有最小权重）。选择这条边另一端的顶点，该顶点称为 X 的最近邻。

第 3 步：像第 2 步中那样，选择后续的新顶点。选择回路中的下一个顶点时，选择其与当前顶点构成的边具有最小权重的顶点。

第 4 步：选定所有顶点后，返回至起始顶点，闭合该回路。

运用软件

在旅行推销员问题中，我们对寻找最佳哈密顿回路感兴趣，但是在现实生活中，我们通常只想找到从一个地方到另一个地方的最佳路线。在下面的 10 个城市加权图中，从城市 1 到城市 10 的最佳路线是什么？与许多图论问题一样，我们可以运用软件来回答这个问题。

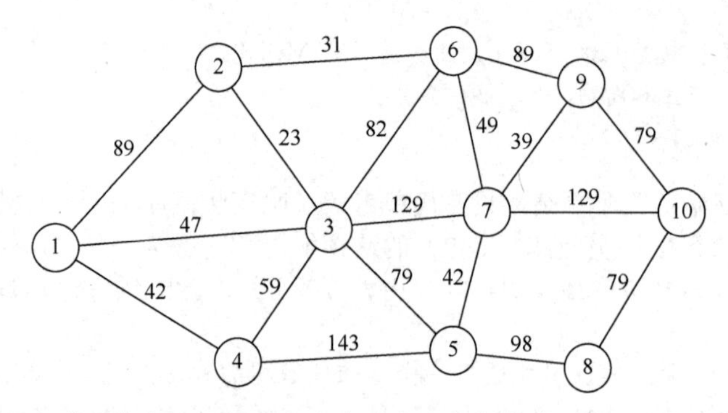

为了求解这个问题，利用称为 Graphynx（可在很多平台上找到）的一种图论应用在几秒内就算出了下面的解：

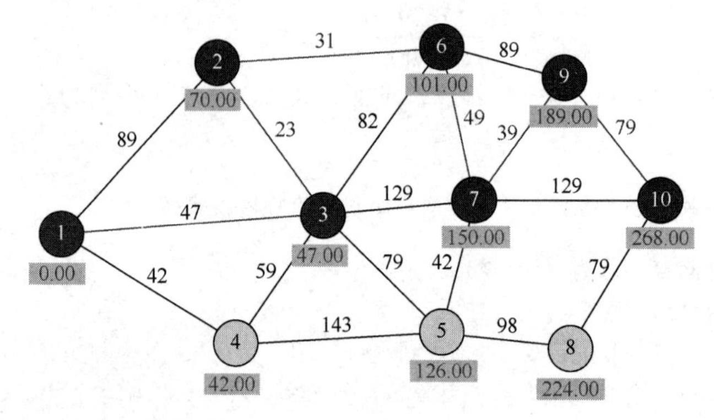

利用一种图论应用，完成如下操作：

1. 重新生成上面显示城市的加权图。

2. 调整各条边的权重，使最短路径穿过城市 1、4、5、7 和 10。

3. 调整各条边的权重，使最短路径穿过城市 1、3、6、7、5、8 和 10。

例 6　用最近邻算法求解旅行推销员问题

用最近邻算法安排你的面试行程。

解：回顾前文所述的系统化策略。

图 4.27 中显示了你可能的行程。由于出发地为费城，所以哈密顿回路从顶点 P 开始，与 P 相连的 4 条边（权重）为 PA（230）、PC（420）、PM（280）和 PN（210）。由于边 PN 的权重最小，所以选择 N 作为回路中的第 2 个顶点。

由于不想返回至顶点 P，所以考虑连接至顶点 N 的 3 条新边，即 NA（250）、NC（350）和 NM（310）。边 NA 的权重最小，因此将顶点 A 添加到回路中。

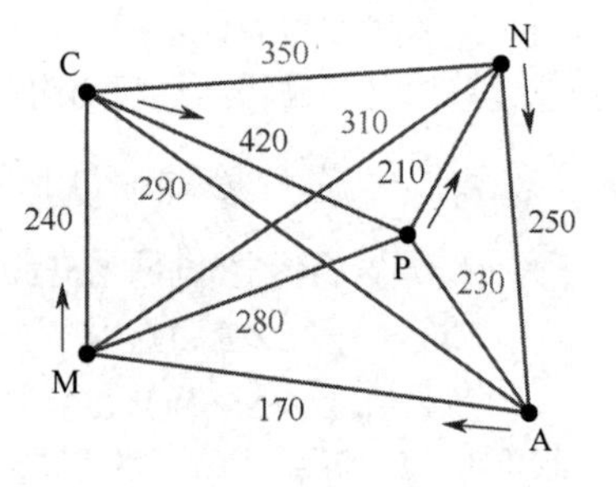

图 4.27　可能行程的模型图

从顶点 A 出发，第 4 个顶点必须选择 M 或 C。边 AM（170）比 AC（290）的权重小，所以回路中的第 4 个顶点是 M。至此可知，通过最后添加顶点 C 然后返回至顶点 P，即可完成整条回路。因此，我们构建的哈密顿路径是 PNAMCP，其权重为

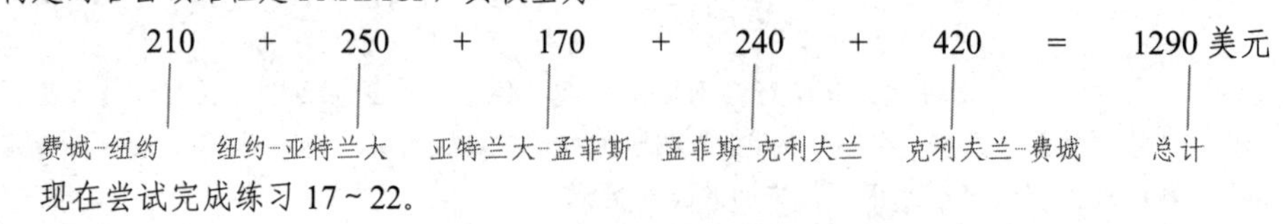

现在尝试完成练习 17～22。

自测题 9

重做例 6，但这次假设总部位于孟菲斯，必须访问其他所有 4 个城市。再次采用最近邻算法，找到一条哈密顿回路，并说明其权重。

生活中的数学——蚂蚁会做数学题吗？

是的，信不信由你，蚂蚁会做数学题！蚂蚁当然不用微型铅笔、纸张或计算器，而用自己的独特方式。当蚂蚁在蚁穴周围奔波时，实际上是在寻找通往食物来源的最短路径，其方式类似于本节讨论的旅行推销员问题。

近年来，为了研究蚂蚁、蜜蜂及其他群居昆虫如何利用“群体智能”来解决问题，科学家应用了数学理论。在诸多应用（如在拥挤线路中寻找更佳电话线路和帮助机器人开展协同工作）中，这项研究成果大显身手。埃里克·博纳博是一位蚂蚁算法研究者，他预测在未来的世界中，芯片将被嵌入每个物体（从信封到垃圾桶再到莴苣头），并且相信蚂蚁算法对于这些芯片通信而言必不可少。

由例 5 和例 6 可见，最近邻算法虽然没有找到问题的最佳解，但是确实找到了安排行程的一种合理且廉价的方法。在自测题 9 中，最近邻算法确实找到了最佳解，但我们无法预测该算法何时能够找到旅行推销员问题的最佳解。

4.2.5 最佳边算法

为了找到旅行推销员问题的近似解，下面研究另一种方法。查看图 4.27 时，不尝试利用边 AM（权重为 170）和 PN（权重为 210）似乎是一个错误。如果始终将注意力集中在选择“最佳边”上，而非试图逐个定点构造回路，就可能找到旅行推销员问题最佳解的极好近似值。

求解旅行推销员问题的最佳边算法：

第 1 步：首先选择具有最小权重的任何边。

第 2 步：选择图中剩余边中具有最小权重的任何边。

第 3 步：继续重复第 2 步，但在使用全部顶点以前不允许形成回路。此外，由于最终的哈密顿回路不能具有连接至同一顶点的 3 条边，因此在回路的构造过程中绝不允许发生这种情况。

例 7　用最佳边算法求解旅行推销员问题

用最佳边算法安排你的面试行程。

解：首先选择具有最小权重（170）的边 AM，然后选择边 NP（权重为 210）、AP（权重为 230）和 CM（权重为 240）。图 4.28 中突出显示了已经选择的各条边。

具有次最小权重的边是 AN，但是选择它会形成一条回路，所以不选择它。同理，不选择边 MP 或 AC。若选择边 MN，则 3 条边将连接至同一顶点，所以忽略它。选择剩下的最后一条边 CN，形成一条哈密顿回路。可以看到，选择 CN 形成的总权重为 1200，这也是本问题的最佳解。

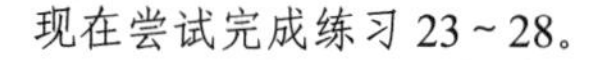
现在尝试完成练习 23 ~ 28。

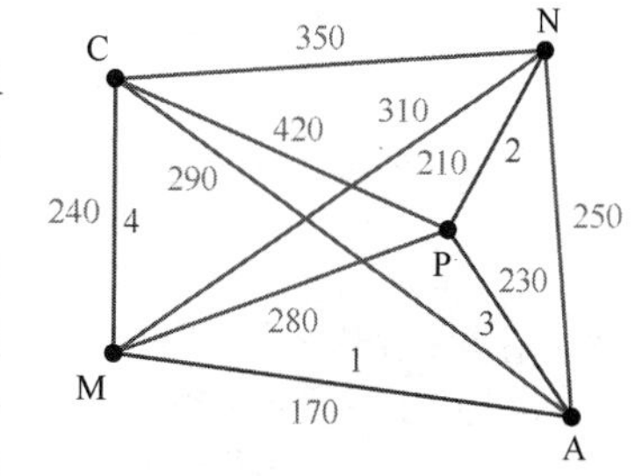

图 4.28　用最佳边算法为面试行程选择 4 条边

在例 7 中，最佳边算法求出了旅行推销员问题的解，但是对于其他旅行推销员问题，该算法无法保证能够找到答案。

若有兴趣了解与此主题相关的更多信息，可以访问佐治亚理工学院的网站，该网站介绍了关于旅行推销员问题的最新研究进展。

除了寻找可用于解决旅行推销员问题的计算机算法，其他科学家（如伦敦大学玛丽女王学院的拉尔斯·奇特卡）正在开展相关研究，如尝试了解蜜蜂从成百上千朵花中采集花粉时，如何利用仅为草籽大小的大脑来解决旅行推销员问题。

练习 4.2

强化技能

对于许多练习而言，正确答案可能不止一种，本书只提供一种参考答案。

在练习 01 ~ 04 中，查找每幅图中从指定边开始的一条哈密顿回路。

01．**a**．AD　**b**．EB

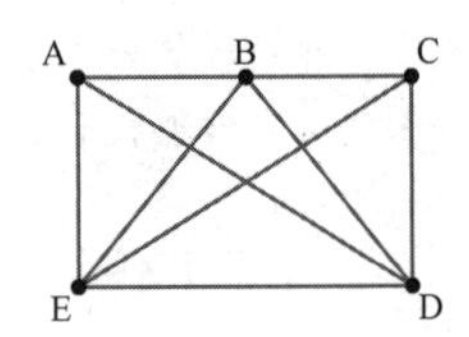

02．**a**．AC　**b**．BD

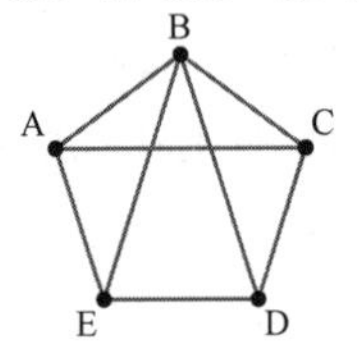

03．**a**．AD　**b**．EA

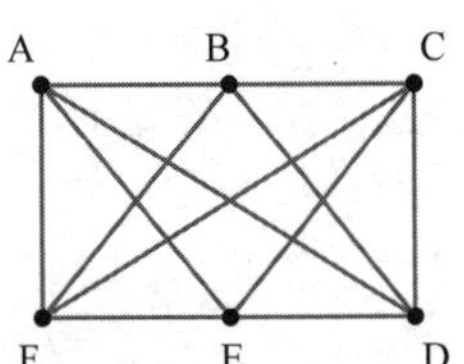

04．**a**．AE　**b**．FD

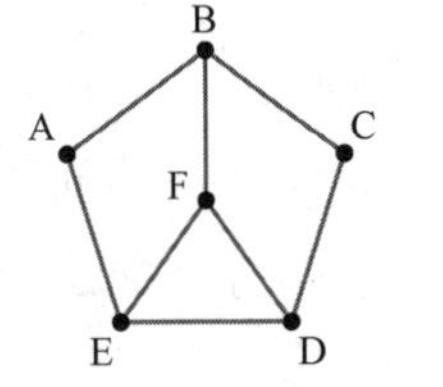

在练习 05 ~ 08 中，如果构建图 4.25 中的类似树图，组织解题方法时将会受益良多。

05．在练习 01 所示的图中，查找从边 AB 开始的所有哈密顿回路。

06．查找下图中从边 AF 开始的所有哈密顿回路。

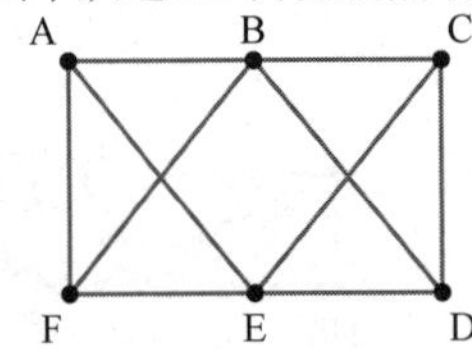

07．绘制 K_6。　**08**．绘制 K_7。

09．K_7 中包含多少哈密顿回路？

10．K_8 中包含多少哈密顿回路？

11．求下图中指定路径的权重：**a**．AGEDCB；**b**．ABCDGEF。

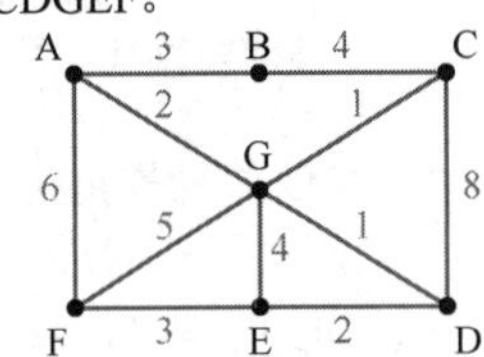

12．求下图中指定路径的权重：**a**．AGBHCI；**b**．FGHIDJ。

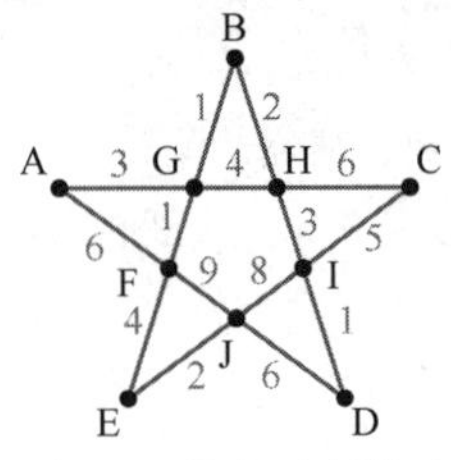

在练习 13 ~ 16 中，用暴力破解算法求解具有最小权重的哈密顿回路。回顾例 3，我们曾经找到 K_4 中的所有哈密顿回路。

13．

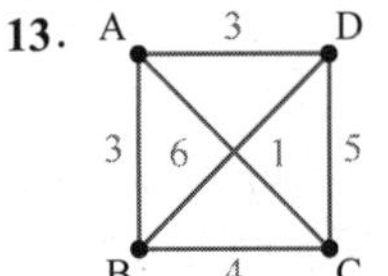

14．

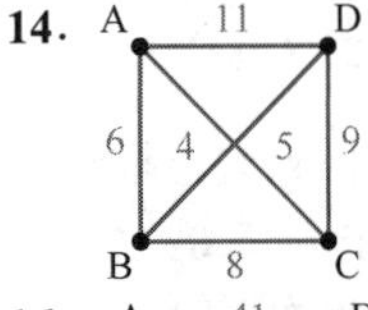

15．

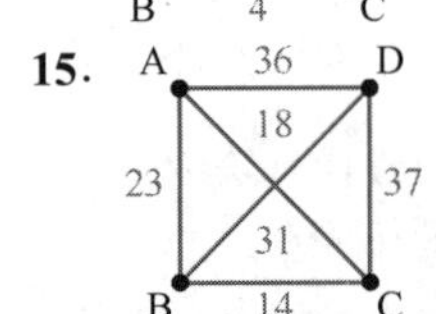

16．

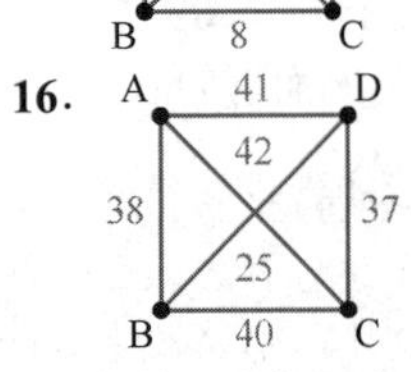

在练习 17 ~ 22 中，用最近邻算法求解图中从顶点 A 开始的一条哈密顿回路。

17．

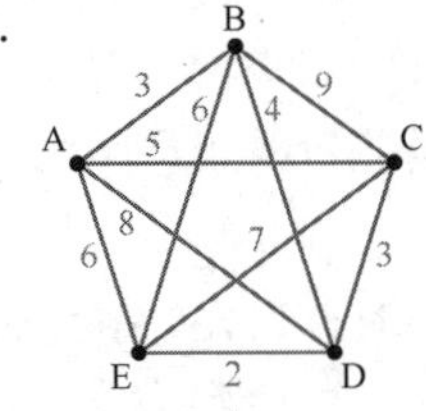

18．

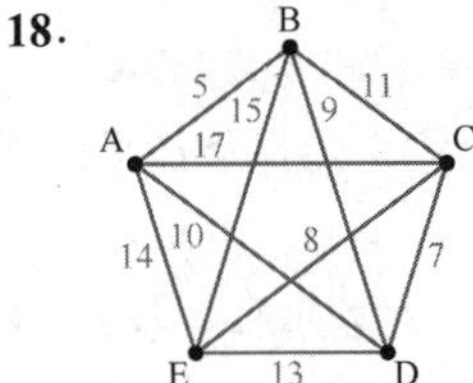

19．

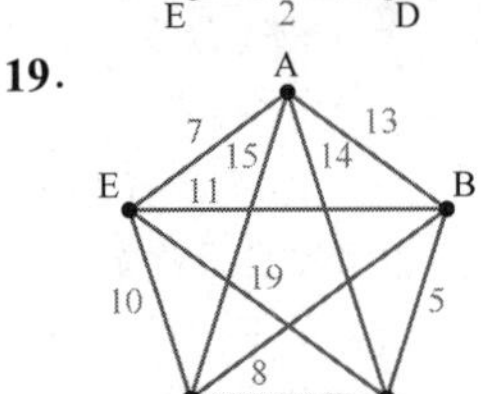

20．

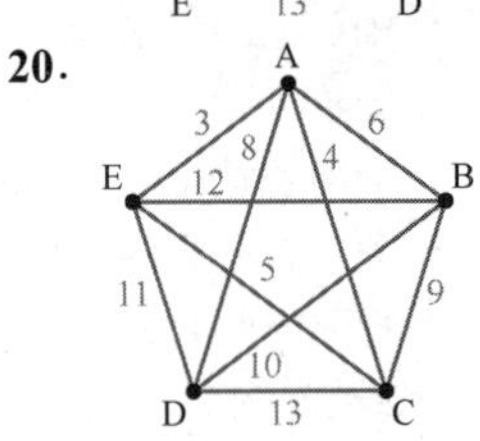

21．

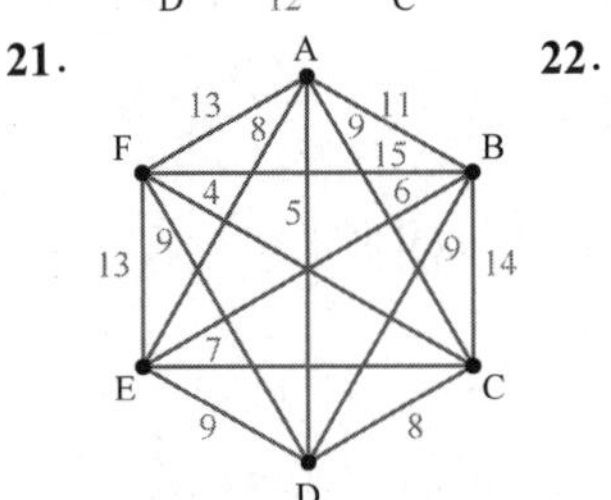

22．

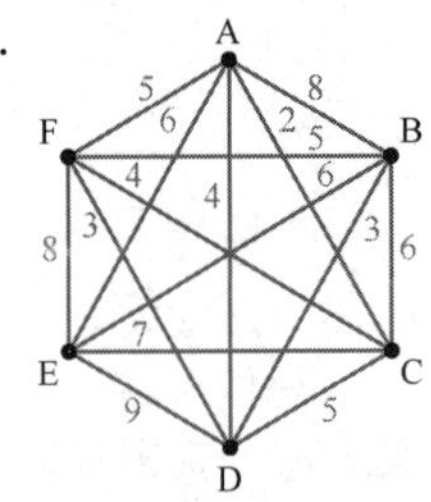

在练习 23 ~ 28 中，用最佳边算法求解图中的一条哈密顿回路。从顶点 A 开始，列出该回路。

23．练习 17 中的图。　**24**．练习 18 中的图。

25．练习 19 中的图。　**26**．练习 20 中的图。

27．练习 21 中的图。　**28**．练习 22 中的图。

学以致用

29．蕾哈娜计划在部分音乐之都（纽约、芝加哥、新奥尔良、纳什维尔、孟菲斯和洛杉矶）举办一系列现场演出，首场演出在纽约举办，然后前往其他城市，最后返回纽约。为了完成这次巡回演出，她可采用多少种行程安排？

30．娱乐与体育电视网（ESPN）计划制作一档“名人堂月”特别系列节目，在位于各地的不同体育名人堂进行现场直播。直播团队准备前往纽约州库珀镇（棒球）、俄亥俄州坎顿（橄榄球）、马萨诸塞州斯普林菲尔德（篮球）、加拿大安大略省多伦多（曲棍球）、罗得岛州纽波特市（网球）以及佛罗里达州圣奥古斯丁（高尔夫），请问他们可以通过多少种方式前往所有这些城市，然后返回总部所在地康涅狄格州布里斯托尔？

31．美食与美酒（Foodandwine）网站认为，冰激凌最好吃的美国城市是哥伦布（俄亥俄州，OH）、斯科茨代尔（亚利桑那州，AZ）、奥斯汀（得克萨斯州，TX）、剑桥（马萨诸塞州，MA）、火奴鲁鲁（夏威夷州，HI）、明尼阿波利斯（明尼苏达州，MN）、新奥尔良（路易斯安那州，LA）和旧金山（加利福尼亚州，CA）。对于住在克利夫兰（俄亥俄州，OH）的杰米而言，可以通过多少种方式访问这些城市然后回家？

32．为了解决欧洲金融危机，美国财政部长计划访问伦敦、柏林、马德里、罗马、巴黎、布加勒斯特、布达佩斯、华沙、维也纳、布拉格和布鲁塞尔。假设财政部长此行的起点和终点均为华盛顿特区，则可以通过多少种方式完成本次行程？

在练习 33 ~ 34 中，我们在你的面试行程中增加了一些城市，但在展示“城市对”之间的行程费用时，没有绘图而采用了表格。你仍然从费城出发，访问所有城市，最后回家。回想这个问题，原来的城市分别为费城（P）、纽约（N）、亚特兰大（A）、孟菲斯（M）和克利夫兰（C）。

33．**寻找最便宜的路线**。假设将罗利（R）和波士顿（B）新增至行程中。

练习 33～34 专用表格

	P	N	A	M	C	R	B
P	0	210	230	280	420	240	430
N		0	250	310	350	320	180
A			0	170	290	90	510
M				0	240	120	500
C					0	270	380
R						0	290
B							0

a．如果准备像例 5 中那样绘制一幅图，然后采用暴力破解算法，必须考虑多少哈密顿回路？

b．如果每分钟检查一条哈密顿回路，则用暴力破解算法求解该旅行推销员问题时共要多少小时？

c．用最近邻算法求解从费城开始的一条哈密顿回路；

d．用最佳边算法求解从费城开始的一条哈密顿回路。

34．**查找最便宜的路线**。重做练习 33，但是除了罗利和波士顿，假设还在行程中加入了达拉斯（D）。下表中列出了达拉斯与其他城市之间的行程费用。

	P	N	A	M	C	R	B
D	510	530	410	370	450	260	560

用下面的地图求解练习 35 ~ 36，假设所有街区具有相同的长度。

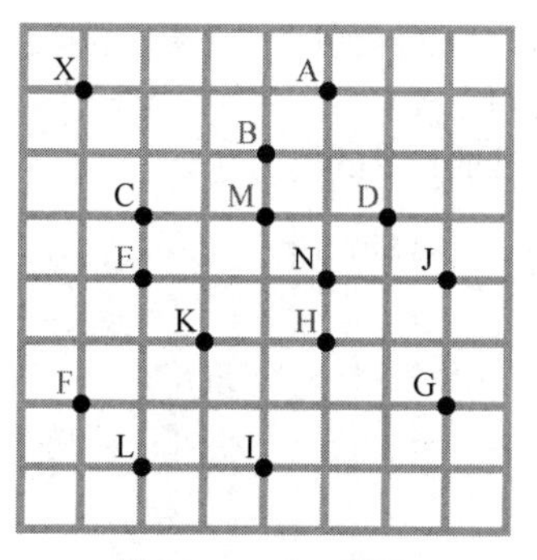

练习 35～36 用图

35．**查找最有效的路线**。在地图上，“棒！约翰”比萨饼店位于 A 点。假设货车必须将货品配送至 B、D、E、H、F 和 M 点，且最后必须返回仓库。

a．用最近邻算法设计配送路线，尽量减少经过的街区数量。可以假设所有街道均为双向街道（提示：首先制作不同位置之间的距离表格，见练习 33）。

b．用最佳边算法重做(a)问。

36．**查找最有效的路线**。重做练习 35，但是假设必须向 B、E、H、I、J 和 L 点送货。

练习 37~38 使用下面的地图：

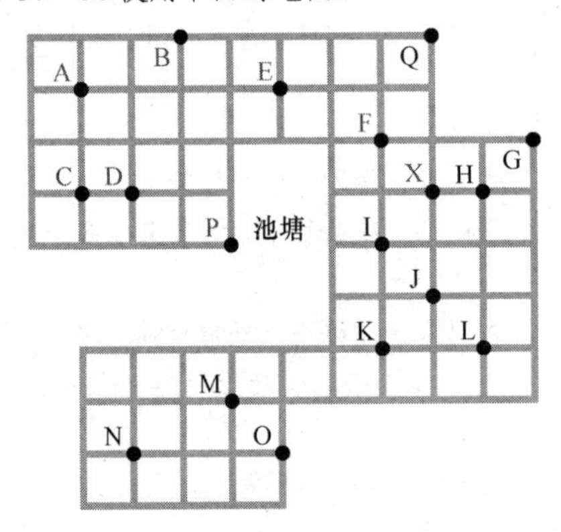

37．**查找最有效的路线**。在地图上，联邦快递位于 X 点。

a．用最近邻算法设计一条有效路线，将货物送至 A、B、C、D、E、F 和 P 点，起点和终点均为 X 点；

b．用最佳边算法重做(a)问。

38．**查找最有效的路线**。重做练习 37，但是必须向 G、H、I、J、K、L 和 N 点送货。

为了能够顺利毕业，你今天下午要做 4 件事情：1．毕业表格获得导师的签字；2．将逾期未还的部分图书还给图书馆；3．在学生中心订购毕业礼服；4．在校园保卫处缴纳停车罚款。下面这幅地图显示了公寓与你必须要去的各个地方之间的距离，假设所有街区的长度相同。

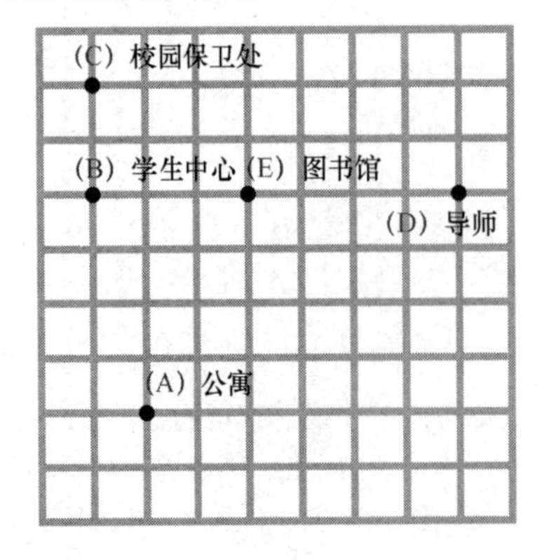

39．不做任何计算，凭直觉查找最短路径。从公寓开始完成全部 4 件事情，然后返回公寓。说明回路的权重。

40．用暴力破解算法求解练习 39 中的回路，说明路径的权重。

41．用最近邻算法重做练习 40。

42．用最佳边算法重做练习 40。

数学交流

43．哈密顿回路和欧拉回路有什么区别？

44．我们讨论了求解旅行推销员问题（TSP）的 3 种算法，即暴力破解算法、最近邻算法和最佳边算法。

a．在这 3 种算法中，哪种算法最不可行，可能需要不合理的时间来查找解法？

b．对于(a)问未提及的 2 种算法，虽然运算速度更快，但是有什么样的缺陷？

45．**a**．解释为什么 K_{10} 中存在 9!条哈密顿回路；

b．解释为什么 K_n 中存在 $(n-1)!$ 条哈密顿回路；

c．当要求在一幅完全图中找出所有哈密顿回路时，迈克尔共找到 15 条，怎么知道他的答案是错误的？

46．大众媒体有时会嘲笑科学研究，因为从表面上看，不知道研究人员努力去发现什么，研究内容或许听上去很可笑。有篇报纸评论认为“研究蜜蜂大脑很愚蠢，不应该获得资助”，你应怎么反驳？

生活中的数学

47．研究关于群体智能（蜂群智慧）的类型及其应用的论文，以及关于将无人机群应用于军事用途的争议，摘抄几段精彩内容。

48．在群体智能（蜂群智慧）应用领域，YouTube 上有一些非常精彩有趣的视频。观看几段视频，谈谈自己的感想。

挑战自我

49．大型数学问题研究者对问题规模的增长速度感兴趣。第 2 章证明了包含 n 个元素的集合含有 2^n 个子集；在第 3 章中，我们看到包含 n 个变量逻辑命题的真值表为 2^n 行。利用计算器或电子表格，通过几个 n 值来对比 2^n 与 $n!$，你能得出何种结论？

50. 许多特别不错的网站专门讨论旅行推销员问题（TSP），例如前面提到的佐治亚理工学院官方网站。找到一些著名的旅行推销员问题，解释其内涵，例如什么是瑞典旅行推销员问题？什么是蒙娜丽莎旅行推销员问题？

你正在为阿圭勒（A）、拜恩（B）、卡尔瓦雷西（C）、达布罗夫斯基（D）、埃德尔斯坦（E）和福斯特（F）安排商务午餐，大家将共同围坐在一张大圆桌旁，你希望有共同爱好的人相邻而坐。利用练习 51 ~ 52 中的信息，设计出一种可被接受的座位安排（这里不重复列出信息，因此如果 A 与 C 具有共同爱好，则不重复说明 C 与 A 具有共同爱好）。可被接受的答案或许不止一个。

51. A 与 C、D 和 F 具有共同爱好；B 与 D、E 和 F 具有共同爱好；C 与 E 和 F 具有共同爱好；D 与 F 具有共同爱好；E 与 F 具有共同爱好。

52. A 与 C、D 和 E 具有共同爱好；B 与 D、E 和 F 具有共同爱好；C 与 E 和 F 具有共同爱好；D 与 F 具有共同爱好。

图论中存在这样一个定理：对于有 n 个顶点的图而言，如果图中任意 2 个非相邻顶点的度数之和大于 n，则该图为哈密顿图。练习 53 ~ 54 中的图是否满足此条件？

53.

54.

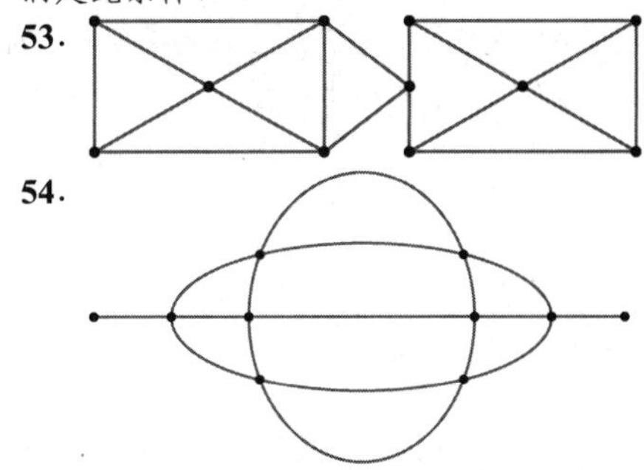

在中国雄霸世界最快计算机 6 年后，美国能源部的顶峰（Summit）超级计算机后来居上，计算速度高达惊人的 200000000000000000 次/秒。假设“顶峰”能够在 1 秒内算出一幅完全图中如此之多的哈密顿回路，且每个非闰年有 31536000 秒。（注：为了求出这些答案，可能需要利用在线计算机代数系统，如 Wolfram Alpha。）

55. 要计算 K_{32} 中的所有哈密顿回路，“顶峰”需要花多长时间？

56. 要计算美国 50 个州首府完全图中的所有哈密顿回路，“顶峰”需要花多长时间？

4.3 有向图

在现实生活中，人与人之间通过多种方式相关联，例如你是某些人的朋友，你比其他人更聪明，你和其他人居住于同一街道，等等。“居住于同一街道”是一种对称关系示例，如果你与佩里居住于同一街道，则佩里也必定与你居住于同一街道。

另一种关系则缺乏这种对称性，例如“爱”就是如此，你可能深爱克里斯，但是克里斯可能并不爱你。又如在“母亲”关系中，如果罗莎莉是埃斯梅的母亲，那么埃斯梅肯定不是罗莎莉的母亲。非对称关系随处可见，为了用“图”对其建模，我们需要为图的各条边指定方向。

4.3.1 有向图

具有某一方向的边称为有向边，所有边均为有向边的图称为有向图。有向图的用途很多，例如对特定人群（或机构）范围内的信息流建模。

要点 有向图可对信息流建模。

例 1 对谣言传播建模

关于谣言如何在普里奇特家庭内部传播，假设我们收集了以下信息：

1. 如果曼尼听到了谣言，他将告诉格洛里亚和杰伊；如果格洛里亚和杰伊听到了谣言，他们将不告诉曼尼。
2. 格洛里亚和杰伊将把自己听到的谣言相互告诉对方。
3. 格洛里亚将把听到的谣言告诉卡梅隆，卡梅隆将不把自己听到的谣言转告格洛里亚，但会告诉杰伊。

利用有向图，对这种情形建模。

解：回顾前文所述的画图策略。

因为谣言并不总是双向流动的，所以为了对这种情形建模，我们用图 4.29 中的有向图。各条边上的箭头标识了谣言传播方向。

例如，自 M 至 G 具有“有向边”，说明曼尼会向格洛里亚传播谣言。同时，自 G 至 M 缺少“有向边”，说明格洛里亚不会向曼尼传播谣言。

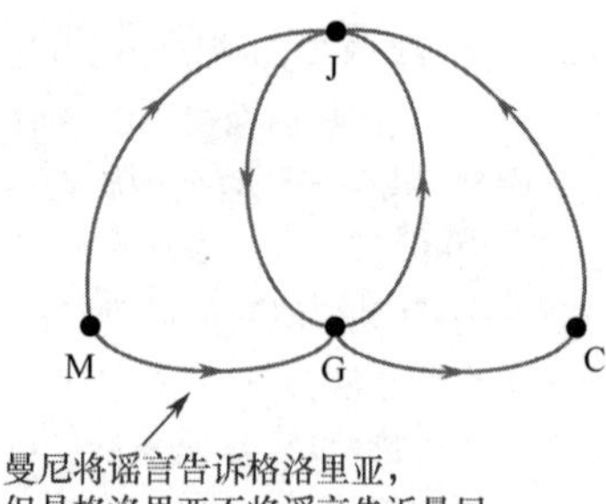

图 4.29　对谣言传播建模的有向图

自测题 10

如果卡梅隆首先听到谣言，则例 1 中的哪个人不会听到来自任何人的谣言？

定义　假设 X 和 Y 是有向图中的顶点。如果可以从 X 开始沿指示方向的边序列前行，并在 Y 结束，则将遇到的边序列称为“从 X 到 Y 的有向路径”。我们用路径沿线遇到的顶点序列来表示有向路径。有向路径的长度是该路径沿线的边数（一定要记住，边不能在路径中重复）。

例 2　查找有向图中的路径

考虑如图 4.30 所示的有向图。a）有向路径 ACDE 的长度是多少？b）ABCE 是有向路径吗？

解：a）ACDE 是从 A 到 E 且长度为 3 的有向路径。

b）由于 CE 存在方向错误，所以 ABCE 不是从 A 到 E 的有向路径。

现在尝试完成练习 01 ~ 04。

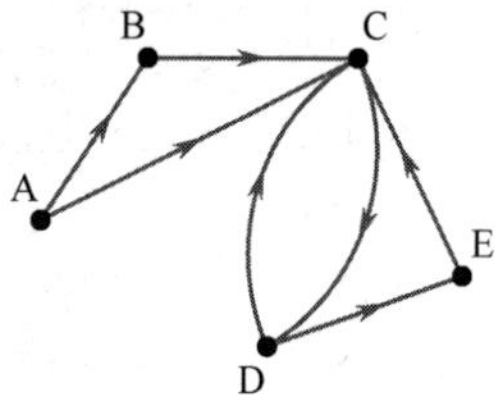

图 4.30　有向图

自测题 11

使用右图回答问题：a）你能找到从 A 到 C 的 2 条有向路径吗？b）是否存在从 C 到 A 的有向路径？c）有向路径 ABCDB 的长度是多少？

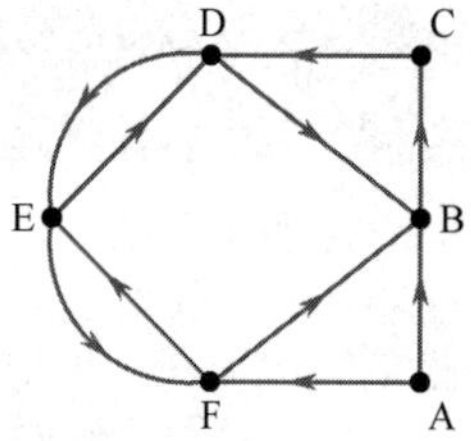

4.3.2　影响力建模

有向图具有一种非常有趣的应用，就是对集合成员彼此之间的影响力建模。由于影响力通常不会在两个方向上均匀施加，因此我们使用有向图作为模型。

例 3　影响力建模

比格玛特（BigMart）准备建造一座购物中心，但是遭到了和平镇居民的强烈反对。比格玛特的律师提出建议，该项目若要获得批准，最佳途径是获得该镇议会最有影响力成员的支持。经过仔细调查，比格玛特的律师确定了表 4.4 中所列的影响力模式。

利用表 4.4，判断哪位镇议会成员具有最高影响力。

表 4.4　议会成员的影响力

议会成员	受此人影响的议会成员	议会成员	受此人影响的议会成员
阿尔瓦雷斯（A）	科恩，埃利斯，费拉罗	戴维斯（D）	贝克，科恩，埃利斯
贝克（B）	费拉罗	埃利斯（E）	贝克
科恩（C）	贝克，埃利斯	费拉罗（F）	科恩，埃利斯

要点　有向图对集合成员如何施加影响力建模。

解：回顾前文所述的系统化策略。

由于影响力不会在两个方向上施加（阿尔瓦雷斯影响科恩，但是科恩不影响阿尔瓦雷斯），因此我们利用如图 4.31 所示的有向图对议会成员之间的这种关系建模。

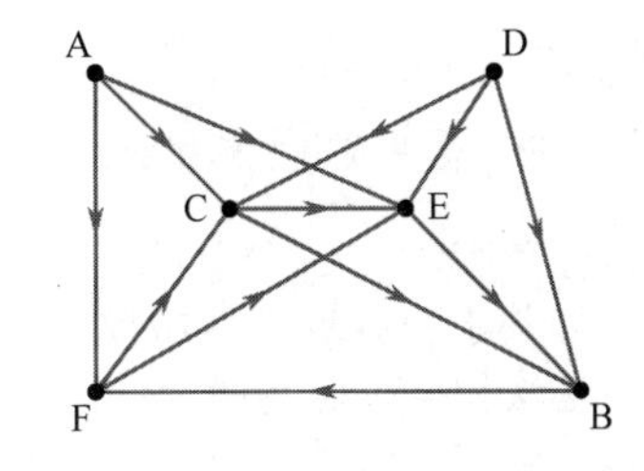

图 4.31　对议会成员影响力建模的有向图

图中的“有向边”标识“谁影响谁”，例如从 A 到 E 的有向边反映阿尔瓦雷斯对埃利斯的影响。因为阿尔瓦雷斯和戴维斯均直接影响 3 人，所以我们可以说他们的影响力相同。

但是，请考虑一下“二级”影响力，例如阿尔瓦雷斯影响科恩，科恩影响埃利斯，所以阿尔瓦雷斯对埃利斯具有二级影响力。基于这个模型，在顶点 X 到顶点 Y 之间，如果存在一条长度为 2 的有向路径，则可称议会成员 X 向 Y 施加了二级影响力。

下面判断阿尔瓦雷斯能够直接或间接（分两级）影响埃利斯的方式的数量。在图 4.31 中，除了有向边 AE，还存在有向路径 ACE 和 AFE，因此阿尔瓦雷斯可在一或两个层级影响埃利斯，共存在 3 种方式。

我们考虑路径 A 到 B、A 到 C、A 到 D 以及 A 到 E 等，并在表 4.5 中对这些信息进行汇总，显示每两位议会成员的一级和二级影响力。例如，在表 4.5 中，A 行 E 列的值为 3，表示从 A 到 E 存在 3 条长度为 1 或 2 的路径；C 行 B 列的值为 2，表示从 C 到 B 存在 2 条长度为 1 或 2 的路径，即 CB 和 CEB。一般而言，表格中 X 行 Y 列的值标识了图中从顶点 X 到 Y 的长度为 1 或 2 的路径数量。

目前已经确定一级或二级影响力，接下来即可对议会成员进行排名。虽然阿尔瓦雷斯和戴维斯直接或间接（通过科恩）对埃利斯具有影响力，但阿尔瓦雷斯对费拉罗也具有影响力，费拉罗则对埃利斯具有影响力，因此阿尔瓦雷斯可以通过 3 种途径对埃利斯施加影响，但是戴维斯只能通过 2 种途径对埃利斯施加影响。因此，实事求是地讲，与戴维斯相比，阿尔瓦雷斯对埃利斯的影响力更大。

表 4.5　议会成员的一级和二级总影响力

从 C 到 B 长度为 1 或 2 的 2 条路径　　从 A 到 E 长度为 1 或 2 的 3 条路径　　阿尔瓦雷斯的总影响力

从 \ 到	A	B	C	D	E	F	总影响力（直接和二级）
A	0	2	2	0	3	1	8
B	0	0	1	0	1	1	3
C	0	2	0	0	1	1	4
D	0	3	1	0	2	1	7
E	0	1	0	0	0	1	2
F	0	2	1	0	2	0	5

现在基于一级和二级影响力即可对议会成员分级。对 A 行中所有各列的值求和，结果为

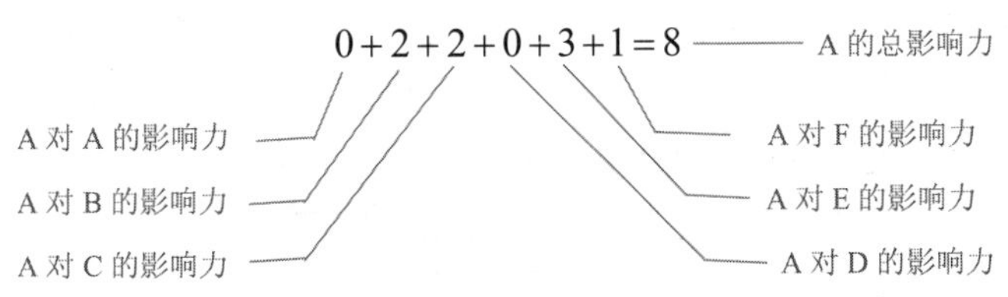

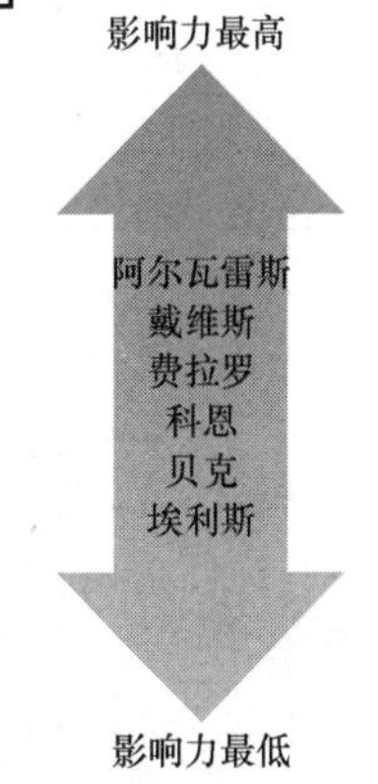

图 4.32　基于一级和二级影响力的议会成员分级排序

这意味着对阿尔瓦雷斯而言，可以通过 8 种途径（一级或二级）对其他议会成员施加影响力。求其他每行的数值之和，最终获得表 4.5 中的最后一列。根据我们对影响力的判断方式，图 4.32 显示了议会成员的分级排序。

现在尝试完成练习 05 ~ 08 和练习 15 ~ 20。

自测题 12

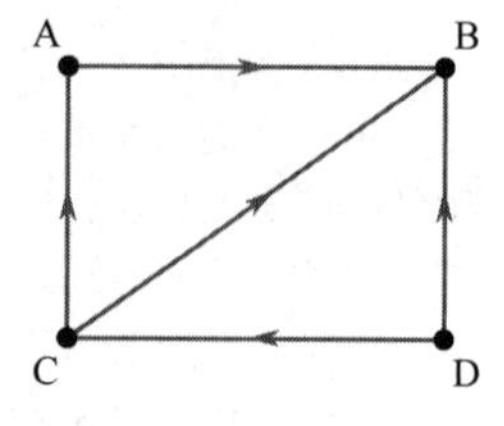

在一张表格中列出右图中每对顶点之间长度为 1 或 2 的有向路径的数量。

就像在例 3 中一样，人们经常希望基于某些属性对各种物件分级排序，例如基于获胜场次对橄榄球队排名。假设俄亥俄队和内布拉斯加队的比赛场次相同，但是俄亥俄队获胜 4 场，内布拉斯加队获胜 3 场，此时可以把俄亥俄队排在内布拉斯加队前面。假设这两支球队均获胜 4 场，为了打破分级排序的僵局，可以考虑引入“二级优势”表示法，即如果俄亥俄队击败了密歇根队，同时密歇根队击败了印第安纳队，则俄亥俄队就对印第安纳队具有“二级优势”。与内布拉斯加队相比，如果俄亥俄队拥有更多二级优势（相对其他球队而言），则可将俄亥俄队排在内布拉斯加队前面。如果两支球队在二级优势数量上依然纠缠不清，则可考虑“三级优势”的数量，以此类推。

请牢记此示例，在做本节后面的练习时，你需要对集合中的各个物件分级排序。

生活中的数学——明日送达

寄送快递包裹时，交付后 24 小时内即可送达目的地，这难道不神奇？我曾经收到过一份包裹轨迹追踪报告，大致内容如下：收货，下午 2:41——宾夕法尼亚州雷丁，下午 7:01——宾夕法尼亚州费城，晚上 10:52——伊利诺伊州芝加哥，次日上午 4:10——送达，上午 10:27。这份报告描述了包裹在一个巨大有向图中如何穿过一条路径，并对快递公司的运营行为进行了建模。

在运筹学研究领域，科学家常用图论组织每天数以千万计的包裹流量，协调数以百万计的电话，帮助成群结队的航班乘客安全抵达目的地。

建议 在构建数学模型时，一定要自己决定模型中的哪些特征更重要。你可能不同意某个模型的构建方式，例如在前面的讨论中，二级优势是否应与一级优势的数值（权重）相同？如果不相同，就可能需要更改模型的构建方法。

4.3.3 疾病建模

下面用有向图来回答不同类型的问题。

2020 年初，COVID-19 肆虐欧洲，同年 3 月开始在美国迅速蔓延。为了减缓疾病的快速传播，美国疾病控制和预防中心（CDC）等机构负责识别、隔离及治疗接触新冠病毒患者的那些人。例 4 即基于此场景。

要点 有向图可对疾病传播建模。

例 4 疾病传播建模

美国疾病控制和预防中心的一位科学家隔离了某流行病学家团队的 8 名成员，他们表现出了 COVID-19 致命病毒的相关症状。她希望这个群体之外没有其他人感染该疾病。她认为其中一人感染了该病毒，然后将其传染给了团队中的其他人。利用表 4.6 中的信息，判断她的假设是否正确。

表 4.6 COVID-19 可能传播的方式

患 者	团队中可能从该患者身上感染病毒的其他人
阿曼达（A）	达斯汀，杰克逊
布瑞恩（B）	凯瑟琳，弗兰克，伊娜
凯瑟琳（C）	弗兰克
达斯汀（D）	凯瑟琳
弗兰克（F）	路易莎

（续表）

患　者	团队中可能从该患者身上感染病毒的其他人
伊娜（I）	布瑞恩，弗兰克
杰克逊（J）	阿曼达，凯瑟琳，弗兰克
路易莎（L）	凯瑟琳

解：回顾前文所述的画图策略。

利用图 4.33 中的有向图很容易对这种情形建模。8 位患者中的每位均表示为一个顶点，如果 X 可能将病毒传播给了 Y，则从顶点 X 到 Y 绘制一条有向边。

由于达斯汀可能将病毒传播给了凯瑟琳，所以我们绘制了一条从 D 到 C 的有向边。同理，由于布瑞恩可能将病毒传播给了弗兰克，所以绘制了一条从 B 到 F 的有向边。

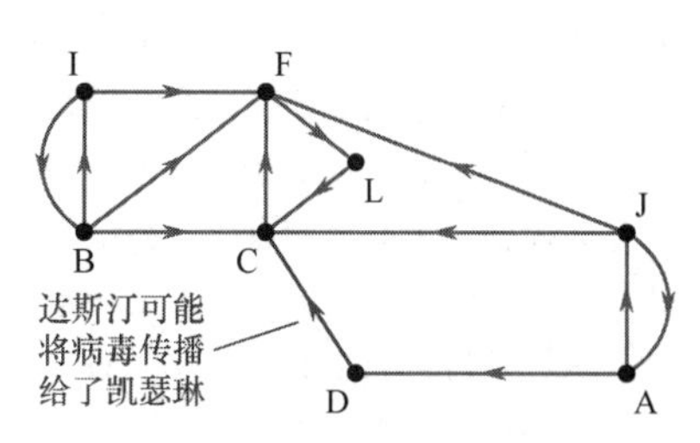

图 4.33　表达病毒传播的有向图

图中的有向路径显示了感染如何在该群体内部传播，例如有向路径 ADCF 表明病毒可能从阿曼达传播给达斯汀，再传播给凯瑟琳，最后传播给弗兰克。如果病毒在该群体内部从 X 传播到 Y，则图中从顶点 X 到 Y 必定存在一条有向路径，认清这一点非常重要。

我们发现病毒不可能“从阿曼达开始，然后传播至布瑞恩”，因为不存在从 A 到 B 的有向路径。实际上，通过检查这 8 个人中的每人，我们发现病毒不可能从其中任何一人开始，然后传播至其他所有人。因此，如果我们的信息和假设正确，该团队中至少还有另一人感染了病毒，但尚未被确认。

例 4 只是科学家追踪疾病的小型示例，海军少将安妮·舒查特博士（CDC 的免疫和呼吸系统疾病专家）则在现实世界中从事这项工作。除了研究 COVID-19，她还指导了西非脑膜炎疫苗研究，参与控制了 SARS（非典型肺炎）病毒。在这些案例中，为了追踪感染情况，舒查特博士等科学家采用了大型数学模型。在练习 21～26 中，我们将展示有向图的数字化表达。

练习 4.3

强化技能

在下面的练习中，许多练习可能存在若干正确答案，但我们只提供一种参考答案。

在练习 01～04 中，可能的话，用每幅图来查找所需项；如果找不到所需项，解释理由。

01. **a**. 从 A 到 E 的 2 条不同有向路径。

b. 从 A 到 C 的 1 条有向路径。

c. 从 A 到 E 的长度为 3 的 1 条有向路径。

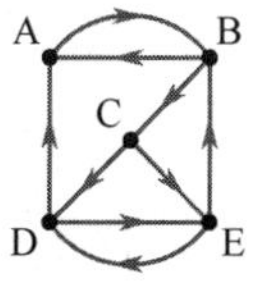

d. 从 A 到 E 的长度为 2 的 1 条有向路径。

e. 从 A 到 A 的长度为 5 的 1 条有向路径。

02. **a**. 从 A 到 E 的 2 条不同有向路径。

b. 从 A 到 C 的 1 条有向路径。

c. 从 A 到 E 的长度为 3 的 1 条有向路径。

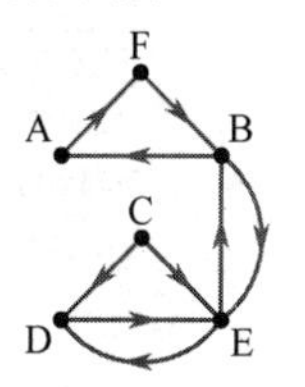

d. 从 A 到 E 的长度为 2 的 1 条有向路径。

e. 从 A 到 A 的长度为 5 的 1 条有向路径。

03. **a**. 从 B 到 E 的 1 条有向路径。

b. 从 A 到 G 的 1 条有向路径。

c. 从 A 到 E 的长度为 5 的 1 条有向路径。

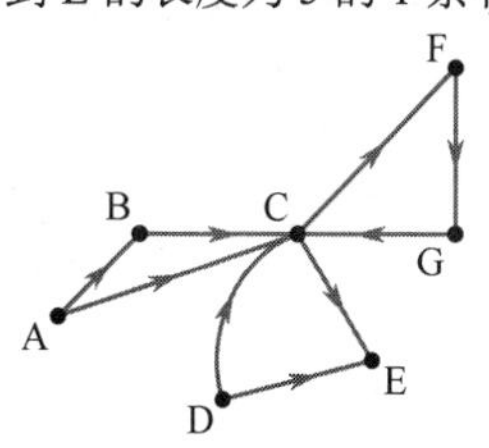

d. 从 F 到 D 的 1 条有向路径。

e. 从 A 到 C 的长度为 5 的 1 条有向路径。

04. **a**. 从 D 到 E 的 2 条不同有向路径。

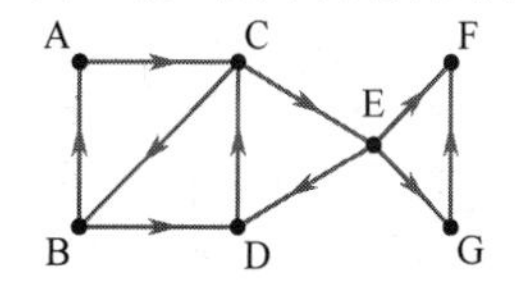

b．从 B 到 F 的 1 条有向路径。

c．从 F 到 C 的 1 条有向路径。

d．从 A 到 E 的长度为 5 的 1 条有向路径。

e．从 A 到 A 的长度为 5 的 1 条有向路径。

05．构建一张表格，显示练习 01 图中每对顶点之间长度为 1 或 2 的有向路径数量。

06．构建一张表格，显示练习 02 图中每对顶点之间长度为 1 或 2 的有向路径数量。

07．构建一张表格，显示练习 03 图中每对顶点之间长度为 1 或 2 的有向路径数量。

08．构建一张表格，显示练习 04 图中每对顶点之间长度为 1 或 2 的有向路径数量。

学以致用

09．**谣言传播建模**。瑞安（R）、德怀特（D）、帕姆（P）、吉姆（J）、安吉拉（A）和凯文（K）在同一间办公室工作，谣传该公司正被一家新加坡公司恶意收购，如下有向图显示了谣言如何在这 6 名员工之间传播。

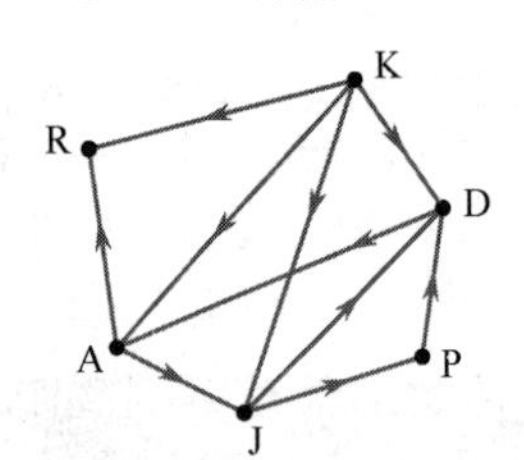

a．这 6 人之中是否存在谣言的始作俑者？

b．改变尽可能少的边的方向，使帕姆成为谣言的始作俑者。

10．**保密信息传播建模**。在如何提高美国在中东地区的外交地位方面，几家新闻机构公开了一份秘密报告。基于相关渠道来源，下图显示了该信息如何在这些机构之间传递。

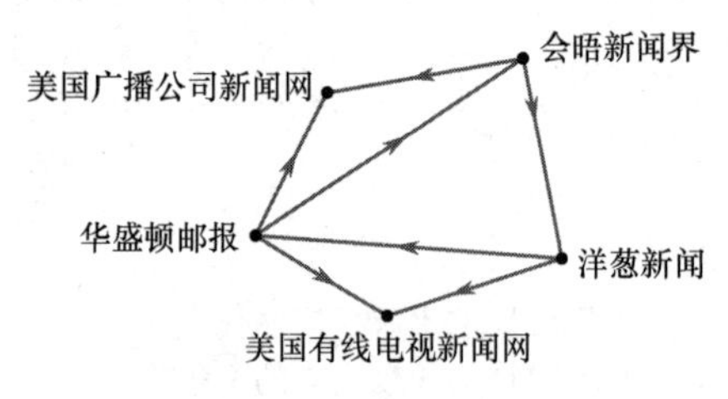

a．判断哪些机构可能首先获得了该信息；

b．仅更改图中一条边的方向，以便只有《华盛顿邮报》可能首先获得该信息。

11．**官僚机构文件审批流程建模**。在一家大型公司中，部分表格需要 5 个人签名，特定管理者不会在其他人签字之前签字。下面的有向图描述了这种情形，“从顶点 A 到 B 的有向边”表示 A 必须在 B 之前签字。如果秘书必须在各办公室之间手工传递该表格，则所有签字可以按什么顺序获得？

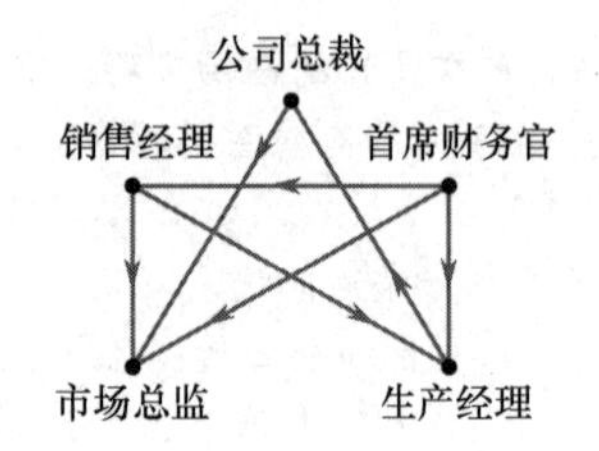

12．**疾病传播建模**。使用下面的有向图对一组游轮乘客之间的诺如病毒传播进行了建模。

a．在这组人群中，是否存在引入病毒的人？解释理由；

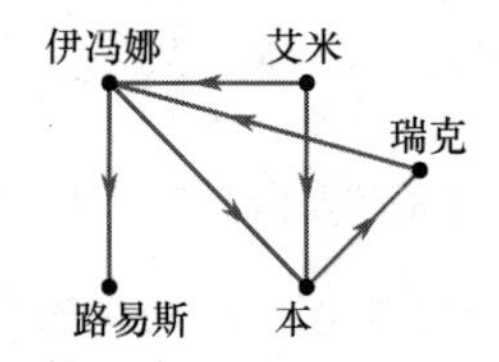

b．更改图中一条边的方向，使得无人将病毒引入该组。

13．**食物链建模**。非洲野兔和瞪羚是植食性动物，主要摄食草类，同时被狮子、猎豹和人类所捕食。绘制一幅有向图，对本食物链建模。

14．**通信网络建模**。为在几个城市之间传输信息，安珀警戒（AMBER Alert）应急广播系统已经安装到位，参见下面的表格。绘制一幅有向图，为此应急网络建模。源自某个城市的一条消息能否传遍整个网络？解释理由。

城　市	可以广播至……
费城	纽约，底特律
纽约	费城，波士顿
波士顿	费城，纽约
达拉斯	洛杉矶，菲尼克斯
底特律	费城，达拉斯
洛杉矶	达拉斯，菲尼克斯
菲尼克斯	达拉斯，洛杉矶

15．**橄榄球队排名**。下图显示了东南联盟中几支橄榄球队的结果，采用一级和二级优势对这些球队排名。

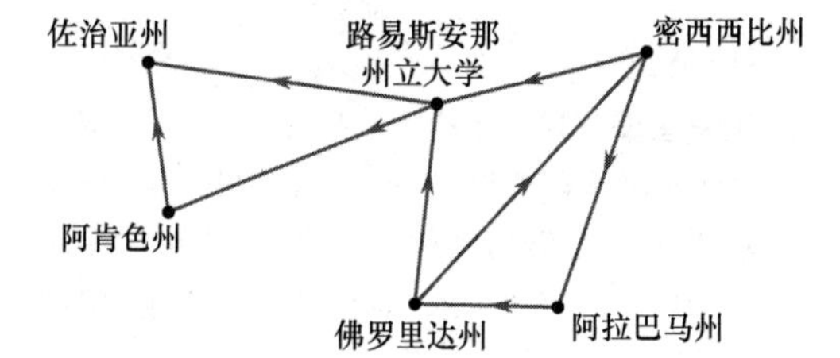

16．美国格斗者排名。下图显示了（假设）美国格斗者比赛若干轮后的部分结果，采用一级和二级优势对这些竞争者排名，从顶点 X 到 Y 的箭头表示 X 击败了 Y。

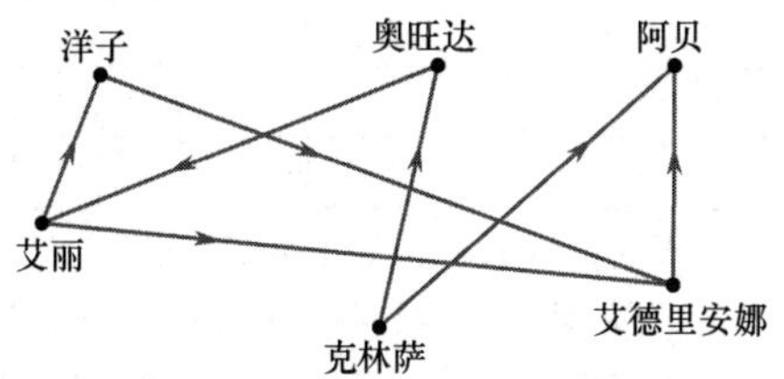

17．影响力建模。某位设计师希望获得中心城市社区学院的新广告活动策划合同，他想要确定评选委员会中最具影响力的成员。下表中列出了他观察到的委员会成员之间的影响力。

成员	李（L）	范斯坦（F）	约翰逊（J）	科达洛（C）	穆尔齐亚诺（M）
影响力	无	科达洛，穆尔齐亚诺	李，科达洛	李	李，约翰逊

用有向图对该委员会建模；通过一级和二级影响力，判断最具影响力的委员会成员。

18．团队排名。在单人台球锦标赛循环赛中，6 位参赛者彼此之间全部过招，比赛结果如下，用有向图对这种情况建模；通过一级和二级优势，对参赛者进行排名。

胜　者	负　者
卡拉（C）	罗布，莎拉，奥兰多，马特
罗布（R）	塔尼娅，奥兰多，马特
塔尼娅（T）	卡拉，莎拉，马特
莎拉（S）	罗布，马特
奥兰多（O）	塔尼娅，莎拉
马特（M）	奥兰多

19．饮料偏好建模。在某次瓶装水“两两对比”调查中，大学生按要求对比了如下饮料：普乐派尔（Propel）、阿夸菲纳（Aquafina）、富士山（Fuji）、达沙尼（Dasani）和维他命水（Vitaminwater）。采用下表通过一级偏好和二级偏好，对这些饮料排名。

品牌	普乐派尔（P）	阿夸菲纳（A）	富士山（F）	达沙尼（D）	维他命水（V）
偏好度高于	阿夸菲纳，富士山	维他命水	阿夸菲纳，达沙尼，维他命水	普乐派尔，阿夸菲纳，维他命水	普乐派尔

20．CrossFit（混合健身）参赛者排名。CrossFit 是集力量、灵活性和速度于一体的健身训练体系，在 CrossFit 公开赛的 5 个项目结束后，获得了如下结果，用一级优势和二级优势对 5 位参赛者排名。

	健力	体操	壶　铃	增强式训练	短跑
参赛者	诺亚	汤姆	卡莱布	本	克里斯蒂安
击败对象	汤姆，本	克里斯蒂安	汤姆，本，克里斯蒂安	汤姆，克里斯蒂安	诺亚

当追踪涉及大量人群的真实疾病时，我们采用称为关联矩阵的一种矩形数字排列，以数学方式表达数据来表示有向图。例如，为了表示有向图 A→B，C→A，C→B（顶点 A、B、C），可以采用矩阵 $\begin{bmatrix}0&1&0\\0&0&0\\1&1&0\end{bmatrix}$。

我们将各行和各列与顶点 A、B 和 C 相对应。在该矩阵中，第 1 行中的 1 表示从 A 到 B 存在有向边，两个 0 表示从 A 到 A 或者从 A 到 C 不存在有向边；第 3 行中的 1 表示从 C 到 A 和从 C 到 B 存在有向边。请采用关联矩阵表示练习 21 ~ 22 中的有向图。

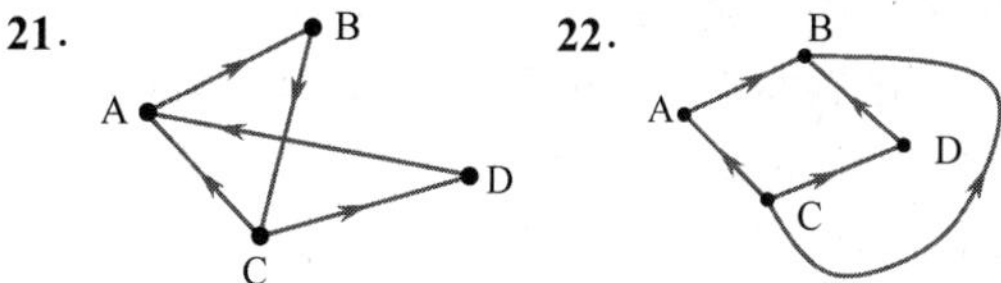

在练习 23 ~ 26 中，绘制与给定矩阵相对应的有向图。

23. $\begin{bmatrix}0&1&0&0\\0&0&1&1\\1&0&0&0\\0&1&0&0\end{bmatrix}$

24. $\begin{bmatrix}0&1&1&0\\0&0&0&1\\1&0&0&1\\0&1&0&0\end{bmatrix}$

25. $\begin{bmatrix}0&1&0&1\\1&0&0&0\\1&1&0&1\\0&0&1&0\end{bmatrix}$

26. $\begin{bmatrix}0&1&1&1\\1&0&0&0\\0&0&0&1\\0&0&1&0\end{bmatrix}$

数学交流

27. 与无向图相比，有向图什么时候是关系的更好模型？
28. 对影响力建模时，我们对二级和一级影响力同等计数。这种方法有何错误？你能推荐另一种方法吗？对一级和二级影响力的汇总表格具有何种影响？解释理由。
29. 提出一种“你觉得有向图可用作模型”的情形，描述该应用并解释其可用有向图来表示的原因。
30. 在练习 23～26 的关联矩阵中，A 行－A 列、B 行－B 列、C 行－C 列和 D 行－D 列位置为什么均不为 1？你能找到真实生活中的一种应用，令这些位置可能出现 1 吗？

生活中的数学

31. 联邦快递的历史是一个有趣的故事。撰写一份简短的报告，描述这段历史（从最初作为耶鲁大学的课堂项目到现在的跨国公司）。
32. 找到联邦快递（FedEx）和美国联合包裹运送服务公司（UPS）的几份发货跟踪报告。从下订单开始，到包裹经过所有中转站，直至最终收货时为止，“对比相关时间和距离”是很有意思的事情。

挑战自我

33. **消费者偏好建模**。购买食品时，消费者会考虑易于准备、营养价值、价格和口味。组织一次消费者调查活动，请你认识的 5 个人参与投票。对于以下的每对选项，圈出你认为更重要的那个选项：

易于准备	营养价值
易于准备	价格
易于准备	口味
营养价值	价格
营养价值	口味
价格	口味

在该表的第 3 行中，如果更多人选择口味而非易于准备，则可以说口味比易于准备更受欢迎。利用你的调查结果，确定每对选项中更受欢迎的那项，然后使用有向图来汇总这些结果。

34. **汽车特征偏好建模**。在购买汽车时，购买者可以考虑以下每个特征：经济性、安全性、舒适性、流行性、制造商和服务可用性。假设你是购车者，通过对比每对可能的特征，指出二者中哪个对你而言更重要。完成“两两对比”测试后，根据 6 种特征的重要性来确定排名顺序。

4.4 深入观察：PERT 图及其应用

“良好的开端是成功的一半”这句名言诞生于 2000 年前，至今仍然在发挥作用。启动任何项目（撰写毕业论文、建造新房屋、设计核潜艇或者策划奥运会）时，项目组织都是最重要的部分。为了成功地完成一个项目，良好的进度安排是重要的基础。

虽然你不太可能负责建造核潜艇或者策划奥运会，但是在个人及职业生涯中，你无疑会组织许多项目。本节介绍称为 PERT（Program Evaluation and Review Technique，计划评审技术）的一种组织技术，在策划大型项目方面，该技术的有效性经历了时间的检验。

要点 PERT 图可以帮助我们组织大型项目。

4.4.1 PERT 图

有人说过：“社会所有进步都归功于异想天开的人，他们坚持让世界适应自己。”很多事情都曾被认为不可能，如远渡重洋、发现新大陆、建造飞行器及登陆月球等。

假设你加入了一个委员会，开始制订一个“不可能”的项目工作计划：为了在太空中建造永久移民基地，安排表 4.7 中列出的 10 项主要任务。

由于构建生命保障系统和招募移民是最耗时的两项任务，为了缩短整个项目周期，你可能自然而然地认为应该为这两项任务投入更多的资源（以缩减时间）。

通过简单相加每项任务所需的时间，可以得出项目总周期为 75 个月。这个结论貌似非常正确，但是由于某些任务可以同时完成，所以项目总周期少于 75 个月。表 4.7 的最后一列中显示了哪些任务的完成时间必须先于其他任务。

表 4.7　太空移民任务的时间和优先级

任　务	所需时间（月）	先行任务
1. 培训建筑工人	6	无
2. 建造外壳	8	无
3. 构建生命保障系统	14	无
4. 招募移民	12	无
5. 组装外壳	10	1，2
6. 培训移民	10	2，3，4
7. 安装生命保障系统	4	1，2，3，5
8. 安装太阳能系统	3	1，2，5
9. 测试生命保障系统和太阳能系统	4	1，2，3，5，7，8
10. 将移民送往太空移民基地	4	1，2，3，4，5，6，7，8，9

应当缩短这些任务的时间吗？

我们可以采用一种特殊类型的有向图（称为 PERT 图，见图 4.34）来显示表 4.7 中的数据，包含该任务所需月数的顶点表示每个任务，假设项目的开始和结束不需要时间。注意：为了更加突出相关信息，有时候可能需要多次重新绘制 PERT 图。

如果任务 X 紧连在任务 Y 之前，则在图中从顶点 X 到 Y 绘制一条有向边，例如，由表 4.7 可见，“培训建筑工人”紧连在“组装外壳”之前，因此绘制了从顶点“培训建筑工人”到“组装外壳”的一条有向边。注意，由于“建造外壳”并不紧连在“安装生命保障系统”之前，因此未在这两个顶点之间绘制有向边。在自测题 13 之后，我们将返回来解决这个问题。

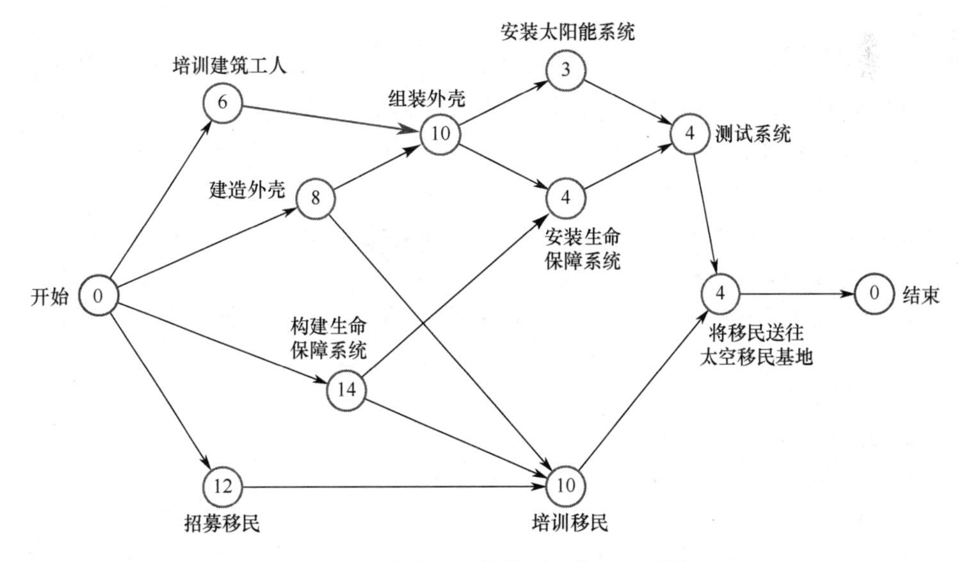

图 4.34　太空移民基地项目的 PERT 图

自测题 13

下表列出了完成特定项目任务所需的时间及这些任务之间的相关性，为该项目绘制 PERT 图。

任　务	所需的时间（天）	（先行任务）
A	3	无
B	4	A
C	6	A
D	2	A，B，C
E	5	A，B，C，D
F	7	A，B，C，D，E

现在，让我们返回到太空移民基地进度安排问题。

例 1　判断何时为太空移民基地安装生命保障系统

利用图 4.34 中的 PERT 图，判断能够安装生命保障系统的最早时间。

解：回顾前文所述的系统化策略。

由图 4.34 可知，在安装生命保障系统之前，必须完成 3 种不同的任务序列：

a）开始（0 个月），培训建筑工人（6 个月），组装外壳（10 个月），总时间为 16 个月。

b）开始（0 个月），建造外壳（8 个月），组装外壳（10 个月），总时间为 18 个月。

c）开始（0 个月），构建生命保障系统（14 个月），总时间为 14 个月。

由于序列 b 是安装生命保障系统前最耗时的任务序列，所以我们计划在项目启动后的第 19 个月开始安装生命保障系统。

要点　为了高效安排任务的日程表，可以使用 PERT 图。

4.4.2 高效日程安排

可以看到，采用一种高效的日程安排，可令“建造外壳”和“构建生命保障系统”同步进行，因为这两项任务彼此之间不相互依赖。利用例 1 中的类似推理即可安排其他任务计划。为了简化讨论，引入如下定义。

定义　假设 T 是 PERT 图中的一项任务，考虑从“开始”到 T 的全部有向路径。如果对这些路径沿线的所有路径的时间求和，“完成时间最长”的那条路径就称为任务 T 的关键路径。

如果采用这个新术语，则可认为“安装生命保障系统”任务的关键路径为：开始，建造外壳，组装外壳，安装生命保障系统。

Pert 图中的日程安排：要判断在 PERT 图中何时安排任务 T，执行如下操作。

1. 找到任务 T 的关键路径。

2. 除了任务 T 所需的时间，对此关键路径沿线的所有时间求和，结果即为安排任务 T 之前的可用时间。

例 2　移民基地系统测试日程安排

利用先前的日程安排程序，判断何时开始测试移民基地系统。

解：回顾前文所述的画图策略。

根据图 4.34 所示的 PERT 图，可知此项任务的关键路径为：开始，建造外壳，组装外壳，安装生命保障系统，测试系统。通过检查这条路径，可知在能开始测试移民基地系统之前，必须预留出 $0+8+10+4=22$ 个月，因此这项任务的开始日期应该安排在第 23 个月。

表 4.8 中列出了太空移民基地项目中所有任务的日程安排。

表 4.8　太空移民基地任务的日程安排

任　务	任务开始时间（第……个月）
1. 培训建筑工人	1
2. 建造外壳	1
3. 构建生命保障系统	1
4. 招募移民	1
5. 组装外壳	9
6. 培训移民	15
7. 安装生命保障系统	19
8. 安装太阳能系统	19
9. 测试生命保障系统和太阳能系统	23
10. 将移民送往太空移民基地	27

例 3　太空移民基地项目日程安排

判断太空移民基地项目整体所需的时间。

解：首先必须找到顶点“结束”的关键路径，即图 4.35 中突出显示的红色边：开始，建造外壳，组装外壳，安装生命保障系统，测试系统，将移民送往太空移民基地，结束。从这个 PERT 图中，可知完成该项目需要 $0+8+10+4+4+4+0=30$ 个月。

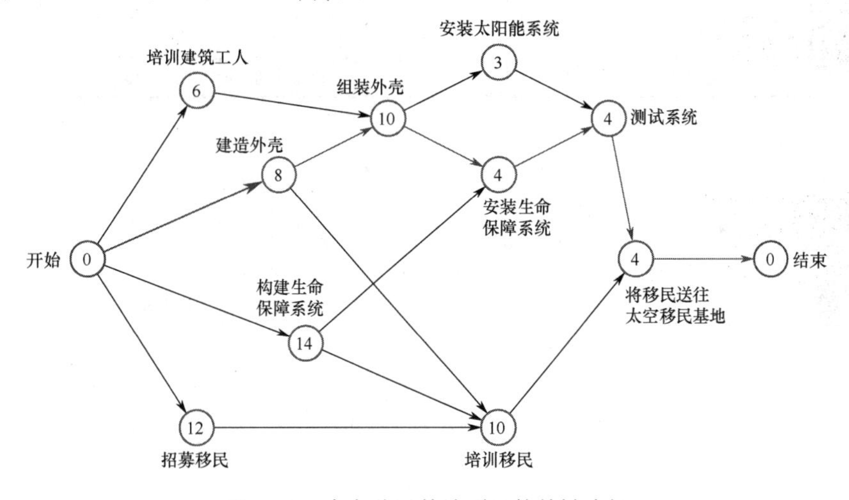

图 4.35　太空移民基地项目的关键路径

自测题 14

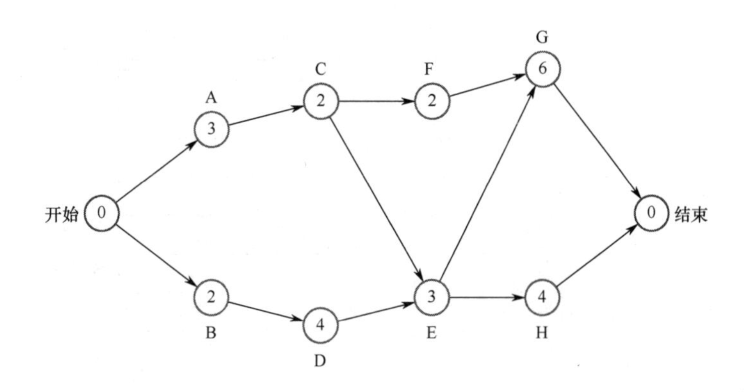

a）查找 G 的关键路径；b）“结束”的关键路径是什么？c）假设顶点中的数字代表天数，则任务 H 应该安排在什么时候？d）完成整个项目需要多长时间？

早些时候，我们考虑过是否应该投入更多资源以缩减构建生命保障系统（任务 3）和招募移民（任务 4）所需的时间。由于这两项任务均不位于顶点“结束”的关键路径上，所以“缩减任务 3 和任务 4 所需的时间”并不会缩短该项目的整体完成时间。

例 4　用 PERT 图组织音乐会

假设为筹集资金以援助最近所发生地震的难民，你负责组织一场音乐会，主要工作是制订日程安排（时间表），争取在尽可能短的时间内完成该项目。项目中各项任务及相互之间的依赖关系见表 4.9，且显示在如图 4.36 所示的 PERT 图中。

表 4.9　音乐会项目的任务

任　务	所需时间（周）	先行任务
1. 获得举办城市许可	2	无
2. 从本地机构筹集资金	1	无
3. 游说本地商家以获得广告支持	4	无
4. 雇佣演员	3	获得许可，筹集资金，游说商家
5. 租用场地	2	获得许可
6. 印制节目单	1	以上全部
7. 为音乐会做广告/开发网站	2	以上全部，印制节目单除外

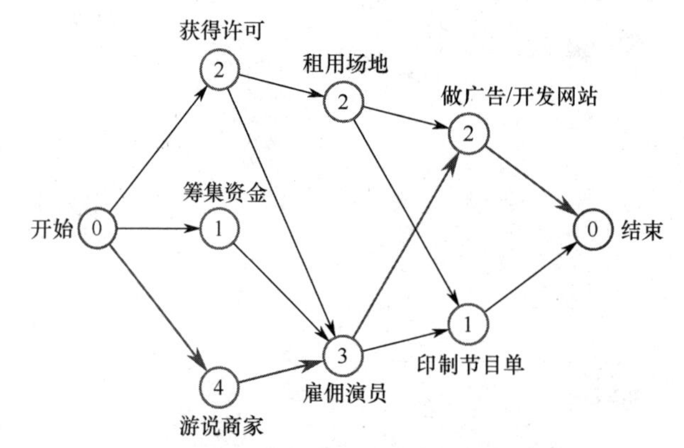

图 4.36　音乐会项目的 PERT 图

解：查找图 4.36 所示 PERT 图中每个顶点的关键路径，易得各项任务的时间安排如下：

任　务	任务开始时间（第……周）
1. 获得许可	1
2. 筹集资金	1
3. 游说商家	1
4. 租用场地	3
5. 雇佣演员	5
6. 做广告/开发网站	8
7. 印制节目单	8

查找顶点“结束”的关键路径，即可确定完成此项目的最短时间周期。该路径（标为红色）为：开始，游说商家，雇佣演员，做广告/开发网站，结束。因此，整个音乐会项目可在9周内完成，这是这条路径沿线的时间总和。

练习 4.4

强化技能

在下面这些练习中，有些练习可能存在若干正确答案，这里将只提供一种参考答案。

在练习01~04中，假设时间单位为“天”。

01．用以下PERT图回答问题：**a**．查找任务I的关键路径；**b**．查找任务E的关键路径；**c**．任务H将在哪天开始？**d**．任务I将在哪天完成？**e**．完成此项目最少需要多少天？**f**．查找顶点“结束”的关键路径。

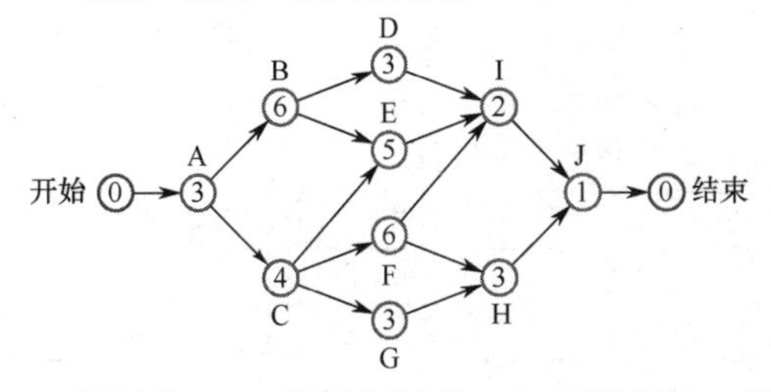

02．用以下PERT图回答问题：**a**．查找任务H的关键路径；**b**．查找任务G的关键路径；**c**．任务G将在哪天开始？**d**．任务H将在哪天完成？**e**．完成此项目最少需要多少天？**f**．查找顶点“结束”的关键路径。

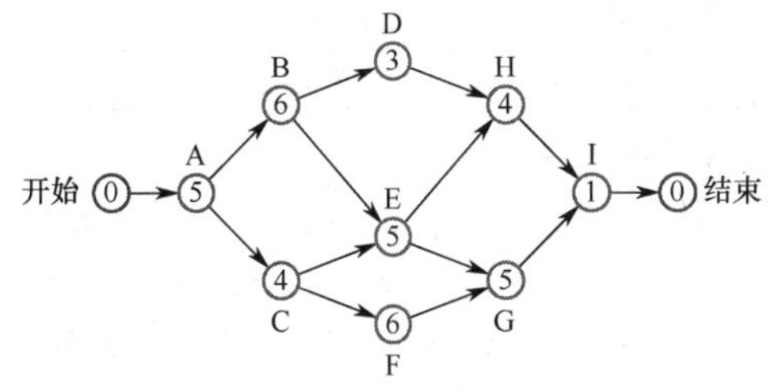

03．用以下PERT图回答问题：**a**．查找任务G的关键路径；**b**．查找任务H的关键路径；**c**．“结束”的关键路径是什么？**d**．任务F应何时安排？**e**．应在什么时候安排任务G？**f**．完成整个项目需要多少天？

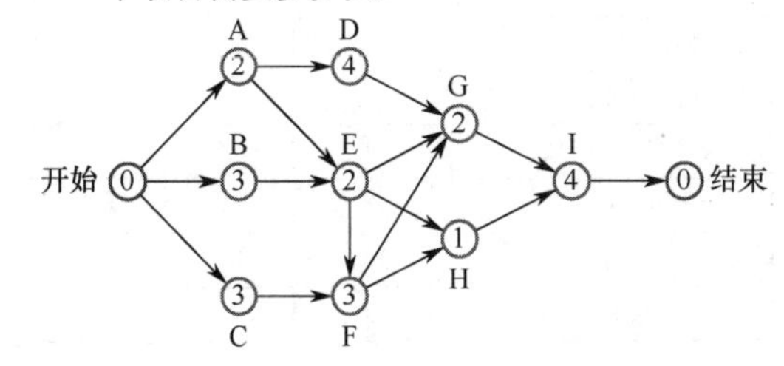

04．用以下PERT图回答问题：**a**．查找任务G的关键路径；**b**．查找任务H的关键路径；**c**．“结束”的关键路径是什么？**d**．任务H应当何时安排？**e**．应当什么时候安排任务G？**f**．完成整个项目需要多少天？

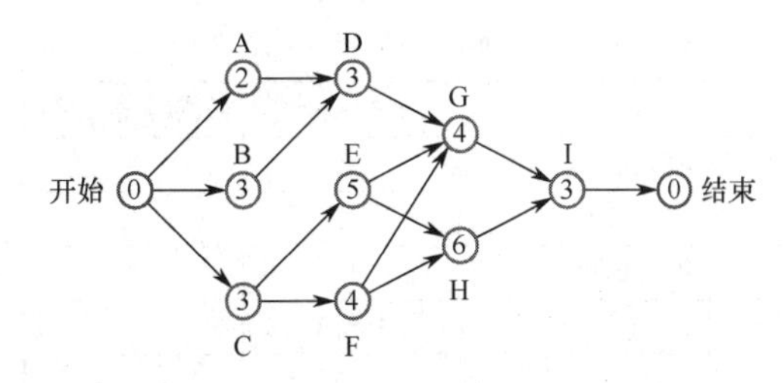

在练习05~08中，用给定PERT图为各项任务安排日程，使每项任务的完成时间尽可能短。假设各个顶点中的数字表示天数。

05.

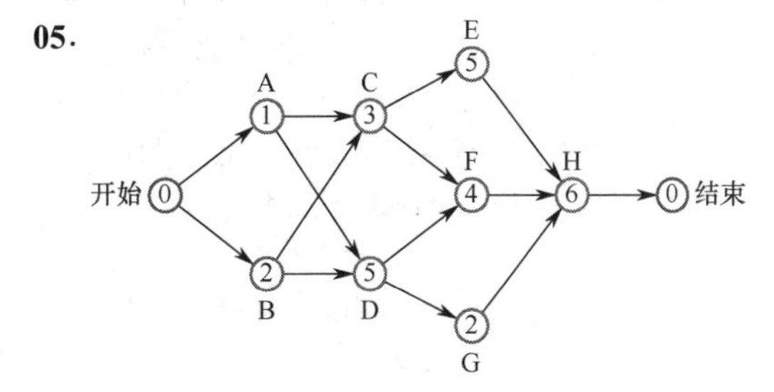

06.

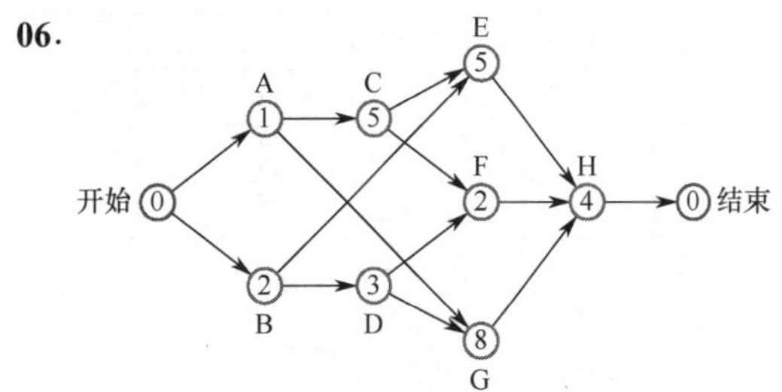

07.

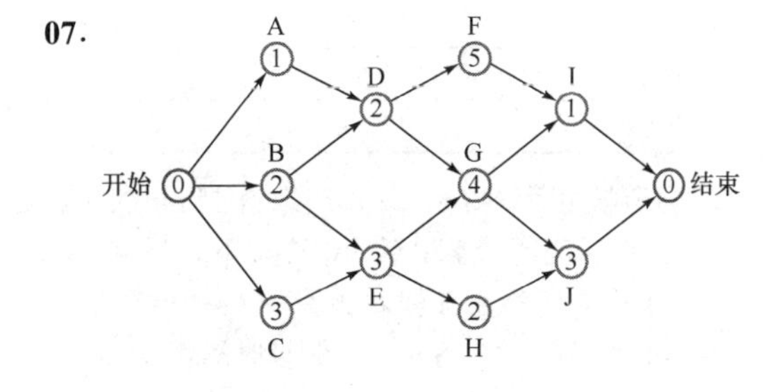

08.

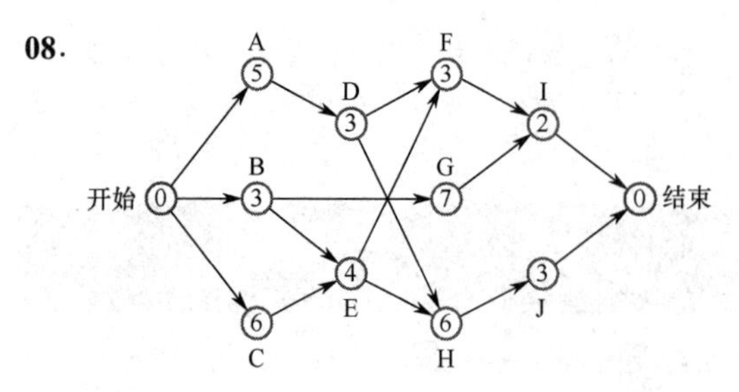

学以致用

09. 节日策划。地球日委员会已经开始策划地球日安排，下表列出了该项目的子任务及各子任务之间的依赖关系。绘制此项目的 PERT 图，并为各项任务制订时间表。

任　　务	先行任务	所需时间（周）
1. 获得资金	无	2
2. 获得许可证	无	1
3. 确定时间安排	1	2
4. 租用帐篷	1, 2, 3	2
5. 安排演讲者和艺人等	1, 2, 3, 4	4
6. 打广告	1, 3, 5	2
7. 搭建帐篷和展位等	1, 2, 3, 4	1
8. 庆祝节日	1, 2, 3, 4, 5, 6, 7	1

10. 项目组织。假设为了能够顺利毕业，你需要完成一个高级小组项目。由于工作量很大，所以认真策划非常重要，这样才能按时毕业。你需要为这个项目选择一名顾问和一组学生，下表列出了项目的子任务及各子任务之间的依赖关系。绘制该项目的 PERT 图，并为各项任务制订时间表。

任　　务	先行任务	所需时间（周）
1. 选定分组	无	2
2. 选择顾问	1	1
3. 选择项目	1, 2	4
4. 明确分工	1, 2, 3	2
5. 开展调研	1, 2, 3	4
6. 确定项目框架	1, 2, 3	2
7. 完善框架	1, 2, 3, 4, 5, 6	2
8. 完成项目	1, 2, 3, 4, 5, 6, 7	4
9. 安排展示	1, 2, 3, 4, 5, 6, 7, 8	1

11. 建造学生活动中心。沃尔德维尔社区学院计划建造一座新的学生活动中心，下表列出了项目的子任务及其依赖关系。绘制该项目的 PERT 图，并为各项任务制订时间表。

任　　务	先行任务	所需时间（月）
1. 获得资金	无	3
2. 选择承包商	1	2
3. 制定计划	1	4
4. 平整土地	1, 2, 3	1
5. 铺设地下设施和下水道等	1, 2, 3, 4	1
6. 建造房屋	1, 2, 3, 4, 5	8
7. 安装房屋中的设施	1, 2, 3, 4, 5, 6	2
8. 安装房屋中的计算机网络	1, 2, 3, 4, 5, 6	1
9. 购买家具	1, 2, 3, 4, 5, 6	2
10. 房屋验收	1, 2, 3, 4, 5, 6, 7, 8, 9	1

12. 组织健康计划。某发展中国家计划改善本国公民的医疗状况，利用下表绘制该项目的 PERT 图，然后为该任务做好日程安排，以便尽可能高效地完成项目。

任　　务	先行任务	所需时间（月）
1. 拨款	无	3
2. 建立健康诊所	1	8
3. 建设医院	1	18
4. 开展公民健康教育	1	12
5. 招生	1	8
6. 培训医生	1, 3, 5	30
7. 培训助理	1, 2, 5	15
8. 预防接种	1, 2, 6, 7	4
9. 组织跟踪研究	以上全部	2

13. 组织广告活动。为了减少年轻人的吸烟现状，真相倡议（Truth Initiative）与音乐电视（MTV）联合开展了一次广告活动，称为真相（Truth），准备制作一系列报纸广告、户外广告牌、电视广告和广播广告。用下表绘制该项目的 PERT 图，然后为该任务做好日程安排，以便有效地完成项目。

任　　务	先行任务	所需时间（月）
1. 开展调查	无	3
2. 确定预算	1	1
3. 雇佣公关公司	1	6
4. 制定生产计划	1, 2, 3	1
5. 制作广告	1, 2, 3	8
6. 传播广告	1, 2, 3, 5	2
7. 评估结果	1, 2, 3, 4, 5, 6	6

数学交流

14. 研究图 4.35，了解应当如何将资源分配给不同的任务，从而缩短项目的总时间。当把太多的资源用于缩短关键路径上的任务时，会发生什么情形？假设你负责掌管预算，可将某些任务缩短 6 个月，为了获得项目的最短时间，你应在哪里缩减这些任务？

15. 编写用 PERT 组织现实生活项目的简要报告。在运筹学和项目管理等领域的书籍中，通常包含有与 PERT（有时称为关键路径法或 CPM）相关的章节。在互联网上，查找 PERT 图商业绘制软件的参考资料，描述其中的某些产品及其应用。

挑战自我

16. **规划建造创新型房屋**。一家本地电力公司想要做个试验，建造一座能源节约型房屋。该公司的官员认为，这个项目可以自然划分为以下任务（括号中为每项任务所需的时间）：

1. 绘制房屋平面图（2 个月）
2. 设计能源系统（6 个月）
3. 开发新隔热技术（3 个月）
4. 购买土地（4 个月）
5. 建造常规房屋外壳（6 个月）
6. 安装新能源系统（2 个月）
7. 安装新隔热层（1 个月）
8. 完成房屋其他常规部分（3 个月）
9. 景观装饰（1 个月）
10. 测试能源使用情况（8 个月）

确定这些任务相互间依赖关系的合理列表，然后绘制 PERT 图，为这些任务做好日程安排。

17. 选择自己感兴趣的项目，识别所有子任务，绘制 PERT 图，为项目做好日程安排。

本章复习题

4.1 节

01. 用下图回答如下问题：**a**. 该图有多少条边？**b**. 哪些顶点是奇点？哪些顶点是偶点？**c**. 该图是否为连通图？**d**. 这幅图有桥吗？

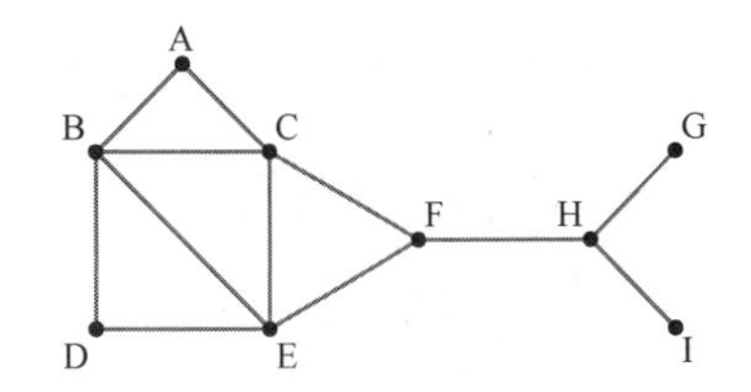

02. 解释如何用“图”对部分对象彼此相互关联的某个对象集合建模，请举例说明。

03. 下列哪幅图可以一笔画出？用欧拉定理解释你的答案。

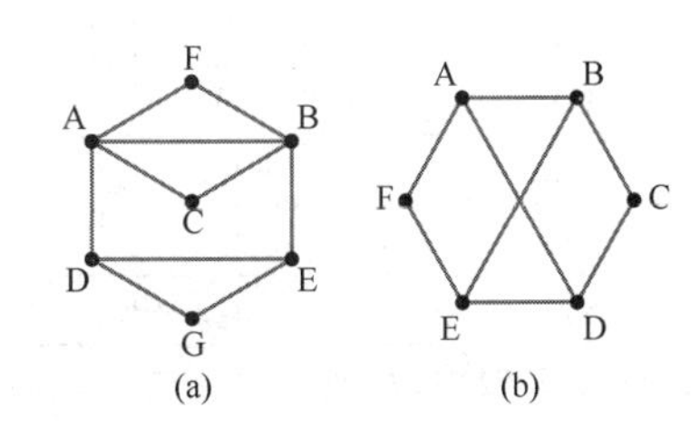

04. 用弗罗莱算法查找下图中的欧拉回路。通过列出路径上的顶点，描述该回路。

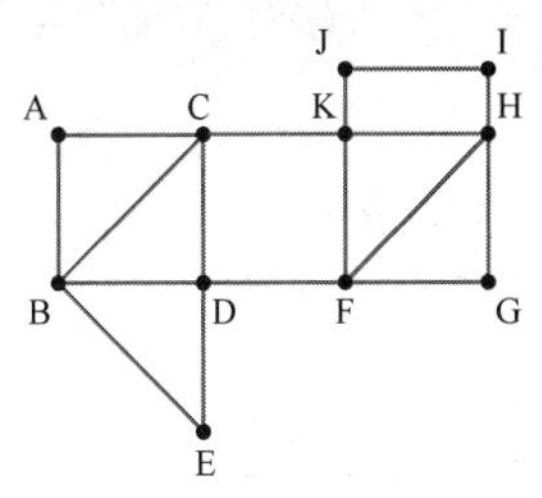

05. 用“图”对如下街道地图建模，设计一种有效方式，穿过所有街道，并使多于 1 次穿过的街道数量最少。

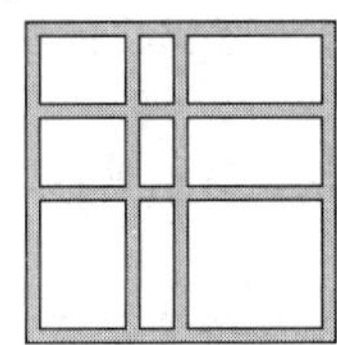

06. 用“图”对国家 A, B, C,…的如下“地图”建模，然后设计一种方法，采用最少的颜色为地图着色。

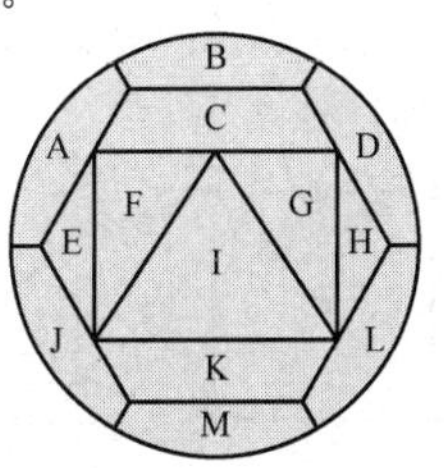

07. 艾利森（A）、布兰登（B）、科林（C）、多尼（D）、艾丽卡（E）、吉姆（J）、卡米（K）、兰斯（L）、马歇尔（M）和尼科尔（N）正在《极速前进》中参加激流泛舟比赛，他们将分别乘坐几艘皮划艇。考虑到各种因素（如体重和竞技水平等），主办者决定某些人不应乘坐同一艘皮划艇，下表显示了哪些人不应该同乘。我们使用每个人的英文名字的首字母，并且不列出重复信息，例如，如果A不能和B同乘，则不会列出B不能和A同乘。请问共需要多少艘皮划艇？制定一个比赛计划，明确哪些人可以同乘。

参赛者	A	B	C	D	E	K	L	M
不能同乘	B, J, D	D, J	K, L, E	J	K, L	D, L	M, N	N

4.2 节

08. 查找 K_5 中从顶点A开始并紧接着穿过顶点B的所有哈密顿回路。

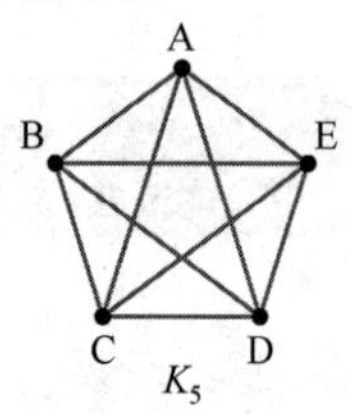

K_5

使用如下加权图回答练习 09 ~ 11。正确答案可能有若干种，本书只提供一种参考答案。

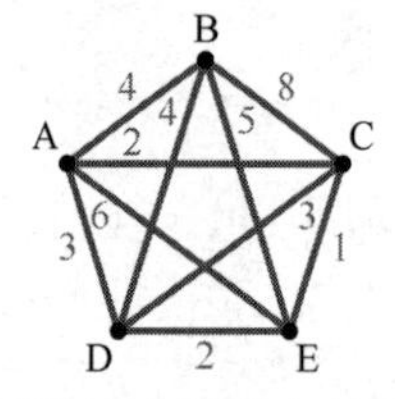

09. 用暴力破解算法求解具有最小权重的哈密顿回路。

10. 用最近邻算法求解从顶点A开始的哈密顿回路。

11. 用最佳边算法求解从顶点A开始的哈密顿回路。

4.3 节

12. 如果可能，用以下有向图查找所需项；找不到所需项时，请解释理由。

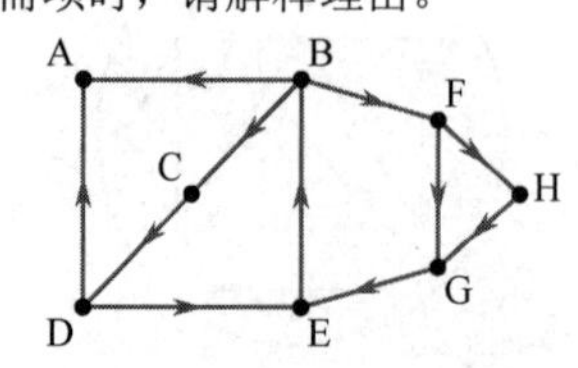

a. 从C到B的有向路径；**b**. 从C到B的长度大于5的有向路径；**c**. 从H到F的有向路径；**d**. 从F到B的2条有向路径。

13. 何时采用有向图而非无向图作为模型？

14. 你所在学校成立了一个学生行动委员会，拟就社会正义问题（如贫困、歧视、环境保护、税收和多样性等）向本地立法者进行游说。在该委员会中，各成员的影响力如下表所示。用“图”来判断这些人的一级和二级影响力，确定谁最有影响力。

委员会成员	受此人影响的委员会成员
范（P）	斯泰恩，瓦卡罗，阿尔瓦雷斯
瓦卡罗（V）	阿尔瓦雷斯
斯泰恩（S）	瓦卡罗，巴特科夫斯基
罗宾逊（R）	斯泰恩，阿尔瓦雷斯
巴特科夫斯基（B）	瓦卡罗
阿尔瓦雷斯（A）	斯泰恩，巴特科夫斯基

4.4 节

15. 用以下PERT图回答问题：

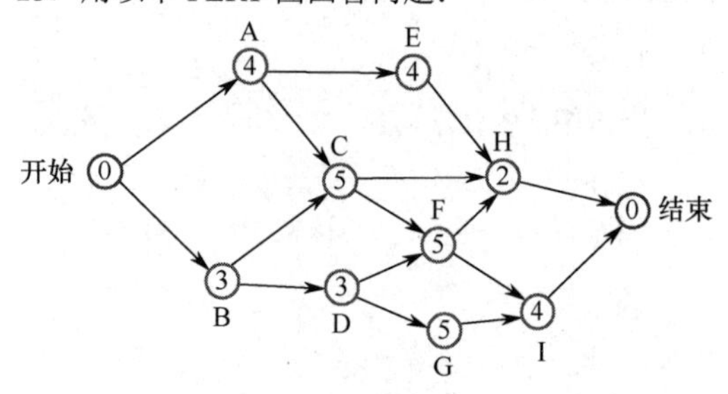

a. 查找任务H的关键路径；**b**.“结束”的关键路径是什么？**c**. 任务F应当何时安排？**d**. 整个项目需要多少天？

16. 假设你正在筹划自己的婚礼。下表列出了婚礼的各项任务及其依赖关系，为这些任务制订时间表。

任　务	先行任务	时间（月）
1. 确定出资人	无	2
2. 确定婚礼日期	无	2
3. 聘请婚礼策划人	1, 2	3
4. 确定举办婚礼	1, 2	2
5. 建立客人列表	1, 2	3
6. 选定举办仪式和宴会的地点	1, 3	2
7. 选定音乐、花店和图片	1, 3	3
8. 选定菜单	1, 3, 6	2

本章测试

01．用下图回答下列问题：**a**．该图有多少条边？**b**．哪些顶点是奇点？哪些顶点是偶点？**c**．该图是否为连通图？**d**．该图有桥吗？

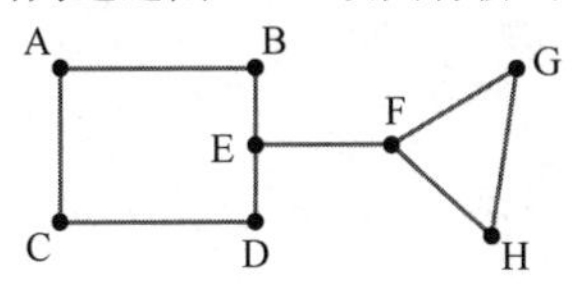

02．下列哪幅图能够一笔画出？如果不能一笔画出，说明欧拉定理的哪个条件未获满足。

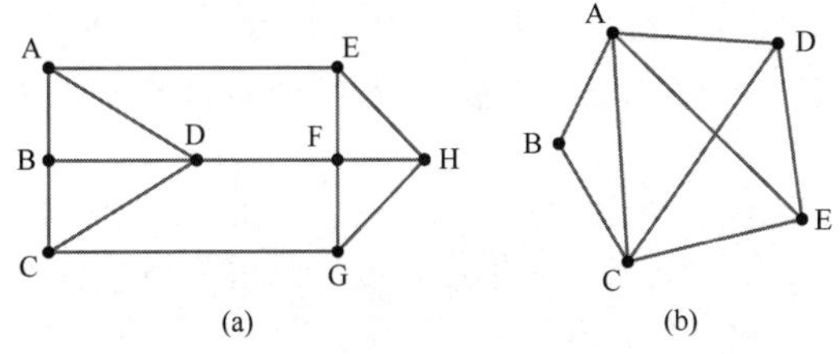

03．用弗罗莱算法求解下图中从顶点 A 开始的欧拉回路。通过列出其顶点，描述该回路。

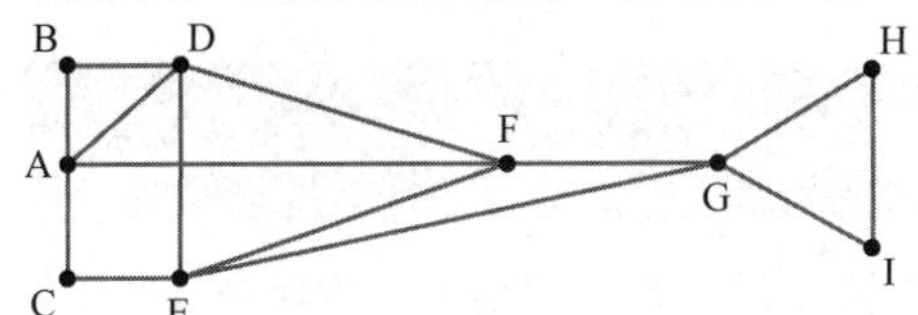

04．查找 K_5 中从顶点 A 开始然后穿过顶点 D 的所有哈密顿回路。

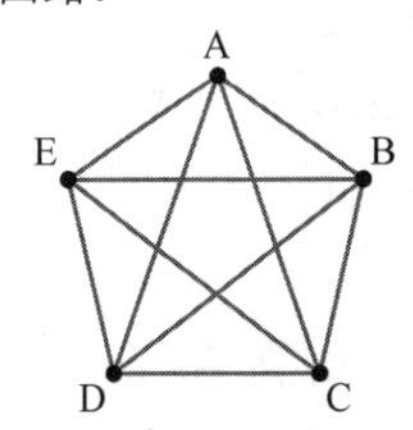

05．用“图”对如下街道地图建模，设计一种有效方式，穿过所有街道，并使多于 1 次穿过的街道数量最少。

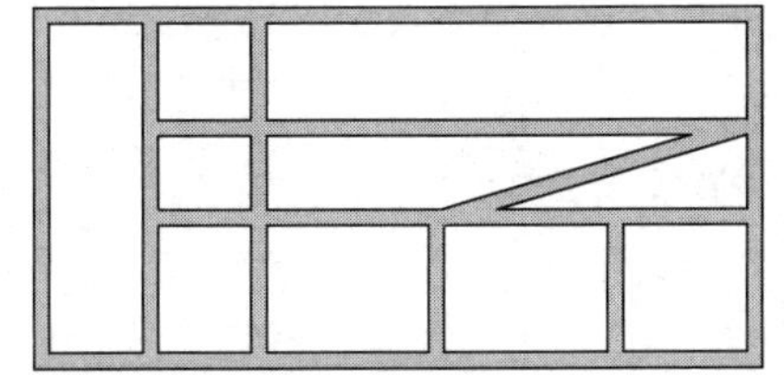

06．用“图”对国家 A, B, C,⋯的如下“地图”建模，然后设计一种方法，采用最少的颜色为地图着色。

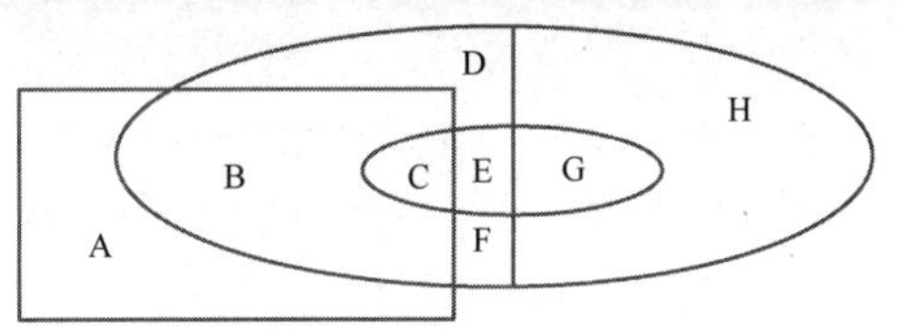

用如下加权图回答练习 07～09。从顶点 A 开始所有回路。正确答案可能有若干种，本书只提供一种参考答案。

07．用暴力破解算法求解具有最小权重的哈密顿回路。

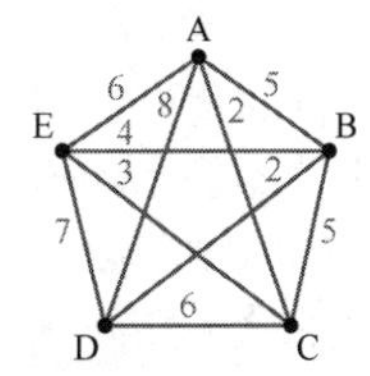

08．用最近邻算法求解具有最小权重的哈密顿电路。

09．用最佳边算法求解具有最小权重的哈密顿电路。

10．用如下有向图查找：**a**．从 B 到 F 的有向路径；**b**．从 C 到 G 的有向路径。找不到时，请解释理由。

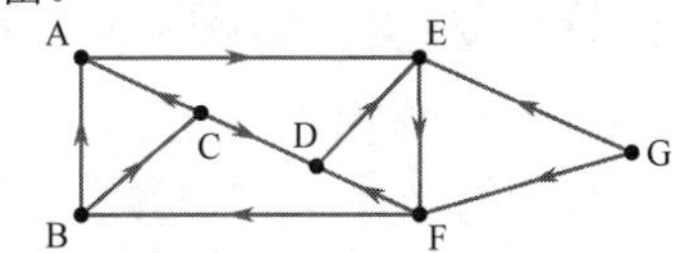

11．用如下 PERT 图回答问题：**a**．查找任务 Z 的关键路径；**b**．“结束”的关键路径是什么？**c**．任务 W 应当何时安排？**d**．整个项目需要多少天？

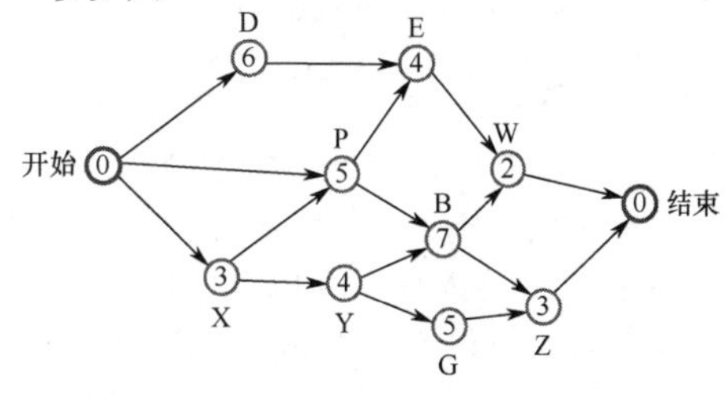

12．下图对一组人群（A, B, C,⋯）中的一级和二级影响力进行了建模，查找最有影响力的那个人。

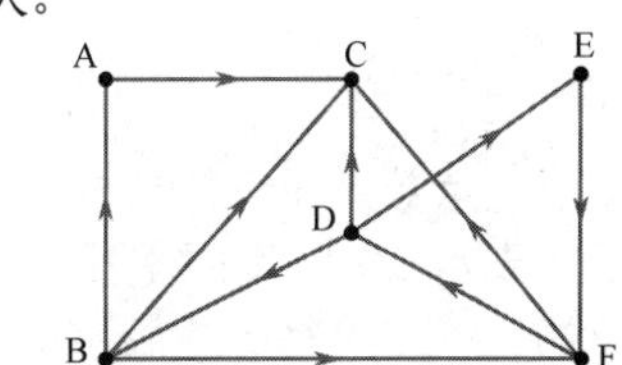

第5章　数　系

在本章的开篇，请大家首先观摩一下斯普林菲尔德小学的某个场景（此场景选自美国动画电视剧《辛普森一家》，该家庭中的每位成员都只有8根手指，巴特是其中的一员）：

克拉巴佩尔女士：巴特，我希望你能够换种方式学习算术。

巴特：好的，我可以的，克拉巴佩尔女士。

克拉巴佩尔女士：哈！这将是你首次亮相，请到黑板这里来，大胆展示自己吧。

（巴特走到黑板前，解算术题，然后坐下。）

克拉巴佩尔女士：不可思议！简直令人难以置信。

信不信由你，巴特正确解答了全部算术题，你是不是感到非常惊讶？其实不必大惊小怪，与众不同的巴特只有8根手指，所以当他记数和解算术题时，不会像你小时候那样利用10根手指。

本章介绍巴特的“八指算术（八进制）”及其若干“怪兄弟”，以及工程师如何用其设计平板电脑、闪存驱动器及其他电子设备。

在学习巴特的算术解题方法之前，我们将带你穿越回古代去学习巴比伦、中国和玛雅的数学，并在那里见证众多精致数学思维的诞生。数千年后，这些数学思维发展成为精美绝伦的印度—阿拉伯数系。

本章最后介绍一种非常特殊的“时钟算术”，它广泛用于在杂货店购物时扫描货品，确保网上银行的交易安全，以及保护信用卡号码免遭身份盗用。

5.1　数系的演变

“优秀思想”大多具有与生俱来的朴素特征，人们熟知的“数字表达系统”就是如此，经过长达数千年的发展演变，最终形成了当前广泛使用的“印度—阿拉伯数系”。本节介绍不同文化为开发实用数系所做出的早期尝试。

人类早期只需要非常简单的记数系统，例如对那时候的牧羊人而言，为了掌控羊群的行踪，可能会在泥土中划出记数标记，在植物藤蔓上打结，在树枝上切割缺口，或者堆积对应数量的小石头。这些早期的记数方法经过不断演变，最终产生了“数字”的抽象概念，如数字10可以代表10只羊、10块石头或10个人。

定义　数字描述正在记数的物件数量；数符是表示数字的符号。

在每种文化中，虽然数字10所表示的数量相同，但是数符10（表示数字10的符号）的样貌却差异极大。例如，为了表示数字10，巴比伦人使用符号‹，埃及人使用符号∩，希腊人使用字母iota ι，罗马人使用字母X，我们当然使用符号10。

我们首先讨论埃及人和罗马人使用的简单分群数系，然后解释中国人使用的乘法分群数系，后者与5.2节中介绍的印度—阿拉伯数系有些类似。

要点　在简单分群数系中，我们将“数字”表示为其“数符”值的总和。

5.1.1　埃及数系

埃及象形文字数系属于简单分群数系，历史长达5500余年。在该数系中，数符形成于“表示10的不同次幂”的符号组合（见表5.1），数符的值是所有数符值的总和，例如可将325表示如下：

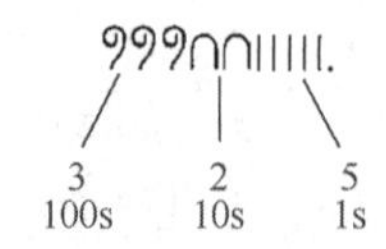

表 5.1　埃及数符

数　字	符　号	名　称	数　字	符　号	名　称
1	𓏺	竖划	10000	𓂭	手指
10	𓎆	跟骨	100000	𓆐	鱼或蝌蚪
100	𓍢	绳卷	1000000	𓁨	惊诧之人
1000	𓆼	莲花			

符号顺序并不重要，因此也可将 325 表示为

𓏺𓏺𓍢𓍢𓎆𓍢𓎆𓏺𓏺𓏺.

例 1　埃及记数法与印度—阿拉伯记数法之间的转换

a）将𓆼𓆼𓆼𓍢𓍢𓍢𓍢转换为印度－阿拉伯记数法；b）用埃及记数法表示 1230041。

解：a）这个埃及数符包含 3 个 1000、4 个 100、2 个 10 和 5 个 1，因此可表示为

$$3000+400+20+5=3425$$

b）我们用𓁨表示 1000000 人，用𓆐𓆐表示 200000 人，用𓂭𓂭𓂭表示 30000 人，用𓎆𓎆𓎆𓎆表示 40 人，用𓏺表示 1 人，因此对应的埃及符号为

𓁨𓆐𓆐𓂭𓂭𓂭𓎆𓎆𓎆𓎆𓏺.

现在尝试完成练习 01 ~ 08。

自测题 1

a）用印度－阿拉伯记数法表示埃及数符𓂭𓂭𓆼𓍢𓍢𓍢𓎆𓎆𓎆𓎆𓏺𓏺𓏺𓏺𓏺𓏺；b）用埃及记数法表示数字 241536。

如你所见，埃及数系并非表示数字的有效方法。例如，为了表示印度—阿拉伯数系中的数字 9，埃及数符𓏺𓏺𓏺𓏺𓏺𓏺𓏺𓏺𓏺的数量为前者的 9 倍；为了表示数字 68，埃及数系需要 14 个数符，即𓎆𓎆𓎆𓎆𓎆𓎆𓏺𓏺𓏺𓏺𓏺𓏺𓏺𓏺。若用其结算支票簿或汇总餐厅账单，场景的尴尬程度可想而知。

在埃及象形文字数系中，加法和减法均简单且直接。

例 2　埃及数系中的加法和减法

用埃及记数法表示：a）𓍢𓍢𓍢𓎆𓎆𓎆𓎆𓎆𓎆𓎆𓏺𓏺加上𓍢𓍢𓎆𓎆𓎆𓎆𓎆𓏺𓏺𓏺；b）𓍢𓍢𓎆𓎆𓎆𓏺𓏺𓏺𓏺减去𓎆𓎆𓎆𓎆𓎆𓎆𓏺𓏺。

解：回顾前文所述的类比原则。

a）为了对这两个数字求和，可以简单地将所有符号组合在一起（埃及记数法中不存在加法符号）。求出总和后，再将 10 个“跟骨”重新组合为 1 个“绳卷”。

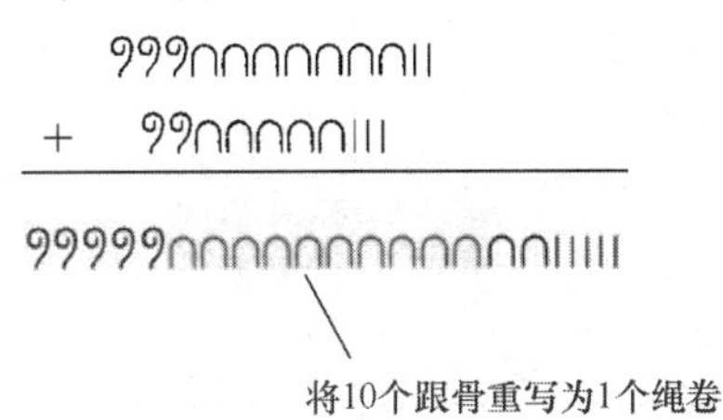

现在，即可将这个答案重写为

𓍢𓍢𓍢𓍢𓍢𓍢𓎆𓎆𓏺𓏺𓏺𓏺𓏺.

b）这是 a）问的逆问题。我们虽然可以从 4 个“竖划”中减去 2 个竖划，但无法从 3 个“跟骨”中

减去 6 个跟骨。此时可以考虑“借用”，即将 1 个“绳卷”转换为 10 个“跟骨”。

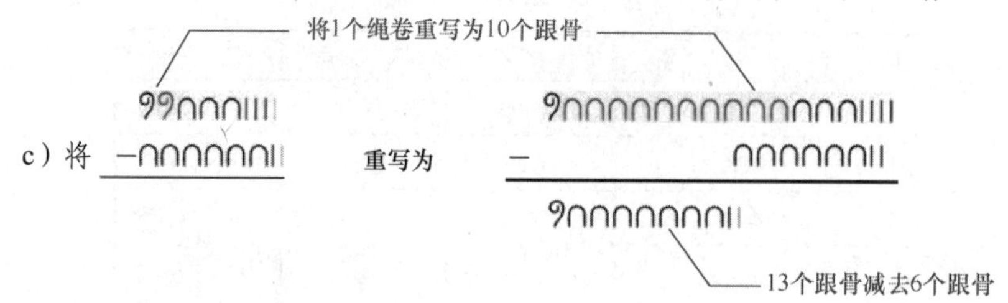

现在尝试完成练习 09 ~ 16。

自测题 2

用埃及记数法执行以下运算:

a）𓍢𓍢𓍢𓎆𓎆𓎆𓎆𓏺𓏺𓏺𓏺𓏺𓏺 + 𓍢𓍢𓍢𓍢𓍢𓍢𓍢𓍢𓎆𓎆𓏺𓏺𓏺𓏺𓏺；b）𓆼𓆼𓆼𓆼𓆼𓎆𓎆𓎆𓎆𓏺𓏺 − 𓆼𓆼𓍢𓍢𓍢𓍢𓎆𓎆𓎆𓏺𓏺𓏺𓏺𓏺𓏺𓏺𓏺。

历史回顾——揭开埃及象形文字之谜

1798 年，法国皇帝拿破仑率领一支庞大的军队远征埃及，破坏了通往印度的有利可图的贸易路线。虽然拿破仑最终以惨败收场，但这场战争灾难却为欧洲带来了科学领域的成功。拿破仑带领的学者研究了埃及文化，返回时携带了关于这个古老文明的大量信息。遗憾的是，大部分材料都采用世俗体文字（一种象形文字形式）写成，没有人能够翻译。

所幸的是，拿破仑还带回了解决这个难题的钥匙——一块磨光的石碑，称为罗塞塔石碑，上面刻有希腊文字、世俗体文字和古象形文字（圣书体）。学者认为，这块石碑包含了三个版本的完全相同的内容，并开始运用希腊知识来翻译其他两个神秘的部分。

法国数学家让 · 巴普蒂斯 · 傅里叶和拿破仑一起从埃及返回后，向 11 岁男孩让 · 弗朗索瓦 · 商博良展示了一些象形文字。当傅里叶说到没有人能够读懂象形文字时，商博良大胆地回答“我长大以后一定能够读懂”。从那时起，商博良毕生致力于翻译象形文字。据说当他最终揭开象形文字之谜时，兴奋地高喊“我找到了”，然后就晕了过去。

在人们了解的早期埃及数学知识中，大部分来自“莱因德纸草书”，这部书以 1858 年的购买者苏格兰人亨利 · 莱茵德的名字命名。公元前 1650 年，一位名叫艾哈迈斯的抄书吏编写了此书，他声称该书包含了“对所有事物的透彻研究，对所有现存事物的洞察，对所有未知秘密知识的掌控”。这显然是一种夸大其词的承诺，当人们翻译纸草书后，发现它只是包含了一系列数学练习和乘法及除法规则。

在例 2 中，当执行印度–阿拉伯记数法中的加法和减法运算时，注意观察埃及计算方法中的“输送（进位）”和“借用（退位）”方式。

建议 将所有数字转换为印度–阿拉伯记数法，然后重新进行计算，可以检验自己执行的埃及算术操作。

如例 3 所示，埃及人也有乘法运算方法，该方法基于下列事实：任何正整数都可表示为 2 的“幂和”（见表 5.2），如 19 = 1 + 2 + 16，81 = 1 + 16 + 64（注：在解释这种埃及倍乘法时，我们将采用印度–阿拉伯数符，而非晦涩烦琐的埃及数符）。

表 5.2　2 的幂

2 的幂	值	2 的幂	值
2^0	1	2^4	16
2^1	2	2^5	32
2^2	4	2^6	64
2^3	8		

例 3　用埃及倍乘法计算面积

在哈特谢普苏特女王（古埃及第十八王朝的第五位法老）的神庙中，一位工匠正在用墙砖整修矩形墙。如果墙的尺寸为 13 英尺乘以 21 英尺，请用埃及倍乘法判断必须要覆盖多少平方英尺。

解： 回顾前文所述的系统化策略。

首先，将 13 写成 $1+4+8$。为了求出面积，采用如下方式计算 13×21：

$$13\times21=(1+4+8)\times21=1\times21+4\times21+8\times21=21+84+168=273$$

（注：这里应用了“乘法对加法的分配律”属性。）

在表 5.3 中，通过多次乘以 21，求出这些乘积

表 5.3　2 的幂乘以 21

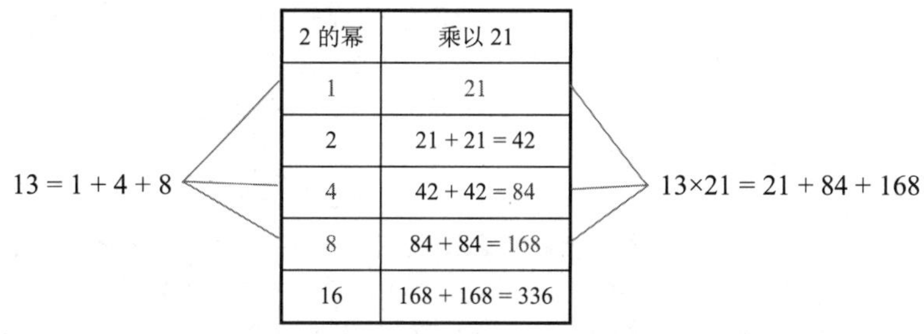

2 的幂	乘以 21
1	21
2	21 + 21 = 42
4	42 + 42 = 84
8	84 + 84 = 168
16	168 + 168 = 336

$13 = 1 + 4 + 8$

$13\times21 = 21 + 84 + 168$

因此，为了整修女王神庙的墙壁，该工匠必须使用 273 平方英尺墙砖。

现在尝试完成练习 17～20。

自测题 3

a）将 25 表示为 2 的幂和；b）用埃及倍乘法计算 25×43。

5.1.2　罗马数系

罗马数系诞生于公元前 500 年至公元 100 年之间，它对埃及数系进行了几处改进。为了表示某些数字，罗马人用字母表中的字母作为数符，如表 5.4 所示。

表 5.4　罗马数符

数　字	罗马数符	数　字	罗马数符
1	I	100	C
5	V	500	D
10	X	1000	M
50	L		

要点　罗马数系是一种更为复杂的简单分群数系。

例 4 中介绍了将罗马数符转换为印度—阿拉伯记数法的一个简单示例。

例 4　罗马数符至印度—阿拉伯记数法的简单转换

将 DCLXXVIII 转换为印度－阿拉伯记数法。

解： 在 DCLXXVIII 中，较小值数符绝对不会出现在较大值数符的左侧，认识到这一点非常重要。在这种情况下，只需按照如下方式对各数符的值求和:

D	C	L	X	X	V	I	I	I	
↓	↓	↓	↓	↓	↓	↓	↓	↓	
500 +	100 +	50 +	10 +	10 +	5 +	1 +	1 +	1 =	678

历史回顾——笔算者与珠算者之比较

1299 年，意大利佛罗伦萨的统治者通过了一项法律，禁止银行业者使用印度 – 阿拉伯数符（即常用数符 1, 2, 3, …）。虽然印度 – 阿拉伯数符效率更高，且早在 500 年前就已被引入欧洲，但是在 14 世纪以前一直被宣布为非法。

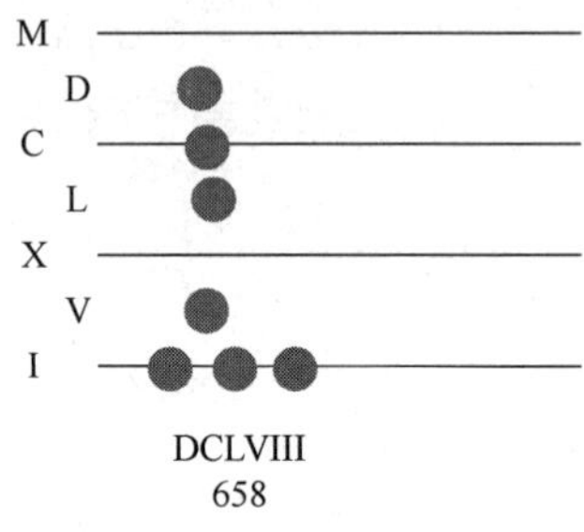

图 5.1　显示 658 的罗马算盘

为了理解为什么有必要制定这样的法律，首先必须了解如何用罗马数符进行计算。考古学家们发现了一种石制（主要为大理石）记数板，称为算盘/算板，即表面刻有四个凹槽的平板，如图 5.1 所示。

这些凹槽对应于 1, 10, 100 和 1000，各凹槽之间的间隔代表中间值 5, 50 和 500。为了表示罗马数符，珠算者（算盘使用者）在凹槽和间隔部位放置小石子（见图 5.1），然后通过移动和重组小石子来完成计算，例如间隔 5 中的 2 颗小石子可以替换为凹槽 10 中的 1 颗小石子。对普通人而言，这种计算方式比较容易理解。

相比之下，笔算者利用笔和纸进行印度 – 阿拉伯数字计算，但是人们对这种新方法疑虑重重，质疑一种墨迹为何能够代表 2, 3 和 4，甚至还存在代表“根本没有”的一个符号！中世纪，“0”（零）的概念让许多人感到困惑，罗马数符使用者并不需要它。此外，通过篡改印度 – 阿拉伯数符（如将 0 改为 6 或将 1 改为 4），无良的商人和银行业者可能会欺骗未受过教育的客户。

由于印度 – 阿拉伯记数法具有高效性，笔算者最终还是赢得了这场纷争，这可能就是“人们今天为什么不使用记数板和鹅卵石进行计算”的原因。

罗马数系强于埃及数系的第一种优势是减法原理，可以更为简洁地表示数字。根据减法原理，如果一个数符的值始终小于其右侧数符的值，就从右侧数符的值中减去左侧数符的值，例如：

IV表示 $5-1=4$

IX表示 $10-1=9$

XL表示 $50-10=40$

CM表示 $1000-100=900$

减法原理存在两个限制条件：

1. 被减去的数符只能是 I、X、C 和 M，例如不能用 VL 表示 45。

2. 只能从“下两个”更高层级数符中减去数符，例如只能从 V 和 X 中减去 I，因此不能用 IC 来表示 99。

与埃及记数法相比，减法原理允许我们更有效地表示 4 和 9 的倍数，例如可将 99 写为 XCIX 而非 LXXXXVIIII，这样就可以节省 6 个符号。

例 5　罗马数符与印度－阿拉伯记数法之间的转换

a）将 MCMXLIII 转换为印度 – 阿拉伯记数法；b）用罗马数符表示 492。

解：a）右图显示了如何解释这个数符。记住，每当看到较小数符位于较大数符的左侧时，必须要减去。因此，MCMXLIII 表示 $1000+900+40+3=1943$。

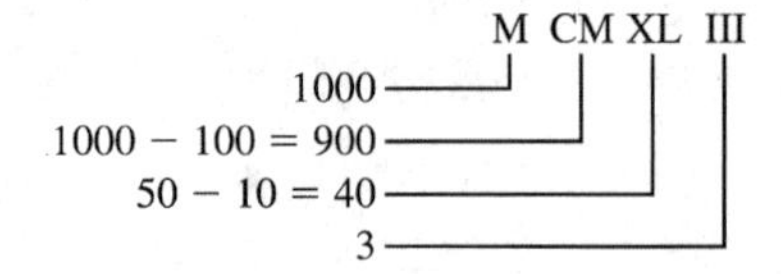

b）可将 400 写为 CD，将 90 写为 XC，将 2 写为 II，因此 492 可以表示为 CDXCII。

罗马数系强于埃及数系的第二种优势是乘法原理，这类似于某些更先进的数系，例如接下来将要介绍的中国数系和印度－阿拉伯数系。

在罗马数系中，一个符号上方的横线表示“符号值乘以1000”，一个符号两侧的竖线表示“符号值乘以100”。因此，$\overline{\text{X}}$ 表示 $10\times1000=10000$，|V|表示 $5\times100=500$，$|\overline{\text{L}}|$ 表示 $50\times1000\times100=5000000$。

现在尝试完成练习21～38。

检查应用商店，寻找执行罗马数符转换的免费工具

自测题4

a）查找罗马数符LDIL中的两个书写错误；b）将DXLVIII转换为印度－阿拉伯记数法；c）将|IX|和 $\overline{\text{V}}$ 转换为印度－阿拉伯记数法。

许多技术可将罗马数符转换为印度－阿拉伯记数法，反之亦然。微软公司的Excel和苹果公司的Numbers电子表格均提供Roman函数，例如输入“=Roman(1996)”可返回MCMXCVI。在苹果和安卓移动端平台上，大量免费应用也提供罗马数符快速转换服务。

例6　罗马数字加法

某位罗马艺术品经销商销售了两尊雕像，其一售价为CCCXXVIIII第纳尔，其二售价为CCCXIII第纳尔。在记数板上，求这两个数字的和，并用罗马数符表示。

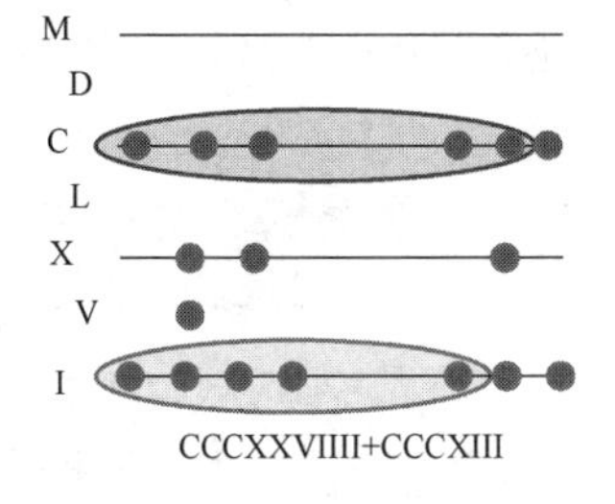

解：回顾前文所述的画图策略。

我们将所有记数器都放在一块记数板上，然后进行简化。

如下图所示，5个1（蓝色椭圆圈出）可替换为1个V（5），5个100（红色椭圆圈出）可替换为1个D（500）。然后，2个V记数器（紫色椭圆圈出）可替换为1个X记数器，从而获得最终总和DCXXXXII。

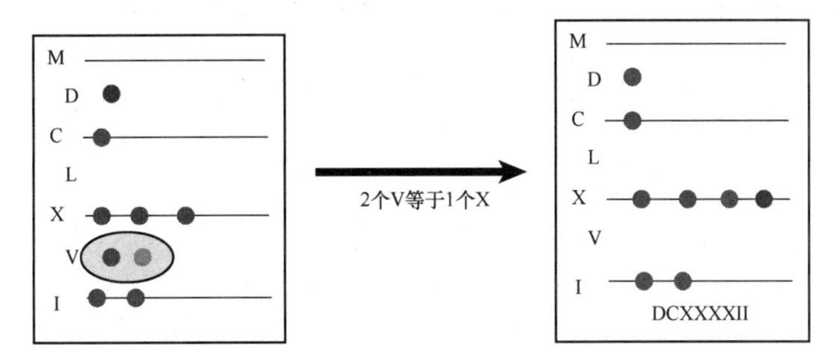

现在尝试完成练习65～68。

5.1.3　中国数系

为了表示数字，中国传统数系采用“乘以10的幂（如10、100和1000）”，并以表5.5中所示的记数法为基础。这些符号起源于汉代（公元前206年—公元220年），并在最近2000年间变化不大［注：像用罗马数符给“超级碗”编号一样，这里描述的中国数系用于表示数字而非执行计算。另一种中国数系称为算筹数系，早在13或14世纪就被用于实际计算。有些人认为这种早期的算筹数系为阿拉伯人和印度人所采用，然后演变成为当前的印度－阿拉伯数系］。

表 5.5　中国数符

中国数符	值	中国数符	值	中国数符	值
一	1	五	5	九	9
二	2	六	6	十	10
三	3	七	7	百	100
四	4	八	8	千	1000

要点　中国数系是乘法数系。

中国数系是乘法数系，通过书写“1 至 9 之间的整数（含边界）”与“10 的幂”的乘积，从而形成数符。中国古人采用竖向方式书写数符，例如将 300 写为

三 ← 3
百 ← times 100.

同理，他们会将 5000 写为

五 ← 5
千 ← times 1000.

不过，中国人现在用水平方式书写这些符号，我们也遵循这种现代做法（中国现代记数法还有其他一些特征，留待在练习中讨论，此处不再赘述），所以将 300 写为“三百”，将 5000 写为“五千”。

例 7　中国记数法与印度－阿拉伯记数法之间的翻译

a）用印度－阿拉伯记数法表示九百四十二。

b）用中国记数法写出 3542。

解：a）如图 5.2 所示，前两个符号表示“9 乘以 100”或 900，接下来的两个符号表示“4 乘以 10”或 40，最后一个符号表示 2。因此，该符号表示的数字是 942。

九百	四十	二
9×100	4×10	2

图 5.2　翻译中国数符

注意观察，在不乘以“10 的幂”的情况下，我们如何写出“单位/个位”数符。

b）要想表达这个数字，我们需要 3 个千、5 个百、4 个十和 2 个单位，因此可以写为

三千		五百		四十		二
↑		↑		↑		↑
$3 \times 1{,}000$	$+$	5×100	$+$	4×10	$+$	2.

现在尝试完成练习 39 ~ 50。

中国传统记数法中没有“0”（零），也不使用“位值”概念（见 5.2 节），所以当中国人书写“六”（6）时，必须要说明具体含义是 6 个十、6 个百还是 6 个千等，这就要求使用额外的符号。如 5.2 节所述，“位值”概念可以避免使用这些额外的符号，并且能够更有效地表示数字。

练习 5.1

强化技能

用印度－阿拉伯数符写出下列埃及数符。

01. 𓂭𓂭𓆼𓍢𓍢𓍢𓎆𓎆||||

02. 𓆐𓆐𓂭𓂭𓂭𓆼𓆼𓍢𓎆𓎆|||

03. 𓁨𓁨𓆐𓂭𓂭𓆼99∩

04. 𓁨𓆐𓆐𓂭𓂭𓂭99∩|||

用埃及数符写出下列印度－阿拉伯数符。

05. 3245 06. 23416 07. 245310 08. 2036042

用埃及记数法执行下列加法运算。

09. 999∩∩||||| + 99999999∩∩|||||||||

10. 9∩∩∩∩∩∩∩∩|||||| + 999999∩∩∩∩|||||||

11. 𓁨𓂭𓂭𓂭𓂭𓆼99∩ + 𓁨𓆐𓂭𓂭𓂭𓂭𓂭𓂭𓂭𓂭9

12. 𓆼𓆼𓆼𓆼𓆼999999 + 𓂭𓆼𓆼𓆼𓆼𓆼𓆼99999∩

用埃及记数法执行下列减法运算。

13. 999999∩∩|||||||| − 999∩∩∩∩∩||||

14. 𓆼99∩∩∩||| − 999∩∩||||

15. 𓂭𓂭𓂭99999 − 𓂭𓂭𓆼𓆼𓆼𓆼999∩∩∩∩∩||||

16. 𓁨𓆐𓂭𓂭𓂭 − 𓁨𓂭𓂭𓆼

用埃及倍乘法计算下列乘积。

17. 14×43 18. 11×57

19. 21×126 20. 35×121

用印度－阿拉伯数符写出下列罗马数符。

21. DLXIV 22. CLXIX

23. MCMLXIII 24. MDCXXXVI

25. |$\overline{\text{V}}$|MCDXX 26. $\overline{\text{X}}$MMMCDLIV

27. |D|CCLXII 28. |M|DLVII

29. |$\overline{\text{V}}$|MCDXX 30. $\overline{\text{L}}$|MMMDX

用罗马记数法写出下列数符（正确答案可能不止一个）。

31. 278 32. 947 33. 444

34. 999 35. 4795 36. 3247

37. 89423 38. 98546

用印度－阿拉伯数符写出下列中国数符(采用水平方式而非传统的竖向方式)。

39. 四百三十六 40. 八千五百二十五

41. 五千六十七 42. 四千三百四

43. 九千九百九十九 44. 四千九十七

用中国数符写出下列数符。

45. 495 46. 726 47. 2805

48. 3926 49. 9846 50. 8054

学以致用

51. 胡夫金字塔建成于公元前𓆼𓆼999999∩∩∩∩∩年，用印度—阿拉伯记数法写出这个日期。

52. 胡夫金字塔的建造者胡夫死于公元前𓆼𓆼99999∩∩|||||||年，用印度—阿拉伯记数法写出这个日期。

53. 某位埃及商人拥有储藏面积为𓆐𓆐𓂭𓂭𓂭𓆼𓆼𓆼𓆼99999∩∩∩∩平方英尺的一座仓库，如果他又购买了储藏面积为𓆐𓆼𓆼∩∩∩∩∩∩∩∩平方英尺的另一座仓库，则其现在拥有仓库的总储藏面积是多少平方英尺？用埃及记数法进行计算，并用印度—阿拉伯记数法检查答案。

54. 一位古埃及商人拥有𓂭𓆼𓆼𓆼𓆼999∩∩∩∩∩蒲式耳小麦，卖给另一位商人𓂭𓆼𓆼99999∩∩∩蒲式耳，他还剩下多少蒲式耳小麦？用埃及记数法进行计算，并用印度—阿拉伯记数法检查答案。

采用埃及记数法，对于数字 100（符号化为9）前面的数字 99，共需要写出 18 个符号，即 9 个∩和 9 个|。对于下列埃及数符之前的数字，共需要写出多少个符号？

55. 𓂭 56. 𓆼 57. 𓁨 58. 𓆐

59. 奥勒留皇帝（君士坦丁）是罗马第一位基督教皇帝，生于公元 272 年，逝于公元 337 年。请将这些日期转换为罗马数符。

60. 公元 285 年，罗马帝国变得非常辽阔，可划分为东西两部分。请将此日期转换为罗马数符。

如今，电影作品经常用罗马数字指定发行年份，请将下列电影的发行年份翻译为罗马记数法。

61.《乱世佳人》(1939)。

62.《码头风云》(1954)。

63.《教父》(1972)。

64.《星球大战：原力觉醒》(2015)。

在练习 65～68 中，记数板显示的加法问题与例 6 中的类似，请用尽可能少的记数器来显示每个总和。

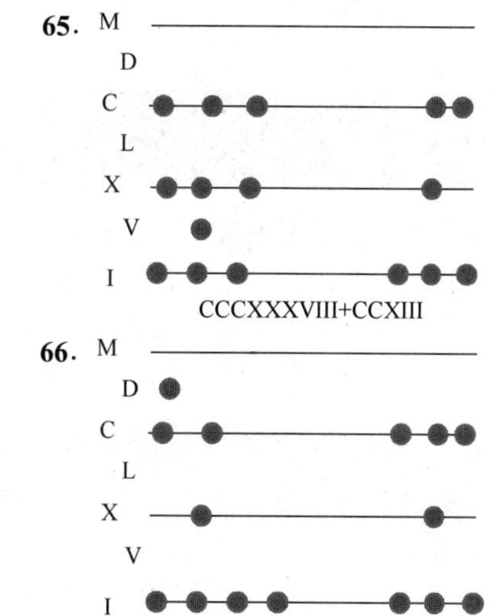

67.

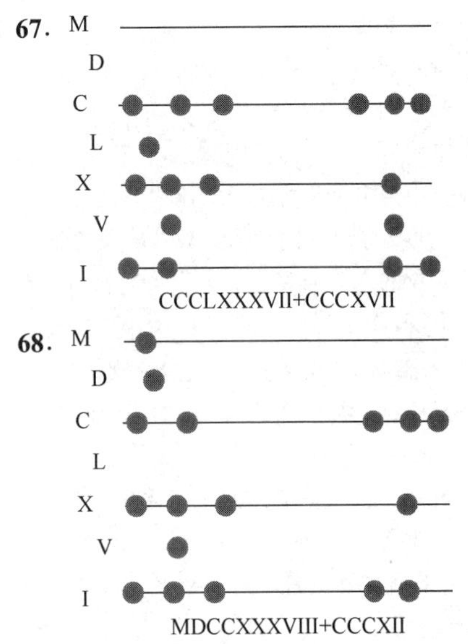

69. 中国发现的最古老书写数符出现在殷朝（公元前 1523—公元前 1027），用中国数符表示这些日期。

70. 当马可波罗在 1274 年访问中国时，忽必烈王朝的强大给他留下了深刻印象，用中国数符表示这个日期。

数学交流

71. 解释罗马数系相对于埃及数系的两种优势。

72. 罗马数系存在数字 5、50 和 500 的符号，为什么会这样？若不使用 V、L 或 D 而重做练习 65～68，你就会对这个问题有一些了解。

73. 中国传统数系没有 0（零）符号，这可能造成书写数符时出现什么复杂情况？

74. 研究爱奥尼亚希腊数系（一种加密数系），解释其工作原理，指出其优点和缺点各一。

挑战自我

75. 在埃及数系中，每当拥有 10 个相同符号时，就要用另一种单一符号重新组合，表示下一个更高的“10 的幂”，例如使用 1 个𓍢来替换 10 个∩。如果遵循这条规则，本节讨论的埃及记数法所能表示的最大数字是多少？用印度－阿拉伯记数法写出答案。

76. 假设埃及数系基于 5（而非 10），即∩代表 5 个竖划，𓍢代表 5 个∩，以此类推。在这种情况下，此数系可以表示的最大数字是多少？用印度－阿拉伯记数法写出答案。

77. 利用下列符号，发明一种埃及类型的数系：√,⊗,∇,∞,≈,↑ 和◇，这些符号分别表示单位、十和百等。

a．用这种记数法写出 3142 和 7203；**b**．采用例 2 中的类似方法，求 3142＋7203；**c**．采用例 2 中的类似方法，求 7203－3142。

78. 通过尽可能多的方法，用罗马数符写出数字 1999（提示：在书写罗马数符时，不要强制使用减法原理）。

埃及数学有一种独特的方式，可将分数写为“单位分数——形式为 $\frac{1}{n}$ 的分数”之和，例如将分数 $\frac{2}{9}$ 写为 $\frac{1}{6}+\frac{1}{18}$ 或 $\frac{1}{5}+\frac{1}{45}$。数字 $\frac{2}{3}$ 不会写为 $\frac{1}{3}+\frac{1}{3}$，而应当使用 2 个不同的单位分数。在书写单位分数时，埃及人在数符上方放置符号⬭（看上去有点像眼睛），例如可能将 $\frac{1}{3}$ 写为⬭|||。在练习 79～82 中，采用当今常用的记数法（而非烦琐的埃及记数法），将给定分数写为单位分数之和。正确答案可能并不唯一，本书只给出一种参考答案。

79. $\frac{2}{3}$　　80. $\frac{2}{15}$　　81. $\frac{2}{7}$　　82. $\frac{2}{33}$

5.2 位值数系

数学和科学史上最重要的发明是什么？

在进一步阅读本节的内容之前，请思考一下如何回答这个问题。当在课堂上提出这个问题时，我听到了各种各样的答案，但是没有任何人提到我最期待的答案——小学生都懂的非常简单的“数系”。数系始终默默无闻而又尽职尽责，人们通常可能不会注意到它。

定义 在位值数系中，各个符号的值由其在数符中的位置决定。位值数系也称定位数系。

例如，在数符 35 中，3 表示 3 个 10（或 30），5 表示 5 个 1（或 5）。但是，在数符 53 中，3 表示 3，5 表示 50。

如果中国数系（见 5.1 节）采用了位值概念，则可能更为有效地书写数字。例如，对于图 5.3(a)中的数字 543，即可按图 5.3(b)进行书写。

五 百　　四 十　　三　　　　五　四　三

5×100 + 4×10 + 3×1　　　　100s　10s　1s

(a)　　　　　　　　(b)

图 5.3　(a)中国记数法；(b)应用了位值概念的中国记数法

经过如此修改后，最右侧的符号表示 1（单位/个位），紧邻的左侧符号表示 10，再左侧的符号表示 100，以此类推。稍后将介绍：要成为真正的位值数系，还需要为 0（零）发明一个符号。

解题策略：类比原则

当学习本章内容时，你应该尝试对内容进行总结，而不只是简单地记忆事实列表。例如，寻找各个数系之间的相似性和差异，弄清楚哪些数系具有位值？哪些数系没有位值？哪些数系存在 0 的符号？如果这样做的话，你不仅会记得更牢，而且会理解得更好。

接下来讨论几种位值数系，首先介绍古巴比伦数系。

要点　巴比伦人开发了位值数系的早期范例。

5.2.1　巴比伦数系

古巴比伦遗址位于今天的巴格达以南约 60 英里处。巴比伦人曾经拥有非常先进的文明，大约从公元前 2000 年延续至公元前 600 年，在医学、法律、哲学、天文学和数学等领域成就卓著。

巴比伦人采用基于“60 的幂”的一种原始位值数系，称为“六十进制”。巴比伦数系包含两个符号：▼表示 1，◀表示 10，由楔形木棍写于湿黏土上，计算结果会在黏土硬化后永久保留下来。对于值较小的数字而言，这种数系的工作原理与埃及数系非常相像，例如可将数字 23 写为◀◀▼▼▼。但是，为了表示值较大的数字，巴比伦人采用了这些符号的几个分组，各组之间由空格分隔，并将这些分组的值乘以“60 的递增幂”，如例 1 所述。

例 1　将巴比伦数符转换为印度－阿拉伯数符

将▼▼ ◀◀◀▼ ◀◀▼▼▼转换为印度－阿拉伯记数法。

解：首先解读这三组数符。右侧一组代表 1（单位/个位），中间一组代表 60，左侧一组代表 60^2，如图 5.4 所示。

因此，该记数法表示如下数字：

$$2\times60^2+31\times60+23=2\times3600+31\times60+23=9083$$

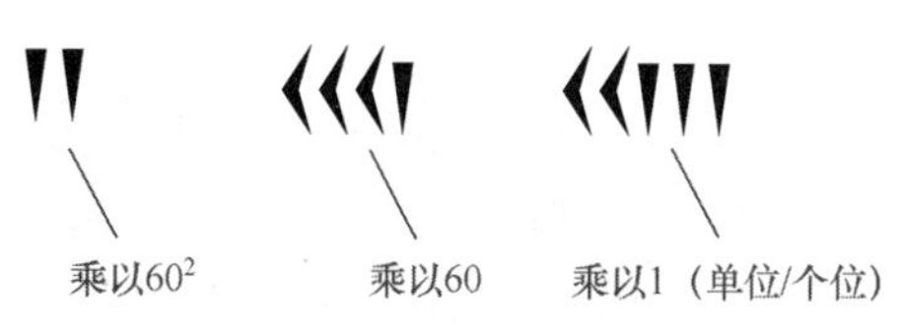

图 5.4　巴比伦记数法

由于巴比伦人早期没有表示 0（零）的符号，所以较难准确区分各符号组之间的空格数量，例如，我们可能难以确定▼ ◀▼▼▼▼是表示 $1\times60+14$ 还是表示 $1\times60^2+14$。巴比伦数系后来为 0 提供了一个符号，从而彻底解决了这个问题。

巴比伦人用符号⊤表示减法，因此数符◀◀⊤▼▼▼表示 $20-3=17$。

要将印度－阿拉伯数符转换为巴比伦数符，必须除以“60 的幂”，类似于将秒转换为小时和分钟。例如，要将 7717 秒转换为小时和分钟，首先要将其除以 3600（1 小时包含 3600 秒），从而获得完整小时的数量：

2小时

3600)7717

7200

517秒

因此，除去2个完整的小时，目前还剩下517秒。下面用517除以60，获得完整分钟的数量。

8分钟

60)517

480

37秒

由此可见，7717秒对应于2小时8分钟37秒。

例2　将印度－阿拉伯记数法转换为巴比伦记数法

将12221转换为巴比伦数符。

解： 首先除以$3600 = 60^2$，这是12221能够除以的“60的最大幂”。

3 60^2的倍数

3600)12221

10800

1421 余数/单位数

商3说明该数字中存在多少60^2。接下来，将1421除以60:

23 60的倍数

60)1421

1380

41 余数/单位数

商23说明该数字中存在23个60，余数41说明剩余41个单位。现在，数字12221能够写为$3 \times 60^2 + 23 \times 60 + 41$，可用巴比伦记数法表示为

𒁹𒁹𒁹 𒌋𒌋𒁹𒁹𒁹 𒌋𒌋𒌋𒌋𒁹

现在尝试完成练习01～12。

自测题5

a）将𒁹𒁹𒁹 𒌋𒁹𒁹𒁹 𒌋𒌋𒁹转换为印度－阿拉伯数符；b）将7573转换为巴比伦记数法。

你可能感到疑惑，为什么巴比伦数系选择了如此奇怪的数字60作为进位基数呢？有人推测当巴比伦人进行分数计算时，需要通过组合“单位分数（如$\frac{1}{2}$、$\frac{1}{3}$、$\frac{1}{4}$和$\frac{1}{5}$等）”来实现，例如将$\frac{7}{12}$写为$\frac{1}{3}+\frac{1}{4}$。此时，由于具有许多不同除数，数字60便成了一个便捷可用的数字。在像$\frac{1}{12}+\frac{1}{5}+\frac{1}{10}+\frac{1}{15}+\frac{1}{15}=\frac{31}{60}$这样的求和计算中，60常作为分母出现，因此“用60作为进位基数”使分数计算变得更简单。时至今日，“60进位基数”的影响仍然不可小觑，例如1小时包含60分钟，或者$3600 = 60^2$秒；在几何学中，每个圆都有360度。

5.2.2　玛雅数系

玛雅印第安人数系以数字20为基数，采用点和横的组合形态记数，如图5.5所示。

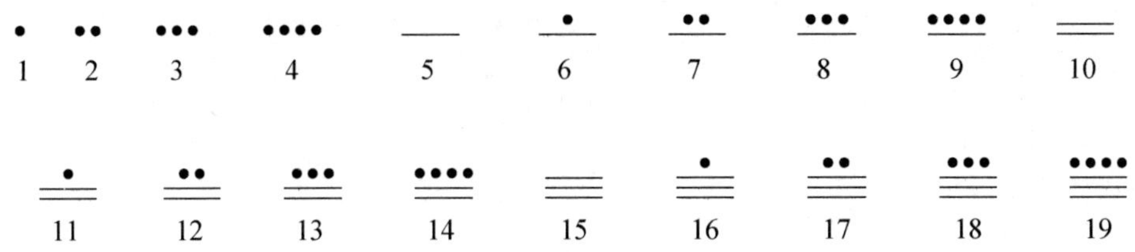

1 2 3 4 5 6 7 8 9 10

11 12 13 14 15 16 17 18 19

图 5.5 玛雅数符的记数

历史回顾——玛雅的数学和天文学

大约从公元前 200 年至公元 1540 年，玛雅印第安人生活在中美洲的尤卡坦半岛，他们对数学、天文学和艺术做出了重要贡献。虽然玛雅数系以数字 20 为基数，但是乘积 20×18 在计算中发挥着重要作用，因为他们的日历由 18 个月（称为乌纳）组成，每个月由 20 天组成，年底再另外增加 5 天。他们对一年的长度的估算非常精确——365.242000 天，我们目前的估算是 365.242198 天。

玛雅天文学家还描述了太阳、月球及各大行星的运动，并且准确地预测了日食。考虑到他们不知道如何制造玻璃，无法像后来的天文学家那样利用望远镜，因此其成就确实非常了不起。

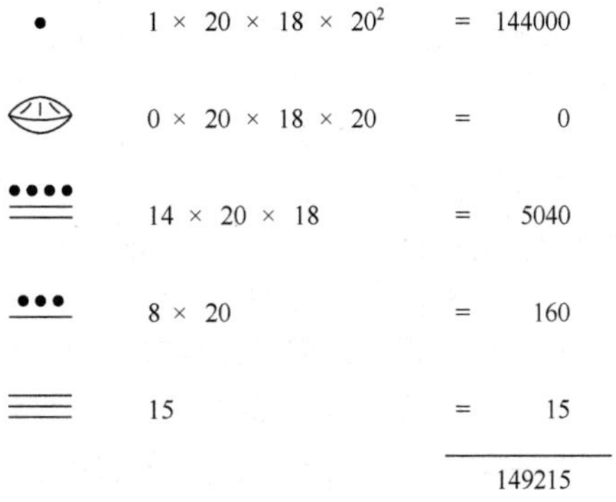

为了对大于 19 的数字进行记数，玛雅人采用垂直方式来定位符号，最低位置代表 1（单位），下一个较高位置代表 20，再下一个较高位置代表 20×18（用 20×18 而非 20^2 的原因见前面的“历史回顾”），再接下来一个较高位置代表 20×18×20，以此类推，如图 5.6 所示。符号代表 0（零）。

$1 \times 20 \times 18 \times 20^2 = 144000$

$0 \times 20 \times 18 \times 20 = 0$

$14 \times 20 \times 18 = 5040$

$8 \times 20 = 160$

$15 = 15$

149215

图 5.6 用玛雅记数法表示较大数字

自测题 6

将给定玛雅数符转换为印度－阿拉伯记数法。

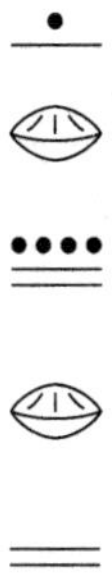

例 3 从印度－阿拉伯记数法转换为玛雅记数法

将 8292 转换为玛雅记数法。

解： 回顾前文所述的系统化策略。

由图 5.6 可知，玛雅数符中的垂直位置表示以下数量：

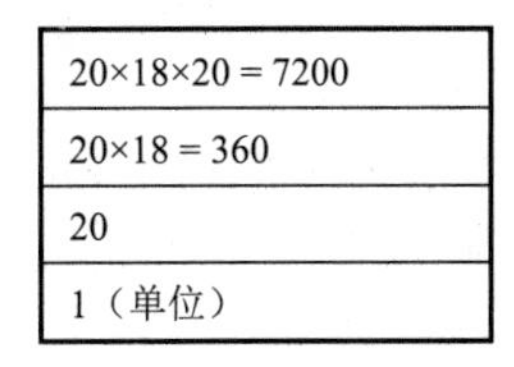

20×18×20 = 7200
20×18 = 360
20
1（单位）

因此，首先用 7200 去除 8292，然后用 360 去除余数：

$$\begin{array}{r} 1 \\ 7200\overline{)8292} \\ \underline{7200} \\ 1092 \end{array} \quad \text{7200的倍数} \qquad \begin{array}{r} 3 \\ 360\overline{)1092} \\ \underline{1080} \\ 12 \end{array} \quad \text{360倍数；12——1的数量}$$

由此可见，8292 中包含 1 个 7200、3 个 360 和 12 个 1（单位），所以玛雅记数法可表示为

• —— 7200 的倍数

••• —— 360 的倍数

•• —— 1 的数量

现在尝试完成练习 13 ~ 20。

5.2.3 印度—阿拉伯数系

在印度的一根石柱上，人们发现了目前已知最古老的印度—阿拉伯数符，据信写于公元前 250 年左右。印度数系并没有符号 0（零），学者们也不确定当前印度—阿拉伯数系何时最终定型。波斯数学家阿尔·霍瓦里兹米学会了印度记数法，并于公元 825 年编写了一本书，书名翻译成英语的意思是"阿尔·霍瓦里兹米关于印度数字的书"。此后，印度记数法为阿拉伯人所采纳。公元 1202 年，在中东地区学习一段时间后，意大利数学家列昂纳多·斐波那契编写了一本关于算术和代数的书，书名为《计算之书/算盘全书/算经》，从而将印度—阿拉伯数符推广至整个欧洲。

与前面介绍的各种数系不同，印度—阿拉伯数系是基数为 10 的一种位值数系，主要特征之一是"只用数位（digit）0, 1, 2, …, 9 即可写出所有数符"（注：digit 是"手指"的拉丁语单词，因为正常人都有 10 根手指，难怪许多数系选择数字 10 作为基数）。因此，与一些早期的数系不同，我们不需要代表 10、100 和 1000 等数字的特殊符号。此外，0（零）的发明（作为占位符）非常重要，它使人们能够很容易地在相关数字（如 5001、501 和 51）之间进行区分。这种方法与早期的巴比伦数系具有一定的相似性，后者在符号组之间使用空格。

要点 印度 - 阿拉伯数系是基数为 10 的一种位值数系。

我们可以用展开式写出印度—阿拉伯数符，从而明确显示每个数字如何乘以 10 的幂，例如：

$$6582 = 6\times10^3 + 5\times10^2 + 8\times10^1 + 2\times10^0$$

（回想可知，$10^0 = 1, 10^1 = 10, 10^2 = 10\times10 = 100, 10^3 = 10\times10\times10 = 1000, \cdots$。）

例 4 用展开式写出印度—阿拉伯数字

a）用展开式写出 53024。

b）用印度 - 阿拉伯记数法写出 $4\times10^3 + 0\times10^2 + 2\times10^1 + 5\times10^0$。

解：a）$53024 = 5\times10^4 + 3\times10^3 + 0\times10^2 + 2\times10^1 + 4\times10^0$。

b）$4\times10^3 + 0\times10^2 + 2\times10^1 + 5\times10^0 = 4个1000 + 0个100 + 2个10 + 5个1 = 4025$。

现在尝试完成练习 25 ~ 36。

采用展开式记数法，我们可以解释用于执行算术运算的各种算法。

例 5 用展开式记数法解释加法算法

用展开式记数法计算 $4625 + 814$。

解：采用展开式记数法，我们可将这个问题写为

$$\begin{aligned} 4625 &= 4\times10^3 + 6\times10^2 + 2\times10^1 + 5\times10^0 \\ +814 &= + \quad 8\times10^2 + 1\times10^1 + 4\times10^0 \\ 5439 &= 4\times10^3 + 14\times10^2 + 3\times10^1 + 9\times10^0 \end{aligned}$$

取 10 个 10^2，并将其表示为 1 个 10^3（左侧）

10^0位和10^1位的计算非常简单。但是，当6×10^2与8×10^2相加时，结果应为14×10^2，由于不能采用单一位置来表达14，所以我们考虑将14分解为$10+4$，然后即可利用“乘法对加法的分配律”事实将其写为

$$14\times10^2=(10+4)\times10^2=10\times10^2+4\times10^2=10^3+4\times10^2$$

结果给出了4个“10的平方”和1个多出来的“10的立方”，使得“10的立方”数量增加至5个。在展开式记数法中，可以将其写为

$$5\times10^3+4\times10^2+3\times10^1+9\times10^0=5439$$

现在尝试完成练习37～40。

通过例5的答案中数字14的处理方式，我们可以解释在执行此加法时为什么要“保留4，并向左侧一列进位1”。

要点 印度－阿拉伯记数法允许我们简化计算。

例6 用展开式记数法解释减法算法

用展开式记数法计算$728-243$。

解：采用展开式记数法，我们可将这个问题写为

$$\begin{array}{r} 728=\ 7\times10^2+2\times10^1+8\times10^0 \\ \underline{-243}=\underline{-2\times10^2+4\times10^1+3\times10^0} \end{array}$$

10^2位和10^0位的计算很简单，但是不能从2×10^1中直接减去4×10^1，这是事实。

为了解决这个问题，我们将1个“10的平方”表示为10×10^1。此时，10^1增加为12个，“10的平方”减少为6个。现在，我们可将该减法改写为

我们取1个10^2，然后将其作为10个10^1

$$\begin{array}{r} 728=\ 6\times10^2+12\times10^1+8\times10^0 \\ \underline{-243}=\underline{-2\times10^2+\ 4\times10^1+3\times10^0} \\ 485=\ 4\times10^2+\ 8\times10^1+5\times10^0 \end{array}$$

结果为$4\times10^2+8\times10^1+5\times10^0=485$。

现在尝试完成练习41～44。

5.2.4 排桨帆船法和奈皮尔乘除器

印度－阿拉伯记数法具有一种非常重要的优势——当执行基本数值计算时，不必采用算盘或记数板，只需通过铅笔和纸张即可轻松搞定。例7解释了进行乘法运算的排桨帆船法（galley method），它是今天所用乘法方法的原型，流行于15世纪的意大利。但是，由于印刷厂发现其排版非常烦琐（特别是做除法时），所以这种方法最终演进为更为现代的乘法方法。

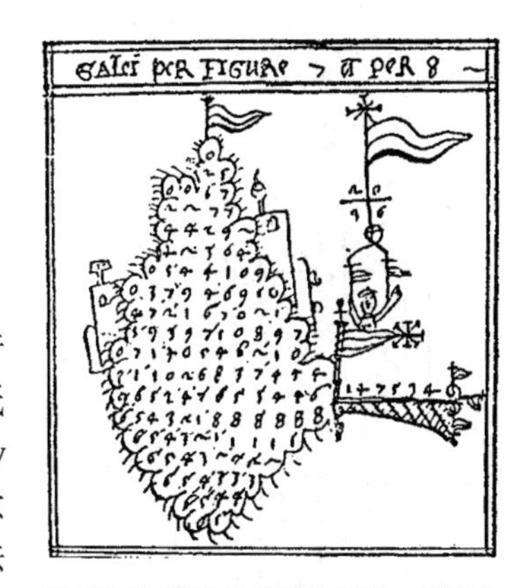

用排桨帆船法进行除法运算的一张图片

例7 用排桨帆船法进行乘法运算

用排桨帆船法求685和49的乘积。

解：回顾前文所述的系统化策略。

首先构造一个矩形，并划分为若干三角形，这个矩形称为排桨帆船，如图5.7(a)所示。然后，计算排桨帆船的每个框中的部分积，如图5.7(b)所示。例如，因为6和4的乘积是24，所以将2和4分别放在左上角框的两个三角形中。

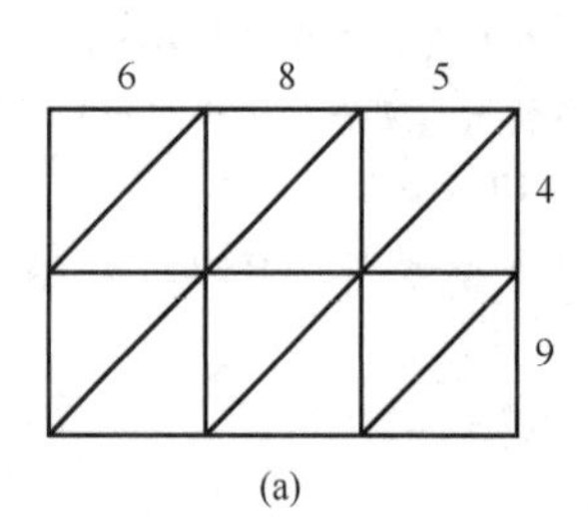

(a)

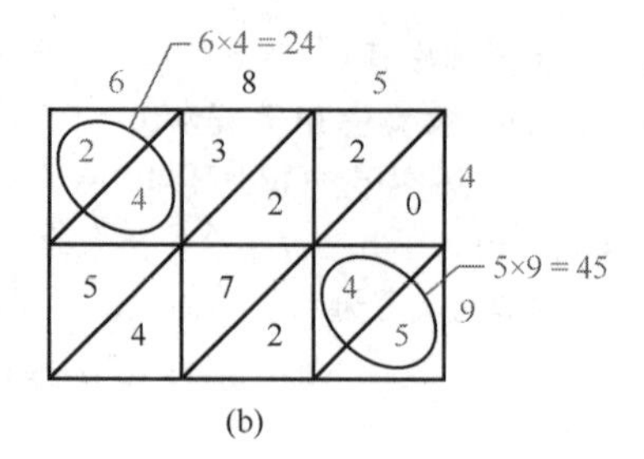

(b)

图 5.7　计算 685 和 49 乘积的排桨帆船

接下来，沿对角线对数字求和，从右下角开始，如图 5.8 所示。如果对角线沿线数字之和大于 9，则将单位（个位）数字放在对角线末端，然后向左侧通道进位 1。

按照红色箭头所标识的数字，获得最终乘积为“33565”。

现在尝试完成练习 49 ~ 54。

自测题 7

用排桨帆船法求 328×39，并显示该排桨帆船以及最终答案。

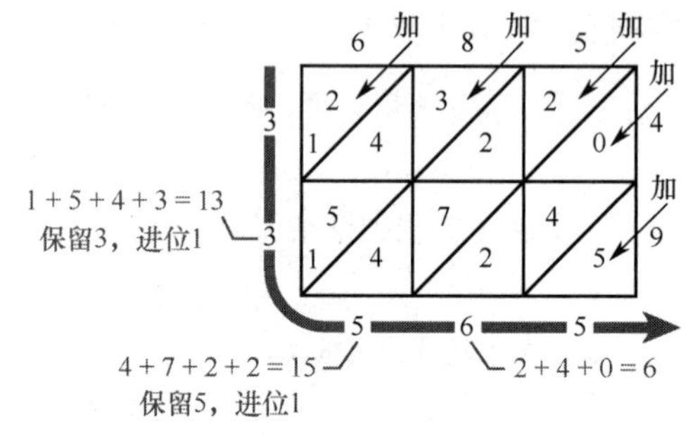

图 5.8　通过对部分积求和，计算最终乘积

排桨帆船法与人们今天所用的乘法算法非常相像，各个通道对应于乘法中的各列，只是数字稍微重新排列了一下。

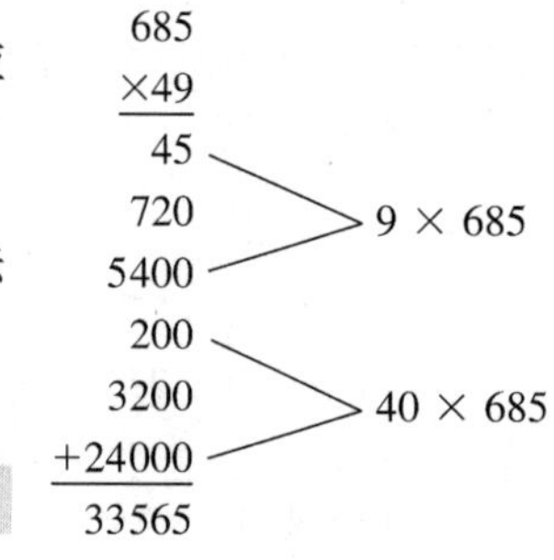

17 世纪，英国数学家约翰 • 奈皮尔发明了一种乘法运算装置，称为奈皮尔乘除器。该装置由一系列条状物组成，每个条状物顶部标有 1 个数字（0, 1, 2,…, 9），其余部分列出了顶部标签的所有倍数，如图 5.9 所示。该装置还具有一个附加条状物，称为 Index（索引）。

要点　奈皮尔乘除器是排桨帆船法的变体。

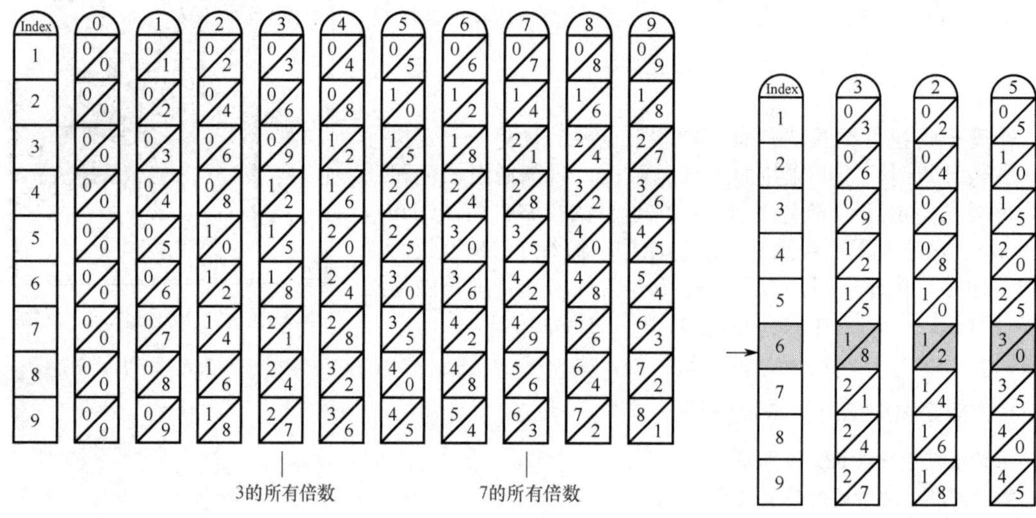

图 5.9　奈皮尔乘除器

图 5.10　用奈皮尔乘除器计算 6×325

要计算 6×325 的乘积，可以选择顶部标签为 3、2 和 5 的 3 个条状物，并将其并排放置在

"索引"旁边，如图 5.10 所示。然后，像例 7 中那样操作，采用小型排桨帆船（由索引中 6 旁边的 3 个框形成），计算该乘积为 1950，如图 5.11 所示。

练习 75～76 中将研究如何用奈皮尔乘除器做更复杂乘法。

图 5.11　6×325=1950

历史回顾——从算盘到计算机

最早的机械计算装置是算盘，它可向前追溯至公元前 300 年。早期的算盘与前文描述的罗马算盘类似，广泛应用于印度－阿拉伯数符之前的欧洲。有些人认为，大约在公元 1200 年，基督徒将算盘传入中国，随后又传入日本和韩国（注：算盘实际上起源于中国，迄今已有 2600 余年历史）。

图 5.12 是非常典型的中国算盘，由可在代表"10 的幂"的"挡"上滑动的诸多算珠组成。水平横梁下方的每颗算珠代表 1，上方的每颗算珠代表 5。紧贴横梁的算珠处于"活动"状态，用于表示相关数字。在图 5.12 中，中国算盘显示了数字 9073。

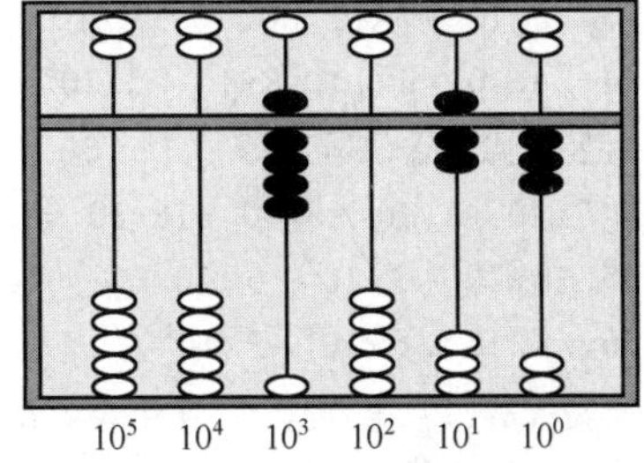

图 5.12　表示数字 9073 的中国算盘

1642 年，法国著名数学家布莱士·帕斯卡发明了一种加法器，其开发原理用在了后来的计算器中。1826 年，英国数学家查尔斯·巴贝奇发明了一种复杂计算机器，称为分析机/分析引擎。虽然巴贝奇不能真正制作这台机器，但其设计却为现代计算机奠定了基础。利用他的设计，IBM 后来制造了巴贝奇机器的工作模型，我们可在互联网上找到乐高积木制作的模型版本。

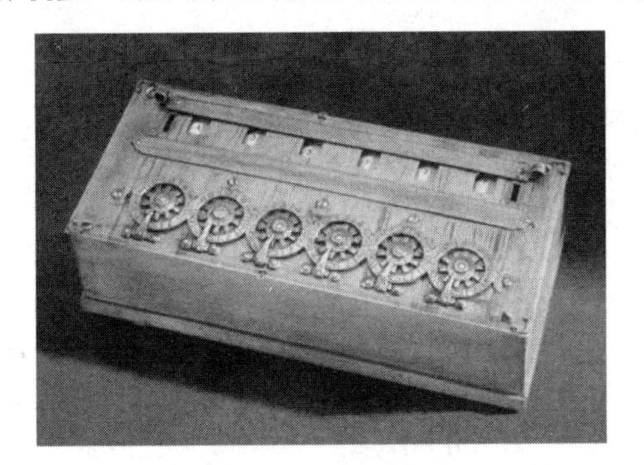
帕斯卡的加法器

巴贝奇的分析引擎

练习 5.2

强化技能

将下列巴比伦数符写为印度－阿拉伯数符。

01.　　02.

03.

04.

用巴比伦记数法写出下列数字。

05. 8235　**06.** 7331　**07.** 18397

08. 26411　**09.** 123485　**10.** 227597

11. 188289　**12.** 173596

将下列玛雅数符转换为印度－阿拉伯记数法。

13.　**14.**　**15.**　**16.**

用玛雅记数法写出下列数字。

17. 17　**18.** 48　**19.** 2173　**20.** 43933

在下列数符中，5 代表什么？

21. 37521　**22.** 53184　**23.** 105000

24. 5023671

用展开式记数法写出下列数字。

25. 25389　　26. 37248　　27. 278063

28. 820634　　29. 1200045　　30. 3002608

用标准印度－阿拉伯记数法写出下列数字。

31. $5\times10^3+3\times10^2+6\times10^1+8\times10^0$

32. $8\times10^3+2\times10^2+1\times10^1+4\times10^0$

33. $3\times10^5+7\times10^4+0\times10^3+0\times10^2+8\times10^1+2\times10^0$

34. $6\times10^5+0\times10^4+8\times10^3+2\times10^2+0\times10^1+4\times10^0$

用展开式记数法写出练习 35 ~ 36 中的表达式，例如 $7\times10^2+5\times10^2+4\times10^2=16\times10^2=1\times10^3+6\times10^2$。

35. $8\times10^2+3\times10^2+6\times10^2$

36. $8\times10^3+6\times10^3+5\times10^3$

像例 5 和例 6 中那样，用展开式记数法执行下列加法和减法运算。

37. $2863+425$　　38. $5264+583$

39. $3482+2756$　　40. $7843+1692$

41. $926-784$　　42. $835-362$

43. $5238-1583$　　44. $3417-2651$

学以致用

假设你是巴比伦抄书吏，准备为雇主执行下列操作。尝试用巴比伦记数法完成这些计算，不要转换为印度－阿拉伯记数法。

45. 𒌋𒌋𒌋𒌋𒁹𒁹𒁹𒁹𒁹𒁹𒁹 + 𒌋𒌋𒌋𒌋𒑊𒁹𒁹𒁹

46. 𒌋𒌋𒌋𒌋𒌋𒑊𒁹𒁹𒁹𒁹𒁹𒁹 + 𒌋𒌋𒑊𒁹𒁹𒁹

47. 𒌋𒌋𒌋𒑊𒁹𒁹　𒌋𒌋𒁹𒁹 − 𒌋𒌋𒑊𒁹𒁹　𒌋𒌋𒁹𒁹𒁹

48. 𒌋𒌋𒌋𒌋𒑊𒁹𒁹𒁹　𒌋𒌋𒁹𒁹 − 𒌋𒌋𒑊𒁹𒁹　𒌋𒌋𒌋𒁹𒁹𒁹

在练习 49 ~ 52 中，a)用排桨帆船法执行乘法运算；b）以例 7 中介绍的更传统方式重写计算。

49. 23×876　　50. 56×371

51. 293×465　　52. 473×628

利用部分完成的排桨帆船，判断要乘以的数字。

53. 

54. 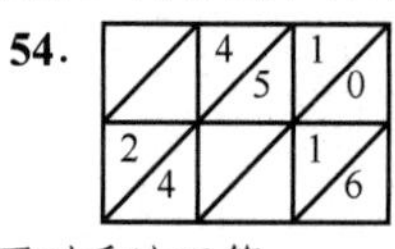

用奈皮尔乘除器执行下列乘法运算。

55. 8×492　　56. 5×728

57. 6×924　　58. 4×834

59. 古巴比伦人使用两种类型的货币，分别为谢克尔和米纳（1 米纳等于 60 谢克尔）。某探宝者在伊拉克近海发现了两艘沉船，第一艘沉船装载有𒌋𒌋𒌋𒌋𒌋𒁹𒁹𒁹𒁹𒁹𒁹谢克尔，第二艘沉船装载有𒌋𒌋𒌋𒑊𒁹𒁹𒁹谢克尔。使用尽可能少的硬币，以米纳和谢克尔为单位，表示这些硬币的总价值。

60. 重复练习 59，但是这次两艘沉船分别装载有𒌋𒌋𒌋𒑊𒁹𒁹𒁹和𒌋𒌋𒌋𒌋𒑊𒁹𒁹𒁹𒁹谢克尔。

数学交流

61. 与早期的非位值数系相比，位值数系具有哪些优势？

62. 在印度一阿拉伯数系中计算时，为什么需要输送（进位）和借用（退位）？

63. 使用排桨帆船系统的乘法与今天的乘法有什么相似之处？请举例说明。

64. 在使用巴比伦记数法时，为什么会混淆 65 和 3605？

65. 在表示非常大的数字时，中国古代数系存在什么困难？印度一阿拉伯数系如何解决此问题？

66. 按时间顺序（从早到晚）排列以下数系：**a**. 位值数系；**b**. 乘法分群；**c**. 记数符号；**d**. 简单分群。举例说明每类数系，解释为什么要如此排序。

挑战自我

中国现代数系是使用符号 0（零）的以 10 为基数的位值数系，用这种现代记数法重写下列数符。记住，对于 10、100 和 1000 等数字，你现在不需要特殊符号。

67. 四百三十六　　68. 八千五百二十五

69. 五千六十七　　70. 四千三百四

71. 九千九　　72. 四千九十

在练习 73 ~ 74 中，写出给定玛雅数符之前的数符。

73. 　　74.

75. 设计一种方法，用奈皮尔乘除器计算多位数乘法，例如 324×615（提示：将 324 视为 $300+20+4$）。用此种方法计算 324×615。

76. 利用你在练习 75 中发明的方法，计算 426×853。

77. 展开式记数法使用“10 的非负幂”，将数符写在小数点左侧，如 $5683=5\times10^3+6\times10^2+8\times10^1+3\times10^0$。思考如何使用“10 的负幂”为小数点右侧的数符写出展开式，例如 0.375。从“10 的幂”角度看，0.3 是什么含义？0.07 呢？0.005 呢？

用展开式符号写出下列数字。

78. 372.4678　　79. 205.6003　　80. 418.03006

5.3 其他进位基数

假设你能听到一对计算机情侣之间的浪漫对话，含情脉脉的情话如下所示：

1001000 1001111 1010111 1000100 1001111 1001001 1001100 1001111
1010110 1000101 1011001 1001111 1010101–1001100 1000101 1010100
1001101 1000101 1000011 1001111 1010101 1001110 1010100 1010100
1001000 1000101 1010111 1000001 1011001 1010011

[注：这段开场白听上去或许有点呆萌，但你确实可能会无意之中拨通传真机或其他电子设备，然后听到二进制对话的各种嘶嘶声、尖叫声和哔哔声。上面这些数字可翻译为“HOWDOILOVEYOU-LETMECOUNTTHEWAYS（我有多爱你——让我逐一细数）”]

对于人类而言，由 0 和 1 组成的这个长字符串极为晦涩难懂，但其实这是两台计算机之间相互表达爱意的方式，即所谓二进制或基数 2 记数法。在练习 75～78 中，你将学习如何翻译这段二进制代码。

如前所述，巴比伦数系是六十进制（以 60 为进位基数），玛雅数系是二十进制（以 20 为进位基数），印度－阿拉伯数系是十进制（以 10 为进位基数）。下面介绍的内容不仅适用于二进制，而且适用于五进制、八进制和十六进制。你很快就能够看到，采用大于 1 的任何整数，我们都可构建数系。这些数系在数学领域中并不罕见，世界各地的不同社会群体为其数系采用了其他进位基数（如 2、3、4、5 或 8）。

本节重点介绍五进制，但其原理同样适用于具有其他进位基数的数系。

5.3.1 非十进制

下面解释如何用其他进位基数（除 10 外）进行记数，但是首先必须仔细查看印度－阿拉伯数系（十进制）的工作原理。我们开始记数，1, 2, 3,…, 9，然后并不写出 10 的单一符号，而写出“1 0（一〇）”。务必记住，1 表示 1 乘以进位基数，0 表示 0 个单位/个位，如下所示：

1 0

1×10^1 ┘ └ 0×10^0

要点 印度－阿拉伯数系的原理适用于采用其他进位基数的数系。

与此类似，在任何进位基数 b 中，我们均可采用这种相同的模式，即数符“10”表示“1 乘以基数”加上“0 个单位”，如下图所示：

1 0

$1 \times b^1$ ┘ └ $0 \times b^0$

心中默记，我们现在能够以进位基数 5 进行记数，每当在任何位置获得 5，记住要“保留 1 个 0 并进位 1”。下面开始记数，1, 2, 3, 4，接下来是基数 5，我们将其写为 10_5，下标 5 说明进位基数是 5（而非 10）。继续沿用这种规律，当记数到 14_5 时，下一个数字要求在“单位/个位”位置写上 5，当然不能这么做，此时应写为 20_5。因此，我们将以进位基数 5 记数如下：

不用单一符号表示 5

1 个 5^2，没有 5，没有个位

$$1,2,3,4,10_5,11_5,12_5,13_5,14_5,20_5,21_5,22_5,\cdots,44_5,100_5$$

在 5^0 位或 5^1 位，无法再记数更多对象

当把 1 和 44_5 相加时，“单位/个位”位置应为 5，所以保留 1 个 0 并进位 1。但是，现在 5

位置也达到了 5，所以再次保留 0，然后将 1 进位至 5^2 位置。因此，44_5 后面的数字应为 100_5。

在朗读进位基数为 5 的数符时，例如对于 23_5，不要读成“二十三进位基数五”，因为“二十”会令人想起进位基数 10，或许会在计算时产生混淆。此时，一定要读成“二三进位基数五”。

在称为八进制的以 8 为进位基数的数系中，记数方式如下：

2 个 8，没有单位 ┐ ┌ 1 个 8^2，没有 8，没有单位

$$1, 2, 3, 4, 5, 6, 7, 10_8, 11_8, 12_8, \ldots, 17_8, 20_8, 21_8, \ldots, 77_8, 100_8, \ldots$$

十进制：8 9 10 15 16 17 63 64

但是，在以 16 为进位基数的数系（称为十六进制）中记数时，我们会遇到一个问题：如果以通常方式开始记数，则在“1, 2, 3, 4, 5, 6, 7, 8, 9”之后不能再写 10_{16}，因为 10_{16} 代表 $1\times16+0\times1$，结果为十进制数 16 而非 10。为了解决这个问题，按惯例需要采用字母 A, B, C, D, E 和 F 来表示十进制数字 10, 11, 12, 13, 14 和 15。因此，在十六进制中，我们按如下方式记数：

$$1, 2, 3, \ldots, 9, A, B, C, D, E, F, 10_{16}, 11_{16}, \ldots, 1F_{16}, 20_{16}, 21_{16}, \ldots, FF_{16}, 100_{16}, \ldots$$

十进制：10 11 12 13 14 15 16 17 31 32 33 255 256

在设计数字设备（如平板电脑和闪存驱动器等）时，工程师采用一种以 2 为进位基数的数系，或者称为二进制。此数系仅使用 0 和 1，因此按如下方式记数：

$$1, 10_2, 11_2, 100_2, 101_2, 110_2, 111_2, 1000_2, 1001_2, \ldots$$

十进制：1 2 3 4 5 6 7 8 9

自测题 8

用三进制记数十进制数字 10。

在非十进制中，展开式记数法的工作原理与印度—阿拉伯数系的非常相似，例如可用展开式记数法将数符 2304_5 写为

$$2\times5^3+3\times5^2+0\times5^1+4\times5^0$$

建议 始终牢记如下两件事，有助于你在不同进位基数中工作：

1. 在进位基数 b 中，仅使用数符 $0, 1, 2, \cdots, b-1$。例如，在进位基数 8 中，仅使用 0, 1, 2, 3, 4, 5, 6 和 7，不能使用 8 或 9。

2. 与进位基数 10 一样，数符中的各个位置表示“进位基数的幂”的倍数。

接下来采用展开式记数法，将非十进制数符转换为印度—阿拉伯数符。

例 1 转换为十进制记数法

将 4302_5 转换为十进制记数法。

解：为了转换为十进制记数法，用展开式记数法将 4302_5 写成如下形式：

$$\begin{aligned}4302_5 &= 4\times5^3+3\times5^2+0\times5^1+2\times5^0\\ &= 4\times125+3\times25+0\times5+2\times1\\ &= 500+75+0+2=577\end{aligned}$$

现在尝试完成练习 01 ~ 22。

自测题 9

将 354_6 转换为十进制记数法。

霍纳法（Horner's method）是一种可选方法，可将某种进位基数中的数字转换为十进制数字。在下表中，通过将例 1 中的 4302_5 转换为十进制，图解说明了霍纳法。

霍纳法

步　骤	计　算	结　果
1. 将正在转换为十进制的该数字的最左侧数位作为“结果”	从 4302_5 中，选择 4 作为“结果”	4
2. 将“结果”乘以进位基数（此时为 5），并将乘积与待转换数字中的下一位数相加，然后将总和作为“结果”	$4×5+3=23$ →	23
3. 不断重复第 2 步，直至抵达最后一位数	$23×5+0=115$ →	115
⋮		
4. 加上最右侧一位数（此时为 2）后，整个计算过程结束	$115×5+2=577$ →	577 最终答案

霍纳法可以避免使用“基数的幂”，并且能够通过计算器轻松完成，如下图所示。

```
            4
Ans*5+3
           23
Ans*5+0
          115
Ans*5+2
          577
```

生活中的数学——数字听起来像什么？

你可能并没有意识到，当下载一首歌时，歌曲会以称为位/比特的二进制数字字符串形式进行传输。那么，这些数字的数量共有多少呢？你这样问我很高兴。

为了以数字方式录制音乐，首先要将其转换为电波，然后以 44100 次/秒的速率进行采样，最后用 16 位/比特的速率对每个样本进行编码。要录制立体声，编码过程还要适应每只耳朵。

因此，对于 1 秒的立体声音乐而言，必须采集 $44100×16×2=1411200$ 位的信息。如果准备听一首 3 分钟长的歌曲，就要倾听约 2.5 亿个由 0 和 1 组成的字符串。如果打印出所有这些“位”，总计需要 7.6 万多页纸，这些纸张首尾相连的长度将超过 13 英里！

下面介绍如何将十进制数符转换为五进制数符。在这一过程中（见例 2），首先确定单位/个位的数量，其次是 5 的数量，然后是 25 的数量，以此类推。

例 2　从十进制转换为五进制记数法

将 384 写为五进制数符。

解：从下面的除法中，可知当 384 除以 5 时，商为 76，余数为 4 个单位/个位（1）：

$$5\overline{)384}\ \text{商 } 76$$

$$\underline{380}$$

4 余数单位

接下来，用 76 除以 5，相当于用原数字除以 25（即 5 的平方）。从这个除法中，可知当除以 25 后，余数为 1 个 5，意味着在五进制数符中，5 位置应当为 1。

$$5\overline{)76}\ \text{商 } 15$$

$$\underline{75}$$

1 余数5

继续这一运算过程，并更紧凑地表达该除法，如图 5.13 所示。

在图 5.13 中，继续将每个商除以 5，直至商为 0 时为止。以相反顺序读取余数，最终得到 384 的五进制数符，即 3014_5。

现在尝试完成练习 23 ~ 36。

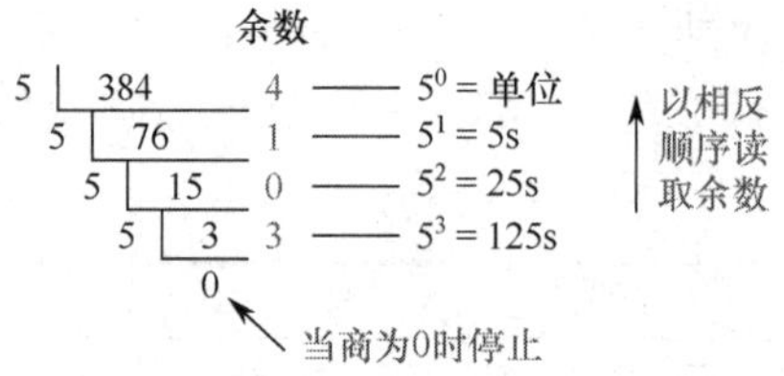

余数

5 | 384　4 —— 5^0 = 单位
5 | 76　1 —— 5^1 = 5s
5 | 15　0 —— 5^2 = 25s
5 | 3　3 —— 5^3 = 125s
0

以相反顺序读取余数

当商为0时停止

图 5.13　为求出五进制数符，重复除法“除以 5”

自测题 10

将十进制数字 113 转换为五进制数字。

在例 2 中，记住这一点很重要：当商（而非余数）为 0 时，停止计算过程。

解题策略：类比原则

在 1.1 节中，我们曾经建议“为了理解数学思维，与以前见过的情况进行类比非常有用”。如果完全理解印度 - 阿拉伯数系中的位值概念，则为了理解如何在其他位值数系中进行计算，你可以轻松修改之前用到的各种技术。

5.3.2　非十进制算术运算

假设你在五进制世界中长大，小时候或许通过观看《芝麻街》（美国儿童教育类系列电视节目）儿歌而学会了记数，此时的儿歌将不再是

one, two, three, four, five, six, seven, eight, nine, ten
（1, 2, 3, 4, 5, 6, 7, 8, 9, 10）

你可能学会了唱着如下儿歌去记数：

one, two, three, four, fen, fenone, fentwo, thirfeen, fourfeen, twenfy, twenfy-one, ⋯
（1, 2, 3, 4, 10_5, 11_5, 12_5, 13_5, 14_5, 20_5, 21_5, ⋯）

要点　其他进位基数中的算术运算与十进制运算类似。

如果用“10 基数 5”表示 5 和“11 基数 5”表示 6 等，那么这种名称表示法非常烦琐冗长。为方便起见，我们为相关数字发明了较为随意的简化名称，如将 10_5, 11_5 和 12_5 分别称为 fen, fenone 和 fentwo。这些名称纯属虚构，没有必要费心去记。

刚上小学时，由于需要记住的数字较少，所以学习起来非常简单。你应当不必懂得 $7+8=15$，因为包含数字 7 和 8 的问题永远都不会出现。此外，在五进制世界中，某些数字事实上应当具有不同的书写方式，例如将十进制事实 $4+4=8$ 写为 $4+4=13_5$。利用我们前面发明的术语，你应当说 four plus four equals thirfeen（4 加 4 等于 13_5）。为了记住表 5.6 中列出的加法事实，你应当花费大量时间去记忆。例如，在表 5.6 中，可以看到 $3+4=12_5$。

表 5.6　五进制中的加法事实

+	0	1	2	3	4
0	0	1	2	3	4
1	1	2	3	4	10_5
2	2	3	4	10_5	11_5
3	3	4	10_5	11_5	12_5
4	4	10_5	11_5	12_5	13_5

$3+4=12_5$

自测题 11

求表 5.6 中的 $2+4$ 和 $2+3$。

下面利用表 5.6 中的加法事实，完成例 3 中的加法。

例 3　五进制中的加法

求 342_5+223_5。

解： 回顾前文所述的类比原则。

与十进制加法运算非常相似，首先将单位/个位相加，即 $2+3=5$（十进制），可以表示为 10_5。此时，将 0 放在个位位置，然后向 5 位位置进位 1，如图 5.14(a)所示。

接下来，将 5 位位置的数符相加，即 $1+4+2=12_5$，如图 5.13(b)所示。注意如何写下 2，然后向 5^2 位位置进位 1。

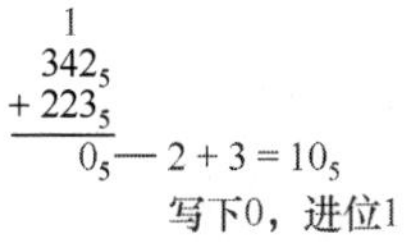

$$\begin{array}{r} 1 \\ 342_5 \\ +\,223_5 \\ \hline 0_5 \end{array} \quad 2+3=10_5$$

写下0，进位1

(a)

图 5.14　(a)五进制中的加法

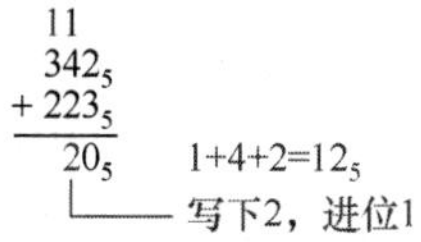

$$\begin{array}{r} 11 \\ 342_5 \\ +\,223_5 \\ \hline 20_5 \end{array} \quad 1+4+2=12_5$$

写下2，进位1

(b)

图 5.14　(b)五进制中的加法

最后，将 5^2 位位置的数符相加，并按需进位：

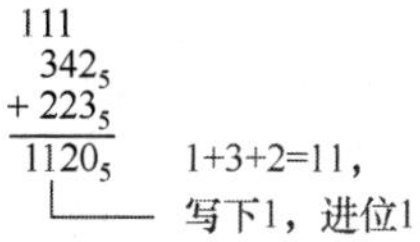

$$\begin{array}{r} 111 \\ 342_5 \\ +\,223_5 \\ \hline 1120_5 \end{array} \quad 1+3+2=11,$$

写下1，进位1

例 4　五进制减法

求 424_5-143_5。

解： 回顾前文所述的类比原则。

在五进制中，减法与十进制亦非常相似。首先，从 4 个单位中，减去 3 个单位，余下 1 个单位。

在 5 位位置上，由于无法从 2 个 5 中减去 4 个 5，所以向上“借用（退位）”了 1 个 25，并将其写为 5 个。因此，5 位位置现在共有 7 个 5，我们将其写为 12_5，如图 5.15 所示。从余下的 3 个 25 中，减去 1 个 25，从而完成全部减法运算。

现在尝试完成练习 37～54。

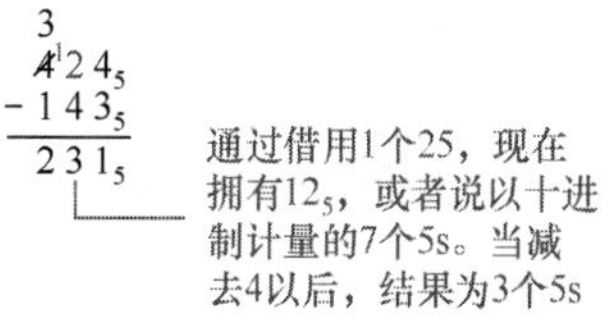

$$\begin{array}{r} 3 \\ \not{4}\,^{1}2\,4_5 \\ -\,1\,4\,3_5 \\ \hline 2\,3\,1_5 \end{array}$$

通过借用1个25，现在拥有12_5，或者说以十进制计量的7个5s。当减去4以后，结果为3个5s

图 5.15　五进制中的减法可能需要借用（退位）

自测题 12

a）求 315_6+524_6；b）求 325_6-131_6。

建议　验证五进制计算时，虽然将所有数字转换为十进制很有用，但是如果尝试用五进制来进行所有计算，即便起初会遇到一些困难，但会提高自己在其他进位基数中的计算技能。

为了理解如何在其他进位基数中做乘法，我们首先需要知道乘法表。与十进制中相比，这里的乘法事实看上去不太一样，例如在表 5.7 中，可以看到 $3\times4=22_5$，这是十进制数字 12 的五进制表达。对于表 5.7 中给出的其他五进制乘法事实，建议你适当予以验证。

表 5.7　五进制中的乘法事实

×	0	1	2	3	4
0	0	0	0	0	0
1	0	1	2	3	4
2	0	2	4	11_5	13_5
3	0	3	11_5	14_5	22_5
4	0	4	13_5	22_5	31_5

$3\times4=22_5$

自测题 13

求表 5.7 中的 2×4 和 4×4 。

在给出乘法示例之前，回顾下面的内容非常有帮助：5.2 节的例 7 中解释了十进制中排桨帆船乘法的含义，并且写出了 685 乘以 49 中的所有部分积，如下所示：

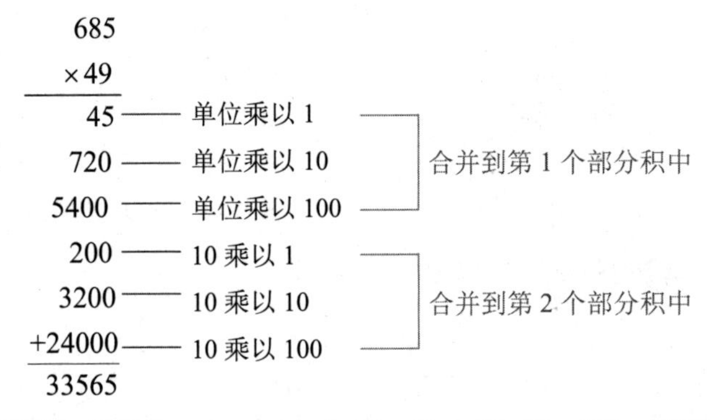

注意观察下列情形如何发生：$1\times1=1$ ，$1\times10=10$ ，$10\times10=100$ ，等等。

同样，当以通常方式进行此乘法运算时，我们将前 3 个乘积合并到第 1 个“部分积”中，将后 3 个乘积合并到第 2 个部分积中。当进行五进制乘法运算时，我们将遵循这种模式。

例 5　五进制中的乘法

求 $134_5\times32_5$ 。

解： 回顾前文所述的类比原则。

首先用 2 个单位乘以 4 个单位，得到 8 个单位（十进制），或者 13_5 个单位。写下 3 个单位，然后向 5 位位置进位 1。

1 —— 5个单位表示为1个5s

134_5

$\times\ 32_5$

3_5 —— 3个单位

接下来，用 2 个单位乘以 3 个 5，得到 6 个 5，再加上前面进位的 1 个 5，总计得到 7 个 5，将其写为 12_5 。写下 2，然后向 5^2 位位置进位 1。

11 —— 5个5s表示为1个5^2s

134_5

$\times\ 32_5$

23_5 —— 2个5s

将 2 个单位乘以 1 个 5^2 ，再加上进位而来的 1 个 5^2 ，得到 3 个 5^2 。第 1 个部分积就此完成。

$$\begin{array}{r} 134_5 \\ \times\ 32_5 \\ \hline 323_5 \end{array}$$

采用类似的方法，计算第 2 个部分积。首先将 3 个 5 乘以 4 个单位，得到 22_5 个 5。写下 2 个 5，然后向左侧 5^2 列中进位 2。

$$\begin{array}{r} 2 \\ 134_5 \\ \times\ 32_5 \\ \hline 323_5 \\ 2 \end{array}$$

——由于乘数3代表3×5，因此需要向左缩进1位

完成如下所示的第 2 个部分积：

$$\begin{array}{r} 22 \\ 134_5 \\ \times\ 32_5 \\ \hline 323_5 \\ 1012 \\ \hline \end{array}$$

然后，将两个部分积相加，即可取得最终乘积：

$$\begin{array}{r} 134_5 \\ \times\ 32_5 \\ \hline 323_5 \\ 1012 \\ \hline 10{,}443_5 \end{array}$$

——在五进制中相加

现在尝试完成练习 55 ~ 58。

自测题 14

求以下乘积：a） $34_5 \times 42_5$；b） $56_8 \times 47_8$。

在开始学习除法之前，你必须较好地理解乘法。例如，在下面的十进制除法中，考虑第 1 步应该做什么：

$$\begin{array}{r} 2 \\ 18\overline{)4721} \\ 36 \\ \hline 11 \end{array}$$

——基于十进制中的经验，18可被47除2次

基于十进制的多年使用经验以及具备的良好预估能力，我们看到 18 可被 47 除 2 次（而非 3 次）。

在除式

$$23_5\overline{)4132_5}$$

——我们缺少五进制中的经验，所以制作了一张23_5倍数表格

中，我们并没有相同的深厚背景知识，显然无法找到尝试商，所以要用另一种方法，如例 6 所述。

例 6　五进制中的除法

执行除法运算：

$$23_5\overline{)4132_5}$$

解：为了能够估算“尝试商”，我们需要知道 23_5 的倍数，现列举如下（应验证这些事实）：

$$23_5 \times 0 = 0$$
$$23_5 \times 1 = 23_5$$
$$23_5 \times 2 = 101_5$$
$$23_5 \times 3 = 124_5$$
$$23_5 \times 4 = 202_5$$

从这个列表中，可知 23_5 能被 41_5 除 1 次（而非 2 次），所以在商中放上 1，开始执行除法运算：

$$\begin{array}{rl} 1 & \\ 23_5\overline{)4132_5} & \\ \underline{23} & \text{—— 五进制减法} \\ 13 & \end{array}$$

记住，当执行减法运算 $41_5 - 23_5$ 时，我们正在做五进制减法。接下来，降下数字 3，在商上再加 1 位数字。由前述列表可知 23_5 可被 133_5 除 3 次，余数为 4：

$$\begin{array}{rl} 13 & \\ 23_5\overline{)4132_5} & \\ \underline{23} & \\ 133 & \\ \underline{124} & \text{—— 五进制减法} \\ 4 & \end{array}$$

接下来，降下数字 2，完成该除法运算：

$$\begin{array}{rl} 131_5 & \\ 23_5\overline{)4132_5} & \\ \underline{23} & \\ 133 & \\ \underline{124} & \\ 42 & \\ \underline{23} & \text{—— 五进制减法} \\ 14_5 & \end{array}$$

因此，当用 23_5 去除 4132_5 时，商为 131_5，余数为 14_5。

现在尝试完成练习 59 ~ 62。

自测题 15

执行除法运算 $32_5\overline{)4213_5}$。

建议 为了检验是否正确执行了除法运算（如例 6），可将除数 23_5 乘以商 131_5，然后与余数 14_5 相加，结果应该就是被除数 4132_5。

5.3.3 二进制、八进制和十六进制

如前所述，数字设备（如计算机、闪存驱动器和苹果手机等）采用二进制系统。你可将 1 和 0 视为命令“开”和“关”，它们控制着电子芯片上的微型开关。数值 0 和 1 称为位/比特，是二进制数位的简称。例如，在智能手机中，视频芯片可能采用 16 位二进制模式 1011001101011110 来表示红色。由于记住这么长的“位串”非常乏味，所以常用一种人们更易记住的形式来重写这些命令。

图 5.16 显示了如何将 3 个二进制数位有效地表示为 1 个八进制数位，意味着我们可以使用更少的八进制数符来表示前述 16 位命令，详见例 7。

二进制		八进制
000	=	0
001	=	1
010	=	2
011	=	3
100	=	4
101	=	5
110	=	6
111	=	7

图 5.16 3 个二进制数位对应于 1 个八进制数位

要点 二进制、八进制和十六进制记数法密切相关。

例 7 从二进制转换为八进制和十六进制

a）用八进制记数法写出二进制命令 1011001101011110。

b）用十六进制记数法写出二进制命令 1011001101011110。

解：a）从右侧开始，将 1011001101011110 中的各“位”划分为 3 个一组，然后将每个“3 位组”翻译为 1 个八进制数字，如下所示。为了提高效率，我们常省略表示进位基数的下标。

从右侧开始分组

二进制 ⟶ 1 011 001 101 011 110
八进制 ⟶ 1 3 1 5 3 6

由此可见，对于二进制命令1011001101011110，可将其表示为更简化的八进制命令131536。与二进制相比，记住八进制形式的命令要容易得多。

b）如图5.17所示，可将4个二进制数位表示为1个十六进制数位。因此，首先将1011001101011110中的各“位”划分为4个一组，仍然从右侧开始。然后，将每个“4位组”转换为1个十六进制数字，如下所示。

二进制 ⟶ 1011 0011 0101 1110
十六进制 ⟶ B(11) 3 5 B(14)

二进制		十六进制
0000	=	0
0001	=	1
0010	=	2
0011	=	3
⋮		⋮
1110	=	E
1111	=	F

图5.17 4个二进制数位对应于1个十六进制数位

现在，对于二进制命令1011001101011110，可将其表示为更简化的十六进制命令B35E。

现在尝试完成练习63 ~ 66。

运用软件

正如音乐可以用二进制代码表示一样（见前文中的“生活中的数学”），平板电脑屏幕上的色彩也是如此。在对色彩进行编码时，一种标准方法是采用RGB（红，绿，蓝）色彩编码系统。下面的截屏来自Colorpicker（拾色器）应用（可自Colorpicker网站或苹果应用商店获取），显示了中紫色编码。

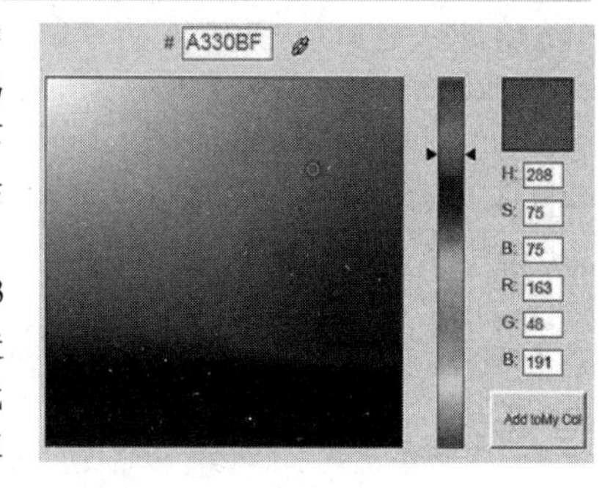

如右图所示，在十六进制代码A330BF中，前2个符号A3（十进制为163）代表色彩中的红色数量，中间2个符号30（十进制为48）代表绿色的数量，最后2个符号BF（十进制为191）代表蓝色的数量。“红色具有2个数位”是事实，意味着存在16×16 = 256种可能的红色色调。

利用该应用或类似的其他应用，描述下列十六进制数字所代表的色彩：a）75F569；b）2813E8；c）EFF70A。

答案：a）淡绿色；　b）藏蓝色；c）黄色。

练习5.3

强化技能

列出给定进位基数中紧邻下列给定数字前后的两个数字。

01. 24_5。　**02.** 500_6。　**03.** 1011_2。

04. 77_8。　**05.** EF_{16}。　**06.** 100_{16}。

将下列数字写为十进制数符。

07. 432_5。　**08.** 243_5。　**09.** 504_6。

10. 555_6。　**11.** 100111_2。　**12.** 100101_2。

13. 1110101_2。　**14.** 1100111_2。　**15.** 267_8。

16. 137_8。　**17.** 704_8。　**18.** 561_8。

19. $2F4_{16}$。　**20.** $18E_{16}$。　**21.** $D08_{16}$。

22. $C3B_{16}$。

将下列十进制数字转换为给定进位基数中的数符。

23. 334，进位基数5。　**24.** 1298，进位基数5。

25. 1838，进位基数6。　**26.** 3968，进位基数6。

27. 103，进位基数2。　**28.** 51，进位基数2。

29. 94，进位基数2。　**30.** 107，进位基数2。

31. 3403，进位基数8。　**32.** 2297，进位基数8。

33. 2792，进位基数16。　**34.** 2219，进位基数16。

35. 3562，进位基数16。　**36.** 3827，进位基数16。

执行下列加法或减法运算。

37. $3412_5 + 231_5$。　**38.** $3215_6 + 423_6$。

39. $2735_9 + 3246_9$。　**40.** $2067_8 + 2443_8$。

41. $5415_7 + 2436_7$。　**42.** $563A_{12} + 2B39_{12}$。

43. $2A18_{16} + 43B_{16}$。　**44.** $BF2E_{16} + A35_{16}$。

45. $11011_2 + 10101_2$。　**46.** $100111_2 + 10111_2$。

47. $2412_5 - 321_5$。　**48.** $1325_6 - 453_6$。

49. $4263_7 - 2436_7$。　**50.** $653A_{12} + 23B9_{12}$。

51. $A83_{16}-43B_{16}$。

52. $6C2E_{16}-A35_{16}$。

53. $111011_2-10101_2$。

54. $100101_2-10011_2$。

执行下列乘法或除法运算。

55. $41_5\times23_5$。

56. $24_5\times31_5$。

57. $302_5\times43_5$。

58. $413_5\times34_5$。

59. $3412_5\div24_5$。

60. $2143_5\div32_5$。

61. $4132_5\div42_5$。

62. $4402_5\div14_5$。

将下列二进制数字首先写为八进制数字，然后写为十六进制数字。

63. 1011101101_2。

64. 1011110111_2。

65. 1111101001_2。

66. 1010100101_2。

将下列数字写为二进制数字。

67. 246_8。

68. 573_8。

69. $A3E_{16}$。

70. $B8C_{16}$。

71. 将 3524_8 转换为十六进制。

72. 将 6235_8 转换为十六进制。

73. 将 $3AC_{16}$ 转换为八进制。

74. 将 $D7B_{16}$ 转换为八进制。

学以致用

大量电子设备采用 ASCII（American Standard Code for Information Interchange，美国信息交换标准代码）编码系统来存储和传输信息。该系统采用 7 位二进制代码来表示字符，例如用数字 65 ~ 90（十进制）的“二进制等价数”表示大写字母 A ~ Z。在 ASCII 编码中，用 1000001 表示 A，用 1000010 表示 B，用 1000011 表示 C，以此类推。在练习 75 ~ 78 中，将下列二进制字符串转换成英语（首先将这些位划分为 7 个一组）。

75. 10000111000000110011101000100101 1001。

76. 100100010001011001100100110010011 11。

77. 10011001001111101011010001 01。

78. 10101001010010101010110101001001000。

79. 利用尽可能少的硬币，将 5.43 美元转换为 25 美分、10 美分、5 美分和 1 美分硬币。

80. 某家公司正在打折促销咖啡杯，36 个杯子一盒比 6 个杯子一盒的售价便宜，6 个杯子一盒比单个杯子的售价便宜。如果该公司希望为客户购买 320 个杯子作为礼品，则如何购买最划算？

81. 如果 $1435_a=A65_b$，则哪个进位基数更大，是 a 还是 b？

82. 如果 $7265_b=5143_c$，则哪个进位基数更大，是 b 还是 c？

83. 如果 $2051_b+1434_b=3525_b$，则进位基数 b 是多少？

84. 如果 $3654_b+1715_b=5571_b$，则进位基数 b 是多少？

数学交流

85. 在八进制中，你需要记住多少加法和乘法事实？在十六进制中呢？为何如此？

86. 在十六进制中，为什么用 A 表示 10？为什么不能用 10？

87. 3 个二进制数位对应于多少个八进制数位？解释理由。

88. 如果必须以其他进位基数（10 除外）进行计算，你会选择哪一个？为什么？描述其优势和劣势。

89. 基于前文所述的“在色彩编码系统中，红色、绿色和蓝色分别具有 2 个十六进制数位编码”的事实，说明该方案可以编码多少种不同色彩。

90. 利用本节中“运用软件”部分介绍的方案，查找下列颜色的十六进制编码：**a.** 橙色；**b.** 黄色；**c.** 白色；**d.** 黑色。由于“仅凭直觉描述的 RGB 编码”不足以回答这些问题，所以你需要使用一个应用程序，如“拾色器”。

挑战自我

执行下列转换。

91. 将 201221_3 转换为五进制。

92. 将 4523_7 转换为八进制。

93. 将 $B05_{16}$ 转换为九进制。

94. 将 365_8 转换为四进制。

考虑一种四进制，其中的符号、、和分别对应于 0、1、2 和 3。

95. 在该数系中，记数至十进制数字 17。

96. 将转换为一个十进制数字。

97. 将十进制数字 28 转换至此数系。

98. 在这个数系中，求与之和。

在练习 99 ~ 102 中，求缺失的 x 值和 y 值。

99.
$$\begin{array}{r} 3x2y_8 \\ +yxx_8 \\ \hline 4171_8 \end{array}$$

100.
$$\begin{array}{r} 2xy1_6 \\ +yx2_6 \\ \hline xx2x_6 \end{array}$$

101.
$$\begin{array}{r} 4x3_{13} \\ +3y_{13} \\ \hline y08_{13} \end{array}$$

102.
$$\begin{array}{r} x2C_{16} \\ +y7_{16} \\ \hline B23_{16} \end{array}$$

5.4 深入观察：模数系

公元 3 世纪末，中国数学家孙子问自己的学生：

有物不知其数，三三数之剩二，五五数之剩三，七七数之剩二。问物几何？

对于该问题，你的第一反应可能是“有谁在乎？”，这个奇怪的问题似乎没有明显的实际用途。

但是，300 年以后，印度著名数学家布拉马古普塔（婆罗摩笈多）也痴迷于这类问题。在约 1200 年后的 18 世纪，德国伟大数学家卡尔·弗里德里希·高斯发明了一种奇特的“时钟式”算术，使数学家们具备了这些问题的求解能力。

说来奇怪，对于人们的个人生活而言，高斯的“时钟算术”目前日显重要，用途极为广泛，例如超市货品扫码、网络购物防盗以及银行间货币交易（可达数万亿美元级别）的安全保障等。

高斯算术就像人们卧室里的时钟那样，滴答着数字“$0,1,2,\cdots,12$”，然后循环往复。这样的数系称为模 m 数系，本节重点介绍此项内容。这些数系与人们所熟知的“整数系”具有很多共同的属性。如本节所述，在模 m 数系中，人们能够记数、执行算术运算和解方程。此外，模 m 数系还存在一些比较有趣的实际应用。

5.4.1 模 m 数系

定义 如果 m 是大于 1 的整数，则模 m 数系由数字 $0,1,2,\cdots,m-10$ 组成。记数和算术运算的执行方式可对应于一台“m 小时”时钟的运动，数字 m 称为该数系的模/模数。

模 m 数系也称模算术系统，或者简称模数系。

要点 我们利用一台时钟来可视化“模 m 数系”中的运算。

为了理解“模 12 数系”，我们绘制了一台“12 小时”时钟，如图 5.18 所示。注意，我们将时钟上的数字 12 替换为 0，这样做的原因很快就会明了。现在，数字“$0,1,2,\cdots,11$”形成了 1 个“模 12 数系”。在这个数系中，如果从 0 开始记数至 53，则会停止在哪个数字位置呢？当然，我们可以在这台时钟上开始记数，“$0,1,2,3,4,5,6,7,8,9,10,11,0,1,2,\cdots,53$”。由于该办法比较笨拙，所以最好采用一种更简单的方法。可以看到，如果在时钟上记数 12 的倍数（如 12, 24, 36 和 48），则将返回至 0 位置，如图 5.19 所示。此时，如果再另外记数 5，则会达到 53，即 12 小时时钟上的 5 位置。因此，在模 12 数系中，“记数至 53”将会得到 5。

图 5.18　12 小时时钟

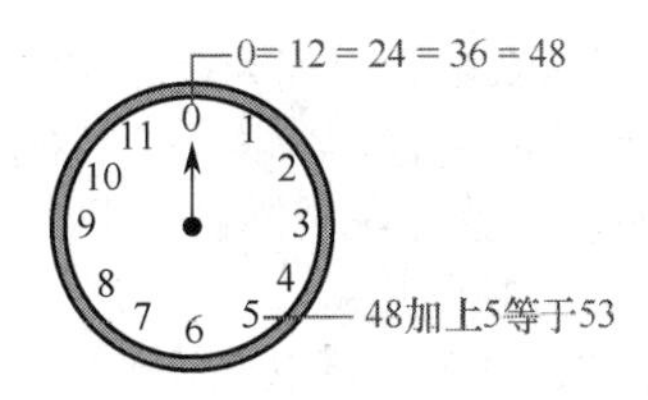

图 5.19　在 12 小时时钟上，记数至 53

建议 由于 12 的倍数与 12 小时时钟上的 0 相同，所以确定 5 的更快方法是将 53 除以 12，然后保留余数 5。

在图 5.20 所示的“7 小时”时钟上，我们能够可视化表达一周中的每一天：周一（1）、周二（2）、周三（3）、周四（4）、周五（5）、周六（6）和周日（7）。注意，在这台时钟上，我们将 7 替换为 0。此时，数字“0,1,⋯,6”形成了一个“模 7 数系”。

如果在这台时钟上记数至 45，就会在 7 的每个倍数（即 7、14、21、28、35 和 42）位置达到 0。此时，如果再另外记数 3，就会达到 45，意味着模 7 数系中的 45 与 3 相同。再次提醒，“45 除以 7 并保留余数 3”是求解此问题的更快方法。

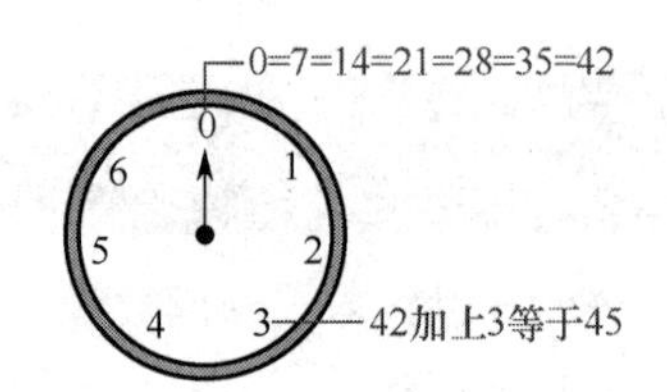

图 5.20 在 7 小时时钟上，记数至 45

自测题 16

a）在 12 小时时钟上，记数至 75；b）在 7 小时时钟上，记数至 41。

我们能够更精确地表达这样一个事实：在 12 小时时钟上，53 和 5 处于相同的位置。

定义 假如 $a-b$ 能够被 m 整除，则可称“a 与 b 对模 m 同余（或 a 同余于 b 模 m）”，写为 $a \equiv b \pmod{m}$。注意，如果你觉得 $b-a$ 除以 m 更方便，当然也可以接受。

由于 $53-5=48$ 能够被 12 整除，意味着 $53 \equiv 5 \pmod{12}$，读作“53 与 5 对模 12 同余（或 53 同余于 5 模 12）”。同理，由于 $45-3=42$ 是 7 的倍数，所以可写为 $45 \equiv 3 \pmod{7}$。

解题策略：钻牛角尖原则

记住 1.1 节中的“钻牛角尖”原则。符号 $\equiv$ 看起来有点像等号，但含义并不完全相同。当写出 $a \equiv b \pmod{m}$ 时，a 与 b 并非通常意义上的相等，但是就 m 小时时钟而言，可以认为其相等。

例 1 判断数字何时同余

判断下列哪些命题为真：a）$39 \equiv 15 \pmod{12}$；b）$33 \equiv 19 \pmod{8}$；c）$25 \equiv 48 \pmod{7}$；d）$11 \equiv 35 \pmod{6}$。

解：a）$39-15=24$，能够被 12 整除，因此 $39 \equiv 15 \pmod{12}$ 是真命题。

b）$33-19=14$，不能被 8 整除，因此 $33 \equiv 19 \pmod{8}$ 是假命题。

c）我们不准备用 7 去除 $25-48$，而是去除 $48-25=23$。因为 23 不能被 7 整除，所以这个命题为假。

d）因为 $35-11=24$，能够被 6 整除，所以这个命题为真。

现在尝试完成练习 05 ~ 10。

自测题 17

判断下列命题是否为真：a）$11 \equiv 33 \pmod{12}$；b）$27 \equiv 59 \pmod{8}$。

我们为什么不讨论负数呢？因为模 m 数系中不需要负数。在图 5.21 中的 5 小时时钟上，数字“−2”对应于沿逆时针方向移动 2。如果这样做，就会在 3 位置停止，意味着−2 与 3 同余，因此−2 和 3 可以互换使用。

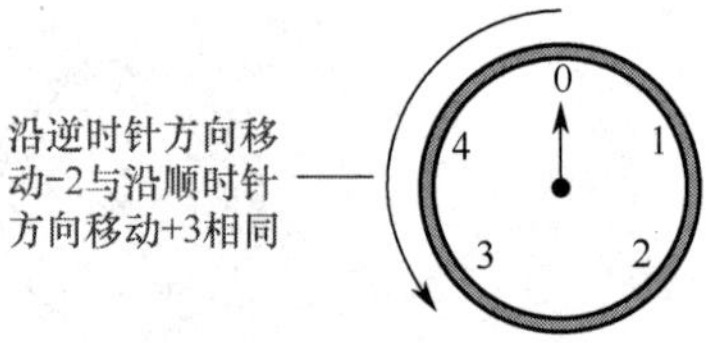

沿逆时针方向移动-2与沿顺时针方向移动+3相同

图 5.21 −2 与 3 对模 5 同余

当在模 m 数系中计算时，可以互换使用任意两个同余数。因此，如果在模 5 数系中计算并且结果为 19，就可将其替换为 4，因为 $19 \equiv 4 \pmod{5}$。当在模数系中执行算术运算时，我们经常会用到这个原则。

生活中的数学——你真的是你想的那个人吗？

有些人盗取了我的良好声誉，他们虽然无法实现致富的愿望，但却使我变得真正贫穷。

——莎士比亚，《奥赛罗》，第三幕，第三场美国司法统计局的数据显示，2014 年，1760 万美国家庭成为身份盗用现象的受害者，总计造成数十亿美元的经济损失。通过“背后偷窥（自动取款机旁从别人肩膀后偷窥）”或“电子窥探（利用咖啡厅等场所的免费 WiFi）”等不法手段，犯罪分子会悄无声息地“变”成你，然后用“你的”新信用卡购买新的 Xbox 游戏机，从你的银行账户中取款，然后以你的名义宣布破产。

当以电子方式发送敏感信息时，对信息进行编码（以防止黑客攻击）至关重要。RSA 算法是基于模算术的一种流行的信息加密方法，以发明者罗纳德 · 李维斯特、阿迪 · 沙米尔和莱纳德 · 阿德尔曼的名字首字母组合命名，练习 58 ~ 61 将介绍更多相关的内容。

5.4.2 模 *m* 数系运算

在模 *m* 数系中，加法、减法和乘法都很简单。例如，在模 7 数系中，$6+4=10$，但是由于$10\equiv 3 \pmod 7$，因此可以写为$6+4\equiv 3 \pmod 7$。如果绘制了如图 5.22 所示的时钟，即可清晰地看到这种计算情形。如果从 0 开始，记数 6，再记数 4，即可在 3 位置停止。所有模 *m* 运算均以类似方式完成。

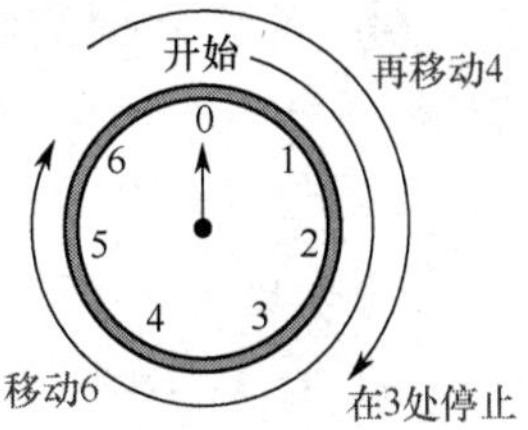

开始　再移动4　移动6　在3处停止

图 5.22　显示 $6+4\equiv 3$ (mod 7)的 7 小时时钟

要点　模 *m* 数系中的运算与整数运算密切相关。

在模 *m* 数系中执行算术运算：

在模 *m* 数系中，执行加法、减法和乘法：

1. 像平常一样执行运算。
2. 将步骤 1 中的结果替换为与其同余的数字之一（$0, 1, 2, \cdots, m-1$）。

例 2　模 *m* 数系中的加法和减法

a）求 $7+4 \pmod 8$；b）求 $2-5 \pmod{12}$。

解： a）此题要求在模 8 数系中计算 $7+4$，或者等效于在 8 小时时钟上做此加法。首先计算出 $7+4=11$，由于 $11\equiv 3 \pmod 8$，因此可以写为 $7+4\equiv 3 \pmod 8$。

b）首先计算 $2-5=-3$。但是如前所述，模 *m* 数系中不需要负数。在 12 小时时钟上，为了表示-3，我们考虑从 0 开始，沿逆时针方向移动 3 个数字，如图 5.23 所示。由于停止在 9 位置，因此可以说 $2-5\equiv 9 \pmod{12}$。

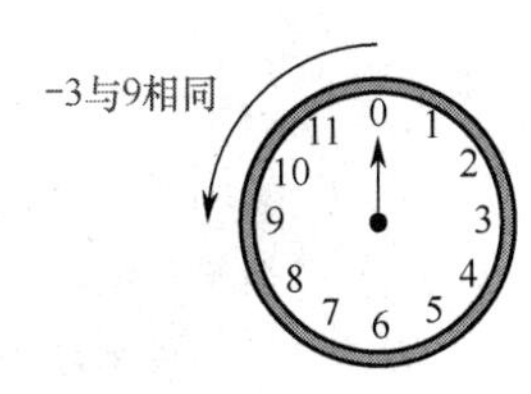

图 5.23　显示$-3\equiv 9$ (mod 12)的 12 小时时钟

现在尝试完成练习 11 ~ 14。

解题策略：检查答案

要检查整数中的减法问题，如 $8-5=3$，可执行加法 $3+5=8$。同理，为了检查模 *m* 数系中的减法，需要做相应的加法。在例 2(b)中，为了检查 $2-5\equiv 9 \pmod{12}$，可以显示 $9+5\equiv 2 \pmod{12}$。

在模 *m* 数系中，乘法简单易懂。

例 3　模 *m* 数系中的乘法

a）求 $9\times 7 \pmod{12}$；b）求 $5\times 8 \pmod 9$。

解： a）首先计算 $9\times 7=63$，然后用 63 除以 12，得到余数 3。因此，$9\times 7\equiv 3 \pmod{12}$。

b）首先计算 $5\times 8=40$，然后用 40 除以 9，得到余数 4。因此，$40\equiv 4 \pmod 9$，继而得出 $5\times 8\equiv 4 \pmod 9$。

现在尝试完成练习 15 ~ 20。

自测题 18

执行下列运算：a）$4+6 \pmod 8$；b）$3-8 \pmod{12}$；c）$4\times 5 \pmod 6$。

5.4.3 解同余

在模 m 数系中，我们解同余而非方程。如下面的例 4 所述，我们通过试验和试错解同余。

要点 我们可以通过试验和试错来解同余。

例 4 通过试验和试错解同余

a）求 $4+x\equiv 2 \pmod 5$；b）求 $2x-3\equiv 3 \pmod 6$；c）求 $2x\equiv 3 \pmod 6$。

解：a）我们分别测试数字 0, 1, 2, 3 和 4，查看哪些数字能够解同余：

$4+0\equiv 2 \pmod 5$ （假；不是解）

$4+1\equiv 2 \pmod 5$ （假；不是解）

$4+2\equiv 2 \pmod 5$ （假；不是解）

$4+3\equiv 2 \pmod 5$ （真；3 是解）

$4+4\equiv 2 \pmod 5$ （假；不是解）

因此，我们求出 3 是这个同余数的唯一解。

b）当测试从 0 到 5 的每个数字时，我们发现 0 和 3 都是解：

$2\times 0-3\equiv 3 \pmod 6$ （真；0 是解）

$2\times 1-3\equiv 3 \pmod 6$

$2\times 2-3\equiv 3 \pmod 6$

$2\times 3-3\equiv 3 \pmod 6$ （真；3 是解）

$2\times 4-3\equiv 3 \pmod 6$

$2\times 5-3\equiv 3 \pmod 6$

c）如果用 0, 1, 2, 3, 4 和 5 替代同余数中的 x，就会发现这些数字都不能令该同余数为真（请验证），因此这个同余数没有解。

现在尝试完成练习 21 ~ 30。

自测题 19

解同余：a）$4-x\equiv 7 \pmod 8$；b）$3x\equiv 0 \pmod 9$。

在例 5 中，你必须同时解一对同余，类似于孙子向其学生提出的问题。

例 5 解同余对

为了在一场青少年时尚时装秀上进行展示，劳伦和惠特尼正在安排由设计师设计的一系列牛仔裤。如果将每 5 条牛仔裤堆叠在一起，则余下 3 条；如果将每 4 条牛仔裤堆叠在一起，则余下 2 条。他们最少拥有多少条牛仔裤?

解：假设牛仔裤的数量为 x。当劳伦和惠特尼每次堆叠 5 条牛仔裤时，余数为 3 条，说明若用 x 除以 5 时余数为 3。从同余数角度看，这意味着 $x\equiv 3 \pmod 5$。由此可知，x 应为下列数字之一：

3, 8, 13, **18**, 23, 28, 33, 38, …

同理，当他们每次堆叠 4 条牛仔裤时，余数为 2 条，说明 $x\equiv 2 \pmod 4$，意味着 x 必定位于以下数字列表中：

$$2, 6, 10, 14, \mathbf{18}, 22, 26, 30, \ldots$$

这两个列表所共有的最小数字为 18，因此劳伦和惠特尼必须展示牛仔裤的最小数量是 18 条。

现在尝试完成练习 31 ~ 34。

自测题 20

求满足 $x \equiv 5 \pmod 7$ 和 $x \equiv 6 \pmod 9$ 的最小正整数。

在人们每天使用的许多产品上，均可能出现模算术的一种有趣应用，如黑巧克力蛋糕包装盒上条形码下方的通用产品代码（Universal Product Code，UPC），如图 5.24 所示。

图 5.24　巧克力蛋糕包装盒上的通用产品代码（UPC）

第 1 位数字（0）标识 UPC 的类型，下 5 位数字（16000）标识生产商，再下一组数字（42730）提供产品相关信息，最后 1 位数字（3）称为校验位。为了判断 UPC 是否有效，校验位提供了一种方法。

例 6 将解释如何计算 UPC 的校验位。

例 6　用模算术求校验位

如果 12 位 UPC 的形式为 $a_1a_2a_3a_4a_5a_6a_7a_8a_9a_{10}a_{11}a_{12}$，则可分 2 步来计算校验位（注：不要被这个长符号吓倒，我们只想说明 UPC 由 12 个数字组成，第 1 个数字称为 a_1，第 2 个数字称为 a_2，以此类推）。

1. 首先计算表达式：

$$3a_1 + a_2 + 3a_3 + a_4 + 3a_5 + a_6 + 3a_7 + a_8 + 3a_9 + a_{10} + 3a_{11}$$

这就是说，我们将 UPC 中的第 1 位数字乘以 3；加上第 2 位数字；然后加上第 3 位数字的 3 倍；加上第 4 位数字，以此类推。

2. 选择校验位 a_{12}，使"第 1 步中求出的和加上 a_{12}"与 0 对模 10 同余。

a）校验图 5.24 中所示的 UPC 为有效代码。

b）假设在键入该 UPC 的过程中，你不小心将样式 273 误改为 277。说明为什么这不是一个有效的 UPC。

解：a）在黑巧克力蛋糕包装盒的 UPC（0 16000 42730 3）中，第 1 位数字 a_1 为 0，第 2 位数字 a_2 为 1，第 3 位数字 a_3 为 6，以此类推。因此，

$$3a_1 + a_2 + 3a_3 + a_4 + 3a_5 + a_6 + 3a_7 + a_8 + 3a_9 + a_{10} + 3a_{11} =$$
$$3\times0+1+3\times6+0+3\times0+0+3\times4+2+3\times7+3+3\times0=57$$

为了求出校验位 a_{12}，必须找到 1 个数字，满足 $57 + a_{12} \equiv 0 \pmod{10}$。很容易就能看出，如果 $a_{12} = 3$，则 $57 + 3 = 60 \equiv 0 \pmod{10}$。因此，此 UPC 的校验位为 3，故此 UPC 为有效代码。

b）如果将 UPC 误输为"0 16000 42770 3"，则

$$3a_1 + a_2 + 3a_3 + a_4 + 3a_5 + a_6 + 3a_7 + a_8 + 3a_9 + a_{10} + 3a_{11}$$

的计算结果为

$$3\times0+1+3\times6+0+3\times0+0+3\times4+2+3\times7+7+3\times0=61$$

这意味着要满足 $61 + a_{12} \equiv 0 \pmod{10}$，校验位必须是 9 而不是 3。因此该 UPC 为无效代码。

现在尝试完成练习 43 ~ 46。

数字识别码出现在其他许多地方，如银行支票、美国邮政汇票、驾驶执照、快递标签、飞机票和图书上的国际标准书号（ISBN）等。除了例 6 中介绍的方法，校验位还有许多不同的计算方法，不过大多数方法均基于模算术。在练习中，我们将继续介绍其他方法。

练习 5.4

强化技能

下列数字可记数至特定时钟上的哪个数字？

01．43，12 小时时钟。 **02**．21，6 小时时钟。

03．39，7 小时时钟。 **04**．69，8 小时时钟。

判断下列命题是否为真。

05．$35 \equiv 59 \pmod{12}$。 **06**．$31 \equiv 14 \pmod{7}$。

07．$11 \equiv 43 \pmod{8}$。 **08**．$29 \equiv 18 \pmod{6}$。

09．$46 \equiv 78 \pmod{10}$。 **10**．$53 \equiv 75 \pmod{11}$。

执行下列运算。

11．$3+4 \pmod{5}$。 **12**．$6+8 \pmod{11}$。

13．$4-9 \pmod{12}$。 **14**．$5-6 \pmod{8}$。

15．$4\times 9 \pmod{12}$。 **16**．$5\times 6 \pmod{8}$。

17．$2\times 5+4 \pmod{8}$。 **18**．$3\times 11+5 \pmod{12}$。

19．$6-3\times 5 \pmod{8}$。 **20**．$3-4\times 2 \pmod{12}$。

解同余。

21．$6+x \equiv 4 \pmod{8}$。 **22**．$5+x \equiv 2 \pmod{6}$。

23．$3-x \equiv 4 \pmod{7}$。 **24**．$5-x \equiv 7 \pmod{10}$。

25．$2-x \equiv 8 \pmod{9}$。 **26**．$3-x \equiv 4 \pmod{5}$。

27．$3x \equiv 5 \pmod{7}$。 **28**．$5x \equiv 3 \pmod{8}$。

29．$4x \equiv 2 \pmod{10}$。 **30**．$6x \equiv 4 \pmod{8}$。

求解所有给定同余数的最小正整数。

31．$x \equiv 3 \pmod{7}$，$x \equiv 4 \pmod{5}$。

32．$x \equiv 1 \pmod{6}$，$x \equiv 7 \pmod{8}$。

33．$x \equiv 2 \pmod{10}$，$x \equiv 2 \pmod{8}$，$x \equiv 0 \pmod{6}$。

34．$x \equiv 5 \pmod{9}$，$x \equiv 1 \pmod{11}$，$x \equiv 7 \pmod{8}$。

学以致用

35．在儒勒·凡尔纳的小说中，菲利亚·福格设想了一次 80 天环球旅行。如果他用一台 7 小时时钟来记数旅行天数，则当其返回时，该时钟会显示什么？

36．哥伦布的美洲首次航程耗时 71 天。如果他用一台 7 小时时钟来记数航行天数，则当其在美国登陆时，该时钟会显示什么？

37．**包装糖果**。在一家巧克力制造工厂，包装设计师正在设计能装一定数量糖果的盒子。当把 6 块糖果排成一行时，最后剩下 4 块；当把 5 块糖果排成一行时，最后剩下 3 块。该工厂可能考虑放置在盒子中的最小糖果数量是多少？

38．**安排行进乐队**。为迎接即将到来的中场表演，一支行进乐队正在考虑不同队形。当每排站 8 或 10 人时，则最后剩下 2 人；如果每排站 12 人，则最后剩下 6 人。该乐队拥有的最少成员人数是多少？

练习 39 ~ 40 中涉及本节开篇部分孙子和布拉马古普塔（婆罗摩笈多）提出的问题（略有简化）。

39．如果除以 3，则余数为 2；如果除以 5，则余数为 3；如果除以 7，则余数为 2。求最小正整数。

40．如果除以 2、3 和 4，则余数为 1，但是能够被 7 整除。求最小正整数。

在上中国文化课时，你学习了中国的十二生肖（属相）。每个人根据出生年份可以划分为 12 种类别之一，编号（0 ~ 11）分别对应于以下动物：（0）猴、（1）鸡、（2）狗、（3）猪、（4）鼠、（5）牛、（6）虎、（7）兔、（8）龙、（9）蛇、（10）马和（11）羊。有些人认为，一个人的出生年份会影响其性格和命运。要查找你的属相，可将出生年份除以 12，从余数即可做出判断。例如，当用 1995 年除以 12 时，余数为 3，所以 1995 年出生的人属猪。利用此信息，完成练习 41 ~ 42（注：此种算法不完全准确，未考虑“农历/阴历”因素）。

41．**猜年龄**。你想和中国文化课上的同学克里斯约会，需要在约会之前知道克里斯的年龄，但又不能直接问。克里斯最低 18 岁，看上去不到 30 岁，按照中国生肖应该属狗，问克里斯是哪一年出生的？

42．**猜年龄**。2003 年，某个人的年龄为 40～50 岁，属猪，请问其是哪一年出生的？

兔 龙 蛇 虎
rabbit dragon snake tiger
牛 鼠 猪 狗
ox rat pig dog
鸡 猴 羊 马
rooster monkey goat horse

在练习 43 ~ 46 中，判断产品 UPC 的校验位是否正确。如果校验位不正确，则说明正确数位。

43．**验证 UPC 校验位**。全脂纯酸奶：0 52159 00001 1。

44．验证 UPC 校验位。巧克力棒：0 16000 50842 5。

45．验证 UPC 校验位。早餐麦片：0 16000 66590 4。

46．验证 UPC 校验位。泡菜：0 54100 00150 4。

如果你阅读的某本书是学生租赁版，就会看到一个10位数的数字，称为国际标准书号（ISBN）。某书的国际标准书号是0-13-692195-7，其中第1位数字0表示该书来自英语国家，数字13表示出版商，第3组数字692195表示本书，最后1位数字7是校验位。与UPC相比，查找ISBN的校验位更为复杂。在计算ISBN的校验位时，我们可以分3步走：

1. 将第1位数字乘以10，第2位数字乘以9，第3位数字乘以8，以此类推，直至第9位数字乘以2时为止，如表5.8所示。然后，对这些乘积求和，本例中的总和为180。
2. 用总和除以11，保留余数，即4，并称之为 r。
3. 求出校验位 c，使得 $r+c=11$。此时，$c=7$。

表 5.8　国际标准书号（ISBN）数字计算表

10×0 =	0
9×1 =	9
8×3 =	24
7×6 =	42
6×9 =	54
5×2 =	10
4×1 =	4
3×9 =	27
2×5 =	10
总和	180

在下列ISBN中，查找缺少的数字 d。

47.《火车上的女孩》：15946d3665。

48.《所有我们看不见的光》：147674d583。

49.《杀死一只知更鸟》：04d6310786。

50.《火星救援》：05534180d5。

信用卡校验位的常用计算方法称为Luhn算法，其工作原理如下：从假设的信用卡号码开始，例如4928 4613 1325 687c（c为校验位）。

第1步：从右侧第2个数字（这里为7）开始，每隔1个数字（下面突出显示）替换为其倍增数字。可以看到，6被12替换，7被14替换。

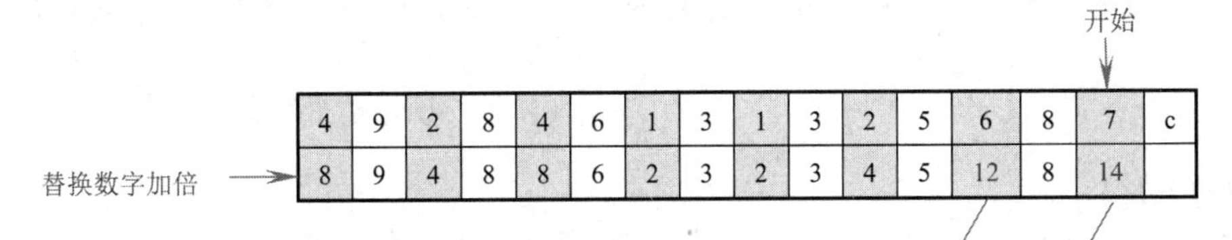

第2步：将表格第2行数位中的所有数字相加，得到一个总和，本例中为

$$8+9+4+8+8+6+2+3+2+3+4+5+1+2+8+1+4=78$$

第3步：计算总和 (mod 10)，即 78 (mod 10) = 8。

第4步：将第3步中的结果从10中减去，得到校验位。本例中的校验位为 $10-8=2$。

在练习51～54中，求信用卡号码的校验位。

51． 4563 2625 2104 353c。

52． 5218 3235 3423 346c。

53． 3162 4425 3482 291c。

54． 5104 6143 2371 412c。

数学交流

55． 用你自己的语言解释如何在模 m 数系中执行加法、减法和乘法运算。

56． **a．** 在模12数系中，如何解同余？**b．** 如何求解由几个同余式组成的系统？**c．** 将孙子的问题写成一个同余系；**d．** 将布拉马古普塔（婆罗摩笈多）的问题写成一个同余系。

57． **a．** 校验位为什么重要？举例说明。**b．** 在计算校验位中，模算术发挥什么作用？

生活中的数学

RSA算法用方程 $c=m^e \pmod n$ 对信息进行编码，其中 c 是字母 m 的编码形式。我们根据某些规则（这里不解释）来选择数字 n 和 e［注：当实际应用RSA算法时，数字 n 是长度超过500位的数字，除非知道如何对 n 进行分解（见6.1节），否则根本无法破解该代码］。为了说明这种方法，假设要对字母C进行编码，此处用数字3表示（注：原文未说明为何用3表示，但是结合以下各题目的答案进行推断，可知数字3代表C在26个字母表中的顺序）。设 $n=35$，$e=5$（不用关心为何选择35和5）。然后，为了对3进行编码，计算 $c=3^5 \pmod{35}=$

243 (mod 35) = 33。由此可知，33 是字母 C 的编码形式。在练习 58 ~ 61 中，用这种方法对以下字母进行编码：

58. L。　**59**. O。　**60**. V。　**61**. E。

生活中的数学

62. 研究美国 2010 年至今发生的身份盗用数量，记录每年的增长情况，描述这种现象是增多、不变还是减少？

63. 研究美国正在采取哪些措施来减少身份盗用，并报告你的调查结果。

挑战自我

64. 当进行常规的整数除法运算时，$12/4 = 3$ 等同于 $12 = 4 \cdot 3$。概括而言，若 $a/b = x$，则 $a = b \cdot x$。利用这种思路，设计一种方法，在模 m 数系中执行除法运算，即如何解释类似于 $4/6 \equiv x \pmod 8$ 这样的解同余？利用你自己设计的方法去求解：**a**. $5/3 \pmod 8$；**b**. $2/6 \pmod 8$。

65. 解同余：$2/x \equiv 5 \pmod 6$。

本章复习题

5.1 节

01. 用印度–阿拉伯数符写出[illegible]。

02. 用埃及记数法求[illegible] – [illegible]。

03. 用埃及倍乘法计算 37×53。

04. 用罗马记数法写出 4795。

05. 将"七千五百九十三"写为印度–阿拉伯数符。

06. 数字和数符是否具有相同含义？

07. 解释罗马数系相对于埃及数系的两种优势。

08. 为何欧洲人最初怀疑印度–阿拉伯数符？

5.2 节

09. 用巴比伦记数法写出 11292。

10. 用展开式记数法求 $4237 - 2673$。

11. 用排桨帆船法求 46×103。

12. 0 在位值数系中为什么重要？

5.3 节

13. 用印度–阿拉伯记数法写出下列玛雅数符。

a. •
[shell]
≡

b. •••
••• ≡
[shell]

14. 将 342_5 和 $B3D_{16}$ 写为十进制数符。

15. 将十进制数字 3403 写为八进制记数法。

16. 做加法：$10111_2 + 11001_2$。

17. 做除法：$4312_5 \div 23_5$。

18. 将 1011100010_2 先写为八进制数字，然后写为十六进制数字。

19. 将 463_7 转换为五进制记数法。

5.4 节

20. 在一台 8 小时时钟上，记数至 76。

21. 判断下列命题是否为真：**a**. $54 \equiv 72 \pmod 6$；**b**. $29 \equiv 75 \pmod{11}$。

22. 执行下列运算：**a**. $8 + 11 \pmod{12}$；**b**. $7 - 9 \pmod{11}$；**c**. $4 \times 8 \pmod 9$。

23. 求同余：**a**. $3x \equiv 9 \pmod{12}$；**b**. $4x \equiv 3 \pmod 8$。

本章测试

01. 将 3685 写为罗马记数法。

02. 给出印度–阿拉伯数系相对于中国古代数系的两种优势。

03. 将 264_7 和 $A3E_{16}$ 写为十进制数符。

04. 用印度–阿拉伯数符写出[illegible]。

05. 将下列玛雅数符写为印度–阿拉伯记数法：

a. •
[shell]
•••• ≡

b. •••
•• ═
[shell]

06. 判断下列命题是否为真：**a**. $43 \equiv 57 \pmod 8$；**b**. $16 \equiv 52 \pmod 6$

07. 用埃及记数法求[illegible] – [illegible]。

08. 将"五千三百四十八"写为印度–阿拉伯数符。

09. 在一台 6 小时时钟上，记数至 57。

10. 举例说明表示相同数字的 3 个不同数符。

11. 做加法：$101101_2 + 110101_2$。

12. 用巴比伦记数法写出 10937。

13．用排桨帆船法求 67×238 。

14．将数符 2305 写为八进制数符。

15．执行下列运算：**a**． $9+12 \pmod{13}$ ；**b**． $6-10 \pmod{12}$ ；**c**． $5 \times 4 \pmod{6}$ 。

16．用展开式记数法求 $1738+526$ 。

17. 在中国古代数系中，缺少 0 造成了何种问题？

18．解同余：**a.** $4x \equiv 8 \pmod{12}$ ；**b.** $4x \equiv 7 \pmod{10}$ 。

19．求 $3142_5 \div 24_5$ 。

20．用埃及倍乘法计算 26×59 。

21．将 110101011110_2 首先写为八进制数字，然后写为十六进制数字。

22．求 $42_5 \times 34_5$ 。

第 6 章　数论和实数系

原子极其微小，要达到（字号大小相当于本章标题的）字母 T 的宽度，大约需要 1000 万个原子首尾相连。如果可将人体内的所有原子排列成一条直线，那么你认为这条直线能够延伸多远呢？从纽约到芝加哥？或者环绕整个地球一周？正确答案将在本章后面揭晓，它注定会让你大吃一惊。

你是否憧憬过环绕太阳系旅行的梦幻感觉？如果一枚火箭以 2.5 万英里/小时的速度飞行，那么需要多长时间才能抵达一颗非常遥远的行星（如海王星）？

人们大都无法较好地理解美国近 50 年来的国债增长数据。自 1960 年至今，美国人口总量几乎翻了一番，但国债也从 2900 亿美元增加至 24 万亿美元以上，即当前国债是 1960 年的 83 倍还多。

本章后面将讨论如何表示非常大和非常小的数，并计算每个美国人的平均国债。

作家约翰•保罗士写了一本书，描述了相当于文盲的一种数学状态，并将其称为数盲。学完本章内容后，希望你能更好地理解数字的工作原理，并且具备更强的“数字能力”。

6.1　数论

数千年来，一组数字始终吸引着历史上最伟大的数学家，我们每个人从孩提时代开始就应当知道这些数字。用于记数的数字$\{1, 2, 3, \cdots\}$称为自然数或记数数字，这个数字集合虽然简单，但却拥有许多精巧的性质和规律，吸引着自古至今的数学家。对自然数及其性质的研究称为数论。

6.1.1　素数

自古希腊时代以来，人们一直在研究“哪些自然数能（或不能）写成其他自然数的乘积”这个问题。例如，$30 = 2 \cdot 3 \cdot 5$，$17 = 17 \cdot 1$。然而，如果不使用 17，就无法将 17 写成自然数的乘积，数学家对这个事实兴趣浓厚。为了研究这个问题，我们必须解释“两个自然数相除”的含义。

要点　素数/质数是整数的组成部分。

定义　如果a和b是自然数，且自然数q使得$b = qa$，则可以说“a整除b”或“a被b整除”，表示为$a|b$。此外，我们还可采用多种其他描述方法，例如“a是b的约数/除数”“a是b的因数/因子”或者“b是a的倍数”。为了查看“a整除b”是否为真，一种检验方法是“用b实际除以a，然后查看余数是否为 0”。

例如，由于存在 1 个自然数（6）使得$30 = 5 \cdot 6$，因此可以说“5 整除 30”，这个事实的更简单表示方法是$5|30$。此外，由于$17 = 17 \cdot 1$，所以$17|17$。当把 1 个自然数写成其他自然数的乘积时，即可认为我们因数分解/因子分解了这个数字，例如$8 \cdot 9$和$2 \cdot 2 \cdot 2 \cdot 3$是 72 的 2 种因数分解/因子分解。在数论中，只具有平凡因数分解/平凡因子分解的数字（如 17）特别重要。

如下截屏来自笔者智能手机上的应用程序 GeoGebra，我们可以用其检验整除性。因为“5 整除 30”，所以小数点后没有数字；因为“7 不整除 45”，所以小数点后出现了若干数字。

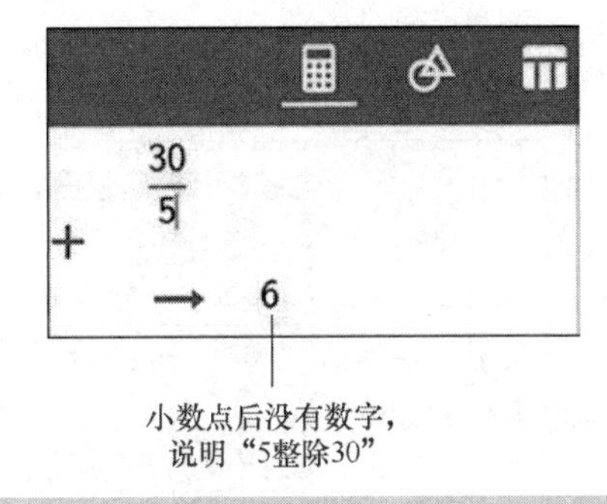

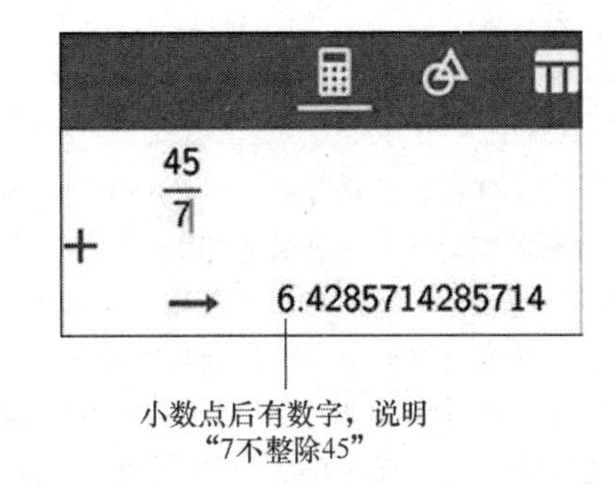

定义　在大于 1 的自然数中，只有 1 及其自身两个因数的自然数称为素数/质数，非素数自然数称为合数。

数字 2, 5, 17 和 29 是素数，因为唯一的约数是 1 及其自身；数字 4, 33, 87 和 102 是合数，因为可以找到除 1 及其自身数字外的其他约数。

生成素数列表时，埃氏筛法/埃拉托色尼筛选法是一种著名的方法，它以古希腊数学家埃拉托色尼的名字命名（见后文中的"历史回顾"）。在例 1 中，我们将解释这个过程。

例 1　求素数列表

用埃氏筛法求小于 50 的所有素数。

解：首先列出 1 和 50 之间的所有自然数（见图 6.1），然后按下列步骤系统地划掉所有非素数。

1. 划掉 1（非素数）。
2. 圈出 2（素数），然后划掉 2 的所有其他倍数，如 4, 6, 8,⋯, 50。
3. 在列表中，未划掉的下一个数字是 3（素数）。圈出 3，然后划掉 3 的所有剩余倍数，即 9, 15, 21,⋯, 45。
4. 然后，圈出 5（素数），然后划掉其所有的剩余倍数，即 25 和 35。
5. 最后，圈出 7，然后划掉其剩余倍数，即 49。
6. 因为下一个素数（11）大于 50 的平方根，所以我们可以停止寻找合数，然后圈出列表中的所有剩余数字。仔细思考，即可发现"不可能存在一个 $a \times b$ 形式的合数，其中 a 和 b 均大于或等于 11，但其乘积却小于 50"。

为了更加顺畅地开展后续学习和计算，建议大家复制图 6.1 中的各个步骤（从草图开始），并且牢记图中显示的那些素数。

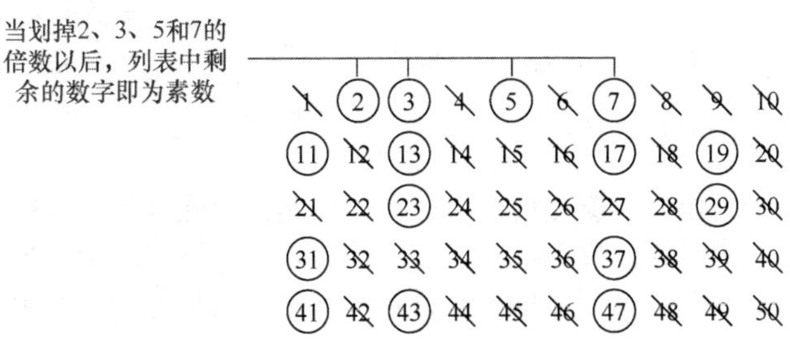

图 6.1　埃氏筛法

现在尝试完成练习 29 ~ 30。

如果希望求出 1 和 1000 之间的所有素数，那么你可能希望运用下图中的技术。但是，技术也可能产生错误结果，例如这里显示的素数列表并不正确！你是否能在这个列表中找到缺少的一个素数？

例 2　判断素数

判断下列数字是素数还是合数：a）83；b）87；c）397。

解： 回顾前文所述的系统化策略。

a）为了检验 83 是否具有任何因数，首先用其依次除以一些素数，如 2, 3 和 5 等。没有必要检查“任何合数是否整除 83”，因为如果像 6 这样的合数整除 83，则素数 2 和 3 应当也整除 83。通过“除以素数”的方法继续检验整除性，直至抵达 83 的平方根位置。此时，有

$$9<\sqrt{83}<10$$

$9^2=81$，因此 9 小于 83 的平方根　　$10^2=100$，因此 10 大于 83 的平方根

如例 1 所述，当达到 83 的平方根时，如果还未找到 83 的一个素约数，则 83 之前也不存在另一个约数，因为“大于 9 的两个整数相乘”的乘积至少为 100。由于 2, 3, 5 和 7 均不整除 83，所以可以得出结论“83 是素数”。

b）数字 87 的因数为 $3\cdot 29$。同理，检验 87 时，至多只需检查到 87 的平方根（9 和 10 之间）之前的素数。

c）因为 $\sqrt{397}\approx 19.92$，所以为了判断 397 是否为素数，必须检查小于或等于 19 的所有素数，查看其是否能够整除 397。利用计算器，很容易证明“小于或等于 19 的素数”均不能整除 397，因此 397 是素数。

现在，尝试完成练习 17 ~ 20 和练习 25 ~ 28。

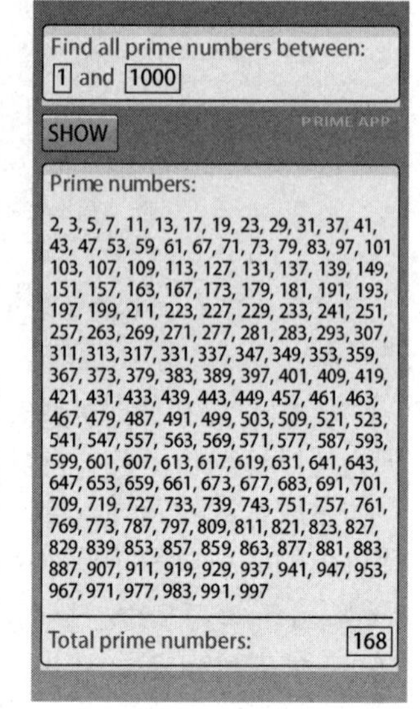

1 和 1000 之间不正确的素数列表

自测题 1

判断下列数字是素数还是合数：a）89；b）187；c）143；d）211。

历史回顾——埃拉托色尼

在数论领域中，希腊人埃拉托色尼（公元前 276—公元前 194）贡献卓著。他是古希腊和古罗马时期最有学问的人之一，毕业于雅典的柏拉图学院，兴趣爱好广泛，朋友们都称他为潘塔西（五项全能冠军称号）。但是，敌对者却称他为贝塔，即希腊字母表中的第 2 个字母，讥讽他虽然广泛涉足诸多领域，但是在任何领域都不出色。

在《地理学概论》一书中，他认为地球是圆的，比 1492 年的哥伦布著名航行要早 1700 年。他还绘制了当时“已知世界”的最精确地图，首次运用了经纬网并沿用至今。虽然数学教材编写者因“素数筛”而记住了他，但其或许由于设计了一种地球周长测量方法而更加闻名，详见 9.1 节。

6.1.2　整除性检验方法和因数分解

在检查较大数字的素性时，某些整除性检验方法非常快捷有效，可以避免花费较长的时间去做实际除法运算。例如，对于数 21021，若能快速检验（而不必实际做除法）其是否能够被 3 整除，那就太棒了。表 6.1 列出了一些整除性检验方法，我们将在练习中对这些方法的应用效果进行验证。

表 6.1　一些小数字的整除性检验方法

因　数	整除性检验方法	示　例
2	数字的最后 1 位能被 2 整除	因为 2 整除 8，所以 2 整除 13578
3	各位数字之和能被 3 整除	因为 3 整除 2 + 1 + 0 + 2 + 1 = 6，所以 3 整除 21021
4	最后 2 位数字构成的数字能被 4 整除	因为 4 整除 36，所以 4 整除 102736

（续表）

因　数	整除性检验方法	示　　例
5	最后 1 位数字是 0 或 5	607895 能被 5 整除
6	该数字能同时被 2 和 3 整除	因为 802674 能同时被 2 和 3 整除，所以其能被 6 整除
8	最后 3 位数字构成的数字能被 8 整除	因为 8 整除 264，所以 8 整除 230264
9	各位数字之和能被 9 整除	因为 9 整除 $2+0+8+1+7+6+3=27$，所以 2081763 能被 9 整除
10	最后 1 位数字为 0	12865890 能被 10 整除

虽然 7 和 11 也存在整除性检验方法，但是难以记忆，还不如用 7 或 11 直接除简单。

例 3　应用整除性检验方法

检验数字 11352 对下列因数的整除性：a）2；b）3；c）4；d）5；e）6；f）8；g）9；h）10。

解：a）最后 1 位数字能被 2 整除，所以 11352 能被 2 整除。

b）各位数字之和$1+1+3+5+2=12$能被 3 整除，所以 11352 能被 3 整除。

c）最后 2 位数字构成的数字 52 能被 4 整除，所以 11352 能被 4 整除。

d）最后 1 位数字既非 0 又非 5，所以 11352 不能被 5 整除。

e）11352 能同时被 2 和 3 整除，所以该数字能被 6 整除。

f）最后 3 位数字构成的数字 352 能被 8 整除，所以 11352 能被 8 整除。

g）在 b）问中，可知各位数字之和是 12，因为 9 不能整除 12，所以 9 不能整除 11352。

h）最后 1 位数字不为 0，所以该数字不能被 10 整除。

现在尝试完成练习 09 ~ 12。

生活中的数学——蝉鸣是否与素数相关？

2004 年春末，美国东部地表出现了数十亿只神秘昆虫（称为蝉/知了），它们沐浴着新鲜空气和明媚阳光，简单地生活、交配，然后快速死亡。你可能感到疑惑的是，这群令人难以置信的昆虫与数学有什么关系？原来，这种情形具有周期性，每 13 年或 17 年（奇怪的数字）出现一次。为什么蝉的生命周期会选择素数呢？

古生物学家斯蒂芬·古尔德认为：蝉之所以每 13 年或 17 年出现一次，是因为这样能够最大限度地减少与天敌同步生长，进而避免遭遇灭顶之灾。例如，每隔 85 年，17 年出现一次的蝉与 5 年出现一次的天敌才会同步出现一次。为了研究古尔德的理论，范德堡大学的数学家格伦·韦伯建立了数学模型，确实发现“通过每 13 年或 17 年出现一次，蝉增大了生存机会”。但是，还有一些科学家对此持怀疑态度，认为“蝉的出现周期恰好是素数”只是一种巧合。韦伯承认“我不知道是否会有令人满意的科学答案”。

自测题 2

检验数字 30690 是否能被下列因数整除：a）2；b）3；c）4；d）5；e）6；f）8；g）9；h）10。

在化学中，各种化合物是由更简单的物体（称为原子）结合而成的，例如 1 个食盐分子由 1 个钠原子和 1 个氯原子结合而成。在数学中，各种物件同样由更简单的物件构建，例如 $120=2\cdot2\cdot2\cdot3\cdot5$ 和 $84=2\cdot2\cdot3\cdot7$。由算术基本定理可知，大于 1 的每个自然数均由“素数的唯一组合相乘”构建。这个定理以另一种方式出现在欧几里得的《几何原本》一书中，由德国著名数学家卡尔·弗里德里希·高斯表述为当前形式。

算术基本定理　不考虑因数顺序时，大于 1 的每个自然数都有唯一的素数乘积（乘积可以为单一素数）。

例 4 介绍了通过因数树/因子树来求自然数的素因数的一种方法。

例 4　自然数的因数分解

对 4620 进行因数分解。

解：为了对 4620 进行因数分解，首先尝试将其写为两个较小数字的乘积，如 $4620 = 462 \cdot 10$。“写成什么样的乘积”其实并不重要，重要的是将 4620 表达为“更小且更简单数字的乘积”。通过图 6.2 中的图表，我们以图形方式来表示这个因数分解的第 1 步。

这幅图称为因数树/因子树。添加更多的分支时，该图看上去像一棵倒置的树。接下来，继续对 462 和 10 进行因数分解，然后向树中添加新分支，如图 6.3(a)所示。通过应用整除性检验，可知“3 整除 231”。

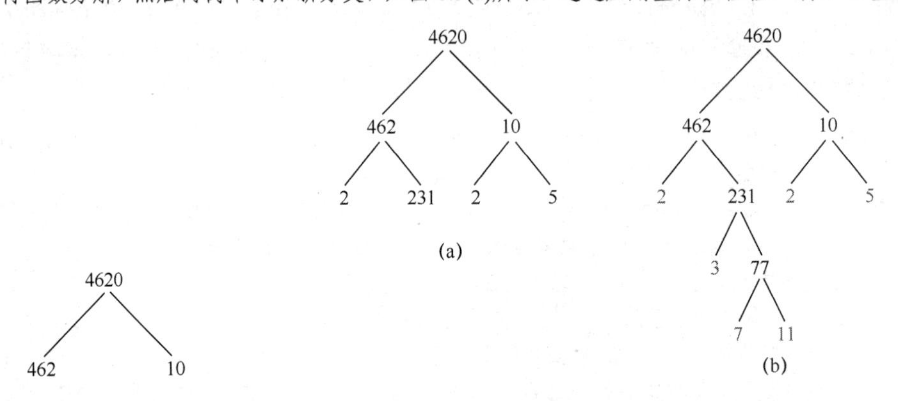

图 6.2　4620 因数分解的第 1 步

图 6.3　应用因数树，完成 4620 的因数分解

现在，求图 6.3(b)中所有分支末端的全部素数的乘积，即可求得 $4620 = 2 \cdot 3 \cdot 7 \cdot 11 \cdot 2 \cdot 5 = 2^2 \cdot 3 \cdot 5 \cdot 7 \cdot 11$。

现在尝试完成练习 31 ~ 44。

自测题 3

a）绘制因数树，对 1560 进行因数分解；b）写出因数分解过程。

如果对数字 2400 进行因数分解，并且知道其为 24, 10 和 10 的乘积，则可开始绘制包含 3 个分支的因数树，如图 6.4 所示。

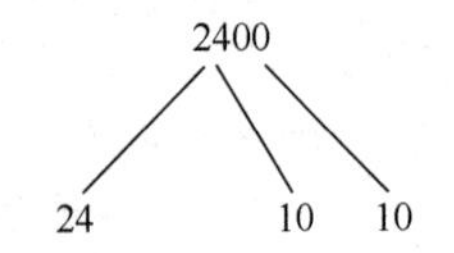

图 6.4　2400 因数分解的第 1 步

如前所述，如何开始绘制因数树其实并不重要，重要的是将 2400 表示为较小自然数的乘积。

我们一定要理解算术基本定理：在对一个自然数进行因数分解时，虽然可以采用几种不同的方法，但最终完成时总会得到相同的因数分解结果。

6.1.3　最大公约数和最小公倍数

在许多数论应用中，我们需要找到多个自然数的最大公约数和最小公倍数。

定义　两个自然数的最大公约数（Greatest Common Divisor，GCD）是可整除这两个数的最大自然数。

要点　我们采用素因数分解/质因数分解/质因子分解，求解两个数的最大公约数（GCD）和最小公倍数（LCM）。

对于较小的数而言，为了求出最大公约数（GCD），可以查看并判断能够同时整除两个数的最大自然数。例如，为了求出 24 和 40 的最大公约数，我们列出这两个数的全部约数，并以不同颜色标识公约数：

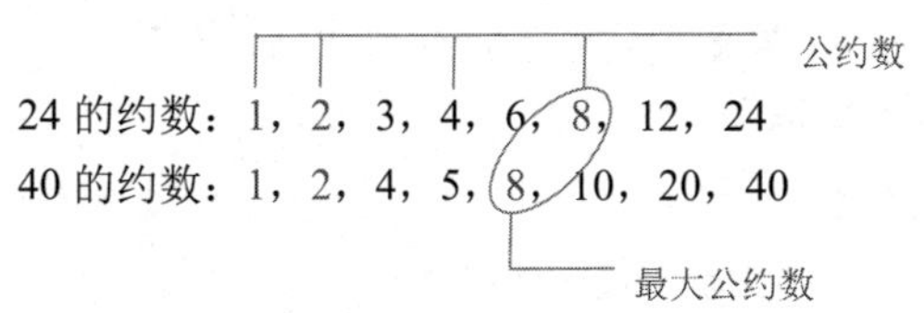

由以上列表可知，24 和 40 均能整除的最大数是 8。

对于较大的数而言，列出两个数的全部约数非常烦琐，因此我们采用例 5 中的方法来探讨两个数的因数分解。

例 5 用素因数分解求最大公约数

求 600 和 540 的最大公约数。

解：回顾前文所述的系统化策略。

首先，绘制因数树，获得这两个数的因数：

1 个 3 能同时整除这两个数　　1 个 5 能同时整除这两个数

$600 = 2 \cdot 2 \cdot 2 \cdot 3 \cdot 5 \cdot 5$　　$540 = 2 \cdot 2 \cdot 3 \cdot 3 \cdot 3 \cdot 5$

2 个 2 能同时整除这两个数

思考“最大公约数”的具体含义，即可知道需要求出可同时整除这两个数的尽可能多的素数。由上可知，2 个 2 可同时整除 600 和 540，但是 3 个 2 却无能为力。同理，只有 1 个 3 可同时整除这两个数，只有 1 个 5 可同时整除这两个数。因此，600 和 540 的最大公约数为 $2 \cdot 2 \cdot 3 \cdot 5 = 60$ 。

自测题 4

求 126 和 588 的最大公约数。

求解例 5 中的问题时，另一种思路是将两个数表示为：$600 = 2^3 \cdot 3^1 \cdot 5^2$；$540 = 2^2 \cdot 3^3 \cdot 5^1$。然后，在形成最大公约数的过程中，求出可整除这两个数的所有素数的最小幂（$2^2, 3^1$ 和 5^1）的乘积。因此，最大公约数为 $2^2 \cdot 3^1 \cdot 5^1$ 。

还有一种求两个数的最大公约数但不涉及因数分解的方法，称为欧几里得算法，详见后文。

解题策略：类比原则

“最大公约数”的含义是说如何计算两个数的最大公约数，“最大”的意思是说“要找到可以同时整除两个数的最大自然数”。因此，在构建 600 和 540 的最大公约数时，因为 3^1 可整除这两个数，而 3^3 无法整除 600，所以需要采用 3^1 而非 3^3 。

接下来讨论两个数的最小公倍数。

定义 两个自然数的最小公倍数（Least Common Multiple，LCM）是两个数的倍数的最小自然数。

为了求出较小数（如 8 和 6）的最小公倍数（LCM），可以列出两个数的所有倍数，然后选择最小的公共倍数，如下所示：

公倍数

8 的倍数：8，16，24，32，40，48，…

6 的倍数：6，12，18，24，30，36，42，48，…

最小公倍数

对于较大的数，可以用“素因数分解”来求最小公倍数，这类似于例 5 中的求解方法。

例 6　用素因数分解求最小公倍数

求 600 和 540 的最小公倍数。

解：像例 5 中一样，首先对两个数进行因数分解：

600 需要 3 个 2　　　　540 需要 3 个 3

$$600 = 2 \cdot 2 \cdot 2 \cdot 3 \cdot 5 \cdot 5 \qquad 540 = 2 \cdot 2 \cdot 3 \cdot 3 \cdot 3 \cdot 5$$

600 需要 2 个 5

现在，思考“最小公倍数”的含义，可知需要找到能被 600 和 540 的所有素因数整除的最小自然数，但是数中不能使用更多不必要的素数。最小公倍数（LCM）必须有 3 个 2、3 个 3 和 2 个 5，因此 600 和 540 的最小公倍数为

$$2 \cdot 2 \cdot 2 \cdot 3 \cdot 3 \cdot 3 \cdot 5 \cdot 5 = 5400$$

这个数似乎很大，但是我们不能忽略任何素因数。例如，如果省略了 1 个 3，则 540 不能整除该数；如果省略了 1 个 5，则 600 不能整除该数。

现在尝试完成练习 45 ~ 52。

在求解例 6 中的问题时，另一种思路是将两个数表示为：$600 = 2^3 \cdot 3^1 \cdot 5^2$；$540 = 2^2 \cdot 3^3 \cdot 5^1$。然后，在形成最小公倍数的过程中，求出可整除这两个数的所有素数的最大幂（$2^3, 3^3$ 和 5^2）的乘积。因此，最小公倍数为 $2^3 \cdot 3^3 \cdot 5^2$。

用因数分解求最大公约数和最小公倍数　为了求出两个数的最大公约数和最小公倍数，可以执行以下操作：

1. 对两个数进行因数分解，并分别写成素数幂的乘积。
2. 要计算最大公约数，可将两个数共有的任何素数的最小幂相乘。
3. 要计算最小公倍数，可将任意一个数中出现的所有素数的最大幂相乘。

仔细观察例 5 和例 6，可以得到如下规律：

$$600 = \boxed{2^3}\ (3^1)\ \boxed{5^2}$$
$$540 = (2^2)\ \boxed{3^3}\ (5^1)$$

由上可知，“带圆圈的因数相乘”可以得到最大公约数，“带方框的因数相乘”可以得到最小公倍数，这意味着“最大公约数和最小公倍数的乘积”等于“600 乘以 540”。换句话说，求出最大公约数的构成因数后，剩余因数的乘积即为最小公倍数。

我们可将刚刚观察到的这种关系描述如下。

最大公约数（GCD）与最小公倍数（LCM）之间的关系　若 a 和 b 是两个数字，则以下关系成立：

$$\text{GCD}(a,b) \times \text{LCM}(a,b) = a \times b$$

虽然刚才描述的“求两个数的最大公约数和最小公倍数的因数分解过程”始终有效，但是在处理比较大的数时，因数分解过程可能非常烦琐。下面介绍求两个数的最大公约数的另一种方法，称为欧几里得算法。

求两个数的最大公约数的欧几里得算法　假设要求 24 和 88 的最大公约数。首先，用较小的数（24）去除较大的数（88），如图 6.5 所示。

继续这个过程，用每个余数去除前一个约数，如图所示。当余数为 0 时，停止除法运算，前一个余数即为 24 和 88 的最大公约数。

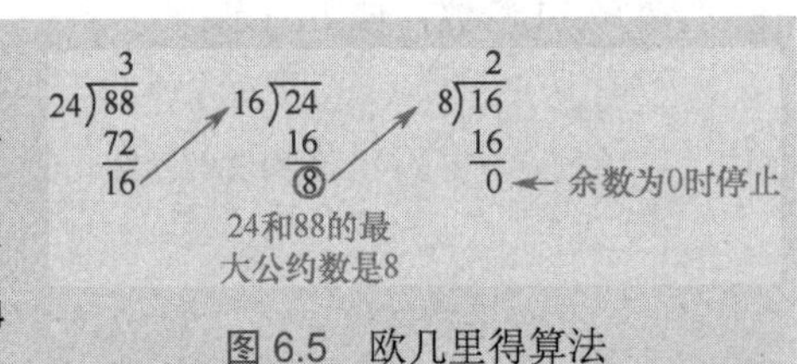

图 6.5　欧几里得算法

例 7　用欧几里得算法求最大公约数和最小公倍数

a）采用如图 6.5 所示的欧几里得算法，求 468 和 1848 的最大公约数。

b）利用 a）问的结果，求 468 和 1848 的最小公倍数。

解：a）采用欧几里得算法，首先用 1848 除以 468，然后继续类似的操作，直至余数为 0。

$$\begin{array}{r} 3 \\ 468\overline{)\,1848} \\ \underline{1404} \\ 444 \end{array} \qquad \begin{array}{r} 1 \\ 444\overline{)\,468} \\ \underline{444} \\ 24 \end{array} \qquad \begin{array}{r} 18 \\ 24\overline{)\,444} \\ \underline{432} \\ \textcircled{12} \end{array} \qquad \begin{array}{r} 2 \\ 12\overline{)\,24} \\ \underline{24} \\ 0 \end{array}$$

最大公约数（GCD）为 12

因此，$\text{GCD}(468,1848)=12$。

b）由前述讨论可知，$\text{GCD}(a,b)\times\text{LCM}(a,b)=a\times b$。

因此，用 468 替换 a，用 1848 替换 b，得到如下等式:

$$\text{GCD}(468,1848)\times\text{LCM}(468,1848)=468\times1848$$

或

$$12\times\text{LCM}(468,1848)=468\times1848=864864$$

这意味着

$$\text{LCM}(468,1848)=864864/12=72072$$

现在尝试完成练习 53 ~ 60。

自测题 5

采用如例 7 所示的技术，求 504 和 231 的最大公约数与最小公倍数。

6.1.4　最大公约数和最小公倍数的应用

最大公约数（GCD）的应用场景：对于若干较大的物件，将其表示为“具有相同大小的较小物件”的一个集合。例如，某家商店的店员可能想把几大叠盘子重新划分为大小相同的若干小叠，某橱柜制造商可能想把几块不同长度的大木板切割为大小相等的若干小木板。

最小公倍数（LCM）的应用场景：对于两类物件，希望每个物件都足够大，以获得大小相同的一个较大物件。例如，一个人每 5 天休息一次，另一个人每 6 天休息一次，这两个人什么时候同时休息？

40 多年来，日本一直是高速列车开发的领导者之一，列车时速超过 300 英里，具有极高的可靠性和安全记录。下一个示例将讨论“新干线”离开东京站的时间安排问题。

例 8

假设“新干线”刚刚从东京出发，分别开往大阪、新潟和秋田。如果开往大阪的列车每 90 分钟一趟，开往新潟的列车每 120 分钟一趟，开往秋田的列车每 80 分钟一趟，问开往这三个车站的列车何时会再次同时开出?

解：开往大阪的列车将在如下时间后开出：90 分钟，180 分钟，270 分钟……开往新潟的列车将在如下时间后开出：120 分钟，240 分钟，360 分钟……开往秋田的列车将在如下时间后开出：80 分钟，160 分钟，240 分钟……我们想要知道这三趟列车再次同时开出时的最早时间，即求出 90, 80 和 120 的最小公倍数。我们可对这些数做如下因数分解:

3 个数字中 3 和 5 的最大幂　　3 个数字中 2 的最大幂

$90 = 2 \times 3^2 \times 5$　　$80 = 2^4 \times 5$　　$120 = 2^3 \times 3 \times 5$

因此，这 3 个数的最小公倍数为 $2^4 \times 3^2 \times 5 = 720$ 分钟，或者除以 60 分钟，结果为 $720/60 = 12$ 小时。

现在尝试完成练习 69～75。

历史回顾——索菲·热尔曼、马林·梅森和大素数

数千年来，数学家一直痴迷于寻找非常大的素数，并以索菲·热尔曼和马林·梅森的名字命名了两种特殊类型的素数。

18 世纪，著名的巴黎综合理工学院不招收女生，为了在那里学习，索菲·热尔曼女扮男装，并以化名 M. 勒布朗提交作业。她的真实身份最终还是暴露了，不过现在她被认为是那个时代最著名的数学家之一。对于素数 p 而言，若 $2p+1$ 仍为素数，则 p 称为索菲·热尔曼素数。例如，2, 3, 5 和 11 是索菲·热尔曼素数，但 13 不是（见练习 89～90）。2018 年，最大已知索菲·热尔曼素数超过了 2200 万位。

马林·梅森是生活在 17 世纪的牧师，从事神学、哲学、数学和音乐理论（主要是声学）等工作。由于与笛卡儿、帕斯卡和伽利略等著名学者沟通频繁，梅森被称为那个世纪的“万维网”。梅森素数的数字形式是 $2^p - 1$，其中 p 为素数。因为 $7 = 2^3 - 1$ 和 $31 = 2^5 - 1$，所以二者均为梅森素数（见练习 91～92）。2016 年，最大已知梅森素数超过了 2200 万位!

练习 6.1

强化技能

判断下列命题是否为真。

01．8 整除 56。　**02**．21 是 2 的倍数。

03．27 是 6 的倍数。　**04**．5 是 35 的约数。

05．9 是 96 的因数。　**06**．14 整除 42。

07．7 是 63 的约数。　**08**．6 是 76 的因数。

检验下列数是否可被数 2, 3, 4, 5, 6, 8, 9 和 10 整除，并指出哪些数可整除给定数。

09．141270　**10**．18036　**11**．47385　**12**．476376

在练习 13～16 中，求可令整除性检验成功的所有 d 值。

13．3452 d 78 可被 3 整除。

14．6453 d 25 可被 9 整除。

15．3427 d 6 可被 4 整除。

16．56477 d 可被 4 整除。

在练习 17～20 中，用计算器判断第 1 个数是否整除第 2 个数。

17．447 和 17433。　**18**．453 和 25825。

19．671 和 32881。　**20**．893 和 338447。

提供一个反例，证明下列命题为假。

21．若 2 和 4 均整除 a，则 8 整除 a。

22．若 3 和 6 均整除 a，则 18 整除 a。

23．若 10 和 4 均整除 a，则 40 整除 a。

24．若 4 和 6 均整除 a，则 24 整除 a。

在知道 n 是否为素数之前，必须尝试给定数字 n 的约数，此时的最大素约数是什么？

25．179。　**26**．297。　**27**．331。　**28**．453。

29．用埃氏筛法求 51 和 100 之间的所有素数（含边界）。

30．用埃氏筛法求 101 和 120 之间的所有素数（含边界）。

对下列自然数进行因数分解。若数为素数，请指出。

31．231。　**32**．89。　**33**．113。　**34**．153。

35．227。　**36**．143。　**37**．119。　**38**．443。

39．980。　**40**．396。　**41**．621。　**42**．805。

43．319。　**44**．403。

用素因数分解法求下列每对自然数的最大公约数和最小公倍数。

45．20，24。　**46**．60，72。

47．56，70。　**48**．66，110。

49．216，288。　**50**．675，1125。

51．147，567。　**52**．275，363。

在练习 53～60 中，(a)用欧几里得算法求两个数的最大公约数；(b)用(a)问的结果求最小公倍数。

53．12，27。　**54**．16，56。

55．90，120。　**56**．17，178。

57．280，588。　**58**．84，1200。

59．495，1575。　**60**．99，1155。

要求三个数 a, b 和 c 的最大公约数，可以先求 $\mathrm{GCD}(a,b)$，并称其为 d，然后求 d 和 c 的最大公约数。要求三个数字的最小公倍数，求解过程大致相同。在练习 61 ~ 64 中，用该方法求三个数的最大公约数和最小公倍数。

61．120，90，84。 **62**．72，99，132。

63．64，56，100。 **64**．99，165，143。

学以致用

65．**堆叠 iPad 封套**。某书店经理拥有若干 iPad 封套，包括 24 个普通款和 16 个皮质款。如果她希望每叠封套的数量相同且仅为一种类型，则每叠封套的最大数量是多少？如果不考虑每叠封套的最大数量，但希望最小数量为 2，则可能性如何？

66．**包装运动卡**。某运动卡经销商拥有 54 张棒球卡和 72 张橄榄球卡，如果希望以相同尺寸的包装出售，且每个包装中只含有一种类型的卡，则其能够得到的最大包装数量是多少？如果不考虑每个包装中卡的最大数量，但希望最小数量为 3，则可能性如何？

67．**保养汽车**。你新购买了 1965 款巡洋舰敞篷车，每行驶 2500 英里需要更换一次机油，每行驶 3000 英里需要更换一次全部油液。如果经销商刚刚为你的新车做了这些保养，则从现在开始行驶多少英里后，你的车需要再次同时做这两项保养？

68．**跑步训练**。在半程马拉松训练中，你和朋友迈克在环形跑道上跑步。假设你们同时出发，你跑 1 圈需要 12 分钟，迈克跑 1 圈需要 8 分钟，则迈克什么时候首次超过你？如果你打算跑 90 分钟，则迈克会在什么时候再次超过你？

69．**安排航班**。假设捷蓝航空公司的航班每 35 分钟飞一趟迈阿密，每 20 分钟飞一趟达拉斯。如果飞往迈阿密和达拉斯的航班刚刚起飞，则多少分钟后这两趟航班再次同时起飞？

70．**安排护士轮班**。卡拉和拉文都是护士，她们偶尔要去急诊室工作，卡拉每 6 周去一次，拉文每 8 周去一次。如果卡拉和拉文刚刚在急诊室共同工作，则多少周后她们会在急诊室再次共事？

71．**储藏医疗用品**。某医疗用品供应室储藏了 36 包 O 型阳性血液和 30 包 AB 型阴性血液，这两种类型的血液绝对不能混放。如果将这些血液成堆摆放在架子上，每堆血液只能是一种类型，各堆血液的数量（包）相同，则每堆血液的数量最多为多少？

72．**展示商品**。某自行车专卖店共有 20 双自行车手套（戈尔特斯品牌）和 12 双保暖手套（奥杰罗品牌）。店主想要在架子上分堆展示手套，每堆手套只能是一种类型，各堆手套的数量（双）相同，则每堆手套的数量最多为多少？

73．**博物馆地板铺瓷砖**。在古代文明博物馆的中美洲展室中，我们想用“仿古阿兹特克”瓷砖铺地板。如果地板尺寸为 33 英尺乘以 21 英尺，则在不切割任何瓷砖的情况下，用于铺地板的方形瓷砖的最大尺寸是多少？

74．**安排草坪维护**。在伯克希尔乡村俱乐部的草坪维护中，每 8 天剪一次草，每 30 天喷洒一次杀虫剂。如果这两项草坪维护工作刚刚做完，则多少天后二者将再次同时实施？

75．**监测污染**。为了确定鱼类的死因，美国环保署正在监测拉克万纳河。某钢铁厂每 48 小时向河中排放一次热水，某塑料厂每 54 小时向河中排放一次废物。如果钢铁厂的热水和塑料厂的废物都刚刚开始排放，则多少小时后二者将再次同时排放？

76．**放映电影**。在 24/7 经典影城，《乱世佳人》每 120 分钟放映一场，《卡萨布兰卡》每 140 分钟放映一场，《教父》每 90 分钟放映一场。如果这三部电影都刚刚开始放映，则多少分钟后它们将再次同时放映？

数学交流

77．用埃氏筛法求小于 300 的素数时，在知道表中的余数为素数前，需要划掉其倍数的最大素数是多少？

78．考虑数 36824，解释为何整除性检验方法对因数 4 有效。提示：将 36824 视为 36800 + 24 有帮助。

79．考虑数 5712，解释为何整除性检验方法对因数 3 有效。下列等式可能会有帮助：

$$\begin{aligned}5712 &= 5(1000)+7(100)+1(10)+2\\ &= 5(999+1)+7(99+1)+1(9+1)+2\\ &= 5\cdot 999+7\cdot 99+1\cdot 9+(5+7+1+2)\end{aligned}$$

80．首先做几个例题，采用例 5 中介绍的素因数分解法，求两个数的最大公约数和最小公倍数。然后，用欧几里得算法完成同样的事情。你喜欢哪种方法？是否有一种方法似乎对较大数字更有效？解释理由。

生活中的数学

81. **蝉**。除了避开天敌，蝉的“13 年和 17 年”出现规律还有另一种优势，即两个物种很少在同一年内出现并争夺食物。假设 A 型蝉的出现周期为 13 年，B 型蝉的出现周期为 17 年，如果 A 型蝉和 B 型蝉都出现在 2010 年，那么这两种蝉下次同年出现是什么时候？

82. **蝉**。继续练习 81 中的讨论，假设 A 型蝉和 B 型蝉的天敌每 5 年出现一次，如果天敌也出现在 2010 年，那么这两种蝉及其天敌何时将再次同时出现？

在练习 83 ~ 84 中，假设 A 型蝉的出现周期为 10 年，B 型蝉的出现周期为 12 年。

83. 利用给定的假设，重做练习 81。

84. 利用给定的假设，重做练习 82。

挑战自我

用计算器检验下列数是否为素数。为此，求出待检验数字 n 的平方根；用 n 除以小于或等于 $\sqrt{n}$ 的所有素数，如果这些素数都不整除 n，则 n 为素数。

85. 493。　**86**. 577。　**87**. 677。　**88**. 713。

89. **索菲·热尔曼素数**。列举前 10 个索菲·热尔曼素数。

90. **索菲·热尔曼素数**。判断下列素数是否为索菲·热尔曼素数：**a**. 79；**b**. 113；**c**. 131；**d**. 149。

91. **梅森素数**。**a**. 求前 5 个梅森素数；**b**. 给出一个示例，p 为素数，但 2^p-1 不是素数。

92. **梅森素数**。截至 2018 年 12 月，最大已知梅森素数为 $2^{82589933}-1$，我们将其称为 m。若打算写出这个 m，则其将有 24862048 位数字。为了准确计算这个数的大小，假设文字处理软件中的一个典型页面包含 30 行，每行包含 72 个字符，则可执行以下操作：

a. 用 24862048 除以每页包含的字符数量，得到打印 m 所需要的页数；

b. 用 a 问中的页数乘以 11 英寸，得到打印 m 所需的纸张长度(以英寸为单位)。接下来，将该数除以 12，得到以英尺为单位的纸张长度；

c. 用 b 问中的数除以 5280（1 英里包含的英尺数）得到打印该数字所需的纸张长度(以英里为单位)。

许多著名猜想与素数相关，练习 93 ~ 94 研究最著名的两个猜想（注：“猜想”相当于“有根据的猜测，但尚未被证明”）。

93. 孪生素数/双素数是差为 2 的一对素数，如 17 和 19 及 41 和 43 等。孪生素数猜想认为孪生素数的数量无穷多。求大于 43 的下三个孪生素数。

94. 哥德巴赫猜想认为“任何大于 2 的偶数都可写成两个素数之和”，如 $16=11+5$，$26=13+13$ 和 $40=3+37$。将下列数写成两个素数之和（答案可能多样）：**a**. 80；**b**. 100；**c**. 200。

95. 如果 p 和 q 均整除自然数 n，$p\cdot q$ 是否整除自然数 n？答案为真时解释理由；答案为假时提供反例。

96. 因数 6 的整除性检验方法是“该数必须能被 2 和 3 整除”，解释为何因数 8 的整除性检验方法不是“该数必须能被 2 和 4 整除”。

97. 为因数 15 设计一种整除性检验方法。

98. **快乐数**。对于快乐数/欢乐数而言，如果对其各位数字的平方求和，然后对得到的每个新数字重复相同的操作，最终的结果为 1。例如，如果从 32 开始，首先计算 $3^2+2^2=13$，然后计算 $1^2+3^2=10$，最后计算 $1^2+0^2=1$。由于最终结果为 1，所以说 32 是快乐数。如果用同样的方法尝试 16，就会发现得到的结果循环重复，但永远不为 1，所以 16 不是快乐数。**a**. 判断 5, 7, 12, 19 和 68 是否为快乐数；**b**. 列出前 5 个快乐素数。

6.2 整数

真是令人难以想象，居然有人发明了数字 0（零），而且似乎无处不在。古巴比伦人和玛雅人将符号 0 作为占位符（而非数字），用于表示数字缺失，就好比说数字 503 中没有十位数。“0 作为数字（而不仅是占位符）”最早出现在公元 450 年左右的印度，数百年后（12 世纪）流传至欧洲。

数学家也很难接受用负数进行记数，例如希腊数学家丢番图曾经说过“在解方程 $3x+20=8$ 时，得到解−4 非常荒谬”；笛卡儿将负数称为“假根”；与笛卡儿同时代的帕斯卡认为“小于 0 的数字不可能存在”。直到 18 世纪，人们才普遍接受了负数。现在，我们已经知道 0 和负数的计算规则，可以像正数一样对其进行计算。

定义　0和自然数集合形成的集合$\{0, 1, 2, 3, \cdots\}$称为非负整数集；整数集是$\{\cdots, -3, -2, -1, 0, 1, 2, 3, \cdots\}$。

本节介绍整数的加法、减法、乘法和除法规则。

建议　理解一个规则的工作原理，有助于记住该规则告诉你要做什么。

6.2.1　整数的加减

在解释整数的加法时，人们经常采用一种常见的模型——数轴上的移动。在这个模型中，我们将整数视为数轴上的点，如图6.6所示。

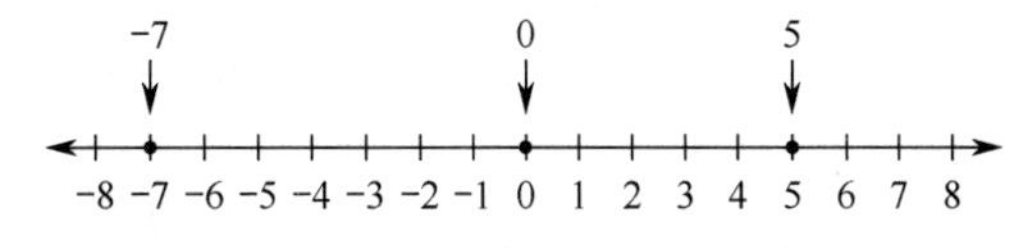

图6.6　在数轴上表示整数

要点　考虑数轴上的移动，可以解释加法规则。

然后，从0开始，将正数解释为向右移动，将负数解释为向左移动。

例1　将整数加法表示为数轴上的移动

执行下列加法运算：a）$(+3)+(+5)$；b）$(+9)+(-12)$；c）$(-149)+(137)$。

解：回顾前文所述的画图策略。

a）从0开始，首先将+3视为向右移动3个位置，然后将+5视为再向右移动5个位置，如图6.7所示。由此可见，$(+3)+(+5)=+8$。

b）为了计算$(+9)+(-12)$，首先向右移动9个位置，然后向左移动12个位置，如图6.8所示。

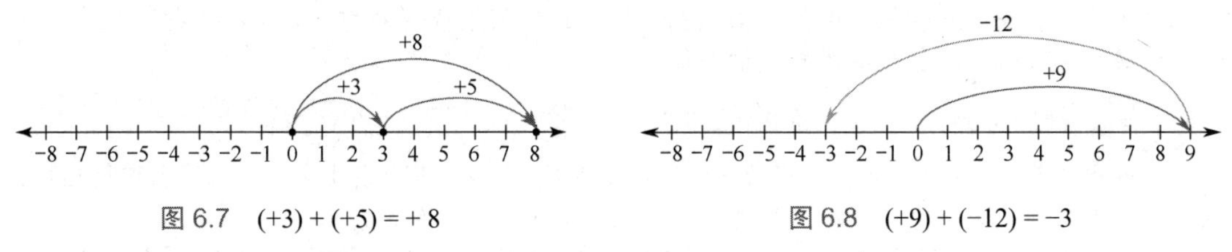

图6.7　$(+3)+(+5)=+8$

图6.8　$(+9)+(-12)=-3$

c）计算这么大的数字时，画数轴有些不切实际，但是仍然可以想象“沿数轴移动”。如果想象首先向左移动149个位置，然后向右移动137个位置，即可看到净效果是向左移动$149-137=12$个位置，所以$(-149)+(137)=-12$。

现在尝试完成练习01～06。

自测题6

求整数加法：a）$(+4)+(6)$；b）$(+8)+(-13)$；c）$(-3)+(-7)$；d）$(+145)+(-123)$。

数学家认为整数集是只有两种运算（加法和乘法）的抽象系统，最初并未提到减法和除法，而在某种程度上将它们视为次级运算。

下面基于加法来定义减法，然后基于乘法来定义除法。首先，我们需要明确的定义。

要点　我们基于加法来定义整数减法。

定义　当且仅当$x+y=0$时，两个整数x和y是相反数或加法逆元。

例如，由于$(-8)+(+8)=0$，因此-8是+8的相反数；由于$(-13)+(+13)=0$，因此-13与+13互为相反数；由于$0+0=0$，因此可以认为0是其自身的相反数。如图6.9所示，0的相反数保持均衡。

定义 如果 a 和 b 都是整数，则 $a-b=a+(-b)$。

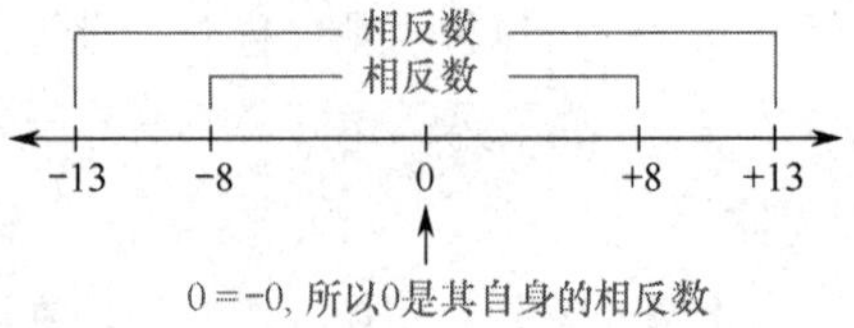

图 6.9 相反数

这个定义意味着“要计算 $3-8$，就需要将减法改为加法”，如下图所示：

$$3-8=3+(-8)=-5$$

加上 8 的相反数　　结果为−5

$(-6)-(-19)$ 可按如下方式计算：

$$(-6)-(-19)=(-6)+(+19)=+13$$

加上−19 的相反数　　结果为+13

现在尝试完成练习 07 ~ 14。

自测题 7

将下列减法题转换为加法题，并求出答案：a）$(+5)-(+12)$；b）$(-3)-(-9)$。

建议 你以前可能听说过“负负得正”，其实这并不是一种数学规则，而是时而有效时而无效的一种记忆装置，例如 $(-6)+(-2)$ 并不得正。与其认为“负负得正”，不如将 $-(-6)$ 视为−6 的相反数或+6，将 $3-(-5)$ 视为 $3+(+5)$。

6.2.2 整数的乘除

考虑下面的模型，即可理解整数的乘法规则。我们将今天称为“第 0 天”，假设你的钱包里有 100 美元，且每天发生如下两件事情中的一件：收到富叔叔寄来的 5 美元，或者花 5 美元买一个比萨。假设你的财务状况没有其他变化。

要点 我们可以用货币模型来解释整数乘法。

下面考虑整数 a 和 b 的乘积。整数 a 标识日期变化，正 a 代表未来日期，负 a 代表过往日期；数字 b 标识财务状况变化，正 b 代表收到 5 美元，负 b 代表花掉 5 美元。

例如，乘积 $(+3)(-5)$ 可被解释为“在未来 3 天，你每天花 5 美元购买比萨”，乘积 $(-4)(+5)$ 可被解释为“在过往 4 天，你每天收到富叔叔寄来的 5 美元”。记住这些，然后查看表 6.2。

表 6.2 整数的乘法规则

$a \cdot b$ 的解释	乘法规则
$(+3)\ (+5)=+15$ —— 在未来 3 天，你将获得 15 美元；$(+3)$：在未来 3 天，$(+5)$：你每天收到 5 美元	正数乘以正数，结果为正数
$(+3)\ (-5)=-15$ —— 在未来 3 天，你将失去 15 美元；$(+3)$：在未来 3 天，(-5)：你每天花掉 5 美元	正数乘以负数，结果为负数
$(-3)\ (+5)=-15$ —— 在 3 天以前，你比现在少 15 美元；(-3)：在过往 3 天，$(+5)$：你每天收到 5 美元	负数乘以正数，结果为负数
$(-3)\ (-5)=+15$ —— 在 3 天以前，你比现在多 15 美元；(-3)：在过往 3 天，(-5)：你每天花掉 5 美元	负数乘以负数，结果为正数

我们可以更简洁地描述这些整数乘法规则。

整数的乘法规则 如果 a 和 b 都是整数，则：
a）如果 a 和 b 的符号相同，则 $a \cdot b$ 为正数；b）如果 a 和 b 的符号相反，则 $a \cdot b$ 为负数。

例 2 将整数乘法规则应用于股票市场

a）假设在过往 8 天中，艾德克斯（Itech）公司的股票每天贬值 3 美元，该股票 8 天前的股价比现在高多少美元？

b）如果该股票继续每天贬值 3 美元，其未来 4 天还将贬值多少美元？

解： a）为了求出 8 天前的股价，我们用−8 表示“8 天前”，用−3 表示“每天贬值 3 美元”。然后，计算乘积 $(-8)(-3)=+24$，因此该股票 8 天前的股价比现在高 24 美元。

b）未来 4 天的股价变化为 $(+4)(-3)=-12$，因此该股票还将贬值 12 美元。

现在尝试完成练习 15 ~ 24。

自测题 8

求下列乘积：a）$(-4)(-6)$；b）$(+8)(-7)$。

像减法一样，我们认为除法也是次级运算，并且基于乘法来定义除法。

要点 我们基于乘法来定义除法。

定义 如果 a, b 和 c 都是整数，则 $a/b=c$ 意味着 $a=b \cdot c$。

假设你对除法一窍不通，但却非常熟悉乘法。如果知道除法的定义，“计算 8/2”应当考虑方程 $\frac{8}{2}=c$，基于“除法的定义”，此时应当考虑 $8=2 \cdot c$。由乘法知识可知，4 是这个方程的解，因此 $\frac{8}{2}=4$。在例 3 中，通过利用除法的定义，我们将解释“带符号数字”的除法规则。

例 3 推导带符号数字的除法规则

用除法的定义求如下的每个商：a）$\frac{+6}{+2}$；b）$\frac{+12}{-6}$；c）$\frac{-15}{+3}$；d）$\frac{-20}{-5}$。

解： 在每种情况下，我们均将除法问题改写为相应的乘法问题。

a）为求 $\frac{+6}{+2}=c$，代之以求 $+6=(+2) \cdot c$。答案显然是+3，因此可以说 $\frac{+6}{+2}=+3$，说明“正数除以正数的商为正数”。

b）为求 $\frac{+12}{-6}=c$，代之以求 $+12=(-6) \cdot c$。可知 $c=-2$，因此可以说 $\frac{+12}{-6}=-2$，说明“正数除以负数的商为负数”。

c）为计算 $\frac{-15}{+3}$，必须要解方程 $-15=(+3) \cdot c$。可知 $c=-5$，因此可以说 $\frac{-15}{+3}=-5$，说明“负数除以正数的商为负数”。

d）最后，为了求 $\frac{-20}{-5}$，代之以求 $-20=(-5) \cdot c$。由于 $c=+4$，因此可以说 $\frac{-20}{-5}=+4$，说明“负数除以负数的商为正数”。

现在尝试完成练习 25 ~ 34。

下面更简洁地描述从例 3 中推导出的整数除法规则，注意观察这些规则与整数乘法规则之间的相似性。

整数的除法规则 如果 a 和 b 都是整数，且 $b \neq 0$，则：
a）如果 a 和 b 的符号相同，则 $\frac{a}{b}$ 为正数；b）如果 a 和 b 的符号相反，则 $\frac{a}{b}$ 为负数。

注意，被除数可以为 0（如 $\frac{0}{5}=0$），但除数不能为 0，具体解释见练习 91～92。

通过对带符号整数应用规则组合，可以化简复杂的表达式。

例 4 整数计算

计算 $(-4-(-9))\cdot\left(\frac{-6+(-2)}{9-5}\right)$。

解：回顾前文所述的有序性原则。

首先，从左括号内开始：

$$(-4-(-9))\cdot\left(\frac{-6+(-2)}{9-5}\right)=(-4+(+9))\cdot\left(\frac{-6+(-2)}{9-5}\right)=5\cdot\left(\frac{-6+(-2)}{9-5}\right)$$

然后，化简剩余括号内的表达式：

$$5\cdot\left(\frac{-6+(-2)}{9+(-5)}\right)=5\cdot\left(\frac{-8}{4}\right)=5\cdot(-2)=-10$$

现在尝试完成练习 35 ~ 42。

自测题 9

化简 $(-3+(-9))\cdot\left(\frac{-5-(-9)}{4-2}\right)$。

解题策略：类比原则

如 1.1 节中的类比原则所述，“在数学思维之间建立联系”非常重要。我们应始终牢记：一旦知道乘法规则，除法规则就完全一致。仔细思考就会发现这种情况并非巧合，因为除法规则由乘法规则推导而来。

练习 6.2

强化技能

参照例 1，利用数轴上的移动，计算下列加法：

01. $(+8)+(-5)$ **02.** $(-9)+(-4)$

03. $(-128)+(+137)$ **04.** $(+47)+(+32)$

05. $(+57)+(-38)$ **06.** $(-38)+(-53)$

将下列减法题改写为加法题，然后求解：

07. $(+18)-(-5)$ **08.** $(-8)-(-13)$

09. $(+6)-(+19)$ **10.** $(-3)-(+14)$

11. $(-28)-(+37)$ **12.** $(+41)-(+13)$

13. $(+32)-(-18)$ **14.** $(-28)-(-23)$

求下列乘积：

15. $(-5)(-7)$ **16.** $(+5)(+3)$

17. $(-7)(+8)$ **18.** $(+3)(-8)$

19. $(+8)(+6)$ **20.** $(-3)(-9)$

21. $(+19)(-2)$ **22.** $(-6)(+7)$

23. $(-8)(-9)$ **24.** $(+7)(-3)$

执行下列除法：

25. $\frac{-24}{+8}$ **26.** $\frac{+20}{+5}$ **27.** $\frac{-30}{-2}$ **28.** $\frac{+28}{-4}$

29. $\frac{+15}{+3}$ **30.** $\frac{-14}{+7}$ **31.** $\frac{+30}{-5}$ **32.** $\frac{-22}{-11}$

33. $\frac{-18}{-3}$ **34.** $\frac{+20}{+5}$

执行下列运算：

35. $(-2)(-3)+(+4)(-8)$ **36.** $(-2)(+5)+(-4)(+7)$

37. $(-4)(-2)+(+4)(-5)$ **38.** $(+8)(-2)+(-3)(-5)$

化简下列表达式：

39. $(-6-(-14))\cdot\left(\frac{-12+(-6)}{7-4}\right)$ **40.** $(5+(-9))\cdot\left(\frac{10-(-4)}{-3-4}\right)$

41. $\left(\frac{-1-(-5)}{4-6}\right)\cdot\left(\frac{-4+(-2)}{-5+3}\right)$ **42.** $\left(\frac{3+9}{-1-2}\right)\cdot\left(\frac{8-(-4)}{7-(+9)}\right)$

若可能，给出以下示例；若不可能，解释理由。答案可能多样。

43. 不是非负整数的整数。

44. 也是非负整数的负整数。

45. 不是自然数的非负整数。

46. 不是自然数的整数。

47. 不是非负整数的自然数。

48. 不是整数的自然数。

判断下列命题是否为真。在确定答案时，记住 1.1 节中的始终原则。如果某一命题为假，请提供一个反例。

49. 两个负整数的乘积是正整数。

50. 两个非负整数的乘积是正整数。

51. 一个负整数和一个正整数之和是负整数。

52. 一个负整数与一个正整数的乘积是负数。

53. 两个负整数的商是负数。

54. 一个负整数与一个正整数的商是负数。

55. 一个自然数与一个正整数的乘积是正数。

56. 两个自然数的商是自然数。

学以致用

下图以英尺为单位，列出了一些山脉的高度和海沟的深度，用此信息回答练习 57 ~ 60。

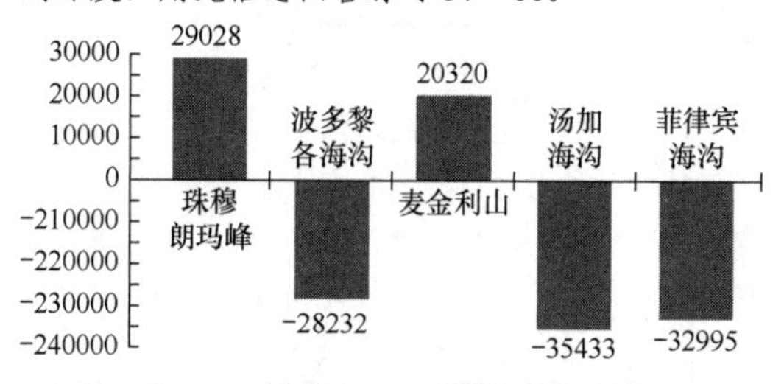

57. 地理极限距离比较。珠穆朗玛峰顶部高于波多黎各海沟底部多少英尺？

58. 地理极限距离比较。麦金利山顶部高于汤加海沟底部多少英尺？

59. 地理极限距离比较。波多黎各海沟底部高于汤加海沟底部多少英尺？

60. 地理极限距离比较。菲律宾海沟底部高于汤加海沟底部多少英尺？

利用摘自《世界年鉴》中的以下信息，求练习 61 ~ 64 中每对位置的极端温度之差。

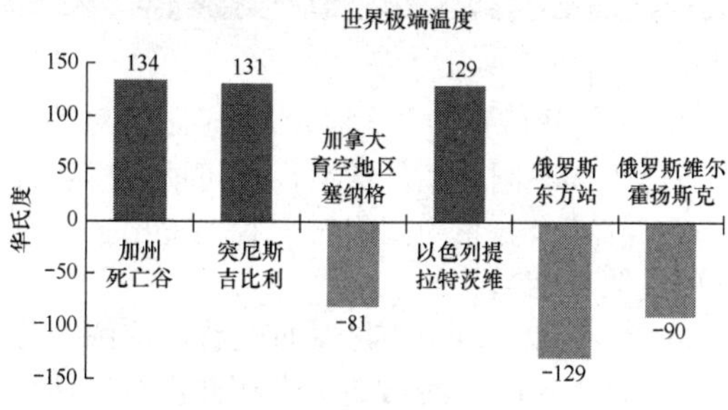

61. 加州死亡谷和俄罗斯东方站。

62. 以色列提拉特茨维和加拿大育空地区塞纳格。

63. 俄罗斯东方站和俄罗斯维尔霍扬斯克。

64. 突尼斯吉比利和俄罗斯东方站。

65. 电梯升降距离。宿舍楼的底楼标记为 0 层，之下楼层分别标记为-1, -2, … 。如果一部电梯从 -7 层上升至 59 层，该电梯共上升了多少层？

66. 实验室温度变化。在低温实验室中，温度从 14℉ 下降至-63℉，问温度下降了多少？

在练习 67 ~ 70 中，利用以下时间线，求两人之间的出生年份之差。在做这些练习时，切记没有 0 年！

67. 毕达哥拉斯和欧几里得。

68. 帕斯卡和苏格拉底。

69. 斐波那契和欧几里得。

70. 帕斯卡和毕达哥拉斯。

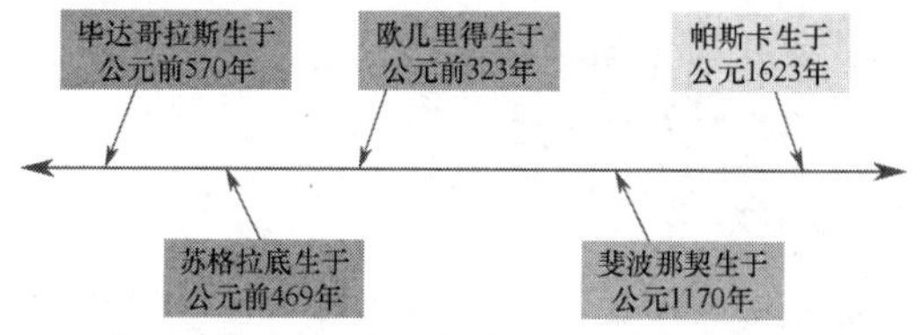

71. 气温变化。当前气温是 65℉，据气象局预测，随着冷锋的到来，未来 4 小时的气温将下降 7 度/小时。4 小时后的气温是多少度？

72. 气温变化。在冬季的某一天，气象局预测白天最高气温为 23 度，夜间最低气温为-11 度。当天的最大昼夜温差是多少度？

下图描述了一周内股票市场的运行状况，完成练习 73 ~ 76。假设当周一开始交易时，市场指数为 12354 点。

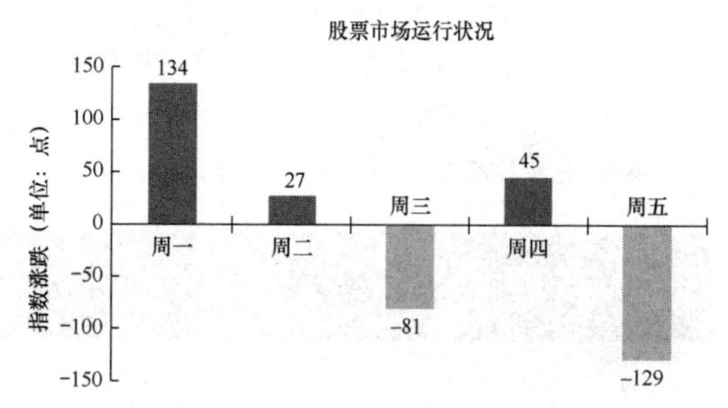

73. 周五收市以后的指数为多少点？

74. 若以 3 天为一个周期，哪个周期的市场跌幅最大？

75. 哪个交易日结束时最可能是卖出股票的最佳时机？假设最佳情形为“低买高卖”。

76. 哪个交易日结束时最可能是买入股票的最佳时机？

采用与表 6.2 中类似的货币模型，解释下列计算。例如，(−2)(+7)意味着在过往两天中，你每天可赚取 7 美元。在下列情况下，解释你的财务状况发生的改变：

77. (+4)(−6)

78. (+5)(+8)

79. (−3)(+7)

80. (−6)(−3)

数学交流

81. 本节说过“减法某种程度上是关于整数的次级运算”，其具体含义是什么？（提示：考虑减法的定义。）

82. 为什么不鼓励记住“负负得正”这样的人为规则？举例说明此“规则”何时无效。

83. 对于带符号整数的乘法和除法规则，你是否能将其合并成一条规则？

84．采用本节所述的除法定义，解释为什么 $\frac{-20}{-5}=+4$？

挑战自我

在练习 85～88 中，为使命题为真，用一个数值代替 x。在做这些练习时，不需要了解代数知识，而只需运用常识和带符号数字的处理知识。

85．$(-6-(-3))\cdot\left(\frac{-12+x}{7-5}\right)=-12$

86．$(5+(-7))\cdot\left(\frac{14+(-4)}{x-4}\right)=-4$

87．$\left(\frac{1-(-11)}{-4-2}\right)\cdot\left(\frac{-4+x}{-5+3}\right)=-6$

88．$\left(\frac{3+9}{x-2}\right)\cdot\left(\frac{12+(-4)}{7-(+9)}\right)=16$

幻方（magic square）是数字的正方形排列，如下图所示。这个正方形有 3 行 3 列，因此称为“3 乘 3 正方形”（注：本幻方使用数字 1～9，“4 乘 4 幻方”常用 1～16 之间的自然数。在本练习中，为了只需要使用连续整数，我们将放松此规则）。

8	1	6
3	5	7
4	9	2

在一个幻方中，将任何行、列或对角线上的数字相加，求得的和总是相同的。例如，在这个幻方中，任何行、列或对角线上的数字之和总是 15。

完成下列幻方中的相关项。提示：首先确定将出现在幻方中每行、每列和每条对角线上的数字之和。

89．

−9	5	4	e
a	−4	b	−1
−2	0	1	−5
3	c	d	6

90．

6	a	−8	3
−5	b	1	−2
−1	c	−3	2
−6	5	d	e

91．利用基于乘法的“除法”定义，解释为什么不能用 8 除以 0。$\frac{8}{0}=x$ 意味着什么？

92．利用基于乘法的“除法”定义，解释为什么不能用 0 除以 0。$\frac{0}{0}=x$ 意味着什么？

6.3 有理数

为了学习有理数，需要熟练掌握常用数系的一些基本性质。

当你的年龄很小时，最初只知道自然数（1, 2, 3,⋯），然后知道 0（零），再后知道负数，但是可能暂时没必要知道分数。对于人们为何确定自己需要不同类型的数字，你可能会感到好奇。思考数系如何发展演变时，你可以采用如下方式：在某个数系中工作时，我们提出了一个问题，但是无法利用该数系中的数求解，所以必须要发明新的数。

例如，假设你只知道自然数，并被要求解方程 $x+2=6$ 和 $x+6=2$。表面上看，这两个方程似乎是同一个问题，但是第 1 个方程存在自然数解（即 $x=4$），而第 2 个方程并没有自然数解。要解第 2 个方程，就发明一个新的数（即−4）。由于需要这些新数，6.2 节介绍的“整数系”应运而生。

与此类似，要想在整数系中解方程 $6x=-2$，就会发现根本无解，所以必须发明另一个数 $\frac{-2}{6}=-\frac{1}{3}$。要解这样的方程，“有理数系”必不可少。

定义　有理数集是可以写为 $\frac{a}{b}$ 形式的所有数的集合，用 Q 表示［quotient（商）的首字母大写］，其中 a 和 b 均为整数，且 $b\neq 0$。上部的数 a 称为分子，下部的数 b 称为分母。

例如，数 $\frac{1}{2},\frac{7}{13},\frac{-4}{5}$ 和 $\frac{-9}{-20}$ 均为有理数，整数 5、−3 和 0 也是有理数（因其可以写为 $\frac{5}{1},\frac{-3}{1}$ 和 $\frac{0}{1}$ 的形式）。此外，如本章后文所述，许多小数也是有理数。在本节的剩余部分中，假设 $\frac{a}{b}$ 形式的任何表达式均为有理数。

6.3.1 有理数相等

在任何数系中，最重要的事情之一是知道“具有不同外观的物件何时相同”。为了判断两个有理数是否相等，我们可以采用以一种非常简单的方法。

要点　我们用“交叉相乘”来检验“有理数相等”。

定义 有理数相等可以定义如下：

当且仅当 $ad = bc$ 时，$\frac{a}{b}=\frac{c}{d}$

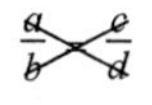

图 6.10 $ad = bc$

等式 $ad = bc$ 中的乘积计算称为交叉相乘，或者计算叉积/向量积。图 6.10 有助于该等式的记忆。

建议 虽然还有其他方法来判断“有理数何时相等”，但最好掌握这种方法并一直使用。当我们处理有理数时，用到的许多规则都基于这个相等的定义。

例 1 有理数相等的检验

判断下列哪对有理数相等：a）$\frac{3}{8},\frac{12}{32}$；b）$\frac{39}{116},\frac{35}{108}$；c）$\frac{1419}{1892},\frac{165}{220}$。

解：a）计算叉积

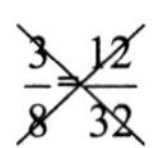

结果为 $3\cdot 32 = 8\cdot 12$ 或 $96 = 96$，因此这两个有理数相等。

b）交叉相乘时，结果为 $39\cdot 108 = 4212$ 和 $116\cdot 35 = 4060$，因此这两个有理数不相等。

c）你不太可能处理如此烦琐的数字，举这个例子只是为了说明交叉相乘法（即使对“坏”数也有效）。交叉相乘的结果为 $1419\cdot 220 = 312180$ 和 $1892\cdot 165 = 312180$，因此这两个有理数相等。

现在尝试完成练习 01 ~ 08。

自测题 10

判断下列有理数对是否相等：a）$\frac{51}{187},\frac{45}{165}$；b）$\frac{31}{91},\frac{63}{147}$。

我们利用下列规则来化简有理数。

要点 基于相等表示法进行约分。

消除公因数

$$\frac{a\cdot c}{b\cdot c}=\frac{a}{b}$$

该规则认为“从有理数的分子和分母中可以消除相同的因数”，这种消除公因数的过程称为化简有理数/约分有理数。消除所有公因数后，该数即可称为最简分数/既约分数。

知道如何利用规则是一回事，理解为什么能够利用规则是另一回事。该消除规则规定

$$\frac{a\cdot c}{b\cdot c}=\frac{a}{b}$$

所以，利用交叉相乘，可知 $a\cdot b\cdot c = b\cdot c\cdot a$，因此上述等式相等成立。

例 2 化简/约分有理数

化简/约分下列有理数：a）$\frac{48}{72}$；b）$\frac{1848}{2112}$。

解：回顾前文所述的系统化策略。

a）化简途径多样。例如，利用整除性规则，可知 4 同时整除分子和分母，所以可以消除 4，得到数 $\frac{12}{18}$，如图 6.11 中的第 1 步所示。接下来，由于 6 是 12 和 18 的公因数，所以再次消除 6，结果为 $\frac{3}{2}$。注意，当分子和分母不再有公因数时，即可停止该化简/约分过程。

$$\frac{48}{72}=\frac{\not{4}\cdot 12}{\not{4}\cdot 18}=\frac{12}{18}=\frac{\not{6}\cdot 2}{\not{6}\cdot 3}=\frac{2}{3}$$

图 6.11 通过消除公因数，化简 $\frac{48}{72}$

b）对于该数而言，观察分子和分母的所有公因数不太容易，因此可以考虑分阶段进行消除。首先，观察发现 4 是一个可以消除的因数，然后即可按照下列步骤进行操作：

由于4整除48，所以4整除1848。同理，4整除2112

消除4

分子和分母可同时被2和3整除，因此可被6整除

$$\frac{1848}{2112} = \frac{462\cdot 4}{528\cdot 4} = \frac{462}{528} = \frac{77\cdot 6}{88\cdot 6} = \frac{77}{88} = \frac{7}{8}$$

消除6

消除11

我们将 $\frac{1848}{2112}$ 的最简分数写为 $\frac{7}{8}$。

现在尝试完成练习 09 ~ 16。

自测题 11

化简 $\frac{252}{336}$。

解题策略：反例原则

当这个消除规则扩展至代数领域时，学生们有时会错误地消除“分项”而非因数，例如从商 $\frac{x+5}{y+5}$ 的分子和分母中消除 5，从而得到 $\frac{x+\not{5}}{y+\not{5}}=\frac{x}{y}$。考虑 1.1 节中三法原则所建议的示例，你可自行判断该计算的无效性。如果用 2 代替 x，用 3 代替 y，则会看到方程 $\frac{x+5}{y+5}=\frac{x}{y}$ 变成了等式 $\frac{2+5}{3+5}=\frac{2}{3}$，这当然不正确，因此本分项的消除无效。

接下来介绍有理数的运算。

6.3.2 有理数的加减

对具有相同分母的两个有理数求和（如 $\frac{3}{5}+\frac{8}{5}$）时，可以认为“一件事情的 3 加上同一件事情的 8 等于该件事情的 11”，所以 $\frac{3}{5}+\frac{8}{5}=\frac{3+8}{5}=\frac{11}{5}$。

要点 对于具有相同分母的有理数，可以直接加（或减）其分子。

“具有不同分母有理数的加法”更加复杂，就好比不能对苹果和橙子求和一样。但是，如果首先将两个分数都改写为“具有公分母”的形式，则可轻松实现具有不同分母有理数的加法。例如，我们可用如下方式求 $\frac{1}{6}+\frac{3}{4}$：

$$\frac{1}{6}+\frac{3}{4}=\frac{1\cdot 4}{6\cdot 4}+\frac{6\cdot 3}{6\cdot 4}=\frac{4}{24}+\frac{18}{24}=\frac{22}{24}=\frac{11}{12}$$

这个简单示例有助于记忆有理数的加法规则，减法规则本质上与加法的相同。

有理数的加法和减法：

$$\frac{a}{b}+\frac{c}{d}=\frac{a\cdot d+b\cdot c}{b\cdot d} \qquad \frac{a}{b}-\frac{c}{d}=\frac{a\cdot d-b\cdot c}{b\cdot d}$$

例 3 中介绍这个规则。

例 3 有理数的加法和减法

a）求 $\frac{5}{6}+\frac{3}{4}$；b）求 $\frac{11}{18}-\frac{3}{8}$。

解：a）应用有理数的加法规则：

$$\frac{5}{6}+\frac{3}{4}=\frac{5\cdot4+6\cdot3}{6\cdot4}=\frac{20+18}{24}=\frac{38}{24}=\frac{19}{12}$$

b）应用有理数的减法规则：

$$\frac{11}{18}-\frac{3}{8}=\frac{11\cdot8-18\cdot3}{18\cdot8}=\frac{34}{144}=\frac{17}{72}$$

现在尝试完成练习 17 ~ 24。

自测题 12

a）求 $\frac{3}{8}+\frac{5}{6}$ 和 $\frac{13}{16}-\frac{11}{24}$；b）给出一个反例，说明 $\frac{a}{b}+\frac{c}{d}=\frac{a+c}{b+d}$ 是错误的有理数加法。

若能判别出这两个分母的最小公倍数，则可将其重写为具有最简公分母的数（即通分），从而更快速地执行有理数加法。在例 3(a)中，如果判别出 6 和 4 的最小公倍数是 12，则可将其写为

$$\frac{5}{6}+\frac{3}{4}=\frac{5\cdot2}{6\cdot2}+\frac{3\cdot3}{4\cdot3}=\frac{10}{12}+\frac{9}{12}=\frac{19}{12}$$

至于哪种方法更加快捷和可靠，则需要由计算者视不同情况进行分析。

如果需要求 3 个数之和，则首先将前 2 个数字相加，然后将结果与第 3 个数字相加。为了计算像 $x-y-z$ 这样的表达式，首先执行减法 $x-y$，然后从结果中减去 z。

6.3.3 有理数的乘除

下面介绍有理数的乘法规则。在图 6.12(a)中，我们可视化地表达了分数 $\frac{3}{4}$；在图 6.12(b)中，我们可视化地表达了分数 $\frac{5}{6}$。

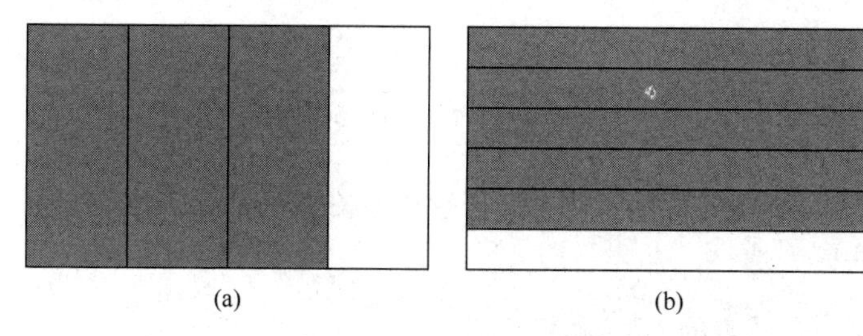

图 6.12 (a) $\frac{3}{4}$ 的可视化表达；(b) $\frac{5}{6}$ 的可视化表达

要点 要执行有理数乘法，可将其分子和分母相乘。

如果将这两个数叠加在一起，则结果如图 6.13 所示，说明如果取 $\frac{3}{4}$ 中的 $\frac{5}{6}$，则可得到 24 个部分中的 15 个，或者 $\frac{15}{24}$，等于 $\frac{5}{8}$。

图 6.13 的另一种查看方式是 $\frac{5}{6}\cdot\frac{3}{4}=\frac{5\cdot3}{6\cdot4}=\frac{15}{24}=\frac{5}{8}$，这有助于记忆有理数的乘法规则。

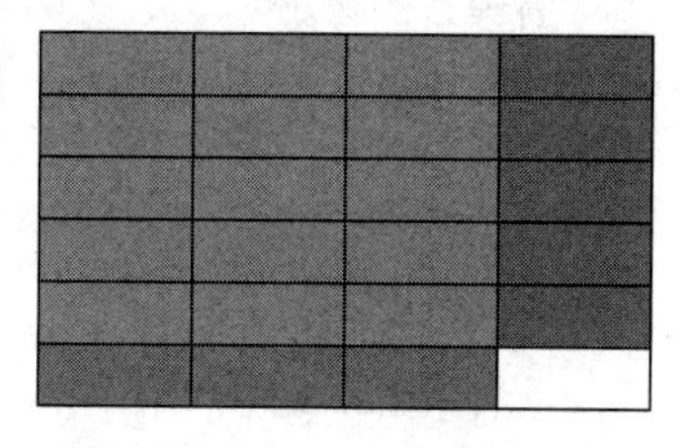

图 6.13 $\frac{3}{4}\cdot\frac{5}{6}=\frac{15}{24}$ 的可视化表达

有理数的乘法

$$\frac{a}{b}\cdot\frac{c}{d}=\frac{a\cdot c}{b\cdot d}$$

例 4 有理数的乘法

求：a）$\frac{4}{3}\cdot\frac{3}{15}$；b）$\frac{18}{25}\cdot\frac{10}{81}$；c）$\left(\frac{9}{4}\right)\cdot\left(-\frac{12}{5}\right)$。

解：a）应用乘法规则，结果为 $\frac{4}{3}\cdot\frac{3}{15}=\frac{4\cdot 3}{3\cdot 15}=\frac{12}{45}=\frac{4}{15}$。

b）应用乘法规则，结果为 $\frac{18}{25}\cdot\frac{10}{81}=\frac{180}{2025}$，然后对结果进行化简/约分（需要大量的不必要处理）。

认识到最终总要消除公因数后，就可在求分子和分母的乘积之前，先进行此项操作，这样整个运算过程就简单多了。可从第 1 个分子和第 2 个分母中消除 9，然后从第 1 个分母和第 2 个分子中消除 5（也可在一步之内消除），最后将较简单的数 $\frac{2}{5}$ 和 $\frac{2}{9}$ 相乘，得到结果 $\frac{4}{45}$，如图 6.14 所示。

$$\frac{\overset{2}{\cancel{18}}}{25}\cdot\frac{10}{\underset{9}{\cancel{81}}}=\frac{2}{\underset{5}{\cancel{25}}}\cdot\frac{\overset{2}{\cancel{10}}}{9}=\frac{2}{5}\cdot\frac{2}{9}=\frac{4}{45}$$

消除9　消除5　现在相乘

图 6.14 “做乘法前消除”可节省工作量

c）带符号有理数与整数的乘法规则相同，所以正数和负数的乘积是负数。在做乘法运算时，我们先不考虑符号，只需记住最终乘积是负数即可。

$$\frac{9}{\underset{1}{\cancel{4}}}\cdot\frac{\overset{3}{\cancel{12}}}{5}=\frac{9}{1}\cdot\frac{3}{5}=\frac{27}{5}$$

因此，正确答案为 $-\frac{27}{5}$。虽然 $-\frac{27}{5}$，$\frac{-27}{5}$ 和 $\frac{27}{-5}$ 完全相等，但我们通常将答案写为 $-\frac{27}{5}$。

自测题 13

求：a）$\frac{24}{9}\cdot\frac{21}{20}$；b）$\left(-\frac{8}{15}\right)\cdot\left(-\frac{25}{12}\right)$。

为了理解有理数的除法规则，思考如何求解除法 $\frac{3}{4}\div\frac{5}{8}$。由于分母中存在 $\frac{5}{8}$，使得该除法变得较为复杂。要消除 $\frac{5}{8}$，一种方法是将其乘以自身的倒数 $\frac{8}{5}$。但是，如果将分母乘以 $\frac{8}{5}$，则必须将分子也乘以 $\frac{8}{5}$。当各自分别乘以 $\frac{8}{5}$ 后，分母变为 1，分子变为乘积 $\frac{3}{4}\cdot\frac{8}{5}$，如下所示：

$$\frac{\frac{3}{4}}{\frac{5}{8}}=\frac{\frac{3}{4}\cdot\frac{8}{5}}{\frac{5}{8}\cdot\frac{8}{5}}=\frac{\frac{3}{4}\cdot\frac{8}{5}}{1}=\frac{3}{\underset{1}{\cancel{4}}}\cdot\frac{\overset{2}{\cancel{8}}}{5}=\frac{6}{5}$$

其实，没有必要每次进行除法运算都经历这个漫长的过程，我们可以选择采用如下规则：倒转分母，然后相乘。

要点 有理数的除法建立在乘法的基础之上。

有理数的除法

$$\frac{a}{b}\Big/\frac{c}{d}=\frac{a}{b}\cdot\frac{d}{c}$$

例 5 有理数的除法

执行下列除法：a）$\frac{25}{12}\div\frac{10}{3}$；b）$-\frac{11}{6}\Big/\frac{7}{9}$。

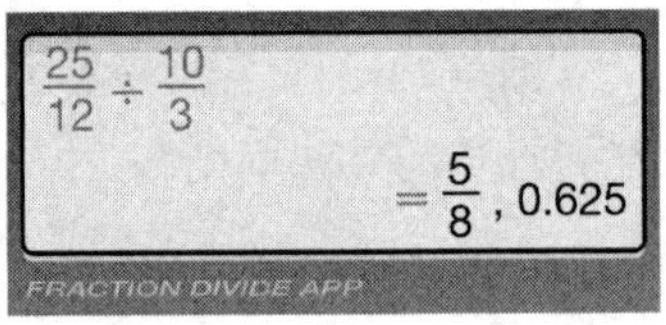

$\frac{25}{12}\div\frac{10}{3}$

$=\frac{5}{8}$, 0.625

FRACTION DIVIDE APP

解：a）应用除法规则，倒转分母，然后相乘［注：基于执行有理数乘法和除法时所用的计算器，可能需要在操作数/运算对象周围加括号，如 $\left(\frac{4}{3}\right)\cdot\left(\frac{3}{15}\right)$ 和 $\left(\frac{25}{12}\right)\div\left(\frac{10}{3}\right)$］。

$$\frac{25}{12}\div\frac{10}{3}=\frac{\overset{5}{\cancel{25}}}{\underset{4}{\cancel{12}}}\cdot\frac{\overset{1}{\cancel{3}}}{\underset{2}{\cancel{10}}}=\frac{5}{4}\cdot\frac{1}{2}=\frac{5}{8}$$

b）有理数与整数的除法规则相同，所以负数除以正数的结果为负数。我们将记住这一事实，执行除法运算时不考虑符号。

同样，倒转分母，然后相乘，结果为 $\frac{11}{6}\div\frac{7}{9}=\frac{11}{\not{6}_2}\cdot\frac{\not{9}^3}{7}=\frac{11}{2}\cdot\frac{3}{7}=\frac{33}{14}$，因此正确答案是 $-\frac{33}{14}$。

现在尝试完成练习 25 ~ 40。

自测题 14

求：a）$\frac{5}{28}\div\frac{11}{14}$；b）$-\frac{33}{14}\div-\frac{11}{8}$。

注意，在解释如 $\frac{4}{8}\div16$ 一样的商时，一定要小心谨慎。在本例中，长横线说明 $\frac{4}{8}$ 除以 16，因此可将 $\frac{4}{8}\div16$ 视为 $\frac{4}{8}/\frac{16}{1}$。

例 6 要求对有理数同时进行多种计算。

例 6　图形程序中的比例缩放功能应用

假设你正在使用某款图形软件（如 Adobe CS5）来设计景观，并且绘制了表示假山庭院的一个矩形，其长度为 $\frac{8}{3}$ 英寸，宽度为 $\frac{5}{6}$ 英寸。

a）如果按比例因子 $\frac{3}{4}$ 缩小长度，同时按比例因子 $\frac{9}{8}$ 增大宽度，则图形中花园的长度和宽度的新尺寸是多少？

b）新矩形的面积是多少？

解：a）长度：用原始矩形的长度 $\frac{8}{3}$ 乘以比例因子 $\frac{3}{4}$，即可得到新长度 $\frac{8}{3}\cdot\frac{3}{4}=\frac{24}{12}=2$ 英寸。宽度：用原始矩形的宽度 $\frac{5}{6}$ 乘以比例因子 $\frac{9}{8}$，即可得到新宽度 $\frac{5}{6}\cdot\frac{9}{8}=\frac{45}{48}=\frac{15}{16}$ 英寸。

b）新矩形的面积为 $2\cdot\frac{15}{16}=\frac{30}{16}=\frac{15}{8}$ 平方英寸。

现在尝试完成练习 83 ~ 92。

6.3.4　带分数

计算有理数时，有时可能遇到分子大于分母的答案（如 $\frac{123}{8}$），这样的有理数称为假分数（注：从严格意义上说，应为"取绝对值后，分子大于或等于分母"）。

虽然当前形式的答案或许正确，但必须略经思考才能知道这个数字的大小。不过，如果将 123 除以 8，得到商 15 和余数 3（见图 6.15），然后即可知悉 $\frac{123}{8}=15\frac{3}{8}$，它略低于 15 和 $\frac{1}{2}$ 之和。

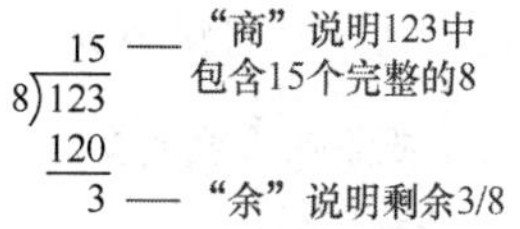

$$\begin{array}{r} 15 \\ 8\overline{)123} \\ \underline{120} \\ 3 \end{array}$$

15 —— "商"说明123中包含15个完整的8

3 —— "余"说明剩余3/8

图 6.15　$\frac{123}{8}$ 至 $15\frac{3}{8}$ 的转换

要点　带分数有助于人们理解有理数的大小。

我们可以用这个例子给出"将假分数写成带分数"的一般规则。

假分数转换为带分数　要将假分数 $\frac{a}{b}$ 转换为带分数/混合数，可以执行下列除法：

$$\begin{array}{r} q \\ b\overline{)a} \\ \vdots \\ \hline r \end{array}$$

然后，将 $\frac{a}{b}$ 写为 $q+\frac{r}{b}=q\frac{r}{b}$。

例 7　将假分数转换为带分数

将下列假分数转换为带分数：a）$\frac{45}{6}$；b）$\frac{133}{8}$。

解：a）如下所示，当 45 除以 6 时，商为 7，余数为 3：

```
    7 —— 商
6)45
  42
   3 —— 余数
```

因此，$\frac{45}{6}=7\frac{3}{6}=7\frac{1}{2}$。

b）同理，$\frac{133}{6}=16\frac{5}{8}$。

现在尝试完成练习 41～44。

带分数也可转换为假分数，如$5\frac{3}{4}$可转换为$5+\frac{3}{4}=\frac{5\cdot 4}{4}+\frac{3}{4}=\frac{23}{4}$。此计算是下列转换规则的基础。

带分数转换为假分数 带分数 $q\frac{r}{b}$ 等于假分数 $\frac{q\cdot b+r}{b}$。

不要让这个公式吓倒，“q 乘以 b，再加上 r”作为分子，b 作为分母，仅此而已。

例 8 将带分数转换为假分数

将下列带分数转换为假分数：a）$5\frac{2}{7}$；b）$8\frac{3}{11}$。

解：a）$5\frac{2}{7}=\frac{5\cdot 7+2}{7}=\frac{37}{7}$；b）$8\frac{3}{11}=\frac{8\cdot 11+3}{11}=\frac{91}{11}$。

现在尝试完成练习 45～48。

自测题 15

a）将 $\frac{23}{4}$ 转换为带分数；b）将 $2\frac{3}{5}$ 转换为假分数。

一般而言，在计算带分数时，“计算前先将数字转换为假分数”非常有用。例如，要计算$3\frac{1}{2}\times 2\frac{2}{5}$，可将其改写为$\frac{7}{2}\times\frac{12}{5}=\frac{84}{10}=\frac{42}{5}=8\frac{2}{5}$。

6.3.5 循环小数

如果用计算器来计算 3/16，答案应当类似于 0.1875。下面讨论如何将有理数表示为小数形式，以及如何将小数表示为两个整数的商。

要点 有理数具有循环小数表达。

例 9 将有理数写成小数形式

将下列有理数写成小数：a）$\frac{5}{8}$；b）$\frac{7}{16}$；c）$\frac{82}{111}$。

解：a）用分子除以分母，得到 $\frac{5}{8}=0.625$。

b）除法运算结果为 $\frac{7}{16}=0.4375$。

c）虽然对例题而言，这个选择似乎很奇怪，但却非常有趣。如果用计算器来计算 $\frac{82}{111}$，答案类似于 0.7387387387，但这并不完全正确。

如图 6.16 所示，采用手工方式做除法时，可以看到商中的数位无限循环。一旦算出商 0.738，即可得到余数 82，然后重复前述计算过程，得到下一个商 0.738738。

```
      .738
111)82.000000
    777
     430
     333
      970
      888
       820 —— 我们再次用820除以111，
              因此商中的数字将再次重复。
```

图 6.16 $\frac{82}{111}$ 具有循环小数展开式

实际上，$\frac{82}{111}$ 的真正小数展开式是无限循环小数 0.738738738738…。对于无限循环的部分小数位，人们通常在其上方加一条横线，所以应将 $\frac{82}{111}$ 写为 $0.\overline{738}$。

现在尝试完成练习 49 ~ 56。

自测题 16

将 $\frac{21}{33}$ 写为小数。

对有理数执行除法运算来得到小数展开式时，可能存在的余数只能是有限数量的，所以在某些点位，例 9(c)中的循环类型必定反复出现。

有理数的小数展开式 当以小数形式表示有理数时，结果要么为例 9 中 a）和 b）所示的有限展开式，要么为例 9 中 c）所示的无限循环展开式。我们可将“有限展开式”视为“循环展开式”，其中 0 从某个点位开始重复。

下面介绍如何将小数写成整数的商。如果一个数具有有限展开式，如 0.124，记得这个数应该读作“千分之 124”，如图 6.17 所示。所以，可将 0.124 写为

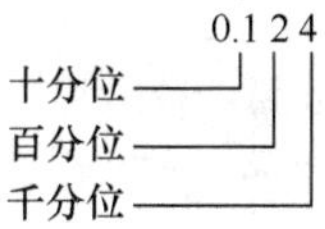

0.124
十分位
百分位
千分位

图 6.17 0.124 的读法

$$\frac{124}{1000}=\frac{31\cdot \cancel{4}}{250\cdot \cancel{4}}=\frac{31}{250}$$

4 可同时整除分子和分母

运用软件——计算需要头脑灵活

本节介绍了大量手工分数计算方法，有助于人们理解有理数的计算。但是，处理较为烦琐的复杂数字时，许多不同技术还可助你一臂之力。例如，执行加法运算时，$\frac{1}{3}+\frac{5}{6}$ 非常简单，$\frac{19}{26}+\frac{11}{34}$ 则难度加大。处理这些非常烦琐的数时，许多移动平台（如 iOS、Android 和 Windows）提供了非常不错的免费应用程序，可以极大程度地简化计算工作。

利用可用的任何设备，查找相关应用程序，执行下列计算。以最简分数形式表示所有答案。

a）$\frac{1092}{4680}$；b）$\frac{17}{108}+\frac{7}{45}$；c）$\frac{375}{576}\times\frac{216}{250}$；d）$3\frac{1}{16}\div 4\frac{5}{12}$。

答案：a）$\frac{7}{30}$；b）$\frac{169}{540}$；c）$\frac{9}{16}$；d）$\frac{147}{212}$。

要将循环小数（如 $0.\overline{36}$）写为整数的商，计算过程稍微复杂一些，详见例 10。

例 10 将循环小数写为整数的商

将 $x=0.\overline{36}$ 写为整数的商。

解：要将 0.36363636363636⋯ 写为整数的商，必须处理好 363636⋯ 的无限“尾巴”。我们采用如下技术：创建与 x 具有相同“尾巴”的另一个数，然后求这两个数的差，得到没有重复无限“尾巴”的一个数。

考虑将数字 x 乘以 100，即 $100\cdot x=36.36363636\ldots$。再做减法 $100\cdot x-x$，即可得到

$$\begin{aligned}100\cdot x&=36.36363636\cdots\\ -\quad x&=-0.36363636\cdots\\ \hline 99\cdot x&=36\end{aligned}$$

此时，无限“尾巴”消失。求解 $99\cdot x=36$，可知 $x=\frac{36}{99}=\frac{4}{11}$，因此 $0.36363636363636\cdots=\frac{4}{11}$（注：细心观察 $0.\overline{36}=\frac{36}{99}$ 和 $0.\overline{634}=\frac{634}{999}$，按照这种规律，通常可以快速转换这类数）。

现在尝试完成练习 57 ~ 68。

自测题 17

a）将 0.2548 写为整数的商；b）将 $x=0.\overline{54}$ 写为整数的商。

在例 10 中，如果处理数 $x=0.\overline{634}$，则为了消除无限尾巴，应当做减法 $1000 \cdot x - x$。

具有不循环小数展开式的数不是有理数，下一节讨论这类数。

练习 6.3

强化技能

以最简分数形式写出本练习中的全部答案。下列哪对有理数相等？

01. $\frac{2}{3}, \frac{8}{12}$　　**02.** $\frac{5}{6}, \frac{10}{18}$

03. $\frac{12}{14}, \frac{14}{16}$　　**04.** $\frac{11}{6}, \frac{18}{20}$

05. $\frac{22}{14}, \frac{30}{21}$　　**06.** $\frac{5}{16}, \frac{10}{32}$

07. $\frac{5}{14}, \frac{15}{42}$　　**08.** $\frac{9}{7}, \frac{54}{42}$

化简/约分下列分数。

09. $\frac{15}{35}$　　**10.** $-\frac{30}{48}$

11. $\frac{-24}{72}$　　**12.** $\frac{60}{135}$

13. $\frac{225}{350}$　　**14.** $-\frac{132}{96}$

15. $\frac{143}{154}$　　**16.** $\frac{-120}{216}$

执行下列运算，以最简分数形式将答案表示为两个整数的商（正或负）。

17. $\frac{1}{6}-\frac{1}{2}$　　**18.** $\frac{13}{16}-\frac{5}{8}$

19. $\frac{7}{16}-\frac{1}{3}$　　**20.** $\frac{5}{12}+\frac{3}{14}$

21. $\frac{3}{4}+\frac{5}{6}+\frac{7}{8}$　　**22.** $\frac{1}{3}+\frac{2}{5}+\frac{5}{6}$

23. $\frac{1}{8}-\frac{2}{3}+\frac{1}{2}$　　**24.** $\frac{2}{9}-\frac{2}{27}+\frac{1}{4}$

执行下列运算，以最简分数形式将答案表示为两个整数的商（正或负）。

25. $\frac{3}{3}\cdot\frac{1}{2}$　　**26.** $\frac{5}{16}\cdot\frac{4}{15}$

27. $\frac{1}{6}\div\frac{1}{2}$　　**28.** $\frac{5}{16}\div\frac{3}{8}$

29. $\frac{7}{8}\div\left(-\frac{5}{24}\right)$　　**30.** $-\frac{7}{32}\cdot\frac{8}{35}$

31. $\left(\frac{7}{18}\cdot\left(-\frac{3}{4}\right)\right)\div\left(\frac{7}{9}\right)$　　**32.** $\left(\frac{14}{25}\div\frac{4}{5}\right)\cdot\left(\frac{10}{3}\right)$

33. $\left(\frac{11}{30}\div\left(-\frac{1}{6}\right)\right)\cdot\left(\frac{15}{4}\right)$　　**34.** $\left(\frac{7}{4}\cdot\frac{8}{21}\right)\div\left(\frac{2}{5}\right)$

执行下列运算，以最简分数形式将答案表示为两个整数的商（正或负）。

35. $\frac{5}{3}\cdot\left(\frac{8}{15}+\frac{2}{3}\right)$　　**36.** $\frac{8}{9}\cdot\left(\frac{5}{6}+\frac{1}{4}\right)$

37. $\frac{22}{27}\cdot\left(\frac{3}{11}+\frac{2}{3}\right)$　　**38.** $\frac{10}{9}\cdot\left(\frac{2}{5}-\frac{2}{3}\right)$

39. $\frac{7}{30}\div\left(\frac{1}{6}-\frac{3}{14}\right)$　　**40.** $\frac{11}{40}\div\left(\frac{3}{5}-\frac{1}{4}\right)$

将下列假分数转换为带分数。

41. $\frac{27}{4}$　　**42.** $\frac{139}{8}$　　**43.** $\frac{121}{15}$　　**44.** $\frac{214}{12}$

将下列带分数转换为假分数。

45. $2\frac{3}{4}$　　**46.** $5\frac{3}{8}$　　**47.** $9\frac{1}{6}$　　**48.** $4\frac{5}{12}$

将下列有理数写为有限小数或循环小数。

49. $\frac{3}{4}$　　**50.** $\frac{5}{8}$　　**51.** $\frac{3}{16}$　　**52.** $\frac{27}{32}$

53. $\frac{9}{11}$　　**54.** $\frac{16}{33}$　　**55.** $\frac{4}{13}$　　**56.** $\frac{4}{7}$

以最简分数形式将下列小数写为两个整数的商。

57. 0.64　　**58.** 0.075

59. 0.836　　**60.** 0.345

61. 12.2　　**62.** 4.068

63. $0.\overline{4}$　　**64.** $0.3\overline{8}$

65. $0.\overline{189}$　　**66.** $0.\overline{21}$

67. $0.3\overline{18}$　　**68.** $0.\overline{384615}$

学以致用

69. 生活开销。安德烈将薪水中的 $\frac{1}{3}$ 用于支付房租，$\frac{1}{4}$ 用于购买食品，$\frac{1}{6}$ 用于支付水电费，问其用于其他开支的费用占比是多少？

70. 奖学金分配。在中央州立大学，$\frac{1}{8}$ 的学生获得体育奖学金，$\frac{1}{3}$ 的学生获得学术奖学金。假设没有学生获得两种奖学金，则获得奖学金（二者之一）的学生比例是多少？

71. 比赛奖金分配。在得州扑克锦标赛的奖金分配中，假设冠军可以获得 $\frac{1}{3}$，亚军可以获得 $\frac{1}{4}$，其他 4 名玩家瓜分剩余的奖金，这 4 名玩家每人获得的奖金占比是多少？

72. 广告预算。在“卓越速降滑雪公司”的广告预算中，$\frac{1}{3}$ 用于纸质广告，$\frac{2}{5}$ 用于电视广告，$\frac{1}{6}$ 用于广播广告，用于其他类型广告的预算占比是多少？

利用下面的图表（美国近年来各兵种中的现役女兵分布），回答练习 73 ~ 74。例如，蓝色区域中的 $\frac{1}{3}$ 表示“1/3 现役女兵在陆军服役”。

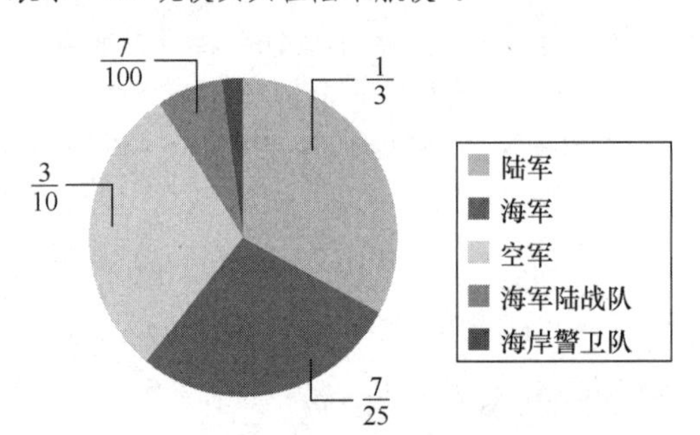

73. 陆军或海军中的现役女兵比例是多少？

74. 海岸警卫队中的现役女兵比例是多少？

75. 博物馆贴瓷砖。新中美洲艺术博物馆馆长计划采用古印加瓷砖复制品重新装饰房间的墙壁。这种瓷砖为正方形，边长为$8\frac{1}{2}$英寸。如果房间的高度为17英尺，则垂直方向上需要多少块$8\frac{1}{2}$英寸的瓷砖？是否需要切割部分瓷砖？

76. 购买美术用品。伊莎贝拉是一位画家，经常购买$6\frac{2}{3}$盎司容量的罐装喷雾定影剂。如果实惠装包含$1\frac{2}{5}$倍的喷雾定影剂，则其包含多少盎司喷雾定影剂？

77. 重铺道路。一位铺路工正在重新铺设位于景区延长线上的3段乡村道路，长度分别为$2\frac{1}{3}$英里、$4\frac{3}{8}$英里和$3\frac{1}{4}$英里，重铺道路的总长度是多少？

78. 疏浚河道。为了防止洪水泛滥，人们将疏浚布兰迪维因河的2段河道，第1段河道长$\frac{3}{8}$英里，第2段河道长$\frac{2}{3}$英里。如果疏浚长度超过1英里，则需获得环保局的特别许可，问是否需要该许可？

79. 装饰露天舞台。为了表彰一位本地英雄，在公园的长方形露天舞台四周，某个委员会打算用爱国彩旗进行装饰。如果露天舞台的大小为$32\frac{2}{3}$英尺×$18\frac{1}{2}$英尺，则总计需要长度为多少的彩旗？

80. 制作陈列柜。阿德里安正在为新购置的博士（Bose）音响系统制作陈列柜，他准备采用一种特殊的西印度红木来制作2条侧边和1条顶边。如果侧边长$3\frac{2}{3}$英尺，顶边长$4\frac{3}{4}$英尺，总计需要长度为多少的红木？

81. 计量烹饪配料。厨房抽屉里有一套量杯，尺寸分别为$\frac{1}{4}$,$\frac{1}{3}$,$\frac{1}{2}$和1杯，说明如何利用这些量杯称出$\frac{1}{6}$杯树莓香醋。

82. 计量烹饪配料。重复练习81，但这次要称出$\frac{1}{12}$杯柠檬草橄榄油。

83. 修改食谱。在芬妮法默食谱（Fanny Farmer Cookbook）中，一份匈牙利炖牛肉可供4人食用，需要用到$1\frac{1}{2}$汤匙柠檬汁（除其他成分外）。如果要将该食谱增至可供10人食用，则需要多少汤匙柠檬汁？

84. 修改食谱。在芬妮法默食谱中，一杯辣根奶油酱汁（搭配烤牛肉）需要$\frac{3}{4}$杯浓奶油。如果要做$1\frac{1}{2}$杯这种酱汁，则需要多少杯浓奶油？

85. 单价。米兰可以花2.60美元购买一支$5\frac{1}{4}$盎司的牙膏，或者花3.60美元购买一支$7\frac{1}{8}$盎司的牙膏，哪种牙膏比较经济实惠？解释理由。提示：将带分数转换为小数，然后计算每种牙膏的单价（注：当去市场淘宝时，你会发现小包装产品的单价或许低于大包装“经济型”产品的定价）。

86. 单价。贾尼塔可以花1.75美元购买一瓶$37\frac{1}{2}$盎司的橙汁，或者花2.70美元购买一瓶$44\frac{3}{4}$盎司的橙汁，哪种橙汁比较经济实惠？解释理由。提示：将带分数转换为小数，然后计算每种橙汁的单价。

利用右侧的图表（美国2025年种族构成预测），回答练习87～88。

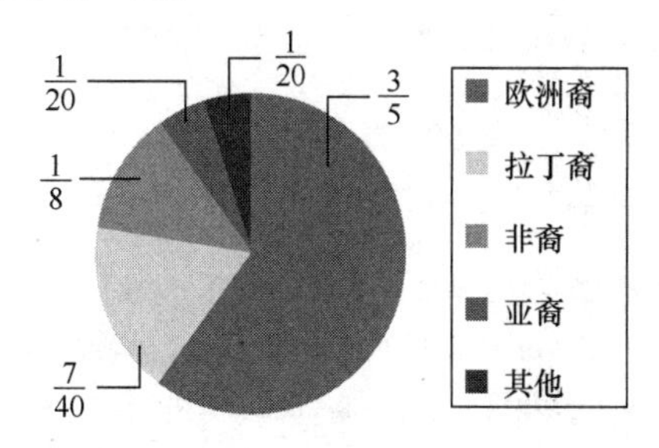

87. 族裔构成。“既不是欧洲裔又不是拉丁裔”的美国人预计占比是多少？

88. 族裔构成。“非裔、拉丁裔或亚裔”美国人预计占比是多少？

89. 尽可能减少改造工程的浪费。为了拍摄《彻底改造：家庭版》，在一栋房子的地板上，杰西·泰勒·弗格森正在铺设$3\frac{3}{8}$英尺长的竹地板条，并希望尽可能减少因留得太短而造成的浪费。从一条12英尺长的地板上，他需要剪下多少条$3\frac{3}{8}$英尺长的地板？如果他购买的地板长度为15英尺，则每条15英尺地板比每条12英尺地板相比，浪费是多还是少？

90. 估算粉刷工作量。佩奇正在估算某个房间的粉刷工作成本，其中两面墙的长度为$10\frac{1}{4}$英尺，另两面墙的长度为$13\frac{1}{2}$英尺，房间高度为$8\frac{3}{4}$英尺。该房间中四面墙的总面积是多少？

91. 放大照片。假设图书设计师将尺寸为$2\frac{3}{4}\times3\frac{1}{2}$英寸的照片放大，使较短的一侧变为$3\frac{7}{16}$英寸，则较长一侧的长度是多少？

92. 缩小地图。一位测量员绘制了尺寸为$13\frac{3}{4}\times10\frac{5}{8}$英寸的一幅地图。她希望进一步缩小地图，使长边的尺寸为11英寸，则短边的尺寸为多少？

数学交流

93. 给出一个反例，说明按如下方式执行有理数的加法不正确：

$$\frac{a}{b}+\frac{c}{d}=\frac{a+c}{b+d}$$

94. 解释为什么有理数的小数展开式必定循环。

95. 执行有理数加法的一种方法是利用下列公式：

$$\frac{a}{b}+\frac{c}{d}=\frac{ad+bc}{bd}$$

执行加法 $\frac{5}{6}+\frac{3}{4}$ 和 $\frac{29}{36}+\frac{31}{54}$，并以最简分数形式来表示答案。这种方法有什么优缺点？

96. 参照例 4，画出一张图表，描述乘积 $\frac{3}{8}\cdot\frac{2}{3}$，并解释图表是如何说明该乘积的。

应用例 5 之前介绍的技术（用于计算 $\frac{3}{4}\div\frac{5}{8}$），执行下列除法：

97. $\frac{5}{6}\div\frac{2}{3}$　　**98**. $\frac{5}{12}\div\frac{3}{8}$

挑战自我

在练习 99~102 中，已知 3 个数（a,b 和 m）中的 2 个，其中 m 是 a 和 b 的平均数，求缺失的数字。

99. $a=\frac{3}{8},b=\frac{11}{12}$　　**100**. $a=\frac{11}{15},m=\frac{47}{60}$

101. $a=\frac{7}{18},m=\frac{71}{108}$　　**102**. $a=\frac{17}{60},b=\frac{3}{10}$

103. **制作书架**。安东尼奥正在用木板和空心砖制作书架，想将一片 $10\frac{7}{8}$ 英尺长的风化松木板切割成四片等长的短木板。忽略锯子的切割宽度，每个书架应该有多长？答案用英尺表示。

104. **制作书架**。重做练习 103，但这次需要考虑锯口的宽度（$\frac{1}{8}$ 英寸）。

105. **挂镜子**。假设你要在 6 英尺（72 英寸）宽的墙上挂一面 $40\frac{1}{2}$ 英寸宽的镜子，镜子要居中悬挂，墙上需要放两个挂钩，以在镜子一侧到另一侧的 $\frac{1}{3}$ 和 $\frac{2}{3}$ 距离处进行支撑（见图 6.18）。挂钩应放在距离墙壁边缘多远的位置？

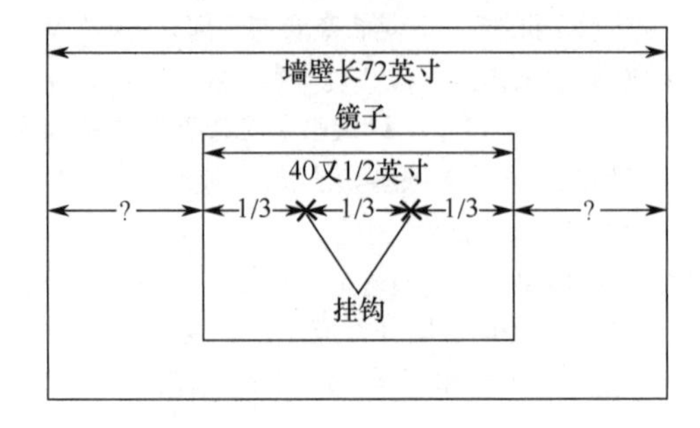

图 6.18　挂镜子

106. **出版教科书**。某出版商希望“在不增加页数的情况下，增加新版教科书的内容”。当前，每页打印区域的宽度为 $5\frac{1}{4}$ 英寸，长度为 $8\frac{1}{4}$ 英寸。如果将打印区域的宽度增至 $6\frac{1}{8}$ 英寸，长度增至 $8\frac{1}{2}$ 英寸，每页的打印区域将增加多少平方英寸？

107. **装修工程**。为了完成一项家庭装修工程，你需要 12 片 $3\frac{1}{4}$ 英寸宽的木板。如果可以买到 8, 10, 12 或 15 英寸宽的木板，哪种木板的浪费最少？

108. **购买油漆**。仁人家园主要销售二手家具、建筑材料和油漆等，并且销售“非整罐油漆”。如果你需要 $2\frac{1}{2}$ 加仑乳胶底漆，且可以购买 $\frac{2}{3}$、$\frac{3}{4}$ 和 $\frac{7}{8}$ 加仑的底漆，是否可以获得足够数量的油漆？

6.4　实数系

上一节讨论了有理数，或许表明存在并非有理数的其他数字，即无理数。无理/不合理似乎是描述数字的极端词汇，难道这些数字很荒谬或者很疯狂？了解一些历史有助于解释“为什么古希腊人认为某些数字不合理”。

大约在公元前 500 年，来自萨摩斯岛的毕达哥拉斯领导了一个古希腊数学家学派（参见本节中的“历史回顾”），他们发现了一个非常惊人的数，即 2 的平方根（$\sqrt{2}$）。如图 6.19(a)所示，他们的发现基于毕达哥拉斯定理/勾股定理，即对于直角三角形而言，斜边（最长边）长度的平方等于两条直角边长度的平方之和，或者 $c^2=a^2+b^2$。如果直角三角形两条直角边的长度为 1，则 $c^2=1^2+1^2=2$，或者 $c=\sqrt{2}$，如图 6.19(b)所示。

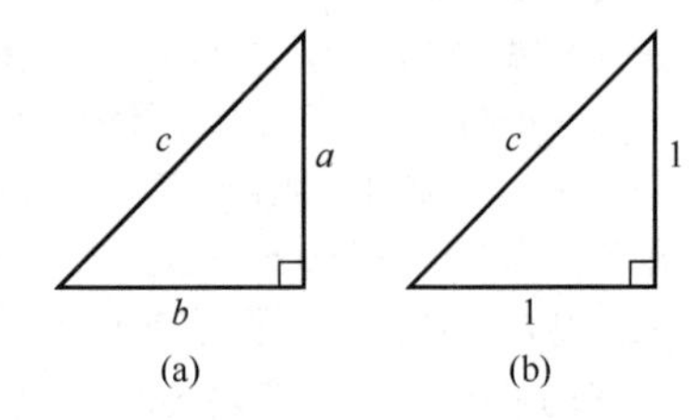

图 6.19　(a) $c^2=a^2+b^2$；(b) $c^2=1^2+1^2=2$

这个发现的惊人之处是，$\sqrt{2}$ 不能写成两个整数的商，所以不是有理数。在此之前，希腊人相信所有数字都是“合理/有理”的，所以在发现 $\sqrt{2}$ 不是“整数的商”时，就认为其没有意义，或者说“不合理/无理”。

6.4.1 无理数

如 6.3 节所述，有理数是具有“循环小数展开式”的那些数（记住，我们认为“有限小数”是循环小数，其中 0 为循环数位），意味着任何非有理数都必须具有“不循环小数展开式”。

要点 无理数具有不循环小数展开式。

定义 无理数是并非有理数的数，因此具有不循环小数展开式。

数 5.12112111211112… 即为无理数。在该展开式中，虽然数位存在一定的规律，但从某点开始循环的单一数块不复存在。15.12345678910111213l4… 和 0.1020030004000050000006… 也是无理数。

在进一步讨论之前，我们将展示毕达哥拉斯是如何简单而优雅地证明“$\sqrt{2}$ 不是有理数”的。

例 1 证明 $\sqrt{2}$ 不是有理数

解：我们将采用一种非常著名的推理方法，称为反证法/归谬法/矛盾证明法。在这种方法中，首先做出假设，然后推导出错误结论，证明最初的假设是错误的。

我们的假设：首先假设 $\sqrt{2}$ 是一个最简分数形式的有理数，即其分子和分母没有公因数。因此，我们可将其写为 $\sqrt{2}=\frac{a}{b}$，其中 a 和 b 是没有公因数的整数。现在，对等式两侧同时求平方，有

$$(\sqrt{2})^2=\left(\frac{a}{b}\right)^2 \text{ 或 } 2=\frac{a^2}{b^2}$$

然后，将等式两侧同时乘以 b^2，结果为

$$2b^2=a^2 \qquad (1)$$

因为 $2b^2$ 是偶数（可被 2 整除），所以数 a^2 必定也是偶数。因此，a 必须是偶数，因为如果 a 是奇数，则 a^2 必定是奇数。

因为 a 是偶数，所以可将其表示为 $a=2c$，其中 c 是一个整数。现在替换式（1）中的 a，有

$$2b^2=(2c)^2=4c^2$$

将这个等式两侧同时除以 2，可得

$$b^2=2c^2$$

这意味着 b^2 是偶数，所以 b 必定也是偶数。这怎么可能呢？

我们的错误结论：虽然已经假设 a 和 b 没有公因数，但是实际证明了 a 和 b 都是偶数。之所以出现这种矛盾的情况，是因为一开始就假设“$\sqrt{2}$ 是有理数”的缘故。

因此，我们的假设不正确，$\sqrt{2}$ 不可能是有理数。

现在尝试完成练习 89 ~ 90。

如果用计算器来求 $\sqrt{2}$，则答案可能类似于 $\sqrt{2}=1.414213562$。因为这是一个有限小数（并因此循环），所以计算器的答案不完全正确。实际上，计算器给出了非常接近真实数的一个有理数近似值，略小于 $\sqrt{2}$。实际而言，若 n 不是完全平方数，则 $\sqrt{n}$ 形式的任何数都是无理数。

相对于无理数，人们可能更熟悉有理数，但实际上无理数要远多于有理数，这一点或许令人感到惊讶（参见 2.5 节中关于无限集合的讨论）。下面讨论几个著名无理数：π,ϕ 和 e。

数 $\pi=3.141592653\cdots$ 经常出现在几何学中，被定义为圆的周长与直径之比，如直径为 2 的圆的周长为 2π，如图 6.20 所示。

希腊人认为数 $\phi=\frac{\sqrt{5}+1}{2}=1.618033989\cdots$ 描述了最美丽矩形的长宽比，希腊帕特农神庙、联合国大楼及大量艺术品均基于这一比例。数 $e=2.718281828\cdots$ 在科学和工程领域有许多重要应

用，它以瑞士著名数学家欧拉（Euler）的名字的首字母命名，或许是计算器键上以个人名字命名的唯一数字。

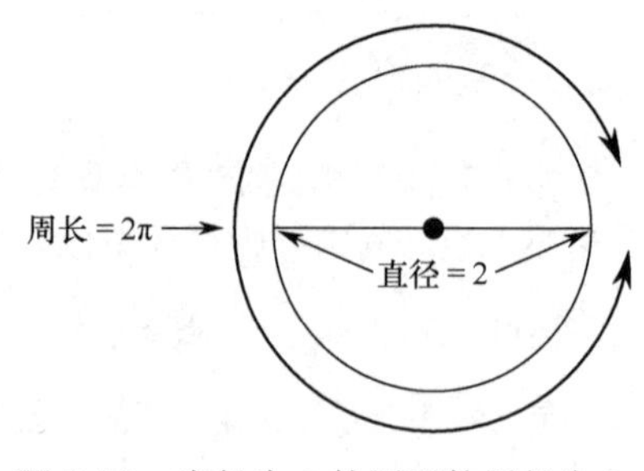

图 6.20　直径为 2 的圆形的周长为 2π

例 2　π, ϕ 和 e 的近似计算

虽然 π, ϕ 和 e 都是无理数，并因此具有不循环小数展开式，但仍有一些方法可以计算这些数字的良好近似值。

a）通过下列数中的前 20 项，计算 π 的近似值：

$$4-\frac{4}{3}+\frac{4}{5}-\frac{4}{7}+\frac{4}{9}-\frac{4}{11}+\frac{4}{13}\cdots$$

b）运用计算器，按下列步骤计算 ϕ 的近似值：

第 1 步：键入 1。

第 2 步：按 $\boxed{1/x}$ 或 $\boxed{x^{-1}}$ 键。

第 3 步：将第 2 步结果加 1。

第 4 步及以后：重复第 2 步和第 3 步（即反复地倒置答案，然后加 1），直至获得 ϕ 小数展开式中小数点后的前 5 位数。

c）在表达式 $(1+1/n)^n$ 中，采用 $n = 10, 100, 1000$ 和 10000，求 e 的近似值。

解： a）在笔者的智能手机屏幕截图中，计算器显示了系列前 6 项的计算结果。如果继续执行该计算至前 20 项，则应得到结果 3.091623807。

笔者用电子表格计算了系列前 2500 项的总和（仅需几秒时间），大致在这一点，总和开始稳定在 π 的近似值 3.141 附近。图 6.21 显示了计算前 50 项时得到的近似值，注意观察曲线是如何在 π 的真实值（3.141592653…）附近上下“摇摆”的。

b）开始计算这些数时，首先得到

$$1, 2, 1.5, 1.66666667, \cdots$$

利用电子表格进一步计算这些数时，即可发现第 15 个数附近的近似值为 1.61803…。

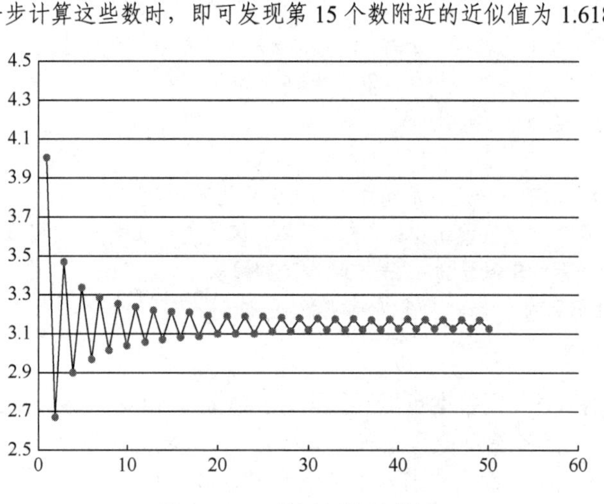

图 6.21　π 的近似计算曲线

c）笔者的计算器得到的结果是

$$(1+1/10)^{10} = 2.59374246$$
$$(1+1/100)^{100} = 2.704813829$$
$$(1+1/1000)^{1000} = 2.716923932$$
$$(1+1/10000)^{10000} = 2.718145927$$

现在尝试完成练习 85 ~ 86。

历史回顾——毕达哥拉斯学派

公元前 500 年，在位于意大利克罗托纳的希腊人居住地，毕达哥拉斯创建了一所学校，对之后 2500 年的数学发展影响深远。这所学校共有约 300 名学生（包括约 30 名女生），有点像秘密社团或者“兄弟会”，大家共同学习相同的课程，如数学、音乐学、几何学和天文学，此外还包括逻辑学、语法学和修辞学等。

初学者称为“听音门徒”，只能在幕布后面静静地倾听毕达哥拉斯的演讲。经过三年潜心学习后，他们将成为“数学门徒”，同时也有资格了解社团的“秘密”（多为至今仍在研究的数学定理）。

毕达哥拉斯学派不吃豆类，也不饮酒。他们相信一个人的灵魂可以离开身体并附体于其他人（或动物），所以为了避免吃掉他人灵魂的居所，他们也不吃肉或鱼。

约在公元前 500 年，克罗托纳发生了动乱，毕达哥拉斯的学校被烧毁，他本人也遭到杀害。对于他的死因，各种说法都有，例如一个传奇故事是如此描述的：当毕达哥拉斯逃命时，在一块神圣的豆田旁边停了下来，为了让神圣的植物免遭践踏，他宁肯让敌人杀死自己。

6.4.2 根式计算

在计算器、在线计算器和计算机代数系统出现之前，为了化简包含根式（平方根或立方根等）的复杂表达式，学生们不得不学习非常烦琐的代数运算。对于没有主修数学（或科学）的学生而言，这些运算当然没有必要去做。例 3 显示了利用计算器进行根式计算的几个例子，注意“最后一位小数位已四舍五入”。

例 3　计算包含根号的表达式

利用计算器求下列根式，精确到小数点后 8 位：

a）$1/\sqrt{2}$；b）$\sqrt{6}/\sqrt{8}$；c）$\sqrt{15}\cdot\sqrt{5}$；d）$5\sqrt{3}+8\sqrt{12}$。

解：利用智能手机上的免费在线计算器，求得的答案如下：

a）$1/\sqrt{2}=0.70710678$；b）$\sqrt{6}/\sqrt{8}=0.86602540$；c）$\sqrt{15}\cdot\sqrt{5}=8.66025404$；

d）$5\sqrt{3}+8\sqrt{12}=36.37306696$。

现在尝试完成练习 11 ~ 26。

自测题 18

用计算器求下列根式：a）$\sqrt{15}/\sqrt{20}$；b）$8\sqrt{10}+3\sqrt{15}$。

6.4.3 实数的应用

除非是理科或数学专业的学生，否则在生活中不太可能遇到特别烦琐的数，但是某些实数及其含义会对你的生活质量产生很大影响。

最常见的实数是百分数和小数。如前所述，数 17%意味着“百分之 17”或 $\frac{17}{100}$。同理，分数 $\frac{13}{25}$ 可以写为 $\frac{13\cdot4}{25\cdot4}=\frac{52}{100}=52\%$。要了解与百分数相关的更多练习，请参阅 8.1 节。

下个示例将介绍新闻中较为常见的指数——消费者物价指数（CPI）和房价指数（HPI）。

消费者物价指数（Consumer Price Index，CPI）　消费者物价指数/居民消费价格指数（CPI）是反映一定时期内城乡消费者购买消费品和服务（包括食品、服装、住房、交通和医疗等）的变动趋势与程度的平均值。美国 CPI 的物价对比基期为 1984 年，当时价值 100 美元商品和服务的消费价格为 100 美元。

例如，假设为了准备下一次求职面试，你打算购买一套新西装。这套西装 1984 年的价格是 100 美元，如果 2025 年的消费者物价指数是 277，则可以预见 2025 年的价格将为 277 美元（注：这个示例较为理想化，忽略了其他一些因素，只是简要解释 CPI 的概念而已）。

在接下来的例题和练习中，我们会用到表 6.3。

表 6.3　部分年份的 CPI 值

年　份	消费者物价指数	年　份	消费者物价指数
1990	131	2010	218
1995	152	2015	237
2000	172	2020	258
2005	195		

例 4　利用消费者物价指数执行计算

为了维持相同的生活水平，假设某个家庭 1990 年需要 44000 美元，其 2015 年需要多少钱？

解： 1990 年的 CPI 是 131，2015 年的 CPI 是 237。将 237 除以 131，得到 $\frac{237}{131}\approx 1.81$，这意味着 2015 年的平均生活成本是 1990 年的 1.81 倍。因此，为了达到与 1990 年相同的生活水平，这个家庭 2015 年大约需要 $1.81\times 44000=79640$ 美元。

现在尝试完成练习 67 ~ 70。

自测题 19

为了维持相同标准的生活水平，如果一个家庭 1995 年需要 5 万美元，则 2015 年需要多少钱？

经济学家和政治学家经常谈到“通货膨胀”，或者物价从一年到另一年的上涨百分比。通货膨胀的定义方法之一如下。

通货膨胀　通货膨胀是物价从一年至另一年的相对上涨，即如果 B 年比 A 年更近的话，则 A 年至 B 年的通货膨胀率为

$$\text{A年至B年的通货膨胀率}=\frac{\text{B年的CPI}-\text{A年的CPI}}{\text{A年的CPI}}$$

例 5　用 CPI 计算通货膨胀率

利用表 6.3，对比“2000—2010 年”和“2010—2020 年”的通货膨胀率。

解： 2000—2010 年的通货膨胀率为

$$\frac{\text{2010年的CPI}-\text{2000年的CPI}}{\text{2000年的CPI}}=\frac{218-172}{172}=\frac{46}{172}=0.2674=26.74\%$$

2010—2020 年的通货膨胀率为

$$\frac{\text{2020年的CPI}-\text{2010年的CPI}}{\text{2010年的CPI}}=\frac{258-218}{218}=\frac{40}{218}=0.1834=18.34\%$$

由此可知，通货膨胀最近若干年有所放缓。

现在尝试完成练习 71 ~ 74。

自测题 20

1990—2015 年的通货膨胀率是多少？

房价指数（HPI，House Price Index）　房价指数可用于比较不同城市的房价。

例如，如果你的价值 12 万美元的住宅位于波士顿，则可用 HPI 来估算位于拉斯维加斯的类似住宅的价格。表 6.4

表 6.4　部分城市的房价指数（HPI）

城　市	房价指数（HPI）
波士顿	183.6
拉斯维加斯	144.8
迈阿密	203.8
旧金山	218.4
达拉斯	155.6

列出了部分城市最近一年的 HPI 值，例 6 和练习将会用到这些数值。

例 6　利用房价指数来估算房价

你在波士顿拥有一栋价值 12 万美元的住宅，类似住宅在拉斯维加斯值多少钱？

解：$\dfrac{\text{拉斯维加斯的HPI}}{\text{波士顿的HPI}}=\dfrac{144.8}{183.6}\approx 0.79$，意味着拉斯维加斯的房价约为波士顿相应房价的 79%，因此按如下方式进行计算：

$$\text{拉斯维加斯的房价}=\frac{144.8}{183.6}\times 120000=94640\text{美元}$$

现在尝试完成练习 75 ~ 78。

自测题 21

如果你在达拉斯拥有一栋价值 10 万美元的住宅，则类似住宅在波士顿值多少钱？将答案四舍五入至最接近的千分位。

6.4.4　实数的性质

图 6.22 总结了本章中介绍的各个数系之间的关系。

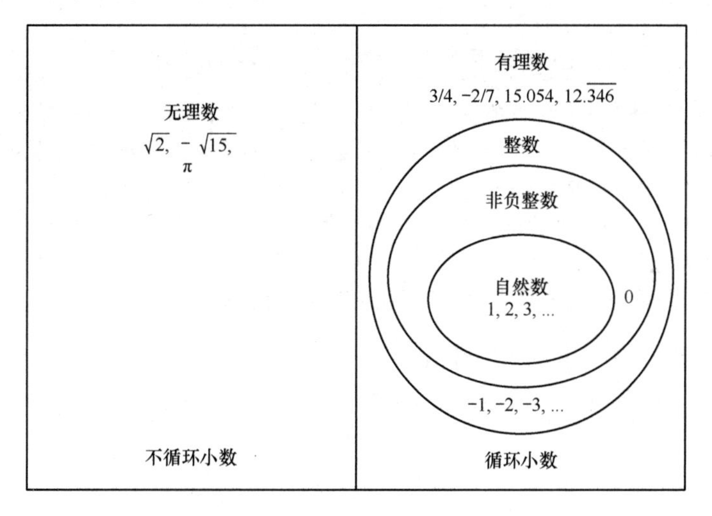

图 6.22　实数集

要点　各个数系具有许多共同的性质。

将有理数集和无理数集组合在一起，可以得到实数集。实数集和加法运算与乘法运算共同构成了一个数系，其性质如表 6.5 所示（注：如 6.2 节所述，减法和除法并不是独立的运算，而基于加法和乘法）。

表 6.5　实数的性质

性　质	定　义	示　例
加法和乘法的封闭性/闭包	如果a与b均为实数，则$a+b$和$a\cdot b$亦为实数。	3 与 π 均为实数，所以 3 + π 亦为实数；$\frac{1}{2}$ 与 $\sqrt{3}$ 均为实数，所以 $\frac{1}{2}\cdot\sqrt{3}$ 亦为实数
加法和乘法的交换律	若 a 与 b 均为实数，则 $a+b=b+a$ 且 $a\cdot b=b\cdot a$（数字组合的“顺序”并不重要）	$3+\sqrt{2}=\sqrt{2}+3$，$(-5)\cdot\pi=\pi\cdot(-5)$

（续表）

性　质	定　义	示　例
加法和乘法的结合律	若 a, b 和 c 均为实数，则 $(a+b)+c=a+(b+c)$ 且 $(a\cdot b)\cdot c=a\cdot(b\cdot c)$ [数的“组合”方式并不重要]	$(3+\sqrt{5})+\sqrt{7}=3+(\sqrt{5}+\sqrt{7})$ $\left((-6)\cdot\frac{1}{2}\right)\cdot\pi=(-6)\cdot\left(\frac{1}{2}\cdot\pi\right)$
0 是加法的恒元；1 是乘法的恒元	若 a 是任意实数，则 $0+a=a+0=a$ 且 $1\cdot a=a\cdot 1=a$	$0+5=5+0=5$，$1\cdot\sqrt{10}=\sqrt{10}\cdot 1=\sqrt{10}$
若 x 是实数，则 $-x$ 是 x 的加法逆元；若 $x\neq 0$，则 $\frac{1}{x}$ 是 x 的乘法逆元	对于任何实数 x： $x+(-x)=(-x)+x=0$ 且 $x\cdot\left(\frac{1}{x}\right)=\left(\frac{1}{x}\right)\cdot x=1$	$3+(-3)=(-3)+3=0$， $\pi\cdot\frac{1}{\pi}=\frac{1}{\pi}\cdot\pi=1$
乘法对加法的分配律	若 a , b 与 c 均为实数，则 $a\cdot(b+c)=(a\cdot b)+(a\cdot c)$	$\frac{1}{2}\cdot(4+6)=\left(\frac{1}{2}\cdot 4\right)+\left(\frac{1}{2}\cdot 6\right)=5$

解题策略：始终原则

在检查一种性质（如封闭性/闭包）是否适用于某种运算时，请记住 1.1 节中的“始终”原则。如果说该性质“有效”，则其必须适用于任何可能性，不能存在任何一种例外。例如，由于有理数 0 不能作为除数，所以有理数集在除法下不具有闭合性。

生活中的数学——价值 100 万美元的逗号

如数学利用“结合律”来重组数那样，英语利用“逗号”来重组思想。虽然标点符号或许是单调乏味的不重要话题，但实际上说，标点符号的变化往往会改变语句的含义（注：若要了解“逗号放置错误”如何改变语句的含义，请参阅练习 83 ~ 84）。

2006 年 10 月 25 日，在《纽约时报》商业版的一篇文章中，作者描述了如下场景：由于合同中多了一个逗号，某加拿大电话公司比预期提前退出了交易，从而节省了 100 万美元。虽然合同意图很明确，但监管机构裁定双方必须按照合同规定执行，而不能按照双方达成的“意图”执行。

例 7 和例 8 描述了实数系的一些性质。

例 7　判别实数的性质

判别下列命题中所用的性质：

a）$3+4$ 是整数；b）$\sqrt{2}+\pi=\pi+\sqrt{2}$；c）$0+3.6=3.6+0=3.6$；

d）$1.24\times(4.678\times 3.9)=(1.24\times 4.678)\times 3.9$；e）$\sqrt{5}+(-\sqrt{5})=0$；

f）$\sqrt{2}\times\frac{1}{\sqrt{2}}=1$；g）$3\times(\sqrt{2}+5)=3\times\sqrt{2}+3\times 5$。

解：回顾前文所述的类比原则。

a）这两个整数具有“加法的封闭性/闭包”性质。

b）实数的加法满足“交换律”。

c）0 是加法的“恒元”。

d）实数的乘法满足“结合律”。

e）$\sqrt{5}$ 和 $-\sqrt{5}$ 是彼此的“加法逆元”。

f）每个非 0 的实数都具有“乘法逆元”。

g）实数的乘法满足对加法的“分配律”。

学生们经常混淆交换律和结合律，此时如果代入英语中的相似单词，则很容易记住二者之间的区别。例如，Commutative（交换律）可代入单词 commuter（远距离通勤者），即在两地之间往返上班之人，意味着“交换律”性质与“数字的位置变换”相关；Associative（结合律）可代入单词 reassociating（重新关联/组合），意味着“结合律”性质与“数字的重新关联/组合”相关。

例 8　求反例

为下列命题提供反例：a）整数集的减法满足交换律；b）实数集的除法满足结合律；c）每个有理数都具有乘法逆元。

解：回顾前文所述的反例原则。

a）$2-5 \neq 5-2$，因为 $2-5=-3$，但是 $5-2=3$。

b）$8\div(4\div2)\neq(8\div4)\div2$，因为 $8\div(4\div2)=8\div2=4$，但是 $(8\div4)\div2=2\div2=1$。

c）0 没有乘法逆元。0 的乘法逆元应是数 a：$a\times0=1$，但这不可能，因为任何数乘以 0 都是 0。

现在尝试完成练习 37 ~ 42。

自测题 22

举例说明以下事实：a）实数集的加法满足结合律；b）整数集的乘法满足交换律；c）负整数集的乘法不具有封闭性/闭包性质。

练习 6.4

强化技能

下列哪些数字是有理数，哪些数字是无理数？

01. $\frac{3}{8}$　　**02.** 5.0136

03. 1.23456789101112⋯　　**04.** $\sqrt{10}$

05. 3.1416　　**06.** 0.10110111

07. 0.101101110⋯　　**08.** $\sqrt{81}$

09. 举例说明 $\sqrt{n}$ 可能是有理数。

10. 举例说明 $\sqrt{n}$ 可能是无理数。

用计算器执行练习 11 ~ 26 中的运算，并将答案四舍五入至小数点后 2 位。

11. $\sqrt{75}$　　**12.** $\sqrt{48}$

13. $\sqrt{189}$　　**14.** $\sqrt{240}$

15. $\sqrt{20}+6\sqrt{5}$　　**16.** $5\sqrt{12}-4\sqrt{3}$

17. $\sqrt{50}+2\sqrt{75}$　　**18.** $\sqrt{28}+2\sqrt{63}$

19. $\sqrt{12}\sqrt{15}$　　**20.** $\sqrt{72}\sqrt{10}$

21. $\sqrt{28}\sqrt{21}$　　**22.** $\sqrt{27}\sqrt{33}$

23. $\sqrt{32}/\sqrt{18}$　　**24.** $\sqrt{45}/\sqrt{20}$

25. $\sqrt{96}/\sqrt{72}$　　**26.** $\sqrt{63}/\sqrt{112}$

在两个给定的数之间，求出：(a)一个有理数；(b)一个无理数，答案用小数形式表示。正确答案多样（提示：答题前以小数形式写出所有数字）。

27. 0.43 和 0.44　　**28.** 1.245 和 1.246

29. $0.\overline{4578}$ 和 $0.457\overline{8}$　　**30.** $0.\overline{123}$ 和 $0.123\overline{1}$

31. $\frac{4}{7}$和$\frac{5}{7}$　　**32.** $\frac{5}{8}$和$\frac{3}{4}$

按“从最小到最大”的顺序排列如下数。

33. **a.** 0.345345；**b.** $0.\overline{345}$；**c.** $0.3\overline{45}$；**d.** $0.34534\overline{534}$。

34. **a.** $0.\overline{261}$；**b.** $0.2\overline{61}$；**c.** $0.\overline{26}$；**d.** 0.2626。

35. **a.** $\frac{4}{9}$；**b.** $\frac{5}{9}$；**c.** $0.4\overline{54}$；**d.** $0.\overline{554}$。

36. **a.** $\frac{5}{13}$；**b.** $0.3\overline{84}$；**c.** $\frac{4}{9}$；**d.** $0.\overline{38}$。

判断下列命题的真假，若为假，请给出一个反例。

37. 两个无理数的乘积是无理数。

38. 整数和有理数的乘积是有理数。

39. 每个负实数都有一个乘法逆元

40. 若 n 为任意正整数，则 $\sqrt{n}$ 是无理数。

41. 有理数的除法具有封闭性/闭包性质。

42. 若 n 为任意整数，则 $\sqrt{n^2}$ 是有理数。

描述下列实数的具体性质。

43. $3(4+5)=3\cdot4+3\cdot5$　　**44.** $6(8+2)=(8+2)6$

45. $3+(6+8)=(6+8)+3$　　**46.** $5(3\cdot2)=(5\cdot3)2$

47. $3+(6+8)=(3+6)+8$　　**48.** $5(3\cdot2)=(3\cdot2)5$

49. $7+0=7$　　**50.** $8+(-8)=0$

51. $4+(2+(-1))=4+((-1)+2)$

52. $7(8-2)=7\cdot8-7\cdot2$

学以致用

在练习 53 ~ 58 中，将答案表示为小数，并且四舍五入到最接近的百分位。

53. 当身高 H（单位为英尺）的人眺望远方时，若要求出最远可视距离 D（单位为英里），则可利用方程 $D=\sqrt{2H}$。如果一名护林员的眼睛高出地面 6 英尺，且站在 42 英尺高的防火瞭望塔上，则其最远可视距离是多少？

54. 利用练习 53 中的方程，假设你位于离地面 160 英尺高的热气球上，则最远可视距离是多少（忽略身高）？

55. 调查交通事故时，警察可用方程 $v=2\sqrt{5L}$ 来估算司机踩刹车时的车速，其中 v 是车速（单位为英里/小时），L 是踩刹车时“滑痕”的长度（单位为英尺）。如果一辆汽车留下 120 英尺长的滑痕，司机踩刹车时的车速是多少？

56. 重复练习 55，但这次假设滑痕的长度为 160 英尺。

57. 钟摆摆动一次的时间（称为周期）取决于其长度，如果钟摆的长度为 L 英尺，则可用公式 $T=2\pi\sqrt{L/32}$ 来计算周期 T（单位为秒）。如果有一名小孩在荡秋千，绳索的长度为 20 英尺（系在池塘上方的树枝上），则其荡完一个完整周期需要多长的时间？

58. 重复练习 57，但这次所用绳索的长度为 30 英尺。

59. **规整小屋的地基**。对有 3 条边 a，b 和 c 的三角形而言，若满足方程 $a^2+b^2=c^2$，则边 a 和 b 彼此相互垂直。当需要“规整”各个物件时，木匠有时会用到这个事实。假设小屋的地基并非矩形，边长分别为 9 英尺和 12 英尺（如下图所示），则对角线 c 的长度应该是多少才能使另外两条边垂直？

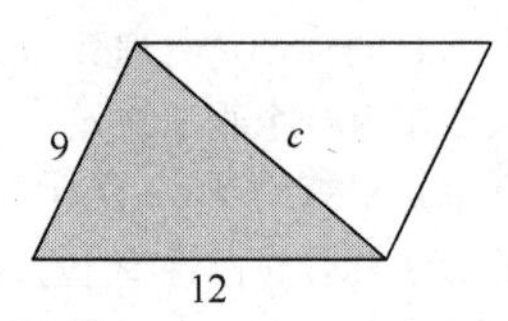

60. **规整小屋的地基**。重复练习 59，但这次假设地基的两条边长分别为 8 英尺和 15 英尺。

61. 作为“世界上最强壮的人”比赛的常胜将军，马瑞斯·普贾诺夫斯基正在参加一场比赛，需要抗衡呈直角牵引的两条绳子，牵引力分别为 120 磅和 160 磅，如下图所示。第 3 条绳子位于直角顶点位置，马瑞斯必须紧握这条绳子，时间越长越好。求马瑞斯所抗衡的力的大小，其对应于图中直角三角形中的斜边长度。

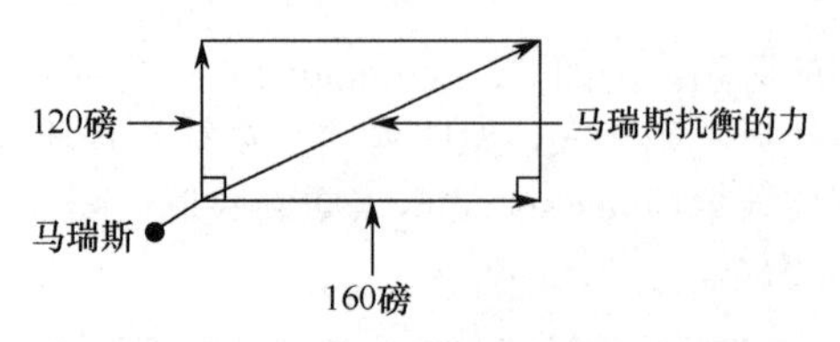

62. 重复练习 61，但这次的牵引力分别为 180 磅和 240 磅。

63. 根据方程 $t=\sqrt{d}/4$ 可以估算物体下落距离 d（单位为英尺）所需的时间 t（单位为秒）。假设你站在（中国台湾）台北 101 大楼的观景台上，距离地面 1600 英尺，如果 MP3 播放器从手中滑落，则其需要多长时间才能落地？

64. 重复练习 63，但这次站在（美国纽约）帝国大厦的观景台上，距离地面 1000 英尺。

65. **危险的传统**。在该练习中，我们调查一些人在新年前夜朝天开枪的危险做法。假设有人垂直向上开枪，子弹的高度达半英里（1 英里为 5280 英尺）。

a. 利用练习 63 中的信息，判断子弹回落至地面需要多长时间（免责声明：此即所谓的“教科书式练习”，我们忽略了非常重要的因素，如空气阻力和子弹旋转。在 2006 年的一集《流言终结者》节目中，“朝天开枪是否可能致命”并未得到明确的答案。虽然如此，朝天开枪确实造成了部分人员伤亡，这可能是因为枪支通常不会向空中垂直发射，因此子弹保持了发射时的大部分初速度）；

b. 假设下落 t 秒后，子弹以 $32t$ 英尺/秒的速度撞击地面，求其地面撞击速度（单位为英尺/秒）；

c. 将英尺/秒转换为英尺/小时，然后除以 5280，求子弹的地面撞击速度（单位为英里/小时）。

66. **危险的传统**。重复练习 65，但这次子弹的高度达到 1/4 英里。

使用表 6.3 完成练习 67 ~ 74。

67. **消费者物价指数**。为了维持标准生活水平，某个家庭 2000 年需要 48000 美元，其 2015 年需要多少钱？

68. **消费者物价指数**。如果一辆汽车 2015 年的价格为 30000 美元，则其 2020 年的价格是多少？

69. **消费者物价指数**。如果一双滑雪板 2010 年的价格为 300 美元，则其 2020 年的价格是多少？

70. 消费者物价指数。以 2015 年的美元计算，1990 年的美元价值如何？

71. 计算通货膨胀。将 1990—2015 年的通货膨胀率表示为百分数，精确至小数点后 2 位。

72. 计算通货膨胀。将 1995—2020 年的通货膨胀率表示为百分数，精确至小数点后 2 位。

73. 计算通货膨胀。哪个十年周期（1990—2000、2000—2010 或 2010—2020）的通货膨胀率最高？

74. 计算通货膨胀。哪个五年周期的通货膨胀率最低？

使用表 6.4 完成练习 75～78，并将答案四舍五入到最接近的千分位。

75. 房价指数。如果你在迈阿密拥有一栋价值 11 万美元的房子，则同样的房子在达拉斯值多少钱？

76. 房价指数。重复练习 75，但这次你在拉斯维加斯拥有一栋价值 8 万美元的房子，并且要搬到波士顿。

77. 房价指数。重复练习 75，但这次你在旧金山拥有一栋价值 20 万美元的房子，并且要搬到达拉斯。

78. 房价指数。重复练习 75，但这次你在拉斯维加斯拥有一栋价值 14 万美元的房子，并且要搬到旧金山。

数学交流

79. 下列命题错在哪里？**a.** $\sqrt{2}=1.414213562$；**b.** $\pi=\frac{22}{7}$。

80. 如何区分有理数和无理数？

81. 是否存在一个实数，它既是有理数又是无理数？

82. 有理数与无理数之和是否可以为有理数？解释理由。

生活中的数学

如前所述，“改变逗号位置”可能会改变语句的含义。例如，有个笑话流传了好几年，这是爱狗人士酷爱的宠物杂志《尾巴》的一次封面恶搞，该杂志曾刊登标题为“在烹饪、家庭和狗方面，瑞秋 · 雷找到了灵感”的一篇文章。由标题可知，这篇文章可能描述了与食人相关的新食谱。但是，添加一个顿号后，该标题的正确表达为“在烹饪、家庭和狗方面，瑞秋 · 雷找到了灵感”。

83. 改写山姆的表述“我喜欢绿色，鸡蛋，火腿”，以读取其正确含义。

84. 女儿最近对她丈夫说“冰箱里有奶油奶酪和百吉饼”，你认为她真正想说的意思是什么？

挑战自我

85. 继续计算例 2(a)中的 π，再延长 20 项。该近似值与例 2 中的结果相比如何？

86. 计算例 2(b)中的 ϕ，迭代 20 次，结果如何？

87. 许多有趣网站专门讨论无理数 π。参加一次竞赛，寻找报告“计算 π 小数展开式最多位数”的站点。

88. 在记忆 π 的小数展开式位数时，助记符值得推荐。例如，在助记符“Can I have a small container of coffee（可否给我一小罐咖啡）？”中，每个英文单词中的字母数量分别是 3, 1, 4, 1, 5, 9, 2 和 6，刚好对应于 π 的无限小数展开式的前 8 位。从互联网上搜索其他助记符，然后比赛看谁能写出可用于记忆 π 的最长助记符。执行类似搜索时，发现了保加利亚语、荷兰语、德语、法语、波兰语及其他语言的助记符。

在练习 89～90 中，利用例 1 中的方法，证明给定数为无理数。

89. $\sqrt{3}$ **90.** $\sqrt{5}$

91. 求下图中线段 AB 的长度。

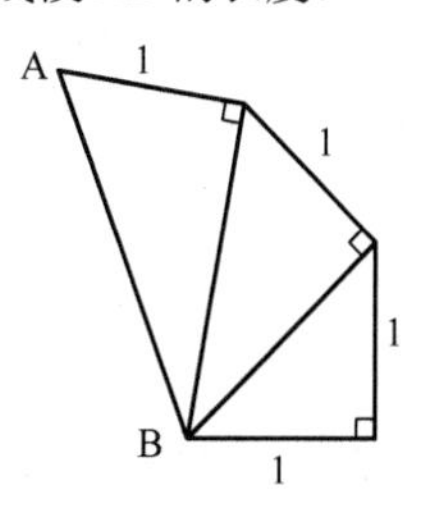

92. 自然数三元数组“3, 4, 5”被称为毕达哥拉斯三元数组，为什么？（提示：考虑直角三角形。）

93. 查找不同于练习 91～92 的另一个毕达哥拉斯三元数组。

94. 如果三元数组“a,b,c”是毕达哥拉斯三元数组，则三元数组“$3a,3b,3c$”呢？“na,nb,nc”形式的任何三元数组呢（n 为自然数）？解释理由。

6.5 指数和科学记数法

人们经常听到非常小和非常大的数，如生物学家认为艾滋病病毒的大小约为 1 微米或0.000004 英寸，天文学家估算地球到宇宙边缘的距离约为466 亿光年。对于这样的极端数，人们不仅理解起来非常困难，而且用其进行计算可能更难。

本节介绍如何有效地计算这些数字，以便较好地估算自己的国债份额。然后，针对本章开篇提出的问题（将人体内的所有原子排列成一条直线时，可以延伸多远），给出一个非常惊人的答案。首先需要讨论一些与指数相关的规则。

6.5.1 指数

为了有效书写非常大和非常小的数，我们采用指数表示法，如$10^3 = 10 \cdot 10 \cdot 10 = 1000$和$2^5 = 2 \cdot 2 \cdot 2 \cdot 2 \cdot 2 = 32$。一般而言，“指数”具有如下定义。

定义 如果a是任意实数，n是计数，则

$$a^n = \underbrace{a \cdot a \cdot a \cdot \cdots \cdot a}_{n\text{个}a\text{ 的乘积}}$$

数a称为底数，数n称为指数/幂。

这个简单定义是本节讨论的所有指数规则的基础。

要点 所有指数规则均基于指数的定义。

例 1 求含有指数的表达式的值

基于指数的定义，用另一种方式写出下列表达式，然后求表达式的值：

a)$3 \cdot 3 \cdot 3 \cdot 3 \cdot 3$; b)$2^4$; c)$0^6$; d)$(-2)^4$; e)$-2^4$; f)$5^1$。

解：回顾前文所述的有序性原则。

a）$3 \cdot 3 \cdot 3 \cdot 3 \cdot 3 = 3^5 = 243$；b）$2^4 = 2 \cdot 2 \cdot 2 \cdot 2 = 16$；

c）$0^6 = 0 \cdot 0 \cdot 0 \cdot 0 \cdot 0 \cdot 0 = 0$；d）$(-2)^4 = (-2) \cdot (-2) \cdot (-2) \cdot (-2) = +16$；

e）注意，与 d）不同，此题中指数 4 的优先级高于负号。首先乘以 4 个 2，然后插入负号，结果为

首先将 2 自乘 4 次

$$-2^4 = -(2 \cdot 2 \cdot 2 \cdot 2) = -16$$

f）$5^1 = 5$。

假设在物理课上遇到表达式$x^3 \cdot x^4$，则可通过“仅使用指数定义”来化简该表达式：

$$x^3 \cdot x^4 = \underbrace{(x \cdot x \cdot x)}_{3\text{个}x\text{ 相乘}} \cdot \underbrace{(x \cdot x \cdot x \cdot x)}_{4\text{个}x\text{ 相乘}} = \underbrace{x \cdot x \cdot x \cdot x \cdot x \cdot x \cdot x}_{7\text{个}x\text{ 相乘}} = x^7$$

因此，$x^3 \cdot x^4 = x^7$。

通过思考这样一个简单示例，你可以记住用于改写某些乘积的下列规则。

指数的乘积规则（同底数幂相乘法则） 如果x为实数，m和n为自然数，则

$$x^m x^n = x^{m+n}$$

注意，在这个规则中，所有底数均相同。由于底数不同，$x^3 y^5$之类的表达式不适用于此规则。

例 2　指数的乘积规则的应用

可能的话，用指数的乘积规则改写下列表达式：a）$2^5 \cdot 2^9$；b）$3^2 \cdot 5^4$。

解：a）$2^5 \cdot 2^9 = 2^{5+9} = 2^{14}$；b）此处不能应用乘积规则。乘积 $3^2 \cdot 5^4$ 包含 2 个 3 和 4 个 5 作为因子，我们不能将这 6 个因子组合到 1 个表达式中，但是可以将其改写为 $3 \cdot 3 \cdot 5 \cdot 5 \cdot 5 \cdot 5 = 5625$。

自测题 23

用乘积规则改写 $3^4 \cdot 3^2$。

假设忘记了表达式 $(y^3)^4$ 的化简规则，此时可将 $(y^3)^4$ 视为"(y^3) 反复自相乘"，如下所示：

$$(y^3)^4 = (y^3)(y^3)(y^3)(y^3) = (y \cdot y \cdot y)(y \cdot y \cdot y)(y \cdot y \cdot y)(y \cdot y \cdot y) = y^{12}$$

由本例可知，通过将指数相乘，我们化简了该表达式，得到如下规则（注：我们将在练习中解释部分其他指数幂规则）。

指数的幂规则　如果 x 为实数，m 和 n 为自然数，则

$$(x^m)^n = x^{m \cdot n}$$

例 3　指数的幂规则的应用

用指数的幂规则化简下列各项：a）$(2^3)^2$；b）$((-2)^3)^4$。

解：回顾前文所述的有序性原则。

a）$(2^3)^2 = 2^{3 \cdot 2} = 2^6 = 64$；b）$((-2)^3)^4 = (-2)^{3 \cdot 4} = (-2)^{12} = 4096$。

自测题 24

用指数的幂规则化简下列各项：a）$(5^4)^3$；b）$((-2)^2)^4$。

解题策略：三法原则

根据 1.1 节中的三法原则，为了记住特定情况下所用的指数规则，较好的方法是思考简单示例，然后利用指数的定义来回忆如何按该规则执行。例如，化简表达式 $(a^8)^7$ 时，要知道是采用指数相加还是采用指数相乘，可以思考如何计算 $(x^3)^2$。若将该表达式写为 $x^3 \cdot x^3 = x \cdot x \cdot x \cdot x \cdot x \cdot x = x^6$，则会记起这种情况下应该利用指数相乘。

我们经常要对包含指数的表达式执行除法运算，如化简表达式 x^7/x^3。利用指数的定义，可将其分子和分母改写如下：

$$\frac{x^7}{x^3} = \frac{x \cdot x \cdot x \cdot x \cdot \cancel{x} \cdot \cancel{x} \cdot \cancel{x}}{\cancel{x} \cdot \cancel{x} \cdot \cancel{x}} = \frac{x \cdot x \cdot x \cdot x}{1} = x \cdot x \cdot x \cdot x = x^4$$

这个示例引出了指数的商规则。

指数的商规则（同底数幂相除法则）　如果 x 为非 0 实数，m 和 n 为自然数，则

$$\frac{x^m}{x^n} = x^{m-n}$$

当 m 大于 n 时，该规则正确无误。但是，若 m 等于 n，则 $m-n=0$；若 m 小于 n，则 $m-n<0$。要了解这些情况下应如何做，下面来看一些具体的示例。设 $m=n=3$，则 $\frac{x^m}{x^n} = \frac{x^3}{x^3} = \frac{\cancel{x} \cdot \cancel{x} \cdot \cancel{x}}{\cancel{x} \cdot \cancel{x} \cdot \cancel{x}} = 1$；

若$m=3$和$n=5$，则$\frac{x^m}{x^n}=\frac{x^3}{x^5}=\frac{\not x\cdot\not x\cdot\not x}{\not x\cdot\not x\cdot\not x\cdot x\cdot x}=\frac{1}{x\cdot x}=\frac{1}{x^2}$。这些示例有助于记忆如下定义。

定义 若$a\neq 0$，则$a^0=1$；若n为自然数，则$a^{-n}=\frac{1}{a^n}$。

例 4 指数的商规则的应用

用指数的商规则化简下列表达式，并将答案写为单一数字：a）$\frac{3^7}{3^5}$；b）$\frac{7^5}{7^8}$；c）$\frac{17^9}{17^9}$。

解：a）$\frac{3^7}{3^5}=3^{7-5}=3^2=9$；b）$\frac{7^5}{7^8}=7^{5-8}=7^{-3}=\frac{1}{7^3}=\frac{1}{343}$；c）$\frac{17^9}{17^9}=17^0=1$。

自测题 25

化简并求下列表达式的值：a）$\frac{6^8}{6^{10}}$；b）$\frac{(-8)^{11}}{(-8)^9}$；c）$\frac{11^0}{11^0}$。

利用非常简单的示例（指数m和n都是自然数），我们解释了指数的运算规则。没有必要进行证明，我们只是在此简单地提示：利用其他类型的指数时，这些规则不会改变（见图 6.23）。

例如，如果需要处理表达式$3^{-4}\cdot 3^6$，可将其改写为$3^{-4}\cdot 3^6=3^{-4+6}=3^2=9$。在其他数学课程中，你可能会看到有理指数甚至无理指数！但是，如果记住这些复杂示例的计算规则相同，则计算时就能够做到游刃有余。

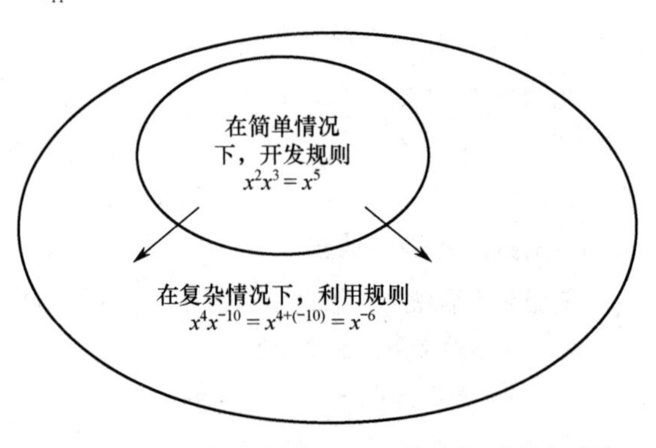

图 6.23 在更复杂的情况下，这些规则不会改变

要点 我们可以将指数规则扩展至所有整数指数。

例 5 指数不为正时的指数规则应用

将指数规则扩展应用至如下表达式并像例 4 那样化简：a）$5^{-4}\cdot 5^7$；b）$(2^{-3})^2$；c）$\frac{(-3)^{-2}}{(-3)^{-7}}$；d）$\frac{12^{-3}}{12^{-3}}$。

解：利用指数规则的有效解有多种，这里只介绍其中之一。

a）利用乘积规则得$5^{-4}\cdot 5^7=5^{-4+7}=5^3=125$。

b）利用幂规则得$(2^{-3})^2=2^{-3\cdot 2}=2^{-6}=\frac{1}{2^6}=\frac{1}{64}$。

c）利用商规则得$\frac{(-3)^{-2}}{(-3)^{-7}}=(-3)^{-2-(-7)}=(-3)^{-2+7}=(-3)^5=-243$。

d）利用 0 指数的定义进行化简：$\frac{12^{-3}}{12^{-3}}=12^{-3-(-3)}=12^{-3+3}=12^0=1$。

现在尝试完成练习 01～28。

自测题 26

化简：a）$3^8\cdot 3^{-6}$；b）$(2^{-2})^{-1}$。

6.5.2 科学记数法

如本节开始所述，科学家通常需要处理非常大和非常小的数。为了能理解和计算这些非常极端的数，数学家开发出了“科学记数法”。在给出正式定义前，这里先用几个示例进行说明。

要点 人们用科学记数法表示非常大和非常小的数。

天文学家常以光年（光在1年内传播的距离）为单位来度量距离，1光年约等于5865696000000英里。为了将如此巨大的数转换为科学记数法，我们需要不断地将这个数除以10，直至其介于1和10之间为止。在实际操作时，我们需要将小数点左移，并记录小数点移动了多少位。对于上面这个数，小数点需要左移12位，如图6.24(a)所示。由于“左移小数点”会使数变小，所以还要乘以10^{12}来恢复该数的大小，如图6.24(b)所示。

5865696000000.

向左移动小数点，令数字变小

(a)

5.865696×10^{12}

乘以10^{12}，恢复该数字的大小

(b)

图 6.24　(a)左移小数点；(b)乘以 10^{12}

在物理学中，1个电子的电荷为0.00000000000000000016库仑。为了用科学记数法写出这个数，要将小数点右移19位，得到1.6，实际效果相当于乘以10^{19}。为了使这个数恢复为最初的极小数，还必须将其除以10^{19}或者乘以10^{-19}。因此，$0.00000000000016 = 1.6\times10^{-19}$。

定义　若一个数的书写形式为$a\times10^n$，其中$1\leqslant a<10$，n为任意整数，则称其为科学记数法。

记住，对于用科学记数法表示的数（形式为$a\times10^n$），a必须大于或等于1且小于10。例如，下面的2个数并非科学记数法：

利用科学记数法，可将这些数写为1.436×10^4和6.34×10^7。

便携式科学计算器具有利用科学记数法来表示数的能力，相关键盘外观如下所示：

EE　EEx　EXP

要在计算器上输入6.34×10^7，可以键入：

6　.　3　4　EE　7

不同便携式计算器显示科学记数法的方式不尽相同，例如6.34×10^7的一种常用显示方式是6.34E7，E7说明科学记数法中10的指数是7；另一种流行的显示方式是用空格代替E，即将6.34×10^7显示为6.34 7。

在线科学计算器也支持科学记数法，右边的屏幕截图是以科学记数法表示的数65870000。

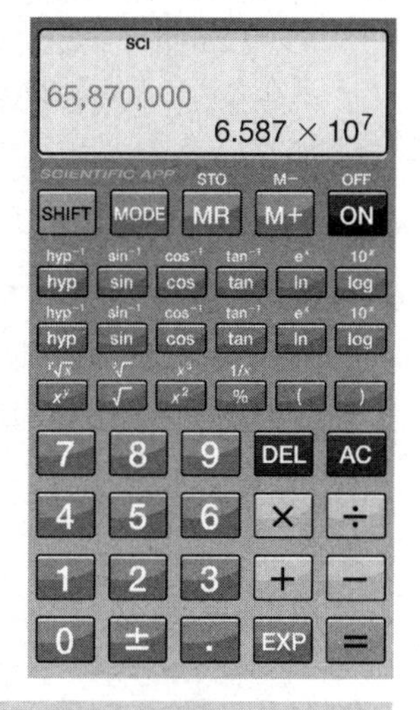

将小数转换为科学记数法的规则　如果数字x非常大：

a）左移小数点，使数字变小，直至其大于或等于1且小于10。

b）将a）部分得到的数字乘以10的幂（小数点左移的位数），恢复数x的大小。例如，若将小数点左移3位，则乘以10^3。

如果数字x非常小：

c）右移小数点，使数字变大，直至其大于或等于1且小于10。

d）将c）部分得到的数字乘以10的幂（小数点右移的位数的负数），恢复数x的大小。例如，若将小数点右移8位，则乘以10^{-8}。

例6　由标准记数法转换为科学记数法

用科学记数法改写下列语句中的数字：a）曼哈顿岛的长度约为708660英寸；b）MacBook Air执行一次运算需要0.0000000034秒。

解： a）将 708660.中的小数点左移 5 位，得到 7.08660，然后乘以10^5，结果为7.08660×10^5。

b）将 0.0000000034 中的小数点右移 9 位，得到 3.4，然后乘以10^{-9}，结果为3.4×10^{-9}。

生活中的数学——数字里有什么？

生活中充满了各种数字，例如：失业率为 8.9%；国债超过 24 万亿美元；在每 350 个家庭中，就有一个家庭丧失抵押品赎回权；高校贷款债务超过 1.5 万亿美元；国内生产总值（国内生产的所有商品和服务的价值）超过 14.5 万亿美元，等等。处理此类信息时，务必将其置于上下文中。

例如，在 2020 年的美国预算中，国防拨款为 7130 亿美元。仅就该数本身而言，理解其含义很难。但是，如果将其与总预算（4.7 万亿美元）进行比较，就会发现其约占 15%。因此，我们可能会问"这与其他年份相比如何？"。1970 年的国防开支为 810 亿美元，约占总预算（1950 亿美元）的 41.5%。因此，仅从百分比上看，当前国防开支要少于 40 年前。

然而，这种比较忽略了军事开支中可能包含的可自由支配额度，因此如何解释 7130 亿美元仍不清楚。务必始终牢记：当有人向你提供信息时，他们可能会出于某种目的而有倾向性。

例 7　由科学记数法转换为标准记数法

用标准记数法改写下列语句中的数字：a）1 年的精确长度为$3.155\,692\,5511\times10^7$秒；b）1 个原子的直径约为$2.0\times10^{-10}$米。

解： a）将 3.1556925511 中的小数点右移 7 位，结果为 31556925.511 秒；

b）将 2.0 中的小数点左移 10 位，结果为 0.0000000002 米。

现在尝试完成练习 29 ~ 44。

自测题 27

a）将 53728.41 转换为科学记数法；b）将2.45×10^{-3}转换为标准记数法。

要点　在科学记数法中，我们利用指数规则来执行数的乘法和除法。

利用科学记数法，数字的乘法和除法表达都很简单。例如，

$$(3\times10^2)\cdot(4\times10^5)=(3\times4)\cdot(10^2\times10^5)=12\times10^7=1.2\times10^8$$

此外，

$$\frac{8\times10^6}{2\times10^4}=\frac{8}{2}\cdot\frac{10^6}{10^4}=4\times10^{6-4}=4\times10^2$$

解题策略：类比原则

用科学记数法书写数的乘法和除法时，并不需要做任何新操作，而只需简单地利用某些性质，如结合律、交换律及前面学习的有理数计算规则。

6.5.3　科学记数法的应用

下面利用科学记数法来解一些应用题。

例 8　计算你在美国国债中的份额

2020 年，美国的人口总量约为 3.3 亿，国债总额约为 24 万亿美元。

a）用科学记数法表示这两个数；b）利用 a）问中的数，计算你所占的国债份额，然后用标准记数法表示答案。

解： a）3.3 亿等于3.30×10^8；24 万亿是 24000000000000，等于2.4×10^{13}；

b）国债总额除以人口总量，结果为

$$\frac{2.4\times10^{13}}{3.30\times10^{8}}=\frac{2.4}{3.30}\times10^{13-8}=\frac{2.4}{3.3}\times10^{5}\approx0.73\times10^{5}=73000$$

所以，你的国债份额约为 73000 美元。

例 9　计算人体内所有原子的总长度

如果将体重为 175 磅的一个人体内的所有原子排列成一条直线，这条直线会有多长？将这一长度与地球和比邻星（离太阳系最近的恒星）之间的距离进行比较。回答这个问题时，请参考如下信息：人体包含 3.4×10^{27} 个原子；原子的直径为 2×10^{-10} 米（1 米略大于 39 英寸）；地球与比邻星之间的距离是 4.6 光年；1 光年等于 9.46×10^{15} 米。

解：a）首先，将人体内的原子数量乘以单个原子的直径，得到

$(3.4\times10^{27})(2\times10^{-10})=(3.4\times2)(10^{27}\times10^{-10})=6.8\times10^{27+(-10)}=6.8\times10^{17}$

因此，人体内所有原子的总长度为 6.8×10^{17} 米。

b）然后，求地球与比邻星之间的距离（以米为单位），执行 $4.6\times9.46\times10^{15}$，得到

*a*必须介于1和10之间

$$4.6\times9.46\times10^{15}=43.516\times10^{15}=4.3516\times10^{16}$$

c）最后，将 a）问求出的长度除以 b）问求出的距离，得到

$$\frac{6.8\times10^{17}}{4.3516\times10^{16}}=\frac{6.8}{4.3516}\cdot\frac{10^{17}}{10^{16}}\approx1.56\times10=15.6$$

因此，人体内所有原子的总长度约为地球与比邻星之间距离的 16 倍！

一般来说，我们不会让学生做像例 9 这么复杂的练习，这里只是展示指数原则和科学记数法的强大能量。

练习 6.5

强化技能

求下列表达式的值。

01． $2\cdot2\cdot2\cdot2\cdot2$　**02．** 5^3　**03．** -2^4

04． 0^3　**05．** -3^2　**06．** 5^{-2}

07． 9^1　**08．** 3^{-4}　**09．** 3^0

10． $(-5)^2$

利用指数规则，首先改写下列表达式，然后对新表达式求值。

11． $3^2\cdot3^4$　**12．** $(-2)^3\cdot(-2)^5$

13． $(7^2)^3$　**14．** $8^0\cdot8^2$

15． $5^4\cdot5^{-6}$　**16．** $4^2\cdot4^3$

17． $(3^2)^{-3}$　**18．** $2^{-4}\cdot2^{-3}$

19． $(-3)^{-2}(-3)^3$　**20．** $(3^2)^4$

21． $\frac{5^9}{5^7}$　**22．** $(7^{-1})^{-3}$

23． $\frac{6^{-2}}{6^{-4}}$　**24．** $\frac{(-3)^6}{(-3)^9}$

25． $(3^{-4})^0$　**26．** $(7)^{-2}\cdot(7)^6$

27． $\frac{2^9}{4^3}$（提示：改写 4）

28． $9^3\cdot27^{-2}$（提示：改写 9 和 27）

用科学记数法改写下列数。

29． 4356000　**30．** 3200000000

31． 783　**32．** 0.000258

33． 0.0024　**34．** 28

35． 0.008　**36．** 8056

用标准记数法改写下列数。

37． 3.25×10^4　**38．** 4.7×10^8

39． 1.78×10^{-3}　**40．** 7.41×10^{-8}

41． 6.3×10^1　**42．** 9.7×10^1

43． 4.5×10^{-7}　**44．** 8×10^{-7}

下列数未采用科学记数法，用科学记数法对其进行改写。

45． 23.81×10^6　**46．** 426.5×10^5

47． 0.84×10^3　**48．** 0.03×10^8

用科学记数法执行下列运算，并将答案保持为科学记数法形式。

49． $(3\times10^6)(2\times10^5)$

50． $(4\times10^3)(2\times10^4)$

51． $(1.2\times10^{-3})(3\times10^5)$

52． $(4.2\times10^{-2})(1.83\times10^{-4})$

53． $(8\times10^{-2})\div(2\times10^3)$

54. $(4.8\times10^4)\div(1.6\times10^{-3})$

55. $(5.44\times10^8)(2.1\times10^{-3})\div(3.4\times10^6)$

56. $(1.4752\times10^{-2})(5.7\times10^4)\div(4.61\times10^{-3})$

57. $(9.6368\times10^3)(4.15\times10^{-6})\div(1.52\times10^4)$

58. $(3.5445\times10^{-3})(2.8\times10^{-5})\div(8.34\times10^6)$

在执行运算以前，用科学记数法改写下列数，并将答案保持为科学记数法形式。

59. 67300000×1200

60. 83600×4200000

61. 6800000×2300000

62. 1750000×3400000

63. 0.00016×0.0025

64. 0.000325×0.000008

学以致用

在以下练习中利用下列事实：100 万是 $1000000=10^6$，10 亿是 $1000000000=10^9$，1 万亿是 $1000000000000=10^{12}$。

在练习 65 ~ 72 中，用科学记数法表示每个极大数或极小数。

65. 据史密森学会估算，地球上任何时候都有 10000000000000000000 只昆虫。

66. 据美国能源信息管理局的数据，1 千克（2.2 磅）铀 235 可释放 56000000000000 英国热量单位（BTU）的能量。

67. 2010 年的美国联邦预算为 3720000000000 美元。

68. 你的新 MP3 播放器的内存为 420000000000 字节。

69. 一种艾滋病病毒的大小为 0.0000001 米（1 米略长于 1 码）。

70. 出血性大肠杆菌的长度为 0.000002 米。

71. 金原子核的直径为 0.000000000000014 米。

72. 水分子的直径为 0.0000000001 米。

用如下图表完成练习 73 ~ 78，并用科学记数法表示答案。

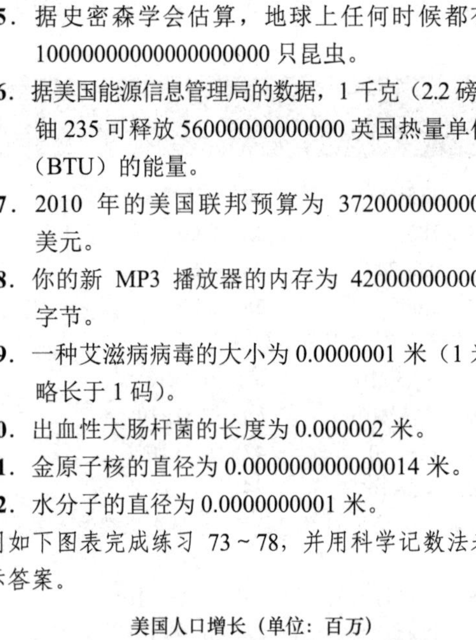

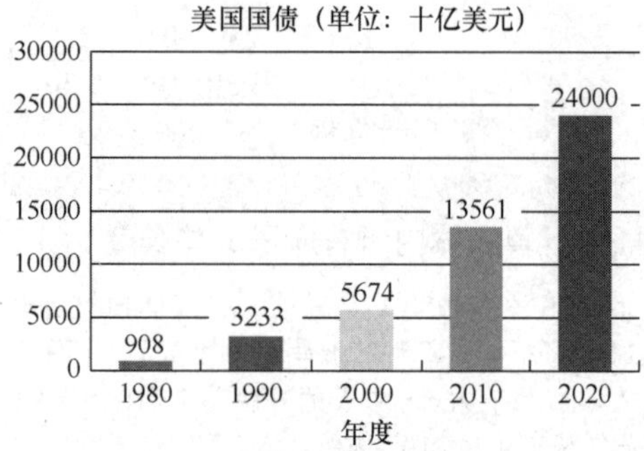

美国人口增长（单位：百万）

350 300 250 200 150 100 50 0

226 249 281 308 330

1980 1990 2000 2010 2020

年度

美国国债（单位：十亿美元）

30000 25000 20000 15000 10000 5000 0

908 3233 5674 13561 24000

1980 1990 2000 2010 2020

年度

73. **国债**。计算 1990 年美国平均每人所欠的国债数额。

74. **国债**。计算 2010 年美国平均每人所欠的国债数额。

75. **美国人口增长**。表示 1980—2020 年的美国人口增长。

76. **美国国债增长**。表示 1980—2020 年的美国国债增长。

77. **人口数量对比**。2020 年，世界人口数量为 78 亿，美国占世界人口数量的百分比是多少？

78. **人口数量对比**。2020 年，中国人口数量为 14 亿，中国人口数量是美国人口数量的多少倍？

79. **重量对比**。体重为 130 磅的人比一只蚊子重多少倍？假设每磅为 454 克，一只蚊子的质量为 1×10^{-3} 克。**a**. 首先求出该人体重的克数；**b**. 将 a 问的结果除以 1×10^{-3}；**c**. 解释 b 问的答案。

80. **天文距离对比**。地日距离（平均）约为地月距离（23.8 万英里）的 390.76 倍。地日的平均距离是多少（用科学记数法表示）？

81. **美国人均土地面积**。2020 年，美国人口总量已增长至约 3.3 亿，国土面积约为 3.5×10^6 平方英里。美国 2020 年的人口密度是多少（人/平方英里）？

82. **人口密度对比**。阿拉斯加州的人口数量是 69.8 万，土地面积是 570665 平方英里；新泽西州的人口数量是 870.7 万，土地面积是 7354 平方英里（引自《美国统计摘要》）。新泽西州的人口密度比阿拉斯加州高多少（用科学记数法表示）？

83. 2020 年，美国人口总量为 3.3 亿，国防预算为 7130 亿美元。美国平均每人的国防预算占比是多少？

84. 将 100 万秒转换为天。（提示：1 天包含

$60 \times 60 \times 24$ 秒。）

85. 将 10 亿秒转换为年。

86. 2006 年 7 月 4 日，美国诞生了多长时间（以秒计算）？（注：忽略闰年。）

87. **医疗支出**。2020 年，美国全国医疗支出高达 4.4 万亿美元，平均每人 13850 美元。利用该信息计算 2020 年的美国人口总量。

88. **太空飞行**。地日距离约为 93000000 英里，如果一艘飞船以约 25000 英里/小时的速度从地球飞往太阳，总计需要飞行多少小时？（注：实际上，飞船在太空中并不会直线飞行。但是，考虑这个因素会使问题变得复杂化，所以我们将复杂问题简单处理，假设这些距离是直线距离。）

89. **太空飞行**。1977 年，科学家发射了旅行者二号宇宙飞船，目的地是 28 亿英里外的海王星。如果该飞船的平均速度约为 25000 英里/小时，则这次旅行需要花多长时间？

90. **天文距离对比**。地日距离约为 9300 万英里，冥王星距离太阳 36 亿英里。"冥王星与太阳的距离"是"地球与太阳的距离"的多少倍？

91. **动画电影计算**。电脑动画需要超强的计算能力支撑，例如对于一个复杂的场景而言，为了制作一部动画电影的 $\frac{1}{24}$ 秒，数千个处理器可能要同时计算几小时。假设复杂的 1 帧需要计算 8.424×10^{11} 次，如果包含 10000 个处理器的芯片组每秒可以计算 260 万次，则生成该复杂帧需要花多长时间？

92. **动画电影计算**。基于练习 91 中的信息，制作长度为 103 分钟的《玩具总动员 3》共需要计算多少次？

93. **光年计算**。假设光的传播速度为 186000 英里/秒，1 年包含 365 天，则光 1 年能传播多少英里？

94. **天文距离**。若航天飞机以 18000 英里/小时的速度绕地球飞行，则其飞行 1 光年需要花多少年？

数学交流

95. 要用科学记数法表示下列数，就要对其进行改写，为什么？**a**. 125.436×10^3；**b**. 0.537×10^8。

96. 解释 -2^4 与 $(-2)^4$ 的求值差异。在计算这些表达式时，这些差异对答案有何影响？

97. 提供一个反例，说明 $(x+y)^2 = x^2 + y^2$ 不正确。应该如何计算该方程的左右两侧？

98. 应用科学记数法的优势是什么？

生活中的数学

99. **医疗保障支出**。2000 年美国联邦预算总额为 1.789 万亿美元，其中 2218 亿美元用于医疗保障。2020 年这些数分别上升至 4.7 万亿美元和 6880 亿美元。用科学记数法表示 2000—2020 年医疗保障支出的增长。

100. **医疗保障支出**。基于练习 99 中的数据，计算 2000 年和 2020 年医疗保障支出在联邦预算中的百分比。

挑战自我

101. $(x^m)^n = x^{(m^n)}$ 吗？简单举例说明。

102. 通过简单示例，完成下面的指数规则：$(a/b)^n =$ ____________。

103. **十亿美元的长度**。1 美元的长度为 6.14 英寸，若十亿张 1 美元钞票首尾相连，其总长度为多少英里？

104. 2020 年，美国国债总额为 24 万亿美元。若将 24 万亿美元钞票（1 美元面值）首尾相连，则其是否能够从地球延伸至月球？是否能够从地球延伸至太阳？

105. **电脑内存容量对比**。20 世纪 70 年代，个人电脑的内存容量约为 48K（48000 字节）；2020 年，三星 Galaxy 20 智能手机的内存容量可达 1 万亿字节。Galaxy 20 的内存容量是早期个人电脑的多少倍？

106. **计算能源利用**。英国热量单位（BTU）是将 1 磅水的温度升高 1℉时所需的能量。如果美国每 3.7 天使用的能源为 1 万亿英国热量单位，则美国每年（365 天）使用的能源为多少英国热量单位？

6.6 深入观察：数列

假设你签署了一份新工作合同，而且谈成了 4750 美元/月的薪水。主管今天给你带来了一个大惊喜：在入职第 1 年期间，你每个月都将获得 50 美元加薪。由于每个月的薪水都不一样，于是你想要知道下一年度的具体总收入。你可以拿出计算器，然后将每个月的薪水加在一起：

$$4750, 4800, 4850, 4900, \cdots$$

此时，你还有一种更加快速的解法，本书后面很快就会提及。

虽然上述消息令人振奋，但你似乎略感身体不适。实际上，你前几天感染了一种病毒（数量为 1），然后病毒数量不断翻倍。下面的数字列表描述了病毒在体内的增长情况：

$$1, 2, 4, 8, 16, 32, 64, \cdots$$

你刚才的经历有好有坏，各自包含着称为“数列”的数字列表。本节介绍几种不同的数列及其规律。

定义 数列/序列是遵循某种规则或规律的数字列表，列表中的每个数称为该数列的项，人们常将这些“项”命名为 $a_1, a_2, a_3, a_4, a_5, \cdots$。

在月薪数列中，通过在前一个数的基础上加 50，即可得到每个连续项：

$$a_1 = 4750$$

$$a_2 = a_1 + 50 = 4750 + 50 = 4800$$

$$a_3 = a_2 + 50 = 4800 + 50 = 4850, \cdots$$

在描述病毒增长的数列中，加倍前一项，即可得到每个连续项：

$$a_1 = 1$$

$$a_2 = 2 \cdot a_1 = 2 \cdot 1 = 2$$

$$a_3 = 2 \cdot a_2 = 2 \cdot 2 = 4$$

$$a_4 = 2 \cdot a_3 = 2 \cdot 4 = 8, \cdots$$

6.6.1 等差数列

月薪数列是一个等差数列。

定义 等差数列/算术序列是指在的第 1 项（首项）之后，每一项与前一项之差为固定常数（称为公差）的数列。

要点 在等差数列中，相邻项之间具有固定常数。

例 1 列举等差数列项

求下列等差数列的公差，然后写出下三项：a）3, 7, 11, 15, ⋯；b）5, 3, 1, −1, ⋯。

解：a）用第 2 项减去第 1 项，即可求出等差数列的公差，所以公差为 $7-3=4$。该数列中的下三项是 $15+4=19$, $19+4=23$ 和 $23+4=27$。

b）公差是 $3-5=-2$。由此可知，该数列中的下三项是−3, −5 和−7。

为了深入理解等差数列的特征，我们将例 1 中的数列 a）改写为

第1项	第2项	第3项	第4项	第n项
3,	7,	11,	15, ⋯	
$3+0\cdot 4$,	$3+1\cdot 4$,	$3+2\cdot 4$	$3+3\cdot 4, \cdots$	$3+(n-1)\cdot 4$

由此可知，第 1 项加上了 4 的 0 倍，第 2 项加上了 4 的 1 倍，第 3 项加上了 4 的 2 倍，以此类推。总体而言，在每项中，加上的数字等于“项数减 1 后再乘以 4”。按此规律可知，第 16 项应当加上 15 个 4，或者等于 $3+15\cdot 4=63$。由此可知，等差数列中第 n 项的公式如下。

公式 1 等差数列的第 n 项。如果等差数列的第 1 项为 a_1，公差为 d，则其第 n 项为

$$a_n = a_1 + (n-1)\,d$$

例 2　求等差数列的第 n 项

a）若等差数列的第 1 项为 4750，公差为 50，求第 12 项。

b）若等差数列的第 1 项为 5，公差为-2，求第 20 项。

解：a）此时，$n=12, a_1=4750, d=50$。利用公式 1，得

$$a_{12}=a_1+(n-1)d=4750+(12-1)50=4750+11\cdot 50=5300$$

b）现在，$n=20, a_1=5, d=-2$。利用公式 1，得

$$a_{20}=a_1+(n-1)d=5+(20-1)(-2)=5+19(-2)=5-38=-33$$

自测题 28

求等差数列 $5, 8, 11, 14, \cdots$ 的第 16 项。

如月薪示例一样，我们有时候希望求等差数列中的“前 n 项之和”。仔细查看一个具体示例，即可发现一种规律，进而找到此类求和的通项公式。

假设我们希望求等差数列 $2, 5, 8, 11, 14, 17, \cdots$ 的“前 6 项之和”，这次不准备直接求和，而采用一种稍微不同的方式：首先考虑 $2+5+8+11+14+17$，然后考虑反序运算 $17+14+11+8+5+2$，最后将二者以上下方式求和，结果为

$$\begin{array}{r} 2+\ 5+\ 8+11+14+17 \\ +17+14+11+\ 8+\ 5+\ 2 \\ \hline 19+19+19+19+19+19 \end{array}$$

这里的结果是 19（即 a_1+a_6）的 6 倍，不过由于每项都加了 2 次，所以 $6(a_1+a_6)$ 刚好是目标总和的 2 倍，因此最终结果应为 $6(a_1+a_6)/2$。通过这个示例，我们可以推导出如下公式。

公式 2　等差数列中的前 n 项之和。等差数列中的前 n 项之和为

$$\frac{n(a_1+a_n)}{2}$$

例 3　求等差数列中的前 n 项之和

求等差数列 $3, 7, 11, 15, \cdots$ 的前 20 项之和。

解：应用公式 2 即 $\frac{n(a_1+a_n)}{2}$，首先需要求出 a_{20}。我们知道 $a_1=3, d=4$，所以可用公式 1 求出该数列的第 n 项，结果为

$$a_{20}=a_1+(20-1)\,d=3+19\cdot 4=3+76=79$$

下面应用公式 2。我们知道 $a_1=3, a_{20}=79, n=20$，因此最终结果为

$$\frac{20(3+79)}{2}=\frac{20(82)}{2}=820$$

现在尝试完成练习 13 ~ 20。

现在，我们可以回答本节开篇提出的问题了。

例 4　求月薪等差数列的年度总额

假设你这个月的工资是 4750 美元，且在后续 11 个月期间，每个月都会加薪 50 美元，12 个月的工资

总额是多少？

解：月薪形成了一个等差数列，第 1 项为 4750，公差（每月差额）为 $d=50$。在例 2 中，可知该数列中的 $a_{12}=5300$。所以，应用公式 2，可知 12 个月的工资总额为

$$\frac{n(a_1+a_{12})}{2}=\frac{12(4750+5300)}{2}=6\cdot 10050=60300$$

自测题 29

求数列 5, 8, 11, 14,⋯ 中的前 16 项之和。

6.6.2 等比数列

如前所述，为了在等差数列中生成每个新项，可将前一项加上相同的固定常数；为了在等比数列中生成每个新项，可将前一项乘以相同的固定常数。前面讨论过的病毒数列 1, 2, 4, 8, 16, 32,⋯ 是一个等比数列，为了得到该数列中的每个新项，可将前一项乘以固定常数 2。

要点 在等比数列中，通过乘以固定常数来获得新项。

定义 等比数列/几何序列是指在第 1 项（首项）之后，每一项都是前一项的非零常数倍（作为乘数的常数称为公比）的序列。

例 5 列举等比数列项

求下列等比数列的公比，然后写出下三项：a）2, 6, 18, 54,⋯；b）3, −6, 12, −24,⋯。

解：a）将等比数列的第 2 项除以第 1 项，即可求出该数列的公比，因此该数列的公比为 $\frac{6}{2}=3$，下三项为

$$3\cdot 54=162,\ 3\cdot 162=486,\ 3\cdot 486=1458$$

b）公比为 $\frac{-6}{3}=-2$，下三项为

$$(-2)\cdot(-24)=48,\ (-2)\cdot 48=-96,\ (-2)\cdot(-96)=192$$

为了深入地理解等比数列的特征，我们将例 5 中的数列 a）改写为

第1项	第2项	第3项	第4项	第n项
2,	6,	18,	54,⋯	
$2\cdot 3^0$,	$2\cdot 3^1$,	$2\cdot 3^2$	$2\cdot 3^3$,⋯	$2\cdot 3^{(n-1)}$

由此可知，第 1 项用 2 乘以 3^0，第 2 项用 2 乘以 3^1，第 3 项用 2 乘以 3^2，以此类推。总体而言，在每项中我们都用 2 乘以“3 的项数减 1 次方”。因此，第 n 项中包含 $n-1$ 个 3，公式如下。

公式 3 等比数列的第 n 项。公比为 r 的等比数列的第 n 项为

$$a_n=a_1\cdot r^{n-1}$$

在例 6 中，我们将应用这个公式。

例 6 求等比数列的第 n 项

a）若等比数列的第 1 项为 5，公比为 3，求第 8 项。

b）若等比数列的第 1 项为 3，公比为−2，求第 6 项。

c）若你体内最初有 1 个病毒，且数量每小时翻 1 倍，求 18 小时后的病毒数量。

解：a）此时，$n=8, a_1=5, r=3$。应用公式 3，得到

$$a_8=a_1\cdot r^{8-1}=5\cdot 3^7=10\,935$$

b）此时，$n=6, a_1=3, r=-2$。再次应用公式 3，得到

$$a_6 = a_1 \cdot r^{6-1} = 3\cdot(-2)^5 = 3\cdot(-32) = -96$$

c）此时，$n=18, a_1=1, r=2$，得到

$$a_{18} = a_1 \cdot r^{18-1} = 1\cdot(2)^{17} = 1\cdot 131\,072 = 131\,072$$

由此可知，体内的病毒数量 18 小时之后将为 131072 个。

现在尝试完成练习 21 ~ 26。

自测题 30

求数列 2, 6, 18, 54, ⋯ 的第 12 项。

生活中的数学——如果天上掉馅饼⋯⋯

你可能收到过下面保证你在做某件事情后能发大财的“连环信”：“这封信并非开玩笑，绝对真实可信！请仔细阅读下列说明，不要让链条在你这里断开。请给列表中的第 1 个人寄 1 美元，然后划掉那个人的名字，并将你自己的名字添加到列表最后。然后，将新列表发送给 5 个人，并要求他们按照相同的说明进行操作。如果不打破链条，几周后你将会收到别人寄来的 100 多万美元。”

乍看之下，如果没有人打破该链条，这个计划似乎可行。在第 1 步中，你发出 5 封信；然后，这 5 个人中的每个人再分别发出 5 封信，总计发出 25 或 5^2 封信；接下来，这 25 个人中的每个人分别发出 5 封信，总计发出 $125=5^3$ 封信。如果列表中有 15 个人，则当你排在首位时，百万美元确实似乎唾手可得。

然而，5, 25, 125, 625, ⋯ 是一个等比数列，$a_1=5$，$r=5$。如果原始列表中有 15 个人，则当你排在首位并静待“天上掉馅饼”时，$a_{15}=5(5^{14})=5^{15}$。可是，5^{15} 约等于 300 亿，相当于全世界人口的 4 倍！此时，即便没有任何人打破这个链条，你也可能永远看不到钱，因为在你排在首位前，地球上已没有可用之人。

某些计划（如连环信）依赖于几何级数增长，称为传销/金字塔计划，通常为非法骗局。

例 7 显示了“等差/算术”增长与“等比/几何”增长之间的巨大差异。

例 7　等差/算术增长与等比/几何增长之比较

假设你买彩票中了大奖，并且可以从下列选项中二选一。

a）第 1 个月收到 20000 美元，第 2 个月收到 30000 美元，第 3 个月收到 40000 美元，以此类推，直至满 30 个月时止。计算总收款金额。

b）彩票发行机构第 1 个月不给你任何钱，但会在专用账户中预留 1 美分，第 2 个月预留 2 美分（倍增），第 3 个月预留 4 美分（倍增），如此持续倍增至第 30 个月，并将第 30 个月的预留金额支付给你。计算最终金额。

c）哪种选项更佳？（在执行计算之前，请决定自己选择哪个选项。）

解：a）对于该选项，我们求等差数列中的“前 30 项之和”，其中 $a_1=20\,000, d=10\,000, n=30$。为了应用公式 2，我们需要知道第 30 项，即 a_{30}。应用公式 1，得到

$$a_{30} = a_1 + (n-1)d = 20\,000 + (30-1)10\,000 = 20\,000 + 290\,000 = 310\,000$$

现在，应用公式 2，求出 30 个月的总金额如下：

$$\frac{n(a_1+a_n)}{2} = \frac{30(20\,000+310\,000)}{2} = \frac{30\times 330\,000}{2} = 4\,950\,000$$

因此，若选择 a）选项，你总共获得 4950000 美元。

b）在该选项中，求 $a_1=1, r=2$ 和 $n=30$ 的等比数列的第 n 项。应用公式 3，得到 $a_{30}=1\cdot 2^{30-1}=2^{29}=536870912$ 美分，即 5368709.12 美元。

c）若选择 b）选项，你可以多获得 40 余万美元。

由例 7 可知，如果应用等比数列（而非等差数列），数量的增速将非常迅猛。

6.6.3 斐波那契数列

斐波那契（Fibonacci）是意大利比萨的莱昂纳多，他于 1202 年撰写了著名的《计算之书/算盘全书/算经》，将“印度–阿拉伯数系”引入欧洲。他的主要目标是“解释这一新数系，取代烦琐的罗马数系”。在这本书中，他提出了如下问题，数学史上或许最为著名的数列自此诞生。

要点 通过对连续两项求和，即可生成斐波那契数列中的各项。

例 8 斐波那契数列

假设每对幼兔将在第 2 个月发育成熟，并在第 3 个月产下一对幼兔。如果将一对成年兔子（简称“成兔”）圈养在兔栏中，该兔栏中第 8 个月时有多少只兔子（包括幼兔和成兔）？假设成兔一旦开始产仔，则其接下来每个月都会产仔。

解：图 6.25 将帮助你理解这个问题。

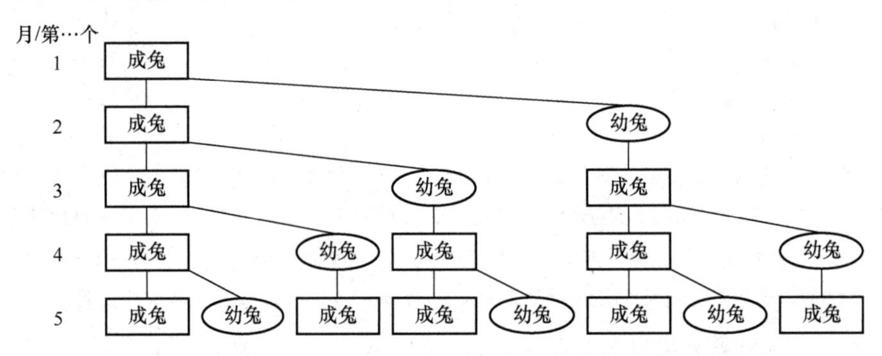

图 6.25 “兔子成长”问题形成了斐波那契数列

如果每个月按“对”来对这些兔子计数，则可得到如下数列：1, 2, 3, 5, 8,⋯，并且开始出现一定的规律，即从第 3 项开始，该数列中的每项都是前两项之和。要想知道具体原因，可以仔细研究图 6.25。如果继续遵循这种规律，第 6 个月将有 $5+8=13$ 对兔子，第 7 个月将有 $8+13=21$ 对兔子，第 8 个月将有 $13+21=34$ 对兔子。

自测题 31

在斐波那契数列中，写出 89 之后的下两项。

本质上讲，例 8 中的规律就是下面定义的斐波那契数列。

定义 斐波那契数列/黄金分割数列/兔子数列是以如下数开始的数列：

$$1, 1, 2, 3, 5, 8, 13, 21, 34, 55, 89, \cdots$$

其中，第 2 项后的每项都等于前两项之和。我们常用 $F_1, F_2, F_3, F_4, \cdots$（而非 $a_1, a_2, a_3, a_4, \cdots$）来表示斐波那契数列中的各项。

在自然界中，斐波那契数列表现为多种不同的方式。例如，有些花朵的种子（如雏菊和向日葵）在两个不同方向上呈螺旋状排列，如果计算一个方向上的螺旋数量，然后计算另一个方向上的螺旋数量，就会发现得到的数是斐波那契数列中的一对连续数（如 21 和 34 或者 34 和 55），如图 6.26(a)所示。菠萝果皮上的六角形“凸起”和松果上的木质叶状结构也以两种螺旋形式出现，如图 6.26(b)所示。如果对螺旋线进行计数，同样会得到一对斐波那契数。本节后面将介绍如何利用斐波那契数列来描述珍珠鹦鹉螺的外壳图案，具体可以参见图 6.29(b)。

(a)

(b)

图 6.26　斐波那契数列的表现方式：(a)向日葵中的螺旋；(b)菠萝果皮上的凸起

关于斐波那契数列的研究非常多，不但有斐波那契协会，而且有一本名为《斐波那契季刊》的研究期刊，专门发表关于斐波那契数列性质的研究成果。

表 6.6　斐波那契相邻数相除所得的商

$\frac{1}{1}=1$	$\frac{8}{5}=1.6$	$\frac{55}{34}=1.618$
$\frac{2}{1}=2$	$\frac{13}{8}=1.625$	$\frac{89}{55}=1.618$
$\frac{3}{2}=1.5$	$\frac{21}{13}=1.615$	$\frac{144}{89}=1.618$
$\frac{5}{3}=1.667$	$\frac{34}{21}=1.619$	$\frac{233}{144}=1.618$

关于斐波那契数列，人们发现了一种非常奇特的规律：如果遍历这个数列，并用每项除以前一项，就会得到表 6.6 中的那些数字（注：我们用电子表格来生成这些数字，很多情况下近似于具有无限循环展开式的真实“商”）。这些数字似乎逐步趋于稳定，并且越来越逼近某个固定数，实际上确实如此。大约 200 年前，人们就已证明“这些商正在逼近的数是 $\frac{\sqrt{5}+1}{2}$”，并将其称为 ϕ，其近似值为 1.618。

6.4 节简要介绍过数 ϕ，人们常将其称为黄金比例/黄金分割率。古希腊人知道该数的存在，但是以不同方式得到的。他们认为“在任何矩形中，若一条边的长度是另一条边的 $\frac{\sqrt{5}+1}{2}$ 倍，则该矩形具有完美的比例”，并将该原则应用于美术和建筑领域，而该矩形被称为黄金矩形。例如，在设计帕特农神庙时，他们应用了黄金矩形，如图 6.27(a)所示。在现代，为了确定联合国大楼的高宽矩形，建筑师同样应用了黄金矩形，如图 6.27(b)所示。从古代到现代，在美术和雕塑作品中，人们都发现了令人赏心悦目的黄金矩形。

(a)

(b)

图 6.27　基于黄金矩形的建筑物：(a)帕特农神庙；(b)联合国大楼

黄金矩形具有一种非常有趣的特征：若在该矩形的一端切下正方形(a)，剩下的较小矩形也为黄金矩形，如图 6.28 所示。若再切掉正方形(b)，剩下的部分还是黄金矩形。继续此操作，并用平滑曲线连接所切割正方形的对角，就会生成类似于珍珠鹦鹉螺外壳形状的螺旋线，如图 6.29 所示。

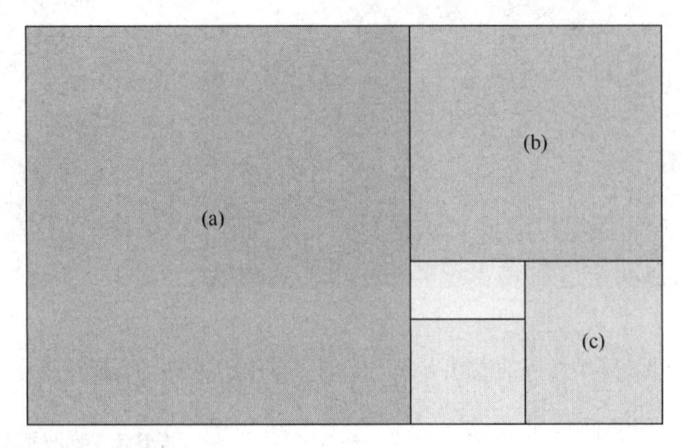

图 6.28　从黄金矩形中切掉正方形后，剩余部分仍为黄金矩形

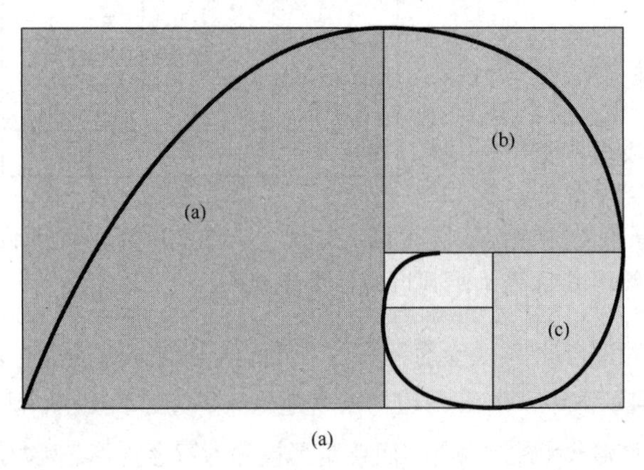

(a)　　(b)

图 6.29　(a)黄金矩形生成的螺旋线；(b)珍珠鹦鹉螺的外壳

练习 6.6

强化技能

在练习 01 ~ 12 中，判断数列是等差数列还是等比数列，并列出其下两项。

01. 5, 8, 11, 14, ⋯

02. 11, 7, 3, −1, ⋯

03. 8, 24, 72, 216, ⋯

04. 4, 12, 20, 28, ⋯

05. $1, \frac{1}{2}, \frac{1}{4}, \frac{1}{8}, \cdots$

06. 0.1, 0.01, 0.001, 0.0001, ⋯

07. 10, 5, 0, −5, ⋯

08. 4, 17, 30, 43, ⋯

09. 2, 4, 8, 16, ⋯

10. $1, \frac{1}{3}, \frac{1}{9}, \frac{1}{27}, \cdots$

11. 1.5, 2.0, 2.5, 3.0, ⋯

12. 1, −1, 1, −1, ⋯

求下列等差数列中的特定项 a_n，然后求从 a_1 到 a_n（含边界）的各项之和。

13. 5, 8, 11, 14, ⋯，求 a_{11}。

14. 11, 17, 23, 29, ⋯，求 a_9。

15. 2, 8, 14, 20, ⋯，求 a_{15}。

16. −6, −2, 2, 6, ⋯，求 a_{22}。

17. 1, 1.5, 2.0, 2.5, ⋯，求 a_{20}。

18. 3, 3.25, 3.5, 3.75, ⋯，求 a_{11}。

19. 在练习 13 中，求从 a_{14} 到 a_{21}（含边界）的各项之和。

20. 在练习 14 中，求从 a_{21} 到 a_{37}（含边界）的各项之和。

求下列等比数列中的特定项。

21. 1, 3, 9, 27, ⋯，求 a_{11}。

22．3, 6, 12, 24, ⋯，求 a_9。

23．$1, \frac{1}{2}, \frac{1}{4}, \frac{1}{8}, \cdots$，求 a_7。

24．2, −4, 8, −16, ⋯，求 a_{10}。

25．2, 0.2, 0.02, 0.002, ⋯，求 a_6。

26．5, 50, 500, 5000, ⋯，求 a_9。

在练习 27 ~ 30 中，由斐波那契数列中的两个给定项求出特定项。

27．$F_{11}=89$，$F_{13}=233$，求F_{12}。

28．$F_{22}=17711$，$F_{23}=28657$，求F_{21}。

29．$F_{13}=233$，$F_{15}=610$，求F_{14}。

30．$F_{23}=28657$，$F_{24}=46368$，求F_{25}。

学以致用

31．**求工资总额**。重做例 4，但现在假设第 1 个月的月薪为 4875 美元，以后每月的增幅为 35 美元，求一年期间的工资总额。

32．**商品展示**。在超市的墙上，罐状容器呈金字塔形排列，其中第 1 行 11 罐，第 2 行 10 罐，第 3 行 9 罐，以此类推。这些罐状容器的总数是多少？

33．**银行账户中的资金增长**。你在自己的账户中存入了 1200 美元，年利率为 3.5%（0.035）。该账户 6 年后的资金总额是多少？（注：$r=1.035$。）

34．**连环信**。重新考虑前文所述关于连环信的讨论。假设你收到了一封连环信，且每个阶段的收信人一定会将该信发送给 8 个人。如果你发送了这封信，且该链条未断裂，哪个阶段的发信数量将超过世界人口总量（2015 年约为 74 亿）？

35．**球的弹跳高度**。一个球从 8 英尺高处自由下落，反弹高度始终是下落距离的 7/8，第 5 次反弹的高度是多少？

36．**赌博策略**。在赌场游戏中下注时，要做到稳赢不输，似乎可以采用如下策略：如果输了，则加倍下注，直至赢钱为止。假设你用本金 2000 美元参与轮盘赌，并从 3 美元开始下注，但每次都会输掉，你何时将无法继续加倍下注？

下面列出了部分国家 2020 年的人口总量和增长率，假设增长率每年保持不变，预估 2030 年的人口总量。

37．巴西：人口总量为 2.13 亿人，增长率为 0.39%。

38．中国：人口总量为 14.39 亿人，增长率为 0.72%［注：原书数据有误！根据 2021 年 5 月 11 日公布的中国第七次全国人口普查结果，2020 年全国人口总量（不含港、澳、台地区）约为 14.12 亿，增长率为 0.31%］。

数学交流

39．构造一个示例，验证公式 1。

40．构造一个示例，验证公式 2。

41．构造一个示例，验证公式 3。

42．引用数列知识，解释连环信为何注定失败。

生活中的数学

43．**传销/金字塔计划**。重做“生活中的数学：如果天上掉馅饼……”部分的运算，但这次假设每个人都要将新列表发送给 4 个人。同样的结论是否成立？

44．**传销/金字塔计划**。针对传销开展调研，并撰写一份简短报告。

挑战自我

45．找到一个公式，求等差数列中 a_k 与 a_n 之间的各项之和，该规律与“求前 n 项之和”的规律完全一致。观察示例，参照公式 2 之前部分的操作，采用两种不同方式，求 a_k 与 a_n 之间的各项之和。

46．观察具体示例，推导出斐波那契数列中的“前 n 项之和（$F_1+F_2+F_3+\cdots+F_n$）”公式。

47．观察具体示例，推导出斐波那契数列中的“两个连续数（F_n和F_{n+1}）的平方和”公式。

在练习 48 ~ 49 中，利用前两项来表示“类斐波那契数列”中的特定项，例如在数列 3, 4, 7, 11, 18, 29, 47, 76, 123, ⋯ 中，第 7 项可以表示为 $47=5\times3+8\times4$。

48．6, 7, 13, 20, 33, 53, ⋯；第 8 项。

49．3, 8, 11, 19, 30, 49, 79, ⋯；第 10 项。

50．如果 $a, b, a+b, \cdots$ 是一个类斐波那契数列，用 a 与 b 来表示第 n 项。

斐波那契数字的比内（Binet，法国数学家）形式采用如下公式：

$$F_n \approx \frac{\left((1+\sqrt{5})/2\right)^n+\left((1-\sqrt{5})/2\right)^n}{\sqrt{5}}$$

例如，要计算 F_8，可在以上公式中用 8 代替 n。利用计算器，由于舍入误差的影响，笔者得到的 F_8 值为 21.01904，其对应的实际值为 21。在练习 51 ~ 54 中，利用该公式和计算器，近似计算下列斐波那契数：

51．F_5　　**52**．F_7　　**53**．F_9　　**54**．F_{11}

本章复习题

6.1 节

01. 用埃氏筛法求 70 和 90 之间的所有素数。

02. 对于 557 的除数，在知道其是否为素数前，必须要尝试的最大素数是什么？

03. 191 和 441 是素数还是合数？若为合数，则将其分解为素数的乘积。

04. 检验 1080036 是否可被 3, 4, 5, 6, 8, 9 和 10 整除。

05. 求 1584 和 1320 的最小公倍数和最大公约数。

06. 解释如何用“素因数分解”得到两个自然数的最大公约数和最小公倍数。

6.2 节

07. 2772 是否可被 9, 4 或 8 整除？

08. 如何用计算器判断 11 是否整除 2585？

09. 求下列数：**a**. $-5+14$；**b**. $-13-(-24)$；**c**. $(-12)(-6)$；**d**. $\frac{48}{-3}$。

10. 利用一个货币示例，说明如何计算乘积 $(-4)(+3)$。

11. 利用基于乘法的除法定义，计算 $\frac{-24}{-8}$。

12. 在阿拉斯加州北部，如果 10 月初的最高气温为 17℉，11 月初的最高气温为-3℉，温差是多少？

13. 利用基于乘法的除法定义，解释为什么不能用 5 除以 0。

14. 化简 $\left(\frac{-3+9}{-4-2}\right)\cdot\left(\frac{12-(-4)}{-7-1}\right)$。

15. 菠萝电脑股票的当前股价为 43 美元/股，但过往 4 天里每天都下跌 6 美元，股票 4 天前的股价是多少？

6.3 节

16. 数 $\frac{28}{65}$ 和 $\frac{14}{35}$ 是否相等？解释理由。

17. 执行下列计算：**a**. $\frac{4}{9}\cdot\left(\frac{3}{4}-\frac{1}{3}\right)$；**b**. $\frac{3}{7}\div\left(\frac{2}{3}+\frac{3}{14}\right)$。

18. 将 $\frac{53}{8}$ 转换为带分数。

19. 求 $\left(3\frac{1}{2}\right)\left(4\frac{1}{7}\right)$。

20. 将下列数写为整数的商：**a**. 0.375；**b**. $0.\overline{63}$。

21. 你有一个重量为 $1\frac{1}{2}$ 磅的香草豆芝士蛋糕，将蛋糕分给 12 人食用，每人 1 块，每块蛋糕的重量是多少？

22. 如果供 16 人食用的一份辣椒酱配料需要 $2\frac{1}{2}$ 杯辣椒和 $3\frac{1}{4}$ 杯番茄，供 24 人食用的辣椒酱配料需要多少杯辣椒和番茄？

23. 给出一个具体示例，说明有理数除法为什么要“倒转分母，然后相乘”？

6.4 节

24. 无理数和有理数的小数展开式有何不同？

25. **a**. 用表 6.3 求 1995—2000 年的通货膨胀率；**b**. 假设迈阿密的一栋房屋价值 14 万美元，用表 6.4 判断达拉斯类似房屋的价值。

26. 每个实数都有乘法逆元吗？解释理由。

27. 举例说明有理数的除法不满足结合律。

6.5 节

28. 求下列表达式的值：**a**. $3^6\cdot3^{-2}$；**b**. $(2^4)^{-2}$；**c**. $\frac{6^8}{6^5}$；**d**. $\frac{8^{-6}}{8^{-4}}$。

29. 解释 -2^4 与 $(-2)^4$ 之间的求值差异。

30. 用科学记数法改写 0.000456 和 1230000。

31. 用标准记数法改写 1.325×10^6 和 8.63×10^{-5}。

32. 化简 $(3.6\times10^3)(2.8\times10^{-5})\div(4.2\times10^4)$，并用科学记数法写出答案。

33. 在最近的某年中，世界人口总量为 66 亿，其中墨西哥人口数量为 1.09 亿。世界人口总量是墨西哥人口数量的多少倍？用科学记数法表示答案。

6.6 节

34. 判断数列是等差数列还是等比数列，并列出下两项：**a**. 6, -12, 24, -48, 96, ⋯；**b**. 11, 16, 21, 26, 31, ⋯。

35. 考虑等差数列 4, 7, 10, 13, 16, ⋯：**a**. 数列的第 30 项是什么？**b**. 数列的“前 30 项之和”是多少？

36. 等比数列 4, 12, 36, 108, ⋯ 的第 10 项是什么？

37. 如果 $F_{12}=144$ 和 $F_{13}=233$ 是斐波那契数列中的两项，F_{10}和F_{15} 分别是多少？

本章测试

01. 用埃氏筛法求 100 和 120 之间的所有素数。

02. 求自然数 a，使得 $a<\sqrt{200}<a+1$，估算“200

的平方根”的值。

03. 数 241 和 539 是素数还是合数？若为合数，将其分解为素数的乘积。

04. 检验 2542128 是否可被 3, 4, 5, 6, 8 及 9 整除。

05. 求 1716 和 936 的最大公约数与最小公倍数。

06. 如果 $a=2^3 3^9 5^5 7^2$, $b=2^8 3^6 5^2 7^9$ ， a 和 b 的最大公约数是多少？最小公倍数是多少？

07. 求下列表达式的值：**a**. $-15-(-9)$; **b**. $-8+11$; **c**. $(-18)(+3)$; **d**. $\frac{-56}{-7}$ 。

08. 判断数列是等差数列还是等比数列，并列出下两项：**a**. 12, 15, 18, 21, 24, ⋯ ; **b**. 6, 18, 54, 162, ⋯ 。

09. 利用货币示例，说明如何计算乘积 $(+7)(-5)$ 。

10. 利用基于乘法的除法定义，计算 $\frac{-21}{3}$ 。

11. 在阿拉斯加州，7 月份的日平均气温是 50℉，12 月份的日平均气温是−19℉，这两种气温之差是多少？

12. 利用基于乘法的除法定义，解释为什么不能用 8 除以 0？

13. 如果 $F_{16}=987$ 和 $F_{17}=1597$ 是斐波那契数列中的两项， F_{14}和F_{20} 分别是多少？

14. 数 $\frac{198}{213}$ 和 $\frac{68}{72}$ 是否相等？解释理由。

15. 执行以下计算：**a**. $\frac{3}{5}\cdot\left(\frac{7}{9}-\frac{3}{4}\right)$; **b**. $\frac{4}{5}\div\left(\frac{2}{5}-\frac{1}{4}\right)$ 。

16. 将 $\frac{47}{3}$ 转换为带分数。

17. 求 $4\frac{1}{2}\div 3\frac{3}{8}$ 。

18. 将下列数写为整数的商：**a**. 0.573; **b**. $0.\overline{57}$ 。

19. 考虑等差数列 11, 20, 29, 38, 47, ⋯ : **a**. 数列的第 20 项是什么？**b**. 数列的“前 20 项之和”是多少？

20. 如果将一张数码照片（ $4\frac{1}{2}$ 英寸× $6\frac{1}{3}$ 英寸）放大 $5\frac{1}{4}$ 倍并制成海报，则海报的尺寸是多少？

21. 给出一个具体示例，说明有理数除法为什么要“倒转分母，然后相乘”。

22. 有理数和无理数的小数展开式有何不同？

23. **a**. 用表 6.3 求 1990—2005 年的通货膨胀率；**b**. 假设旧金山的一栋房屋价值 16 万美元，用表 6.4 判断波士顿类似房屋的价值。

24. 举例说明有理数的除法不满足结合律。

25. 求下列表达式的值：**a**. $2^7\cdot 2^{-4}$; **b**. $(3^2)^{-2}$; **c**. $\frac{5^7}{5^4}$; **d**. $\frac{3^{-2}}{3^{-5}}$ 。

26. 等比数列−2, 6, −18, 54, ⋯ 的第 10 项是什么？

27. 解释 $(-3)^2$ 与 -3^2 之间的求值差异。

28. 用科学记数法写出 15460000 和 0.00000000623。

29. 在最近的某年，中国人口总量约为 1322000000 人，美国人口总量约为 304000000 人。中国的人口总量是美国的多少倍？

第 7 章　代数模型

在汽车碰撞试验场中，一辆汽车从轨道上疾驰而下，猛烈地撞击一堵混凝土墙，最终造成车窗支离破碎，安全气囊充气弹开，“碰撞假人”猛烈前倾。与此同时，各种传感器同步记录相关数据，然后用于更安全汽车的后续设计，以期在真实事故中保护乘客。在近期的电视广告中，人形光云（虚拟碰撞假人）乘坐隐形汽车，在模拟碰撞中任由摆布。该人体数学模型拥有 200 多万个数据点，可采集信息几乎是传统碰撞假人的 17000 倍。

科学家之所以要建立数学模型，不仅为了保障人们驾车更安全，而且为了让人们在实际生活中的其他领域更安全。在最近几年中，科学家用数学模型预测了埃博拉等疾病的传播，阻止了这些疾病的迅速蔓延。这些模型并不局限于人类群体，还可用于模拟帝王蝶等种群数量的下降。

本章利用线性方程/一次方程、二次方程和指数方程，对各种现实生活问题建模，如学生贷款和最新社交媒体现象的兴衰变化等。

7.1　线性方程

虽然是普通消费者，人们也经常需要做出各种决定，而且许多决定会对生活产生较大的财务影响。例如，订阅奈飞公司的电影流媒体服务时，哪种计费方式（按时和按次）更便宜？为了回答诸如此类的各种问题，本节介绍如何建立相关的模型。

7.1.1　解线性方程

线性方程虽然较为简单，但却经常为人们提供复杂数据集的良好模型。

定义　含有两个变量的线性方程是可以写为如下形式的等式，通常称为二元一次方程（注：线性方程可含多个变量，二元一次方程最常见）：

$$Ax + By = C$$

式中，A, B 和 C 是实数，且 A 和 B 不同时为 0。这种形式的线性方程称为标准式/标准形。

$-3x + y = 6$ 和 $5p = 6q - 4$ 即为两个二元一次方程。在二元一次方程中，两个变量之间的变化率恒定不变。为了理解其含义，这里将第 1 个方程改写为 $y = 6 + 3x$，此时即可发现：若将 x 增加某个数量，则 y 会按 3 倍数量增加。例如，若将 x 从 10 增至 15（增加 5），则 y 会从 36 增至 51（增加 15）；若将 x 从 1000 增至 1007（增加 7），则 y 会从 3006 增至 3027（增加 21）。

要点　在线性方程中，两个变量之间的变化率恒定不变。

方程的解是一个或多个数，若用其替代方程中的各个变量，则结果为真（正确）。线性方程的解是有序数对，如有序数对(3, 15)是方程 $-3x + y = 6$ 的一个解，因为若用 3 替代 x，同时用 15 替代 y，则结果命题 $-3(3) + 15 = 6$ 为真［在有序数对(3, 15)中，数字 3 称为第一坐标（x 坐标），数字 15 称为第二坐标（y 坐标）］。如果两个方程具有相同的解，则二者等价。在解方程时，人们通常利用如下规则将其改写为更简单的等价形式，这些规则适用于所有类型的方程。

将方程改写为等价形式

1. 方程两侧同时加上（或减去）相同的表达式，即可得到等价方程。
2. 方程两侧同时乘以（或除以）相同的非零表达式，即可得到等价方程。

我们将在例 1 中应用这些规则，以基于一个变量求另一个变量，这是解应用题时的一种常用技巧。

例 1　将方程改写为等价形式

a）解关于 y 的方程 $6x+4y=12$。

b）方程 $F=\frac{9}{5}C+32$ 将温度从摄氏度（C）转换为华氏度（F），解关于 C 的这个方程。

解：a）"解关于 y 的方程"意味着该方程需要采用形式"$y=\cdots$"，所以要按如下步骤操作：

$6x+4y=12$　原始方程

$4y=12-6x$　两侧同时减去$6x$

$y=\frac{12-6x}{4}$　两侧同时除以4

$y=\frac{12}{4}-\frac{6}{4}x$　用分配律改写

$y=3-\frac{3}{2}x$　化简

b）要解关于 C 的方程，可以按如下步骤改写这个方程：

$F=\frac{9}{5}C+32$　原始方程

$F-32=\frac{9}{5}C$　两侧同时减去32

$\frac{5}{9}(F-32)=\frac{5}{9}\cdot\frac{9}{5}C$　两侧同时乘以$\frac{5}{9}$

$\frac{5}{9}(F-32)=C$　化简

现在，利用这个方程即可将华氏度转换为摄氏度。例如，对于海滩上温暖宜人的 95℉，其等价于听上去有些寒冷的 $C=\frac{5}{9}(95-32)=\frac{5}{9}(63)=35$ ℃。

现在尝试完成练习 09 ~ 20。

自测题 1

a）解关于 x 的方程 $6x+4y=12$；b）解关于 W 的方程 $P=2L+2W$。

历史回顾——笛卡儿与解析几何

1596 年，勒内 · 笛卡儿出生于法国。小时候，由于身体状况不佳，老师允许他早晨在任何时间起床，他将自己后来的成就归功于这个习惯，因为他获得了非常充足的时间来思考并反思哲学与数学。在著名的《方法论》一书中，笛卡儿创立了解析几何学，将点、线、圆和平面表示为数字和方程（注：躺在床上凝望在天花板上爬行的苍蝇时，笛卡儿意识到自己可以通过一对数字来描述苍蝇的位置，即其与两个垂直墙壁之间的距离）。与传统几何相比，解析几何的优势在于"可以用代数方法（如解方程）来解几何题"。

在许多其他科学领域，笛卡儿同样作出了重要贡献。例如，他在生物学领域取得的成就非常卓著，有人甚至将其称为"现代生物学之父"；他在物理学的若干领域取得了重大发现，被认为是圆满解释彩虹成因的第一人。

遗憾的是，在辅导瑞典女王克里斯蒂娜时，这位天才英年早逝。女王坚持早晨 5 点起床，然后和他一起研读哲学。对笛卡儿而言，早起和瑞典的严冬实在是不堪重负，最终罹患肺炎并于 1650 年 2 月 11 日去世。

建议　在解方程时，你可能会被告知"当一个数量从方程的一侧移至另一侧时，加号将变为减号，反之亦然"，这种记忆方法其实并不明智。我们对解方程的建议可以追溯至古希腊人，他们具有"等式两侧加等量，结果依然相等"的规则。记住，在改写方程时，你正在方程的两侧加、减、乘或除相同的数量。

如果绘制线性方程 $-3x+y=6$ 的几个解［如(3, 15), (−2, 0), (1, 9)和(2, 12)］，则会发现它们

似乎都位于一条直线上，如图 7.1 所示。

这种情形并非巧合，一般具有如下规律。

线性方程的图 线性方程的图总是一条直线。

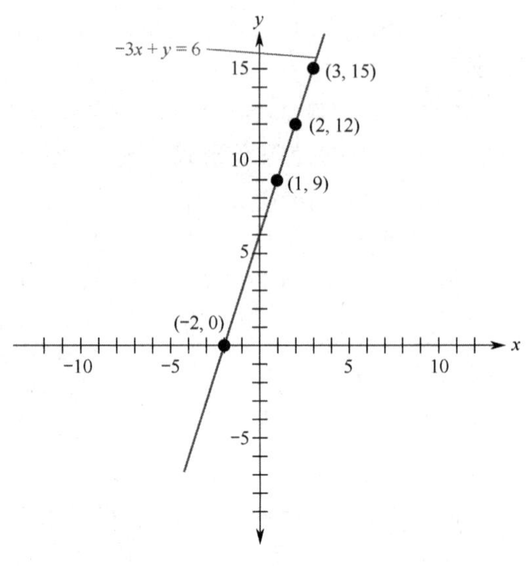

图 7.1 方程 $-3x+y=6$ 的解图

7.1.2 截点

二元一次方程的图是一条直线，所以要为线性方程作图，只需“绘制两个点及它们之间的一条直线”即可。为了理解模型中两个变量之间的关系，线性方程的图为我们提供了一种直观方式。通常，可用于线性方程作图的两个最简单的点称为 x 截点和 y 截点。

要点 我们用两个截点为线性方程作图。

定义 在一个线性方程的图中，x 截点是该图与 x 轴的交点，y 截点是该图与 y 轴的交点，如图 7.2 所示。

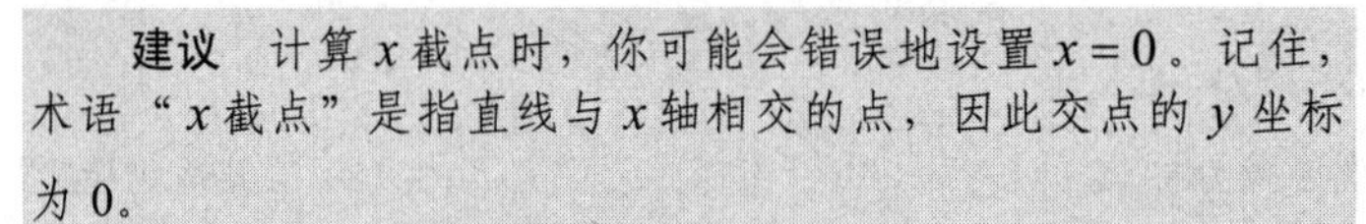

建议 计算 x 截点时，你可能会错误地设置 $x=0$。记住，术语“x 截点”是指直线与 x 轴相交的点，因此交点的 y 坐标为 0。

在例 2 中，我们将用简单代数求截点。

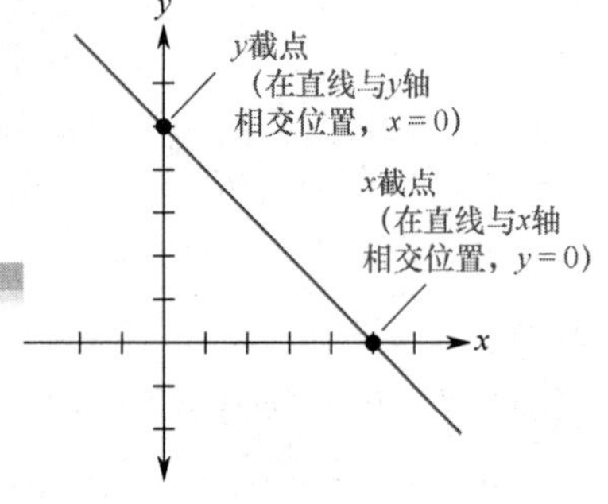

图 7.2 绘制 x 截点和 y 截点

例 2 用两个截点为线性方程作图

求两个截点，并为方程 $3x+5y=20$ 作图。

解：为求 x 截点，设 $y=0$，可知 $3x+5(0)=20$，或者 $3x=20$。因此，$x=6\frac{2}{3}$，该直线的 x 截点是点 $\left(6\frac{2}{3},0\right)$。

设 $x=0$，可知 $3(0)+5y=20$，化简为 $5y=20$，意味着 y 截点是点 $(0, 4)$。我们为这条直线作图如下（见图 7.3）。

现在尝试完成练习 21 ~ 32。

自测题 2

求两个截点，并为方程 $4x+3y=18$ 作图。

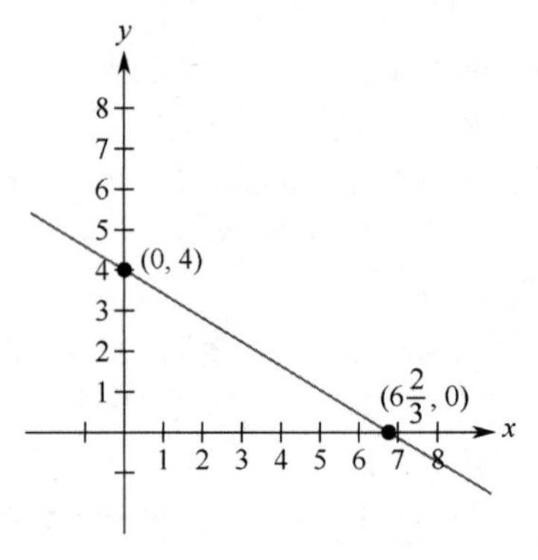

图 7.3 用截点为 $3x+5y=20$ 作图

例 3 解读财务状况中的截点

假设你为下学期生活费储蓄了 2205 美元，预计 315 美元/月。用方程表示该信息，含有变量 r（剩余金额）和 m（正在花钱的月份数），并解释该方程图中截点的含义。

解：回顾本书前文所述的“为未知对象选择一个好名字”策略。

从 2205 美元开始，每个月减少 315 美元，如下方程描述了你在 m 个月结束时的财务状况：

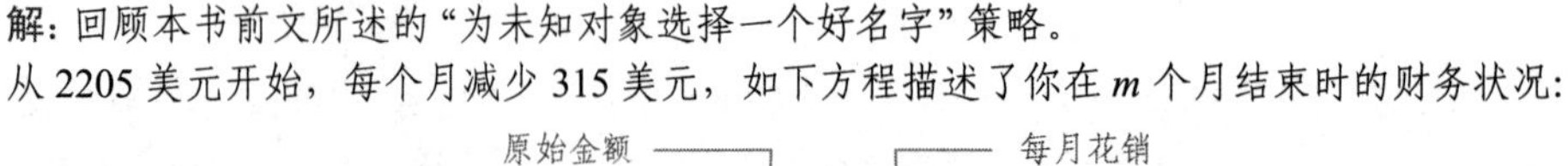

$$r=2205-315m$$

r 截点对应于 $m=0$ 时的时间，即

月份刚刚开始

$$r=2205-315(0)=2205$$

在这一点，你的全部积蓄纹丝未动。

为了求 m 截点，设 $r=0$，这是全部积蓄耗尽之时。为了求出这个时间，解如下方程：

$$\underbrace{0}_{\text{全部积蓄已花光}} = 2205 - 315m$$

方程两侧同时加上 $315m$，得到 $315m = 2205$；然后，方程两侧同时除以 315，得到 $m=7$。因此，你的全部积蓄预计在 7 个月后耗尽。

由例 3 可知，剩余金额（r）每月减少 315 美元，这是你的积蓄的减少速率，也表示该方程的图的倾斜程度（用直线的斜率进行度量）。

定义 如果 (x_1, y_1) 和 (x_2, y_2) 是一条直线上的两个点，且 $x_1 \neq x_2$，则该直线的斜率/角系数（slope）可定义为

$$m = \frac{\text{垂直变化距离(rise)}}{\text{水平变化距离(run)}} = \frac{y\text{的变化量}}{x\text{的变化量}} = \frac{y_2 - y_1}{x_2 - x_1}$$

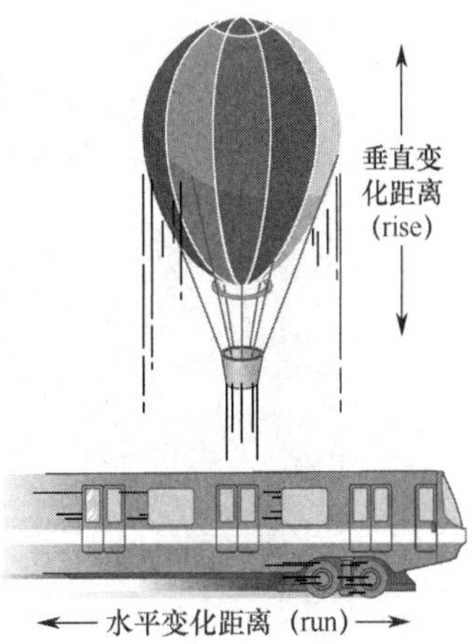

对于英文单词 rise 和 run，我们可通过日常用法记住其含义。如右图所示，在太阳升起（rise）或热气球上升（rise）等情况下，物体均呈上升状态，所以 rise 对应于“垂直变化”；对于 run 一词，可以想象某人穿过一片田野，或者火车沿一条轨道运行，所以 run 意味着“水平变化”。图 7.4 描述了斜率（slope）、垂直变化距离（rise）和水平变化距离（run）之间的关系。

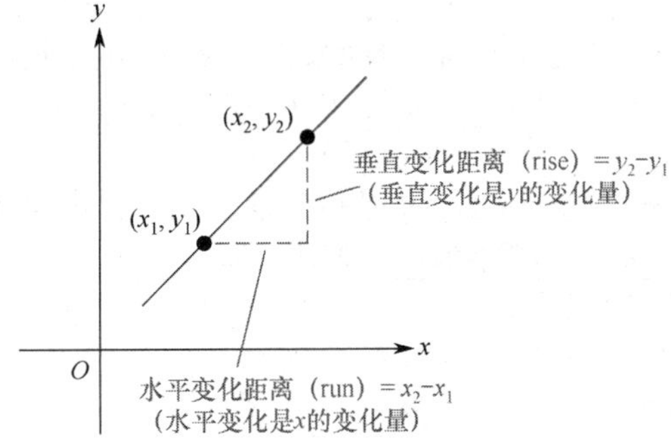

图 7.4 垂直变化距离和水平变化距离决定了直线的斜率

例 4 求直线的斜率

计算包含两点(1, 5)和(6, 45)的一条直线的斜率。

解：该直线的斜率为

$$\text{斜率} = \frac{\text{垂直变化距离(rise)}}{\text{水平变化距离(run)}} = \frac{y\text{的变化量}}{x\text{的变化量}} = \frac{45-5}{6-1} = \frac{40}{5} = 8$$

现在尝试完成练习 37 ~ 42。

自测题 3

求过两点(7, 5)和(11, 10)的一条直线的斜率。

解题策略：观察特例有助于看清全局

在“直线的斜率”定义中，如果水平变化距离（run）等于 1，则斜率可简化为 $y_2 - y_1$，这意味着可将“直线的斜率”解释为“x 增幅为 1 时 y 的变化量”。

有些人担心未来或许没有足够数量的年轻工人为社会保障等项目提供资金，例 5 描述了如何用斜率来理解这种忧虑。

例 5　用斜率对比人口数据

图 7.5 显示了 2000—2018 年的美国人口数量变化，求表示下列年龄段区间变化的线段斜率：a）20 ~ 29 岁的人数；b）60 ~ 69 岁的人数。这些数据说明了什么？

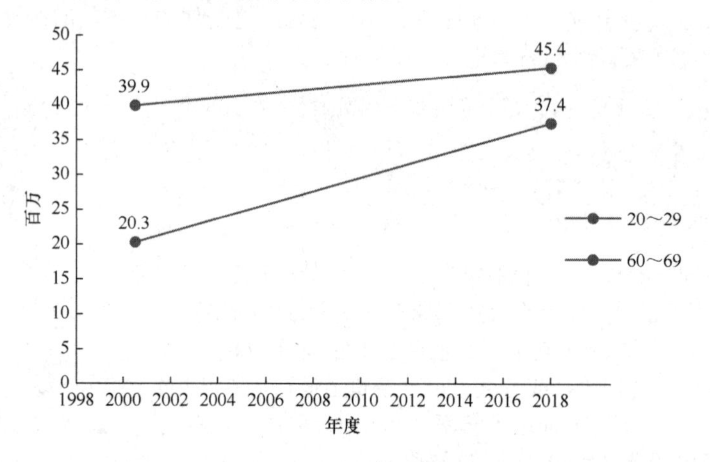

图 7.5　2000—2018 年的美国人口数量变化

解：a）表示 20 ~ 29 岁年龄段区间变化的线段包含点(2000, 39.9)和(2018, 45.4)，因此斜率为

$$\frac{\text{垂直变化距离(rise)}}{\text{水平变化距离(run)}}=\frac{45.4-39.9}{2018-2000}=\frac{5.5}{18}\approx 0.31$$

b）表示 60 ~ 69 岁年龄段区间变化的线段包含点(2000, 20.3)和(2018, 37.4)，因此斜率为

$$\frac{\text{垂直变化距离(rise)}}{\text{水平变化距离(run)}}=\frac{37.4-20.3}{2018-2000}=\frac{17.1}{18}\approx 0.95$$

因此，有些人经常提到的对社会保障等项目资金的担忧或许是合乎情理的，比较图 7.5 中两条线段的斜率，可知 60 ~ 69 岁人口的增长率是 20 ~ 29 岁人口的 3 倍。

通过估计垂直变化距离和水平变化距离（无论正负），不进行任何计算就可较好地了解直线的斜率。例如，图 7.6(a)中的直线有正斜率，因为垂直变化距离（rise）和水平变化距离（run）均为正；图 7.6(b)中的直线有负斜率，因为水平变化距离（run）为正，但垂直变化距离（rise）为负。

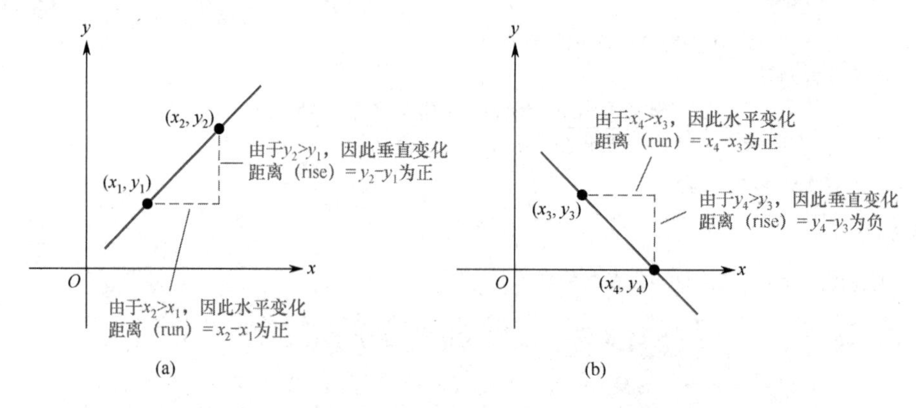

图 7.6　(a)有正斜率的直线自左至右上升；(b)有负斜率的直线自左至右下降

可以看到，如果一条直线是水平直线，则其垂直变化距离（rise）为 0，因此

$$斜率=\frac{垂直变化距离（rise）}{水平变化距离（run）}=\frac{0}{水平变化距离（run）}=0$$

如果一条直线是垂直直线，则其水平变化距离（run）为 0，因此

$$斜率=\frac{垂直变化距离（rise）}{水平变化距离（run）}=\frac{垂直变化距离（rise）}{0}$$

结果是“未定义”(undefined)，因为 0 不能作为除数。

7.1.3 直线的斜截式

定义 如果线性方程以 $y=mx+b$ 的形式书写，则可称为斜截式（slope-intercept form）。数 m 是方程图中直线的斜率，$(0,b)$ 是 y 截点。

要点 线性方程的斜截式表达关于图的几何信息。

方程 $y=2x+3$ 是斜截式，斜率为 2，y 截点为(0, 3)。例 6 和例 7 表明，如果将一条直线的方程写为斜截式，则可识别出关于该直线的有用几何信息。

例 6 用斜截式为线性方程作图

为线性方程 $y=3x+4$ 作图。

解：我们可以立刻读取该图的 y 截点，因为

$$y=3x+4$$

└─y截距

由上可见，y 截点是点(0, 4)。若设 $x=2$，则可非常容易地找到另一个点来为该直线作图（提示：虽然可为 x 选择任意值，但若将两个点分开一些，会取得效果更好的图），结果为

$$y=3(2)+4=6+4=10$$

（其中 2 标注为 x）

因此，(2, 10)是图上的第 2 个点。然后，画出点(0, 4)和(2, 10)，绘制如图 7.7 所示的图。

现在尝试完成练习 49 ~ 52。

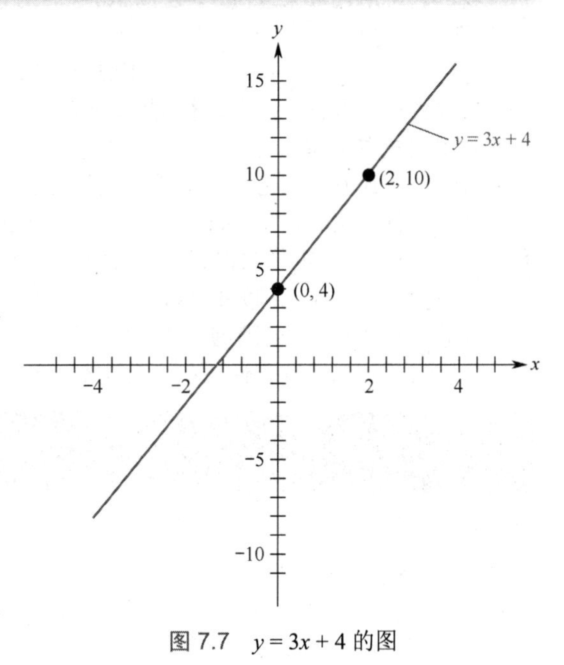

图 7.7 $y=3x+4$ 的图

去年夏天，本书作者之一有机会尝试立桨冲浪板（SUP）。虽然看起来非常容易，但是即使在最平静的水中，保持身体平衡也需要付出巨大的努力！在下一个示例中，我们将了解两种立桨冲浪板租赁方案。

例 7 立桨冲浪板租赁方案对比

某家公司提供了两种不同的立桨冲浪板（SUP）租赁方案。在 A 方案中，基本费用为 35 美元，外加每小时 12.50 美元；在 B 方案中，基本费用为 22.50 美元，外加每小时 15 美元。利用斜截式线性方程，对每种方案建模。为各方程作图，并估计 A 方案比 B 方案更划算的时间点。

解：采用 A 方案时，若租用立桨冲浪板 x 小时，则总费用是基本费用（35 美元）加上“12.50 美元

的 x 倍”。若设 y 代表立桨冲浪板的总租赁成本，则可通过如下方程对 A 方案建模：

每小时费率 = 斜率　　　基准费率 = y 截距

$$y=(12.50)x+35 \quad \text{（A方案）}$$

同理，可通过如下方程对 B 方案建模：

每小时费率 = 斜率　　　基准费率 = y 截距

$$y=(15)x+22.50 \quad \text{（B方案）}$$

由上可知，虽然 B 方案一开始比较划算，但由于其斜率比 A 方案更陡，所以最终成本会更高。

在图 7.8 中，设 $x=0$ 和 $x=1$，我们求出点(0, 35)和(1, 47.50)来为 A 方程作图，求出点(0, 22.50)和(1, 37.50)来为 B 方程作图。

由图 7.8 可知，至少在 4 小时内，B 的图低于 A 的图，因此 B 方案更划算。但是，当达到 6 小时的时候，B 方案明显更贵。因此，由图可知，B 方案在 5 小时左右开始变贵。

现在尝试完成练习 81 ~ 82。

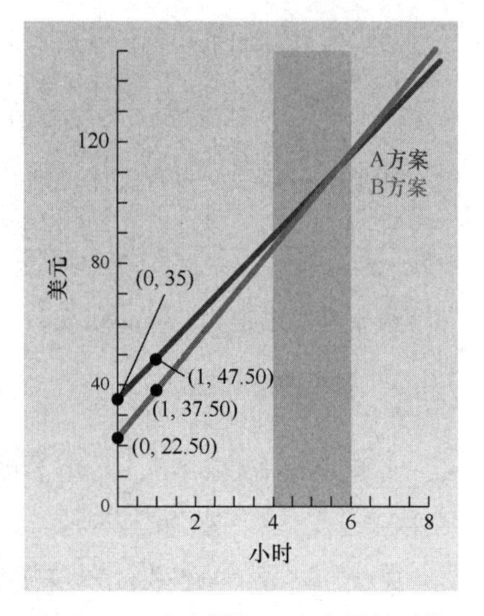

图 7.8　A 方案图与 B 方案图的对比

我们也可用代数来解例 7。在图 7.8 中，两条直线的交点描述了“两种方案的成本在哪个位置相等”，即方程

$$12.50x+35=15x+22.50$$

如果解这个方程，则会求得解为 $x=5$ 。

利用代数方法和几何方法，我们得到了相同的解，这个事实证明了笛卡儿在发明解析几何时的推断——几何方法能做的事情，代数方法同样能做，反之亦然。

选择一种模型时，“确保该模型适合正在建模的情形”非常重要。例如，书写斜截式线性方程 $y=mx+b$ 时，一定要意识到：x 增加 1 会导致 y 增加 m ，x 增加 2 会导致 y 增加 $2m$ ，x 增加 5 会导致 y 增加 $5m$ ，以此类推。重点是 x 的一次变化会导致 y 的变化增加 m 倍。

如果正在建模的情形不满足这种性质，则线性方程并不是该模型的良好选择。本章的后续各节中将讨论不满足这种性质的几种实际情形，并利用非线性方程对其建模。

练习 7.1

强化技能

利用“改写方程”的相关规则，解下列方程。若方程两侧同时乘以一个合适的常数，使得系数处理起来更加容易，则求解包含分数或小数的方程就很容易。

01. $3x+4=5x-6$　　**02.** $4-2x=9x+13$

03. $4-2y=8+3y$　　**04.** $5y-6=14y+12$

05. $\frac{1}{2}x-6=\frac{1}{5}x+3$　　**06.** $\frac{1}{3}y+4=\frac{1}{4}y+3$

07. $0.3y+2=0.5y-3$　　**08.** $0.4y-0.2=0.6y+3$

解关于给定变量的下列方程。

09. $P=2l+2w$；解关于 w 的方程

10. $m=\frac{a+b}{2}$；解关于 a 的方程

11. $z=\frac{x-\mu}{\sigma}$；解关于 μ 的方程

12. $z=\frac{x-\mu}{\sigma}$；解关于 σ 的方程

13. $A=P(1+rt)$；解关于 r 的方程

14. $A=\frac{1}{2}h(b+B)$；解关于 b 的方程

15. $2x+3y=6$；解关于 x 的方程

16. $4x-5y=3$；解关于 y 的方程

17. $V=lwh$；解关于 l 的方程

18. $A=\frac{1}{2}hb$；解关于 b 的方程

19. $S=2\pi rh+2\pi r^2$；解关于 h 的方程

20. $A=2lw+2lh+2hw$；解关于 w 的方程

通过求 x 截点和 y 截点，为下列方程作图。

21. $3x+2y=12$　　**22.** $x-5y=10$

23. $4x-3y=16$　　**24.** $5x+4y=-20$

25. $\frac{1}{3}x+\frac{1}{2}y=3$　　**26.** $x-\frac{1}{5}y=2$

27. $\frac{1}{6}x-2y=\frac{3}{4}$ **28.** $x-\frac{1}{4}y=2$

29. $0.2x=4y+1.6$ **30.** $0.3y=1.2x+0.6$

31. $0.4x-0.3y=1.2$ **32.** $0.2x+0.5y=2$

在给定的图中，基于每条直线的 x 截点$(p, 0)$和 y 截点$(0, q)$，判断练习 33～36 中具有特定属性的直线。

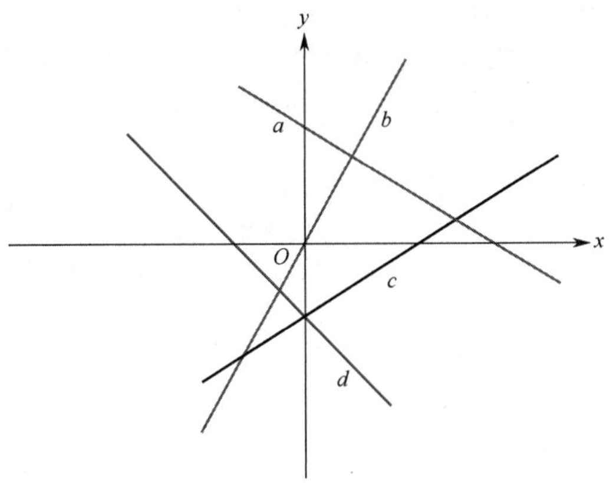

33. p和q 均为正 **34.** p等于q

35. $p\times q$ 为负 **36.** p和q 均为负

求过两个给定点的直线的斜率。

37. (2, 5)和(6, 8) **38.** (4, 1)和(7, 3)

39. (3, 6)和(8, 2) **40.** (9, 1)和(6, 4)

41. (3, -4)和(5, 1) **42.** (8, -5)和(9, 2)

在练习 43～46 中，列出给定图中满足所述条件的所有直线。

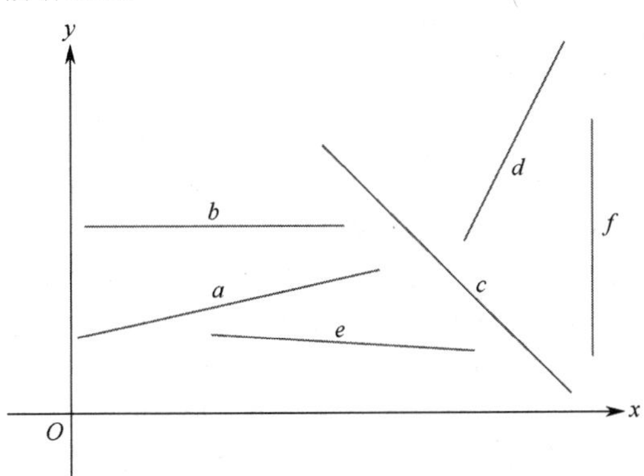

43. 斜率为正 **44.** 斜率为负

45. 斜率不存在 **46.** 斜率为 0

47. 解释水平直线的斜率为何为 0。

48. 解释垂直直线为何没有斜率。

在练习 49～52 中，说明每个方程图的 y 截距和斜率。

49. $y=4x-3$ **50.** $y=3x+5$

51. $y=-5x-3$ **52.** $y=-2x+5$

学以致用

在练习 53～56 中，写出描述各种情形的方程，并将各变量命名为有意义的名字。

53. 计算健身俱乐部费用。某健身俱乐部收取的会员费为 95 美元/年，会员健身时还要额外支付 2.50 美元/小时。如果吉利安去年的账单是 515 美元，则她在该俱乐部的健身时间是多少小时？

54. 计算液晶投影仪的租用成本。塞萨尔租用了一台液晶投影仪，除了向租赁公司支付 10 美元的固定管理费，还要支付 18 美元/天的投影仪使用费。若塞萨尔共支付了 82 美元，则其使用了多少天投影仪？

55. 计算文字处理费用。当阿明提供文字处理服务时，10 页内的文档收取 16 美元，超过 10 页的文档再收取 1.30 美元/页的额外费用。如果他收取了客户 44.60 美元，则客户的文档共有多少页？

56. 计算加班时间。达里尔在一家仓库工作，40 小时内的工资为 9 美元/小时，超过 40 小时的工资是平时工资的 1.5 倍。如果他上周赚了 468 美元，则其共工作了多少小时？

根据美国人口普查局的数据，美国 2000 年的人口密度为 80 人/平方英里，2020 年的人口密度增至 94 人/平方英里。用此信息建立一个斜截式线性方程，然后完成练习 57～60。建立方程时，将 2000 年作为 0 年，将斜率四舍五入到小数点后两位。

57. 写出对此信息建模的方程。

58. 估计 1960 年的人口密度。

59. 你预计 2025 年的人口密度是多少？

60. 人口密度何时会达到 100 人/平方英里？

高等教育价格指数（HEPI）图中显示了 2004—2019 年大学教师和管理人员的工资变化，基准年为 1983 年。例如，2005 年的教师工资指数为 240.7，意味着 2005 年的教师工资为 1983 年的 240%。利用这些图完成练习 61～64。

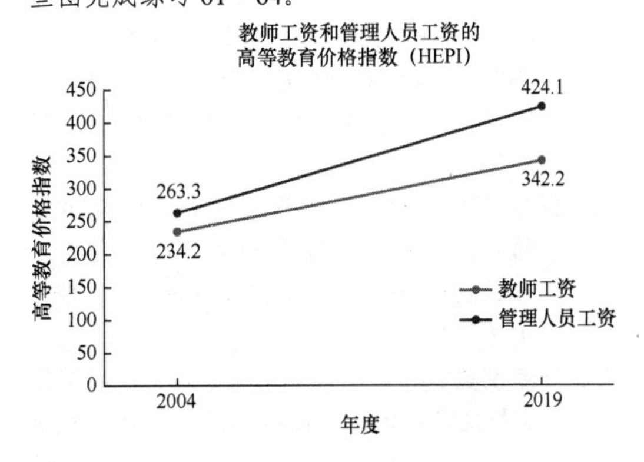

61. **a**. 求代表教师工资指数变化的直线的斜率；**b**. 将 2004 年视为 0 年，写出代表教师工资指数变化的斜截式直线方程。

62. 对代表管理人员工资指数变化的直线，重做练习 61。

63. 利用练习 61 中的方程，预测教师工资指数何时达到 450。

64. **a**. 写一个方程，描述管理人员与教师工资指数之差；**b**. 利用该方程预测差值在哪年超过 100 点。

65. 星巴克 2015 年的总收入为 191.6 亿美元，并以 17 亿美元/年的速度增长。**a**. 对此信息建模，写出其直线的斜截式线性方程。将 2015 年视为 0 年；**b**. 利用 a 问的模型，预测星巴克 2025 年的总收入。

66. 对亚马逊公司重做练习 65。亚马逊公司 2015 年的总收入为 1006 亿美元，并以 116 亿美元/年的速度增长。

67.《投资百科》报告称，2020 年（0 年）毕业生的平均学生贷款为 35000 美元，并以 2800 美元/年的速度增长。写一个斜截式线性方程，对这些信息建模，并用其预测 2025 年毕业生的平均学生贷款。

68. 利用练习 67 中的模型，估计 2030 年毕业生的平均学生贷款。

在练习 69 ~ 74 中，写出下列情形的建模方程。

69. **计算收入**。朱诺共做了两份兼职工作，其中餐馆的工资为 5.60 美元/小时，宠物店的工资为 7.35 美元/小时。在一周内，她共挣了 133 美元。

70. **判断租金**。从本地的一家“先租后买”商店中，贾里德为其新公寓租用了一套客厅家具和一台电视机，其中客厅家具的待支付笔数为 l 笔（22 美元/笔），电视机的待支付笔数为 t 笔（13 美元/笔）。他的待支付总额是 341 美元。

71. **投资股票**。塔米拉在股市上的总投资是 14500 美元，其中一部分资金买入了时代华纳（35 美元/股），其余资金买入了 CDW 公司（55 美元/股）。

72. **评分**。瑞吉的心理学教授正在根据合同制对课程进行评分，1 个项目可得 40 分，1 篇期刊文章报告可得 10 分。瑞吉最终获得的分数为 250 分。

73. **制造家具**。艾登拥有一家小型木工厂，制作 1 张茶几需要 9 英尺木板，制作 1 张咖啡桌需要 15 英尺木板。他共拥有 342 英尺可用木板。

74. **商业广告**。鲍比 • 弗莱正在思考如何为其即将开业的一家新美食餐厅做广告，在线广告费用为 300 美元/次，电视广告费用为 700 美元/次。他共拥有 7500 美元广告费。

75. **通勤成本**。走收费公路需要 1 个 85 美分代币。如果花 9 美元购买一张特别拼车贴纸，只需 1 个 70 美分代币即可走快车道。拼车方案什么时候更便宜？

76. **餐饮方案对比**。在餐饮服务区内，大学生可以购买专用积分来替代现金。如果开始时支付 35 美元的基本餐饮服务费，则之后每个积分只需 23 美分；若不支付，则每个积分需要 30 美分。支付基本餐饮服务费时，必须要使用多少积分后才更划算？

数学交流

77. 学生们经常混淆直线的 x 截点和 y 截点，为什么？记住 x 截点和 y 截点的好方法是什么？

78. 为什么水平直线的斜率是 0？为什么垂直直线没有斜率？

79. 何时可用线性方程建模？给出本节未涉及情形的一个例子，但你认为其适用于线性方程建模。

80. 解释为什么“用线性方程模拟大规模流行性疾病（如寨卡病毒）的感染人数”并不适合。

挑战自我

在练习 81 ~ 82 中，我们可以用一对线性方程来描述每种情形（就像例 7 中那样）。利用例 7 之后介绍的代数方法，判断两项内容何时相同。

81. 在好又多（Buy More）工作时，查克的基本工资为 225 美元/周，外加计算机系统销售提成（45 美元/套）；在环城（Circuit Town）工作时，其基本工资为 400 美元/周，外加计算机系统销售提成（20 美元/套）。该方程组的解说明了什么，查克应当如何选择？

82. 卡桑德拉正在比较两种手机通话方案。BT&T 公司的基本服务费为 12.75 美元/月，通信费用为 7 美分/分钟；Cingleton 公司的基本服务费为 14.15 美元/月，通信费用为 5 美分/分钟。该方程组的解说明了什么，卡桑德拉应当如何选择？

83. **投资对比**。一个富亲戚给了你 5000 美元，你想用其进行投资。如果投资于储蓄存单（CD），则年利率为 3.8%，但属于 14%的联邦所得税范围，你必须为储蓄收益缴纳联邦所得税。你也可以投资免除联邦所得税的几种债券，但所赚取的利息较少。你要从这些债券中赚取多少点的利息，才能与储蓄收益相等？

84. **投资对比**。重做练习 83，但是这次考虑投资同时免除 14%联邦税和 2.1%州税的债券。

下表显示了联邦储备银行（Federal Reserve Bank）最近一年的美元平均货币汇率。

国　家	1 美元等于
日本	122 日元
法国	0.93 欧元
印度	68 卢比
哥伦比亚	3281 比索
墨西哥	18 比索

利用表格中的信息，完成练习 85～88 中的转换。

85. **货币转换**。**a**. 美元至日元；**b**. 日元至美元。

86. **货币转换**。**a**. 美元至卢比；**b**. 卢比至美元。

87. **货币转换**。欧元至哥伦比亚比索。

88. **货币转换**。日元至墨西哥比索。

89. 点(3, 11), (7, 19), (11, 27)和(15, 35)均位于一条直线上。选择几组不同"点对"，计算该直线的斜率。有没有发现什么？

90. 如果 (x_1, y_1) 和 (x_2, y_2) 是两个不同的点，那么其能确定一条唯一的直线。设该直线的斜率计算公式为 $\frac{y_2-y_1}{x_2-x_1}$，其是否与 $\frac{y_1-y_2}{x_1-x_2}$ 不一样？构造几个示例，解释其为什么一样（或不一样）。

如果具有相同的斜率，则两条直线平行。在练习 91～94 中，给出满足直线 l 指定条件的斜截式方程。

91. l 平行于方程为 $y = 3x + 5$ 的直线；l 过点(2, 1)。

92. l 平行于方程为 $y = -2x + 4$ 的直线；l 过点(5, 3)。

93. l 平行于过点(2, 4)和(4, 14)的直线；l 过点(2, 3)。

94. l 平行于过点(3, 5)和(6, 11)的直线；l 过点(4, 8)。

95. **轮椅无障碍**。《美国残疾人法案》规定，镇图书馆必须建造"轮椅无障碍"坡道。在入口示意图中，为了构造一个斜坡，必须预留出足够的空间。目前，通往入口的台阶共有 3 级，每级台阶高 6 英寸，深 6 英寸。对坡度（即斜率）为 8%（即 0.08）的坡道而言，P 点应离 B 点（第 1 级台阶底部）多远？

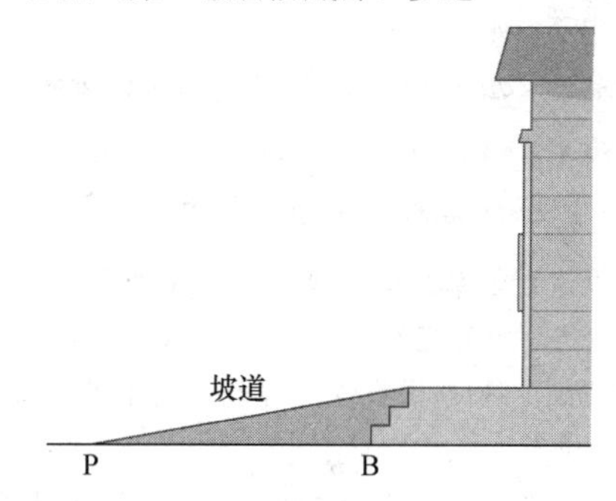

96. **轮椅无障碍**。重做练习 95，但是这次假设台阶为 6 级（而非 3 级）。

7.2 线性方程建模

如果从网上搜索对真实数据建模的线性方程示例，就会被应用数量的庞大感到震惊，但你一定要认识到：模型不过是一个简单"模型"。虽然气象学家给出的天气预报可能偏差较大（基于天气模型），但是你大概率会因此取消去海滩度假或打棒球的计划；基于伶牙俐齿的推销员所推荐的财务模型，你的父母及其他人大量投资于大学储蓄账户，但数年之后发现模型预测结果并不准确时，他们往往需要被迫做出调整。

为了研究汽油里程，构建汽车的物理模型时，工程师可能会忽略不影响空气阻力的零部件（如音响系统）。与此类似，为便于使用，我们经常忽略数学模型的相关特征。

由以下表格可知，为了将相同线性方程判定为同一模型，提供信息的方法有若干种。

指定方程的方法	提供的信息
用标准式写方程	$3x + 2y = 6$
描述方程图的 x 截点和 y 截点	x 截点是(2, 0)，y 截点是(0, 3)
指定方程图的斜率和 y 截距	斜率是 $-\frac{3}{2}$，y 截距是 3 方程的斜截式为 $y = -\frac{3}{2}x + 3$

7.2.1 一个点和斜率建模

已知方程图的斜率及其上的一个点时，即可求出该线性方程。

要点 一个点和斜率决定一条直线。

例 1 用斜率和一个点判定线性方程

求斜率为 3 且过点(4, 5)的直线的线性方程。

解：假设该直线的斜截式方程为 $y = mx + b$，因为方程图的斜率为 $m = 3$，所以可将方程改为

$$y = 3x + b$$

下面求 b。由于点(4, 5)位于该直线上，所以可用 4 替代 x，用 5 替代 y，得到

$$5 = 3(4) + b$$

两侧同时减去 12，结果为 $-7 = b$。因此，最终的线性方程为

$$y = 3x - 7$$

现在尝试完成练习 01 ~ 08。

自测题 4

求过点(2, −3)且斜率为−4 的直线的方程，用斜截式写出答案。

例 2 用一个点和斜率建立模型

作为对烟草公司诉讼和解的一部分，美国政府要求烟草制造商支付“反吸烟教育计划”相关费用。假设该计划的预期结果是“18 ~ 25 岁人群的吸烟率以每年 0.6%的速率下降，并于 3 年后（即今年）达到 38.8%”。如果用线性方程对“吸烟率下降”建模，则 10 年后（从现在开始）18 ~ 25 岁人群的吸烟率是多少？

解：回顾本书前文所述的“为未知对象选择一个好名字”。

我们用斜截式线性方程对“吸烟率下降”建模，如下所示：

$$r = mt + b$$

式中，t 表示计划的持续时间（单位为年），r 表示该年龄段人群的吸烟率。为了确定持续时间 t 与吸烟率 r 之间的关系，必须先求出 m 和 b（注：在本例中，t 相当于 x，r 相当于 y）。

每年吸烟率的变化为−0.6%，意味着该图的斜率为 $m = -0.6$。用此值替代 m，结果为

$$r = -0.6t + b$$

现在，我们用自己的规则来改写各方程，最后求得 b 值：

$$38.8 = -0.6(3) + b \quad \text{原始方程}$$

$$38.8 = -1.8 + b \quad \text{化简乘积}$$

$$38.8 + 1.8 = b \quad \text{两侧同时加1.8}$$

$$40.6 = b \quad \text{化简}$$

因此，描述“吸烟率下降”的方程为

$$r = -0.6t + 40.6$$

现在，用这个方程来预测从现在开始 10 年之后（即 $t = 13$）的吸烟率，替换值 $t = 13$，结果为

$$r = (-0.6)13 + 40.6 = -7.8 + 40.6 = 32.8$$

因此，如果吸烟率继续以相同的速率下降，则 10 年之后 18 ~ 25 岁人群的吸烟率将达到 32.8%。

现在尝试完成练习 17 ~ 22。

虽然例 2 中的模型易于建立，但你或许认为其缺点超过简单性。例如，你或许觉得线性方

程并不适合，因为“时间的变化”不会导致“吸烟率的相应变化”；除了广告因素，还需要考虑其他因素；在如此漫长的时间内，一直使用该模型似乎不合理。综合考虑这些因素，该问题的研究人员可能会开发更复杂的模型，并经常修改以使其更加准确。

7.2.2 两点建模

在数据建模中，人们经常用两个数据点写线性方程。在例 3 中，已知方程图上的两个点，求该线性方程。

要点 我们可以用两个点求线性方程。

例 3 用两个点求线性方程

求过点(4, 2)和(8, 5)的直线的方程。

解： 回顾本书前文所述的“新问题与旧问题相关联”策略。

因为将以斜截式（即 $y = mx + b$）写出方程，所以需要求出 m 和 b。下面用点(4, 2)和(8, 5)求斜率，如下所示：

$$m = \frac{\text{垂直变化距离(rise)}}{\text{水平变化距离(run)}} = \frac{5-2}{8-4} = \frac{3}{4}$$

替代 m，结果为

$$y = \frac{3}{4}x + b$$

由于点(4, 2)位于图上［注：点(8, 5)亦适用］，所以用 4 替代 x，用 2 替代 y，结果为

$$2 = \frac{3}{4}(4) + b = 3 + b$$

两侧同时减去 3，求得 $b = -1$。因此，最终的线性方程为

$$y = \frac{3}{4}x - 1$$

现在尝试完成练习 09 ~ 16。

自测题 5

求过点(−3, 5)和(6, 0)的直线的方程，并用斜截式写出该方程。

解题策略：新问题与旧问题相关联

例 3 中用到了 1.1 节介绍的“新问题与旧问题相关联”策略。我们并未将例 3 视为一个全新的问题，而是认识到“一旦有了斜率，即可像例 1 中那样解题”。好的解题者会经常修改一种情形下应用的技术，然后将其应用于另一种情形。

例 4 求基于两个数据点模型的线性方程

雷切尔通过互联网售卖美食纸杯蛋糕，开始营业后，第 4 个月卖出了 480 打，第 7 个月卖出了 792 打。假设该业务增长可以用线性方程建模，而且就目前的设备而言，她估计每个月最多能烤 1500 打纸杯蛋糕。如果她希望业务持续增长，则销售量在哪个月超过生产能力？

解： 回顾本书前文所述的“新问题与旧问题相关联”策略。

我们用如下形式的线性方程对雷切尔的情形建模：

$$d = mt + b$$

式中，t 是她开始营业的持续月数，d 是她能够售卖的纸杯蛋糕数量（单位为打）（注：在该例中，t 相当于 x，d 相当于 y）。

我们用点(4, 480)和(7, 792)来求该方程图的斜率，如下所示：

$$m=\frac{\text{垂直变化距离(rise)}}{\text{水平变化距离(run)}}=\frac{792-480}{7-4}=\frac{312}{3}=104$$

替代原始方程中的 m ，结果为

$$d=104t+b$$

现在，可用点(4, 480)或(7, 792)来求 b 。根据经验，只要可能，最好采用较小的数，所以这里采用点(4, 480)。用 4 替代 t ，得到如下方程，然后可用其来求 b：

$$\begin{aligned}480&=104(4)+b &&\text{原始方程}\\480&=416+b &&\text{化简}\\480-416&=b &&\text{两侧同时减去416}\\64&=b &&\text{化简}\end{aligned}$$

因此，描述雷切尔纸杯蛋糕销售量增长的线性方程为

$$d=104t+64$$

现在，我们想知道雷切尔何时能够卖出 1500 打纸杯蛋糕，因此设 $d=1500$ ，然后用常规方法解方程 $1500=104t+64$:

$$\begin{aligned}1500&=104t+64\\1436&=104t &&\text{减去64}\\\frac{1436}{104}&=t &&\text{除以104}\end{aligned}$$

因此， $t=\frac{1436}{104}\approx13.8$ ，这意味着销售量将在第 14 个月超过生产能力。

现在尝试完成练习 23 ~ 28。

7.2.3 最佳拟合直线

下一个示例介绍如何用真实数据建模。当用真实数据建模时，各个点通常不位于一条直线上。为了解各变量之间的关系，需要确定最适合各个数据点的直线。

要点 最佳拟合直线给出了数据的最佳线性近似值。

例 5 音乐订阅服务收入建模

图 7.9 显示了美国唱片业协会（RIAA）报告的音乐订阅服务（如 Spotify）的 5 年周期收入图，虽然这些点并不都位于一条直线上，但是我们可能希望用线性模型对该数据建模。

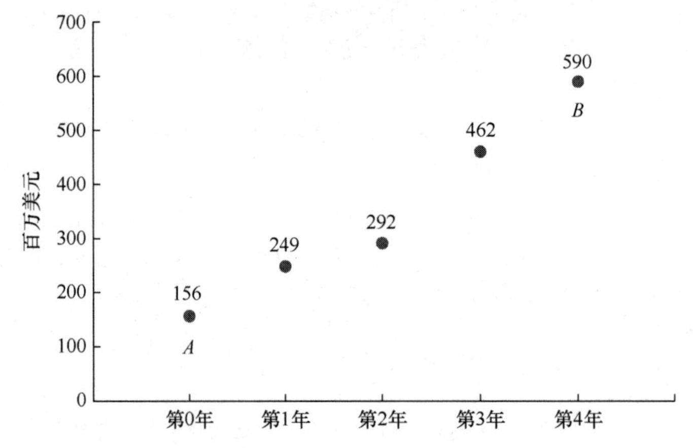

图 7.9 音乐订阅服务收入（数据来源：美国唱片业协会）

a）通过求过 A 点和 B 点的直线方程，对数据建模。

b）用此模型预测第 5 年订阅服务的收入。

c）根据美国唱片业协会提供的数据，第 5 年订阅服务的实际收入为 773 百万美元，将其与 b）问的答案进行比较，并评估所建模型的精度。

解：a）利用例 4 中的技术，求得过点(0, 156)和(4, 590)的直线方程是 $s=108.5t+156$，其中 t 为第 0 年后的时间（单位为年），s 是订阅服务的收入（单位为百万美元）（检验）。

b）基于此方程进行预测，第 5 年的订阅服务收入将为 $s=108.5(5)+156=698.5$ 百万美元。

c）由于第 5 年订阅服务的实际收入为 773 百万美元，可知图 7.10 中模型的预测值较低，说明虽然模型最初看起来效果不错，但是用其进行长期预测时还需谨慎。

现在尝试完成练习 29 ~ 30。

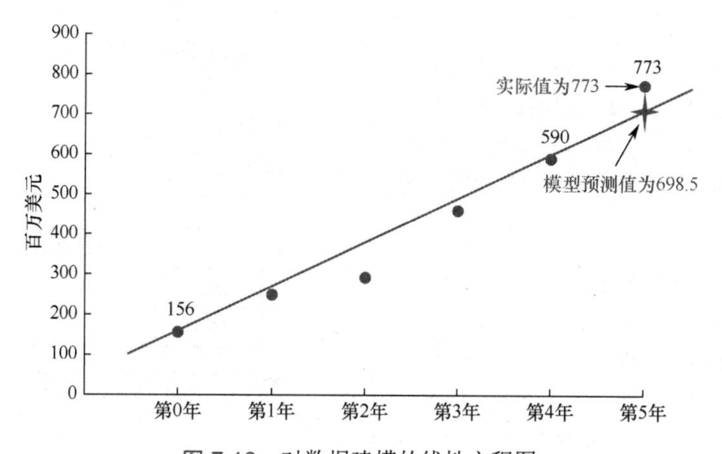

图 7.10　对数据建模的线性方程图

在例 5 中，我们用两个数据点求得了描述订阅服务收入的线性方程，该模型对第 4 年的收入做出了相当好的估计，但是对第 5 年的收入估计偏低了 773 − 698.5 = 74.5 百万美元。

我们可以应用线性回归技术，求得称为最佳拟合直线的一条直线，使其最佳拟合数据集中的所有点。为了求出该方程，我们可以利用 GeoGebra。对于例 5 中的数据，最佳拟合直线的方程为

$$s=108.1t+133.6$$

图 7.11 显示了例 5 中这条直线的图和数据值。注意，虽然最佳拟合直线并不完全通过所有数据点，但是如果使用该数据的线性模型，则其为可找到的最佳直线。

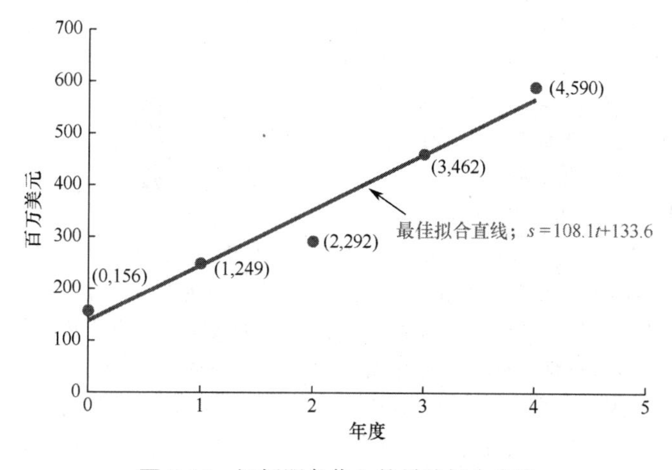

图 7.11　订阅服务收入的最佳拟合直线

练习 7.2

强化技能

求过一个给定点且具有指定斜率的线性方程。

01．斜率 3，点(2, 1)　　**02**．斜率 4，点(5, 2)

03．斜率 4，点(−2, 6)　　**04**．斜率 3，点(−5, 3)

05．斜率−2，点(4, 3)　　**06**．斜率−3，点(6, 4)

07．斜率−5，点(−6, −1)　　**08**．斜率−8，点(−4, −9)

求过两个给定点的线性方程，用斜截式写出该方程。

09．(2, 3)和(5, 9)　　**10**．(3, 5)和(5, 17)

11．(17, 12)和(9, 10)　　**12**．(14, 10)和(5, 7)

13．(11, −4)和(−8, 2)　　**14**．(2, −6)和(−14, 9)

15．(−6, −8)和(−4, −1)　　**16**．(2, −10)和(−3, 15)

学以致用

求解下面这些练习时，"将斜率视为一个变量相对于另一个变量的平均变化率"非常有用。在一些练习中，我们虽然省略了年份信息，但是仍然引用了相关的真实数据。

17．**女性预期寿命**。根据美国疾病控制和预防中心提供的数据，美国 2017 年出生女性的预期寿命为 81.1 岁，并以 0.1 岁/年的速率增长。假设该增长率保持不变，用线性方程对此情形建模，并用其估计美国 2030 年出生女性的预期寿命。

18．**男性预期寿命**。对美国 2017 年出生的男性，重做练习 17，其预期寿命为 76.1 岁，并以 0.1 岁/年的速率增长。

19．**千禧一代的行驶里程**。在某个年度，16～34 岁千禧一代的行驶里程为 7900 英里/年。假设其行驶里程数减少了 300 英里/年［注：千禧一代是指出生于 20 世纪时未成年，跨入 21 世纪（即 2000 年）后达到成年年龄的一代人］。**a**．用线性方程对该信息建模；**b**．用此模型预测 5 年后 16～34 岁千禧一代的行驶里程；**c**．解释为何此模型 20 年后不会继续发挥作用。

20．**高校注册人数**。在某个年度，1030 万女性就读于可授予学位的高等教育机构，且该数字以 20 万人/年的速率增长（数据来源：美国人口普查局）。**a**．用线性方程对此信息建模；**b**．用此模型预测 16 年后将有多少女性就读于可授予学位的高等教育机构；**c**．用此模型判断预计哪年将有 1500 万女性就读于可授予学位的高等教育机构。

21．**预测大学费用**。美国教育部国家教育统计中心报告称：在某个年度，公立四年制高校的平均费用约为 15000 美元，并以 750 美元/年的速率增长。用线性方程对此信息建模，并用其预测 16 年后就读四年制公立大学的平均费用。

22．**预测大学费用**。对两年制公立大学，重做练习 21，平均费用为 7703 美元，并以 135 美元/年的速率增长。

23．**犯罪数量统计**。下表显示了 2017—2020 年某城市的暴力犯罪数量下降情形。

年　度	暴力犯罪数量/10 万人
2017	405
2020	368

假设在接下来的几年间，相同下降率仍然持续，且可用形式为 $v = mt + b$ 的线性方程建模。**a**．用给定数据求该方程图的斜率；**b**．用 a 问求得的斜率和任意一个数据点，求对"暴力犯罪数量减少"建模的线性方程，设 2017 年等于 0 年；**c**．用 b 问求得的方程预测 2032 年每 10 万人中的暴力犯罪数量。

用下图完成练习 24 ~ 25。

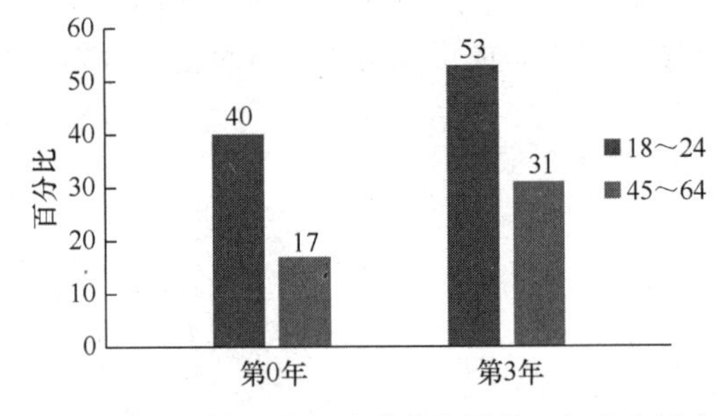

24．**仅使用无线通信的家庭**。上图是 3 年内生活在"仅使用无线通信"家庭的成年人百分比。假设未来几年的增长率相同，且可用形式为 $y = mx + b$ 的线性方程建模。**a**．用给定数据求 18～24 岁成年人的直线图斜率；**b**．用 a 问的结果及其中的一个数据点，求生活在"仅使用无线通信"家庭的 18～24 岁成年人百分比的预测方程；**c**. 用此模型预测第 15 年生活在“仅使用无线通信”家庭的该年龄段成年人的百分比。

25. **仅使用无线通信的家庭**。利用图中 45～64 岁人群的信息，假设未来几年的增长率相同，且可用形式为 $y = mx + b$ 的线性方程建模。**a**. 用给定数据求 45～64 岁成年人的直线图斜率；**b**. 用 a 问的结果及其中的一个数据点，求生活在“仅使用无线通信”家庭的 45～64 岁成年人百分比的预测方程；**c**. 用此模型预测“仅使用无线通信”家庭的该年龄段成年人百分比达到 50%时的年份。

用下图完成练习 26 ~ 27。

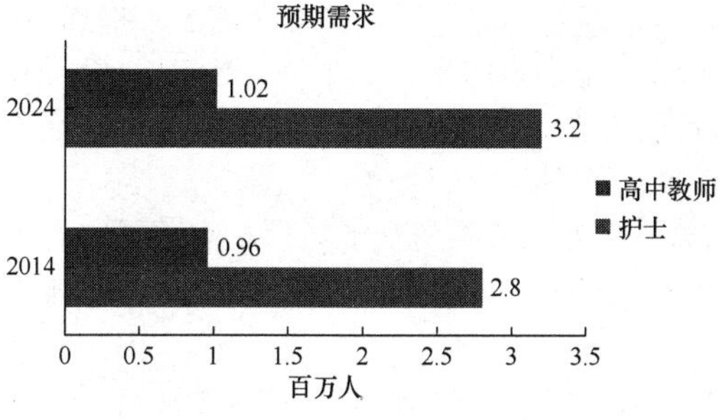

26. **护士需求预测**。**a**. 写出一个斜截式线性方程，对护士的预期需求数据建模；**b**. 用 a 问求得的方程，预测 2030 年的护士预期需求；**c**. 护士的预期需求将在哪年达到 400 万人？

27. **高中教师需求预测**。**a**. 写出一个斜截式线性方程，对高中教师的预期需求数据建模；**b**. 用 a 问求得的方程，预测 2030 年的高中教师预期需求；**c**. 高中教师的预期需求将在哪年达到 125 万人？

28. **睡眠数据**。根据美国国家睡眠基金会提供的数据，美国人 2015 年每个工作日夜晚的平均睡眠时间为 6.9 小时，1900 年每个工作日夜晚的平均睡眠时间为 8 小时 30 分钟。通过线性方程对此数据建模，然后用其预测美国人将在哪年的工作日夜晚“根本不睡觉”。

29. **美国劳动力建模**。根据美国劳工部提供的数据，下图显示了 4 年间美国民用劳动力的增长情形。假设未来几年的增长率相同，且可用形式为 $l = mt + b$ 的线性方程建模。**a**. 这 4 年的年平均增长量是多少？**b**. 用 a 问求得的结果作为斜率，以及代表“第 0 年数据”的点，写出描述劳动力增长的方程；**c**. 用 b 问求得的方程预测第 6 年的劳动力规模；**d**. 用 b 问求得的方程估计劳动力规模将在哪年达到 2 亿人。

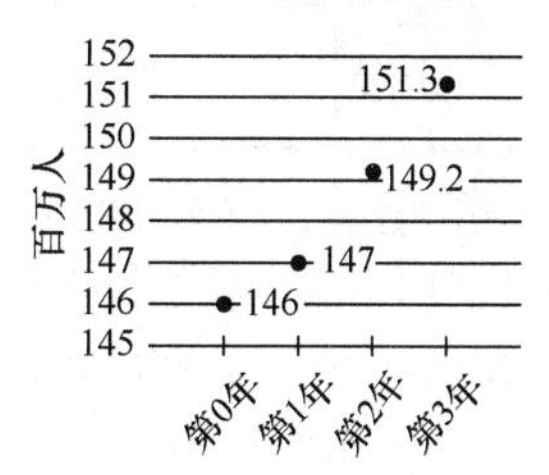

30. **国际旅行花销建模**。下图显示了美国居民 4 年间的国际旅行花销。

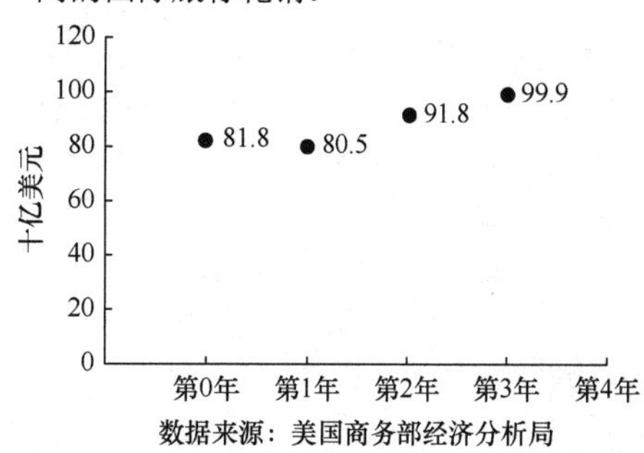

用线性方程对如下数据建模：**a**. 这 4 年的年平均增长量是多少？**b**. 用 a 问求得的结果作为斜率，将代表第 0 年数据的点作为一个点，写出描述“第 0～3 年国际旅行花销变化”的方程；**c**. 用 b 问求得的方程预测第 7 年的国际旅行花销；**d**. 用 b 问求得的方程预测美国公民的国际旅行花销何时达到 2000 亿美元。

数学交流

31. 使用（像例 2 中那样的）短语“……率的变化”时，我们正在告诉你什么信息？

32. 当用直线对例 2 中的情形建模时，关于时间与吸烟率之间的关系，我们假设了什么？

33. 讨论例 5 中用线性方程作为音乐收入数据模型的适宜性。

34. 讨论练习 29 中用线性方程作为美国民用劳动力数据模型的适宜性。

挑战自我

35. **劳动力规模建模**。用练习 29 中的 4 个数据点和线性回归，求最佳拟合直线 $n = 1.81t + 145.66$。用练习 29 中 b 问求得的模型和最佳拟合直线，补充完善下表，表中对比了实际数据值、你的模型预测值及最佳拟合直线的预测值。

	第0年	第1年	第2年	第3年	第6年
实际数据值	146	147	149.2	151.3	154.1
你的模型预测值	146			151.31	
最佳拟合直线的预测值	145.66				

36. 国际旅行花销建模。用练习 30 中的 4 个数据点和线性回归，求最佳拟合直线 $n = 6.56t + 78.66$。用练习 30 中 b 问求得的模型和最佳拟合直线，补充完善下表，表中对比了实际数据值、你的模型预测值及最佳拟合直线的预测值（数据来源：美国人口普查局）。

	第0年	第1年	第2年	第3年	第7年
实际数据值	81.8	80.5	91.8	99.9	105.4
你的模型预测值	81.8			99.89	
最佳拟合直线的预测值	78.66				

7.3 二次方程建模

当前社交媒体上什么最流行？你目前正在追什么剧？热搜上经常有一些新的视频、图片或帖子，大家可能都非常“喜欢”。问题来了，这些热门话题的热度能够持续多久呢？一般而言，数天之内的点击量会不断上升，然后人气逐渐趋于稳定，最后点击量开始下降。对于此种情形，数学家可用二次方程建模。二次模型并非社交媒体所独有，希腊人对其尤其熟悉。伽利略证明了“二次模型可用于对抛物运动建模”，具体参见后面的练习。

二次方程即未知数的最高次数是 2 的等式。虽然二次方程的类型众多，但是本节仅讨论形式 $y = ax^2 + bx + c$，其中 a, b 和 c 均为实数，且 $a \neq 0$。介绍二次方程类型示例时，我们采用 $y = 2x^2 - 3x + 5$ 和 $y = \frac{3}{2}x^2 + 6x - 17$ 作为模型。

与二元一次方程（即含有两个变量的线性方程）一样，二次方程的解也是有序数对。

例 1　二元二次方程（即含有两个变量的二次方程）解的检验

判断下列“有序对”是否为二次方程 $y = 2x^2 - 3x + 5$ 的解：a）$(4, 25)$；b）$(1, 2)$。

解：a）用 4 替代 x，25 替代 y，结果为真命题 $25 = 2(4)^2 - 3(4) + 5$，说明 $(4, 25)$ 是解；

b）用 1 替代 x，2 替代 y，结果为假命题 $2 = 2(1)^2 - 3(1) + 5$，说明 $(1, 2)$ 不是解。

如果画出一个二次方程的所有解，就会得到称为抛物线的几何图形，如图 7.12 所示（两条抛物线）。如果 a 为正值，则抛物线向上开口，见图 7.12(a)；如果 a 为负值，则抛物线向下开口，见图 7.12(b)。

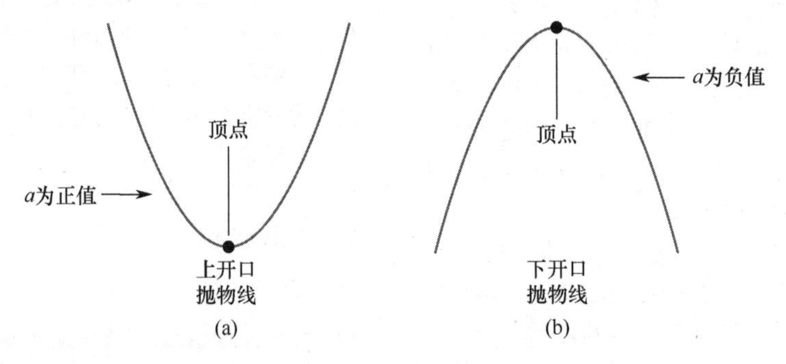

图 7.12　$y = ax^2 + bx + c$ 的图是抛物线

要点　$y = ax^2 + bx + c$ 的图为抛物线。

抛物线向上开口时，抛物线上的最低点称为顶点；抛物线向下开口时，最高点称为顶点。

人们经常用到关于二次方程的如下事实（无须证明）。

定义 对于二次方程 $y = ax^2 + bx + c$ 而言，图的顶点出现在 $x = \frac{-b}{2a}$ 位置。

例 2 求抛物线的顶点

求 $y = 2x^2 - 4x + 5$ 的图的顶点。

解：在该方程中，$a = 2$，$b = -4$，$c = 5$，所以顶点的 x 坐标为

$$x = \frac{-b}{2a} = \frac{-(-4)}{2(2)} = \frac{4}{4} = 1$$

用此值替代 x，即可得到顶点的 y 坐标：$y = 2(1)^2 - 4(1) + 5 = 2 - 4 + 5 = 3$。因此，$y = 2x^2 - 4x + 5$ 的图的顶点是点(1, 3)。

7.3.1 二次公式

为了给二次方程作图，需要另一种工具。对二次方程而言，图的 x 截点和 y 截点的求解方法与线性方程的完全相同。如前所述，为了求线性方程的 x 截点，可以设 $y = 0$，然后解方程。对二次方程进行相同的操作时，可以得到形式为 $ax^2 + bx + c = 0$ 的单变量二次方程（即一元二次方程）。这样的方程既可能有解，又可能无解。如果有解，则总能用一个著名代数公式即二次公式得到。

要点 我们用二次公式求抛物线的 x 截点。

二次公式 二次方程 $ax^2 + bx + c = 0$ 的解为

$$x = \frac{-b + \sqrt{b^2 - 4ac}}{2a} \quad 和 \quad x = \frac{-b - \sqrt{b^2 - 4ac}}{2a}$$

我们通常将这两个公式组合为一个公式，即

$$x = \frac{-b \pm \sqrt{b^2 - 4ac}}{2a}$$

例 3 用二次公式解方程

用二次公式解方程 $x^2 + 5x - 84 = 0$。

解：在该方程中，$a = 1$，$b = 5$，$c = -84$，将这些值代入二次公式，求得解为

$$x = \frac{-5 \pm \sqrt{5^2 - 4(1)(-84)}}{(2)(1)} = \frac{-5 \pm \sqrt{25 + 336}}{2} = \frac{-5 \pm \sqrt{361}}{2} = \frac{-5 \pm 19}{2}$$

因此，解为

$$x = \frac{-5 + 19}{2} = 7 \quad 和 \quad x = \frac{-5 - 19}{2} = -12$$

现在尝试完成练习 01 ~ 08。

自测题 6

用二次公式解方程 $x^2 + 7x - 44 = 0$。

对于一个二次方程，了解如下信息非常有用：是否有解？若有，共有多少个？利用判别式，我们能够判断解的数量。判别式是二次公式中平方根符号下的表达式 $b^2 - 4ac$，具体包括 3 种情形：

- $b^2 - 4ac > 0$：方程有两个不同解。
- $b^2 - 4ac = 0$：方程只有一个解。
- $b^2 - 4ac < 0$：方程没有实数解，因为实数系中未定义负数的平方根。

7.3.2 二次方程作图

例4 为二次方程作图

为二次方程 $y=x^2-4x-12$ 作图。这是一条抛物线，可按如下步骤操作：a）判断抛物线是向上开口还是向下开口；b）求出抛物线的顶点；c）判断方程 $x^2-4x-12=0$ 的解的数量；d）求出图的 x 截点和 y 截点；e）作图。

解：a）由于 x^2 的系数为 1，所以抛物线向上开口。

b）在该方程中，$a=1,b=-4,c=-12$，所以顶点的 x 坐标为

$$x=\frac{-b}{2a}=\frac{-(-4)}{2\cdot 1}=\frac{4}{2}=2$$

因此，顶点的 y 坐标为

$$y=2^2-4\cdot 2-12=4-8-12=-16$$

这意味着抛物线的顶点是点(2, −16)。

注意，因为抛物线向上开口，所以该顶点代表 y 的最小值（$x=2$ 时出现）。

c）为了求方程 $x^2-4x-12=0$ 的解的数量，我们采用判别式。记得在 b）问中 $a=1,b=-4$，$c=-12$，所以判别式为

$$b^2-4ac=(-4)^2-4(1)(-12)=16+48=64$$

由于判别式大于 0，可知 $x^2-4x-12=0$ 有两个解，因此有两个 x 截点。

d）由 c）问可知，x 截点共有两个。因为需要解方程 $x^2-4x-12=0$ 来求出这两个截点，所以我们采用二次公式：

$$x=\frac{-(-4)\pm\sqrt{(-4)^2-4(1)(-12)}}{2\cdot 1}=\frac{4\pm\sqrt{16+48}}{2}=\frac{4\pm\sqrt{64}}{2}=\frac{4\pm 8}{2}$$

因此，$x=6$ 或 $x=-2$，由此可知 x 截点为(−2, 0)和(6, 0)。

注意，因为已求出判别式，所以可将其用于二次公式中。我们可将平方根符号下的 b^2-4ac 替换为 64（省略几个步骤），如下列方程所示：

$$x=\frac{-(-4)\pm\sqrt{64}}{2\cdot 1}=\frac{4\pm 8}{2}$$

为了求出 y 截点，设 $x=0$，可知 $y=0^2-4\cdot 0-12=-12$。因此，y 截点是点(0, −12)。

e）有了这些信息后，即可容易地作出合理的图，如图 7.13(a)所示。对称轴是过顶点的垂直线，注意观察抛物线在对称轴两侧是如何对称分布的。图 7.13(b)显示了用 GeoGebra 生成的相同图。

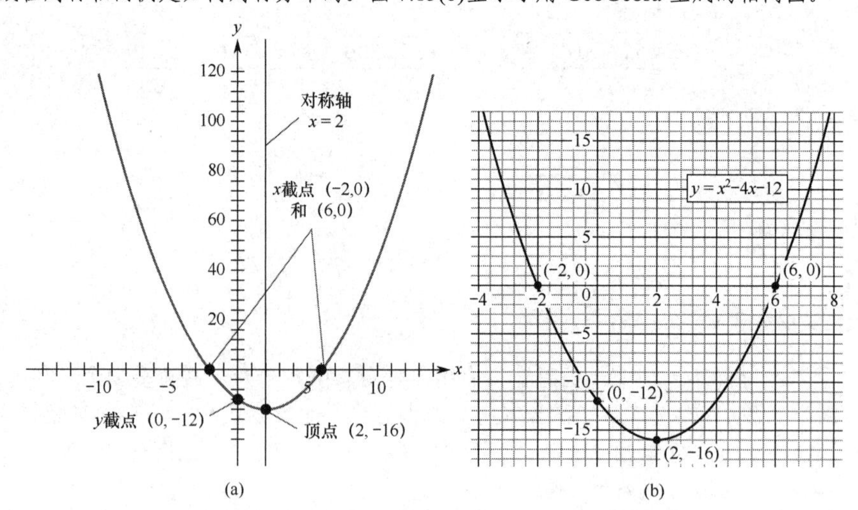

图 7.13 (a)$y=x^2-4x-12$ 的图；(b)GeoGebra 生成的相同图

现在尝试完成练习 09 ~ 18。

自测题 7

为方程 $y=x^2+x-12$ 作图。

历史回顾——解方程

虽然古巴比伦、古希腊和古印度的数学家们都有解二次方程的代数方法，但真正令“代数”一词家喻户晓的人却是公元 9 世纪的一位阿拉伯数学家——穆罕默德·本·穆萨·阿尔·花拉子米。他在撰写的《代数学》一书中，向欧洲人介绍了早期数学家们对二次方程的各种解法。有些人认为该书的名称应翻译为“代数表达式的平衡与完善（即移项和集项）”，这是代数中的常用过程。

掌握二次方程的解法后，人们会很自然地追问“是否存在解三次方程（即含有 x^3 项的方程）的方法？”1545 年，意大利的吉罗拉莫·卡尔达诺出版了《大术》一书，不仅描述了如何解三次方程，而且介绍了如何解四次方程（即含有 x^4 项的方程）。至此，数学家们似乎会发明含有“x 的任意次幂”项方程的解法，但事实并非如此。

19 世纪，挪威的尼尔斯·亨利克·阿贝尔和法国的埃瓦里斯特·伽罗瓦证明了一个重要结论：对于五次方程（即含有 x^5 项的方程）的解法而言，不存在与二次公式类似的机械公式。

7.3.3 二次方程建模

现在，我们将二次方程的知识应用到模型构建过程中。一款新电子游戏发布后，其生命周期可划分为如下 4 个阶段：

- 阶段 1：销售量快速增长，每个人都想玩！
- 阶段 2：销售量仍在增长，但是每周增长量低于阶段 1。
- 阶段 3：产品仍在销售，但是每周销售量略低于前一周。
- 阶段 4：市场达到饱和，销售量快速下滑。

我们可用向下开口的抛物线来表示这种情形，如图 7.14 所示。

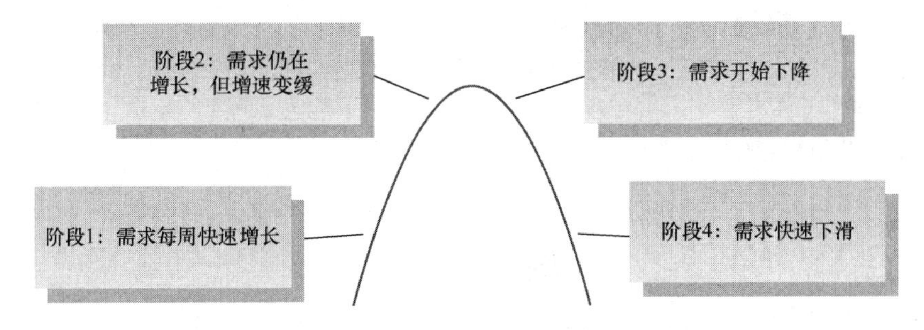

图 7.14 对新产品生命周期建模的抛物线

在例 5 中，我们将用此种模式对特定电子游戏销售量建模。

例 5 用二次方程对电子游戏销售量建模

假设针对某新款电子游戏的需求，制作人打算用方程 $S=-13n^2+169n$ 对其建模，其中 n 为自游戏推出以来的时间（单位为周），S 为 n 周内售出的游戏数量（单位为千套）。

a）预计该游戏的销售量何时将达到峰值？

b）当销售量达到峰值后，该模型预测其在何时降至低于 10 万套/周？

解：回顾本书前文所述的画图策略。

a）该方程为“n^2 的系数是负值”的二次方程，因此其图为向下开口抛物线，如图 7.15 所示。

点 A（抛物线的顶点）是每周销售量的峰值位置。由于 $S=-13n^2+169n$，$a=-13$，$b=169$，$c=0$，所

以该顶点的第 1 个坐标为

$$n=\frac{-b}{2a}=\frac{-169}{2(-13)}=\frac{-169}{-26}=6.5$$

因此，销售量应当在第 7 周达到峰值。

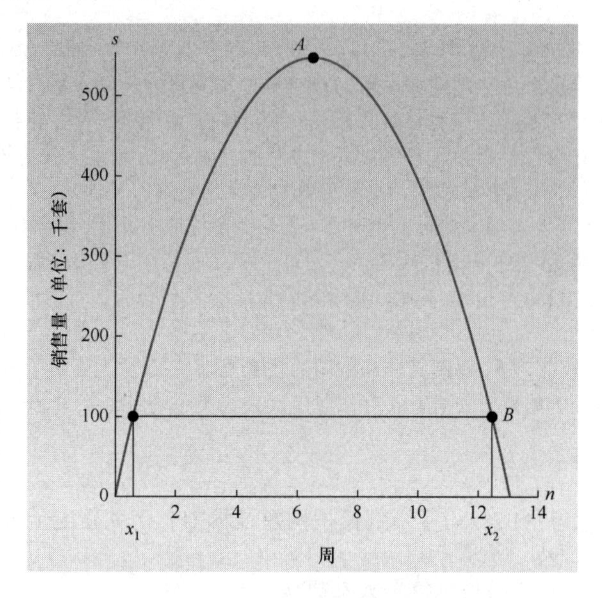

图 7.15 对电子游戏销售建模的抛物线

用 6.5 替代 n，可知每周销售量的最大值为

$$\begin{aligned}S&=-13(6.5)^2+169(6.5)=-13(42.25)+169(6.5)\\&=-549.25+1098.5=549.25\end{aligned}$$

因此，每周销售量的最大值约为 549250 套。

b）当每周销售量达到峰值后，销售量逐渐下降并在点 B 位置跌破 10 万套/周。如图 7.15 所示，每周销售量为 10 万套的位置对应两个 x 值，第 1 个值 x_1 介于 0 和 2 之间，第 2 个值 x_2 略大于 12。为了精确地求出这些值，我们解下面的二次方程：

$$-13n^2+169n=100$$

方程两侧同时减去 100，得到

$$-13n^2+169n-100=0$$

用二次公式，求得

$$n=\frac{-169\pm\sqrt{169^2-4(-13)(-100)}}{2(-13)}=\frac{-169\pm\sqrt{28561-5200}}{-26}=\frac{-169\pm\sqrt{23361}}{-26}$$

因此，$n=0.62$ 和 $n=12.38$。由于只对销售量达到峰值后的时间点感兴趣，所以忽略 $n=0.62$，而将“$n=12.38$ 周”作为解。根据该模型，第 13 周的销售量将降至 10 万套以下。

在例 5 中，我们用二次模型回答了关于电子游戏销售量的问题，但是如何求出该二次方程呢？换句话说，如果掌握了一部分数据并用其作图，这些数据看上去特别像抛物线上的点，则之后如何确定方程呢？此时可以应用二次回归方法，如下所述。

自 20 世纪 90 年代初以来，15～19 岁年轻女性对应的出生人数有所下降，如果绘制 2005—2013 年的出生率图，就会看到类似于抛物线的一种规律。利用 Excel 以及点(2005, 40.5)与(2013, 26.5)之间的各个点，我们为该数据作出了最佳拟合直线和抛物线，如图 7.16 所示。哪条线的拟合效果更佳？你可用“肉眼”进行观察，然后做出选择。

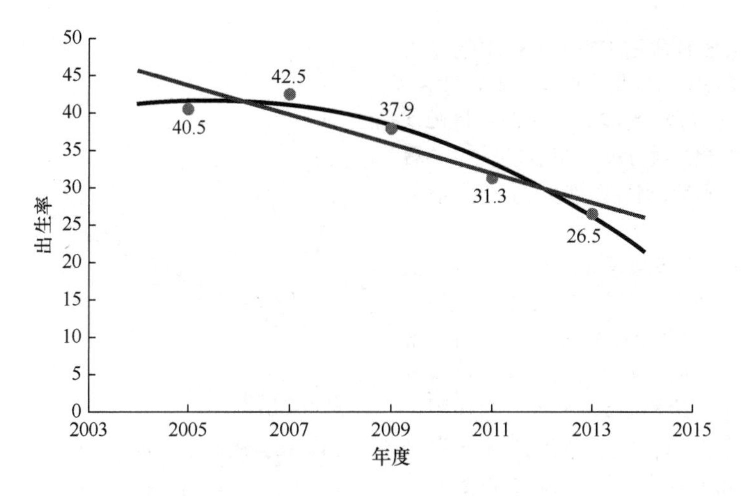

图 7.16　每 1000 名 15～19 岁女性对应的出生率

练习 7.3

强化技能

解下列二次方程。

01．$x^2-10x+16=0$　　**02**．$x^2-7x+12=0$

03．$2x^2-5x+3=0$　　**04**．$6x^2-11x+4=0$

05．$3x^2+7x-6=0$　　**06**．$2x^2+x-3=0$

07．$2x^2+11x+15=0$　　**08**．$4x^2+12x+9=0$

对于下列二次方程，回答如下问题，然后为其作图：方程图是向上开口还是向下开口？方程图的顶点是什么？方程图的 x 截点是什么？方程图的 y 截点是什么？

09．$y=-x^2+6x-8$　　**10**．$y=x^2-4x-5$

11．$y=-4x^2+8x+5$　　**12**．$y=x^2+5x+4$

13．$y=4x^2-4x-2$　　**14**．$y=-2x^2-10x-8$

15．$y=3x^2+7x-6$　　**16**．$y=2x^2+x-3$

17．$y=-x^2+7x-12$　　**18**．$y=-4x^2-12x-9$

学以致用

19．**电影上座率**。每年的夏天，梦工厂电影工作室都会推出一部“大片”，假设此类电影的票房统计数据如下：第 2 周，售票 500 万张；第 4 周，售票 700 张；第 6 周，售票 800 张。我们做了二次回归，求得 $A=-0.125x^2+1.75x+2$ 是这些数据的最佳拟合抛物线方程。**a**．显示过这 3 个数据点（关于上座率）的方程图；**b**．根据这个模型，A 能达到的最大值是多少？

20．**企业利润**。一般而言，创业者首先会经历一段时间的亏损，随后亏损金额逐渐缩小并触底，最后反弹并实现盈利。为了对这种盈亏规律建模，我们可以采用向上开口的抛物线二次方程。假设你在业余时间经营“拍摄婚纱照”业务，但是前 3 个月分别亏损了 200 美元、130 美元和 70 美元（可以换一种表示法：第 1 个月底的累计利润为-200 美元，第 2 个月底的累计利润为-330 美元，第 3 个月底的累计利润为-400 美元）。利用二次回归，可知 $P=30x^2-220x-10$ 是这些数据的最佳拟合二次方程。

a．检验该方程是否适合给定数据；**b**．基于该模型，你会在哪个月底承受累行利润最大损失？具体损失金额是多少？**c**．你将在哪个月底首次出现累计正收益？即从开始营业时起算，总盈利大于总亏损；**d**．第 10 个月底时的累计利润是多少？**e**．你在第 10 个月期间能挣多少钱？

21．**电子游戏销售**。假设例 5 中的电子游戏销售量可由方程 $S=-4n^2+16n-12$ 建模，其中 S 是第 n 周的销售量（单位为百万套）。**a**．该电子游戏的销售量预计何时达到峰值？**b**．根据该模型，S 的最大值是多少？**c**．销售量预计何时降至 0？

22．**总统支持率**。当做出不受欢迎的政治决定后，美国总统的支持率通常会下降。不过，经过一段时间后，支持率会再次上升。假设在签署不受欢迎的税收法案前，美国总统的支持率为

48%，签署法案 1 周后的支持率为 41%，2 周后的支持率为 39%，3 周后的支持率为 42%。利用二次回归，可知 $A=2.5x^2-9.5x+48$ 是该数据的最佳拟合二次方程。利用该模型，签署税务法案多少周后，支持率恢复至法案签署前的水平？

我们可用二次方程对许多物理关系建模。

23. **空投物资**。为缓解某不发达国家出现的饥荒，一架飞机正在紧急空投救援物资。当板条箱被空投后，其在 t 时刻的距地高度可由方程 $H=160-16t^2$ 给出。**a**. 为该方程作图；**b**. 由于板条箱下落的物理特性，是否存在任意 t 值令此方程不合理？**c**. 求板条箱的落地时间。

24. **火箭飞行**。假设某火箭模型垂直向上发射（以特定速度），其在 t 时刻的离地距离可由方程 $d=100t-16t^2$ 给出。**a**. 为该方程作图；**b**. 由于火箭的物理特性，是否存在任意 t 值令此方程不合理？**c**. 求火箭到达最高点的时间；**d**. 求火箭返回地面的时间。

25. 考虑描述出生率（每 1000 名 15～19 岁女性的活产率）的线性模型和二次模型，最佳拟合直线为 $y=-1.96x+43.58$，最佳拟合二次方程为 $y=-0.28x^2+0.27x+41.35$。哪个模型可以给出下列年度的更好预测：**a**. 2005 年（第 0 年）；**b**. 2009 年（第 4 年）。

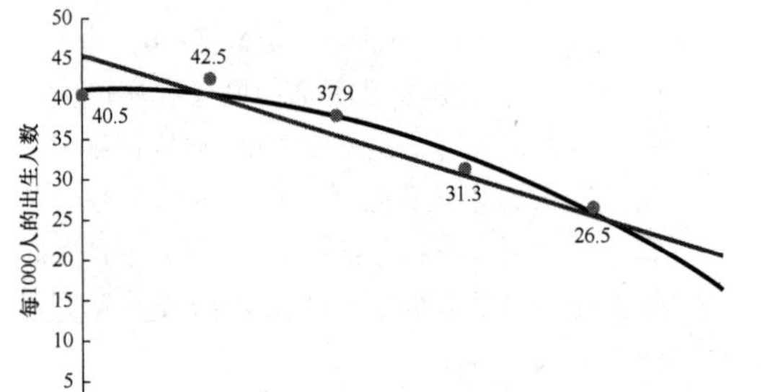

数据来源：《世界年鉴（World Almanac and Book of Facts）》

26. 下图显示了苹果公司 2007—2015 年的收入，最佳拟合直线为 $y=27.31x+6.82$，最佳拟合二次方程为 $y=1.54x^2+14.97x+19.16$。**a**. 基于最佳拟合直线和最佳拟合抛物线，预测苹果公司 2017 年（第 10 年）的收入分别是多少？**b**. 哪种模型的总体预测效果最佳？**c**. 在 b 问中选择的模型是否适合 2025 年？

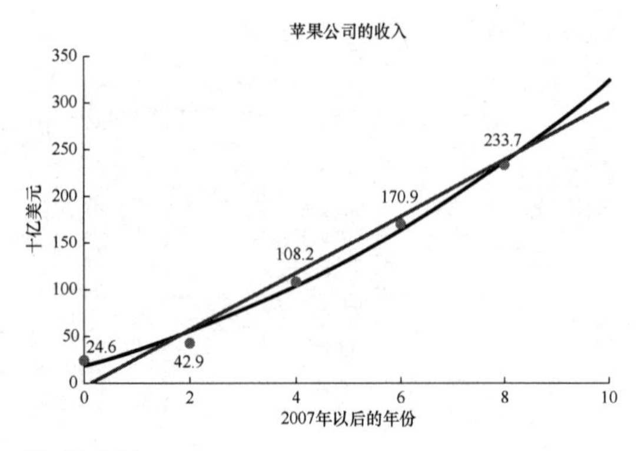

数学交流

27. 线性回归和二次回归的区别是什么？

28. 返回至练习 23，为什么代表坠落板条箱的图的形状合理？这与你的直觉有什么关系？线性方程是可接受的模型吗？

29. 返回至练习 24，为什么代表火箭飞行的图的形状合理？这与你的直觉有什么关系？线性方程是可接受的模型吗？

30. **赛跑**。方程 $d=0.15t^2+8t$ 描述了尤塞恩・博尔特参加百米赛跑时 t 秒内跑出的距离。**a**. 为该方程作图；**b**. 由于该问题的物理特性，是否存在任意 t 值令此方程不合理？**c**. 从该图中判断博尔特赛跑速度的更慢位置和更快位置；**d**. 他完成比赛需要多长时间？

31. **赛跑**。将练习 30 中的模型用于“博尔特参加 1 英里赛跑”是否合理？解释理由。

挑战自我

32. 下图显示了高尔夫球反弹时的延时照片，摄影师拍摄了高尔夫球的所有图像，闪光灯每隔 0.03 秒闪烁一次。由基础物理学可知，反弹球的运动轨迹模型是一个二次方程。讨论如何获得相关数值数据，并用这些数据进行二次回归，获得该方程。

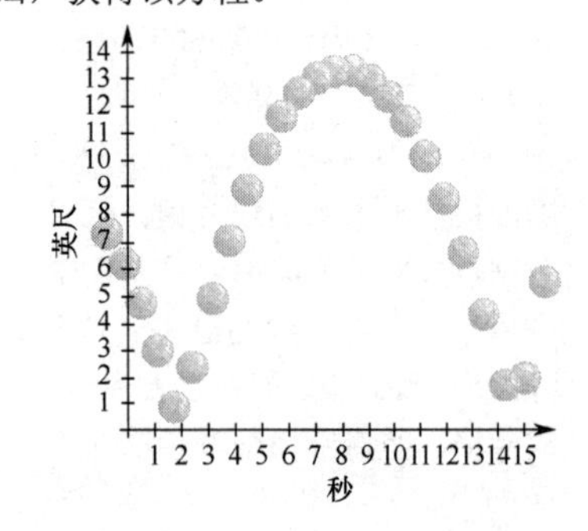

33．劳动力数据建模。 7.2 节的练习 35 用方程 $n = 1.81t + 145.66$ 对美国劳动力规模进行了建模，该方程代表数据点(0, 146), (1, 147), (2, 149.2)和(3, 151.3)的最佳拟合直线。这 4 个相同数据点的最佳拟合抛物线由 $n = 0.275t^2 + 0.985t + 145.935$ 给出。

a． 以 7.2 节练习 35 中的完整表格为基础，另行添加一行，如下表所示；

	第 0 年	第 1 年	第 2 年	第 3 年	第 6 年
实际数据值	146	147	149.2	151.3	154.1
你的模型预测值	146	147.77	149.54	151.31	156.62
最佳拟合直线的预测值	145.66	147.47	149.28	151.09	156.52
最佳拟合抛物线的预测值	145.935				

b． 在最佳拟合直线和最佳拟合抛物线中，谁的数据建模效果更好？解释理由。

34．国际旅行花销建模。 7.2 节的练习 36 用方程 $n = 6.56t + 78.66$ 对美国居民的国际旅行花销进行了建模，该方程代表数据点(0, 81.8), (1, 80.5), (2, 91.8)和(3, 99.9)的最佳拟合直线。这 4 个相同数据点的最佳拟合抛物线由 $n = 2.35t^2 - 0.49t + 81.01$ 给出。

a． 以 7.2 节练习 36 中的完整表格为基础，另行添加一行，如下表所示；

	第 0 年	第 1 年	第 2 年	第 3 年	第 7 年
实际数据值	81.8	80.5	91.8	99.9	105.4
你的模型预测值	81.8	87.83	93.86	99.89	124.01
最佳拟合直线的预测值	78.66	85.22	91.78	98.34	124.58
最佳拟合抛物线的预测值	81.01				

b． 在最佳拟合直线和最佳拟合抛物线中，谁的数据建模效果更好？解释理由。

7.4 指数方程和增长

在人类生活的当前世界中，各种新闻全天候纷至沓来，其中有些新闻令人颇感担忧。你肯定会记得 2020 年的 COVID-19 新冠病毒，该病毒的全球传播速度极为惊人；各种危险入侵物种（如亚洲柑橘木虱）威胁着佛罗里达州橙汁产业的未来发展；自 1990 年以来，帝王蝶的数量减少了 9.7 亿只，目前踪迹难觅。本节引入一种新型方程，可对这些情形建模，也可用于 1880 年以来股票市场的总体运行规律建模。首先，回顾银行账户中的资金增长方式。

7.4.1 指数增长

假设将 1000 美元（称为本金）存入一个账户，年利率为 8%。为了简化计算，假设年初存款，年底一次性付息。

要点 银行账户中的复利资金呈指数增长。

在第 1 年年底，账户金额为 1000 美元本金加上其产生的 1 年利息，即第 1 年年底的账户金额为

$$1000\text{美元} + \underbrace{8\% \times 1000\text{美元}}_{\text{利息}} = 1000\text{美元} + \underbrace{0.08 \times 1000\text{美元}}_{\text{利息}}$$

$$= 1000\text{美元} + \underbrace{80\text{美元}}_{\text{利息}} = 1080\text{美元}\text{——第1年年底的账户金额}$$

在第 2 年年初，可赚取 8%利息的账户金额为 1080 美元，因此第 2 年年底的账户金额为

$$1080\text{美元} + \underbrace{8\% \times 1080\text{美元}}_{\text{利息}} = 1080\text{美元} + \underbrace{0.08 \times 1080\text{美元}}_{\text{利息}}$$

$$= 1080\text{美元} + \underbrace{86.40\text{美元}}_{\text{利息}} = 1166.40\text{美元}\text{——第2年年底的账户金额}$$

要想求取连续年份的账户金额，可以采用类似的方法进行计算，即将利息保留在账户中，然后基于“本金与之前赚取利息的资金总额”来计算新利息。从利息中赚取利息的过程称为复利，俗称“利滚利”。

表 7.1 显示了复利的运行模式和账户增值规律。

表 7.1 计算复利

年 度	期初余额 + 本年利息	年 末 余 额
1	$1000 + 0.08 \times 1000$	$1000(1.08) = 1080$
2	$1080 + 0.08 \times 1080$	$1080(1.08) = 1000(1.08)(1.08)$
3	$1166.40 + 0.08 \times 1166.40$	$1166.40(1.08) = 1000(1.08)(1.08)(1.08)$

注意观察表 7.1 中的账户金额：第 1 年年末为原始存款$\times(1.08)^1$，第 2 年年末为原始存款$\times(1.08)^2$，第 3 年年末为原始存款$\times(1.08)^3$。

一般来说，下列公式成立。

复利公式 若将金额 P（称为本金）投资于一个年利率为 r 的账户，并且连续获得复利 n 年，则该账户中的金额 A 为

$$A = P(1+r)^n$$

（注：要想在计算器上将数量“升为幂”，必须使用 y^x 或 ^ 键。例如，要计算 $(1+0.08)^{12}$，首先要输入 1.08，然后按 y^x 或 ^ 键，再后按 12，最后按 = 键或回车键。）

我们将在例 1 中应用此公式。

例 1 应用复利公式

假设将 1000 美元存入年复利率为 8%的账户，求账户 30 年后的资金总额。

解：本金 P 为 1000 美元，年数 n 为 30，利率 r 为 0.08，所以账户 30 年后的资金总额为

$$A = P(1+r)^n = 1000(1+0.08)^{30} = 1000(1.08)^{30} = 10062.66\text{美元}$$

现在尝试完成练习 05 ~ 12。

自测题 8

a）重做例 1，这次使用利率 1.25%；b）低利率会让你少赚多少钱？

在例 1 中，我们每年计算一次复利，许多金融机构的复利计算周期更短，要了解与此相关的更多信息，请参阅 8.2 节。

为了更加清晰地查看账户如何增值，下面为例 1 中描述的账户金额作图。在表 7.2 中，计算前 5 年中每年的账户金额；然后，在图 7.17 中，画出时间与账户金额之间的关系。

表 7.2 5 年的账户增值

第…年	年 末 余 额	第…年	年 末 余 额
1	$1000(1.08)^1 = 1080$	4	$1000(1.08)^4 = 1360.48$
2	$1000(1.08)^2 = 1166.40$	5	$1000(1.08)^5 = 1469.32$
3	$1000(1.08)^3 = 1259.71$		

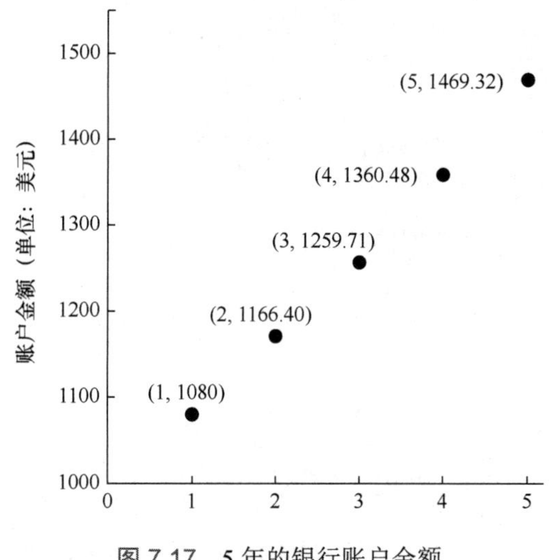

图 7.17　5 年的银行账户余额

生活中的数学——前述示例对你有何困扰？

祝贺！找到薪水丰厚的第一份工作后，你无疑会受到许多财务顾问的青睐，他们会主动联系你，希望有机会帮助你确保未来财物安全。相互寒暄后，他们可能会用如下方式切入主题："假设回报率是 8%，则 30 年后，你的投资价值为……，让我将它输入电脑的这里……，啊，就是这么多……"

此时，电脑屏幕上出现了一个相当惊人的数额。

这里的关键词是"假设回报率是 8%"。2008—2010 年，道琼斯指数下跌超过 3000 点，到了 2011 年，许多股票的投资回报率还不到 1%。与此同时，很多人由于按揭贷款利率上升而被收走房屋，还有一些人因无法偿还信用卡和学生贷款而受到困扰。

切记，当对你有利时，指数模型无疑非常美妙；当对你无利时，指数模型可能会变成悲剧的导火索。总体而言，自 1880 年以来，美国股市整体走势模型一直在上涨，但是在某些时间段内，市场行为一直不稳定。股市有风险，在进入股市前，一定要考虑自己承受短期损失的能力！

在图 7.17 中，由于各点的连线接近于一条直线，因此你可能想用"最佳拟合直线"去近似计算这些数据。但是，如果仔细观察，就会看到一条轻微上弯的曲线，所以可能会转而去求"最佳拟合抛物线"。

利用计算器，我们求出了对该数据建模效果最佳的线性方程为

$$A = 97.272n + 975.366$$

对该数据建模效果最佳的二次模型为

$$A = 3.74n^2 + 74.84n + 1001.54$$

式中，A 是 n 年后的账户金额。

在图 7.18 中，我们绘出了最佳拟合直线和最佳拟合抛物线，还绘出了 5 个原始数据点，以及另外 3 个点(30, 10062.65), (35, 14785.34)和(40, 21724.52)，它们分别对应于"30、35 和 40 年后的账户金额"。

随着时间的推移，各个点（代表银行账户金额）越来越远离最佳拟合直线和最佳拟合抛物线，说明描述这些数据的方程既不是线性方程，又不是二次方程。

对于其他重要情形建模而言，用于计算复利的这类方程也很有用，所以我们将对其进行命名。

定义　指数方程是具有如下形式的等式：

$$y = a \cdot b^x$$

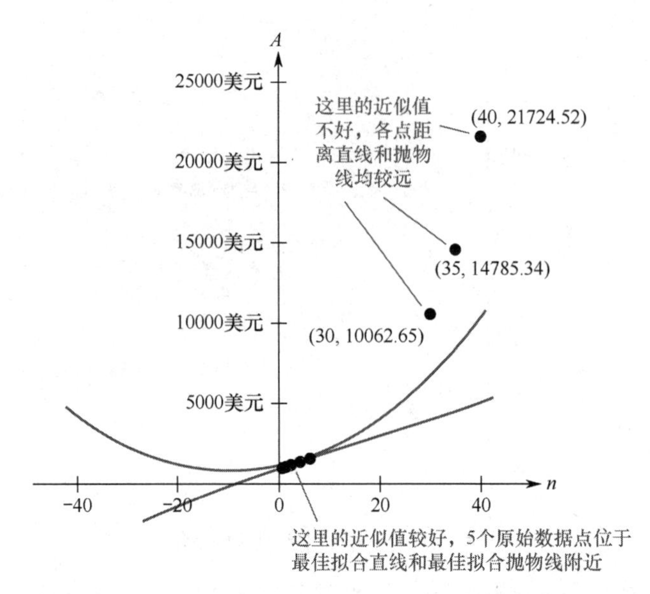

图 7.18　银行账户余额与最佳拟合直线和最佳拟合抛物线的对比图

复利公式 $A = P(1+r)^n$ 是指数方程的一个典型示例。

建议　指数方程可对“数量的变化率与其大小成正比”情形建模，如银行账户中的钱越多，赚取的利息就越多；一个国家的人口数量越多，出生的孩子就越多，人口数量会持续增多。

7.4.2　指数模型

指数方程可对人口数量增长建模，为此要用初始人口数量替代初始银行余额，用年增长率替代年利率。

要点　指数方程是人口数量增长的简单模型。

例 2　用指数方程对人口数量增长建模

根据美国人口普查局提供的数据，美国 2020 年的人口总量约为 3.3 亿，年增长率为 0.59%。如果此增长率持续至 2053 年，则届时美国的人口总量将达到多少？

解：这里采用具有如下参数的指数方程：

$$P = 330\text{百万}，r = 0.0059，n = 2053 - 2020 = 33$$

因此，

$$P(1+r)^n = 330(1+0.0059)^{33} = 330(1.0059)^{33} \approx 401\text{百万}$$

基于此指数模型，美国 2053 年的人口总量预计将达到 4.01 亿（即 401 百万）。

对于为何选择 2053 年，你可能会感到奇怪。编写此示例时，将其与本书某个早期版本进行了对比。早期版本采用 2000 年的数据，人口总量为 2.81 亿，年增长率为 1.2%，2053 年的预计人口总量约为 5.29 亿！问题的关键是，虽然年增长率之差（$1.2\% - 0.59\% = 0.61\%$）看似微小，而且 2020 年的人口基数更大，但是仍然导致 2053 年的预测人数减少了 1.28 亿。

现在尝试完成练习 13 ~ 18。

自测题 9

墨西哥 2016 年的人口总量约为 1.26 亿，年增长率为 1.27%。假设这一增长率在未来 10 年内保持不变，则届时墨西哥的人口总量将达到多少？

应用一种数学模型（像例 2 中那样）时，应当总是考虑该模型的合理性。例如，对于“美国人口增长率将在 33 年内保持为 0.59%不变”这个假设，你应当质疑其是否合理。

建议 了解数学模型的局限性非常重要。在各种媒体上，基于人口增长、全球变暖和经济形势等模型，研究人员经常做出各种极端预测。这些模型可能有效，也可能无效，具体取决于研究人员所做的假设。模型是否正确？条件是否变化？模型是否适用于目标时间段？通过学习本章中介绍的相关内容，笔者希望大家面对此类预测时敢于提出问题。

在预测未来的银行余额、人口数量或者呈指数增长的类似数量时，人们经常想要知道该数量多长时间能够翻倍。

在回答这个问题之前，我们还需要认识另外一种工具。许多计算器都包含 log（或 log x）键，代表常用对数函数，作用是“10 的幂”的逆运算。例如，假设用计算器计算 $10^5 = 100000$，如果首先按 log 键，然后输入 100000，则显示结果为 5。如果首先按 log 键，然后输入 1000，则显示结果为 3。练习求“10 的幂（如 100 和 1000000）”的对数（注：部分计算器的操作顺序刚好相反，即须先输入数字，再按 log 键）。

要点 我们可用 log 函数求一个数量呈指数增长至翻倍时所需的时间。

对数函数具有一种重要性质，它有助于求解关于 x 的形式为 $a = b^x$ 的方程。例如，我们可能希望求满足条件 $5 = 3^x$ 的 x 值。虽然可能有些奇怪，但是完全可能求出一个数字（尽管并非整数），使得“3 的该次幂”等于 5。为此，我们需要用到对数函数的如下性质。

对数函数的指数性质

$$\log y^x = x\log y$$

要具体了解这个性质，请利用计算器检验如下内容：

$$\log 3^5 = 5\log 3 \text{ 和 } \log 8^2 = 2\log 8$$

例 3 用对数函数解方程

解方程 $5 = 3^x$。

解：方程两侧同时取对数，得到

$$\log 5 = \log 3^x$$

然后，利用对数函数的指数性质，将方程改写为

$$\log 5 = x\log 3$$

方程两侧同时除以 log3，得到

$$\frac{\log 5}{\log 3} = x$$

现在，即可求得 $x = \dfrac{\log 5}{\log 3} \approx \dfrac{0.69897}{0.47712} \approx 1.46497$。

利用计算器，可求出 $3^{1.46497}$ 的近似值为 5（基于对数字的舍入方式，结果并非精确的 5）。

现在尝试完成练习 19 ~ 24。

现在，即可知道一个数量翻倍所需要的时间。

例 4 人口数量翻倍

2016 年，印度的人口总量为 13 亿（即 1.3 个十亿），年增长率为 1.2%（数据来源：WorldMeters 网站）。假设年增长率保持不变，印度人口总量将在哪年翻倍？

解：因为想要知道印度人口总量何时会达到 26 亿（即 2.6 个十亿），所以应用指数增长模型 $A = P(1+r)^n$，其中 $P = 1.3, r = 0.012, A = 2.6$（未来人口总量）。因此，需要解关于 n 的如下方程：

$$2.6 = 1.3(1+0.012)^n$$

首先，方程两侧同时除以 1.3，得到

$$2 = (1.012)^n$$

接着，方程两侧同时取对数，得到

$$\log 2 = \log(1.012)^n$$

然后，利用对数的指数性质得到

$$\log 2 = n \log(1.012)$$

方程两侧同时除以 log1.012，得到

$$n = \frac{\log 2}{\log 1.012} \approx 58.1$$

这个结果说明，如果年增长率继续保持为 1.2%，则人口总量将在 58.1 年后（或 2075 年）翻倍。

现在尝试完成练习 39 ~ 42。

自测题 10

重做例 4，但是这次假设年增长率为 2.1%。

下面介绍如何用两个数据点构建指数模型。回顾可知，指数模型的形式为 $y = a \cdot b^x$ 。

例 5 建立通货膨胀指数模型

如银行账户资金呈指数增长一样，由于受到通货膨胀因素的影响，特定产品的价格多年间亦可能呈指数增长。假设星巴克普通高杯咖啡的 2015 年价格为 1.50 美元/杯，2020 年价格为 1.75 美元/杯。

a）建立一个指数模型，基于给定信息描述咖啡的价格。

b）利用 a）问中的模型，估算 2030 年一杯普通高杯咖啡的价格。

解：a）假设所求模型的形式为 $y = a \cdot b^x$，所以必须求出 a 和 b。我们将 2015 年称为第 0 年，2020 年称为第 5 年。

首先求 a。若设 $x = 0, y = 1.50$，则模型变为 $1.50 = a \cdot b^0$。除了 0，任何数字的 0 次方均等于 1，所以 $b^0 = 1$。因此，$1.50 = a \cdot b^0 = a$。现在，可将模型写为 $y = 1.50 \cdot b^x$。

然后求 b。已知 $x = 5$ 时 $y = 1.75$，用这些值替换模型中的 x 和 y，得到如下方程，下面用其来求 b：

$$1.75 = 1.50 \cdot b^5 \quad \text{用1.75替代}y$$

$$b^5 = \left(\frac{1.75}{1.50}\right) \approx 1.167 \quad \text{两侧同时除以1.50}$$

$$b = \sqrt[5]{1.167} \approx 1.031 \quad \text{两侧同时开5次方根}$$

注：利用 y^x 键，或者计算 y^x, 其中 $y = 1.167$，$x = \frac{1}{5}$，即可求出 1.167 的 5 次方根。

我们的模型是 $y = 1.50(1.031)^x$ 。

b）我们的目标是求 $x = 2030 - 2015 = 15$ 时的 y 值，因此普通高杯咖啡的价格预计为 $y = 1.50(1.031)^{15} = 2.37$ 美元。

现在尝试完成练习 55 ~ 60。

自测题 11

假设一件皮衣 2012 年的价格为 180 美元，2016 年的价格为 210 美元。a）求对通货膨胀建模的指数方程；b）利用 a）问得到的模型，估计该皮衣 2021 年的价格。

7.4.3 逻辑斯蒂模型

20 世纪 80 年代，许多人对艾滋病病例总数的迅速增长感到震惊。图 7.19 中的数据来自全球艾滋病政策委员会的一份报告，显示了北美洲 1985—1991 年艾滋病病例总数的增长情况（注：虽然数据并未更新，但由于历史原因及其作为逻辑斯蒂增长示例的良好效果，我们保留了此示例）。

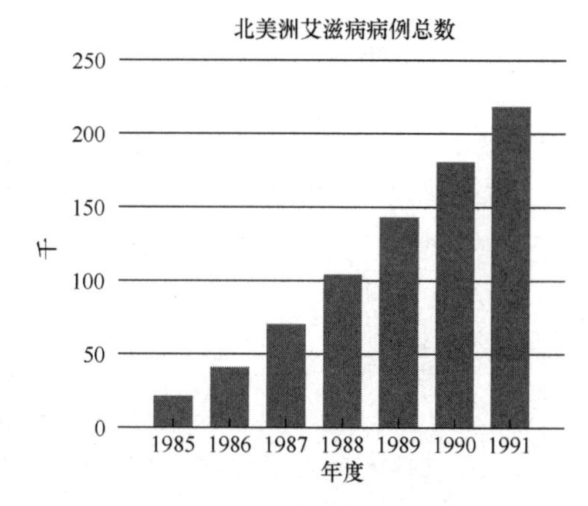

图 7.19　北美洲 1985—1991 年艾滋病病例总数的增长情况

由图 7.19 可见，艾滋病病例总数的增长模式似乎呈指数型，但与前述银行账户示例不同，各年度之间的增长率逐年不同，如表 7.3 所示。

因此，指数模型并不适合对该数据建模，此时需要引入另一种模型。

研究人口数量增长时，人口统计学家常用逻辑斯蒂模型/阻滞增长模型（logistic model）。逻辑斯蒂模型考虑了如下事实：在人口数量增长的同时，由于存在空间、食物及其他各方面的限制，“人口遵循真正的指数增长模式”将会受到阻滞。

表 7.3　1985—1991 年的艾滋病病例总数

年　度	北美洲艾滋病病例总数（单位为千）	相比于前一年的增长百分比
1985	22	
1986	41	86
1987	70	71
1988	104	49
1989	143	38
1990	180	26
1991	219	22

要点　逻辑斯蒂模型考虑基于人口数量增长的限制。

记得前面在计算复利时，应用了如下类型的方程：

$$年末余额 = (1+利率)(上年末余额)$$

将其替换为人口数量增长，得

$$年末人口数量 = (1+增长率)(上年末人口数量)$$

在这两种情况下，我们假设银行账户资金和人口数量每年都以相同的速率增长。但是，由于食物、水及空间等方面的数量限制，任何环境都只能承载有限数量的人口。随着人口数量的不断增长，已经耗尽的容量百分比会影响增长率。如果人口数量的增长率为 3%，则最开始时“用现有人口规模乘以 $(1+0.03)$ 来估计下一年度人口规模”完全合理可行，但是随着维持更多人口规模的容量（承载力）下降，我们必须相应地调低增长率。

在逻辑斯蒂模型中，常将某一环境能够承载的最大容量表示为 1（或 100%）。这里为人口数量模型定义一个数量 P_n，表示其在第 n 年所能达到的最大容量百分比。

例如，$P_5 = 0.40$ 意味着在第 5 年年末，人口数量已达其最大容量的 40%。如果相同人口的原始增长率为 0.03，则为了计算 P_6，应通过因子 $1-P_5 = 0.60$ 来降低该增长率，最终得到的增长率为 0.018，如下所示。

原始增长率　　　　维持人口数量的 40%容量已经耗尽

$$0.03\times(1-P_5)=0.03\times 0.6=0.018$$

只有 60%容量来维持剩余人口　　　　在第 6 年期间，增长率只为原始增长率的 60%

基本思路：由于维持增长的 40%容量已被人口数量耗尽，未来增长率可能只有最初增长率的 60%。

下面给出“逻辑斯蒂增长模型”的准确定义。

定义　逻辑斯蒂增长模型/阻滞增长模型（Logistic Growth Model）

假设人口数量的原始增长率为 r，设 P_n 表示人口在第 n 年达到的占最大容量的百分比，且 P_n 满足如下方程：

$$P_{n+1}=[1+r(1-P_n)]P_n$$

$n=0,1,2,\cdots$ 的这组方程称为逻辑斯蒂模型/阻滞增长模型（logistic model）。为了计算 P_{n+1}，我们将其乘以 $1-P_n$ 以降低增长率，并将 $1-P_n$ 称为速率折减系数。因此，逻辑斯蒂增长方程可以表示为

$$P_{n+1}=[1+r(\text{速率折减系数})]P_n$$

每次计算 P_{n+1} 的新值时，“重新计算速率折减系数”非常有用。例 6 中将介绍如何应用逻辑斯蒂增长模型。

例 6　用逻辑斯蒂增长模型预测人口数量增长

假设人口数量最初以每年 3%的速率增长，并在第 5 年年末达到最大容量的 40%，1 年后的人口数量将达到最大容量的百分之多少？

解：由题可知 $P_5=0.40, r=0.03$，求 P_6。应用逻辑斯蒂增长模型，得到

$$P_{5+1}=[1+0.03(1-P_5)]P_5$$

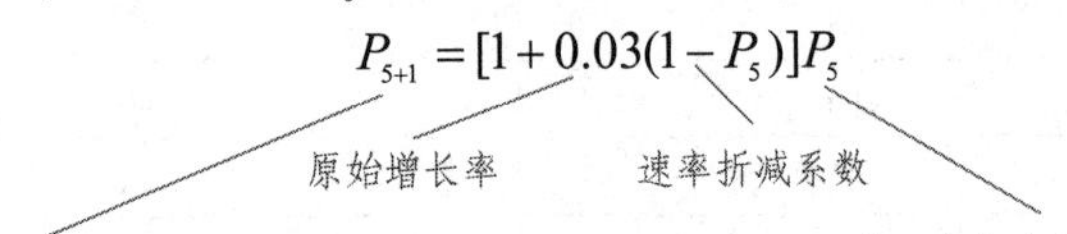

在第 5 年年末，速率折减系数为 $1-0.4=0.6$，因此有

$$P_6=\left[1+(0.03)(1-P_5)\right]P_5=\left[1+(0.03)(0.6)\right](0.4)$$
$$=(1+0.018)(0.4)=(1.018)(0.4)=0.4072$$

由此可见，在第 6 年年末，人口数量将达到最大容量的 40.72%（即 0.4072）。

现在尝试完成练习 29 ~ 32。

在例 6 中，我们并未像以往模型那样“将 6 代入方程来计算 P_6”，而基于 P_5 来描述 P_6。如果 P_5 未知，就必须求解 P_4 来计算它。但是，求 P_4 还需要知道 P_3，以此类推，最终必然需要知道 P_0。在人口数量示例中，我们总假设 P_0 是第 1 年开始前的容量百分比。要求出一个给定值，就需要知道以前的值，为此目标而定义的方程称为递归方程。

在图 7.20 中，基于逻辑斯蒂增长模型，我们绘制了假想人口数量 40 年间的增长图。从图中可以非常容易地看出：人口数量最初快速增长，类似于指数增长方式；但是到了第 20 年，由于处于最大容量的 70%左右，增速明显放缓。

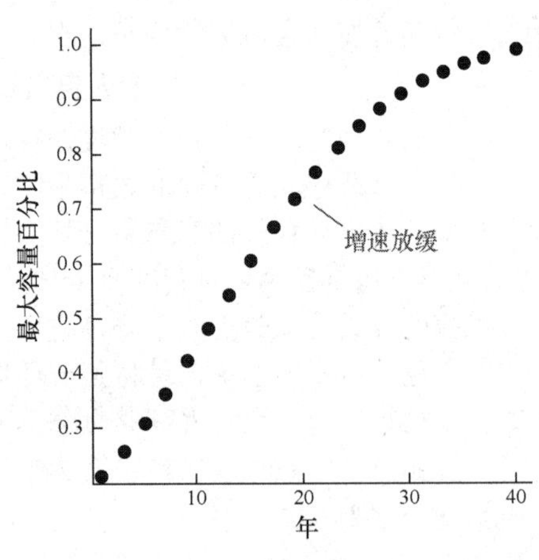

图 7.20　逻辑斯蒂增长图

例 7　用逻辑斯蒂模型预测未来种群数量

为了拯救濒临灭绝的一类狐猴种群，生物学家将其整体迁至一个小岛，占该岛狐猴总容量（承载量）的 20%。该狐猴种群的增长率为 10%，求 3 年后该岛狐猴种群数量占其最大容量的百分比。

解：为了求 3 年后占最大容量的百分比，下面先求 P_1 和 P_2，最后求 P_3。

P_0 是最大狐猴种群的初始百分比，值为 0.20。为了避免过于烦琐，我们将计算结果四舍五入至小数点后 3 位。第 1 个速率折减系数为 $1-P_0=1-0.20=0.80$，因此有

$$P_1=[1+(0.10)(\text{速率折减系数})]P_0=[1+(0.10)(0.8)](0.20)$$
$$=(1+0.08)(0.20)=(1.08)(0.20)=0.216$$

速率折减系数现在为 $1-P_1=1-0.216=0.784$。

$$P_2=[1+(0.10)(0.784)](0.216)=(1+0.0784)(0.216)$$
$$=(1.0784)(0.216)\approx 0.233$$

新的速率折减系数为 $1-P_2=1-0.233=0.767$。

$$P_3=[1+(0.10)(0.767)](0.233)=(1+0.0767)(0.233)$$
$$=(1.0767)(0.233)\approx 0.251$$

由此可知，3 年后，该岛上的狐猴数量将略高于其最大容量的 25%。

现在尝试完成练习 33 ~ 38。

自测题 12

假设某种群数量最初以每年 4%的速率增长，且第 3 年年末的种群数量达到其最大规模的 60%，则该种群数量再过 1 年后将达到其最大规模的百分之多少？

处理像例 7 中那样的递归方程时，电子表格软件（如 Excel）非常便捷。

在表 7.4 中，我们用 Excel 确定狐猴种群数量在更长时期内的最大容量百分比。

表 7.4　狐猴种群数量的最大容量百分比

n	P_n	P_{n+1}
0	0.2	0.216
1	0.216	0.233
2	0.233	0.251
3	0.251	0.270
4	0.270	0.289
5	0.289	0.310
6	0.310	0.331
7	0.331	0.353
8	0.353	0.376
9	0.376	0.400
10	0.400	0.424

练习 7.4

强化技能

在练习 01 ~ 04 中，已知年初账户本金和复利的年利率，计算年末账户金额。

01．1000 美元；5%　　**02**．3000 美元；6%

03．4000 美元；2.5%　　**04**．3000 美元；6.5%

在练习 05 ~ 08 中，已知银行账户本金、年利率和

存款年限，假设未发生取款且复利每年计算一次，用复利公式计算指定时间段后的账户金额。

05. 5000 美元；5%；5 年

06. 7500 美元；7%；6 年

07. 4000 美元；8%；2 年

08. 8000 美元；4%；3 年

在练习 09 ~ 12 中，已知银行账户中的初始存款金额和一定年限后的账户金额，假设未发生取款且复利每年计算一次，求该投资的年利率。

09. 初始存款金额为 15000 美元；12 年后的金额为 22000 美元

10. 初始存款金额为 20000 美元；20 年后的金额为 50000 美元

11. 初始存款金额为 10000 美元；8 年后的金额为 13000 美元

12. 初始存款金额为 12000 美元；10 年后的金额为 18000 美元

在练习 13 ~ 18 中，已知某国 2015 年的人口数量（单位为百万人）和人口增长率（单位为%），基于此信息和指数模型，估计该国指定年度的人口数量。

13. 孟加拉国：169；1.6：2025

14. 巴西：204；0.77：2030

15. 日本：127；-0.16：2029

16. 俄罗斯：142；-0.04：2025

17. 印度尼西亚：256；0.92：2030

18. 巴基斯坦：199；1.46：2030

在练习 19 ~ 24 中，用对数函数求关于 x 的给定方程。

19. $5^x = 20$

20. $2^x = 15$

21. $10^x = 3.2$

22. $8^x = 4.65$

23. $(3.4)^x = 6.85$

24. $(15.7)^x = 155.5$

在练习 25 ~ 28 中，已知某国 2000 年和 2020 年的人口数量（单位为百万人），基于指数模型 $A = P(1+r)^n$ 计算该国这段时间内的人口增长率 r。

25. 墨西哥：（2000）97；（2020）129

26. 越南：（2000）70；（2020）97

27. 俄罗斯：（2000）147；（2020）146

28. 埃塞俄比亚：（2000）77；（2020）115

在练习 29 ~ 32 中，假设人口数量最初以指定速率增长，已知 P_n 的值，用逻辑斯蒂增长模型计算 P_{n+1} 的值，并解释计算结果的含义。

29. 速率为 3%；$P_4 = 0.36$

30. 速率为 5%；$P_7 = 0.48$

31. 速率为 4.5%；$P_8 = 0.72$

32. 速率为 5.5%；$P_3 = 0.51$

在练习 33 ~ 38 中，重新计算例 7 中狐猴种群数量的增长，已知初始增长率和 P_0 的值，求 P_3 的值。由于四舍五入误差的缘故，你的答案可能略有差异。

33. 速率为 8%；$P_0 = 0.30$

34. 速率为 12%；$P_0 = 0.40$

35. 速率为 10%；$P_0 = 0.25$

36. 速率为 15%；$P_0 = 0.35$

37. 速率为 4.5%；$P_0 = 0.60$

38. 速率为 4.25%；$P_0 = 0.20$

学以致用

39. **复利计算**。如果你父母的大学储蓄账户中有 1 万美元，利率为 5%，每年计算复利，假设利率保持不变，资金多少年能够翻一倍？

40. **复利计算**。对于练习 39 中的账户，资金多少年能够增至 3 倍？

41. **人口增长**。美国 2020 年的人口数量为 3.3 亿，增长率为 0.59%。如果增长率保持不变，则人口数量将在哪年比 2020 年翻一番？

42. **人口增长**。巴西 2020 年的人口数量为 2.13 亿，增长率为 0.72%。如果增长率保持不变，则人口数量将在哪年比 2020 年翻一番？

如果人口数量的年增长率为 r%，则 $\frac{70}{r}$ 是人口数量倍增时间的良好估计。记得例 4 中印度人口数量的年增长率为 1.2%，我们可以据此估计印度人口数量的倍增时间为 $\frac{70}{r} = \frac{70}{1.2} \approx 58.3$，这与例 4 中得到的结果大致相同。在练习 43 ~ 46 中，用此方法估计各国人口数量的倍增时间。

43. 澳大利亚：2015 年的增长率为 1.07%

44. 加拿大：2015 年的增长率为 0.75%

45. 阿富汗：2015 年的增长率为 2.324%

46. 阿曼：2015 年的增长率为 2.07%

在练习 47 ~ 50 中，增长率为负，称为“指数衰减”而非“指数增长”。

47. 2015 年，保加利亚的人口数量为 720 万，增长率为-0.58%。假设此增长率保持不变，该国 2030 年的人口数量是多少？

48. 2015 年，乌克兰的人口数量为 4440 万人，增长率为-0.60%。假设此增长率保持不变，该国 2030 年的人口数量是多少？

49. **放射性衰变**。假设放射性物质以-0.35%的年增长率衰变，“100 磅物质衰变为 50 磅”需要多少年？

50. **放射性衰变**。重做练习 49，这次假设增长率为-0.14%。

当药物（如止痛药或抗生素）进入人体后，肾脏会将其视为毒素而努力清除。假设 1 小时后，体内任何药物的 15%将被清除；再过 1 小时后，剩余药物的 15%将被清除，以此类推。

51. **药物浓度建模**。如果注射 500 毫克麻醉药，则 3 小时后有多少药物残留体内？

52. **药物浓度建模**。如果服用 500 毫克红霉素，则 4 小时后有多少药物残留体内？

53. **药物浓度建模**。如果某患者体内存在 150 毫克麻醉药就感到麻木，则在最初注射 500 毫克麻醉药的情况下，该患者应该在几小时后不再感觉麻木？

54. **药物浓度建模**。如果医生想让你体内的红霉素水平保持在 200 毫克以上，初次服药剂量为 500 毫克，则你应在什么时候（最接近的一小时）再次服药？

55. **通货膨胀建模**。2014 年，一双索康尼品牌女式跑鞋的价格为 120 美元；2018 年，由于通货膨胀，同款跑鞋的价格为 135 美元。**a**. 开发一个指数模型，描述这段时间内的通货膨胀率；**b**. 如果通货膨胀率保持不变，用 a 问中的模型估计 2024 年的跑鞋价格。

56. **通货膨胀建模**。对尼康数码相机重做练习 55，其 2015 年的售价为 320 美元，2020 年的售价为 385 美元。

57. **通货膨胀建模**。20 世纪 90 年代，阿尔巴尼亚经历了一段通货膨胀失控的痛苦时期。通货膨胀非常严重，如果持续，一顿 4.65 美元的快餐 10 年后就要花 1712 美元。建立一个指数模型，判断该时间段内的年通货膨胀率。

58. **通货膨胀建模**。20 世纪 90 年代，匈牙利也遭遇了严重的通货膨胀。如果通货膨胀率持续保持在同样水平上，则一双 80 美元的运动鞋 10 年后的价格将是 945 美元。建立一个指数模型，判断该时间段内的年通货膨胀率。

59. **求利率**。如果 1000 美元存款 6 年后增长至 1302 美元，判断该时间段内的利率。

60. **负利率**。如果 10000 美元投资 4 年后降至 8850 美元，判断该时间段内的（负）利率。

数学交流

61. 何种类型的增长可以通过指数方程建模？举例说明。

62. 逻辑斯蒂模型和指数模型有何差异？

63. 描述线性模型与指数模型之间的主要区别。

生活中的数学

64. 假设你将 1 万美元签约奖金投资于某一账户，未来 30 年的年收益率预期如下，判断 30 年到期后的账户金额。**a**. 8%；**b**. 1.5%。

65. 重做练习 64，这次假设投资期限为 20 年。

挑战自我

66. 假设你正在投资 1000 美元，年利率为 4%，期限为 20 年，每年计算复利。如果可在投资金额翻倍和利率翻倍中二选一，你会如何选择？

67. 重做练习 66，但是这次的选项是将投资金额增至 3 倍或利率翻倍。如果投资期限为 30 年，你会做出不同的决定吗？

用逻辑斯蒂增长模型完成练习 68～69。可以采用“试错”方法。

68. 假设卡尔在自己的土地上截流了一条小溪，并且打算利用形成的池塘来钓鲈鱼。他在池塘中投放了 200 条成年鲈鱼，并且相信该池塘最多可容纳 800 条成年鲈鱼。他希望鲈鱼多多益善，所以在达到 300 条之前并不打算在池塘中钓鱼。假设鲈鱼的年增长率为 18%，则其哪年可以开始钓鱼？

69. 假设练习 68 中的池塘最多可容纳 1000 条鱼，年增长率为 25%，卡尔希望第 4 年年初的池塘中有 300 条鲈鱼。假设他必须首先购买并投放数量为“50 的倍数”的鲈鱼，则其为实现目标而购买的最低数量是多少条？

70. 假设你可以从 1 美分开始，资金每天翻 1 倍，共持续 30 天；或者从 1 美元开始，资金每 2 天翻 1 倍，共持续 30 天。你会如何选择？

71. 在练习 70 中选项的基础上，增加第 3 个选项：你可以选择从 100 美元开始，资金每 2 天翻 1 倍，从第 2 天开始。若选择从 100 美元开始，共持续多少天比较划算？

7.5 比例和变分

你是否知道全世界共有多少只老虎？共有多少头佛罗里达海牛？共有多少头野牦牛？应当如何计算这些野生动物的数量？为了统计棱皮龟的全球总量，是否需要调查全球所有海洋、海湾和河流？是的，这就是生物学家和生态学家的目标和使命。在例 2 中，为了估计此类种群的数量，我们将基于即将介绍的比（ratio）和比例（proportion）概念，向大家展示一种特别简单的方法。

7.5.1 比和比例

在很多情况下，人们都会遇到“比”的概念。例如，如果你驾车行驶 86.4 英里，共消耗 2.7 加仑汽油，则商“$\frac{86.4}{2.7}=32$ 英里/加仑”即为“比”的一个示例。

定义 比/比率（ratio）是两个数的商，数 a 与 b 的比可写为 $a:b$ 或 $\frac{a}{b}$。比例（proportion）是描述两个“比”相等的式子/命题。

式子/命题 $\frac{3}{4}=\frac{6}{8}$ 即为“比例”的示例。在比例 $\frac{3}{4}=\frac{6}{8}$ 中，如果交叉相乘，则可得到乘积 $3\cdot 8=4\cdot 6$，此即比例应用的一般原则。

交叉相乘原则 如果 $\frac{a}{b}=\frac{c}{d}$，则 $a\cdot d=b\cdot c$，数量 $a\cdot d$ 和 $b\cdot c$ 称为叉积/向量积。

在比例的各个量中，有时可能存在一个必须求解的未知数（见例 1）。

若干年前，作者去南美洲的哥伦比亚参观访问了数周时间。哥伦比亚的货币称为比索，在全国范围内旅行时，我经常不得不进行货币兑换，如例 1 所示。

例 1 在外国估计价格

假设为了购买送给表弟的礼物，你看中了亚马孙河出产的食人鱼标本，并在一家礼品店看到了一张 20000 比索的价格标签。如果你当天早上用 120 美元兑换了 237960 比索，则该食人鱼标本的售价相当于多少美元？

解：通过设置“比例”，将当天早上的比/汇率（美元兑比索）与礼品店中的比/汇率（美元兑比索）进行比较，即可非常轻松地解决这个问题：

$$\text{美元—}\ \frac{120}{237960}=\frac{x}{20000}\ \text{—美元}$$
$$\text{比索—}\qquad\qquad\qquad\ \text{—比索}$$

现在，如果交叉相乘，就得到方程

$$(120)(20000)=237960\cdot x \quad 或 \quad 2400000=237960\cdot x$$

该方程两侧同时除以 237960，得到

$$x=\frac{2400000}{237960}\approx 10.09$$

因此，该食人鱼标本的售价将略高于 10 美元（注：实际进行这种货币转换时，1 美元可兑换 1983 比索，所以估计 2000 比索大致兑换 1 美元。对 20000 比索而言，首先消除 3 个 0，然后除以 2，最后得到了合理的美元价格估计。对于食人鱼标本而言，估计值约为 10 美元）。

现在尝试完成练习 01 ~ 06。

自测题 13

如果能在 2.5 小时内打字完成 30 页长的学期论文，需要多长时间才能打字完成 54 页长的学年论文？

建议 在例 1 中，设置如下比例：

$$\frac{\text{当天早上的美元}}{\text{当天早上的比索}}=\frac{\text{礼品店中的美元}}{\text{礼品店中的比索}}$$

如果采用如下设置，则应当没有多大的差别，获到的答案完全一致：

$$\frac{\text{当天早上的比索}}{\text{当天早上的美元}}=\frac{\text{礼品店中的比索}}{\text{礼品店中的美元}}$$

“保持一致”非常重要，在等式左侧无论如何比较，都要确保在等式右侧进行同样的比较。

7.5.2 捕获－再捕获法

如本节导言所述，估计野生动物种群的规模时，“比例”是一种非常有趣的应用。例如，如果要调查棱皮龟的种群数量，则可首先捕获一些棱皮龟，给它们做上特殊记号，然后放归野外。经过适当的时间，当带记号的棱皮龟与本种群充分混合后，再捕获一组新的棱皮龟样本。通过新样本中带记号棱皮龟的比例，即可估计棱皮龟种群的总数。例 2 中将介绍这种方法的具体应用。

例 2　用捕获－再捕获法估计种群规模

在全球多个地点，海洋生物学家捕获了 832 只孕期雌性棱皮龟，给它们做上特殊记号后，全部放归野外。若干月后，生物学家进行了第 2 次采样，再次捕获 900 只孕期雌性棱皮龟，其中 7 只棱皮龟带有记号。利用这些数据，估计孕期雌性棱皮龟的种群数量。

解：假设“所有带记号棱皮龟与该种群中所有棱皮龟总数的比”等于“第 2 个样本中带记号棱皮龟与第 2 个样本中棱皮龟总数的比”，或者

$$\frac{\text{种群中带记号棱皮龟的数量}}{\text{棱皮龟的种群数量}}=\frac{\text{样本中带记号棱皮龟的数量}}{\text{棱皮龟的样本数量}}$$

设 n 为棱皮龟的种群数量。目前，已知种群中带记号棱皮龟的数量是 832 只，900 只棱皮龟样本中有 7 只带记号，所以前述方程可改为

$$\frac{832}{n}=\frac{7}{900}$$

（832——带记号种群数；n——种群数量；7——带记号样本数；900——样本数量）

交叉相乘得 $7n=832\cdot 900=748800$。等式两侧同时除以 7，得到 $n\approx 106971$。由此可知，孕期雌性棱皮龟的数量接近 10.7 万只。

现在尝试完成练习 29 ~ 32。

自测题 14

如果例 2 中第 2 次采样了 1000 只棱皮龟，其中 8 只带记号，该种群中的棱皮龟数量是多少？

生活中的数学——国家层面应该怎么做？

美国宪法规定每 10 年开展一次人口普查，以统计“人口普查年”4 月 1 日夜间居住在美国的每个人。1790 年，为了完成该任务，官员需要骑马在不同的城镇之间穿梭。现在，为了完成这项越来越不太可能完成的任务，人们已尽了最大努力。国家层面应该怎么做？

关于是否能用“捕获－再捕获法”来估计美国人口中的某些比例（如无家可归者），而不按照宪法规定执行实际计数，政治辩论、诉讼和法庭判决从未停息。1996 年，美国统计协会的一个高级小组研究发现“抽样是开展人口普查的一种科学合理方法”；1997 年，美国国会试图阻止美国人口普查局采用任何抽样方法。最终，美国最高法院做了一项折中裁决，称尽管抽样可用于按比例计算人口数量，但是不能用于众议院的代表名额分配。

统计学家和美国人口普查局通力合作，为 2020 年的人口普查设计了一套创新方案，旨在以较少的纳税人成本提供准确的统计数据。

7.5.3 变分

你本周的工作时间是多少小时？计算每周的薪水时，你正在使用正变分/成正比的概念。假设薪水是 11.25 美元/小时，则可用方程 $w=11.25h$ 对“工作小时数 h 与周薪（税前）w 之间的关系”建模。这是正变分/成正比的一个示例，如果将 h 的值增加 1 倍（如从 5 小时增至 10 小时），则 w 的值也会相应地增加 1 倍（从 56.25 美元增至 112.50 美元）。

另一种变分类型是逆变分/成反比，“1 个量加倍”导致“另 1 个量减半”。例如，假设你和朋友准备去参加一场户外音乐会，无论乘客人数是多少，每辆车的入场费都是 100 美元。如果你邀请了一位朋友，车里共有 2 人，则每人的入场费为$100美元/2=50美元$；如果车里共有 4 人，则每人的入场费为$100美元/4=25美元$。

定义 如果$y=kx$，其中k为非零常数，则称y随x正变分，或者y与x成正比，常数k称为变分常数或比例常数。

要点 如果y与x成正比，则y/x等于比例常数。

例 3 求解正变分问题

假设y随x正变分，且当$x=15$时$y=50$，求当$x=24$时y的值。

解：在求解变分问题时，第 1 步通常是利用给定的x和y信息来计算变分常数。因为已知y随x正变分，所以可从方程$y=kx$开始，用 50 替代y，15 替代x，得到

$$50=k(15)$$

随后，该方程两侧同时除以 15，得到

$$k=\frac{50}{15}=\frac{10}{3}$$

在第 2 步中，将$k=\frac{10}{3}$代入方程$y=kx$，得到$y=\frac{10}{3}x$。然后，用 24 替代x，得到$y=\frac{10}{3}\cdot 24=\frac{240}{3}=80$。

现在尝试完成练习 07 ~ 10。

自测题 15

假设p随q正变分，$q=22$时$p=154$，求$q=19$时p的值。

处理正变分时，相关量有时可能超过 2 个，这种更复杂的关系称为连变分。但是，如例 4 所述，例 3 中用到的“两步解题过程”同样适用。

例 4 计算横梁的强度

在代托纳 500 赛车场的嘉宾观赛台上，工人们正在更换一根横梁。当前横梁的宽度为 3.5 英寸，厚度为 6 英寸，承重量为 1200 磅。如果替换横梁的长度相同，宽度为 3 英寸，厚度为 7 英寸，其承重量为多少磅？利用“横梁的强度与其宽度和厚度的平方成正比”这一事实。

解：回顾本书前文所述的“新问题与旧问题相关联”策略。

第 1 步：从方程$s=kwd^2$开始，用给定值替换w,d和s，求变分常数k，即

$$1200=k(3.5)(6)^2 \text{ 或 } 1200=k\cdot 126$$

方程两侧同时除以 126，得到

$$k=\frac{1200}{126}=\frac{200}{21}$$

第 2 步：用此k值将方程$s=kwd^2$改写为$s=\frac{200}{21}wd^2$。用 3 替代w，7 替代d，得到

$$s=\frac{200}{21}wd^2=\frac{200}{21}\cdot 3\cdot(7^2)=1400\text{磅}$$

下面介绍逆变分的各个量间的关系，即“一个量的变化”会导致“另一个量发生相反的变化”。

定义 如果$y=\frac{k}{x}$，其中k为非零常数，则称y随x逆变分，或者y与x成反比。

要点 如果 y 与 x 成反比，则乘积 xy 等于比例常数 k。

“固定行程的速度与时间之间的关系”是逆变分的良好示例，即对于固定行程而言，速度越快，所需时间越短。

例 5 加速所节省的时间

假设车辆限速为 65 英里/小时，但是某人喜欢稍微超速。当其去旅行时，若以 65 英里/小时的速度行驶，则共需要$1\frac{1}{2}$小时；若以 70 英里/小时的速度行驶，则能节省多少时间？利用“时间与速度成反比”这一事实。

解： 利用方程 $t=\frac{k}{s}$，其中 t 是时间，s 是速度。$1\frac{1}{2}$ 小时等于 90 分钟，所以前述方程可以表示为 $90=\frac{k}{65}$。方程的两侧同时乘以 65，得到 $90\cdot 65=1\cdot k=k$，结果为 $k=90\cdot 65=5850$。

下面将“时间-速度”方程改写为 $t=\frac{5850}{s}$。用值 70 替代 s，得到 $t=\frac{5850}{70}\approx 83.6$ 分钟，即 1 小时 23.6 分钟。所以如果其全程超速，则可节省时间 $90-83.6=6.4$ 分钟。

现在尝试完成练习 33 ~ 34。

自测题 16

采用速度 75 英里/小时，重做例 5。

在若干量间的关系中，可能存在正变分和逆变分的组合。为了说明这种变分组合，下面进一步完善横梁的强度模型。

例 6 计算横梁的强度

如例 4 所述，横梁的强度与其宽度和厚度的平方成正比，但由实际经验可知，横梁越长，承重量就越小，即横梁的强度随长度逆变分。假设莎士比亚剧院用一根木质横梁支撑户外照明，横梁的长度为 10 英尺，宽度为 3 英寸，厚度为 4 英寸，承重量为 600 磅。

a）如果横梁的长度增至 15 英尺，则其承重量为多少磅？

b）如果想让 15 英尺长的横梁承重 600 磅，则其宽度应为多少才具有相同的强度？

解： 回顾本书前文所述的“新问题与旧问题相关联”策略。

a）用如下方程对此种情形建模：

$$s=k\frac{w\cdot d^2}{l}$$

（分子：s随w和d^2正变分；分母：s随l逆变分）

替代如下变量，求变分常数 k：

$$600=k\frac{3\cdot 4^2}{10}$$

用3替代w，4替代d，10替代l，600替代s

因此，

$$6000=k(48)$$

两侧同时乘以10并且化简$3\cdot 4^2$

两侧同时除以 48，得到

$$k=\frac{6000}{48}=125$$

然后，可将强度方程改写为

$$s=125\frac{w\cdot d^2}{l}$$

现在，继续用 3 替代 w，4 替代 d，但用 15 替代 l，得到

$$s=125\frac{3\cdot 4^2}{15}=\frac{125\cdot 3\cdot 16}{15}=400$$

因此，较长横梁的承重量为400磅。

b）在此题中，已知 d 值为4，l 值为15，s 值为600，求 w 值。代入各个值，得到

$$600 = 125\frac{w \cdot 4^2}{15} = \frac{125 \cdot w \cdot 16}{15}$$

或

$$600 \cdot 15 = 125 \cdot 16 \cdot w$$

因此，$9000 = 2000 \cdot w$，或者 $w = \frac{9000}{2000} = \frac{9}{2} = 4.5$。所以，为了使承重量达到600磅，较长横梁的宽度应为4.5英寸。

现在尝试完成练习35~38。

练习 7.5

强化技能

求下列比例中的 x。

01. $24:x = 18:3$

02. $35:4 = x:2$

03. $\frac{50}{4} = \frac{x}{5}$

04. $\frac{x}{8} = \frac{14}{4}$

05. $\frac{30}{40} = \frac{27}{x}$

06. $\frac{150}{x} = \frac{60}{40}$

求解变分问题：将下列变分写为方程，求出变分常数，然后回答相关问题。

07. 假设 y 随 x 正变分。如果 $x = 7.5$ 时 $y = 37.5$，则 $x = 13$ 时 y 的值是多少？

08. 假设 y 随 x 逆变分。如果 $x = 4$ 时 $y = 10$，则 $x = 6$ 时 y 的值是多少？

09. 假设 r 随 s 逆变分。如果 $s = \frac{2}{3}$ 时 $r = 12$，则 $s = 8$ 时 r 的值是多少？

10. 假设 d 随 t 的平方正变分。如果 $t = 4$ 时 $d = 24$，则 $t = 10$ 时 d 的值是多少？

11. 假设 a 随 b 的平方正变分。如果 $b = 6$ 时 $a = 16$，则 $b = 15$ 时 a 的值是多少？

12. 假设 y 随 x 和 z 连变分。如果 $x = 4$ 和 $z = 5$ 时 $y = 60$，则 $x = 6$ 和 $y = 45$ 时 z 的值是多少？

13. 假设 D 随 C 逆变分。如果 $C = 2$ 时 $D = \frac{3}{4}$，则 $C = 24$ 时 D 的值是多少？

14. 假设 A 随 r 的平方正变分。如果 $r = 10$ 时 $A = 314$，则 $r = 6$ 时 A 的值是多少？

15. 假设 r 随 x 和 y 连变分。如果 $x = 2$ 和 $y = 5$ 时 $r = 12.5$，则 $x = 8$ 和 $y = 2.5$ 时 r 的值是多少？

16. 假设 m 随 n 逆变分。如果 $n = \frac{2}{3}$ 时 $m = 6$，则 $n = 15$ 时 m 的值是多少？

17. 假设 y 随 w 和 x^2 连变分。如果 $w = 4$ 和 $x = 6$ 时 $y = 504$，则 $w = 10$ 和 $y = 6860$ 时 x 的值是多少？

18. 假设 r 随 s 和 t^2 连变分。如果 $s = 14$ 和 $t = 8$ 时 $r = 5600$，则 $t = 22$ 和 $r = 18150$ 时 s 的值是多少？

19. 假设 y 随 w 正变分，且随 x 逆变分。如果 $x = 10$ 和 $w = 6$ 时 $y = 4$，则 $x = 15$ 和 $w = 3$ 时 y 的值是多少？

20. 假设 p 随 q 正变分，且随 r 逆变分。如果 $q = 8$ 和 $r = 5$ 时 $p = 6$，则 $p = 6$ 和 $q = 4$ 时 r 的值是多少？

21. 假设 y 随 x^2 和 w 连变分，且随 z 逆变分。当 $x = 2.5$，$w = 8$ 和 $z = 20$ 时 $y = 15$，则当 $x = 8, w = 7$ 和 $z = 14$ 时 y 的值是多少？

22. 假设 d 随 a^2 和 b 连变分，且随 c 逆变分。当 $a = 6$，$b = 10$ 和 $c = 4$ 时 $d = 288$，则当 $a = 20, b = 11$ 和 $c = 4$ 时 d 的值是多少？

学以致用

在练习23~28中，设定一个比例，求解给定问题。

23. 计算药物剂量。 特定药物的剂量与患者的体重成比例。如果体重为150磅的某女性的药物剂量为6毫克，则其体重为65磅的女儿玛丽亚的药物剂量是多少？

24. 计算限速。 在非洲当志愿者时，布拉德和安吉丽娜租用了一辆汽车，汽车速度表经过了校准，显示30英里/小时等于48千米/小时。如果非洲的限速是100千米/小时，则以英里/小时为单位的限速是多少？

25. 估计距离。 当布拉德从肯尼亚驾车前往坦桑尼亚时，看到某指示牌上标有“距离乞力马扎罗山56千米”，则其还得再开多少英里？（参见练习24。）

26. 估计电台听众数量。 尼尔森等公司定期对听众进行抽样，了解他们在收听哪些广播电台。在

1200 位听众的样本中，457 人收听了某个特定电台的节目。如果该区域拥有 537000 名潜在听众，预计会有多少人收听该电台的节目？

27. **修剪草坪**。卡罗琳在校园中勤工俭学，负责修剪草坪。如果修剪一块 6 万平方英尺的草坪需要 $1\frac{1}{2}$ 小时，则修剪学生中心前面的矩形草坪（200 英尺宽和 650 英尺长）要多长时间？

28. **地毯价格**。何塞是一位酒店经理，他在会议室（18 英尺乘 27 英尺）中铺了一块地毯，支付了 864 美元。如果在房间（24 英尺乘 33 英尺）中铺同款地毯，需支付多少钱？

在练习 29～32 中，用“捕获－再捕获”法和例 2 中的“文字方程”。

29. **估计野生动物种群数量**。生物学家捕获、标记并释放了 400 只秃鹰。几个月后，再次捕获 240 只秃鹰，其中 8 只带有相关记号。估计秃鹰的种群数量。

30. **估计野生动物种群数量**。海洋生物学家捕获、标记并释放了 100 头佛罗里达海牛。几个月后，再次捕获 90 头海牛，其中 5 头带有相关记号。估计佛罗里达海牛的种群数量。

31. **估计野生动物种群数量**。某一地区估计有 1000 只灰熊。假设生物学家捕获、标记并释放了 55 只灰熊，几个月后，再次捕获了 95 只灰熊样本。你预计会有多少只带记号灰熊？

32. **估计野生动物种群数量**。湖泊中共有 1530 条大口鲈鱼。国家鱼类委员会的工作人员捕获、标记并释放了 60 条，两个月后，如果他们再次捕获了 106 条，则预计会找到多少条带记号鲈鱼？

基于例 5，完成练习 33～34。

33. **超速行驶**。如果车速限制为 60 英里/小时，你的行程时间需要 2 小时，则以 65 英里/小时的速度行驶可以节省多少时间？

34. **超速行驶**。如果车速限制为 65 英里/小时，你的行程时间需要 2 小时，则以 75 英里/小时的速度行驶可以节省多少时间？

基于例 6 中的横梁模型强度，完成练习 35～38。

35. **横梁强度**。如果 6 英寸宽、8 英寸厚和 4 英尺长的一根横梁能够支撑 672 磅重量，则 4 英寸宽、6 英寸厚和 8 英尺长的同类横梁能够支撑的重量是多少？

36. **横梁强度**。如果 3 英寸宽、10 英寸厚和 10 英尺长的一根横梁能够支撑 480 磅重量，则 4 英寸宽、6 英寸厚和 8 英尺长的同类横梁能够支撑的重量是多少？

37. **横梁强度**。4 英寸宽、8 英寸厚和 12 英尺长的一根横梁能够支撑 1280 磅重量。如果 3 英寸宽和 6 英寸厚的同类横梁能够支撑 540 磅重量，则其长度为多少英尺？

38. **横梁强度**。5 英寸宽、10 英寸厚和 16 英尺长的一根横梁能够支撑 875 磅重量。如果相同长度的同类横梁宽 4 英寸，且能支撑 343 磅重量，则其厚度为多少英寸？

39. **美元兑换欧元**。1 欧元等于 1.13 美元，500 美元可兑换多少欧元？

40. **美元兑换比索**。100 墨西哥比索等于 5.20 美元，200 美元可兑换多少墨西哥比索？

41. **估计用水量**。假设马里奥灌溉葡萄园时，用水量与降雨量成反比。如果在降雨量为 3 英寸的某个月份，他用掉了 30000 加仑的灌溉用水，则在降雨量为 5 英寸的另一个月，他会用掉多少加仑灌溉用水？

42. **判断弹簧的最大强度**。胡克定律指出“弹簧的可拉伸长度与施加在弹簧上的力成正比”，但是如果对弹簧施加的力过大，则弹簧可能会拉伸到无法恢复到原始形状的位置。如果 8 磅的力可将弹簧拉伸 6 英寸，且弹簧拉伸超过 10 英寸会损坏，则在不损坏弹簧的情况下，可施加在弹簧上的最大力是多少磅？

43. **求跳伞者的下落距离**。物体的下落距离随下落时间的平方正变分。如果艾琳从飞机上跳伞，前 3 秒内下落 144 英尺，则其前 5 秒内将下落多少英尺？

44. **调整摄影师的灯光**。光源的照度与距离的平方成反比。安塞尔正在拍摄一幅肖像，光源设置在距离拍摄对象 4 英尺远的地方，照度是其应有亮度的 2 倍。如果他想将照度降至当前的一半，则其应设置的光源距离是多少英尺？

45. **汽车制动距离**。汽车制动距离随汽车速度的平方正变分。假设踩下制动器后，以 30 英里/小时速度行驶的汽车可停在 43 英尺远的地方。当同一辆车以 60 英里/小时的速度行驶时，制动距离是多少？

46. **汽车制动距离**。假设以 80 英里/小时速度行驶汽车的制动距离为 305 英尺，当同一辆车以 50 英里/小时的速度行驶时，制动距离是多少？

47. **计算燃料油用量**。假设给定月份的燃料油用量与外部温度成反比。如果安德莉亚的宠物店在平均温度为 42℉ 的某个月内用掉了 504 加仑的燃料油，则在平均温度为 36℉ 的某个月（天数相同）内，她预计会用掉多少加仑燃料油？

48. 判断水上乐园的参与人数。夏季，六旗水上乐园每月的参与人数随气温正变分，随该月的降雨天数逆变分。如果某月的日平均气温为 88℉，且下雨 8 天，则该月的总参与人数为 3200 人。如果下雨 12 天，日平均温度为 92℉，则每月（天数相同）的参与人数应是多少？

49. 求气压。如果温度保持不变，则容器中的气压随容器的体积逆变分。假设容积为 120 立方英寸时，钢瓶（容器）中的气压为 4 磅/平方英寸。如果钢瓶的体积减至 75 立方英寸，则气压是多少？

50. 求气压。重做练习 49，这次假设钢瓶的体积为 6.5 立方英寸时，气压为 12 磅/平方英寸。如果气压增至 48 磅/平方英寸，则钢瓶的体积是多少？

数学交流

51. 如果 y 随 x 逆变分，则 x 随 y 是逆变分还是正变分？

52. 假设在奥波利斯城市学院上学期的 5250 名学生中，1470 名学生进入了院长名单。如果本学期进入院长名单的人数比例相同，具体人数为 1554 人，则该学院本学期的学生人数是多少？解此题时，贾斯汀建立了如下方程：

$$\frac{5250}{1470}=\frac{1554}{x}$$

贾斯汀的答案是什么？为什么该答案明显不正确？解释其方法存在何种问题。

如例 6 所述，横梁的强度与宽度和厚度的平方成正比，与长度成反比。描述此变分组合的方程如下：

$$s=k\frac{w\cdot d^2}{l}$$

用此信息解释下列情况下横梁的强度如何变化。如果能够举出具体示例，则可能会有所帮助。

53. 横梁的宽度加倍。

54. 横梁的宽度和长度均加倍。

55. 横梁的长度和厚度增至 3 倍。

56. 横梁的长度、宽度和厚度均加倍。

57. 汽车制动距离。在练习 45 中，可知汽车的制动距离随其速度的平方正变分。求汽车的停止时间时，除了制动距离，还要考虑反应距离（即司机刹车之前的汽车行驶距离），该距离随车速正变分。假设某汽车以 40 英里/小时的速度行驶，制动距离为 76 英尺，反应距离为 88 英尺，则以 60 英里/小时的速度行驶汽车的总停车距离是多少？

58. 汽车制动距离。重做练习 57，但这次假设车速为 35 英里/小时时的反应距离为 77 英尺，制动距离为 59 英尺。以 75 英里/小时速度行驶汽车的总停车距离是多少？

59. 假设你在解题时遇到了比 $m:n$，比 $n:(m+n)$ 应代表什么？解释理由。

60. $(m:n)\times(n:m)$ 的结果是什么？解释理由并举例说明。

生活中的数学

加拿大下议院的席位最初基于人口数量进行分配，并可能根据宪法条款和/或祖父母地位增加附加席位。在练习 61 ~ 62 中，用给定信息判断 2016 年预计分配的初始席位数量。

61. 下议院席位。2011 年，不列颠哥伦比亚省的人口数量为 457 万，获得 42 个席位；2016 年，该省的人口数量为 470 万。

62. 下议院席位。2011 年，安大略省拥有 121 个席位，人口数量为 1337 万；2016 年，该省的人口数量为 1379 万。

美国众议院的席位共有 435 个，各州代表数量通过法律规定的统计公式进行计算，但分配原则与人口数量大致成正比。利用这些信息，完成练习 63 ~ 64。

63. 美国众议院席位。2010 年，美国人口数量估计为 3.087 亿，佛罗里达州人口数量估计为 1880 万（数据来源：美国人口普查局）。预计有多少代表席位分配给佛罗里达州？将其与佛罗里达州的实际代表人数进行比较（注：修订此练习时，美国 2020 年人口普查尚未完成，所以练习中的数据是分配代表的最新数据）。

64. 美国众议院席位。对内华达州重做练习 63，该州的人口数量估计为 270 万。

挑战自我

65. 在中东部州立大学的校园中，PC（个人计算机）和 Macintosh（苹果计算机）的比是 7:2，PC 与校园中所有计算机的比是多少（假设除了 PC 和 Macintosh，校园中没有其他计算机）？解释理由并举例说明。

7.6　线性方程组和不等式组建模

你看过超级碗比赛期间关于自动泊车的“现代”广告吗？实在是太好笑了！虽然电视广告通常比电视本身更具娱乐性，但是近些年来，互联网广告费超过了电视广告费。

自2018年以来，广告费已从电视逐渐转向互联网。图7.21显示了2015—2019年的广告收入（美元），红线代表电视广告费，蓝线代表互联网广告费，两条线的交点代表二者相等的时间点。

通过称为线性方程组的一组线性方程，人们能够对许多情形建模，如前述的广告收入。为了描述较复杂的事情（如天气或美国经济），科学家每天都会采用含有成千上万个方程的类似方程组。但是，由于目标不一样，这里只研究含有两个方程和两个未知数的简单方程组，即二元线性方程组/二元一次方程组。

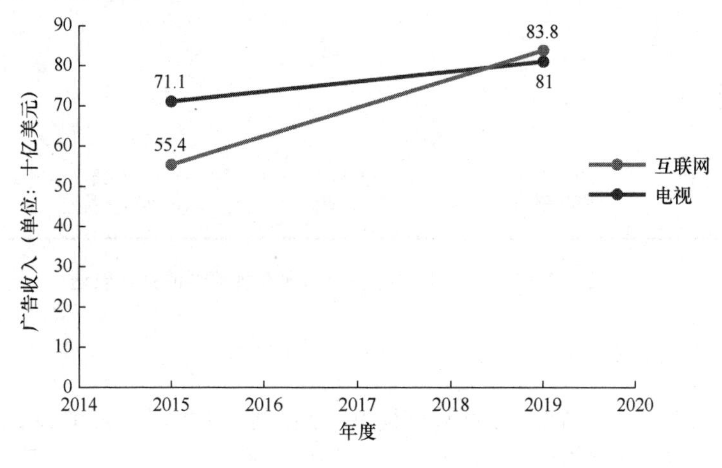

图7.21　广告收入

7.6.1　线性方程组

一对线性方程的解是分别满足各个方程的有序数对。例如，在线性方程组

$$2x+4y=22$$
$$x-6y=-13$$

中，如果用5替代x，3替代y，则有

$$2\cdot 5+4\cdot 3=22$$
$$5-6\cdot 3=-13$$

有序数对(5, 3)令这两个方程均成立，所以其为该方程组的解；(7, 2)令该方程组中的第1个方程成立，但不会令第2个方程成立（检验），因此不是该方程组的解。

要点　一个线性方程组相当于一对直线。

自测题 17

哪个有序数对是如下方程组的解：

$$3x-5y=4$$
$$2x+4y=10$$

a）(2, 3)；b）(3, 1)；c）(−3, −1)。

如7.1节所述，二元一次方程（含有两个未知数的线性方程）的图是一条直线，因此如果为二元一次方程组（含有两个未知数的两个线性方程）作图，就会得到 3 种可能情形之一的一对直线，如图 7.22 所示。

情形 1：两条直线相交于一个点，代表此点的“有序数对”是该方程组的唯一解。

情形 2：两条直线是不同的平行线，根本不相交，没有公共点，意味着该方程组无解。

情形 3：两条直线是同一条直线，有无穷多个公共点，意味着该方程组有无穷多解。

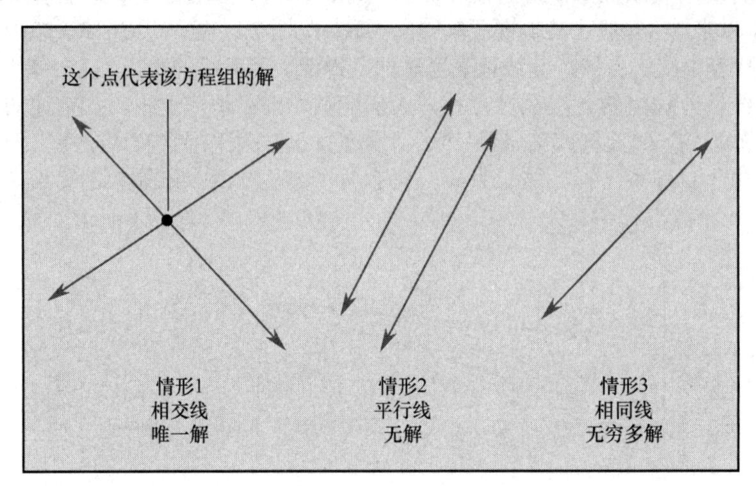

图 7.22　解线性方程组时可能会出现 3 种情形的几何表达

7.6.2　消元法解方程组

为了说明如何在这 3 种情形下解线性方程组，下面利用称为消元法/消去法的一种技术，其基本思路是“用更容易求解的单一方程来替代方程组”，详见例 1（注：练习中将介绍方程组的另一种解法，称为代入法）。

要点　用消元法解线性方程组。

例 1　解具有唯一解的方程组

解方程组

$$\begin{aligned} 3x+4y&=10 \\ 5x-6y&=4 \end{aligned} \qquad (1)$$

解：为了使用消元法，在方程组中的两个方程的两侧同时乘以一些常数，使其中的一个变量在两个方程中以“相反系数”的形式出现。将这两个方程相加，系数相反的变量就会消失，只剩下含有一个未知数的单一方程。

第 1 步：必须确定首先消去哪个未知数。在该方程组中，如果确定消除 y 项，则可避免乘以负数，进而使后续计算变得容易。因此，在方程组（1）中，我们将上面的方程乘以 3，下面的方程乘以 2，得到

$$\begin{aligned} 9x+12y&=30 \\ 10x-12y&=8 \end{aligned} \qquad (2)$$

现在，在方程组（2）中，将两个方程的对应侧相加，消去 y，得到

$$\begin{array}{r} 9x+12y=30 \\ \underline{10x-12y=8} \\ 19x+\ 0\ \ =38 \end{array}$$

此方程的两侧同时除以 19，得到

$$\frac{19x}{19}=\frac{38}{19} \text{或} x=2$$

由于结果x只有唯一值，因此可知其符合情形1。

y也有唯一值，下一步就求它。

第2步：求出x后，还要求出y。由于x值的计算非常简单，所以为了求出y，我们采用一种称为倒转代换/回代的技术。如果x值不易计算，则可返回至原来的方程组，像原来求x那样去求y。在方程组（1）中，我们用数字2替换第1个方程中的x，得到

$$3(2)+4y=10$$

方程两侧同时减去6，即可化简为$4y=4$，所以$y=1$。综上所述，这个方程组的解为(2, 1)，经过进一步检验，(2, 1)可同时解这两个方程。

自测题 18

用消元法解方程组

$$5x+2y=-10$$
$$2x+3y=7$$

建议 如果从几何和代数视角同时查看一种情形，通常会对如何解题或检验解有所了解。如果一个解的几何和代数表达不一致，则必须返回并查找错误。

在图7.23中，我们用GeoGebra为例1中的方程组作图，可以看到两条直线在点(2, 1)处相交。

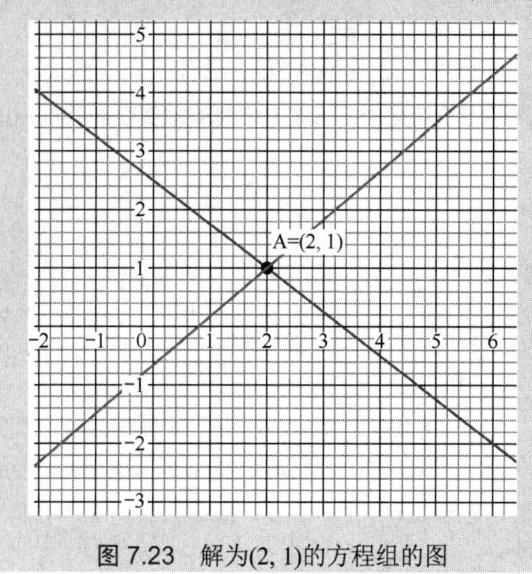

图7.23 解为(2, 1)的方程组的图

例2 尝试解“无解”的方程组

解方程组

$$-\tfrac{3}{2}x+y=\tfrac{5}{4}$$
$$3x-2y=1$$

解：对于第1个方程而言，将其两侧同时乘以4来消掉分数，可令计算变得更简单：

$$(\overset{2}{\cancel{4}})\left(-\tfrac{3}{\cancel{2}}\right)x+(4)y=(\cancel{4})\frac{5}{\cancel{4}}$$

此时，原方程组变成了外观更简单的如下方程组：

$$-6x+4y=5$$
$$3x-2y=1$$

将第 2 个方程的两侧同时乘以 2，再对这两个方程求和，可将 x 从该方程组中消去，即得到令人惊讶的如下结果：

$$\begin{array}{l} -6x+4y=5 \\ \underline{+6x-4y=2} \\ \ \ 0\ +\ 0\ =7 \end{array}$$
——这说明该方程组无解

我们已经假设这个方程组有解，但是经过如此计算后，却推导出结论 $0+0=7$。要摆脱这种困境，唯一的方法是得出结论"原来的假设不正确，所以该方程组的解不存在"[注：如果已经学习第 3 章(逻辑)，则可将前述推导过程表示为"如果存在一个解，则 $0+0=7$"，其逆否命题为"如果 $0+0\neq7$，则无解"]。

试图消去其中一个变量时，我们得到了一个假命题，由此得出结论：这两条直线没有公共点，因此符合情形 2。

无解的方程组（如例 2）称为矛盾的/不相容的，如图 7.24 所示。可以看到，两条直线平行，因此永远不会相交。

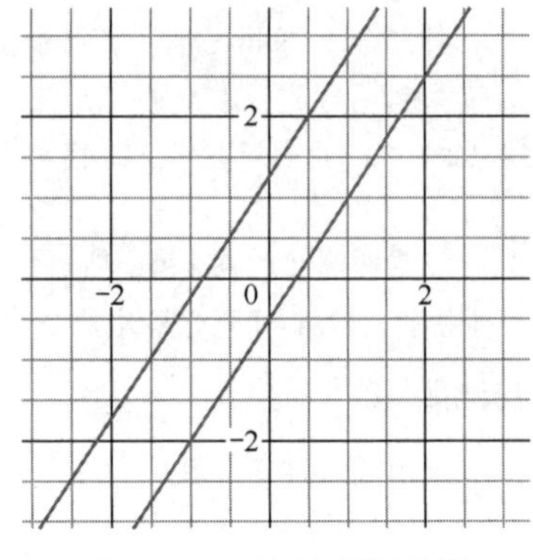

图 7.24　无解方程组的图

例 3　解具有无穷多解的方程组

解方程组

$$\begin{array}{l} 0.2x-0.1y=0.3 \\ 0.1x-0.05y=0.15 \end{array} \quad (1)$$

解：同样，我们通过消去小数进行化简。第 1 个方程的两侧同时乘以 10，第 2 个方程的两侧同时乘以 100，可将方程组（1）改写为

$$\begin{array}{l} 2x-y=3 \\ 10x-5y=15 \end{array} \quad (2)$$

现在，第 1 个方程的两侧同时乘以−5，再对这两个方程求和，即可从方程组中消去 x。此时，我们再次得到令人惊讶的结果：

$$\begin{array}{l} -10x+5y=-15 \\ \underline{+10x-5y=\ \ 15} \\ \ \ 0\ +\ 0\ =\ \ \ 0 \end{array}$$
——这说明该方程组有无穷多解

你可能会将此与情形 2 相混淆，但与例 2 不一样，$0+0=0$ 是真命题。尝试求解 x 时，我们得到了一个根本就不限制 x 值的命题，意味着 x 可为任意值。在方程组（2）中，用 5 替代第 1 个方程中的 x，可得到 $2\cdot5-y=3$，继而求得 $y=7$。因此，$(5,7)$是该方程组的众多解之一。

解方程组时，如果得到了与 x 和 y 均不相关的一个真命题，则说明"该方程组的解法有无穷多种"，所以两条直线必定相同。

现在尝试完成练习 05 ~ 18。

自测题 19

a）解方程组

$$\begin{array}{l} 5x-3y=3 \\ -10x+6y=4 \end{array}$$

b）你对 a）问结果的几何解释是什么？

具有无穷多解的方程组（如例 3 中的方程组）称为相关方程组。
下面对例 1～例 3 中的情形进行总结。

用消元法/消去法解线性方程组

情形 1：我们求出了 x 和 y 的单一值 (x,y)，它对应于该方程组中代表各方程的直线的交点。

情形 2：我们得到了一个明显的假命题，由此推断该方程组无解，代表着一对不同的平行线。

情形 3：我们得到了一个始终为真且不包含 x 或 y 的命题，任何值均可作为该方程组解的第 1 个坐标 x。该方程组有无穷多解，两个方程代表同一条直线。

7.6.3 方程组建模

知道如何解方程组后，接下来就可对各种情形（包括一组变量之间的若干关系）建模，具体参见下面的示例。

在经济学中，需求法则表明“随着商品价格上涨，消费者购买意愿将降低”，供给法则表明“随着商品价格上涨，生产者生产意愿将提升”。如果商品价格较低，消费者的购买需求就增加，但是生产者不愿意生产更多的商品，因此商品将短缺；如果商品价格较高，生产者愿意生产更多的商品，但是消费者不愿意支付高价，因此商品将过剩。最终，商品的市场进行调整，直至取得需求量与供应量相等的一种价格，这个点称为均衡点/平衡点。例 4 中将说明这种均衡概念。

要点 方程组对两个量之间的一组关系建模。

例 4 手工制作项链的供给与需求

在地区手工艺品展览会上，马利克准备贩卖手工制作的美洲土著绿松石项链。如果接受 20 美元的进货单价，则其希望从供应商处购入 30 条项链，但是供应商只肯按此价格向他提供 9 条项链；如果接受 60 美元的进货单价，则供应商可向其提供 29 条项链，但是他每次展会只能卖出 15 条项链。假设“价格与需求”和“价格与供给”的相关方程均为线性方程，则“供给与需求相等”时的项链单价应是多少？

解：供给-需求信息如图 7.25 所示。

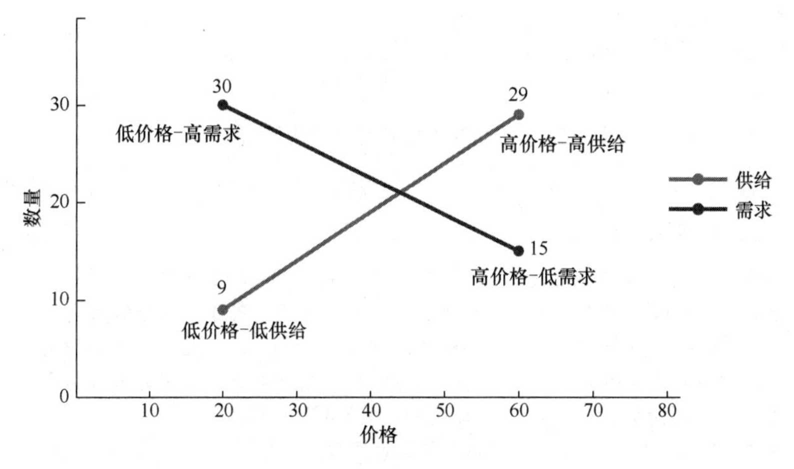

图 7.25 项链的供给与需求方程图

供给方程：由于供给方程是线性方程，所以其图是一条直线，过点(20, 9)和(60, 29)。利用 7.2 节例 3 中介绍的方法，求出供给方程为 $x-2y=2$（检验）。

需求方程：由于需求方程是线性方程，所以其图是一条直线，过点（20, 30)和(60, 15)。再次利用 7.2 节例 3 中介绍的方法，求出需求方程为 $3x+8y=300$（检验）。

因此，描述这种“供给-需求”情形的方程组为

$$x-2y=2 \quad (供给)$$
$$3x+8y=300 \quad (需求)$$

均衡点/平衡点：现在解此方程组，求出一个均衡点。供给方程两侧同时乘以 4，然后对两个方程求和，得到

$$\begin{aligned} 4x-8y&=8 \\ +3x+8y&=300 \\ \hline 7x \qquad &=308 \end{aligned}$$

该方程两侧同时除以 7，得到 $x=44$。现在，用 44 回代需求方程 $3x+8y=300$ 中的 x，得到

$$3(44)+8y=300 \text{ 或 } 132+8y=300$$

该方程两侧同时减去 132，得到 $8y=300-132=168$。因此，$y=\frac{168}{8}=21$。

由此可知，如果每条项链的价格为 44 美元，则马利克愿意从供应商处购买 21 条项链，供应商同时愿意以此价格出售 21 条项链。

现在尝试完成练习 55 ~ 58。

为了发扬笛卡儿的解析几何精神，下面从几何角度重新审视这种供需情形，并且相信其具有启发性，如图 7.26 所示。

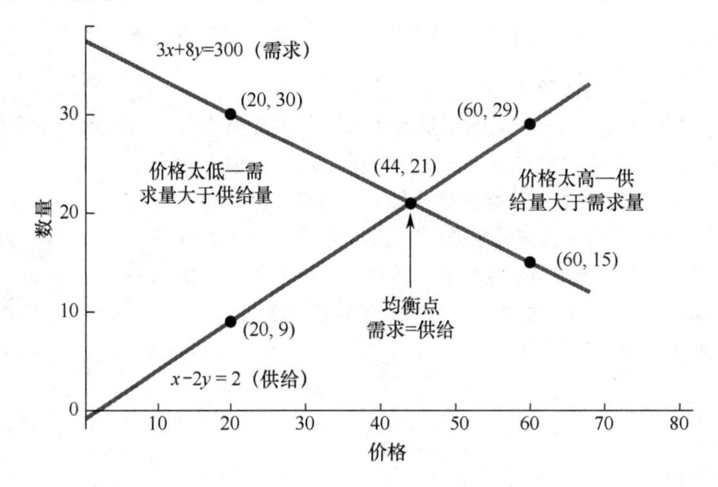

图 7.26　在均衡点位置交叉的供给-需求图

例 5　解生产状况方程组

艾登的定制家具公司主要制作樱桃木家具，本周将只制作茶几和咖啡桌。每张茶几需要 6 英尺木板，每张咖啡桌需要 8 英尺木板，制作一张茶几需要 2 小时劳动时间，制作一张咖啡桌需要 4 小时劳动时间。该公司共拥有 1200 英尺可用樱桃木板，以及 480 小时的劳动时间。假设要用掉全部劳动时间和樱桃木板，将木板和劳动时间的相关条件描述为一个二元一次方程组，然后解此方程组并解释答案。

解：回顾本书前文所述的“为未知对象选择一个好名字”策略。

像表 7.5 那样组织信息非常有用，我们将其称为资源表，其中用 e 表示茶几的数量，用 c 表示咖啡桌的数量。

表 7.5　家具制作问题的资源表

资　源	每张茶几所需数量（e）	每张咖啡桌所需数量（c）	可　用
木板	6 英尺	8 英尺	1200 英尺
劳动时间	2 小时	4 小时	480 小时

首先，考虑制作家具所需木板的相关条件。由于每张茶几使用 6 英尺木板，每张咖啡桌使用 8 英尺木板，可用木板总量为 1200 英尺，因此得到如图 7.27 所示的方程。

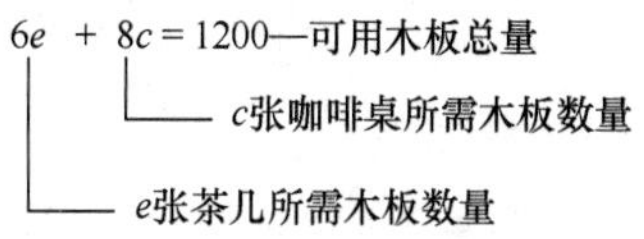

现在，查看关于劳动时间的限制，即每张茶几用 2 小时，每张咖啡桌用 4 小时。因此，利用方程 $2e+4c=480$ 即可描述如何用 480 小时来制作 e 张茶几和 c 张咖啡桌。下面，解方程组

$6e + 8c = 1200$——可用木板总量；$6e$：e张茶几所需木板数量；$8c$：c张咖啡桌所需木板数量

图 7.27　描述木板用量的方程

$$6e+8c=1200 \quad (\text{木板})$$
$$2e+4c=480 \quad (\text{劳动时间})$$

第 2 个方程两侧同时乘以-2，得到

$$6e+8c=1200$$
$$-4e-8c=-960$$

这两个方程相加，得到 $2e=240$，其解为 $e=120$。用 120 回代初始方程组第 2 个方程中的 e，可得 $2(120)+4c=480$，得到 $c=60$。因此，如果该公司制作 120 张茶几和 60 张咖啡桌，全部 1200 英尺木板和 480 小时劳动时间都将耗尽。

现在尝试完成练习 45 ~ 54。

7.6.4　解线性不等式

在日常生活中，你肯定经常遇到不相等的数量，如父母可能希望你为明年的学费“至少”挣出 2000 美元，医生可能希望你将体重保持在 160 磅“以下”。

构建数学模型时，也要处理不相等的数量，不等式的处理技巧类似于解方程的方法。

定义　含有两个变量的线性不等式是可以写为以下形式之一的式子/命题，通常称为二元一次不等式/二元线性不等式：

$$ax+by \geqslant c$$
$$ax+by > c$$
$$ax+by \leqslant c$$
$$ax+by < c$$

式中，a, b 和 c 均为实数，且 a 和 b 不等于 0。

例如，$3x+2y \leqslant 6$, $x-5y>7$, $y<6$ 和 $x \geqslant 2$ 均为线性不等式。这里通常不提及变量的数量。

就像二元一次方程（含有两个变量的线性方程）那样，线性不等式的解也是有序数对。因为“有序实数对”对应于平面上的点，所以我们经常交替使用术语“有序数对”和“点”。

例 6　不等式的解集

下列数对是否为不等式 $2x+3y \leqslant 6$ 的解？a）(2, 3)；b）(0, 2)；c）(−4, 3)；d）(5, 2)；e）(2, −4)；f）(1, −6)；g）(1, 4)；h）(−2, −5)；i）(4, 3)；j）(−1, 2)。

解：回顾本书前文所述的三法原则。为了检验其中几个点，我们制作了表 7.6。

表 7.6　检验各点是否满足不等式

	x	y	$2x+3y$	$2x+3y \leqslant 6$?
a)	2	3	$2\cdot2+3\cdot3=13$	假
b)	0	2	$2\cdot0+3\cdot2=6$	真
c)	−4	3	$2\cdot(-4)+3\cdot3=1$	真
d)	5	2	$2\cdot5+3\cdot2=16$	假
e)	2	−4	$2\cdot2+3\cdot(-4)=-8$	真
f)	1	−6	$2\cdot1+3\cdot(-6)=-16$	真

我们将数对 g）~j）的检验留给读者，详见自测题 20。

自测题 20

检验例 6 中的点 g）~j)，判断哪些点满足不等式 $2x+3y\leqslant 6$。

在图 7.28 中，为了增强对 $2x+3y\leqslant 6$ 的解集的理解，我们绘出了例 6 和自测题 20 中的 10 个点。

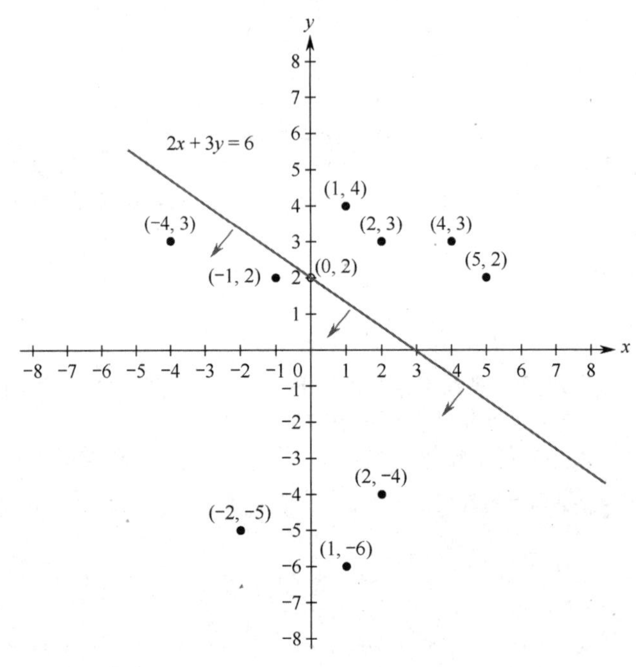

图 7.28　直线 $2x+3y=6$ 之上或下方的各点是解，上方的各点不是解

由图 7.28 可知，在检验的所有数对中，满足该不等式的数对均位于直线 $2x+3y=6$ 下方或之上，直线上方各点表示的数对不满足该不等式。$2x+3y\leqslant 6$ 的解集图是由直线 $2x+3y=6$ 及其下方所有点组成的半平面，这是可检验的。在图 7.28 中，红色箭头标明了哪个半平面是 $2x+3y\leqslant 6$ 的解集，该解集也显示在图 7.29 中（注：若不等式为 $2x+3y<6$，则直线 $2x+3y=6$ 应当不属于该解集，此时可将其画为虚线而非实线）。

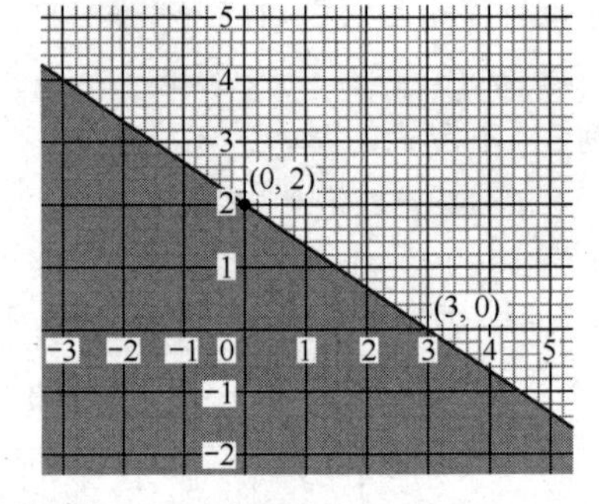

图 7.29　用 GeoGebra 绘制的 $2x+3y\leqslant 6$ 的图，含有底纹区域是一个半平面

对于任意二元一次不等式，例 6 中的情形均适用。

二元一次不等式的解集　二元一次不等式（含有两个变量的线性不等式）的解集总是具有实线或虚线边界的一个半平面。

利用一种非常简单的方法，即可确定直线的哪侧（哪个半平面）是线性不等式的解集，称为单点检验法。

要点　在解线性不等式的过程中，单点检验法可确定半平面。

用单点检验法解线性不等式　为解二元线性不等式/二元一次不等式，可按如下步骤操作：

1. 将不等式变成一个等式/方程，并绘制直线图。如果不等式包含≤或≥，则绘制一条实线；如果不等式包含<或>，则绘制一条虚线。

2. 选择一个点，使其位置明显高于或低于第 1 步中绘制的直线，点(0, 0)通常为最佳候选，除非直线过或非常接近点(0, 0)。

3. 若第 2 步中选择点的坐标满足不等式，则包含该点的直线一侧包含不等式的全部解，否则直线另一侧包含全部解。我们将此称为单点检验法。

4. 利用箭头或底纹，指示直线哪侧包含不等式的全部解。

例 7 中将进一步说明这种方法。

例 7　用单点检验法解不等式

用单点检验法解 $4x-3y\geqslant 9$ 。

解：

第 1 步：为直线 $4x-3y=9$ 作图。由于不等式是 $\geqslant$ 而非 $>$，所以需用实线为 $4x-3y=9$ 作图。

第 2 步：选择明显位于直线图上方的点(0, 0)。

第 3 步：检验(0, 0)是否满足不等式。因为 $4\cdot 0-3\cdot 0=0$ ，结果小于 9，所以(0, 0)不是解。

第 4 步：将(0, 0)的直线对侧涂上底纹。解包括直线之上或下方的所有点，如图 7.30 所示。

现在尝试完成练习 27 ~ 34。

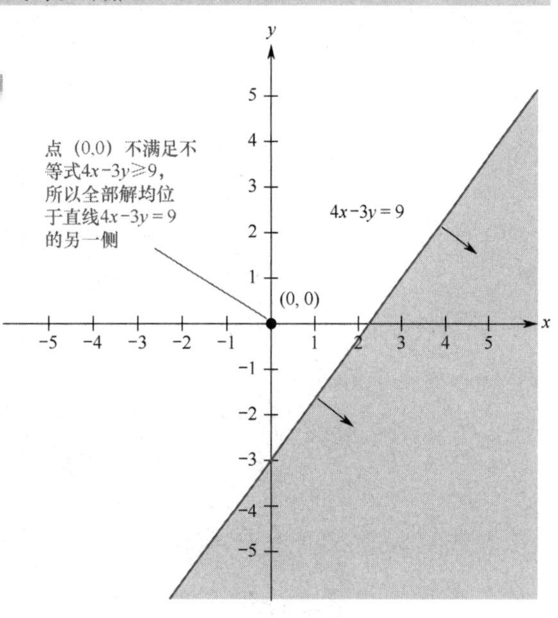

图 7.30　用单点检验法为 $4x-3y\geqslant 9$ 作图

自测题 21

解 $2x-5y>10$ 。

建议　在解不等式的过程中，不要试图寻找作图捷径。例如，不能假设“如果符号 $\leqslant$ 或 $<$ 出现在不等式中，则不等式的解将出现直线的下方”，也不能假设“符号 $\geqslant$ 或 $>$ 意味着应该选择上半平面”。为了选择正确的半平面，应当始终采用单点检验法。

7.6.5　解不等式组

就像方程组一样，我们也可构建含有两个（或更多）不等式的不等式组。要解某一不等式组，首先要分别解各个不等式，然后求各个解集的交集。

要点　不等式组的解是所含各个不等式解集的交集。

例 8　解不等式组

解不等式组

$$2x-3y<-6$$
$$x+y\leqslant 7$$

解：回顾本书前文所述的“新问题与旧问题相关联”策略。

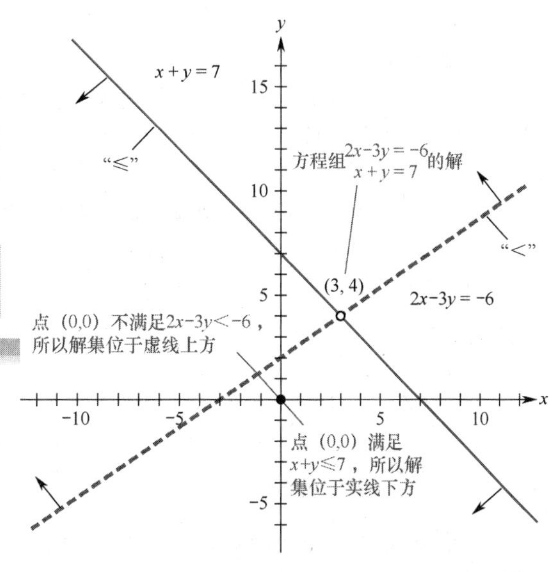

图 7.31　虚线包含不属于 $2x-3y<-6$ 解的点

首先，用虚线为 $2x-3y=-6$ 作图，用实线为 $x+y=7$ 作图，如图 7.31 所示。

用(0, 0)检验第 1 个不等式，结果为 $2\cdot 0-3\cdot 0=0$，大于−6，所以(0, 0)不是解。这意味着直线上方的区域是解 $2x-3y<-6$ 时的预期半平面。

当用(0, 0)检验第 2 个不等式时，结果为 $0+0=0$，小于或等于 7。因此，直线 $x+y=7$ 的(0, 0)侧是我们想要的半平面。

图 7.32 中用箭头标出了这些区域。为了更清晰地显示不等式组的解，还以底纹方式绘制了两个半平面的交集。

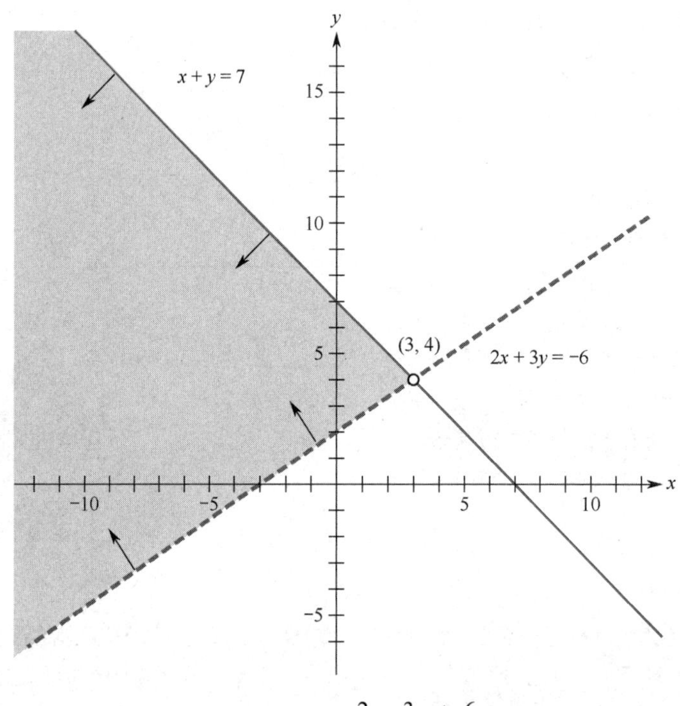

图 7.32　不等式组 $\begin{matrix}2x-3y<-6\\x+y\leqslant 7\end{matrix}$ 的解

注意，点(3, 4)是线性方程组 $2x-3y=-6$ 和 $x+y=7$ 的解，我们用前面介绍的消元法求得了此解。该点是虚点而非实点，因为(3, 4)位于直线 $2x-3y=-6$ 之上，不满足 $2x-3y<-6$ 的要求。如果两条边界直线都是实线，则应将(3, 4)绘制成实点。解集的两条边界直线的交点称为角点/拐点，如(3, 4)。用 GeoGebra 得到的解如图 7.33 所示。

现在尝试完成练习 35 ~ 44。

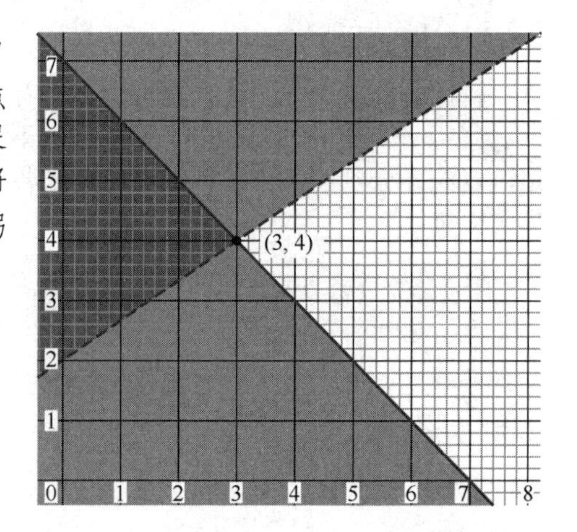

图 7.33　用 GeoGebra 为例 8 中的解集作图

自测题 22

解不等式组 $\begin{cases}3x-4y\leqslant 8\\x+2y\geqslant 6\end{cases}$。

7.6.6　不等式组建模

下面介绍与几种饮食限制条件相关的情形，例 9 展示了如何用线性不等式组对这些条件建模。

要点 二元一次不等式组可表示基于两个量的一组条件。

例 9 用不等式组表述营养需求

哈立德是一位马拉松运动员，他需要严格控制饮食中蛋白质和钙的含量。他平时最喜欢吃炸虾和西兰花，一份炸虾含有约 15 克蛋白质和 60 毫克钙，一份西兰花含有 5 克蛋白质和 80 毫克钙。假设他想从这两种食物中摄入至少 60 克蛋白质和 600 毫克钙，将这两个条件表述为一个不等式组，并为其解集作图。

解：回顾本书前文所述的“为未知对象选择一个好名字”策略。

假设哈立德吃了 s 份炸虾和 b 份西兰花。每份炸虾含有 15 克蛋白质，s 份炸虾将摄入 $15s$ 克蛋白质；每份西兰花含有 5 克蛋白质，b 份西兰花将摄入 $5b$ 克蛋白质。他希望蛋白质的摄入量至少为 60 克，所以可用如下不等式建模：

$$15s+5b\geqslant 60$$

此外，s 份炸虾提供 $60s$ 毫克钙，b 份西兰花提供 $80b$ 毫克钙。哈立德希望钙的摄入量至少为 600 毫克，所以可用如下不等式建模：

$$60s+80b\geqslant 600$$

$$\begin{aligned}15s+5b&\geqslant 60\\60s+80b&\geqslant 600\end{aligned}$$

像例 8 中那样解此不等式组，解如图 7.34 所示，你可对此进行检验。

在图 7.34 中，对水平轴下方的解集画底纹毫无意义，因为该区域中各点的第二坐标为负值，对应于吃了数量为负数的西兰花份数。同理，我们也不对垂直轴左侧的各个点画底纹。

现在尝试完成练习 61 ~ 68。

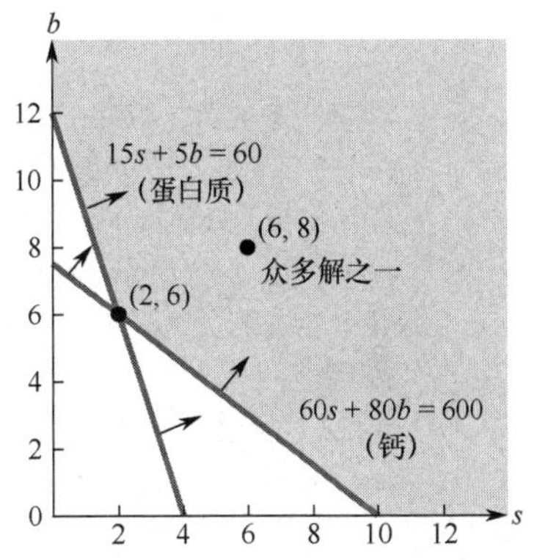

图 7.34 底纹区域表示“满足蛋白质和钙摄入量所需要的炸虾和西兰花份数”

生活中的数学——“真实世界”中的数学

本章中的一些问题有种“真实世界”的味道，但数学家面对着更大体量的问题。

真正的“组”可能含有成千上万个方程和未知数，而不是数量有限的几个方程或不等式，并且需要耗费数以百万计美元才能求解。

目前，数学家正在不断地开发新方法、新理论和新应用，并且每年撰写数万篇研究论文。在网络数据库 MathSciNet[注：美国数学学会出版的著名刊物《数学评论》(*Mathematical Reviews*) 的网络版]中，包含了来自成千上万种数学期刊的数以百万计的文献编目，同样收录了这些数学家的研究成果。有些人可能会问，这么多研究的意义是什么呢？答案是“我们永远不知道当前的研究未来可能会用在哪里”，例如布尔代数诞生于 19 世纪，但却广泛应用于 21 世纪的计算机科学与技术领域。数学和科学的基础研究往往具有短期内无法看到的长远利益，认识到这一点非常重要。

练习 7.6

强化技能

下列方程组的解都是 1 个整数对。为每个方程组作图以判断解，并替换两个方程中的值来检验答案。

01. $2x+5y=18$
$-3x+4y=-4$

02. $3x+2y=9$
$-x+2y=-3$

03. $2x-5y=1$
$3x+y=10$

04. $-2x+3y=-5$
$-x+y=-2$

用消元法解下列线性方程组。

05. $-3x+2y=5$
$6x+4y=22$

06. $4x-y=13$
$5x+8y=-30$

07. $3x-2y=-14$
$-4x+y=22$

08. $-5x+4y=-44$
$2x+y=15$

09. $8x-2y=-2$
$-4x+y=3$

10. $6x+9y=-4$
$2x+3y=-2$

11. $x-y=-2$
$-4x+4y=8$

12. $10x-4y=-4$
$-5x+2y=2$

13. $6x-9y=8$
$-4x+6y=10$

14. $12x-4y=2$
$-9x+3y=11$

15. $12x-8y=-1$
$-2x+5y=2$

16. $12x-27y=-1$
$5x+2y=4$

17. $3x-9y=-3$
$-4x+2y=0$

18. $4x-5y=-4$
$-8x+15y=13$

我们通过解以下线性方程组来说明代入法/替代法，这是解线性方程组的另一种方法：

$$3x-4y=13$$
$$x-2y=5$$

第 1 步：解关于 x 或 y 的其中一个方程，具体取决于哪个方程更简单。这里解关于 x 的第 2 个方程，结果为 $x=2y+5$ 。

第 2 步：将方程组第 1 个方程中的 x 回代为表达式 $2y+5$，结果为 $3(2y+5)-4y=13$ 。将这个方程改写为 $6y+15-4y=13$，化简为 $2y=-2$，因此 $y=-1$ 。

第 3 步：用-1 回代任一方程中的 y，这里选择用 -1 回代第 1 个方程中的 y，结果为 $3x-4(-1)=13$ 。因此，$3x+4=13$，求得 $x=3$ 。由此可知，该方程组的解为(3, -1)。

在练习 19～24 中，用代入法解方程组。如同消元法那样，某些方程组是矛盾的/不相容的，或者是相关的。

19. $x-2y=-7$
$3x+5y=12$

20. $x+3y=11$
$-x+4y=10$

21. $-2x+y=6$
$-2x+3y=14$

22. $3x+y=2$
$2y=-6x+4$

23. $x+y=6$
$2x=8-2y$

24. $x+y=3$
$x-y=-7$

判断哪些点满足给定不等式。

25. $3x+4y\geqslant 2$：

a. (3, 5)；**b.** (1, -2)；**c.** (0, 0)；**d.** (−4, 6)

26. $2x-4y\geqslant 5$：

a. (5, 2)；**b.** (6, 0)；**c.** (0, -3)；**d.** (−2, 3)

用单点检验法求下列不等式，并为解加底纹。

27. $3x+4y\geqslant 12$

28. $2x-4y\leqslant 6$

29. $2x-4y<12$

30. $5x+4y>10$

31. $x\geqslant 3y-9$

32. $4y\leqslant 10-2x$

33. $4x-8<2y$

34. $2x-6<3y$

求下列不等式组，标出所有角点，并对解集加底纹。

35. $2x-3y\leqslant -5$
$x-2y\leqslant -8$

36. $2x-5y\leqslant 23$
$3x+y\leqslant 9$

37. $2x-y\geqslant 3$
$x-y\leqslant -1$

38. $3y\geqslant 13+x$
$9y\leqslant 23-x$

39. $-4x+3y\leqslant 23$
$3x>19-5y$

40. $5x-6y\geqslant 21$
$3y-6<8x$

41. $3x+5y\leqslant 32$
$y\geqslant 4$

42. $5x-2y\geqslant 3$
$x\leqslant 3$

43. $2x+5y>26$
$x<8$

44. $-3x+2y<12$
$y\geqslant 6$

学以致用

用消元法解下列二元一次方程组(含有两个未知数的线性方程组)。

45. 大学篮球的胜利。2009 年 2 月 5 日，田纳西大学女子篮球队击败佐治亚大学，帕特 • 萨米特成为一级比赛获胜场次达到 1000 场的首位教练（男或女）。两支球队总计得到 116 分，田纳西队比佐治亚队多 30 分。最终比分是多少？

46. 比分最悬殊的胜利。1916 年，在约翰 • 海斯曼（因海斯曼纪念奖而闻名）的指导下，佐治亚理工大学橄榄球队以 220 比 0 的比分击败了坎伯兰学院队，这是美国大学橄榄球史上比分最悬殊的胜利。佐治亚理工大学队的冲球码数比坎伯兰学院队多 1716 码，两支球队的冲球码数之和为 1524 码。每支球队的冲球码数是多少？

47. 饮食需求。1 个百吉饼平均含有 30 毫克钙和 2 毫克铁，1 盎司奶油干酪含有 25 毫克钙和 0.4 毫克铁。如果莱拉想要吃这两种食品的组合，总计含有 245 毫克钙和 10 毫克铁，则其应该每样吃多少？

48. 营养。1 盒希腊纯酸奶含有 7 克碳水化合物和 13 克蛋白质，1 片发芽谷物面包含有 15 克碳水化合物和 4 克蛋白质。如果娜达想要摄入 59 克碳水化合物和 38 克蛋白质，则应消耗多少酸奶和面包？

49. 卫星系统对比。梅纳卡正在考虑两套卫星电视系统，世通公司的安装费用为 179 美元，月租费为 17.50 美元；卫星公司的安装费用为 135 美元，月租费为 21.50 美元。这两套卫星系统的解决方案说明了什么？梅纳卡应当如何决定采用哪家公司的系统？

50. 工作机会对比。贝蒂可以选择在《时尚》杂志担任自由编辑，基本工资为 20 美元/小时，外加 25 美分/页；也可以选择在《腮红》杂志担任自由编辑，基本工资为22.10美元/小时，外加18美分/页。这种择业解决方案说明了什么？贝蒂应当如何决定选择哪家杂志？

51. 最繁忙的机场。去年，全球最繁忙的两个机场是亚特兰大哈茨菲尔德-杰克逊国际机场和北京首都国际机场。两个机场的旅客总数为1.82亿人，亚特兰大哈茨菲尔德-杰克逊国际机场比北京首都国际机场多1000万人，两个机场的旅客各为多少人？

52. 旅游。据世界旅游组织统计，去年游客最多的两个欧洲国家是法国和西班牙，它们总共接待了1.38亿游客，其中法国比西班牙多2000万游客。两个国家分别接待了多少游客？

下图显示了2000—2010年美国和中国的汽车产量变化。

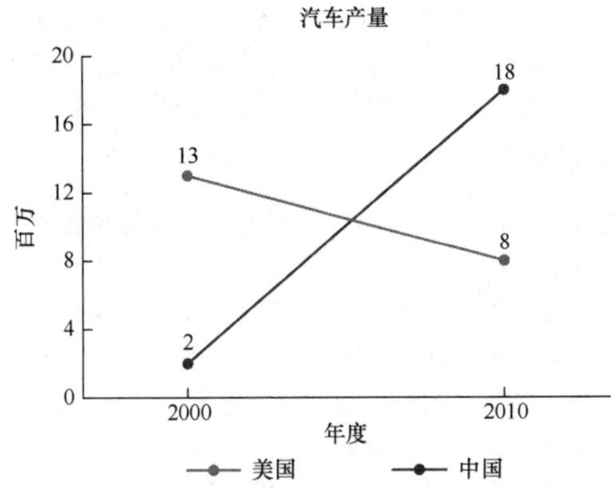

数据来源：国际汽车制造商协会

53. 汽车产量。用标准式写出两个线性方程，分别描述2000—2010年美国和中国的汽车产量变化（将2000年视为0年）。

54. 汽车产量。解练习53中的方程组，并解释得到的解。

在练习55～58中，用消元法求出供需情形的均衡点。假设供给方程和需求方程均为线性方程。

55. 家庭教师的供给和需求。家教服务提供有偿家庭教师服务，当收费标准为8美元/小时时，每周需要30名教师；当收费标准上调至15美元/小时时，需求下降至9名教师/周。另一方面，若收费标准为8美元/小时，则该服务只能提供9名教师/周；若收费标准为15美元/小时，则该服务可以提供37名教师/周。收费标准为多少（美元/小时）时的教师供需人数相等？

56. 房屋的供给和需求。本地商会开展了一项低收入家庭住房调查，发现如果一套公寓的月租金为400美元，则供应量只有275套；当月租金涨至550美元时，供应量增至350套。相比之下，当月租金为400美元时，需求量为450套；当月租金涨至550美元时，需求量降至200套。求公寓的需求量与供应量相等时的月租金数额。

57. 二手书的供给和需求。某家书店主要经营二手教科书。对于当前的社会学类教科书，如果平均进货价格为30美元/本，则其能够购买到60本，同时将有95名读者愿意购买加价后的这些二手书；如果平均进货价格为42美元/本，则其能够购买到120本，但只能卖出其中50本。为了能够卖出所购的所有教科书，该书店应为二手教科书提供什么样的进货价格？

58. 百吉饼的供给和需求。唐恩都乐（Dunkin' Donuts）每天早上都做新鲜的百吉饼。如果价格为7美元/打，则制作量为4打，需求量为10打；如果价格为16美元/打，则制作量为16打，但只能销售4打。为了使百吉饼的制作量和销售量相等，该店应当如何定价？

某公司生产和销售 x 单位的某种产品时，生产成本 C 可通过如下方程进行描述：

$$C = \text{固定成本} + \text{单位成本} \cdot x$$

收入 R 是指销售 x 单位产品所获得的金额，可通过如下方程进行描述：

$$R = \text{单位销售价格} \cdot x$$

C 和 R 相等的点称为收支平衡点，它描述该公司开始盈利的点。在练习59～60中，求相关情形下的收支平衡点。

59. 制造业。耳塞公司（EarBudz Company）计划生产一款新型高端降噪耳塞，固定成本为12.6万美元，生产成本为12美元/副，销售价格为40美元/副。

60. 制造业。背包客（Trekker）鞋业公司计划生产一款新型运动鞋，固定成本为26.6万美元，生产成本为30美元/双，销售价格为125美元/双。

在练习61～68中，用不等式组表示相关情形，然后用本节开发的方法解不等式组。在为解集作图的过程中，可能需要考虑某些数量不能为负，因此可能需要适当地限制解集（像例9中那样）。

61. 制造业。斯科特拥有一家制造公司，生产两种娱乐中心模型。其中，雅典模型需要4英尺型材，平均制造时间为4小时；巴塞罗那模型需要15英尺型材，平均制造时间为3小时。在给定的一周时间内，可用制造时间为120小时，可用型材总量为 360 英尺。

62. **投资**。吉娜考虑买入一只医药股票和 Facebook 股票，总投资额不超过 3000 美元，且医药股票的投资额至少为 Facebook 股票的 3 倍（注：2021 年 10 月 28 日，在美国纳斯达克上市的 Facebook 股票更名为 Meta Platforms）。

63. **锻炼计划**。安的私人教练告诉她：每次锻炼（包括力量训练和有氧运动）的时间不要超过 75 分钟，而且力量训练时间至少应为有氧运动时间的 2 倍。

64. **小生意**。在狄龙•潘瑟的一场足球赛上，塔米•泰勒现场装饰并售卖帽子和 T 恤。1 顶帽子的装饰时间为 30 分钟，1 件 T 恤的装饰时间为 20 分钟，她共有 600 分钟的装饰时间。

65. **饮食**。作为女足世界杯准备工作的一部分，卡桑德拉正在服用几种营养补充剂，其中昆腾量子（Quantum）含有 4 毫克烟酸和 80 毫克钙，纽卡勒斯（Nutra Plus）含有 2 毫克烟酸和 220 毫克钙。为了补充饮食营养，她希望摄入至少 12 毫克烟酸和 960 毫克钙。

66. **广告**。一家速溶咖啡馆新近开业，正在考虑通过打广告来拓展商机，老板准备在当地的报纸广告和广播广告上共投入 2400 美元。广播广告的费用为 100 美元/次，报纸广告的费用为 300 美元/次。老板希望广播广告的数量至少为报纸广告的 3 倍。

67. **订购智能手机**。本地一家网店同时销售苹果和安卓智能手机，经理凯蒂想要订购（进货）30～60 部手机，且苹果手机数量至少为安卓手机的 2 倍。

68. **编织公平贸易商品**。玛格达琳是喀麦隆人，为了养家糊口，大量编织公平贸易篮子和手提包。她每年编织的物品不超过 600 件，但至少为 450 件，且手提包数量至少是篮子的 3 倍。

数学交流

69. 二元一次方程组的图是两条直线。**a**. 在为这些直线作图时，可能出现哪 3 种情形？**b**. 如何分辨正在处理哪种情形？对解方程组有何启示？

70. 表述需求的方程（如例 4）是具有正斜率还是具有负斜率？为什么？表述供给的方程呢？

71. 描述二元一次不等式的解集外观及其快速解法。

72. 解线性不等式组时，可确定不在 x 轴下方或 y 轴左侧的区域加底纹，为何要这样做？举例说明。

生活中的数学

73. 如前所述，教科书问题通常要比实际生活问题更简单。对于例 9 中的哈立德饮食，描述本书未提及的至少 3 个方面问题。这里并不想进行数学讨论，只是表明详尽问题描述中可能包含哪些内容。

74. 在本节所解的方程组中，共含有 2 个方程和 2 个未知数。当方程组含有 3 个未知数时，解的形式是一个有序三元组。证明三元组(1, 3, −5)是下列各方程的解，并解该方程组：

$$x+2y+z=2$$
$$-3x+y+z=-5$$
$$4x-y-2z=11$$

75. 用变量 x = 学习时间、y = 睡眠时间和 z = 其他活动（如社交、锻炼和工作等）构建一个典型工作日的时间模型，设置 3 个方程或不等式（如将每天睡眠时间不超过 8 小时表示为 $y\leqslant 8$）。不要解该方程组（或不等式组）。

挑战自我

在练习 76～77 中，解不等式组，并解释其为何无解。

76. $2x+3y\geqslant 18$
$4x+6y\leqslant 16$

77. $5x-2y<10$
$-5x+2y\leqslant -20$

一个不等式组可以包含两个以上的不等式。解下列不等式组，求出所有角点。

78. $2x+3y\leqslant 25$
$5y\geqslant 20+x$
$y\leqslant x+5$
$x\geqslant 0, y\geqslant 0$

79. $3x+2y\leqslant 22$
$x+y\leqslant 8$
$x+4y\leqslant 24$
$x\geqslant 0, y\geqslant 0$

80. $x-2y\leqslant 8$
$2x+y\leqslant 19$
$x\geqslant y+5$
$x\geqslant 0, y\geqslant 0$

81. $6y\leqslant 14+5x$
$2y\leqslant 23-2x$
$13y\geqslant 56-2x$

在练习 82～85 中，用图写出一个不等式组，其解为指定区域。描述这些区域时，忽略各轴。

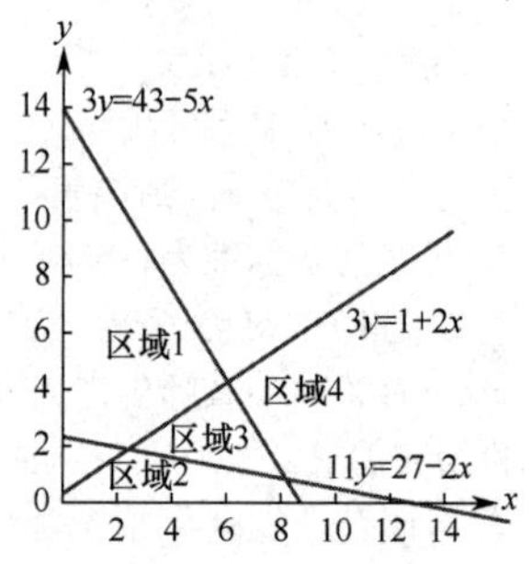

82. 区域 1　**83**. 区域 2　**84**. 区域 3　**85**. 区域 4

7.7 深入研究：动力系统

为什么天气预报有时候非常不靠谱？我们拥有采集数据和分析数据的大量技术，似乎应该能够建立比目前更可靠的数学模型。“天气建模中存在的问题”不仅比本章讨论的各种情形复杂，而且许多系统非常不稳定，意味着模型输入的“小变化”可能导致模型输出的“大变化”。

我们可用 1 枚硬币来描述“不稳定”状态。硬币的“稳定/静止”状态包括 3 种类型，即正面朝上、反面朝上和边缘直立。如果硬币非常接近正面朝上状态，则硬币被释放时将进入正面朝上状态。显然，许多状态接近正面朝上状态，因此如果硬币处于其中之一，则其接近正面朝上状态。

下面将正面朝上状态与边缘直立状态进行比较。如果将硬币置于几乎接近边缘直立状态后释放，则硬币不会朝向边缘直立状态移动，而会接近正面朝上状态或反面朝上状态。如果某个系统接近一种稳定状态，则其将向该稳定状态移动；如果某个系统接近一种不稳定状态，则其后续行为可能不可预测。

7.7.1 动力系统

本节中研究的系统类似于 7.4 节中的银行账户和逻辑斯蒂增长模型。在银行账户示例中，若已知 n 时间点的账户金额，则可计算出 $n+1$ 时间点的账户金额；在逻辑斯蒂增长模型中，若已知 n 时间点的狐猴种群数量，则可预测出 $n+1$ 时间点的狐猴种群数量。

在这两种情况下，我们可以认为该模型提供了一个数列/数字序列，在已知前一个数的前提下，即可计算出该数列中的任意一个数。对银行账户示例而言，首次存入 1000 美元，然后每个连续年度的账户金额是前一年度的 1.08 倍，如下所示：

$$A_0 = 1000,\ A_1 = 1080,\ A_2 = 1166.40,\ A_3 = 1259.71, \cdots,\ A_{n+1}, \cdots$$

A_0	A_1	A_2	A_3	A_{n+1}
初始金额	$1.08 \cdot A_0$	$1.08 \cdot A_1$	$1.08 \cdot A_2$	$1.08 \cdot A_n$

对狐猴种群数量的增长而言，利用前一年度达到的百分比，即可计算出最大种群数量百分比：

$$P_0 = 0.20,\ P_1 = 0.216,\ P_2 = 0.233,\ P_3 = 0.251, \cdots,\ P_{n+1}, \cdots$$

P_0	P_1	P_2	P_3	P_{n+1}
初始百分比	取决于P_0	取决于P_1	取决于P_2	取决于P_n

在这两个示例中，我们计算的每个数量都取决于前一时间段内的数量。

使用称为“动力系统”的一种数学模型，可以描述银行账户示例和逻辑斯蒂增长示例。

要点 动力系统中的每个状态均由前一状态决定。

定义 动力系统/动态系统/动态组是一个数列 $A_0, A_1, A_2, A_3, \cdots$，对每个数值 n，满足如下条件：

$$A_{n+1} = \text{包含}A_n\text{的一个表达式}$$

注：动力系统存在许多不同的类别，具体取决于系统满足的性质。例如，A_{n+1} 仅取决于 A_n 的系统有时称为一阶系统；二阶系统是 A_{n+1} 同时取决于 A_n 和 A_{n-1} 的系统。目前，我们不讨论此类复杂系统情形，且为了更加清晰起见，对相关术语略做简化。

现在，查看 7.4 节中的例 1，其为一个动力系统。

例 1 作为动力系统的银行账户

将 1000 美元存入一个账户，每年获得 8%的复利，通过动力系统对此情形建模。

解：如前所述，每年年末的账户金额是上一年的 1.08 倍，因此可以更简洁地表述为

$$A_{n+1}=1.08\cdot A_n, n=0,1,2,3,\cdots,(\text{第 } n \text{ 年}), A_0=1000$$

由上可知，这个动力系统实际上含有无穷多个方程。

像银行账户变化和狐猴种群数量变化一样，如果拥有描述天气变化的足够数据和足够复杂方程，则可将当前天气状态视为初始状态W_0，1 小时后的天气状态视为W_1，2 小时后的天气状态视为W_2，以此类推。如果模型准确且系统稳定，则W_{8760}是 8760 小时（即 1 年）后的天气状态。

方程可作为数学对象而独立存在，且不需要用实际生活术语进行解释，动力系统亦如此。人们常用一条规则来定义某一动力系统，下面举两个例子：

$$① \quad A_{n+1}=5A_n+3$$

$$② \quad A_{n+1}=2A_n^2+A_n-5$$

系统①是线性系统，系统②是非线性系统。你知道这些名字为何恰如其分吗？动力系统实际上是包含无限多方程的方程组。例如，系统①对应于如下方程的集合：

$$A_1=5A_0+3$$
$$A_2=5A_1+3$$
$$A_3=5A_2+3$$
$$\cdots$$

如果在医院服用过抗生素类药物，则应具有动力系统的个人经历。

例 2　用动力系统为血液中的抗生素建模

假设医生开了 500 毫克/剂的抗生素，让你每天服用 3 次，每次服用 1 剂。假设药物即刻进入血液，但在 8 小时后，60%的药量会由人体排掉。通过动力系统为血液中的药量建模，然后用其计算服药 3 剂后的血液中的药量。

解：由于每 8 小时服用一次药物，所以模型中单位时间对应的时间间隔是 8 小时。这里用D_n表示时间间隔n处的药量，例如在$n=5$处，身体已排掉 8 小时前 60%的药量，因此在服用下一剂药之前，血液中的药物含量为

从第 5 个时间间隔开始　　　第 4 个时间间隔开始时的 60%药量已被排掉

$$D_5=0.40(D_4)$$

第 4 个时间间隔开始时的药量

但是，当再次服用 1 剂药物后，500 毫克额外药量将进入体内，由此可知

新剂量

$$D_5=0.40(D_4)+500$$

血液中的残余药量

既然对 5 适用，则对任何时间点都适用，所以有

$$D_{n+1}=0.40(D_n)+500$$

目前只剩下唯一必答的问题，即D_0的值应该是多少？要想让第 1 剂药对应于时间 1，第 2 剂药对应于时间 2，以此类推，则可认为时间 0（即服用第 1 剂药前 8 小时）位置的血液中无此药物。因此有

$$D_{n+1}=0.40(D_n)+500, \qquad n=0,1,2,\cdots$$

“初始值$D_0=0$”描述了这个动力系统。

现在就可计算D_3。为此，需要先计算D_0, D_1和D_2：

$$D_0 = 0$$
$$D_1 = 0.40(D_0) + 500 = 0.40(0) + 500 = 500$$
$$D_2 = 0.40(D_1) + 500 = 0.40(500) + 500 = 700$$
$$D_3 = 0.40(D_2) + 500 = 0.40(700) + 500 = 780$$

现在尝试完成练习 01 ~ 06。

自测题 23

重做例 2，但现在假设身体在两次服药之间可排掉 80%的药量，且每剂药量为 400 毫克。

7.7.2 平衡值和稳定性

在例 2 中，由于体内血液中的药量不断增多，你可能想要知道长时间服药的效果如何，是否可能由于药量过多而中毒？为了详尽地研究这个问题，我们生成了 D_n 的数值表。

如表 7.7 所示，随着 n 的值逐渐增大，D_n 的值似乎越来越接近 833.3。实际上，如果 D_n 曾经等于 $\frac{5000}{6} = 833.3333\cdots$，则从那个时候起，$D_n$ 的所有后续值也将等于 $833.333\cdots$（详见后文）。

数值 $\frac{5000}{6}$ 是例 2 中动力系统的“平衡值”示例。

表 7.7 药量

n	D_n（四舍五入至 1 位小数）	n	D_n（四舍五入至 1 位小数）
1	500	7	832.0
2	700	8	832.8
3	780	9	833.1
4	812	10	833.2
5	824.8	11	833.3
6	829.9	12	833.3

要点 一旦动力系统达到一个平衡值，它就会保持该值不变。

定义 动力系统的平衡值是一个数字 a，如果 $A_n = a$，则 A_{n+1} 也等于 a。

平衡值描述系统的长期行为。某些系统的平衡值很容易找到。例如，考虑如下系统：

$$A_{n+1} = -3A_n + 5$$

假设在某一点 $A_{n+1} = A_n$，二者均为相同数值 a。用 a 替代方程中的 A_n 和 A_{n+1}，得到

$$a = -3a + 5$$

方程两侧同时加上 $3a$，然后除以 4，得到

$$a = \frac{5}{4}$$

为了检验 $\frac{5}{4}$ 是否为平衡点，用其替代方程中的 A_n，得到

$$A_{n+1} = -3A_n + 5 = -3\cdot\frac{5}{4} + 5 = \frac{-15}{4} + \frac{20}{4} = \frac{5}{4}$$

求动力系统的平衡值

要求动力系统的平衡值 a，可按如下步骤操作：

1. 写出方程“A_{n+1} = 含有 A_n 的表达式”。
2. 用 a 替代第 1 步方程中的 A_n 和 A_{n+1}。
3. 解第 2 步中关于 a 的方程。

动力系统的平衡值可能稳定，也可能不稳定。在药量示例中，数字似乎越来越接近833.333…，这种事情确实正在发生（很快即可见到）。在例 3 中，我们会看到另一个类似的动力系统，但却存在差异极大的行为。

要点 平衡值可能不稳定。

例 3 动态系统的不稳定平衡值

a）求动力系统 $A_{n+1}=4A_n-5$ 的平衡值；b）这个平衡值稳定吗？

解：a）用 a 替代 $A_{n+1}=4A_n-5$ 中的 A_n 和 A_{n+1}，可得 $a=4a-5$。解方程得 $a=\frac{5}{3}=1.6666\cdots$；

b）现在，利用非常接近 $\frac{5}{3}$ 的两个 A_0 值（见表 7.8），第 1 个值是 1.66，略小于 $\frac{5}{3}$；第 2 个值是 1.67，略大于 $\frac{5}{3}$。

可以看到，虽然取非常接近 $\frac{5}{3}$ 的两个值作为系统的初始值 A_0，但在计算 A_{10} 时，两个结果值与初始值相差很大。由此可知，平衡值 $\frac{5}{3}$ 不稳定。就像边缘直立的硬币一样，即便从 $\frac{5}{3}$ 开始略有偏离，最终结果值也会远离 $\frac{5}{3}$。

表 7.8 具有不稳定平衡值的动力系统

n	A_n	A_n	A_n	n	A_n	A_n	A_n
0	$\frac{5}{3}$	1.66	1.67	6	$\frac{5}{3}$	−25.64	15.32
1	$\frac{5}{3}$	1.64	1.68	7	$\frac{5}{3}$	−107.56	56.28
2	$\frac{5}{3}$	1.56	1.72	8	$\frac{5}{3}$	−435.24	220.12
3	$\frac{5}{3}$	1.24	1.88	9	$\frac{5}{3}$	−1745.96	875.48
4	$\frac{5}{3}$	−0.04	2.52	10	$\frac{5}{3}$	−6988.84	3496.92
5	$\frac{5}{3}$	−5.16	5.08				

现在尝试完成练习 07 ~ 10。

自测题 24

求下列动力系统的平衡值，并判断这些平衡值是否稳定：a）$A_{n+1}=3A_n-1$；b）$B_{n+1}=0.5B_n-3$。

在例 3 中，动力系统的表现行为有时称为蝴蝶效应，它指的是一种假定事实：当南美洲的一只蝴蝶拍打翅膀时，可能会造成大气的轻微扰动，继而不断放大并最终在中国形成台风。

下面的定理描述了平衡值何时稳定及何时不稳定，但这里不做相关证明。

动力系统平衡值的稳定性

假设 a 是如下系统的平衡值：

$$A_{n+1}=mA_n+b$$

1. 如果 $-1<m<1$，则平衡值 a 是稳定的。

2. 如果 $m<-1$ 或 $m>1$，则平衡值 a 是不稳定的。

3. 如果 $m=-1$，则值 A_n 将在两个值之间振荡。

我们可将该定理应用到例 2 和例 3 中。在例 3 中，动力系统为 $A_{n+1}=4A_n-5$，因为 $m=4$ 大于 1，据该定理判断其平衡值不稳定，结果刚好与表 7.8 相吻合；在例 2 中，模型是 $D_{n+1}=0.40D_n+500$，因为 $m=0.40$ 介于−1 与 1 之间，所以该系统具有稳定的平衡值（见练习 09）。

动力系统的应用非常广泛。在《武器与不安全感：战争的起因和起源的数学研究》一书中，刘易斯 • F • 理查森对战争的起因之一做了非常有意思的描述，详见例 4。

例 4　用动力系统对军备竞赛建模

20 世纪初，“法国-俄罗斯”和“德国-奥地利-匈牙利”是相互对抗的两个联盟。基于理查森的理论，以下动力系统从 1909 年开始（模型中的第 0 年），对两个联盟之间的年度国防开支总额建模：

$$D_{n+1}=\frac{5}{3}D_n-\frac{380}{3}，\ 其中D_0=199$$

a）求该系统的平衡值；b）平衡值是否稳定？c）随着 n 值增大，此模型预测将发生什么？

解：a）为了求平衡值，解方程 $a=\frac{5}{3}a-\frac{380}{3}$。方程两侧同时乘以 3 得 $3a=5a-380$，化简得 $380=2a$，因此平衡值为 190;

b）因为 D_n 的系数是 $\frac{5}{3}$，大于 1，所以平衡值 190 不稳定;

c）因为平衡值 190 不稳定，如果从值 $D_0=199$ 开始，则随着 n 值增大，D_n 值可能与 190 相差很远。我们计算了 D_n 的一些值，如表 7.9 所示。

表 7.9　基于理查森的欧洲军备竞赛模型的国防开支增长

第…年 $=n$	国防开支数额 $=D_n$	第…年 $=n$	国防开支数额 $=D_n$
0	199	5	305.7
1	205	6	382.9
2	215	7	511.5
3	231.7	8	725.8
4	259.5		

由表 7.9 可知，随着 n 值的增大，D_n（国防开支）迅速增大。由于双方均不可能无限度地增加国防开支，因此双方之一最终将无法承受而选择宣战。

练习 7.7

强化技能

对下列动力系统，计算 A_n 的值。

01. $A_{n+1}=2A_n-1,\ A_0=3$；求 A_1 和 A_2

02. $A_{n+1}=3A_n+2,\ A_0=1$；求 A_1 和 A_2

03. $A_{n+1}=-3A_n+4,\ A_0=-2$；求 A_3

04. $A_{n+1}=2.5A_n-3,\ A_0=2$；求 A_3

05. $A_{n+1}=1.8A_n-2,\ A_0=4$；求 A_4

06. $A_{n+1}=-0.8A_n-2,\ A_0=1.5$；求 A_4

求下列动力系统的平衡值，并指出该值是否稳定。

07. $A_{n+1}=2A_n+3$　**08**. $A_{n+1}=4A_n-5$

09. $D_{n+1}=0.40D_n+500$　**10**. $B_{n+1}=0.10B_n-2$

学以致用

用动力系统对下列情形建模，然后用模型回答问题。

11. **复利**。你将 1000 美元存入银行账户，年利率为 5%，按年计算复利。2 年后，账户里有多少钱？

12. **复利**。你将 1 万美元存入银行账户，年利率为 2%，按年计算复利。3 年后，账户里有多少钱？

13. **野生动物生长**。某岛屿上狐猴数量的年增长率为 8%，最初狐猴数量占最大容量的 30%。2 年后，狐猴数量占最大容量的百分比为多少？

14. **野生动物生长**。重做练习 13，但这次假设年增长率为 12%，最初狐猴数量占最大容量的 20%。

15. **抗生素水平**。你每隔 4 小时服用 1 剂（250 毫克）抗生素，身体 4 小时后将排掉 40%的药量。服用 3 剂抗生素后，血液中含有多少抗生素？

16. **抗生素水平**。你每隔 12 小时服用 1 剂（1000 毫克）抗生素，身体 12 小时后将排掉 75%的药量。服用 3 剂抗生素后，血液中含有多少抗生素？

17. **建立大学基金**。1 月 1 日，你刚为女儿存入 3000 美元大学基金，年利率为 5%。你打算选择复利方式，并在每年 1 月 1 日向账户中另存入 3000 美元。**a**. 用动力系统为这项投资建模。**b**. 到第 4 年的 12 月 31 日，基金账户里有多少钱？

18. **建立大学基金**。重做练习 17，但这次每年存款 4000 美元，年利率为 3.75%。**a**. 用动力系统为这项投资建模；**b**. 假设持续投资 3 年，最后能挣多少钱？

数学交流

19. “动力系统实际上是包含无限多方程的方程组”的含义是什么？

20. 动力系统的平衡值是什么？稳定平衡值和不稳定平衡值之间有何差异？

21. 如果 a 是动力系统 $A_{n+1}=mA_n+b$ 的平衡值，如何判断 a 是否稳定？

22. 解释蝴蝶效应。

挑战自我

活体动植物均含有化学元素“碳”，其中一定比例的碳具有放射性，科学家认为这一比例数千年保持不变。放射性碳会发生衰变，因此当动物死亡后，每年都会损失一些放射性碳。已知在 1 年结束时，化石中残留的放射性碳含量约为 1 年开始时的 0.99988。因此，化石中的放射性碳衰变可用如下动力系统描述：

$$C_{n+1}=0.99988\cdot C_n\text{，其中 } n=0,1,2,3,\cdots$$

该系统的行为与复利情形完全相同（除了放射性碳含量正在减少），因此容易求出 k 年后化石中的放射性碳含量，即 $C_k=0.99988^k\cdot C_0$。总假设时间为 0 时的放射性碳含量为 1，即 $C_0=1$。用该模型回答练习 23 ~ 24。像 7.4 节中那样，你可用对数函数解这些方程。

23. **碳年代测定**。一块骨化石的原始放射性碳含量为 90%，求该骨化石的年龄（四舍五入至 100 年）。

24. **碳年代测定**。一片植物叶子化石的原始放射性碳含量为 60%，求植物化石的年龄（四舍五入至 100 年）。

放射性物质随着时间的推移而逐渐衰变，时间 t 时的剩余量由以下方程给出：

$$\text{剩余量}=\text{初始量}\times(1/2)^{\frac{t}{h}}$$

式中，h 是放射性物质的半衰期，即物质衰变至初始量一半时所需的时间。在练习 25 ~ 26 中，利用此方程。

25. 假设现有 50 磅放射性钚，半衰期为 2.4 万年，5 万年后还剩下多少磅？

26. 如果现有 100 磅放射性铀 238，半衰期约为 47 亿年，10 亿年后还剩下多少磅？

假设用逻辑斯蒂方程 $P_{n+1}=[1+r(1-P_n)]P_n$ 对一大片国家狩猎场上的野火鸡数量增长建模。如果想要允许人们在这片狩猎场上狩猎，为了计算被狩猎活动杀死的野火鸡，我们可从 P_{n+1} 中减去一些数字来调整这个方程。在下列问题中，假设该狩猎场最多能够容纳 1000 只野火鸡。

27. **管理野生动物**。假设野火鸡的当前数量为 500 只，拟允许每年捕猎 80 只，野火鸡的年增长率为 10%。相应修改增长方程，并用其预测 3 年后的野火鸡数量。

28. **管理野生动物**。假设野火鸡的当前数量为 750 只，拟允许每年捕猎 100 只，野火鸡的年增长率为 10%。相应修改增长方程，并用其预测 3 年后的野火鸡数量。

本章复习题

7.1 节

01. 解下列方程：

a. $\frac{2}{3}x+2=\frac{1}{6}x+4$；**b**. $0.3x-2=3.5x-0.4$。

02. 解关于 r 的方程 $A=P(1+rt)$。

03. 德肖恩就职于一家仓库，每周工作时间为 40 小时，每小时工资为 5 美元。如果工作时间超过 40 小时，工资是平时的 2 倍。假设他的每周工作时间至少为 40 小时。**a**. 用线性方程对这种情形建模。**b**. 如果某周工作 46 小时，其能挣多少钱？

04. 绘制两个截点和过它们的一条直线，为 $3x+5y=20$ 作图。

05. 求过点(2, 5)和(6, 8)的直线的斜率。

06. 关联下图中的直线与如下斜率信息。假设两个轴上的比例尺相同。直线 1：斜率为正且小于 1；直线 2：斜率为负且介于-1 和 0 之间；直线 3：斜率不存在；直线 4：斜率大于 1。

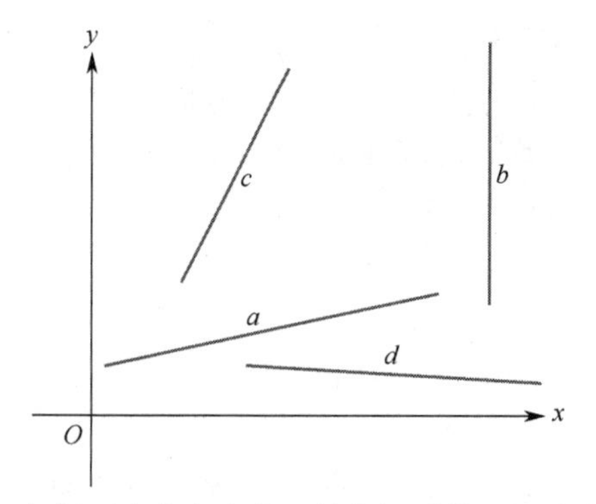

07．努根正在考虑安装卫星电视系统，候选公司有二：全球通信的安装费用为 240 美元，月租费为 39 美元；世界通信的安装费用为 350 美元，月租费为 28 美元。世界通信多少个月后更划算？

7.2 节

08．求斜率为-4 且过点(2, 5)的直线的方程。

09．求其图过点(3, 4)和(6, 9)的线性方程。

10．根据《美国人时间利用调查》提供的数据，2005 年，在 15 岁及以上年龄段的美国人中，17.5%的人平均每天参加运动、健身及休闲娱乐活动；2014 年，该年龄段平均每天 19.1%的美国人参加相关活动。**a**．用线性方程对此信息建模；**b**．用你的模型估计 2024 年该年龄段美国人参加这些活动的百分比。

11．最佳拟合直线的含义是什么？

12．解释何时适合使用线性方程作为模型。

7.3 节

13．解二次方程 $2x^2+7x=4$ 。

14．根据方程 $y=-2x^2-10x-8$ 的图，回答下列问题：**a**．图是向上开口还是向下开口？**b**．图的顶点是什么？**c**． x 截点是什么？**d**． y 截点是什么？**e**．为该方程作图。

15．什么是二次回归？

16．方程 $A=-0.125x^2+2x+1.125$ 对某部最新电影上映 x 周的上座率建模，该电影哪周的上座率最高？

7.4 节

17．如果在某项投资中存入 10000 美元，年利率为 4.8%，每年计算复利，5 年后的账户金额是多少美元？

18．练习 17 中的账户金额多长时间翻倍？

19．设种群数量的初始增长速率为 3%，用逻辑斯蒂增长模型对其进行描述，如果 $P_3=0.50$ ，则 P_4 是多少？

20．在迪士尼世界的一家酒店中，同一房间 2011 年的价格为 220 美元/晚，2015 年的价格为 280 美元/晚（仅因通货膨胀）。用指数模型估计该房间 2019 年的价格。

21．指数模型和逻辑斯蒂模型的区别是什么？

7.5 节

22．求下列比例中的 x ：

a． $25:8=x:2$ ； **b**． $\frac{30}{4}=\frac{x}{5}$ 。

23．如果 840 平方英尺车道需要 3.5 加仑密封剂，1500 平方英尺车道需要多少密封剂？

24．海洋生物学家捕获、标记并释放了 180 只企鹅，几个月后再次捕获了 55 只企鹅，发现其中 12 只企鹅带记号。估计企鹅的种群数量。

25．假设 y 随 x 逆变分，如果 $x=3$ 时 $y=14$ ， $x=18$ 时 y 的值是多少？

26．假设 d 与 a^2 和 b 连变分，但随 c 逆变分。如果 $a=3, b=7$ 和 $c=14$ 时 $d=144$ ， $a=8, b=11$ 和 $c=16$ 时 d 的值是多少？

27．横梁的强度与其宽度 w 和厚度 d 的平方成正比，与其长度 l 成反比。如果宽度和长度加倍，横梁的强度应如何变化？

7.6 节

在练习 28～30 中，解方程组，并解释解的几何意义。

28． $4x-3y=27$

$x+2y=-7$

29． $\frac{3}{4}x-\frac{1}{2}y=\frac{5}{4}$

$-x+\frac{2}{3}y=-\frac{5}{3}$

30． $-4x+5y=3$

$12x=15y-10$

31．美国奥林匹克篮球队以 17 分优势赢得了一场篮球比赛，如果双方共得到 123 分，最终比分是多少？

32．卡门上个月共吃了 5 个巨无霸三明治和 3 个麦香鸡三明治，摄入总热量为 3780 卡路里。如果卡门吃了 3 个巨无霸三明治和 5 个麦香鸡三明治，摄入总热量为 3420 卡路里。每个三明治含有多少卡路里？

33．美国中西州立大学正在制作节日花环，为“流浪汉之家”筹集款项。从以往的销售经验看，如果花环的销售单价为 12 美元，则可售出 32 个，如果涨至 24 美元，则只能售出 24 个。另一方面，如果销售单价为 12 美元，则学校只愿意制作 26 个，如果涨至 24 美元，则学校愿意制作 30 个。为了使花环的供给量和需求量相等，学校应该设定什么样的价格？

34. 用单点检验法解不等式 $6x+5y>20$，并为解加底纹。

35. 解不等式组 $\begin{matrix} 2x+5y\geqslant 24 \\ 2y\leqslant 2x+18 \end{matrix}$，并求出解集的所有角点。

36. 艺术俱乐部正在出售定制装饰的 T 恤和帽子，为一次旅行筹集款项。T 恤的销售单价为 4 美元，帽子的销售单价为 2 美元，帽子的销售数量比 T 恤至少高 15，总销售额不超过 180 美元。用不等式组为这种情形建模，然后用本章开发的方法解不等式组。绘制解集时，注意某些数量不能为负，并适当地限制解集。

7.7 节

37. 已知动力系统 $A_{n+1}=4A_n+3$，$A_0=6$，计算 A_1，A_2 和 A_3。

38. 求练习 37 中动力系统的平衡值，并判断该值是否稳定。

39. 你每隔 8 小时服用 1 剂（800 毫克）抗生素，但是身体会在 8 小时后排掉 50%的药量。服用 3 剂抗生素后，体内的残留药量是多少？

本章测试

01. 解下列方程：

a. $\frac{3}{4}x+5=\frac{2}{3}x+4$；

b. $0.25x+4=1.5x-0.2$。

02. 解关于 b 的方程 $X=a(1+b)$。

03. 求过点(3, 5)和(8, 12)的直线的斜率。

04. 画出截点和过它们的直线，为 $5x-4y=10$ 作图。

05. 布兰登订购了一个手机套餐，每月通话时间低于 1200 分钟时收费 30 美元；超过 1200 分钟时，每分钟另收 0.045 美元。**a.** 用线性方程为布兰登的套餐建模；**b.** 如果他用手机通话 1520 分钟，其账单是多少？

06. 假设威尔逊迷你签名篮球 2014 年的销售单价为 16 美元，2020 年涨至 18.50 美元（仅因通货膨胀）。用指数模型预测同款篮球的 2027 年销售单价。

07. 在下表中，关联左右两栏的术语。

1．正斜率	**a．** 直线自左向右下降
2．无斜率	**b．** 直线自左向右上升
3．负斜率	**c．** 直线呈水平
4．斜率为 0	**d．** 直线呈垂直

08. 威尔弗雷多正在考虑两个咖啡俱乐部的会员方案。詹姆斯的“爪哇”需要支付 20 美元会员费，然后可花 1.50 美元购买一大杯咖啡；格雷西的“研磨”只需支付 11 美元会员费，但购买一大杯咖啡需要花 2 美元。詹姆斯的“爪哇”什么时候更划算？

09. 线性模型和指数模型的关键区别是什么？

10. 求过点(2, 5)和(6, 8)的直线的方程。

11. 使用线性方程对如下情形建模，但不需要解方程：沙纳亚在校园里中有两份兼职，餐厅提供的工资为 6.30 美元/小时，认知心理学实验室提供的工资为 8.25 美元/小时。在一周时间内，她共挣了 137.70 美元。

12. 什么是线性回归？

13. 2018 年，美国共有 2750 万人没有医疗保险，比 2017 年增加了 190 万人。用线性方程对此信息建模，并用模型预测 2025 年没有医疗保险的人数。

14. 已知动力系统 $A_{n+1}=4A_n+2$，$A_0=5$，计算 A_1，A_2 和 A_3。

15. 求练习 14 中动力系统的平衡值，并判断该值是否稳定。

16. 根据方程 $y=-x^2+11x-24$ 的图，回答下列问题：**a.** 图是向上开口还是向下开口？**b.** 图的顶点是什么？**c.** x 截点是什么？**d.** y 截点是什么？**e.** 为该方程作图。

17. 如果 5000 美元投资的年利率为 2.4%，每年计算复利，8 年后的账户金额是多少？

18. 练习 17 中的账户金额多长时间能够翻倍？

19. 求最佳拟合抛物线的正式名称是什么？

20. 假设方程 $S=-1.2x^2+8x$ 对最新发行音乐视频的销售建模，其中 x 是视频发行后的周数。视频销售在哪周达到最高点？

在练习 21～23 中，解方程组，并解释解的几何意义。

21. $6x=2y-4$
$8y-24x=10$

22. $-3y+4x=6$
$8x-12=6y$

23. $3x+4y=-6$
$2x-3y=13$

24. 你每隔 12 小时服用 1 剂（400 毫克）止痛药，身体 12 小时后将排掉 65%的药量。服用 4 剂后，体内残留的药量是多少？

25. 设种群数量的最初增长率为 2%，用逻辑斯蒂模型描述种群数量增长，如果 $P_8=0.40$，则 P_9 是多少？

26. 利用捕获—再捕获法，人口普查员正在统计某大城市中的无家可归者人数。他们首先识别出 75 人，几周后再次识别出 120 人，并发现第 2 批中的 5 人出自第 1 批。该城市有多少无家可归者？

27. 尚德拉在快餐店打工时的收入是 11.75 美元/小时，为游泳培训班授课时的收入是 14.50 美元/小时。上周，她的游泳班授课时间比快餐店打工时间多 5 小时。如果她挣了 387.50 美元，其快餐店打工时间有多长？

28. 卡卡圈坊（Krispy Kreme）发现，如果每盒（6 个）豪华甜甜圈的售价为 3 美元，将卖出 27 盒；如果将售价提高至 8 美元/盒，则只能卖出 17 盒。另一方面，如果售价为 3 美元，则卡卡圈坊只愿意制作 17 盒；如果售价为 8 美元，则卡卡圈坊会制作 32 盒。如果想让供给量与需求量相等，应当制作多少盒？

29. 用单点检验法解不等式 $4x-3y\geqslant 8$，并为解加底纹。

30. 在前 35 次击球中，投手马克斯·谢尔泽击出了 4 次安打，且继续保持这样的势头。如果他在本赛季共击球 90 次，则其有望击出多少次安打？

31. 解不等式组 $\begin{matrix} x+y\leqslant 14 \\ 2x-5y\leqslant -14 \\ 5x-2y\geqslant 7 \end{matrix}$，并求出解集的所有角点。

32. 横梁的强度随其厚度 d 的平方正变分，随其长度 l 逆变分。如果横梁的厚度和长度都增加 1 倍，横梁的强度如何变化？

33. 设 y 随 x 逆变分，$x=\frac{2}{3}$ 时 $y=8$，$x=4$ 时 y 的值是多少？

34. 设 s 随 x 和 y 连变分，随 t 逆变分。$x=2, y=4$ 和 $t=6$ 时 $s=16$，$x=3, y=5$ 和 $t=9$ 时 s 的值是多少？

35. 米卡尔在大峡谷向游客销售纪念品，主要出售装饰性木质套盒。每个小木盒需要 2 平方英尺木材，制作时间为 1 小时；每个大木盒需要 6 平方英尺木材，制作时间为 2 小时。他目前有 90 平方英尺木材，计划下周工作时间不超过 40 小时。用不等式组对此情形建模，然后解不等式组。

第 8 章　消费者数学

你准备好迎接“世界末日”了吗？阅读关于学生贷款债务危机的一篇文章后，笔者在谷歌上搜索了“世界末日”和“学生债务”两个关键词。在海量搜索结果中，前十个网站均将“美国学生贷款债务现状”称为“世界末日”，将其视为一场毁灭性规模的灾难性事件。

2022 年，美国学生贷款债务总额超过 1.5 万亿美元，而且据《华尔街日报》报道，约 11.1% 的借款人严重逾期不还。除了学生贷款债务，数百万家庭还面临着其他各种沉重债务，如信用卡债务、房屋抵押贷款及日趋恶化的投机性投资等。

为什么会出现这么多糟糕的状况呢？在许多情况下，主要是由于人们不了解资金的运作机制。8.2 节将从数学角度解释这些状况在日常生活中是如何发生的，如“债务管理不当”是如何给未来若干年带来沉重负担的。

但是，从积极的角度来看，理解并实际应用本章中介绍的融资原则后，你完全可能避免落入此类融资陷阱，并熟练运用数学力量来科学地管理资金。

8.1　百分数、税收和通货膨胀

本章全面讨论你未来经济生活中的各个领域，包括学生贷款、信用卡借款、投资和抵押贷款。为了理解这些内容及其他众多的日常信息，你必须要学会熟练运用“百分数”概念。

8.1.1　百分数

百分数/百分比/百分率的意思是“每一百/百分之一”。因此，17%意味着“每一百中的十七/百分之十七”，既可写为分数形式 $\frac{17}{100}$，又可写为小数形式 0.17。本章中常将百分数写为小数形式。

要点　百分数的意思是“每一百/百分之一”。

例 1　将百分数写为小数形式

a）以小数形式写出下列百分数：36%；19.32%；b）将下列小数写为百分数：0.29；0.354。

解： a）可将 36%想象为“36 个百分之一”或者 0.36，如图 8.1(a)所示。对于 19.32%，运用 1.1 节中的解题策略“尝试问题的简化版本”，如果将 19%写为小数 0.19，则可将 3 和 2 置于其右侧，因此 19.32% 等于 0.1932，如图 8.1(b)所示。

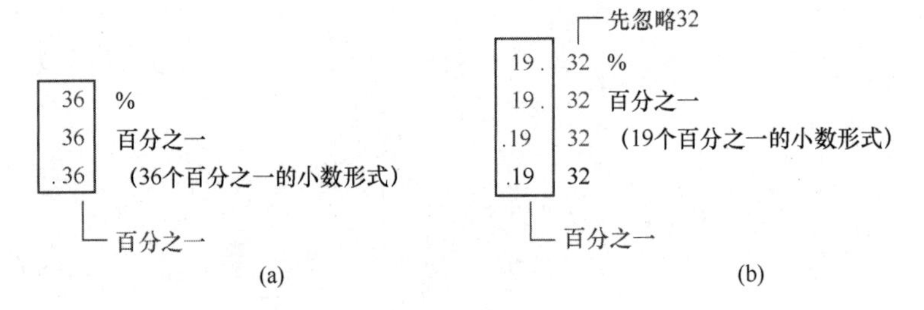

图 8.1　将百分数转换为小数的关键是在百分之一位置（即百分位）写什么

b）为了将小数转换成百分数，首先检查十分之一位置（即十分位）和百分之一位置（即百分位）是什么数字。对 0.29 而言，因为存在 29 个百分之一，所以 0.29 等于 29%。

为了改写 0.354，首先考虑 0.35 等于 35%，然后可知 0.354 等于 35.4%。

现在尝试完成练习 01 ~ 16。

自测题 1

a）将 17.45%写为小数；b）将 0.05%写为小数；c）将 2.45 写为百分数；d）将 0.025 写为百分数。

解题策略：类比原则

或许有人告诉过你“要将百分数转换为小数，可将小数点左移两位；要将小数转换为百分数，可将小数点右移两位”。只要理解了其具体含义，你就可以采用这种方法。

务必牢记“百分数意味着若干百分之一”。理解了如何将 0.29 改写为 29%，就知道如何将 1.29 改写为百分数。同理，知道 19%等于 0.19 后，就知道如何将 19.32%改写为小数。

如果愿意，也可利用如下规则：要将百分数转换为小数，首先去掉百分号，然后除以 100；要将小数转换为百分数，首先乘以 100，然后加上百分号。

人们经常需要将分数转换为百分数，参见例 2。

例 2　将分数转换为百分数

将 $\frac{3}{8}$ 写为百分数。

解：回顾本书前文所述的“新问题与旧问题相关联”策略。

因为已知如何将小数改写为百分数，所以先将 $\frac{3}{8}$ 转换为小数，后将该小数改写为百分数。

如果用分母去除分子，就可得到 $\frac{3}{8}=0.375$。因为 0.375 等于 37.5%，所以 $\frac{3}{8}=37.5\%$。

现在尝试完成练习 17 ~ 22。

8.1.2　变化百分比

美国的国防开支到底是太多还是太少？政客们经常为此吵得面红耳赤。利用简单的百分比计算，例 3 探讨了这个话题。

例 3　对比一段时间内的国防开支数额

基于美国白宫行政管理和预算局提供的数据，1970 年，美国政府的国防开支数额为 820 亿美元，联邦预算总额为 1960 亿美元；2020 年（50 年后），美国政府的国防开支数额为 7130 亿美元，联邦预算总额为 4.7 万亿美元。1970 年和 2020 年，美国联邦预算总额用于国防开支的百分比分别是多少？

解：1970 年，在 1960 亿美元的联邦预算中，820 亿美元用于国防开支，可将其写为分数形式 $\frac{820}{1960}\approx 0.418=41.8\%$。

2020 年，这一分数可写为 $\frac{713}{4700}=0.1517=15.17\%$。

可见，若仅考虑联邦预算百分比因素，则 2020 年的国防开支数额远低于 1970 年。

媒体常用百分比来解释某些数量的变化。例如，华尔街某个交易日阴云密布，股市下跌 1.2%；晚间新闻传来令人振奋的消息，消费者对经济的信心比上个月提高 13.5%。要做出这样的表述，必须理解几个量。

变化百分比总与以前的基数有关，其与基数和新数的关系如下：

$$变化百分比=\frac{新数-基数}{基数}$$

如果新数小于基数，变化百分比就为负值。例 4 将介绍变化百分比的计算。

例 4　能量饮料的价格变化

假设红牛能量饮料（12 罐装）2014 年的价格为 18.02 美元，2019 年的价格为 19.58 美元。在这段时间里，该能量饮料价格的变化百分比是多少？

解：在该例中，基数为 18.02 美元，新数为 19.58 美元。变化百分比可以计算如下：

$$\frac{新数-基数}{基数}=\frac{19.58-18.02}{18.02}=\frac{1.56}{18.02}\approx 0.0866=8.66\%$$

因此，在这 5 年间，红牛饮料的价格上涨了约 8.66%。

现在尝试完成练习 33 ~ 40。

自测题 2

2000 年，佛罗里达州的人口数量为 1600 万；2015 年，人口数量增至 1900 万。在这 15 年间，佛罗里达州人口数量的变化百分比是多少？

当描述销售给社会公众的产品时，商家常用百分比。商家在“基价/成本价”基础上增加的价格称为加价/加成/利润。

例 5　调查新汽车的销售价格

蒙特公司的奥托拉马汽车专营店正在进行年底清仓式促销，通过电视广告宣称“所有汽车的加价（利润）只高出经销商成本价的 5%”。蒙特有一款售价为 23302 美元的新型本田汽车，你在网上发现其经销商成本价为 21339 美元。蒙特公司的广告是否诚实可信？

解：回顾本书前文所述的“新问题与旧问题相关联”策略。

要求出这款本田汽车的加价百分比，可以计算汽车基价（经销商成本价）的变化百分比，二者相同。参照例 4 计算如下：

$$加价百分比=\frac{\overset{新数}{销售价}-\overset{基数}{经销商成本价}}{\underset{基数}{经销商成本价}}$$

$$=\frac{23302-21339}{21339}=\frac{1963}{21339}\approx 0.092=9.2\%$$

因此，蒙特公司不太诚信，这款汽车的加价是 9.2%，远高于电视广告中的承诺数额。

现在尝试完成练习 53 ~ 56。

要点　许多百分比问题基于相同的等式。

8.1.3　百分比等式

下面举几个百分比问题示例。对广大读者而言，认识到“这些问题都是相同等式的变化”非常重要。在每个示例中，我们都会取几个“基数的百分比”量，并让其等于一个数量：

$$百分比\times基数=数量$$

这个等式称为百分比等式。

该模式在例 5 中出现过，百分比为$9.2\%=0.092$，基数（经销商成本价）为 21339 美元，数量（加价）为 1963 美元，由此可知

$$\underset{百分比}{0.092}\times\underset{基数}{21339}\approx\underset{数量}{1963}$$

在其余示例中，已知3个量（百分比、基数和数量）中的2个量，求第3个量。

例6 应用百分比等式

a）140的35%是多少？b）63是哪个数的18%？c）288是640的百分之多少？

解：我们以图形化方式描述百分比等式，进而求解每个问题。

a）基数为140，百分比为$35\% = 0.35$。

$$\underset{0.35}{\text{百分比}} \times \underset{140}{\text{基数}} = \text{数量}$$

因此，数量为$0.35 \times 140 = 49$。

b）再次应用百分比等式得

$$\underset{0.18}{\text{百分比}} \times \text{基数} = \underset{63}{\text{数量}}$$

因此，结果为$0.18 \times \text{基数} = 63$，等式两侧同时除以0.18得

$$\text{基数} = \frac{63}{0.18} = 350$$

c）此时，基数是640，数量是288。

$$\text{百分比} \times \underset{640}{\text{基数}} = \underset{288}{\text{数量}}$$

因此，结果为$\text{百分比} \times 640 = 288$，等式两侧同时除以640得

$$\text{百分比} = \frac{288}{640} = 0.45 = 45\%$$

现在尝试完成练习23～32。

自测题3

a）60的15%是多少？b）18是什么数的24%？c）96是320的百分之多少？

生活中的数学——关注别人不想告诉你的事情

当与他人谈判时，对方通常希望你专注于其提供的数字，分散你对可能影响决策的其他信息的注意力。例如，就在几年前，当我们（教师工会）与宾夕法尼亚州政府就新合同谈判时，就发生过类似的情况。

州政府谈判代表建议我们签订超过3年期限的合同，并且要接受“后加载”逐年涨薪方案，即“0%、2%和3%（而非3%、2%和0%）”。他认为3年期满后，这两种情况下的增长百分比相同，因为$1 \cdot (1.02)(1.03) = (1.03)(1.02) \cdot 1 = 1.0506$，增长率为5.06%。如果只关注第3年的增长百分比，该谈判代表说得当然没有错。至此，你可能会问“这两种方式有什么不一样？”。

本着“三法原则”的精神，下面查看这两种涨薪方式对100美元原始薪水有何影响，见表8.1。

100美元原始薪水与后加载涨薪方式相比，前加载涨薪方式可多赚$13.12 - 7.06 = 6.06$美元。在3年期间，如果一个人的薪水为5万美元（100美元的500倍），则“前加载”比“后加载”多赚$500(6.06) = 3030$美元。

表8.1 后加载与前加载之比较

	后加载	前加载
原始数量	100美元	100美元
第1年的数量	$100 + 0\%(100) = 100$美元	$100 + 3\%(100) = 103$美元
第2年的数量	$100 + 2\%(100) = 102$美元	$103 + 2\%(103) = 105.06$美元
第3年的数量	$102 + 3\%(102) = 105.06$美元	$105.06 + 0\%(105.06) = 105.06$美元
	3年期间，与未涨薪相比，会多赚 $2 + 5.06 = 7.06$美元	3年期间，与未涨薪相比，会多赚 $3 + 5.06 + 5.06 = 13.12$美元

例 7　计算体育统计数据

1995—1996 赛季，芝加哥公牛队取得了美国职业篮球联赛（NBA）的历史最好战绩：72 胜 10 负（注：2015—2016 赛季，金州勇士队打破了这一纪录）。该队的胜率是多少？

解：回顾本书前文所述的“新问题与旧问题相关联”策略。

再次应用百分比等式，但要小心，因为这次的基数不是 72，而是总比赛场次，即 $72+10=82$。数量是获胜场次（72）。于是，有

$$百分比 \times 基数 = 数量$$

（基数：82；数量：72）

上式（$百分比 \times 82=72$）两侧同时除以 82，得到：$百分比=\dfrac{72}{82}\approx 0.878=87.8\%$。

例 8　学生贷款债务的增长

2003—2016 年，学生贷款债务总额增长 429%，达到 1.27 万亿美元，即 12700 亿美元。2003 年的学生贷款债务总额是多少？

解：回顾本书前文所述的“新问题与旧问题相关联”策略。

此时，基数是未知量。在百分比等式中，当确定采用什么百分比时，务必小心谨慎。429%只是增长量，12700 亿美元应等于“2003 年所欠债务的 100%加上 429%的增长量”。因此，在百分比等式中，我们采用如下百分比：

$$100\%+429\%=529\%=5.29$$

将其代入百分比等式得

（百分比：5.29；数量：1270）

$$5.29 \times 基数 = 1270$$

等式两侧同时除以 5.29 得

$$基数=\frac{1270}{5.29}\approx 240$$

因此，2003 年，未偿还的学生贷款债务总额约为 240 亿美元。

8.1.4　税收

计算各种税收在很大程度上依赖于百分比的正确使用。

例 9　计算所得税

表 8.2 摘自 1040 表格（用于计算单身人士的联邦所得税）的填写说明。

表 8.2　单身人士应缴纳的联邦所得税

	如果应税收入超过	但不超过	则所得税为	扣减金额
第 1 行	0 美元	9700 美元	……100%	0 美元
第 2 行	9700	39475	9700 美元 +12%	9700
第 3 行	39475	84200	4543.00 美元 +22%	39475
第 4 行	84200	160725	14382.50 美元 +24%	84200
第 5 行	160725	204100	32748.50 美元 +32%	160725
第 6 行	204100	510300	46628.50 美元+ 35%	204100
第 7 行	510300	—	153798.50 美元 +37%	510300

a）如果杰伊未婚，应税收入为 53720 美元，则应缴纳多少联邦所得税？（注：本话题极为复杂，这里无法呈现太多细节，但是仅就本质而言，计算工资、小费和利息等收入后，人们可以通过各种调整来缩减该总额，如免税、慈善捐款扣除、工作相关费用及其他扣除项等，进而计算出最终应税收入。）

b）美国国家税务局如何得出第 3 行第 3 列中的金额（4543.00 美元）？

解：a）在计算这项税收时，先要确定表中与杰伊情况相对应的行。因为她的收入高于 39475 美元，且低于 84200 美元，所以对应于表 8.2 中的第 3 行（突出显示）。

由此可知，杰伊的应税收入总额对应于“扣减金额为 39475 美元”一挡，必须支付的所得税为“4543美元+22%”。因此，她应缴纳的所得税为

22% → ；← 扣减金额为 39475

$$4543+(0.22)(53720-39475)=4543+(0.22)(14245)$$
$$=4543+3133.90=7676.90$$

b）该表将杰伊的收入分为两部分。在 39475 美元之前的部分中，她基于表中的第 2 行进行纳税，应税收入总额对应于“扣减金额为 9700 美元”一挡，应支付所得税“970美元+12%”。因此，她应缴纳的所得税为

$$970+0.12(39475-9700)=970+(0.12)(29775)=970+3573=4543$$

现在尝试完成练习 67 ~ 70。

自测题 4

如果阿莉亚去年的应税收入为 95500 美元，用表 8.2 计算其应缴纳的联邦所得税。

8.1.5 通货膨胀

通货膨胀是指一段时间内商品和服务价格水平的上升，常用的衡量指标是消费者物价指数（CPI）。美国消费者物价指数的基值是 100，相当于 1982—1984 年的平均价格。查阅 2016 年乳制品的 CPI，就会发现其值为 218.13，这意味着“平均而言，2016 年的乳制品价格是 1982—1984 年的 218.13%”。

例 10　大学学费上涨与 CPI 相比如何？

2010 年的总 CPI 是 218，2020 年的总 CPI 是 258，增幅为 18.35%。利用已知的图表，比较公立和私立大学的学费上涨与 2010—2020 年的 CPI 上涨。

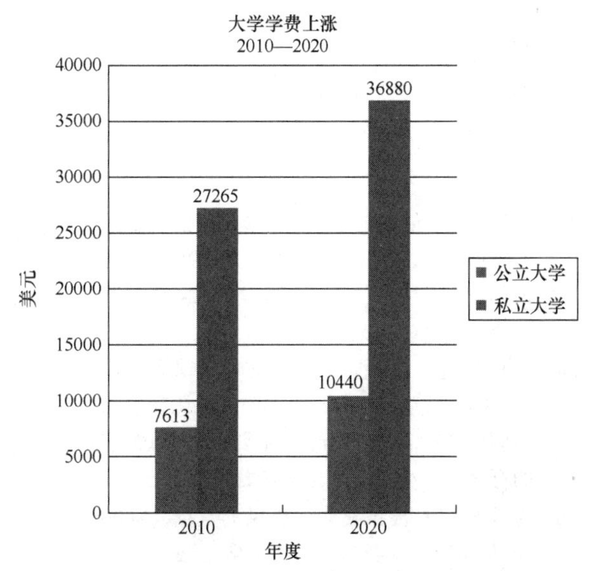

解：回顾本书前文所述的“新问题与旧问题相关联”策略。

公立大学：应用百分比等式有

$$百分比 \times 基数 = 数量$$

2010 年学费（基数）；2020 年学费（数量）

其中，基数为 7613，数量（金额）为 10440，因此有

$$百分比 \times 7613=10440$$

求解百分比得

$$百分比=\frac{10440}{7613}\approx 1.3713=137.13\%$$

由此可见，2010—2020 年，公立大学的学

费上涨了 37.13%。

私立大学：基数为 27265，数量（金额）为 36880，因此有

$$百分比 = \frac{36880}{27265} \approx 1.3526 = 135.26\%$$

因此，增幅约为 35.26%。可见，在这两种情况下，学费上涨幅度都约为 CPI 增长率的 2 倍。

现在尝试完成练习 71 ~ 74。

练习 8.1

强化技能

将下列百分数转换为小数。

01．78%　**02**．65%　**03**．8%

04．3%　**05**．27.35%　**06**．83.75%

07．0.35%　**08**．0.08%

将下列小数写为百分数。

09．0.43　**10**．0.95　**11**．0.365

12．0.875　**13**．1.45　**14**．2.25

15．0.002　**16**．0.0035

将下列分数转换为百分数。

17．$\frac{3}{4}$　**18**．$\frac{7}{8}$　**19**．$\frac{5}{16}$

20．$\frac{9}{25}$　**21**．$\frac{5}{2}$　**22**．$\frac{11}{8}$

23．12 是 80 的百分之多少？

24．125 的 24%是多少？

25．77 是什么数字的 22%？

26．33.6 是 96 的百分之多少？

27．160 的 12.25%是多少？

28．47.74 是什么数字的 38.5%？

29．8.4 是 48 的百分之多少？

30．140 的 23%是多少？

31．29.76 是什么数字的 23.25%？

32．149.5 是 130 的百分之多少？

学以致用

33．**饼干销售**。最近一年，美国最畅销的饼干是纳贝斯克公司的趣多多，销售额为 2.946 亿美元。该年度所有饼干的总销售额为 31.24 亿美元，其中百分之多少来自趣多多？

34．**比萨销售**。最近一年，迪吉奥诺销售了价值 4.783 亿美元的冷冻比萨。若冷冻比萨的总销售额为 28.448 亿美元，则冷冻比萨总销售额的百分之多少来自迪吉奥诺？

35．**新房价格**。根据美联储提供的数据，2000—2016 年，美国新房的平均价格上涨了 83%，达到 29.7 万美元。2000 年，一套新房的平均价格是多少？

36．**新房价格**。根据美国人口普查局提供的数据，美国新房的平均价格 2007 年为 31.4 万美元，2010 年下降了 13.1%。如果精确到千，2010 年一套新房的平均价格是多少？

37．**西班牙语广播电台**。2005 年，美国有 696 家西班牙语广播电台；2015 年，这一数字增长了 23.9%。2015 年，美国有多少家西班牙语广播电台？

38．**信件价格**。1991 年，信件的邮寄价格是 29 美分/盎司；2020 年，该价格上涨为 55 美分/盎司。信件价格的增长百分比是多少？

39．**项链价格**。1969 年，演员理查德•伯顿花 3.7 万美元为妻子伊丽莎白•泰勒购买了一条珍珠项链，名为朝圣者/流浪者（La Peregrina）。2011 年，这条珍珠项链的拍卖价为 1181.85 万美元。拍卖价是原始购买价的百分之多少？

40．**珠宝价格**。延续练习 39，朝圣者打破了之前的巴罗达（Baroda）珍珠拍卖记录，后者的拍卖价是 709.6 万美元。朝圣者的拍卖价比巴罗达珍珠高百分之多少？

根据 eBizMBA 网站提供的数据，2016 年访问量最靠前的网站（以百万计）如下图所示。利用这些信息，完成练习 41 ~ 44。

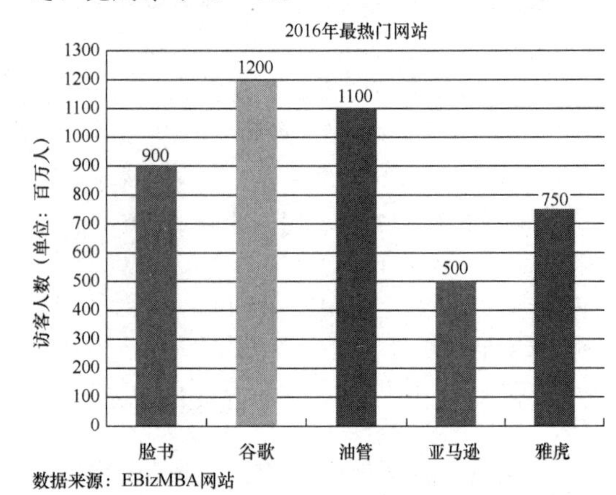

数据来源：EBizMBA网站

41. **网站访客比较**。谷歌的访客人数是这些网站总访客人数的百分之多少？

42. **网站访客比较**。脸书和油管的访客人数之和是这些网站总访客人数的百分之多少？

43. **网站访客比较**。雅虎的访客人数比亚马逊的高百分之多少？

44. **网站访客比较**。雅虎的访客人数比谷歌的低百分之多少？

45. **亲笔签名**。根据无用知识协会提供的数据，在市场流通的披头士乐队亲笔签名中，只有 6%是真迹。如果流通的真迹是 81 张，则流通的非真迹是多少张？

46. **开心乐园餐销售**。在第一财季中，麦当劳 40%的利润来自开心乐园餐。如果开心乐园餐的利润是 5.08 亿美元，其他餐品的销售利润是多少？

47. **人口数量**。根据美国人口普查局提供的数据，2000—2016 年，美国人口数量从 2.81 亿增长至 3.23 亿，增长百分比是多少？

48. **人口数量**。2000—2015 年，加利福尼亚州的人口数量从 3390 万增长至 3930 万，增长百分比是多少？

在纽约联邦储备银行提供的下图中，汇总了 3700 万借款人的学生贷款债务数额，用其完成练习 49～52。

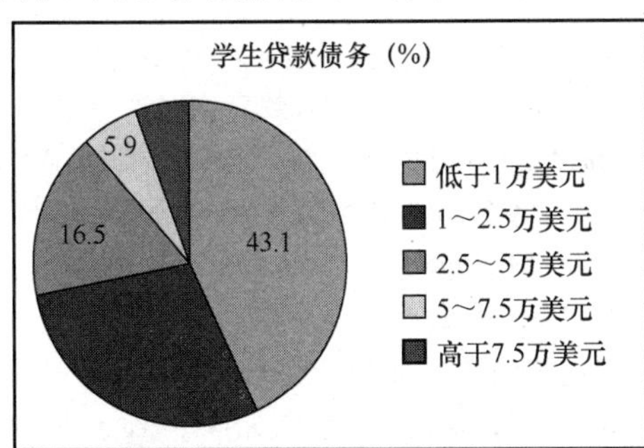

49. **学生债务**。在 3700 万借款人中，多少人的债务低于 1 万美元？

50. **学生债务**。如果 199.8 万借款人的债务高于 7.5 万美元，则其所占的百分比是多少？

51. **学生债务**。多少借款人的债务超过 5 万美元？

52. **学生债务**。多少借款人的债务为 1～2.5 万美元？

53. **经销商的汽车加价**。**a**．若某经销商以 19875 美元从制造商处购买了一辆汽车，然后以 21065 美元出售，该汽车的加价（利润）是多少？**b**．解此题时，安吉拉得到了 5.6%的错误答案，她错在哪里？

54. **经销商的电脑加价**。**a**．某电脑零售商以 1850 美元购买了一台多媒体电脑，然后以 2081 美元出售，该电脑的加价（利润）是多少？**b**．解此题时，拉杰得到了 11.1%的错误答案，他错在哪里？

55. **帆船加价**。卡洛斯是一位帆船经销商，他以 11400 美元购买了一艘帆船，然后以 12711 美元出售，该帆船的加价（利润）是多少？

56. **设备加价**。安娜开了一家小家电商店，她以 524 美元购买了一台食品加工机，然后以 589.50 美元出售，该食品加工机的加价（利润）是多少？

下图显示了 2019 年五款最畅销汽车的销量（单位为千辆），用这些信息完成练习 57～60。

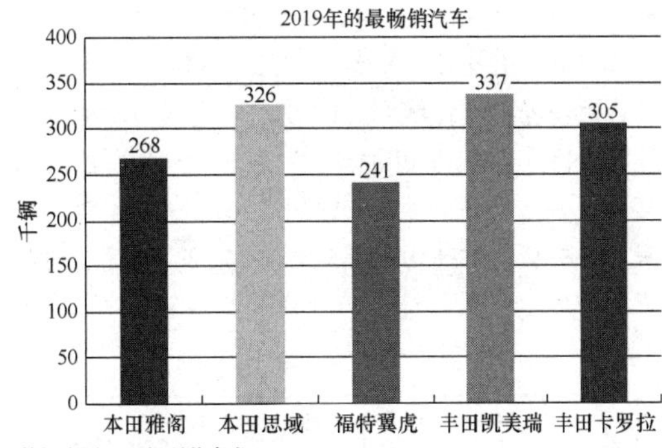

数据来源：《凯利蓝皮书》

57. **汽车销售**。在这五款汽车的销量中，凯美瑞所占百分比是多少？

58. **汽车销售**。在这五款汽车的销量中，两款本田所占百分比是多少？

59. **汽车销售**。卡罗拉的销量比福特翼虎高百分之多少？

60. **汽车销售**。雅阁的销量比凯美瑞的低百分之多少？

61. **加薪**。玛西担任律师助理的试用期为 2 年，目前年薪为 2.8 万美元，试用期满后将增加 35%。她 2 年后的年薪是多少？

62. **减薪**。杰德是金属制造公司的员工，该公司刚刚失去了一份大合同，然后要求所有员工减薪 12%。如果杰德现在的年薪是 3.45 万美元，则其减薪后的年薪是多少？

63. **购买烧烤架**。柯比正在购买一款新型燃气烧烤架，夏末大减价 15%至 578 美元，烧烤架的原价是多少？

64．**工作量增长**。吉塞拉是一位保险理赔师，上季度理赔 124 项，本季度理赔 155 项。与上季度相比，她本季度理赔数量的增长百分比是多少？

65．**股票市场变化**。由于经济衰退，从上季度到本季度，奥玛萝莎的共同基金下跌了 12%。如果该基金的当前价值是 11264 美元，其上季度的价值是多少？

66．**汽油里程**。雷纳尔多购买了一辆本田思域混合动力新车，每加仑汽油的行驶里程比其思域旧车多 26.3%。如果新车每加仑汽油能跑 48 英里，旧车的汽油里程是多少？

对于练习 67 ~ 70，借助例 9 中的表 8.2，计算给定应税收入所应缴纳的联邦所得税。

67．14.8 万美元　　68．2.875 万美元

69．4.78 万美元　　70．44 万美元

回想可知，比较当前价格与 1982—1984 年的基准价格，消费者物价指数（CPI）是得出的通货膨胀衡量指标。但是，将“CPI 的变化”解释为“通货膨胀的实际百分比”并不正确。例如，2013—2014 年，糖果和口香糖的 CPI 由 138.5 升至 141.2，但这些商品的通货膨胀率仅为 $\frac{141.2-138.5}{138.5}\approx 0.019=1.9\%$。在练习 71 ~ 74 中，用给定信息填写表中的缺失项。

商　品	该商品 2005 年的 CPI	该商品 2015 年的 CPI	增长百分比
冰激凌	179.1	221.8	**71.**___
咖啡	3.235	**72.**___	38.7
牛奶	**73.**___	3.310	2.1
汽油	2.186	2.060	**74.**___

数学交流

假设你正在和一个朋友共同学习百分数知识，他（或她）坚持死记硬背做百分数题时的“移动小数点”方法，你将如何帮助其理解“在不完全依赖记忆的情况下，怎样进行练习 75 ~ 78 中的转换”？

75．将 28.35%转换为小数。

76．将 1.285 转换为百分数。

77．将 0.0375 转换为百分数。

78．将 1.375%转换为小数。

生活中的数学

79．**合同谈判**。假设你正在为签署新的三年合同而谈判，逐年加薪“3%、1%和 2%”是否好于“2%、1%和 3%”？解释理由。

80．**合同谈判**。假设你的年薪是 5 万美元，并希望加薪 3.5%，谈判代表提出向你提供一次性奖金 2000 美元。她的提议有哪些优缺点？

挑战自我

81．**新车折旧**。一辆新车的价格是 18000 美元，每年贬值 12%，其 4 年后的价值是多少？

82．**复合加薪**。今年加薪 8%，明年再加薪 5%，哪次加薪能让你在第 2 年获得同样的年薪？

83．**计算价格**。商家将家庭娱乐系统的价格先提高 $x\%$，后降低 $x\%$，该系统的价格是否与原价相同？若不相同，两种价格之间的关系是什么？通过适当的示例解释你的答案。

84．**计算价格**。商家将一艘豪华快艇的价格先降低 $x\%$，后提高 $x\%$，该快艇的价格是否与原价相同？若不相同，两种价格之间的关系是什么？通过适当的示例解释你的答案。

85．**通过缩小尺寸抬高价格**。价格为 4.79 美元的半加仑(64 盎司)冰激凌缩小至 $1\frac{1}{2}$ 夸脱(48 盎司)，价格降至 3.89 美元，冰激凌价格的上涨百分比是多少？

86．**通过缩小尺寸抬高价格**。一块糖果的重量为 6.8 盎司，价格为 1.29 美元；然后，重量降至 6.4 盎司，但是价格不变。糖果价格的上涨百分比是多少？

8.2　利息

宇宙中最强大的力量是什么？著名物理学家阿尔伯特・爱因斯坦给出的答案是“复利”。本节解释利息的“双刃剑”作用：使用得当时，可助你发家致富；使用不当时，可致你负债累累。

如果想要为购买新车或者休闲度假而储蓄资金，你可将资金存入自己的银行账户，随后银行会用你的资金向其他客户提供贷款，同时为你的资金支付利息。但是，如果你从银行借钱（如为了完成大学学业等目标），则需要向银行支付利息。本质上讲，利息是一方（借款人）为使用

另一方（贷款人）的资金而向其支付的资金，贷款人赚取利息，借款人支付利息。

本节讨论单利和复利，下一节讨论消费贷款的成本。

8.2.1 单利

存入银行账户的资金金额（数量）称为本金。银行为该账户确定一个利率，通常指年利率，并表示为“占存款百分比”形式，如银行可为你提供年利率为5%的账户。如果想要知道存款在该账户中能够赚取多少利息，还需要知道存款在该账户中的驻留时间（一般以年为单位）。通过如下所示的简单公式，可将本金、利息、利率和时间关联起来：

$$\text{赚取的利息} = \text{本金} \times \text{利率} \times \text{时间}$$

采用这种计算方法时，利息称为单利/简单利息。

要点 单利是计算利息的一种简单方法。

单利的计算公式 我们用如下公式计算单利：

$$I = Prt$$

式中，I 为赚取的利息，P 为本金，r 为年利率，t 为时间（单位为年）。

例 1 计算单利

将500美元存入年利率为6%的银行账户，且用单利方式计算利息，存款4年后的利息是多少？

解： 题中，P（本金）为500美元，r（年利率）为6%（写为0.06），t（时间）为4年，因此，赚取的利息应为

$$I = Prt = 500 \times 0.06 \times 4 = 120$$

4年后，该账户赚取的利息为120美元。

现在尝试完成练习01～04。

为了求出未来某一时间的账户金额（数量），即终值/未来价值，可将赚取的利息加到本金中。本金通常称为现值/当前价值。若用 A 表示终值，则有

$$A = \text{本金} + \text{利息} = P + I$$

若用 Prt 替换 I，则得到公式 $A = P + Prt = P(1 + rt)$。

要点 终值等于本金加利息。

计算单利账户的终值 要计算支付单利的某一账户的终值，可以采用如下公式：

$$A = P(1 + rt)$$

式中，A 为终值，P 为本金，r 为年利率，t 为时间（单位为年）。

例 2 计算账户的终值和现值

a）终值：在支付3%的年利率的账户中存入1000美元，存款期限为6年，用单利公式计算该账户的终值。

b）现值：为了在新墨西哥州的格兰德河上进行白水漂流，你计划2年内攒够2500美元。银行向你提供了一张存款证（CD），并注明“按单利计算，年利率为4%”。为了在2年内攒够漂流所需的资金，你当前必须在这张存款证中存入多少钱？

解： 回顾本书前文所述的“新问题与旧问题相关联”策略。

a）因为 $P = 1000, r = 0.03, t = 6$，所以

$$A = 1000(1+(0.03)(6)) = 1000(1+0.18) = 1000(1.18) = 1180$$

因此，该银行账户 6 年后的资金总额为 1180 美元。

b）因为想要知道计划存入的当前金额，所以需要求出现值，此时不必应用新公式，终值公式 $A = P(1+rt)$ 完全可以满足要求，只不过这次是求 P（而非 A）而已。

因为 $A = 2500$, $r = 4\% = 0.04$, $t = 2$ ，所以

$$2500 = P(1+(0.04)(2))$$

我们可将此方程改写为

$$2500 = P(1.08)$$

方程两侧同时除以 1.08 得

$$P = \frac{2500}{1.08} \approx 2314.814815$$

将此金额舍入为 2314.82 美元，即可保证“若现在将这一金额存入存款证，则 2 年后将得到白水漂流所需要的 2500 美元”。（注：计算累计终值的存款时，总是将其舍入至下一美分。）

现在尝试完成练习 05 ~ 10。

自测题 5

重做例 2 中的 b）问，但这次假设你想在 4 年内攒够 2400 美元，年利率为 5%。

建议 在例 2 的 b）问中，我们用前面介绍的终值计算公式来计算现值，而不采用新公式来求解这个特定的问题。你很快就会发现，只要悟透了几个公式，然后将其与简单代数相结合，就可轻松地求解很多新问题。与死记硬背每种类型问题的独立公式相比，这种方法更简单。

8.2.2 复利

如果银行账户中的资金已赚取了利息，则银行应当计算到期利息并将其计入本金，然后以此“更大数额本金”为基数来支付利息，这似乎比较公平。实际上，大部分银行账户确实如此。基于“本金与以前赚取的利息之和”所支付的利息称为复利/复合利息。如果每年将利息计入本金一次，则称该利息按年复利；如果每 3 个月将利息计入本金一次，则称该利息按季复利。此外，利息亦存在按月复利和按日复利。

要点 复利为以前赚取的利息支付利息。

例 3 计算长期复利

假设你想在 3 年后更换一艘更大的帆船，为了攒够首付款，将 2000 美元存入年利率（按年复利）为 10%的银行账户，第 3 年年底的账户金额是多少？（注：10%的利率非常高，但是为了便于计算，在例题和练习中，我们通常选择较为简单的利率。）

解：对于下表中的每年，我们逐年执行复利计算，并采用上年年末的终值作为下年年初的新本金。可以看到，在整个计算过程中，数量 $(1+rt) = (1+0.10\times1) = (1.10)$ 始终保持不变。

年　度	本金（年初）P	终值（年末）$P(1+rt) = P(1.10)$
1	2000 美元	2000美元(1.10) = 2200美元
2	2200 美元	2200美元(1.10) = 2420美元
3	2420 美元	2420美元(1.10) = 2662美元

自测题 6

继续做例 3，计算第 4 年年末的账户金额。

解题策略：检验答案

应当总是检查答案是否合理。在例 3 中，若用单利计算终值，则得到 $A=2000(1+(0.10)(3))=2000(1.30)=2600$。例 3 中求得的利息略大一些，因为每年均将本金与先前的利息相加，所以银行需要为“逐年增多的本金”支付利息。

如果将时间拉长（如 30 年），并继续执行例 3 中的计算，则过程将非常冗长乏味。在图 8.2 中，我们将以不同的方式审视相同的计算，牢记“每年年末的账户金额是年初账户金额的 1.10 倍”。

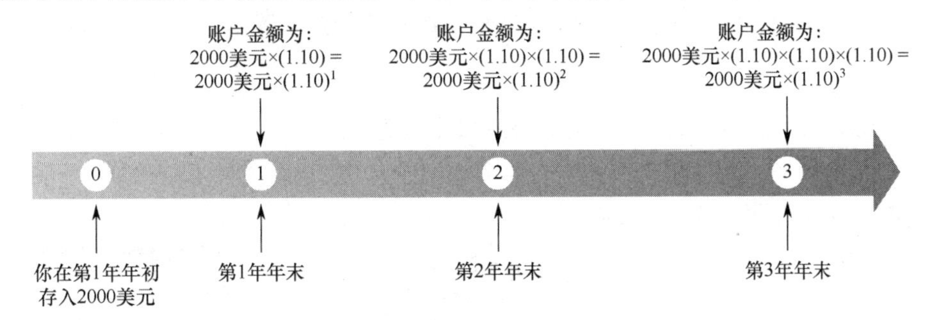

图 8.2　按年计算复利的 10%利率

按照图 8.2 中的规律，如果继续计算第 30 年年末的账户终值，则结果为

$$A=2000(1.10)^{30}\approx 2000(17.44940227)\approx 34898.80$$

（注：在显示计算结果时，为了确保准确性更高，通常精确至小数点后 8 位。如果你的计算结果与此处不一致，原因可能是舍入方式存在差异。）

这个数字非常大，说明如果长期计算复利，账户资金将大幅增长。

一般来说，如果将本金 P 存入年利率为 r 的账户 t 年，则该账户的终值由如下公式给出：

未来的钱　现在的钱

$$A=P(1+r)^t$$

在刚才计算的例题中，$P=2000$，$r=0.10$，$t=30$。这个复利计算公式只适用于“r 为年利率且 t 以年为单位”的情形，理解这一点非常重要。没有必要费力学习此公式，本书稍后还将介绍另一个类似的复利公式，它适用于更常见的各种情形。

自测题 7

计算存款金额为 3000 美元、年利率为 4%、按年复利且存款期限为 10 年的账户终值。

我用计算器手工完成了上述计算，但利用网络提供的大量免费应用程序即可较好地完成本章中的各种计算。右侧的屏幕截图显示了正在进行上述复利计算的一个应用程序。但是，要想有效地利用这样的应用程序，仍然要理解本章中介绍的金融计算的基本思想。

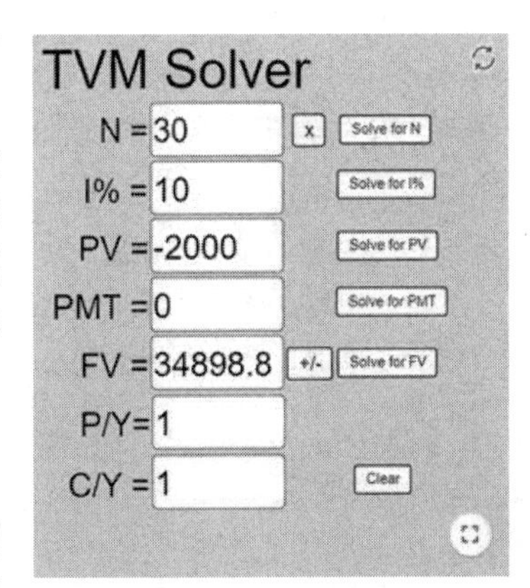

通过应用程序进行金融计算

8.2.3　求复利公式中的未知数

对于所有银行及其他大部分金融机构而言，每年计算复利不止 1 次，例如许多银行每个月向储蓄账户客户发送显示账户余额的账单。截至目前，在对复利的讨论中，我们一直都在用

年利率。如果复利次数更加频繁，就要相应地调整利率，如年利率 $12\% = 0.12$ 对应于月利率 $\frac{12\%}{12} = \frac{0.12}{12} = 0.01 = 1\%$ 。如果该利率按季度计算复利，则季利率应为 $\frac{12\%}{4} = \frac{0.12}{4} = 0.03 = 3\%$ 。

为了处理这些情形，我们将稍微修改公式 $A = P(1+r)^t$ 。

复利公式 假设某一账户中的本金为 P，支付的年利率为 r，每年计算复利 m 次。如果资金在账户中存留的时间周期数量为 n，则该账户的终值 A 由如下公式给出：

$$A = P(1+r/m)^n$$

在该公式中，我们将 r 替换为 r/m（年利率除以每年计算复利次数），t 替换为 n（复利期数）。

要点 若已知本金、定期利率和复利期数，则很容易确定终值。

为了对多项投资进行对比，可用复利公式来计算复利。

例 4 理解“延期付款”的运行机制

3500·(1.01)⁶

= 3715.3205271

SCIENTIFIC APP

你看中了售价为 3500 美元的一套家庭健身设备，最令人动心的卖点是“无首付且 6 个月内无须付款”。这时一定要头脑清醒，虽然你一段时间内不必支付任何款项，但是商家绝对不可能免费借钱给你 6 个月。因为你已经“借款” 3500 美元，所以在接下来的 6 个月间，你必须基于此“事实”进行还款。假设商家收取的年利率为 12%，并按月计算复利，则在接下来的 6 个月间，你需要偿还的累计利息将是多少？

解：为了判断累计利息，首先计算“贷款”的终值（假设未还款），然后从中减去 3500 美元。我们将利用复利公式来计算终值，其中 $P = 3500, r = 0.12, m = 12, n = 6$ 。于是，有

月利率（0.12/12）；付款月数（6）

$$A = P(1+r/m)^n = 3500(1+0.12/12)^6 = 3500(1.01)^6 = 3715.33$$

所以，累计利息为 3715.33美元 − 3500美元 = 215.33美元 。

现在尝试完成练习 11 ~ 18。

自测题 8

莎拉将 1000 美元存入一张存款证（CD），年利率为 6%，存款期限为 2 年。如果按季度计算复利，其账户的终值是多少？

例 5 将介绍复利公式的另一种用法。

例 5 求大学学费账户的现值

孩子出生后，某父母希望将资金存入免税账户，以供孩子未来接受大学教育之用。假设该账户的年利率为 4.8%，并按季度计算复利，为了在孩子 18 岁时攒够 6 万美元，现在必须存入多少钱？

解：回顾本书前文所述的“新问题与旧问题相关联”策略。

为了求 P，我们利用复利公式 $A = P(1+r/m)^n$，其中：

$A = 60000$	希望为大学储蓄的终值
$r = 0.048$	年利率4.8%
$m = 4$	每年计算复利4次
$n = 72$	18年 × 4次复利/年

代入复利公式得

$$60000 = P\left(1+0.048/4\right)^{72} = P(1+0.012)^{72}$$

求 P 得

$$P = \frac{60000}{(1.012)^{72}} = \frac{60000}{2.360461386} \approx 25418.76$$

由此可知，现在存入略高于 2.54 万美元的一笔资金，即可保证 18 年后支付大学学费 6 万美元。

现在尝试完成练习 45 ~ 46。

虽然 6 万美元看似很多，但是“通货膨胀”及“商品和服务的价格上涨”也会导致大学教育成本增加。

前面用公式 $A = P(1+r/m)^n$ 求解了 A 和 P，有时或许要求解 r 或 n，为此需要引入一些新技术。

如果希望求公式 $A = P(1+r/m)^n$ 中的 n，则需要能够解方程 $a^x = b$，其中 a 和 b 是常数。解此类方程时，可以利用对数函数的一种性质。许多计算器都包含标为 log 或 $\log x$ 的键，代表常用对数函数，可执行“10 的幂”的逆运算。例如，对于 $10^5 = 100000$，如果按 log 键，然后输入 100000，则显示结果为 5；如果计算 10^3 的对数，则显示结果为 3。练习求 10 的幂（如 100 和 1000000）的对数。如果计算 log23，则显示结果为 1.361727836，意味着 $10^{1.361727836} = 23$（此处不讨论“10 的这种幂”的具体含义）。对数函数具有一种重要的性质，可以帮助我们解方程 $a^x = b$。

要点　我们用对数函数求如下公式中的 n：

$$A = P\left(1+r/m\right)^n$$

对数函数的指数性质：

$$\log y^x = x\log y$$

为了理解这个性质，建议用计算器验证如下等式：

$$\log 4^5 = 5\log 4, \qquad \log 6^3 = 3\log 6$$

例 6 将介绍如何用指数性质解方程。

例 6　利用对数函数的指数性质解方程

解方程 $3^x = 20$。

解：下表描述了解此方程的各个步骤。

第 1 步	方程两侧同时取对数	$\log 3^x = \log 20$
第 2 步	应用对数函数的指数性质	$x\log 3 = \log 20$
第 3 步	两侧同时除以 log3	$x = \log 20 \div \log 3$
第 4 步	用计算器估算方程的右侧（你的计算器可能会给出稍微不同的答案）	$x = 2.726833028$

现在尝试完成练习 25 ~ 28。

自测题 9

解方程 $6^x = 15$。

例 7 将介绍如何用对数函数的指数性质解应用题。

例 7　计算投资价值的翻倍时间

迪德将 8500 美元投资于《星球大战》老纪念品，目前其价值以每年 6.5%的速率增长。如果这一增长率持续保持不变，则其投资价值多少年能够翻倍？

解：终值为 2×8500 美元或 17000 美元，由此可用终值公式 $A=P(1+r/m)^n$，其中：

$$A=17000 \quad \text{原始金额8500美元的2倍}$$
$$P=8500 \quad \text{原始投资金额}$$
$$r=0.065 \quad \text{年利率}$$
$$m=1 \quad \text{每年计算复利1次}$$

现在，解关于 n 的方程 $17000=8500\left(1+0.065\div1\right)^n$：

$$17000=8500(1.065)^n$$
$$2=(1.065)^n \quad \text{两侧同时除以8500}$$
$$\log2=\log(1.065)^n \quad \text{两侧同时取对数}$$
$$\log2=n\times\log(1.065) \quad \text{利用对数的指数性质}$$
$$n=\frac{\log2}{\log(1.065)}\approx11 \quad \text{两侧同时除以log(1.065)并计算商}$$

因此，迪德的投资价值将在约 11 年后翻倍。

现在尝试完成练习 29 ~ 32。

自测题 10

再次做例 7，但是这次假设迪德的投资利率是 4%。

采用如下法则，可以快速估算翻倍时间。

72 法则 要估算某一数量的翻倍时间，可用 72 除以增长率。例如，例 7 中的年增长率为 6.5%，所以翻倍时间为 $\frac{72}{6.5}\approx11.077$。

下面考虑最后一种情形，即如何解关于 r 的复利方程 $A=P(1+r/m)^n$。要做到这一点，就必须要能够解 $x^a=b$ 形式的方程，其中 a 和 b 是常数。例 8 将介绍如何解此类方程。

例 8　篮球合同谈判

马奎斯正在洽谈一份新篮球合同，为了减少当期税金，同意将 1500 万美元奖金推迟至 4 年后发放，届时资金总额将增至 1800 万美元。如果其所在篮球队现在投资 1500 万美元，为了保证 1800 万美元 4 年后能够兑现，他们需要赚取的最低年利率是多少？假设按月进行复利。

解：回顾本书前文所述的钻牛角尖原则。

为解此复利问题，我们应用公式 $A=P(1+r/m)^n$，其中 $A=18$, $P=15$, $m=12$, $n=12\times4=48$。因为解的是关于 r 的方程，所以需要替换 A, P, m 和 n，求解过程如下：

$$18=15\left(1+r/12\right)^{48}$$
$$1.2=\left(1+r/12\right)^{48} \quad \text{两侧同时除以15}$$
$$(1.2)^{\frac{1}{48}}=\left(\left(1+r/12\right)^{48}\right)^{\frac{1}{48}}=1+r/12 \quad \text{两侧同时取1/48次方}$$

（注：在代数中，$(a^x)^y=a^{xy}$，因此 $\left(\left(1+r/12\right)^{48}\right)^{\frac{1}{48}}=\left(1+r/12\right)^{48\times\frac{1}{48}}=\left(1+r/12\right)^1=1+r/12$。）

方程两侧同时减去 1 得

$$r/12=(1.2)^{\frac{1}{48}}-1=1.003805589-1=0.003805589$$

所以 $r=12\times0.003805589\approx0.046$。因此，马奎斯所在篮球队需要找到年收益率约为 4.6%的一项投资，并按月计算复利。

现在尝试完成练习 43 ~ 44。

建议 注意区分例 7 和例 8 中的不同情形。例 7 用对数函数解 $a^x=b$ 形式的方程，例 8 对方程两侧同时取 $1/a$ 次方来解 $x^a=b$ 形式的方程。

练习 8.2

强化技能

在练习 01 ~ 04 中，利用单利公式 $I=Prt$ 和初等代数，求下表中缺失的量。

	I	P	r	t
01.		1000 美元	8%	3 年
02.	196 美元		7%	2 年
03.	700 美元	3500 美元		4 年
04.	1920 美元	8000 美元	6%	

在练习 05 ~ 10 中，利用终值公式 $A=P(1+rt)$ 和初等代数，求下表中缺失的量。

	A	P	r	t
05.		2500 美元	8%	3 年
06.		1600 美元	4%	5 年
07.	1770 美元		6%	3 年
08.	2332 美元		3%	2 年
09.	1400 美元	1250 美元		2 年
10.	966 美元	840 美元	5%	

在练习 11 ~ 18 中，已知本金、年利率和复利周期，利用“通过复利计算终值”的公式，确定指定时间段结束时的账户价值。

11. 5000 美元，5%，年复利；5 年

12. 7500 美元，7%，年复利；6 年

13. 4000 美元，8%，季复利；2 年

14. 8000 美元，4%，季复利；3 年

15. 2 万美元，8%，月复利；2 年

16. 1 万美元，6%，月复利；5 年

17. 4000 美元，10%，日复利；2 年

18. 6000 美元，4%，日复利；3 年

储蓄机构通常规定名义利率和实际利率/有效利率，前者可视为简单年利率（单利），后者是由复利得到的实际利率（译者注：此说法不确切，未考虑通货膨胀率因素）。若已知名义利率，则很容易按如下方式计算出实际利率。假设将 1 美元投资于某一账户，年利率为 6%，按月计算复利。利用复利公式 $A=P(1+r/m)^n$，其中 $P=1$，$r=0.06$，$m=12$，$n=12$，结果为 $A=(1+0.06/12)^{12}\approx$ 1.0617。因此，实际利率为 $1.0617-1=0.0617$，即 6.17%。在练习 19 ~ 22 中，用此方法求投资的实际利率。

19. 名义收益率，7.5%；按月复利

20. 名义收益率，10%；每年复利 2 次

21. 名义收益率，6%；按季复利

22. 名义收益率，8%；按日复利

在练习 23 ~ 24 中，已知两项投资的年利率和复利周期，判断哪项投资更好。

23. 5%，按年复利；4.95%，按季复利

24. 4.75%，按月复利；4.70%，按日复利（假设 365 天/年）

在练习 25 ~ 32 中，解方程。

25. $3^x=10$ **26**. $2^x=12$

27. $(1.05)^x=2$ **28**. $(1.15)^x=3$

在练习 29 ~ 32 中，你用 1500 美元进行投资，已知年利率和按年复利，分别用如下两种方法求投资翻倍时所需的时间（以年为单位）：(a)例 7 中的方法；(b)72 法则。

29. 3.5% **30**. 8.5% **31**. 3% **32**. 5%

在练习 33 ~ 36 中，利用复利公式 $A=P(1+r)^t$ 和给定信息求解 t 或 r。

33. $A=2500$美元，$P=2000$美元，$t=5$

34. $A=400$美元，$P=20$美元，$t=35$

35. $A=1500$美元，$P=1000$美元，$r=4\%$

36. $A=2500$美元，$P=1000$美元，$r=6\%$

学以致用

37. **购买娱乐系统**。你花 3600 美元购买了一套家庭娱乐系统，并承诺 36 个月内支付全款，每个月支付 136 美元。**a**. 你支付的资金总额是多少？**b**. 你支付的利息总额是多少？

38. **购买汽车**。你花 6000 美元购买了一辆二手汽车，并承诺分 24 次支付全款，每个月支付 325 美元。

a. 你支付的资金总额是多少？b. 你支付的利息总额是多少？

在政府支持项目的保障下，大学生的学费借款通常可以获得“廉价”利率（目前为 4.29%）。一般而言，大学期间可以不用还款，利息也不会累计。在练习 39～40 中，计算必须开始还款后一个月的到期利息金额。

39. **大学借款**。借款 1 万美元，年利率为 4.29%。

40. **大学借款**。借款 1.5 万美元，年利率为 6%。

在练习 41～44 中，假设用单利进行计算。

41. **借钱旅行**。你计划 4 年后去大峡谷旅行，为此想要存款 1200 美元。如果旅行总花销为 1400 美元，则该存款的年利率至少应为多少？

42. **滞纳税款利息支付**。乔纳森想要延期 4 个月缴纳 4500 美元税款，如果必须为此支付 15%的年利率，则其总支付金额是多少？

43. **从典当行借钱**。从老百姓（Main Street）典当行中，桑贾伊将其父亲的手表当了 400 美元，并同意 1 个月后还款 425 美元，其被收取的年利率是多少？

44. **向保释担保人借钱**。在进入庭审阶段以前，如果犯罪嫌疑人没有足够的资源获释，则可请求保释担保人对其进行保释。假设担保人需要收取 50 美元手续费，外加保释金金额的 8%。如果法院将于 2 个月后开庭，担保人为嫌疑人支付了 2 万美元保释金，则该担保人收取保释金的利率是多少？（提示：将 50 美元手续费加上 8%视为 2 万美元贷款的利息，贷款期限为 2 个月。）

在练习 45～46 中，安和汤姆想为孙子的大学教育设立一个基金，预期第 15 年年末的基金总额达到 3 万美元。他们必须在账户中一次性存入多少钱？

45. **为大学教育存钱**。年利率为 4%，按季复利。

46. **为大学教育存钱**。年利率为 5%，按月复利。

比较当前价格与 1982—1984 年的基准价格，计算得出的通货膨胀指标称为消费者物价指数（CPI）。为了计算某个时间段内的通货膨胀率，可以计算该时间段内 CPI 的变化百分比。例如，如果 2005 年的 CPI 为 195.3，2009 年的 CPI 为 214.5，则该时间段内的通货膨胀率为 $\frac{214.5-195.3}{195.3} \approx 0.098 = 9.8\%$。利用下面的图表完成练习 47～50。由于舍入方法的差异，你的答案可能稍有差异。

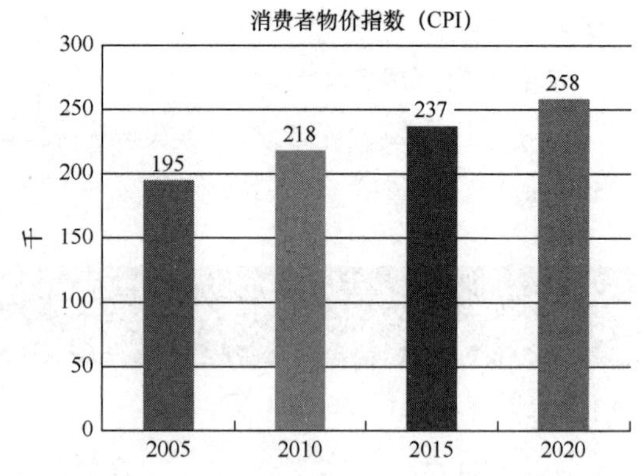

47. **通货膨胀对运动鞋价格的影响**。a. 计算 2005—2020 年的通货膨胀率；b. 一双运动鞋的 2005 年价格是 83 美元，利用 a 问得到的通货膨胀率估计同款运动鞋的 2020 年价格。

48. **通货膨胀对教科书价格的影响**。a. 计算 2010—2020 年的通货膨胀率；b. 一本教科书的 2010 年价格是 147 美元，利用 a 问得到的通货膨胀率估计相同教科书的 2020 年价格。

49. **通货膨胀对汽车价格的影响**。a. 计算 2005—2015 年的通货膨胀率；b. 一辆汽车的 2015 年价格是 17000 美元，利用 a 问得到的通货膨胀率估计同款车型的 2005 年价格。

50. **通货膨胀对牛仔裤价格的影响**。a. 计算 2005—2020 年的通货膨胀率；b. 一条牛仔裤的 2020 年价格是 80 美元，利用 a 问得到的通货膨胀率估计同款牛仔裤的 2005 年价格。

51. **通货膨胀**。1992—1995 年，阿尔巴尼亚的年通货膨胀率为 226%，用其判断 5 年后一顿 4.65 美元快餐的价格。

52. **通货膨胀**。20 世纪 90 年代中期，匈牙利的通货膨胀率约为 28%，用其判断 10 年后一双 96 美元运动鞋的价格。

53. **投资比较**。乔斯林以 23.75 美元/股的价格买入了 100 股捷蓝航空（Jet Blue）股票，并于 8 个月后以 24.50 美元/股的价格全部卖出。a. 她在这笔交易中赚取的年收益率是多少（用单利计算）？b. 对按月复利的储蓄账户而言，要赚取与前述投资相同的收益，其年利率必须达到多少？

54. **投资比较**。为了保护野生动物保护区，多米尼克花 2400 美元买入了一张债券，并于 10 个月后以 2580 美元的价格卖出。a. 在这笔交易中，他赚取的年收益率是多少（用单利计算）？b. 对按月复利的储蓄账户而言，要赚取与前述投资相同的收益，其年利率必须达到多少？

55. **投资收益**。艾米丽以 9420 美元的价格购买了价值 2 万美元的高速公路建设债券，如果该债券支付的年利率为 7.5%，且按月计算复利，则其必须持有多久才能达到债券的全部面值？

56. **投资收益**。卢卡斯以 4200 美元的价格购买了一张面值为 1 万美元的债券（建造新体育场），如果该债券支付的年利率为 6.5%，且按月计算复利，则其必须持有多久才能达到债券的全部面值？

57. **为退休储蓄**。艾莉森今年 30 岁，计划 65 岁退休，希望届时退休账户中能有 120 万美元。如果按日计算复利（假设 1 年包含 365 天），则其现在必须在支付 6%年利率的账户中保留多少资金？

58. **为退休储蓄**。阿尼瓦尔将在 20 年后退休，他希望退休后能购买价值 20 万美元的一套房子。如果某项投资支付的年利率为 4.5%，且按月计算复利，则其必须投入多少资金才能获得这笔金额？

59. **购买曼哈顿**。在许多民间传说中，1626 年，彼得·米努伊特花 24 美元从美洲原住民部落手中购买了曼哈顿。假设该价格正确无误，如果当年将其存入年利率为 5%的账户，且按年计算复利，则该账户 2020 年的资金总额是多少？

60. **购买曼哈顿**。有人估计曼哈顿 2012 年的价值约为 8000 亿美元，假设该价格正确无误，年利率为 5%，按年计算复利，则彼得·米努伊特 1626 年购买曼哈顿的合理价格是多少？

61. **货币贬值**。通货膨胀侵蚀了货币的价值。假设年通货膨胀率为 4%，则 2010 年的多少钱相当于 2020 年的 1 美元？即求 2010 年的金额 A，使其价值等于 2020 年的 1 美元。

62. **货币贬值**。假设通货膨胀率为 4%，2010 年的 1 美元何时价值 50 美分？

数学交流

63. 单利和复利的区别是什么？

64. 在公式 $A = P(1 + r / m)^n$ 中，m 的含义是什么？为什么要用 r 除以 m？

65. 在何种情况下，$A = P(1 + r)^t$ 和 $A = P(1 + r / m)^n$ 会对复利问题给出相同的答案？

66. 回顾练习 59～60，我们必须承认某些因素会使其不切实际，指出具体是哪些因素。

生活中的数学

67. 顾客刷信用卡时，信用卡公司会向商家收取费用，数额从 1%到 3%不等（基于刷卡金额）。假设你正在购买售价为 350 美元的高清电视，并且咨询商家“现金支付是否有折扣”。合理的折扣可能是多少？

68. 对于不使用信用卡的顾客而言，信用卡收费有何不利之处？

挑战自我

有些银行做广告说其账户中的钱连续计算复利，为了理解其具体含义，利用复利公式时，采用数量较大的每年复利周期。在练习 69～70 中，将每年划分为 10 万个复利周期，利用复利公式计算终值，近似计算“若为已知名义收益率连续计算复利，则实际年收益率将是多少”。

69. **名义收益率**，10%。　70. 名义收益率，12%。

如果将本金 P 投资于年利率为 r% 的账户，且连续计算复利，则 t 年后的账户终值 A 由公式 $A = Pe^{rt}$ 给出，其中数 e 约等于 2.718281828。

71. 如果练习 69 中的复利连续计算，用连续复利公式计算实际年收益率。

72. 如果练习 70 中的复利连续计算，用连续复利公式计算实际年收益率。

根据美国国债钟（National Debt Clock）提供的数据，2020 年的美国国债为 24 万亿美元（注：此数字未包含美国政府 2020 年为应对 COVID-19 而耗费的数万亿美元）。假设这个数字是基准额，且在你做练习 73～76 时保持不变（事实并非如此）。

73. 如果当时的美国人口总数是 3.3 亿，则你在国债中的份额是多少？

74. 假设利率是 2%，则 2020 年由利息导致的债务年增长速度有多快？

75. 假设某年包含 366 天（2020 年是闰年），利率为 2%，2020 年由利息导致的债务每分钟增长速度有多快？

76. 假设利率为 2%，如果不支付任何款项，2020—2024 年将累计产生多少利息？假设按年计算复利。

8.3 消费贷款

自古至今，对于无节制借贷存在的巨大危险，威廉·莎士比亚和本杰明·富兰克林等人都提出过警告。本节解释关于借贷/信贷的数学含义及其实际应用，讨论如何避免掉入“无底洞”。

假设你刚刚租下了一套公寓，下一步计划对其进行装修。如果你准备花 1000 美元购买客厅家具，并拟采用分期付款的方式，则可视为申请“分期付款贷款”。付款次数固定的贷款称为封闭式借贷协议或分期付款贷款，每次支付称为一次分期付款，付款金额取决于购物金额和卖家收取的利率。基于贷款而收取的利息通常称为利息费用/融资费用。

8.3.1 附加利息法

利用 8.2 节中的单利公式即可计算分期付款贷款的利息费用。为了确定分期付款贷款的付款金额，我们将贷款到期时的单利附加至贷款金额，然后用总金额除以按月付款的次数。

要点 附加利息法是计算分期付款贷款的付款金额的一种简单方法。

确定分期付款贷款的每月付款金额的公式

$$\text{每月付款金额} = \frac{P+I}{n}$$

其中，P 是贷款金额，I 是贷款到期时的利息金额，n 是按月付款的次数。

在确定付款金额之前，由于附加了贷款到期时的利息，因此这种方法有时称为附加利息法。

例 1 确定附加利息贷款的付款金额

在家庭影院系统中，一对新款博士音箱售价 720 美元。如果你获得了 2 年期附加利息贷款，年利率为 18%，则每月付款金额是多少？

解：首先用单利公式计算利息：

$$I = Prt = 720(0.18)2 = 259.20$$

然后，将利息加到购买价格中：

$$720 + 259.20 = 979.20$$

为了求每月付款金额，将此金额除以 24:

$$\frac{979.20}{24} = 40.80$$

因此，每月付款金额将为 40.80 美元。

现在尝试完成练习 01 ~ 08。

自测题 11

假设你获得了 360 美元 1 年期分期付款贷款，年利率为 21%，则每月付款金额是多少？

在例 1 中，18%的年利率极具迷惑性。因为购买价格是 720 美元，所以公平地讲，在每月付款金额中，所还贷款金额（即本金）为$720\text{美元}/24 = 30\text{美元}$，另外 10.80 美元是利息。最后一次付款时，虽然你只欠款 30 美元，但仍然要支付 10.80 美元利息。经过简单的算术计算，可知$10.80/30 = 0.36$，所以从某种意义上讲，最后一个月的实际贷款利率为 36%。你要为这一个月支付 36%的利息，相当于年利率为$12 \times 36\% = 432\%$。需要指出的是，虽然单利计算简单，但是在偿还贷款金额（即本金）时，为未偿余额支付的实际利息要高于规定利率。

在加油站用信用卡刷卡付费时，你正在使用开放式借贷。与封闭式借贷相比，开放式借贷的利息费用计算可能更复杂。虽然你可能会按月偿还贷款，但也可能再次刷卡加油，使得贷款余额不减反增。

信用卡公司采用多种方法计算利息费用，下面介绍和比较其中的两种方法。如果了解利息费用的计算方法，则可用此信息来降低借款成本。

8.3.2 未付余额法

计算利息费用时，第一种方法称为未付余额法，它基于上月余额来计算利息。

要点 未付余额法计算上月末余额的利息费用。

计算信用卡贷款利息费用的未付余额法 这种方法还应用了单利公式 $I = Prt$，但是

$$P = \text{上月余额} + \text{利息费用} + \text{购物金额} - \text{退款金额} - \text{还款金额}$$

变量 r 是年利率，$t = \frac{1}{12}$。

例 2 用未付余额法求利息费用

假设你有一张年利率为 18%的信用卡，上月末的未付余额为 600 美元，本月花 130 美元购买了滑雪靴，并还款 170 美元。a）用未付余额法计算本月信用卡账单金额；b）下个月的利息费用是多少？

解： a）为了计算本月余额，下面列出所需各项。

上月余额：600 美元

上月余额的利息费用：$600\text{美元} \times 0.18 \times \left(\frac{1}{12}\right) = 9\text{美元}$

购物金额：130 美元

退款金额：0 美元

还款金额：170 美元

因此，本月欠款金额为

$\text{上月余额} + \text{利息费用} + \text{购物金额} - \text{退款金额} - \text{还款金额} = 600 + 9 + 130 - 0 - 170 = 569\text{美元}$

b）下个月的利息费用为：$569\text{美元} \times 0.18 \times \left(\frac{1}{12}\right) = 8.54\text{美元}$。

现在尝试完成练习 25 ~ 30。

自测题 12

假设你的信用卡年利率为 21%，上月未付余额为 300 美元，本月购物花了 84 美元，还款 100 美元。本月底，你卡上的未付余额是多少？这笔余额下个月的利息费用是多少？

由上可知，采用未付余额法时，消费者可在账单日早期大量购物，随后只要在账单日之前还清欠款，即可免费借用资金几乎一整月，所以信用卡公司并不喜欢这种方法。

因为获得借款非常轻松，所以人们很容易不计后果地借钱，借款人通常不了解所承担的债务及偿还债务的难度，学生贷款就是如此。

例 3 偿还学生贷款

假设你刚刚大学毕业，尚未偿还 35000 美元学生贷款，年利率（单利）为 12%（注：本利率可见于私人贷款机构；数字来自真实案例，某位朋友打算偿还 35000 美元信用卡债务，向我咨询最佳方式）。为了尽快减少债务余额，从下个月开始，你准备每月还款 500 美元。首次还款后，你还欠多少贷款？

解： 首先计算该贷款的利息。应用单利公式 $I = Prt$，其中 $P = 35000$，$r = 0.12$，$t = \frac{1}{12}$，求出第 1 个月的到期利息为 $I = 35000 \times 0.12 \times \frac{1}{12} = 350\text{美元}$。还款 500 美元后，本金减少金额为 $500 - 350 = 150\text{美元}$，所以你仍欠贷款 $35000 - 150 = 34850\text{美元}$！

现在尝试完成练习 49 ~ 50。

自测题 13

假设你有一笔 1 万美元的学生贷款债务，单利率为 9%。如果第 1 次偿还了 300 美元贷款，则多少钱用于支付利息？多少钱用于支付本金？你还欠多少钱？

例 3 显示了偿还巨额债务的极大难度，为了避免支付大额利息，最佳选择是尽可能多地偿还未付余额。

当向其他人借贷时，一定要特别关注年利率。例如，提供现金贷款的信用卡公司通常收取高额利率，借钱还债（从一家公司借钱，偿还另一家公司的债务）实际上会增加债务金额。

对于提供贷款的商家而言，消费者欠款的时间越长，支付的利息就越多，他们的利润就越高。通常，贷款机构会设置每月最低还款额，如果不支付最低还款额，就必须缴纳罚金。如例 4 所述，对消费者而言，只按最低还款额还贷并不划算。

例 4　按最低还款额还贷的后果是什么？

重新回顾例 1 中的博士音箱，记得其售价为 720 美元，现在准备刷信用卡购买。假设这是信用卡上的唯一刷卡项，年利率为 18%，每月最低还款额为

所欠利息费用+未付余额的2%

假设你每个月都要按最低还款额还贷。a）第 1 个月的最低还款额是多少？b）已偿还的贷款本金是多少？c）结果可能会令你大吃一惊，当按最低还款额还贷 24 个月后，欠款金额仍然高达 461.64 美元！你下个月的最低还款额是多少？

解： a）第 1 笔还款金额为

借款720美元1个月的利息费用欠款 + 720美元未付余额的2%

为了计算利息费用，已知年利率为 18%，则月利率为

$$\frac{18\%}{12}=\frac{0.18}{12}=0.015$$

所以，借款 720 美元 1 个月的利息费用为 $0.015\times720=10.80$ 美元。

因为第 1 个月欠款 720 美元，所以必须支付本金:

$$2\%\times720=0.02\times720\ =14.40\text{美元}$$

因此，你的最低还款额为

$$10.80+14.40=25.20\text{美元}$$

b）由上可知，已经偿还的贷款本金为 14.40 美元。

c）因为仍然欠款 461.64 美元，所以利息费用为 $0.015\times461.64=6.93$ 美元，必须支付的本金减少金额为 $0.02\times461.64=9.24$ 美元。因此，最低总还款额为 $6.93+9.24=16.17$ 美元。

现在尝试完成练习 13 ~ 16。

自测题 14

假设例 4 中博士音箱的售价为 1200 美元，年利率为 22%，每月最低还款额为所欠利息费用+10 美元+未付余额的 3%，第 1 个月的最低还款额是多少？

建议　假设你每周购买 2 杯（每月 8 杯）咖啡，单价为 1.50 美元/杯，意味着每个月在咖啡上的花费为 $8\times1.50=12$ 美元。现在假设你不买咖啡了，而是每月用这 12 美元来偿还例 4 中的贷款，所以每月还款额是每月最低还款额加上 12 美元。利用电子表格，发现你 24 个月后仍然欠款 246.35 美元，大约 3 年半就能还清贷款。因此，如果每个月多用一些钱来偿还贷款，则可大大地减少长期债务。

8.3.3　日均余额法

计算信用卡的利息费用时，还有另一种更复杂的方法，称为日均余额法/平均每日余额法，

这是信用卡公司最常用的一种方法。在这种方法中，欠款余额是上个月每日余额总和的平均值。

要点 日均余额法基于某个月的每日账户余额来计算利息费用。

计算信用卡贷款利息费用的日均余额法/平均每日余额法

1. 对账户中某个月的每日未付余额进行汇总求和。
2. 用第 1 步中的总金额除以当月的天数，得出平均每日余额。
3. 用公式 $I = Prt$ 计算利息费用，其中 P 为第 2 步中的平均每日余额，r 为年利率，t 为当月天数除以 365。

例 5 用日均余额法求利息费用

假设 9 月（共 30 天）初的信用卡余额为 240 美元，年利率为 18%，且在整个 9 月期间，信用卡账户调整如下:

9 月 11 日：向账户中还款 60 美元。

9 月 18 日：从苹果 iTunes 下载音乐，刷卡支付 24 美元。

9 月 23 日：加油站加油，刷卡支付 12 美元。

用日均余额法计算 10 月信用卡账单的利息费用。

解：要求解这个问题，首先要求出 9 月的日均余额，最简单的方法是计算 9 月向信用卡公司借贷的每日余额记录，如表 8.3 所示。

表 8.3 9 月的每日余额

交　易	日　期	余额（美元）	天数 × 余额
9 月 1 日的余额	1, 2, 3, 4, 5, 6, 7, 8, 9, 10	240	$10 \times 240 = 2400$美元
9 月 11 日还款 60 美元	11, 12, 13, 14, 15, 16, 17	180	$7 \times 180 = 1260$美元
9 月 18 日借款 24 美元	18, 19, 20, 21, 22	204	$5 \times 204 = 1020$美元
9 月 23 日借款 12 美元	23, 24, 25, 26, 27, 28, 29, 30	216	$8 \times 216 = 1728$美元
			总余额 = 6408美元

因此，日均余额为

$$\frac{(10 \times 240) + (7 \times 180) + (5 \times 204) + (8 \times 216)}{30} = \frac{2400 + 1260 + 1020 + 1728}{30} = \frac{6408}{30} = 213.6$$

下面应用单利公式，其中 $P = 213.60$美元，$r = 0.18$，$t = 30/365$（因为信用卡使用时间为 1 年 365 天中的 30 天）。因此，$I = Prt = 213.6(0.18)(30/365) = 3.16$，10 月账单上的利息费用为 3.16 美元。

现在尝试完成练习 33 ~ 36。

自测题 15

重新计算例 5 中的日均余额，但是这次假设 9 月 3 日（而非 9 月 18 日）购买了 iTunes 音乐，制作类似表 8.3 的一张表格。

生活中的数学——你是否会成为“破产一代”？

你肯定知道“X 一代”和“Y 一代”，但是你听说过“破产一代”吗？许多文章记述了当代大学毕业生的担忧，他们背负着沉重的学生贷款债务。据《今日美国》提供的数据，美国 2020 年未偿还的学生贷款债务总额为 1.5 万亿美元。据《华尔街日报》报道，11.1%的借款人严重拖欠贷款。在某些情况下，即使宣布破产，借款人也必须偿还学生贷款债务。

对于学生贷款债务，借款人需要考虑很多问题。对于私人贷款而言，贷款人收取的利率和费用可能会极大地影响借款人偿还贷款的能力，虽然标准还款计划是 10 年，但是借款人可以获得长达 25 年的延期，这是一种非常可怕的想法！

历史回顾——借贷和利息

直到 20 世纪 50 年代，信用卡才在美国获得广泛应用，Diners Club（大来卡）、Carte Blanche 和 American Express（美国运通）等信用卡令“塑料货币”非常流行。时至今日，美国信用卡每年大约收费 1 万亿美元。

借贷/信贷/赊购并不是一个现代概念，由古苏美尔人的相关文献可知，大约在公元前 3000 年，人们就经常赊购谷物和金属，贷款利息通常为 20%～30%，大致相当于当前很多信用卡的 18%～21%。随着使用数量的增多，借贷滥用随之增加。为了防止借贷滥用，尤其是收取不公平的高利率，即高利贷，许多组织都制定了相关法律。

借贷和利息可以多种形式出现，例如在菲律宾，伊夫戈部落对贷款收取 100%的费用，如果借大米，则下次收获时必须双倍返还；在加拿大温哥华，克瓦基乌特人采用一种基于毛毯的信用体系，其利息规则规定，如果借了 5 条毛毯，则 6 个月后就会变成 7 条；在西伯利亚北部，借贷对象主要是驯鹿，利率通常为 100%。

如例 6 所示，当用不同方法计算贷款费用时，利息费用的金额会有所不同。

8.3.4 利息费用计算方法之比较

例 6 计算利息费用的不同方法对比

假设 5 月（31 天）初的信用卡余额为 500 美元，年利率为 21%。5 月 11 日，刷卡支付 400 美元汽车修理费；5 月 29 日，还款 500 美元。利用前面介绍的两种方法，计算下个月的利息费用。

解：

方法	P	r	t	利息费用 $=I=Prt$
未付余额法	上月余额 + 利息费用 − 还款金额 + 修车金额 = $500+8.75+400-500=408.75$	21%	$\frac{1}{12}$	$(408.75)(0.21)\left(\frac{1}{12}\right)=7.15$美元
日均余额法	$\frac{10\times500+18\times900+3\times400}{31}=\frac{22400}{31}=722.58$	21%	$\frac{31}{365}$	$(722.58)(0.21)\left(\frac{31}{365}\right)=12.89$美元

若采用未付余额法，则利息费用为 7.15 美元；若采用日均余额法，则利息费用为 12.89 美元。

由例 6 可知，对于年利率相同的两张不同信用卡而言，即便各种交易完全一致，利息费用仍然可能存在较大的差异。如果了解信用卡公司的计算方法，为了尽可能地降低利息费用，需要合理地安排借款和还款。

确定如何使用信用卡时，消费者还要考虑本节未讨论的许多其他问题。例如，有些信用卡公司收取年费；有些信用卡公司返还部分利息；有些信用卡具有优惠期，若在优惠期内将余额降至 0，则不需要支付任何利息费用；有些信用卡可能初始利率较低，但是后续利率变高。

一种诱惑较为常见，即允许你在刷卡几个月后才支付利息，对于这样的“划算”交易，务必小心谨慎。通常而言，当免息期结束时，如果未完全还清刷卡款项，则所有累计利息都会加到余额中。理解大量不同类型借贷合同的利弊非常困难，但是如果仔细阅读借贷协议，并记住本节中介绍的各项原则，你肯定会成为能够理智利用借贷的消费者。

练习 8.3

强化技能

在练习 01～04 中，已知贷款金额、年利率和贷款期限，计算附加利息贷款的每月付款金额。

01. 900 美元；12%；2 年

02. 840 美元；10%；3 年

03. 1360 美元；8%；4 年

04. 1710 美元；9%；3 年

05. **贷款购置电脑**。采用附加利息贷款方式，路易斯花 1280 美元购置了一台新笔记本电脑，贷款期限为 2 年，年利率为 9.5%。他要偿还多少利息？每月付款金额是多少？

06. **贷款购置家具**。曼迪花 1460 美元为新公寓购置了家具，并向银行申请了一笔 5 年期附加利息贷款，年利率为 10.4%。她要偿还多少利息？每月付款金额是多少？

07. **贷款购置设备**。为了购买古董修复业务所需要的新设备，安吉拉从银行申请了一笔 4 年期附加利息贷款，贷款金额为 6480 美元，年利率为 11.65%。她要偿还多少利息？每月付款金额是多少？

08. **贷款购置雕塑**。米克尔花 1320 美元购买了一件古董雕塑，画廊以 9.75%的年利率向其提供了 3 年期附加贷款。他要偿还多少利息？每月付款金额是多少？

在练习 09 ~ 12 中，用附加利息法确定贷款利息，以及最后一个月期间的年利率。

09. 900 美元；12%；2 年

10. 840 美元；10%；3 年

11. 1360 美元；8%；4 年

12. 1710 美元；9%；4 年

在练习 13 ~ 16 中，已知上月所欠学生贷款的本金、年利率及最低每月还款额的计算方法，计算本月的最低还款额。

	本金（美元）	年利率	最低每月还款额的计算方法
13.	12400	18%	利息费用+本金的2%
14.	24360	12%	利息费用+10美元+本金的1.5%
15.	8840	6%	利息费用+本金的3%
16.	15400	9%	利息费用+20美元+本金的2%

学以致用

17. **分期付款购船**。罗杰斯计划花 11000 美元购买一艘新船，经销商向其收取 9.2%的年利率，并用附加利息法计算每月付款金额。**a**. 如果他要在 48 个月内付清购船款，每月付款金额是多少？**b**. 如果他支付了 2000 美元首付款，每月付款金额降至多少？**c**. 如果他希望每月付款 200 美元，应支付多少首付款？

18. **分期付款买游泳池**。菲尔普斯先生花 1.4 万美元购买了一个新游泳池，经销商向其收取 8.5%的年利率，并用附加利息法计算每月付款金额。**a**. 如果菲尔普斯先生将在 48 个月内付清游泳池的购置费用，每月付款金额是多少？**b**. 如果首付款为 3000 美元，每月付款金额降至多少？**c**. 如果他希望每月付款 250 美元，应支付多少首付款？

19. **分期付款买稀有钱币**。安娜购买了价值 15000 美元的稀有钱币作为投资，经销商收取 9.6%的年利率，并用附加利息法计算每月付款金额。**a**. 如果安娜将在 36 个月内付清全部款项，每月付款金额是多少？**b**. 如果首付款为 3000 美元，每月付款金额降至多少？**c**. 如果她希望每月付款 300 美元，应支付多少首付款？

20. **分期付款买乐器**。沃尔特花 6500 美元为其摇滚乐队购买了一台音乐合成器，音乐商店向其收取 8.5%的年利率，并用附加利息法计算每月付款金额。**a**. 如果沃尔特将在 24 个月内付清全部款项，每月付款金额是多少？**b**. 如果首付款为 1500 美元，每月付款金额降至多少？**c**. 如果他希望每月付款 150 美元，应支付多少首付款？

21. **分期付款买健身器材**。科比想花 13.2 万美元为其家庭健身房购置一些新健身器材，采用附加利息法，年利率为 20%。如果科比希望在 3 年内付清全部款项，每月付款金额是多少？

22. **分期付款买健身器材**。继续练习 21，如果科比决定在 4 年内付清全部款项，则比 3 年内付清全部款项多支付多少利息？

23. **分期付款买新车**。碧昂斯将以 35.4 万美元购买一辆兰博基尼蝙蝠新车，经销商用附加利息法以 12%的年利率提供贷款。如果碧昂斯希望在 3 年内付清全部款项，每月付款金额是多少？

24. 继续练习 23，如果碧昂斯在 2 年内付清全部款项，则比 3 年内付清全部款项少支付多少利息？

在练习 25 ~ 30 中，已知上月余额、还款金额、年利率及其他任何交易，用未付余额法计算信用卡账户的利息费用。

25. **计算利息费用**。上月余额为 475 美元；还款金额为 225 美元；利率为 18%；花 180 美元购买滑雪服；相机退款 145 美元。

26. **计算利息费用**。上月余额为 510 美元；还款金额为 360 美元；利率为 21%；花 470 美元购买健身器材；花 85 美元购买鱼缸。

27. 计算利息费用。上月余额为 640 美元；还款金额为 320 美元；利率为 16.5%；花 140 美元买狗；花 35 美元购买宠物用品；支付兽医账单 75 美元。

28. 计算利息费用。上月余额为 340 美元；还款金额为 180 美元；利率为 17.5%；花 210 美元购买外套；花 28 美元购买帽子；靴子退款 130 美元。

29. 计算利息费用。上月余额为 460 美元；还款金额为 300 美元；利率为 18.8%；花 140 美元购买机票；花 135 美元购买行李；支付酒店账单 175 美元。

30. 计算利息费用。上月余额为 700 美元；还款金额为 480 美元；利率为 21%；花 210 美元购买戒指；花 142 美元购买电影票；花瓶退款 128 美元。

若干年前，一位老朋友借了一笔 30 年期贷款，年利率为 8%，采用附加利息法。银行鼓动他将其他费用增至贷款中（自愿），为便于购置家具、汽车和电脑，他听从了银行的建议。虽然其贷款可能并非附加利息贷款，但是为了练习 31 ~ 32 中的计算目标，我们假定如此。

31. 用长期贷款购置电脑。假设这台电脑的价格是 1200 美元。**a**. 在该贷款中，他要为电脑支付多少利息？**b**. 该电脑的总成本是多少钱？

32. 用长期贷款购置汽车。假设这辆汽车的价格是 24000 美元。**a**. 在该贷款中，他要为汽车支付多少利息？**b**. 该汽车的总成本是多少钱？

在练习 33 ~ 36 中，用日均余额法计算信用卡账户上个月的利息费用。已知该月份账户的初始余额和交易记录，假设年利率均为 21%。

33. 计算利息费用。月份：8 月（31 天）；上月余额：280 美元。

日　期	交　易
8 月 5 日	还款 75 美元
8 月 15 日	花 135 美元买登山靴
8 月 21 日	花 16 美元加油
8 月 24 日	花 26 美元去餐厅吃饭

34. 计算利息费用。月份：10 月（31 天）；上月余额：190 美元。

日　期	交　易
10 月 9 日	花 35 美元买书
10 月 11 日	花 20 美元加油
10 月 20 日	还款 110 美元
10 月 26 日	花 13 美元吃午餐

35. 计算利息费用。月份：4 月（30 天）；上月余额：240 美元。

日　期	交　易
4 月 3 日	花 135 美元买外套
4 月 13 日	还款 150 美元
4 月 23 日	花 30 美元买影碟
4 月 28 日	花 28 美元买杂货

36. 计算利息费用。月份：6 月（30 天）；上月余额：350 美元。

日　期	交　易
6 月 9 日	还款 200 美元
6 月 15 日	花 15 美元加油
6 月 20 日	花 180 美元滑雪
6 月 26 日	还款 130 美元

在练习 37 ~ 40 中，用未付余额法重做指定练习，计算利息费用。

37. 练习 33　　**38**. 练习 34

39. 练习 35　　**40**. 练习 36

41. 融资方式对比。玛耶莎花 1000 美元购买了一台大屏幕电视，她可采用附加利息贷款方式进行还款，还款期限为 10 个月，年利率为 10.5%；或者刷信用卡，年利率为 18%。如果刷信用卡，则每月还款 100 美元（从下个月开始），再加上当月的利息费用。假设信用卡公司用未付余额法计算利息费用，且该信用卡无其他交易，哪种选择的贷款总利息费用较低？

42. 融资方式对比。重复练习 41，但是这次假设玛耶莎花 2000 美元购买了一套娱乐设备，附加利息贷款利率为 9.6%，贷款期限为 20 个月。

43. 累计利息。家得宝（Home Depot）公司的广告承诺为消费者新年前购买的商品提供 3 个月无息贷款，并规定“如果未在 3 个月内还清贷款，则购买者须按月利率 1.75%支付累计利息”。假设你花 1150 美元购买了一台冰箱，但未在 3 个月内还款，则这段时间内的累计利息是多少？

44. 累计利息。重复练习 43，但是这次假设购买价格为 1450 美元，年利率为 24%。

数学交流

45. 解释附加利息贷款的含义。附加了什么？

46. 计算信用卡账单时，未付余额法与日均余额法的区别是什么？哪种方法对贷款人最有利？

47．最低每月还款额。在例 4 中，为什么贷款本金下降得这么慢？

48．分期付款贷款与信用卡之比较。比较例 1 和例 4，与信用卡相比，分期付款贷款有哪些优缺点？

生活中的数学

49．政府贷款。例 3 中的假定利率是 12%，若贷款人为私人，则该利率可能存在。对政府学生贷款而言，利率则要低得多。重做例 3，但是这次假设利率为 4.8%，再次计算还款 1 次后的欠款金额。

50．糟糕的财务建议。一篇网络文章建议“大学期间的借款金额绝不应当超过自己的预期年薪”，并且举了如下示例：如果预期年薪为 5 万美元，则当借款金额为 5 万美元时，每年还款年薪的 10%（即 5000 美元），即可在 10 年内还清全部欠款。假设贷款利率为 6.8%，该示例存在何种严重问题？

挑战自我

51．在例 6 中，我们发现日均余额法的利息费用最高，解释为什么会出现这种情形。

52．用假想信用卡进行虚拟交易，使未付余额法的利息费用低于日均余额法，假设年利率为 18%。

53．用假想信用卡进行虚拟交易，使日均余额法的利息费用低于未付余额法，假设年利率为 21%。

54．在关于借贷的讨论中，我们忽略了一个事实，即未用于还贷的任何资金都可以投资。假设通过未用于还贷的任何资金，你都可从中赚取 5%。但是，你赚取的任何利息都要缴纳联邦税、州税和地方税，假设这些税收的总和为 20%，讨论其将如何影响你偿还信用卡债务的决定。

55．糟糕的财务建议。在练习 50 提到的同一篇文章中，作者还提供了一个在线退休计算器，假设你的收入平均每年增加 3%，投资收益平均每年为 8%。收集与投资回报率相关的最新信息，判断该计算器的可靠性。

56．搜索关于个人理财的网络文章，辨别这些文章中的不合理假设，例如利率、预期薪水和通货膨胀等。

8.4　年金

晚起者必定终日快步前行。

——本杰明 · 富兰克林

本杰明 • 富兰克林的意思是说“不明智地利用时间是一种愚蠢行为”，这句名言同样适用于“金钱的利用方式”。如果希望实现心中的未来梦想（如异国度假、豪华别墅或高档新车），就要明智地从今天开始攒钱，拖延的时间越长，实现目标的难度就越大。

本节介绍系统性的储蓄和复利的强大力量，展示其如何助推资金量稳步增长，直至实现长期目标。为未来积累资金并定期存入一系列款项的账户称为“年金”。

8.4.1　计算年金

年金是人们定期存入一系列相同金额款项的一种计息账户。如果在每个复利期结束时存入一笔款项，则该账户称为普通年金/后付年金。年金的终值是该账户的总金额，包括存入所有款项后的利息。

要点　我们将钱定期存入年金。

为了说明年金的终值，假设从 1 月底开始，你每月底向年利率为 12%的账户中存入 100 美元，并按月计算复利。当 7 月 1 日开始放暑假时，这个账户中共有多少钱？

这个问题与 8.2 节中的问题不同，在前面的那个问题中，我们一次性存入整笔款项，在固定期限内赚取规定利率；在这个问题中，我们要多次存入一系列款项，各自在不同期次内赚取利息。

1 月份存款可赚取 2、3、4、5、6 月份的利息。如果应用复利公式，这笔存款将增值为

$$100(1+0.01)^5 = 105.10\text{美元}$$

但是，5 月份存款只能赚取 1 个月利息，因此仅增值为

$$100(1+0.01)^1 = 101\text{美元}$$

6 月份存款则不赚取任何利息。我们用图 8.3 中的时间线来说明这种规律。

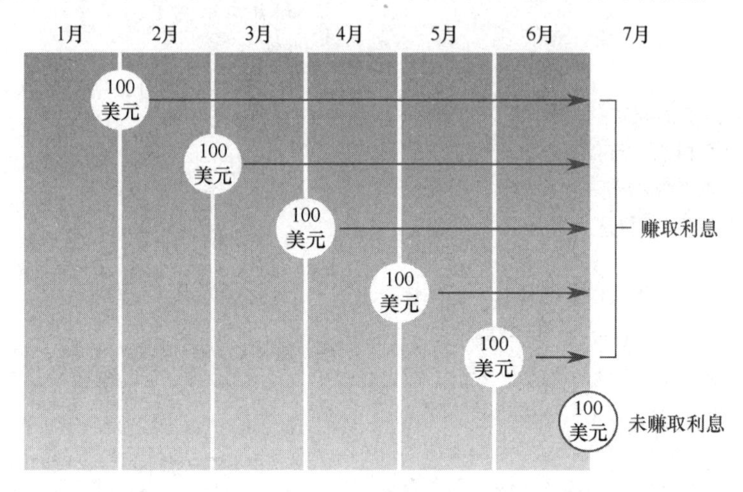

图 8.3　1～6 月底存入的普通年金的时间线

如果计算每笔存款对账户的贡献金额，然后将这些金额相加，即可得到 7 月 1 日的年金价值。

1 月	$100(1.01)^5 = 105.10$美元
2 月	$100(1.01)^4 = 104.06$美元
3 月	$100(1.01)^3 = 103.03$美元
4 月	$100(1.01)^2 = 102.01$美元
5 月	$100(1.01)^1 = 101.00$美元
6 月	$100(1.01)^0 = 100.00$美元
	总额 = 615.20美元

我们可以将此年金价值表示如下：

$$100(1.01)^5 + 100(1.01)^4 + 100(1.01)^3 + 100(1.01)^2 + 100(1.01)^1 + 100 \tag{1}$$

提取公因数 100，可将年金价值写为

$$100[(1.01)^5 + (1.01)^4 + (1.01)^3 + (1.01)^2 + (1.01)^1 + 1] \tag{2}$$

为了开发出年金价值的计算公式，我们要迂回地采用一种简明的代数途径。

对任何实数 $x \neq 1$ 和正整数 n，存在一个众所周知的代数事实，即

$$x^n + x^{n-1} + x^{n-2} + \cdots + x^2 + x^1 + 1 = \frac{x^{n+1} - 1}{x - 1}$$

因此，若将 1.01 视为 x，则可将式（2）改写为

$$\begin{aligned} &100[(1.01)^5 + (1.01)^4 + (1.01)^3 + (1.01)^2 + (1.01)^1 + 1] \\ &= 100\left[\frac{(1.01)^6 - 1}{1.01 - 1}\right] = 100\left(\frac{0.061520151}{0.01}\right) = 100 \times 6.1520 = 615.20 \end{aligned} \tag{3}$$

该数值刚好与前面求出的金额相同。

下面仔细研究式（3）：

年利率除以 12 再加 1　　按月存入的笔数 n

$$100[(1.01)^5+(1.01)^4+(1.01)^3+(1.01)^2+(1.01)^1+1]=100\left[\frac{(1.01)^6-1}{1.01-1}\right]$$

定期存款 R　　简化为 $1.01-1=0.01=$ 年利率除以 12，其中 12 是按年复利次数

我们用下面的公式来概括这个规律。

普通年金终值的计算公式　假设将 n 笔定期存款 R 转换为普通年金，r 为年利率，利息每年复利 m 次，并在每个复利期结束时存入，则 n 个周期结束时的终值（或金额）A 为

$$A=R\left(\frac{(1+r/m)^n-1}{r/m}\right)$$

要点　年金的终值取决于存款金额、利率和存款次数。

要计算此表达式，就应按如下步骤执行。

第 1 步：计算 r/m，然后加 1。

第 2 步：计算 $1+r/m$ 的 n 次方，然后减 1。

第 3 步：将第 2 步中的计算结果除以 r/m。

第 4 步：将第 3 步中的计算结果乘以 R。

虽然效果可能并不明显，但是有时候日常生活习惯上的微小变化经过日积月累，最终可能会导致你的未来财务状况发生重大改变，参见例 1。

例 1　计算普通年金的终值

假设克里斯蒂安习惯于每天买 1 大杯星巴克拿铁咖啡，1.95 美元/杯，每周 6 天。如果他将此款项按月存入普通年金，则 15 年后的年金账户金额是多少？假设年金支付的年利率为 3%。

解：回顾本书前文所述的系统化策略。

按照上述 4 个步骤，套用普通年金的终值公式。克里斯蒂安每周购买 6 杯咖啡，或者约每月购买 24 杯咖啡，因此 $R=24\times1.95$美元$=46.80$美元，$r=3\%=0.03$，$n=15\times12=180$。

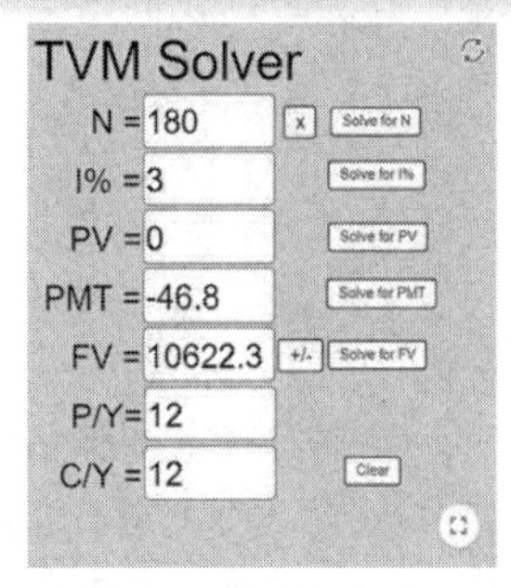

显示例 1 中计算结果的金融应用

第 1 步：$1+r/m=1+0.03/12=1+0.0025=1.0025$

第 2 步：$(1+r/m)^{180}-1=(1+0.0025)^{180}-1\approx1.567431725-1=0.567431725$

第 3 步：$\dfrac{(1+r/m)^{180}-1}{r/m}=\dfrac{0.567431725}{0.0025}=226.97$

第 4 步：46.80 美元$\times226.97\approx10622$ 美元

（注：用计算器计算时，应尽可能将答案舍入至小数点后较多的位数，如果图省事保留较少的位数，最终答案将与此处略有不同。）

现在尝试完成练习 31 ~ 34。

自测题 16

重做例 1，但是这次假设克里斯蒂安购买超大杯咖啡，4.15 美元/杯，年金的利率为 3.6%。

如果连续多年向年金账户中定期存款，则年金的价值可能会由于“利息的复利”而变得相当可观。如图 8.4 所示，如果年利率为 6.6%，则只需要约 19 年，年金所赚取的利息金额就会超过存款金额。利率曲线的攀升非常迅速，该事实表明“年金账户终值也在快速增长”。

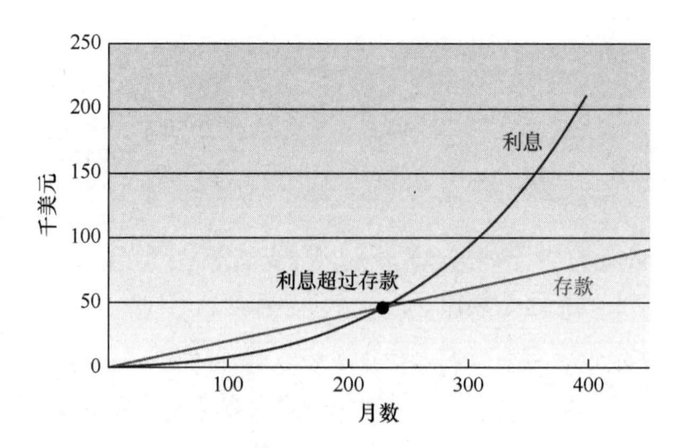

图 8.4　以 6.6%的年利率计算，普通年金所赚取的利息金额超过约 230 个月的存款金额

8.4.2　累积基金

为了将来可以利用固定金额的资金，你或许想要进行定期储蓄，例如为了 2 年内去牙买加旅行，你可能想要储蓄 1800 美元。问题来了，为了实现这一目标，你每个月应该存多少钱呢？你为该存款建立的账户称为累积基金。为了估算每个月的储蓄金额，可以简单地用 1800 除以 24 个月，得到1800 / 24 = 75美元/月。因为此估算忽略了存款产生的利息，所以每个月需要储蓄的实际金额要略少一些。如果预算较为紧张，则“准确知道每个月需要存多少钱”可能非常重要。

因为累积基金是一种特殊类型的年金，所以没有必要寻找新公式来回答这个问题，我们可以利用前面提到的普通年金终值计算公式。在这种情况下，已知 A 的值，求 R 的值（在向累积基金中存款时，我们始终将存款舍入至下一美分）。

要点　对于累积基金，我们储蓄固定金额。

生活中的数学——你能“相信”谁？

这里提到的“相信”是指社会保障信托基金。首次步入职业生涯时，你可能会沮丧地看到“从第一份工资中扣除了 FICA（联邦保险缴款法案的首字母缩写）”。这项法律规定，工人必须要向“社会保障信托基金”缴纳一定数额的工资。

为社会保障信托基金缴款时，你实际上并不是为“自己的退休”储蓄金钱，而是为“其他人的退休”支付税款。当你真正退休时，年轻工人会替你埋单。但是，有些人认为这是一个巨大的隐患。目前，通过约 2 亿美国工人缴纳的税款，约 5000 万美国人获得了社会保障福利。如果将此视为一个比率，则获得社会保障福利的每个人都由 4 名工人支撑。1950 年，该比率是“每个社会保障受益人对应于 16 名工人”；2030 年，该比率预计为“每个社会保障受益人对应于 2 名工人”，该基金将不可避免地陷入困境。为了保障自己的退休生活，你能做些什么呢？

通过设立递延税款年金，政府一直在鼓励人们制订退休计划，确保退休后有钱补充社会保障福利。递延税款是指年金中的预留资金现在不纳税，而在年金提取后再纳税。如后续练习所述，这种储蓄方式能够带来巨大的资金收益。

例 2　计算累积基金的存款

假设你希望 2 年内将 1800 美元存入累积基金，该账户支付的年利率为 6%，并按季度进行复利，你也将按季度存款。你的每季度存款应该是多少？

解： 回顾本书前文所述的“新问题与旧问题相关联”策略。

回顾可知普通年金终值的计算公式为

$$A=R\left(\frac{(1+r/m)^n-1}{r/m}\right) \tag{4}$$

我们希望 A 的值为 1800 美元，年利率 r 为 0.06，存款次数为 $n=2\times4$，每年存款次数 m 为 4。现在，计算式（4）右侧的表达式。

第 1 步：$1+r/m=1+0.06/4=1+0.015=1.015$

第 2 步：$(1+r/m)^8-1=(1+0.015)^8-1\approx0.1264925866$

第 3 步：$\frac{(1+r/m)^8-1}{r/m}=\frac{0.1264925866}{0.015}=8.432839107$

因此，$1800=R\times8.432839107$，于是得 $R=\frac{1800}{8.432839107}\approx213.45$美元。

现在尝试完成练习 17 ~ 20。

自测题 17

如果想在 2 年内储蓄 2500 美元，则要每月向年利率为 9%且按月进行复利的累积基金中存入多少钱？

建议 你或许很想记住求解累积基金问题的新公式，但根本没有必要，因为一旦学会了如何求解年金问题，就可以用同样的公式（和一些代数知识）来求解累积基金问题。

要点 我们用对数函数计算年金累积至特定值时所需要的时间。

处理年金问题时，我们有时候希望知道多长时间能够存下特定金额的资金，即在年金公式中求 n。与到目前为止已经求解的各个问题相比，这个问题略显复杂，需要用到对数函数的指数性质（见 8.2 节）。例 3 中将介绍如何利用该性质。

例 3 计算累积至 100 万美元时所需要的时间

假设你决定在存款数额达到 100 万美元后马上退休，并计划每月将 200 美元存入年利率为 8%的普通年金。你多少年后能够退休？

解：我们用普通年金的终值公式来求解此问题：

$$A=R\frac{(1+r/m)^n-1}{r/m}$$

其中，A 是终值 1000000 美元，r/m 是月利率 $0.08/12\approx0.00667$，R 是 200。我们要求出 n 的值，即存款的月数，因此采用如下方程：

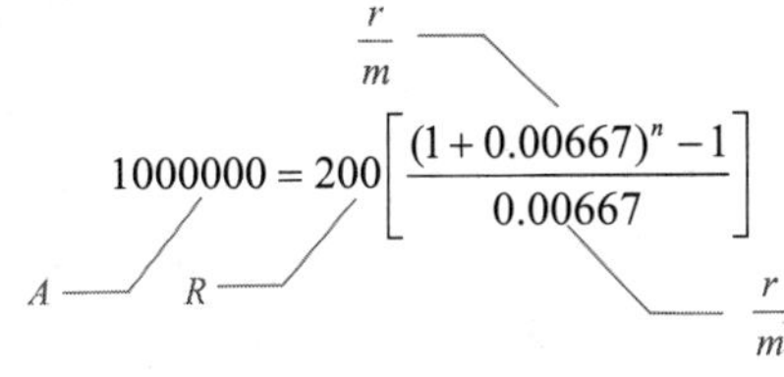

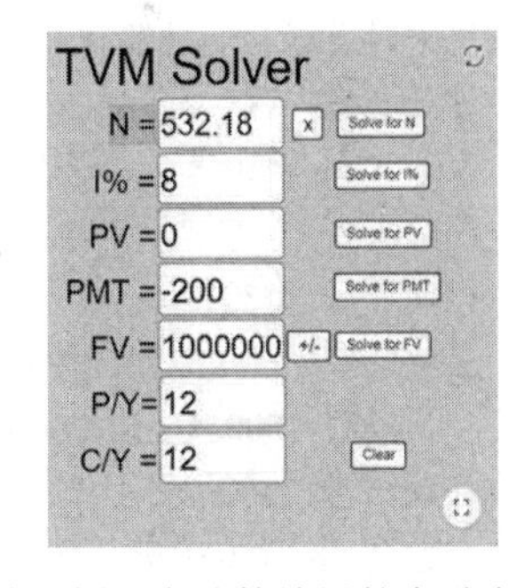

验证例 3 中计算结果的金融应用

通过如下步骤解此方程：

$$1000000=200\left[\frac{(1+0.00667)^n-1}{0.00667}\right]$$

$$6670=200[(1+0.00667)^n-1]$$ 方程两侧同时乘以0.00667

$$34.35=(1.00667)^n$$ 两侧同时除以200，然后加1

$$\log34.35=\log(1.00667)^n$$ 两侧同时取对数

$$\log34.35=n\log(1.00667)$$ 应用对数函数的指数性质

$$n=\frac{\log34.35}{\log(1.00667)}=531.991532\approx532$$ 两侧同时除以log(1.00667)，然后用计算器求n

由此可知，你需要 532 个月才能储蓄 100 万美元，即 532/12 = 44.33 年，然后就可以退休。

现在尝试完成练习 25 ~ 30。

自测题 18

若每月将 150 美元存入年利率为 9%的普通年金，该年金的价值多长时间才能达到 10 万美元？

练习 8.4

强化技能

在练习 01 ~ 02 中，用计算器验证等式。

01. $3^5+3^4+3^3+3^2+3^1+1=\frac{3^6-1}{3-1}$

02. $7^4+7^3+7^2+7^1+1=\frac{7^5-1}{7-1}$

在练习 03 ~ 04 中，参照例 1，化简代数表达式。

03. $x^7+x^6+\cdots+x^2+x^1+1$

04. $x^8+x^7+\cdots+x^2+x^1+1$

基于本节开篇的零存整取度假储蓄讨论，完成练习 05 ~ 06。假设从 1 月份开始，你每个月月底向支付特定年利率的某一账户存入固定金额，并按月计算复利。截至指定日期时，该度假账户中有多少钱？

05. 每月存入 100 美元；年利率为 6%；8 月 1 日

06. 每月存入 200 美元；年利率为 3%；5 月 1 日

在练习 07 ~ 16 中，已知存款金额 R、存款频率 m（与复利频率相同）、年利率 r 和时间 t，求特定时间段结束时普通年金的价值。

07. 存款金额：200 美元；按月复利；3%；8 年

08. 存款金额：450 美元；按月复利；2.4%；10 年

09. 存款金额：400 美元；按月复利；9%；4 年

10. 存款金额：350 美元；按月复利；10%；10 年

11. 存款金额：600 美元；按月复利；9.5%；8 年

12. 存款金额：500 美元；按月复利；7.5%；12 年

13. 存款金额：500 美元；按季复利；8%；5 年

14. 存款金额：750 美元；按季复利；9%；3 年

15. 存款金额：280 美元；按季复利；3.6%；6 年

16. 存款金额：250 美元；按季复利；4.8%；18 年

在练习 17 ~ 20 中，已知年利率 r 和时间 t，按月计算复利，求累积基金累积至终值 A 时所需要的每月存款金额 R。将答案舍入至下一美分。

17. $A=2000$美元；$r=6\%$；$t=1$

18. $A=10000$美元；$r=12\%$；$t=5$

19. $A=5000$美元；$r=7.5\%$；$t=2$

20. $A=8000$美元；$r=4.5\%$；$t=3$

解关于 x 的方程。

21. $3^x=20$　　**22**. $5^x=15$

23. $\frac{8^x+2}{5}=12$　　**24**. $\frac{5^x-8}{10}=14$

在练习 25 ~ 30 中，用如下公式计算普通年金的终值：

$$A=R\frac{(1+r/m)^n-1}{r/m}$$

已知 A, R 和 r，求 n 的值。假设按月定期存款，利率是年利率。

25. $A=10000$美元；$R=200$；$r=9\%$

26. $A=12000$美元；$R=400$；$r=8\%$

27. $A=5000$美元；$R=150$；$r=6\%$

28. $A=8000$美元；$R=400$；$r=5\%$

29. $A=6000$美元；$R=250$；$r=7.5\%$

30. $A=7500$美元；$R=100$；$r=8.5\%$

学以致用

在练习 31 ~ 34 中，利用下表中的信息，按照例 1 中的相同操作，计算克里斯蒂安的年金账户金额。假设每个月为 4 周。

	每周咖啡数量	每杯咖啡价格（美元）	年金的利率	年　数
31.	8	4.45	3.6%	15
32.	6	4.25	4.2%	10
33.	4	4.95	1.8%	8
34.	8	5.25	3%	12

在练习 35 ~ 46 中，假设按月计算复利。

35. **攒钱买摩托**。马特正在为购买一辆新的维斯帕摩托车而存钱，如果他每个月月底将 75 美元存入年利率为 6.5%的普通年金账户，则其在 30 个月内会攒下多少钱？

36. **攒钱旅行**。安吉丽娜想要攒钱去非洲旅行，每个月将 200 美元存入普通年金账户，年利率为 9%。如果她总共存钱 2 年，则可为旅行存多少钱？

37. **攒钱买车**。为了购买一辆新汽车，克里斯蒂·乔每月将 150 美元存入普通年金账户。如果该年金支付 0.85%的月利率，则可在 3 年内存多少钱？

38. **攒钱退休**。为了 10 年后退休时手头宽裕，科赫塔每月将 500 美元存入普通年金账户。如果该年金的年利率为 9.35%，则其退休时会攒下多少钱？

39. **攒钱买度假屋**。为了 15 年后退休时能在佛罗里达州购买一栋度假屋，温迪建立了一份普通年金。如果每月存入 400 美元，该年金的年利率为 6.5%，则其退休时的年金价值是多少？

40. **攒钱退休**。为了 20 年后退休时手头宽裕，蒂普建立了一份普通年金。如果每月存入 350 美元，该年金的年利率为 7.5%，则其退休时的年金价值是多少？

在本书的大多数示例和练习中，年投资回报率通常远高于实际情况，你一般不太可能找到年回报率为 8%、9.5%和 12%的安全投资。在练习 41～44 中，重做例 3，根据给定的年利率和每月存款金额，计算攒下 100 万美元所需要的时间。将答案舍入至最近年份。

	年 利 率	每月存款金额（美元）
41.	3.5%	200
42.	3.5%	500
43.	2.0%	800
44.	1.5%	1000

45. **攒钱买公寓**。为支付购买海滨公寓所需要的首付款，卡莱布每月向普通年金账户内存款，希望 8 年内攒够 1.4 万美元。如果该年金每月支付 0.7%的利息，则每月存款金额是多少？

46. **攒钱创业**。为支付自己创业账户所需要的首付款，维克托每月向普通年金账户内存款，该年金每月支付 0.8%的利息。如果她希望在 5 年内攒够 1 万美元，则每月存款金额是多少？

47. **攒钱买烤箱**。桑德拉 • 李每月向普通年金账户内存款，她想通过该基金攒够 600 美元，6 个月内购买一台新款对流烤箱。若该账户每年支付 8.2%的利息，则其每月向该账户存入多少钱？

48. **攒钱买运动器材**。为了购买运动器材，伦诺克斯每月向普通年金账户内存款，他希望 10 个月内攒够 1150 美元。若该账户每年支付 9%的利息，则其每月向该账户存入多少钱？

税收递延年金的工作原理如下：假设你想在“税收递延计划”中为 30 年后退休时积攒资金，为此每月存入专款 400 美元，则这笔钱现在无须缴税，所以每个月均能全额产生收益。在非税收递延计划中，这 400 美元需要先缴税，剩余部分才能产生投资收益。因此，如果你的税率等级为 25%，则在缴完税后，400 美元只剩下 75%的资金可以获得每月投资收益。但是，在税收递延计划中，一旦需要提取该资金，则全部资金都要缴税；在非税收递延计划中，只有赚取的利息需要缴税。

在练习 49～54 中，已知你在普通年金账户中的每月存款金额、当前的税率等级、年金的存款年限以及你开始从年金中提取资金时的税率等级。对于下列情形，回答如下问题：a）计算税收递延账户和非税收递延账户的价值。b）计算这两个账户所赚取的利息，即账户价值减去存入金额。c）如果从每个账户中提取全部资金并缴纳相关税费，哪个账户更好？好在哪里？

	每月存款金额（美元）	存款年限	年利率	当前税率	未来税率
49.	300	30	6%	25%	18%
50.	400	25	4.5%	25%	15%
51.	400	20	4%	30%	30%
52.	600	30	4.6%	25%	25%
53.	500	35	3.4%	25%	30%
54.	500	30	4.8%	18%	25%

在练习 55～58 中，假设每月将资金存入普通年金账户，并按月计算复利。

55. **攒钱买消防车**。为了购买一辆新的消防车（售价为 40 万美元），信实志愿消防公司希望通过一项州计划来筹集资金。据财务委员会成员估算，利用社区和州提供的资金，他们每月可在支付 10.8%年利率的普通年金中存入 5000 美元。他们需要多长时间才能攒够买消防车的资金？

56. **攒钱买新设备**。必奥康（BioCon）是一家印度生物工程公司，必须在 2 年内更换水处理设备，新设备的售价为 8 万美元，公司每月将 3800 美元转入支付 9.2%年利率的普通年金账户。公司需要多长时间才能攒够买这台新设备的钱？

57. **攒钱买公寓**。为了支付滑雪度假公寓的首付款，克里斯汀希望攒够 3 万美元。在年利率为 7.8%的普通年金中，她觉得自己可以每月存入 550 美元。她需要多长时间才能攒够首付款？

58. **攒钱做生意**。利奥需要攒够 2.5 万美元作为首付款，才能开始经营照片修复生意。他打算每月将 300 美元存入普通年金账户，年利率为6%。他需要多长时间才能攒够首付款？

59．攒钱退休。从 21 岁开始，胡里奥每年向普通年金账户（年利率为6%，按年复利）内存入 1000 美元，直至 35 岁（存钱 15 次），然后持有资金至 65 岁（30 年）；从 41 岁开始，麦克斯每年向同一类型的账户存入 2000 美元，直至 65 岁（存钱 25 次）。当 65 岁时，这两个人的账户里分别有多少钱？

60．攒钱退休。从 31 岁开始，胡里奥每年向普通年金账户（年利率为 8%，按年复利）内存入 2000 美元，直至 40 岁（存钱 10 次），然后持有资金至 65 岁（25 年）；从 41 岁开始，麦克斯每年向同一类型的账户存入 2000 美元，直至 65 岁（存钱 25 次）。当 65 岁时，这两个人的账户里分别有多少钱？

61．攒钱退休。在练习 59 中，若要 65 岁时与胡里奥攒的钱一样多，麦克斯每年要存入多少钱？

62．攒钱退休。在练习 60 中，若要 65 岁时与胡里奥攒的钱一样多，麦克斯每年要存入多少钱？

数学交流

63． 当用普通年金公式进行计算时，年金的终值与累积基金的存款有何区别？

64． 如果每年将 3000 美元存入普通年金账户，总计存款 10 次，则与一次性将 30000 美元存入同一账户相比，赚取的利息更多还是更少？解释理由。

生活中的数学

65．社保基金。研究某些建议方案，使社保基金计划在财务上更合理。你更喜欢哪些选项？

66．社保基金。有些人认为应该鼓励年轻工人拥有自己的退休账户，而不依赖于政府支持的社保基金。你认为这种观点的优缺点是什么？

挑战自我

67．购置办公设备。如果你打算为自己的小微企业购买一台价格为 1 万美元的新复印机，则支付现金和分期付款（每年年底支付 2500 美元，总计支付 5 次）哪种方式更佳？思考 1 万美元的投资终值和年金中每年 2500 美元的投资价值，并考虑如下两种情形：投资收益率为 3%；投资收益率为 8%。

68．购置办公设备。如果练习 67 中的复印机价格为 1.5 万美元，且你考虑以分期付款方式进行交易，每年支付 6000 美元，分 3 次付清。再次考虑 3%和 8%的投资收益率。

69．年金对比。期初年金和普通年金的主要区别是“期初年金在月初（而非月末）存入”，意味着每次存款比普通年金多 1 个月利息。**a.** 这将如何改变年金终值的计算公式？**b.** 用此公式计算例 1 中的年金价值，假设该年金是期初年金。

70．年金对比。继续练习 69，如果你在 20 年内每月向年金账户中存入 200 美元，计算普通年金和期初年金（支付 6%年利率）的最终金额。

8.5 分期偿还贷款

假设你准备购买了一套新房，房子宽敞、明亮且温馨，社区环境不错，只需付款 360 笔，即可全部拥有。购买这样的大件时，你通常需要办理贷款，然后按月还款。通过一系列定期等额支付来偿还贷款（加上利息）的过程称为分期偿还，这种贷款称为分期偿还贷款。

如果打算购买较大的物件（如汽车或房屋），则可能首先要面临如下问题：我每个月要支付多少钱？我是否能够负担得起？虽然贷款人可以回答这些问题，但是“通过按月还款去偿还大额债务背后的数学原理”还是挺有意思的，了解一下肯定收获颇丰。

8.5.1 分期偿还

假设你购买了一辆新汽车，交完首付款后，还从银行借了 1 万美元。为了偿还这笔贷款，假设你同意采用每月等额偿还方式，并且承诺 4 年还清。下面从两个角度来审视这项交易。

要点 用定期支付偿还贷款称为分期偿还。

银行的角度：银行并不注重你的还款属性，而只是将这项交易视为一个“终值”问题，即向你提供 1 万美元贷款，并在 4 年内按月计算复利，最后在第 4 年年底获得全部到期资金金额。

参照 8.2 节，该终值为

$$A = P(1+r/m)^n$$

你的角度：你也可以暂时忽略每月的还款问题，选择在第 4 年年底向银行一次性支付全款。为了使这笔钱可用，你每月向累积基金中存入一笔款项，从而可在 4 年内获得可用金额 A。如 8.4 节所述，相关公式为

$$A = R\left(\frac{(1+r/m)^n - 1}{r/m}\right)$$

因此，为了计算出你的每月还款金额，我们将“银行预期收到的金额”设为等于“你将在累积基金中存入的金额”，然后求 R。

分期偿还贷款的还款金额的计算公式 假设你借了一笔钱 P，并计划通过分期偿还贷款方式进行偿还，每年定期还款 m 次，总计还款 n 次，年利率为 r。于是，求解如下方程中的 R，即可计算出每月还款金额：

$$P(1+r/m)^n = R\left(\frac{(1+r/m)^n - 1}{r/m}\right)$$

当然，我们可以利用必要的代数方法来解关于 R 的这个方程，然后用这个新公式来解“计算分期偿还贷款的每月还款金额”的相关问题。我们不打算这么做，因为我们的理念是“尽可能减少为求解本章问题而必须记住的公式数量”。将贷款的还款金额舍入至下一美分。

解题策略：新问题与旧问题相关联

对于数学能力较强的人而言，求解分期偿还贷款的还款金额的方程其实并不新鲜。这个方程可用如下方式可视化表达。

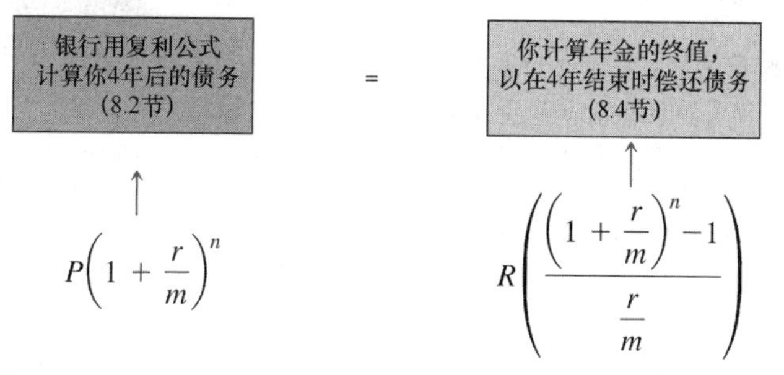

然后，解关于存款金额 R 的这个方程即可，参见例 1。

例 1 确定分期偿还贷款的还款金额

为了购买一辆新汽车，假设你申请了 1 万美元的分期偿还贷款，年利率为 18%，还款期限为 4 年，则每月还款金额是多少？

解：回顾本书前文所述的“新问题与旧问题相关联”策略。

我们将利用前面的方程，其中各变量的值为

$$P = 10000$$

$$n = 12个月 \times 4年 = 48个月$$

$$\frac{r}{m} = \frac{年利率}{每年还款次数} = \frac{18\%}{12} = 0.015$$

我们必须求解该方程中的 R：

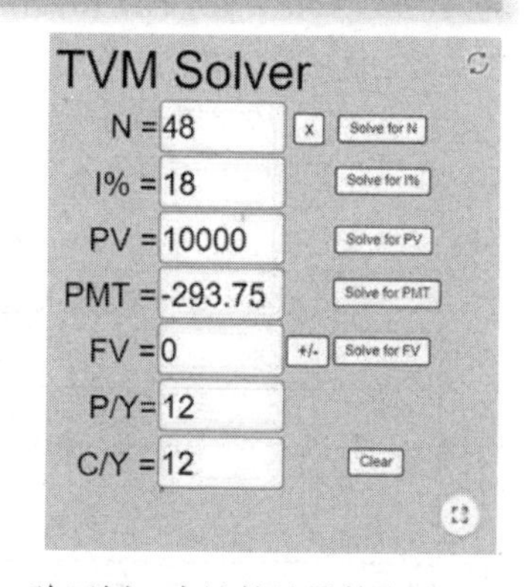

验证例 1 中计算结果的金融应用

月利率　　还款总次数

$$10000(1+0.015)^{48}=R\left[\frac{(1+0.015)^{48}-1}{0.015}\right]$$

贷款金额

像 8.2 节和 8.4 节那样，计算该方程两侧的数值表达式，结果为

$$20434.78289=R(69.56521929)$$

因此，你的每月还款金额为

$$R=\frac{20434.78289}{69.56521929}\approx 293.75\text{美元}$$

现在尝试完成练习 01～06。

自测题 19

如果 5 年内还清贷款，例 1 中的每月还款金额应是多少？

在执行例 1 中的计算时，为了替代手动计算现值、终值、还款金额和利率，可以利用前文介绍的技术（如在线金融计算器）。

8.5.2　分期偿还计划

在借款人对分期偿还贷款的还款金额中，一部分金额偿还本金，另一部分金额偿还“未偿本金的利息”。随着本金数量不断减少，在每一次连续还款中，本金占比逐渐增加，利息占比逐渐减少。显示分期还款时本金和利息的详细清单称为分期偿还计划/分期偿还时间表。例 2 中将介绍这样一份时间表。

例 2　建立分期偿还计划

为了建造一栋新的避暑别墅，卡伦一家希望借款 20 万美元，并以 6%的年利率获得了 30 年期抵押贷款，每月还款金额为 1199.10 美元。请为这笔贷款的前 3 次还款建立分期偿还计划。

解： 回顾本书前文所述的系统化策略。

第 1 次还款：第 1 个月月底，卡伦一家借款 20 万美元，时间为 1 个月，月利率为 $\frac{6\%}{12}$（0.005）。所以，从单利公式来看，他们所欠的利息为

$$200000\text{美元}\times 0.005\times 1=1000\text{美元}$$

每月还款金额为 1199.10 美元，所以 $1199.10-1000=199.10$ 美元是所还本金金额。现在，本金余额为

$$200000-199.10=199800.90\text{美元}$$

第 2 次还款：第 2 个月的利息为

$$199800.90\text{美元}\times 0.005\times 1=999.00\text{美元}$$

所以，$1199.10-999.00=200.10$ 美元是所还本金金额。表 8.4 显示了前 3 个月的偿还计划。

计算抵押贷款还款金额的金融应用

表 8.4　建立长期抵押贷款的分期偿还表

	还款次数	每月还款金额（美元）	所还利息（美元）	所还本金（美元）	贷款余额（美元）
					200000
月份 1	1	1199.10	1000.00	199.10	199800.90
月份 2	2	1199.10	999.00	200.10	199600.80
月份 3	3	1199.10	998.00	201.10	199399.70

现在尝试完成练习 13～16。

自测题 20

计算表 8.4 中的第 4 行。

还清抵押贷款后，若看到早期还款金额中利息所占的比例，你可能感到非常沮丧。但是，本金每个月都会减少，因此随着时间的推移，所还利息会逐渐减少，所还本金会逐渐增多。我们利用 Excel 电子表格计算了表 8.5，显示了 10 年、20 年及 30 年（最终）后卡伦一家的抵押贷款情形。

表 8.5　卡伦一家偿还抵押贷款

	还款期数	每月还款金额（美元）	所还利息（美元）	所还本金（美元）	贷款余额（美元）
第 10 年年底	119	1199.10	840.45	358.65	167732.06
	120	1199.10	838.66	360.44	167371.62
第 20 年年底	239	1199.10	546.58	652.52	108663.44
	240	1199.10	543.32	655.78	108007.66
第 30 年年底	358	1199.10	17.81	1181.29	2381.38
	359	1199.10	11.91	1187.19	1194.18
	360	1199.10	5.97	1193.13	1.06

8.5.3　计算年金的现值

要点　我们用每月还款金额的计算公式来确定年金的现值。

购买汽车时，预算决定了你能够承受的每月还款金额，也决定了你的购车总金额。假设你能承受每月还款金额为 200 美元的 4 年期汽车贷款，银行可以 12%的年利率向你提供汽车贷款。我们可将其视为年金问题的终值，其中 R 为 200，r/m 为 1%，n 为 48 个月。由 8.4 节可知，该年金的终值为

$$A = 200\left[\frac{(1+0.01)^{48}-1}{0.01}\right] = 12244.52\text{美元}$$

这个结果并不意味着你现在买得起价值 12000 美元的汽车！该数额是你的年金的未来价值（终值），而不是当前价值（现值）。

定义　如果知道每月还款金额、利率和还款次数，则可以借入的金额称为年金的现值。

生活中的数学——他们真能这样对待你吗？

如果你为购房申请了 20 万美元抵押贷款，且按合同要求及时支付了所有款项，但却在 1 年后欠款 201118 美元，此时你的感受如何？真是令人难以置信，如果你申请了可调利率抵押贷款（ARM），则这种怪现象确实可能发生。有些 ARM 允许你支付甚至不包括贷款利息的款项，因此即便按时还款，你所欠的金额也可能增加。

ARM 可能会给消费者带来非常严重的其他问题。对 ARM 而言，利率最初可能较低（如 4%），但是之后可能逐年增长，造成几年后的利率特别高。为了确定利率的增长幅度，贷款者通常利用与政府证券挂钩的一种指数。ARM 包含许多不同类型，有些类型限制各年之间的利率增长，还有些类型限制可收取的最高利率。但是，即便存在这些限制，你在 ARM 中的每月还款金额仍然可能在 3 年间从 900 美元增至 1400 美元，将你带入巨大的财务困境。

将“复利账户终值表达式”设置为等于“年金终值计算表达式”，然后求解现值 P，即可计算年金的现值。

计算年金的现值 假设你每年将 m 笔存款存入年金，总计存款 n 笔，年利率为 r，且每笔存款均为 R。计算年金的现值，求如下方程中的 P：

$$P(1+r/m)^n = R\left(\frac{(1+r/m)^n-1}{r/m}\right)$$

8.2 节和 8.4 节中多次对这个等式的两侧进行了计算。

例 3 确定你能负担得起的汽车价格

购买汽车时，如果你负担得起每月还款 200 美元，银行可提供 4 年期车贷，年利率为 12%，该年金的现值是多少？

解：为解此题，可以利用分期偿还贷款的计算公式：

$$P(1+r/m)^n = R\left(\frac{(1+r/m)^n-1}{r/m}\right) \tag{1}$$

已知 $R=200$，$r/m=1\%=0.01$，$n=48$ 个月。用这些值替换式（1）中的变量，得到

$$P(1+0.01)^{48} = 200\left[\frac{(1+0.01)^{48}-1}{0.01}\right] \tag{2}$$

计算式（2）两侧的数值表达式得

$$P(1.612226078)=12244.52155$$

方程两侧同时除以 1.612226078 得

$$P=\frac{12244.52155}{1.612226078}\approx 7594.79\text{美元}$$

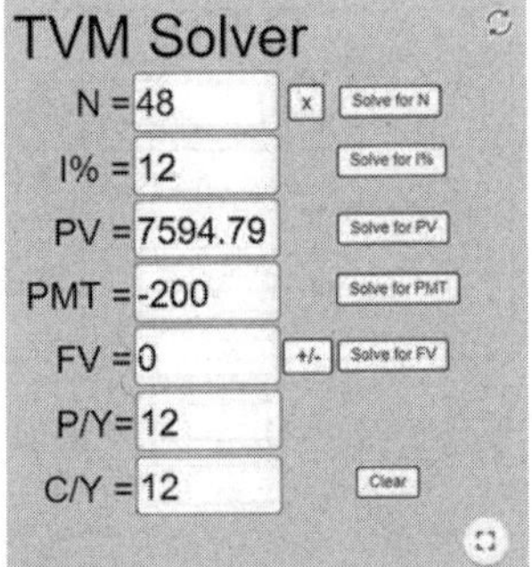

验证例 3 中计算结果的金融应用

你可能发现这个答案令人惊讶，但该问题的数学逻辑非常清晰，如果每月最多只能还款 200 美元，则你只能负担得起约 7600 美元的汽车贷款！

现在尝试完成练习 27 ~ 32。

自测题 21

重做例 3，但是这次假设你负担得起每月还款 250 美元。

8.5.4 为贷款再融资

为了支付教育费用，你或许已经申请了学生贷款，并且接受了现在追悔莫及的部分条款。例如，当为编写本部分内容而搜集素材时，笔者居然遇到了年利率高达 12%的学生贷款！如果你刚好就是这样一个不幸之人，则可申请具有较低利率的第 2 次贷款，然后用其偿还第 1 次贷款，进而将自己的利益最大化。这个过程称为“为贷款再融资/以贷还贷”。

要点 “为贷款再融资”可降低每月还款金额，并减少需要支付的利息总额。

在举例说明“为贷款再融资”的好处之前，表 8.6 列出了还清 1000 美元贷款（已知利率和年限）所需的每月还款金额。例 4 和几个练习将用到表 8.6。运用相关技术，我们可以快速地执行相同的计算［注：你可以手工验证这些还款金额，但是许多金融应用计算起来相当简单。此外，许多 TI（德州仪器）图形计算器都含有 TVM 应用程序，可以帮助我们执行这些计算］。

表 8.6　1000 美元贷款的每月还款金额　　　　（单位：美元）

	贷款年限				
年　利　率	3	4	10	20	30
4%	29.53	22.58	10.12	6.06	4.77
5%	29.97	23.03	10.61	6.60	5.37
6%	30.42	23.49	11.10	7.16	6.00
8%	31.34	24.41	12.13	8.36	7.34
10%	32.27	25.36	13.22	9.65	8.78
12%	33.21	26.33	14.35	11.01	10.29

例 4　为学生贷款再融资

假设你的学生贷款仍有 20000 美元，年利率为 10%。你希望 10 年内还清该贷款，并能以 4%的利率为该贷款再融资。a）原始贷款的每月还款金额是多少？b）新贷款的每月还款金额是多少？c）在这 10 年里，你能节省多少利息？

解： a）由表 8.6 可知，10 年期 1000 美元贷款（年利率为 10%）的每月还款金额为 13.22 美元，因此 20000 美元贷款的每月还款金额为 20×13.22美元$=264.40$美元。

b）如果为贷款再融资，则以 4%的年利率获得 10 年期 20000 美元贷款。由表 8.6 可知，1000 美元的每月还款金额为 10.12 美元，因此新贷款的每月还款金额为 20×10.12美元$=202.40$美元。

c）如果以 264.40 美元的每月还款金额继续偿还原始贷款 10 年（120 个月），则偿还总金额为

$$120\times264.40\text{美元}=31728\text{美元}$$

如果以 202.40 美元的每月还款金额还款 10 年，则偿还总金额为

$$120\times202.40\text{美元}=24288\text{美元}$$

二者的差值为

$$31728-24288=7440\text{美元}$$

这就是再融资方式所节省的资金金额。

现在尝试完成练习 35～38。

自测题 22

重做例 4，假设剩余贷款为 24000 美元，当前利率为 12%，你能以 5%的利率为该贷款再融资。

当与贷款人就所购房屋的抵押贷款最后达成一致时，并不意味着你就完事大吉，签订借款合同或者还清贷款时，你还需要支付其他一次性费用。例如，你必须支付一定数额（通常是房屋总价的 20%）的首付款，也可能需要支付点数（抵押贷款金额的特定百分比）和各种手续费、税费、托管费及产权费等，此处不详细介绍。例 5 中将考虑这些费用。

例 5　买房的交易成本

假设你花 20 万美元购买了一栋房屋，贷款人要求交接时支付 20%的首付款、2%的点数及 4076 美元的其他费用。a）首付款是多少？抵押贷款是多少？b）你需要支付的点数是多少？c）交接时必须支付的总金额是多少？

解： a）首付款是 20 万美元的 20%，即 $0.20\times200000=40000$美元，剩余的 16 万美元为抵押贷款。

b）你需要支付的点数为 2%，即 0.02×160000美元$=3200$美元。

c）为抵押贷款签字交接时，你必须支付的总金额为

$$\text{首付款}+\text{点数}+\text{其他交接费用}=40000+3200+4076=47276\text{美元}$$

现在尝试完成练习 19～22。

自测题 23

重做例 5，假设房价为 18 万美元，首付款为 18%，必须支付的点数为 2.2%，其他交接费用为 3200 美元。

练习 8.5

强化技能

在练习 01～06 中，已知贷款金额 P、年利率 r 和贷款年限，用 n 表示按月还款次数。执行以下操作，求还清该贷款所需的每月还款金额 R：

a）计算 $P(1+r/12)^n$，并将该数字称为 A。

b）计算 $\left(\dfrac{(1+r/12)^n-1}{r/12}\right)$，并将该数字称为 B。

c）设 $R=A/B$。

	贷款金额（美元）	年利率	贷款期限（年）
01.	5000	10%	4
02.	6000	12%	3
03.	8000	8%	10
04.	40000	4%	20
05.	120000	6%	30
06.	150000	6%	30

在练习 07～12 中，用表 8.6 计算给定贷款的每月还款金额：

	贷款金额（美元）	年利率	贷款期限（年）
07.	4000	8%	4
08.	60000	6%	30
09.	8500	4%	3
10.	40000	10%	20
11.	100000	12%	10
12.	200000	6%	30

在练习 13～16 中，已知贷款的年利率和分期偿还计划中的某一还款期次，列出该计划中的下一还款期次。假设按月还款。

	年利率	每月还款金额（美元）	所还利息（美元）	所还本金（美元）	贷款余额（美元）
13.	10%	126.82	35.82	91.00	4207.57
14.	8%	188.02	13.25	174.77	1812.99
15.	8.4%	246.01	32.04	213.97	4362.49
16.	6.5%	73.07	2.71	70.36	430.25

学以致用

17. 偿还抵押贷款。假设你申请了 10 万美元 30 年期抵押贷款，年利率为 6%。**a**．用表 8.6 计算该抵押贷款的每月还款金额；**b**．列出该抵押贷款分期偿还计划的前 3 次还款明细；**c**．为了能够更快地还清该抵押贷款，假设你决定每月额外还款 100 美元。在该假设条件下，列出该分期偿还计划的前 3 次还款明细。

18. 偿还抵押贷款。重复练习 17，但是这次假设贷款期限为 20 年，贷款金额为 8 万美元，年利率为 8%。

在练习 19～22 中，用表 8.6 计算下列“分期偿还贷款”的每月还款金额和利息总额。设所有利率都是年利率。

19. 贷款买船。威尔弗雷多花 13500 美元购买了一艘新船，并支付了 2000 美元首付款，其余款项申请分期偿还贷款，利率为 12%，期限为 4 年。

20. 贷款买车。比阿特丽斯花 14800 美元购买了一辆新车，以旧换新抵了 3500 美元，其余款项申请分期偿还贷款，利率为 8%，期限为 4 年。

21. 偿还消费债。富兰克林花 13500 美元购买了一套新摩托雪橇，并支付了 2500 美元首付款，其余款项申请分期偿还贷款，利率为 10%，期限为 4 年。

22. 偿还消费债。理查德花 9000 美元购买了一辆二手摩托车，并支付了 1100 美元首付款，其余款项申请分期偿还贷款，利率为 8%，期限为 10 年。

在练习 23～26 中，假设所有抵押贷款都是 30 年期可调利率抵押贷款。(a)用表 8.6 计算每月还款金额；(b)根据新利率，重新计算 30 年期抵押贷款的每月还款金额，并大致估算第 3 年的每月还款金额。

23. $P=20$万美元；初始利率为 4%；利率每年增长 2%。

24. $P=18$万美元；初始利率为 5%；第 3 年利率增长至 10%。

25. $P=22$万美元；初始利率为 5%；利率先增长 2%，再增长 1%。

26. $P=16$万美元；初始利率为 4%；利率先增长 1%，再增长 1%。

在练习 27～32 中，计算下列年金的现值。假设所有利率都是年利率。

27. **中奖彩票的价值**。马库斯买州彩票中了 100 万美元，他可以选择未来 20 年每年获得 5 万美元，也可以选择一次性获得 42.5 万美元。哪种选择更好？假设利率为 10%。

28. **中奖彩票的价值**。贝琳达买彩票中了 340 万美元，她可以选择未来 20 年每年获得 17 万美元，也可以选择一次性获得 150 万美元。哪种选择更好？假设利率为 10%。

29. **汽车的现值**。如果艾迪生能够在 4 年内每月支付 350 美元汽车费用，其现在能够负担得起的汽车价格是多少？假设利率为 10.8%。

30. **汽车的现值**。如果皮特能够在 5 年内每月支付 250 美元汽车费用，其现在能够负担得起的汽车价格是多少？假设利率为 9.6%。

31. **退休计划**。沙恩在一家保险公司拥有退休计划，他可以选择 20 年内每月支付 350 美元，或者一次性支付 4 万美元。哪种选择更好？假设利率为 9%。

32. **退休计划**。尼科在一家投资公司拥有退休计划，他可以选择 10 年内每月支付 400 美元，或者一次性支付 3 万美元。哪种选择更好？假设利率为 9%。

33. **贷款买车**。为了购买新车，你申请了一笔 5 年期分期偿还贷款，每月还款金额为 246.20 美元，3 年后仍然欠款 5416 美元。如果决定还清贷款，你会节省多少利息？

34. **贷款购买潜水装置**。为了购买新的潜水装置，你申请了一笔 3 年期分期偿还贷款，每月还款金额为 78.57 美元，18 个月后仍然欠款 1298 美元，所以你决定还清该贷款。你会节省多少利息？

在练习 35～38 中，假设你有一笔学生贷款，且需要在 10 年内还清。按新利率再融资，可节省多少利息？（用表 8.6。）

	贷款金额（美元）	原利率	新利率
35.	24000	8%	5%
36.	32000	10%	6%
37.	28000	6%	4%
38.	38000	8%	5%

在练习 39～42 中，用表 8.6 计算原始贷款的每月还款金额、新贷款的每月还款金额以及通过再融资所节省的利息总额。所有利率均为年利率。

39. **为度假屋再融资**。为了购买度假屋，尼尔和莉莉办理了一笔 12 万美元的抵押贷款，年利率为 8%，期限为 30 年。10 年后，他们为 105218 美元的未付余额进行再融资，年利率为 6%。

40. **为餐馆再融资**。为使自己的意大利餐馆更具现代气息，杰米办理了一笔 23.5 万美元的装修贷款，年利率为 12%，期限为 10 年。6 年后，他决定为 127960 美元的未付余额进行再融资，利率为 8%。

41. **偿还学费**。为支付音乐学院的学费，蕾哈娜申请了一笔 18000 美元的分期偿还贷款，年利率为 10%，期限为 4 年。1 年后，她为 14404 美元的未付余额进行再融资，利率为 5%。

42. **偿还商业贷款**。为了投资一家花店，希拉办理了一笔 14 万美元的贷款，年利率为 10%，期限为 20 年。10 年后，她为 102240 美元的未付余额进行再融资，年利率为 8%。

在练习 43～46 中，利用表中的信息，计算：(a)签约保证金；(b)以点数支付的金额；(c)房屋交接时必须支付的总金额。

	房屋售价（美元）	保证金	点数	其他交接费用（美元）
43.	120000	20%	3%	2700
44.	140000	18%	1.5%	3100
45.	110000	15%	2%	1700
46.	154000	20%	1.5%	2800

通过增加抵押贷款的首付款，可以减少每月还款金额和利息总额。在练习 47～50 中，计算：(a)通过将首付款增加指定金额，减少的每月还款金额；(b)在贷款期限内，节省的利息金额。假设所有抵押贷款的期限均为 30 年，并可用表 8.6 计算每月还款金额。

	贷款金额（美元）	年利率	首付款（美元）	首付款增加额（美元）
47.	160000	10%	32000	8000
48.	200000	6%	40000	10000
49.	240000	4%	50000	25000
50.	300000	8%	75000	20000

数学交流

51. 在前面例 3 的讨论中，我们提到过“如果每月向某账户中存入 200 美元，连续存款 4 年，该账户的终值将超过 12000 美元，但并不意味着买得起价格为 12000 美元的汽车”，解释理由。

52. 以贷还贷/为贷款再融资的好处是什么？

53. 以贷还贷何时可能会对你不利？

54. 如果可以为抵押贷款追加还款，在贷款期限内何时（早或晚）追加还款更有利？解释理由。

生活中的数学

55. 可调利率抵押贷款的优缺点是什么？

56. 如何确保不会陷入本节中“生活中的数学——他们真能这样对待你吗？”部分描述的情形？

挑战自我

57. **抵押贷款的总成本**。贷款人通常要求购房者支付“点数”，1 个点数是房屋售价的 1%。此外，购房者还应在购买时支付交接费用。若你申请了 14 万美元 30 年期抵押贷款，计算选项 A 和选项 B 的总成本，即

总成本 = 点数 + 交接成本 + 抵押贷款还款总额

在选项 A 和选项 B 中，哪个选项的总成本更高？假设点数和交接成本分开支付，不包含在抵押贷款中。用表 8.6 计算每月还款金额。

A：年利率为 5%；2 个点数；交接成本为 4500 美元

B：年利率为 6%；1 个点数；交接成本为 2500 美元

58. **抵押贷款的总成本**。对 20 年期 18 万美元的抵押贷款，用选择 A 和选项 B 重复练习 57。

A：年利率为 4%；4 个点数；交接成本为 4500 美元

B：年利率为 5%；1 个点数；交接成本为 1500 美元

59. 当决定以较低利率再融资时，与在贷款期限后期再融资相比，“在贷款期限前期再融资”对还款金额产生何种影响？例如，对期限为 60 个月的贷款而言，与 36 个月后再融资相比，“12 个月后再融资”形成的新还款金额是更大、更小还是不变？举例说明并解释理由。

60. 有些抵押贷款协议允许借款人偿还超过要求的金额，因为这笔额外资金用于减少本金，所以可能会让你提前很多年还清抵押贷款，从而节省大量利息。假设你办理了 10 万美元的分期偿还贷款，年利率为 8%，期限为 30 年，每月还款金额为 733.77 美元。假设将每月还款金额增加 100 美元至 833.77 美元，则还清贷款时可以节省多少利息？

8.6 深入观察：年百分率

愚蠢之人的金钱终将弃他而去

——*荷兰谚语*

你是否曾经听说过这句谚语？这句谚话适用于“借钱”情形，因为“借钱的数学”非常复杂，有些见利忘义的放贷者可能会布设圈套。由此，美国国会通过了一项法律，强制要求贷款人向消费者告知借钱的真实成本。

8.6.1 计算年百分率

为了说明这个问题，假设你同意偿还 3000 美元附加利息贷款（加上利息），年利率为 10%，期限为 3 年，每年还款 1 次。这笔贷款的真实利率是多少呢？这取决于你如何看待这份协议。根据 8.3 节中介绍的附加利息法，我们用公式 $I = Prt = (3000)(0.10)(3) = 900$ 美元来计算利息。因此，还款总金额（分 3 次等额分期支付）为 $3000 + 900 = 3900$美元，每次还款金额为 $3900/3 = 1300$美元，其中本金为 1000 美元，利息为 300 美元。

下面系统查看这笔贷款。在下表中，求解单利方程 $I = Prt$ 中的利率 r。

年　度	本金（美元）	所还本金（美元）	所还利息（美元）	$I = Prt$	r
1	3000	1000	300	$300 = 3000 \times r \times 1$	$0.10 = 10\%$
2	2000	1000	300	$300 = 2000 \times r \times 1$	$0.15 = 15\%$
3	1000	1000	300	$300 = 1000 \times r \times 1$	$0.30 = 30\%$

本金每年减少　　所还利息金额每年相同　　因此，利率每年上升

公正而言，由于第 3 年只欠款 1000 美元，但却支付了 300 美元利息，所以第 3 年的利率为 $300/1000 = 0.30 = 30\%$。

那么，真实利率究竟是多少呢？这个“真实”的利率称为年百分率（APR）。在前面的计算中，第1年利息 + 第2年利息 + 第3年利息 = 900美元，现在用利息公式 $I = Prt$ 将其改写为

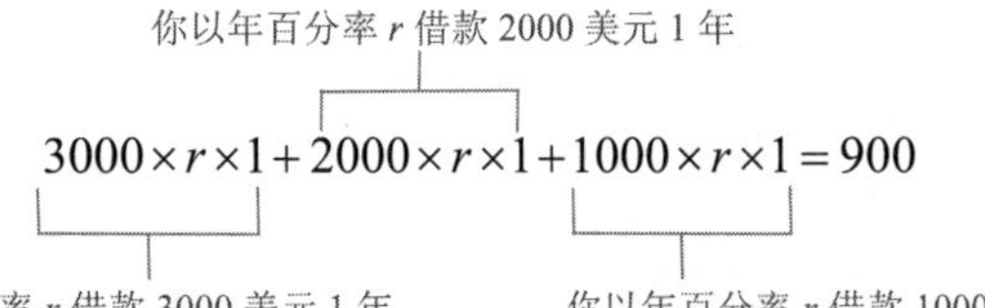

合并同类项得 $(6000)(r)(1) = 900$。解该方程得 $r = 0.15$。因此，年百分率为 15%。你可对此结果进行验证，如果以 15%的利率借款 3000 美元 1 年，以 15%的利率借款 2000 美元 1 年，以 15%的利率借款 1000 美元，则 3 年的利息总额应为 900 美元。

解题策略：验证答案

“检查答案，查看其是否合乎情理”非常重要，但在运用技术时，其重要性加倍。在智能手机上利用电子表格或应用程序时，很容易在计算器上按错键，或者在单元格中输错数。你应当经常停下来查看答案，并思考其是否合乎情理。

假设你申请了附加利息贷款 6000 美元，年利率为 10%，采用单利方式，按月还款，总计还款 60 次。计算 APR 时，应当记住每个月会还掉 100 美元本金，所以实际上借款 6000 美元 1 个月，借款 5900 美元 1 个月，借款 5800 美元 1 个月，以此类推。前述示例方程的左侧有 3 项，而这个方程的左侧有 60 项，为了避免计算过程过于冗长，贷款人通常采用类似于表 8.7 的表格来确定 APR。因为大部分贷款均按月偿还。为简单起见，对于本节剩余部分的 APR 讨论，我们只考虑按月还款计划。

表 8.7　计算年百分率

	每 100 美元的利息费用（美元）						
	APR						
还款次数	10%	11%	12%	13%	14%	15%	16%
6	2.94	3.23	3.53	3.83	4.12	4.42	4.72
12	5.50	6.06	6.62	7.18	7.74	8.31	8.88
24	10.75	11.86	12.98	14.10	15.23	16.37	17.51
36	16.16	17.86	19.57	21.30	23.04	24.80	26.57
48	21.74	24.06	26.40	28.77	31.17	33.59	36.03

注：为了强调如何使用，我们始终保持表 8.7 的简单易用性，实际的表格有更多的 APR 列，如 14.5%和 14.25%。

为了利用表 8.7，必须首先了解贷款的利息费用，即借款人为使用这笔钱而额外支付的资金总额，其中可以包含利息和手续费。然后，必须计算该借款金额中每 100 美元的利息费用，为

此可将利息费用除以借款金额，然后乘以 100。例如，如果借款 780 美元并支付 148.20 美元利息费用，则该借款金额中每 100 美元的利息费用为

$$\frac{\text{利息费用}}{\text{借款金额}}\times 100=\frac{148.20}{780}\times 100=0.19\times 100=19\text{美元}$$

利用表 8.7 计算贷款的 APR

1. 计算该贷款的利息费用（若未知）。
2. 确定该贷款每 100 美元的利息费用。
3. 利用表 8.7 中还款次数的对应行，查找与第 2 步中求出的金额最接近的数字。
4. 包含第 3 步中找到数字的列标题即为 APR。

例 1　利用 APR 表格

为了偿还 3500 美元家庭影院贷款，赫克托同意按月还款 24 次。若该贷款的利息费用总额是 460 美元，则其被收取的 APR 是多少？

解： 该贷款中每 100 美元的利息费用为

$$\frac{\text{利息费用}}{\text{借款金额}}\times 100=\frac{460}{3500}\times 100\approx 0.1314\times 100\approx 13.14\text{美元}$$

因为赫克托按月还款 24 次，所以利用表 8.7 中的“24 次还款”行，如图 8.5 所示。在该行中，最接近 13.14 美元的金额是 12.98 美元，该列的列标题显示了赫克托贷款的 APR 近似值，即 12%。

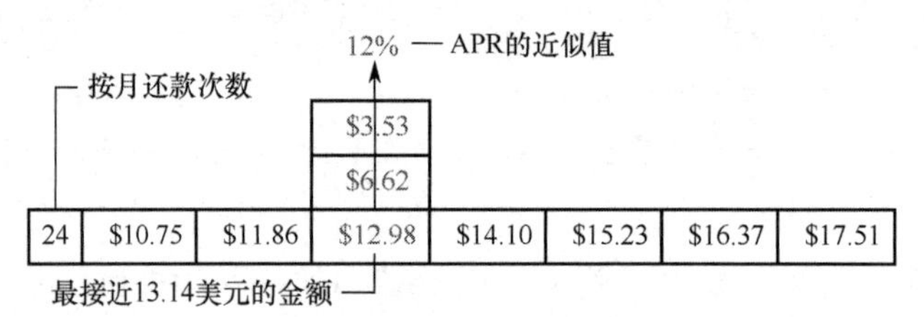

图 8.5　**用表 8.7 计算赫克托贷款的年百分率**

现在尝试完成练习 03 ~ 10。

自测题 24

假设杰森将通过 36 次还款来偿还 11250 美元贷款，利息费用为 1998 美元。a）该贷款中每 100 美元的利息费用是多少？b）APR 是多少？

如果已知贷款的还款金额和还款次数，同样可以计算 APR。

例 2　用表 8.7 计算 APR

杰西卡准备花 11850 美元购买一辆二手丰田花冠汽车，销售合同规定首付款为 2000 美元，其余部分按月支付 48 次，每次支付 250 美元。在该汽车分期付款贷款中，她支付的年百分率是多少？

解： 回顾本书前文所述的“新问题与旧问题相关联”策略。

贷款金额为购买价格减去首付款，即 $11850-2000=9850$ 美元。还款总金额为 $48\times 250=12000$ 美元，所以利息费用等于 $12000-9850=2150$ 美元。因此，该贷款中每 100 美元的利息费用为

$$\frac{\text{利息费用}}{\text{借款金额}}\times 100=\frac{2150}{9850}\times 100\approx 0.2183\times 100=21.83\text{美元}$$

现在，查看表 8.7 中的“48 次还款”行。在该行中，最接近 21.83 美元的数字是 21.74 美元，查看该

列的列标题，可知该汽车贷款的年百分率约为 10%。

现在尝试完成练习 15 ~ 22。

自测题 25

在例 2 中，假设杰西卡每月还款 265 美元（而非 250 美元），则其被收取的年百分率是多少？

自《消费信贷保护法》通过以来，因为必须要明示 APR，所以贷款人提供附加利息贷款的情形并不常见。为了避免声明 APR，商家经常采用“向消费者提供租赁（而非直接购买）”的方式。通过签订“先租后买”合同，因为不存在贷款行为，商家不必明示 APR。若将这些租赁协议视为贷款，我们经常会发现“APR 高得惊人”。

生活中的数学——你缺钱吗？我们可以帮忙

如果缺钱，在互联网上搜索 payday loans（发薪日贷款），会发现许多网站能够提供超短期贷款，从而帮助你度过难关，直至下一个发薪日。例如，某网站可提供为期 7 天的 100 美元贷款，但是需要偿还 125 美元。如果花时间查看该公司对于 APR 的说明页面，就会发现你将被收取高达 1303.57%的 APR 费用。

下面换种方式来查看这种贷款：如果 1 年不偿还贷款，会出现什么样的后果呢？贷款 P 为 100 美元，周利率 r 为 0.25，时间 t 为 52 周，所以应用复利公式，可知 1 年后的欠款金额将为

$$P(1+r)^t = 100(1.25)^{52} \approx 10947644.25\text{美元}$$

没错，100 美元贷款将变成近 1100 万美元债务！

如果了解 APR，消费者可在贷款购物时确定最划算交易。

例 3　计算“先租后买”的成本

杰夫正在考虑从附近一家“先租后买”商店租赁一台高清电视机，每月租金为 19.95 美元。在当地的一家商店，他看到这台电视机的售价为 479 美元。如果租赁期限达到 36 个月，该电视机就归他所有。分析这份租赁协议，判断杰夫是否做出了明智决定。

解：实际上，与签订每月支付 19.95 美元租金的协议相比，杰夫考虑并在另一家商店购买电视机没有太大差别。当然，如果签订了“先租后买”协议，杰夫可以在 36 个月前停止租赁。在拥有这台电视机之前，如果杰夫一直租用它，将支付 19.95 美元租金 36 次，共支付 $36 \times 19.95 = 718.20$ 美元，利息费用为 $718.20 - 479 = 239.20$ 美元。因此，该租金中每 100 美元的利息费用为

$$\frac{\text{利息费用}}{\text{借款金额}} \times 100 = \frac{239.20}{479} \times 100 \approx 0.4994 \times 100 = 49.94\text{美元}$$

若将租金考虑为还款 36 次的贷款，则可尝试利用表 8.7。遗憾的是，数字 49.94 太大，表 8.7 中根本找不到，这意味着该利率相当高。利用其他方法，我们可以求出 APR 约为 28.5%，因此杰夫应该仔细考虑这项租赁是否划算。

现在尝试完成练习 27 ~ 28。

8.6.2　估算年百分率

由例 3 可知，不利用技术手段很难计算出 APR。但是，对于附加利息贷款的一种特殊情形，有一个公式可以很好地估算出 APR。

计算 APR 近似值的公式　利用如下公式，可以近似计算附加利息贷款的年百分率：

$$\text{APR} \approx \frac{2nr}{n+1}$$

其中，r 为年利率，n 为还款次数。

例 4　估算 APR

为了支付大学最后一年的学费，敏霞必须借款 4000 美元，银行将向其提供 3 年期附加利息贷款，年利率为 7.7%。利用前面介绍的公式，估算敏霞借款的年百分率。

解：在此题中，$n=3\times12=36$，$r=7.7\%=0.077$，因此敏霞借款的年百分率为

$$\text{APR}\approx\frac{2nr}{n+1}=\frac{2\times36\times0.077}{36+1}=\frac{5.544}{37}\approx0.1498=14.98\%$$

现在尝试完成练习 11 ~ 14。

自测题 26

用该公式估算 5500 美元附加利息贷款的 APR 近似值，年利率为 9.6%，还款期限为 48 个月。

练习 8.6

强化技能

在练习 01 ~ 02 中，利用前面例 1 中讨论的类似方法，计算贷款的 APR。因为并非按月还款，所以一定要清楚表 8.7 在这里不适用。已知贷款金额、贷款次数与类型以及附加利息利率。

01．贷款金额为 6000 美元；每年还款 1 次，总计还款 3 次；年利率为 8。

02．贷款金额为 8000 美元；每年还款 1 次，总计还款 4 次；年利率为 12。

计算贷款中每 100 美元的利息费用。

03．贷款 1800 美元；利息费用为 270 美元。

04．贷款 3000 美元；利息费用为 840 美元。

05．贷款 2000 美元；利息费用为 260 美元。

06．贷款 5000 美元；利息费用为 1125 美元。

利用表 8.7，计算最接近整数百分比的 APR。假设所有利率均为年利率。

07．计算贷款的 APR。迈克尔申请了 3000 美元贷款，需按月还款 24 次，利息费用总额为 420 美元。

08．计算贷款的 APR。黛西申请了 4500 美元贷款，需按月还款 24 次，利息费用总额为 600 美元。

09．计算贷款的 APR。路易莎申请了 4000 美元贷款，期限为 6 个月，利息费用总额为 165 美元。

10．计算贷款的 APR。韦斯利申请了 5000 美元贷款，期限为 12 个月，利息费用总额为 310 美元。

在练习 11 ~ 14 中，已知还款次数和年利率，利用 8.6.2 节的公式，估算附加利息贷款的 APR。

11．$n=36$；$r=6.4\%$　　**12**．$n=48$；$r=4.8\%$

13．$n=42$；$r=7\%$　　**14**．$n=30$；$r=8\%$

学以致用

利用表 8.7，计算最接近整数百分比的 APR。假设所有利率均为年利率。

15．**计算重建贷款的 APR**。为了重建房屋，蒂普申请了 1 万美元附加利息贷款，每次还款 485 美元，总计还款 24 次。

16．**计算汽车贷款的 APR**。为了购买汽车，戴安娜申请了 8000 美元附加利息贷款，每次还款 270 美元，总计还款 36 次。

17．**计算消费贷款的 APR**。为了购买乐队所用音响系统，皮特申请了 4500 美元附加利息贷款，每次还款 116.50 美元，总计还款 48 次。

18．**计算消费贷款的 APR**。为了购买新电脑，阿曼达申请了 1500 美元附加利息贷款，每次还款 71.25 美元，总计还款 24 次。

19．**计算旅行贷款的 APR**。为了去中国旅游，艾米丽申请了 2000 美元附加利息贷款，期限为 24 个月，利率为 8%。

20．**计算卡车贷款的 APR**。为了购买卡车，约翰申请了 2.6 万美元附加利息贷款，期限为 48 个月，利率为 7.9%。

21．**计算贷款的 APR**。利率为 8.2%且期限为 36 个月的附加利息贷款的 APR 是多少？

22．**计算贷款的 APR**。利率为 8.75%且期限为 48 个月的附加利息贷款的 APR 是多少？

在练习 23 ~ 26 中，判断哪个选项（A 或 B）是偿还 5000 美元贷款的更好方式。假设按月还款。对于分期偿还贷款的还款金额，利用 8.5 节中的表 8.6。

23．A：分期偿还贷款，年利率为 10%，期限为 3 年；

B：附加利息贷款，年利率为6%，期限为3年。

24. A：分期偿还贷款，年利率为12%，期限为4年；
B：每次还款135美元，总计还款48次。

25. A：分期偿还贷款，年利率为8%，期限为4年；
B：每次还款120美元，总计还款48次。

26. A：分期偿还贷款，年利率为12%，期限为3年；
B：附加利息贷款，年利率为6%，期限为3年。

在练习27～28中，将“先租后买”协议视为附加利息贷款。如果消费者在款项付清前一直在租房，计算租金中每100美元的利息费用。虽然表8.7并未包含可估算APR的足够列，但可猜测其可能值。

27. **估算“先租后买”协议**。马库斯租用了一台价值375美元的电视机，每月支付租金18.75美元，2年后可拥有这台电视。

28. **估算“先租后买”协议**。玛丽亚租用了一套价值1375美元的家具，每月支付租金49美元，3年后可拥有这套家具。

数学交流

29. **贷款选择对比**。在附加利息贷款和分期偿还贷款（具有相同的年利率和期限）中，如果可以选择，你认为哪种贷款更合适？为什么“不需要举例即可做出选择”？

30. “先租后买”协议与附加利息贷款有何差异？

生活中的数学

31. 调查发布“发薪日贷款”的各网站，报告自己的发现，特别要关注贷款的条件及其年利率。

32. 对于使用发薪日贷款的消费者，调查存在哪些保护措施。

33. **发薪日贷款**。假设你申请了100美元发薪日贷款，且必须在1个月内偿还110美元，月利率是多少？你认为贷款人会声称APR是多少？如果1年内未还清这笔贷款，欠款将为多少？你认为APR是多少？

34. **发薪日贷款**。重复练习33，但是这次你要申请500美元发薪日贷款，且必须在3个月内偿还600美元。

挑战自我

35. 我们经常看到承诺合并多项贷款以使还款易于管理的广告。通过延长各贷款的还款期限，广告商可以为我们做到这一点。考虑1000美元附加利息贷款，年利率为10%，期限为3年，然后延长至4年。这对APR有什么影响？哪种还款方式（短期还清或长期还清）更划算？（注：虽然可能存在其他考虑因素，但是这里只考虑APR。）

36. APR是否受贷款规模的影响？

本章复习题

8.1节

01. 将0.1245转换为百分数。

02. 将1.365%转换为小数。

03. 将$\frac{11}{16}$转换为百分数。

04. 2890是3400的百分之多少？

05. 2007年，玛氏朱古力豆的销售额为2.384亿美元，占巧克力糖果总销售额的13.2%。巧克力糖果2007年的总销售额是多少？

06. 玛丽贝尔的应税收入为56400美元，用表8.2计算她所应缴纳的联邦所得税。

07. 某双跑鞋2014年的价格为130美元，5年后的通货膨胀率为4.3%，该跑鞋的价格将为多少？

8.2节

08. 如果$P=1500$美元，$r=9\%$，$t=2$年，计算某个支付单利账户的终值。

09. 你申请了8000美元汽车贷款，每月还款400美元，总计还款次数为24。用单利公式求被收取的利率。

10. 雅各布想将11400美元所得税展期6个月，若他必须为此支付18%的罚金（按月计算复利），则其纳税金额将为多少？

11. 帕尔玛想为孙女的大学教育建立基金，希望在10年内攒够1万美元，其必须在年利率为6%的账户中一次性存入多少钱？

12. 如果在年利率为6.4%的账户中投资1000美元，并按月计算复利，则资金翻倍需要多长时间？

13. 如果$A=1400$美元，$P=1200$美元，$t=5$，求$A=P(1+r)^t$中的r值。

14. 如果某一投资的年收益率为5.5%，用72法则估算该投资的翻倍时间（以年为单位）。

8.3 节

15. 贝尔尼花 1320 美元购买了一台骑式剪草机，商家以8.25%的年利率向其提供了3年期附加利息贷款。他总计需要支付多少利息？每月付款金额是多少？

16. 在乔安娜的信贷账户中，上月余额为 1350 美元，本月已还款 375 美元，花 120 美元购买了登山靴，“夹克退货”获得退款 140 美元。假设年利率为 21%，用未付余额法计算利息费用。

17. 用日均余额法计算以下信用卡账户 8 月份（31 天）的利息费用，7 月份余额为 275 美元，年利率为 18%。

日　期	交　易
8 月 6 日	还款 75 美元
8 月 12 日	花 115 美元买衣服
8 月 19 日	花 20 美元加油
8 月 24 日	花 16 美元吃午餐

8.4 节

18. 为了退休储蓄资金，皮尔斯每月将 175 美元存入普通年金。如果该年金支付的年利率为 9.35%，其 10 年后可为退休存多少钱？

19. 如果年利率为 6%，为了 36 个月内将累积基金累积至 2000 美元，计算所需每月存款金额。

20. 求 $(3^x-4)/2=10$ 中的 x 值。

21. 你每月向普通年金中存入 300 美元，年利率为 9%，多长时间可累积至 1 万美元？

22. 假设你每月向退休年金账户中存入 350 美元，年利率为 4.2%。假设年金所得税率始终为 25%，但退休时降至 18%。与非税收递延账户相比，税收递延账户在 30 年内能够多赚取多少收益？

8.5 节

23. 当偿还 4 年期 5000 美元分期偿还贷款时，如果年利率为 10%，计算所需每月还款金额。

24. 对于 20 年期 10 万美元抵押贷款，如果年利率为 8%，完成分期偿还计划的前 2 行。

25. 杰西购买州彩票并中奖 100 万美元，可以选择每年获取 5 万美元，总计获取 20 次，也可以选择一次性获取 50 万美元。哪种选择更好？假设利率为 8%。

26. 假设你以可调利率抵押贷款方式借款 18 万美元，期限为 30 年，初始利率为 4.5%。如果 4 年后的利率上调至 12.5%，则第 1 年和第 5 年的每月还款金额分别是多少？

27. 假设你为自己的企业申请了 235000 美元贷款，年利率为 12%，期限为 10 年。6 年后，你决定为未付余额 127960 美元进行再融资，年利率为 8%。利用 8.4 节中的表 8.6，计算每月还款金额的差值。

8.6 节

28. 为了购买一台专业品质彩色打印机，安申请了 1800 美元附加利息贷款，每次付款 163 美元，总计付款 12 次。用表 8.7 计算最接近的 APR。

29. 利用 8.6.2 节中的公式，估算一笔贷款（年利率为 8%，20 个月内还清）的 APR。

本章测试

01. 将 0.3624 转换为百分数。

02. 将 23.45%转换为小数。

03. 将 $\frac{7}{16}$ 转换为百分数。

04. 如果玛莉安贷款账户中的上月余额为 950 美元，本月已还款 270 美元，花 217 美元买了一件滑雪服，花 23 美元买了一副手套。假设年利率为 24%，用未付余额法计算该账户的利息费用。

05. 如果 $P=3400$美元，$r=2.5\%$，$t=3$年，计算支付单利账户的终值。

06. 994 是 2840 的百分之多少？

07. 百思买正在销售一款 MP3 播放器，原价为 169.99 美元，现价为 149.99 美元，降价百分比是多少？

08. 为购买一根手工制作的日本产飞钓竿，希罗申请了 1600 美元附加利息贷款，每次付款 75 美元，总计付款 24 次。用表 8.7 计算最接近的 APR。

09. 为了购买大屏幕投影电视，你申请了 3000 美元分期付款，每月付款 162.50 美元，总计付款 24 次。你被收取的年利率（单利）是多少？

10. 如果达妮卡在某账户中存入 4000 美元，年利率为 3.6%且按月计算复利，该账户 4 年后的价值是多少？

11. 如果你在某账户中投资 1000 美元，利率为 4.8%且按月计算复利，资金多长时间能够翻倍？

12. 假设你以可调利率抵押贷款方式借款 22 万美元，期限为 30 年，初始利率为 3.2%。在随后的 4 年中，若利率每年都上调 1.5%，则第 1 年和第 5 年的每月还款金额分别是多少？

13. 如果某项投资的年回报率为 8.5%，用 72 法则估算该投资多少年能够翻倍。

14. 何塞想为其 3 岁侄儿建立信托基金，计划向年利率为 4.2%的账户（按月计算复利）一次性投入资金。如果希望侄儿 21 岁时攒够 15000 美元，则其现在必须要存入多少钱？

15. 为了支付价格为 1560 美元的潜水设备费用，卡门申请了 2 年期附加利息贷款，年利率为 10.5%。他总共将要支付多少利息？每月付款金额是多少？

16. 如果 $A = 2400$美元，$P = 2100$美元，$t = 3$，求 $A = P(1+r)^t$ 中的 r 值。

17. 2006—2016 年，某栋新房的价格从 25 万美元涨至 29.7 万美元，其增长百分比是多少？

18. 用日均余额法计算以下信用卡账户 4 月份（30 天）的利息费用，3 月份余额为 425 美元，年利率为 21%。

日　期	交　易
4 月 4 日	还款 85 美元
4 月 10 日	花 25 美元加油
4 月 15 日	花 15 美元吃午餐
4 月 25 日	花 80 美元买音乐会门票

19. 为了给儿子的大学教育进行储蓄，格雷斯每月将 200 美元存入普通年金账户。该年金支付的年利率为 5.15%，其 8 年内能够存多少钱？

20. 求 $(5^x - 4)/3 = 10$ 中的 x 值。

21. 利用 8.6.2 节中的公式，估算一笔贷款（年利率为 8%，20 个月内还清）的 APR。

22. 如果年利率为 4%，为了 36 个月内将累积基金累积至 1800 美元，计算所需每月存款金额。

23. 如果年利率为 9%，为了偿还 8 年期 2 万美元分期偿还贷款，计算所需每月还款金额。

24. 假设你每月向普通年金账户内存入 450 美元，年利率为 3.75%，多长时间可累积至 9000 美元？

25. 假设你以 8%的年利率获得了 13 万美元 10 年期贷款，6 年后决定以 6%的年利率对 64608 美元未付余额进行再融资，用表 8.6 计算每月还款金额的差值。

26. 雅各布的应税收入为 48600 美元，用表 8.2 计算其应缴纳的联邦所得税。

27. 无论是否成交，迈克均可赢得 100 万美元奖金。他可以选择一次性领取 75 万美元，也可以选择按年领取普通年金（每年领取 10 万美元，总计领取 10 次）。哪种选择更好？假设年利率为 4%。

28. 假设你获得了一笔 14 万美元分期偿还贷款，年利率为 7.5%，期限为 20 年。**a**. 该贷款的每月还款金额是多少？**b**. 写出该贷款的分期偿还计划的前两行。

29. 若一双滑雪板 2014 年的价格为 450 美元，5 年后的通货膨胀率为 3.4%，则其价格将为多少？

30. 为了购买售价为 16500 美元的新汽车，埃斯特尔申请了分期偿还贷款，年利率为 9.6%，期限为 5 年，则其每月还款金额是多少？

第9章 几　何

设计足以抵御超强台风的香港摩天大厦时，某建筑师依靠历史长达 5000 多年的几何学原理；为了理解宇宙的实际形态，某天文学家用现代几何学描述弯曲空间中的天体；为了识别帕金森病患者看似随机的步态规律，某医生需要采用另一种几何学。

本章首先介绍古典几何学中的点、线和角，这是古希腊人测量、制图和建筑设计的基础，现代人则用其设计摩天大厦、果脆圈和手术机器人的包装盒。在讨论过程中，还将穿插介绍在球体地球上定位以及爱因斯坦解释“弯曲的宇宙”时所需的“弯曲的”几何体。

最后介绍一种现代几何学，其中的线既非直线又非曲线，而是具有无限多“起伏”的分形几何，科学家用其描述道路垃圾对原始鳟鱼溪的污染、股市的涨跌以及健康心脏的不规则跳动等。

9.3 节揭秘营销人员如何用几何学原理“忽悠”消费者，如通过设计不易察觉的方式和巧妙的包装来抬高产品价格。

9.1　线、角和圆

回顾数学和科学的古代历史，就会意识到在过去的2500年中，人类发明的最重要思想可能是演绎推理方法。这种方法由古希腊数学家欧几里得在其著作《几何原本》一书中提出，该书编写于约公元前300年，介绍了包括数论和几何在内的初等数学知识，提供了数学家至今仍在使用的一种推理方法。

9.1.1　点、线和面

通过直观地描述 3 个未定义的术语，欧几里得开始讨论几何学，他认为点不可分割，线/直线有长度但无宽度，面/平面只有长度和宽度。

要点　在同一平面上，两条线要么平行，要么相交。

为了讨论线和角的一些基本属性，我们需要引入一些术语和表示法，如用大写字母（如 A，B 和 C）来标注“点”，用小写字母（如 l 和 m）来标注“线”，或者也可以包含下标（如 l_1 或 l_2）。

如图 9.1 所示，直线上任意一点均可将该直线划分为 3 部分，即该点和 2 条半线/半直线。射线是包含端点的半线。在图 9.1(b)中，空心点表示点 A 不包含在该半线中；在图 9.1(c)中，实心点表示点 A 是该射线的一部分。连接并包含 2 个点的直线部分称为线段。

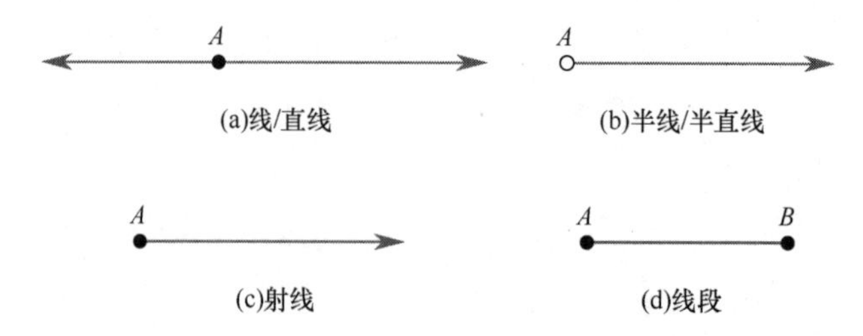

图 9.1　关于线/直线的一些基本术语

自测题 1

判别图 9.2 中的每个对象。

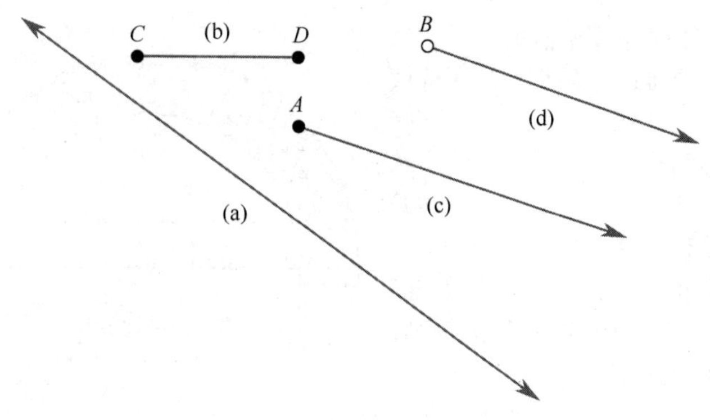

图 9.2　线/直线的术语

我们不准备精确定义“面/平面”，你可将其视为无限延伸的二维表面，如一张无穷大的平面纸张。

基于欧几里得定义的几何学，线要么相交，要么平行。平行线是位于同一平面且没有公共点的多条线。在图 9.3 中，线l_1和线l_2是平行线，可表示为$l_1 \parallel l_2$。如果位于同一平面的两条不同线不平行，则二者将具有唯一的公共点，并且可以称为相交线。在图 9.3 中，线l_3和线l_4是相交线。

图 9.3　平行线和相交线

9.1.2　角

具有公共端点的两条射线形成一个角。在图 9.4 中，射线 BA（称为始边）绕点 B 旋转至射线 BC（称为终边）的对应位置，即可形成一个角。我们用符号$\angle$来表示一个角，因此可将图 9.4 中的角称为$\angle ABC$，或者简称$\angle B$。点 B 称为该角的顶点。

我们以度为单位来测量角，并用符号°表示［注：角还有其他测量单位（如弧度），但本书不讨论］。如果将一个角的始边绕其顶点旋转完整一周，使终边与始边重合，将形成360°角，如图 9.5(a)所示。如果将始边绕其顶点旋转完整一周的$\frac{1}{360}$，即到达终边位置，则该角的大小为1°。图 9.5(b)中显示的角为36°。

要点　我们以度为单位来测量角。

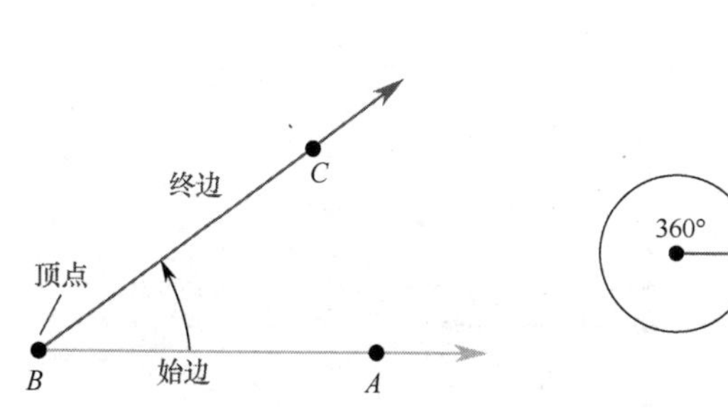

图 9.4　射线绕点 B 旋转形成的角

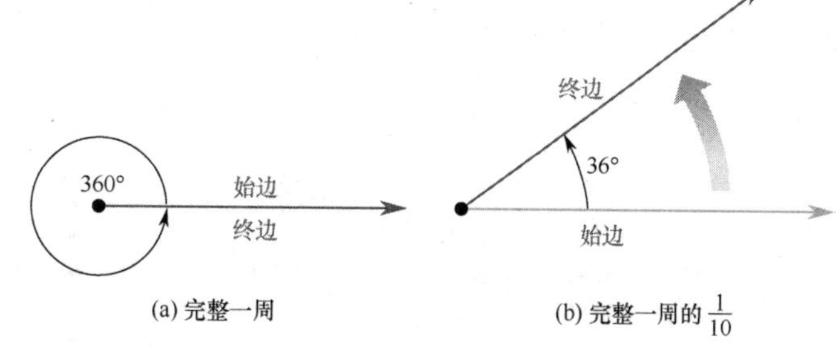

图 9.5　将始边绕顶点旋转$\frac{1}{10}$圆周，即可形成36°角

图 9.6 显示了一种称为量角器的工具，当前正在测量 70° 角。我们将 $\angle ABC$ 的测量值（以度为单位）写为 $m\angle ABC$ 。

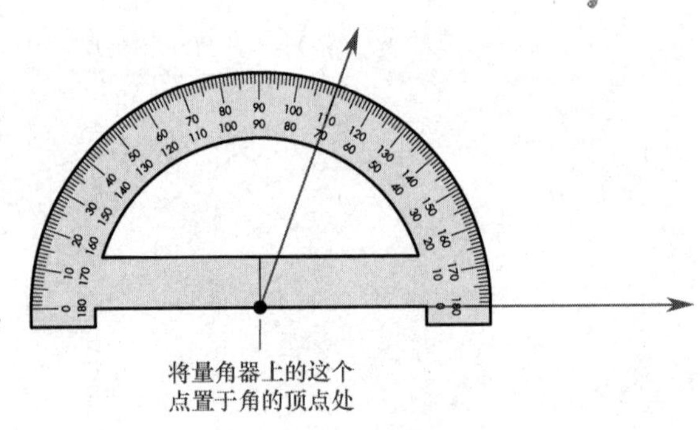

图 9.6　测量 70° 角的量角器

某些类型的角经常出现，所以人们给予其特殊名称，如图 9.7 所示。测量值介于 0° ～ 90° 的角称为锐角；测量值为 90° 的角称为直角，在角的顶点放置一个正方形来表示，如图 9.7 所示；测量值介于 90° ～ 180° 的角称为钝角；测量值为 180° 的角称为平角。

两条相交直线形成的两个对角称为对顶角，图 9.8 显示了一对对顶角 ABC 和 EBD（另一对对顶角是 DBA 和 CBE）。对顶角具有如下重要性质。

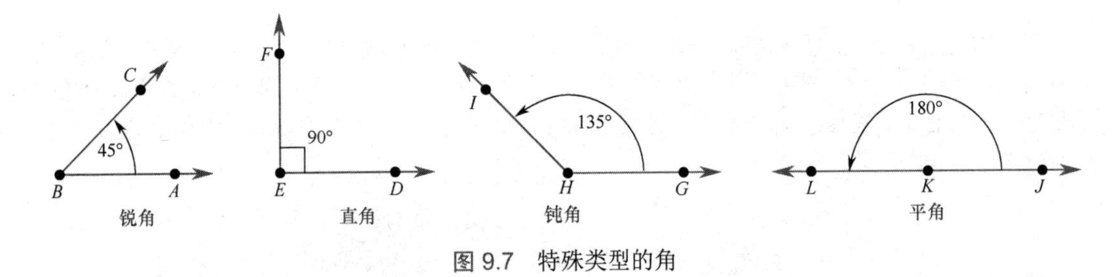

图 9.7　特殊类型的角

对顶角的性质　对顶角的测量值（度数）相等。

测量值之和为 90° 的一对角称为互余/互为余角，测量值之和为 180° 的两个角称为互补/互为补角。在图 9.8 中，角 PQR 和角 RQS 互为余角，角 WXY 和角 YXZ 互为补角。形成直角的两条相交线称为垂线。

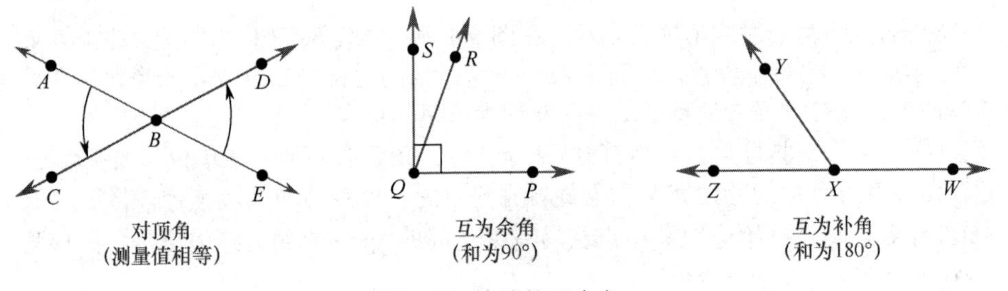

图 9.8　特殊的两个角

自测题 2

判别图 9.9 中各个角的类型。

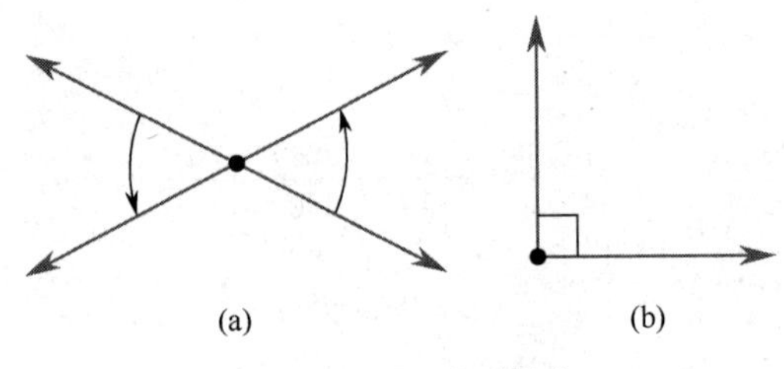

图 9.9　不同类型的角

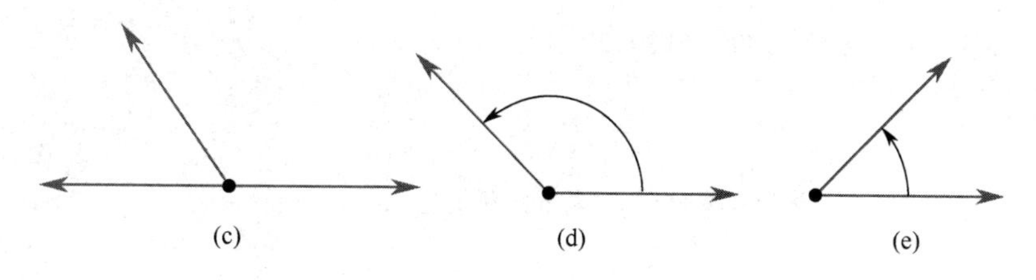

图 9.9　不同类型的角（续）

如果一对平行线与第 3 条直线（称为截线）相交，就会形成 8 个角，如图 9.10 所示。这些角的“特定对”具有特殊名称，也具有关于角测量值的特殊性质。表 9.1 汇总了这样一些特殊性质。

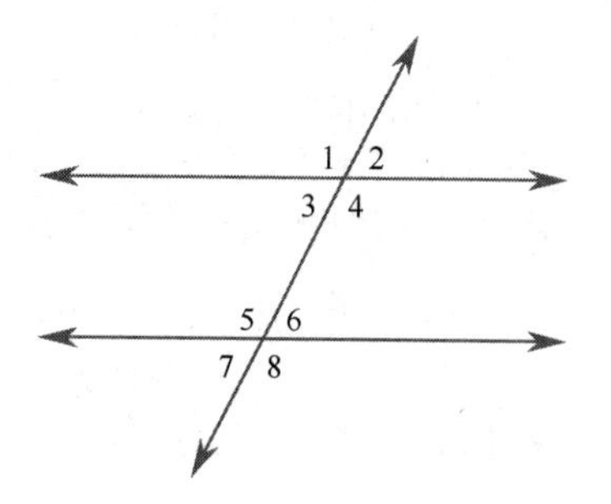

图 9.10　截线切过平行线时形成的特殊角

自测题 3

用表 9.1 中未提到的角填充空白，使得命题为真。

a）角 2 和____是外错角。

b）角 4 和____是同位角。

c）角 4 和____是同旁内角。

d）角 5 和____内错角。

表 9.1　截线切过平行线时形成的角对的性质

角的类型	示　例	性　质
同位角	角 1 和角 5	同位角的测量值相等
内错角	角 3 和角 6	内错角的测量值相等
外错角	角 1 和角 8	外错角的测量值相等
同旁内角	角 3 和角 5	同旁内角互为补角（和为 180°）

要点　当截线切过平行线时，可形成测量值相等的几对角。

解题策略：类比原则

如 1.1 节所述，如果思考其含义，则更易记忆新的数学名词。例如，使用数学名词“内错角”时，交错是指两个角“交替”出现，分别位于截线的两侧；内是指“内侧”，或者两条平行线之间。

例 1　求角的测量值

在图 9.11 中，假设直线 l 平行于直线 m，且 $m\angle A = 51°$，$m\angle B = 76°$。

a）求角 9 的测量值；b）求角 2 的测量值。

解：回顾本书前文所述的画图策略。

a）角 8 和角 B 是同位角，所以二者相等，故 $m\angle 8 = 76°$。角 A、角 8 和角 9 形成一个平角，因此有

$$m\angle A + m\angle 8 + m\angle 9 = 180°$$

代入角 A 和角 8 的测量值得

$$51° + 76° + m\angle 9 = 180°$$

求解 $m\angle 9$ 得

$$m\angle 9 = 180° - 51° - 76° = 53°$$

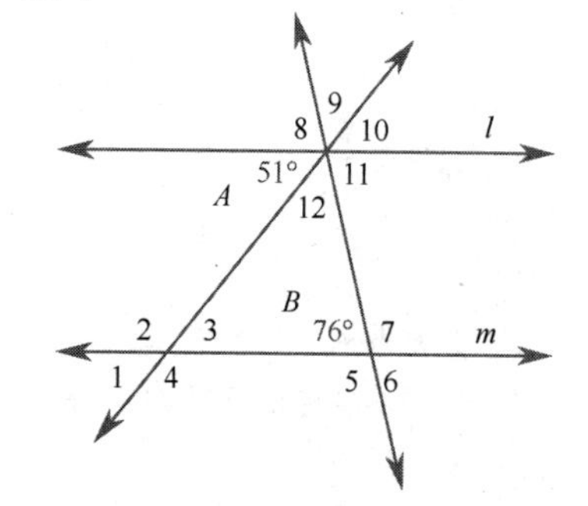

图 9.11　求角的测量值

b）因为同旁内角互为补角，所以有 $m\angle A + m\angle 2 = 180°$。用 51° 替代 $m\angle A$ 得 $51° + m\angle 2 = 180°$。等式

两侧同时减去 51°，得到 $m\angle 2 = 180° - 51° = 129°$。

现在尝试完成练习 25 ~ 30。

自测题 4

利用图 9.11，求：a）角 7 的测量值；b）角 6 的测量值。

9.1.3 圆

圆是用途广泛的常见几何对象。

定义 圆/圆形是同一平面内到定点（称为圆心）的距离等于定长（称为半径）的所有点的集合；直径是两个端点位于圆上且穿过圆心的线段；周长/圆周长是环绕圆一周的距离，如图 9.12 所示 [注："半径" 有两种含义：①圆心与圆上任意点之间的距离；②连接圆心与圆上任意点的线段]。

要点 圆心角的测量值与圆的弧长存在对应关系。

顶点位于圆心的角称为圆心角，如图 9.13 所示。在图 9.13 中，A 与 B 之间的弧长与圆心角 ACB 成比例，意味着圆具有如下比率：

$$\frac{\text{角 } ACB \text{ 的测量值}}{360°} = \frac{\text{弧 } AB \text{ 的长度}}{\text{圆的周长}}$$

例如，如果 $m\angle ACB = 60°$，则从 A 到 B 的弧长为圆周长的 $\frac{60}{360} = \frac{1}{6}$。

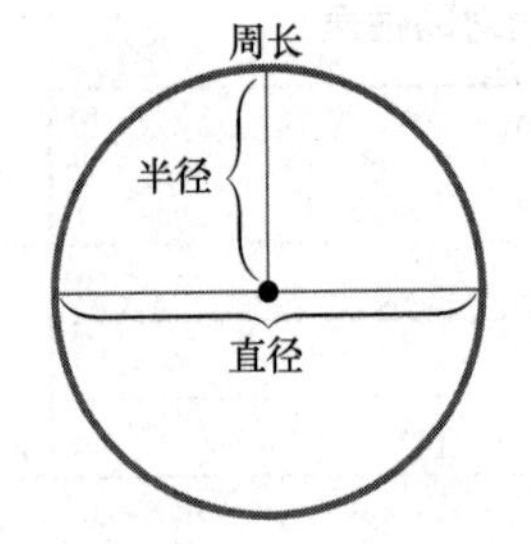

图 9.12 圆的半径、直径和周长

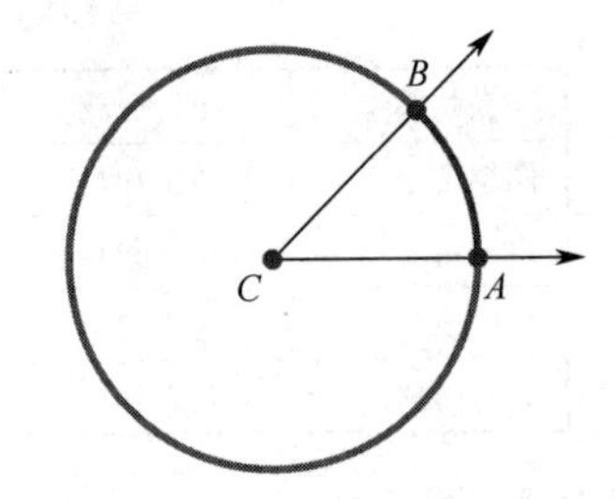

图 9.13 角 ACB 是圆心角

例 2 用圆心角测量圆的弧长

假设一个圆的周长是 12 米，如果圆心角 ACB 的测量值是 120°，则从 A 到 B 的弧长是多少？

解：回顾本书前文所述的画图策略。

画图是一种很好的解题策略，如图 9.14 所示。为解此题，现在应用如下比率：

$$\frac{\text{弧}AB\text{的长度}}{\text{圆的周长}} = \frac{\text{角}ACB\text{的测量值}}{360°}$$

获得如下方程：

$$\frac{\text{弧}AB\text{的长度}}{12} = \frac{120}{360} = \frac{1}{3}$$

方程两侧同时乘以 12，得到弧 AB 的长度 $= \frac{1}{3} \cdot 12 = 4$ 米。

现在尝试完成练习 31 ~ 36。

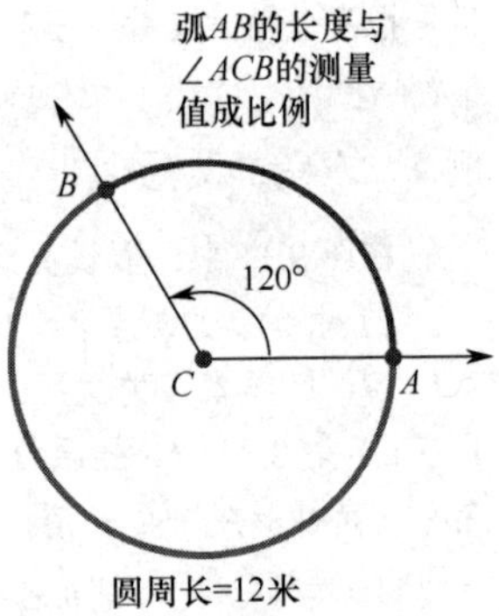

弧AB的长度与$\angle ACB$的测量值成比例

B
120°
C
A
圆周长=12米

图 9.14 $\angle ACB$ 的测量值决定弧 AB 的长度

自测题 5

假设一个圆的周长为 40 英寸，如果某一圆心角的测量值为 45°，则由该角的两条边决定的圆弧长度是多少？

令人惊讶的是，利用目前所学到的少量几何学知识，我们完全可以解决很有意义的实际问题。

例 3　计算地球的周长

如何利用初等几何估算地球的周长？（注：虽然地球并非完美球体，但是为了简化计算，我们将其假定为完美球体。）

解：回顾本书前文所述的画图策略。

在图 9.15 中，假设直线 l 和 m 是平行形，并被截线 t 切过，点 C 是圆心。因此，角 α 和角 β 相等。

由前面的圆心角讨论，可知存在如下比率：

$$\frac{\text{角}\beta\text{的测量值}}{360^\circ}=\frac{\beta\text{的两条边切出的弧长}}{\text{圆的总周长}} \tag{1}$$

现在即可进行估算。首先在地面上垂直放置一根木棒，然后等待阳光与木棒成 0° 角时的正午时刻。假设那一刻你正在与 1000 英里外的朋友通话，他也在地面上垂直放置了一根类似的木棒，并告诉你当时的阳光与其木棒成 15° 角。按照图 9.15 绘制图 9.16，即可知道如何找到答案。

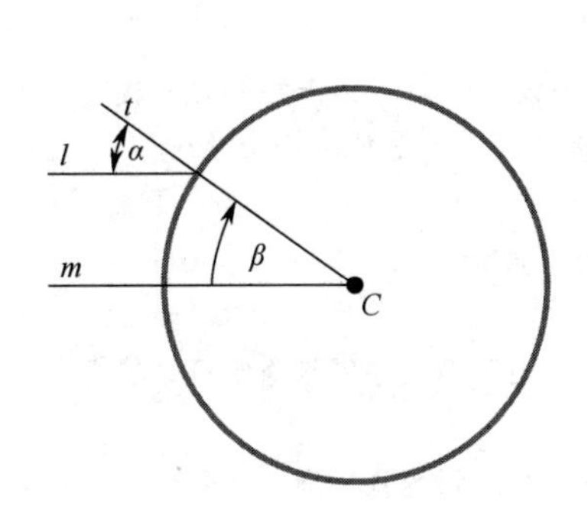

图 9.15　因为 $l \parallel m$，且 α 和 β 是同位角，所以 $\alpha=\beta$

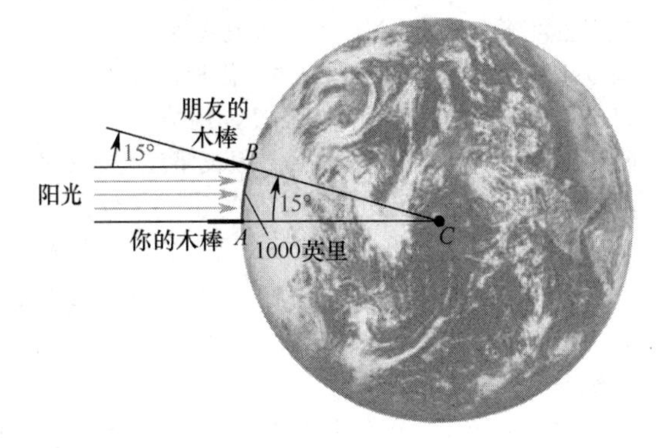

图 9.16　角 ACB 的测量值（15°）与 360°之比，等于“A 与 B 之间的弧长与地球周长之比”

在图 9.16 中，设置如下比率：

$$\frac{\text{角}C\text{的测量值}}{360^\circ}=\frac{\text{弧}AB\text{的长度}}{\text{地球的周长}} \tag{2}$$

用 c 表示地球的周长，将式（2）改写为

$$\frac{15^\circ}{360^\circ}=\frac{1000}{c} \tag{3}$$

方程（3）交叉相乘得

$$15c=360(1000) \tag{4}$$

方程（4）两侧同时除以 15，然后化简得 $c=24000$。可知，地球的周长约为 24000 英里。

现在尝试完成练习 55 ~ 56。

历史回顾——非欧几何/非欧几里得几何（上）

几年前，我飞往法国去看望姐姐。当飞机爬升到 6 英里高空时，从机舱的监视器上，我惊讶地看到飞机并未直接穿越海洋飞往法国，而是首先飞往东北方向的格陵兰岛。几小时后，我们明显沿着一条曲线（而非直线）路径抵达巴黎。之所以出现这种情况，是因为虽然平面上两点之间的最短距离是直线，但是对于地球这样的曲面而言，实际情况却并非如此。

在一个球体上，两点之间的最短距离是一个大圆的圆弧（注：非大圆圆弧不会给出球体表面两点之

间的最短距离）。在球体上，大圆是圆心与球心重合的圆，如图 9.17 所示。因此，在球面几何中，我们可将“直线”视为大圆。

因为球面上的任意两个大圆均相交于两个点，所以球面几何中不存在平行线。在图 9.18 中，两个大圆相交于点 P 和点 Q。

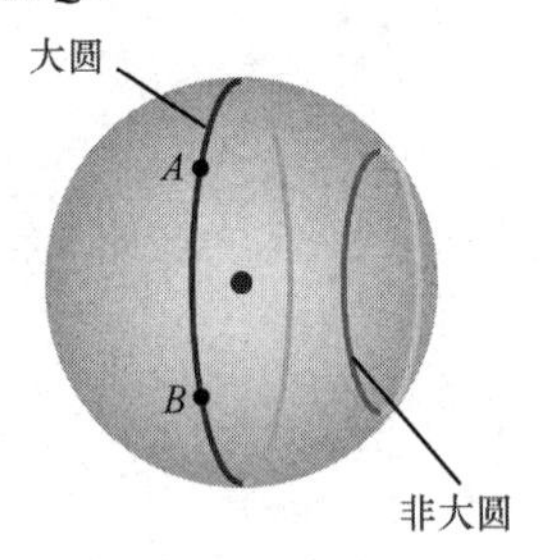

图 9.17　球体上点 A 与点 B 之间的距离是一个大圆的圆弧

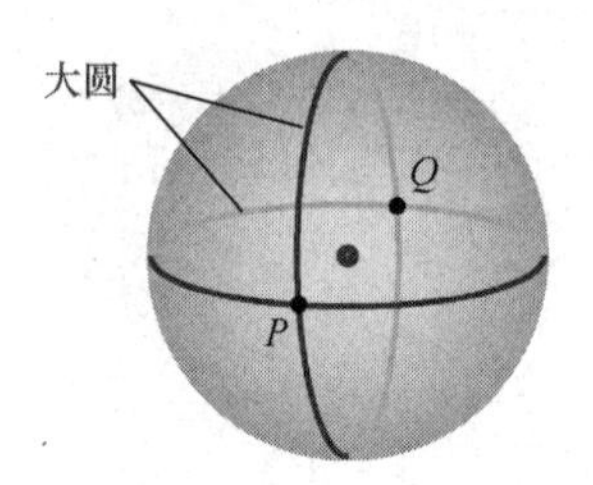

图 9.18　两个大圆相交于点 P 和点 Q

注意，我们视为“直线”的大圆及其性质取决于绘制出这些“直线”的表面。

欧几里得第五公设指出：过一条直线外一点，有且只有一条直线与已知直线平行，如图 9.19 所示。（注：本公设是欧几里得关于几何学的假设，无法证明。）

对于如何证明欧几里得第五公设，数学家推测可以利用其他公设，但数百年来始终无法成功，最终决定采用其他方法。他们指出：如果假设第五公设是错误的，那么几何学会是什么样子呢？

下列两种方法可以否定第五公设：

1）假设对于一条直线和直线外一点，没有任何直线平行于已知直线。

2）假设对于一条直线和直线外一点，至少有两条直线平行于已知直线。

第 1 种方法产生了前面提到的球面几何，约在 1850 年前后，德国著名数学家波恩哈德 · 黎曼发明了这种几何体。

19 世纪初，多位数学家（如德国的卡尔 · 弗里德里希 · 高斯、匈牙利的雅诺斯 · 波尔约和俄罗斯的尼古拉 · 罗巴切夫斯基）各自利用第 2 种方法独立发明了一种几何体。在称为伪球面的一个表面上，我们能够可视化这种几何体。为了形成一个伪球面，可绕一条直线旋转一条称为曳物线/追击线/追迹曲线/犬线的曲线，如图 9.20 所示。

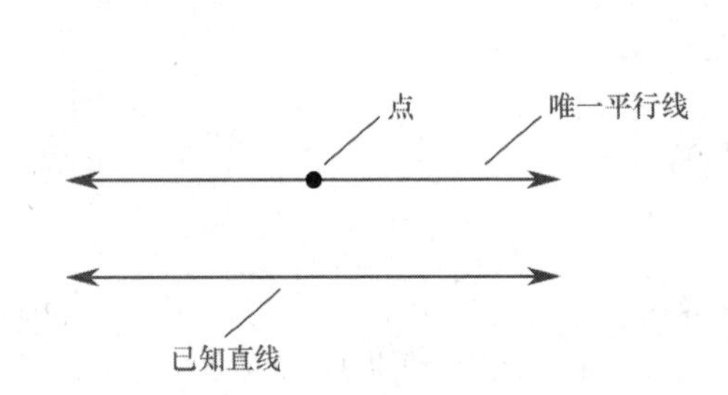

图 9.19　欧几里得第五公设

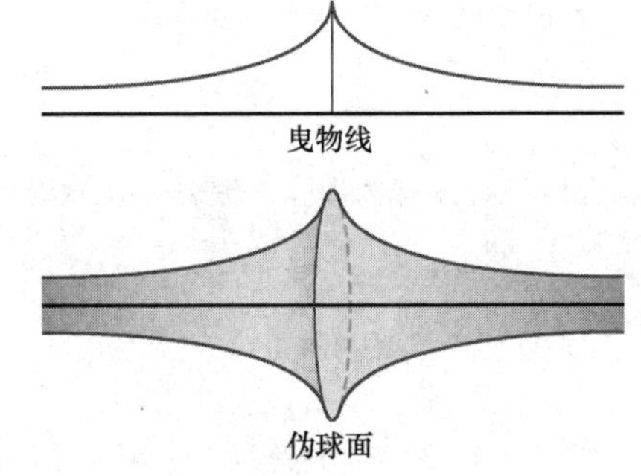

图 9.20　伪球面是非欧几何的模型

这个表面看起来有点像两个喇叭口连接在一起，9.2 节将深入讨论非欧几何/非欧几里得几何。

练习 9.1

强化技能

在练习 01 ~ 08 中，将术语与已知图形中带编号的角匹配起来。正确答案或许不止一个，本书参考答案只择其一。直线 l 和 m 是平行线。

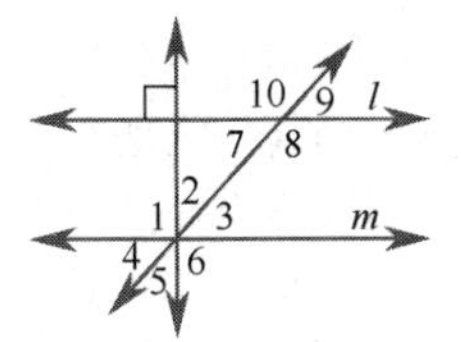

练习01～08所用图形

01．对顶角　　**02**．余角　　**03**．内错角

04．直角　　**05**．钝角　　**06**．同位角

07．补角　　**08**．锐角

在练习 09 ~ 14 中，判断命题是否为真。牢记“始终”原则，如果某一命题为真，则其必将始终为真，绝无例外。如果认为某一命题为假，则应尝试找到一个反例。

09．如果两个角互为余角，则二者必须相等。

10．如果两个角（测量值大于 0°）互为余角，则每个角必定为锐角。

11．如果两个角相等且互为补角，则每个角都是直角。

12．钝角不能与另一个角互为余角。

13．某个角不能同时是一个角的余角和另一个角的补角。

14．锐角的补角必定是锐角。

假设直线 l 和 m 是平行线，用给定图形回答练习 15 ~ 18。正确答案或许不止一个，本书参考答案只择其一。

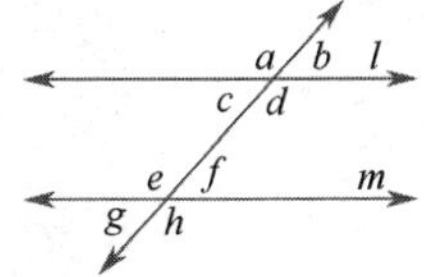

练习15～18所用图形

15．找出一对钝角，内错角。

16．找出一对锐角，外错角。

17．找出一对锐角，同位角。

18．找出一对钝角，同位角。

在练习 19 ~ 24 中，计算角的余角和补角的测量值。

19．30°　　**20**．108°　　**21**．120°

22．45°　　**23**．51.2°　　**24**．110.4°

在练习 25 ~ 30 中，计算图形中角 a,b 和 c 的测量值。直线 l 和 m 是平行线。

25．

26．

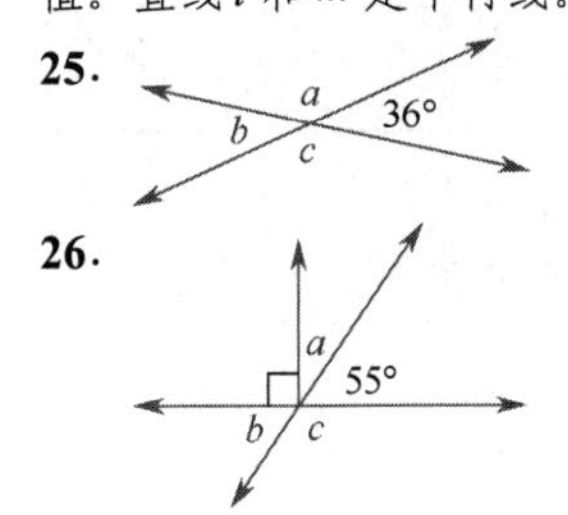

27．

28．

29．

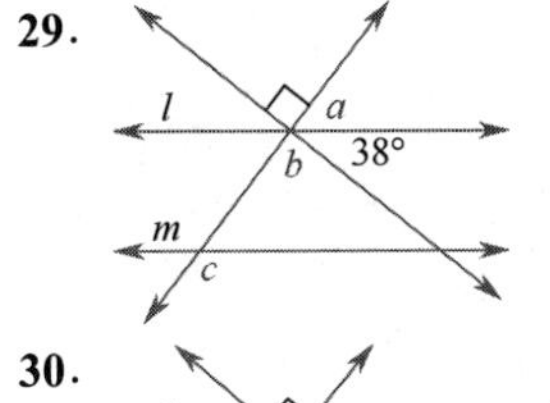

30．

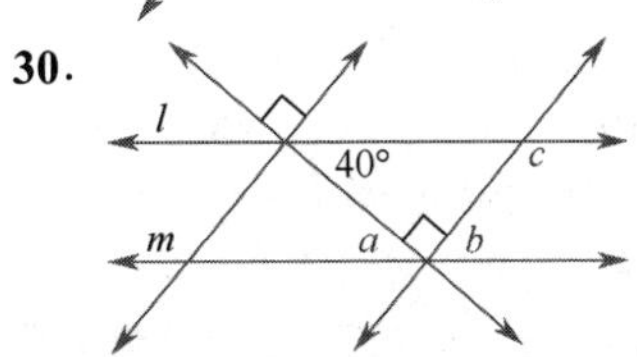

在练习 31 ~ 36 中，已知 3 个信息中的 2 个：周长、圆心角 ACB 的测量值和弧 AB 的长度，计算第 3 个信息。

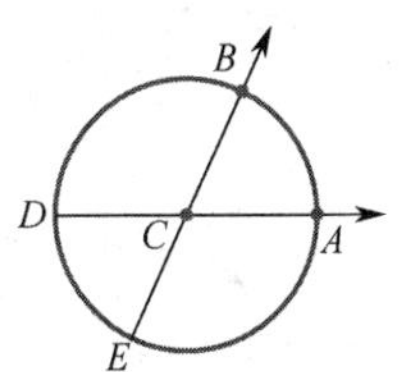

练习31～40所用图形

31．周长＝24英尺；$m\angle ACB=90°$

32．周长＝150厘米；$m\angle ACB=72°$

33．周长＝12米；弧AB的长度＝4米

34．周长＝240英寸；弧AB的长度＝40英寸

35．$m\angle ACB=30°$；弧AB的长度＝100毫米

36．$m\angle ACB=120°$；弧AB的长度＝9英尺

学以致用

继续练习 31 ~ 36 中的情形，用已知信息回答练习 37 ~ 40。

37．周长＝18英尺；$m\angle ACB=60°$。求弧 BD 的长度。

38．$m\angle ACB=30°$；弧AE的长度＝10米。求周长。

39．周长＝30英寸；弧DE的长度＝3英寸。求 $m\angle BCD$。

40．周长＝120厘米；弧AB的长度＝12厘米。求 $m\angle DCE$。

在练习 41 ~ 44 中，求 x 的值。假设直线 l 和 m 是平行线。

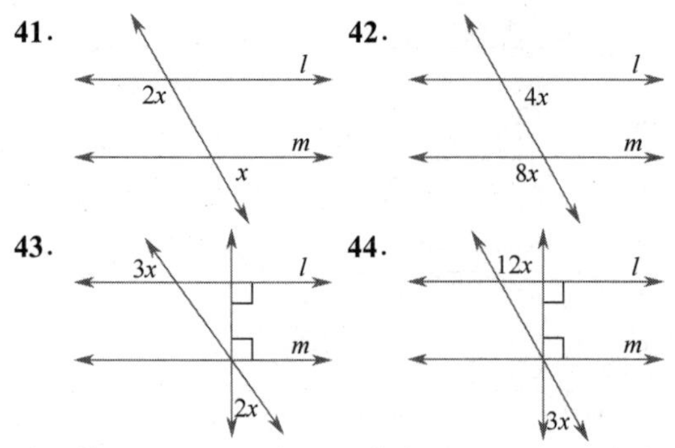

对于练习 45 ~ 48，假设时钟上的分针和时针都指向 12:00，如果仅将时针沿顺时针方向旋转特定度数，则该时钟显示的时间是多少？

45. 60°　**46**. 210°　**47**. 90°　**48**. 330°

像 $\angle ABC$ 这样的角称为内接角/圆周角，可证明其测量值（以度为单位）是其所切圆弧的测量值（以度为单位）的一半。因此，如果弧 AC 的测量值是 60°，则 $\angle ABC$ 的测量值应为 30°。回顾可知，$\angle ADC$ 是一个圆心角。

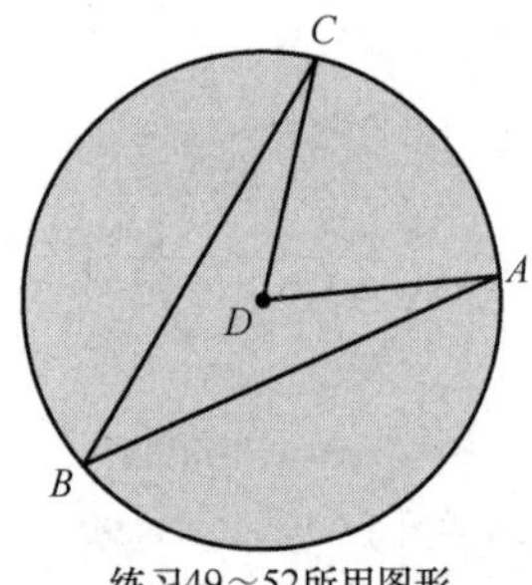

练习49～52所用图形

49. 如果圆的周长为 30 英寸，且 $m\angle B = 24°$，则弧 AC 的长度是多少？

50. 如果 $m\angle D = 30°$，且圆的周长为 15 英寸，则弧 AC 的长度是多少？

51. 如果圆的周长为 60 英寸，且弧 AC 的长度为 20 英寸，则 $m\angle B$ 是多少？

52. 如果 $m\angle B = 24°$，且弧 AC 的长度为 2 英尺，则圆的周长是多少？

53. 若一个平面上的 2 条直线相交，则可以形成 4 个角（有些角可能有相同测量值）。若 3 条直线相交，则最多可以形成多少个角？

54. 重做练习 53，但这次是 4 条直线相交。

55. 在例 3 中，当测量垂直木棒与阳光的夹角时，你的朋友出现了误差，因为地球的实际周长并非 24000 英里，而是更接近 25000 英里。如果例 3 中的周长是 25000 英里，则你的朋友所测量的角度应是多少？

56. 重新考虑例 3，假设你与朋友之间的距离未知。正午时分，朋友告诉你“阳光与他立在地面上的垂直木棒成18°角”。假设地球的真实周长是 25000 英里，则朋友距离你有多远？

在练习 57 ~ 58 中，为了打迷你高尔夫球时一杆进洞，求角 x 的测量值。利用如下 2 个事实来求 x：
1）球撞击平面时的角与球离开平面时的角具有相同测量值，如练习 57 中的角 a 和 b 相等。
2）三角形内角的测量值之和为 180°。

57.

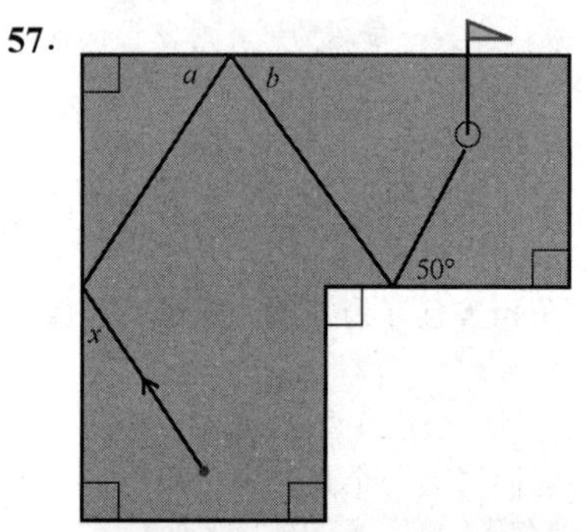

58.

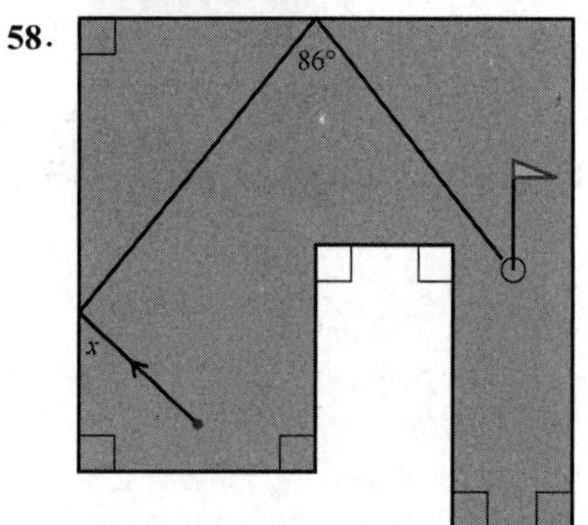

在练习 59 ~ 60 中，利用如下图形。假设地面水平，上下两个横向栏杆平行，一系列纵向栏杆垂直于地面。回顾可知，三角形内角的测量值之和为 180°。

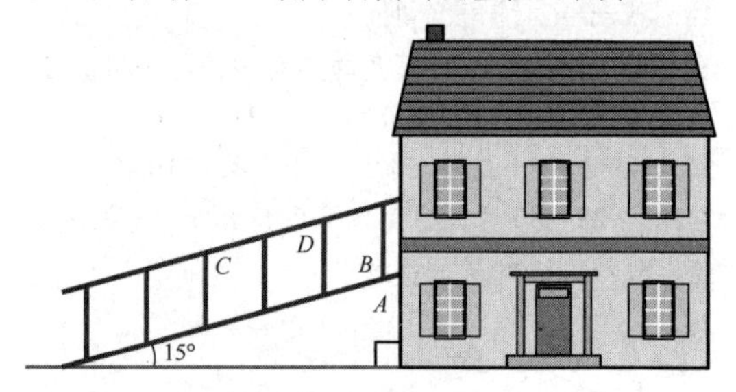

59. 角 A 和 B 的测量值是多少？

60. 角 C 和 D 的测量值是多少？

数学交流

61. 互为余角和互为补角的区别是什么？

62. 一对平行线被截线切过时，说出两两相等的角的 3 种类型。

63. 解释如何记住外错角的含义。

64. 解释如何记住同旁内角的含义。

挑战自我

在练习 65~68 中，利用“两条相交直线形成 4 个角”的事实，分别回答问题。

65. 4 个角是否可能都相等？

66. 可形成的最大锐角数量是多少？

67. 是否存在“只有一个角”是钝角的情形？

68. 如果其中一个角是钝角，则如何描述其他角？

69. 若 $\angle A$ 与 $\angle B$ 互为余角，$\angle A$ 与 $\angle C$ 互为补角，则如何描述 $m\angle C - m\angle B$？

70. 若 $\angle A$ 和 $\angle B$ 均与 $\angle C$ 互为补角，则能推断出什么？

71. 假设 $m\angle A = 30°$，$\angle A$ 的余角的补角的测量值是多少？

72. 在练习 71 中，$\angle A$ 的补角的余角的测量值是多少？

有人对瑞利尼斯学院的 280 名学生进行了一项调查，主要内容是哪些改变能够提升学生的大学经历，调查汇总结果如下图所示。在练习 73~76 中，用此信息回答问题。

A. 112 人认为是经济支持。

B. 84 人认为更多晚间课程有助于灵活安排时间。

C. 28 人认为是更长的选课调整时间。

D. 14 人需要更多周末时间待在校园课外辅导中心。

E. 其余学生认为是其他改变。

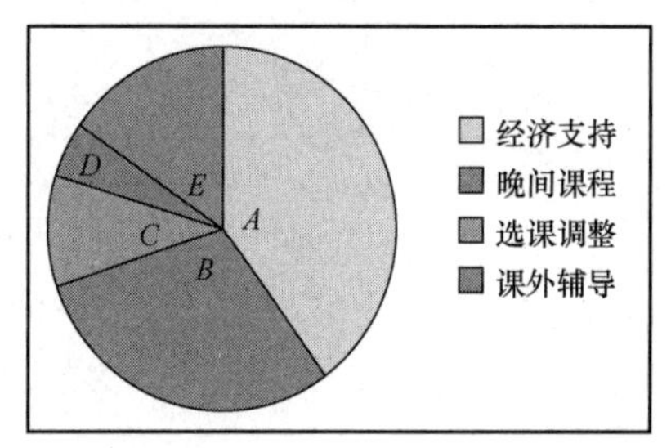

73. 圆心角 A 的测量值是多少？

74. 圆心角 B 的测量值是多少？

75. 哪个圆心角最接近 90°？该角是大于还是小于 90°？

76. 圆心角 E 的测量值是多少？

77. 绘制包含 4 条直线和 6 个点的一幅图，其中每条直线刚好过其中 3 个点。

78. 绘制包含 5 条直线和 10 个点的一幅图，其中每条直线刚好过其中 4 个点。

79. 考虑练习 53～54 的解。不绘制图表，求 10 条直线可以形成角的最大数量。(提示：考虑 5、6 或更多直线能够形成的交叉点数量。)

80. 当一艘船在海上迷失方向时，可以发射无线电求救信号，接收到该信号的任何人都能确定该信号的方向，但是无法确定距离。如果另一艘船接收到求救信号，它不能立刻向搜索飞机通报失踪船只的确切位置，解释为何如此。如果两艘不同的船接收到求救信号，则立刻能够确定失踪船只的确切位置，解释如何利用两艘船的信息查找失踪船的位置。

9.2 多边形

在进一步阅读本节的内容之前，请花些时间观察周围的不同几何形状。几何随时会出现在人们的视野中，常见于杂志广告、电视广告片、宗教符号、美术作品、建筑物和产品设计等。

基于前面对线和角的讨论，接下来介绍一类常见的几何对象——多边形。

9.2.1 多边形

首先介绍几个定义，参见图 9.21、图 9.22 和图 9.23。

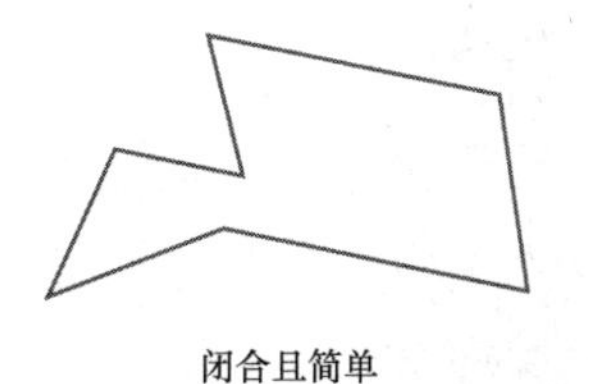
闭合且简单

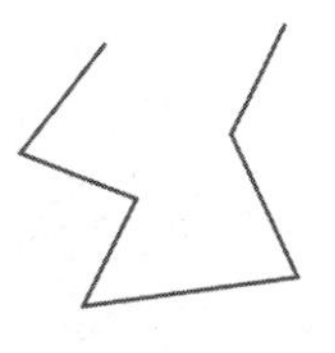
简单但不闭合

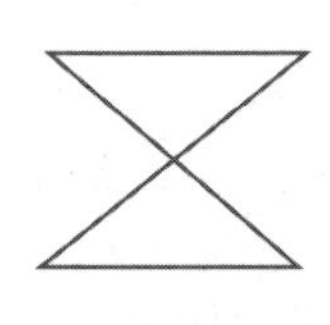
闭合但不简单

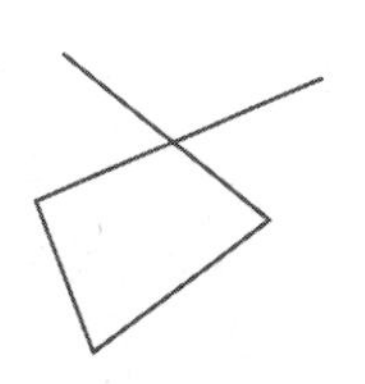
不简单且不闭合

图 9.21 闭合平面图形和简单平面图形

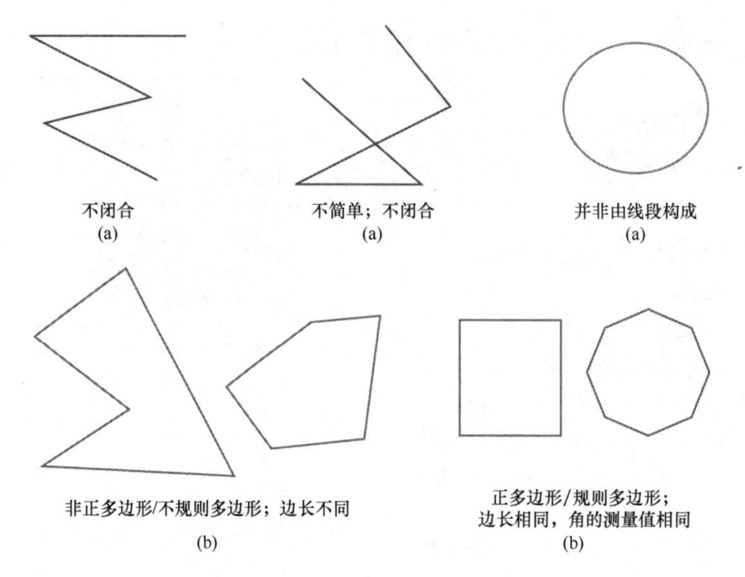

图 9.22 (a)非多边形；(b)多边形

要点 多边形是由多条线段构成的特殊类型的平面图形。

定义 若不用提起铅笔就能画出一个平面图形，且起点和终点相同，则该平面图形是闭合/封闭的。若不用提起铅笔就能画出一个平面图形，且绘制过程中不会两次经过同一个点（起点和终点除外），则该平面图形是简单的。

定义 多边形是简单且闭合的平面图形，仅由称为边/棱的线段构成，同一直线上不存在 2 条连续边。边的端点称为顶点。若所有边的长度相同，且所有角的测量值相同，则该多边形是正/规则的。

基于所含边的数量，可以对多边形进行分类，表 9.2 列出了含有最多 10 条边的多边形名称。

表 9.2 多边形的名称

边的数量	多边形的名称	边的数量	多边形的名称
3	三角形	7	七边形/七角形
4	四边形/四角形	8	八边形/八角形
5	五边形/五角形	9	九边形/九角形
6	六边形/六角形	10	十边形/十角形

多边形的形状还有另一种性质。

定义 对于一个多边形内侧的任意两点 X 和 Y，若线段 XY 整体位于多边形内侧，则该多边形是凸的。

图 9.23 显示了凸多边形和非凸多边形。

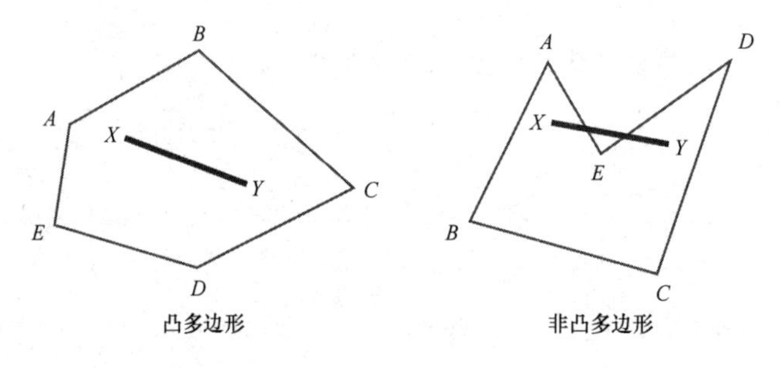

图 9.23 凸多边形和非凸多边形

图 9.24 和图 9.25 显示了一些特殊类型的三角形与四边形。在这些图形中，箭头指向的对象具有之前对象的全部属性，如图 9.24 中的每个等边三角形也是等腰三角形。注意，等腰三角形不一定是等边三角形。

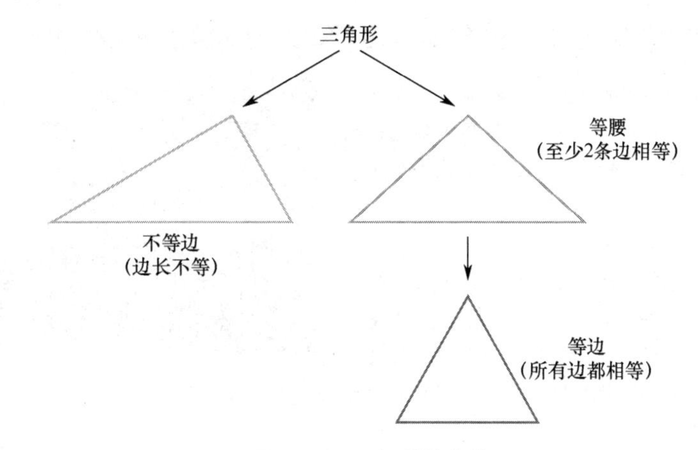

图 9.24　三角形的分类

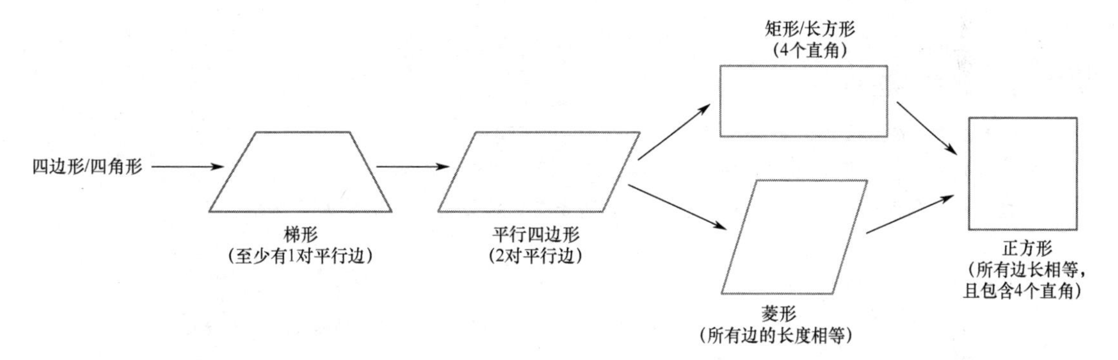

图 9.25　四边形的分类

（注：有些人将梯形定义为只有一对平行边的四边形，基于此定义的平行四边形不是梯形）

9.2.2　多边形和角

我们可用多边形解决实际生活问题，如设计甲板或者建造房屋。为此，通常需要知道多边形内角的测量值之和。例如，如果不知道地板内角的测量值，则设计六边形露台将极为困难。

例 1　三角形的内角和是 180°

求 ΔABC 中各内角的测量值之和。

解：首先构建包含线段 AC 的一条直线 m，然后构建过点 B 且平行于直线 m 的第 2 条直线 l，如图 9.26 所示。

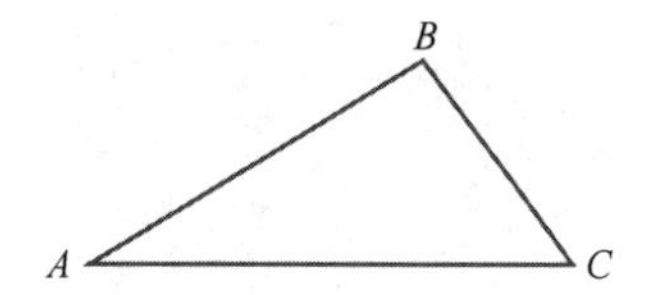

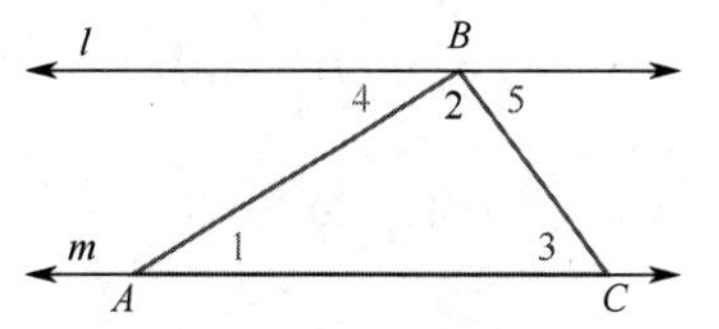

图 9.26　直线 l 和 m 是截线切过的平行线，形成的内错角相等

因为角 1 和角 4 是内错角，所以二者相等。同理，角 3 和角 5 相等。因此，角 1、角 2 和角 3 的测量值之和等于角 4、角 2 和角 5 的测量值之和，结果为 180°。

现在尝试完成练习 11 ~ 14。

生活中的数学——忽略某些简单几何的后果是什么？

弗兰克 · 盖里是 20 世纪的著名建筑师，他在设计位于洛杉矶的华特 · 迪士尼音乐厅时，忽略了阳光的反射角，结果最后被迫进行补救处理，成为建筑界颇为知名的一个负面案例。

这栋建筑的反光度和弯曲度都非常高，可像放大镜一样聚焦阳光，从而造成各种不适和危险。弯曲的侧面就像粗制激光器一样，将光线聚焦并投射在隔壁建筑上，可将其温度提升 15℃。当光线聚焦并投射至附近红绿灯位置的司机时，几乎可能致盲。为了减少这种刺眼的光线，工人对存在问题的部分进行了喷砂处理，问题最终得到了解决！

知道三角形的内角和后，即可用其求取其他多边形的内角和。

例 2　五边形的内角和

求凸五边形 $ABCDE$ 的内角和。

解：回顾本书前文所述的“新问题与旧问题相关联”策略。

因为已知三角形的内角和，所以可将五边形划分成一组三角形，如图 9.27 所示。

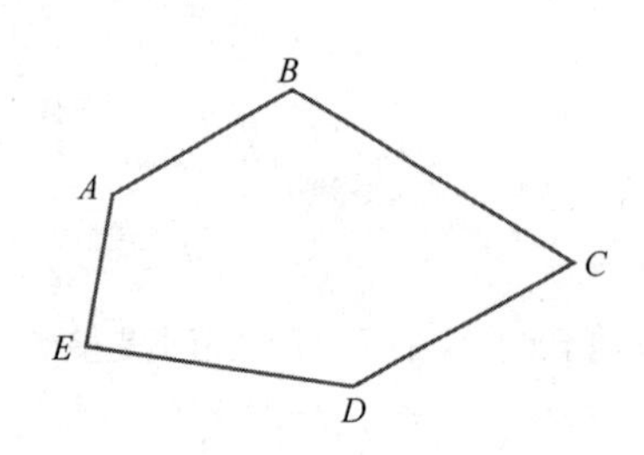

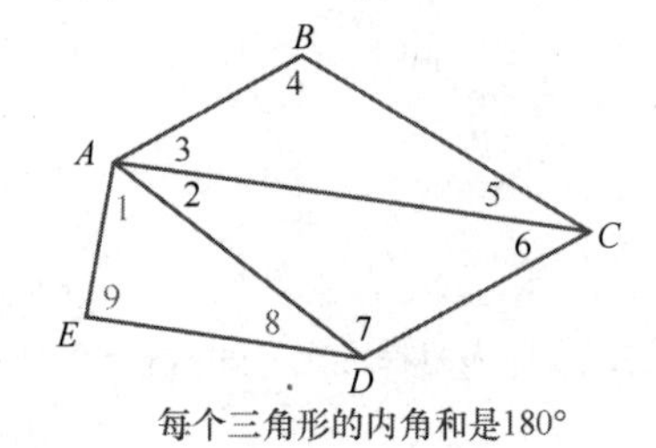

图 9.27　划分成多个三角形的五边形

由图 9.27 可见，$\angle A$ 由 3 个更小的角（1、2 和 3）构成，$\angle C$ 由角 5 和角 6 构成，$\angle D$ 由角 7 和角 8 构成。该五边形中各内角的测量值之和为

$$m\angle A \quad + \quad m\angle B + m\angle C \quad + \quad m\angle D + m\angle E$$

$$\uparrow \qquad \uparrow \qquad \uparrow \qquad \uparrow \qquad \uparrow$$

$$m\angle 1 + m\angle 2 + m\angle 3 \quad m\angle 4 \quad m\angle 5 + m\angle 6 \quad m\angle 7 + m\angle 8 \quad m\angle 9$$

可以看到，$m\angle A = m\angle 1 + m\angle 2 + m\angle 3$，$m\angle B = m\angle 4$，$m\angle C = m\angle 5 + m\angle 6$，以此类推。因此，五边形的内角和是

$$m\angle 1 + m\angle 2 + m\angle 3 + \cdots + m\angle 9$$

这与 3 个三角形（ΔAED、ΔADC 和 ΔACB）的内角和相同，结果等于 $3 \times 180° = 540°$。

现在尝试完成练习 15 ~ 20。

自测题 6

采用例 2 中的方法，求四边形 $ABCD$ 的内角和。

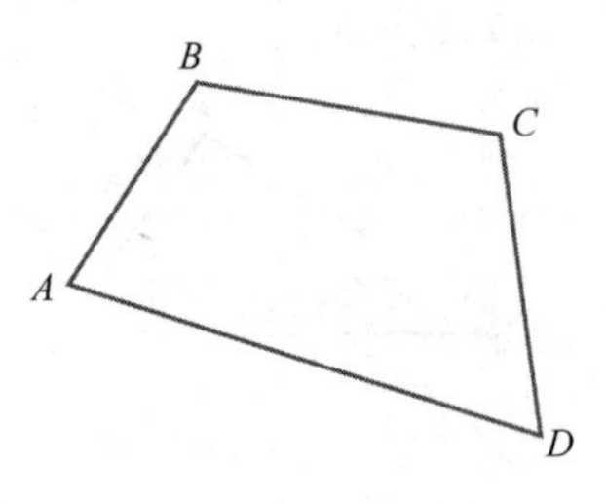

表 9.3 汇总了截至目前你所了解的多边形内角和。

表 9.3　多边形的内角和

多　边　形	边的数量	内　角　和
三角形	3	$180° = 1\times180°$
四边形	4	$360° = 2\times180°$
五边形	5	$540° = 3\times180°$

要点　多边形的边数决定了其内角的测量值之和。

解题策略：新问题与旧问题相关联

如 1.1 节所述，当求解新问题时，通常可将其与以前见过的问题联系起来。在这里，通过与旧问题（求三角形的内角和）相关联，我们很快就解决了例 2 中的这个问题。

我们可将此规律扩大应用至包含 n 条边的凸多边形。

多边形的内角和　包含 n 条边的凸多边形的内角测量值之和为 $(n-2)\times180°$。

如果一个多边形是正多边形/规则多边形，则可以多描述一下该多边形的角。在正多边形中，因为每个角都具有相同的测量值，所以能够发现如下规律：

正三角形（等边三角形）的每个内角的测量值为 $180°/3 = 60°$

正四边形（正方形）的每个内角的测量值为 $360°/4 = 90°$

正五边形的每个内角的测量值为 $540°/5 = 108°$

我们也可以扩大应用这种规律。

正多边形的内角　包含 n 条边的正多边形的每个内角的测量值为 $(n-2)\times180°/n$。

自测题 7

求正八边形的每个内角的测量值。

虽然许多文字处理和数字制图程序都含有图形功能，但是为了能够准确绘制出所需图形，你通常需要理解基本几何。

例 3　设计徽标

假设《与星共舞》节目正在你所在的城市巡回演出，为了宣传这一活动，你的广告公司受雇设计一个巨幅星形广告牌。确定该星形中每个点的角测量值。

解：考虑图 9.28 中的星形。

以底纹标识的五边形 $VWXYZ$ 是正五边形，因此每个内角都具有如下测量值：

$$\frac{(5-2)\times180°}{5} = 108°$$

因为平角等于 $180°$，所以角 EZV 和 EVZ 都有如下测量值：

$$180° - 108° = 72°$$

这意味着角 E 的测量值为 $180° - 72° - 72° = 36°$。

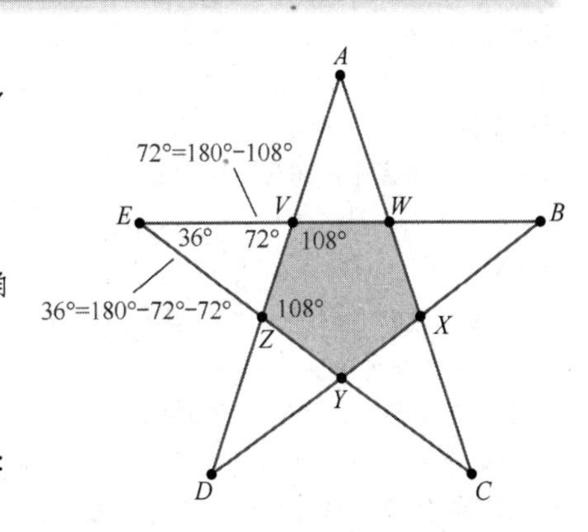

图 9.28　构造五点星形（五角星）

9.2.3　相似多边形

2004 年 1 月 14 日，在世贸中心遗址纪念赛上，迈克尔·阿拉德和彼得·沃克展示了获奖作品模型《反射缺失》。在开始建造最终纪念馆之前，为了检查白天和夜间不同时段的几何学和光线的相互影响，布鲁克林海军造船厂建造了一个更大的局部模型。

要点 相似多边形的对应边成比例，对应角相等。

作为一名图形设计师，你可以首先制作一个小型初步版本广告，然后将其放大至广告牌尺寸；时装设计师通常会制作小尺寸服装样品，然后将设计出售给商店并调整尺寸。在这些情况下，处理对象均形状相同但大小不同。与此类似，在几何学中，我们经常用到相似的图形。

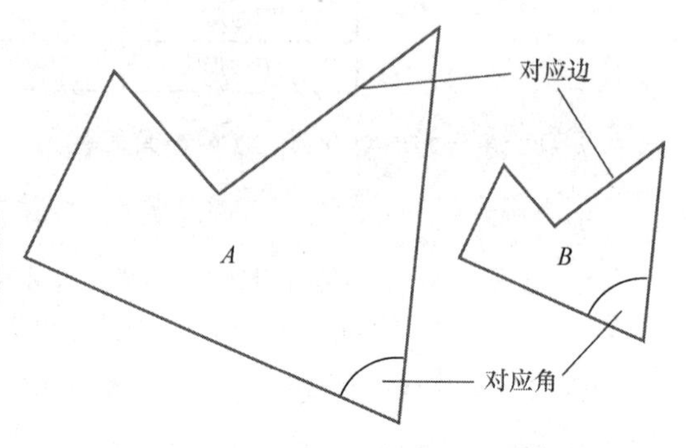

图 9.29 A 和 B 是相似多边形

定义 如果两个多边形的对应边成比例且对应角相等，则这两个多边形是相似的。

在图 9.29 中，多边形 A 和 B 相似。有时，“知道两个三角形是否相似”非常有用。在几何学中，可以证明“如果一个三角形的两个角等于另一个三角形的两个角，则这两个三角形相似”。在例 4 中，我们将利用这一事实。

例 4 用相似三角形建造荒野桥

在一次野外生存竞赛中，尤曼和鲁伯特遇到了没有桥梁的一个深峡谷。为了横穿该峡谷，他们计划砍掉一棵树并临时架桥。他们测量了两个直角三角形的相关距离（见图 9.30），利用这些信息求出跨越峡谷的距离 d。

解：角 BAC 和 EAD 是对顶角，所以二者相等；角 D 和 C 均为直角，二者也相等。因此，三角形 ACB 和 ADE 相似，它们的对应边成比例，具有如下比率：

$$\frac{BC\text{的长度}}{ED\text{的长度}}=\frac{AC\text{的长度}}{AD\text{的长度}}$$

代入这 4 个长度，可得 $d/6=20/8$。交叉相乘得 $d\cdot 8=6\cdot 20=120$。方程两侧同时除以 8 得到 $d=120/8=15$。因此，要实现架桥目标，需要找到 15 英尺高的一棵树。

现在尝试完成练习 31 ~ 32。

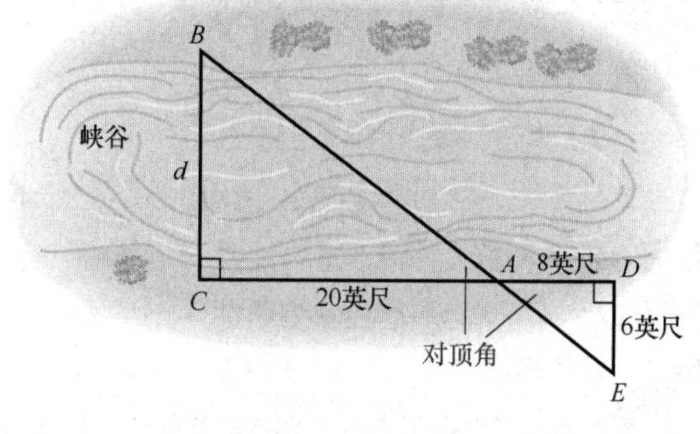

图 9.30 架桥

历史回顾——非欧几何/非欧几里得几何（下）

因为非欧几何的基本公理不同于欧氏几何的公理，所以用非欧几何术语重新表述著名的欧氏几何定理时，听上去可能有些怪异，但其实并不奇怪。在黎曼几何中，欧几里得定理“三角形的内角和等于180°”变为“三角形的内角和大于180°”。

如果考虑一个球体的表面，就不难理解这个定理的正确性。图 9.31 显示了一个三角形，其内角和大于180°。假设从该球体的顶部［可视为北极（称为点 A）］开始，向下绘制一个大圆的圆弧，与另一个水平大圆（相当于赤道）相交，并将交点称为点 B。然后，垂直于纵向大圆，沿这个“赤道”绘制一个圆弧，延伸至点 C。最后，垂直于水平大圆，向上绘制“从点 C 返回至点 A”的一个圆弧。角 B 和 C 的测量值均为 90°，所以当再加上角 A 的测量值时，内角和就会超过180°。

在形状类似于两个钟形喇叭的一个伪球面上，三角形的外观有些像曲边三角形，如图 9.32 所示。在这种类型的非欧几何中，三角形的内角和小于180°。

此时此刻，对于这三种几何（欧几里得、黎曼和罗巴切夫斯基），你可能想要知道哪种是“正确”的几何，正确答案却是“完全正确的几何不存在”。数学家不仅证明了“这三种几何是完全相容（不矛盾）的数学系统”，而且证明了“要符合这两种非欧几何之一，就必须符合其他两种几何”。因此，从这个意义上讲，没有任何一种更好的几何，“采用哪种几何”完全取决于具体应用。例如，对于土地测量和建筑施工而言，欧氏几何比较适合；若要理解浩瀚的宇宙，非欧几何则是更好的工具（爱因斯坦的发现）。

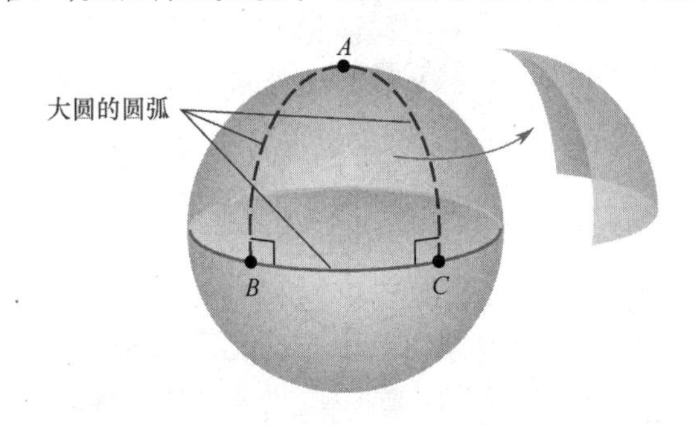

图 9.31　内角和大于 180°的三角形

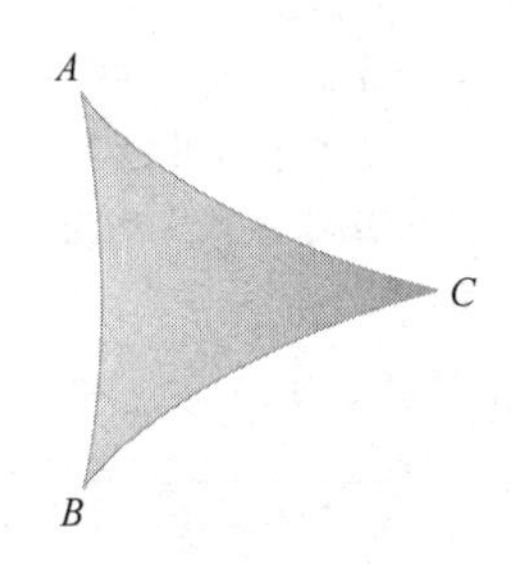

图 9.32　内角和小于 180°的三角形

练习 9.2

强化技能

在练习 01 ~ 04 中，说明图形是否为多边形。若不是，解释理由。

01．

02．

03．

04．

在练习 05 ~ 10 中，为命题提供一个反例（参考答案只提供一个反例）。

05． 如果一个多边形含有 4 条相等边，则其为正方形。

06． 包含两条平行边的四边形是平行四边形。

07． 如果一个五边形是凸的，则其必定为正五边形。

08． 如果两个多边形的对应边相等，则二者必定相似。

09． 如果两个多边形的内角和相等，则二者必定相似。

10． 某一凸多边形的内角和为400°。

在练习 11 ~ 14 中，我们基于 x 表示了三角形各角的测量值，求角 A 的测量值。

11．

12．

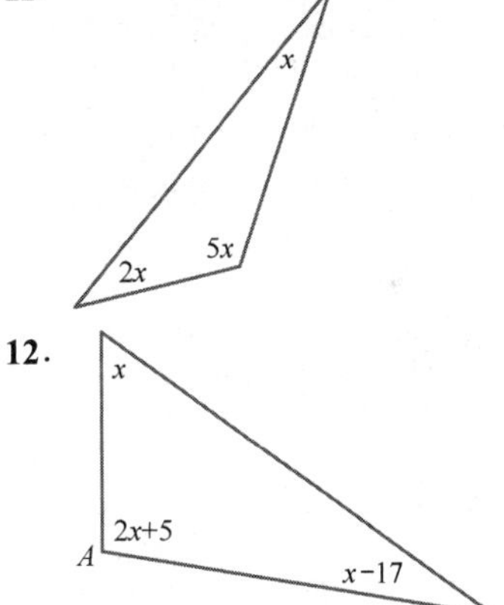

13．

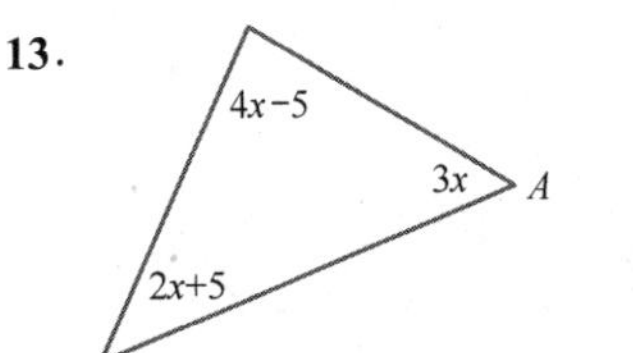

14．

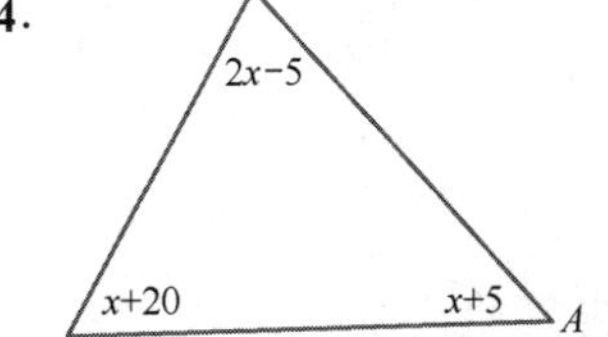

15． 如果将一个正六边形划分成若干三角形（参照例 2），则三角形的总数是多少？该六边形的内角和是多少？

16. 如果将一个正八边形划分成若干三角形（参照例 2），则三角形的总数是多少？该八边形的内角和是多少？

17. 正二十边形的一个内角的测量值是多少？

18. 正十二边形的一个内角的测量值是多少？

19. 如果一个正多边形中每个内角的测量值为160°，则该多边形包含多少条边？

20. 如果一个正多边形中每个内角的测量值为135°，则该多边形包含多少条边？

在练习 21 ~ 22 中，求 x 的值。注意：每对三角形均相似。

21.

22.

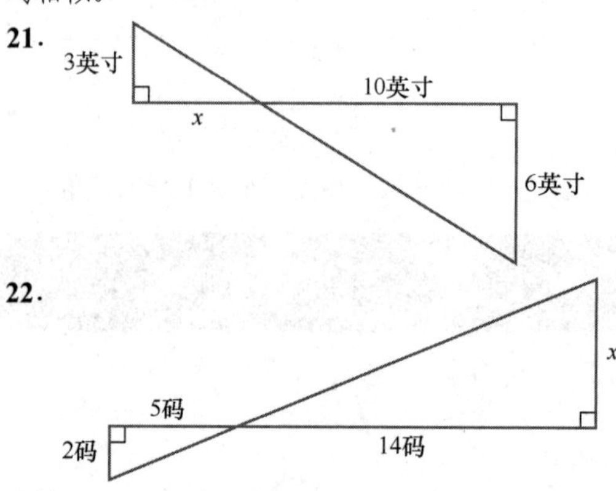

在练习 23 ~ 26 中，假设每对图形均相似，已知左图中的边长和角测量值，可知右图中的哪些信息？

23.

24.

25.

26.

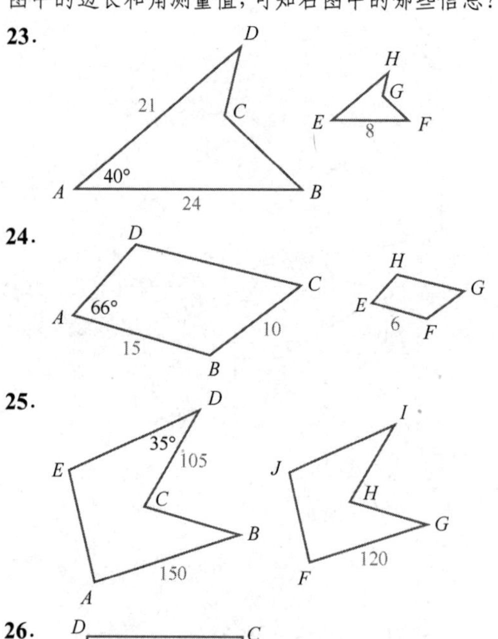

学以致用

27. **支撑风力发电设备**。如下图所示，一根钢缆支撑着风力发电设备，若角 A 是138°，则角 B 的测量值是多少？

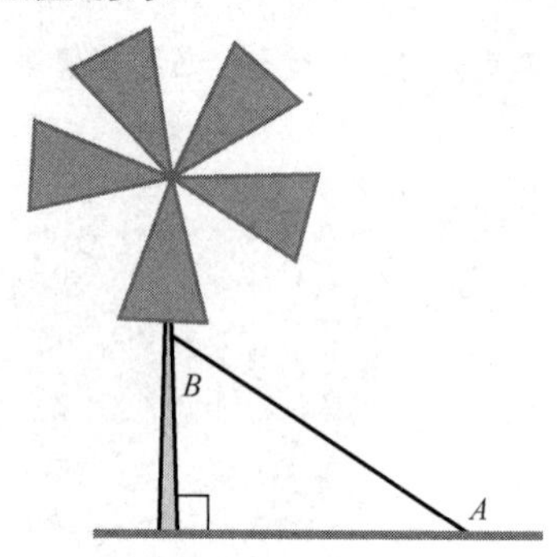

28. **无障碍坡道**。为了使通行更加便捷，如下图所示，斯普林菲尔德公共图书馆修建了一条坡道。如果角 B 是165°，则角 A 的测量值是多少？

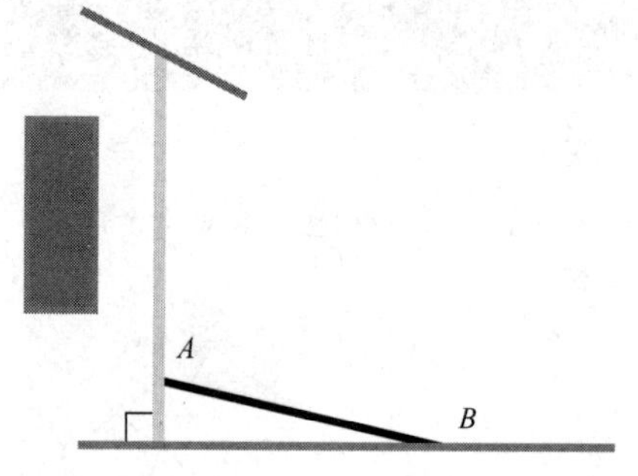

29. 为了纪念“二战”，俄罗斯人建造了欧洲最大的雕像“祖国母亲”，高度为 270 英尺。如果在一天中的某一时间，6 英尺高的某人投下 10 英尺高的影子，该雕像的影子长度是多少？

30. **篮球运动员的身高**。格奥尔格·穆雷安是美国职业篮球联赛（NBA）史上身材最高的球员之一，净身高为 7 英尺 7 英寸。当穆格西·博格斯（身材最矮的球员之一）与其并排站立时，如果格奥尔格投下 15 英尺 2 英寸的影子，穆格西投下 10 英尺 6 英寸的影子，则穆格西的净身高是多少？

31. 点 A 下方的河流宽度是多少？

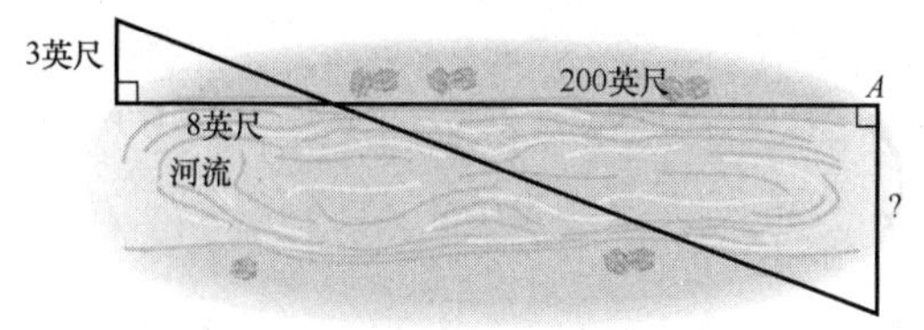

32. 点 A 下方的河流宽度是多少？

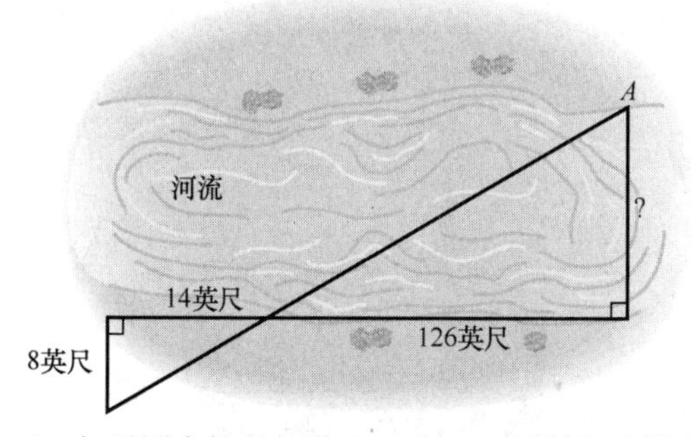

33. 如果图中的三角形 ABC 与 ADE 相似，则池塘的长度是多少？

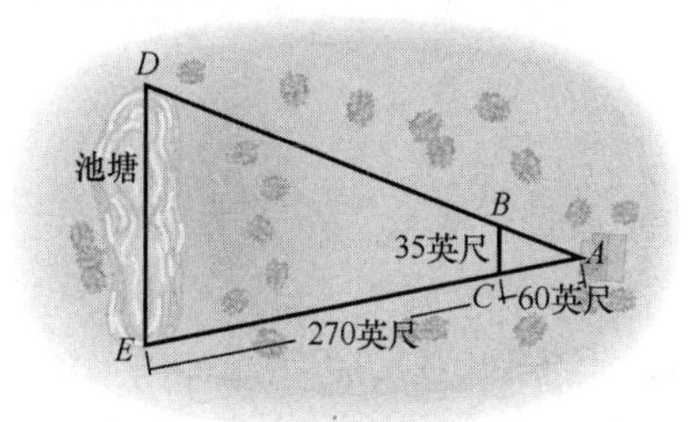

34. 为了观察 X 位置的格雷森一家，艾米莉想在 C 位置安装一个监控摄像头。由于存在一大片灌木丛，从 X 位置无法直接看到摄像头。该摄像头通过瞄准建筑物 M （具有镜面状反光外墙）进行拍摄，如下图所示。要使此套装置能够正常工作，该摄像头应距离点 I 多远？

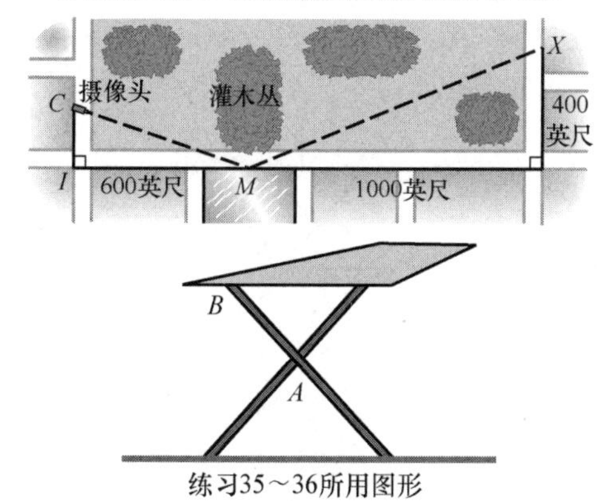

练习35～36所用图形

35. **野营床**。假设野营床两端形成的三角形为等腰三角形，角 A 是 84°，则角 B 的测量值是多少？

36. **野营床**。重做练习 35，但是这次假设角 B 是 140°，求角 A 的测量值。

即便不使用任何胶水或机械紧固件，某些日本家具制造商也能制作出非常漂亮雅致的木制家具。为了便于对家具进行组装，工人必须要精确地切割所有木块，使其能够紧密地咬合在一起。

37. 制作椅子时，某家具制造商采用了横截面为正五边形的水平木梁。该木梁必须安装在支柱的槽口中，并使其一个角与槽口精确地咬合在一起，如下图所示。为使木梁能够精确咬合在槽口中，该角的测量值应该是多少？

38. 重做练习 37，但是这次假设水平木梁的横截面为正六边形，如下图所示。

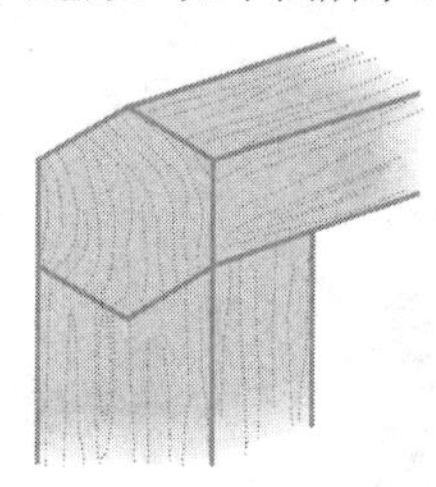

39. 凉亭的地面呈正六边形，每条边长 10 英尺。如下图所示，地板需要两个支架，长度约为 17.4 英尺。如果计划建造每条边长为 12 英尺的稍大凉亭，则支架的长度必须要达到多少？

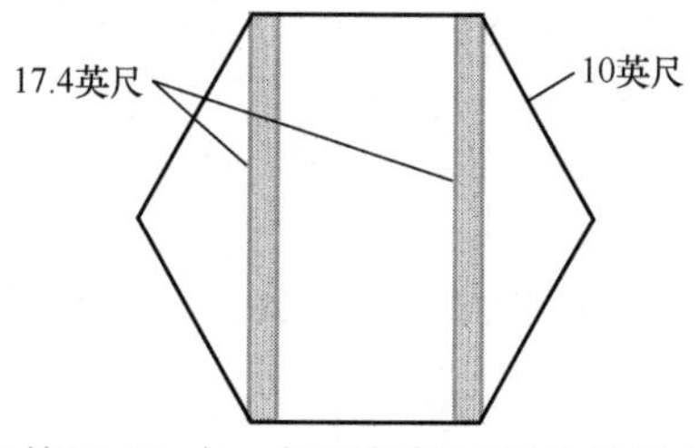

40. 在练习 39 中，如果能够买到的最长支架是 15 英尺，则凉亭两侧每条边的长度是多少？

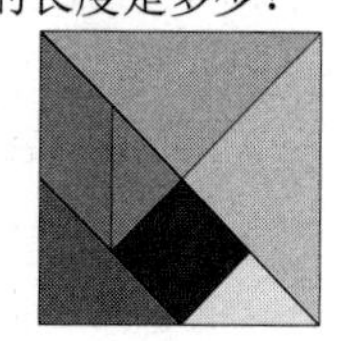

七巧板/唐图是一种古老的中国传统智力玩具，19 世纪在美国非常流行。七巧板由排列在方框中称为拼板的 7 个形状组成，可重新排列

并形成上千种不同的形状。在练习 41 ~ 44 中，已知一个形状，请重新排列 7 块拼板，形成目标形状。例如，如果已知一只兔子(a)，则应给出解(b)。

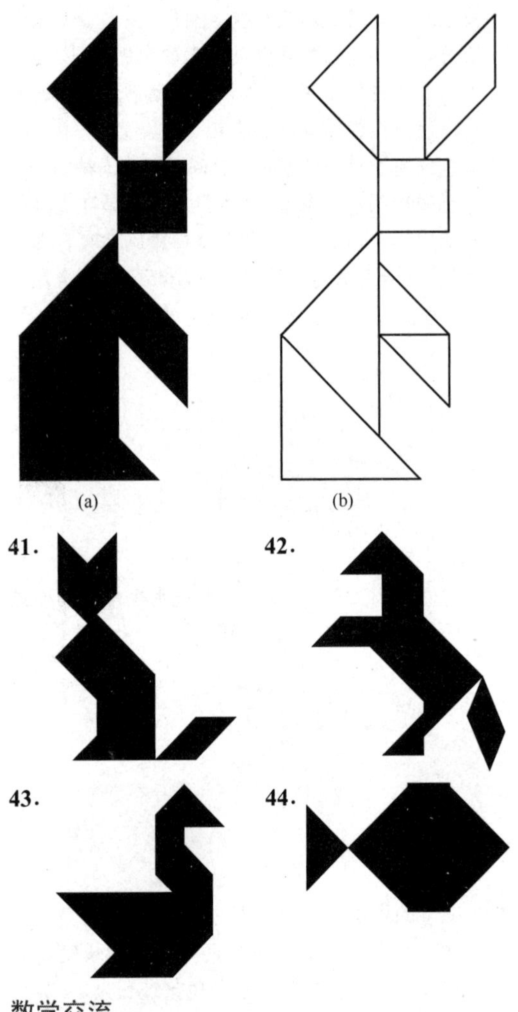

数学交流

45. 说出本节中提到的 3 种不同类型的三角形，并解释它们之间的区别。

46. 说出本节中提到的 5 种不同类型的四边形，并解释它们之间的区别。

47. 如果不使用 9.2.2 节中的公式，应当如何判定六边形的内角和？你应用了何种解题技巧？

48. 关于相似多边形的角和边，你知道哪些情况？

生活中的数学

49. 从互联网上搜索“建筑灾难”，特别注意查找涉及数学的案例。

50. 从互联网上搜索“建筑物中的三角形应用”，并撰写一份简短的报告。

挑战自我

在练习 51 ~ 54 中，如果可能构建所描述类型的三角形，解释如何绘制该三角形；否则，请解释理由。

51. 包含 2 个锐角的不等边三角形。

52. 包含钝角的直角三角形。

53. 所有角都是钝角的等边三角形。

54. 所有角都是锐角的等边三角形。

55. 像练习 51～54 中那样，描述一个不可能构建的三角形的组成部分。

56. 像练习 51～54 中那样，描述一个可能构建的三角形的组成部分。

57. 五边形和红色三角形是正/规则图形（见下图），求蓝色三角形中各角的测量值。

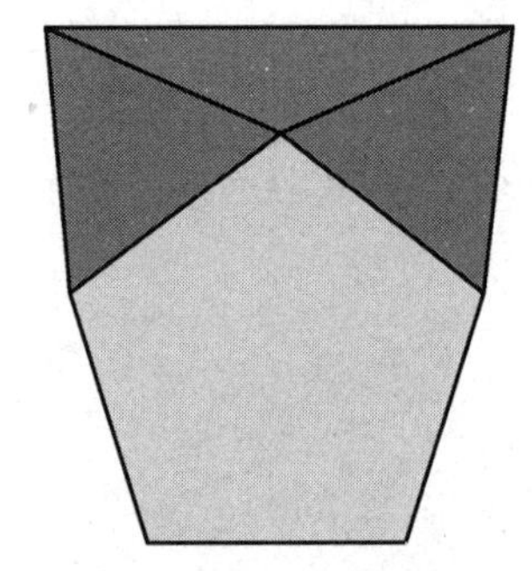

58. 下图显示了内接在正六边形内的一个矩形，求绿色三角形中各角的测量值。

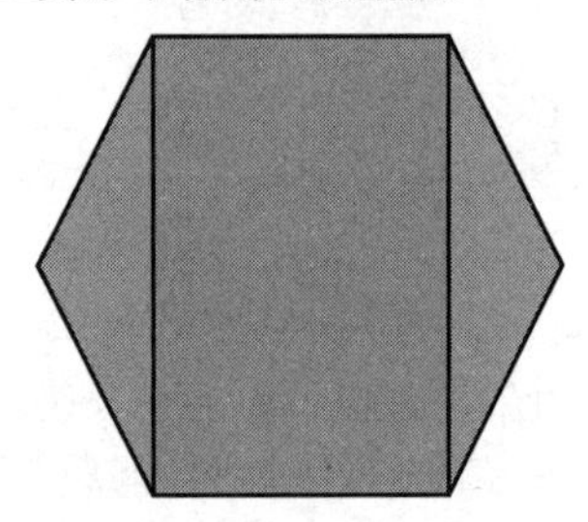

在练习 59 ~ 60 中，假设直线 l 和 m 是平行线，求角 A 的测量值。

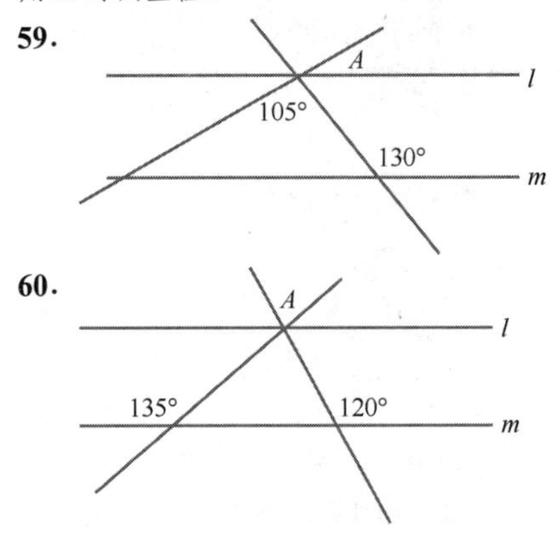

61. 当 n 逐渐变大时，包含 n 条边的正多边形的内角测量值如何改变？解释理由。

62. 利用 A 形木制水准仪，英国测量师梅森和迪克森测量了梅森－迪克森线（位于马里兰州和宾夕法尼亚州之间），如右图所示。在该水准仪的顶部，悬挂着一根系有重物的绳子。解释该水准仪的制作方法和运行原理，一定要讨论线段的长度和角的测量值。

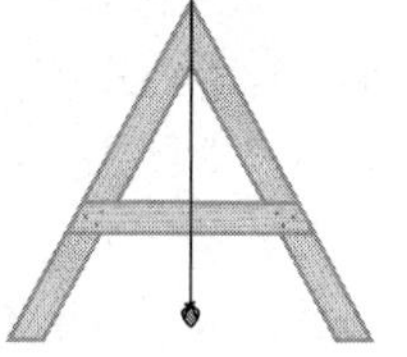

63. 概括练习 37～38。如果木梁的横截面是包含 n 条边的正多边形，则支柱的指示角的测量值是多少？像练习 37～38 中那样，假设木梁末端的一个顶点指向正下方。

64. 建筑脚手架中通常包含大量三角形，如图(a)所示。与(b)型脚手架相比，(a)型脚手架有何种优势？提示：三角形具有一种基本性质，但是矩形没有。

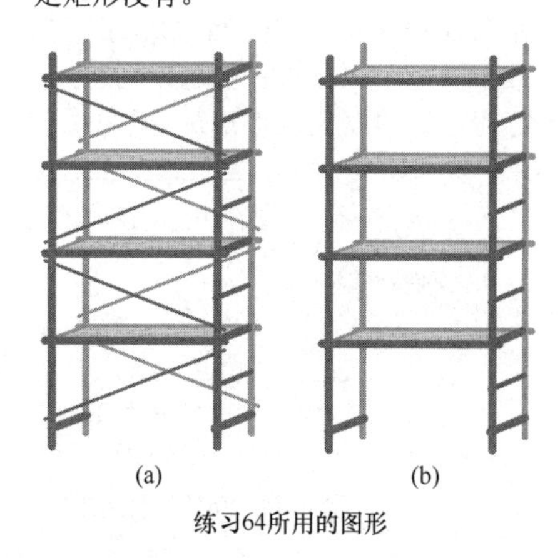

练习64所用的图形

9.3 周长和面积

蜜蜂……凭借某种几何学上的先见之明……
知道六边形大于正方形和三角形，
消耗同样的材料，储存更多的蜂蜜。

——帕普斯，亚历山大学派，古希腊几何学家

不仅蜜蜂如此，人类也需要关注如何最佳利用资源。安装窗口的遮阳棚、餐厅里的装饰墙、院子里的围栏或屋顶的太阳能电池板时，人们经常需要计算周长和面积（本节的主题）。

9.3.1 周长和面积

首先，回顾关于周长和面积的一些基本事实。

定义 一个多边形的周长是该多边形各条边的长度之和，面积是该多边形所覆盖的表面数量的测量值。

测量一个图形的周长时，我们采用与测量各边相同的测量单位；测量一个图形的面积时，我们采用平方单位。例如，对于 6 英尺长和 4 英尺宽的矩形而言，周长为 $6+4+6+4=20$ 英尺，面积为 $6\times4=24$ 平方英尺，如图 9.33 所示。

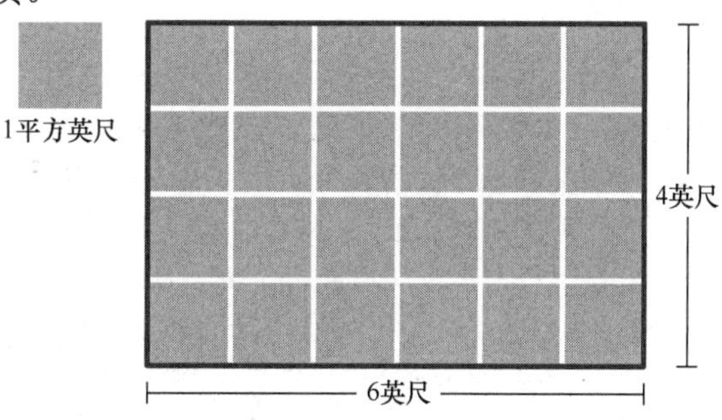

图 9.33 矩形的周长为 20 英尺，面积为 24 平方英尺

下面介绍计算矩形的周长和面积的一般公式。

矩形的周长和面积 若一个矩形/长方形的长度为 l，宽度为 w，则其周长为 $P=2l+2w$，面积为 $A=l\cdot w$。

9.3.2 衍生面积公式

掌握一种几何图形的计算方法后，通常就可找到对另一种图形执行相同计算的方法。例如，知道矩形的面积公式后，即可很容易地衍生（推导）出平行四边形的面积公式。

要点 利用矩形的面积公式，我们可以衍生（推导）出其他多边形的面积公式。

在图 9.34(a)中，平行四边形的高是 h，底是 b。若切掉左侧的蓝色三角形，然后向右滑动并连接至平行四边形的右侧边，则得到如图 9.34(b)所示的矩形。这个矩形的面积是 $h \cdot b$，所以该平行四边形的面积也是 $h \cdot b$。

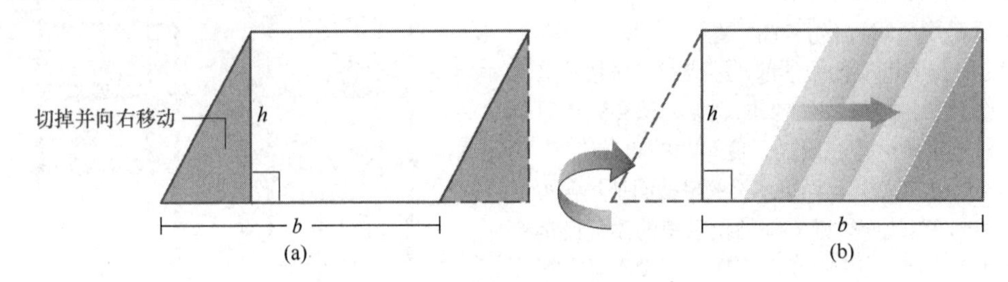

图 9.34 (a)平行四边形；(b)平行四边形的面积 = 矩形的面积 $h \cdot b$

平行四边形的面积 若一个平行四边形的高为 h，底为 b，则其面积为 $A = h \cdot b$。

下面利用平行四边形的面积公式推导三角形的面积公式。在图 9.35 中，三角形 ABC 的高为 h，底为 b。显然，ABC 的面积刚好是平行四边形 $AXBC$ 面积（$h \cdot b$）的一半，因此 ABC 的面积为 $\frac{1}{2}h \cdot b$。

三角形的面积 若一个三角形的高为 h，底为 b，则其面积为 $A = \frac{1}{2}h \cdot b$。

建议 如果像这里一样练习推导面积公式，则会更容易记住公式的细节。例如，如果记起三角形是平行四边形的一半，则有助于记忆“因数 $\frac{1}{2}$ 位于三角形的面积公式中”。

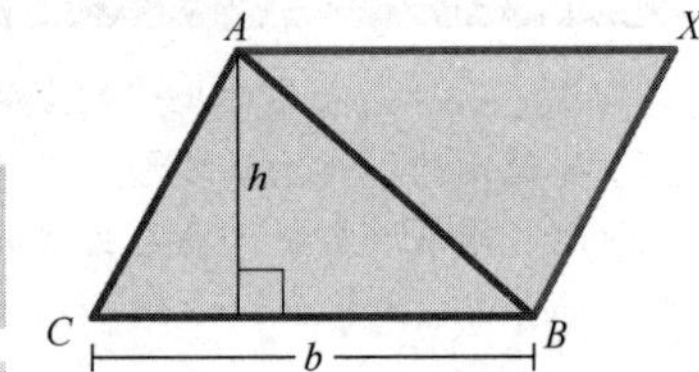

图 9.35 ΔABC 的面积是平行四边形面积的一半，或者 $\frac{1}{2}h \cdot b$

例 1 游乐场的面积

a）图 9.36 显示了一个平行四边形娱乐区。若一磅草籽可以覆盖 100 平方码，则整个区域需要多少草籽？

b）设只需在三角形区域 ACD 中播撒，需要多少草籽？

解：回顾本书前文所述的“新问题与旧问题相关联”策略。

a）平行四边形的面积为 $A = h \cdot b = 150 \cdot 200 = 30000$ 平方码，将其除以 100，可知整个娱乐区需要 300 磅草籽。

图 9.36 形状类似平行四边形的娱乐区

b）三角形 ACD 的底是 70 码，高是 150 码，所以面积是 $\frac{1}{2}h \cdot b = \frac{1}{2} \cdot 150 \cdot 70 = 5250$ 平方码。将其除以 100，结果为 52.5，此即这个区域所需要的草籽磅数。

现在尝试完成练习 01 ~ 08。

自测题 8

求给定三角形的面积。

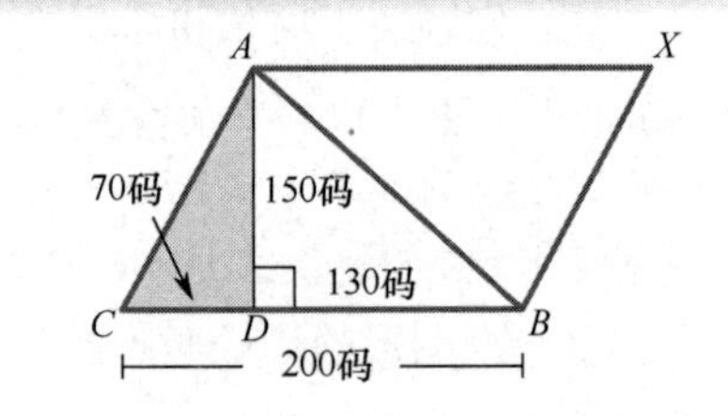

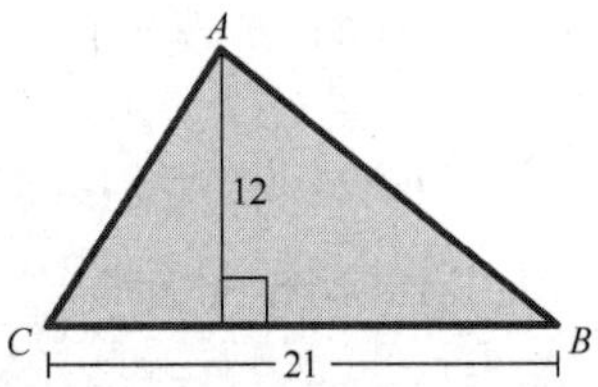

我们有时不知道三角形的高，但知道所有 3 条边的长度，此时可以采用海伦公式计算三角形的面积。因为此公式不像前述公式那样直观，所以我们只描述但不证明。

计算三角形面积的海伦公式（Heron's Formula） 假设一个三角形的 3 条边长为 a, b 和 c，定义

数量 $s=\frac{1}{2}(a+b+c)$，则该三角形的面积为

$$A=\sqrt{s(s-a)(s-b)(s-c)}$$

要点 海伦公式利用三角形的边长计算其面积。

在例 2 中，我们用海伦公式验证帕普斯对蜜蜂几何“先见之明”的观察。

例 2 用海伦公式验证蜜蜂几何

一条 6 英尺长的铁丝可以弯成等边三角形、正方形或正六边形，哪种图形的面积最大？

解：首先绘制出可用 6 英尺长铁丝制作的 3 个图形，然后计算其面积。

三角形：3 条边的长度均为 2 英尺，由海伦公式得 $s=\frac{1}{2}(a+b+c)=\frac{1}{2}(2+2+2)=3$，所以该三角形的面积为

$$A=\sqrt{s(s-a)(s-b)(s-c)}=\sqrt{3(3-2)(3-2)(3-2)}=\sqrt{3\times1\times1\times1}=\sqrt{3}\approx1.732\text{平方英尺}$$

正方形：因为正方形的边长等于 1.5 英尺，所以其面积为 $1.5\times1.5=2.25$ 平方英尺。

正六边形：由图 9.37 可知，该六边形可划分成边长为 1 英尺的 6 个等边三角形。对加有底色的三角形应用海伦公式得

$$s=\frac{1}{2}(a+b+c)=\frac{1}{2}(1+1+1)=\frac{3}{2}$$

因此，该三角形的面积为

$$A=\sqrt{s(s-a)(s-b)(s-c)}=\sqrt{\frac{3}{2}\left(\frac{3}{2}-1\right)\left(\frac{3}{2}-1\right)\left(\frac{3}{2}-1\right)}=\sqrt{\frac{3}{2}\times\frac{1}{2}\times\frac{1}{2}\times\frac{1}{2}}=\sqrt{\frac{3}{16}}\approx0.433\text{平方英尺}$$

该六边形的面积是底纹三角形面积的 6 倍，即 $6\times0.433=2.598$ 平方英尺。综上所述，在相同的 6 英尺周长下，六边形的面积最大。因此，如帕普斯描述的那样，六边形在这 3 种形式中最有效，蜜蜂似乎确实懂得几何原理！

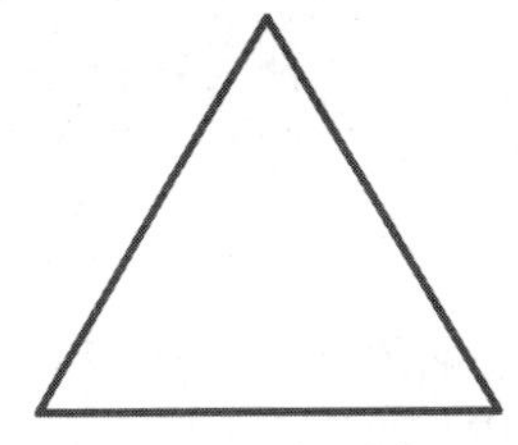

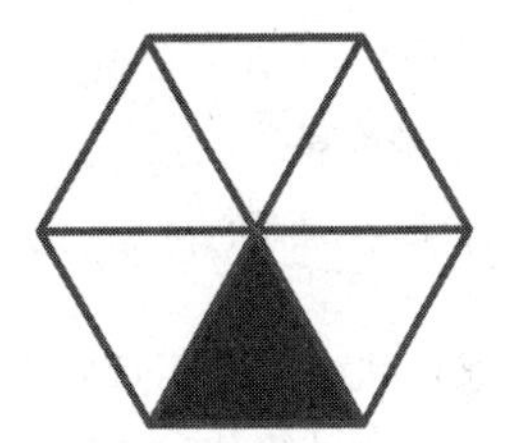

图 9.37 等边三角形、正方形和正六边形

现在尝试完成练习 21 ~ 26。

自测题 9

用海伦公式计算边长为 5、7 和 8 英寸的一个三角形的面积。

利用三角形的面积公式，可以开发其他图形的面积公式，如图 9.38(a)中的梯形。

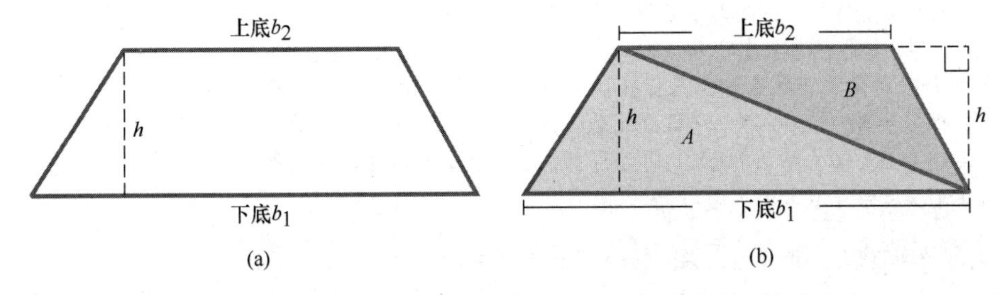

图 9.38 (a)梯形；(b)梯形的面积是三角形 A 和 B 的面积之和

首先，将这个梯形划分成 2 个三角形，如图 9.38(b)所示。三角形 A 的底为 b_1，高为 h，面积为 $\frac{1}{2}b_1 \cdot h$；三角形 B 的底为 b_2，高为 h，面积为 $\frac{1}{2}b_2 \cdot h$。该梯形的面积等于三角形 A 和 B 的面积之和，即 $\frac{1}{2}b_1 \cdot h + \frac{1}{2}b_2 \cdot h = \frac{1}{2}(b_1 + b_2) \cdot h$。

梯形的面积 如果一个梯形的下底为 b_1、上底为 b_2，高为 h，则其面积为 $A = \frac{1}{2}(b_1 + b_2) \cdot h$。

例 3 求雕像底座中的梯形面积

某雕塑家创作了一尊雕像，准备安放于城镇历史协会大楼的门厅中。由于这栋建筑物年代久远，工程师想要减轻该雕像的底座重量，建议采用空心（而非实心）结构。底座将由 4 个完全一样的梯形和一个正方形连接而成，如图 9.39 所示。为了判断哪种材料最适合，雕塑家需要知道底座的表面积。利用截至目前介绍的公式，计算此表面积。

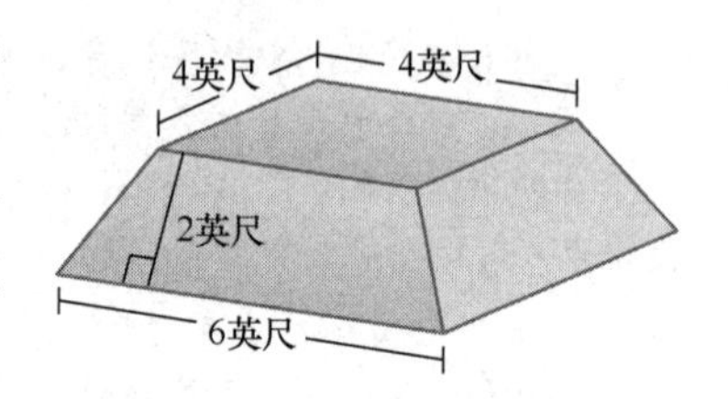

图 9.39 由 1 个正方形和 4 个梯形形成的雕像底座

解： 回顾本书前文所述的"新问题与旧问题相关联"策略。

底座顶部的面积为 $4 \times 4 = 16$ 平方英尺。每个侧面均为梯形，下底是 6 英尺，上底是 4 英尺，高是 2 英尺。因此，利用梯形的面积公式，可知每个侧面的面积为

$$\frac{1}{2}(b_1 + b_2) \cdot h = \frac{1}{2}(6+4) \cdot 2 = 10\text{平方英尺}$$

4 个梯形侧面加上 1 个顶部的总面积为 $4 \times 10 + 16 = 56$ 平方英尺。

现在尝试完成练习 05 ~ 06。

自测题 10

求给定梯形的面积。

9.3.3 毕达哥拉斯定理

公元前 6 世纪，希腊数学家毕达哥拉斯证明了数学史上最著名的定理之一，称为毕达哥拉斯定理/勾股定理（Pythagorean theorem），指出"在直角三角形中，两条直角边长度的平方和等于斜边长度的平方"。

要点 用毕达哥拉斯定理可以求直角三角形的相关测量值。

历史回顾——希帕蒂娅

纵观整个数学历史，女性的贡献要比男性少，因为传统习俗不鼓励女性学习数学。希帕蒂娅则是一个明显的例外，她公元 370 年出生于希腊，父亲是亚历山大大学的数学教授，因此接受了包括数学在内的古典教育。她在亚历山大港讲授哲学和数学，并撰写了几篇关于几何学的主要论文，包括欧几里得的研究内容。她还从事天文学方面的工作，据信发明了几种天文学仪器。

遗憾的是，科学工作导致她与基督教会之间发生矛盾，而且由于是希腊人，她被视为异教徒。415 年，一群暴徒袭击并残忍杀害了她，并导致其他学者仓惶逃离亚历山大港。这一悲剧性事件标志着希腊数学黄金时代的落幕，有人认为其开启了欧洲的黑暗时代。

毕达哥拉斯定理/勾股定理 在一个直角三角形中，如果 a 和 b 是两条直角边，c 是斜边（直角的对边），则 $a^2 + b^2 = c^2$，如图 9.40 所示。

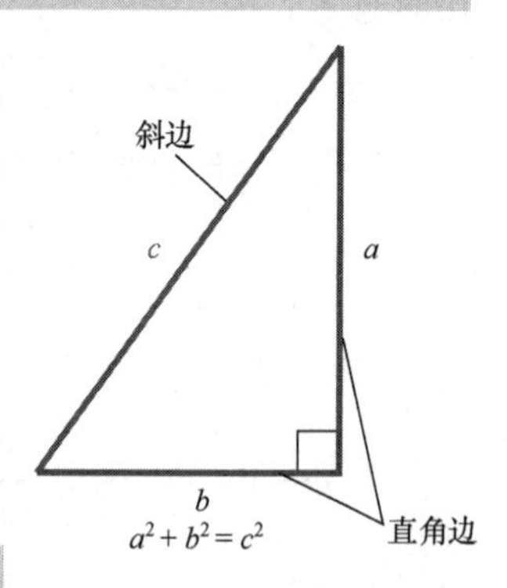

图 9.40 毕达哥拉斯定理

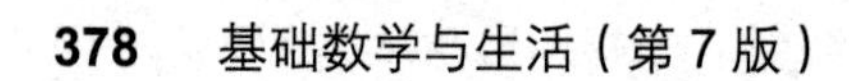

如果知道直角三角形中任意两条边的长度，则可用毕达哥拉斯定理求第 3 条边的长度。

例 4　毕达哥拉斯定理的应用

在图 9.41 的 2 个三角形中，已知两条边的长度，求第 3 条边的长度。

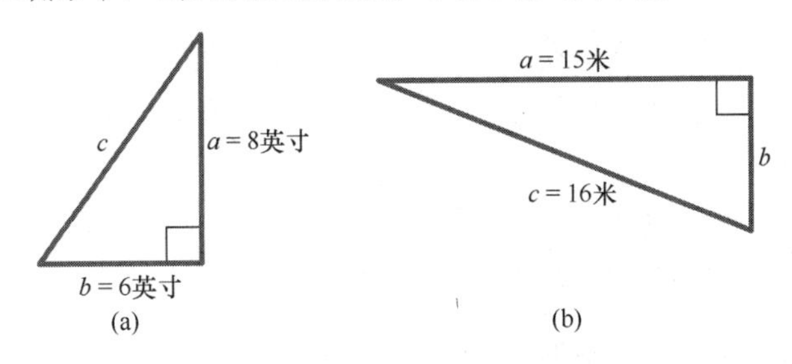

图 9.41　毕达哥拉斯定理的应用

解： a）已知 $a=8$ 和 $b=6$，求 c 的值。用这些值替换毕达哥拉斯定理中的 a 和 b，得

$$c^2=8^2+6^2=64+36=100$$

因此，$c=\sqrt{100}=10$ 英寸。

b）此时，已知 $a=15$ 和 $c=16$，求 b 的值。将这些数值代入毕达哥拉斯定理得

$$15^2+b^2=16^2 \quad 或 \quad 225+b^2=256$$

所以 $b^2=256-225=31$，这意味着 $b=\sqrt{31}\approx 5.57$ 米。

现在尝试完成练习 27 ~ 32。

自测题 11

某直角三角形的斜边长度为 20 英寸，一条直角边的长度为 10 英寸，另一条直角边的长度是多少？

9.3.4　圆

像多边形一样，人们经常需要计算圆的周长和面积，但其公式的推导过程不如多边形直观，所以我们只描述但不证明。π 代表圆的周长测量值除以其直径长度。我们用 3.14 来近似表示 π。

要点　我们用简单公式计算圆的周长和面积。

圆的周长和面积　若一个圆的半径为 r，则其周长为 $C=2\pi r$，面积为 $A=\pi r^2$。

由上述公式可知，若一个圆的半径为 10 英尺，则其周长为 $C=2\pi r=2\pi(10)\approx 62.8$ 英尺，面积为 $A=\pi r^2=\pi(10)^2\approx 314$ 平方英尺。

例 5　圆的周长和面积

圆 A 的周长为 43.96 英尺，圆 B 的周长是圆 A 的 2 倍。圆 B 的面积是多少？

解： 回顾本书前文所述的“新问题与旧问题相关联”策略。

因为圆 B 的半径与周长之间存在一定的关系，所以如果知道圆 B 的半径，则可求出其面积。圆 B 的周长是圆 A 的 2 倍，即 $2\times 43.96=87.92$ 英尺。

可以利用圆的周长方程 $C=2\pi r$。已知圆 B 的周长为 87.92 英尺，π 的近似值为 3.14，所以有

$$87.92=2\times 3.14\times r=6.28r$$

因此

$$r=\frac{87.92}{6.28}=14$$

知道 r 后，就有

$$圆 B 的面积 = \pi r^2 = \pi \times 14^2 = 3.14 \times 196 = 615.44 \text{ 平方英尺}$$

现在尝试完成练习 37 ~ 40。

自测题 12

圆 A 的周长是 18.84 英寸，圆 B 的周长是圆 A 的 3 倍。圆 B 的面积是多少？

例 6　设计篮球场布局

一位父亲正在为孩子们设计篮球场，场地形状相当于圆的一部分，如图 9.42 所示。在球场的圆形末端，他将修建一道围栏；在球场上，他将抹上一层混凝土封层。a）共需要多少围栏？b）球场的面积是多少？

解： 回顾本书前文所述的“新问题与旧问题相关联”策略。

因为一个圆包含360°，所以该球场是圆（半径为 20 英尺）的 1/6。

a）圆（半径为 20 英尺）的周长为 $2\pi r = 2\pi(20) = 40\pi \approx 125.6$ 英尺，所需围栏将为此值的 1/6，即约 20.93 英尺。因此，这位父亲应当购买约 21 英尺围栏。

b）圆（半径为 20 英尺）的面积为 $\pi(20)^2 = 400\pi \approx 1256$ 平方英尺，该面积的 1/6 约为 209.3 平方英尺。

现在尝试完成练习 65 ~ 66。

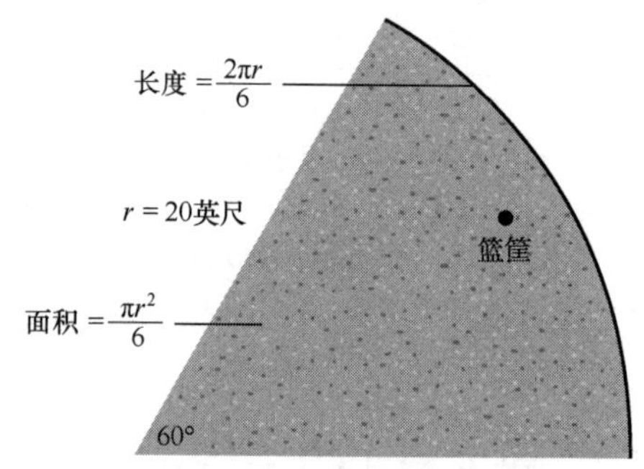

图 9.42　篮球场地

格里蝾螈/杰利蝾螈/不公正选区划分是将州、县或其他区域划分为立法选区的过程，使得某一政党在选举期间取得不公平优势。在这张北卡罗来纳州的地图上，显示了 2010 年人口普查后第 12 立法选区（深色）的设置情形。美国最高法院受托判断该立法选区的合法性，并确定是否必须重新绘制北卡罗来纳州立法选区地图。

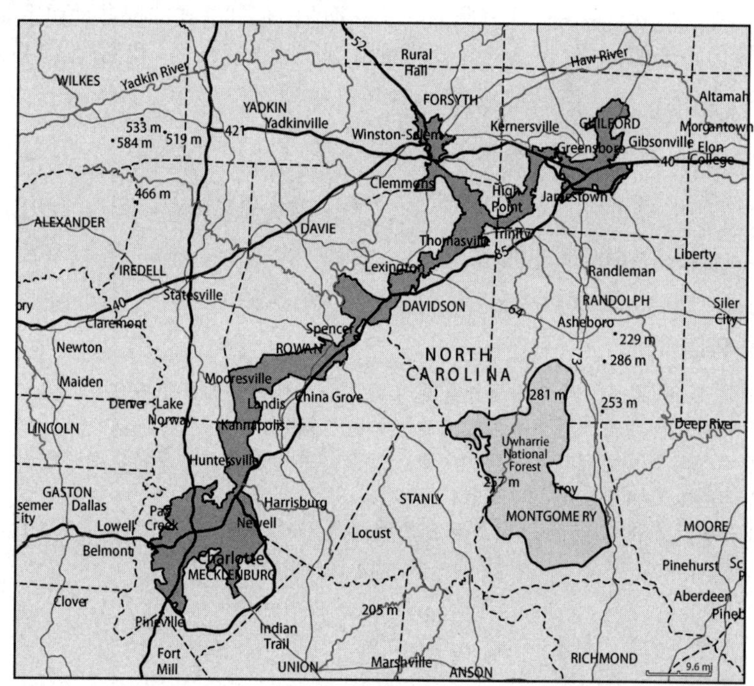

对于如何衡量某一投票选区的“不平等性”，一种建议是将“包含整个选区的最小圆的面积”除以“该选区的面积”。如果计算每个选区的这一数字，则可将此数字的最大值称为该州的“格里蝾螈数字”。例 7 显示了如何计算两个假定选区的这个数字。

例 7　计算投票选区的格里蝾螈数字

考虑下图中的选区 A（黄色）和选区 B（绿色），哪个选区的格里蝾螈数字更大？假设每个选区均由若干正方形（边长为 1 英里）构成。

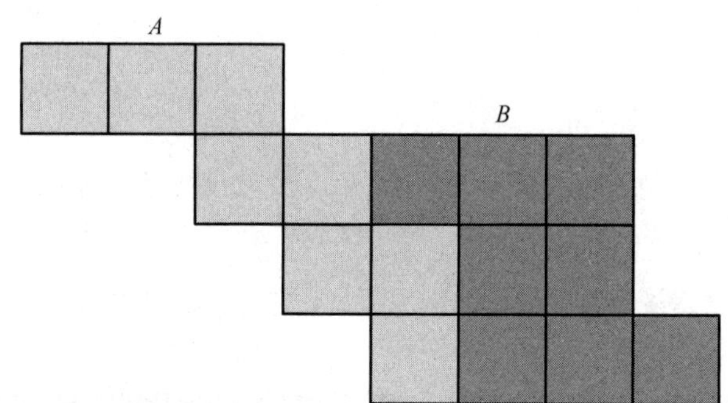

解：对于选区 A，下面分 3 步计算这个数字。

第 1 步：找出该选区中相距最远的 2 个点，并用一条线段将二者连在一起。这条线段将会成为目标边界圆的直径。将该线段的长度除以 2，得到边界圆的半径。

第 2 步：计算边界圆的面积。

第 3 步：将选区边界圆的面积除以选区的面积。

第 1 步：显然，图中的点 X 和 Y 是选区 A 中相距最远的 2 个点。

在图 9.43 中，阴影区域形成了一个直角三角形，两个直角边的边长分别为 4 英里和 5 英里，所以斜边的边长为 $\sqrt{4^2+5^2}=\sqrt{16+25}=\sqrt{41}\approx 6.4$ 英里。我们将线段 XY 的中点标为 M。边界圆的半径是直径的一半，因此半径为 $6.4/2=3.2$ 英里。

第 2 步：半径为 3.2 英里的边界圆的面积为

$$\pi r^2=\pi(3.2)^2\approx 3.14\times 10.24\approx 32.15$$

第 3 步：该选区的面积是构成该选区的 8 个街区的面积之和，所以该选区的面积为 8 平方英里。

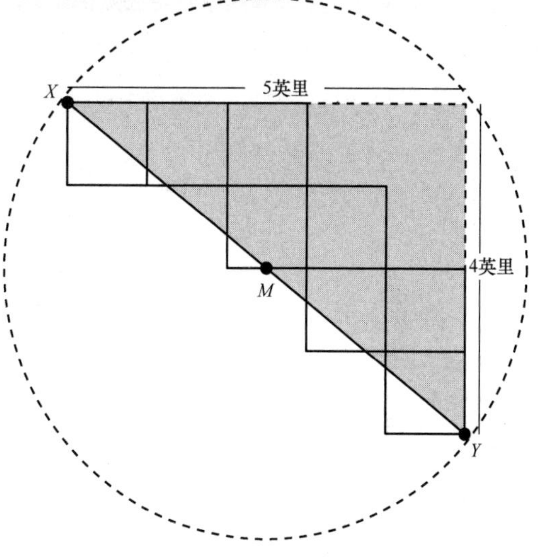

图 9.43　确定选区 A 的边界圆

因此，格里蝾螈数字为

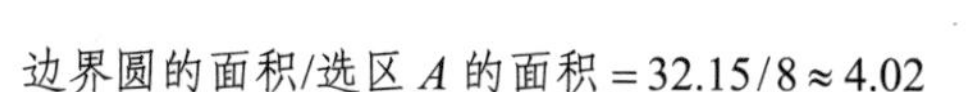

$$\text{边界圆的面积/选区 } A \text{ 的面积}=32.15/8\approx 4.02$$

对于选区 B，我们将详细计算过程留给读者。你可验证如下计算：在选区 B 中，连接相距最远 2 个点的线段长度为 5 英里，因此边界圆的半径为 2.5 英里，边界圆的面积为 $\pi r^2=\pi(2.5)^2\approx 3.14\times 6.25=19.625$ 平方英里。

因此，选区 B 的格里蝾螈数字为

$$\text{边界圆的面积/选区 } B \text{ 的面积}=19.625/8\approx 2.45$$

这意味着选区 B 比选区 A 更紧凑。

现在尝试完成练习 61 ~ 64。

生活中的数学——通货膨胀几何学

当制造商调整外包装尺寸时，我们有时花同样的价钱只能买到数量更少的产品。例如，笔者非常喜欢喝某种果汁，其原来一直装在圆瓶中，最近却发现改成了六边形瓶子。

为了理解这样做的理由，假设在半径为 1 的圆内内接边长为 1 的正六边形，如图 9.44 所示。

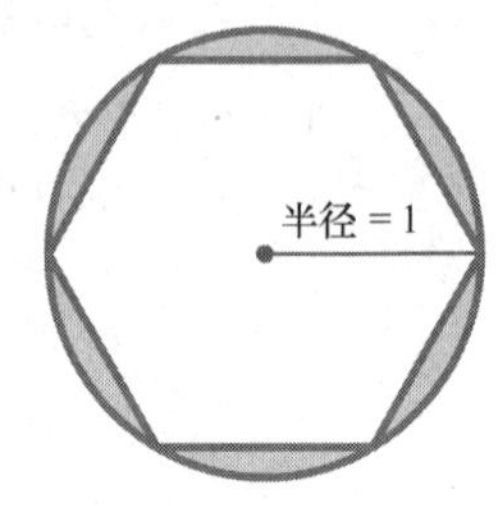

图 9.44　内接六边形

执行例 2 中的相同计算，可知内接六边形的面积为 2.598 个平方单位。但是，圆（半径为 1）的面积为 $\pi r^2=\pi\times1^2=\pi\approx3.14159$ 个平方单位。因此，与六边形相比，圆形横截面的面积要多出 $3.14159-2.598=0.54359$ 个平方单位。若用百分比形式表示，则结果为

$$0.54359/3.14159\approx0.1730=17.3\%$$

这意味着“对于相同价格的圆瓶子果汁而言，六边形瓶子的果汁含量将减少约 17.3%”。

需要指出的是，虽然某一选区的设置比另一选区更紧凑，但并不意味着更紧凑的选区设置更公平。

练习 9.3

强化技能

在练习 01 ~ 12 中，计算每个图形的面积（注：在这套练习中，π 采用近似值 3.14）。

01. 10英尺　16英尺

02. 7米　19米

03. 7英寸　20英寸

04. 14英尺　10英尺

05. 14厘米　6厘米　22厘米

06. 12米　5米　18米

07. 6码　24码

08. 6英寸　15英寸

09. 5厘米

10. 8英尺

11. 8米

12. 18码

在练习 13 ~ 18 中，求阴影区域的面积。求解新问题时，将其与旧问题相关联很有帮助。

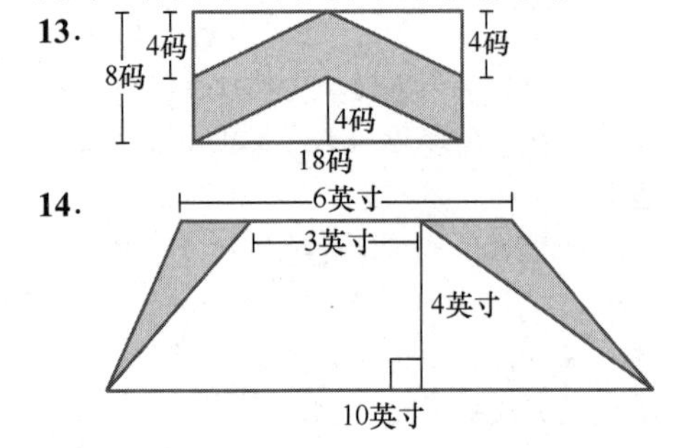

15. **16.** **17.** **18.**

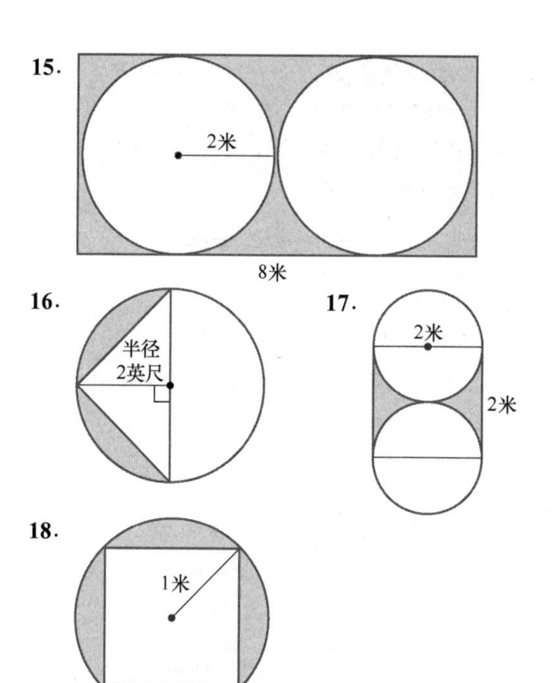

19. 梯形 $ABCD$ 的面积为 54 平方英尺，线段 DE 的长度为 6 英尺。**a**. 求梯形 $ABCD$ 的高；**b**. 求三角形 ADE 的面积。

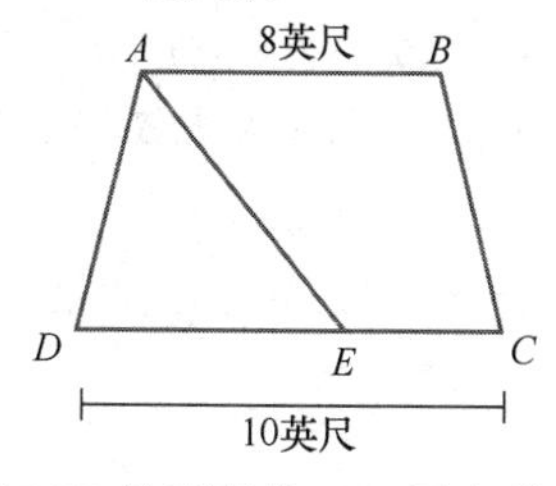

20. 梯形 $ABCD$ 的面积为 80 平方英寸。三角形 ABC 的面积是多少？

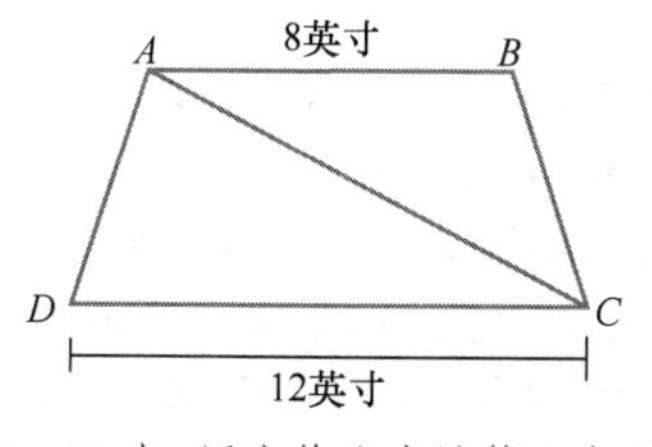

在练习 21 ~ 24 中，用海伦公式计算三角形的面积。

21. **22.**

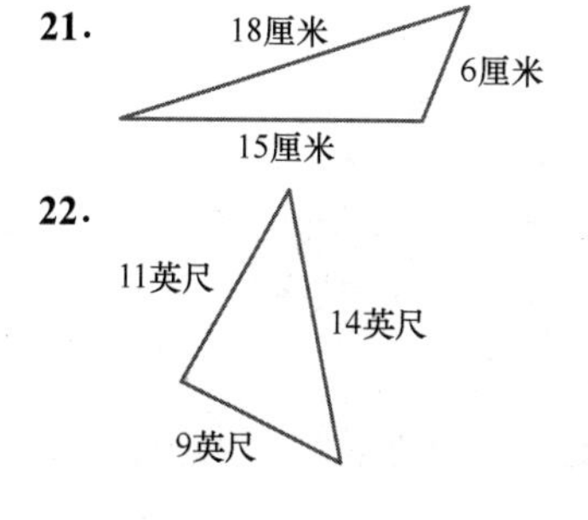

23. **24.**

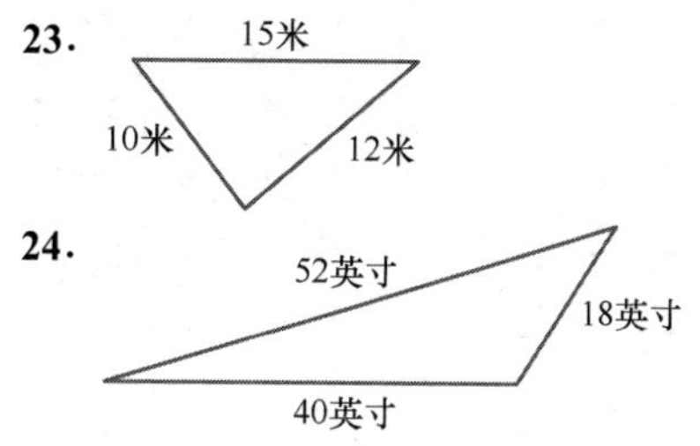

在练习 25 ~ 26 中，求三角形的高 h。

25. **26.**

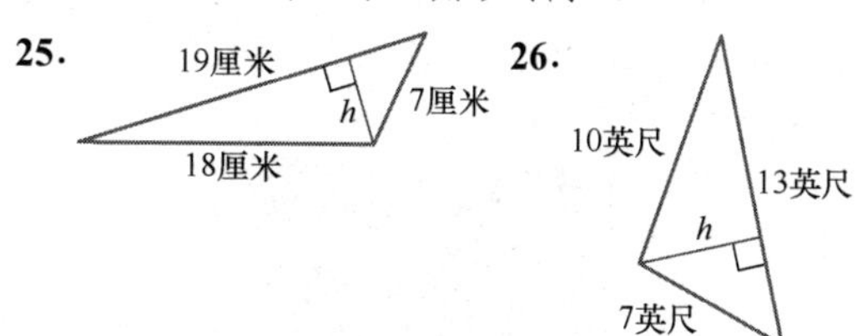

在练习 27 ~ 30 中，求三角形 ABC 的边长 x 。

27. **28.**

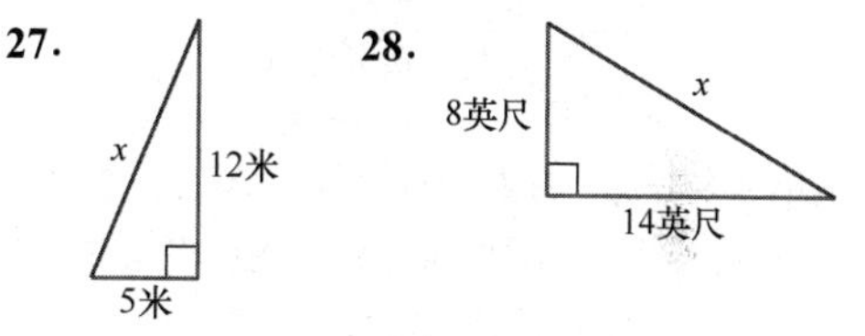

29. **30.**

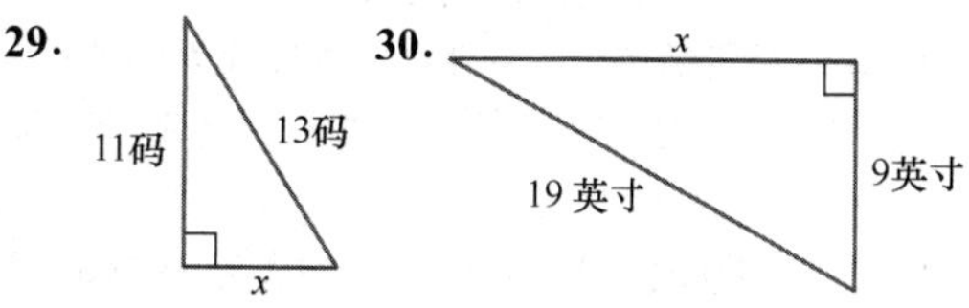

在练习 31 ~ 32 中，求三角形 ABC 的面积。

31.

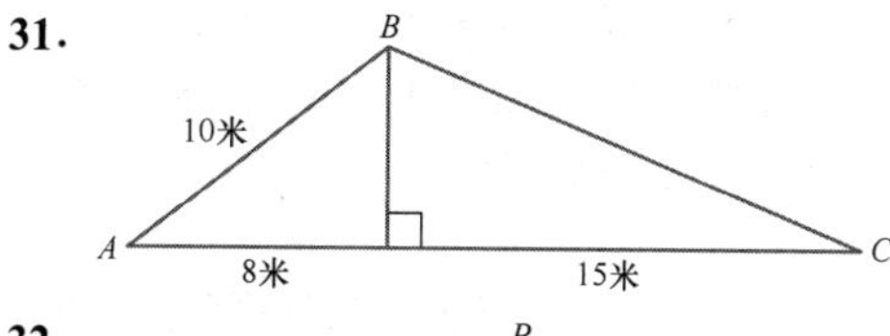

32.

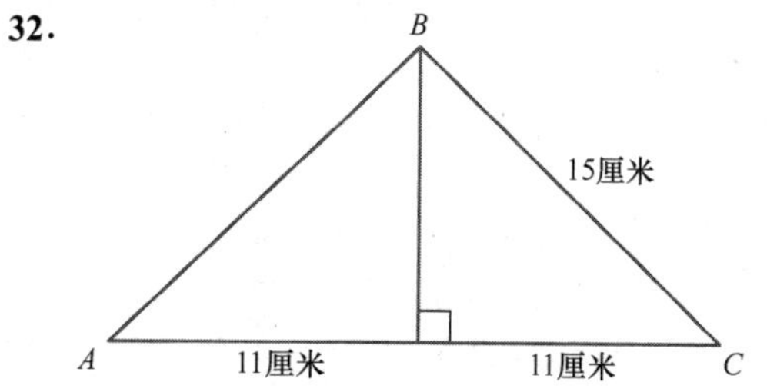

在垂直和水平方向上，几何板均含有一排相距 1 英寸的钉子。在练习 33 ~ 36 中，我们在一些钉子周围拉了一条橡皮筋，求所围图形的面积。

33. **34.**

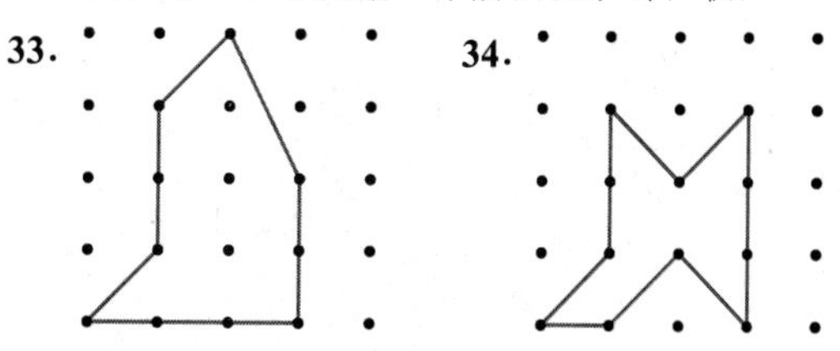

35. 36.

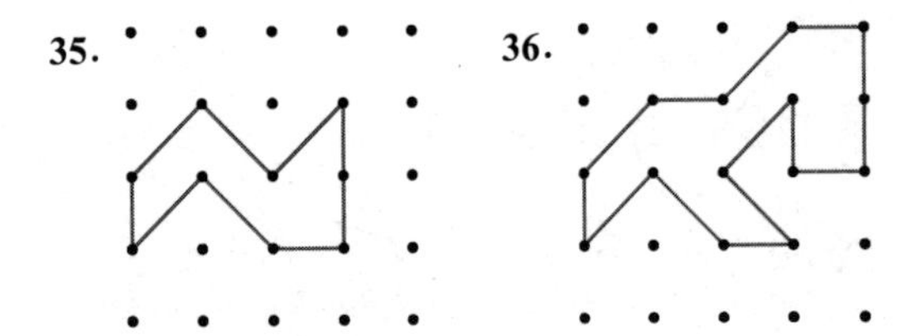

学以致用

在宾夕法尼亚州的某些地区，许多荷兰裔宾州人的畜棚装饰着巫符标志（圆形），如下图所示。有些标志是为了带来好运，有些标志是为了避邪。

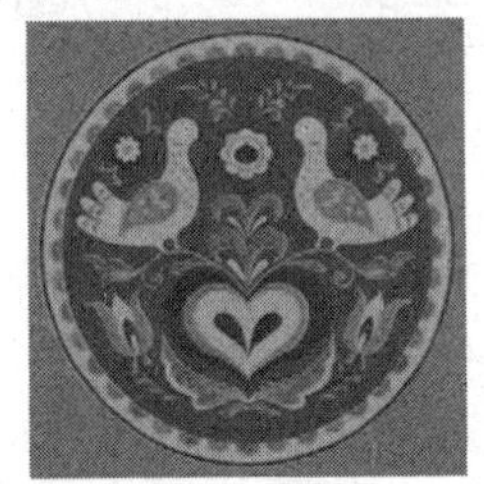

37．制作巫符标志。雅各布制作了周长为 150.72 英寸的巫符标志 A，巫符标志 B 的周长是 A 的 1.2 倍。标志 B 的面积是多少？

38．制作巫符标志。埃利亚斯制作了巫符标志 C，周长是练习 37 中雅各布标志 A 的 0.75 倍。埃利亚斯标志的面积是多少？

39．制作巫符标志。耶利米制作了面积为 1808.64 平方英寸的巫符标志 A，巫符标志 B 的面积是 A 的 1.4 倍。标志 B 的周长是多少？

40．制作巫符标志。约纳斯制作了巫符标志 C，面积是练习 39 中耶利米标志 A 的 1.2 倍。标志 C 的周长是多少？

在练习 41 ~ 44 中，说明更适合测量的数量是周长还是面积。

41．你正在用防水布覆盖一块考古区域。

42．为了放牧美洲驼，拿破仑想为围场购买围栏。

43．你在卧室墙壁顶端贴了一张装饰板。

44．你正在用瓷砖铺屋顶日式花园。

45．求棒球场上的距离。在棒球场上，各垒之间相距 90 英尺。本垒到二垒的距离是多少（球场中的所有角度都是直角）？

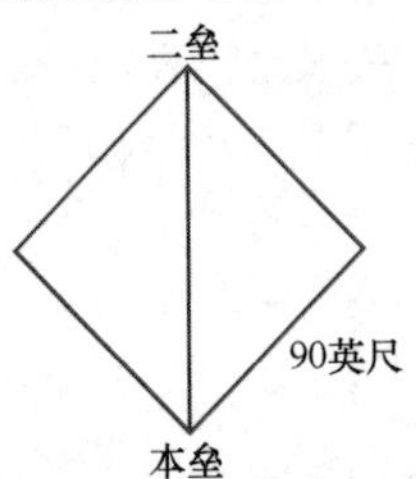

46．求本垒的面积。本垒的形状如下图所示（$m\angle FDE = 90°$）：**a**．线段 AB 的长度是多少？**b**．假设线段 CD 的长度与 AB 相同，本垒的面积是多少？

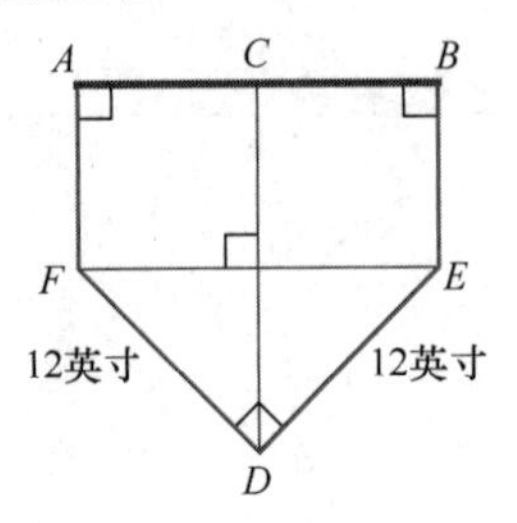

47．求已知图形中线段 AB 的长度。

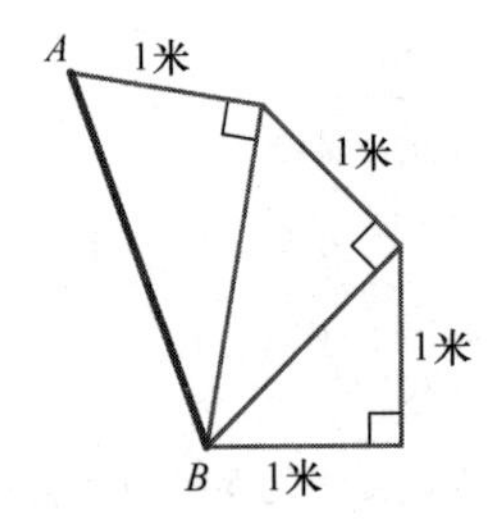

48．继续练习 47 中的规律，构建长度为 $\sqrt{6}$ 的一条线段。

用下图回答练习 49 ~ 50。假设平行四边形 $ABCD$ 的面积为 60 平方英寸，三角形 BEC 的面积为 6 平方英寸。

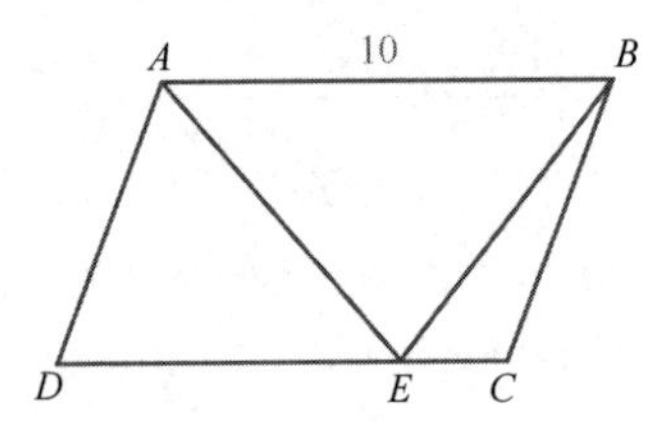

49．三角形 ADE 的面积是多少？

50．梯形 $ABCE$ 的面积是多少？

用下图回答练习 51 ~ 52。假设三角形 BAE 的面积是 30 平方码，梯形 $ABDF$ 的面积是 66 平方码，三角形 BDC 的面积是三角形 AEF 面积的 2 倍。

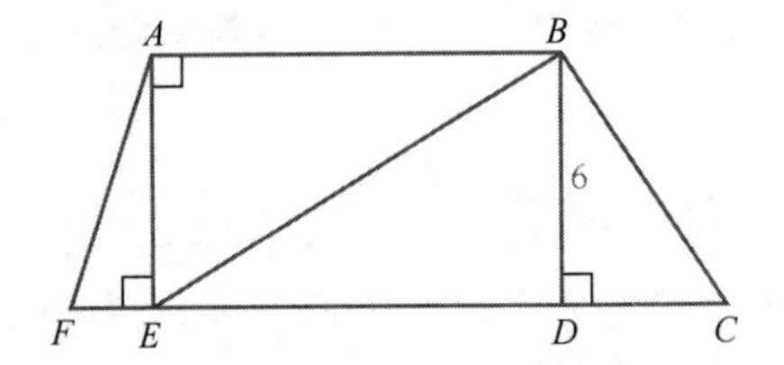

51．求三角形 BDC 的面积。

52．求梯形 $ABCF$ 的面积。

53．制作彩绘玻璃窗。某博物馆的彩绘玻璃窗呈矩形，顶部有一个半圆，矩形部分的高度是底部宽度的 2 倍。如果底部宽度为 6 英尺，该窗户的面积是多少？

54．制作彩绘玻璃窗。考虑像练习 53 中那样的窗口，假设顶部半圆的半径为 2 英尺。如果希望该窗口的矩形部分与顶部半圆的面积相同，则矩形部分的尺寸应该是多少？

55．比较比萨。在西法雷托的意大利餐厅，中等装比萨的直径为 12 英寸，售价为 5.99 美元；大装比萨的直径为 16 英寸，售价为 8.99 美元。哪种比萨比较划算？解释理由。

56．制作花坛。为填满面积为 50 平方英尺的圆形花坛，某园丁找到了足够数量的卷丹百合。求该花坛的半径，舍入至最接近的英尺。

57．测量跑道。如下图所示，某跑道的宽度为 4 米，两端为直径为 20 米的半圆，其表面积是多少？

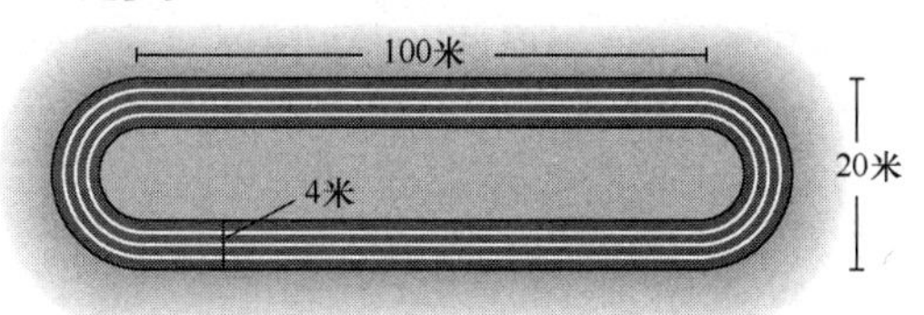

58．测量跑道。在练习 57 中，若 100 米尺寸增至 120 米，20 米尺寸增至 40 米，跑道宽度增至 6 米，该跑道的表面积是多少？

59．酒店大堂铺瓷砖。酒店大堂的大小为 160× 90 英尺，服务台和浮莲池如下图所示，假设所有角都是直角，则其余区域需要多少平方英尺瓷砖？

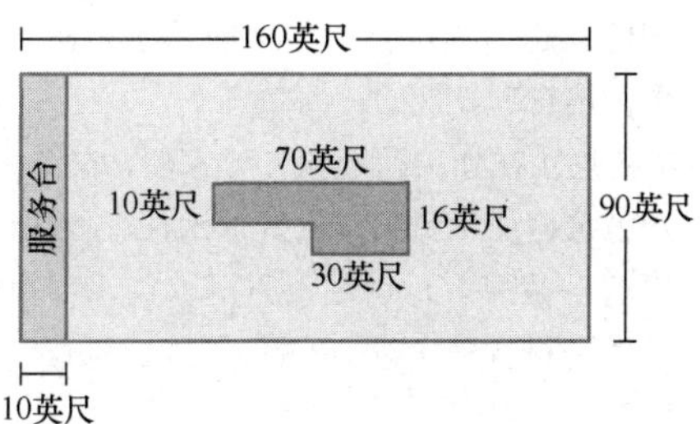

60．酒店大堂铺瓷砖。在练习 59 的酒店大堂中，如果浮莲池是半径为 10 英尺的圆形池，则需要多少平方英尺瓷砖？

在练习 61 ~ 64 中，假设每个正方形的大小是 1英里×1英里，计算每个选区的格里蝾螈数字。

61．

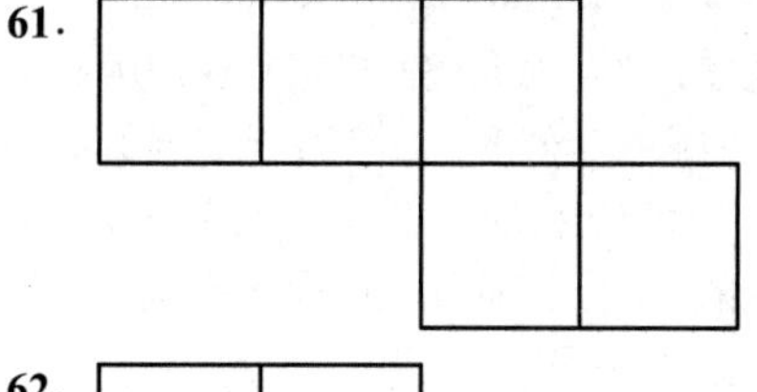

62．

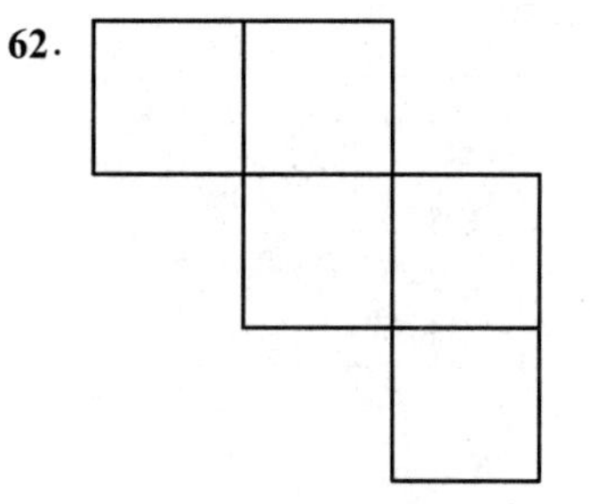

63．

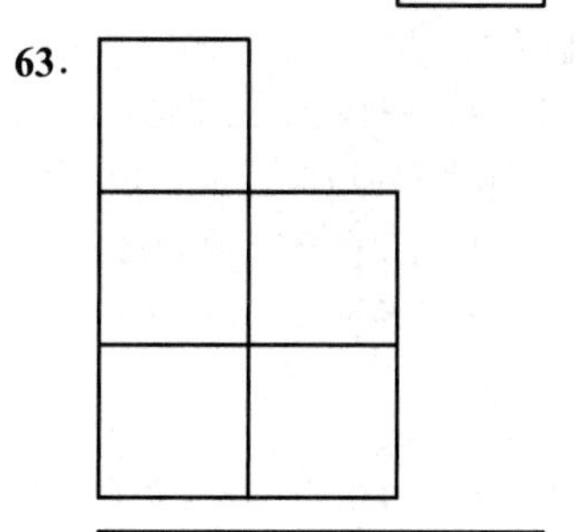

64．

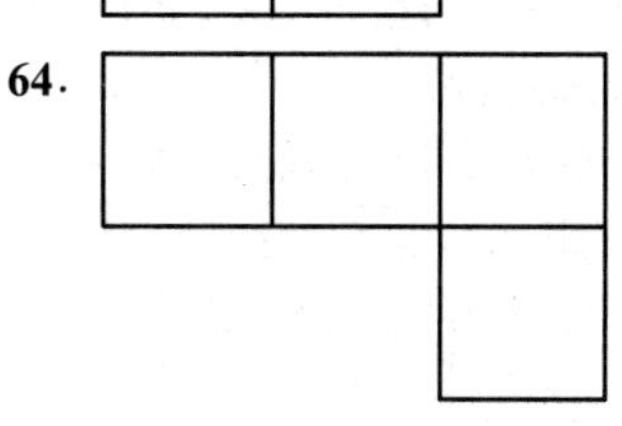

65．重做例 6，但是这次假设篮球场的两侧长度为 18 英尺，角测量值为 72°。

66．重做例 6，但是这次移除篮球场的尖端区域，如下图所示。

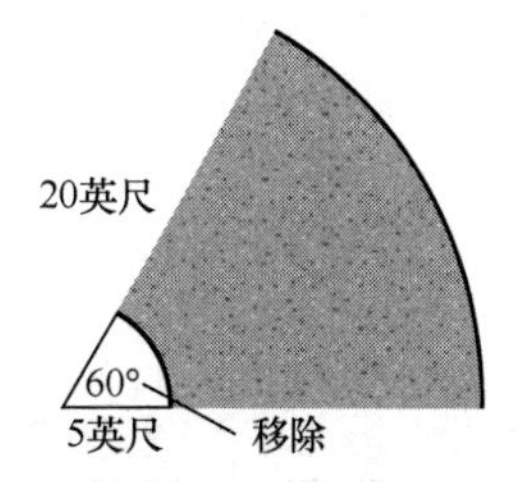

67．设计日式花园。如下图所示，在石头铺地的矩形日式花园中，中心位置有一个圆形池塘。石头铺地的面积是多少平方码？

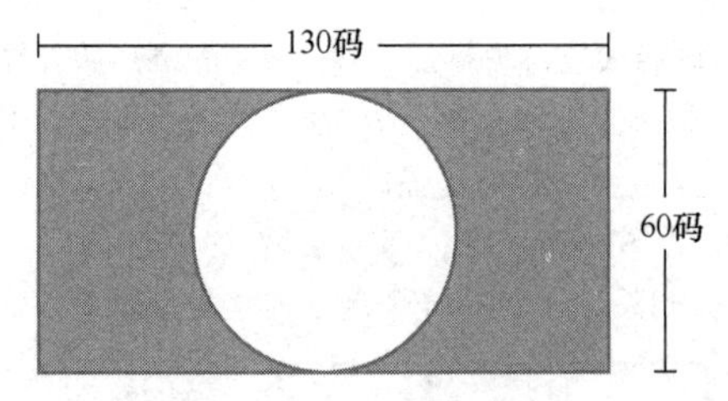

68. **纪念花园**。在纪念花园的梯形花坛的中心位置，建有底座为圆形（直径为 8 英尺）的一尊雕像，如下图所示。梯形的上底长度是雕像直径的 2 倍，下底比上底长 4 英尺。雕像之外的区域的面积是多少？

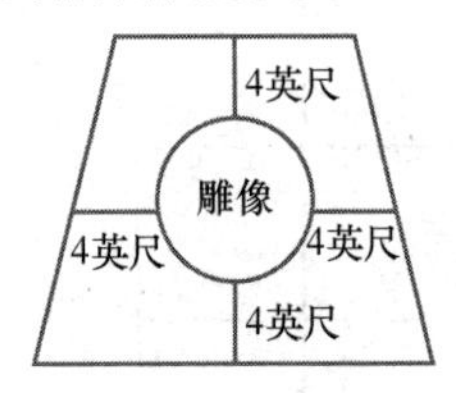

数学交流

69. 在本节中，我们衍生（推导）了下列图形的面积公式。按照衍生顺序排列下列术语：三角形、梯形、矩形和平行四边形。

在练习 70 ~ 72 中，描述如何记住图形的面积公式。

70. 平行四边形　　**71**. 三角形　　**72**. 梯形

生活中的数学

73. 与周长为 6 英寸的正方形相比，周长为 6 英寸的圆的面积要大多少倍？

74. 假设通过弯曲一根 1 英尺长铁丝来制作不同正多边形，随着边数的增多，多边形的面积会发生什么样的变化？要使围出区域的面积最大，应弯成什么形状？

挑战自我

75. 某现代艺术博物馆的侧墙形状为梯形，上面开有大小相同且呈等边三角形的几扇窗户，如下图所示。该博物馆的侧墙面积是多少（不含窗户面积）？

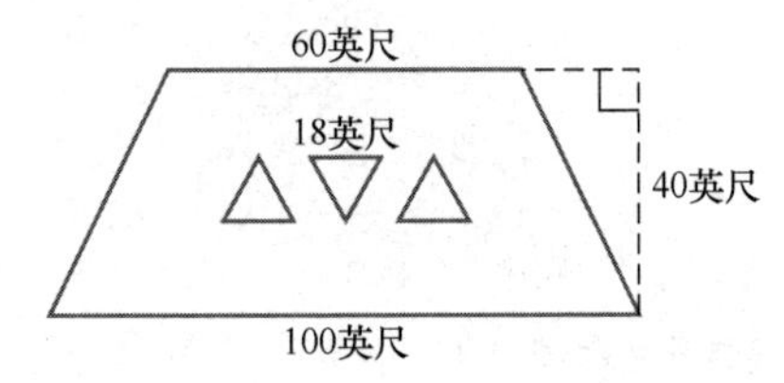

76. 空管塔台的侧面形状（含尺寸）如下图所示，假设所有多边形均为梯形，该塔台的侧面面积是多少（不含 2 扇相同窗户的面积）？

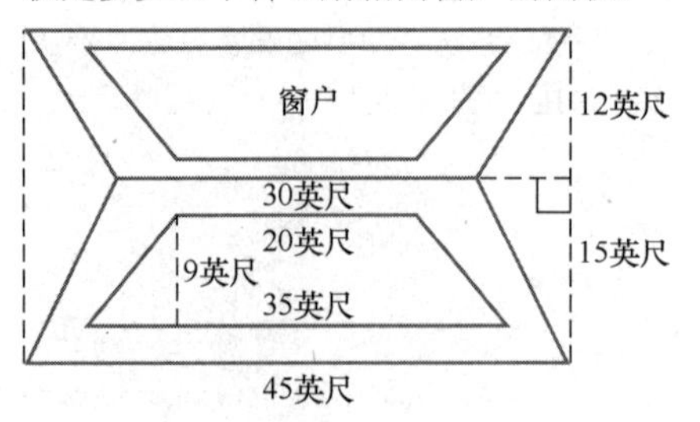

77. **判断对错**。如果圆的半径增加 1 倍，则面积也增加 1 倍。

78. **判断对错**。如果圆的半径增加 1 倍，则周长也增加 1 倍。

79. **以英亩计的比萨**。据估计，美国人每天吃 100 英亩比萨，假设该比萨是直径为 14 英寸的大装比萨。**a**. 求一个大装比萨的平方英寸数；**b**. 1 英亩包含 43560 平方英尺，1 平方英尺包含 144 平方英寸，100 英亩包含多少平方英寸？**c**. 美国人每天要吃掉多少个大装比萨？**d**. 如果 1 个大装比萨包含 8 块，则美国人每秒要吃掉多少块比萨？

80. 达美乐将在周日举行的超级碗比赛期间送餐。如果达美乐预计将配送 900 万块比萨，利用练习 79 中的信息估计其将配送多少英亩的比萨。

81. 在下图中，W, X, Y 和 Z 均为各自所在线段的中点。$WXYZ$ 的面积与矩形 $ABCD$ 的面积相比如何？解释得到答案的途径。

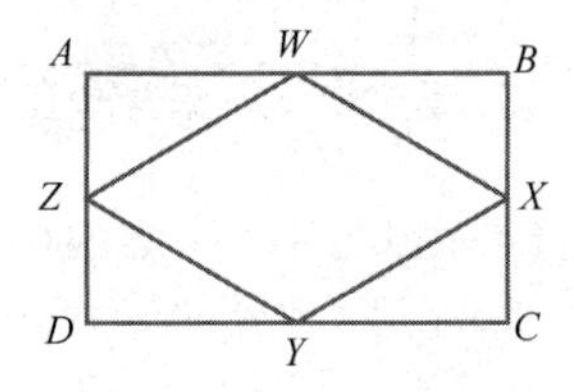

82. 如果 W 和 Y 不是各自所在线段的中点，是否会改变练习 81 中的答案？解释理由。

83. 你拥有 200 英尺围栏，且想要围成一个矩形区域。什么形状围住区域的面积最大？为了求解此问题，你可尝试不同的长度和宽度，直至做出合理猜测。

84. 贝尔尼正在加工圆形和方形木柱。在图(a)中，用方形截面木材切割出圆形木柱；在图(b)中，用圆形截面木材切割出方形木柱。哪种情况下的废材百分比较小？提示：编制数字示例，回答此问题。

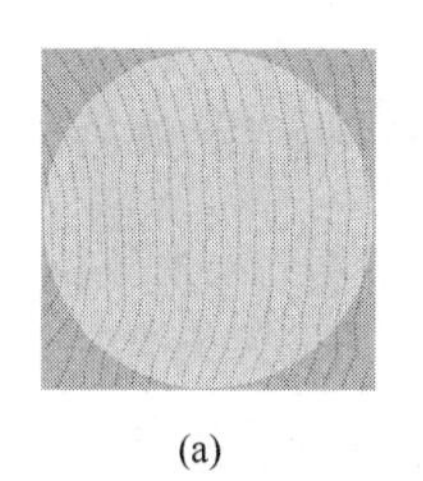
(a)

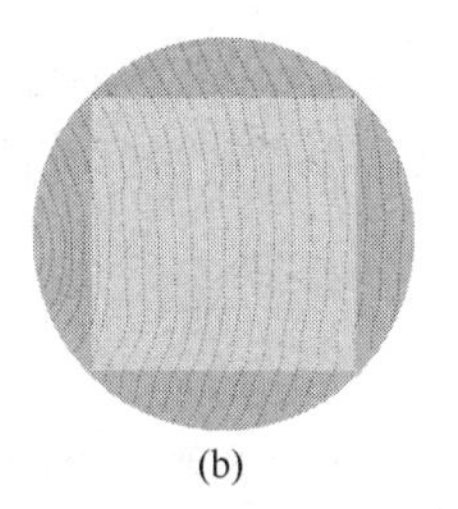
(b)

85．“改头换面：家庭版”公司希望建设一个住宅区，各个地块聚集在圆形区域中，圆形中心包含一块空地，如下图所示。单一地块的侧面长度为 180 英尺，中心公共区域的面积为 11304 平方英尺。在该区域中，每个地块的大小均相同。每个地块的面积是多少？（π 的值采用 3.14。）

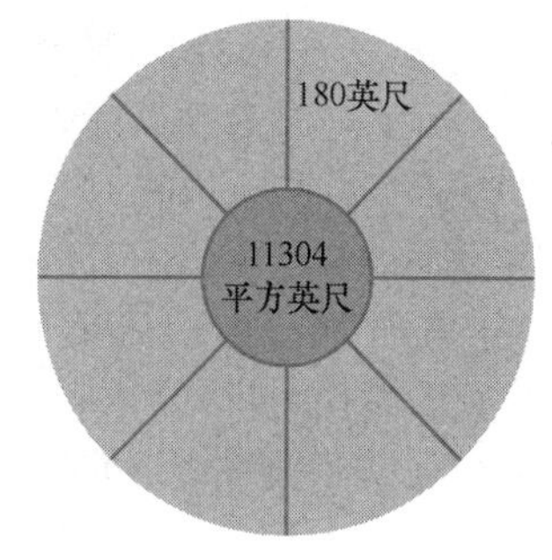

86．在练习 85 中，杰西·泰勒·弗格森希望在某一地块周围安装围栏，除了公共区域边缘的弯曲部分，其他部分实现全覆盖。总共需要多少围栏？

9.4 体积和表面积

本节从二维世界（线、多边形和圆）转向三维世界（平行六面体、圆柱和球体）。三维几何体遍布人们日常生活中的各个角落，如设计蓝牙音箱的艺术家会对三维立体和表面的几何学知识感兴趣。

当然，几何学不仅能够设计消费品，还可用于制造业、建设施工、建筑设计及其他许多领域。在个人层面上，作为校园中“绿色倡导者”俱乐部的成员时，你必须决定哪种形状（矩形或圆形）的垃圾箱是更好的选择，此时应会用到几何学知识。

本节不再讨论周长和面积（见 9.3 节），而将注意力转向三维图形的体积和表面积。

9.4.1 体积

测量一维图形的长度时，我们采用英寸、英尺、厘米和米等单位；测量二维图形的面积时，我们采用平方英寸和平方厘米等平方单位；测量三维图形的体积时，我们采用立方单位；测量三维几何对象的表面积时，我们仍采用平方单位。

1英寸　1英寸　1英寸

图 9.45　体积为1立方英寸的

要点　矩形平行六面体的体积是其长度、宽度和高度的乘积。

在图 9.45 中，立方体的各个边长均为 1 英寸，故其体积为 1 立方英寸。确定三维图形的体积（以英寸为测量单位）时，我们实际上想知道图形中包含多少个这样的 1 英寸立方体。因为不太可能将这些立方体刚好塞满整个图形，所以我们将 1 个立方体视为装满水的 1 立方英寸容器，然后计算多少个这样的容器中的水刚好塞满整个图形。

在图 9.46 中，盒状的矩形立体图形称为长方体/矩形平行六面体，其体积非常容易计算（注：平行六面体是包含 6 个面的立体图形，每个面均为平行四边形，“矩形平行六面体”意味着“6 个面都是矩形”）。在这个立体图形中，如果沿 1 英寸间距所绘的直线进行切割，总共可获得 4 层立方体，每层均包含 15 个 1 英寸立方体。

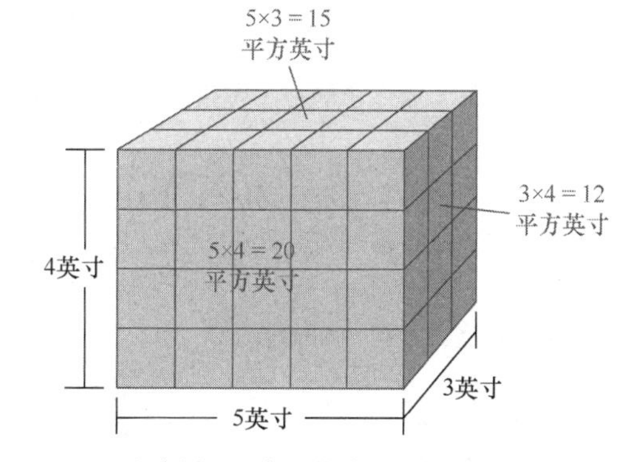

图 9.46　切割为 60 个 1 英寸立方体的矩形立体图形

该立体图形的体积为

$$体积=长度\times宽度\times高度=5\times3\times4=60立方英寸$$

在图 9.46 中，该立体图形的表面积也很容易求得。显然，该立体图形 6 个面的面积如下：

顶面和底面的面积 = 长度 × 宽度 = $5\times3=15$

前面和背面的面积 = 长度 × 高度 = $5\times4=20$

两个侧面的面积 = 宽度 × 高度 = $3\times4=12$

因此，总表面积为 $(2\times15)+(2\times20)+(2\times\ \ 12)=94$ 平方英寸。对于记忆这些体积和表面积公式，图 9.46 可提供较有价值的帮助。

自测题 13

一个长方体的长度为 8 厘米，宽度为 6 厘米，高度为 3 厘米，求其体积和表面积。

长方体(矩形平行六面体)的体积和表面积　一个长方体的长度为 l，宽度为 w，高度为 h，其体积为 $V=lwh$，表面积为 $S=2lw+2lh+2wh$。

计算上面的长方体时，另一种方法是用底面的面积（lw）乘以高度（h）。我们还可将这种方法推广到其他图形。

要点　对于许多立体图形而言，体积等于底面积乘以高度。

体积等于底面积乘以高度　若一个几何体具有平顶、平底以及垂直于底面的侧面（见图 9.47），且底面积为 A，高度为 h，则其体积为 $V=A\cdot h$。

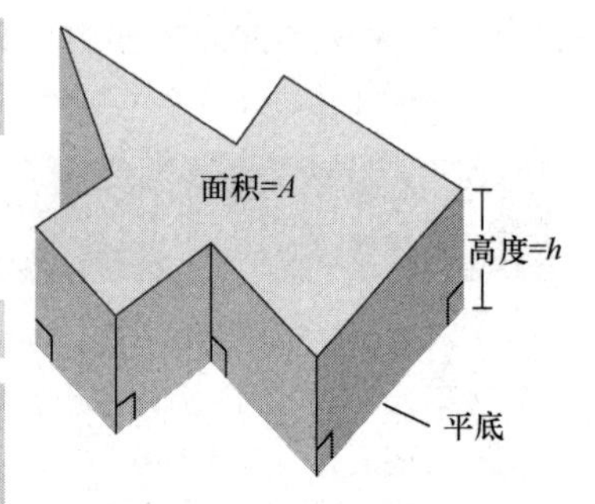

图 9.47　体积=底面积×高度

例 1　体积比较

图 9.48 显示了两块售价相同的奶酪，哪块奶酪的体积更大？

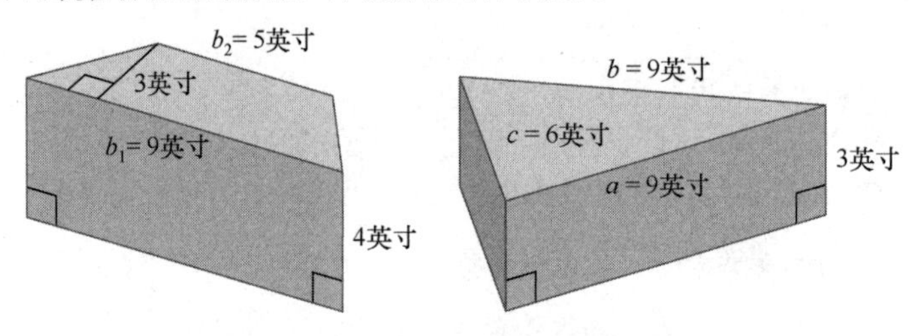

图 9.48　哪块奶酪的体积更大

解：回顾本书前文所述的“新问题与旧问题相关联”策略。

为了计算每块奶酪的体积，我们将底面积乘以高度。梯形奶酪的底面积为 $\frac{1}{2}(b_1+b_2)\cdot h=\frac{1}{2}(9+5)\cdot 3=21$ 平方英寸，所以体积为 $21\times4=84$ 立方英寸。

为了计算三角形奶酪的底面积，我们利用海伦公式。首先计算 $s=\frac{1}{2}\times(9+9+6)=12$，然后即可求得面积为

$$\sqrt{s(s-a)(s-b)(s-c)}=\sqrt{12(12-9)(12-9)(12-6)}=\sqrt{648}\approx25.5$$

将此面积乘以高度 3，结果为 $25.5\times3=76.5$ 立方英寸。因此，梯形奶酪的体积略大一些，故为更好的选择。

现在尝试完成练习 9 ~ 14。

9.4.2　圆柱

利用“底面积乘高”的方法，可以计算一些常见三维立体图形的体积。直圆柱/正圆柱是一

种形状像汤罐或金枪鱼罐头的立体图形，如图 9.49 所示。因为其侧面垂直于底面，所以将这些圆柱称为“直圆柱/正圆柱”。圆柱的底面是一个圆，面积为 $A=\pi r^2$（本节中 π 采用近似值 3.14）。因此，

$$圆柱的体积=底面积\times高度=\pi r^2\cdot h$$

要点　简单图表说明了圆柱的体积和表面积求解公式。

如果要计算图 9.49(a)中圆柱的表面积，则可假设拿掉该圆柱的顶面和底面，然后切割并展开该圆柱的侧面，如图 9.49(b)所示。如果展平这个曲面，则可得到一个矩形，其长度为 $2\pi r$，高度为 h，如图 9.49(c)所示。因此，该圆柱侧面的表面积为 $2\pi rh$，加上顶面和底面的面积（均为 πr^2），即可得到该圆柱的总表面积。

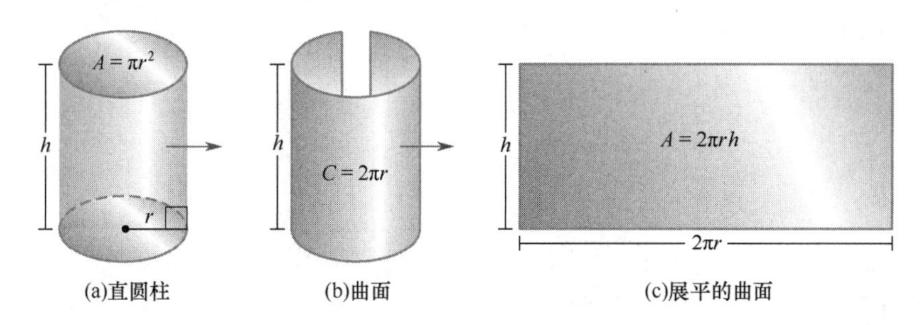

图 9.49　(a)直圆柱；(b)拿掉圆柱的顶面和底面，切开侧面；(c)展平圆柱的侧面

在图 9.49 中，相关插图将帮助你记住如下圆柱公式。

直圆柱/正圆柱的体积和表面积　若一个直圆柱/正圆柱的半径为 r，高度为 h，则其体积为 $V=\pi r^2 h$，表面积为 $S=2\pi rh+2\pi r^2$。

我们可以利用这些公式来比较购买情况。

例 2　商品的体积比较

某艺术用品店正在出售一种绘画颜料溶剂，盛装溶剂的容器罐呈圆柱状，直径为 4 英寸，高度为 6 英寸。相同种类的溶剂还提供经济装大型容器罐，其直径是小型容器罐的 2 倍（高度相同），售价是小型容器罐的 3 倍。a）哪种容器罐更经济划算？b）比较两种容器罐的表面积。

解： a）小容器罐的半径为 2，所以其体积为

$$V=\pi r^2 h\approx 3.14\cdot(2)^2\cdot 6=75.4\text{立方英寸}$$

大容器罐的半径为 4，所以其体积为

$$V=\pi r^2 h\approx 3.14\cdot(4)^2\cdot 6=301.4\text{立方英寸}$$

因为大罐的溶剂含量是小罐的 4 倍，但售价仅为后者的 3 倍，所以大罐商品更经济划算。

b）小容器罐的表面积为

$$2\pi rh+2\pi r^2=2\pi(2)(6)+2\pi(2)^2\approx 2(3.14)\cdot 2\cdot 6+2(3.14)(2)^2=100.5\text{平方英寸}$$

大容器罐的表面积为

$$2\pi rh+2\pi r^2=2\pi(4)(6)+2\pi(4)^2\approx 2(3.14)\cdot 4\cdot 6+2(3.14)(4)^2=251.2\text{平方英寸}$$

现在尝试完成练习 29 ~ 30。

自测题 14

一个直圆柱的半径为 5 厘米，高度为 10 厘米，其体积和表面积为多少？

你或许会对例 2 中的情形感到惊奇，虽然大容器罐中的溶剂含量是小罐的 4 倍，但是制作

原料仅为后者的约 2.5 倍。生产商对这种关系感兴趣，由此可以最大限度地减少产品包装所需的原材料，继而降低生产成本。为了盛装最大数量的某种产品，容器的最有效形状是什么呢？例如，汤罐的最有效形状是什么？

要点 高效容器具有较小的表面积－体积比/比表面积。

例 3 容器罐的最有效形状

若一个容器罐可盛装 1 立方英尺液体，且表面积最小，则其应为何种形状？

解： 我们必须求出该容器罐的半径 r 和高度 h。直觉告诉我们，如果半径像图 9.50(a)那样小，则高度必须很大；如果半径像图 9.50(b)那样大，则高度必须很小。接下来的问题是“求出具有最小表面积的理想半径”，如图 9.50(c)所示。

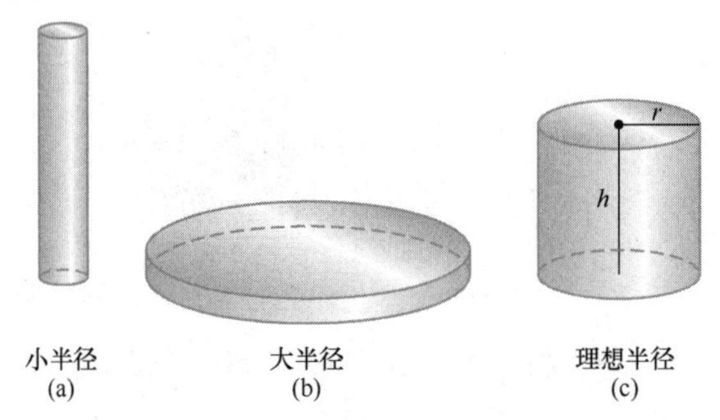

图 9.50 小半径容器罐需要较大高度，大半径容器罐需要较小高度

因为该容器罐的体积为 1，所以可以设 $\pi r^2 h = 1$。该方程两侧同时除以 πr^2 得 $h = \frac{1}{\pi r^2}$。因此，我们的直觉非常正确，高度取决于半径的选择。

如前所述，若一个圆柱的半径为 r，高度为 h，则其表面积公式为

$$S = 2\pi rh + 2\pi r^2$$

用 $\dfrac{1}{\pi r^2}$ 替换 h 得

$$S = 2\pi r\left(\frac{1}{\pi r^2}\right) + 2\pi r^2 = \frac{2\pi r}{\pi r^2} + 2\pi r^2 = \frac{2\cancel{\pi}\cancel{r}}{\cancel{\pi} r^{\cancel{2}}} + 2\pi r^2 = \frac{2}{r} + 2\pi r^2$$

由上可知，$S = \dfrac{2}{r} + 2\pi r^2$。

这个方程简明扼要，给出了只取决于半径 r 的容器罐表面积计算公式，所以改变 r 时，即可求出表面积如何变化。在表 9.4 中，当半径非常小（0.1）时，表面积特别大；随着半径逐渐增大，表面积逐渐减小；当半径最终变得特别大时，容器罐将趋于变平。如表 9.4 所示，当半径增大至一定程度时，表面积将再次开始增大。

A	B
x	$\frac{2}{x} + 2\pi x^2$
0.2	10.251
0.3	7.232
0.4	6.005
0.5	5.571
0.6	5.595
0.7	5.936
0.8	6.521

屏幕截图显示了 GeoGebra 计算的例 3 的结果，采用了更多位数的 π 近似值

表 9.4 随着半径 r 增大，表面积先减小后增大

半径 r（英尺）	表面积 $S = \frac{2}{r} + 2\pi r^2$（平方英尺）	半径 r（英尺）	表面积 $S = \frac{2}{r} + 2\pi r^2$（平方英尺）
0.1	20.063	0.5	5.570 减小
0.2	10.251 减小	0.6	5.594 增大
0.3	7.232 减小	0.7	5.934 增大
0.4	6.005 减小	0.8	6.519 增大

由表 9.4 可知，理想半径在 0.5 和 0.6 之间。为了更好地估算理想半径，可以利用图形计算器来计算相关大小半径（如 0.51、0.52 和 0.53 等）的表面积。如此计算后，最终发现 $r \approx 0.542$ 给出了体积为 1 的容器罐的最小表面积。实际上，如果学习过微积分知识，就会学到一种更强且更快的方法，这种方法无须执行大量烦琐计算即可求出 r 值。

9.4.3 圆锥和球体

下面考虑另外两种立体图形的体积公式，即圆锥/锥体和球体。图 9.51 显示了一个直圆锥/正圆锥，其高度为 h，底面半径为 r。因为底面为圆形，所以称为"圆锥"；因为从顶端到底面中心的线段与底面成直角，所以用了形容词"直"（注：严格意义上讲，椎体应包括圆锥和棱锥，本节主要指圆锥，故将其表述为人们更熟悉的"圆锥"）。

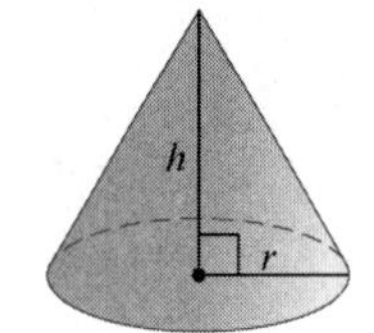

图 9.51 直圆锥/正圆锥

要点 圆锥和球体的体积和表面积公式与圆柱的公式有关。

直圆锥/正圆锥的体积和表面积 若一个直圆锥/正圆锥的高度为 h，底面半径为 r，则其体积为 $V=\frac{1}{3}\pi r^2 h$，表面积为 $S=\pi r\sqrt{r^2+h^2}$。

在圆锥的表面积公式中，如果要包含底面积，则必须加上 πr^2。

解题策略：类比原则

利用对圆柱体积的了解，即可轻松理解圆锥的体积公式。由图 9.52 可知，若一个圆锥的高度为 h 且半径为 r，则很容易内置于高度为 h 且半径为 r 的一个圆柱内。圆锥似乎并未占据圆柱体积（即 $V=\pi r^2 h$）的一半，所以很容易记住该圆锥的体积为 $V=\frac{1}{3}\pi r^2 h$（注：当然，仅通过观察图 9.52 并不能确认该圆锥刚好占据圆柱体积的 1/3，但是"可视化此图"或许有助于记忆圆锥的体积公式）。

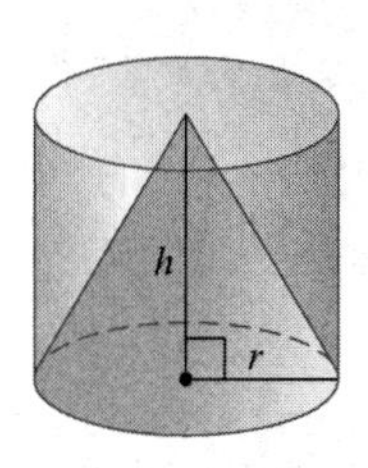

图 9.52 圆锥的体积是圆柱的 $\frac{1}{3}$

例 4 求圆锥的体积和表面积

若一个圆锥的高度为 10 米，底面半径为 8 米，则其体积和表面积是多少？

解：体积为 $V=\frac{1}{3}\pi r^2 h=\frac{1}{3}\pi(8)^2(10)=\frac{640\pi}{3}\approx 669.87$ 立方米

表面积为

$$S=\pi r\sqrt{r^2+h^2}=\pi(8)\sqrt{8^2+10^2}=8\sqrt{164}\pi\approx 321.69\text{平方米}$$

现在尝试完成练习 03 ~ 06。

自测题 15

若一个直圆锥的半径为 4 码，高度为 5 码，则其体积和表面积是多少？

例 5 圆锥形储物仓的体积

在很多北方州，人们为了融化道路上的冰而储备盐。在其中的一个州，为了储备融冰用盐，道路部门建造了直圆锥形状的储物仓。当前储物仓的直径为 30 英尺，高度为 10 英尺。为了储备数量更多的盐，该部门计划建造体积更大的圆锥形储物仓，计划直径加长 10 英尺但高度相同，或者直径相同但高度加高 10 英尺。a）计算每种拟建储物仓的体积；b）计算每种拟建储物仓的表面积；c）哪种设计更经济划算？

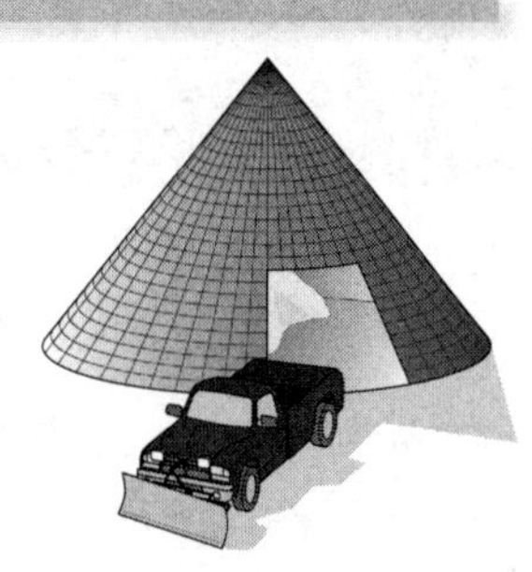

解：a）高度不变但直径增至 40 英尺。现在，圆锥的半径为 40/2 = 20 英尺，高度为 10 英尺，所以体积为

$$V = \frac{1}{3}\pi r^2 h = \frac{1}{3}\pi(20)^2(10) \approx 4187\text{立方英尺}$$

直径不变但高度增至 20 英尺。现在，圆锥的半径为 15 英尺，高度为 20 英尺，所以体积为

$$V = \frac{1}{3}\pi r^2 h = \frac{4}{3}\pi(15)^2(20) \approx 4710\text{立方英尺}$$

b）若储物仓的半径为 20，高度为 10，则其表面积为

$$S = \pi(r)\sqrt{r^2 + h^2} = \pi(20)\sqrt{20^2 + 10^2} \approx 1404\text{平方英尺}$$

若储物仓的半径为 15，高度为 20，则其表面积为

$$S = \pi(r)\sqrt{r^2 + h^2} = \pi(15)\sqrt{15^2 + 20^2} \approx 1178\text{平方英尺}$$

c）与“高度不变但直径增至 40 英尺”相比，“直径不变但高度增至 20 英尺”的表面积更小，因此似乎是更经济划算的设计。

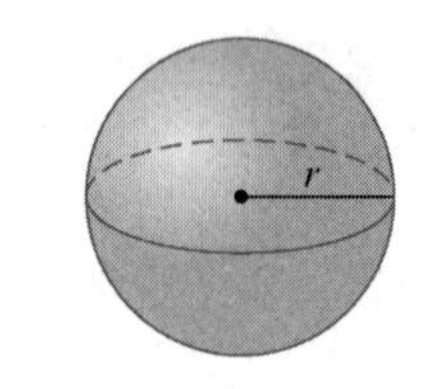

图 9.53　半径为 r 的球体

我们将要介绍的最后一种三维图形是球体，如图 9.53 所示。

球体的体积和表面积　若一个球体的半径为 r，则其体积为 $V = \frac{4}{3}\pi r^3$，表面积为 $S = 4\pi r^2$。

图 9.54 有助于记忆球体的体积公式。若一个球体的半径为 r，则其刚好可内置于半径为 r 且高度为 $2r$ 的圆柱内。该圆柱的体积为 $\pi r^2 \cdot 2r = 2\pi r^3$。因为球体未完全填满圆柱，所以球体的体积应小于 $2\pi r^3$，即为 $\frac{4}{3}\pi r^3$。再次提示：仅通过观察图 9.54 并不能确认该球体的体积刚好是 $\frac{4}{3}\pi r^3$，但是该图有助于记忆球体的体积略小于 $2\pi r^3$。

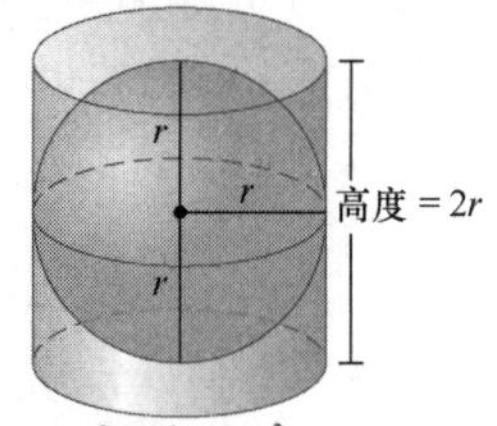

图 9.54　半径为 r 的球体可内置于半径为 r 且高度为 $2r$ 的圆柱内。圆柱的体积是 $\pi r^2 \times 2r = 2\pi r^3$，所以球体的体积更小

许多容器（如水箱）的形状类似于球体。

例 6　测量水箱的容积

德尔菲地铁拟将现有球形水箱替换为容积更大的球形水箱。为了满足城市的未来扩容需求，水务委员会坚持认为“新水箱的容积至少应为旧水箱的 5 倍”。如果新购置水箱的半径是旧水箱的 2 倍，则其是否能够满足水务委员会的要求？

解：设旧水箱的半径为 r 英尺，故旧水箱的体积为 $\frac{4}{3}\pi r^3$ 立方英尺。新水箱的半径为 $2r$ 英尺，故新水箱的体积为

$$V = \frac{4}{3}\pi(2r)^3 = \frac{4}{3}\pi 8r^3 = 8\left(\frac{4}{3}\pi r^3\right)\text{立方英尺}$$

新水箱的体积是旧水箱体积的 8 倍，因此满足并超过水务委员会的要求。

现在尝试完成练习 04 ~ 07。

自测题 16

若一个球体的半径为 6 厘米，则其体积是多少？

练习 9.4

在所有必要的练习中，用 3.14 近似表示 π。

强化技能

在练习 01 ~ 08 中，求图形的：**a**. 表面积；**b**. 体积。用 3.14 近似表示 π。

01.

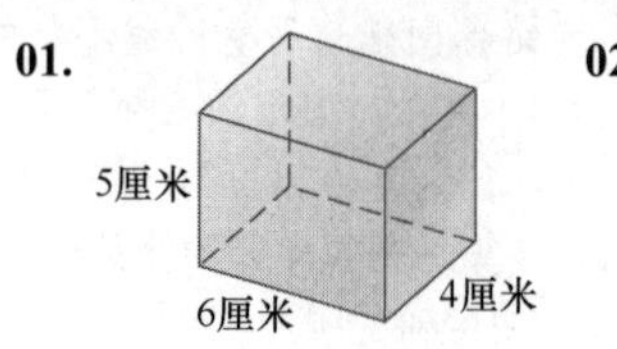

02.

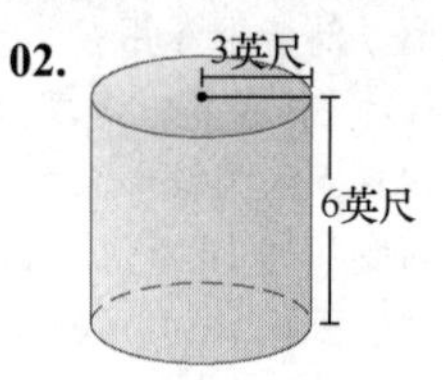

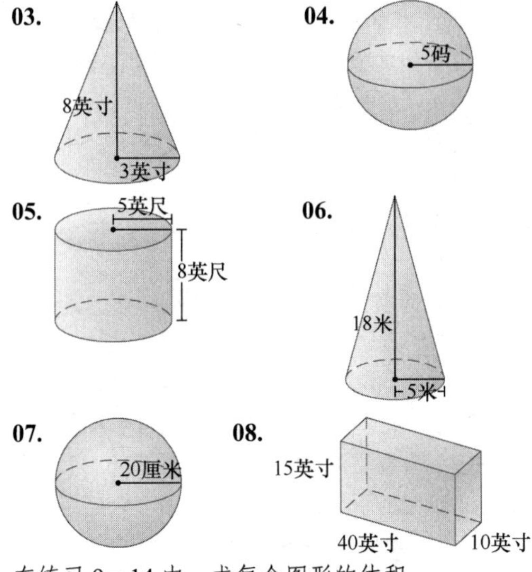

在练习 9 ~ 14 中，求每个图形的体积。

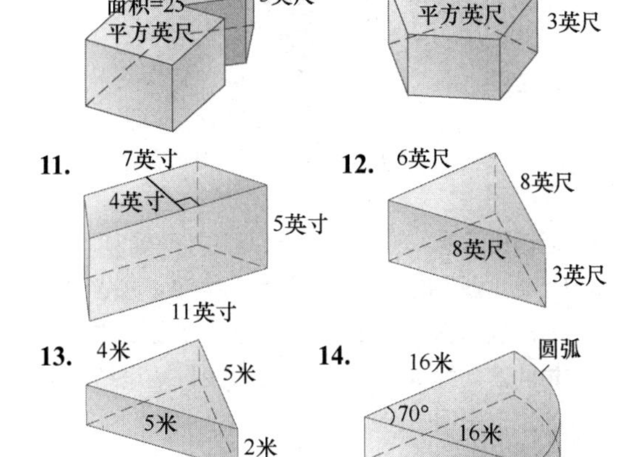

学以致用

15. 1 立方英尺包含多少立方英寸？

16. 1 立方码包含多少立方英寸？

17. **宾治盆**。宾治盆呈半球形（半个球体），半径为 9 英寸；勺子的杯形部分也呈半球形，半径为 2 英寸。如果宾治盆盛满了酒，则可盛满多少勺？

18. **倒酒**。在练习 17 中，假设向圆柱状玻璃酒杯中倒酒，酒杯的直径为 3 英寸，高度为 4 英寸。如果宾治盆盛满了酒，则可盛满多少杯？

19. **倒饮料**。圆柱状水罐（半径为 2.5 英寸，高度为 8 英寸）装满了热带饮料；玻璃杯呈倒圆锥形，高度为 1.5 英寸，半径为 2 英寸。该水罐能够倒出多少杯饮料？

20. **果汁容器**。某橙汁厂商正在销售加勒比橙汁鸡尾酒，外包装是具有收藏价值的球形容器。1 个标准的半加仑果汁容器包含 115.5 立方英寸，其倒出的果汁能够盛满多少个直径为 3 英寸的球形容器？

21. **建造日式花园**。为了建造日式花园，真里子需要 16 手推车石头。手推车具有给定形状的垂直侧面（见下图），宽度为 $2\frac{1}{2}$ 英尺。她应订购多少立方码的石头？

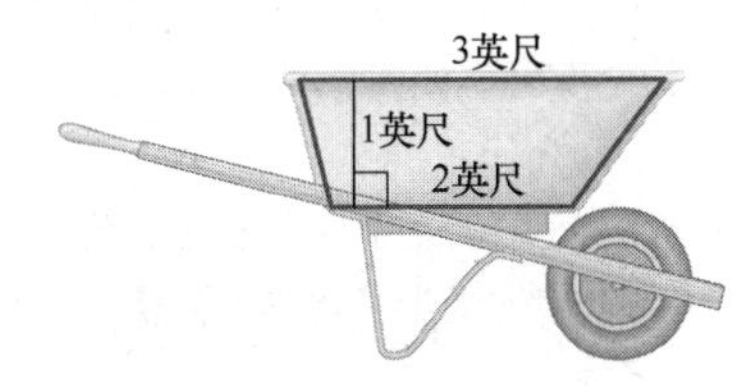

22. **果汁桶**。1 加仑等于 231 立方英寸。一个圆柱状桶装满了浓缩果汁，直径为 2 英尺，高度为 3 英尺。桶中的浓缩果汁为多少加仑？

23. **蛋糕比较**。一个矩形蛋糕的长度为 14 英寸，宽度为 9 英寸，高度为 3 英寸；另一个圆形蛋糕的半径为 5 英寸，高度为 4 英寸。哪个蛋糕的体积更大？

24. **冰激凌球比较**。下面哪种冰激凌的体积更大：3 英寸冰激凌勺挖 1 个球；$2\frac{1}{2}$ 英寸冰激凌勺挖 2 个球（设两个冰激凌勺都挖出了完全填充的冰激凌球）。

在练习 25 ~ 28 中，求所示对象的体积。

25.

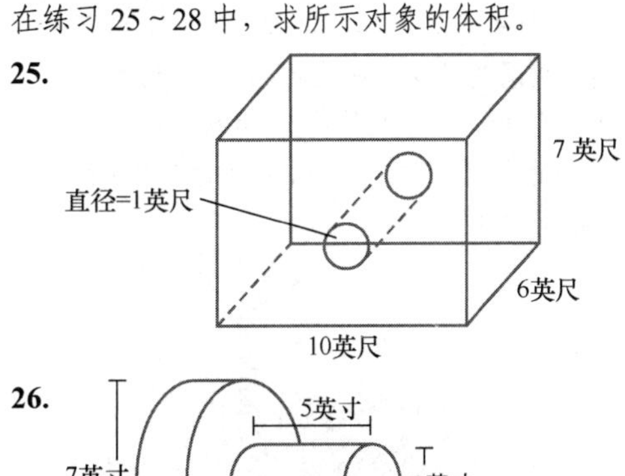

26.

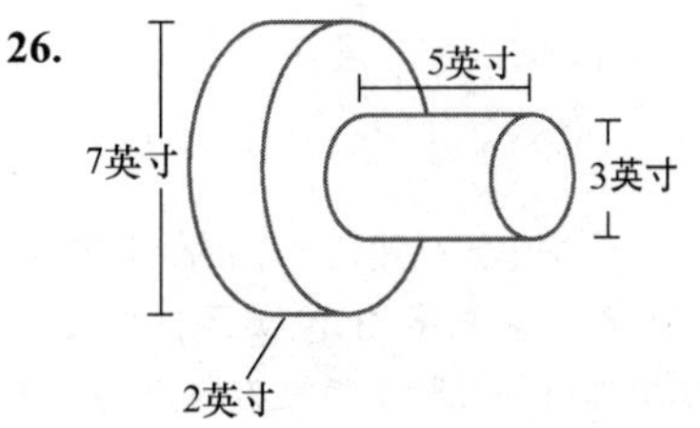

27.

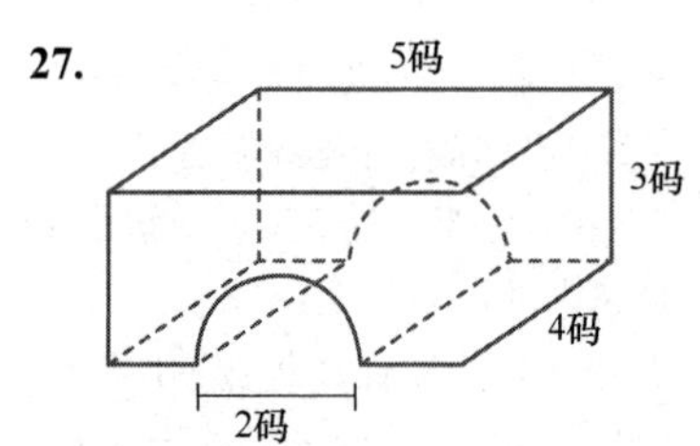

28.

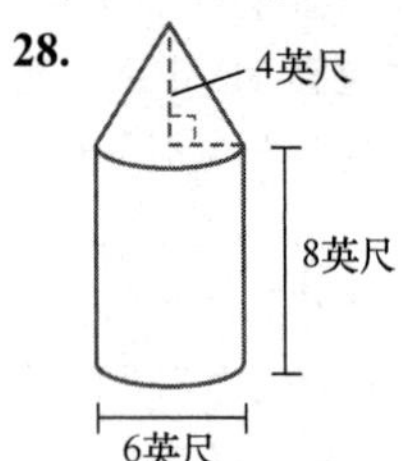

在练习 29 ~ 32 中，我们描述了一个几何对象。如果将其：**a**. 半径增加 2 英寸，高度保持不变；**b**. 高度增加 2 英寸，半径保持不变，计算得到的体积。

29. 圆柱，半径为 10 英寸，高度为 5 英寸。哪种操作（高度增加或半径增加）会使体积增加更多？解释理由。

30. 圆柱，半径为 4 英寸，高度为 8 英寸。哪种操作（高度增加或半径增加）会使体积增加更多？解释理由。

31. 圆锥，半径为 6 英寸，高度为 3 英寸。哪种操作（高度增加或半径增加）会使体积增加更多？解释理由。

32. 圆锥，半径为 5 英寸，高度为 12 英寸。哪种操作（高度增加或半径增加）会使体积增加更多？解释理由。

33. **建造鸟舍**。路易斯计划建造一座蜂鸟鸟舍，混凝土地面的形状类似于正六边形，每条边的测量值为 8 英尺，地面厚度为 6 英寸，如下图所示。共需要多少立方英尺混凝土？假设只能按 1 立方英尺的整数倍购买。（提示：将六边形划分成等边三角形，然后用海伦公式计算鸟舍的上表面面积。）

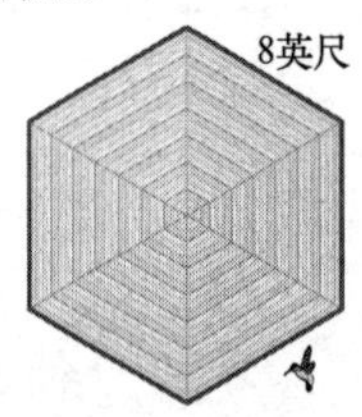

34. **建造露台**。一位房主正在建造一个混凝土露台，其宽度为 20 英尺，长度为 30 英尺，厚度为 6 英寸。如果拌好的混凝土按立方码出售，这个项目需要多少立方码混凝土？假设只能按 1 立方码的整数倍进行购买。（提示：必须将立方英尺转换为立方码。）

35. **月球直径**。地球直径约为 7920 英里，体积约为月球的 49 倍，求月球直径。

36. **火星直径**。地球体积约为火星的 6.7 倍，求火星直径。

37. **运送比萨酱**。向餐馆运送比萨酱时，“爸爸的比萨”将其装在纸箱中，每个纸箱装 4 罐，如下图所示。这些罐子的半径为 4 英寸，高度为 8 英寸，数量刚好适合纸箱。纸箱中有多少空白空间？以立方英寸为单位给出答案。空白空间占纸箱的百分比是多少？

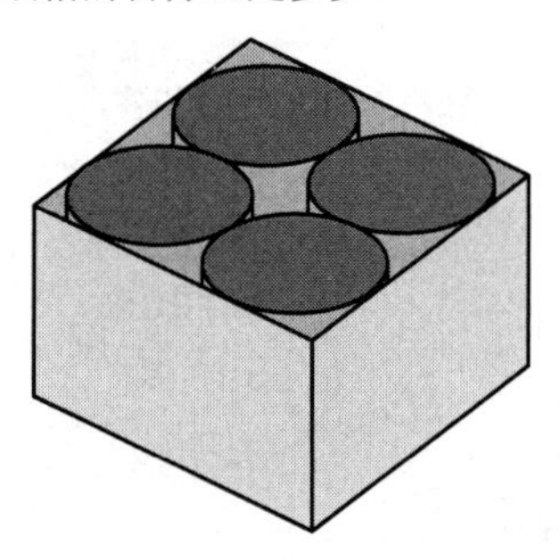

38. **运送比萨酱**。现在，向餐馆运送比萨酱时，“爸爸的比萨”决定每个纸箱装两大罐。这些大罐的高度仍为 8 英寸，为了容纳与 4 个小罐数量相同的酱汁量，其半径应是多少？两罐纸箱中的空白空间百分比是多少？

39. **鱼缸装水**。如下图所示，杰夫的鱼缸有一个梯形底座，梯形的 2 个底分别为 24 英寸和 18 英寸，高度为 16 英寸。鱼缸里装满了水，水量为 26.2 加仑。该鱼缸有多深？精确到 1 英寸（1 加仑等于 231 立方英寸）。

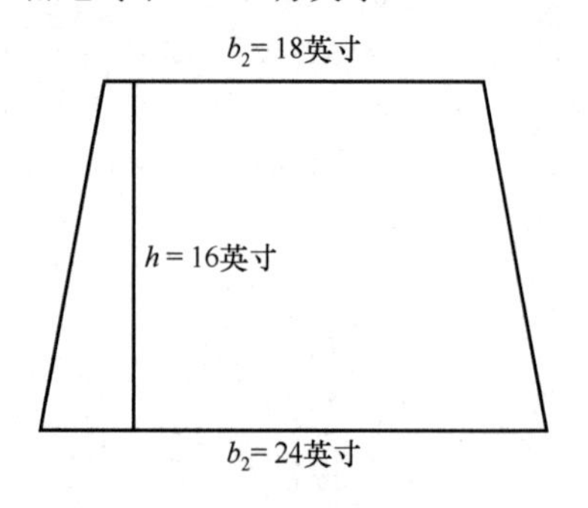

40. **鱼缸装水**。艾米莉的鱼缸底部是一个等边三角形，边长为 20 英寸。鱼缸里装满了水，水量为 13.32 加仑。鱼缸有多深？

数学交流

41. 图 9.52 如何帮助你记忆直圆锥的体积公式？

42. 图 9.54 如何帮助你记忆球体的体积公式？

43. 如果将一个直圆锥的半径增加 1 倍，对其体积有何影响？解释理由。

44. 如果将一个球体的半径增加 1 倍，对其体积有何影响？解释理由。

挑战自我

45. 假设 3 个网球装在一个没有多余空间的长圆筒中，圆筒的高度和周长哪个更大？解释理由。

46. **冷却饮料**。假设“冰冷却液体”与“冰接触液体的表面积”成比例，对于一个大冰块和总体积等于大冰块的若干小冰块，判断哪种情形能够更快地冷却饮料。举例说明。

47. **汉堡比较**。温蒂汉堡提供 $4\times4\times\frac{1}{4}$ 英寸的方形汉堡。为了有相同的体积，对于厚度同样为 $\frac{1}{4}$ 英寸的圆形汉堡，其半径应是多少？

48. **汉堡比较**。汉堡王正在供应一种称为“三角堡”的汉堡，形状像一个等边三角形，厚度为 $\frac{1}{4}$ 英寸。为了与练习 47 中的汉堡有相同的体积，其边长应是多少？

给定图形显示了具有方形底的一座金字塔，但是金字塔的底可以是其他多边形。标有 h 的直线表示金字塔的高度。如果一座金字塔的底面积为 B，高度为 h，则其体积为 $V=\frac{1}{3}Bh$。在练习 49 ~ 54 中，求已知金字塔的未知量。

49. **金字塔的体积**。底是边长为 3 英寸的正方形，高度为 5 英寸。

50. **金字塔的体积**。底是边长为 4 英尺的等边三角形，高度为 3 英尺。

51. **金字塔的高度**。金字塔的底是边长为 3 英尺的正方形，体积为 10 立方英尺，其高度是多少？

52. **金字塔的底**。金字塔的底为正方形，高度为 8 英寸，体积为 20 立方英寸。底的边长是多少？

53. **金字塔尺寸**。胡夫金字塔的底为正方形，边长为 756 英尺，体积为 86682960 立方英尺，其高度是多少？

54. **金字塔尺寸**。哈夫雷金字塔的底为正方形，高度为 471 英尺，体积为 78698448 立方英尺，其底的边长是多少？

55. 水平切割一个圆锥的上部，会得到称为平截头体的类圆锥图形，如右图所示。假设切下一个圆锥体的上半部分（半径为 r，高度为 h），则剩余的平截头体的体积是多少？（提示：平截头体顶面的半径为 $r/2$。）

9.5 公制和量纲分析

驾车穿越法国、波兰、牙买加或印度时，如果发现加油站牌匾上标出的汽油价格是 1.18 美元，你可能认为油价比美国便宜得多。在印度驶向高速公路时，如果发现最高限速是 100，你可能感到非常惊讶，这么高的限速怎么可能安全呢？

但是，法国的汽油价格并不便宜，印度的最高限速也并不危险。你之所以产生误读，主要是因为与美国的情况相比，全球大多数国家的计量单位大相径庭，例如美国采用加仑和英里等计量单位，但其他地方采用公制的升和千米等计量单位。

9.5.1 公制

与美国不同，全球大多数国家采用公制/米制计量系统，正式名称为国际单位制（SI）。美国的计量系统称为美制/美国惯例制。

为了采用公制进行工作，需要了解以下内容。

1. 用于测量长度、重量和体积的基本公制单位。
2. 这些不同计量单位（长度、重量和体积）之间的关系。如后文所述，与美制相比，公制中不同计量单位之间的关系要简单得多。

9.5.2 公制单位

长度：在公制中，长度计量的基础单位是米，1 米约等于 39.37 英寸，略大于 1 码。如果在阿根廷火车上遇到一位高个子男人，则其身高应约为 2 米。

体积：体积计量的基础单位是升，1 升约等于 1.057 夸脱，略大于 1 夸脱。在波兰，若想购买半加仑冰梨饮料，可在购物袋中放入 1 瓶 2 升装饮料。当然，目前在美国，2 升饮料瓶已随处可见。

质量：在公制中，质量计量的基础单位是克，1 克约等于一根大曲别针的质量。1000 克称为千克，1 千克约等于 2.2 磅。如果在泰国旅游时想购买约 2 磅的柠檬草皮鸡胸，则可向肉贩提出购买 1 千克鸡肉。

9.5.3 公制计量之间的关系

虽然公制计量的基础单位是米、升和克，但是为了测量各种不同的量，人们常用这些基本单位的各种变化，如用厘米或千米来测量长度，用毫升来测量体积，用分克或千克来测量质量。表 9.5 中解释了各种前缀（如毫、十、千和厘等）的含义。

要点 公制计量单位基于“10 的幂”。

表 9.5 部分常见的公制前缀

千（k）	百（h）	十（da）	基本单位	分（d）	厘（c）	毫（m）
×1000	×100	×10		×1/10 或 ×0.1	×1/100 或 ×0.01	×1/1000 或 ×0.001

例如，1 千米等于 1000 米，1 厘克等于 $\frac{1}{100}$ 克或 0.01 克，1 毫升等于 $\frac{1}{1000}$ 升或 0.001 升。公制单位的换算非常简单，由表 9.5 可知，1000 个物体始终等于 1 千，$\frac{1}{100}$ 个物体始终等于 1 厘。在公制中，长度、体积和质量均采用这种前缀模式。在美制中，事情当然并非如此简单。例如，3 英尺等于 1 码，但是 4 夸脱等于 1 加仑；1 磅等于 16 盎司，但是 1 品脱仅等于 2 杯，缺乏一致性和统一规则。

表 9.5 列出了公制前缀的缩写词，此外人们还用 m 代表米，用 g 代表克，用 L 代表升。例如，为了表示千克，可用 k 表示千，用 g 表示克，所以 10 千克表示为 10kg。同理，25 毫升表示为 25mL。

自测题 17

a）1 千升等于多少升？ b）1 克等于多少厘克？

解题策略：类比原则

将公制前缀与某些常用英文单词相关联，有助于记忆其具体含义。例如，厘（centi）可与 cent（美分）相关联，后者是 1 美元的百分之一；毫（Milli）可与 millennium（一千年）相关联，后者的意思是 1000 年；分（Deci）可与 decimal（十进位）相关联，十进制基于“1 0 的幂”。

9.5.4 公制换算

若记得表 9.5 中各前缀的含义，则很容易在不同公制单位之间进行换算/转换。例如，在测量长度时，1 千米是 1 百米的 10 倍，1 米是 1 厘米的 100（或10^2）倍，1 毫米等于 1 米的 $\frac{1}{1000}$ 或10^{-3}。

例 1　公制计量单位的换算

将以下各量换算为指定计量单位：a）5 十米换算为厘米；b）2300 毫升换算为百升。

解： 回顾本书前文所述的类比原则。

a）执行这种换算时，最好对解有一个大致的“方向感”。例如，1 十米（10 米）远大于 1 厘米（$\frac{1}{100}$ 米），所以答案应包含很多厘米。

我们可按如下方式进行换算：

$$5\text{十米} = 5 \times (10\text{米}) = 50\text{米}$$
$$50\text{米} = 50 \times (10\text{分米}) = 500\text{分米}$$
$$500\text{分米} = 500 \times (10\text{厘米}) = 5000\text{厘米}$$

或者，再次查看表 9.5，可知每当右移 1 列，所需对象数量扩大至原来的 10 倍。由于厘米远小于十米，因此所需厘米数量应远多于十米。

千（k）/kilo	百（h）/hecto	十（da）/deka	基本单位	分（d）/deci	厘（c）/centi	毫（m）/milli
		这里的 1	等于这里的 10	等于这里的 100	等于这里的 1000	

右移3个位置，可得到10^3个对象

将“5.0 十米”中的小数点右移 3 位，即可轻松求得换算结果，即 5000 厘米。

b）再次思考答案的方向，由于毫升很小，百升很大，所以预期答案中的百升数量较小。

求解此题的一种快速方法：在表 9.5 中，因为前缀“百”位于“毫”左侧的第 5 个位置，所以可将 2300 毫升的小数点左移 5 位，结果为

0 2 3 0 0 .

或者 0.023 百升。

现在尝试完成练习 01 ~ 06。

自测题 18

a）5.63 千升等于多少分升？b）4850 毫克等于多少百克？

建议　当执行类似于例 1 中的换算时，“仅记住如何移动小数点”虽然颇具吸引力，但是“理解为什么要移动小数点及朝哪个方向移动”非常重要。如果想让一个数字变大，就要乘以“10 的幂”，意味着将小数点右移；如果想让一个数字变小，就要将小数点左移。检查答案时，记住“大物件由很多小物件构成，反之亦然”。

1790 年，法国科学院将米定义为从北极到赤道距离的 1 千万分之一，约等于 39.37 英寸。从那时起，科学家曾多次对其重新定义，“米”的当前定义为“光在真空中1/299792458 秒的传播距离”。“可视化表达米”的一种好方法是：它略长于 1 根码尺。图 9.55 显示了毫米（$\frac{1}{1000}$ 米）、厘米（$\frac{1}{100}$ 米）和英寸之间的关系。

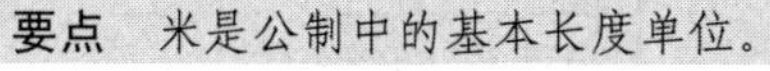

要点　米是公制中的基本长度单位。

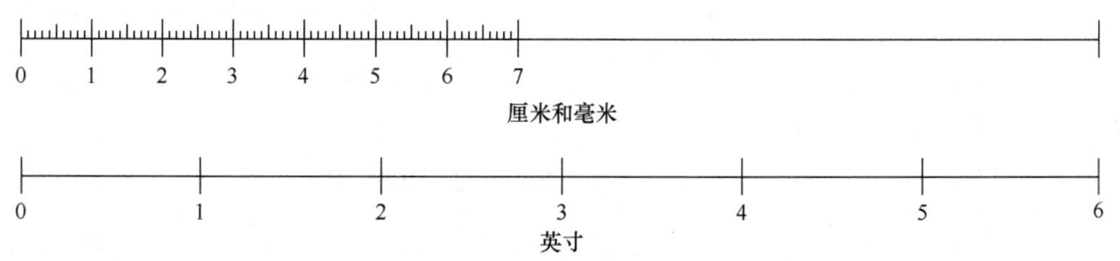

图 9.55　毫米、厘米和英寸之比较

由图 9.55 可见，1 毫米约等于大曲别针的厚度，1 厘米约等于大曲别针的宽度。1 英寸约等于 2.5 厘米，1 厘米约等于 0.4 英寸。人们常以千米（1000 米）为单位测量较远的距离，1 千米约等于 0.6 英里，1 英里约等于 1.6 千米。

1厘米

1毫米

例 2　估算公制长度

对于公制测量值 2 米、3 厘米、10 米和 16 千米，分别与如下各项匹配:

a）30 英尺帆船的长度；b）10 英里赛跑的长度；c）床的长度；d）本书的厚度。

解：a）30 英尺等于 10 码，约等于 10 米。

b）1 英里约等于 1.6 千米，所以 10 英里赛跑的长度约等于 16 千米。

c）床的长度可能略大于 6 英尺，所以约等于 2 米。

d）如果将书的边缘放在图 9.55 处，可看到其厚度约为 3 或 4 厘米。

9.5.5　量纲分析

人们经常需要将美制单位换算为公制单位，或者将公制单位换算为美制单位。在解释如何在不同制式之间换算单位前，首先检查如何换算各种美制长度单位。回顾前面介绍过的各种长度单位之间的关系，我们将其列在表 9.6 中。

表 9.6　美制单位之间的部分关系

美制单位之间的部分关系
1英尺 = 12英寸
1码 = 3英尺 = 36英寸
1英里 = 5280英尺

要点　我们用量纲分析实现不同制式之间的单位换算。

为了将一个量换算为另一个量，我们采用单位分数。单位分数是一个商（如 3 英尺/1 码或 1 英尺/12 英寸），分子和分母的计量单位不同，其中一个值等于 1。例 3 介绍如何用单位分数进行换算。

例 3　将码换算为英寸

将 5 码换算为英寸。

解：因为想要得到以英寸（而非码）为单位的答案，所以我们乘以单位分数 $\frac{36\text{英寸}}{1\text{码}}$。因为最终答案以英寸为单位，所以在分子中加上“英寸”，得到

$$5\cancel{\text{码}}\times\frac{36\text{英寸}}{1\cancel{\text{码}}}=5\times36\text{英寸}=180\text{英寸}$$

我们可用量纲分析在美制与公制之间进行换算，但是首先需要了解两个制式中各长度单位之间的一些基本关系，如表 9.7 所示。

表 9.7　美制和公制长度单位之间的一些基本关系

美制和公制长度单位之间的一些基本关系
1英寸 = 2.54厘米
1英尺 = 30.48厘米
1码 = 0.9144米
1英里 = 1.6千米

由表 9.7 可见，多种单位分数可用于单位换算，如 $\frac{1\text{英寸}}{2.54\text{厘米}}$ 和 $\frac{0.9144\text{米}}{1\text{码}}$。

例 4　公制与美制之间的换算

a）为了庆祝新泽西州霍博肯的卡洛烘焙店建店 100 周年，巴迪烘焙了一个周长为 5 码的特殊蛋糕。该蛋糕的周长是多少厘米？

b）为了纪念地球日，学生们将参加一场主题为“拯救地球母亲”的两人三足赛，比赛距离为 0.3 千米。该比赛的距离为多少英尺？

解：回顾本书前文所述的“新问题与旧问题相关联”策略。

a）我们不能将码直接换算为厘米，但是可以通过如下 2 个步骤进行换算。

第 1 步：用单位分数 $\frac{0.9144米}{1码}$ 将码换算为米。

第 2 步：用单位分数 $\frac{100厘米}{1米}$ 将米换算为厘米（注：当然可以通过“移动小数点”的方法将米换算为厘米，就像例 1 中那样，不同方法会得到相同答案）。

然后，继续换算如下：

$$5码 = 5\cancel{码} \times \frac{0.9144\cancel{米}}{1\cancel{码}} \times \frac{100厘米}{1\cancel{米}} = 5 \times 0.9144 \times 100厘米 = 457.2厘米$$

b）为解此题，我们采用与 a）部分类似的方法。首先用单位分数 $\frac{1英里}{1.6千米}$ 将千米换算为英里，然后用另一个单位分数 $\frac{5280英尺}{1英里}$ 将英里换算为英尺，结果为

$$0.3千米 = 0.3\cancel{千米} \times \frac{1\cancel{英里}}{1.6\cancel{千米}} \times \frac{5280英尺}{1\cancel{英里}} = \frac{0.3 \times 5280}{1.6} = 990英尺$$

现在尝试完成练习 21 ~ 32，处理长度问题。

自测题 19

将 0.65 千米换算为英尺。

1 升等于 1 立方分米，约等于 1.057 夸脱，如图 9.56 所示。换句话说，1 升是边长为 1 分米（或 10 厘米）的 1 个立方体的体积。由图 9.56 可知，1 升等于 $10 \times 10 \times 10 = 1000$ 立方厘米。

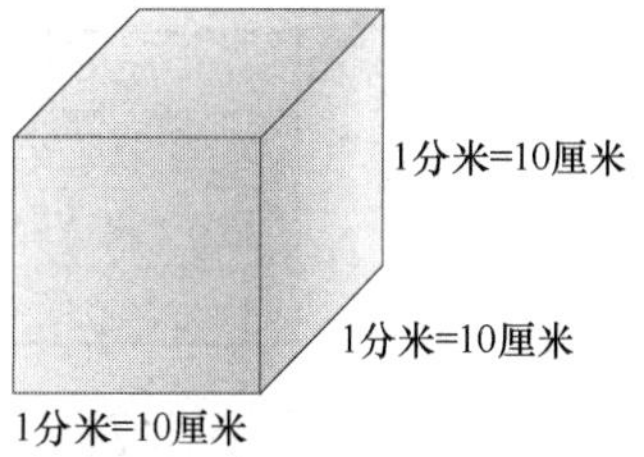

1分米=10厘米

1分米=10厘米

1分米=10厘米

图 9.56　1 升=1 立方分米=1000 立方厘米

要点　升是公制的基本体积单位。

我们可以采用与测量长度相同的前缀（千，百，十，…）。我们用 1 毫升（$\frac{1}{1000}$ 升）测量较小数量（如 1 剂药），如果去诊所打流感疫苗，可能会接种 2 毫升疫苗。我们用千升（1000 升）测量较大体积，1 千升等于 1 立方米，如图 9.57 所示。在图 9.57 中，每层均包含 $10 \times 10 = 100$ 立方分米，10 层共计 1000 立方分米。在加拿大，为了建造露台地板，你可以订购 20 立方米水泥。我们也用立方厘米（cc）来测量体积。

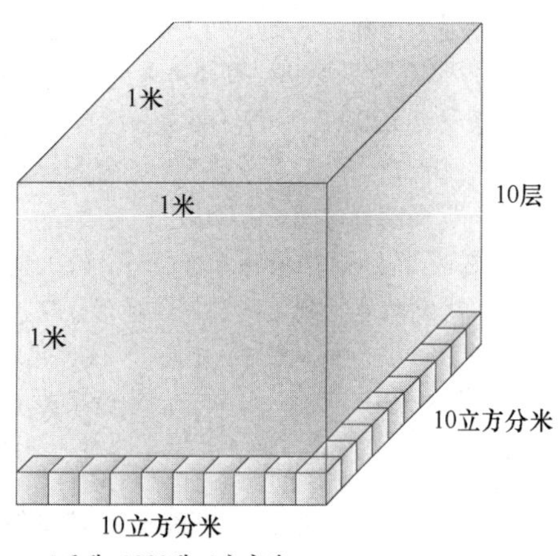

图 9.57　从升的角度表示 1 立方米

例 5　估算公制体积

在公制计量值 3mL（毫升）、250mL（毫升）、100L（升）、$500m^3$（立方米）和 $1dm^3$（立方分米）中（注：为避免小写字母 l 与数字 1 发生混淆，我们用大写字母 L 表示升），采用其中一种计量值，估算以下各项的体积：a）汽车的油箱；b）建筑工地上的大沙砾堆；c）1 杯苏打水；d）1 夸脱橙汁。

解：a）100 升约等于 100 夸脱，或者 25 加仑，相当于中型汽车的油箱大小。

b）500 立方米等于 500 多立方码，大致相当于一大堆沙砾。

c）1 杯苏打水约等于 $\frac{1}{4}$ 夸脱。因为 1 夸脱约等于 1 升，1 升等于 1000 毫升，所以 1 杯苏打水的体积约等于 $1000/4 = 250$ 毫升。

d）1 夸脱约等于 1 升，1 升约等于 1 立方分米，所以该橙汁的体积约等于 1 立方分米。

在公制的体积单位之间进行换算，与在长度单位之间进行换算完全一致。

例 6　估算疫苗接种次数

东部社区卫生诊所备有 4 瓶流感疫苗，每瓶 0.35 升，每次疫苗接种需要 2 毫升，则全部疫苗可供多少人接种？

解： 疫苗总量为 $4 \times 0.35 = 1.4$ 升。由表 9.5 可知，要将升换算为毫升，可将小数点右移 3 位。

1.4升　　14.分升　　140.厘升　　1400. 毫升

--------→--------→--------→

因此，该诊所备有 1400 毫升疫苗，足够接种 $1400/2 = 700$ 人次。

在公制和美制的体积单位之间，可以用量纲分析进行换算，但首先需要知道一些基本关系，如表 9.8 所示。

表 9.8　公制和美制的体积单位之间的关系

2杯 = 1品脱	1杯 = 0.2366升
2品脱 = 1夸脱	1夸脱 = 0.9464升
32液量盎司 = 1夸脱	1立方英尺 = 0.03立方米
4夸脱 = 1加仑	1立方码 = 0.765立方米

生活中的数学——但是警官，我没喝多……

在大多数州中，如果血液中的酒精含量（BAC）超过 0.08，则被视为合法饮酒，但不适合驾驶汽车。这个数字的准确含义是什么？0.08 代表每 100 毫升血液中的酒精含量为 0.08 克。

将此置于饮酒场景之中，2 瓶啤酒约含有 30 克酒精，一个中等身材男人体内的血液量约为 5 升或 5000 毫升。所以，用 30 除以 5000，可知每毫升血液中的酒精含量为 $30/5000 = 0.006$ 克。因此，在 100 毫升血液中，酒精含量为 $100 \times 0.006 = 0.6$ 克。实际上，如果身体立刻吸收这一数量的酒精，就会当场死亡——当 BAC 为 0.4 ~ 0.5 时，人通常就会死亡。但是，因为酒精的吸收会持续一段时间，且肝脏也会起到清除酒精的作用，所以喝 2 瓶啤酒并不致命。

在网上查找 BAC 计算器，然后输入体重和饮酒类型等信息，即可估算自己血液中的酒精含量。这么做时，我突然意识到了一种危险情形，即某些大学生在 21 岁生日那天喝 21 瓶酒。计算我自己的 BAC 时，如果输入“6 小时内喝 21 瓶酒”，该计算器回答说“饮酒数量不合理，请重新输入”。然后，我继续输入“6 小时内喝 10 瓶酒”，BAC 估算结果为 0.22，约为法定限值的 3 倍。如果将这一数字翻一倍至 20 瓶，则 BAC 的预期值高于 0.4 并非不合理，已落入潜在的致命范围内。

现在，可以用这些关系来定义单位分数，实现不同制式之间的单位换算。

例 7　计算汽车油箱的体积

假设一辆美国汽车的油箱容量为 23 加仑，如果在法国驾驶同一辆汽车，需要多少升汽油才能加满油箱？

解： 回顾本书前文所述的“新问题与旧问题相关联”策略。

查看表 9.8，先用单位分数 $\frac{4夸脱}{1加仑}$ 将加仑换算为夸脱，后用单位分数 $\frac{0.9464升}{1夸脱}$ 将夸脱换算为升：

$$23加仑 = 23\cancel{加仑} \times \frac{4\cancel{夸脱}}{1\cancel{加仑}} \times \frac{0.9464升}{1\cancel{夸脱}} = 23 \times 4 \times 0.9464 = 87.07升$$

由上可知，需要购买 87.07 升汽油。

现在尝试完成练习 21 ~ 32，处理体积问题。

例 8　公制换算和通货膨胀

假设某饮料生产商决定将绿茶瓶的容量由 1 升改为 1 夸脱（略小），但是价格保持不变（1 美元）。这种变化相当于饮料价格的上涨百分比是多少？

解：由表 9.8 可知

$$0.9464升 = 1夸脱$$

等式两侧同时除以 0.9464 得

$$1升 = \frac{1夸脱}{0.9464} = 1.0566夸脱 \approx 1.06夸脱$$

这意味着 1 升饮料的售价将为 1.06 美元，比以前上涨了 6%。

现在尝试完成练习 65 ~ 68。

我们将要介绍的最后一种计量类型是质量，为简单起见，我们可以将其视为重量。严格地讲，质量和重量的含义并不相同。物体的质量取决于其分子构成，且始终保持不变；物体的重量取决于作用在该物体上的重力（引力），大行星上的重力较强，小行星上的重力较弱。因为月球上的重力仅为地球上的 $\frac{1}{6}$，所以对地球上重量为 2400 磅的大象而言，其在月球上的重量仅为 400 磅。但是，无论是在地球还是在月球上，大象的质量始终保持不变。

在公制中，质量的基本单位是克，它定义为特定温度和压力下 1 立方厘米（1 毫升）水的质量。1 升（约 1 夸脱）等于 1000mL（毫升），所以 1 升水的质量为 1000g（克）或 1kg（千克）。在公制中，常以千克为单位来计量大型物体的质量，1 千克约等于 2.2 磅。因此，如果正在西班牙户外烧烤，且想要烤 8 或 9 个"1/4 磅"牛肉，则应去市场购买 1 千克牛肉。

与长度和体积相比，质量的前缀模式、缩写形式和换算规则均相同。

要点　克是公制中质量的基本单位。

例 9　公制中的质量估算

在公制计量值 1g（克）、50dag（十克）、5kg（千克）和 1000kg（千克）中，采用其中一种计量值，估算以下各项的质量：a）一块大小合适的牛排；b）一大袋糖；c）一辆中型汽车；d）一个大曲别针。

解：a）牛排的质量可能是 1 磅或更多，1 千克等于 2.2 磅，所以牛排的质量约为 500 克，即 50dag（十克）。

b）我们通常购买 10 磅一袋的糖，5kg 等于 $5 \times 2.2 = 11$ 磅，因此糖的质量略小于 5kg。

c）一辆汽车可能重达 2200 磅，即 1000kg。

d）曲别针相当轻，质量可能约为 1g。

在公制与美制之间，要进行质量换算，可利用表 9.9 中的信息。

表 9.9　公制和美制的质量单位之间的关系

16盎司 = 1磅	1盎司 = 28克
2000磅 = 1美吨	2.2磅 = 1千克
	1公吨 = 1000千克
	1.1美吨 = 1公吨

（注：人们通常将公吨称为吨；美国人则将美吨称为吨。）

同样，采用量纲分析，可以在不同制式之间进行单位换算。

例 10　用意大利大理石翻修教堂

正在翻修教堂的承包商订购了意大利大理石板，每块石板的质量为 1.8 公吨。如果租用吊车来吊装大理石板，则吊车应能吊起的质量是多少磅？

解： 首先将公吨换算为美吨，然后将美吨换算为磅。单位分数 $\frac{1.1\text{美吨}}{1\text{公吨}}$ 可将公吨换算为美吨，单位分数 $\frac{2000\text{磅}}{1\text{美吨}}$ 可将美吨换算为磅。于是有

$$1.8\text{公吨} = 1.8\cancel{\text{公吨}} \times \frac{1.1\cancel{\text{美吨}}}{1\cancel{\text{公吨}}} \times \frac{2000\text{磅}}{1\cancel{\text{美吨}}} = 1.8 \times 1.1 \times 2000 = 3960\text{磅}$$

因此，一台能够吊起 4000 磅的吊车刚好可以胜任此项工作。

现在尝试完成练习 21 ~ 32，处理重量问题。

自测题 20

将 3.8kg 换算为磅，然后换算为盎司。

在做练习的过程中，我们经用如下表格中公制和美制之间的相等量。此外，由于存在舍入差异，你的答案有时或许略有差异。

1米 = 1.0936码
1英里 = 1.609千米/公里
1磅 = 454克
1公吨 = 1.1美吨
1升 = 1.0567夸脱

练习 9.5

强化技能

在练习 01 ~ 06 中，用表 9.5 进行换算。

01. 2.4 千升换算为分升。

02. 240 厘克换算为十克。

03. 28 分米换算为毫米。

04. 5.6 百克换算为厘克。

05. 3.5 十升换算为分升。

06. 7600 厘米换算为米。

在练习 07 ~ 16 中，匹配左侧的测量值与右侧的公制测量值。在计算最终答案前，最好先将已知测量值换算为基本公制单位，如米、克或升。

07. 1 个 1/4 磅汉堡　　**a**. 0.02159dam

08. 1 加仑牛奶　　**b**. 946.3mL

09. 1 只 15 英尺高的长颈鹿　　**c**. 378.5cl

10. 5 磅土豆　　**d**. 1.77dL

11. 1 把 6 英寸长的尺子　　**e**. 4572mm

12．1 夸脱机油　　f．0.0061km
13．1 本 8.5 英寸宽的书　　g．15.24cm
14．1 只 12 盎司的沙鼠　　h．1135dg
15．6 盎司橙汁　　i．3.405hg
16．1 个 20 英尺长的游泳池　　j．2.27kg

为以下各项选择最合适的测量值，并解释答案。

17．你书包里几本书的质量：a．500 g；b．80 hg；c．6 kg。
18．你的鼻子长度：a．4 dm；b．3 mm；c．5 cm。
19．1 瓶葡萄酒的体积：a．0.25 L；b．0.2 kL；c．750 mL。
20．美国橄榄球联盟边裁卡梅伦·海沃德的体重：a．136 kg；b．13000 g；c．20 dag。

采用量纲分析进行下列换算。为了进行换算，可能需要定义几个单位分数。此外，因为表格中给出的常数只是近似值，所以基于不同计算方法，你的答案可能略有差异。

21．18 米换算为英尺。
22．27 加仑换算为升。
23．3 千克换算为盎司。
24．10000 毫升换算为夸脱。
25．47 磅换算为千克。
26．507820 毫克换算为磅。
27．176 厘米换算为英寸。
28．3 码换算为毫米。
29．45000 千克换算为美吨。
30．0.65 公吨换算为磅。
31．2.6 英尺换算为分米。
32．10 美吨换算为公吨。

学以致用

美国货币体系与公制非常相像，以“10 的幂”为基础，货币单位是 1 美元。1 便士是 1 个 1/100 美元，可以称为美厘；1 角是 1 个 1/10 美元，可以称为美分，以此类推。在练习 33～38 中，采用具有特定前缀且类似于这种公制的货币语言，表示给定金额。

33．1 个 1/2 美元（分）　　34．1 个 1/4 美元（毫）
35．80 美元（百）　　36．4500 美元（千）
37．4.50 美元（十）　　38．8.75 美元（厘）

重写下列命题，用美制测量值替换相应的公制。

39．坚守阵地，不要失去 2.54 厘米。
40．特克斯戴着一顶 37.854 升的帽子。
41．这是第 1 次持球进攻，需要推进 9.14 米。
42．28 克预防相当于 0.45 千克治疗。
43．**山峰高度**。珠穆朗玛峰是世界最高山峰，海拔 8850 米，其高度是多少英尺？
44．**山峰高度**。乞力马扎罗山是非洲最高山峰，海拔 19340 英尺，其高度是多少米？
45．**东方地毯面积**。a．求 1 平方米的平方英尺数量；b．一小块东方地毯的尺寸是 3 米乘 4 米，该地毯的面积是多少平方英尺？
46．**照片面积**。a．1 平方米的平方英寸数量是多少？b．喷气推进实验室有一张火星车照片，尺寸为 1.5 米乘 2 米，其包含多少平方英寸？
47．**锦鲤池体积**。一个矩形锦鲤池的长度为 11 英尺，宽度为 8 英尺，深度为 3 英尺，其容量是多少升？
48．**水箱的容积**。一个矩形水箱的宽度为 5 米，长度为 8 米，深度为 4 米。a．该水箱的容积是多少立方米？b．该水箱可包含多少升水？c．水的质量是多少千克？
49．**速度换算**。在《极速前进》比赛中，瑞秋驾驶的汽车可同时显示英里/小时和千米/小时。如果她在意大利行进时的速度是 80 千米/小时，则可换算为多少英里/小时？
50．**速度换算**。TK 在瑞士以 55 英里/小时的速度行驶，其时速是多少千米？
51．**游泳池容积**。阿德里安的矩形游泳池的宽度为 20 英尺，长度为 40 英尺，平均深度为 6 英尺，其需要注入多少千升水？
52．**蓄水池深度**。养鱼场中某蓄水池的长度为 6 米，宽度为 10 米，可容纳 240 千升水，其深度为多少？
53．**购买罐头食品**。马可购买了一大罐辣椒，直径为 10 厘米，高度为 14 厘米，其体积为多少？a．以升为单位；b．以盎司为单位。
54．**氧气罐半径**。圣心医院的圆柱状氧气罐的容积为 4 千升，高度为 5 米，其底半径是多少？
55．**购买水果**。在波兰旅行时，安东尼购买了一些红莓，售价为 2.75 美元/千克。每磅红莓的售价是多少？
56．**测量药物**。贾斯汀正在服用抗炎药烟酸莫辛，按照说明书上的描述，患者每 15 千克体重需要服用 10 毫克。贾斯汀的体重为 275 磅，其应该服用的剂量是多少？
57．**购买汽油**。冈比亚（非洲）的汽油价格为 2.18 美元/升，每加仑汽油的价格是多少美元？

58. **购买汽油**。欧洲人对汽油征收重税，当作者编写这些练习时，德国的汽油价格是 8 美元/加仑，相当于多少美元/升？

59. **为犬舍建围栏**。在金色拉布拉多犬舍周围，塞琳娜想要修建一个矩形可移动围栏。犬舍的宽度为 35 英尺，长度为 62 英尺。如果围栏以整米出售，则应购买多少米围栏？

60. 在练习 59 中，塞琳娜的犬舍面积是多少平方米？

61. **计算汽油里程**。一辆汽车平均每加仑汽油可行驶 30 英里，其每升汽油可行驶多少千米？

62. **计算汽油里程**。一辆汽车平均每升汽油可行驶 15 千米，其每加仑汽油可行驶多少英里？

63. **购买地板**。橡木地板的售价是 8 美元/平方英尺，每平方米是多少美元？

64. **购买地板**。乙烯基地板的售价是 98 美元/平方米，每平方英尺是多少美元？

在练习 65 ~ 68 中，像例 8 中那样，计算产品价格的上涨百分比。

65. **计算通货膨胀**。假设 1 升瓶装椰汁的容量调整为 30 液量盎司。

66. **计算通货膨胀**。假设 1 升瓶装康普茶的容量调整为 28 液量盎司。

67. **计算通货膨胀**。1 块 1/2 千克瑞士巧克力的重量调整为 1 磅。

68. **计算通货膨胀**。1 块 1/2 千克吉百利宝石巧克力的重量调整为 14 盎司。

在公制中，温度计上的计量单位是摄氏度，而不是美国人常用的华氏度。在摄氏度范围内，水在 0℃ 结冰，在 100℃ 沸腾。要在摄氏度与华氏度之间进行换算，可以采用如下公式：

$$F = \frac{9}{5}C + 32$$

这个公式将摄氏度换算为华氏度，也可以（加上代数）将华氏度换算为摄氏度。如果你想用另一个公式将华氏度换算为摄氏度，可以采用公式 $C = \frac{5}{9}(F - 32)$。但是，这里强烈建议你只记住一个方程，并利用代数进行第 2 次换算。其中，F 是华氏度，C 是摄氏度。在练习 69 ~ 76 中，用该公式在二者之间进行换算。

69. 149℉。 **70**. 95℉。 **71**. 60℃。 **72**. 85℃。

73. **破纪录**。2012 年，世界气象组织判定“1922 年报告的 136℉高温”不正确，将此温度换算为摄氏度。

74. **气温记录**。目前记录的最高气温为 57℃，1913 年出现在加州死亡谷，其对应的华氏度是多少？

75. **极端气温**。南极洲记录的最高气温为 69℉，最低气温为-129℉。这两个气温的摄氏度之差是多少？

76. **极端气温**。亚洲记录的最高气温为 54℃，最低气温为-68℃。这两个气温的华氏度之差是多少？

在练习 77 ~ 80 中，利用 1 公顷是“边长为 100 米的正方形”的事实。

77. 公顷与平方米之间的关系是什么？

78. 公顷与平方千米之间的关系是什么？

79. 蒂普购买了一块矩形土地，尺寸为 0.75 千米乘以 1.2 千米，其面积是多少公顷？

80. 伊万卡购买了一块矩形土地，面积为 40 公顷，长度为 0.65 千米，其宽度是多少？

数学交流

81. 将百米换算为分米时，哪个单位（百米或分米）的数值更大？为什么？

82. 将毫克换算为十克时，是将小数点向右还是向左移动 4 位？

83. 如果 a 千升等于 b 十升，则 a 与 b 中哪个的值更大？解释理由。

84. 表 9.7 中存在大量冗余信息，从某种意义上讲，若已知表中的第 1 行，则可计算其余 3 行。解释你怎么做。

生活中的数学

当计算血液中的酒精含量（BAC）时，埃里克 · 威德马克博士提出了如下常用公式（注：本公式只是计算 BAC 的一种方法，影响 BAC 计算的方法和变量很多，这些公式的可靠性也存在争议，因此你不应其用作计算自己 BAC 的可靠方法）：

$$\text{BAC} = \frac{A \times 5.14}{W \times r} - 0.015 \times H$$

式中，A 是饮酒的盎司数，W 是体重（单位为磅），$r = 0.73$（男性）和 0.66（女性），H 是人开始饮酒后的小时数。

85. **估算血液中的酒精含量**。假设普通啤酒的酒精含量为 5%，某男性的体重为 160 磅，2 小时内喝了 4 瓶啤酒，每瓶啤酒的容量为 12 盎司，估算其 BAC。

86. **估算血液中的酒精含量**。某女性的体重为 120 磅，3 小时内喝了 3 瓶葡萄酒，每瓶葡萄酒的容量为 5 盎司（酒精含量为 12%），估算其 BAC。

挑战自我

87. 法国汽油价格。假设你正在法国开车，看到的汽油价格是 1.585 欧元/升。利用“1 美元可兑换 0.9106 欧元”的事实，计算每加仑汽油的美元价格。

88. 在墨西哥买葡萄。1 美元可兑换 22.20 墨西哥比索。在墨西哥旅游时，如果你花 30 比索买了 1 千克葡萄，每磅葡萄的售价是多少美元？

89. 在泰国买火龙果。在泰国曼谷某市场，假设你花 78 泰铢（31 泰铢可兑换 1 美元）买了 2 千克火龙果，每磅火龙果的售价是多少美元？

90. 椰奶价格。在印度，1 升椰奶的价格是 328 卢比，每夸脱椰奶的价格是多少美元？设 76 卢比可兑换 1 美元。

9.6 对称性和密铺

你知道儿童几岁开始具有对“美”的感知吗？2 岁或 4 岁？大多数人认为“必须在人世间生活一段时间后，儿童才能感知到什么是美”。

然而，事实并非如此。朱迪思•兰洛伊斯是得克萨斯大学奥斯汀分校的一位心理学家，她发现婴儿似乎具有一种“与生俱来”的对美的感知，与成年人对美的理解完全一致。她在实验中发现，对 3 个月大的孩子而言，凝视漂亮女性脸部的时间明显长于普通女性。她用白人女性和男性、非裔美国人女性甚至其他婴儿的脸进行反复实验，最终结果始终一样。

那么，婴儿到底通过识别什么来感知“美”呢？这就是本节的主题——对称性。

9.6.1 刚体运动

对于这里所说的对称性，虽然你有一种直观概念，但其并非一个容易描述的概念。在数学中，为了能够测量并用其进行计算，我们从一个直观的概念（如对称性）开始，并对其进行精确定义。例如，在图 9.58 中，“星形比箭头更加对称”显而易见，但是这种说法的确切含义是什么呢？

为了理解对称性，可将箭头想象成由极硬金属丝制成，且刚好位于一块木板上的浅槽中。现在假设你闭上眼睛，一位朋友捡起了这个箭头，并在翻转后放回原位。图 9.59(a)显示了翻转前的箭头，图 9.59(b)显示了翻转后的箭头。虽然箭头上的许多点已发生移位，但是整体外观保持不变，睁开眼睛后，你应当不知道箭头是否翻转。除了这种翻转，要在移动单个点的同时保持箭头的整体外观不变，我们真的没有任何其他办法了。

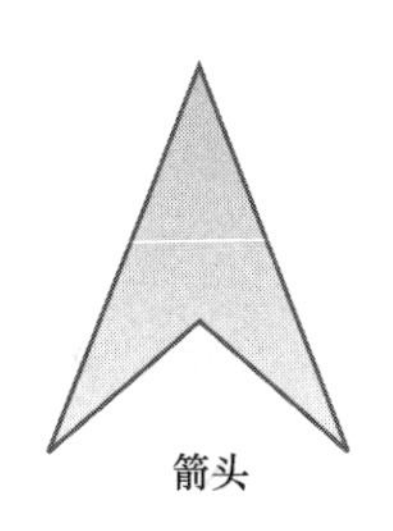

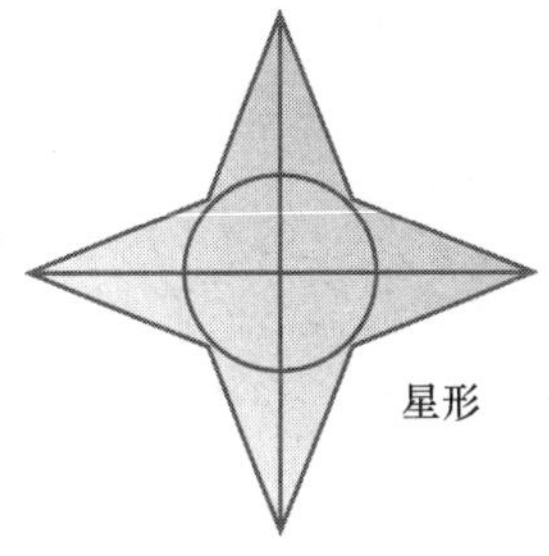

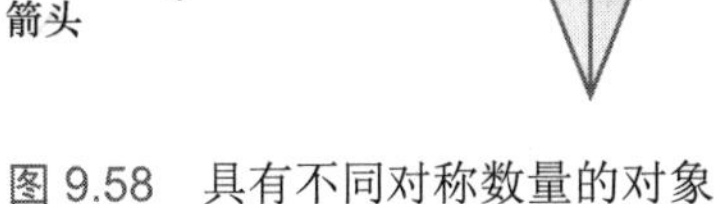

图 9.58 具有不同对称数量的对象

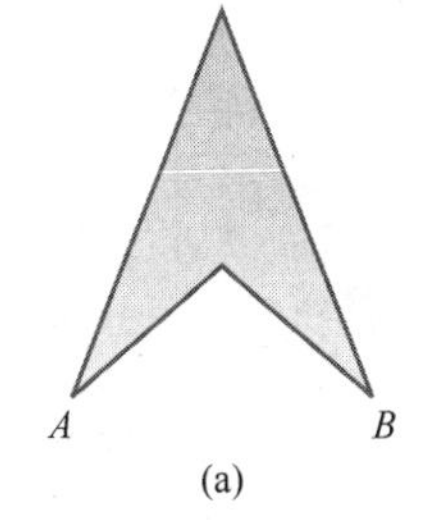

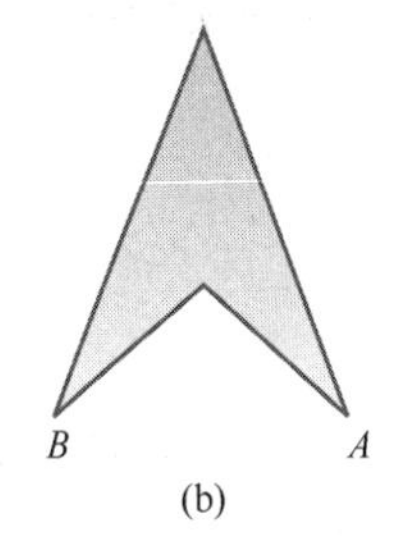

图 9.59 箭头已翻转并返回原位

另一方面，对于星形而言，要在移动单个点的同时保持箭头的整体外观不变，存在许多种不同的处理方法，图 9.60 显示了其中的两种方法。在图 9.60(b)中，沿逆时针方向旋转星形，将 A 移至星形底部，将 B 移至 A 的位置，将 C 移至 B 的位置，以此类推。在图 9.60(c)中，翻转原始星形，顶点 A 和 C 互换位置。

定义 刚体运动/刚性运动是指取平面上的一个几何对象，并以某种方式将其移至该平面上的另一个位置，但是不改变其形状或大小。

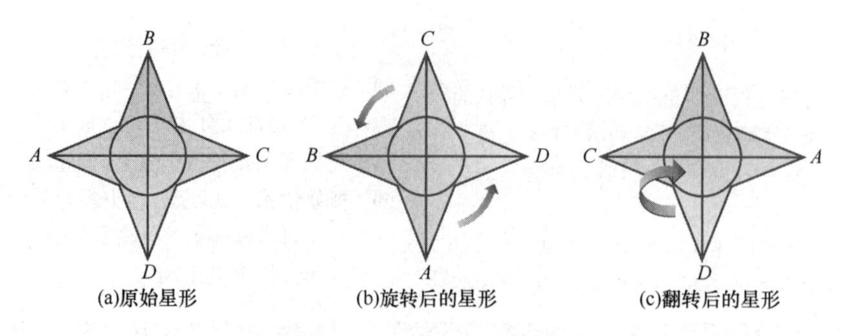

图 9.60　星形的两种变换

图 9.59 和图 9.60 显示的示例均为刚体运动。

考虑刚体运动时，我们只对该对象的起始位置和终止位置感兴趣。例如，假设在翻转箭头的过程中，箭头不慎掉落并在地板上滚动。如果此时将其捡起并放回木板凹槽中，则箭头上发生的大部分事情都无关紧要，从数学角度讲，最重要的事情是“从该过程的开始到结束，箭头发生了翻转”。

你可能认为刚体运动的实现可以采用多种不同的方法，但事实并非如此。

要点　刚体运动本质上只存在 4 种可能性。

从本质上讲，每个刚体运动都是反射、平移、滑移反射或旋转。

“从本质上讲”的意思是说：如果忽略对象的中间运动，只考虑起始位置和终止位置，则刚体运动只能用四种方法之一来完成。

首先讨论“反射”。

定义　反射/镜像/轴对称是移动一个对象并使其终止位置与起始位置互为镜像的一种刚体运动。

反射中存在称为反射轴/对称轴的一条直线，可像镜子那样将图形从原始位置转换至最终位置，我们称其为“原始图形绕反射轴被反射，从而生成最终图形”。图 9.61 显示了 2 种反射情形。

在图 9.61 中，我们用 A , B 和 C 等符号标注原始多边形中的各个顶点，用 A' , B' 和 C' 等符号标注反射多边形中的各个顶点。

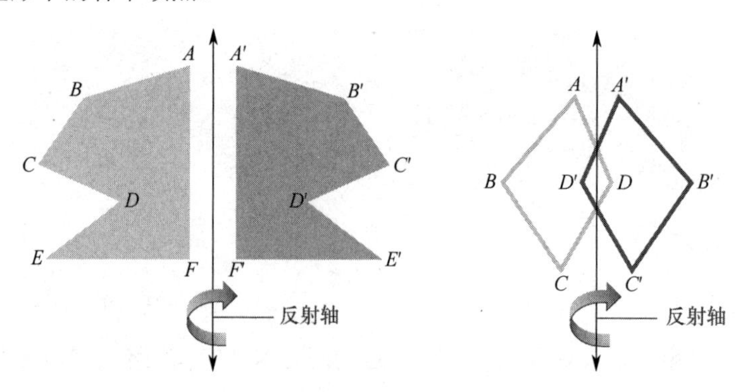

图 9.61　原始图形 $ABCDEF$ 和 $ABCD$

例 1　几何对象的反射

绕反射轴 l 反射多边形 $ABCDE$ ，如图 9.62 所示。

解：为了绕直线 l 反射该多边形，必须绕直线 l 反射每个顶点（A, B, C, D 和 E）。

第 1 步：绕直线 l 反射 A。从 A 到 A'，绘制垂直于直线 l 的一条线段，并使 A 与 l 之间的距离等于 A' 与 l 之间的距离（注：虽然目前尚未介绍如何构造一条直线与另一条直线垂直，但是为了理解反射的基本原理，你可以手工绘制一条垂线）。

第 2 步：采用类似的方法，绘制线段 BB', CC', DD' 和 EE'，如图 9.63 所示。

第 3 步：连接顶点 A', B', C', D' 和 E'，绘制反射多边形，如图 9.64 所示。

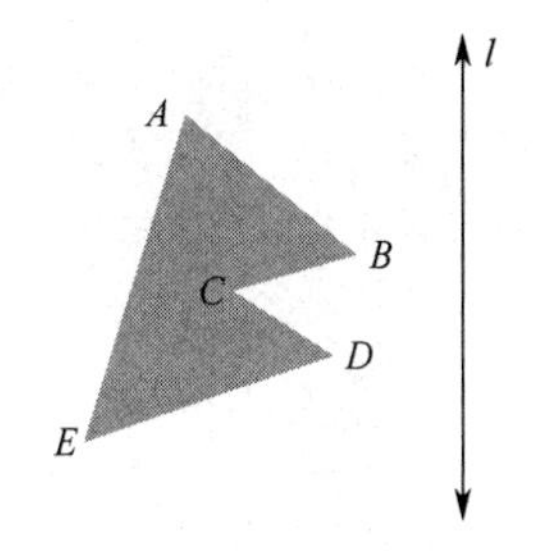

图 9.62 绕直线 l 反射的多边形 $ABCDE$ 反射图形 $A'B'C'D'E'F'$ 和 $A'B'C'D'$

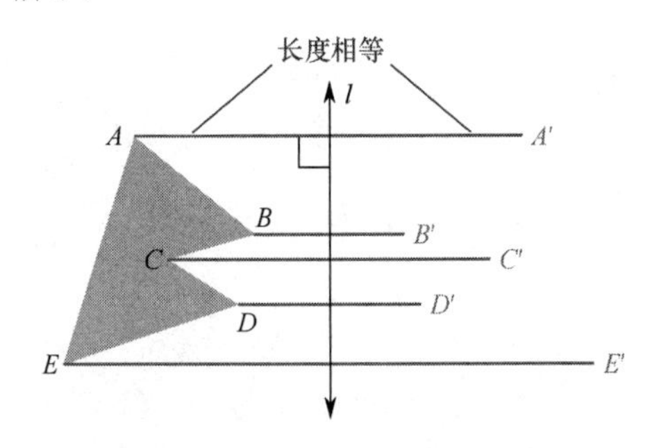

图 9.63 绕直线 l 反射点 A, B, C, D 和 E

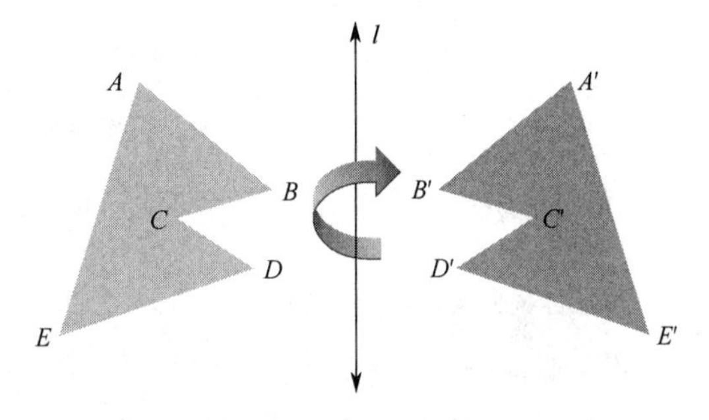

图 9.64 绕直线 l 反射多边形 $ABCDE$

现在尝试完成练习 01 ~ 08。

自测题 21

绕直线 l 反射四边形 $ABCD$。

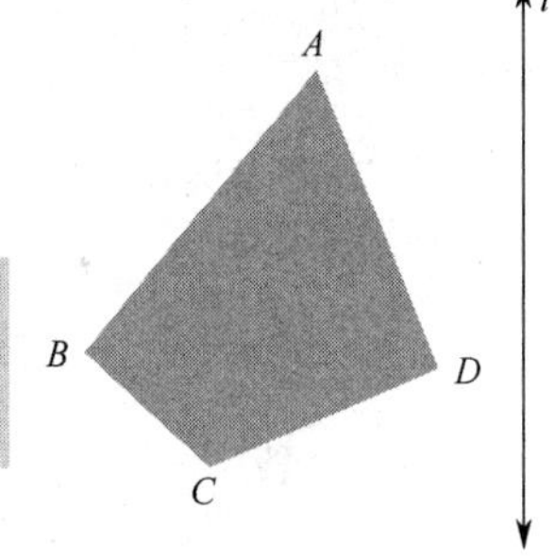

定义 平移是通过沿平面上的一条线段滑动来移动几何对象的一种刚体运动。平移完全由线段的方向和长度所决定。通过包含箭头的一条线段（称为平移向量），可以表示平移的距离和方向。

图 9.65 显示了一个平移。

定义 滑移反射是先平移（滑移）后反射形成的一种刚体运动。

例 2 几何对象的滑移反射

利用平移向量和反射轴，生成图 9.66 中所示对象的滑移反射。

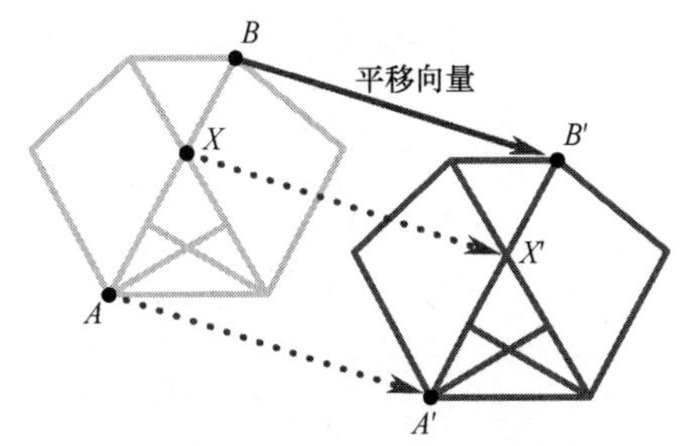

图 9.65 平移向量决定对象的平移

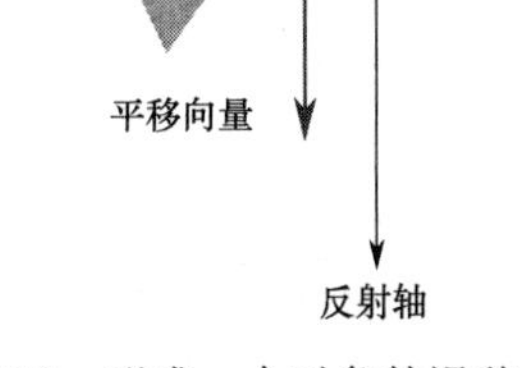

图 9.66 形成一个对象的滑移反射

解：我们按如下方式完成此滑移反射。

第 1 步：在该对象上的某点（如 Y）处，放置平移向量的一个副本，如图 9.67(a)所示。

第 2 步：沿平移向量滑动该对象，使点 Y 与平移向量的尖端重合，如图 9.67(b)所示。

第 3 步：绕反射轴反射该对象，获得最终对象，如图 9.67(c)所示。

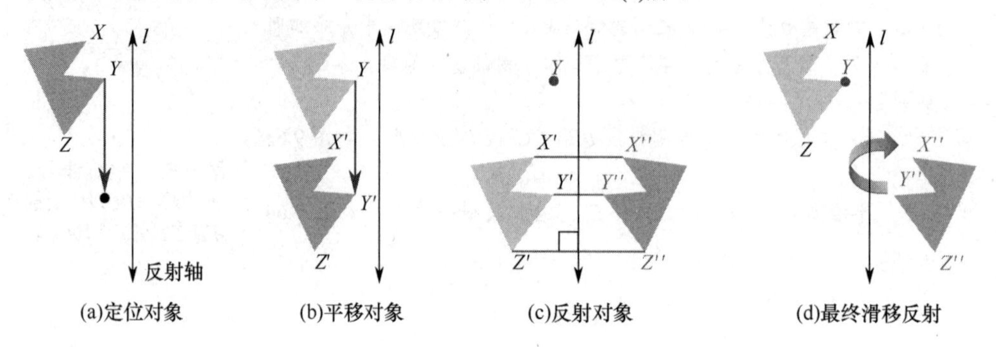

图 9.67　滑移反射

图 9.67(d)显示了滑移反射将原始多边形移动至结果多边形（顶点为 X'', Y'' 和 Z''）的最终效果。

现在尝试完成练习 15～16。

自测题 22

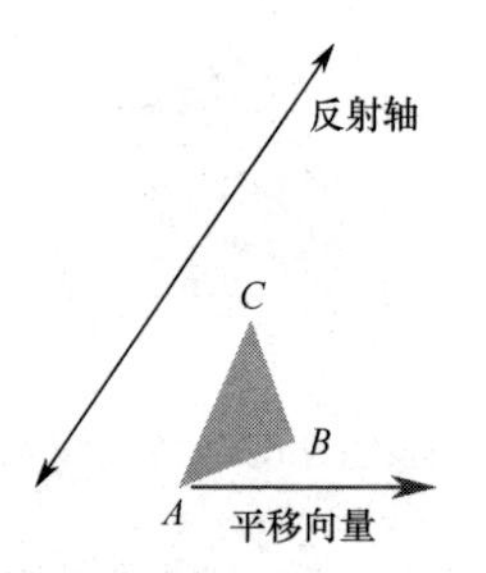

执行滑移反射。首先用给定的平移向量平移该三角形，然后绕反射轴反射平移后的三角形。

解题策略：有序性原则

由 1.1 节中的有序性原则可知，一定要注意执行滑移反射的次序，“先平移，再反射”与“先反射，再平移”并不相同。

下面介绍最后一种刚体运动——旋转。

定义　执行旋转时，首先选择一个点，称为旋转中心；然后在保持该点固定的同时，将该平面绕该点旋转某个角度，称为旋转角。

思考旋转时，一种好方法是将平面想象成一张纸。如果在平面中的旋转中心位置按下一颗图钉，然后旋转该平面，则平面将绕图钉进行旋转，且平面中的所有点都将移动（图钉所在的旋转中心点除外）。图 9.68 显示了一个旋转。

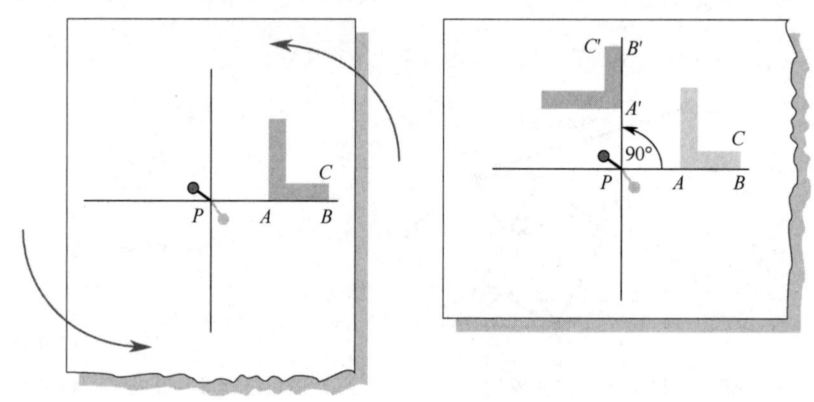

图 9.68　绕点 P 旋转 90°

现在尝试完成练习 17～20。

9.6.2 对称性

接下来采用刚体运动思想来定义“对称性”概念。

要点 对称性是能够使某一对象的整体外观保持不变的一种刚体运动。

定义 对称性是几何对象的起始位置与运动后的终止位置完全相同的一种刚体运动。

回看图 9.60，旋转和翻转是星形对称性的两个示例，旋转当然是前面定义的旋转，翻转则是反射。

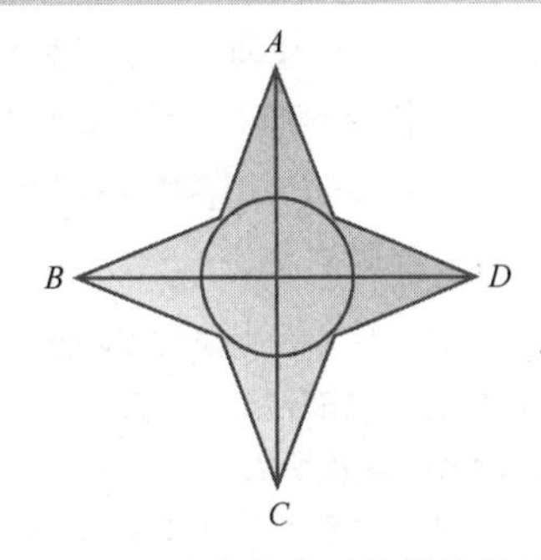

图 9.69 存在很多对称性的星形

例 3 星形的对称性

查找图 9.69 中星形的两种对称性（图 9.60 所示的对称性除外）。

解：要形成该星形的对称性，显然存在反射和旋转星形的很多方法。例如，在图 9.70 中，我们绕直线 l 反射该星形，直线 l 称为该星形的对称线。

也可绕其中心旋转该星形，如图 9.71 所示。

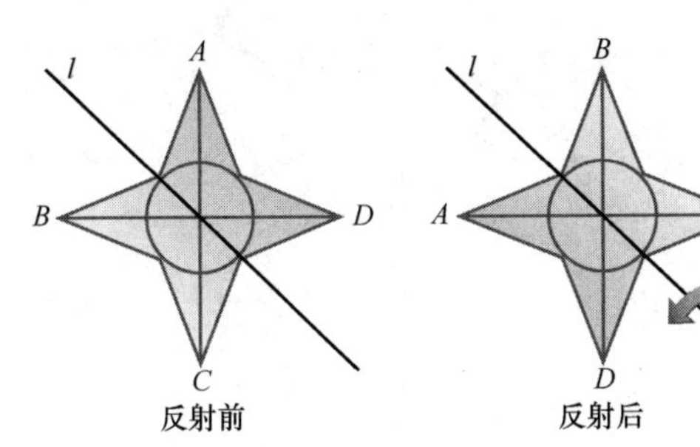

图 9.70 绕直线 l 反射该星形

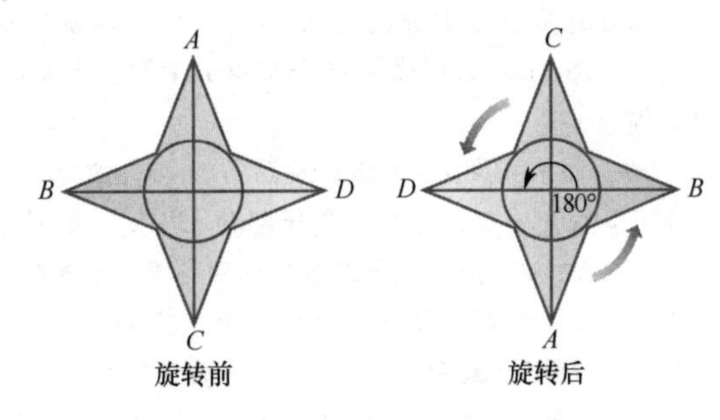

图 9.71 绕其中心旋转该星形 180°

现在尝试完成练习 35～40。

生活中的数学——让虫子变美的是什么？

令人惊讶的是，“一只昆虫被另一只昆虫所吸引”同样缘于前面提到的“对称性”。兰迪·桑希尔和史蒂芬·甘格斯塔德是新墨西哥大学的两位教授，他们发现雌蝎蛉可被具有“对称”翅膀的雄蝎蛉吸引。科学家在另一个实验中发现，剪掉雄燕的尾羽而使其对称性降低，可降低其对雌燕的吸引力，二者交尾的可能性随之降低。

生物学家认为对称度较高的动物具有更高的遗传多样性，能够更好地承受环境压力，并对寄生虫更具抵抗力；较低的对称性则与较低的存活率和较少的子孙后代息息相关。

桑希尔教授与维也纳大学的卡尔·格拉默教授合作，研究对称性是否为人类吸引力的一种因素。为了衡量眼睛、颧骨和鼻子位置的面部对称性及其他几种因子，他们设计了一种指数。研究发现，在面部对称性与可感知吸引力之间，确实存在着高度相关性。

另一方面，其他研究表明，乳房不对称的女性患乳腺癌的概率更高。在针对西印度群岛男性的一项研究中，人们发现“与身材更匀称的男性相比，身材不匀称的男性更容易患乳腺癌”。

下面返回到测量箭头和星形的对称性问题。由图 9.72 可见，箭头只具有两种对称性：一是绕 A 旋转 0°（箭头中的每个点保持不变）；二是绕过点 A 和 C 的垂线反射。星形也有这两种对称性，不过还存在更多对称性，如例 3 所述。

可以看到，该星形具有 8 种对称性。采用集合论语言，我们可以认为“箭头的对称性集合”是“星形的对称性集合”的一个真子集（详见 2.2 节中关于子集的介绍）。从这个意义上讲，星形比箭头具有更多的对称性。

几何对象的各个子部分可以具有对称性，当它们组合到一起时，这些对称性有助于构建该对象的整体对称性，如例 4 所述。

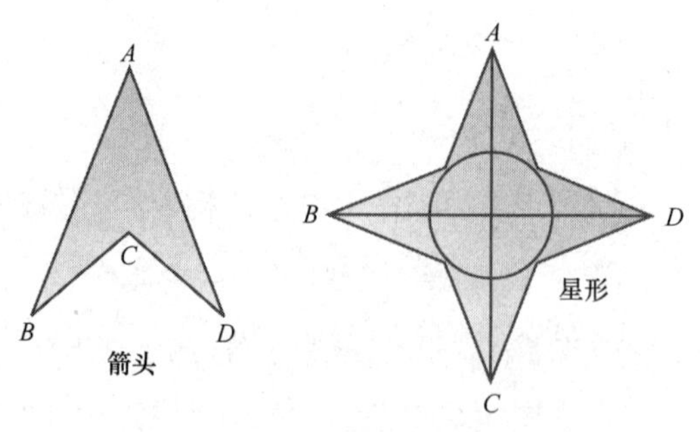

图 9.72　星形的对称性比箭头更多

例 4　计算对称性

图 9.73 中的对象由 Symmetry Artist(对称性艺术家) 程序创建，该程序允许艺术家制作几何对象，然后绘制该对象的旋转图像。

仅由红色片段组成的子部分具有 4 对称，意味着该对象有 4 个旋转对称性（ $360°/4=90°$ 的倍数）。由蓝色部分组成的子部分具有 6 对称，因此其旋转对称性是 $360°/6=60°$ 的倍数。整个对象具有什么样的旋转对称性？

解：如果按照 90° 的倍数旋转图 9.73，则红色子部分看起来固定不变，但是蓝色子部分不固定；如果按照 60° 的倍数旋转，则蓝色子部分将固定不变，但是红色部分将不固定。所以，要旋转对称有效，其必须具有可同时被 90° 和 60°（或 90° 和 60° 的最小公倍数 180°）整除的旋转角。因为 $360°/180°=2$，所以可以称为 2 对称。

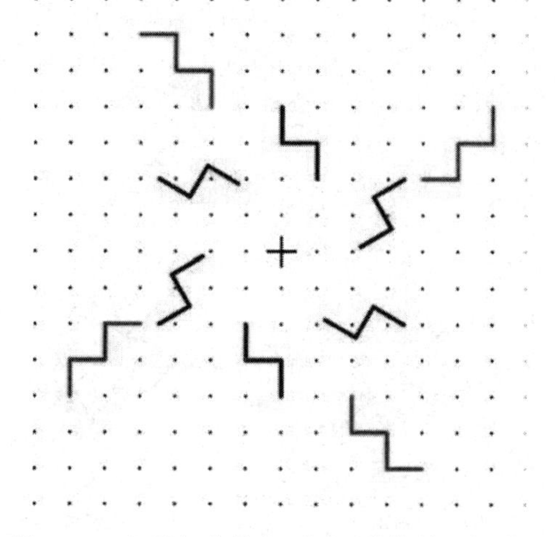
图 9.73　各子部分具有不同对称性的几何图形

现在尝试完成练习 21 ~ 24。

9.6.3　密铺

利用刚体运动，可将一个几何图形的若干副本放到同一平面上的不同位置。下面是一个很有趣的数学题：是否能够从一个多边形集合开始，用这些多边形的若干副本完全覆盖该平面？

要点　密铺/镶嵌利用多边形的若干副本覆盖该平面。

定义　平面的密铺/镶嵌/平铺是全部由“完整覆盖该平面的多边形”构成的一种图案，该图案必须没有孔洞或间隙，各个多边形不能交叠（边缘除外）。规则密铺由大小和形状相同的若干正多边形构成，各多边形的所有顶点都只在顶点位置接触其他多边形。

设计墙纸、布料图案或公司徽标时，设计师应当知道“等边三角形、正方形和正六边形能够密铺一个平面”，如图 9.74 所示。

人们自然会问“是否存在能够密铺平面的其他正多边形”？为了回答该问题，可回顾 9.2 节中介绍的结论“包含 n 条边的正多边形的每个内角的测量值为 $(n-2)\times180°/n$”。例如，正十二边形的每个内角的测量值为

$$\frac{(12-2)\times180°}{12}=\frac{1800°}{12}=150°$$

利用这一事实，可以判断哪些其他正多边形能够密铺平面。

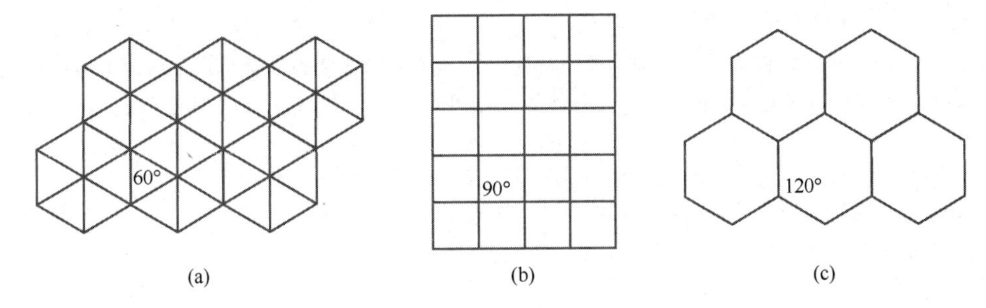

图 9.74　用(a)三角形、(b)正方形和(c)六边形对平面进行规则密铺

例 5　用正多边形密铺平面

哪些正多边形能够密铺平面？

解：回顾本书前文所述的画图策略。

为了理解这个问题，首先查看用六边形密铺的一部分，如图 9.75 所示。

可以看到，在任何规则密铺中，某一顶点周围的角度之和必须为 $360°$，且必须存在 3 个（或更多）具有相同形状和大小的多边形。在图 9.74(a)中，每个顶点周围环绕着 6 个 60° 角；在图 9.74(b)中，每个顶点周围环绕着 4 个 90° 角。

下面考虑是否可能用五边形对平面进行规则密铺。正五边形的每个内角的测量值为

$$\frac{(5-2)\times 180°}{5}=\frac{540°}{5}=108°$$

如图 9.76 所示，如果一个密铺的顶点周围环绕着 3 个五边形，那么该顶点周围的角度之和为 $3\times 108°=324°<360°$，缺乏足够五边形来完全环绕该顶点。但是，如果另外纳入第 4 个五边形，则该顶点周围的角度之和将超过 $360°$，导致这些五边形发生交叠。由此可知，用五边形无法进行规则密铺。

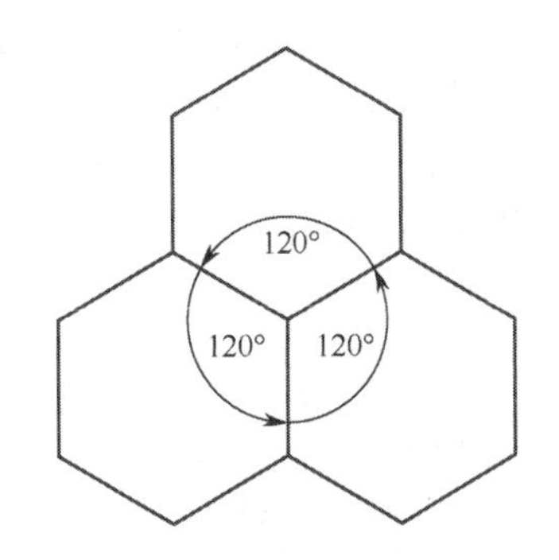

图 9.75　密铺中某一顶点周围的角度之和必须总计为 360°

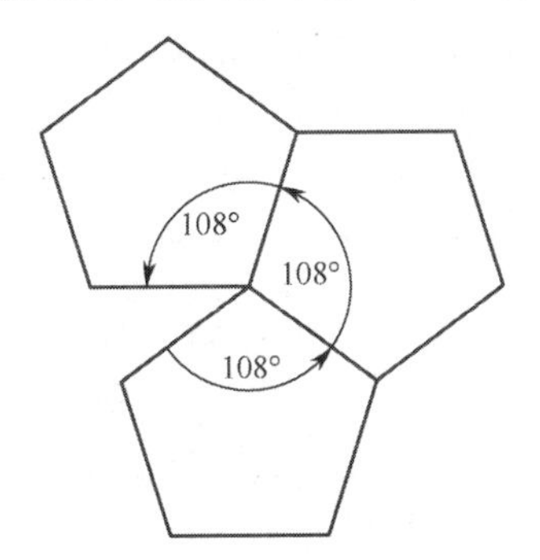

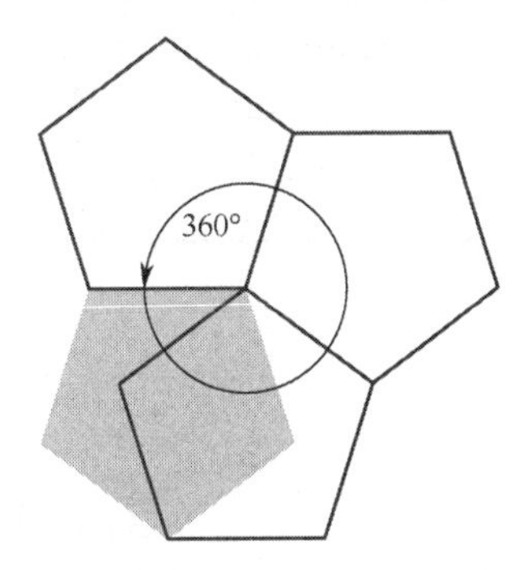

图 9.76　五边形无法对平面规则密铺

如果正多边形的边超过 6 条，则其每个内角的测量值将超过 $120°$，因此在一个密铺的一个顶点周围，不可能存在 3 个这样的多边形。

因此可以得出结论：只能构建三种规则密铺，分别使用等边三角形、正方形或正六边形。

虽然只存在 3 种规则密铺，但是许多密铺并不规则。构建密铺时，是否可以采用具有相同长度边的两种不同类型多边形？

例 6　用不规则密铺进行装饰

安东尼·高迪是一位西班牙建筑师，专门研究如何用瓷砖制作装饰马赛克。目前，他拥有形状为等边三角形和正方形的大量瓷砖，并且全部瓷砖的边长都相同。通过利用这两种瓷砖的组合，是否可能生成一种密铺？

解：回顾本书前文所述的“新问题与旧问题相关联”策略。

系统考虑不同可能性即可解决这个问题。我们依次研究如下密铺：一个顶点位置存在 1 个正方形，一个顶点位置存在 2 个正方形，以此类推。

首先，仅用 1 个正方形及其他三角形尝试构建一个密铺，初始状态如图 9.77 所示。在该顶点周围，90°应为正方形所占据，其余 270° 应为三角形所占据。

后续问题类似于例 5 中的五边形问题。我们还需要刚好 270°，但是 4 个三角形只能占据 240°（不够），5 个三角形则占据 300°（过多）。因此，仅用 1 个正方形并将三角形用作剩余多边形时，无法构建平铺。

继续沿用这种思维，由表 9.10 可知，只有当含有 2 个正方形和 3 个三角形时，等边三角形和正方形的组合才能在每个顶点处产生 360° 的总角度和。顶点处的这种结构布局如图 9.78(a)所示，图 9.78(b)则显示了密铺的更大部分。

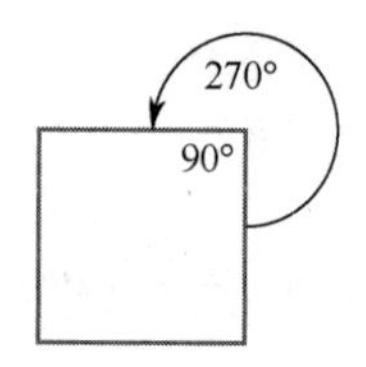

图 9.77　1 个正方形将 270°留给三角形

表 9.10　密铺顶点处可能出现的“等边三角形-正方形”可能个数的组合

顶点处的正方形个数	360°中正方形所占据的度数	360°中三角形所占据的剩余度数	此数字是否可被 60°整除？	此结构布局是否可能实现
1	90°	270°	否	否
2	180°	180°	是	是
3	270°	90°	否	否
4	360°	0°	是	否（无三角形）

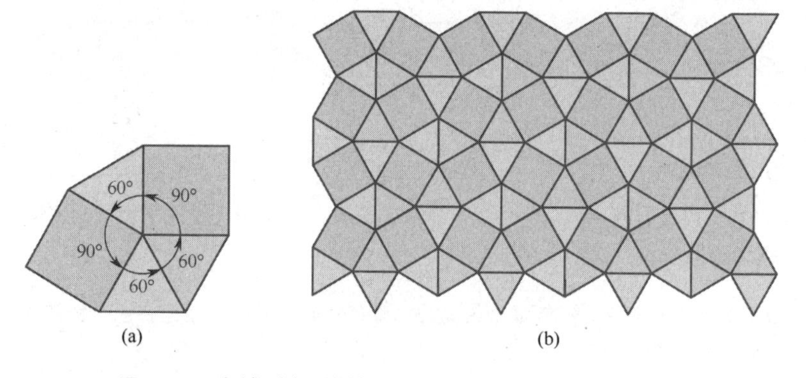

图 9.78　密铺顶点周围的 2 个正方形和 3 个等边三角形

现在尝试完成练习 47 ~ 50。

如果选定图 9.78(a)中的任意顶点，然后列出其周围环绕的各个正多边形，则从包含最少边

的多边形开始，沿顺时针方向环绕该顶点，可得

三角形-三角形-正方形-三角形-正方形

此规律可简写为3-3-4-3-4，因此这种类型的密铺称为“3-3-4-3-4密铺”。

自测题 23

a）考虑密铺中每个顶点的角度，解释为何可以进行如下密铺？b）采用数字方式描述这种密铺。

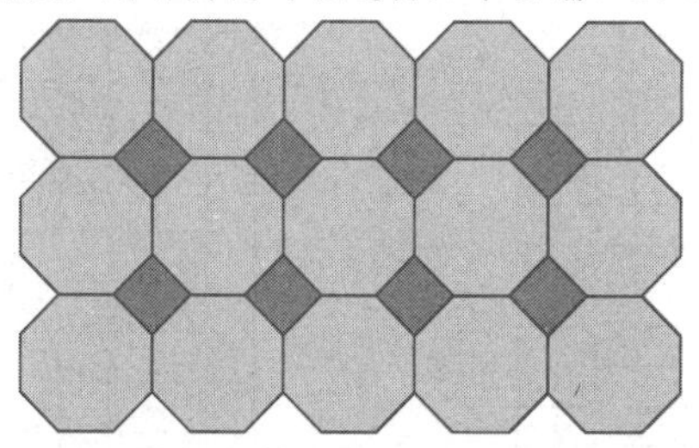

历史回顾——是否所有数学都已发现？

数学家至今仍在探索本节研究主题的新事实，这一点可能令人惊讶。如前所述，采用特定类型的正多边形和非正多边形，我们可以对平面进行密铺。例如，虽然无法用正五边形对平面进行密铺，但是可以用右侧所示的非正五边形对平面进行密铺。

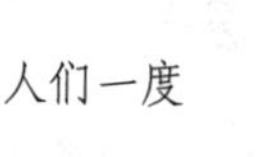

数学家接着会问如下简单问题：到底何种类型的五边形可用于密铺平面？人们一度认为只有8个这样的五边形。

但是在20世纪70年代，作为只有高中数学背景的一位女性，玛乔里·赖斯发现了第9个可以密铺平面的五边形。通过采用新方法，她随后还发现了更多其他五边形。为了纪念她的卓越成就，在美国数学协会的总部大厅中，人们将其一项发现作为瓷砖图案，如右图所示。

2015年，华盛顿大学博塞尔校区的某个数学家团队发现了第15个密铺平面的五边形。两年后，法国数学家米夏埃尔·拉奥提供了计算机辅助证据，证明再不会有其他更多发现，一道百年数学题成了新闻！

练习 9.6

强化技能

将如下图形用于练习01~04。为了完成这些练习，或许要用到方格纸。

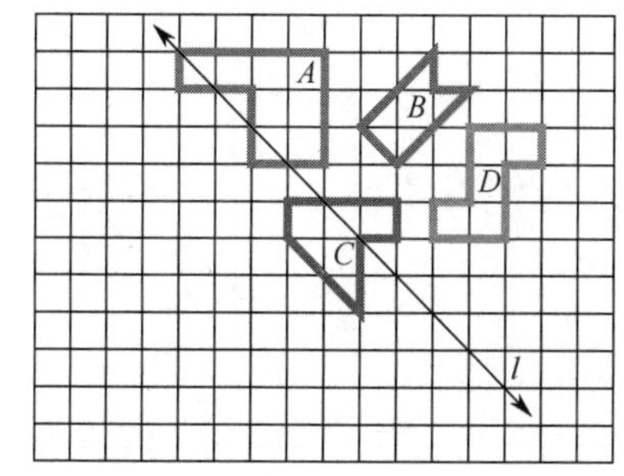

01．绕直线l反射图形A。

02．绕直线l反射图形B。

03．绕直线l反射图形C。

04．绕直线l反射图形D。

将如下图形用于练习05~06。

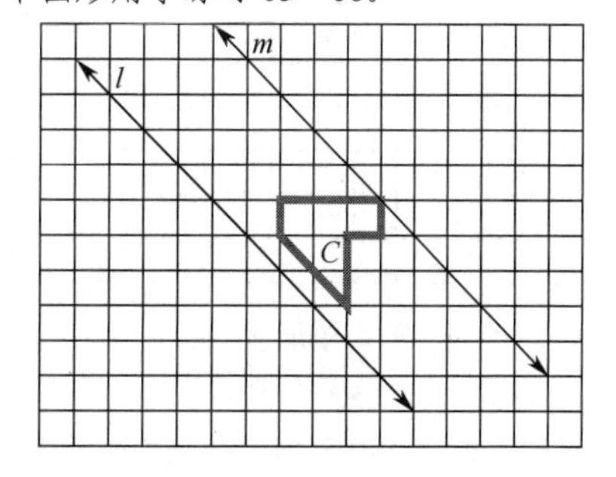

05. 绕直线 l 反射图形 C，将结果图形称为 C'。然后，绕直线 m 反射图形 C'，将结果图形称为 C''。

06. 绕直线 m 反射图形 C，将结果图形称为 C'。然后，绕直线 l 反射图形 C'，将结果图形称为 C''。

将如下图形用于练习 07 ~ 08。

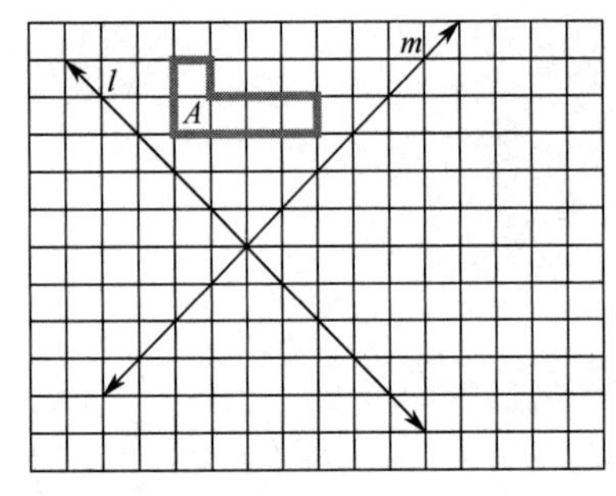

07. 绕直线 l 反射图形 A，将结果图形称为 A'。然后，绕直线 m 反射图形 A'，将结果图形称为 A''。

08. 绕直线 m 反射图形 A，将结果图形称为 A'。然后，绕直线 l 反射图形 A'，将结果图形称为 A''。

09. 在练习 05～06 中，绕一条直线反射一个对象，然后绕平行于该直线的另一条直线再次反射该对象。**a**. 反射顺序是否对结果存在影响？解释理由；**b**. 对该对象执行两次反射的效果是什么？

10. 在练习 07～08 中，绕一条直线反射一个对象，然后绕垂直于该直线的另一条直线再次反射该对象。反射顺序是否对结果存在影响？解释理由。

将如下图形用于练习 11 ~ 14。

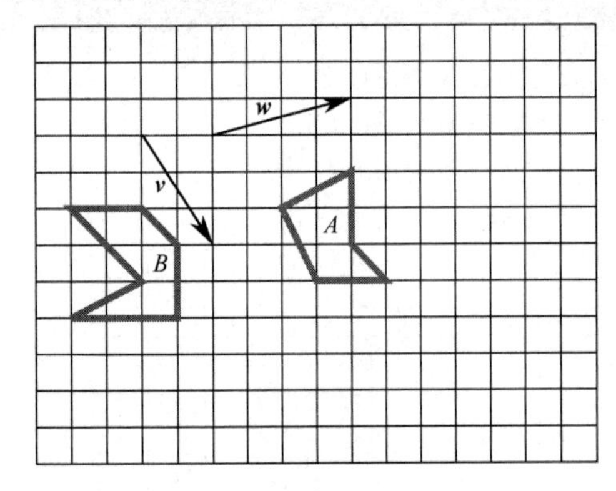

11. 通过向量 $\boldsymbol{w}$，平移图形 A。

12. 通过向量 $\boldsymbol{v}$，平移图形 B。

13. 通过向量 $\boldsymbol{v}$，平移图形 A，将结果图形称为 A'。然后，通过向量 w，平移图形 A'，将结果图形称为 A''。

14. 在练习 13 中，如果反转平移顺序，则结果图形 A'' 是否存在差异？解释理由。

15. 对图形 A 执行下图所示的滑移反射。

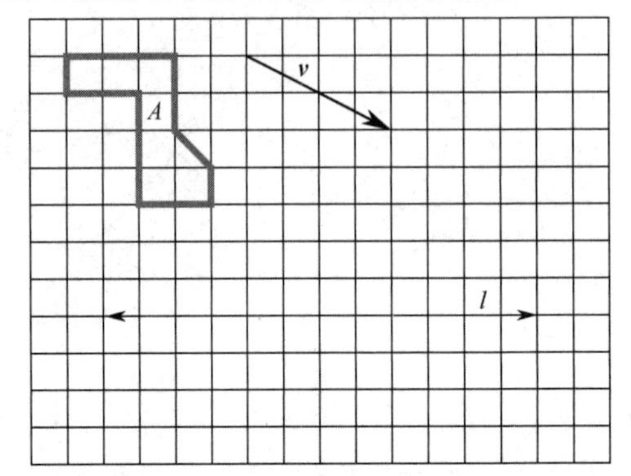

16. 对图形 B 执行下图所示的滑移反射。

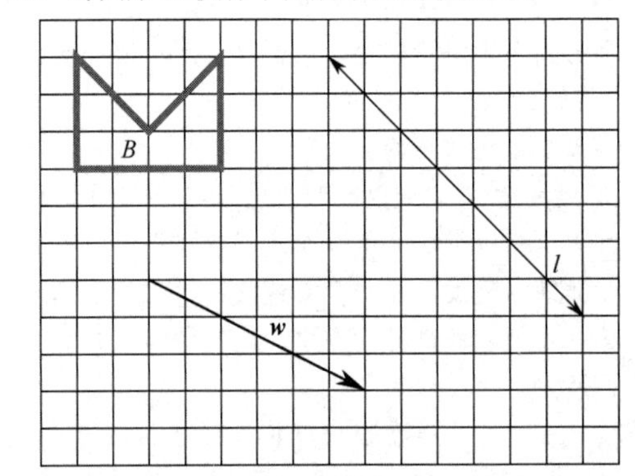

在练习 17 ~ 20 中，从各图所示的原始位置开始，绕点 P 分别旋转每个形状 45°、90° 和 180°。

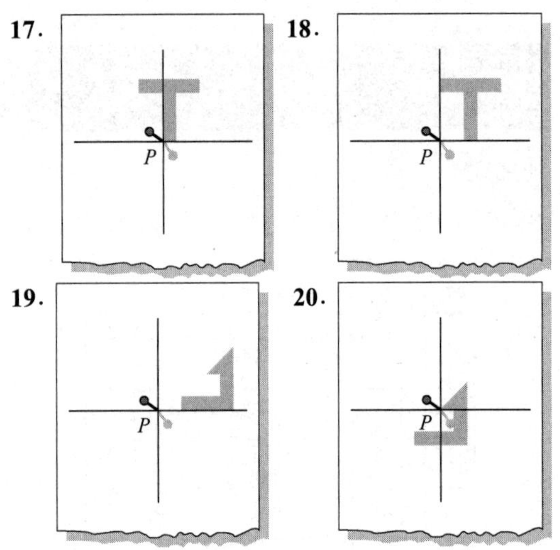

在练习 21 ~ 24 中，假设每个图形均由具有指定旋转对称性的子部分组成，描述整体图形的旋转对称性。

21．1 个 6 对称和 1 个 3 对称

22．1 个 8 对称和 1 个 6 对称

23．1 个 4 对称和 1 个 9 对称

24．1 个 4 对称和 1 个 8 对称

25．正十二边形的内角和是多少？每个内角的测量值是多少？

26．正十五边形的内角和是多少？每个内角的测量值是多少？

27．解释为何可用正六边形来密铺平面，但是正五边形不行。

在练习 28 ~ 30 中，用给定图形密铺平面。

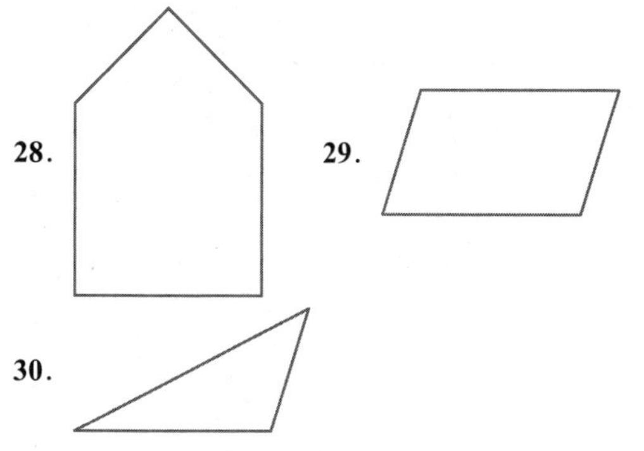

学以致用

下图显示了 8 种瓷砖排列，某些排列可通过“应用与其他排列之间的刚体运动”得到，例如通过绕垂直轴来反射排列(a)，即可得到排列(e)。用这些排列完成练习 31 ~ 34。

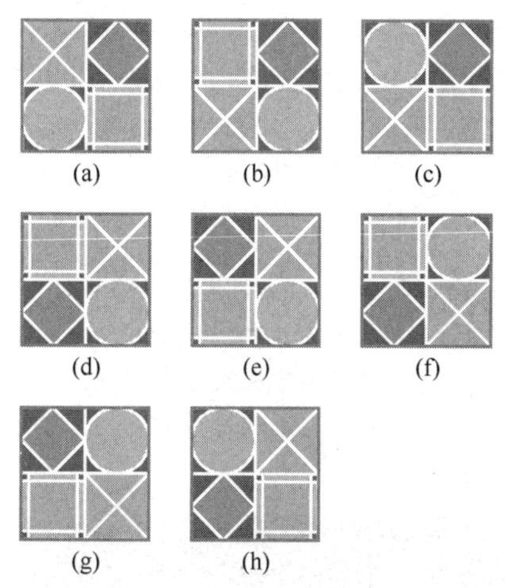

31．列出通过绕一条直线反射排列(b)所获得的全部排列（不要忘记绕对角线的反射）。

32．列出绕其中心旋转排列(g)所获得的全部排列。

33．列出通过对排列(f)应用刚体运动所获得的全部排列。

34．解释为何无法找到可应用于排列(a)以获得排列(b)的刚体运动。

在练习 35 ~ 40 中，列出对象的全部反射对称性，同时找到对象的全部旋转对称性（使用 1° ~ 359° 的角度）。

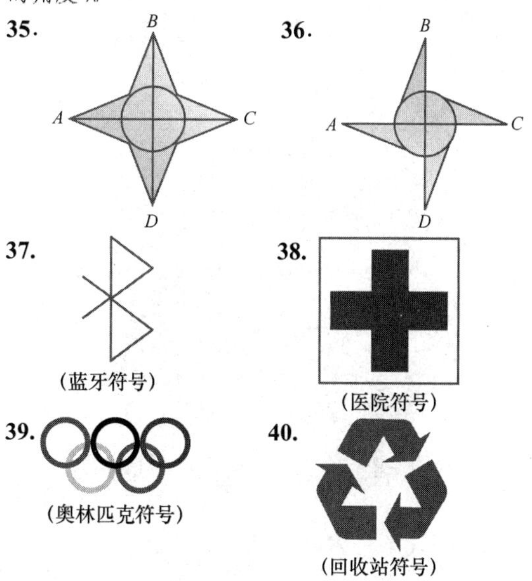

数学交流

41．刚体运动包括哪 4 种类型？

42．如果用多边形来密铺平面，每个顶点周围的角度之和是多少？这为何意味着可用六边形（而非五边形）密铺平面？

43．一个对象的对称性和刚体运动有何不同？

44．如前文所述，当进行滑移反射时，必须先滑移后反射，因为如果反转了这些刚性运动的顺序，就不会得到相同的结果。但是在例 2 中，如果先反射后平移，好像获得了相同的最终图形。这是否存在不一致情形呢？

生活中的数学

45．**对称性与美**。搜索互联网，调查对称性与人类美之间的关系。

46．**对称性与美**。搜索互联网，查找“数学与貌美”相关话题，特别要关注“黄金分割矩形与美”之间的关系。查找相关应用程序，测量自己的貌美程度。

挑战自我

在练习 47 ~ 50 中，考虑密铺中每个顶点的角度，解释为何每个密铺都可能存在（参照“自测题 23”中的做法）。

47.

48.

49.

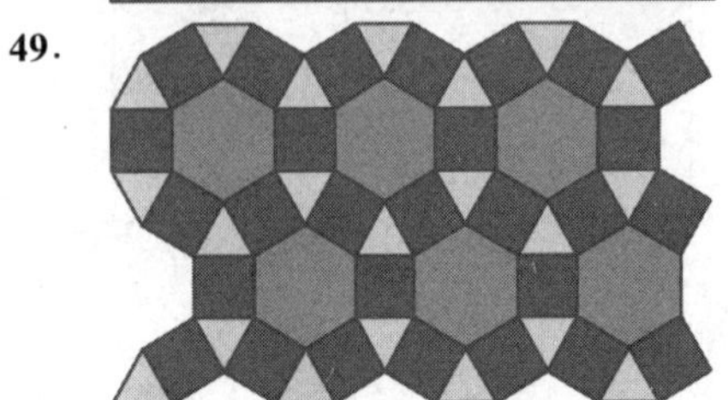

50.

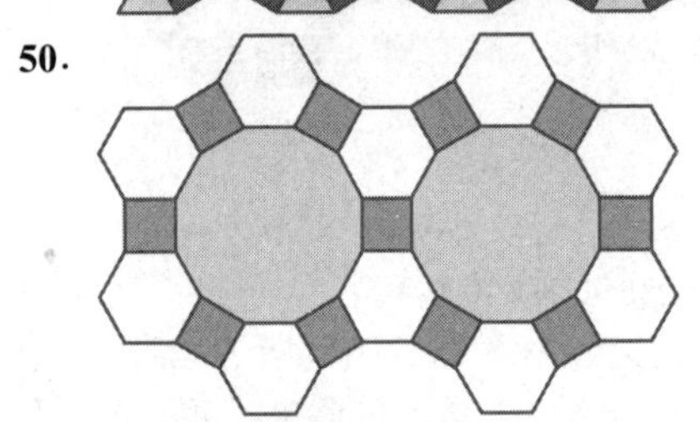

51. 采用一系列数字描述练习 47～50 中的密铺（参照例 6 后的做法）。**a**．练习 47；**b**．练习 48；**c**．练习 49；**d**．练习 50。

52. 下列哪种类型的密铺可以构建？若无法构建，请解释理由。**a**．3-3-3-3-6；**b**．3-3-3-4-4；**c**．3-4-3-4-3-4；**d**．3-4-4-5。

53. 利用如下图形解释为何任何凸四边形都能密铺平面。

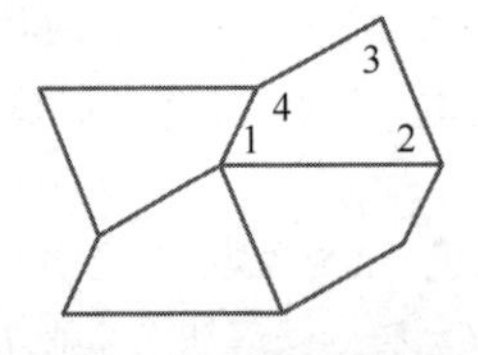

54. 采用一个类似于练习 53 中的图形，显示密铺平面的如下四边形。

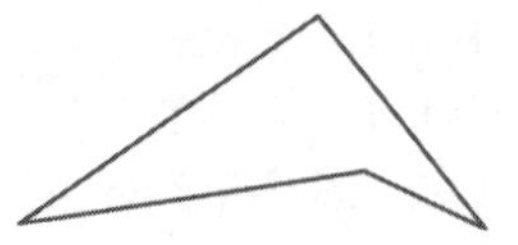

圆的弦(注:弦是 2 个端点均位于圆上的一条线段)的垂直平分线过圆心。因为直线 l 将线段 AB 划分成 2 个相等部分，且垂直于线段 AB，所以圆心位于直线 l 上的某个位置。在练习 55～56 中，用此信息估计所示旋转的旋转中心。

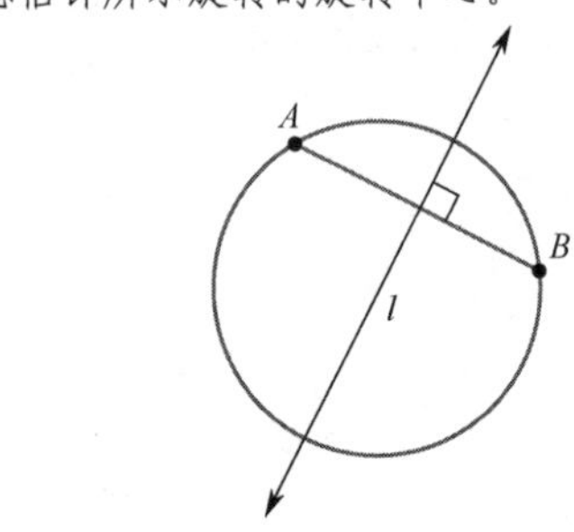

练习55～56用图

55.

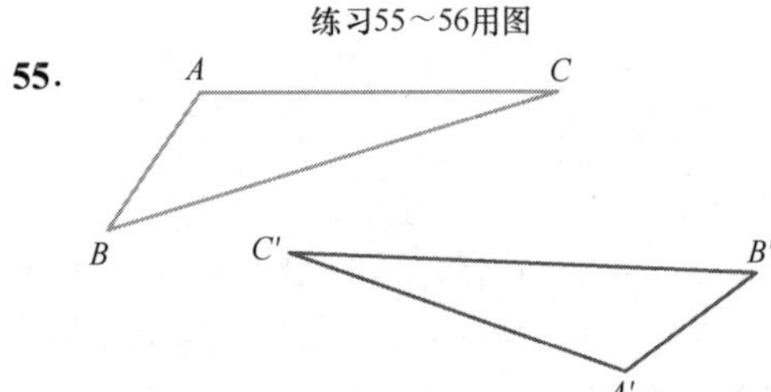

56.

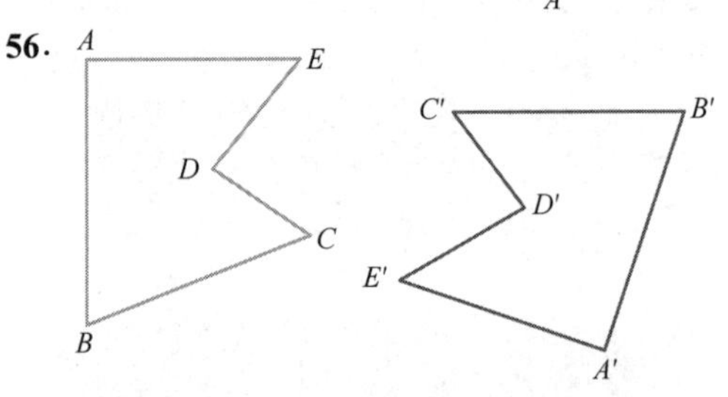

57. 许多有趣而华丽的网站专门讨论密铺话题，如某些网站提供描述“如何密铺平面”的视频，有些网站允许用户探索建立自己的密铺。找到一个有趣的网站，探索建立自己的密铺，然后报告你的发现。

9.7 深入观察：分形

自然界中的一切事物都可以用圆锥、圆柱和球体进行观察。

——保罗·塞尚（19 世纪印象派画家）

云不是球体，山不是圆锥，海岸线不是圆形，树皮不光滑，闪电不走直线。

——本华·曼德博（IBM 前研究数学家）

哪位名人的话正确呢？环顾四周，很容易发现“在描述自然方面，曼德博似乎要比塞尚更合理”。山峰、海滨和云的边缘并不像儿童故事书中那样光滑，而具有无法用传统欧几里得方法进行解释的粗糙锯齿状边缘。本节介绍一种相对较新的不同几何学——分形几何学。与欧几里得几何学相比，分形几何学能够更准确地描述现实生活中的对象和图案，且具有大量重要的实际应用。

9.7.1 分形

为了理解分形几何学与欧几里得几何学的区别，想象从数百英里外拍摄的大片云彩边缘的一张气象卫星照片。该边缘应当不是平滑曲线（像儿童读物中经常绘制的那样），而是有大量不规则锯齿，如图 9.79(a)所示。放大这条边缘的一小部分，就会看到一条锯齿状曲线，如图 9.79(b)所示。进一步放大这张较小照片的一小部分，仍然可看到包含与原始照片中相同类型锯齿的一条边缘。对于某一分形对象而言，无论将其放大多少倍，都可以看到与原始对象中图案极为相似的图案，具有这种性质的对象称为自相似对象。

要点 . 分形对象是自相似的。

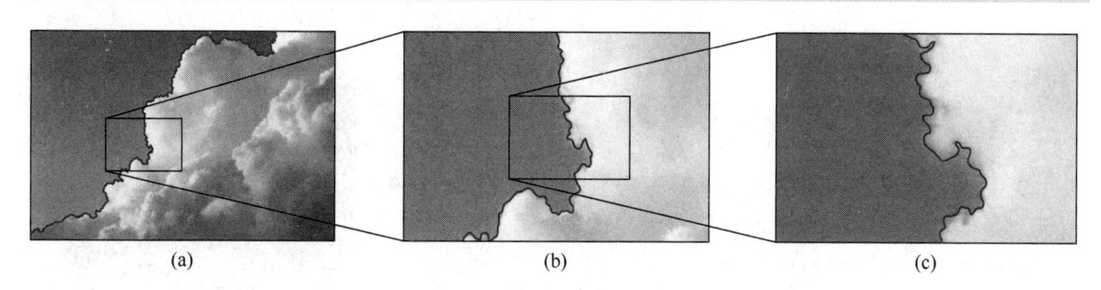

图 9.79 自相似的云

20 世纪 60 年代初，在 IBM 担任数学家的本华 • 曼德博创立了分形几何学理论。为了更好地理解这种几何学，我们将构建称为科赫曲线/雪花曲线的一条曲线。

例 1 科赫曲线是一种分形

为了绘制科赫曲线，我们首先绘制划分为三等分的一条线段 AB（第 0 步）（注：为了避免分形图形杂乱无章，这里不显示各条线段的各个端点）。在 CD 段，构建 1 个等边三角形 CED，然后删除 CD 段，得到图 9.80 中第 1 步所示的对象。

为了继续构建该曲线，我们将第 1 步中的 4 条线段中的每一条都划分为三等分，并用三角形尖角替换中间段（像第 0 步到第 1 步那样），结果曲线如图 9.81 中的第 2 步所示。如果对第 2 步中的 16 条线段再次重复这个过程，就会得到如图 9.81 中第 3 步所示的曲线。

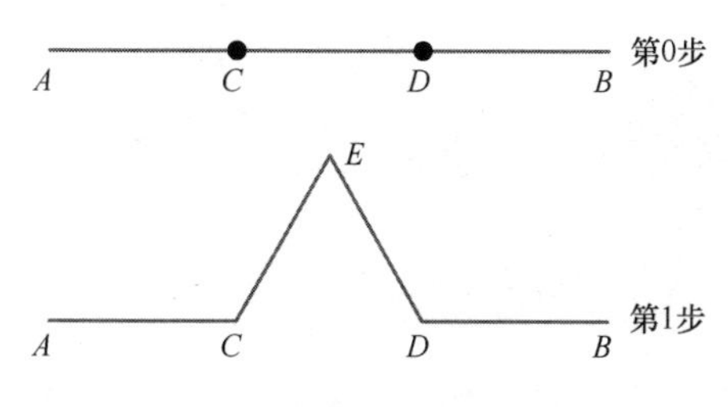

图 9.80 开始绘制科赫曲线

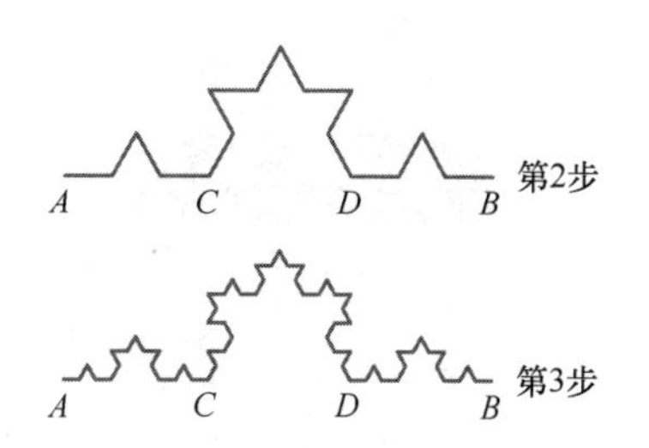

图 9.81 科赫曲线的第 2 步和第 3 步

为了完成该科赫曲线，必须无限重复细分每条线段的过程，并采用具有三角形尖角的一条线段对其进行替换。

图 9.82 中给出了科赫曲线是分形的原因。放大该曲线的一小部分，会看到放大后的曲线与原始曲线的结构完全相同。无论将这条曲线放大多少倍，都能看到相同的重复图案。

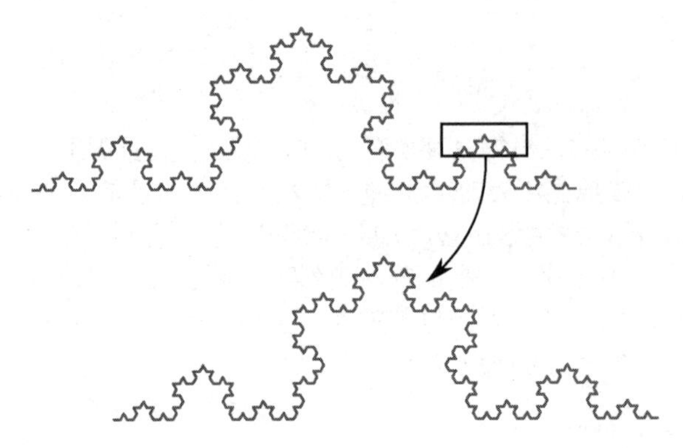

图 9.82 科赫曲线的一小部分重复与原始曲线相同的图案

自测题 24

在科赫曲线的第 4 步中，共有多少条线段？

美丽的分形艺术（见图 9.83）具有与科赫曲线相同的自相似性质，如果能将图 9.83 中的分形置于显微镜下，则可在不同放大倍数下看到相同的美丽图案。

我们可以从一个二维对象开始，通过反复应用一些规则来创建分形，如例 2 所述。

图 9.83 分形艺术

例 2 谢尔宾斯基三角垫是一种分形

为了构建称为谢尔宾斯基三角垫（Sierpinski gasket）的一种分形，我们首先构建一个等边三角形，如图 9.84(a)所示。然后，将此三角形划分为 4 个较小的等边三角形，并去掉中间的三角形，如图 9.84(b)所示。接下来，对剩余 3 个三角形中的每个应用与前面相同的规则和操作，即将每个三角形划分为 4 个较小的三角形，并去掉中间的三角形。图 9.84(c)显示了这个步骤的结果。

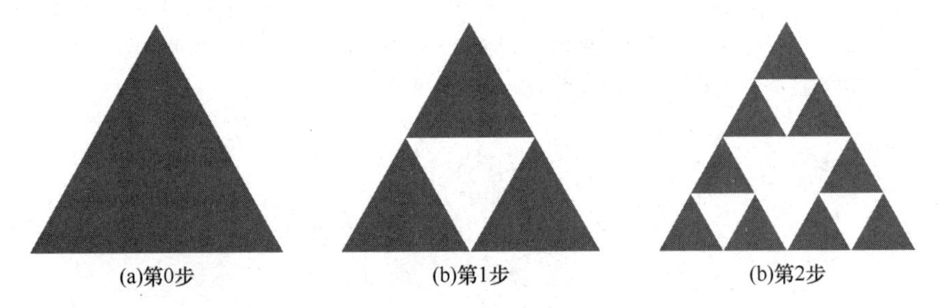

图 9.84 形成谢尔宾斯基三角垫的前 2 个步骤

像科赫曲线一样，为了完成这个分形，必须继续执行这个过程，无限多次去掉每个实心等边三角形中间的三角形。图 9.85 显示了形成谢尔宾斯基三角垫的下一步。

我们无法绘制出整个三角垫，因为要做到这一点，就要绘制越来越小的三角形，直至其尺寸小于任何打印设备的分辨率。

自测题 25

在形成谢尔宾斯基三角垫的第 5 步中，总共会出现多少个黑色三角形？

图 9.85 形成谢尔宾斯基三角垫的第 3 步

9.7.2 长度和面积

像欧几里得几何学一样，人们对分形对象的长度、面积和体积感兴趣。研究科赫曲线的长度时，我们发现了一种令人惊讶的结果。

例 3 科赫曲线的长度无穷大

求科赫曲线的长度。

解：回顾本书前文所述的画图策略。

我们从长度为 1 的一条线段开始绘制科赫曲线（第 0 步）。在第 1 步中，将该曲线替换为长度为 $\frac{4}{3}$ 的一条曲线，如图 9.86 所示。

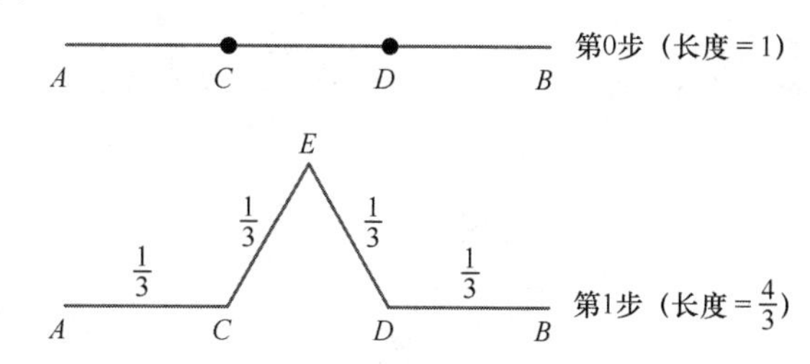

图 9.86 在第 1 步中，科赫曲线的长度是原始线段的 $\frac{4}{3}$ 倍

如图 9.87 所示，在第 2 步中，该曲线由长度为 $\frac{1}{9}$ 的 16 条小线段组成，因此当前长度为 $\frac{16}{9}$。

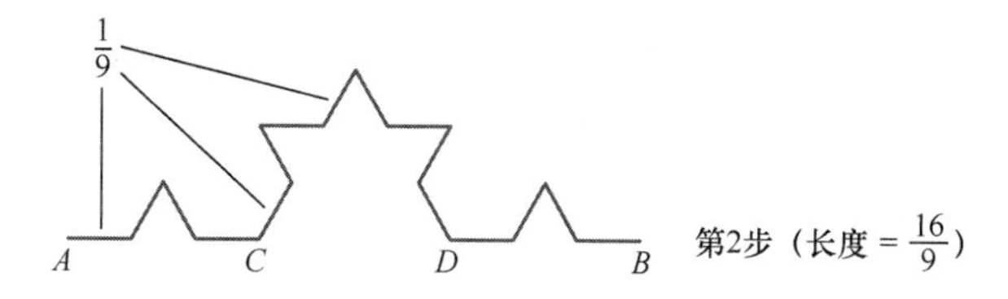

图 9.87 每条线段的当前长度为 $\frac{1}{9}$

在每个连续步骤中，该曲线的长度是前一步中曲线长度的 $\frac{4}{3}$ 倍，意味着“随着构建曲线的步骤逐渐增多，曲线的长度将变得越来越大”。在第 40 步，科赫曲线的长度应为 $\left(\frac{4}{3}\right)^{40}$，略大于 99437 个单位；在第 100 步，该曲线的长度超过 3 万亿单位！当然，我们不会停留在第 100 步，为了构建整个曲线，还必须要经历无限个步骤，所以科赫曲线的总长度无穷大。

现在尝试完成练习 01 ~ 06。

自测题 26

在构建过程中的第 3 步，科赫曲线的长度是多少？

例 4 谢尔宾斯基三角垫的面积为零

谢尔宾斯基三角垫的面积是多少？

解：为了使计算更容易进行，开始计算谢尔宾斯基三角垫时，假设初始等边三角形的面积为 1，如图 9.88 所示。在构建过程的第 1 步中，由于去掉了面积的 $\frac{1}{4}$，所以三角垫现在由 3 个三角形组成，每个三角形的面积均为 $\frac{1}{4}$。因此，在第 1 步中，深色三角形的面积为 $\frac{3}{4}$。

现在考虑子三角形 1。在第 2 步中，我们去掉了其面积的 $\frac{1}{4}$，即原始面积的 $\left(\frac{1}{4}\right)\left(\frac{1}{4}\right)=\frac{1}{16}$，剩余 3 个面积同样为 $\frac{1}{16}$ 的较小三角形。因此，子三角形 1 的剩余面积是原始面积的 $\frac{3}{16}$。去掉中心后，子三角形 2 和子三角形 3 的剩余面积同样是原始面积的 $\frac{3}{16}$。因此，在构建三角垫的第 2 步中，剩余面积为

$$\frac{3}{16}+\frac{3}{16}+\frac{3}{16}=\frac{9}{16}=\left(\frac{3}{4}\right)\left(\frac{3}{4}\right)$$

可见，在构建三角垫的每个连续步骤中，我们得到的面积是前一步的 $\frac{3}{4}$。因此，随着构建过程中的每个连续步骤，三角垫的面积不断变小，如第 20 步的面积为 $\left(\frac{3}{4}\right)^{20}\approx 0.0032$ 平方单位。虽然尚未删除原始三角形中的所有点，我们也可得出结论“三角垫的面积为 0”。

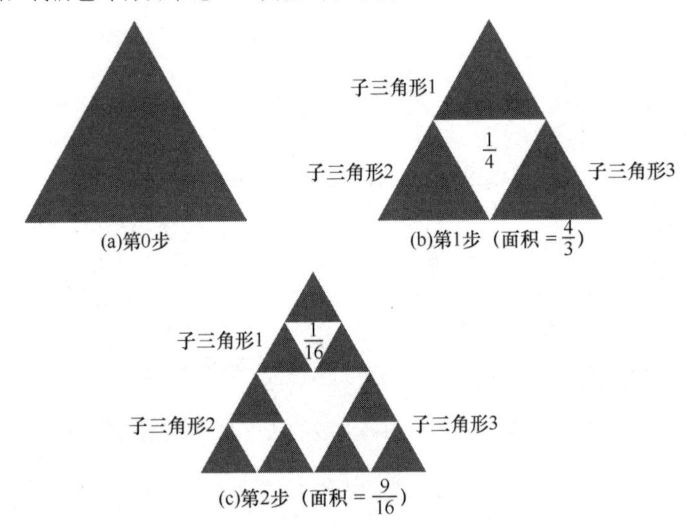

图 9.88　在第 1 步中，谢尔宾斯基三角垫的面积为 $\frac{3}{4}$；在第 2 步中，面积为 $\frac{9}{16}$

现在尝试完成练习 21 ~ 22。

自测题 27

在构建过程的第 3 步中，谢尔宾斯基三角垫的面积是多少？

9.7.3　维数

因为科赫曲线始终来回“扭动”，所以与欧几里得几何中绘制的曲线相比，你可能感觉它更厚一些。因此，从某种意义上讲，科赫曲线比欧几里得几何中的光滑曲线具有更大的维数。另一方面，所有“扭动”都不足以使该曲线完全填充平面的某些区域，这应当使其成为一个二维对象。为了使这个概念更加清晰，可以考虑图 9.89 中的线段、正方形和立方体。

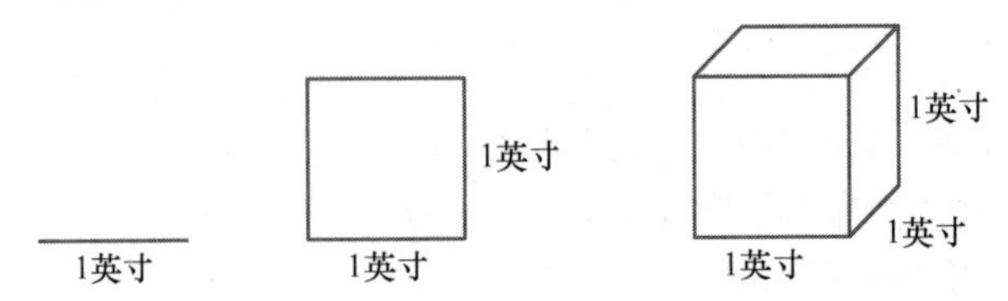

图 9.89　线段、正方形和立方体

假设在一台三维（3D）复印机（可放大或缩小所放入任何对象的大小）中，我们放入直线、正方形和立方体。如果将复制尺寸设置为原始对象的 2 倍，则复制结果应当如图 9.90 所示。

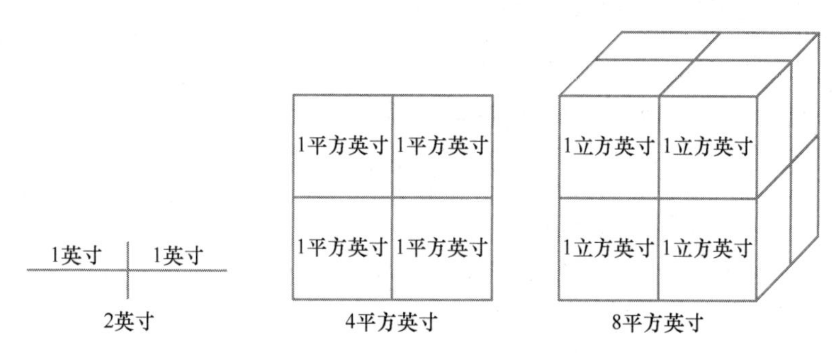

图 9.90　放大 2 倍后的直线、正方形和立方体

在这种情况下，一种常用方法是应用比例因子/缩放倍数 s（这里 $s=2$）。在一维情况下，复印机返回的副本长度等于原物体长度的 $s^1=2$ 倍；在二维情况下，复印机返回的副本面积等于原物体面积的 $s^2=4$ 倍；在三维情况下，复印机返回的副本体积等于原物体体积的 $s^3=8$ 倍。如此看来，一个对象的维数可视为满足这些类型方程的指数 D。下面定义"分形维数"的概念。

定义　一个对象的分形维数/分维是满足如下方程的数字 D:

$$n=s^D$$

式中，s 是比例因子/缩放倍数，n 是测量对象应用了比例因子后的相关量（长度、面积和体积）的变化数。

为了理解"分形维数"概念，下面再次查看科赫曲线。

例 5　科赫曲线的分形维数

科赫曲线的维数是多少？

解：我们需要理解"按一个因子/倍数放大该曲线"意味着什么。图 9.91(a)显示了"完整"科赫曲线的一幅图片，但是由于图片太小而无法看清太多细节。因此，我们接下来按因子 3（即 3 倍）放大图 9.91(a)，结果如图 9.91(b)所示。

此时可以看到，当图 9.91(a)中的 16 条微小线段被放大后，每条微小线段均显示为带有"尖角"的一条线段（见图 9.92），且其长度为放大前线段的 $\frac{4}{3}$ 倍。

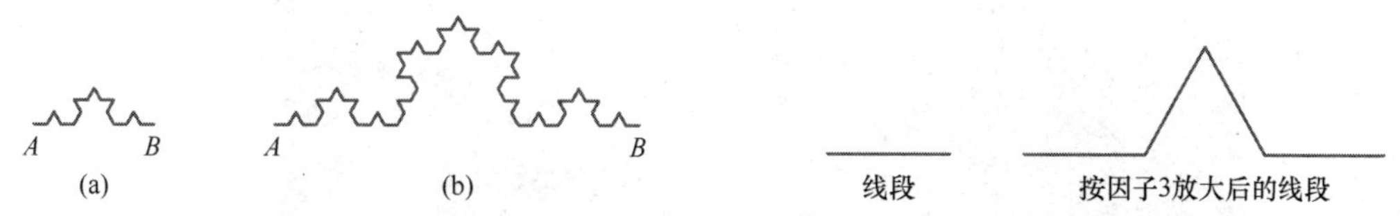

图 9.91　按因子 3 放大的科赫曲线　　图 9.92　放大后的每条曲线段的长度为原始线段的 $\frac{4}{3}$ 倍

我们想要说明"若按比例因子 3（3 倍）放大曲线的任何部分，则其长度似乎将按因子 4（4 倍）增长"。如果将该曲线的维数称为 D，则意味着

$$3^D=4 \tag{1}$$

下面求解 D 的值。此时，需要用到计算器上的 log（对数）键。$\log a^x = x\log a$ 是对数函数的性质，下面用这个性质解方程（1）。

方程（1）两侧同时取对数得

$$\log 3^D = \log 4 \tag{2}$$

现在，应用刚才提到的对数性质得

$$D\log 3 = \log 4 \tag{3}$$

方程（3）两侧同时除以 log3，并用计算器进行计算，得到

$$D = \frac{\log 4}{\log 3} \approx 1.26$$

因此，科赫曲线的分形维数约为 1.26。

现在尝试完成练习 07 ~ 10。

自测题 28

对某一分形曲线而言，如果按因子 4（4 倍）进行放大，则其长度将按因子 8（8 倍）增长。该曲线的分形维数是多少？

“科赫曲线的维数为 1.26”意味着什么呢？从某种意义上讲，说明其厚度大于一维对象（如线段），或者说能够更好地填充空间。但是，由于该维度小于 2，说明其填充空间的能力仍然比不上二维对象（如实心正方形）。

在电影中，应用分形几何学，艺术家创造了漂亮的山脉、云朵及其他具有自然外观的对象。下面通过一个简单的示例介绍如何用分形创造一棵树。

例 6　绘制分形树

解释为什么图 9.93 中的“树”是分形。

解： 树的基本图案由连接点 A, B, C 和 D 的若干线段确定。AB 段的末端分支出 BC 段和 BD 段。在整棵树中，这种 Y 形图案的较小版本反复出现，明显是分形图案。为了向树中添加更细的分支，我们选择一个分支（如 DF），然后用一个小 Y 形图进行替换。

现在尝试完成练习 23 ~ 24。

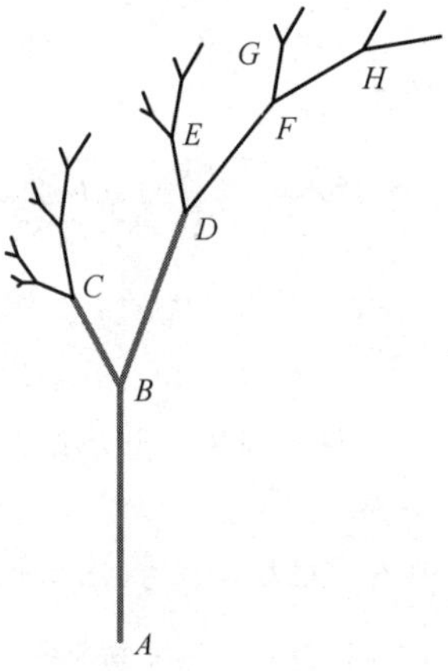

图 9.93　分形树

采用例 6 中描述方法的类似技术，我们生成了图 9.94 中显示的自然景观场景。

图 9.94　分形景观

9.7.4 分形的应用

分形几何学不仅能够生成各种奇异和漂亮的图像，而且能描述许多重要的自然现象，这一点令人惊讶。树枝反复分形可形成更细小的树杈，肺支气管反复分形可形成肺内气管树。利用分形几何学，科学家可以解释二者之间的方式异同。若干小溪汇流在一起形成小河，若干小河汇流在一起形成大河，此时的分形以相反的方式出现。

根据分形维数，地理学家可对海岸线的粗糙度进行分类。例如，南非的海岸线相对平滑，分形维数接近 1；挪威的海岸线极不规则，分形维数为 1.52。

理解闪电中出现的分形图案，也有助于解释电绝缘体承受高压时如何分解。晶体形成时，同样的图案还会出现在微观层面。

研究股票市场的经济学家发现，如果先后绘制几百天、几百小时和几百个 30 秒时间间隔的市场图表，则这些图表看上去非常相似。心脏病学家发现，健康的心脏跳动根据的是分形节奏，而非过去认为的稳定且规律的节奏。

运用渗流理论，数学家用分形几何学来描述咖啡在咖啡壶中的渗流方式，以及地下水渗入土壤的方式。令人惊讶的是，在同样的分形数学领域中，科学家还解释了火如何“渗透”森林，流行病如何“渗透”人口，星系如何“渗透”整个宇宙等。

图 9.95 显示了一种有趣的分形相似性，左图为挪威河流的卫星影像，右图为窗格上的冰晶生长。

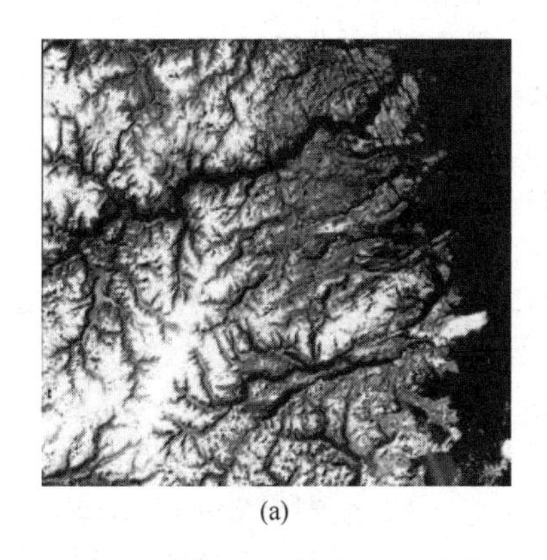

(a)

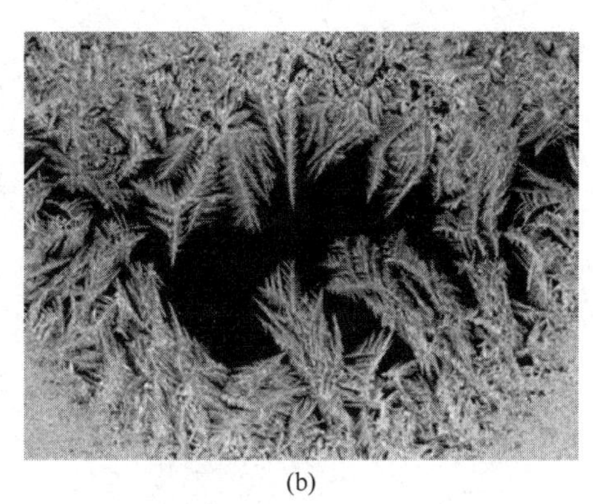

(b)

图 9.95 (a)挪威河流；(b)冰晶

练习 9.7

强化技能

练习 01～04 与例 1 中的科赫曲线有关。

01. 在第 5 步中，该曲线将有多少条线段？

02. 第 5 步中的曲线长度是多少？

03. 第 10 步中的曲线长度是多少？

04. 判断真假：若步数加倍，则曲线长度加倍。

在练习 05～06 中，已知构建分形的第 0 步和第 1 步。**a**. 构建该分形的第 2 步；**b**. 假设第 0 步中的线段长度为 1，求第 5 步中的曲线长度。

05. **06**.

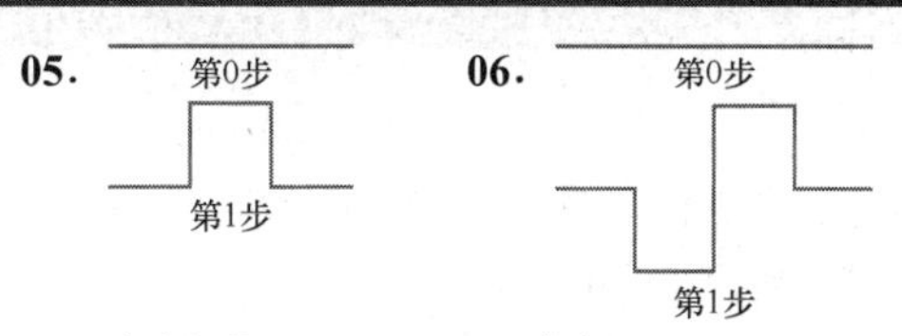

07. 求解 $4^D=6$。 **08**. 求解 $4^D=12$。

09. 求练习 05 中描述曲线的分形维数。

10. 求练习 06 中描述曲线的分形维数。

学以致用

11. 略微改变科赫曲线的构建方式，可得到一种真实的“海岸线”效果。在例 1 的科赫曲线构建过程中，每向一条线段中添加尖角，我们总将其添至该曲线的上方。现在，添加尖角时，我们采用如下随机数列表：

87127 03570 73103 16946 81852

94819 33108 72734 43411 31078

对于偶数，在曲线“上方”添加尖角；对于奇数，在曲线“下方”添加尖角。第 1 个随机数是偶数 8，因此在曲线“上方”添加第 1 个尖角；第 2～3 个随机数是奇数 7 和 1，所以在曲线“下方”添加第 2～3 个尖角；第 4 个随机数是偶数 2，所以在曲线“上方”添加第 4 个尖角，以此类推。下图显示了第 1 步和第 2 步中的情形。重绘这个分形的第 1 步和第 2 步，但是这次采用始于 16946 的随机数。

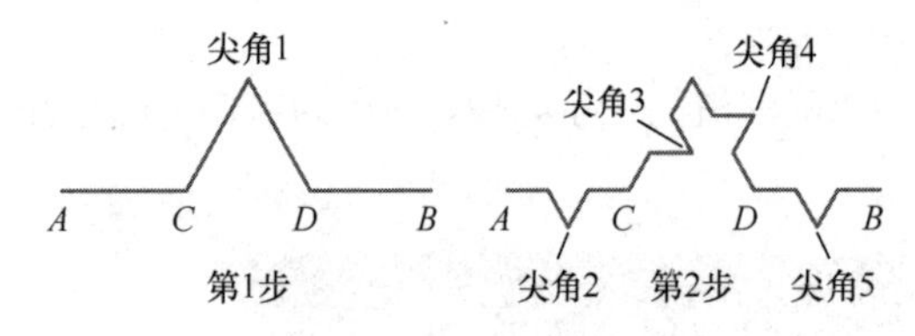

12. 练习 11 中描述曲线的维数是多少？

在练习 13 ~ 14 中，构建每个分形的第 2 步。

13. 谢尔宾斯基三角垫。

第0步

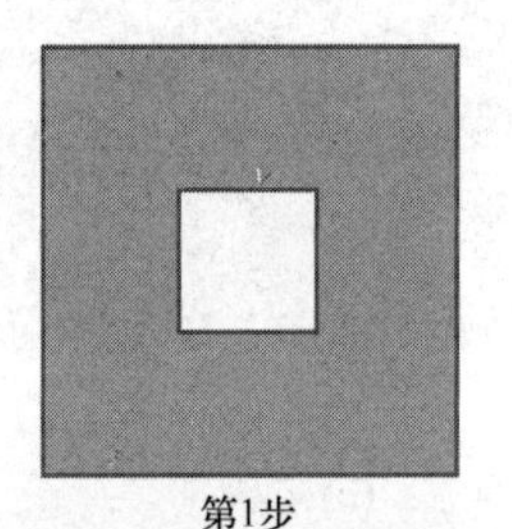
第1步

14.

第0步

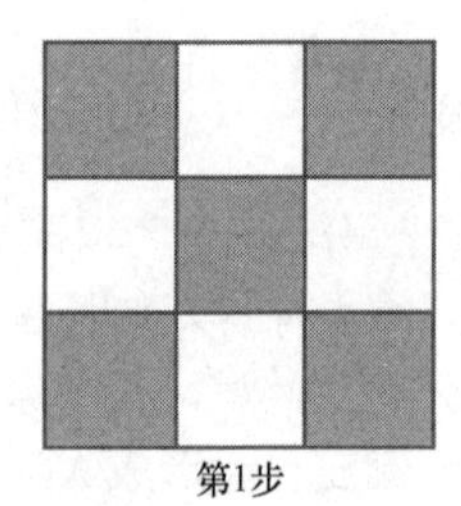
第1步

数学交流

15. “分形是自相似的”的含义是什么？

16. 分形维数的直观含义是什么？

挑战自我

17. 如何证明科赫曲线的长度无穷大？

18. 如何证明谢尔宾斯基三角垫的面积为 0？

19. 对于练习 05 中的分形，求第 n 步的线段数量公式。

20. 对于练习 06 中的分形，求第 n 步的线段数量公式。

21. 求第 10 步谢尔宾斯基三角垫的面积公式，以及第 n 步的公式。

22. 求练习 13 中第 10 步谢尔宾斯基三角垫的面积公式，以及第 n 步的公式。

23. 用例 6 中的方法绘制分形树，但是要改变分支的长度和角度。

24. 用例 6 中的方法绘制分形树，但是这次的图案包含 3 个分支。

25. **曼德勃罗集**。大量网站提供小程序，允许用户探索分形之美。某些网站展示了一种著名分形——曼德勃罗集（Mandelbrot set），搜索 fractal zoom（分形缩放/分形变焦）即可查看这种分形的迷人动画。

本章复习题

9.1 节

01. 在如下图形中：**a**. 查找一对外错锐角；**b**. 查找一对内错钝角。

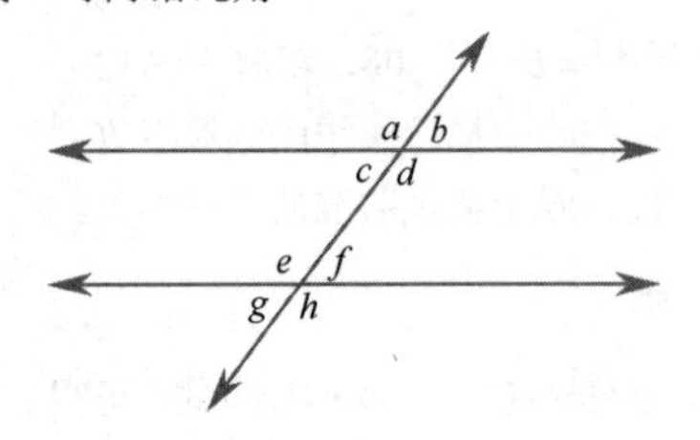

02. 在如下图形中，计算角 a, b 和 c 的测量值。

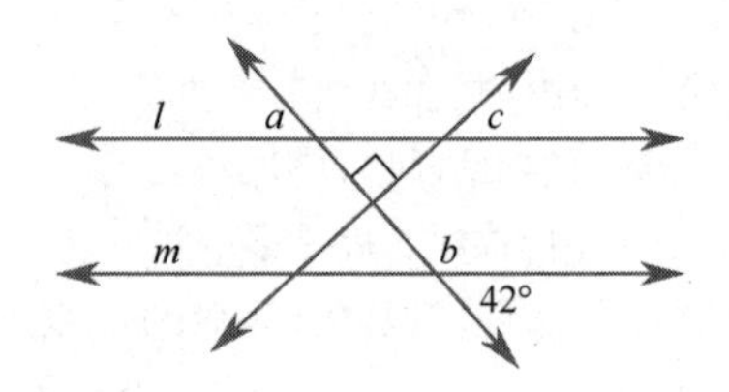

03. 在如下图形中，假设周长为 24 英寸，DE 的弧长为 3 英寸，求 $m\angle BCD$。

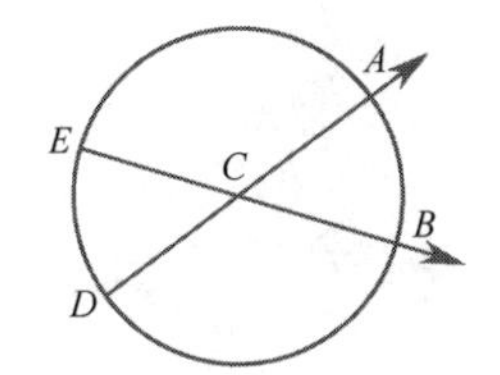

04. 在如下图形中，求 x 的值。

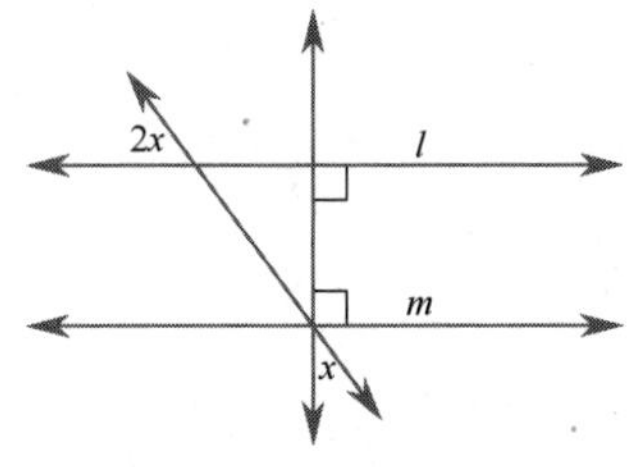

05. 球体上两点之间的最短距离是多少？

9.2 节

06. 在正十八边形中，一个内角的测量值是多少？

07. 如下两个图形是相似多边形，你能从中读出哪些信息？

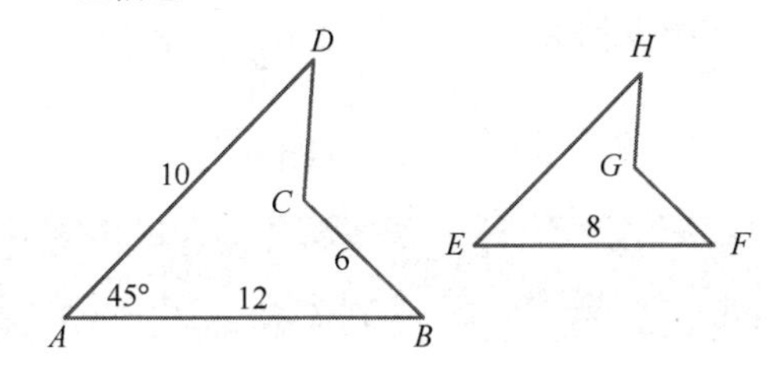

08. 在如下图形中，求 x 的值。

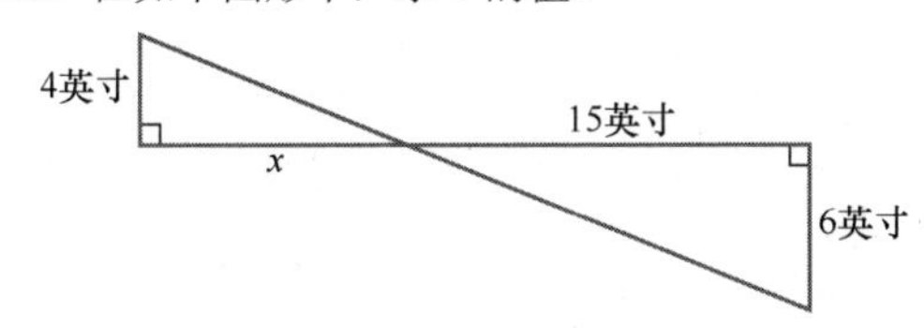

9.3 节

09. 计算下列每个图形的面积。

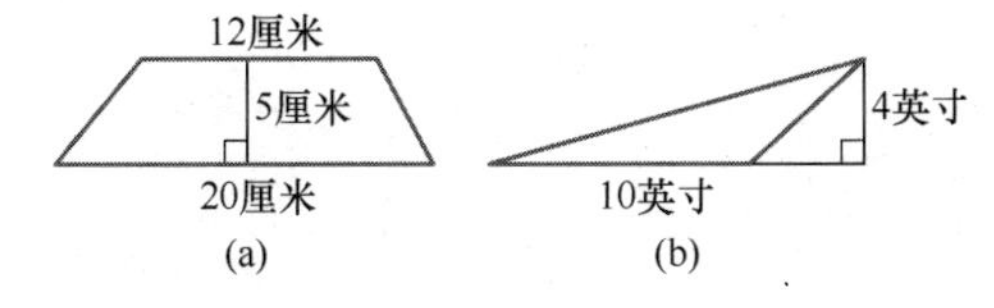

10. 计算下列每个图形的阴影面积。

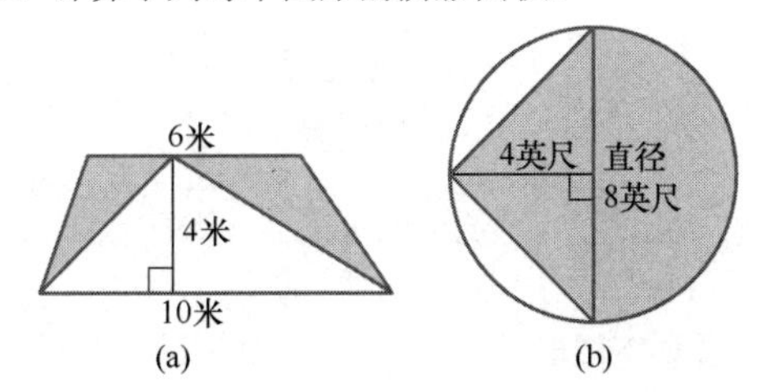

11. **a**. 求三角形的面积；**b**. 求三角形的高 h 。

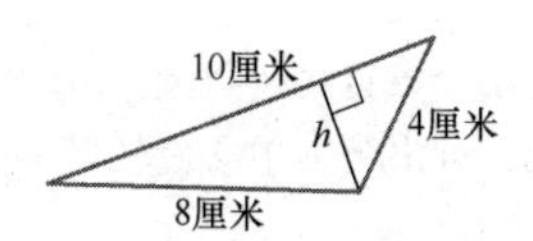

12. 如下图所示，跑道的宽度为 5 米，长度为 100 米，两端是直径为 20 米的半圆。跑道的表面积是多少？

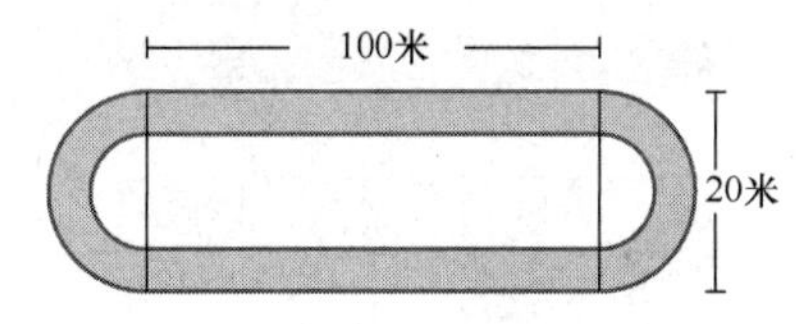

9.4 节

13. 求下列每个几何体的体积。

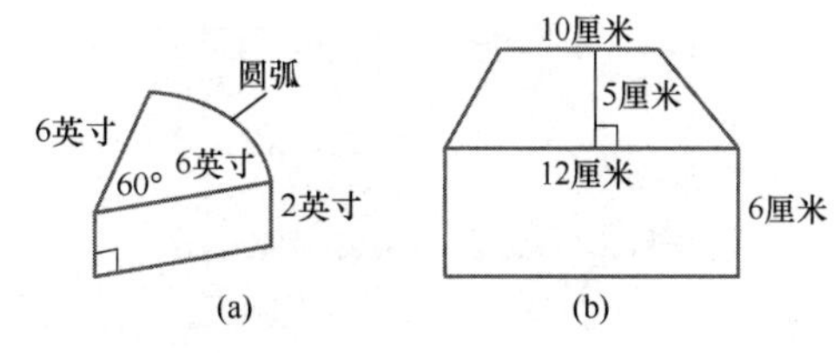

14. 一个宾治盆盛满了宾治酒，呈半球状，半径为 9 英寸。如果向直径为 3 英寸、高度为 3 英寸的圆柱状玻璃杯中倒酒，可倒满多少玻璃杯？

15. 如果将一个直圆锥的半径增大 1 倍，则对其体积有什么影响？解释理由。

9.5 节

16. 执行下列换算：a. 3500 毫米换算为米；b. 4.315 百克换算为厘克；c. 3.86 千升换算为分升。

17. 514 分米换算为码。

18. 2.1 千升换算为夸脱。

19. 如果竹地板的售价为 11 美元/平方英尺，则每平方米多少钱？

9.6 节

20. 对图形 B 执行所示滑移反射。

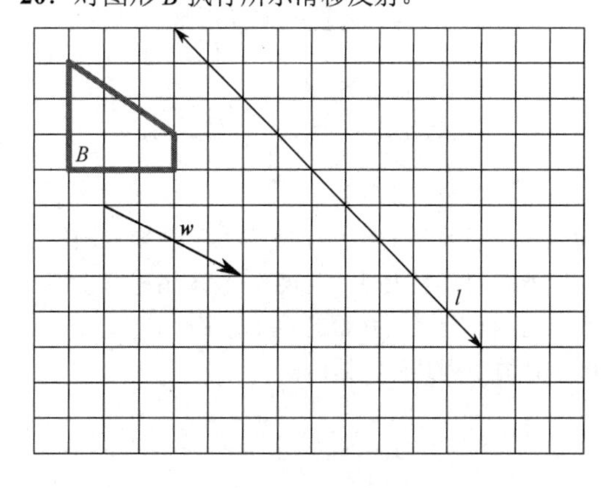

21. **a**. 列出绕一条直线反射图案(a)能得到的全部图案；**b**. 列出绕其中心旋转图案(a)能得到的全部图案。

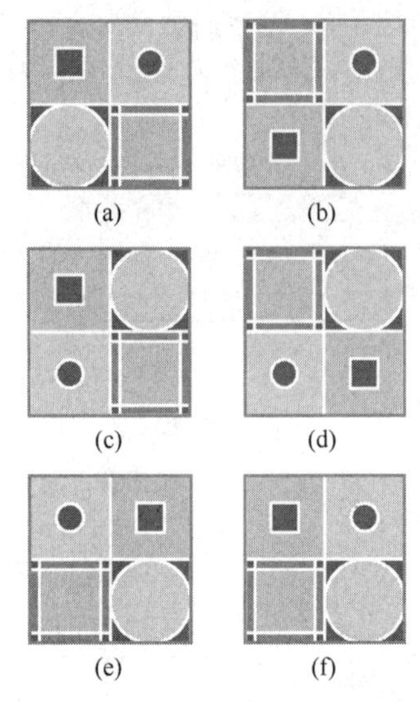

22. 采用1°和359°之间的角度，计算给定对象的所有反射对称性和旋转对称性。

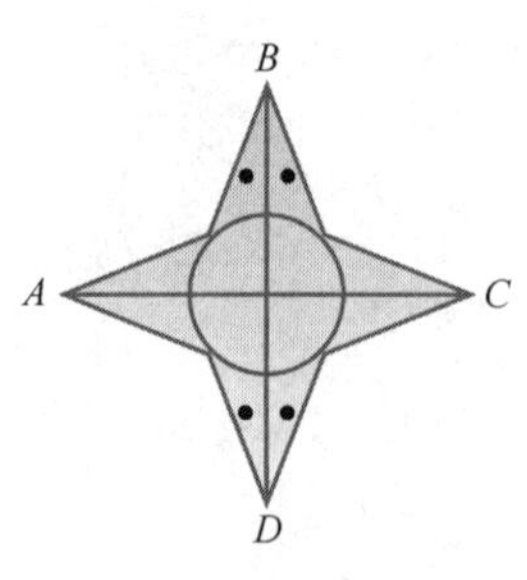

23. 用如下四边形对平面进行密铺。

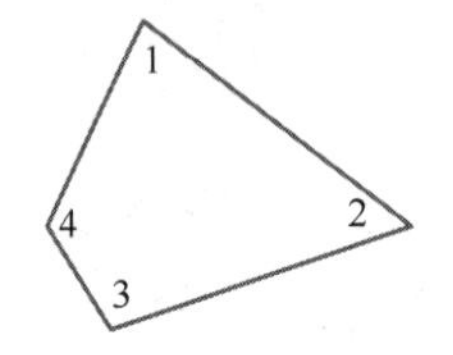

9.7 节

24. 如何证明科赫曲线的长度无穷大？

25. 谢尔宾斯基三角垫的面积是多少？

26. 已知构建分形的第 0 步和第 1 步，第 8 步中的曲线长度是多少？

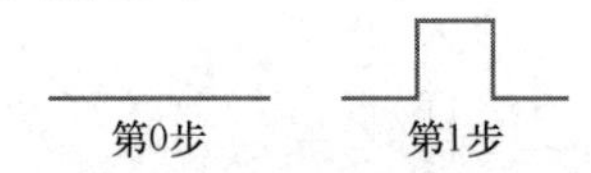

本章测试

01. 在如下图形中，假设 $l \parallel m$，描述每对角的关系。**a**. a和b；**b**. a和c；**c**. d和e；**d**. b和c。

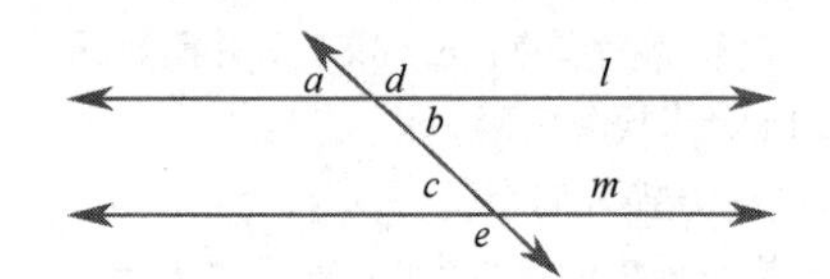

02. 正十二边多边形的内角测量值之和是多少？

03. 在如下图形中，假设 $l \parallel m$，求角 a,b 和 c 的测量值。

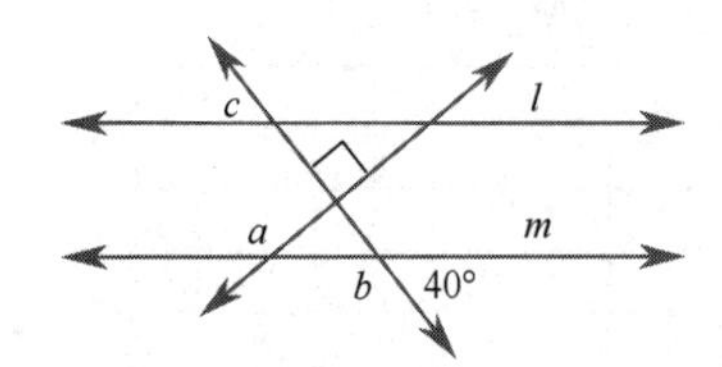

04. 将球形水箱（半径为 15 英尺）替换为圆柱状水箱（半径为 15 英尺），新水箱和旧水箱的容量相等，新水箱的高度是多少？

05. 计算下列几何体的体积。

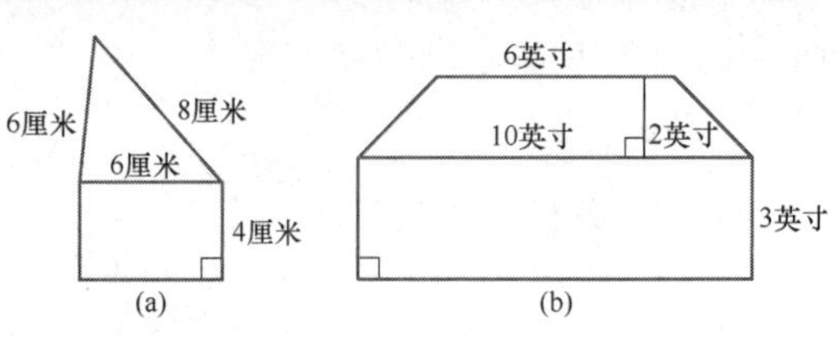

06. **a**. 列出绕一条直线反射图案(a)能得到的全部图案；**b**. 列出绕其中心旋转图案(a)能得到的全部图案。

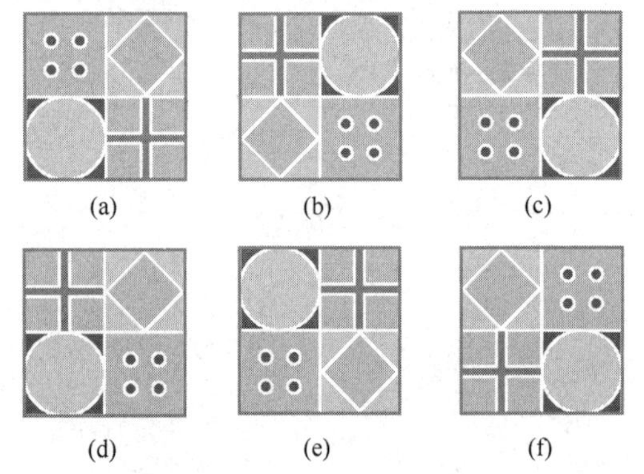

07. 在如下图形中，假设 $m\angle BCD = 150°$，周长是 36 英寸，弧 DE 的长度是多少？

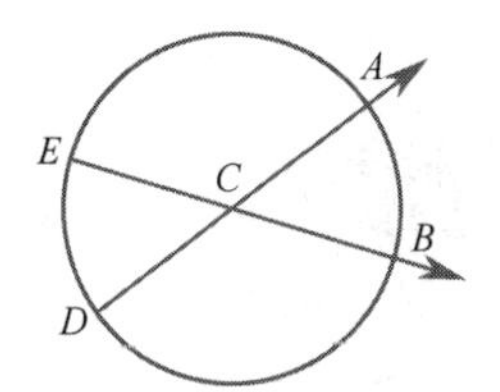

08．在第 5 步后，科赫曲线的长度是多少？

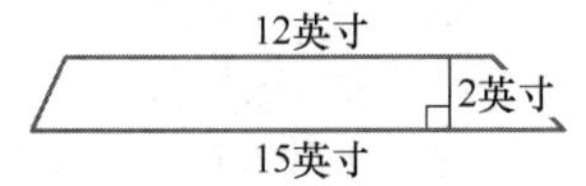

09．计算下列图形的面积。

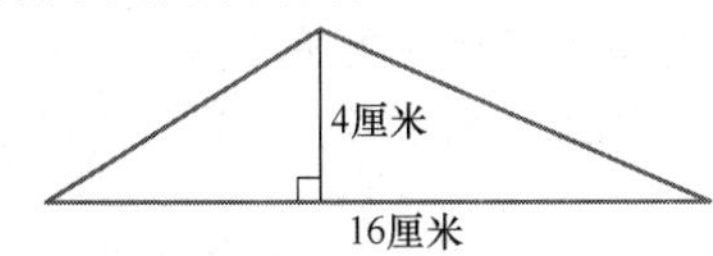

10．计算下列图形的阴影面积。

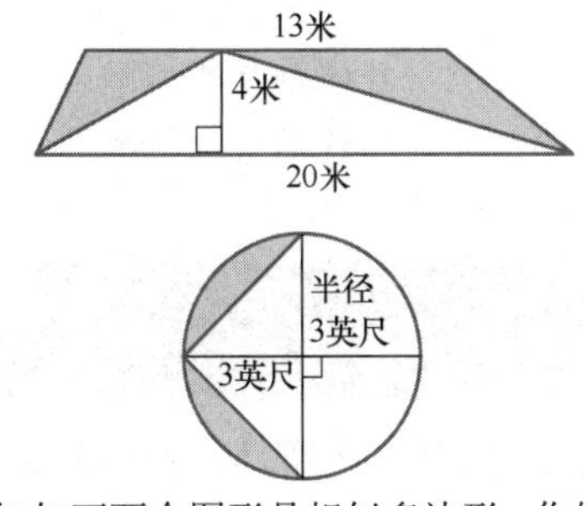

11．已知如下两个图形是相似多边形，你知道右侧图形中的哪些信息？

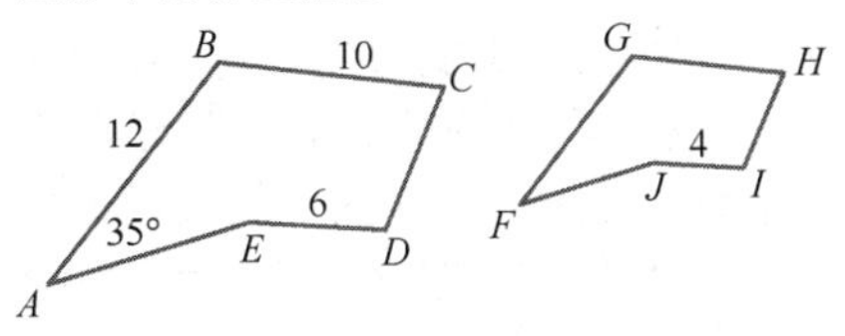

12．如下图所示，池塘周围环绕着砖砌走道，池塘的深度为 3 英尺，走道的宽度为 4 英尺。**a**．计算池塘的表面积；**b**．计算池塘的体积；**c**．计算走道的面积。

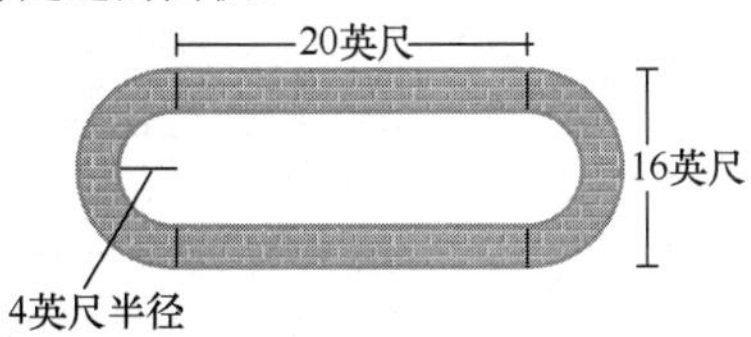

13．在如下图形中，求 x 的值。

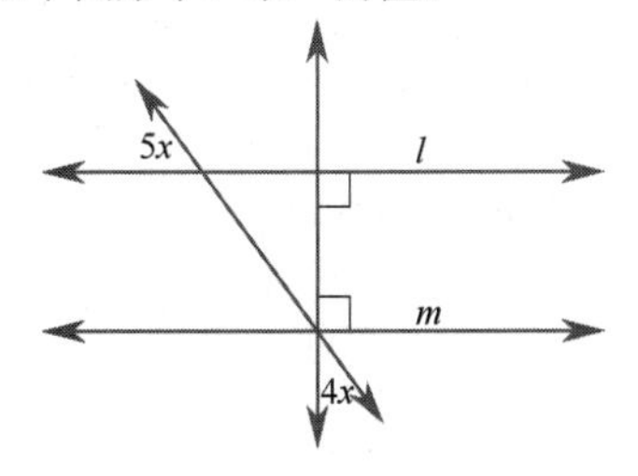

14．绕直线 $x=1$ 反射给定图形，然后绕直线 $y=1$ 继续反射。

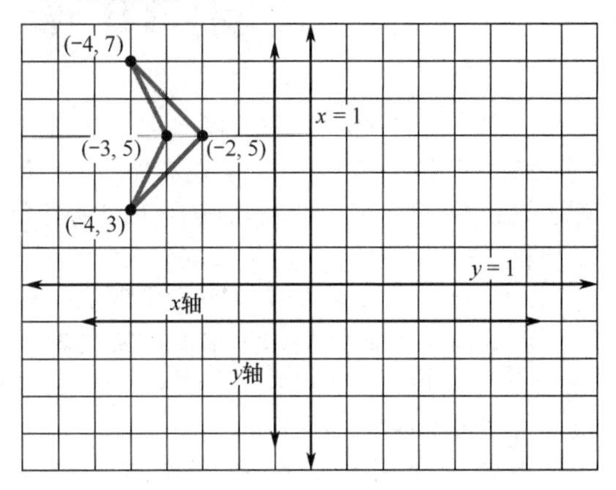

15．**a**．计算三角形的面积；**b**．计算三角形的高度。

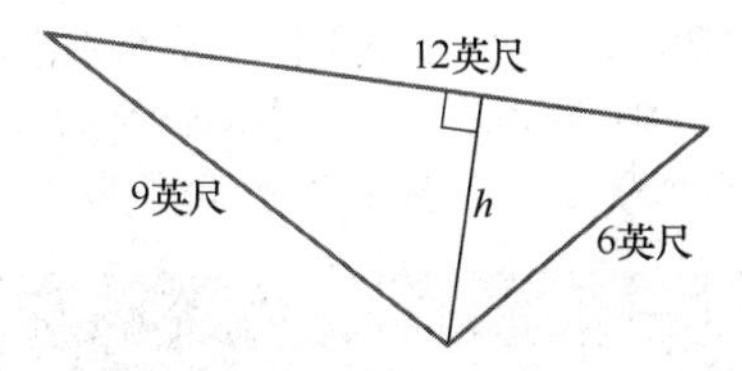

16．谢尔宾斯基三角垫的面积是多少？

17．执行下列换算：**a**．2400 厘米换算为米；**b**．3.46 千克换算为毫克；**c**．2.14 十升换算为厘升。

18．如果将一个球体的半径增大 1 倍，则将如何影响其表面积？

19．将 18 码换算为分米。

20．将 2614.35 夸脱换算为千升。

21．采用 1° 和 359° 之间的角度，计算给定对象的所有反射对称性和旋转对称性。

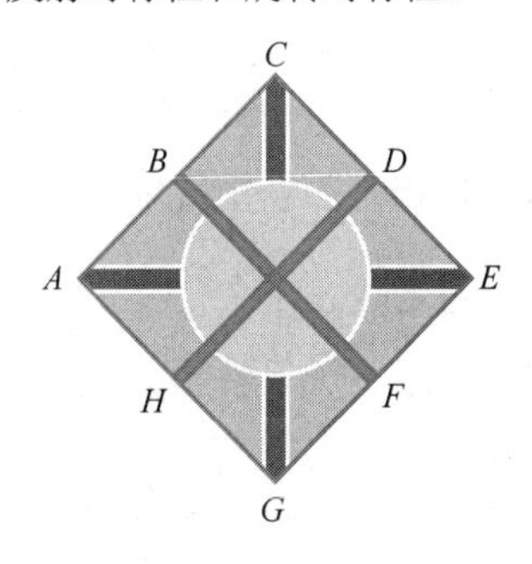

22．用如下四边形对平面进行密铺。

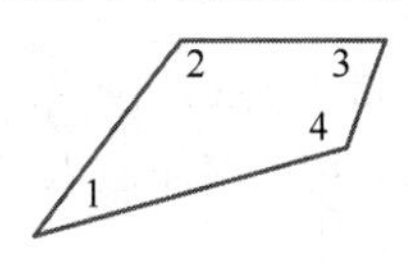

第10章 分　配

制宪元勋们非常关注人们是否能在新政府中被公平地代表，所以在最初拟定美国宪法时就对“各州议席”做了相关要求，美国宪法的第一条第二款规定“议席和直接税的分配应当基于其在各州之间的不同数量”。你可能认为这项任务非常简单，但其实“分配议席”操作起来并不容易。一个州获配的议席数量可能是13.465，另一个州获配的议席数量可能是11.702（类似于在4个小孩之间分配10个小礼品），棘手问题出现了：如何决定哪个州获得“小数”代表的那个议席数量？

美国前国务卿丹尼尔·韦伯斯特认为“分配问题的解决方案不可能完美无缺”，他曾于1832年在众议院发言时说“宪法并不追求绝对公平，但是不完美的结果必须要以尽可能接近完美的方式去实现”。

事实证明，韦伯斯特关于分配的直觉非常正确，到本章结束时，你将从数学角度更好地理解这个棘手的问题。

本章的前几节介绍美国制宪元勋们提出的各种历史分配方法，并审视其相关缺陷。10.4节展示一种非常有意思的方法，这种方法可在多人之间公平地分配多种物品。需要解决遗产或者“解除合作关系”问题时，你可能发现这种方法很有用。

10.1 理解分配

人们常说“面对问题时要运用常识”，这通常是一个很好的建议，但是“同意当前看似合理的简单计划”可能会给未来埋下陷阱。分配第一届美国国会议席时，制宪元勋们批准了亚历山大·汉弥尔顿提出的“常识”方法，结果后来就发生了下面的事情。

1881年（几年后），美国国会惊讶地发现：采用汉弥尔顿分配法时，若众议院的议席总数为299个，则阿拉巴马州将获配8个议席；若众议院的议席总数为300个，则阿拉巴马州只能获配7个议席。按照汉弥尔顿分配法，当众议院的议席总数增多时，虽然各州的人口数量并未发生改变，但是阿拉巴马州获配的议席数量竟然会变少。这种非常奇怪的情形称为阿拉巴马悖论/阿拉巴马矛盾，并在1890年美国人口普查时再次发生，当时的众议院议席总数由359增至360个，但是阿肯色州获配的议席数量却减少了1个。

在1890年人口普查后，当一种不同分配方案导致缅因州的议席数量出现波动时，利特尔菲尔德议员评论说“当数学降临并以此种方式遭受议席数量的打击时，我们就只能期待上帝保佑缅因州了”。

为了开发出一种不会出现阿拉巴马悖论的分配方法，我们必须要首先了解问题出现的原因，为此采用如下示例进行解释。

为了更大程度地参与绿色革命，3家能源公司（纳克逊、阿罗科和欧罗拜耳）共同组建了一家合营公司，并且拟在新英格兰近海开发一个风电场。为了监督管理该项目，3家公司达成了一致协议，同意成立由9名成员组成的董事会。在董事会成员中，各公司至少派出1名代表，其他成员则根据各公司的股东人数按比例进行分配。纳克逊的股东人数为4700，阿罗科的股东人数为3700，欧罗拜耳的股东人数为1600。

因为3家公司的股东总人数为$4700+3700+1600=10000$，所以在董事会的9名成员中，纳克逊所占的比例为

$$\frac{4700}{10000}=0.47=47\%$$

因此，纳克逊有权拥有的董事会成员的精确数量为$47\% \times 9 = 0.47 \times 9 = 4.23$，其他合作伙伴的类似计算如表 10.1 所示。

表 10.1 分配给各家公司的精确代表数量

公　司	股东人数百分比	应获配董事会成员数量
纳克逊	$\frac{4700}{10000} = 0.47 = 47\%$	$0.47 \times 9 = 4.23$
阿罗科	$\frac{3700}{10000} = 0.37 = 37\%$	$0.37 \times 9 = 3.33$
欧罗拜耳	$\frac{1600}{10000} = 0.16 = 16\%$	$0.16 \times 9 = 1.44$
合计	100%	9.0

一家公司不能拥有小数形式的董事会成员数量，因为纳克逊有权获配 4.23 名董事会成员，所以其将实际获配 4 人或 5 人。这里，我们将 4 称为 4.23 的整数部分，将 0.23 称为 4.23 的小数部分。

10.1.1 汉弥尔顿分配法

如果将整数部分视为各家公司应获配的董事会成员数量，则纳克逊应获配 4 人，阿罗科应获配 3 人，欧罗拜耳应获配 1 人。如此分配后，董事会将只有 8 名成员，为了获得全部 9 名成员，现在必须决定哪家公司应获配 1 名额外成员。因为欧罗拜耳的小数部分最高（即 0.44），所以将第 9 个名额分配给该公司似乎较为合理。实际上，这正是汉弥尔顿分配法分配最后一名董事的方式。

要点 汉弥尔顿分配法用小数部分来分配代表。

汉弥尔顿分配法

对于每家公司，按照如下步骤进行操作。

1. 计算“股东人数百分比×董事会规模”，确定应分配给该公司的董事会成员的确切人数。
2. 将董事会成员确切人数的整数部分分配给每家公司。如果需要分配更多的额外成员，则转至第 3 步。
3. 第 1 名额外成员分配给具有“最大小数部分”的公司；第 2 名额外成员（若有的话）分配给具有“第二大小数部分”的公司，以此类推，直至分配完毕。

为了描述第 2～3 步，向表 10.1 中添加 3 列，结果如表 10.2 所示。

表 10.2 用汉弥尔顿分配法分配 9 名董事会成员

公　司	股东人数百分比	第 1 步：应获配董事会成员数量	第 2 步：分配整数部分	检查小数部分	第 3 步：分配额外成员
纳克逊	47	$0.47 \times 9 = 4.23$	4	0.23	4
阿罗科	37	$0.37 \times 9 = 3.33$	3	0.33	3
欧罗拜耳	16	$0.16 \times 9 = 1.44$	1	0.44	2
合计	100	9.0	8		9

需要再多分配 1 个　　具有最大小数部分的公司获得额外成员名额

例 1 汉弥尔顿分配法的应用

假设该联合体决定将董事会规模扩大至 10 人，用汉弥尔顿分配法分配 10 名董事会成员。

解：回顾本书前文所述的系统化策略。

这一分配的各个步骤如表 10.3 所示。

表 10.3　用汉弥尔顿分配法分配 10 名董事会成员

公　司	股东人数百分比	第 1 步：应获配董事会成员数量	第 2 步：分配整数部分	检查小数部分	第 3 步：分配额外成员
纳克逊	47	$0.47 \times 10 = 4.7$	4	0.7	5
阿罗科	37	$0.37 \times 10 = 3.7$	3	0.7	4
欧罗拜耳	16	$0.16 \times 10 = 1.6$	1	0.6	1
合计	100	10.0	8		10

需要再多分配 2 个　　具有最大小数部分的两家公司获得额外成员名额　　欧罗拜耳失去了 1 名成员名额

在表 10.3 中，最后一列显示了用汉弥尔顿分配法所分配的成员。利用每家公司应获配的确切数量的整数部分，我们分配了前 8 名成员。然后，我们给纳克逊和阿罗科增加了 2 名成员，因为这两家公司的小数部分最高。

可以看到，当董事会规模增至 10 名成员时，欧罗拜耳将失去 1 名董事会成员。

现在尝试完成练习 01 ~ 06。

自测题 1

重新分配风电场联合体董事会，假设该董事会有 12 名成员。

例 1 中之所以发生阿拉巴马悖论，是因为当董事会规模增至 10 名成员时，我们重新分配了前面已分配过的 9 名董事会成员，使得某些公司可能失去董事会成员。

为了避免出现这个问题，我们需要找到一种方法，让已获配的议席以后不再重新分配。为了“一劳永逸”地进行分配，分配过程中的每个阶段都要明确衡量谁最应获配下一个议席。

10.1.2　衡量公平性

为了开发这样一种衡量方法，考虑众议院中两个假定州（A 和 B）的议席。假设 A 州的人口数量为 200 万，议席数量为 8 个；B 州的人口数量为 80 万，议席数量为 4 个。A 州的每个议席平均代表200万 / 8 = 25万 名选民，B 州的每个议席平均代表80万 / 4 = 20万 名选民。因为 A 州的每个议席所服务的选民数量多于 B 州，所以公平而言，A 州在众议院中的代表性比 B 州更差。由此引出如下定义。

要点　“平均选民”衡量某一分配的公平性。

定义　一个州的平均选民/平均支持者是如下“商”：

$$\frac{\text{该州的人口数量}}{\text{该州的议席数量}}$$

比较 A 州和 B 州的议席数量时，如果 A 州的平均选民大于 B 州，则可认为 A 州的代表性比 B 州更差。

生活中的数学——美国公民的被代表良好程度如何？

在设有立法机构的 165 个国家中，美国的“公民与立法机构议席比例”仅次于印度，这一点可能令人诧异。情况原本并非如此，美国国会 1792 年通过了一项分配法案，将众议院规模设定为 103 个议席，代表总计约 400 万人口，即平均每个议席代表不到 4 万人。自那时至今，这一比例逐渐攀升，当前的人口总数为 3.3 亿，但是议席总数仅为 435 个，即平均每个议席约代表 75.9 万人。

从某种角度说，与 200 年前的美国公民相比，现代美国人的“被代表良好程度”仅为前者的

$40/759 \approx 5.3\%$。相比而言，英国的人口总数约为美国的 1/5，但是英国下议院设有 650 个议席，即平均每个议席约代表 9.2 万人。如果该比例与英国的相同，则美国众议院设置的议席总数将超过 3000 个。

例 2　判断哪个州的代表性更差

2010 年人口普查后，美国众议院重新分配了议席。加利福尼亚州的人口数量为 37341989，获配议席 53 个；佛罗里达州的人口数量为 18900773，获配议席 27 个。计算这两个州的平均选民，并判断哪个州的代表性更差。（注：修订本章时，2020 年人口普查尚未完成。）

解： 加利福尼亚州的平均选民为

$$\frac{\text{加州的人口数量}}{\text{加州获配的议席数量}} = \frac{37341989}{53} \approx 704565.83$$

佛罗里达州的平均选民为

$$\frac{\text{佛罗里达州的人口数量}}{\text{佛罗里达州获配的议席数量}} = \frac{18900773}{27} \approx 700028.63$$

因为加利福尼亚州的平均选民更高，所以其代表性更差。

自测题 2

a）如果电工工会拥有 420 名成员，并在美国劳工联合会中获配 3 个代表名额，则该群体的平均选民是多少？

b）如果水暖工工会拥有 440 名成员，并在美国劳工联合会中获配 4 个代表名额，则哪个群体（电工或水暖工）的代表性更差？

当然，理想分配法是所有各州的平均选民都相同，因为这应符合“一人一票”的概念（注：由于历史原因，我们保留了这个术语，见 10.3 节中的“生活中的数学”部分）。但是，在执行实际分配操作时，实现理想分配一般不太可能。如果无法实现绝对平等，则分配议席时应尽可能使平均选民相等，距离此目标远近程度的一个衡量指标称为绝对不公平度。

定义　假设在 A 州和 B 州之间分配议席，则可将此分配的绝对不公平度定义为较大平均选民和较小平均选民之差。如果 A 州的平均选民较大，则绝对不公平度为

$$\text{A 州的平均选民} - \text{B 州的平均选民}$$

如果这两个州的平均选民相等，则可认为二者的代表性良好程度相等。

要点　绝对不公平度是各平均选民之差。

可以看到，计算绝对不公平度时，我们从较大的平均选民中减去较小的平均选民，因此分配的绝对不公平度不可能为负值。

例 3　计算绝对不公平度

织工协会拥有 1542 名成员，且在美国艺术委员会中获配 6 个代表名额；美术家联盟有 1445 名成员，且在美国艺术委员会中获配 5 个代表名额。计算此代表名额分配的绝对不公平度。

解： 织工协会的平均选民为

$$\frac{\text{织工协会的成员数量}}{\text{织工协会获配的代表数量}} = \frac{1542}{6} = 257$$

美术家联盟的平均选民为

$$\frac{\text{美术家联盟的成员数量}}{\text{美术家联盟获配的代表数量}} = \frac{1445}{5} = 289$$

因此，美术家联盟的代表性比织工协会更差，该分配的绝对不公平度是 $289-257=32$。

自测题 3

假设 X 州的人口数量为 974116，议席数量为 4 个；Y 州的人口数量为 730779，议席数量为 3 个。计算该分配的绝对不公平度。

虽然绝对不公平度衡量了两个州之间的不平衡分配，但是仅比较两种分配的不公平度还不够。你可能会认为“绝对不公平度越大，结果就越不公正”，但这个结论是错误的！衡量分配的不公平度时，考虑各州的规模大小非常重要。如下示例将帮助你理解“我们为何需要一种不同的不公平度衡量方法”。

要点 相对不公平度考虑了计算绝对不公平度时的选民规模。

2020 年，在华盛顿州的民主党初选中，乔・拜登（591403 票）击败了伯尼・桑德斯（570039 票）。在 150 余万张选票中，因为拜登仅以 21364 票击败桑德斯（注：由于示例需要，此处并未列出本次选举中其他候选人的得票数），所以报纸可能会宣称“拜登险胜桑德斯”。但是，如果在某一小城市的市长选举中，当拜登（39569 票）击败桑德斯（18205 票）时，当地报纸的头条标题可能会是“拜登疯狂碾压桑德斯”。

虽然得票数的差异很重要，但是该差异的重要性取决于投票总数。当两位候选人的得票数均超过 50 万张时，2.1 万张选票的差异就显得较小。但是，如果其中一位候选人只获得 1.8 万张选票，则这种差异就非常大。

同样，在例 2 中，考虑到加利福尼亚州和佛罗里达州的选区规模，绝对不公平度（$704565-700028=4537$）相对较小。但是在例 3 中，与平均选民（289 和 257）相比，绝对不公平度（32）相对较大。由这些示例可知，当衡量分配的不公平性时，一定要考虑平均选民的规模。

定义 当为两个州分配议席时，我们将分配的相对不公平度定义为

$$\frac{\text{该分配的绝对不公平度}}{\text{两个州中的较小平均选民}}$$

例 4 计算相对不公平度

计算例 2 中加利福尼亚州和佛罗里达州获配议席的相对不公平度，以及例 3 中织工协会和美术家联盟获配代表名额的相对不公平度。

解： 回顾本书前文所述的类比原则。

在例 2 中，“加利福尼亚州 - 佛罗里达州”获配议席的绝对不公平度为 $704565.83-700028.63=4537.2$。因为佛罗里达州具有较小的平均选民（700028.63），所以该分配的相对不公平度为 $4537.2/700028.63\approx0.006$。

在例 3 中，该分配的绝对不公平度为 $289-257=32$。因为织工协会具有较小的平均选民（257），所以该分配的相对不公平度为 $32/257\approx0.125$。

“加利福尼亚州 - 佛罗里达州”分配的相对不公平度较小，这意味着其分配比“织工协会 - 美术家联盟”更公平。

现在尝试完成练习 07 ~ 14。

自测题 4

如果 A 州的人口数量为 11710，议席数量为 5 个；B 州的人口数量为 16457，议席数量为 7 个。计算该分配的相对不公平度。

现在，为了避免发生阿拉巴马悖论而制定分配准则和原则，我们了解了关于不公平性的必要背景概念。10.2 节将继续探讨更多的内容。

练习 10.1

强化技能

在练习 01 ~ 06 中，用汉弥尔顿分配法进行分配。

01. **分配水务局席位**。假设加利福尼亚州、亚利桑那州和内华达州合作修建一座大坝，为当前缺乏充足水资源供应的各个社区供水。西南水务局负责管理该项目，共有 11 名成员席位，这些席位基于项目用水的客户数量进行分配。加利福尼亚州的客户数量为 56000，亚利桑那州的客户数量为 52000，内华达州的客户数量为 41000，分配该水务局的席位。

02. **分配谈判委员会成员**。六旗主题公园的雇员（包括 213 名表演者、273 名食品工人和 178 名维修工人）正在为新合同开展谈判，9 人谈判委员会的成员人数与 3 个小组的雇员人数成比例。分配谈判委员会成员。

03. **分配艺术展摊位**。公民艺术协会正在举办可容纳 31 个摊位的一场艺术展，这些摊位将基于会员类型（包括 87 位画家、46 位雕塑家和 53 位织工）按比例分配。向 3 类会员分配摊位。

04. **分配居民委员会成员名额**。某学校有 3 栋新生宿舍楼，其中 A 楼含 78 间宿舍，B 楼含 36 间宿舍，C 楼含 51 间宿舍。学校的居民委员会由 12 人组成，负责制定宿舍管理规则，成员人数与每栋楼的房间数量成比例。向各栋宿舍楼分配居民委员会成员名额。

05. **分配议席**。在 2010 年人口普查中，阿拉巴马州的人口数量为 480.3 万，密西西比州的人口数量为 297.8 万，路易斯安那州的人口数量为 455.4 万。将美国众议院的 17 个议席分配给这 3 个州。

06. **分配议席**。在 2010 年人口普查中，密歇根州的人口数量为 991.2 万，俄亥俄州的人口数量为 1156.8 万，伊利诺伊州的人口数量为 1286.4 万。将美国众议院的 48 个议席分配给这 3 个州。

07. 美国护士协会有 177408 名成员，且在国家卫生委员会中获得 3 个代表名额，协会的平均选民是多少？

08. 如果国际电气工人兄弟会拥有 81.9 万名成员，且在建筑行业委员会中获得 13 个代表名额，则其平均选民是多少？

09. A 州的人口数量为 27600，议席数量为 16 个；B 州的人口数量为 23100，议席数量为 14 个。哪个州的代表性更差？这种分配的绝对不公平度是多少？相对不公平度是多少？

10. C 州的人口数量为 85800，议席数量为 11 个；D 州的人口数量为 86880，议席数量为 12 个。哪个州的代表性更差？这种分配的绝对不公平度是多少？相对不公平度是多少？

11. 如前所述，在由 10 名成员组成的董事会中，股东人数为 4700 的纳克逊占 5 个席位，股东人数为 3700 的阿罗科占 4 个席位。计算这种分配的绝对不公平度和相对不公平度。

12. 对阿罗科和欧罗拜耳，重做练习 11。欧罗拜耳的股东人数为 1600，占据 1 个董事会席位。

13. **分配议席**。在 2010 年人口普查中，得克萨斯州的人口数量为 2526.8 万，获配美国众议院议席 36 个；佐治亚州的人口数量为 972.8 万，获配美国众议院议席 14 个。计算该分配的绝对不公平度和相对不公平度。

14. **分配议席**。在 2010 年人口普查中，华盛顿州的人口数量为 675.3 万，获配美国众议院议席 10 个；俄勒冈州的人口数量为 384.9 万，获配美国众议院议席 5 个。计算该分配的绝对不公平度和相对不公平度。

学以致用

15. **阿拉巴马悖论**。某电子公司包含 3 个部门：数字（D）、计算机（C）和经营产品（B），其中 D 部门的员工数量为 140，C 部门的员工数量为 85，B 部门的员工数量为 30。在由 12 名成员组成的质量监督委员会中，成员人数与 3 个部门中的员工数量成比例。

a. 用汉弥尔顿分配法分配委员会成员名额；

b. 现在，将委员会的成员人数增至 13 人，然后增至 14 人，以此类推。每次均重新分配委员会成员名额，直至发生阿拉巴马悖论；

c. 发生阿拉巴马悖论时，超过 12 名成员的首名成员人数是多少？当委员会成员人数增多时，哪个部门会失去 1 个席位？

16. **阿拉巴马悖论**。美罗城总共有 47 名本地警察、13 名联邦特工和 40 名州警察参与禁毒执法工作，并由 9 人组成的专案组对特定案件进行调查，专案组成员与 3 类执法人员的人数成比例。

a. 用汉弥尔顿分配法分配专案组成员；

b. 现在，将专案组的成员人数增至 10，然后增至 11，以此类推。每次均重新分配专案组成员名额，直至发生阿拉巴马悖论；

c. 发生阿拉巴马悖论时，超过 10 名成员的首名成员人数是多少？当专案组成员人数增多时，哪个群体会失去 1 个席位？

17. **阿拉巴马悖论**。乌尔班德尔菲亚综合医院在全市设有 3 个急诊室，下表显示了每个急诊室夜班患者人数的相关统计数据。

急诊室	中心城区	南街	西区
病人数量	213	65	300

a. 如果急诊医生的数量是 23 人，则其应当如何分配？

b. 增加急诊医生的数量，直至发生阿拉巴马悖论。悖论将在医生数量增至多少时发生？哪个急诊室会减少一位医生？

18. **阿拉巴马悖论**。中心城区社区学院总共设有 3 家分校，学生们的媒体注册情况如下表所示。学院目前共有 12 个电脑实验室，但是随着新电子媒体愈加集中，管理部门希望增加实验室的数量。

校　区	城中	东北	东河
学生数量	40	180	240

a. 12 个实验室应当如何分配？

b. 增加实验室数量，直至发生阿拉巴马悖论。悖论将在实验室数量增至多少时发生？哪家分校会减少 1 个实验室？

数学交流

19. 阿拉巴马悖论发生的原因是什么？如何避免？

20. 如果某一分配的绝对不公平度是 1000，另一分配的绝对不公平度是 50000，则第 1 项分配是否一定会比第 2 项分配更公平？解释理由。

21. 本节介绍了 5 个阿拉巴马悖论示例（例 1 和练习 15～18），你能给出阿拉巴马悖论似乎伤害了哪些“州”的一般规律吗？

生活中的数学

22. “生活中的数学”部分讨论了现代美国公民如何比 200 年前“代表性更低”，其具体含义是什么？

23. 美国人的被代表程度什么时候最好？

a. 研究美国众议院的规模随时间发生的变化，计算“公民－议席”的比率，具体做法可参照“生活中的数学”部分。根据这个比率判断美国人民的被代表程度什么时期最好；

b. 考虑美国公民现在与议员的沟通能力，与 18～19 世纪的沟通可能性相比，你认为 a 问的比率是否与 200 年前的比率相关？开展讨论。

24. **世界各地的议员**。选择若干国家，参照本节中“生活中的数学”部分的做法，计算每名议员与人口数量之比。讨论自己的发现。

挑战自我

25. 假设在风电场联合体董事会中，纳克逊目前的代表数量是 5 人，阿罗科的代表数量是 4 人。假设可将 1 个额外代表名额分配给纳克逊或阿罗科。

a. 如果将额外代表名额分配给纳克逊，则计算该分配的相对不公平度；

b. 如果将额外代表名额分配给阿罗科，则计算该分配的相对不公平度；

c. 基于 a 问和 b 问的答案，哪家公司应获得额外代表名额？为什么？

26. 假设在联合体董事会中，纳克逊目前的代表数量是 6 人，欧罗拜耳的代表数量是 2 人。假设可将 1 个额外代表名额分配给纳克逊或欧罗拜耳。

a. 如果将额外代表名额分配给纳克逊，则计算该分配的相对不公平度；

b. 如果将额外代表名额分配给欧罗拜耳，则计算该分配的相对不公平度；

c. 基于 a 问和 b 问的答案，哪家公司应获得额外代表名额？为什么？

27. **分配 1 个额外代表名额**。目前，纽约州的人口数量为1942.1万，众议院议席数量为27个；新泽西州的人口数量为880.8万，众议院议席数量为12个。哪个州更应获得1个额外议席？为了做出这个决定，首先考虑若将该议席分配给纽约州，则相对不公平度是多少？若将该议席分配给新泽西州，则相对不公平度是多少？

28. **分配1个额外代表名额**。重做练习27，田纳西州的人口数量为637.5万，议席数量为9个；马里兰州的人口数量为579万，议席数量为8个。

29. 从网上搜索汉弥尔顿分配小程序，然后利用它复现本节中的部分计算，并报告自己的发现。

10.2 亨廷顿—希尔分配原则

如前所述，如果重新分配先前已分配的议席，则可能发生阿拉巴马悖论。为了避免发生这种悖论，下面将开发一种方法，使得议席规模增大时只分配新议席。

10.2.1 分配准则

所需方法应具备如下特征：在分配过程的每个阶段中，告知谁将获得下一个议席。在做出决定时，应用相对不公平度和下列准则。

分配准则/分配标准 在若干方之间分配议席时，应尽可能使“相对不公平度”最小。

例1 分配准则的应用

假设A州的人口数量为13680，议席数量为5个；B州的人口数量为6180，议席数量为2个。用分配准则判断哪个州更应获得1个额外议席名额。

解：回顾本书前文所述的系统化策略。

下面分两个阶段来求解。首先，假设将额外议席分配给A州，计算该分配的相对不公平度。然后，假设将额外议席分配给B州，再次计算该分配的相对不公平度。

第一阶段：假设将额外议席分配给A州（而非B州），则A州的议席数量为6个，B州的议席数量为2个，二者的平均选民如下：

$$\text{A州的平均选民}=\frac{\text{A州的人口数量}}{\text{A州的议席数量}}=\frac{13680}{6}=2280$$

较小的平均选民

$$\text{B州的平均选民}=\frac{\text{B州的人口数量}}{\text{B州的议席数量}}=\frac{6180}{2}=3090$$

因为A州的平均选民较小，所以这种分配的相对不公平度为

较大的相对不公平度

$$\frac{\text{B州的平均选民}-\text{A州的平均选民}}{\text{A州的平均选民}}=\frac{3090-2280}{2280}=\frac{810}{2280}\approx 0.355$$

第二阶段：假设将额外议席分配给B州（而非A州），则A州的议席数量为5个，B州的议席数量为3个，二者的平均选民如下：

$$\text{A州的平均选民}=\frac{\text{A州的人口数量}}{\text{A州的议席数量}}=\frac{13680}{5}=2736$$

较小的平均选民

$$\text{B州的平均选民}=\frac{\text{B州的人口数量}}{\text{B州的议席数量}}=\frac{6180}{3}=2060$$

现在，B州的平均选民较小，所以这种分配的相对不公平度为

$$\frac{\text{A州的平均选民}-\text{B州的平均选民}}{\text{B州的平均选民}}=\frac{2736-2060}{2060}=\frac{676}{2060}\approx 0.328$$

较小的相对不公平度

可以看到，如果将额外议席分配给 A 州，则相对不公平度为 0.355；如果将额外议席分配给 B 州，则相对不公平度为 0.328。因此，额外议席应当分配给 B 州。

现在尝试完成练习 01 ~ 08。

自测题 5

A 州的人口数量为 41440，议席数量为 7 个；B 州的人口数量为 25200，议席数量为 4 个。

a）假设将 1 个额外议席分配给 A 州，判断该分配的相对不公平度。

b）假设将 1 个额外议席分配给 B 州，判断该分配的相对不公平度。

c）应用分配准则，判断哪个州应当获得额外议席。

可见，当将 8 个议席分配给 A 州和 B 州时，例 1 采用的方式不符合汉弥尔顿分配法。根据汉弥尔顿分配法，A 州应获议席的精确数量为

$$\text{议席数量}\times\frac{\text{A州的人口数量}}{\text{人口总量}}=8\times\frac{13680}{13680+6180}=8\times\frac{13680}{19860}\approx 5.511$$

B 州应获议席的精确数量为

$$\text{议席数量}\times\frac{\text{B州的人口数量}}{\text{人口总量}}=8\times\frac{6180}{13680+6180}=8\times\frac{6180}{19860}\approx 2.489$$

因为 A 州的小数部分（0.511）大于 B 州的小数部分（0.489），所以汉弥尔顿分配法将第 8 个议席分配给 A 州。你认为哪种做法更公平？

10.2.2 亨廷顿－希尔法

“比较两种分配的相对不公平度（如例 1 所示）”低速而烦琐，判断哪个州应当获得额外议席时，我们还可使用另一种简单的方法。下面描述亨廷顿－希尔分配原则。

亨廷顿－希尔分配原则 如果 X 州和 Y 州分别获配了 x 个和 y 个议席，则在如下前提下，X 州应当比 Y 州优先获配 1 个额外议席：

$$\frac{(\text{Y州的人口数量})^2}{y\cdot(y+1)}<\frac{(\text{X州的人口数量})^2}{x\cdot(x+1)}$$

若上述不等式不成立，则 Y 州应获配 1 个额外议席。$\frac{(\text{X州的人口数量})^2}{x\cdot(x+1)}$ 形式的数字通常称为亨廷顿－希尔数。

历史回顾——完美的分配方法是否存在？

亨廷顿－希尔分配原则由爱德华 • 亨廷顿和约瑟夫 • 希尔两位数学家提出，1941 年由富兰克林 • 罗斯福总统签署成为法律，至今仍然用于美国众议院的议席分配。虽然这种方法避免了阿拉巴马悖论，但其并不完美。

那么是否存在一种完美的分配方法呢？为了回答这个问题，我们需要考虑是否存在满足如下两个合理准则的一种分配方法：

（1）该分配方法不应导致阿拉巴马悖论或者其他类似的悖论（见 10.3 节）。

（2）该分配方法应当符合配额规则，即如果一个州议席的确切数量是 31.46，则分配给该州的议席数量必须是 31 个或 32 个，而不能是 30 个或 33 个。

1980 年，迈克尔 • 巴林斯基和培顿 • 杨证明了一个令人惊讶的定理，称为巴林斯基和杨的不可能性

定理，该定量指出“任何分配方法都不可能避免所有悖论且同时满足配额规则”。

因为任何分配方法肯定都存在缺陷，所以当美国国会讨论分配方法时，政治通常与数学同样重要。

例 2　亨廷顿—希尔分配原则的应用

在社区综合医院中，专职护士的数量是 320，兼职护士的数量是 148。为了评估护理指南建议，护士长已经选择 4 名专职护士和 2 名兼职护士加入了一个委员会。应用亨廷顿 - 希尔分配原则，确定该委员会中的第 7 名护士应当是专职还是兼职？

解：我们计算专职护士和兼职护士的亨廷顿 - 希尔数，即

较大的亨廷顿 - 希尔数

$$\frac{(\text{专职护士的数量})^2}{(\text{当前代表数量})\cdot(\text{当前代表数量}+1)}=\frac{(320)^2}{4\cdot 5}=5120$$

$$\frac{(\text{兼职护士的数量})^2}{(\text{当前代表数量})\cdot(\text{当前代表数量}+1)}=\frac{(148)^2}{2\cdot 3}\approx 3651$$

对比这两个数字，即可知道应当入选该委员会的下一位护士是专职护士。

现在尝试完成练习 09 ~ 16。

自测题 6

根据最近一次人口普查，爱荷华州的人口数量约为 300 万，在美国众议院拥有 4 个议席；内布拉斯加州的人口数量约为 180 万，在美国众议院拥有 3 个议席。应用亨廷顿 - 希尔分配原则，判断哪个州更应获配 1 个额外议席。

10.2.3　分配风电场联合体董事会成员

现在，应用亨廷顿—希尔分配原则，我们将分配整个联合体董事会成员（9 人）。

例 3　利用亨廷顿—希尔数表格进行分配

制作一张亨廷顿 - 希尔数表格，分配 10.1 节中的联合体董事会成员。

解：回顾本书前文所述的系统化策略。

首先给每家公司分配 1 个席位，这与美国宪法的一项规定（每个州必须至少有 1 个议席）相符。然后，分配其余 5 名董事会成员。

如前所述，纳克逊的股东人数为 4700，阿罗科的股东人数为 3700，欧罗拜耳的股东人数为 1600。亨廷顿 - 希尔数具有如下形式：

$$\frac{(\text{公司的股东人数})^2}{(\text{当前董事会成员数})\cdot(\text{当前董事会成员数}+1)}$$

（注：为了简化数字计算，我们将这些数字缩小了 100 倍。只要对每家公司进行同样的处理，这种简化操作就是可以接受的。）

表 10.4 显示了亨廷顿 - 希尔数表格的第 1 行，其中假设每家公司都有 1 名成员。因为纳克逊拥有表 10.4 中最大的亨廷顿 - 希尔数，所以与其他公司相比，该公司将优先获配第 2 名成员。

表 10.4　亨廷顿—希尔数，假定每家公司有 1 名成员

纳　克　逊	阿　罗　科	欧罗拜耳
$\frac{(47)^2}{1\times 2}=1104.5$	$\frac{(37)^2}{1\times 2}=684.5$	$\frac{(16)^2}{1\times 2}=128$

纳克逊拥有最大的亨廷顿 - 希尔数

分配 4 名成员后，接下来向表 10.4 中添加更多的行，以便形成用于分配剩余成员的表 10.5。因为数字已用过，所以划掉纳克逊的第 1 项，符号④表示纳克逊获配了第 4 位成员。

表 10.5　更多亨廷顿—希尔数

当前成员	纳　克　逊	阿　罗　科	欧罗拜耳
1	~~$\frac{(47)^2}{1\times2}=1104.5$~~ ④	$\frac{(37)^2}{1\times2}=684.5$ ⑤	$\frac{(16)^2}{1\times2}=128$
2	$\frac{(47)^2}{2\times3}=368.2$ ⑥	$\frac{(37)^2}{2\times3}=228.2$ ⑦	$\frac{(16)^2}{2\times3}=42.7$
3	$\frac{(47)^2}{3\times4}=184.1$ ⑧	$\frac{(37)^2}{3\times4}=114.1$	$\frac{(16)^2}{3\times4}=21.3$
4	$\frac{(47)^2}{4\times5}=110.5$	$\frac{(37)^2}{4\times5}=68.5$	*

阿罗科应获配第 5 名成员

在表 10.5 中，下 4 个亨廷顿 - 希尔数（按降序排列）为

684.5，368.2，228.2，184.1

这 4 个数字指出了如何分配董事会成员 5 ~ 8。由此可知，前 8 名董事会成员应分配如下:

1. 纳克逊　　2. 阿罗科　　3. 欧罗拜耳　　4. 纳克逊（1104.5）
5. 阿罗科（684.5）　6. 纳克逊（368.2）　7. 阿罗科（228.2）　8. 纳克逊（184.1）

我们将第 9 名董事会成员的分配留给“自测题 7”。

现在尝试完成练习 17 ~ 26。

自测题 7

用表 10.5 分配第 9 名董事会成员。

由上可知，如果将董事会规模增至 10 名，则表 10.5 中下一个最大的亨廷顿—希尔数是 114.1，这意味着为了避免发生阿拉巴马悖论，第 10 名成员名额应分配给阿罗科。

这里所用的程序和步骤满足两个重要标准：首先要避免发生阿拉巴马悖论；其次要用表 10.5 判断哪家公司将获配下一个席位，使得任何两家公司之间的相对不公平度降至最低。此外，可以证明，“任何两个州之间的相对不公平度”均无法改善，即便按照前述过程进行分配时，将某一议席从一个州转移至另一个州，这个事实也无法改变。虽然亨廷顿—希尔法并不是完美无缺的，甚至可能会违反配额规则（如 10.3 节所述），但其目前仍然是美国国会议席的分配方法。

10.2.4　其他应用

如果将分配视为将各对象（即议席）分配给各利益相关方（即各州）的过程，则可识别出现相同问题的其他情形。例 4 中将讨论具有某些相似性的一种不同情形。

要点　应用亨廷顿 - 希尔法，可以分配除议席外的其他对象。

例 4　用亨廷顿—希尔法分配警察

假设某小镇聘用了 7 个警察，并且自然划分为 3 个区域。警长收集了近几个月来每个区域发生的治安事件（如犯罪或交通事故）的数量数据，如表 10.6 所示。如果警长决定根据每个地区的治安事件数量按比例分配警察，则其应当如何进行分配？

表 10.6　治安事件的数量

区域 1	107 件
区域 2	65 件
区域 3	43 件
合计	215 件

解：回顾本书前文所述的“新问题与旧问题相关联”策略。

我们将此视为分配问题，待分配对象是警察，对象接收方是各区域。

因为不希望未来警察总数增加时任何区域的警察数量减少 1 名，所以拟采用亨廷顿－希尔法在 3 个区域中分配 7 名警察。

首先计算亨廷顿－希尔数，如表 10.7 所示。计算这些数字时，我们并未采用人口数量（像前面那样），而采用每个区域的治安事件数量。按照惯例，先向每个区域分配 1 名警察。例如，如果区域 1 已获配 1 名警察，则其亨廷顿－希尔数是 $(107)^2/(1\times 2)=5724.5$。

表 10.7　分配警察的亨廷顿一希尔数

如果获配下一名警察，则一个区域的警察数量	区域 1	区域 2	区域 3
2	(a)5724.5	(b)2112.5	(e)924.5
3	(c)1908.2	(f)704.2	308.2
4	(d)954.1	352.1	154.1
5	572.5	211.3	92.5

考虑表中标记为(a)～(d)的各项，可知首先向 3 个区域各分配 1 名警察后，剩余 4 名警察应分配如下：a）警察 4 前往区域 1；b）警察 5 前往区域 2；c）警察 6 前往区域 1；d）警察 7 前往区域 1。

如果该镇继续聘用了第 8 名警察，则通过查看(e)和(f)项可知应将其派往区域 3。

现在尝试完成练习 27～28。

10.2.5　亨廷顿一希尔原则的推导

下面让我们更加抽象地查看例 1 中的计算结果。如前所述，A 州的议席数量是 5，B 州的议席数量是 2。我们用 a 表示 A 州的人口数量，用 b 表示 B 州的人口数量，然后运用某些初等代数，分 3 步对亨廷顿一希尔原则进行推导。

第 1 步：计算“将额外议席分配给 A 州”时的相对不公平度。如果将额外议席分配给 A 州，则 A 州的议席数量是 6，B 州的议席数量仍然是 2。记得这个阶段 A 州的平均选民（现在表示为 $\frac{a}{6}$）较小，B 州的平均选民是 $\frac{b}{2}$。因此，这项分配的相对不公平度为

$$\frac{\text{B州的平均选民}-\text{A州的平均选民}}{\text{A州的平均选民}}=\frac{\frac{b}{2}-\frac{a}{6}}{\frac{a}{6}}=\frac{\frac{b}{2}}{\frac{a}{6}}-\frac{\frac{a}{6}}{\frac{a}{6}}=\frac{\frac{b}{2}}{\frac{a}{6}}-1=\frac{6b}{2a}-1 \quad (1)$$

第 2 步：计算“将额外议席分配给 B 州”时的相对不公平度。因为向 A 州分配了 5 个议席，向 B 州分配了 3 个议席，所以 A 州的平均选民是 $\frac{a}{5}$，B 州的平均选民是 $\frac{b}{3}$。因此，这项分配的相对不公平度为

$$\frac{\text{A州的平均选民}-\text{B州的平均选民}}{\text{B州的平均选民}}=\frac{\frac{a}{5}-\frac{b}{3}}{\frac{b}{3}}=\frac{\frac{a}{5}}{\frac{b}{3}}-\frac{\frac{b}{3}}{\frac{b}{3}}=\frac{\frac{a}{5}}{\frac{b}{3}}-1=\frac{3a}{5b}-1 \quad (2)$$

第 3 步：假设 B 州因为相对不公平度较小而获配额外议席。我们可将它改写为

若额外议席分配给B时的相对不公平度 < 若额外议席分配给A时的相对不公平度

利用式（1）和式（2），我们可用代数形式将其表示为

$$\frac{a}{5}\cdot\frac{3}{b}-1<\frac{b}{2}\cdot\frac{6}{a}-1$$

不等式两侧同时加 1 得

$$\frac{a}{5}\cdot\frac{3}{b}<\frac{b}{2}\cdot\frac{6}{a} \quad (3)$$

a 和 b 代表人口数量，为正值，可知 $\frac{a}{6}\cdot\frac{b}{3}$ 也为正值。不等式（3）两侧同时乘以该数得

$$\left(\frac{a}{6}\cdot\frac{b}{3}\right)\frac{a}{5}\cdot\frac{3}{b}<\left(\frac{a}{6}\cdot\frac{b}{3}\right)\frac{b}{2}\cdot\frac{6}{a}$$

在这个不等式的两侧，从分子和分母中消去公因数得

$$\frac{a^2}{5\cdot 6}<\frac{b^2}{2\cdot 3} \tag{4}$$

至此已经证明文字不等式

若额外议席分配给B时的相对不公平度 < 若额外议席分配给A时的相对不公平度

等价于代数不等式

$$\frac{a^2}{5\cdot 6}<\frac{b^2}{2\cdot 3}$$

因此，为了判断是 A 州还是 B 州应获配额外议席，可以计算每个州的如下形式（结果为数字）：

$$\frac{(\text{该州的人口数量})^2}{(\text{该州的议席数量})\cdot[(\text{该州的议席数量})+1]}$$

然后，对两个结果数字进行比较，数字较大者表示“该对应州应当获配额外议席”。

练习 10.2

强化技能

01. 音乐家协会有 908 名成员，其中 4 人担任国家艺术咨询委员会（NAAB）委员；美术家联盟有 633 名成员，其中 3 人担任 NAAB 委员。如果二者之一可以获配 NAAB 的 1 个额外委员名额，则通过以下步骤确定应当获配该委员名额的协会：

a. 假设将额外委员名额分配给音乐家协会，判断该分配的相对不公平度；

b. 假设将额外委员名额分配给美术家协会，判断该分配的相对不公平度；

c. 应用分配准则，判断哪个协会更应获配额外委员名额。

02. 木工联合会的成员数量为 1218，在国家劳工委员会中的代表数量为 6；水暖工联合会的成员数量为 720，在国家劳工委员会中的代表数量为 4。如果国家劳工委员会准备新增 1 名木工或水暖工代表，哪个联合会更应获得此名额？利用练习 01 中描述的方法。

03. 城市地铁交通系统（MCTS）由红线和蓝线组成，红线共有 9 辆车，平均每趟运送 405 名乘客；蓝线共有 7 辆车，平均每趟运送 287 名乘客。利用练习 01 中描述的方法，判断哪条线更值得增加 1 辆车。

04. 家庭服务机构设有 2 个办公室，其中大湖区办公室有 7 名社工和 595 名客户，平原市办公室有 13 名社工和 819 名客户。利用练习 01 中描述的方法，判断哪个办公室更应当增加 1 名社工。

05. **分配议席**。2010 年人口普查后，纽约州的人口数量为 1940 万，议席数量为 27；宾夕法尼亚州的人口数量为 1270 万，议席数量为 18。假设可以为其中一个州分配 1 个额外议席。

a. 假设将 1 个额外议席分配给纽约州，计算相对不公平度；

b. 假设将 1 个额外议席分配给宾夕法尼亚州，计算相对不公平度；

c. 应用分配准则，判断哪个州应当获配额外议席。

06. **分配议席**。重做练习 05，北卡罗来纳州的人口数量为 960 万，议席数量为 13；南卡罗来纳州的人口数量为 460 万，议席数量为 7。

07. **分配议席**。重做练习 05，新泽西州的人口数量为 880 万，议席数量为 12；弗吉尼亚州的人口数量为 800 万，议席数量为 11。

08. **分配议席**。重做练习 05，亚利桑那州的人口

数量为640万，议席数量为9；新墨西哥州的人口数量为210万，议席数量为3。

在练习 09~12 中，计算各个群体的亨廷顿－希尔数。

09. 练习01中的音乐家协会。

10. 练习02中的木工联合会。

11. 练习03中的蓝线。

12. 练习04中的大湖区办公室。

在练习13~16中，利用各州的人口数量和当前议席数量，计算其亨廷顿－希尔数。

13. 印第安纳州：人口数量为650万，议席数量为9。

14. 内华达州：人口数量为270万，议席数量为4。

15. 夏威夷州：人口数量为140万，议席数量为2。

16. 马萨诸塞州：人口数量为660万，议席数量为9。

在所有分配中，首先向每个委员会、董事会、联盟和州等分配1名代表，因此在回答过程中如何列出这些“必然代表”并不重要。

17. **分配劳工委员会**。劳工委员会由7名委员组成，电工联合会、水暖工联合会和木工联合会准备向该委员会派遣代表。采用给定的亨廷顿一希尔数表格，列出该委员会的分配顺序。

当前委员数量	电工（E）	水暖工（P）	木工（C）
1	312.5	162.0	480.5
2	104.2	54.0	160.2
3	52.1	27.0	80.1
4	31.3	*	48.1

18. **分配宿舍管委会**。我们正在分配由10名成员组成的宿舍管理委员会，成员分别代表艾伦、贝克和卡尼3栋宿舍。采用给定的亨廷顿一希尔数表格，列出该管委会的分配顺序。

当前成员数量	艾伦（A）	贝克（B）	卡尼（C）
1	264.5	544.5	924.5
2	88.2	181.5	308.2
3	44.1	90.8	154.1
4	26.5	54.5	92.5

19. **分配艺术联盟**。筹建中的新艺术联盟由11名成员组成，分别代表戏剧、音乐和舞蹈领域的表演者。采用给定的亨廷顿一希尔数表格，列出该联盟成员的分配顺序。

当前成员数量	戏剧（T）	音乐（M）	舞蹈（D）
1	88200.0	94612.5	10512.5
2	29400.0	31537.5	3504.2
3	14700.0	15768.8	1752.1
4	8820.0	9461.3	*
5	5880.0	6307.5	*

20. **分配校董**。某大学拟将8个校董职位分配给3个二级学院，分配依据是每个学院的全日制研究生人数，其中文科30人，理科20人，商科40人。采用亨廷顿一希尔数表格，分配校董名额。

当前校董数量	文科（H）	理科（S）	商科（B）
1	450.0	200.0	800.0
2	150.0	66.7	266.7
3	75.0	33.3	133.3
4	45.0	*	80.0

学以致用

21. **分配交通管理局成员**。纽约市特里博洛交通管理局负责管理布朗克斯区、曼哈顿区和皇后区的3座连接桥梁，假设该交通管理局由10名成员组成，并按3个行政区的人口数量（布朗克斯区140万人，曼哈顿区160万人，皇后区220万人）成比例分配成员人数。分配10名成员名额。

a. 采用汉弥尔顿分配法；

b. 采用亨廷顿一希尔分配原则。

22. **分配劳工委员会成员**。在国家劳工委员会中，11名成员分别代表木工、电工、水暖工和油漆工联合会，这4个联合会的成员人数与其在劳工委员会中的代表人数成比例。如果木工有84人，电工有48人，水暖工有40人，油漆工有28人，则每个行业应有多少名委员会成员？

a. 采用汉弥尔顿分配法；

b. 采用亨廷顿一希尔分配原则。

在练习23~26中，已知3个州的人口数量以及分配给这3个州的议席总数，用亨廷顿－希尔法确定这些议席的分配顺序。再次假设首先为每个州分配1个议席。

23. **分配议席**。犹他州280万人；爱达何州160万人；俄勒冈州380万人；6个议席。

24. **分配议席**。新罕布什尔州130万人；佛蒙特州

60 万人；康涅狄格州 360 万人；8 个议席。

25. 分配议席。得克萨斯州 2530 万人；密歇根州 990 万人；佛罗里达州 1890 万人；分配前 12 个议席。

26. 分配议席。马里兰州 580 万人；田纳西州 640 万人；科罗拉多州 500 万人；分配前 11 个议席。

27. 分配医务人员。某医院管理者希望将 7 支急诊医疗队派往 3 个社区外展中心。下表中列出了上周在每个中心接受治疗的患者人数。首先，向每个中心派出一支医疗队。采用亨廷顿－希尔法，确定管理者应如何将医疗队派往这 3 个中心。

中心 1	98 个患者
中心 2	34 个患者
中心 3	57 个患者
合计	189 个患者

28. 安排健身课程表。某健身教练需要讲授 6 节 2 学分课程，选课调查显示了学员们的如下需求：56 人想练普拉提；29 人想练跆拳道；11 人想练瑜伽；4 人想练动感单车。假设该教练为每项活动至少上 1 节课。

a. 采用亨廷顿－希尔法，将该教练剩余的 2 节课分配给 4 项活动；

b. a 问的解是否符合你的直觉？解释理由。

数学交流

29. 在亨廷顿－希尔分配原则的描述中，如果 X 的亨廷顿－希尔数大于 Y，则 X 应比 Y 优先获配 1 个议席。这样分配有什么好处？

30. 为什么亨廷顿－希尔法能够避免阿拉巴马悖论？

挑战自我

31. 密歇根州的人口数量为 930 万，议席数量为 16；威斯康星州的人口数量为 490 万，议席数量为 9。假设威斯康星州的人口数量开始增长，密歇根州的人口数量则保持不变。继而，假设随着威斯康星州人口数量的增长，两个州之间的 25 个议席将采用亨廷顿－希尔法重新分配，使威斯康星州在众议院拥有 10 个议席。现在，为了能从密歇根州“抢”走 1 个议席，威斯康星州的人口数量必须达到多少？解释如何获得答案。

32. 新泽西州的人口数量为 770 万，议席数量为 13；华盛顿州的人口数量为 490 万，议席数量为 9。假设华盛顿州的人口数量开始增长，新泽西州的人口数量则保持不变。继而，假设随着华盛顿州人口数量的增长，两个州之间的 22 个议席将采用亨廷顿－希尔法重新分配，使华盛顿州在众议院拥有 10 个议席。现在，为了能从新泽西州“抢”走 1 个议席，华盛顿州的人口数量必须达到多少？解释如何获得答案。

33. 分配警察。再次考虑例 4 中描述的分配警察问题。如前所述，如果警察人数增多，则可能发生阿拉巴马悖论，所以采用汉弥尔顿分配法并不合适。确认这种说法的正确性。

a. 更改区域 1、区域 2 和区域 3 中的治安事件数量；

b. 采用汉弥尔顿分配法分配警察。增加警察人数，直至某一区域获配的警察人数减少时为止。

你可能需要多次执行步骤 a，直至获得阿拉巴马悖论的合理示例。

34. 考虑下表中的亨廷顿－希尔数，我们可以用其分配某一代表委员会的席位。像往常一样，假设首先向各方均分配 1 个席位，则为了保证 B 拥有 3 个席位，该委员会中的最小席位数量是多少？解释如何判断这个数字，但不实际执行分配计算。

当前席位	A	B	C
1	32.00	60.50	112.50
2	10.67	20.17	37.50
3	5.33	10.08	18.75
4	3.20	6.05	11.25
5	2.13	4.03	7.50
6	1.52	2.88	5.36

10.3 其他悖论和分配法

本节首先介绍汉弥尔顿分配法应用过程中可能发生的两个悖论（除阿拉巴马悖论外），然后介绍能够避免悖论发生的部分其他方法（由托马斯·杰斐逊、约翰·昆西·亚当斯和丹尼尔·韦伯斯特发明），但如“巴林斯基和杨的不可能性定理”预测的那样，这些方法都违背了配额规则。

10.3.1 标准除数和标准配额

要点 我们可以用标准除数来解释分配。

为了理解悖论及其他分配法，下面以稍微不同的方式来看待分配。如前所述，为了用汉弥尔顿分配法来计算某个州的议席数量，我们计算了如下表达式：

$$\frac{\text{州的人口数量}}{\text{人口总量}}\times\text{待分配议席数量}$$

如果用代数表达式 $\frac{s}{t}\times n$ 来表示这个表达式，则可将其改写为

$$\frac{s}{t}\times n=s\times\frac{n}{t}=\frac{s}{\frac{t}{n}}$$

州的人口数量（s）

人口总量除以议席数量（$\frac{t}{n}$）

也就是说，当计算某个州应当获配的确切议席数量时，可以首先计算

$$\frac{\text{人口总量}}{\text{待分配议席数量}}$$

然后，用结果去除该州的人口数量。虽然这种方法或许不像最初的方法那样直观清晰，但在本节剩余部分的计算中，“先计算一个除数，然后去除该州的人口数量”思想将成为中心主题。

定义 在若干州之间分配多个议席时，标准除数可定义如下：

$$\text{标准除数}=\frac{\text{人口总量}}{\text{待分配议席数量}}$$

一个州的标准配额可定义如下：

$$\text{标准配额}=\frac{\text{州的人口数量}}{\text{标准除数}}$$

直观地说，我们可将标准除数考虑为

$$\text{标准除数}=\frac{\text{人口总量}}{\text{议席数量}}=\text{每个议席所代表的人数}$$

可将标准配额考虑为

$$\text{标准配额}=\frac{\text{州的人口数量}}{\text{标准除数}}=\text{州应获配的议席数量}$$

例 1 计算标准除数和标准配额

a）假设要在人口总量为 400 万的几个州之间分配 8 个议席，计算标准除数。

b）如果 A 州的人口数量为 150 万，计算其标准配额。

解： a）标准除数的计算过程为

$$\text{标准除数}=\frac{\text{人口总量}}{\text{议席数量}}=\frac{4000000}{8}=500000$$

结果等于每个议席所代表的选民数量。

b）A 州的标准配额的计算过程为

$$\text{A州的标准配额}=\frac{\text{A州的人口数量}}{\text{标准除数}}=\frac{1500000}{500000}=3$$

所以，A 州应该获配 3 个议席。

自测题 8

假设将 8 个议席分配给 3 个州（A、B 和 C），人口数量分别为 300 万、400 万和 500 万。

a）计算此分配的标准除数；b）计算每个州的标准配额。

基于含有 9 名成员的风电场联合体董事会，用这种新方法重新计算纳克逊的成员分配，这应是一件很有意思的事情。如前所述，股东总人数为 10000，纳克逊的股东人数为 4700，因此标准除数为

$$\frac{\text{股东总人数}}{\text{董事会成员人数}}=\frac{10000}{9}=1111.11$$

纳克逊的标准配额是纳克逊的股东人数/标准除数 $=4700/1111.11=4.23$，刚好与前述计算结果一致。同理，阿罗科的标准配额是 3.33，欧罗拜耳的标准配额是 1.44。

建议 记住，标准除数是"计算一次，然后即可用于整个分配过程"的单一数字，但是"每个州的标准配额"必须分别计算。

如前所述，应用汉弥尔顿分配法时，我们总向每个州分配略低或略高于其标准配额（确切议席数量）的议席数量。例如，如果某个州的标准配额是 4.375 个议席，则总向其分配 4 个或 5 个议席。下面更精确地定义这个概念。

定义 如果将标准配额向下舍入，则该数称为下限配额；如果将标准配额向上舍入，则该数称为上限配额。进行分配时，如果每个州获配的议席数量介于其下限配额与上限配额之间，则该分配称为符合/满足配额规则。

例 2 在 3 个州之间分配议席

假设要将 8 个议席分配给如下 3 个州：A 州，人口数量为 540 万；B 州，人口数量为 670 万；C 州，人口数量为 730 万。计算 A 州的下限配额和上限配额。

解： 回顾本书前文所述的类比原则。

要计算 A 州的上限配额和下限配额，必须首先计算标准除数，然后计算 A 州的标准配额。该分配的标准除数为

$$\text{标准除数}=\frac{\text{人口总量}}{\text{议席数量}}=\frac{5.4+6.7+7.3}{8}=\frac{19.4}{8}=2.425$$

用此数字去除 A 州的人口数量得

$$\text{A州的标准配额}=\frac{\text{A州的人口数量}}{\text{标准除数}}=\frac{5.4}{2.425}\approx 2.227$$

若将 2.227 向下舍入，则可得到 A 州的下限配额（等于 2）；若将 2.227 向上舍入，则可得到 A 州的上限配额（等于 3）。

自测题 9

在例 2 中，计算 C 州的标准配额、下限配额和上限配额。

采用这种新的语言，我们可以重新描述 10.1 节中讨论的汉弥尔顿分配法。虽然术语听上去不一致，但是计算结果完全相同。

汉弥尔顿分配法

a）计算该分配的标准除数（人口总量/议席总量）。

b）计算每个州的标准配额（该州的人口数量/标准除数），并将其向下舍入至下限配额。为每个州分配一定数量的议席。

c）如果仍然剩余部分议席，则根据各州标准配额的小数部分，按大小顺序进行分配。

如果汉弥尔顿分配法的唯一问题是阿拉巴马悖论，则其可能就是今天普遍采用的分配方法，不过该方法仍然存在其他更多悖论（如下所述）。

10.3.2 更多分配悖论

20 世纪初，人们发现了汉弥尔顿分配法的另一个严重缺陷，即人口数量增长较快的州可能失去 1 个议席，人口数量增长较慢的州则可能接收该议席。

要点 汉弥尔顿分配法可能存在人口数量悖论和新州悖论。

定义 当 A 州的人口数量增长速度快于 B 州但却失去 1 个议席并输送给 B 州时，就会发生人口数量悖论。假设立法机构中的议席总量不变。

例 3 汉弥尔顿分配法可能引发人口数量悖论

采用汉弥尔顿分配法，基于 3 个学院的本科入学人数（教育学院 940 人，文学院 1470 人，商学院 1600 人），某大学研究生院正在分配 15 个研究生助教名额。

a）采用汉弥尔顿分配法，将研究生助教名额分配给 3 个学院。

b）假设在 a）问中分配完成后，教育学院增加了 30 人，文学院增加了 46 人，商学院人数保持不变。采用汉弥尔顿分配法，重新分配研究生助教名额。

c）解释本示例如何描述人口数量悖论。

解：a）这种分配的标准除数为

$$\frac{\text{本科生总数}}{\text{助教名额数量}}=\frac{4010}{15}\approx 267.33$$

在表 10.8 中，我们计算了每个学院的标准配额和获配助教名额。

表 10.8 人数增加前 15 个研究生助教名额的分配

学　院	标准配额（获配精确数字）	下限配额（整数部分）	小数部分	分配 2 个额外助教名额
教育学院	$\frac{940}{267.33}=3.52$	3	0.52	4
文学院	$\frac{1470}{267.33}=5.50$	5	0.50	5
商学院	$\frac{1600}{267.33}=5.99$	5	0.99	6
合计		13		15

b）表 10.9 显示了入学人数增加后的分配方式。现在的标准除数为

$$\frac{\text{新的本科生总数}}{\text{助教名额数量}}=\frac{4086}{15}\approx 272.4$$

c）注意观察教育学院如何丢失 1 个助教名额并输送给文学院。教育学院学生人数的增长百分比为

$$\frac{\text{教育学院增加的人数}}{\text{教育学院原来的人数}}=\frac{30}{940}=0.0319=3.19\%$$

文学院学生人数的增长百分比为

$$\frac{\text{文学院增加的人数}}{\text{文学院原来的人数}}=\frac{46}{1470}=0.0313=3.13\%$$

表 10.9　人数增加后 15 个研究生助教名额的分配

学　　院	学生人数	标准配额（获配精确数字）	下限配额（整数部分）	小数部分	分配 2 个额外助教名额
教育学院	$940+30=970$	$\frac{970}{272.4}=3.56$	3	0.56	3
文学院	$1470+46=1516$	$\frac{1516}{272.4}=5.57$	5	0.57	6
商学院	1600	$\frac{1600}{272.4}=5.87$	5	0.87	6
合计	4086		13		15

因此，虽然文学院学生人数的增长速度低于教育学院，但其仍然能从教育学院“抢走”1 个助教名额。

现在尝试完成练习 25 ~ 28。

说句实话，例 3 中的情形极为罕见，找到这样一个反例特别不容易（电子表格帮了大忙!），但确实说明了“汉弥尔顿分配法可能导致发生这样的人口数量悖论”。

1907 年，当俄克拉何马州加入联邦时，众议院不得不重新分配议席。国会决定将众议院的议席增加 5 个，并将其全部分配给俄克拉何马州。但是，当众议院重新分配议席时，纽约州被要求将其 1 个议席让给缅因州，这就是所谓的“新州悖论”。

定义　当新增一个州且立法机构为其增加新议席时，如果造成之前分配给另一个州的议席发生改变，则此时发生的悖论就称为新州悖论。

例 4　汉弥尔顿分配法可能引发新州悖论

如表 10.10 所示，某小国纳曼尼亚由 3 个州（A、B 和 C）组成，立法机构的议席数量为 37，用汉弥尔顿分配法将其分配给这些州。a）用汉弥尔顿分配法分配这些议席。b）假设纳曼尼亚吞并了另一个小国达雷利亚，并将其作为自己的一个新州，人口数量为 3000（单位为千）。采用当前的标准除数，给出达雷利亚的当前议席数量，并将该数添加到纳曼尼亚的议席总数中。再次采用汉弥尔顿分配法，重新分配纳曼尼亚的议席。c）解释新州悖论的发生过程。

解: a）该分配的标准除数是总人数 12140（单位：千人）除以议席数量 37，结果等于 $12140/37=328.11$，我们用其计算每个州的标准配额，如表 10.10 所示。

表 10.10　吞并达雷利亚之前州 A、B 和 C 获配的议席数量

州	人口数量（单位：千）	标准配额（获配精确数字）	下限配额（整数部分）	小数部分	分配额外议席
A	2750	$\frac{2750}{328.11}=8.38$	8	0.38	8
B	6040	$\frac{6040}{328.11}=18.41$	18	0.41	19
C	3350	$\frac{3350}{328.11}=10.21$	10	0.21	10
合计	12140		36		37

b）根据 a）问中的分配，采用标准除数 328.11，达雷利亚的标准配额为 $3000/328.11=9.14$。这意味着在当前的分配方式下，达雷利亚应获配 9 个议席，因此可在纳曼尼亚的立法机构中增加 9 个议席，然后进行重新分配。现在，因为纳曼尼亚的人口数量增加，且议席数量增加了 9 个，所以必须重新计算标准除数：

$$\text{标准除数}=\frac{\text{人口数量}}{\text{议席数量}}=\frac{12140+3000}{37+9}=\frac{15140}{46}\approx 329.13$$

我们将用其计算表 10.11 中的新标准配额。

表 10.11　吞并达雷利亚后州 A、B、C 和 D 获配的议席数量

州	人口数量 （单位：千）	标准配额 （获配精确数字）	下限配额 （整数部分）	小数部分	分配额外议席
A	2750	$\frac{2750}{329.13}=8.36$	8	0.36	9
B	6040	$\frac{6040}{329.13}=18.35$	18	0.35	18
C	3350	$\frac{3350}{329.13}=10.18$	10	0.18	10
达雷利亚（D）	3000	$\frac{3000}{329.13}=9.11$	9	0.11	9
合计	15140		45		46

c）由 b）问可见，新增达雷利亚及其应获配议席数量后，立法机构的规模变大，但是 B 州被迫将其 1 个议席转给 A 州，此即为新州悖论。

现在尝试完成练习 29 ~ 32。

10.3.3　其他分配法

本节的剩余部分讨论 3 种非传统分配法，它们分别由杰斐逊、亚当斯和韦伯斯特提出。这三种方法有一个相似之处，即每种方法都采用不同于标准除数的除数，称为修正除数。如下文所述，为了求出这个修正除数，我们经历了反复试错。将一个州的人口数量除以修正除数时，即可获得该州的修正配额。

要点　杰斐逊分配法向下舍入配额。

一旦求得每个州的修正配额，下个问题就是应如何处理。为了获得所需的议席数量，杰斐逊认为应当向下舍入，亚当斯认为应当向上舍入，韦伯斯特认为应当采用常规舍入方式。

杰斐逊分配法向下舍入修正配额，所以我们需要大于标准配额的修正配额（采用杰斐逊分配法时，标准除数和标准配额有时会起作用）。这意味着为了得到更大的配额，修正除数必须小于标准除数。

杰斐逊分配法

a）采用试错法，求出一个小于该分配的标准除数的修正除数。

b）计算每个州的修正配额（州人口数量/修正除数），然后将其向下舍入，最后为每个州分配该数量的议席。不断更改修正除数，直至这些分配的总和等于待分配议席总数。

下面采用杰斐逊分配法，重新分配风电场联合体董事会成员。

例 5　杰斐逊分配法的应用

在 10.1 节的例 1 中，为了监管由纳克逊、阿罗科和欧罗拜耳共同组建的风电场联合体，我们分配了一个由 9 名成员组成的董事会。我们采用汉弥尔顿分配法，基于每家公司的股东人数（纳克逊 4700 人，阿罗科 3700 人，欧罗拜耳 1600 人）来分配董事会成员。下面用杰斐逊分配法来分配董事会成员。

A	B
x	$\left\lfloor \frac{x}{1050} \right\rfloor$
4700	4
3700	3
1600	1
x	$\left\lfloor \frac{x}{935} \right\rfloor$
4700	5
3700	3
1600	1

解：在 10.3 节的讨论中，我们求出该分配的标准除数为 $10000/9 \approx 1111.11$，且 3 家公司的标准配额分别为 4.23、3.33 和 1.44。采用汉弥尔顿分配法并向下舍入标准配额时，结果总数为 8，所以必须另行分配第 9 名成员。

应用杰斐逊分配法时，我们希望求出修正配额，以便向下舍入这些配额时的结果总数为 9。这意味着修正配额必须大于标准配额。为了得到更大的修正配额，修正除数必须小于标准除数 1111.11。

下面尝试将1050作为修正除数，查看结果如何。计算结果如表10.12所示：

表10.12　采用杰斐逊分配法和修正除数1050分配联合体董事会成员

修正除数 =1050			
	纳　克　逊	阿　罗　科	欧罗拜耳
股东人数	4700	3700	1600
标准配额	4.23	3.33	1.44
修正配额	$\frac{4700}{1050}=4.48$	$\frac{3700}{1050}=3.52$	$\frac{1600}{1050}=1.52$
向下舍入修正配额	4	3	1
			合计 = 8

太小——我们需要一个较小的修正除数

因为分配的董事会成员总数太少，所以修正配额要更大一些。为此，我们要尝试更小的修正除数。制作这个示例时，我们采用了一个电子表格，且尝试了1000和950，但这两个修正除数都不起作用。最后，当尝试修正除数935时，得到了表10.13中的结果。当然，除了935，还有一些数是可以接受的修正除数。在接下来的练习中，请调查可以接受的其他修正除数。

表10.13　采用杰斐逊分配法和修正除数935分配联合体董事会成员

修正除数 =935			
	纳　克　逊	阿　罗　科	欧罗拜耳
股东人数	4700	3700	1600
标准配额	4.23	3.33	1.44
修正配额	$\frac{4700}{935}=5.03$	$\frac{3700}{935}=3.96$	$\frac{1600}{935}=1.71$
向下舍入修正配额	5	3	1
			合计 = 9

自测题10

假设在3个组（A、B和C）之间分配9名代表，各组人数分别为1276人、1427人和2697人。

a）计算这个分配的标准除数。b）采用修正除数550，计算C组的修正配额。c）采用杰斐逊分配法时，如果修正除数为550，则C组将获配多少名代表？

在10.1节采用汉弥尔顿分配法向联合体董事会分配成员时，纳克逊获配4个，阿罗科获配3个，欧罗拜耳获配2个。由此可见，杰斐逊分配法和汉弥尔顿分配法的分配结果不同。

下面介绍如何用亚当斯分配法分配联合体董事会成员。

在亚当斯分配法中，因为向上舍入修正配额，所以需要修正配额小于标准配额。这意味着为了获得较小的配额，修正除数必须大于标准除数。

亚当斯分配法

a）采用试错法，求出一个大于该分配的标准除数的修正除数。

b）计算每个州的修正配额（州人口数量/修正除数），然后将其向上舍入，最后为每个州分配该数量的议席。不断更改修正除数，直至这些分配的总和等于待分配议席总数。

例6描述了亚当斯分配法。

要点　亚当斯分配法向上舍入配额。

例 6 分配 iPad

基于辖区内 3 所小学的注册人数（东斯普林菲尔德小学 470 人，西岭小学 350 人，北谷小学 280 人），面向各所小学的电脑实验室，斯普林菲尔德学区正在按比例分发 124 部最新款 iPad。采用亚当斯分配法，对这些 iPad 进行分配。

解：回顾本书前文所述的“新问题与旧问题相关联”策略。

学生总数为 $470+350+280=1100$，所以标准除数等于 $1100/124=8.871$。如下表所示，首先用 8.871 作为试验除数，总数太大，所以需要一个更大的除数；然后用 9.5 作为试验除数，总数又太小，所以需要一个更小的除数；最后尝试采用 9.0 作为试验除数，刚好给出了预期总数。

小　学	除数 8.871	向上舍入	除数 9.5	向上舍入	除数 9.0	向上舍入
东斯普林菲尔德	$\frac{470}{8.871}=52.98$	53	$\frac{470}{9.5}=49.47$	50	$\frac{470}{9.0}=52.22$	53
西岭	$\frac{350}{8.871}=39.45$	40	$\frac{350}{9.5}=36.84$	37	$\frac{350}{9.0}=38.89$	39
北谷	$\frac{280}{8.871}=31.56$	32	$\frac{280}{9.5}=29.47$	30	$\frac{280}{9.0}=31.11$	32
合计		125		117		124

总数太大，需要大于 8871 的除数　　总数太小，需要小于 9.5 的除数　　总数正确

因此，东斯普林菲尔德小学获得 53 部 iPad，西岭小学获得 39 部 iPad，北谷小学获得 32 部 iPad。

自测题 11

假设在 3 组人群（A、B 和 C）之间分配 10 名代表，人数分别为 1300、950 和 2550。

a）计算这个分配的标准除数。b）采用修正除数 500，计算 A 组的修正配额。c）应用亚当斯分配法时，如果采用修正除数 500，则 A 组应当获配多少名代表？

与杰斐逊分配法类似，除了 9.0，例 6 还能接受其他的修正除数。接下来的练习将深入探讨这个问题。

建议 采用杰斐逊分配法和亚当斯分配法时，为了了解如何调整修正除数，可以考虑下图。其中，修正除数和修正配额可视为跷跷板，当一端上升时，另一端必然下降。

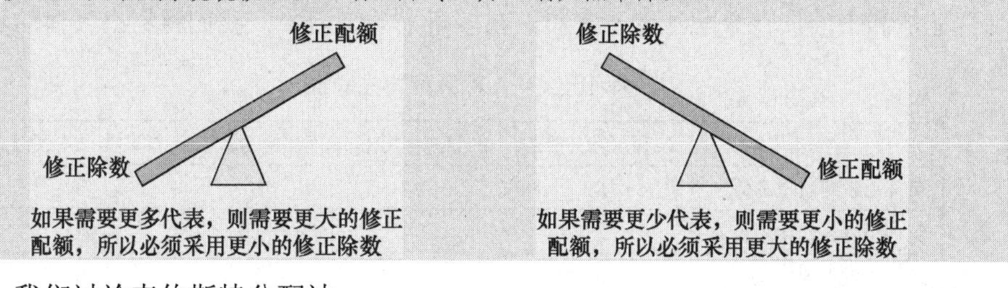

最后，我们讨论韦伯斯特分配法。

韦伯斯特分配法以常规方式舍入修正配额，即若配额的小数部分大于或等于 0.5，则向上舍入，否则向下舍入。同样，与杰斐逊分配法和亚当斯分配法类似，我们将通过试错法来计算修正除数。

要点 韦伯斯特分配法以常规方式舍入修正配额。

韦伯斯特分配法

a）采用试错法，求出一个修正除数。

b）计算每个州的修正配额（州人口数量/修正除数），然后以常规方式进行舍入，最后为每个州分配该数量的议席。不断更改修正除数，直至这些分配的总和等于待分配议席总数。

例 7 描述了如何采用韦伯斯特分配法进行分配。

例 7　用韦伯斯特分配法分配独木舟

白水探险公司为其两个景点购买了 14 艘新独木舟，并准备基于每个景点上个月的旅行次数（白河 53 次，甜山 84 次）进行分配。用韦伯斯特分配法分配这些独木舟。

解：回顾本书前文所述的“新问题与旧问题相关联”策略。

旅行总次数为 $53+84=137$。如何选择第 1 个试验除数不重要，所以假设从 8 开始。如下表所示，试验除数 8 形成的总数太大，所以需要一个更大的除数；然后用 10 作为试验除数，总数又太小，所以需要一个更小的除数；最后尝试用 9.7 作为试验除数，刚好给出了预期总数 14。

景　点	除数 8	常规舍入	除数 10	常规舍入	除数 9.7	常规舍入
白河	$\frac{53}{8}=6.63$	7	$\frac{53}{10}=5.3$	5	$\frac{53}{9.7}=5.46$	5
甜山	$\frac{84}{8}=10.5$	11	$\frac{84}{10}=8.4$	8	$\frac{84}{9.7}=8.66$	9
合计		18		13		14

总数太大，需要大于 8 的除数　　总数太小，需要小于 10 的除数　　总数正确

因此，白河将获得 5 艘独木舟，甜山将获得 9 艘独木舟。

现在尝试完成练习 05 ~ 24。

自测题 12

假设在 3 组人群（A、B 和 C）之间分配 8 名代表，人数分别为 2700、4300 和 5000。

a）计算这个分配的标准除数。b）采用修正除数 1540，计算 B 组的修正配额。c）应用韦伯斯特分配法时，如果采用修正除数 1540，则 B 组应当获配多少名代表？

除了 9.7，仍然存在可接受的其他修正除数。在接下来的练习中，你需要调查哪些数字是例 7 中的可接受修正除数。

表 10.14 总结了本章中介绍的 4 种方法。因为可能无法满足配额规则，所以杰斐逊分配法、亚当斯分配法和韦伯斯特分配法都不完美。在接下来的练习中，我们将给出具体的示例。

表 10.14　4 种分配方法总结

	汉弥尔顿分配法	杰斐逊分配法	亚当斯分配法	韦伯斯特分配法
可能引发阿拉巴马悖论	是	否	否	否
可能引发人口数量悖论	是	否	否	否
可能引发新州悖论	是	否	否	否
可能违反配额规则	否	是	是	是

练习 10.3

强化技能

在练习 01 ~ 04 中，已知人口总数、A 州的人口数量和待分配议席总数，求：**a**. 该分配的标准除数和 A 州的标准配额；**b**. 采用杰斐逊分配法时，该州应获配的议席数量；**c**. 采用亚当斯分配法时，该州应获配的议席数量；**d**. 采用韦伯斯特分配法时，该州应获配的议席数量。

01. 人口总数为 51.2 万；A 州的人口数量为 84160；待分配议席总数为 16 个。

02. 人口总数为 13.5 万；A 州的人口数量为 48000；

待分配议席总数为 9 个。

03．人口总数为 10.2 万；A 州的人口数量为 19975；待分配议席总数为 11 个。

04．人口总数为 51.2 万；A 州的人口数量为 84160；待分配议席总数为 15 个。

学以致用

05．**分配水务局席位**。在亚利桑那州的吉拉河上，西南水务局计划修建一座大坝。水务局共拥有 11 名成员席位，基于该项目用水的客户数量进行分配。加利福尼亚州的客户数量为 56000，亚利桑那州的客户数量为 52000，内华达州的客户数量为 41000。求标准除数和每个州的标准配额。

06．用杰斐逊分配法分配该水务局的成员席位。

07．用亚当斯分配法分配该水务局的成员席位。

08．用韦伯斯特分配法分配该水务局的成员席位。

09．**分配谈判委员会成员**。六旗主题公园的雇员（包括 213 名表演者、273 名食品工人和 178 名维修工人）正在为新合同开展谈判，20 人谈判委员会的成员人数与 3 个小组的雇员人数成比例。求标准除数和每个小组的标准配额。

10．用杰斐逊分配法分配谈判委员会成员。

11．用亚当斯分配法分配谈判委员会成员。

12．用韦伯斯特分配法分配谈判委员会成员。

13．**分配劳工委员会代表名额**。一个劳工委员会正在筹建中，20 名代表分别来自 4 个工会，其中电工工会的成员数量为 25，水暖工工会的成员数量为 18，油漆工工会的成员数量为 29，木工工会的成员数量为 31。求标准除数和每个工会的标准配额。

14．用杰斐逊分配法分配劳工委员会代表名额。

15．用亚当斯分配法分配劳工委员会代表名额。

16．用韦伯斯特分配法分配劳工委员会代表名额。

17．**授予助教奖学金**。某重点大学向“写作项目”学生提供 19 个助教奖学金名额，并基于每个专业领域的全日制研究生人数进行分配。其中，小说专业 30 人，诗歌专业 20 人，科技写作专业 17 人，媒体写作专业 14 人。求标准除数和每个专业的标准配额。

18．用杰斐逊分配法分配奖学金名额。

19．用亚当斯分配法分配奖学金名额。

20．用韦伯斯特分配法分配奖学金名额。

21．**安排健身课程表**。某健身教练需要讲授 6 节 2 学分课程，选课调查显示学员的需求如下：56 人想练普拉提；29 人想练跆拳道；11 人想练瑜伽；4 人想练动感单车。求标准除数和每个兴趣领域的标准配额。

22．利用练习 21 中的信息和杰斐逊分配法，分配每个兴趣领域的课程数量。

23．利用练习 21 中的信息和亚当斯分配法，分配每个兴趣领域的课程数量。

24．利用练习 21 中的信息和韦伯斯特分配法，分配每个兴趣领域的课程数量。

在练习 25 ~ 32 中，用汉弥尔顿分配法进行分配。

25．**人口数量悖论**。10 个议席被分配给 3 个州（A、B 和 C），各州的人口数量（单位：万）如下表所示。10 年后，A 州的人口数量增加 2 万，B 州的人口数量增加 6 万，C 州的人口数量保持不变，10 个议席被重新分配。该例是否能够说明人口数量悖论？解释理由。

州	人口数量（万）
A	57.0
B	255.7
C	687.3

26．**人口数量悖论**。德尔菲地铁区域交通管理局（MRTA）负责管理 3 条地铁线路（箭头、蓝线和城市），每条线路对应的每日乘客人数如下表所示。假设基于每条线路的乘客人数，MRTA 需要在 3 条线路之间分配 100 辆新车。1 年后，MRTA 决定将这 100 辆车在 3 个部门之间重新分配，乘客人数变化如下表所示。该例是否能够说明人口数量悖论？解释理由。

线　路	每日乘客人数（现在）	每日乘客人数（1 年后）
箭头（A）	23530	23930
蓝线（B）	5550	5650
城市（C）	70920	71100

27．**人口数量悖论**。为了加强安保，某集团（由 3 个地方机场组成）聘请了一家专业安保公司。按照合同要求，基于每个机场的每周乘客人数，该公司向各个机场派出 150 名安保人员。2 年后，这 3 个机场的每周乘客人数均有所增加，因此需要重新分配 150 名安保人员。下表中显示了这些相关数据。该例是否能够说明人口数量悖论？解释理由。

机 场	每周乘客人数（现在）	每周乘客人数（2 年后）
艾伦波特（A）	120920	121420
贝克斯顿（B）	5550	5650
哥伦比亚城（C）	23530	23930

28. 人口数量悖论。新州立大学拥有 3 个校区，当前学生人数如下表所示。基于 3 个校区的学生人数，校方决定升级 18 个电脑实验室。1 年后，每个校区的学生人数均有所增加，校方决定重新升级 18 个电脑实验室。该例是否能够说明人口数量悖论？解释理由。

校 区	学生人数（现在）	学生人数（1 年后）
阿尔特斯（A）	7200	7480
布莱斯菲尔德（B）	20500	21140
城市中心（C）	52300	52900

29. 新州悖论。为了探讨如何共同努力改善区域商业环境，A 州和 B 州共同成立了由 100 名成员组成的委员会，并基于两州的人口数量分配委员会成员名额。见到该委员会的良好成效后，第 3 个州要求加入该委员会并派出一定数量的成员。A 州和 B 州表示同意，并允许 C 州采用当前标准除数向委员会中新增其应获配的成员数量。下表显示了这 3 个州的人口数量。该例是否能够说明新州悖论？解释理由。

州	人口数量（万）
A	200
B	777
C	60

30. 新州悖论。重做练习 29，但是这次的人口数量如下表所示，且假设该委员会的原始成员数量为 40。

州	人口数量（万）
A	1255
B	445
C	825

31. 新州悖论。重做练习 29，但是这次的人口数量如下表所示，且假设该委员会的原始成员数量为 56。假设 A、B 和 C 是原始州，D 是新州。

州	人口数量（万）
A	870
B	430
C	320
D	650

32. 新州悖论。重做练习 31，但是这次的人口数量如下表所示，且假设该委员会的原始成员数量为 70。

州	人口数量（万）
A	23
B	74
C	38
D	60

练习 33～36 说明“杰斐逊分配法和亚当斯分配法可能会违反配额规则”。在下列情形下，判断哪种方法违反配额规则，并解释其如何不满足配额规则。

33. 配额规则。在 A、B、C、D、E 和 F 州之间分配 200 个议席，这些州的人口数量如下表所示。

州	人口数量（万）
A	70
B	150
C	82
D	453
E	220
F	55

34. 配额规则。在 A、B、C、D、E 和 F 州之间分配 100 个议席，这些州的人口数量如下表所示。

州	人口数量（万）
A	70
B	800
C	82
D	150
E	400
F	55

35. 配额规则。在 A、B、C、D、E 和 F 州之间分配 500 个议席，这些州的人口数量如下表所示。

州	人口数量（万）
A	140
B	200
C	150
D	900
E	430
F	50

36. **配额规则**。在 A、B、C、D、E 和 F 州之间分配 400 个议席，这些州的人口数量如下表所示。

州	人口数量（万）
A	70
B	100
C	75
D	20
E	210
F	450

数学交流

37. 标准除数和标准配额的直观含义是什么？进行分配时，必须计算多少次标准除数和标准配额？

38. 对于修正配额的处理，杰斐逊分配法、亚当斯分配法和韦伯斯特分配法有何不同？

39. 解释杰斐逊分配法中的修正除数为何通常小于标准除数。

40. 解释亚当斯分配法中的修正除数为何通常大于标准除数。

生活中的数学

41. **格里蝾螈**。调查研究格里蝾螈，查找“格里蝾螈”选区的明显示例。可能的话，在自己所在的州查找示例。可能的话，查找州最高法院推翻重划选区计划的示例。

42. **数学和格里蝾螈**。在互联网上搜索关键词“数学和格里蝾螈”，然后撰写一篇短文，解释你认为解决格里蝾螈问题的合理数学方法。

挑战自我

43. 用亚当斯分配法分配立法机构成员时，胡安妮塔获得了过多的成员数量，她要在方法上做出什么改变？

44. 用韦伯斯特分配法分配立法机构成员时，乔获得了过少的成员数量，他要在方法上做出什么改变？

45. 由例 5 可知，采用杰斐逊分配法时，修正除数 935 有效。采用试错法，求该例中可以用作修正除数的最小和最大整数。

46. 由例 6 可知，采用亚当斯分配法时，修正除数 9.0 有效。采用试错法，求该例中可以用作修正除数的最小和最大数字（保留 2 位小数）。

47. 由例 7 可知，采用韦伯斯特分配法时，修正除数 9.7 有效。采用试错法，求该例中可以用作修正除数的最小和最大数字(保留 2 位小数)。

48. 组建几个假想国家，它们分别由若干大州和若干小州组成。尝试采用不同的分配方法，了解杰斐逊分配法是更适合大州还是更适合小州。

49. 采用亚当斯分配法，重做练习 48。

50. 采用韦伯斯特分配法，重做练习 48。

10.4 深入观察：公平分配

某些事情完结后，是否能够收获意外惊喜？下面介绍如何在若干利益相关方之间分配任何一组物件，如在遗产继承人之间分割遗产、在离婚夫妇之间分割财产及在合伙人之间拆分资产等。

10.4.1 公平分配

这些问题称为公平分配问题，解决方案各不相同。下面解释处理“离散（而非连续）”公平分配问题的一种方法。

定义 离散公平分配意味着被分配的物件不能进一步细分；连续公平分配意味着被分配的物件能够进一步细分，并且可以按照所需的精细程度进行分配。

例如，我们无法将一辆老爷车拆分为若干部分并分配给多名遗产继承人，但是可以对一个蛋糕进行切分，然后在生日聚会上分发给孩子们。

自测题 13

判断下列处理情形是离散分配还是连续分配：a）分配美国众议院议席；b）在 3 人之间分配 1 块土

地；c）将玛氏巧克力豆、硬糖和口香糖分发给 5 个孩子；d）在 3 人之间分享一罐苏打水。

10.4.2 密封投标法

下面讨论密封投标法/密封出价法，该方法基于波兰数学家胡果・斯廷豪斯的工作成果。首先，查看由几人平等共享的某一财产的公平分配，问题是确定“当某一物件无法物理分割时，每人均能获得一份公平份额”。但是，首先必须解释“每人在财产中的公平份额”的具体含义。

定义 一个人在某一财产中的公平份额等于“其对该财产价值的估值”除以“平等共享该财产的人数”。

韦恩・马洛伊去世后，给 3 名表亲（达利亚、卡埃尔和迪迪）留下了一幅祖传数代的稀世画作。这 3 位表亲一致同意不应出售这幅画作，但是每个人都有权获得该遗产的相等份额。这幅画显然无法分割，所以他们同意由其中 1 人享有这幅画，但是要向其他 2 人支付一笔钱。

为了确定这幅画的价值，3 人分别联系了几位鉴定人，但估值结果差异极大。达利亚选修了一门数学课程，学习了与公平分配相关的一些知识，她建议大家按照以下方式进行处理。

每人都秘密地写下这幅画的估值，然后将出价放入一个密封的信封，以便确定 3 人对遗产价值的看法，继而确定各自在遗产中的公平份额。为了让这个过程发挥作用，每人都必须承诺给出诚实估值，并接受自己获得的公平份额。接下来，他们将逐一拆开各个信封，出价最高者最终获得这幅画。

拆开信封后发现，达利亚的估值是 8.4 万美元，卡埃尔的估值是 6 万美元，迪迪的估值是 7.2 万美元。按照先前的约定，因为达利亚的出价最高，所以她最终获得了这幅画。但是，接下来她必须向其他 2 人支付一笔钱，金额等于“她对这幅画的估值”减去“她在估值中的合理份额”。

因为达利亚的估值是 8.4 万美元，而且表亲平等分享这幅画，所以达利亚估值的公平份额为

$$\frac{1}{3}\times 84000 = 28000\text{美元}$$

因此，她应当支付这幅画的差值：

画作的价值　　　达利亚的公平份额

$$84000\text{美元} - 28000\text{美元} = 56000\text{美元}$$ 达利亚应支付的金额

但是，卡埃尔和迪迪是否应当平分这笔钱（即每人拿到 2.8 万美元）呢？这样做极不公平，因为这两人对该画作的估值均较低，且都同意接受公平份额。因为卡埃尔出价 6 万美元，所以他认为自己的公平份额为

$$\frac{1}{3}\times 60000 = 20000\text{美元}$$

迪迪出价 7.2 万美元，她认为自己的公平份额为

$$\frac{1}{3}\times 72000 = 24000\text{美元}$$

支付给卡埃尔 20000 美元和迪迪 24000 美元后，所剩余额为

达利亚支付的金额　　　埃尔和迪迪的公平份额

$$56000\text{美元} - 20000\text{美元} - 24000\text{美元} = 12000\text{美元}$$ 余额

现在，这个余额应如何处理呢？因为 3 人在该遗产上享有同等权益，所以他们应平分这一

余额。因此，卡埃尔和迪迪分别额外获得4000美元，剩余的4000美元则返还给达利亚。

表 10.15 显示了每人对画作的估值及对公平份额的看法。表 10.16 总结了基于公平分配方法的现金账户，加号表示此人向遗产中支付了该金额，减号表示此人从遗产中获得了该金额。仔细观察表 10.16，即可发现“向遗产中支付的金额”必定等于“从遗产中获得的金额之和”。

表 10.15　估值和公平份额

	达利亚 $(\frac{1}{3})$	卡埃尔 $(\frac{1}{3})$	迪迪 $(\frac{1}{3})$
画作出价	84000 美元	60000 美元	72000 美元
遗产的公平份额	$\frac{84000美元}{3}=28000美元$	$\frac{60000美元}{3}=20000美元$	$\frac{72000美元}{3}=24000美元$
出价最高者获得实物	画作		

达利亚、卡埃尔和迪迪同意接受这些数额

表 10.16　遗产现金账户的公平分配

	达利亚 $(\frac{1}{3})$	卡埃尔 $(\frac{1}{3})$	迪迪 $(\frac{1}{3})$
向遗产中支付（+）或从遗产中获得（-）	56000 美元（+）	20000 美元（-）	24000 美元（-）
遗产余额（12000 美元）的分配	4000 美元（-）	4000 美元（-）	4000 美元（-）
现金小结	支付 52000 美元	获得 24000 美元	获得 28000 美元

乍看之下，这种分配似乎有些不公平，因为迪迪获得的金额多于卡埃尔。但要记住，每个人均同意接受采用该方法时的公平份额估值。这时出现了一件非常有意思的事情，即每个人的最终收获都超出了自己的预期。首先，达利亚不仅拿到了画作，而且支付的费用（52000 美元）比其估计的其他人的公平份额（56000 美元）少 4000 美元。其次，卡埃尔和迪迪各自获得的金额比其估计的公平份额都多出 4000 美元。这种“多赢”结果缘于达利亚对画作的更高评价，提升了卡埃尔和迪迪的公平份额；同时，卡埃尔和迪迪做出了较低估值，降低了达利亚须向遗产中支付的金额。

自测题 14

罗莎、胡安、卡洛斯和路易斯从父母那里继承了一栋房屋。因为对该房屋拥有同等权益，并且想要把房屋留在家里，所以他们采用密封投标法来决定谁将获得房屋，然后获得者再向其他人支付现金。下表显示了这栋房屋的 4 个出价。完成该表，显示每人对房屋公平份额的估值及谁最后获得了该房屋。

	罗莎 $(\frac{1}{4})$	胡安 $(\frac{1}{4})$	卡洛斯 $(\frac{1}{4})$	路易斯 $(\frac{1}{4})$
房屋出价	250000 美元	240000 美元	260000 美元	200000 美元
遗产的公平份额				
出价最高者获得实物				

例 1　分割包含若干细分项的遗产

在麦克纳马拉和特洛伊留下的遗产（1 栋房屋、1 辆高档汽车和 1 艘船）中，马特、安妮、康纳和威尔伯将继承相等份额。他们决定采用密封投标法来分割遗产，每人都对遗产中的每项单独提交密封出价，表 10.17 列出了他们的出价及其对遗产公平份额的个人估值。确定该遗产应当如何采用密封投标法进行分割。

表 10.17　估值和公平份额

	马特$\left(\frac{1}{4}\right)$	安妮$\left(\frac{1}{4}\right)$	康纳$\left(\frac{1}{4}\right)$	威尔伯$\left(\frac{1}{4}\right)$
房屋出价	165000 美元	180000 美元	160000 美元	190000 美元
汽车出价	55000 美元	50000 美元	35000 美元	40000 美元
船出价	40000 美元	36000 美元	25000 美元	30000 美元
合计金额	260000 美元	266000 美元	220000 美元	260000 美元
遗产公平份额的估值	$\frac{1}{4}\cdot 260000=65000$美元	$\frac{1}{4}\cdot 266000=66500$美元	$\frac{1}{4}\cdot 220000=55000$美元	$\frac{1}{4}\cdot 260000=65000$美元

解：由表 10.17 中的最后一行可见，如果每人获得价值至少 65000 美元的物品组合和现金，则马特和威尔伯会感到满意；康纳的满意估值至少为 55000 美元；安妮的满意估值至少为 66500 美元。记住，在出价公开前，没有人知道其他人的遗产估值。出价公开后，因为出价高达 190000 美元，所以威尔伯获得了房屋；因为对汽车和船的出价都最高，所以马特获得这些物品；康纳和安妮没有获得任何物品，但会从遗产中获得现金。但要注意的是，虽然安妮并未提交任何物品的最高出价，但其对遗产的估值总数最高。下面对该遗产的现金交易进行最终核算。

从获得物品的那些人开始。威尔伯获得了自认为价值 190000 美元的房屋，但是他认为自己在总遗产中的公平份额价值为 6.5 万美元，因此其所得远超其公平份额，差额为

房屋的价值　威尔伯的公平份额　威尔伯向遗产中支付的金额

$$190000\text{美元}-65000\text{美元}=125000\text{美元}$$

他必须向遗产中支付这个差额。马特从遗产中获得了汽车和船，基于对这些实物的出价，他获得的总价值为

$$55000\text{美元}+40000\text{美元}=95000\text{美元}$$

但是，这个价值高于他认为自己应得遗产的公平份额，因此还要向遗产中支付“获得实物价值”与“公平份额”之间的差额，即

船和汽车的价值　马特的公平份额　马特向遗产中支付的金额

$$95000\text{美元}-65000\text{美元}=30000\text{美元}$$

威尔伯和马特向遗产中支付的现金总额为

$$125000\text{美元}+30000\text{美元}=155000\text{美元}$$

最后，康纳和安妮从这些支付金额中获得了他们认为的公平份额。表 10.18 中列出了截至目前的现金账户。

表 10.18　遗产账户的公平分配

	马特$\left(\frac{1}{4}\right)$	安妮$\left(\frac{1}{4}\right)$	康纳$\left(\frac{1}{4}\right)$	威尔伯$\left(\frac{1}{4}\right)$
出价最高者获得实物	汽车，船			房屋
向遗产中支付（+）或从遗产中获得（-）	30000 美元（+）	66500 美元（-）	55000 美元（-）	125000 美元（+）

表 10.18 中的最后一行显示了该遗产中剩余的现金余额，即

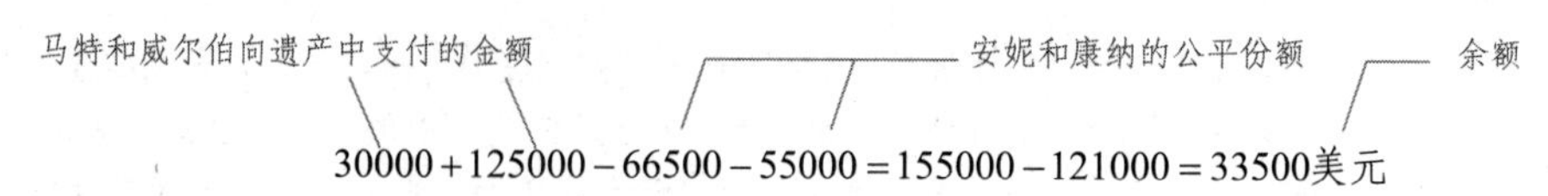

$$30000+125000-66500-55000=155000-121000=33500\text{美元}$$

因为 4 位继承人各自拥有该遗产的 1/4 权益，所以每人应当从余额中获得

$$\frac{1}{4}\cdot 33500 = 8375\text{美元}$$

与基于密封投标的任何公平分配一样，4 位继承人分别获得了超预期收益。马特和威尔伯均获得了实物，但向遗产中支付的金额低于预期；安妮和康纳没有获得任何实物，但是每人获得的现金数额均超过了各自预期的公平份额。表 10.19 汇总了该遗产的公平分配结果，像前面一样，“向遗产中支付的总金额”等于“从遗产中获得的总金额”，且遗产结清时的余额为零。

表 10.19　遗产账户的公平分配

	马特($\frac{1}{4}$)	安妮($\frac{1}{4}$)	康纳($\frac{1}{4}$)	威尔伯($\frac{1}{4}$)
出价最高者获得实物	汽车，船			房屋
向遗产中支付（+）或从遗产中获得（-）	30000 美元（+）	66500 美元（-）	55000 美元（-）	125000 美元（+）
遗产余额（33500 美元）的分割	8375 美元（-）	8375 美元（-）	8375 美元（-）	8375 美元（-）
现金小结	支付 21625 美元	获得 74875 美元	获得 63375 美元	支付 116625 美元

自测题 15

下面继续讨论“自测题 14”中的公平分配问题。因为卡洛斯获得了房屋，所以他要向遗产中支付一定数额的现金，其他人则获得现金。制作一张表格，显示遗产现金交易的账目。

下面总结“通过密封投标法进行公平分配”。虽然是以“分割遗产”为例来解释这个过程的，但是这种方法同样适用于其他类似的情形。

密封投标法/等值利益　对于在公平分配项中存在利益关系的每个人，均需要对每项进行密封投标（出价）。

1. 按如下原则确定每人的公平份额：
   - 将每人对所有各项的出价相加。
   - 将相加之和除以分割该遗产的总人数。

   因为每人的出价可能不同，所以每人的公平份额也可能不一样。
2. 开标。某一项（实物）由出价最高者获得，如果多人报出相同的最高价，则可基于随机选择（如抓阄）来分配最终获得者。
3. 如果某人获得的实物总价值超过其公平份额，则应以现金形式向遗产中支付差额；如果实物总价值低于其公平份额，则应从遗产中获得现金差额；如果未获得任何实物，则可从遗产中获得现金形式的公平份额。
4. 完成第 3 步后，如果遗产中仍然存在现金余额，则应在全部继承人之间平均分配。

密封投标法取得成功的必备前提如下。

- 参与各方对每个细分项诚实出价。
- 对于某个细分项（实物），出价最高者愿意接受该实物，且若出价高于公平份额，则向遗产中支付现金。
- 最重要的是，每人都要在“不知道其他人出价金额”的情况下出价。

当各方在遗产中的权益比例不同时，同样也可采用这种方法。例如，按照某人遗嘱的安排，3 名继承人分别拥有 50%、30%和 20%的遗产权益。在这种情况下，单个继承人的公平份额等于其遗产估值乘以遗产权益百分比。下面的练习中包含了这类问题。

练习 10.4

强化技能

判断下列处理情形是离散分配还是连续分配。

01. a. 将一套珍本书籍分发给 5 人；**b.** 将 1 个巧克力棒分给几名孩子；**c.** 向不同社区的选定

代表分配市议会席位。

02．a．将万圣节收集的糖果分发给 3 个“捣乱者”；b．将遗产（1 栋房屋和 1 艘船）分配给 5 名继承者；c．将 1 张馅饼分给 4 人。

用密封投标法完善练习 03 ~ 14 中的表格。

03．**分割遗产**。达内尔和乔伊想要确定谁应继承姑妈的老爷车。

	达内尔 $(\frac{1}{2})$	乔伊 $(\frac{1}{2})$
汽车出价	110000 美元	85000 美元
遗产的公平份额	a.	b.
出价最高者获得项	c．汽车	d.

04．**分割遗产**。卡尔和弗里德里希继承了父亲的一套珍本书籍，他们想要确定谁应获得它。

	卡尔 $(\frac{1}{2})$	弗里德里希 $(\frac{1}{2})$
书籍出价	27000 美元	35000 美元
遗产的公平份额	a.	b.
出价最高者获得项	c.	d.

05．**拆分共有资产**。丹尼斯和查蒂合作编写了一本书，现在想要确定如何拆分共有资产，其中一人将成为唯一的版权所有者。在当前这本书中，40%的版权属于丹尼斯，60%的版权属于查蒂。

	丹尼斯（40%）	查蒂（60%）
版权出价	20000 美元	28000 美元
版权的公平份额	a.	b.
出价最高者获得项	c.	d.

06．**拆分共有资产**。马特和托尼在海边有一个小比萨摊，两人分别拥有 35%和 65%的权益。现在，他们想要解除合作关系，一方独资经营，另一方退出。

	马特（35%）	托尼（65%）
比萨摊出价	120000 美元	90000 美元
比萨摊的公平份额	a.	b.
出价最高者获得项	c.	d.

学以致用

07．**分割遗产**。艾德、艾尔和杰瑞是兄弟 3 人，他们想确定谁能获得祖父留下的 1 幅画作和 1 尊雕像。

	艾德 $(\frac{1}{3})$	艾尔 $(\frac{1}{3})$	杰瑞 $(\frac{1}{3})$
画作出价	13000 美元	8000 美元	9000 美元
雕像出价	14000 美元	13000 美元	15000 美元
合计金额	27000 美元	a.	b.
遗产的公平份额	c.	d.	e.

08．**拆分共有资产**。弗朗茨、艾达、比尔和莫妮卡是同一家投资俱乐部的成员，证券投资组合包括 3 只股票——1 家电脑制造商、1 家石油公司和 1 家制药公司。现在，他们想要解散团队，并确定股票和现金的归属。

	弗朗茨 $(\frac{1}{4})$	艾达 $(\frac{1}{4})$	比尔 $(\frac{1}{4})$	莫妮卡 $(\frac{1}{4})$
电脑股票出价	75000 美元	80000 美元	70000 美元	90000 美元
石油股票出价	35000 美元	40000 美元	45000 美元	40000 美元
制药股票出价	40000 美元	30000 美元	25000 美元	35000 美元
合计金额	a.	b.	c.	d.
投资组合的公平份额	e.	f.	g.	h.

09．**分割遗产**。考虑练习 03 的答案。通过完成下表所示遗产现金账户的公平分配，完成遗产协议。

	达内尔 $(\frac{1}{2})$	乔伊 $(\frac{1}{2})$
向遗产中支付（+）或从遗产中获得（−）		
遗产余额（美元）的分割		
现金小结		

10．**分割遗产**。考虑练习 04 的答案。通过完成下表所示遗产现金账户的公平分配，完成遗产协议。

	卡尔 $(\frac{1}{2})$	弗里德里希 $(\frac{1}{2})$
向遗产中支付（+）或从遗产中获得（−）		
遗产余额（美元）的分割		
现金小结		

11．**拆分共有资产**。考虑练习 05 的答案。通过完成下表所示现金账户的公平分配，完成版权协议。

	丹尼斯（40%）	查蒂（60%）
向资金池中支付（+）或从资金池中获得（−）		
资金池余额（美元）的分割		
现金小结		

12．**拆分共有资产**。考虑练习 06 的答案。通过完成下表所示现金账户的公平分配，完成比萨摊协议。

	马特（35%）	托尼（65%）
向资金池中支付（+）或从资金池中获得（-）		
资金池余额（美元）的分割		
现金小结		

13. 分割遗产。考虑练习 07 的答案。通过完成下表所示遗产现金账户的公平分配，完成遗产协议。

	艾德 ($\frac{1}{3}$)	艾尔 ($\frac{1}{3}$)	杰瑞 ($\frac{1}{3}$)
出价最高者获得项			
向遗产中支付（+）或从遗产中获得（-）			
遗产余额（美元）的分割			
现金小结			

14. 拆分共有资产。考虑练习 08 的答案。通过完成下表所示现金账户的公平分配，完成投资组合协议。

	弗朗茨 ($\frac{1}{4}$)	艾达 ($\frac{1}{4}$)	比尔 ($\frac{1}{4}$)	莫妮卡 ($\frac{1}{4}$)
出价最高者获得的股票				
向资金池中支付（+）或从资金池中获得（-）				
资金池余额（美元）的分割				
现金小结				

在练习 15 ~ 16 中，用密封投标法确定物品和现金的分配方式。

15. 分割遗产。贝蒂和丹尼斯想要分割去世姑妈留下的遗产（1 枚钻戒、1 张古董书桌和 1 套珍本书籍），用密封投标法来分割这些物品，并确定该遗产的公平份额。贝蒂和丹尼斯对这些物品的估值如下表所示。

	贝　蒂	丹 尼 斯
钻戒	16000 美元	18000 美元
书桌	4500 美元	5000 美元
书籍	4000 美元	3000 美元

16. 拆分共有资产。马特、丹尼和克里斯蒂安是合作伙伴，他们共同拥有 4 家快餐连锁店（A、B、C 和 D）。他们现在决定解除合作关系，但保留各自的连锁店所有权。用密封投标法确定一种公平分配。这几人对各家连锁店的估值如下表所示。

	马　特	丹　尼	克里斯蒂安
A	170000 美元	180000 美元	160000 美元
B	145000 美元	150000 美元	155000 美元
C	200000 美元	190000 美元	210000 美元
D	70000 美元	50000 美元	45000 美元

数学交流

17. 为什么遗产的公平份额通常不一样？

18. 分割遗产时，为何有些继承人未获得任何实物？

19. 采用密封投标法时，为何有些当事人获得的现金多于预期？

20. 密封投标法成功的必备因素有哪些？

挑战自我

在练习 21 ~ 24 中，重新考虑开篇示例，即达利亚、卡埃尔和迪迪正在分割韦恩·马洛伊的遗产。在练习 25 ~ 28 中，重新考虑例 1，即马特、安妮、康纳和威尔伯正在分割麦克纳马拉和特洛伊的遗产。这些问题均是开放式的，没有完全正确或错误的答案，你只需考虑“当不遵循公平性规则进行分配时，可能会发生些什么”。

21. 如果卡埃尔提前知道了达利亚的出价，则可能会发生些什么？

22. 如果达利亚提前知道了卡埃尔的出价，则可能会发生些什么？

23. 如果由于卡埃尔出价过低而导致不公平，则可能会发生些什么？出价过高呢？

24. 如果由于达利亚出价过低而导致不公平，则可能会发生些什么？出价过高呢？

25. 如果马特提前知道了其他人的出价，则可能会发生些什么？

26. 如果威尔伯提前知道了其他人的出价，则可能会发生些什么？

27. 如果由于安妮出价过低而导致不公平，则可能会发生些什么？出价过高呢？

28. 如果由于康纳出价过低而导致不公平，则可能会发生些什么？出价过高呢？

本章复习题

0.1 节

01. 阿拉巴马悖论是什么？

02. 美国历史圆桌协会的执行委员会有 11 名成员，这些成员席位在该协会的 4 个部门之间，基于每个部门的人数进行分配，即美国独立战争（560 人）、美国内战（524 人）、第一次世界大战（431 人）和第二次世界大战（485 人）。用汉弥尔顿分配法分配该执行委员会的席位。

03. 采用汉弥尔顿分配法时，为什么会出现阿拉巴马悖论？

04. 假设 A 州的人口数量为 93.5 万，议席数量为 5 个；B 州的人口数量为 234.3 万，议席数量为 11 个。**a**. 判断哪个州的代表性更差，并计算该议席分配的绝对不公平度；**b**. 判断这种分配的相对不公平度。

10.2 节

05. 假设佛罗里达州的人口数量为 1603 万，议席数量为 25 个；得克萨斯州的人口数量为 2149 万，议席数量为 32 个。**a**. 计算佛罗里达州和得克萨斯州的亨廷顿－希尔数；**b**. 根据亨廷顿－希尔分配原则，哪个州更应获配 1 个额外议席？

06. 为什么亨廷顿－希尔分配原则能够避免阿拉巴马悖论？

07. 在 2008 年夏季奥运会中，除了主办城市北京，其他几个城市（青岛、天津和秦皇岛）也举办了一些赛事。假设你将为这些城市分配 13 趟临时列车服务，并确保每个城市都至少获得 1 趟列车服务，用亨廷顿－希尔法和以下亨廷顿－希尔数表格进行分配。

当前趟数	北京（B）	青岛（Q）	天津（T）	秦皇岛（H）
1	21012.5	13448.0	3362.0	27378.0
2	7004.2	4482.7	1120.7	9126.0
3	3502.1	2241.3	560.3	4563.0
4	2101.3	1344.8	336.2	2737.8
5	1400.8	896.5	224.1	1825.2
6	1000.6	640.4		1303.7

08. 一位体育学院教师可以教 8 节课，选课调查显示了学员的兴趣如下：66 人想练泰博；39 人想练空手道；18 人想练举重；23 人想练太极拳。假设该教师将为每个领域至少上 1 节课，用亨廷顿－希尔法将剩余 4 节课分配给 4 个领域。

10.3 节

09. 一个健身俱乐部教练必须上 8 节课，选课调查显示学员的兴趣如下：8 人想练普拉提；64 人想练跆拳道；11 人想练瑜伽；31 人想练动感单车。用杰斐逊分配法分配她的课程。

10. 用亚当斯分配法分配练习 09 中的课程。

11. 用韦伯斯特分配法分配练习 09 中的课程。

12. 为了加强安全保卫，某集团（由 3 个地方机场组成）聘请了一家专业安保公司。按照合同要求，基于每个机场的每周乘客人数，该公司向各个机场派出 150 名安保人员。1 年后，这 3 个机场的每周乘客人数均有所增加，因此需要重新分配 150 名安保人员。下表中显示了这些相关数据（采用汉弥尔顿分配法）。该例是否能够说明人口数量悖论？解释理由。

机　场	每周乘客人数（现在）	每周乘客人数（1 年后）
A	80500	87700
B	6800	7410
C	93300	101300

13. 新州悖论的含义是什么？

14. 哪些分配法不符合配额规则？

10.4 节

15. 蒂托、奥马罗萨和皮尔斯是表亲，3 个人正在争论如何分割祖父留下的遗产，包括一支稀有古董步枪和一把镶有珠宝的宝剑。用密封投标法完成下表，然后解决他们的问题。

	蒂托 $(\frac{1}{3})$	奥马罗萨 $(\frac{1}{3})$	皮尔斯 $(\frac{1}{3})$
步枪出价	12000 美元	17000 美元	10000 美元
宝剑出价	15000 美元	13000 美元	11000 美元
遗产估值总价			
遗产的公平份额			

16. 继续练习 15 中的情形，完成如下表格：

	蒂托 $(\frac{1}{3})$	奥马罗萨 $(\frac{1}{3})$	皮尔斯 $(\frac{1}{3})$
出价最高者获得的实物			
向遗产中支付（+）或从遗产中获得（−）			
遗产余额（美元）的分割			
现金小结			

本章测试

01. 阿拉巴马悖论是什么？

02. 假设 C 州的人口数量为 164 万，议席数量为 8；D 州的人口数量为 186.3 万，议席数量为 9，判断该议席分配的绝对不公平度和相对不公平度。

03. 大都会社区学院艺术委员会将由 8 名成员组成，根据美术（47 人）、音乐（111 人）和戏剧（39 人）专业学生的参与情况分配席位。用汉弥尔顿分配法分配该委员会成员。

04. 采用汉弥尔顿分配法时，为什么会出现阿拉巴马悖论？

05. 设亚利桑那州的人口数量为 523 万，议席数量为 8；俄勒冈州的人口数量为 361 万，议席数量为 5。**a**. 计算每个州的亨廷顿－希尔数；**b**. 根据亨廷顿－希尔法，哪个州更应获配 1 个额外议席？

06. 解释为什么亨廷顿－希尔法能够避免阿拉巴马悖论。

07. 假设你要为一个主题公园的 4 个区域（神秘山、丛林村、大边疆和城市人行道）分配 14 辆穿梭巴士，其中每个区域至少要有一辆巴士。利用如下表格和亨廷顿－希尔法，将剩余巴士分配至每个区域。

当前巴士数	神秘山	丛林村	大边疆	城市人行道
1	6612.5	3612.5	2112.5	4050.0
2	2204.2	1204.2	704.2	1350.0
3	1102.1	602.1	352.1	675.0
4	661.3	361.3	211.3	405.0
5	440.8	240.8	140.8	270.0

08. 学院社区拓展计划招募了 11 名志愿者，为小学生提供课后辅导计划。任何志愿者都能辅导任何科目，实际需求包括数学（16 人）、阅读（9 人）和学习技巧（6 人）。用亨廷顿一希尔法将志愿者分配给这 3 个科目，假设每个科目至少分配 1 名志愿者。

09. 基于每家购物中心（艾伦伍德、布莱克山和哥伦比亚）的每周顾客人数，高端购物中心公司配备了 150 名安保人员。假设该公司在德文郡建造了一家新购物中心，并准备根据第一次分配的情形为其配备新安保人员。数据如下表所示。用汉弥尔顿分配法进行分配。该例是否描述了新州悖论？解释理由。

	艾伦伍德	布莱克山	哥伦比亚	德文郡
每周顾客人数	80500	6800	93300	41400

10. 什么是人口数量悖论？

11. 放松学院每周可以提供 9 节压力管理课程，选课调查显示学员的兴趣如下：47 人想做按摩；32 人想做芳香疗法；41 人想练瑜伽；21 人想做冥想。假设学院在每个领域至少提供 1 节课，用韦伯斯特分配法分配剩余课程。

12. 用杰斐逊分配法分配练习 11 中的课程。

13. 用亚当斯分配法分配练习 11 中的课程。

14. 你研究过的哪些分配方法符合配额规则？

15. 拉里、莫伊和柯力是兄弟 3 人，他们共同成立了“奴才投资”公司，该公司由两个分支机构（A 和 B）组成。现在，他们打算解除合作关系，但是希望将业务保留在本家族中，因此有人需要出资收购其他人的股份，其他人则退出。利用密封投标法和下表拆分他们之间的共有资产。

	拉里 $\left(\frac{1}{3}\right)$	莫伊 $\left(\frac{1}{3}\right)$	柯力 $\left(\frac{1}{3}\right)$
A 的估值	1300 万美元	900 万美元	1000 万美元
B 的估值	1700 万美元	1800 万美元	1400 万美元

第11章 投　票

美国的每个公民都有权利和义务通过投票来表达观点，不仅包括选举政治领导人，而且包括在许多其他问题上投票。例如，为了资助州立高等院校设立免费助学基金，你是否赞成对软饮料征税？大麻是否能够合法用于娱乐用途？为了建造一座新体育场，你认为自己所在的城市是应发行债券还是应增加财产税？

当只存在两种选择时，获胜者就是获得最多选票之人；当存在两种以上的选择时（如初选投票或授予格莱美奖），获胜者的选择方式可能更加复杂。

本章介绍各种投票方法，并对其公平性进行研究。某些投票方法具有违背常理的奇怪逻辑，如为了赢得选举，某位候选人高呼“为了让我赢，请给我投反对票”。

遗憾的是，许多人对当前的投票系统感到失望，认为其选票未被计数，所以选择不参与投票。研究本章中介绍的各种投票方法后，你可能会支持实施可提高选民热情和投票率的替代系统。

11.1 投票方法

你是否曾对美国的选举制度感到困扰？例如，有些州的总统初选实行“赢家通吃”方式，这意味着获得最多选票者（即使可能低至30%）将赢得该州参加全国代表会议的全部代表（注：修订本章时，佛罗里达州、俄亥俄州、蒙大拿州、新泽西州、南达科他州、亚利桑那州、内布拉斯加州和特拉华州均举行了“赢家通吃”的共和党总统初选）。“根据候选人所获选票数量分配代表名额”不是更合理吗？在2016年的总统选举中，由于选举人团制度中采用的投票方式，虽然希拉里·克林顿获得的选票数量比唐纳德·特朗普多了近300万张，但是特朗普最终胜出，你是否感到非常惊讶？

你是否曾经担心发生如下状况：在早期的几次小型初选后，大多数总统候选人都无法筹集到足够的资金，从而在大多数人有机会投票之前被迫退出竞选？为了让众多的候选人在州初选开始前始终参加竞选，难道就没有一种更好的投票机制吗？

如下文所述，投票可能比初看上去更复杂，“谁将成为选举获胜者”不仅取决于选票，而且取决于选票如何利用。本节介绍几种不同的投票方法，下一节研究这些方法的缺陷。

11.1.1 相对多数法

“相对多数法”是确定选举结果的最简方法，获得最多票数之人将成为获胜者。

要点 采用相对多数法时，获得最多选票之人将赢得选举。

定义 相对多数法/简单多数法：每个人都投票给其最喜欢的候选人，得票最多的候选人成为获胜者。

许多州和地方选举均采用相对多数法，因为确定获胜者非常简单，只需统计每名候选人的选票数量。

例1　用相对多数法确定获胜者

为了解决重要环境问题，某团体（由33名学生组成）组织了一个校园政治行动委员会，称为环境行动委员会（EAC）。为了选择委员会主席，他们首先举行了选举，结果如下表所示，用相对多数法确定这次选举的获胜者是谁。

解：由于卡里姆获得的选票最多，所以他成为获胜者。

现在尝试完成练习 01 ~ 03、07、11 和 15。

安（A）	10
本（B）	9
卡里姆（C）	11
多琳（D）	3

注意，在例 1 中，虽然 EAC 中 $22/33 \approx 66.7\%$ 的成员投了反对票，但卡里姆仍然赢得了选举。

11.1.2 波达计数法

虽然选举结束且结果无法更改，但是安意识到自己尽管并非大多数投票者的第 1 选择，但却是许多投票者的第 2 选择。遗憾的是（对安而言），该投票不允许投票者陈述其第 2、第 3 和第 4 选择。一种投票方法称为“波达计数法”，允许投票者“微调”自己的选票，即不仅能指定第 1 选择，而且能指定第 2 选择、第 3 选择，以此类推。在 EAC 选举中，我们可以采用波达计数法，规定在投票者的选票中，第 1 选择得 4 分，第 2 选择得 3 分，第 3 选择得 2 分，第 4 选择得 1 分。

要点 采用波达计数法时，获得最多分数之人将赢得选举。

定义 **波达计数法/博尔达计数法**：如果某次选举中有 k 名候选人，每名投票者都会对选票上的所有候选人排序，其中第 1 序位人选得 k 分，第 2 序位人选得 $k-1$ 分，第 3 序位人选得 $k-2$ 分，以此类推。获得总分最高的候选人将赢得该次选举。（注：在波达计数法的某些变化中，第 1、第 2 和第 3 等序位人选所得的分数不同，例如第 1 序位人选得 5 分，第 2 序位人选得 3 分，第 3 序位人选得 1 分。在练习中，我们将研究这些变化。）

在例 1 的 EAC 选举中，为了采用波达计数法，投票者要在选票上对候选人排序。例如，由选票数量可知，投票者首选卡里姆，其次选安，然后选本和多琳，这种投票称为偏好投票。

第 1	C
第 2	A
第 3	B
第 4	D

对于 33 名投票者而言，某些“偏好投票”应当相同（注：在 11.4 节讨论排列时，你会发现对于 A、B、C 和 D 而言，不同偏好投票只存在 24 种可能性），因此在计票时，我们将相同投票组合在一起，然后放入称为偏好表的一个表格中。

例 2 用波达计数法确定获胜者

假设 EAC 采用波达计数法来确定其主席，表 11.1 汇总了选举中的偏好投票。这次选举的获胜者是谁？

表 11.1 EAC 选举的偏好表

	选票数量					
偏　好	6	7	5	3	9	3
第 1	C	A	C	A	B	D
第 2	A	C	D	D	A	A
第 3	B	B	B	B	D	C
第 4	D	D	A	C	C	B

解：回顾本书前文所述的系统化策略。

在表 11.1 中，每列顶部都有一个数字，显示多少人提交了该列中的特定偏好投票。例如，数字 6 说明 6 人投出了本列中的特定偏好投票，他们的第 1 选择都是卡里姆，第 2 选择都是安，第 3 选择都是本，第 4 选择都是多琳。可以看到，像以前一样，卡里姆获得了 11 张第 1 序位选票，安获得了 10 张第 1 序位选票，本获得了 9 张第 1 序位选票，多琳获得了 3 张第 1 序位选票。

采用表 11.1，我们可以算出每个学生的总分，第 1 序位人选得 4 分，第 2 序位人选得 3 分，以此类推。例如，安的总分为

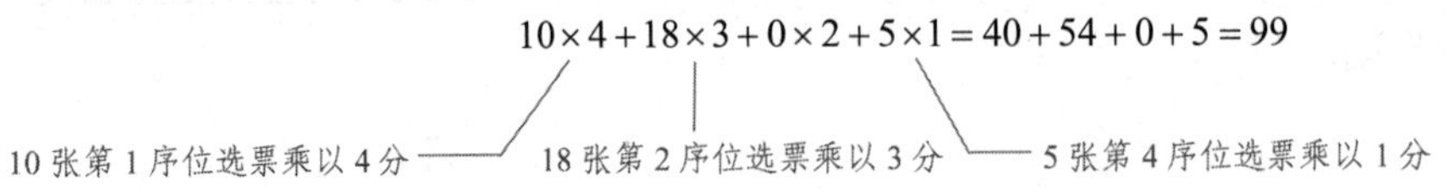

表 11.2 汇总了选举结果。

表 11.2　用波达计数法得到的 EAC 选举分数

	分　数				
候选人	**第 1 序位选票×4（分）**	**第 2 序位选票×3（分）**	**第 3 序位选票×2（分）**	**第 4 序位选票×1（分）**	**总分**
A	$10\times4=40$	$18\times3=54$	$0\times2=0$	$5\times1=5$	99
B	$9\times4=36$	$0\times3=0$	$21\times2=42$	$3\times1=3$	81
C	$11\times4=44$	$7\times3=21$	$3\times2=6$	$12\times1=12$	83
D	$3\times4=12$	$8\times3=24$	$9\times2=18$	$13\times1=13$	67
				合计	330

由结果可知，安赢得了本次选举。

现在尝试完成练习 04、08、12 和 16。

自测题 1

采用如下偏好表和波达计数法，确定这次选举的获胜者，其分数是多少？

	选票数量			
偏　好	**8**	**7**	**5**	**7**
第 1	C	D	C	A
第 2	A	A	B	D
第 3	B	B	D	B
第 4	D	C	A	C

解题策略：验证解

做完一道题后，为了确保准确性，要再次检查答案。在例 2 中，我们发现共获得 330 分，因为 33 名投票者每人都投出了 10 分。

许多民意调查用波达计数法对运动队进行排名。例如，在目前的大学生橄榄球季后赛中，只有 4 支参赛球队有资格争夺最后的全国总冠军。为了确定哪些球队将进入季后赛，美联社组织了一次民意调查，每名投票者对第 1 选择赋 25 分，对第 2 选择赋 24 分，以此类推，每周排出前 25 名。其他示例还包括大学生橄榄球赛的海斯曼奖和棒球赛的赛扬奖，这些奖项均采用改进后的波达计数法确定。在练习 19～20 中，我们将详细查看这些示例。

相对多数法和波达计数法的结果不一样，你可能想要知道哪种方法是确定 EAC 主席的“正确”方法。这里不会回答这个问题，知道这两种方法产生的不同结果后，你认为哪种方法更适合？

11.1.3 末位淘汰法

安（A）	10
本（B）	9
卡里姆（C）	11
多琳（D）	3

在例 1 的 EAC 选举中，当采用相对多数法时，我们得到了右表中的结果：

有人可能会提出异议，认为多琳的得票数过低，或许应将其淘汰掉，然后为其余 3 位候选人（安、本和卡里姆）重新组织选举。在第 2 次选举中，如果没有候选人获得绝对多数票（超过 50%），则可淘汰得票最少的候选人，然后进行第 3 次选举。这种投票方法称为“末位淘汰法”。

要点 末位淘汰法在重新投票前淘汰最弱的候选人。

定义 末位淘汰法：每名投票者将选票投给一名候选人，获得绝对多数票的候选人将成为获胜者。如果没有任何候选人获得绝对多数票，则得票最少的候选人（一或多个）将退出选举，然后举行新的选举（注：为了减少投票轮数，这种方法的某些变化可能会在第 2 轮投票中减少一个以上的候选人，例如可以规定只允许前 2 名候选人进入第 2 轮投票）。这个过程将始终持续进行，直至某一候选人获得绝对多数票时为止。

为了避免进行多轮投票，我们可以简化该淘汰过程。如果每名投票者对所有候选人都有一个排名，则可像波达计数法那样构建一个偏好表。当然，与波达计数法相比，该表的使用方式不同。

本节假设当投票者对候选人排名后，该排名将在随后几轮投票中保持不变。也就是说，假设投票者在第 1 轮投票中将“安”排在多琳之前，并将多琳排在“本”之前，如果多琳被淘汰，该投票者会在第 2 轮投票中将“安”排在“本”之前。

例 3 用末位淘汰法确定获胜者

用末位淘汰法确定 EAC 选举的获胜者。

解：这个选举的偏好表如表 11.3 所示。

表 11.3 EAC 选举的偏好表

	选票数量					
偏　好	6	7	5	3	9	3
第 1	C	A	C	A	B	~~D~~
第 2	A	C	~~D~~	~~D~~	A	A
第 3	B	B	B	B	~~D~~	C
第 4	~~D~~	~~D~~	A	C	C	B

由表 11.3 可知，多琳只获得了 3 张第 1 序位选票，因此将遭到淘汰，然后举行新的选举。记住，在两轮投票之间，假设所有投票者并不改变自己的偏好。例如，由于 3 位投票者的第 1 选择是多琳，但是现在多琳被淘汰出局，所以这 3 位投票者的第 1 选择将变为安。考虑这种调整时，一种方法是想象从该表的一列中消掉 D，然后将该列中 D 之下的所有候选人都上移一行。通过淘汰多琳，可得表 11.4。

表 11.4 淘汰多琳后的 EAC 选举偏好表

	选票数量					
偏　好	6	7	5	3	9	3
第 1	C	A	C	A	B	A
第 2	A	C	B	B	A	C
第 3	B	B	A	C	C	B

合并表 11.4 中的相同列，结果如表 11.5 所示。

表 11.5　具有 3 名候选人的 EAC 选举偏好表

	选票数量				
偏　好	6	10	5	3	9
第 1	C	A	C	A	~~B~~
第 2	A	C	~~B~~	~~B~~	A
第 3	~~B~~	~~B~~	A	C	C

可以看到，安有 13 张第 1 序位选票，本有 9 张第 1 序位选票，卡里姆有 11 张第 1 序位选票。因此，本被淘汰，投票随后进入第 3 轮。表 11.6 汇总了此时的偏好。

表 11.6　本被淘汰后的 EAC 选举偏好表

	选票数量				
偏　好	6	10	5	3	9
第 1	C	A	C	A	A
第 2	A	C	A	C	C

由表 11.6 可知，安有 22 张第 1 序位选票，卡里姆有 11 张第 1 序位选票，安赢得 EAC 选举。

现在尝试完成练习 05、09、13 和 17。

自测题 2

采用如下偏好表和末位淘汰法，确定这次选举的获胜者。

	选票数量				
偏　好	8	9	5	4	2
第 1	C	E	B	A	A
第 2	A	D	C	D	C
第 3	B	B	E	B	B
第 4	E	C	A	C	E
第 5	D	A	D	E	D

11.1.4　成对比较法

人们很自然地认为，选举获胜者应能“一对一”地击败任何其他候选人。在下一种方法“成对比较法”中，我们将展示这种想法的一种变化。

定义　成对比较法： 投票者首先对全部候选人排序。如果 A 和 B 是一对候选人，则计算多少投票者将 A 排在 B 之前，或者将 B 排在 A 之前。每在选票排序中靠前 1 次，该候选人将得到 1 分。如果打成平局，则 A 和 B 各得 $\frac{1}{2}$ 分。对每对候选人进行这种比较，然后分配分数，得分最高的候选人最后胜出。

像末位淘汰法一样，假设某名投票者将 A 排在 B 之前，并将 B 排在 C 之前，则其会将 A 排在 C 之前。由例 4 可见，采用一种投票方法，我们可在备选方案中进行选择，以及决定选举。

要点　在成对比较法中，能够“一对一”击败大多数其他人的候选人是获胜者。

例 4　用成对比较法确定偏好

为了向菜单中增加一个新项目，塔可钟连锁餐厅做了一项市场调查，要求顾客对玉米饼（T）、烤干酪辣味玉米片（N）和墨西哥玉米卷饼（B）的偏好进行排序。该连锁餐厅将采用成对比较法进行选择，计票结果如表 11.7(a)所示。该连锁餐厅应该选择向菜单中新增哪一项？

表 11.7(a) 菜单项投票的偏好表

偏好	选票数量					
	2108	864	1156	1461	1587	1080
第 1	T	T	N	N	B	B
第 2	N	B	T	B	T	N
第 3	B	N	B	T	N	T

解：回顾本书前文所述的系统化策略。

我们必须比较：a）T 和 N；b）T 和 B；c）N 和 B。

a）比较 T 和 N 时，忽略表 11.7(b)中的所有 B。可以看到，4559 名客户更喜欢 T（而非 N），但只有 3697 名客户更喜欢 N（而非 T），因此我们给选项 T 加 1 分。

表 11.7(b) 比较 T 和 N

偏好	选票数量					
	2108	864	1156	1461	1587	1080
第 1	T	T	N	N	B	B
第 2	N	B	T	B	T	N
第 3	B	N	B	T	N	T

b）当比较 T 和 B 时，请忽略所有的 N，如表 11.7(c)所示。由这个比较可知，4128 个客户更喜欢 T（而非 B），4128 个客户更喜欢 B（而非 T），所以 T 和 B 各获得 $\frac{1}{2}$ 分。

表 11.7(c) 比较 T 和 B

偏好	选票数量					
	2108	864	1156	1461	1587	1080
第 1	T	T	N	N	B	B
第 2	N	B	T	B	T	N
第 3	B	N	B	T	N	T

c）最后比较 N 和 B。由表 11.7(a)可知 $2108+1156+1461=4725$ 名客户更喜欢 N（而非 B），$864+1587+1080=3531$ 名客户更喜欢 B（而非 N）。因此，给选项 N 加 1 分。

至此，T 得到 $1\frac{1}{2}$ 分，N 得到 1 分，B 得到 $\frac{1}{2}$ 分，选项 T 最终胜出。因此，塔可钟连锁餐厅应向菜单中新增玉米饼（T）项。

现在尝试完成练习 06、10、14 和 18。

自测题 3

重做例 4，采用如下偏好表，确定哪一项需要添加到塔可钟连锁餐厅的菜单中。再次利用成对比较法，列出每项所得到的分数。

偏好	选票数量					
	985	864	1156	1021	1187	1080
第 1	T	T	N	N	B	B
第 2	N	B	T	B	T	N
第 3	B	N	B	T	N	T

表 11.8 总结了本节中讨论的各种投票方法。

表 11.8　投票方法总结

方　法	如何确定获胜候选人
相对多数法	得票最多的候选人获胜
波达计数法	给第 1 选择、第 2 选择及第 3 选择（以此类推）指定一定数量的分数，各投票者对所有候选人进行排名，得分最高的候选人最终胜出
末位淘汰法	连续举行若干轮选举，每次得票最少的候选人遭到淘汰，直至某一候选人获得第 1 序位绝对多数票
成对比较法	所有候选人"捉对厮杀"，每对候选人中的 1 分取决于投票者的偏好（平局时各得半分）。比较完成所有各对候选人后，得分最高的候选人最终胜出

在这些投票方法中，哪种方法最好？遗憾的是，每种方法都存在严重缺陷，详见 11.2 节。

生活中的数学——让 12%的人来决定

在宾夕法尼亚州伯克斯县的最近一次初选中，88%的登记选民未参与投票，因此其余 12%的选民将决定谁将代表所有人在州和地方政府中投票。选民的冷漠并非宾夕法尼亚州所独有，有人认为之所以出现这种冷漠，部分原因是选民对相对多数投票感到失望，认为他们的选票不算数。

有些人提出了另一种投票方法，称为赞成投票/认可投票，即选民可以投票给任何候选人，获得最多赞成票的人将成为获胜者。纽约大学政治学教授史蒂文 • 布拉姆斯等支持者认为，赞成投票倾向于选择实力最强的候选人，同时减少各候选人之间的内讧。

近年来，另一种投票方法日益获得推崇，称为即时决选投票（IRV）。实际上，在 2008 年大选之前，巴拉克 · 奥巴马和约翰 · 麦凯恩都支持这种方法。采用即时决选投票方法时，选民对各候选人进行排名，然后进行计票，最弱的候选人遭到淘汰。但是，如果被淘汰的候选人恰好是你的第 1 选择，则你的选票并不被浪费，因为你的第 2 选择随后将升级为第 1 选择。

练习 11.1

强化技能

01. 4 位候选人竞选市议会的空缺席位，获得选票数量如下：埃德森 2156 票，博罗夫斯基 1462 票，卡洛 986 票，洛佩兹 428 票。**a**. 是否存在获得绝对多数票的候选人？**b**. 若采用相对多数法，谁应赢得该选举？

02. 5 位市长候选人获得选票数量如下：基尼森 415 票，桑切斯 462 票，利希曼 986 票，戴夫林 428 票，斋藤 381 票。**a**. 是否存在获得绝对多数票的候选人？**b**. 若采用相对多数法，谁应赢得该选举？

为了改善明年大学生活中的各个方面，在大学管理部门的要求下，一群学生代表进行了投票，可选项包括：餐饮设施（D）、体育设施（A）、校园安全设施（C）和学生会大楼（S）。投票结果汇总在以下偏好表中，用这些信息回答练习 03 ~ 06。

偏　好	选票数量					
	15	30	18	17	10	2
第 1	A	D	A	C	C	S
第 2	C	C	S	D	S	A
第 3	S	S	D	S	A	C
第 4	D	A	C	A	D	D

03. 就改善大学生活投票。若采用相对多数法，则选择哪个选项？

04. 就改善大学生活投票。若采用波达计数法，则选择哪个选项？

05. 就改善大学生活投票。若采用末位淘汰法，则选择哪个选项？

06. 就改善大学生活投票。若采用成对比较法，则选择哪个选项？

为了确定下一演出季的戏剧类型，戏剧协会的成员们正在投票，选项包括：戏剧（D）、喜剧（C）、悬疑剧（M）和希腊悲剧（G）。投票结果汇总在以下偏好表中，用这些信息回答练习 07～10。

偏　好	选票数量					
	10	15	13	12	5	7
第 1	C	D	C	M	M	G
第 2	M	M	G	D	G	C
第 3	G	G	D	G	C	M
第 4	D	C	M	C	D	D

07. 选择一种演出类型。若采用相对多数法，则选择哪种演出类型？

08. 选择一种演出类型。若采用波达计数法，则选择哪种演出类型？

09. 选择一种演出类型。若采用末位淘汰法，则选择哪种演出类型？

10. 选择一种演出类型。若采用成对比较法，则选择哪种演出类型？

在“未来十年的趋势”会议召开前，部分与会者代表就主题演讲的主题进行了投票，选项包括：技术（T）、第三世界国家的贫困（P）、经济（E）、全球变暖（G）和外交政策（F）。投票结果汇总在以下偏好表中，用这些信息回答练习 11～14。

偏　好	选票数量				
	15	7	13	5	2
第 1	T	E	G	P	E
第 2	P	P	F	G	F
第 3	E	G	E	F	G
第 4	F	F	P	E	P
第 5	G	T	T	T	T

11. 选择一位演讲者。若采用相对多数法，则选择哪个主题？

12. 选择一位演讲者。若采用波达计数法，则选择哪个主题？

13. 选择一位演讲者。若采用末位淘汰法，则选择哪个主题？

14. 选择一位演讲者。若采用成对比较法，则选择哪个主题？

某小型互联网公司（员工持股）正在就其与竞争对手的合并事项投票，选项包括电子商城（E）、火暴（F）、安全网络（S）、锝（T）和朗德拉姆（L）。员工投票结果如下表所示，用这些信息回答练习 15～18。

偏　好	选票数量				
	15	11	9	10	2
第 1	L	F	S	T	L
第 2	F	S	L	E	S
第 3	S	L	F	F	E
第 4	E	E	T	L	F
第 5	T	T	E	S	T

15. 确定合并事项。若采用相对多数法，则哪个选项是第 1 选择？

16. 确定合并事项。若采用波达计数法，则哪个选项是第 1 选择？

17. 确定合并事项。若采用末位淘汰法，则哪个选项是第 1 选择？

18. 确定合并事项。若采用成对比较法，则哪个选项是第 1 选择？

学以致用

波达计数法的各种变体常用于确定运动奖项的获胜者，投票者用这些方法为各候选人打分，一般为第 1 名打某一特定分数，为第 2 名打略低一些的分数，以此类推。在练习 19～20 中，首先确定正在采用的投票方案，然后补充完善表格。

19. **颁发海斯曼奖**。下表总结了 2019 年海斯曼奖（美国大学美式橄榄球运动员最高荣誉）的投票情况，求其中的 a、b 和 c。该奖项授予了乔・伯罗。

2019 年海斯曼奖投票

运动员，运动队	第 1 名	第 2 名	第 3 名	总　分
乔・伯罗，路易斯安那州立大学队	841	a.____	3	2, 608
杰伦・赫茨，俄克拉何马队	b.____	231	264	762
蔡斯・杨，俄亥俄州立大学队	6	271	c.____	747
贾斯汀・菲尔兹，俄亥俄州立大学队	20	205	173	643

20. **颁发赛扬奖**。下表总结了 2019 年赛扬奖（美国职业棒球大联盟颁发给投手的一项荣耀）的投票情况，求其中的 a、b 和 c。该奖项授予了雅各布・德格罗姆。

2019 年赛扬奖投票

运动员，运动队	第1名	第2名	第3名	第4名	第5名	总分
雅各布·德格罗姆，纽约大都会队	29	1				207
柳贤振，洛杉矶道奇队	1	a.____	8	7	3	88
马克斯·谢泽尔，华盛顿国民队		8	b.____	6	4	72
杰克·弗莱厄蒂，亚利桑那红雀队		5	11	6	c.____	69

采用本节中介绍的各种投票方法，我们不仅可对候选人进行排名，还能确定获胜者。相对多数法按照得票多少顺序（第 1 名最多）对候选人排名，波达计数法按照得分多少顺序（第 1 名最多）对候选人排名。用这些信息回答练习 21 ~ 22。

21. 采用末位淘汰法，设计对各候选人排序的一种方法。

22. 采用成对比较法，设计对各候选人排序的一种方法。

在练习 23 ~ 26 中，参考练习 03 中关于改善大学生活选项的偏好表，采用下列方法对各个选项排序。

23. 相对多数法　　**24**. 波达计数法

25. 末位淘汰法　　**26**. 成对比较法

在练习 27 ~ 30 中，参考练习 11 中关于会议主题演讲选项的偏好表，采用下列方法对各个选项排序。

27. 相对多数法　　**28**. 波达计数法

29. 末位淘汰法　　**30**. 成对比较法

31. 如果有 4 名候选人和 20 名投票者，则在采用波达计数法的选举中，所有候选人能获得的总分是多少？

32. 如果有 5 名候选人和 18 名投票者，则在采用波达计数法的选举中，所有候选人能获得的总分是多少？

33. 如果有 5 名候选人和 22 名投票者，则在采用波达计数法的选举中，某一候选人能获得的最高分是多少？

34. 如果有 6 名候选人和 20 名投票者，则在采用波达计数法的选举中，某一候选人能获得的最低分是多少？

35. 如果有 4 名候选人，则在采用成对比较法的选举中，所有候选人能获得的总分是多少？

36. 如果有 5 名候选人，则在采用成对比较法的选举中，所有候选人能获得的总分是多少？

37. 如果有 5 名候选人，则在采用成对比较法的选举中，某一候选人能获得的最高分是多少？

38. 如果有 5 名候选人，则在采用成对比较法的选举中，某一候选人能获得的最低分是多少？

数学交流

39. 与相对多数法相比，波达计数法具有何优势？

40. 末位淘汰法在哪个分数上确定获胜者？

41. 成对比较法背后的思想是什么？

42. 你最喜欢哪种投票方法？解释理由。

生活中的数学

43. **赞成投票**。列举采用赞成投票的 3 种理由，找出几个赞成投票示例。

44. **即时决选投票**。对于即时决选投票，重做练习 43。

挑战自我

在赞成投票中，一个人可以投票给多名候选人。在练习 45 ~ 48 中，假设各投票者可投票给前 3 名候选人，获得最多赞成票的候选人将赢得选举。用给出的偏好表组织该选举。

45. 采用练习 03 给出的偏好表。

46. 采用练习 07 给出的偏好表。

47. 采用练习 11 给出的偏好表。

48. 采用练习 15 给出的偏好表。

在练习 49 ~ 51 中，假设只有两名候选人参加选举。

49. 解释为什么采用波达计数法的获胜者将获得绝对多数票。

50. 解释为什么采用末位淘汰法的获胜者将获得绝对多数票。

51. 解释为什么采用成对比较法的获胜者将获得绝对多数票。

52. 你或许发现“研究改进美国选举过程中的相关争议和建议”是一件有趣的事情，上网搜索“比例投票”“电子投票”“网络投票”和“赞成投票”等，并就自己的发现撰写一份报告。

11.2 投票方法的缺陷

对于 11.1 节介绍的各种投票方法（系统），你可能更喜爱其中之一，那么哪种投票方法最好？本节最后给出的答案可能会让你大吃一惊。

下面从“希望任何选举都能符合的一些常识性条件”出发，讨论选举应符合的 4 项公平性准则：

- 绝对多数准则
- 孔多塞准则
- 无关因素独立性准则
- 单调性准则

我们将讨论哪些投票方法符合这些准则。

11.2.1 绝对多数准则

我们要考虑的第 1 个准则是“绝对多数准则”。

要点 根据绝对多数准则，获得半数以上第 1 序位选票的候选人将赢得选举。

定义 **绝对多数准则**：如果绝对多数投票者（超过半数）将某一候选人列为第 1 选择，则该候选人应当赢得该选举。

显然，相对多数法和成对比较法符合绝对多数准则（请验证），但是波达计数法不符合，见例 1。

例 1 波达计数法违反绝对多数准则

《汽车趋势杂志》将年度最佳汽车的选择范围缩小至以下 4 款汽车：高端豪华型的奥迪 R8（A）、运动型的宝马 Z4（B）、经典型的雪佛兰克尔维特 ZR1（C）和超级跑车道奇蝰蛇（D），最终选择将由一个 3 人编辑小组采用波达计数法完成，小组成员的偏好投票如右表所示。用波达计数法确定获胜者，并证明结果违反绝对多数准则。

第 1	C	C	D
第 2	D	D	A
第 3	A	B	B
第 4	B	A	C

解：回顾本书前文所述的系统化策略。

根据波达计数法，第 1 序位选票得 4 分，第 2 序位选票得 3 分，以此类推。下表总结了选举结果。

	分　数				
	第 1 序位选票×4（分）	**第 2 序位选票×3（分）**	**第 3 序位选票×2（分）**	**第 4 序位选票×1（分）**	**总　分**
A	0×4=0	1×3=3	1×2=2	1×1=1	6
B	0×4=0	0×3=0	2×2=4	1×1=1	5
C	2×4=8	0×3=0	0×2=0	1×1=1	9
D	1×4=4	2×3=6	0×2=0	0×1=0	10

波达计数法的获胜者是道奇蝰蛇，但第 1 序位的绝对多数选票投给了雪佛兰克尔维特 ZR1。

现在尝试完成练习 01～02。

自测题 4

采用波达计数法和以下偏好表，确定选举是否符合绝对多数准则。

偏　　好	选票数量			
	8	10	5	7
第 1	C	D	C	A
第 2	A	A	B	B
第 3	B	B	D	D
第 4	D	C	A	C

11.2.2 孔多塞准则

下一个条件是投票方法的另一种理想属性，由马奎斯·孔多塞提出。

要点 孔多塞准则认为能够"一对一"击败所有人的候选人才是获胜者。

定义 **孔多塞准则**：如果候选人 X 能够在"一对一"投票中击败其他所有候选人，则其应当成为选举获胜者。

历史回顾——马奎斯·孔多塞

马奎斯·孔多塞是 18 世纪的法国贵族，也是备受尊敬的哲学家和数学家。

1785 年，孔多塞撰写了论文《试论数学在决策制定理论中的应用》，试图证明人们可以用数学发现社会科学中的规律，准确度完全能够媲美物理科学中的规律。他相信科学家能够运用数学将社会从对贪婪资本家的依赖中解放出来，能够开发保险计划来保护穷人，并且一旦发现适当的道德准则，犯罪和战争就会消失。

按 21 世纪的标准来看，孔多塞的想法可能有些幼稚，但是一位非常前卫的思想家，他的各种观点今天仍然适用。他信奉废除奴隶制，反对死刑，倡导言论自由，支持早期女权主义者为争取平等权利而奔走。就孔多塞而言，人权源于人们运用理性形成道德观念的能力。

"具有这些相同品质的女性必须拥有平等的权利。要么没有任何单一人种拥有任何真正的权利，要么所有人都拥有同样的权利。投票反对他人权利的人，无论其宗教、肤色或性别如何，都因此放弃了自己的权利。"（注：摘自孔多塞 1790 年撰写的文章《关于承认女性的公民权》。）

显然，在"一对一"选举中，若某一候选人获得了第 1 序位的绝对多数选票，则其能够击败所有其他候选人。但是，如例 2 所述，相对多数法可能会违反孔多塞准则。

例 2　相对多数法违反孔多塞准则

在匈牙利（H）、印度（I）和泰国（T）之间，采用偏好投票，奥林匹克委员会（由 7 名成员组成）将选择一个 2030 年冬奥会承办国，部分完成的偏好投票如下所示。若采用相对多数法，则匈牙利将胜出。完成投票，使得在"一对一"投票中，印度可以击败匈牙利和泰国。

第 1	H	H	H	I	I	T	T
第 2							
第 3							

解：因为匈牙利在前 3 票中击败了印度，所以印度在剩余 4 票中必须击败匈牙利。我们可以像下面这样操作：

第 1	H	H	H	I	I	T	T
第 2				H	H	I	I
第 3						H	H

至此，印度以“4 票对 3 票”击败匈牙利。我们希望印度在“一对一”投票中也能击败泰国，因为泰国目前以“2 票对 0 票”领先于印度，如果将泰国放在未完成投票的最后，则印度肯定能击败泰国。最终投票结果如下：

第 1	H	H	H	I	I	T	T
第 2	I	I	I	H	H	I	I
第 3	T	T	T	T	T	H	H

至此已经证明，虽然匈牙利以相对多数法赢得了选举，但是印度在“一对一”竞争中击败了匈牙利和泰国，因此不符合孔多塞准则。

现在尝试完成练习 03、04、07 和 08。

自测题 5

完成如下选票，使印度在“一对一”投票中击败匈牙利和泰国，且泰国也在“一对一”投票中击败匈牙利。

第 1	H	H	H	I	I	T	T
第 2						I	I
第 3						H	H

由自测题 5 可知，虽然匈牙利以相对多数法赢得了选举，但是大多数投票者更加倾向于印度和泰国（而非匈牙利）。

在例 2 中，描述相对多数法违反孔多塞准则时，你必须谨慎理解其中的含义。我们并不认为采用相对多数法的每次投票都会违反孔多塞准则，例 2 只是为“相对多数法符合孔多塞准则”说法提供了一个反例。

建议 在学习某一示例时，不仅要学习解题技巧，“努力查看全局”也很重要，一定要尝试用自己的语言进行总结。例如，在例 2 中，你可以这样想：

1. 在本节中，我们将研究投票系统的缺陷。

2. 孔多塞准则是一种理想状态，即若某方能够击败其他所有各方，则其应赢得该选举。

3. 相对多数法存在缺陷，因为在例 2 中，匈牙利击败了所有其他国家，但在“一对一”竞争中却输给了印度。

11.2.3 无关因素独立性准则

假设采用偏好表进行选举后，其中一位已落选候选人不应出现在选票上，此时不必进行新一次选举，从每张选票上删除该候选人的名字，然后重新计票即可。该投票的理想状态为“原始计票的获胜者也应当是修改后选票的获胜者”。

要点 无关因素独立性准则认为，“将失败者从选票中剔除”并不影响选举结果。

定义 **无关因素独立性准则**：如果候选人 X 赢得了一次选举，随后从选票中剔除部分非获胜者并重新计票，则 X 仍然赢得该选举。

例 3 相对多数法违反无关因素独立性准则

县督察委员会正在就“为建设新体育场而选择增税方法”投票，具体选项包括征收酒店客房税（H）、增加酒精税（A）和增加汽油税（G）。委员会采用相对多数法做出决策，投票结果如下，该投票是否符合无关因素独立性准则？

偏　　好	选票数量		
	8	6	6
第1	A	H	G
第2	G	G	A
第3	H	A	H

A的第1序位选票数量最多

解：我们真正想问的问题是“剔除1个失败选项后的选举结果是否会改变”。如果迫于游说压力，委员会剔除了酒店客房税选项，则可得到以下结果：

偏　　好	选票数量		
	8	6	6
第1	A	G	G
第2	G	A	A

现在G的第1序位选票数量最多

可以看到，汽油税现在以“12票对8票”获胜，因此相对多数法不符合无关因素独立性准则。

如例4所述，成对比较法同样违反无关因素独立性准则。

例4　成对比较法违反无关因素独立性准则

为了选择下一届全国大学生比赛的举办地点，环球啦啦队协会（由18名成员组成）拟采用成对比较法投票，候选地点为亚特兰大（A）、波士顿（B）、克利夫兰（C）和迪士尼乐园（D）。下表总结了A、B、C和D的偏好投票。采用成对比较法时，选举获胜者是谁？如果剔除任何一位已落选候选人，则选举结果是否会改变？

偏　　好	选票数量			
	8	4	5	1
第1	A	D	C	D
第2	B	A	B	A
第3	C	C	D	B
第4	D	B	A	C

解：回顾本书前文所述的系统化策略。

对每对候选人，必须确定谁是“一对一”投票的获胜者。这些比较的结果如下表所示。

	投票结果	得　　分
A对B	A以13:5获胜	A得1分
A对C	A以13:5获胜	A得1分
A对D	D以10:8获胜	D得1分
B对C	9:9打成平局	B和C各得0.5分
B对D	B以13:5获胜	B得1分
C对D	C以13:5获胜	C得1分

因此，A得2分，B和C各得$1\frac{1}{2}$分，D得1分，所以亚特兰大是获胜者。

如果剔除波士顿和克利夫兰，则现在的偏好如下表所示。

偏　　好	选票数量			
	8	4	5	1
第1	A	D	D	D
第2	D	A	A	A

可见，迪士尼乐园现在以“10 票对 8 票”击败了亚特兰大。因为剔除最初失败的部分候选人会改变选举结果，所以该方法不符合无关因素独立性准则。

现在尝试完成练习 05 ~ 06。

自测题 6

采用成对比较法，确定以下偏好表中总结的选举获胜者，判断其是否符合无关因素独立性准则。

偏　好	选票数量			
	5	3	3	1
第 1	W	Z	Y	Z
第 2	X	W	X	W
第 3	Y	Y	Z	X
第 4	Z	X	W	Y

11.2.4 单调性准则

在举行一次选举前，民意调查员通常会受雇调查各投票者的偏好。如果候选人 X（当前领先者）从某一对手那里获得支持，似乎能够提高其赢得该选举的机会。这个想法引入了最后一种投票准则，即单调性准则。

要点　单调性准则认为，若某一候选人赢得选举，然后获得更多支持，则其将赢得重新选举。

定义　单调性准则： 如果 X 在选举中获胜，且重新选举中所有变更选票的投票者只支持 X，则 X 也将赢得重新选举。

若采用相对多数法或波达计数法，则“赢得选举并获得更多支持”的候选人将赢得任何重新选举。

例 5 是本章开篇所述的示例，解释为什么投反对票可能会成为一种优势。

例 5　末位淘汰法违反单调性准则

表 11.9 总结了国际学生组织（ISO）主席的偏好投票，候选人包括张锡宏（C）、克瓦米（K）和沃伊泰克（W），用末位淘汰法确定获胜者。选举前一天，沃伊泰克接到 3 位支持者的电话，因为确信她一定会赢得选举，所以准备在明天的选举中支持她。当天晚些时候，沃伊泰克与自己的叔叔（一位投票理论专家）商谈，然后打电话给 3 位新支持者，要求他们投票给张锡宏。

表 11.9　国际学生组织主席选举的偏好表

K 的第 1 序位选票数量最少，被淘汰

偏　好	选票数量			
	12	9	3	8
第 1	W	K	C	C
第 2	C	W	W	K
第 3	K	C	K	W

在表 11.9 中，如果加底纹列中的 3 位投票者更改选票，则会使得沃伊泰克排第 1，张锡宏排第 2，克瓦米排第 3。这为何会引起沃伊泰克的担忧呢？

解： 首先，用表 11.9 中的选票来判断选举获胜者，由于沃伊泰克获得 12 张第 1 序位选票，张锡宏获得 11 张，克瓦米获得 9 张，所以克瓦米遭到淘汰，然后举行决胜选举。因为选民不会在决胜选举中改变自己的偏好，所以简单地从原始选票上剔除克瓦米，然后开始重新计票，结果如下。

偏　好	选票数量			
	12	9	3	8
第 1	W		C	C
第 2	C	W	W	
第 3		C		W

沃伊泰克以“21 票对 11 票”获胜

从选票中剔除掉克瓦米后，可见沃伊泰克以“21 票对 11 票”击败了张锡宏。

现在，如果支持张锡宏（接下来依次为沃伊泰克和克瓦米）的 3 位投票者变更了选票，这时会发生什么？第 1 次淘汰前的投票结果如下。

偏　好	选票数量			
	12	9	3	8
第 1	W	K	W	C
第 2	C	W	C	K
第 3	K	C	K	W

张锡宏遭到淘汰

这 3 名投票者变更了选票

因为第 1 序位选票数量最少，所以张锡宏遭到淘汰，此时的选票结果如下。

偏　好	选票数量			
	12	9	3	8
第 1	W	K	W	
第 2		W		K
第 3	K		K	W

克瓦米以“17 票对 15 票”获胜

现在即可知道沃伊泰克不想改变选票的原因——这将导致在沃伊泰克与克瓦米之间的决胜选举中，她将以“15 票对 17 票”输给对手。

现在尝试完成练习 29、31 和 32。

至此可知，上节中讨论的每种投票方法都违反了一项重要投票准则。表 11.10 总结了上述各种投票方法的缺陷，并指出了其在示例和练习中出现的位置。在表 11.10 中，“是”表示该列中列举的方法总符合该行中描述的准则；“否”表示该方法不符合该准则，并引用本节中的一个反例。

表 11.10　投票方法的缺陷

	相对多数法	波达计数法	末位淘汰法	成对比较法
绝对多数准则	是	否-例 1	是	是
孔多塞准则	否-例 2	否-练习 03	否-练习 07	是
无关因素独立性准则	否-例 3	否-练习 05	否-练习 18	否-例 4
单调性准则	是	是	否-例 5	是

在 4 种公平性准则中，目前介绍的所有投票方法至少无法符合其中之一，所以你可能想要知道是否存在一种完美的投票方法。1951 年，当为兰德公司（美国政府智库）研究决策制定时，经济学家肯尼斯·阿罗发现了回答这个问题的著名定理。

阿罗不可能性定理　在候选人数量超过 2 人的任何选举中，任何投票方法均无法符合所有 4 项公平性准则。

因此，无论采用哪种投票方法，缺陷都必然存在。

练习 11.2

强化技能

某些练习没有固定解法，一般应当构建偏好表，然后反复试验并调整相关项，直至找到正解。

01. 在如下偏好表中，A 获得了绝对多数第 1 序位选票。采用波达计数法，谁将赢得选举？

偏　好	选票数量			
	12	**15**	**9**	**13**
第 1	A	B	C	A
第 2	B	C	B	D
第 3	C	A	D	B
第 4	D	D	A	C

02. 在如下偏好表中，D 获得了绝对多数第 1 序位选票。采用波达计数法，谁将赢得选举？

偏　好	选票数量			
	4	**10**	**3**	**2**
第 1	C	D	C	A
第 2	A	A	A	D
第 3	B	B	D	B
第 4	D	C	B	C

03. **确定合法饮酒年龄**。某州委员会正在就改变合法饮酒年龄投票，具体选项包括：（A）将年龄降至 18 岁；（B）将年龄降至 19 岁；（C）将年龄降至 20 岁；（D）维持 21 岁不变。采用偏好表和波达计数法确定获胜者，并显示其不符合孔多塞准则。

偏　好	选票数量				
	8	**10**	**14**	**3**	**10**
第 1	C	D	C	A	B
第 2	A	A	B	D	C
第 3	B	B	D	B	A
第 4	D	C	A	C	D

04. **投票选举协会会长**。山岳协会（塞拉俱乐部）的某地方分会正在投票选举会长，4 位候选人分别是（A）阿尔瓦罗、（B）布朗、（C）克拉克和（D）杜克维奇。采用偏好表和波达计数法确定获胜者，并显示其不符合孔多塞准则。

偏　好	选票数量				
	4	**23**	**8**	**3**	**12**
第 1	C	D	C	A	A
第 2	A	A	B	D	B
第 3	B	B	D	B	C
第 4	D	C	A	C	D

05. **为研究中心选择位置**。“为美国教书”组织正在考虑建立一个新的研究中心，由一群高管投票来确定具体位置，候选地点包括（A）亚特兰大、（B）波士顿、（C）芝加哥和（D）丹佛。采用偏好表和波达计数法确定所选择的城市，并显示其不符合无关因素独立性准则。

偏　好	选票数量					
	15	**4**	**8**	**10**	**8**	**2**
第 1	C	D	C	B	B	A
第 2	B	B	A	D	A	C
第 3	A	A	D	A	C	B
第 4	D	C	B	C	D	D

06. **为新工厂选址**。“土地搬运工拖拉机公司”计划建立一座新工厂，候选地址包括（A）阿拉巴马州、（C）加利福尼亚州、（O）俄勒冈州和（T）得克萨斯州。董事会投票情况如偏好表所示。用波达计数法确定他们选定的州，并显示其不符合无关因素独立性准则。

偏　好	选票数量					
	9	**2**	**4**	**5**	**4**	**1**
第 1	C	T	C	A	A	O
第 2	A	A	O	T	O	C
第 3	O	O	T	O	C	A
第 4	T	C	A	C	T	T

07. **缩减预算**。由于国家拨款减少，某公民委员会正在向学校董事会建议缩减开支的方法，具体选项包括：（A）缩减体育项目开支；（B）缩减美术和音乐项目开支；（C）扩大班级规模；（D）延期维护建筑物。采用偏好表和末位淘汰法确定该委员会建议的选择，并显示其不符合孔多塞准则。

偏　好	选票数量					
	9	12	4	5	4	1
第 1	C	D	C	A	A	B
第 2	A	A	B	D	B	C
第 3	B	B	D	B	C	A
第 4	D	C	A	C	D	D

08. **投票评选最佳餐厅**。专栏作家正在投票评选年度最佳餐厅，具体选项包括（A）阿拉莫、（B）Bar-B-Q、（C）切兹努斯和（D）丹尼家。采用偏好表和末位淘汰法确定获胜者，并显示其不符合孔多塞准则。

偏　好	选票数量				
	8	11	3	4	3
第 1	B	D	B	C	C
第 2	C	C	A	D	A
第 3	A	A	D	A	B
第 4	D	B	C	B	D

采用以下偏好表，完成练习 09 ~ 10。

偏　好	13	10	5
第 1	A	B	C
第 2	B	C	B
第 3	C	A	A

09. 采用成对比较法，谁将赢得这次选举？为何这次选举没有违反绝对多数准则？

10. 采用末位淘汰法，谁将赢得这次选举？如果最后 5 名投票者将选票改为如下形式，则这次若采用末位淘汰法，谁将赢得选举？其是否违反了单调性准则？解释理由。

C
A
B

学以致用

11. 完成以下偏好表，使得采用波达计数法的获胜者违反孔多塞准则。

偏　好	a.	b.
第 1	B	A
第 2	A	C
第 3	C	B

12. 完成以下偏好表，使得 A 成为波达计数法的获胜者，但是当剔除 C 时，B 将成为波达计数法的获胜者，因此违反了无关因素独立性准则。

偏　好	a.	b.	c.
第 1	A	B	C
第 2	C	A	B
第 3	B	C	A

13. 制作类似于例 2 中的偏好表，9 位投票者在 3 种选项间选择，相对多数法违反孔多塞准则。

14. 制作类似于例 3 中的偏好表，但至少有 4 种不同类型的选票和 3 位候选人，相对多数法违反无关因素独立性准则。

15. 完成以下偏好表，使得末位淘汰法违反孔多塞准则。

偏　好	选票数量				
	20	____	8	8	12
第 1	C	D	A	A	B
第 2	A	A	D	B	C
第 3	B	B	B	C	A
第 4	D	C	C	D	D

16. 相对多数法是否符合绝对多数准则？

17. 末位淘汰法是否符合绝对多数准则？

18. 投票者正在从 4 种选项中选择，制作一张偏好表，使得末位淘汰法违反无关因素独立性准则。

19. **总统选举**。总统选举有时会出现争议，例如在 2016 年，希拉里·克林顿赢得了普选，但是唐纳德·特朗普因为“选举人团”的运作方式而当选总统。在以下偏好表中，第 1 行列出了投给如下候选人的实际选票：（T）唐纳德·特朗普，（C）希拉里·克林顿，（J）加里·约翰逊，（S）吉尔·斯坦，（M）埃文·麦克马林。为了达到本练习的目标，偏好表中的其他行均是虚构的。假设该选举采用末位淘汰法。

	(T) 62985134	(C) 65853652	(J) 4489235	(S) 1457226	(M) 732273
1	T	C	J	S	M
2	C	T	S	T	T
3	S	J	C	M	C
4	M	M	T	C	J
5	J	S	M	J	S

a. 总票数的 50%是多少？

b. 第1个被淘汰的候选人是谁？

c. 从这次淘汰中获益的候选人是谁？此人现在拥有多少张选票？

d. 第2个被淘汰的候选人是谁？从这次淘汰中获益的候选人是谁？

e. 谁赢得了该次选举？其获得的选票数量是多少？

20. 总统选举。在练习19中，若交换约翰逊与麦克马林之间的票数，谁将赢得选举？获得的票数是多少？

21. 决选投票。《夜宵》是一档通宵广播脱口秀节目，下表显示了该节目主持人的选举结果，候选人包括：（K）克劳斯，（E）伊莱贾，（C）卡罗琳，（D）达蒙。采用相对多数法，但是在第1轮投票后，为了确定获胜者，在前2名候选人之间进行决选。谁赢得了该选举？

偏　好	3	7	5	3	9
第1	C	K	C	K	E
第2	E	E	D	E	K
第3	K	C	E	D	D
第4	D	D	K	C	C

22. 决选投票。采用下表重做练习21。

偏　好	5	4	5	3	9
第1	K	E	K	E	C
第2	C	C	D	C	E
第3	E	K	C	D	D
第4	D	D	E	K	K

数学交流

23. 我们希望某一选举符合的4种准则是什么？

24. 阿罗定理说明了什么？

25. 解释为什么成对比较法符合绝对多数准则。

26. 解释为什么成对比较法符合孔多塞准则。

27. 投票者在3种选项中选择。制作偏好表，波达计数法的获胜者违反绝对多数准则。

28. 投票者在5种选项中选择。制作偏好表，波达计数法的获胜者违反绝对多数准则。

挑战自我

29. 制作类似于例5中的偏好表，至少包含5种不同的选票和3种选项，显示末位淘汰法违反单调性准则。

30. 制作类似于例4中的偏好表，投票者采用成对比较法对5种选项投票，且投票违反无关因素独立性准则。

31. 投票者在5种选项中选择。制作偏好表，末位淘汰法的获胜者违反单调性准则。

32. 投票者在4种选项中选择。制作偏好表，末位淘汰法的获胜者违反单调性准则。

33. 以下偏好表描述了著名的孔多塞悖论的一个示例。可以看到，2/3的投票者偏好A胜于B，2/3的投票者偏好B胜于C，2/3的投票者偏好C胜于A。制作包含5位候选人（A、B、C、D和E）的偏好表，使得80%的投票者偏好A胜于B，80%的投票者偏好B胜于C，80%的投票者偏好C胜于D，80%的投票者偏好D胜于E，80%的投票者偏好E胜于A。

偏　好	选票数量		
	1	1	1
第1	A	B	C
第2	B	C	A
第3	C	A	B

34. 采用成对比较法时，随着候选人数量的增多，容易看出“比较次数”增长得相当快。

a. 完成如下表格。

候选人数量	比较次数
A，B	1
A，B，C	3
A，B，C，D	6
A，B，C，D，E	
A，B，C，D，E，F	

b. 如第12章所述，对于k名候选人，“比较次数”必须要达到$k(k-1)/2$次。10名候选人需要进行多少次比较？20名呢？

35. 对于练习23中的4种准则，前述某一投票方法符合其中的3种，它选哪种投票方法？不符合哪个准则？

36. 研究“选举团制度”如何选举美国总统，其与绝对多数准则有何冲突？

11.3　加权投票系统

在前两节中确定选举获胜者时，我们假设每名投票者都拥有相同的权力，但是实际情况往往并非如此。例如，购买几股 Facebook 股票后，你的投票权仍然远低于马克·扎克伯格（该公司创始人兼首席执行官），因为在通常情况下，公司各个股东的投票权与其持有的股份数量成正比。

在许多其他组织中，这种不平等现象同样存在。例如，在联合国安理会中，并非所有成员国都拥有相同的投票权。安理会由 5 个常任理事国和 10 个非常任理事国组成，根据其议事规则，除非所有常任理事国都投赞成票，同时至少 4 个非常任理事国投赞成票，否则安理会不能通过任何决议。在其他某些情况下，投票方式与本章所述方法差异巨大，例如陪审团在刑事审判中投票时，“11 票对 1 票”不足以判定被告有罪；在公司决策中，大股东的投票权可能是小股东的 40 倍或 50 倍。本节将开发一种方法，在并非每个人都拥有相同实力的系统中衡量各投票者的权力。

11.3.1 加权投票系统

为了理解“加权投票系统”的概念，考虑以下情形。旗下拥有凤凰火焰队（职业橄榄球队）的某公司有 6 个股东，各自持有不同数量的股票。假设艾丽西娅·门德斯（A）及其儿子本（B）分别持有 26%的股份，卡尔（C）、但丁（D）、艾米莉（E）和菲利克斯（F）分别持有 12%的股份。假设每个股东拥有与所持股份百分比相同的投票权。这家公司中的投票显然不反映“一人一票”原则，与 C、D、E 和 F 相比，A 和 B 拥有更多实权。如果某项决议需要超过 50%的投票才能通过，则 A 和 B 联手能够通过其所需要的任何决议，而 C、D、E 和 F 获得决议通过的能力则要弱得多。

在将要研究的示例中，可以看到加权投票系统的多种特征。首先，“决议通过”需要 51 票，这个数字称为“最低票数”；其次，每名投票者均控制着一定数量的选票，这个数字称为该投票者的“权重”。接下来，我们将精确定义这些概念。

要点 通过最低票数和每名投票者的权重，描述加权投票系统。

定义 含有 n 名投票者的加权投票系统/加权投票制由按以下格式列出的一个数字集合描述：

[最低票数：投票者 1 的权重，投票者 2 的权重，…，投票者 n 的权重]

最低票数是指该系统中通过决议的必要票数；后续数字称为权重，指投票者 1、投票者 2 等控制的票数。

例 1 加权投票系统

解释下列每个加权投票系统。

a）[51: 26, 26, 12, 12, 12, 12]

b）[4: 1, 1, 1, 1, 1, 1, 1]

c）[14: 15, 2, 3, 3, 5]

d）[10: 4, 3, 2, 1]

e）[12: 1, 1, 1, 1, 1, 1, 1, 1, 1, 1, 1, 1]

f）[12: 1, 2, 3, 1, 1, 2]

g）[39: 7, 7, 7, 7, 7, 1, 1, 1, 1, 1, 1, 1, 1, 1, 1]

解：a）此即前面描述的股东情况，下面解释了这个系统。

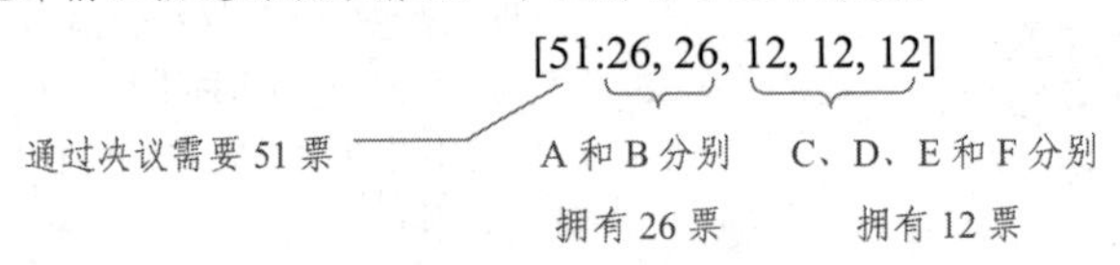

b）在这种情况下，7 名投票者每人拥有 1 票。因为最低票数是 4，所以简单多数就足以通过一项决议，属于“一人一票”情形的示例。

[4:1, 1, 1, 1, 1, 1, 1]

通过决议需要 4 票 —— A、B、C、D、E、F 和 G 分别拥有 1 票

c）最低票数是 14；因为投票者 1 拥有 15 张选票，所以其拥有完全控制权。在该系统中，因为其他 4 名投票者没有任何权力，所以投票者 1 称为独裁者。

最低票数是 14　　独裁者是能够通过决议的唯一人选

[14:15, 2, 3, 3, 5]

d）可以看到，投票总数是 10，这也是最低票数。在该系统中，虽然投票者 1 的权重大于其他人，但其实际上并没有更多的权力，因为若要通过某一决议，需要获得所有投票者（即使是最弱势投票者）的支持。凭借一己之力即可阻止议案通过的某一投票者拥有否决权。

最低票数是 10

[10:4, 3, 2, 1]

通过每项决议都需要所有投票者同意，即所有投票者都拥有相同的权力

e）这描述了审理刑事案件的陪审团制度。因为最低票数是 12，若要某一决议获得通过，每名投票者都必须投赞成票。此时，每名投票者均拥有否决权。

最低票数是 12

[12:1, 1, 1, 1, 1, 1, 1, 1, 1, 1, 1, 1]

每项决议通过均需要所有投票者同意，即所有投票者均拥有相同的权力

f）在该系统中，所有可能的投票总数都小于最低票数，因此无法通过任何决议。

最低票数是 12

[12:1, 2, 3, 1, 1, 2]

没有通过决议所需要的足够票数

g）该系统描述了联合国安理会的投票。除非前 5 名投票者全部支持某一决议，否则最低票数无法实现。此外，在接下来的 10 名投票者中，必须要有至少 4 名投票者支持，此时决议才能通过。

[39:7, 7, 7, 7, 7, 1, 1, 1, 1, 1, 1, 1, 1, 1, 1]

通过决议需要 39 票　　这里的每一投票者均具有否决权　　通过决议需要这里的 4 名投票者同意

现在尝试完成练习 01 ~ 12。

11.3.2　联盟

例 1d）中的加权投票系统很有意思，虽然最初投票者 1 似乎比其他投票者拥有更大的权力，但实际上并非如此。系统[10: 4, 3, 2, 1]的表现方式与系统[4: 1, 1, 1, 1]的完全相同，各投票者所拥有的票数与其所拥有的通过决议的权力并不一致。为了描述投票系统中的权力概念，还需要引入更多的定义，首先描述有权通过决议的投票者子集。

要点　一群投票者组成联盟来通过决议。

定义　以同样方式投票的任何投票者集合称为联盟；联盟中所有投票者的权重之和（总权重）称为该联盟的权重；如果某一联盟的权重大于或等于最低票数，则称其为获胜联盟。

在加权投票系统[4: 1, 1, 1, 1, 1, 1, 1]中，由 4 名或以上的投票者组成的联盟均为获胜联盟。

解题策略：系统化

如第 2 章所述，包含 k 个元素的集合含有 2^k 个子集。由于其中之一是空集，所以包含 k 名投票者的一个集合可能组成 2^k-1 个联盟，例如 5 名投票者可能组成 $2^5-1=32-1=31$ 个不同联盟。系统化列出所有联盟是有用的，即首先考虑所有单元素集合，接着考虑所有 2 元素集合，然后考虑所有 3 元素集合，以此类推。

例 2　求解获胜联盟

某城镇有 2 个较大的政党［（R）共和党；（D）民主党］和 1 个较小的政党［（I）独立党］。城镇议会

的成员人数与各政党的规模成正比，假设R的成员数量是9，D的成员数量是8，I的成员数量是3。从传统意义上讲，每个政党作为单一集团投票，获得简单多数票即可通过决议。列出所有可能的联盟及其权重，并确定获胜联盟。

解： 回顾本书前文所述的系统化策略。

联盟是所有政党集合{R, D, I}的非空子集，下表列出了这些子集及其权重。因为该议会的成员数量是20，所以权重大于或等于11的任何联盟均为获胜联盟。

联　盟	权　重	
{R}	9	
{D}	8	
{I}	3	
{R,D}	17	获胜
{R,I}	12	获胜
{D,I}	11	获胜
{R,D,I}	20	获胜

现在尝试完成练习13～16。

自测题7

考虑加权投票系统[5: 3, 2, 2, 1]。a）投票者数量是多少？b）最低票数是多少？c）列出所有获胜联盟。

虽然I在议会中的代表人数少于R和D，但是在获胜联盟中出现的次数却与R和D一样多，这一点很有意思。

在例2中，3个政党看上去拥有相同的投票权，下面将精确地定义权力的概念。要理解某一投票者的权力，关键是要知道多少联盟需要该投票者才能获胜。

定义 对获胜联盟中的某一投票者而言，若其离开将导致联盟无法获胜，则其称为关键投票者。

例3　确定某一联盟中的关键投票者

在例2的城镇议会中，确定获胜联盟中的关键投票者。

解：

联　盟	权　重		关键投票者
{R}	9		
{D}	8		
{I}	3		
{R,D}	17	获胜	R, D
{R,I}	12	获胜	R, I
{D,I}	11	获胜	D, I
{R,D,I}	20	获胜	无

若去除这些投票者中的任意一个，该联盟将不再获胜

现在尝试完成练习17～20。

11.3.3　班扎夫权力指数

下面定义如何在加权投票系统中衡量投票权的大小。

要点 班扎夫权力指数可衡量投票权的大小。

定义 在加权投票系统中，投票者的班扎夫权力指数可定义如下（基于不同的定义者，该指数的

定义略有差异）：

$$\frac{\text{获胜联盟中某一投票者的关键次数}}{\text{获胜联盟中所有投票者的关键次数}}$$

例 4　计算班扎夫权力指数

由例 3 可知，R、D 和 I 分别是 2 次关键投票者，所以 R 的班扎夫权力指数为

$$\frac{\text{获胜联盟中投票者R的关键次数}}{\text{获胜联盟中所有投票者的关键次数}}=\frac{2}{6}=\frac{1}{3}$$

同理可知，D 和 I 的班扎夫权力指数分别为 $\frac{1}{3}$。

现在尝试完成练习 29 ~ 34。

自测题 8

重新考虑自测题 7 中的加权投票系统[5: 3, 2, 2, 1]，获胜联盟包括{A, B}, {A, C}, {A, B, C}, {A, B, D}, {A, C, D}, {B, C, D}和{A, B, C, D}。a）确定每个获胜联盟中的关键投票者；b）计算该系统中各投票者的班扎夫权力指数。

例 5　间接计算班扎夫权力指数

库鲁克、齐特姆和若干合伙人合办了一家律师事务所，其中库鲁克（K）和齐特姆（C）是 2 位高级合伙人，W, X, Y 和 Z 是 4 位普通合伙人。若要改变事务所的任何主要决策，库鲁克、齐特姆和至少 2 位普通合伙人必须投赞成票。计算该事务所中每名成员的班扎夫权力指数。

解： 回顾本书前文所述的系统化策略。

我们可用{K, C, W, X, Y, Z}来表示事务所中的所有成员。列出事务所的所有联盟（子集）并确定获胜者似乎顺理成章，但这是冗长且乏味的工作，根本没有必要这么做。因为每一获胜联盟均包含{K, C}，所以只需按照如下方法操作：确定包含 2 名或更多成员的集合{W, X, Y, Z}的各个子集，然后形成这些子集与集合{K, C}的并集。

{W, X, Y, Z}的 2 元素子集	{W, X, Y, Z}的 3 元素子集	{W, X, Y, Z}的 4 元素子集
{W, X},{W, Y},{W, Z},{X, Y},{X, Z},{Y, Z}	{W, X, Y},{W, X, Z},{W, Y, Z},{X, Y, Z}	{W, X, Y, Z}

因此，事务所的获胜联盟及其关键成员如下。

	获胜联盟	关键成员
1	{K, C, W, X}	K, C, W, X
2	{K, C, W, Y}	K, C, W, Y
3	{K, C, W, Z}	K, C, W, Z
4	{K, C, X, Y}	K, C, X, Y
5	{K, C, X, Z}	K, C, X, Z
6	{K, C, Y, Z}	K, C, Y, Z
7	{K, C, W, X, Y}	K, C
8	{K, C, W, X, Z}	K, C
9	{K, C, W, Y, Z}	K, C
10	{K, C, X, Y, Z}	K, C
11	{K, C, W, X, Y, Z}	K, C

在这些联盟中，通过某一决议必须得到所有投票者的支持（联盟 1~6）

在这些联盟中，只有 K 和 C 是关键的（联盟 7~11）

由此可知，K 和 C 分别作为关键成员 11 次，W, X, Y 和 Z 分别作为关键成员仅 3 次。因此，事务所成员的班扎夫权力指数如下。

成　员	班扎夫权力指数
K, C	$\frac{11}{11+11+3+3+3+3}=\frac{11}{34}$
W, X, Y, Z	$\frac{3}{11+11+3+3+3+3}=\frac{3}{34}$

下面对事务所成员的班扎夫权力指数求和:

$$\underset{K}{\frac{11}{34}}+\underset{C}{\frac{11}{34}}+\underset{W}{\frac{3}{34}}+\underset{X}{\frac{3}{34}}+\underset{Y}{\frac{3}{34}}+\underset{Z}{\frac{3}{34}}=\frac{34}{34}=1$$

可以看到“总和为 1”。在加权投票系统中计算班扎夫权力指数时，情况总是如此。

现在尝试完成练习 43 ~ 46。

通常，对于一个委员会的主席而言，只有为了打破平局才会参与投票。实际上，美国参议院的投票方式就是如此。美国参议院由 100 名成员组成，美国副总统（作为主持人）只有为了打破平局才会参与投票。确定“副总统和参议员的班扎夫权力指数”的数学内容极为冗长，这里无法对其进行展示，但可分析基于相同投票准则的一个更简单的示例。

例 6　计算打破平局的班扎夫权力指数

为了应对劫机事件，某航空安全审查委员会（由 5 人组成）正在制定飞行安全程序。委员会主席由联邦航空局局长（A）担任，成员包括 2 位高级飞行员（S 和 T）和 2 位空乘人员（F 和 G）。

委员会成立之初即秉承“管理者的权力远小于飞行员和空乘人员”的理念，因此联邦航空局局长只在平局时参与投票，主要决策均以“简单多数”方式确定。局长的权力比其他成员小多少?

解：为了回答这个问题，下面计算委员会中每名成员的班扎夫权力指数。首先，列出各获胜联盟及其关键成员。显然，如果{S, T, F, G}中的 3 或 4 个成员一起投票，则会形成下表中所列的获胜联盟。我们首先列出这 5 个联盟，然后列出可能形成平局的 6 种方式，最后需要借助局长来打破平局。

如果计算全部成员（A, S, T, F 和 G）作为某个联盟关键成员的所有次数，最终结果是 30。我们发现“任何一位委员会成员（包括主席）都刚好是 6 个联盟的关键成员”，因此 5 个委员会成员均拥有完全相同的班扎夫权力指数，即 6/30。虽然最初并不明显，但是委员会主席与其他成员的权力完全相同。

		获胜联盟	关键成员
无平局	1	{S, T, F}	S, T, F
	2	{S, T, G}	S, T, G
	3	{S, F, G}	S, F, G
	4	{T, F, G}	T, F, G
	5	{S, T, F, G}	无
由局长打破平局	6	{A, S, T}	A, S, T
	7	{A, S, F}	A, S, F
	8	{A, S, G}	A, S, G
	9	{A, T, F}	A, T, F
	10	{A, T, G}	A, T, G
	11	{A, F, G}	A, F, G

在例 6 中，与该委员会中的每位成员相比，局长发挥关键作用（以绝对多数票赞成某项动议）的次数完全相同。同理，与美国参议院中的每位参议员相比，副总统发挥关键作用（以 51 票对 50 票通过某项动议）的机会次数完全相同，所以副总统的权力与每位参议员的完全相同。在第 12 章中学习计数原理后，你就能够算出为证明这一点所需考虑的情况数量。

历史回顾——选举团

选举美国总统时，为了计算选举团中投票各州的班扎夫权力指数，政治学家采用了本节所介绍方法的一种变体。在选举团中，一个州所拥有的选票数量等于该州的参议员和众议员数量之和。例如，纽约州目前的众议员数量是 27，参议员数量是 2，因此该州在选举团中的选票数量是 29。我们可将选举团视为一个加权投票系统，由 50 个州加上哥伦比亚特区组成，其中加利福尼亚州的选票数量最多（55 票），特拉华州等 8 个州的选票数量最少（3 票）。

州	班扎夫权力指数（%）
加利福尼亚州	11.44
得克萨斯州	6.20
纽约州	5.81
佛罗里达州	5.02
宾夕法尼亚州	3.87
新泽西州	2.75
亚利桑那州	1.83
新墨西哥州	0.91
特拉华州	0.55

虽然采用人工方式考虑联盟数量有些不切实际，但是可以应用计算机方法来计算班扎夫权力指数。右表中显示了早期人口普查中几个州的班扎夫权力指数。

可以看出，加利福尼亚州的班扎夫权力指数很大，相当于宾夕法尼亚州的近 3 倍和特拉华州的 20 余倍。阅读这些数字时，记住“这是在加权投票系统中衡量权力的唯一方法”。关于选举团的权力分配方式，其他方法存在较多的争议。在网络上，你可以找到分析选举团的大量文章。

练习 11.3

强化技能

在练习 01 ~ 12 中，各权重代表投票者 A, B 和 C 等（按顺序）。判别：**a**. 最低票数；**b**. 投票者的数量和权重；**c**. 独裁者；**d**. 否决权拥有者。

01. [5: 1, 1, 1, 1, 1]
02. [15: 5, 4, 3, 2, 1]
03. [11: 10, 3, 4, 5]
04. [6: 6, 1, 2, 2]
05. [15: 1, 2, 3, 3, 4]
06. [11: 1, 2, 3, 4]
07. [12: 1, 3, 5, 7]
08. [16: 1, 5, 7, 9]
09. [25: 4, 4, 6, 7, 9]
10. [21: 3, 5, 6, 8, 9]
11. [51: 20, 20, 20, 10, 10]
12. [67: 15, 15, 15, 15, 10, 10]

在练习 13 ~ 16 中，写出每个投票系统中的所有获胜联盟。千万不要信马由缰，一定要采用系统化方式，按照“从最小到最大”顺序来考虑联盟。

13. [12: 1, 3, 5, 7]
14. [16: 1, 5, 7, 9]
15. [25: 4, 4, 6, 7, 9]
16. [23: 3, 5, 6, 8, 9]
17. 在练习 13 中，查找获胜联盟中的关键投票者。
18. 在练习 14 中，查找获胜联盟中的关键投票者。
19. 在练习 15 中，查找获胜联盟中的关键投票者。
20. 在练习 16 中，查找获胜联盟中的关键投票者。

学以致用

21. **戏剧协会**。戏剧协会由表演者（P）、技术人员（T）和后勤人员（S）组成，代表人数与每组人员的数量成正比，且均以本组为单位投票。“通过某一决议”需要简单多数票。在该协会中，假设表演者有 5 人，技术人员有 4 人，后勤人员有 2 人。列出{P, T, S}中的所有联盟及其权重，并说明哪些联盟是获胜联盟。

22. **戏剧协会**。重做练习 21，但是这次假设该协会有 8 个表演者、6 个技术人员和 2 个后勤人员。

23. **州委员会**。高校体育程序委员会做出的决策会影响全州高校的体育项目，委员会的组成人员包括 3 名管理者（A）、4 名体育系教练（C）、3 名队长（T）和 2 名非运动员学生（N）。设这 4 个群体均以本群体为单位投票。要改变决策，至少需要 8 票。查找{A, C, T, N}中的所有获胜联盟，并说明各自的权重。

24. **州委员会**。重做练习 23，但是这次假设有 4 名管理者、5 名教练、4 名队长和 3 名非运动员学生。另外，假设改变决策需要 12 票。

25. **戏剧协会**。在练习 21 中，确定获胜联盟中的关键投票者。

26. **戏剧协会**。在练习 22 中，确定获胜联盟中的关键投票者。

27. **戏剧协会**。在练习 23 中，确定获胜联盟中的关键投票者。

28. **戏剧协会**。在练习 24 中，确定获胜联盟中的关键投票者。

在练习 29 ~ 34 中，确定每个加权投票系统中各投票者的班扎夫权力指数。

29. 练习 01 中的加权投票系统。

30. 练习 03 中的加权投票系统。

31. 练习 09 中的加权投票系统。

32. 练习 11 中的加权投票系统。

33. 练习 13 中的加权投票系统。

34. 练习 15 中的加权投票系统。

35. 系统[3: 1, 1, 1, 1, 1]是“一人一票”情形的示例。**a**. 计算系统中每人的班扎夫权力指数；**b**. 这是否与你的直觉相一致？解释理由。

36. 12 人陪审团对应于加权投票系统[12: 1, 1, 1, 1, 1, 1, 1, 1, 1, 1, 1, 1]：**a**. 计算系统中每人的班扎夫权力指数；**b**. 这是否与你的直觉相一致？解释理由。

37. 考虑系统[14: 15, 2, 3, 3, 5]，其中 A 是独裁者。**a**. 计算系统中每人的班扎夫权力指数。**b**. 这是否与你的直觉相一致？解释理由。

38. 考虑系统[12: 1, 2, 3, 1, 1, 2]，由于最低票数太高，导致无法通过任何决议。**a**. 解释为何无法在该系统中计算班扎夫权力指数；**b**. 这是否与你的直觉相一致？解释理由。

39. **计算选举团的权力**。2010 年人口普查后，加州获配了 53 个议席，再加上 2 名参议员，其在选举团中总计获得 55 票。同理，得克萨斯州获得 38 票，佛罗里达州获得 29 票。暂时假设美国仅有这 3 个州，计算每个州的班扎夫权力指数。假设这个加权系统中的最低票数是 62。

40. **计算选举团的权力**。对于伊利诺伊州（20 票）、密歇根州（16 票）和科罗拉多州（9 票），重做练习 39。假设最低票数是 23。

41. **计算选举团的权力**。对于宾夕法尼亚州（20 票）、北卡罗来纳州（15 票）和新墨西哥州（5 票），重做练习 39。假设最低票数是 21。

42. **计算选举团的权力**。对于俄亥俄州（18 票）、路易斯安那州（8 票）和康涅狄格州（7 票），重做练习 39。假设最低票数是 17。

例 5 中分析了库鲁克、齐特姆和若干合伙人的投票权，“改变政策”需要库鲁克、齐特姆和两位合伙人的投票。对于练习 43 ~ 46 中描述的每个场景，执行以下操作：**a**. 给出直观解释，说明你认为库鲁克、齐特姆和每名合伙人的投票权如何变化；**b**. 计算事务所中每名成员的班扎夫权力指数，查看结果是否与你的直觉一致。

43. **律师事务所**。事务所新增了另一名合伙人，现在有 2 名高级合伙人和 5 名普通合伙人。

44. **律师事务所**。事务所新增了另一名高级合伙人（费厄），现在有 3 名高级合伙人和 4 名普通合伙人。假设为了改变决策，2 名高级合伙人和 2 名普通合伙人必须投赞成票。

45. **律师事务所**。1 名普通合伙人（豪）被提升为高级合伙人，现在有 3 名高级合伙人和 3 名普通合伙人。假设为了改变决策，2 名高级合伙人和 2 名普通合伙人必须投赞成票。

46. **律师事务所**。库鲁克辞职，齐特姆成了与 4 名普通合伙人共事的唯一高级合伙人。假设为了改变决策，齐特姆和 2 名普通合伙人必须投赞成票。

数学交流

47. 在加权投票系统中，投票者的权重与其班扎夫权力指数是否相同？解释理由。

48. 如何计算加权投票系统中某一投票者的班扎夫权力指数？在加权投票系统中，班扎夫权力指数之和是多少？

49. **判断**：在加权投票系统中，若投票者 A 的权重是投票者 B 的 2 倍，则 A 的班扎夫权力指数是 B 的 2 倍。解释理由。

50. **判断**：在加权投票系统中，若所有投票者拥有相同的权力，则所有投票者必定拥有相同的权重。解释理由。

挑战自我

51. 在加权投票系统中，笨蛋是指班扎夫权力指数为 0 的投票者。在加权投票系统[q: 16, 6, 6, 4]中，确定商 q 的 2 个值，使得投票者 D 成为笨蛋。

52. 在加权投票系统[14: a, 3, 3, 2]中，求 a 的最小值，使得 D 成为笨蛋。

53. 在投票系统[10: 4, 3, 2, 1]中，所有投票者拥有相同的权力。减小商 q 时，投票者 A 的权力如何变化？

54. 继续练习 53 中的想法，减小商 q 时，投票者 D 的权力如何变化？

在练习 55 ~ 56 中，设计一个投票系统，使其行为规范类似于例 1 中描述的联合国安理会。

55. 某委员会有 3 名常务委员和 6 名临时委员。要通过某决议，必须要 3 名常务委员和 2 名临时委员投票赞成。

56. 某委员会有 4 名常务委员和 8 名临时委员。要通过某决议，必须要 4 名常务委员和 3 名临时委员投票赞成。

11.4 深入观察：夏普利 · 舒比克指数

在即将到来的选举中，本地某位州议员请求你们给予支持，理由是她最近为增加你所在学院的资助议案投了赞成票。但是，她并未提到自己最初反对该项议案，只是在“该项议案显然具有足够通过票数”时才表示支持。实际上，她投票支持该项议案的唯一动机是从自己所在选区的许多大学生投票者那里获得选票。

由这个示例可知，要使某一联盟成为获胜者，了解各成员加入该联盟的顺序可能很重要。讨论班扎夫权力指数时，我们只考虑了联盟中的各成员，特别是关键成员。在数学家劳埃德 • 夏普利和经济学家马丁 • 舒比克的工作基础上，下面介绍的方法不仅关注获胜联盟的构成，而且关注获胜联盟的形成顺序。

11.4.1 排列

为了理解夏普利 • 舒比克指数，必须明确区分“元素有顺序的集合”和“元素顺序不重要的集合”。如第 2 章所述，用{A, B, C}表示集合时，元素顺序并不重要，如果愿意，可将其写成{B, C, A}或{C, A, B}。要想强调集合中元素顺序的重要性，就必须采用一种不同的表示法。

定义 在集合$\{x_1, x_2, x_3, \cdots, x_n\}$中，各元素排成一列（一条直线）时的排序方式称为该集合的一个排列。要了解与排列相关的更多信息，请参阅第 12 章。我们将排列表示为

$$(x_{i_1}, x_{i_2}, x_{i_3}, \cdots, x_{i_n})$$

其中，x_{i_1}是排列中的第 1 个元素，x_{i_2}是排列中的第 2 个元素，以此类推。

由这个定义可知，各元素以不同的顺序列出，所以(A, B, C), (B, C, A)和(C, A, B)都是集合{A, B, C}的不同排列。

从现在开始我们将做如下假设：投票者排列描述了“每次增加 1 名投票者的投票者联盟”。

解题策略：钻牛角尖原则

由 1.1 节中的钻牛角尖原则可知，不同表示法通常意味着正在处理不同的概念。你可就此得出结论，因为{A, B, C}和(A, B, C)的外观不一样，所以二者的含义不同。尝试将新表示法与你以前见过的表示法相关联。记得 2 个有序数对(3, 4)和(4, 3)的含义并不相同，这有助于理解排列(A, B, C)的含义。

对某个集合中的各个元素排序时，“知道可以采用多少种不同的方式”非常重要。采用图形化方式进行观察，可以了解如何生成一个集合的不同排列，如下例所示。

例 1 求解一个集合的排列

下列每个集合包含多少个排列？a）{A, B, C}；b）{A, B, C, D}。

解：回顾本书前文所述的系统化策略。

a）考虑形成排列顺序时，如果首先确定第 1 个元素，然后确定第 2 个元素，最后确定第 3 个元素，

则可采用树图可视经该排列，如图 11.1 所示。

在树图中，6 个分支从“开始”启动，然后生成排列(A, B, C), (A, C, B), (B, A, C), (B, C, A), (C, A, B)和(C, B, A)。在该例中，为了对 3 个元素（A、B 和 C）排序，我们找到了 $3\times2\times1=6$ 种方法。

b）在该示例中，如图 11.2 所示，我们绘制了一个树图，第 1 选择始于 4 个分支，第 2 选择始于下一层的 3 个分支，以此类推。

由图 11.2 可知，集合{A, B, C, D}共包含 $4\times3\times2\times1=24$ 个排列，分别是(A, B, C, D), (A, B, D, C), (A, C, B, D), ⋯, (D, C, B, A)。

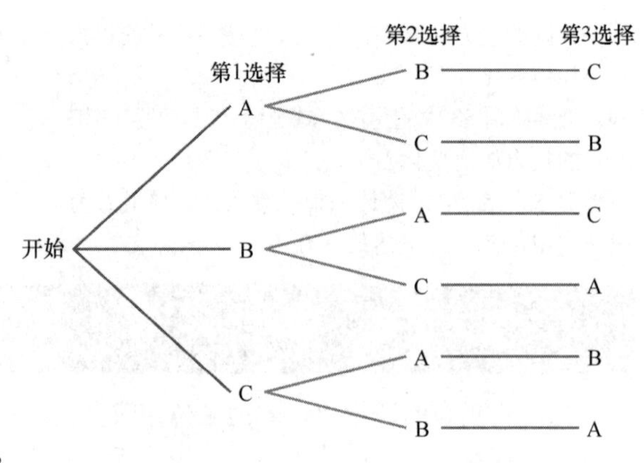

图 11.1　显示{A, B, C}中所有排列的树图

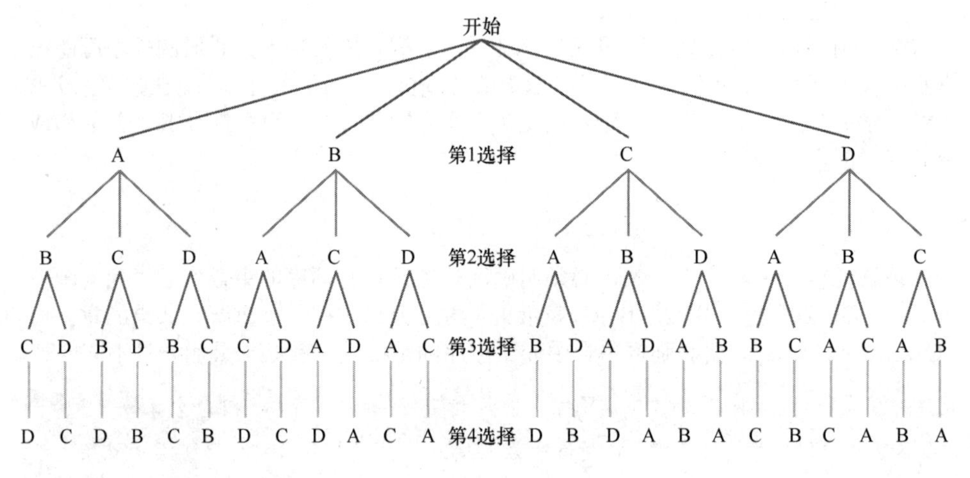

图 11.2　显示{A, B, C, D}中所有排列的树图

现在尝试完成练习 01 ~ 04。

自测题 9

一个 5 元素集合包含多少个排列？

例 1 引入了以下原理。

集合的排列数　要对含有 n 个元素的一个集合排序，按照例 1 中的方法，第 1 个元素存在 n 种选择方法，第 2 个元素存在 $n-1$ 种选择方法，第 3 个元素存在 $n-2$ 种选择方法，以此类推。因此，这些元素总共存在 $n\times(n-1)\times(n-2)\times\cdots\times2\times1$ 种排列，这个乘积称为 n 的阶乘，表示为 $n!$。

11.4.2　核心投票者

在每次新增 1 名投票者而形成联盟的过程中，某时刻新增的投票者会使得该联盟成为获胜联盟。因为将未获胜联盟转变为获胜联盟，所以这名投票者的地位特别重要。

定义　采用“每次 1 个”方式向某一联盟中新增投票者时，使该联盟成为获胜联盟的首名投票者称为该联盟的核心投票者。

例 2　确定委员会联盟中的核心投票者

为了调查水力压裂法（一种存在争议的天然气开采方法）对环境的影响，成立了某个立法委员会，成员包括阿莱莫（A）、布朗（B）、卡布雷拉（C）和迪利翁（D）。根据各自选区的大小，各委员会成员具有不同的权重，可以通过加权投票系统[5: 3, 2, 2, 1]建模，其中 A 有 3 票，B 和 C 各有 2 票，D 有 1 票。找出下列联盟中的核心投票者：a）(A, B, C, D)；b）(A, D, C, B)；c）(D, A, B, C)；d）(D, C, A, B)。

解：在每个联盟中，我们都要寻找“通过赋予该联盟 5 个或更多的投票权重，使其成为获胜联盟”的首名投票者。

	对各联盟成员的权重求和，直至达到最低票数（5）	核心投票者
a）	(A, B, C, D) 3 + 2	B
b）	(A, D, C, B) 3 + 1 + 2	C
c）	(D, A, B, C) 1 + 3 + 2	B
d）	(D, C, A, B) 1 + 2 + 3	A

自测题 10

考虑加权投票系统[5: 2, 2, 1, 1]，找出下列联盟中的核心投票者：a）(A, C, B, D)；b）(C, D, B, A)。

11.4.3　夏普利 • 舒比克指数

下面定义衡量投票者权力的夏普利 • 舒比克指数。

定义　在加权投票系统中，某一投票者的夏普利 · 舒比克指数为

$$\frac{\text{某一投票者在部分投票者排列中成为核心投票者的次数}}{\text{所有投票者的排列总数}}$$

例 3　计算夏普利 • 舒比克指数

在加权投票系统[4: 3, 2, 1]中，计算每名投票者的夏普利 · 舒比克指数。

解：回顾本书前文所述的系统化策略。

按顺序将各投票者视为 A、B 和 C。首先列出它们的所有排列，然后判断每个排列中的核心投票者。

	对各联盟成员的权重求和，直至达到最低票数（4）	核心投票者
B 和 C 只有 1 次成为核心投票者	(A, B, C) 3+2	B
	(A, C, B) 3+1	C
A 成为 4 次核心投票者（总数为 6 次）	(B, A, C) 2+3	A
	(B, C, A) 2+1+3	A
	(C, A, B) 1+3	A
	(C, B, A) 1+2+3	A

A 的夏普利 · 舒比克指数是

$$\frac{\text{A在部分投票者排列中成为核心投票者的次数}}{\text{所有投票者的排列总数}}=\frac{4}{6}=\frac{2}{3}$$

由于 B 只有 1 次成为核心投票者（总数为 6 次），所以 B 的夏普利 · 舒比克指数是 $\frac{1}{6}$。同理，C 的夏普利 · 舒比克指数也是 $\frac{1}{6}$。

现在尝试完成练习 09 ~ 24。

如例 3 所示，虽然 B 的票数是 C 的 2 倍，但是根据夏普利 • 舒比克指数，B 和 C 拥有相同数量的投票权。一般而言，若根据夏普利 • 舒比克指数进行衡量，一个人的票数与其投票权并不一致。

不出所料，衡量权力时，班扎夫指数和夏普利 • 舒比克指数的方式有所不同。

例 4　班扎夫权力指数与夏普利 • 舒比克指数的差异

在例 3 的加权投票系统[4: 3, 2, 1]中，计算各投票者的班扎夫权力指数。

解：计算结果如下表所示。

获胜联盟	权　重	关键投票者
{A, B}	5	A, B
{A, C}	4	A, C
{A, B, C}	6	A

由于 A 共计 3 次成为关键投票者（总数为 5 次），所以其班扎夫权力指数是 $\frac{3}{5}$。同理可知，B 和 C 的班扎夫权力指数都是 $\frac{1}{5}$。

可以看到，在例 3 和例 4 中，夏普利 • 舒比克指数和班扎夫权力指数都将 A 列为加权投票系统中的最强大成员，但是这两种方法的权力指数并不相同。

一般而言，在一个委员会中，主席的权力要大于其他成员。应用夏普利 • 舒比克指数，我们能够精确地衡量这种权力到底有多大。

例 5　委员会成员的权力比较

假设某校园博客成立了一个编辑委员会，由总编辑及其他 4 名成员组成。为了开始撰写一篇报道，总编辑和另外 2 名成员必须同意该报道具有新闻价值。采用夏普利 · 舒比克指数比较总编辑与其他成员的权力。

解：假设总编辑是 A，其他编委会成员是 B、C、D 和 E。为了求解该问题，首先确定 B 的权力，然后即可推断出 C、D 和 E 具有同样的权力。从这些信息中，我们可以很容易地确定 A 的权力。

在形成排列{A, B, C, D, E}的过程中，可以考虑在如下列表中填空：

____ ____ ____ ____ ____
第1　第2　第3　第4　第5

为了让 B 成为核心投票者，总编辑 A 和另一名成员必须占据前 2 位，B 必须在第 3 位，此时的示意图如下。

A 位于第 1 或第 2 位

____ ____ _B__ ____ ____
第1　第2　第3　第4　第5

下面考虑两种情形：编辑 A 位于第 1 位或第 2 位。

情形 1：假设 A 位于第 1 位，则当前图表如下所示。

A		B		
第1	第2	第3	第4	第5

这意味着填充剩余空格可采用 3! = 6 种方式。

情形 2：假设 A 位于第 2 位，则当前图表如下所示。

	A	B		
第1	第2	第3	第4	第5

同样，剩余 3 个空格可采用 6 种方式进行填充。

由情形 1 和情形 2 可知，“形成 B 为核心投票者的排列”刚好存在 12 种方式，所以 B 的夏普利 · 舒比克指数为

$$\frac{12}{5!}=\frac{12}{120}=\frac{1}{10}$$

执行类似的分析后，我们发现 C、D 和 E 的夏普利 · 舒比克指数也是 $\frac{1}{10}$。由于 B、C、D 和 E 分别在 12 个排列中成为核心投票者，所以 A 在其他 120 − 12 − 12 − 12 − 12 = 72 个排列中成为核心投票者。因此，A 的夏普利 · 舒比克指数为

$$\frac{72}{5!}=\frac{72}{120}=\frac{6}{10}$$

因此，A 的权力是其他编委会成员的 6 倍。

练习 11.4

强化技能

在练习 01 ~ 04 中，用树图找出下列集合的所有排列。

01. {X, Y, Z}　　**02**. {P, Q, R}

03. {W, X, Y, Z}　　**04**. {P, Q, R, S}

05. 一个 6 元素集合包含多少个排列？

06. 一个 8 元素集合包含多少个排列？

07. 一个 12 元素集合包含多少个排列？

08. 一个 13 元素集合包含多少个排列？

09. 对于加权投票系统[5: 3, 2, 2]，完成如下表格（类似于例 3 中的表格）。

联盟成员的权重之和	核心投票者
(A, B, C)	
(A, C, B)	
(B, A, C)	
(B, C, A)	
(C, A, B)	
(C, B, A)	

10. 对于加权投票系统[7: 4, 3, 2]，完成如下表格（类似于例 3 中的表格）。

联盟成员的权重之和	核心投票者
(A, B, C)	
(A, C, B)	
(B, A, C)	
(B, C, A)	
(C, A, B)	
(C, B, A)	

在练习 11 ~ 16 中，确定下列加权投票系统中每名投票者的夏普利 · 舒比克指数。

11. [6: 3, 3, 2]　　**12**. [8: 4, 3, 3]

13. [8: 3, 3, 2, 2]　　**14**. [9: 4, 3, 3, 1]

15. [4: 2, 1, 1, 1]　　**16**. [13: 6, 6, 5, 3]

学以致用

17. 系统[3: 1, 1, 1, 1, 1]是“一人一票”情形的示例。**a**. 在该系统中，每个人的夏普利 • 舒比克指数是多少？**b**. 解释你如何获得 a 问的答案；**c**. a 问的答案如何符合你的直觉？

18. **衡量陪审团的权力**。我们可将 12 人陪审团视为加权系统[12: 1, 1, 1, 1, 1, 1, 1, 1, 1, 1, 1, 1]。**a**. 在该系统中，每个人的夏普利 • 舒比克指

数是多少？**b**. 解释如何获得 a 问的答案；**c**. a 问的答案如何符合你的直觉？

19. 在系统[14: 15, 2, 3, 3, 5]中，A 是独裁者。**a**. 在该系统中，每个人的夏普利·舒比克指数是多少？**b**. 解释你如何获得 a 问的答案；**c**. a 问的答案如何符合你的直觉？

20. 在系统[12: 1, 2, 3, 1, 1, 2]中，由于最低票数过高，任何决议都无法通过。**a**. 在该系统中，每个人的夏普利·舒比克指数是多少？**b**. 解释你如何获得 a 问的答案；**c**. a 问的答案如何符合你的直觉？

21. **衡量委员会的权力**。委员会{A, B, C, D}的主席是 A。要将某个项目列入该委员会的议事日程，必须征得主席和至少 1 位其他成员的同意。在该系统中，每个人的夏普利·舒比克指数是多少？

22. **衡量戏剧协会的权力**。戏剧协会由表演者（P）、技术人员（T）和后勤人员（S）组成，代表人数与每组人员的数量成正比，且均以本组为单位投票。"通过某一决议"需要简单多数票。在该协会中，假设表演者有 5 人，技术人员有 4 人，后勤人员有 2 人。**a**. 列出{P, T, S}的所有排列；**b**. 确定{P, T, S}的每个排列中的核心投票者；**c**. 计算该系统中每名投票者的夏普利·舒比克指数。

23. **衡量州委员会的权力**。高校体育程序委员会做出的决策会影响全州高校的体育项目，委员会的组成人员包括 3 名管理者（A）、4 名体育系教练（C）、3 名队长（T）和 2 名非运动员学生（N）。假设这 4 个群体均以本群体为单位投票。要改变决策，至少需要 8 票。**a**. 列出{A, C, T, N}的所有排列；**b**. 确定{A, C, T, N}的每个排列中的核心投票者；**c**. 计算该系统中每名投票者的夏普利·舒比克指数。

24. **衡量律师事务所的权力**。11.3 节的例 5 中分析了库鲁克、齐特姆和若干合伙人的投票权。要改变该公司的任何主要决策，库鲁克、齐特姆和至少 2 名普通合伙人（W、X、Y 和 Z）必须投赞成票。计算该系统中每名投票者的夏普利·舒比克指数。

Chirp 是一家新社交媒体公司，公司执行董事会的组成人员包括首席执行官芬治（F）、首席财务官罗宾（R）、首席运营官王仁（W）和司库科雷恩（C）。该委员会形成的加权投票系统形式为[6: 4, 3, 2, 1]。在练习 25 ~ 26 中，利用这些信息。

25. **衡量执行董事会的权力**。**a**. {F, R, W, C}包含多少个排列？**b**. 系统化列出{F, R, W, C}的所有排列。

26. **衡量执行董事会的权力**。找到{F, R, W, C}的每个排列中的核心投票者，然后计算执行董事会中每名成员的夏普利·舒比克指数。

27. **衡量各州的权力**。2010 年人口普查后，佛罗里达州获配美国众议院的 27 个议席，伊利诺伊州获配 18 个议席，新泽西州获配 12 个议席。假设这 57 个议席组成了医疗保险欺诈调查委员会。如果每个州的议席作为一个整体投票，则这是[29: 27, 18, 12]形式的加权投票系统。确定每个州的夏普利·舒比克指数。

28. **衡量各州的权力**。对纽约州（27 个议席）、宾夕法尼亚州（18 个议席）和艾奥瓦州（4 个议席），重做练习 27，最低票数是 25。

数学交流

29. 解释班扎夫指数和夏普利·舒比克指数之间的差异。

30. 术语"关键投票者"和"核心投票者"听起来有些相似，二者的含义有何不同？

31. 如例 5 所述，要成为核心投票者，B 必须在第 3 位。若在第 1 位或第 2 位，B 为何无法成为核心投票者？

32. 在例 5 中，若在第 4 位或第 5 位，B 为何无法成为核心投票者？

挑战自我

33. 要计算 20 名投票者的夏普利·舒比克指数，必须要考虑 20!个排列。假设你有一台计算机，每秒可从 100 万个排列中找到核心投票者。假设一年有 365 天，则从 20!个排列中找到核心投票者需要多少年？

34. 选举团由美国的 50 个州和哥伦比亚特区组成。若将这 51 个对象视为加权投票系统中的投票者，且希望计算每名投票者的夏普利·舒比克指数，则可能希望考虑这 51 个对象的所有排列。这 51 个对象的总排列数为 51!。用计算器进行计算，答案采用科学记数法(见 6.5 节)。如果你有一台每秒可以列出 100 万个排列的计算机，则需要多少年才能列出所有 51!个排列？（假设一年有 365 天。）

本章复习题

11.1 节

01. 竞选市议会的 4 位候选人获得如下选票：迈尔斯 2156 票，普拉斯基 1462 票，哈里斯 986 票，马丁内斯 428 票。**a**. 是否存在获得绝对多数票的候选人？**b**. 采用相对多数法，谁应当赢得该选举？

02. 采用如下偏好表和波达计数法，确定该选举的获胜者。

偏　好	选票数量					
	8	**5**	**7**	**4**	**3**	**6**
第 1	A	D	A	B	B	C
第 2	B	B	C	D	C	A
第 3	C	C	D	C	A	B
第 4	D	A	B	A	D	D

03. 商会成员就大会发言的主题偏好投票，选项包括：社会正义（S）、政府角色（R）、未来教育（E）和全球化（G）。下表总结了他们的偏好，采用末位淘汰法，其第 1 选择是什么？

偏　好	选票数量				
	1531	**1102**	**906**	**442**	**375**
第 1	G	R	S	S	G
第 2	R	S	G	E	S
第 3	S	G	R	R	E
第 4	E	E	E	G	R

04. 采用如下偏好表和成对比较法，谁将赢得该选举？

偏　好	选票数量			
	8	**4**	**5**	**6**
第 1	A	D	B	C
第 2	B	B	D	B
第 3	C	C	C	A
第 4	D	A	A	D

11.2 节

05. 考虑如下 3 个偏好投票，采用波达计数法，谁是这次选举的获胜者？是否符合绝对多数准则？解释理由。

偏　好	选票数量		
第 1	R	R	D
第 2	D	D	P
第 3	P	Q	Q
第 4	Q	P	R

06. 科科莫学院恐怖片爱好者协会（SHOCK）正在投票，选择一部经典恐怖片作为新年主题，进入最后角逐的影片包括：驱魔人（E）、异形（A）、活死人之夜（N）和闪灵（S）。采用如下偏好表和波达计数法，确定最终获胜者。该选举是否符合孔多塞准则？

偏　好	选票数量				
	6	**8**	**12**	**1**	**8**
第 1	E	S	E	A	N
第 2	A	A	N	S	E
第 3	N	N	S	N	A
第 4	S	E	A	E	S

07. 采用如下偏好表和波达计数法，确定获胜者。是否符合无关因素独立性准则？解释理由。

偏　好	选票数量					
	11	**3**	**6**	**9**	**4**	**3**
第 1	C	D	C	B	B	A
第 2	B	B	A	D	A	C
第 3	A	A	D	A	C	B
第 4	D	C	B	C	D	D

08. 瓦兹赫德一家将家庭聚会地点缩小至 3 个候选地点，分别为：多莉山（D）、克利夫兰（C）和特拉华州布里奇维尔（B）。采用偏好表和末位淘汰法确定获胜者。是否符合无关因素独立性准则？解释理由。

偏　好	选票数量			
	10	**7**	**2**	**4**
第 1	D	B	C	C
第 2	C	D	D	B
第 3	B	C	B	D

11.3 节

09. 在加权投票系统[17: 1, 5, 7, 8]中，求最低票数，计算各投票者的权重，判断是否存在独裁者，并找到拥有否决权的那些人。

10. 在加权投票系统[11: 2, 3, 5, 7]中，写出所有获胜联盟。

11. 在加权投票系统[11: 2, 3, 5, 7]中，确定每名投票者的班扎夫权力指数。

12. 在下列加权投票系统中，确定每名投票者的班扎夫权力指数，解释你为何凭直觉预期计算结果会是这样。

a. [10: 1, 2, 3, 4]；**b**. [10: 11, 1, 3, 3, 2]。

13. 委员会{A, B, C, D}的主席是 A，“通过某一决议”必须获得主席和至少 1 名其他成员的支持。在该委员会中，每个人的班扎夫权力指数是多少？

11.4 节

14. 一个 7 元素集合包含多少个排列？

15. 对于加权投票系统[6: 4, 3, 2]，我们完成了表格中第 1 行，请完成其余部分。

联盟成员的权重之和	核心投票者
(A, B, C) 4 + 3	B
(A, C, B)	
(B, A, C)	
(B, C, A)	
(C, A, B)	
(C, B, A)	

16. 确定投票系统[6: 4, 3, 2]中每名投票者的夏普利 • 舒比克指数。

17. 系统[4: 1, 1, 1, 1, 1, 1] 是“一人一票”情形的示例，在该系统中，每个人的夏普利 • 舒比克指数是多少？

18. 在美国众议院中，某 3 人委员会的投票数与每个州的议席数相对应：明尼苏达州（8）、威斯康星州（7）和特拉华州（1）。采用最低票数 9，计算委员会中每名成员的夏普利 • 舒比克指数。

本章测试

01. 竞选市议会的 4 位候选人获得如下选票：莫利纳 2543 票，索比斯基 1532 票，威尔逊 892 票，甘博内 473 票。**a**. 是否存在获得绝对多数票的候选人？**b**. 采用相对多数法，谁应当赢得该选举？

02. “女科学家联盟”就其希望解决的问题开展了成员调查，具体选项包括：（R）研究经费，（E）职业平等，（A）吸引更多女性从事科学研究，（Q）生活品质。下表总结了各成员的偏好。采用末位淘汰法，第 1 选择是什么？

偏　好	选票数量				
	327	**130**	**149**	**85**	**324**
第 1	E	R	A	E	R
第 2	R	E	Q	R	E
第 3	A	A	E	Q	Q
第 4	Q	Q	R	A	A

03. 采用如下偏好表和波达计数法，确定获胜者。该选举是否符合孔多塞准则？解释理由。

偏　好	选票数量				
	1327	**1130**	**849**	**285**	**624**
第 1	A	B	C	A	B
第 2	B	A	D	B	A
第 3	C	C	A	D	D
第 4	D	D	B	C	C

04. 在加权投票系统[15: 5, 3, 1, 3, 4, 2]中，求最低票数，计算各投票者的权重，判断是否存在独裁者，并找到拥有否决权的那些人。

05. 一个 6 元素集合包含多少个排列？

06. 采用如下偏好表和波达计数法，确定选举获胜者：

偏　好	选票数量					
	3	**5**	**8**	**2**	**6**	**5**
第 1	A	B	C	A	B	D
第 2	B	A	D	B	A	C
第 3	C	D	A	C	D	B
第 4	D	C	B	D	C	A

07．考虑以下 3 种偏好投票。采用波达计数法，选举获胜者是谁？该选举是否符合绝对多数准则？

偏　好			
第 1	A	A	B
第 2	B	B	D
第 3	C	C	C
第 4	D	D	A

08．系统[5: 1, 1, 1, 1, 1, 1, 1, 1]是“一人一票”情形的示例，在该系统中，每个人的夏普利·舒比克指数是多少？

09．用末位淘汰法确定选举获胜者。是否符合无关因素独立性准则？解释理由。

偏　好	选票数量			
	35	**71**	**36**	**14**
第 1	A	B	C	D
第 2	B	A	D	A
第 3	C	C	A	C
第 4	D	D	B	B

10．在下列加权投票系统中，确定每名投票者的班扎夫权力指数，解释你为何凭直觉预期计算结果会是这样。**a**．[15: 2, 8, 3, 2]；**b**．[13: 15, 2, 4, 1, 3]。

11．对于加权投票系统[7: 5, 3, 3]，我们完成了表格中第 1 行，请完成其余部分。

联盟成员的权重之和	核心投票者
(A, B, C) 5 + 3	B
(A, C, B)	
(B, A, C)	
(B, C, A)	
(C, A, B)	
(C, B, A)	

12．采用如下偏好表和成对比较法，确定谁是选举获胜者。

偏　好	选票数量			
	23	**47**	**83**	**21**
第 1	A	B	D	C
第 2	B	A	C	B
第 3	C	C	A	A
第 4	D	D	B	D

13．采用如下偏好表和波达计数法，确定获胜者。是否符合无关因素独立性准则？解释理由。

偏　好	选票数量					
	7	**5**	**6**	**12**	**16**	**8**
第 1	A	B	C	A	B	D
第 2	B	A	D	D	A	C
第 3	C	D	A	B	C	B
第 4	D	C	B	C	D	A

14．在投票系统[15: 3, 4, 6, 8]中，写出所有获胜联盟。

15．确定投票系统[7: 4, 4, 2]中每名投票者的夏普利·舒比克指数。

16．委员会{A, B, C, D}的共同主席是 A 和 B，“通过某一决议”必须获得 2 位主席和至少 1 名其他成员的支持。在该委员会中，每个人的夏普利·舒比克指数是多少？

第12章　计　　数

2016年1月，美国强力球彩票的累积奖池高达15.86亿美元（创历史最高纪录），面对如此令人难以抗拒的诱惑，人们不惜花好几小时排队购买彩票。为了提高彩票的中奖概率，许多办公室同事经常合资购买，并希望共享中奖所得。不过，这种做法有意义吗？这些人是否能够购买真正影响中奖机会的足够数量的彩票？

若干年前，澳大利亚某财团筹集了大量资金，围猎购买了全部弗吉尼亚彩票（超过500万张），并最终获得成功！放弃购买权的许多人（包括笔者）追悔莫及，怀疑自己错过了一生中的最大发财机会。在当前的彩票游戏中，这种策略是否依然可行？

通过学习本章中介绍的基本计数原理，你可以判断彩票池中有多少张中奖彩票。在各种类型的示例中，计数原理获得了广泛应用。

12.1　计数方法简介

无论自知与否，你每天都在"数东西"，如早餐三明治的卡路里含量、锻炼计划的重复次数或者下节课开始前的分钟数。但是，如果要计数更大的数字（如手机IP地址数量），应怎么做呢？在这种情况下，需要制定可简化流程的策略。

本节介绍系统有效地计数"大数集合"的若干技术。

12.1.1　系统化计数

当计数一个集合时，最简单的方法之一是列出其所含的元素。

要点　系统列举所含元素来计数一个集合。

例1　通过列举方式计数集合

我们可以采用多少种方式来完成以下的每项？a）掷1枚硬币。b）掷1个骰子。c）从1副标准扑克牌中抽取1张牌（见图12.1）。d）从5位报社工作人员中选择1位特刊编辑。

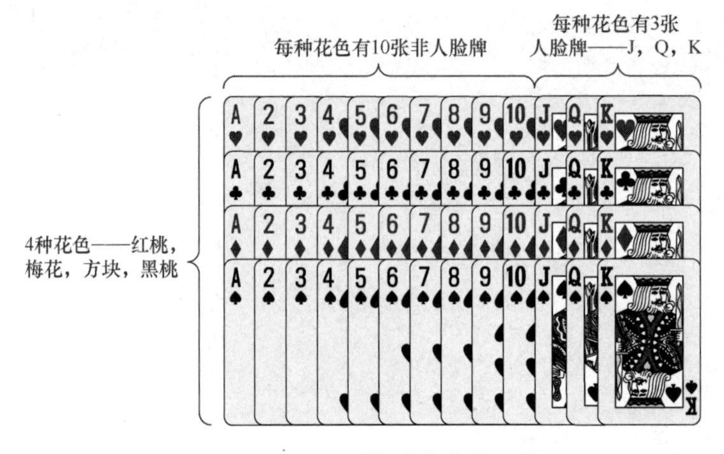

图12.1　1副标准扑克牌

解：a）硬币可能正面朝上，也可能反面朝上，所以存在 2 种掷硬币方式。

b）骰子有 6 个面（编号为 1, 2, 3, 4, 5 和 6），所以存在 6 种掷骰子方式。

c）从 1 副标准扑克牌中可以 52 种不同的方式抽取 1 张牌（见图 12.1）。

d）从 5 位报社工作人员中可以 5 种方式选择 1 位特刊编辑。

如 1.1 节所述（关于问题求解），对于更复杂的各种集合，系统地列举所含各元素非常有用。

例 2　计数筹款选项

你所在学校的“无国界工程师协会”正在筹集资金，为洪都拉斯的一家孤儿院购置及安装净水器。他们计划安排 2 场主要筹款活动，1 场在秋季学期，另 1 场在春季学期，筹款方式包括在线拍卖（O）、曲棍足球比赛（A）、专项越野赛（T）和卡拉 OK 之夜（K）。该协会可以选择多少种筹款方式？

解：回顾本书前文所述的系统化策略。

为了避免遗漏任何可能性，我们系统地列出所有“筹款方式对”，并用字母 O, A, T 和 K 来表示各选项。假设首先在秋季学期进行在线拍卖（O），然后考虑春季学期的其他选项，由此有

OA, OT, OK

如果该协会选择在秋季学期进行曲棍足球比赛（A），则该年度的选项为

AO, AT, AK

继续采用这种方式，可以生成如下的完整列表：

OA, OT, OK
AO, AT, AK
TO, TA, TK
KO, KA, KT

因此，年度筹款方式共有 12 种选项。

现在尝试完成练习 01 ~ 04。

自测题 1

A, B, C, D, E, F 和 G 是速降滑雪赛的决赛选手，如果比赛前 2 名获得奖牌，则可采用多少种不同的方式来颁发奖牌？列举所有的“可能对”，或者进行抽象推理。

在例 2 中，我们可以写出 12 种不同的筹款方式，但是筹款选项的数量较多时该怎么办呢？如果只需知道选择方式的数量，则可采用例 2 中的结果进行概括。可以看到，如果共有 6 种选项，则秋季筹款方式应为 6 种，剩余 5 种筹款方式留给春季，所以筹款方式的总数为 $6\times5=30$ 种。

12.1.2　树图

在 1.1 节中，“三法原则”建议以图形方式查看各种情形。求解计数问题时，最好心中默记这一原则。

要点　树图有助于可视化分阶段发生的计数情形。

例 3　显示“掷 3 枚硬币”的树图

3 枚硬币有多少种翻转方式？

解：回顾本书前文所述的三法原则。

为了强调这 3 枚硬币不一样，假设正在投掷的硬币分别是 1 美分（便士）、5 美分（镍币）和 10 美分。树图是描述掷硬币可能性的一种便捷方法。首先，在图 12.2(a)中，绘制包含 2 个分支的一棵树，用以显

示 1 美分硬币的正面（H）和反面（T）。然后，由图 12.2(b)可知，在 1 美分硬币的正面（或反面）分支中，5 美分硬币也可显示正反两面。

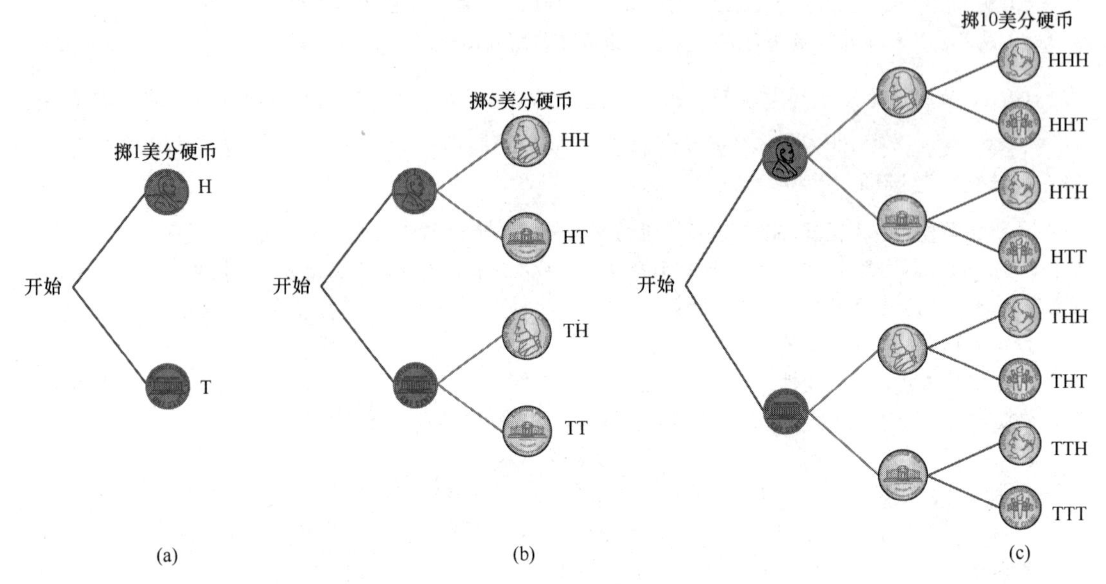

图 12.2　表示所有可能翻转方式的树图：(a)1 美分硬币；(b)1 美分和 5 美分硬币；(c)1 美分、5 美分和 10 美分硬币

到目前为止，这 2 枚硬币的翻转方式共有 4 种。最后，对于这 4 种可能性中的每种，10 美分硬币都将显示正面或反面，如图 12.2(c)所示。

从左至右遍历这棵树，即可追踪到这 3 枚硬币翻转方式所对应的 8 个分支：

HHH, HHT, HTH, HTT, THH, THT, TTH, TTT

自测题 2

4 枚硬币有多少种翻转方式?

第 13 章讨论概率时，例 4 中的情形经常出现。

例 4　掷 2 个骰子

如果掷 2 个骰子，则会出现多少个朝上的不同数字对?

解：为了强调这 2 个骰子不一样，假设正被投掷的骰子颜色分别是红色和绿色。显然，“红 2 和绿 3”与“红 3 和绿 2”不一样，我们采用（红色数字，绿色数字）形式来表示骰子上出现的数字对，例如(4, 5)表示“红 4 和绿 5”，如图 12.3 所示。

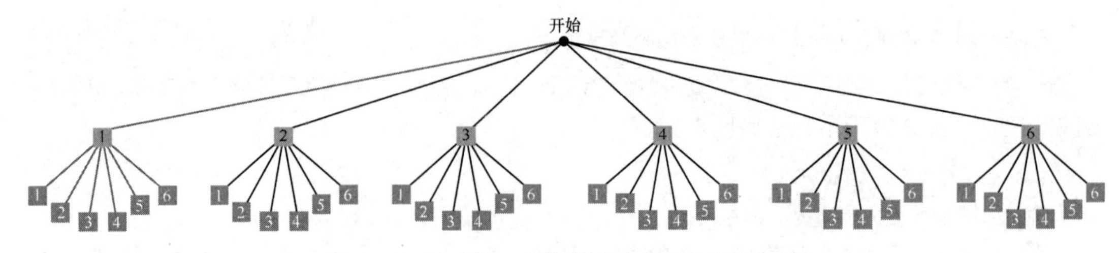

图 12.3　显示掷 2 个骰子有多少种方式的树图

在图 12.3 中，最左侧的“6 分支集合”显示了对应于“红色骰子上的数字 1”和“绿色骰子上的数字 1, 2, 3, 4, 5, 6”的各个数字对，即(1, 1), (1, 2), (1, 3), (1, 4), (1, 5)和(1, 6)。同理可知，第 2 个“6 分支集合”对应于数字对(2, 1), (2, 2), (2, 3), (2, 4),(2, 5)和(2, 6)。继续沿用这种规律，即可获得以下 36 个数字对：

(1, 1), (1, 2), (1, 3), (1, 4), (1, 5), (1, 6),
(2, 1), (2, 2), (2, 3), (2, 4), (2, 5), (2, 6),
(3, 1), (3, 2), (3, 3), (3, 4), (3, 5), (3, 6),
(4, 1), (4, 2), (4, 3), (4, 4), (4, 5), (4, 6),
(5, 1), (5, 2), (5, 3), (5, 4), (5, 5), (5, 6),
(6, 1), (6, 2), (6, 3), (6, 4), (6, 5), (6, 6),

现在尝试完成练习 05 ~ 08。

为了能够解决更广泛的计数问题（包括本章开篇部分提出的彩票问题），我们需要开发出更多的计数技术，但是首先需要引入更多的专业术语。在某些计数问题中，各个对象可以重复；在另外一些计数问题中，各个对象不能重复。为了打开转字密码锁，每次拨盘可以采用相同的数字，如 23-23-23 是一个有效密码组合。在其他情况下，例如在例 2 中选择筹款方式时，我们不能两次采用同一种筹款方式。在计数问题中，如果各个对象允许被多次使用，则称为可重复；如果各个对象不能多次使用，则称为不可重复。

建议 对优秀数学家而言，为了求解一道数学题，常把复杂情形分解成若干简单的部分。在例 2、例 3 和例 4 中，我们就采用了这种方法。在计数问题中，“将某一情形视为分不同阶段（而非一次性）发生”通常很有用。设想首先发生第 1 件事，然后发生第 2 件事，之后发生第 3 件事，以此类推。如果分别计数每个阶段的可能性，则通过“合并这些信息”即可得出最终答案。

例 5　筹划棒球巨星表彰特别活动

在即将到来的 3 场主场比赛中，旧金山巨人队的推广经理正在筹划举办一些特别活动。在每场比赛中，球队将表彰来自本队的一位世界大赛最有价值球员（MVP），目前已邀请了埃德加 · 伦特利亚（E）、巴勃罗 · 桑多瓦尔（P）和麦迪逊 · 布姆加纳（M）。表彰这些最有价值球员有多少种安排方式？

解： 回顾本书前文所述的画图策略。

一种可能性是埃德加 · 伦特利亚、巴勃罗 · 桑多瓦尔和麦迪逊 · 布姆加纳（按顺序），可将其简写为 EPM；另一种可能性是巴勃罗 · 桑多瓦尔、麦迪逊 · 布姆加纳和埃德加 · 伦特利亚（PME）。图 12.4 显示了制定时间安排的所有可能方式。

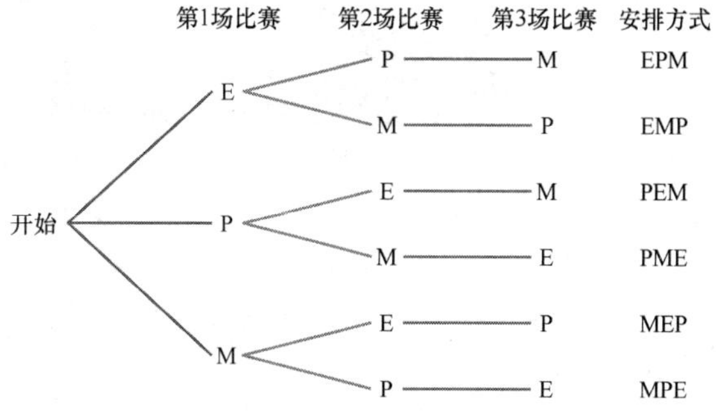

图 12.4　表示安排 3 位球员所有不同方式（不可重复）

可以看到，在第 1 场比赛中，经理可以从 3 位球员中选择；在第 2 场比赛中，可以从 2 位球员中选择；在第 3 场比赛中，只剩下最后 1 位球员。因此，经理可以制定的不同安排方式数量为 $3\times2\times1=6$ 种。

现在尝试完成练习 09 ~ 12。

自测题 3

在例 5 中，如果允许重复选择各位球员（即可能会出现 EEP 或 MMM 之类的方式），则图 12.4 的树图中应包含多少分支？

12.1.3 树图可视化

绘制大型树图非常烦琐乏味。绘制几幅树图后，应能做到“笔下无树，心中有树”。

要点 通过想象（而非绘制）树图，即可求解计数问题。

例 6 计数选择套装的方式数量

在一分钱不花的情况下，你是否想要改换一种新形象？在某一应用程序的助力下，你可以任意组合自己的所有服装！假设你有 5 件上衣、4 条裤子和 3 件夹克，然后运用该应用程序来查看这些服装的所有组合方式。共存在多少种不同的组合套装？

解： 假设在一幅树图中，最左的分支表示“上衣”选项，中间分支表示“裤子”选项，最右侧分支表示“夹克”选项。

从最左侧的 5 个分支开始，每个分支代表 1 件上衣。然后，在每个上衣分支后面附加代表裤子的 4 个分支，至此就拥有了包含 20 个不同分支的树图。最后，在每个裤子分支后面附加代表夹克的 3 个分支，至此就拥有了包含 60 个不同分支的树图。因此，可供选择的不同组合套装共有 60 种。

现在尝试完成练习 19 ~ 20。

自测题 4

在例 6 中，如果你有 4 件上衣、2 条裤子和 3 件夹克，共有多少种套装？

例 7 计数集合图形

在下图所示的三角形序列中，显示了谢尔宾斯基三角形的前几个步骤。

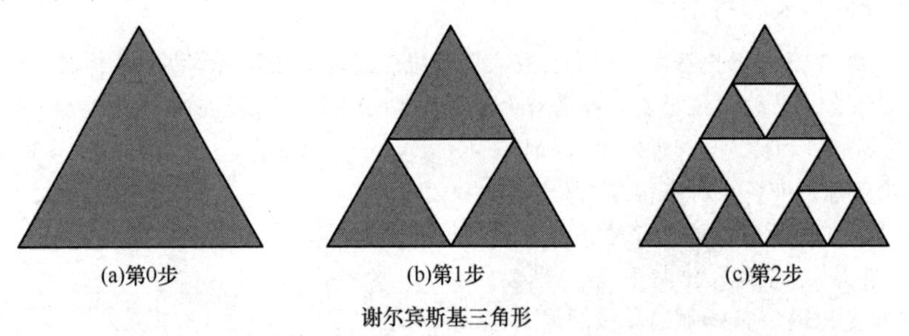

(a)第0步 (b)第1步 (c)第2步

谢尔宾斯基三角形

从一个等边三角形（第 0 步）开始，将其划分为 4 个较小的全等等边三角形，然后删除中心三角形（第 1 步）。接下来，对较小三角形重复此过程，得到第 2 步的结果。继续此过程到第 10 步，可得到多少个小三角形？

解： 回顾本书前文所述的找规律策略。

第 0 步有 1 个三角形，第 1 步有 3 个三角形，第 2 步有 9 个三角形。由此可知，在 2 个步骤之间，该三角形的增量是 3 倍模式。

在下表中，我们可以继续沿用这种模式：

步　骤	0	1	2	3	4	5	6	7	8	9	10
三角形数量	1	3	9	27	81	243	729	2187	6561	19683	59049

由上可见，第 10 步应有 59049 个三角形。

现在尝试完成练习 33 ~ 34。

练习 12.1

强化技能

在练习 01 ~ 04 中，从集合 W = {康涅狄格大学(C)，杜克大学（D)，佛罗里达大学（F)，北卡罗来纳大学（N）}中，选择 2000 年至今多次获得男子篮球甲级联赛全国冠军的球队，并列出所有的选择方式。

01．选择不可重复的 2 支球队，顺序并不重要。例如，不允许选择 DD，CD 与 DC 相同。

02．选择可重复的 2 支球队，顺序并不重要。例如，允许选择 DD，CD 与 DC 相同。

03．选择不可重复的 2 支球队，顺序很重要。例如，不允许选择 DD，CD 与 DC 不同。

04．选择可重复的 2 支球队，顺序很重要。例如，允许选择 DD，CD 与 DC 不同。

绘制一幅树图，描绘掷各种硬币（1 美分、5 美分、10 美分和 25 美分）的不同方式，并用其求解练习 05 ~ 08。

05．1 个硬币正面朝上的方式有多少种？

06．所有硬币均不背面朝上的方式有多少种？

07．2 个硬币背面朝上的方式有多少种？

08．3 个硬币正面朝上的方式有多少种？

09．利用数字 1, 2, 5, 7, 8 和 9，可以形成多少个不同的两位数（不可重复）？例如 55 不合规。

10．利用数字 1, 2, 5, 7, 8 和 9，可以形成多少个不同的两位数（可重复）？例如 55 合规。

11．利用数字 1, 2, 5, 7, 8 和 9，可以形成多少个不同的三位数（不可重复）？

12．利用数字 1, 2, 5, 7, 8 和 9，可以形成多少个不同的三位数（可重复）？

在练习 13 ~ 18 中，假设你正在掷 2 个骰子，红绿各一。采用一种系统化列举方式，判断掷出以下总点数的方式的数量。例如，采用方式(1, 2)和(2, 1)，即可掷出总点数 3。

13．掷出总点数 5。

14．掷出总点数 7。

15．掷出 2 个相同数字。

16．掷出红 3 点。

17．掷出总点数小于 6。

18．掷出总点数大于 9。

在例 6 中，假设你正在利用不同的上衣、裤子和夹克组合套装。若具备以下条件，可组合出多少种不同套装？

19．计数套装。6 件上衣，5 条裤子，4 件夹克。

20．计数套装。7 件上衣，6 条裤子，3 件夹克。

利用下图求解练习 21 ~ 24。像 ABCD 和 EFGH 一样的正方形称为“1×1 正方形”，像 CXGY 一样的正方形称为“2×2 正方形”。

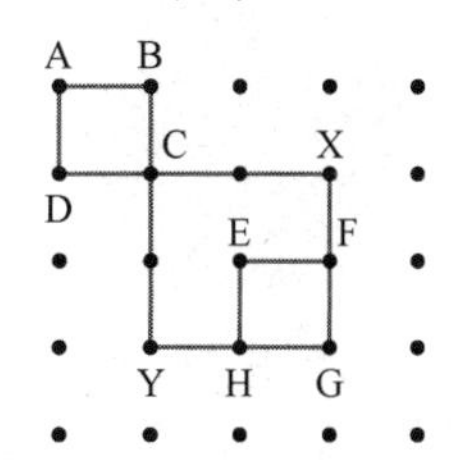

21．总共可以形成多少个 2×2 正方形？

22．总共可以形成多少个 3×3 正方形？

23．假设该图有 6 行，每行有 6 个点，回答练习 21。

24．假设该图有 6 行，每行有 6 个点，回答练习 22。

学以致用

25．**分派任务**。斯特凡正在筹备即将到来的校园活动，他的朋友阿米卡（A)、帕姆（P)、李强（L）和加勒特（G）主动提出帮忙。为了向他们分派宣传、装饰和接待工作，斯特凡可以采用多少种方式？假设没人能做 2 份工作，且斯特凡自己不参与任何具体工作。

26．**向员工分派任务**。假设校报的工作人员包括阿德里安（A)、布瑞恩（B)、卡门（C)、戴维（D）和艾米莉（E)，编辑将从这 5 人中选择 1 名特刊编辑和 1 名体育编辑。如果体育编辑和特刊编辑一定不能是同一人，该编辑可以通过多少种方式进行选择？

在练习 27 ~ 28 中，只在必要时绘制树图，尝试做到“笔下无树，心中有树”。

27．如果绘制一幅树图，显示 5 枚硬币有多少种翻转方向，则其应拥有多少个分支？

28．如果绘制一幅树图，显示 6 枚硬币有多少种翻转方向，则其应拥有多少个分支？

29．角色扮演游戏《龙与地下城》曾用到一个四面体骰子，它有 4 个全等等边三角形，编号分别为 1, 2, 3 和 4。在一幅树图中，多少个分支可以显示 2 个四面体骰子的翻转方式？

30.《龙与地下城》中也用到了十二面体骰子。在一幅树图中，多少个分支可以显示 2 个十二面体骰子的翻转方式？

31. **计数车牌**。根据目击者提供的线索，在肇事逃逸汽车的车牌号码中，前 3 个字母是 T、X 和 L，但是顺序未知；其余数字是 8、3 和 4，顺序同样未知。为了找到这辆车，警方需要调查多少个车牌？

32. **计数车牌**。在一个小州中，汽车车牌以 2 个字母开头，可以重复；以 3 个数字结尾，也可以重复。该州总共可能有多少个车牌？

在练习 33 ~ 34 中，利用如下图形。这种图形称为“谢尔宾斯基地垫”，这里显示了其第 0 步、第 1 步和第 2 步的构造（见例 7）。可以看到，在 2 个步骤之间，从该图形的每个方块中移除了中心方块。

第0步

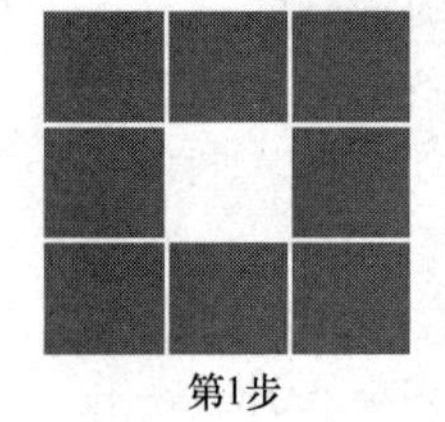

第1步　　第2步

33. **谢尔宾斯基地垫**。在第 3 步中，该地垫上将有多少个深色方块？

34. **谢尔宾斯基地垫**。在第 5 步中，该地垫上将有多少个深色方块？

与嘉宾大卫 · 贝克汉姆和埃尔顿 · 约翰一起，威廉王子和凯特王妃将观看获奖舞台剧《战马》，他们将坐在 4 个相邻的座位上。在练习 35 ~ 38 中，利用这些信息。为了更好地理解如何求解答案，你可能要绘制树图或者座位图。

35. **安排剧院中的座位**。这 4 个人有多少种坐法？

36. **安排剧院中的座位**。如果王子夫妇坐在一起，则这 4 个人有多少种坐法？

37. **安排剧院中的座位**。如果王子夫妇坐中间 2 个座位，则这 4 个人有多少种坐法？

38. **安排剧院中的座位**。如果埃尔顿 • 约翰坐在威廉和凯特之间，则这 4 个人有多少种坐法？

39. **堆放罐头**。为了准备过感恩节，“为你省更多钱”商店将罐装南瓜派堆成了一个三角形金字塔。金字塔顶部有 1 个罐，第 2 层有 3 个罐，第 3 层有 6 个罐，如下图所示。如果该金字塔有 12 层，则共有多少个罐？

40. **堆放罐头**。继续练习 39，如果“为你省更多钱”商店有 400 罐樱桃派馅料，且希望构建 3 个高度相等的三角形金字塔，则该金字塔有多少层？剩余多少罐？

在练习 41 ~ 44 中，你准备买一个 3 层冰激凌筒，口味包括香草味、草莓味和巧克力味。口味可以重复，也可以不重复。如果口味相同但顺序不同，则可认为两个筒不同。

41. 可能有多少种不同的冰激凌筒？

42. 多少种冰激凌筒只含有香草味和草莓味？

43. 多少种冰激凌筒只含有 2 种不同口味？

44. 多少种冰激凌筒含有全部不同口味？

45. 超市里有一堆橙子，底部由 5 行组成，每行 5 个橙子。按照下图中突出显示的位置，码放一层橙子。这堆橙子共有多少个？

46. 如果底层橙子由 7 行组成，每行 7 个橙子，这堆橙子共有多少个？

47. **查找几何图形中的图案**。考虑右侧的图形，仅用连接字母标注点的已知直线，该图形共有多少个三角形？（提示：列出 ABC、ABD 和 ABE 等形式的所有三元组，查看哪些可以成为三角形顶点。）

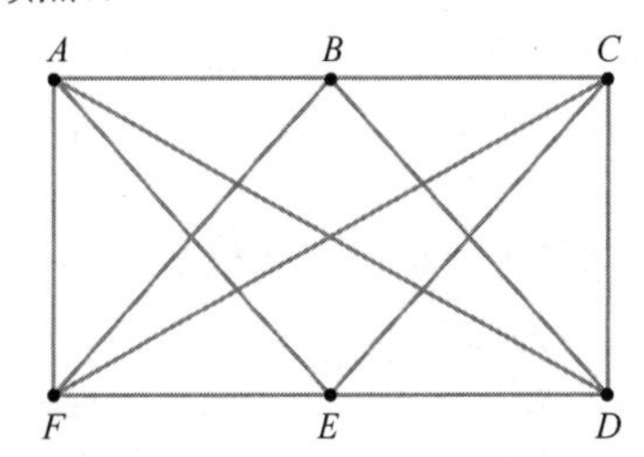

48．**查找几何图形中的图案**。对于右侧的图形，重做练习 47。（提示：如果像练习 47 中那样列出三元组并查看图案，可能不需要列出所有三元组来查找答案。）

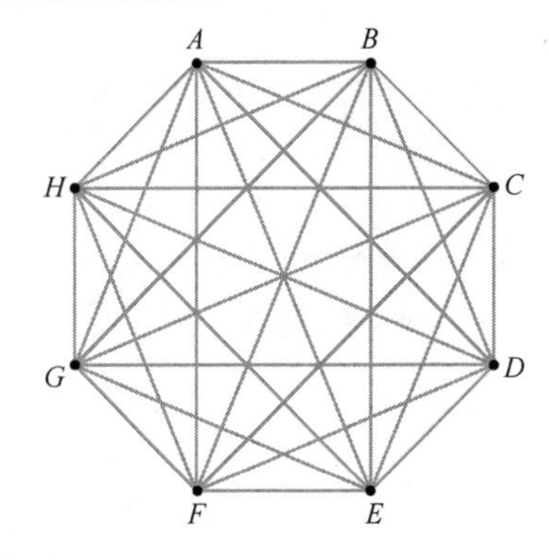

数学交流

49．选择“可重复”而非“不可重复”时，各示例中的树图有何不同？

50．在计数问题中，“系统化”和“找规律”解题策略为何特别有用？

51．通过树图可视化（而非实际绘制）你能求解哪些类型的问题？

挑战自我

52．**安排课程**。安东尼正在安排下学期课程，他确定要上 4 门课（数学、英语、社会学和音乐），上课时间只能安排在周一（M）、周三（W）和周五（F）的上午。相关课程安排如下。

数学：MWF—9:00，11:00，12:00

英语：MWF—9:00，10:00，12:00

社会学：MWF—10:00，11:00，12:00

音乐：MWF—9:00，10:00，11:00

用树图确定其可能的课程安排，然后列举所有课程安排。

53．**预约时间**。为了推出一款新型抗生素，某医药销售代表想要预约拜访 3 位医生。这些医生的可预约时间［周一（M），周三（W），周四（Th）］如下。

豪斯医生：周一 10:00，周三 11:00，周四 11:00

卡迪医生：周一 9:00，周一 10:00

威尔逊医生：周一 10:00，周三 11:00，周四 11:00

用树图确定所有可能的时间安排，让销售代表能够拜访每位医生。列举这些时间安排。

假设你是“命运之轮”游戏节目的参赛者，该节目的最后一轮称为“宝石轮”，采用以下规则：共有 4 个宝箱，每个宝箱中有 1 颗宝石。2 颗宝石是红宝石（R），1 颗宝石是蓝宝石（B），1 颗宝石是绿宝石（G）。在游戏主持人的要求下，你以自己选择的任意顺序打开这些宝箱（每次 1 个），如果打开的第 4 个宝箱中包含你的“终极宝石”，则你将赢得大奖。

要想知道自己的“终极宝石”是什么，就必须要转动命运之轮。例如，转动命运之轮时，它可能停在“绿宝石”位置，这意味着“无论何时打开藏有绿宝石的宝箱，游戏都结束”。

在练习 54 ~ 57 中，给定你的终极宝石。为了赢得大奖，列举你可以选择的不同顺序（红宝石、蓝宝石和绿宝石）。绘制一幅树图，查看各种可能性。

54．列举游戏节目的可能性。绿宝石。

55．列举游戏节目的可能性。蓝宝石。

56．列举游戏节目的可能性。红宝石。

57．如果绘制树图来求解练习 54～56，其与例 3 和例 4 中的树图有何不同？

58．练习 48 中的图形是正八边形，如果用十边形（具有顶点 $A, B, C, \cdots, J$）替代，可形成多少个三角形？提示：一种方式是考虑“若在练习 48 的各个顶点中添加第 9 个顶点 I，则可获得多少个新三角形”，然后考虑“若在 9 个顶点中添加第 10 个顶点 J，则可获得多少个新三角形”。

59．一般而言，如果练习 48 和练习 58 中的图形含有 n 条边，验证三角形数量为 $n(n-1)(n-2)\div 6$ 的几种情形。

12.2 基本计数原理

当你疲于应付沉重的课业负担、辛勤奔走在兼职路途或者与朋友们彻夜狂欢时，却忽视了养成良好的健康习惯。没有时间锻炼，深夜补习期间吃零食，用汉堡和薯条替代家常菜，这种行为基本上符合“新生 15 磅”情形（注：有人认为“在第 1 年期间，大学新生的体重会增加 15 磅”），你此时或许要开始锻炼了。

假设你准备按顺序锻炼腹肌、手臂和心血管系统，且健身中心提供了可锻炼腹肌（6 台）、手臂（4 台）和心血管系统（8 台）的机器。你运用不同机器的锻炼方式有多少种？

“将此类新问题与以前见过的老问题相关联”非常有用。无论是掷硬币、掷骰子还是选择套装，你都会看到一种相同的基本模式：第 1 件事以 a 种方式发生，第 2 件事以 b 种方式发生，第 3 件事以 c 种方式发生，以此类推。

例 1 中将求解这个问题。

例 1　计数健身程序

如果健身中心可以提供 6 台健腹机、4 台手臂健身器和 8 台有氧运动健身器，且每组锻炼只在同类型机器中选择其一，则健身程序数量共有多少种？

解：首先绘制树图，如图 12.5 所示。

由图可见，最初共有 6 个红色分支；每个红色分支附加 4 个蓝色分支后，共有 $6\times4=24$ 个蓝色分支；每个蓝色分支（共 24 个）附加 8 个绿色分支后，共有 $6\times4\times8=192$ 个绿色分支，这个数字即代表可能的不同健身程序数量。

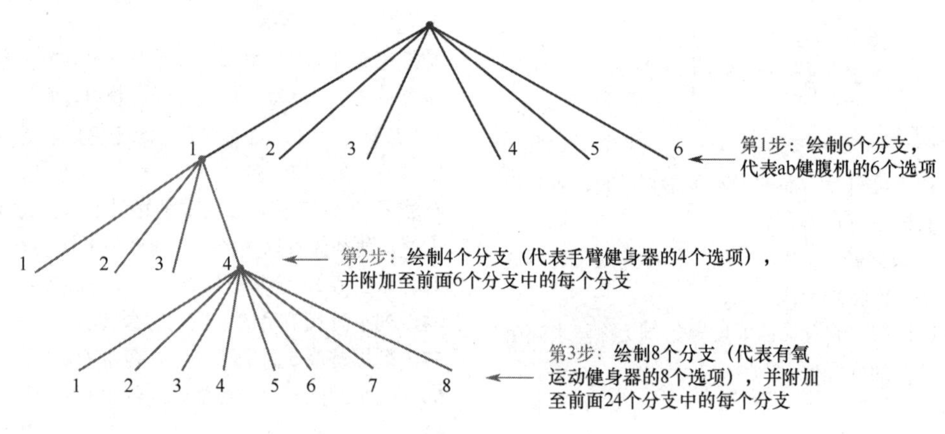

图 12.5　树图（部分）的可视化

注意，在图 12.5 中，没有必要绘制出全部 192 个分支。实际上，如果你具有很好的想象力，根本就不需要绘制树图，做到“心中有树”即可。

12.2.1　基本计数原理

继续讨论前述话题，如果要在健身程序中增加第 4 种（或第 5 种）锻炼方式，应添加第 4 组分支，然后添加第 5 组分支，以此类推。这种想法引出了如下原理。

基本计数原理　如果要执行一系列任务，其中第 1 项任务以 a 种方式完成，第 2 项任务以 b 种方式完成，第 3 项任务以 c 种方式完成，以此类推，则所有任务将以 $a\times b\times c\times\cdots$ 种方式完成。

要点 基本计数原理在不列举元素或绘制树图的情况下求解问题。

为了说明基本计数原理的强大威力，下面回顾 12.1 节中的几种情形。

例 2 用基本计数原理计数筹款选项

如上节所述，你所在学校的“无国界工程师协会”正在筹集资金，为洪都拉斯的一家孤儿院购置及安装净水器。他们计划安排 2 场主要筹款活动，1 场在秋季学期，另 1 场在春季学期，筹款方式包括在线拍卖（O）、曲棍足球比赛（A）、专项越野赛（T）和卡拉 OK 之夜（K）。该协会可以选择多少种筹款方式？

解：第 1 项任务是选择秋季学期的筹款方式（4 种），第 2 项任务是选择春季学期的筹款方式（3 种），因此该年度筹款方式的选择总数为 $4\times3=12$。

现在尝试完成练习 01 ~ 08。

解题策略：画图

使用计数公式时，如果对“何时相乘”和“何时相加”感到困惑，就会发现图片有助于回忆起公式的推导过程。例如，想象一幅树图，会发现更容易记住基本计数原理。

例 3 用基本计数原理解“掷硬币”和“掷骰子”问题

a）4 枚硬币有多少种翻转方式？b）3 个骰子（红，绿，蓝）有多少种滚动方式？

解：a）第 1 项任务是掷第 1 枚硬币（2 种方式），第 2 项、第 3 项和第 4 项任务同样是掷 1 枚硬币（均为 2 种方式）。因此，由基本计数原理可知，这 4 枚硬币的翻转方式的总数为

$$2\times2\times2\times2=16\text{ 种}$$

b）第 1 项任务是掷红色骰子（6 种方式），第 2 项和第 3 项任务同样以 6 种方式完成。因此，由基本计数原理可知，这 3 个骰子的滚动方式的总数为 $6\times6\times6=216$ 种。

现在尝试完成练习 09 ~ 12。

例 4 用基本计数原理计数晚餐选择

你所在城市的许多餐厅都准备参加“美食周”，届时将提供价格固定的 4 道菜。每位顾客可以点一顿完整的晚餐，其中包含开胃菜、汤、主菜和甜点。如果某餐厅提供的选择包括 4 种开胃菜、3 种汤、6 种主菜和 5 种甜点，该餐厅共有多少种不同的完整晚餐选择？

解：选择一顿完整的晚餐时，我们需要考虑表 12.1 中列出的各项任务。

由基本计数原理可知，完整膳食选择的总数为 $4\times3\times6\times5=360$ 种。

表 12.1 选择每道菜的方式的数量

任　务	执行任务的方式的数量
选择开胃菜	4
选择汤	3
选择主菜	6
选择甜点	5

自测题 5

假设你准备购买一辆新车，车型有 2 种选择，颜色有 8 种选择；在每种车型中，内饰套装有 3 种选择，外饰套装有 2 种选择（普通型或运动型）。共有多少种不同的选择方式？

12.2.2 槽位图

有时候，特殊条件会影响各种任务的执行方式的数量，解决此类问题的一种有效方法是“绘制一系列空白空间”（见图 12.6），追踪完成每项任务的方式的数量。这样的图形称为槽位图。

第1项任务		第2项任务		第3项任务		第4项任务		第5项任务
方式数量	×	方式数量	×	方式数量	×	方式数量	×	方式数量

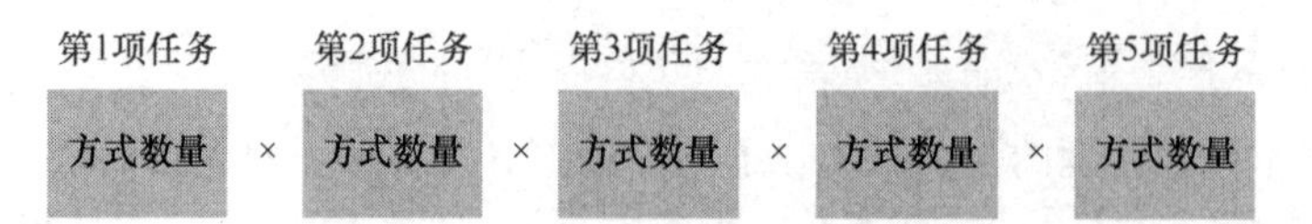

图 12.6 槽位图帮助组织计数问题

要点 在运用基本计数原理之前，槽位图帮助我们组织信息。

例 5 计数键盘模式

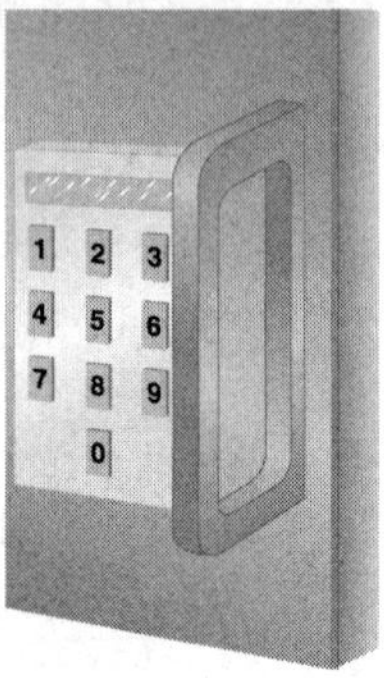

要打开健身中心的储物柜，必须按顺序输入 5 个数字（0, 1, 2, ⋯, 9）。如果需要分别满足如下条件，可能存在多少种不同的键盘模式？

a）任何数字均可用于任何位置，允许重复。

b）第 1 位不能是 0，任何其他数字均可用于任何位置，且允许重复。

c）任何数字均可用于任何位置，但是不允许重复。

解：回顾本书前文所述的系统化策略。

a）对于 5 项任务中的每项而言，均可从 10 个数字中任选一个（见图 12.7 中的槽位图），因此可能存在的键盘模式数量为 $10\times10\times10\times10\times10=100000$ 种。

第1项任务		第2项任务		第3项任务		第4项任务		第5项任务
10	×	10	×	10	×	10	×	10
可用任意数字		可用任意数字		可用任意数字		可用任意数字		可用任意数字

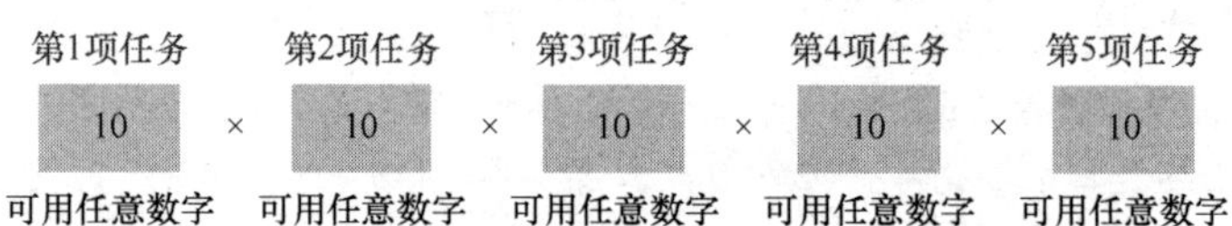

图 12.7 显示 5 项任务且每项任务能以 10 种方式完成的槽位图

b）在这种情况下，“选择第 1 位数字”只有 9 种可能方式，槽位图如图 12.8 所示。

第1项任务		第2项任务		第3项任务		第4项任务		第5项任务
9	×	10	×	10	×	10	×	10
不能用0		可用任意数字		可用任意数字		可用任意数字		可用任意数字

图 12.8 第 1 项任务能以 9 种方式完成，其他每项任务均能以 10 种方式完成

因此，可能存在的键盘模式数量为 $9\times10\times10\times10\times10=90000$ 种。

c）第 1 位数字可以从 10 个数字中任选一个。但是，因为不允许重复，第 2 位数字只能从 9 个数字中选择，第 3 位数字只能从 8 个数字中选择，第 4 位数字只能从 7 个数字中选择，第 5 位数字只能从 6 个数字中选择，如图 12.9 所示。

第1项任务		第2项任务		第3项任务		第4项任务		第5项任务
10	×	9	×	8	×	7	×	6
可用任意数字		数字不能重复		数字不能重复		数字不能重复		数字不能重复

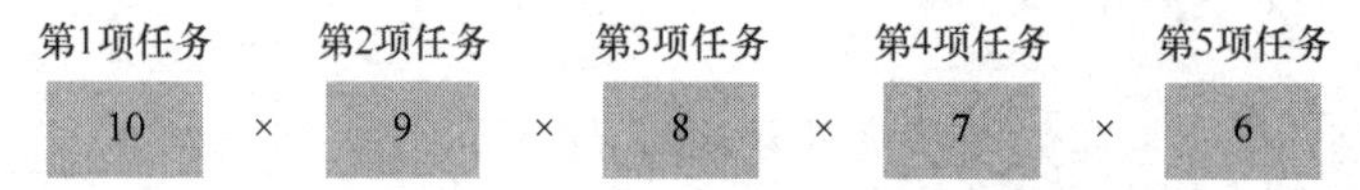

图 12.9 因为数字不允许重复，所以每种键盘组合的可能性逐渐变少

因此，可能存在的键盘模式数量为 $10\times9\times8\times7\times6=30240$ 种。

现在尝试完成练习 13 ~ 16。

12.2.3 特殊条件处理

下面查看一种更复杂（与以前示例相比）的计数情形。

要点 在求解计数问题时，首先要考虑特殊条件。

例 6　计数具有特殊条件的就座模式

巴特利特教授拟讲授一门高级认知心理学课程，共有 10 名学生选修此课。在这些学生中，路易斯（L）因为存在视觉障碍而必须坐在第 1 排，并且其私人教师（T，也是听课学生）必须在旁边就座。如果该教室第 1 排有 6 把椅子，则学生们在第 1 排就座有多少种不同的方式？

解： 为了运用基本计数原理，我们必须识别出确定座位时的单独任务。

首先，考虑路易斯及其私人教师必须相邻就座的特殊条件。

任务 1：确定路易斯及其私人教师将占据哪 2 个座位。

任务 2：在这 2 个座位中，确定路易斯及其私人教师将如何就座。

任务 3：确定剩余座位的就座者。

任务 1：如图 12.10 所示，路易斯及其私人教师有 5 种就座方式。

座位1	座位2	座位3	座位4	座位5	座位6
L 和 T		X	X	X	X
X	L 和 T		X	X	X
X	X	L 和 T		X	X
X	X	X	L 和 T		X
X	X	X	X	L 和 T	

图 12.10　为路易斯及其私人教师选择 2 个座位的方式有 5 种

任务 2：确定 L 和 T 占据的 2 个座位后，二人在这 2 个座位的就座方式有 2 种——左右各一。

任务 3：路易斯及其私人教师就座后，即可从左至右填满其余 4 个座位。因为只剩下 8 名学生，所以剩下的第 1 个座位有 8 种方式，第 2 个座位有 7 种方式，第 3 个座位有 6 种方式，最后 1 个座位有 5 种方式。

因此，学生们在第 1 排就座的方式的数量为 $5\times2\times8\times7\times6\times5=16800$ 种。

现在尝试完成练习 33 ~ 38。

自测题 6

重做例 6，但是这次假设全班有 12 名学生，第 1 排有 8 个座位。

生活中的数学——从品牌标志到爆炸物

购买名牌鞋时，你是否确定物有所值？或许看上去你与富人和明星走红毯时所穿的是同款，但其可能是定价过高的冒牌货。某些公司设计并应用标识物、微颗粒或分子溶液，将其置入产品以鉴别真实性。这些颗粒可以通过多种方式进行编码，如颜色、数量或形状。

最近，因为担心发生恐怖主义行为，人们对“用标识物鉴别商业爆炸物”有些感兴趣，希望爆炸发生后可用标识物来追踪爆炸物的生产者，继而顺藤摸瓜地确定责任人。瑞士已经在爆炸物中纳入了标识物，但其他国家尚未采用这种做法。因为担忧标识物的高昂成本和环境影响，以及许多恐怖主义行为使用非商业性爆炸物，使得标识物的广泛利用存在着一定制约。

12.3 节将运用基本计数原理进一步开发计数工具，以便回答本章开篇部分提出的彩票问题。

练习 12.2

强化技能

01．分配职责。 某互联网初创公司的董事会有 7 名成员，如果 1 名成员负责市场营销，另 1 名成员负责技术研发，这两个职位的分配方式有多少种？

02．分配职位。 如果报刊《矶鹞》有 12 名员工，可以通过多少种方式选择娱乐编辑和销售经理？

03. 安排高级职员。马术俱乐部有 8 名成员，该俱乐部想要选择 1 位总裁、1 位副总裁和 1 位财务主管（均不能为同一人），实现方式有多少种？

04. 安排高级职员。某商会有 20 名成员，可以通过多少种方式选举不同的会长（1 人）、副会长（1 人）和财务主管（1 人）？

05. 选择直立式桨板套装。凯文将想要购买一套新的直立式桨板套装（由冲浪板、定制翼和桨组成），如果能从 10 块冲浪板、6 个翼和 5 支桨中选择，套装的选择方式共有多少种？

06. 计数课程安排。乔治用海军教育福利选修了 4 门课程（设计、科学、数学和社会科学），提前为自己的建筑师职业生涯做准备。在符合时间安排的课程中，如果有 7 节设计课、5 节科学课、4 节数学课和 6 节社会科学课，则其可用多少种方式来选择课程？

07. 计数套餐可能性。在星期五餐厅的“早到者特价”套餐中，商家提供了开胃菜、汤（或沙拉）、主菜和甜点各 1 份。如果开胃菜有 5 种，汤（或沙拉）有 6 种，主菜有 13 种，甜点有 4 种，则可能有多少种不同的套餐？（假设从每个类别中各选择 1 种。）

08. 计数套餐可能性。如果允许跳过某些类别（如选择不吃开胃菜和甜点），练习 07 的答案是多少？

在《龙与地下城》之类的游戏中，除了常见的六面体骰子，还有四面体、八面体、十二面体或二十面体骰子，如下图所示。

在练习 09 ~ 12 中，确定每种情况下的可能性数量。

09. 八面体骰子掷 2 次。

10. 十二面体骰子掷 2 次。

11. 先掷八面体骰子，后掷十二面体骰子。

12. 先掷二十面体骰子，后掷六面体骰子。

在练习 13 ~ 16 中，利用数字“0, 1, 2, ⋯ , 8, 9”判断能够构造多少个四位数。

13. 第 1 位数字不能是 0；数字可以重复。

14. 数字的头和尾必须是奇数；数字不能重复。

15. 数字必须是大于 5000 的奇数；数字可以重复。

16. 数字必须介于 5001 和 8000 之间；数字不能重复。

17. 是非题测验。在 8 道是非题测验中，答题方式共有多少种？

18. 多选题测验。在 10 道多选题测验中，每道题包含 4 个选项，答题方式共有多少种？

19. 安排行程。中心城市社区学院辩论队准备前往新墨西哥州阿尔伯克基参加一场比赛，他们将从波士顿飞往芝加哥，然后飞往达拉斯，最后飞往阿尔伯克基。如果有 3 个航班从波士顿飞往芝加哥，4 个航班从芝加哥飞往达拉斯，6 个航班从达拉斯飞往阿尔伯克基，则他们可用多少种方式来安排行程？

20. 钢琴比赛。在“范 • 克莱本”钢琴比赛中，参赛者必须选择 3 首参赛曲目，其中古典曲目 5 选 1，浪漫曲目 7 选 1，现代曲目 8 选 1。参赛者可以采用多少种方式选择参赛曲目？

学以致用

21. 列举呼号。密西西比河以东的美国广播电台都有一个呼号，由 1 个字母 W 和 3 个后续字母组成（W 可以复用）。这类呼号数量可能有多少？

22. 互联网地址。接入互联网的任何设备都必须具有 IP（互联网协议）地址。互联网协议第 4 版（IPv4）从互联网诞生时就开始使用，2015 年时的可能地址数量已耗尽。IPv4 地址由一个 32 位二进制数组成（一个 32 位数，每位数都是 0 或 1）。总共可能有多少个 IPv4 地址？

23. 计数音乐型式。20 世纪早期，奥地利作曲家阿诺德 • 勋伯格、阿尔班 • 伯格和安东 • 韦伯恩创立了一种音乐体系，称为无调性音乐。在这种体系中，一个音符不能在一首乐曲中重复，除非用尽所有其他音符。在无调性音乐中，音列由 12 个不同音符序列组成。这个体系中可能存在多少种不同的音列？

24. 计数车牌。某州车牌号码为“2 字母（前）+ 3 数字（后）”，总共可能有多少个车牌？如果该州运输部门决定将车牌号码改为“3 字母(前) +2 数字(后)”,则现在总共可能有多少个车牌?

弹子锁有一系列锁簧,“开锁”需要每个锁簧位于适当的高度,锁的安全性取决于锁簧数量及其可能具有的不同长度的数量。当把正确的钥匙插入锁时,正确排列各个锁簧,即可在锁内转动。

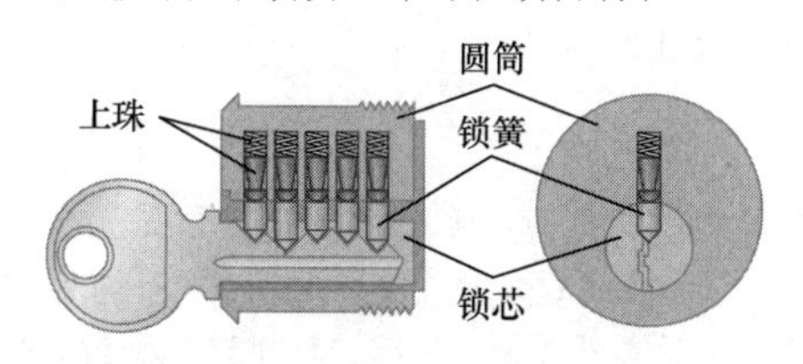

25. 计数钥匙。如果一把弹子锁有 5 根锁簧,每根锁簧有 3 种不同的长度,需要尝试几把不同的钥匙才能确保打开锁?

26. 计数钥匙。如果一把弹子锁有 7 根锁簧,每根锁簧有 4 种不同的长度,需要尝试几把不同的钥匙才能确保打开锁?

27. 计数运钞车路线。富国银行的运钞车必须从钻石屋酒店(D)出发,先后经停哈维尔珠宝店(J)和艾米莉祖母绿店(E),最后前往富国银行(B)。用街道地图回答下列问题。**a.** 从 D 到 I 有多少条直达路线? **b.** 从 I 到 J 有多少条直达路线? **c.** 从 J 到 E 有多少条直达路线? **d.** 从 E 到 B 有多少条直达路线? **e.** 从 D 到 B(经过 J 和 E)有多少条直达路线?

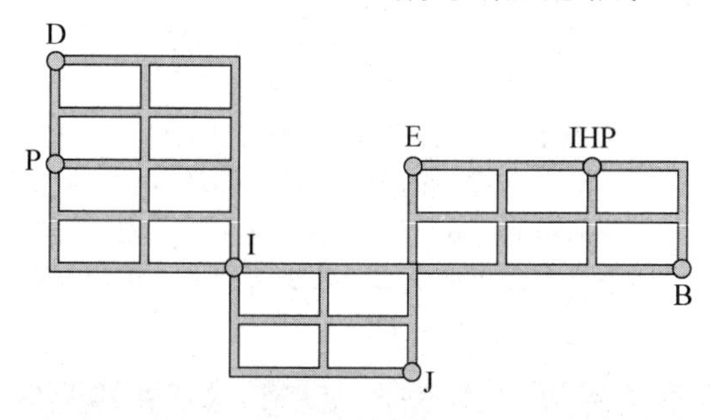

28. 送比萨。参考练习 27 中的地图。卡门从 P 点(棒约翰比萨饼店)开车出发,经停 J 点,然后送货至地图上的 IHP 点。可能存在多少条直达路线?

29. 电子设备上的计数设置。**a.** 在卡瓦依数字钢琴的电脑界面上,8 个微型开关可设置在“开”或“关”位置,必须正确设置才能确保电脑正常工作。这组开关可以采用多少种不同的设置方式? **b.** 如果“设置各个开关和测试电脑界面是否正常工作”需要 2 分钟,则“通过试错方式找到正确设置”所需的最长时间是多少?

30. 面孔定制。通过从真人图片库中单独选择右眼、左眼、鼻子、嘴巴和头发,某网站能够帮助人们设计“定制面孔”。网站声称不同面孔的数量有 759375 张,生成这些面孔所需实际图片的最少数量是多少?

31. 计数比萨组合。妈妈比萨的广告中有一种非常特殊的比萨,顾客可以选择薄皮、厚皮或奶酪皮,同时搭配任意不同的配料组合,订购方式几乎有 200 种。可用配料的最少数量是多少?参照基本计数原理进行解释。

32. 计数三明治组合。某三明治店新近推出了一款特价三明治,顾客可以选择全麦、黑麦或洋葱卷,搭配蛋黄酱(或芥末)、生菜(或番茄)和一块肉。如果该三明治组合的数量至少有 300 种,则肉的最低可用数量是多少?在计数过程中,选择“蛋黄酱－芥末”和“生菜－番茄”时,不要忘记“两者都行”或“两者都不行”的可能性。参照基本计数原理进行解释。

练习 33 ~ 34 是例 6 中的问题的替代版本,在巴特利特教授的课堂上,为路易斯及其私人教师安排座位。

33. 计数座位安排。全班共有 12 名学生,第 1 排有 8 把椅子,路易斯和私人教师必须相邻就座。**a.** 可以采用多少种方式为路易斯及其私人教师选择座位? **b.** 在这两个座位上,路易斯及其私人教师的就座方式有多少种? **c.** 第 1 排其余 6 个座位的就座方式有多少种? **d.** “学生在第 1 排就座”的方式共有多少种?

34. 计数座位安排。学生数量是 10 人,第 1 排有 6 把椅子,路易斯坐在私人教师和朋友乔纳森之间,且私人教师坐在路易斯的哪侧并不重要。

假设在一排 6 把椅子上,我们希望安排 3 男 3 女[亚历克斯(A)、邦妮(B)、卡尔(C)、达丽亚(D)、伊迪丝(E)和弗兰克(F)]就座,运用基本计数原理回答练习 35 ~ 38。为了运用该原理,首先确定座位安排涉及的单个任务。

35. 计数座位安排。多少种方式可让这些人不受限制地就座?

36. 计数座位安排。如果必须男女交替,则可用多少种方式让这些人就座?

37. **计数座位安排**。如果所有男性必须坐在一起，所有女性必须坐在一起，可用多少种方式让这些人就座？

38. **计数座位安排**。如果所有女性必须坐在一起，但是女性不能坐最后那个座位，可用多少种方式让这些人就座？

数学交流

39. 在解决计数问题时，“将情况视为分阶段发生”通常很有用，列举本节中描述的相关示例。

40. 树图、槽位图和基本计数原理之间的关系是什么？

41. 对运用基本计数原理求解的问题而言，为什么答案不太可能是数字 29？

42. 在 12.1 节的练习 54～56 中，我们描述了《命运之轮》游戏节目的宝石轮。为了在此轮中获得大奖，参赛者必须要按一定顺序打开藏有彩色宝石的一系列宝箱。红宝石有 2 颗，蓝宝石有 1 颗，绿宝石有 1 颗。运用基本计数原理，为何无法判断这一轮中选择宝石的可能方式的数量？

43. 假设由纪正在选择下学期的课程表，并且确定了可能的课程：4 节英语、3 节艺术、3 节心理学和 4 节历史学。假设任意 2 节课均不存在时间冲突。**a**. 基本计数原理是否可用于求解这个问题？解释理由；**b**. 如果任何课程都存在时间冲突，是否还能运用基本计数原理？解释理由。

44. 为了运用基本计数原理求解计数问题，该问题中必须存在什么？

生活中的数学

45. 假设你正在设计有 6 层颜色的立方体标识物，底部 2 层从三原色（蓝色、黄色和红色）中选择，不可重复；顶部 2 层从二次色（绿色、紫色和橙色）中选择，不可重复；中间 2 层从三次色（6 种颜色）中选择，不可重复。可能存在多少种不同的标识物设计？

46. 在练习 45 中，如果从色轮的 12 种颜色中为这些图层选择 6 种颜色，不可重复，但无其他限制条件，可能存在多少种不同的标识物设计？

挑战自我

求解计数问题时，有时无法直接运用基本计数原理，但若将问题分解成更小的子类别，则可将该原理应用于各子类别，然后就可通过“对各子类别结果求和”来得到答案。在练习 47～48 中，应用这种方法。

47. **面试着装**。胡里奥正在选择面试着装。他有 3 件夹克，绿色、棕色和蓝色各一；有 5 条裤子，棕褐色 2 条，灰色 1 条，棕色 1 条，蓝色 1 条；有 4 件衬衫，白色、灰色、蓝色和黄色各一；有 5 条领带，红色 2 条，蓝色 2 条，棕色 1 条。如果穿蓝色夹克，则其不会穿任何其他蓝色或棕色着装；否则，没有任何限制。**a**. 如果穿蓝色夹克，则其能够选择多少套服装？**b**. 如果不穿蓝色夹克，则其能够选择多少套服装？**c**. 他总共能够选择多少套服装？

48. **面试着装**。重做练习 47 中的 c 问，将“蓝色夹克”条件替换为：如果胡里奥穿棕色夹克，则其不会穿任何其他蓝色或灰色着装。

49. **篮球对阵形势表**。在美国大学体育协会（NCAA）主办的大学篮球甲级联赛中，64 支球队将通过 63 场比赛来角逐冠军。对阵形势表是每场可能比赛的获胜者列表。可能存在多少个对阵形势表？

12.3 排列组合

12.2 节介绍了“如何用基本计数原理确定完成一系列任务的方式的数量”；与绘制树图（见 12.1 节）相比，基本计数原理更加快捷高效；计数还存在其他快捷方式。本节引入一些用于计数操作的快捷方式，应用场景是“从 n 项中取 r 项，且选择不可重复”（注：选择不可重复项时，也可说“不可替代”，这意味着“一旦被选定，该项就不能被替代，且因此不能被再次选定”）。

12.3.1 排列

在 12.2 节的例 5 中，我们计数了键盘模式，你可以看到乘积 $10\times9\times8\times7\times6$；在例 6 中，

路易斯及其私人教师就座后，我们用模式8×7×6×5来计数剩余座位的安排方式的数量。在这两个问题中，我们都从“选择顺序很重要”的一个集合中选择若干物件。你也可以考虑“选择若干物件，然后按顺序排列”。这种情况经常发生，所以数学家对其进行了命名。

定义 排列是对不同物件的一种排序。如果从含有 n 个物件的集合中选择 r 个不同的物件，并且将其按顺序排列，则称为“从 n 个物件中每次取 r 个物件的排列”。从 n 个物件中每次取 r 个物件的排列数量/排列数可以表示为 $P(n, r)$。[注：在第 11 章中，我们将排列视为有序集合，并使用了表示法 (A, D, B, C)。现在，书写这种排列时，我们将该表示法简化为 $ADBC$。此外，${}_nP_r$ 是 $P(n,r)$ 的另一种常见表示法。]

要点 排列是按顺序排列的多个物件。

下图将帮助你记住表示法 $P(n,r)$：

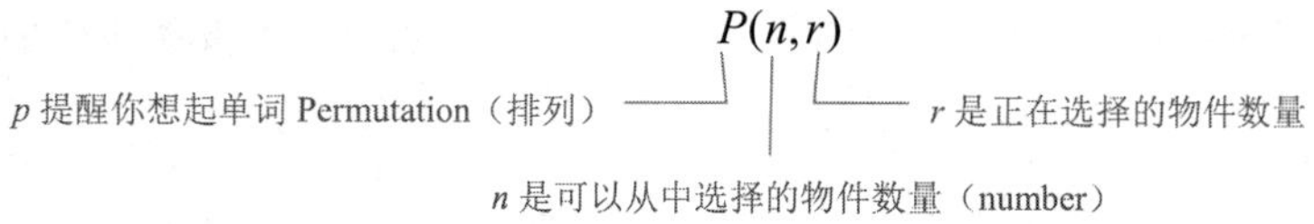

$$P(n,r)$$

p 提醒你想起单词 Permutation（排列）

r 是正在选择的物件数量

n 是可以从中选择的物件数量（number）

例如，$P(5, 3)$表示你正在计数排列（有序排列），这些排列形成于“从含有 5 个可用物件的集合中选择 3 个不同物件”。

例 1 计数排列

a）字母 a, b, c 和 d 有多少种排列？用 $P(n, r)$表示法写出答案。

b）如果每次取 3 个字母，则字母 a, b, c, d, e, f 和 g 有多少种排列？用 $P(n, r)$表示法写出答案。

解：a）在这个问题中，我们按顺序排列字母 a, b, c 和 d，且不重复。例如，$abcd$ 是一种排列，$bacd$ 是另一种排列。第 1 个位置有 4 个字母可用，第 2 个位置有 3 个字母可用，以此类推。图 12.11 是这个问题的槽位图。

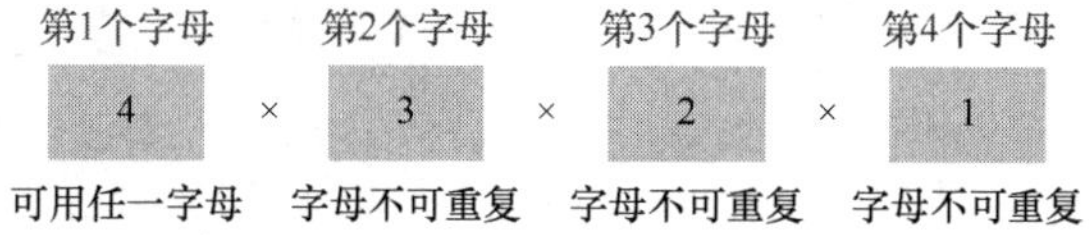

第1个字母		第2个字母		第3个字母		第4个字母
4	×	3	×	2	×	1
可用任一字母		字母不可重复		字母不可重复		字母不可重复

图 12.11 按顺序排列 4 个不同物件方式的数量的槽位图

由图 12.11 可见，这 4 个物件有 $4×3×2×1=24$ 种排列。这个数字可以简写如下：

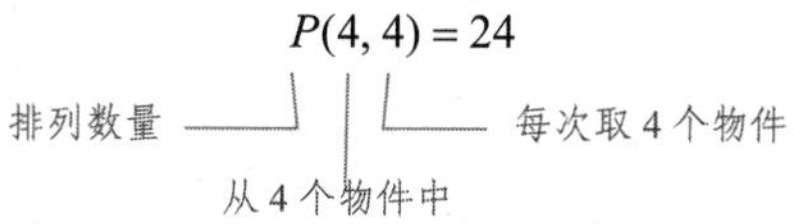

$$P(4, 4) = 24$$

排列数量

每次取 4 个物件

从 4 个物件中

b）图 12.12 显示了该问题的槽位图。由该图可知，因为有 7 个字母，所以第 1 个位置可以选择 7 个字母中的任意 1 个，第 2 个位置可以选择 6 个字母中的任意 1 个，第 3 个位置可以选择 5 个字母中的任意 1 个。

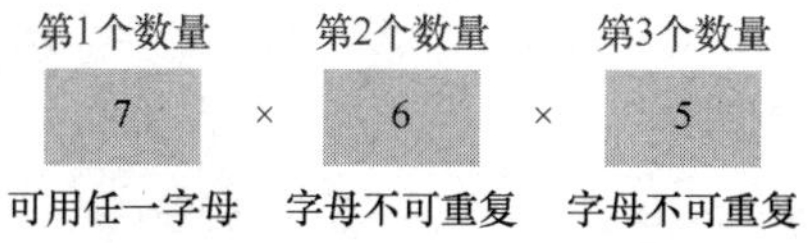

第1个数量		第2个数量		第3个数量
7	×	6	×	5
可用任一字母		字母不可重复		字母不可重复

图 12.12 “从 7 个可能物件中选择 3 个不同物件并按顺序排列”的方式的数量的槽位图

可以看到，要从 7 个物件中每次取 3 个，共有 $7×6×5=210$ 种排列。这个数字简写如下：

$$P(7,3)=210$$

排列数量 —— 从7个物件中 —— 每次取3个物件

自测题 7

a）用自己的语言，解释 $P(8,3)$的含义；b）求解 $P(8,3)$。

建议 数学中的等式是文字表达的一种符号形式，这很重要。在例 1 中，看到 $P(7,3)=210$ 时，可将其理解为“从 7 个物件的排列数量中每次取 3 个，结果等于 210”。

12.3.2 阶乘表示法

假设想要按顺序排列 100 个物件，这样做的方式的数量有 $P(100,100)=100\cdot99\cdot98\cdot\cdots\cdot3\cdot2\cdot1$ 种。因为此类乘积书写起来非常烦琐，因此我们引入一种能够快捷地书写此类乘积的表示法。

要点 我们采用阶乘表示法来表达 $P(n,r)$。

定义 如果 n 是一个计数数字，那么符号 $n!$ 称为“n 的阶乘”，它代表乘积 $n\cdot(n-1)\cdot(n-2)\cdot(n-3)\cdot\cdots\cdot2\cdot1$。数字 0 的阶乘定义为 $0!=1$。

例 2 阶乘表示法

计算下列阶乘：a）$6!$；b）$(8-3)!$；c）$\frac{9!}{5!}$；d）$\frac{8!}{5!3!}$。

解：a）$6!=6\cdot5\cdot4\cdot3\cdot2\cdot1=720$。

b）记住 1.1 节中的有序性原则，在计算阶乘之前，首先完成括号中的减法运算。因此，有

$$(8-3)!=5!=5\cdot4\cdot3\cdot2\cdot1=120$$

c）$\frac{9!}{5!}=\frac{9\cdot8\cdot7\cdot6\cdot\boxed{5\cdot4\cdot3\cdot2\cdot1}}{\boxed{5\cdot4\cdot3\cdot2\cdot1}}=9\cdot8\cdot7\cdot6=3024$。

可以看到，从分子和分母中同时消去 5!，该计算变得更加简单。

d）$\frac{8!}{5!3!}=\frac{8\cdot7\cdot6\cdot\boxed{5\cdot4\cdot3\cdot2\cdot1}}{\boxed{5\cdot4\cdot3\cdot2\cdot1}\cdot3\cdot2\cdot1}=8\cdot7=56$。

现在尝试完成练习 01 ~ 08。

在例 1 的 b）问中，我们首先以形式 $7\times6\times5$ 写出了 $P(7,3)$。该乘积最初好像要计算 $7!$，但是缺失了乘积 $4\cdot3\cdot2\cdot1$。该排列的另一种描述方式是 $P(7,3)=\frac{7!}{4!}=\frac{7!}{(7-3)!}$，我们可将其概括为一般规则。

$P(n,r)$的计算公式

$$P(n,r)=\frac{n!}{(n-r)!}$$

在例 3 中，我们将运用这个计算公式。

例 3 计数社区剧团的职位分配方式

某社区剧团由 12 人组成，每年制作一部音乐剧。剧团将从这些人中选择 1 人出任导演，选择另 1 人出任音乐监督，选择第 3 人出任剧务（负责处理广告宣传、门票及其他管理工作）。剧团可以采用多少种方式分配这些职位？

解：如果考虑从 12 人中选择 3 人，然后按顺序（导演、音乐监督和剧务）排列这些人的名字，则可

将其视为一个“排列”问题。从 12 人中为这 3 个职位选择 3 人的方式的数量为

$$P(12,3)=\frac{12!}{(12-3)!}=\frac{12\cdot 11\cdot 10\cdot \boxed{9\cdot 8\cdot 7\cdot 6\cdot 5\cdot 4\cdot 3\cdot 2\cdot 1}}{\boxed{9\cdot 8\cdot 7\cdot 6\cdot 5\cdot 4\cdot 3\cdot 2\cdot 1}}=1320$$

现在尝试完成练习 15 ~ 18。

建议 运用技术执行类似于例 3 中的计算时一定要小心。可以看到，在执行乘法前，我们消去了分子和分母中的公共项。执行如下计算时，许多学生认为“简单运用计算器或许速度更快”：

$$P(12,3)=\frac{12!}{(12-3)!}=\frac{479001600}{362880}=1320$$

如果足够谨慎，对于大于 12 或 13 的各个阶乘，不要尝试在纸上写下中间步骤。如果计算过 $P(14,3)$，则计算器可能将分子中的 14!表示为 8.71782912e10（科学记数法）。该结果说明小数点应右移 10 位，但小数点右侧实际上只有 8 位数字！如果尝试记下中间步骤中的这个数字，则可能导致最终答案发生错误。此外，阶乘变大的速度非常快，直接输入计算器时经常报错，如用计算器求解 500!/498!（不用消除法）。但是，如果采用如下方法，则该计算过程相当简单：

$$\frac{500!}{498!}=\frac{500\cdot 499\cdot 498!}{498!}=249500$$

12.3.3 组合

为了引入一种新思想，我们稍微改变一下例 3 中的条件。假设并不是选择 3 人分别履行 3 种不同的职责，而是组建一个 3 人委员会，为确保完成工作而共同合作。在例 3 中，“A 是导演，B 是音乐监督，C 是剧务”与“B 是导演，C 是音乐监督，A 是剧务”不一样。对于新计划，“A, B, C”和“B, C, A”没有区别。由表 12.2 可知，旧方案中的“A、B 和 C 的 6 种不同职责划分”等价于新方案中的“1 个委员会”。

表 12.2 音乐剧的 6 项不同职责现在由 1 个委员会负责

导　演	音乐监督	剧　务
A	B	C
A	C	B
B	A	C
B	C	A
C	A	B
C	B	A

这里所说的 A、B 和 C 适用于该剧团中的任何 3 人，因此例 3 求出的答案（1320）太大。在新方案中，我们必须将其除以因数 6，所以可成立 3 人委员会的数量应为 $1320/6=220$。记住，作为除数的因数 6 实际上是 3!（可按顺序安排 3 人的方式的数量），这意味着可以选择的 3 人委员会的数量为

$$\frac{1320}{6}=\frac{P(12,3)}{3!}$$

该数量之所以变小，是因为我们现在只关心选择一组人来制作音乐剧，而被选中人选的顺序并不重要。

综上所述，如果从含有 n 个物件的集合中选择 r 个物件，且对这些物件的顺序不感兴趣，则为了计数这些选择的数量，必须将 $P(n,r)$ 除以 $r!$。下面介绍正式的定义。

要点 形成组合时，顺序并不重要。

***C*(*n*, *r*)的计算公式** 如果从含有 n 个物件的集合中选择 r 个物件，则称其为“从 n 个物件中每次取 r 个物件的组合”。此类组合的数量可表示为 $C(n,r)$ [注：${}_nC_r$ 是 $C(n,r)$ 的另一种常见表示]，且可进一步表示为

$$C(n,r)=\frac{P(n,r)}{r!}=\frac{n!}{r!\cdot(n-r)!}$$

因为对各物件的顺序不感兴趣，所以除以 $r!$

建议 处理排列和组合问题时，都从含有 n 个物件的集合中选择 r 个不同物件，二者最大的区别是“各物件的选择顺序是否重要”，重要则为排列，不重要则为组合。

当不相关时，不要尝试运用排列或组合理论。如果某个问题并非简单地选择不同物件（并可能排序），则基本计数原理可能更加适合。

历史回顾——排列组合的起源

就像数学中的许多思想一样，某些基本计数概念的起源可以追溯至古代。在编写于公元 200 年左右的希伯来语著作《创造之书》中，人们就发现了“排列”的概念。

令人惊讶的是，有证据表明早在公元前 4 世纪，中国数学家就曾经尝试解决排列组合问题。此外，还可以追溯至公元前 3 世纪的欧几里得，以及公元 7 世纪的印度数学家布拉马古普塔（婆罗摩笈多）。

例 4 组合公式的实际应用

a）为了定制个性化网络头像，可以从 5 张图片中选择 3 张，总共可以选择多少组？

b）从 10 人中选择 4 人成立一个委员会，共有多少种选择方式？

解：a）考虑选择图片时，因为顺序不重要，所以明显属于组合（而非排列）问题。“从 5 张图片中选择 3 张”的方式的数量为

$$C(5,3)=\frac{5!}{3!\cdot(5-3)!}=\frac{5\cdot 4\cdot \boxed{\cancel{3}\cdot\cancel{2}\cdot\cancel{1}}}{\boxed{\cancel{3}\cdot\cancel{2}\cdot\cancel{1}}\cdot 2\cdot 1}=\frac{20}{2}=10$$

b）从 10 人中选择 4 人的不同方式的数量为

$$C(10,4)=\frac{10!}{4!\cdot(10-4)!}=\frac{10\cdot \overset{3}{\cancel{9}}\cdot\cancel{8}\cdot 7\cdot \boxed{\cancel{6}\cdot\cancel{5}\cdot\cancel{4}\cdot\cancel{3}\cdot\cancel{2}\cdot\cancel{1}}}{\cancel{4}\cdot\cancel{3}\cdot\cancel{2}\cdot\cancel{1}\cdot\boxed{\cancel{6}\cdot\cancel{5}\cdot\cancel{4}\cdot\cancel{3}\cdot\cancel{2}\cdot\cancel{1}}}=210$$

现在尝试完成练习 19 ~ 22。

自测题 8

一个 12 人集合可以组成多少个 5 人委员会？

下面讨论本章开篇提出的彩票财团问题。

例 5 多少张彩票能够覆盖全部中奖可能性？

如前所述，某财团筹集了大量资金，围猎购买了全部弗吉尼亚彩票。如果获奖金额高于购买彩票所花的金额，该财团将从中获利。购买弗吉尼亚彩票时，玩家花 1 美元即可购买 1 张彩票，彩票由 6 个数字组合而成，每个数字的范围都是 1 ~ 44。该财团筹集了 1500 万美元，其是否能够购买可确保获利的足够数量的彩票？

解：因为从 44 个数字中选择 6 个数字的组合，所以可能的不同彩票数量为 $C(44,6)=7059052$。因此，该财团筹集的资金可以确保购买能够获利的足够数量的彩票。

生活中的数学——为何购买彩票不容易成为百万富翁？

在美国消费者联合会和财务规划协会共同发起的一项调查中，21%的美国成年人同意如下说法：“中彩票是积攒几十万美元的最实际方式”。这个比例令人震惊，或许很多美国人还不明白彩票中奖的可能性到底有多大！

以强力球彩票为例，“中大奖”要先从 69 个球中正确选择 5 个白球，后从 26 个球中选择正确的强力球（红球）。由基本计数原理可知，选择彩票的方式的数量为 $C(69,5)\times C(26,1)=292201338$。若购买了 500 万张彩票（就像澳大利亚财团围猎弗吉尼亚彩票那样），则赢得强力球大奖的概率率应低于 2%。

作者当时之所以未投资这个财团，是因为除了不确定其是否有能力筹集到覆盖全部彩票组合的足够数量资金，还对以下实际问题有所顾虑。

1. 如果未筹集到所需的足够数量的资金，财团将如何处置这笔资金？在无法覆盖全部中奖彩票的情况下，他们是否仍然购买彩票？如果这样做，所有投资资金极有可能打水漂。
2. 如果多人中大奖该怎么办？在这种情况下，大奖必须要多方共享，缩水后的金额可能不足以支付彩票费用。此时，财团将存在一定损失。
3. 购买 7059052 张彩票是否实际可操作？因为 1 周包含 $60\times60\times24\times7=604800$ 秒，要购买可覆盖全部中奖组合的足够数量的彩票，1 个人每秒购买 1 张彩票，实际所需时间近 12 周。在弗吉尼亚州，财团仅购买了约 500 万张彩票，因此全部资金打水漂的可能性极大！
4. 在筹集到的资金中，多少钱将用作该财团自身的管理费用？
5. 大奖将由该财团的数千名成员共享，且奖金支付期限是 20 年，此回报金额是否高于“将资金存入高息账户”？

因为存在这些担忧，笔者是否有些谨小慎微？你的意见如何？最后补充说明一点，弗吉尼亚彩票事件发生后，部分州将“覆盖所有中奖彩票组合”方式定为非法。

如例 6 所述，计数应用大量出现在博彩业（12.4 节将介绍计数在赌博中的应用）。

例 6　计数扑克手

a）在扑克牌游戏中，“从一副标准 52 张扑克牌中抽取 5 张牌”存在多少种不同的扑克手？（注：如图 12.1 所示，一副标准 52 张扑克牌包含 13 张红桃、13 张黑桃、13 张梅花和 13 张方块，各自由 A, K, Q, J, 10, 9, …, 3 和 2 组成，可能存在的扑克手见表 12.3。）

b）在桥牌游戏中，1 手牌由从标准 52 张牌中抽取的 13 张牌组成。总有多少种不同的桥牌手？

解：a）$C(52,5)=\dfrac{52!}{5!47!}=\dfrac{\overset{13}{\cancel{52}}\cdot\overset{17}{\cancel{51}}\cdot\overset{10}{\cancel{50}}\cdot49\cdot\overset{24}{\cancel{48}}}{\cancel{5}\cdot\cancel{4}\cdot\cancel{3}\cdot\cancel{2}\cdot1}=2598960$。

b）$C(52,13)=\dfrac{52!}{13!39!}=635013559600$。

12.3.4　计数方法组合

在某些情况下，“得到答案”必须要对多种计数方法进行组合，参见下个示例。

例 7　计数方法组合

为了参加在檀香山举行的领导层会议，你所在学校的学生服务部正在挑选 2 名男性和 2 名女性。若 10 名男性和 9 名女性有资格参加本次会议，管理层可以用多少种不同的方式做出决定？

解：回顾本书前文所述的系统化策略。

这道题很容易产生如下错误解读：“因为从 19 人中选择 4 人，所以答案是 $C(19,4)$。”。仔细思考就会发现某些选择不可接受，例如不能选择 4 名男性或者 3 女 1 男。

意识到该挑选过程可划分为 2 个步骤后，即可运用基本计数原理。

第 1 步：从 9 名女性中选出 2 名，选择方式的数量为 $C(9,2)=\frac{9!}{2!7!}=36$。

第 2 步：从 10 名男性中选出 2 名，选择方式的数量为 $C(10,2)=\frac{10!}{2!8!}=45$。

因此，“选择女性，然后选择男性”可以由 $36\cdot45=1620$ 种方式完成。

例 8 显示了另一种情形，即必须同时运用多种计数技术。

例 8　组建管理委员会

假设你与 15 位朋友共同成立了一家网络媒体公司，名为 Net-Media（互联网音乐和视频提供商）。为了管理这家公司，拟组建一个管理委员会，由总裁（1 人）、副总裁（1 人）和执委会（3 人）组成。该委员会有多少种不同的组建方式？

解：回顾本书前文所述的系统化方法。我们可分 2 步组建该委员会：第 1 步，选择总裁和副总裁；第 2 步，选择剩下的 3 名执委会成员。

因此，我们可以运用基本计数原理。在第 1 步中，因为顺序非常重要，所以可以采用 $P(16, 2)$ 种方式来选择总裁和副总裁。选择剩下的 3 名执委会成员时，因为顺序不重要，所以可以采用 $C(14, 3)$ 种方式从剩余 14 人中选择 3 人。

由此可见，“先执行第 1 步，再执行第 2 步”的方式的数量为

$$P(16, 2) \times C(14, 3) = 87360$$

现在尝试完成练习 55 ~ 62。

要点　帕斯卡三角的行数计数了一个集合的子集。

如本节前面的“历史回顾——排列组合的起源”所述，关于组合的讨论可以追溯至许多文化。现在查看一种非常有趣且广为人知的数字规律——帕斯卡三角，它其在其他国家中具有不同名称（如中国将其称为“杨辉三角”）。

在帕斯卡三角中，前 6 行如图 12.13 所示。该三角形从 1 开始，然后为确定后续各行中的各个元素，对正上方的 2 个数字（左右各一）求和。对于该三角形中的每一行，从第 0 行开始编号；对于每行中的每个元素，同样从 0 开始编号。因此，在图 12.13 中，数字 6 可视为第 4 行中的第 2 项（编号为 2）。可以看到，第 4 行中的数字 4 是第 3 行中的“1 和 3 之和”。

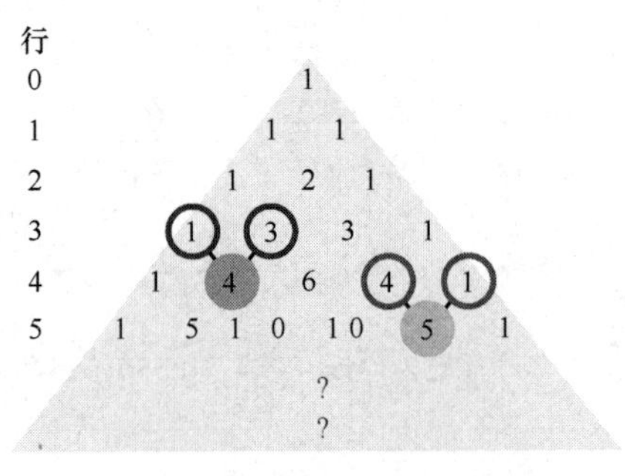

图 12.13　帕斯卡三角

在集合论中，帕斯卡三角有一种很有趣的应用。假设要查找某一特定集合的所有子集，如 1.1 节中的系统化策略所述，我们可以系统化地列举所求解问题的可能性。为了查找集合{1, 2, 3, 4}的所有子集，首先列出大小为 0 的集合，然后列出大小为 1, 2, 3 和 4 的集合，如下所示。

$\varnothing$ ———— 1 个 0 元素集合

{1}, {2}, {3}, {4} ———— 4 个 1 元素集合

{1, 2}, {1, 3}, {1, 4}, {2, 3}, {2, 4}, {3, 4} ———— 6 个 2 元素集合

{1, 2, 3}, {1, 2, 4}, {1, 3, 4}，{2, 3, 4} ———— 4 个 3 元素集合

{1, 2, 3, 4} ———— 1 个 4 元素集合

可见，大小为 0 的子集有 1 个，大小为 1 的子集有 4 个，大小为 2 的子集有 6 个，大小为 3 的子集有 4 个，大小为 4 的子集有 1 个。可以看到，如下规律出现在帕斯卡三角的第 4 行中：

$$1 \quad 4 \quad 6 \quad 4 \quad 1$$

类似地，如下规律出现在帕斯卡三角的第 5 行中，它计数了 5 元素集合中的不同大小（1, 2, 3, 4 和 5）子集：

$$1 \quad 5 \quad 10 \quad 10 \quad 5 \quad 1$$

实际上，后面各行的结果同样如此。

自测题 9

a）帕斯卡三角的第 7 行是什么？b）一个 7 元素集合中有多少个大小为 3 的子集？

帕斯卡三角计数一个集合的子集 帕斯卡三角的第 n 行计数一个 n 元素集合的不同大小的子集。

再次查看集合 $S=\{1,2,3,4\}$ 的子集。集合 $\{1\}$, $\{2\}$, $\{3\}$ 和 $\{4\}$ 是从 S 中选择“1 元素集合”的 4 种不同方式，集合 $\{1,2\}$, $\{1,3\}$, $\{1,4\}$, $\{2,3\}$, $\{2,4\}$ 和 $\{3,4\}$ 是从 S 中选择“2 元素集合”的 6 种不同方式。因为各个组合是集合，意味着也可采用帕斯卡三角中的“项位”来计数这些组合。

要点 帕斯卡三角的项位是 $C(n,r)$ 形式的数字。

帕斯卡三角的项位 $C(n,r)$ 在帕斯卡三角中，第 n 行的第 r 项是 $C(n,r)$。

例 9 将帕斯卡三角中的项位与组合相关联

将帕斯卡三角第 4 行中的各个数字解释为计数组合。

解： 帕斯卡三角的第 4 行为

$$1 \quad 4 \quad 6 \quad 4 \quad 1$$

因为最左侧的 1 是第 4 行中的第 0 项，所以可将其写为 $C(4,0)$，即 $C(4,0)=1$。第 4 行中的第 1 项是 4，意味着 $C(4,1)=4$。同理可知 $C(4,2)=6$，$C(4,3)=4$，$C(4,4)=1$。

现在尝试完成练习 25 ~ 26。

自测题 10

采用 $C(n,r)$ 表示法写出帕斯卡三角第 3 行中的数字。

对于不是特别大的计数问题，与前面提到的 $C(n,r)$ 公式相比，“用帕斯卡三角中的项位来计数组合”的速度更快，参见例 10。

例 10 用帕斯卡三角计数药物组合

为了治疗艾滋病和肝炎等疾病，医生经常尝试采用新药组合。假设某制药公司开发了 5 种抗生素和 4 种免疫系统刺激剂。为了治疗某一疾病，如果治疗方案由 3 种抗生素和 2 种免疫系统刺激剂组成，选择方式有多少种？为了加快计算速度，请采用帕斯卡三角。

解： 我们可以分 2 个步骤来选择药物——第 1 步是选择抗生素，第 2 步是选择免疫系统刺激剂，所以能够运用 12.2 节中介绍的基本计数原理。

选择抗生素时，从 5 种药物中选择 3 种，有 $C(5,3)$ 种实现方式。帕斯卡三角的第 5 行为

$$\begin{array}{cccccc} 1 & 5 & 10 & 10 & 5 & 1 \\ / & / & / & / & & \\ C(5,0) & C(5,1) & C(5,2) & C(5,3) & & \end{array}$$

可以看到，第 3 项（记住从 0 开始计算每行的项位）是 10，所以 $C(5,3)=10$。

对于从 4 种免疫系统刺激剂中选择 2 种，有 $C(4,2)$ 种实现方式。帕斯卡三角的第 4 行为

$$\begin{array}{ccccc} 1 & 4 & 6 & 4 & 1 \\ / & / & / & & \\ C(4,0) & C(4,1) & C(4,2) & & \end{array}$$

这意味着 $C(4,2)=6$。

综上所述，如果首先选择抗生素，然后选择免疫系统刺激剂，则选择方式的总数为 $C(5,3)\times C(4,2)=10\times 6=60$ 种。图 12.14 中显示了如何用 GeoGebra 计算药物治疗组合的数量。

```
1  nCr(5,3) · nCr(4,2)
   → 60
```

图 12.14 用 GeoGebra 计算药物治疗组合的数量

练习 12.3

强化技能

在练习 01～12 中，计算每个值。

01. 4!

02. 3!

03. $(8-5)!$

04. $(10-5)!$

05. $\frac{10!}{7!}$

06. $\frac{11!}{9!}$

07. $\frac{10!}{7!3!}$

08. $\frac{11!}{9!2!}$

09. $P(6,2)$

10. $P(5,3)$

11. $C(10,3)$

12. $C(4,4)$

在练习 13～14 中，解释每个符号的含义。

13. $P(10,3)$　**14**. $C(6,2)$

在练习 15～18 中，求排列数量。

15. 8 个物件，每次取 3 个

16. 7 个物件，每次取 5 个

17. 10 个物件，每次取 8 个

18. 9 个物件，每次取 6 个

在练习 19～22 中，求组合数量。

19. 8 个物件，每次取 3 个

20. 7 个物件，每次取 5 个

21. 10 个物件，每次取 8 个

22. 9 个物件，每次取 6 个

23. 列出帕斯卡三角的第 8 行。

24. 列出帕斯卡三角的第 10 行。

采用帕斯卡三角的第 7 行，回答练习 25～26。

25. 从一个 7 元素集合中，可以选择多少个 2 元素子集？

26. 从一个 7 元素集合中，可以选择多少个 4 元素子集？

在练习 27～30 中，描述每个数字在帕斯卡三角中的位置。

27. $C(18,2)$

28. $C(19,5)$

29. $C(20,6)$

30. $C(21,0)$

学以致用

在练习 31～44 中，具体说明执行所述任务的方式的数量，并用 $P(n,r)$ 或 $C(n,r)$ 表示法给出答案。要识别某一问题是与排列相关还是与组合相关，关键在于确定“顺序是否重要”。

31. **测验的可能性**。在生物学测验中，学生必须将 8 个术语与其定义相匹配。假设同一术语不能使用 2 次。

32. **安排面试**。为替换在百老汇经典舞台剧《歌剧魅影》中扮演魅影的演员，制片人希望在 6 天（不同）内分别面试 6 名演员。

33. **辣酱**。某辣酱吧有 17 个品种，你将选择其中 3 种进行品尝，但不在乎品尝顺序。

34. **选择室友**。安妮特为下学期租了一栋避暑别墅，她想从 6 个朋友中选择 4 个室友。

35. **棒球阵容**。在击球阵容中，乔 • 马登选择了第 1、第 2、第 4 和第 9 击球手，还选择了另外 5 名球员，并希望将他们的名字写进击球阵容。

36. **比赛结果**。7 艘帆船将完成美国杯帆船赛。

37. **确定比赛种子选手**。诺瓦克 • 德约科维奇、拉斐尔 • 纳达尔、罗杰 • 费德勒和多米尼克 • 蒂姆应邀参加在吉隆坡举办的马来西亚公开赛，这些球员成为比赛前 4 名种子选手的方式有多少种？

38. **皮划艇比赛结果**。在每个阵亡将士纪念日，皮划艇比赛都将举办。赛程长达 70 英里，桨手们从库珀镇出发，1 天内抵达纽约的班布里奇。如果职业组有 15 名参赛者，前 3 名获奖者有多少种可能的方式？

39. **新闻奖项**。10 家杂志正在争夺 3 个完全相同的优秀新闻奖，任何杂志的获奖数量都不能超过 1 个。

40. **新闻奖项**。重做练习 39，但是这次假设各个奖项均不相同，任何杂志的获奖数量都不能超过 1 个。

41. **车库门遥控器代码**。为了打开车库门，要在数字键盘（0～9）上输入 4 位代码。每个数字最多只能用 1 次，输入顺序很重要。

42. **汽车遥控器密码**。汽车遥控器有 5 个按钮，要用其打开车门，需按顺序按下这 5 个按钮，不能重复。

43. **为杂志选择文章**。《奥普拉》杂志的编辑人员正在审阅 17 篇文章，希望为下一期杂志选择其中 8 篇。

44. **为杂志选择文章**。重做练习 43，但是这次除了选择故事，编辑人员还要决定故事的出现顺序。

在练习 45～48 中，确定执行所述任务的方式的数量。

45. 阅读计划。为了访问学校并支持暑期阅读计划，美国职业棒球大联盟将从一支 25 人的棒球队中选出 6 名球员。选择方式有多少种？

46. 阅读计划。在练习 45 中，如果不仅想要选择球员，还要让每名球员分别访问 6 所学校之一，有多少种方式可以完成任务？

47. 写文章列表。在练习 44 中，如果写出“为杂志选择 8 篇文章”的 1 个列表需要 1 分钟时间，则写出“为杂志选择 8 篇文章”的所有可能列表需要多少年？假设 1 小时包含 60 分钟，1 天包含 24 小时，1 年包含 365 天。

48. 写分派列表。在练习 46 中，如果写出“包含 6 个球员及其分派学校”的 1 个列表需要 1 分钟，则写出“包含 6 个球员及其分派学校”的所有可能列表需要多少年？

在练习 49 ~ 50 中，说明给定答案为什么不正确。

49. 不正确答案。从 8 篇推荐文章中，编辑必须要选出 3 篇并刊登在校报头版，但具体位置并不重要。安娜说有 336 种选择方式。

50. 不正确答案。音乐节目主持人将从 9 首歌曲中选择 5 首作为校园广播电台的开始曲。他能够以多少种方式进行选择，然后在广播中播放这些歌曲？诺亚重点关注了“选择”一词，然后回答 126。

下图是一张宾果卡，数字 1 ~ 15 位于字母 B 下，数字 16 ~ 30 位于字母 I 下，数字 31 ~ 45 位于字母 N 下，数字 46 ~ 60 位于字母 G 下，数字 61 ~ 75 位于字母 O 下，中心空间标注着 FREE（财神）。

B	I	N	G	O
5	28	33	51	75
7	17	41	59	63
2	22	FREE	48	61
11	29	44	46	72
9	30	38	52	68

51. 宾果卡。字母 B 下可能有多少种不同的列？

52. 宾果卡。字母 N 下可能有多少种不同的列？

53. 宾果卡。可能有多少种不同的宾果卡？（提示：运用基本计数原理。）

54. 宾果卡。为什么练习 53 的答案不是 $P(75,24)$？

在练习 55 ~ 68 中，运用基本计数原理。

55. 电脑密码。某电脑密码由字母表中的 3 个不同字母和 4 个不同数字（0~9）组成，共有多少种不同的密码？

56. 组建公共安全委员会。为了调查公共安全的改善方法，尼斯镇正在组建一个委员会。在委员会的全部代表中，3 人来自镇议会（共 7 人），2 人来自公民咨询委员会（共 5 人），3 人来自警务部门（共 11 人）。委员会的组建方式有多少种？

57. 选择团队参加研讨会。为了参加一次关于有毒废物处理的研讨会，哈兹马特公司将派出一个 8 人团队，其中 2 人为工程师（共 8 人），3 人为业务主管（共 9 人），其余人员从高级管理人员（共 5 人）中选出。选择方式共有多少种？

58. 设计健身计划。为了减肥和塑形，沃尔登正考虑选择 2 种运动来提升心血管健康水平，具体选项包括跑步、自行车、游泳、踏楼梯和跆拳道。他还计划服用 2 种营养补剂，具体选项包括 AllFit、Energize、ProTime 和 DynaBlend。运动和营养补剂的选择方式共有多少种？

59. 计数任务分配可能性。作为社区卫生服务学位计划的一部分，吉娜要撰写对 3 家医院和 2 家诊所的评估报告。如果附近有 6 家医院和 5 家诊所，其可以通过多少种方式完成任务分配？

60. 面包车乘客分配。大学棒球队（共 24 个球员）将乘坐 3 辆面包车参加比赛，每辆面包车乘坐 8 人。“将球员分配至面包车”的方式有多少种？球员们在面包车里的位置并不重要。

61. 评论电子游戏。在自己的在线专栏中，《电子游戏玩家》的编辑选择了 4 款电子游戏（共 10 款）进行评论，且重点评论其中 1 款，简单评论其他 3 款，未设置特定顺序。评论的选择方式共有多少种？

62. 玉米煎饼选择。假设你在墨西哥连锁餐厅点了一个玉米煎饼，并计划选择 2 种馅料（共 6 种）、1 种稻米（共 3 种）和 4 种浇料（共 9 种）。玉米煎饼的点餐方式共有多少种？

63. 挑选参赛队伍。在中心城市社区学院的高级通信设计班中，学生（共 12 人）准备向全国竞赛提交一个项目。他们要挑选 4 人组队参赛，其中必须有 1 名组长和 1 名技术负责人，其他 2 人则无特定角色。参赛队伍可以通过多少种不同的方式进行组建？

64. 为什么练习 63 既不是严格的排列问题，又不是严格的组合问题？

65. **选择评估团队**。甜谷学院的学术计算委员会正在评估不同的计算机系统。委员会的组成人员包括 5 名管理人员、7 名教师和 4 名学生。在即将组建的 5 人评估团队中，主席和副主席必须是管理人员，其余成员由教师和/或学生组成。评估团队的组建方式共有多少种？

66. 为什么练习 65 既不是严格的排列问题，又不是严格的组合问题？

运钞车必须在购物中心和珠宝店收取货款，然后将货款送到银行。为了安全起见，司机每天都改变汽车行驶路线。用地图回答练习 67 ~ 68。

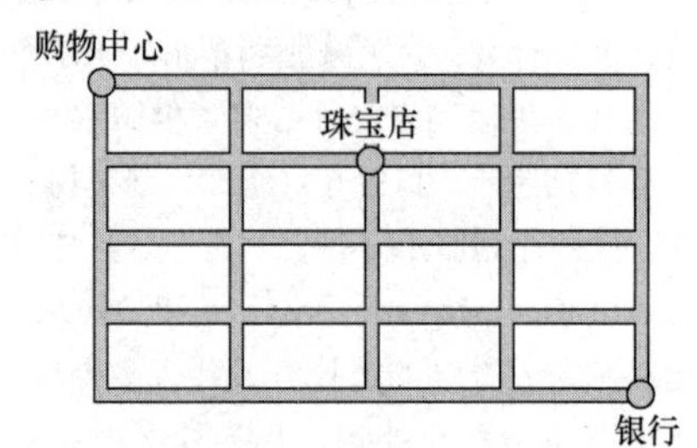

67. **运钞车路线**。从购物中心到银行，司机可以走多少条不同的直达路线？

68. **运钞车路线**。如果司机还要在珠宝店停车，则其从购物中心到银行可以走多少条直达路线？

69. **志愿者分组**。18 名学生自愿成为校园大使，为新生及其家庭提供服务。为便于培训，这些志愿者分成 3 组，每组 6 人。划分方式共有多少种？

70. **校长顾问委员会**。学生会主席要从 17 名学生领袖中选择 8 人组建校长顾问委员会。在这 8 人中，1 人作为主席，另 2 人作为共同主持人，其余 5 人无特殊角色。委员会的组建方式共有多少种？

数学交流

71. 例 7 中从 19 人中选出 4 人，但答案不是 $C(19,4)$，解释理由。在这里，基本计数原理是如何应用的？

72. 如前所述，组合是给定集合的子集，$C(n,r)$ 是 n 元素集合中大小为 r 的子集数量。给出一个直观理由，解释为什么你应认为下列每个等式都正确。**a**. $C(5,0)=1$；**b**. $C(8,7)=8$。

73. 解释为什么 $C(n,r)=C(n,n-r)$。为了理解这个命题，回顾 1.1 节中的三法原则。

生活中的数学

74. **强力球彩票**。2015 年 10 月前，为了选择 1 张强力球彩票，可以从 1～59 中选择 5 个号码，然后从 1～35 中选择强力球号码。可能存在多少张不同的彩票？

75. **玩彩票**。许多州都有一种名为“天天号码”的彩票，玩家可以选择一个 3 位数号码，如 407、556 或 333。假设 1 美元玩一次，如果所选号码正确，就可获得奖金 500 美元。如果你有一天购买了 000～999 之间的所有号码，则会赢（或输）多少钱？

76. **玩彩票**。某些彩票要求从 1 到 39 中选择 5 个数字，若购买了 1000 张的不同彩票，中奖机会有多大？

挑战自我

77. 考虑以下问题：多少个 4 位数是奇数且大于 5000？为什么这不是排列问题？

78. 考虑以下问题：数字 1, 3, 5, 7 和 9 可以形成多少个 4 位数？数字不可重复。为什么这不是组合问题？

79. **打扑克**。从一副标准扑克牌中选择 5 张牌，多少扑克手包含 2 张方块和 3 张红桃？

80. **打扑克**。从一副标准扑克牌中选择 5 张牌，多少扑克手包含 2 张 K 和 3 张 A？

在 1303 年成书的中国书籍《四元玉鉴》中，人们发现了帕斯卡三角/杨辉三角，部分图形如下所示。用该图回答练习 81 ~ 84。

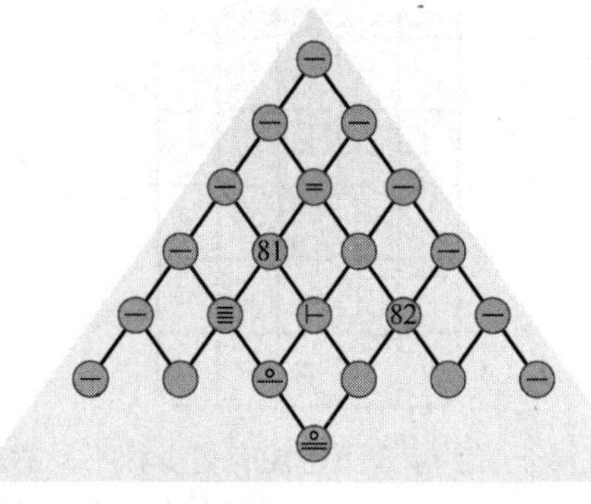

81. 在标有 81 的圆圈中，你预期会找到什么符号？

82. 在标有 82 的圆圈中，你预期会找到什么符号？

83. 符号⊢代表什么数字？

84. 符号≗代表什么数字？

考虑帕斯卡三角的第 n 行和第 $n-1$ 行，如下图所示。用该图回答练习 85 ~ 89。

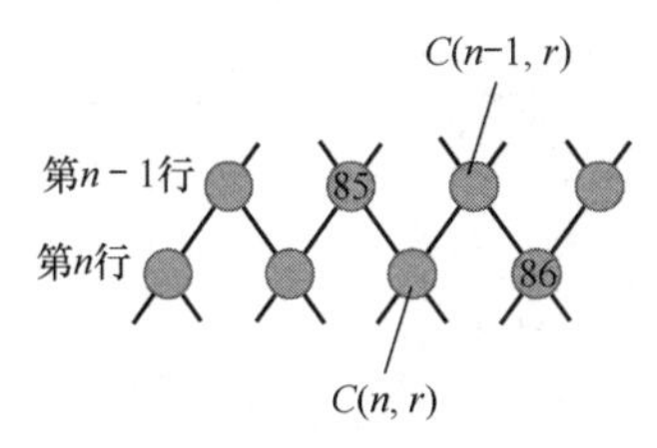

85. 在标有 85 的圆圈中，表达式是什么？

86. 在标有 86 的圆圈中，表达式是什么？

87. 完成以下等式：$\square + C(n-1, r) = \square$。

88. 完成以下等式：$C(n, r) + \square = \square$。

89. 可以看到，在帕斯卡三角中，每行数字排列都是对称的。查看第 4 行中的 4 如何平衡，第 5 行中的 5 如何平衡，以此类推。能用集合论解释这种情形吗？

12.4 深入观察：计数和赌博

参观某家赌场时，笔者看到一块霓虹灯标牌广而告之：*累积奖池超过 100000 美元！*

在赌场的老虎机中，所有下注资金的 1/5 会被纳入累积奖池，使得累积奖池中的资金越滚越多。每隔一段时间，幸运玩家赢得头奖后，累积奖池将被清空并重新开始累积。如果以另一种方式查看这个累积奖池，则该霓虹灯标牌或许应这样宣传：*自从上次中大奖至今，超过 2000000 人在老虎机上赌博！*

利用一种非常简单的数学原理，赌场经营者赚取了巨额财富，即“庄家能赢”方式的数量大于“玩家能赢”方式的数量。本节运用计数理论解释“赌客在老虎机和扑克牌等游戏中为何会赢（或输）”。

12.4.1 基本计数原理在赌博中的应用

早期机械式老虎机包含 3 个转轮，每个转轮包含标有多种符号（如橙子、铃铛、柠檬、樱桃和 BAR 等）的 20 个位置。赌博者向老虎机中投入 1 枚硬币，然后拉动操纵杆，3 个转轮开始旋转。这些转轮停止旋转后，窗口中就会显示每个转轮上的 1 种符号（注：与早期老虎机使用操纵杆和转轮不同，现代老虎机主要依赖计算机芯片，基于随机数发生器来调节赔率，然后由计算机控制“虚拟转轮”来确定回报）。对于某些符号的各种排列，玩家会获得相应的回报。与较为常见的排列相比，不常出现的各种符号排列回报更多。图 12.15 中显示了每个转轮（共 3 个）上可能会出现的典型符号排列。

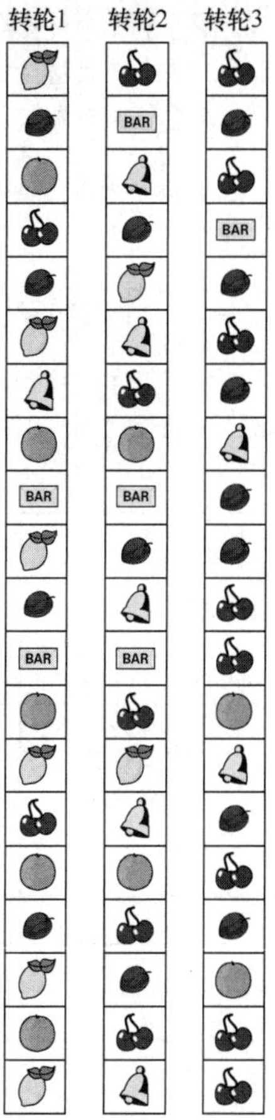

转轮1 转轮2 转轮3

图 12.15 典型机械式老虎机的 3 个转轮

例 1 运用基本计数原理分析老虎机

a）在如图 12.15 所示的老虎机中，3 个转轮有多少种不同的停止转动方式？

b）一种回报情形是“第 1 个转轮上有樱桃，其他转轮上没有樱桃”，这种情形包含多少种不同的方式？

解：回顾本书前文所述的系统化策略。

a）首先考虑第 1 个转轮停止转动，然后考虑第 2 个转轮停止转动，最后考虑第 3 个转轮停止转动，这样做非常有用。如果绘制槽位图（见图 12.16），则解将变得显而易见。运用基本计数原理可知，3 个转轮停止转动的不同方式的总数是 $20 \times 20 \times 20 = 8000$。

b）像以前那样，将各个转轮想象为分步停止，且槽位图有助于计数，如图 12.16 所示。由基本计数原理可知，“仅第 1 个转轮上显示樱桃”的方式的总数为 $2 \times 15 \times 12 = 360$。

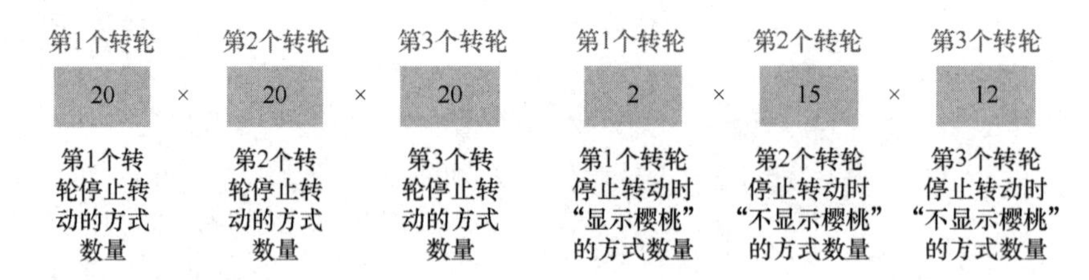

图 12.16　老虎机转轮的槽位图

例 2　计数获得 3 个 BAR 的方式的数量

对于图 12.15 中的老虎机而言，最大回报是 3 个 BAR。多少种方式可以显示 3 个 BAR？

解：第 1 个转轮有 2 种方式，第 2 个转轮有 3 种方式，第 3 个转轮只有 1 种方式。由基本计数原理可知，“3 个转轮均显示 BAR”的方式的数量为 $2\times3\times1=6$。

现在尝试完成练习 01 ~ 06。

从例 1 和例 2 中，可以预期“3 个转轮均显示 BAR”的回报远大于“仅第 1 个转轮上显示樱桃”的回报。

12.4.2　计数和扑克牌

计数原理也解释了为什么某手牌（即扑克手）能够打败另一手牌，参见表 12.3。在扑克牌中，不太常见的一手牌能够打败更常见的一手牌。我们首先确定可能的扑克手总数。

表 12.3　扑克手的强弱顺序

皇家同花顺	10, J, Q, K 和 A，全部为同一花色
同花顺	按顺序相连的 5 张牌，全部为同一花色（注：选择 5 张牌序列时，A 既可高于 K，又可作为 1。例如，“A, 2, 3, 4, 5”和“10, J, Q, K, A”都是允许的）
四条/铁支/炸弹	4 张点数一样的牌，加上 1 张其他牌
满堂红/满堂彩/葫芦	3 张点数一样的牌，加上 1 对其他点数的牌
同花	具有相同花色的 5 张牌
顺子	按顺序相连的 5 张牌
三条	3 张点数一样的牌，加上 2 张彼此不同的牌
两对	不同的 2 对牌，加上与其不一样的第 5 张牌
对子	2 张点数一样的牌，加上 3 张彼此不同的牌
散牌	以上情形之外的牌

历史回顾——布莱士·帕斯卡

现代概率论的诞生要归因于赌博输钱所引发的问题。17 世纪，绅士赌徒梅内向数学家求助，想知道为何其旨在增大获胜机会的策略没有成功。在这些数学家中，布莱士·帕斯卡是前述帕斯卡三角的发现者。

帕斯卡是个一位神童，12 岁时就对欧几里得的《几何原本》兴趣浓厚。在接下来的 4 年中，他撰写了 1 篇质量非常高的研究论文，当时的某些顶尖数学家甚至拒绝相信其出自一个 16 岁男孩之手。

为了投身于哲学和宗教，帕斯卡曾经短暂放弃数学。但是，当他饱受牙痛折磨时，决定通过思考几何学来摆脱疼痛。非常神奇，牙齿居然不痛了，帕斯卡认为这是天意令其回归数学，于是很快恢复了数学研究。但是天有不测风云，他随后又患上了消化不良疾病，并在极度痛苦中熬过余生，几乎未做任何研究工作，直至 1662 年（39 岁）去世。

例 3 计数扑克手数量

“从一副标准 52 张扑克牌中抽取 5 张牌”的扑克手方式的数量有多少？

解：在抽取 5 张牌扑克手时，我们正在从 52 张牌中选择 5 张，可以采用的方式的数量为

$$C(52,5)=\frac{52!}{5!47!}=\frac{52\cdot 51\cdot 50\cdot 49\cdot 48}{5\cdot 4\cdot 3\cdot 2\cdot 1}=2598960\text{ 种}$$

如接下来的例 4 和例 6 所述，四条之所以能够击败满堂红，是因为“获得四条的方式的数量”要少于“获得满堂红的方式的数量”。在这些示例中，我们将主要运用基本计数原理。

例 4 抽取四条

当从一副标准 52 张扑克牌中抽取 5 张牌时，确定能够获得四条/铁支/炸弹的不同方式数量。

解：回顾本书前文所述的系统化策略。我们可以通过 2 个步骤来构造 1 个四条。

第 1 步：选取四条的大小（点数），如 4 张 A、K 或 3 等。这个决定可以通过 13 种方式做出。

第 2 步：选择 4 张牌后，继续选择第 5 张牌。例如，如果选择了 4 张 K，则可继续选择 1 张 J 作为第 5 张牌。从剩余的 48 张牌中，选择任何 1 张作为第 5 张牌。

因此，由基本计数原理可知，“构造 1 个四条”可以采用的方式的数量为 $13\times 48=624$ 种。

如前所述，满堂红/满堂彩/葫芦是指 1 手牌中包含“3 张点数一样的牌”和“1 对其他点数的牌”，如 3 张 K 和 2 张 J 组成 1 个满堂红。在确定“抽取满堂红”存在多少种不同的方式以前，下面先讨论一个更简单的问题。

例 5 抽取点数相同的 3 张牌

从一副标准 52 张扑克牌中抽取 3 张牌时，确定抽取具有相同点数 3 张牌的不同方式的数量。

解：解此题可以分为 2 个步骤。第 1 步，选择 3 张牌的相同“点数”，选择方式有 13 种；第 2 步，从具有此点数的 4 张牌中选择 3 张，选择方式有 $C(4,3)=4$ 种。由基本计数原理可知，“点数相同的 3 张牌”的选择方式为 $13\times 4=52$ 种。

自测题 11

从一副标准 52 张扑克牌中抽取 2 张牌时，确定抽取具有相同点数 2 张牌的不同方式的数量。

例 6 抽取满堂红

从一副标准 52 张扑克牌中抽取 5 张牌时，确定可以获得满堂红的不同方式的数量。

解：这个问题可视为由 2 个更简单的子问题组成。

子问题 1：确定可以选择“具有相同点数 3 张牌”的方式的数量。例 5 中已经解决了这个子问题，答案是 52 种。

子问题 2：确定可以选择“具有相同点数 2 张牌”的方式的数量。不要利用“自测题 11”中的答案，否则将出错。一定要知道的是，在这个步骤中，“选择最后 2 张牌”是在“已经确定三条中各牌”之后。

因为已为三条用掉 1 个点数，所以现在只剩下 12 个点数。例如，如果已经选择 3 张 K，则其余 2 张牌就不能再用 K，因此最后 2 张牌的点数只能从 12 种方式中选择。确定最后 2 张牌的点数后，还要从具有该点数的 4 张牌中选择 2 张，完成方式为 $C(4,2)=6$ 种。由基本计数原理可知，二条牌的选择方式为 $12\times 6=72$ 种。

现在准备回答最初的问题。构建满堂红时，我们可以先用 52 种方式选择三条牌，然后用 72 种方式选择二条牌，最后运用基本计数原理求出满堂红的构建方式的数量为 $52\times 72=3744$ 种。

例 7 抽取三条

从一副标准 52 张扑克牌中选择 5 张牌，可以抽取三条的方式有多少种？

解：首先必须计数“具有相同点数三条”的可选择方式的数量，例 5 给出了答案（52）。

接下来，我们必须选择剩余的 2 张牌。第 4 张牌能以 48 种方式从剩下的 12 个点数中选择，第 5 张牌（点数必须与前 4 张牌的不同）能够以 44 种方式选择。可见，第 4 张牌和第 5 张牌能够以 48×44 种方式选择。

但是，这种解题思路有个小缺陷！设从 3 个 K 开始，第 4 张牌选择 Q，第 5 张牌选择 8。此时，如果重新排列 Q 和 8，扑克手应保持不变。因此，我们意识到“在计数第 4 张牌和第 5 张牌的完成方式时，每种可能性计数了 2 次”。因此，最后 2 张牌的选择方式只有 $48 \times 44/2 = 1056$ 种。

因为前 3 张牌（同一点数）可用 52 种方式选择，后 2 张牌可用 1056 种方式选择，所以三条扑克手的选择方式的数量为 $52 \times 1056 = 54912$ 种。

现在尝试完成练习 07 ~ 12。

练习 12.4

学以致用

练习 01 ~ 06 基于如图 12.15 所示的老虎机。

01. **老虎机**。只在前 2 个转轮上获得樱桃的方式有多少种？

02. **老虎机**。在所有 3 个转轮上获得樱桃的方式有多少种？

03. **老虎机**。在所有 3 个转轮上获得橙子的方式有多少种？

04. **老虎机**。在所有 3 个转轮上获得李子的方式有多少种？

05. **老虎机**。在所有 3 个转轮上获得铃铛的方式有多少种？

06. **老虎机**。在所有 3 个转轮上获得 BAR 的方式有多少种？

在练习 07 ~ 12 中，处理表 12.3 中描述的扑克手，假设从一副标准 52 张扑克牌中抽取 5 张牌。

07. **打扑克**。多少种方式可以获得皇家同花顺（10, J, Q, K 和 A，全部为同一花色）？

08. **打扑克**。构建“同花顺”时，首先选择一种花色，然后选择该花色中按顺序相连的 5 张牌。**a**. 花色的选择方式有多少种？**b**. 该花色中按顺序相连的 5 张牌的选择方式有多少种？**c**. 同花顺的构建方式有多少种？

09. **打扑克**。为了构建“同花”，首先选择一种花色，然后选择 5 张牌，不考虑大小顺序。**a**. 花色的选择方式有多少种？**b**. 5 张牌的选择方式有多少种？**c**. 同花的构建方式有多少种？

10. **打扑克**。为了构建“顺子”，必须依次选择 5 张牌（并非所有牌都有相同的花色）。**a**. 5 张牌序列的选择方式有多少种？**b**. 对于 a 问中的每个序列，必须为第 1 张牌选择一种花色，为第 2 张牌选择另 1 种花色，以此类推。完成此项工作的选择方式有多少种？（提示：为 5 张牌绘制槽位图。）**c**. 将 a 问和 b 问的结果相乘；**d**. 减去练习 07 中的皇家同花顺和练习 08 中的非皇家同花顺的数量。

11. **打扑克**。构建包含“两对”的 5 张牌扑克手有多少种方式？

12. **打扑克**。构建只包含“一对”且无其他任何价值牌的扑克手有多少种方式？

数学交流

13. 例 5 为什么不是严格意义上的组合问题？

14. 在本节中求解扑克牌示例时，为什么采用组合而非排列？

15. 在图 12.15 中的老虎机上，你认为 3 个樱桃和 3 个橙子的回报哪个更大？解释理由。

16. 在图 12.15 中的老虎机上，你认为 3 个李子和 3 个铃铛的回报哪个更大？解释理由。

挑战自我

17. **打扑克**。多少扑克手的价值小于“一对”？为求解此问题：**a**. 计算表 12.3 中的每种类型扑克手的数量；**b**. 从所有可能的扑克手总数中减去 a 问中求出的扑克手总数。

本章复习题

12.1 节

01. 列出从 4 枚硬币［50 美分（H）、25 美分（Q）、10 美分（D）和 5 美分（N）］中选择 2 枚不同硬币的所有方式，选择顺序并不重要（HQ 与 QH 相同）。

02.《龙与地下城》游戏曾经使用一种四面体骰子，它有 4 个全等等边三角形，编号分别为 1, 2, 3 和 4。如果画一幅树图来显示 3 个四面体骰子的翻转方式，则其有多少个分支？

03. 一套套装由衬衫、裤子、领带和夹克组成。如果有 5 件衬衫、4 条裤子、6 条领带和 2 件夹克，可形成多少套不同的套装？

12.2 节

04. 攀岩俱乐部有 14 名成员，要从中选择总裁、副总裁和财务主管各 1 人，且所有职位均为不同人选，有多少种实现方式？

05. 星期五餐厅的"早到者特价"套餐提供开胃菜、主菜和甜点各 1 份。如果开胃菜有 4 种，主菜有 12 种，甜点有 6 种，则可能有多少种不同的套餐？（假设必须从每个类别中选择 1 种。）

06. 哈里德教授负责本学期的戏剧制作，她需要选择制片、导演和舞台经理各 1 人。制片的候选人有 6 名学生，导演的候选人有 3 名学生，舞台经理的候选人有 5 名学生。她可采用多少种方式选择担任这些职位的学生？

07. 校车行进路线必须从学生宿舍（D）到学生中心（S），再到健身中心（F）。从 D 到 F 且经过 S 的直达路线有多少条？

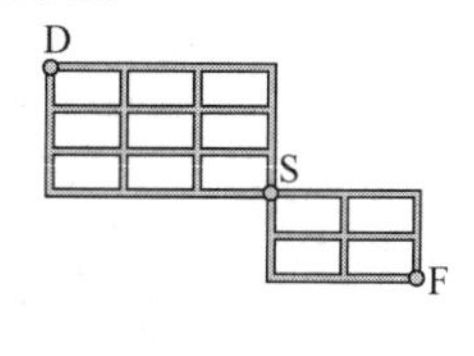

08. 假设要让亚历克斯（A）、邦妮（B）、卡尔（C）、达里亚（D）、伊迪丝（E）和弗兰克（F）坐在同一排的 6 把椅子上，且亚历克斯和邦妮必须坐在一起，可采用多少种方式来安排座位？

12.3 节

09. 解释排列与组合之间的主要区别。

10. 在心理测试中，被试要将 8 个术语与图片相匹配，同一术语不能使用 2 次，总有多少种匹配方式？

11. 在大学毕业聚会中，你负责提供美味的纸杯蛋糕。餐饮承办人提供 12 种口味的蛋糕，"选择 3 种口味蛋糕"有多少种方式？

12. 一个计算机密码由字母表中的 3 个不同字母和 2 个不同数字（0～9）组成，共有多少个这样的密码？

13. $P(n, r)$ 公式与 $C(n, r)$ 公式如何相关？

14. 利用帕斯卡三角中的第 7 行，计算可从 7 元素集合中选择的 2 元素子集的数量。

15. 描述 $C(18, 2)$ 在帕斯卡三角中的位置。

12.4 节

16. 利用图 12.15 中的老虎机，得到如下图案的方式有多少种？**a.** 仅前 2 个转轮上有李子；**b.** 3 个转轮上都有李子。

17. 在扑克牌中，"同花"是指具有相同花色的 5 张牌，但并不按顺序排列。"构建同花"可以采用多少种不同的方式？（提示：先选择花色，然后选择 5 张牌。）

本章测试

01. 列出从单词 EXIT 中选择 2 个不同字母的所有方法。选择顺序很重要，如 IT 与 TI 不同。

02. 有些角色扮演游戏使用八面体骰子，它有 8 个全等三角形边，编号为 1, 2,⋯, 8。如果画一幅树图来显示 2 个八面体骰子的翻转方式，其有多少个分支？

03. 艾伦（A）、伯特（B）、康苏拉（C）、德旺（D）和艾米莉（E）正在观看演出，如果德旺和艾米莉想坐在一起，可用多少种方式让他们就座于 5 个座位？

04. 利用帕斯卡三角中的第 6 行，计算可从 6 元素集合中选择的 3 元素子集的数量。

05. 在图 12.15 中的老虎机上，"所有 3 个转轮上都出现铃铛"的方式有多少种？

06. 为迎接到来的高级研讨会，高级通信设计专业学生必须从 12 种可能性清单中选择并提交 3 个项目。他们可以用多少种方式做出决定？

07. 社交活动俱乐部有 15 名成员，要从中选举主席、副主席、秘书和公关各 1 人，且所有职位均为不同人选，有多少种实现方式？

08. 在扑克牌中，同花顺是具同一花色且按顺序相连的 5 张牌。得到同花顺的方式有多少种？（注：AKQJ10 和 5432A 都是同花顺）。

09. 你正在选择下学期的课程，为了满足科学需求，要从 3 门生物学课程中选择 1 门；为了满足多样性需求，要从 4 门课程中选择 1 门；为了满足写作需求，要从 6 门课程中选择 1 门。共有多少种选课方式？

10. 排列和组合的主要区别是什么？

11. 拉斐尔即将签署新车销售协议，他可从 4 种保修中选择 1 种，从 3 种外饰组合中选择 1 种，从 11 种颜色中选择 1 种，从 6 种内饰组合中选择 1 种。假设他要选择颜色和内饰，但可以不选择任何其他选项。他可以用多少种方式做出决定？

12. 6 名男性和 6 名女性正在参加混合双打网球比赛，这些运动员的组队方式有多少种？

13. 写出将表达式 $P(n, r)$，$C(n, r)$ 和 $r!$ 相关联的等式。

14. 在帕斯卡三角中，$C(12, 5)$的位置在哪里？

15. 假设你正在订购带有郊游俱乐部标志的 T 恤，T 恤的颜色有 5 种，标志的颜色有 4 种，T 恤的类型有 2 种（长袖或短袖）。可以采用多少种方式订购 T 恤？

16.《命运之轮》是非常受欢迎的电视游戏节目，该节目鼓励观众“在家玩”。家庭参赛者提交的参赛作品有一个观众 ID，由字母表中的 3 个不同字母和 4 个不同数字（0～9）组成。共有多少个不同的观众 ID？

第13章 概　率

哪种情况下死亡的可能性更大：被大白鲨咬死……被自动售货机砸死？

谈及这些情况下的可能性时，我们将进入丰富多彩的“概率”世界，数学家已沉醉其中并探索了长达数个世纪之久。理解和应用概率法则，赌场老板斩获了巨大的财富，贫困国家提高了粮食产量，制药公司开发了保护性疫苗等。

本章介绍概率的基本概念，讨论其在人们日常生活中发挥的作用，如购买保险、玩碰运气游戏、投资股市，以及选择飞机上最安全的座位等。

本章最后将展示一个引人注目的示例，说明“药检阳性者的未服药可能性高得惊人”。

13.1　概率论基础

购买露天观赛球票后，你一定期待在一个温暖的夏夜与朋友共同观赏一场轻松的赛事。假设天公并不作美，天气预报说当天有短时阵雨，于是你只好蜷缩在斗篷下等待雨过天晴。但是，这场雨却下了很长时间，天气预报出现了明显误差，你懊悔为何不购买次日的比赛球票。

众所周知，“预测天气”并不是一门精确的科学，因为天气是一种随机现象。随机现象是偶然发生的不确定事件，除了天气，还包括掷骰子、钻探石油和驾驶汽车等。

虽然无法确切知晓某一随机现象如何发生，但是人们经常可以计算出称为概率/或然率的一个数字，并用其判断随机现象以何种必然方式发生。下面介绍概率的一些基本术语。

13.1.1　样本空间和事件

当计算某一随机现象的概率时，第 1 步是确定一个试验的样本空间。

要点　了解样本空间有助于计算概率。

定义　试验是对随机现象的任何观察；试验的不同可能结果称为样本点；试验所有可能样本点的集合称为样本空间。

如果观察掷 1 枚硬币的结果，则其为一个“试验”示例。此时可能出现的“样本点”是正面朝上或反面朝上，所以该试验的样本空间是集合{正面朝上，反面朝上}。

例 1　求样本空间

确定下列每个试验的样本空间。

a）从生产线上挑选 1 部 iPhone 手机，检测其是否存在缺陷。

b）一名食品工人正在接受连续 3 次（每月 1 次）病毒检测，且记录了检测结果。

c）从一副标准 52 张扑克牌（见图 12.1）中选择 1 张牌，然后选择另 1 张牌（不退回第 1 张牌）。假定扑克牌的选择顺序很重要。

d）掷 2 个骰子，观察朝上显示的 1 对数字。

解：回顾本书前文所述的系统化策略。

在每种情况下，通过将试验的样本点采集到 1 个集合中，即可求得样本空间。

a）这个样本空间是{有缺陷，无缺陷}。

b）在这个试验中，我们不仅要知道该工人阳性（P）或阴性（N）的检测次数，而且想知道结果出现的顺序，如“1 次阳性后接 2 次阴性”与“2 次阴性后接 1 次阳性”不一样。在图 13.1 中，树图（见第 12 章）有助于求样本空间。

第 1 次检测有 2 种可能性［即阳性（P）或阴性（N）］，第 2 次检测有 2 种可能性，第 3 次检测也有 2 种可能性。树图的各个分支提供了以下样本空间：

{PPP, PPN, PNP, PNN, NPP, NPN, NNP, NNN}

c）这个样本空间因规模太大而无法列举，但是可以运用基本计数原理（见 12.2 节）计数其成员。由于第 1 张牌的选择方式的数量是 52 种，第 2 张牌的选择方式的数量是 51 种（不放回第 1 张牌），所以这 2 张牌的选择方式的总数是 $52\times51=2652$ 种。

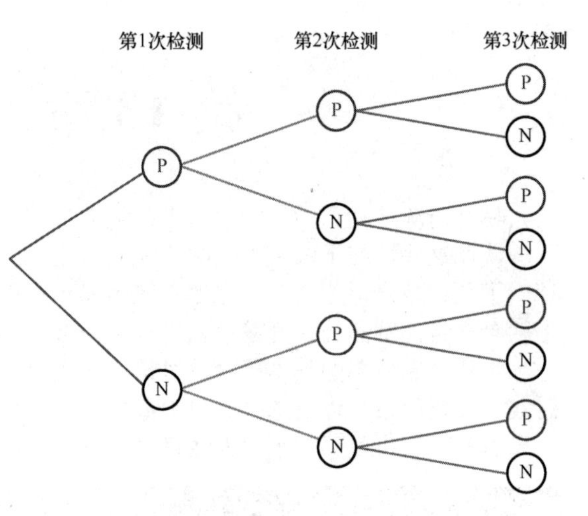

图 13.1　显示 3 次病毒检测可能性的树图

d）如 12.1 节中的例 4 所述，我们可将第 1 个骰子视为红色，将第 2 个骰子视为绿色，数字对(1, 3)和(3, 1)不一样。由此可知，这个试验的样本空间由以下 36 个数字对构成：

{(1, 1), (1, 2), (1, 3), (1, 4), (1, 5), (1, 6),
(2, 1), (2, 2), (2, 3), (2, 4), (2, 5), (2, 6),
(3, 1), (3, 2), (3, 3), (3, 4), (3, 5), (3, 6),
(4, 1), (4, 2), (4, 3), (4, 4), (4, 5), (4, 6),
(5, 1), (5, 2), (5, 3), (5, 4), (5, 5), (5, 6),
(6, 1), (6, 2), (6, 3), (6, 4), (6, 5), (6, 6)}

假设你正在玩《大富翁》游戏且濒临破产，若投出点数 7 则认输出局，你想要知道该点数的出现概率。这时，你应只关注数字对集合(1, 6), (2, 5), (3, 4), (4, 3), (5, 2)和(6, 1)，对样本空间特定“子集”的这种关注是概率论中反复出现的主题。

要点　事件是样本空间的子集。

定义　在概率论中，事件是样本空间的子集。

记住，样本空间的“任何”子集都是一个事件，包括各种极端子集，如空集、单元素集合和整个样本空间等。

建议　虽然我们常用文字来描述各个事件，但是你应记住“事件始终是样本空间的子集”，你可用文字描述来识别组成该事件的各样本点集合。

例 2 描述了例 1 中各个样本空间的一些事件。

例 2　将事件描述为子集

将下列每个事件写为样本空间的 1 个子集：a）掷 1 枚硬币，正面朝上。b）在例 1 的 b）问中，病毒检测仅出现 1 次阴性结果。c）掷 1 对骰子，总点数是 5。

解：a）集合{正面朝上}即为该事件。

b）1 次阴性结果可能出现在第 1 次、第 2 次或第 3 次检测中，事件的集合为{NPP, PNP, PPN}。

c）以下集合显示了如何用 2 个骰子掷出 5 点：{(1, 4), (2, 3), (3, 2), (4, 1)}。

现在尝试完成练习 01 ~ 08。

自测题 1

将下列每个事件写为一个样本点集合：a）掷 2 个骰子，总点数是 6；b）在有 3 个孩子的 1 个家庭中，男孩比女孩多。

我们将采用样本点、样本空间和事件的表示法来计算概率。仅凭直觉而言，掷 1 个公平骰子时，每个数字都有相同的显示机会（即$\frac{1}{6}$次）；预测天气时，预报员可能会说明天的降雨可能性是 30%；在本工作领域中，你可能认为自己有 50%的工作机会。在以上每个示例中，为了表示样本点（结果）将发生的可能性，都指定了一个介于 0 和 1 之间的数字。如下图所示，你可以直观地解释概率。

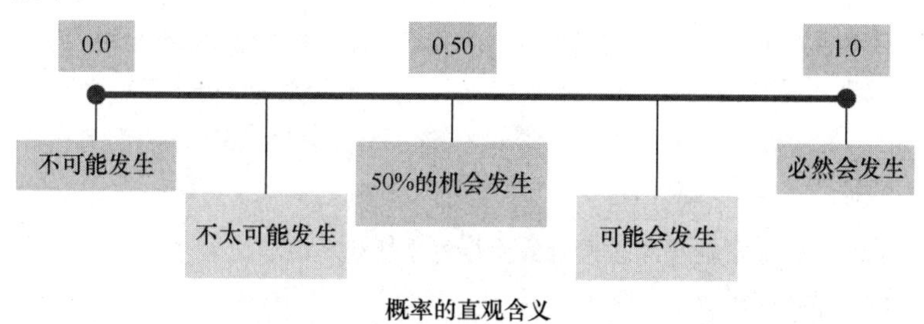

概率的直观含义

要点 一个事件的概率是该事件中各样本点的概率之和。

定义 在样本空间中，一个样本点的概率/或然率是介于 0 和 1 之间（含边界）的一个数字。在该样本空间中，所有样本点的概率之和必定为 1。一个事件 E 的概率的定义是“构成事件 E 的各样本点的概率之和”，可表示为 $P(E)$［注：$P(E)$ 是一个事件发生概率的表示法，$P(n,r)$ 是从 n 个物件中每次取 r 个物件的排列数量的表示法（见 12.3 节），二者千万不要混淆］。

确定概率的一种方法是运用经验信息，即先观察，后基于观察结果分配概率。

概率的经验分配 如果 E 是一个事件，且进行了多次试验，则可将 E 的概率估算为

$$P(E)=\frac{E\text{的发生次数}}{\text{试验次数}}$$

这个比率有时称为 E 的相对频率。

例 3 用经验信息分配概率

某制药公司正在测试一种新型流感疫苗。试验先给接种者注射疫苗，然后观察副作用的发生情况。假设试验进行了 100 次，获得的信息如表 13.1 所示。

表 13.1 流感疫苗副作用汇总

副作用	无	轻微	严重
次数	72	25	3

基于表 13.1，如果注射了这种疫苗，接种者出现“严重”副作用的概率是多少？

解：基于观察时发生的“严重”副作用，为该事件分配概率，并运用事件的相对频率公式：

$$P(\text{严重副作用})=\frac{\text{严重副作用的发生次数}}{\text{试验次数}}=\frac{3}{100}=0.03$$

由此经验信息可知，这种疫苗发生严重副作用的概率为 3%。

现在尝试完成练习 23 ~ 28。

自测题 2

利用表 13.1，计算流感疫苗接种者不出现副作用的概率。

历史回顾——早期概率论

概率论可以追溯至史前时期。考古学家曾经发现称为 astrogali 的大量小骨头，且认为其被用于玩各种各样的赌博游戏。后来，这类小骨头被打磨成立方体形状，并以各种方式进行装饰，直至最终演变成为现代骰子。赌博游戏的历史长达数千年，但是直到 16 世纪，人们才开始认真尝试用数学对其进行研究。

在最早研究赌博数学的人中，吉罗拉莫·卡尔达诺是 16 世纪的意大利医生和数学家。除了对概率感兴趣，卡尔达诺还是一名占星家，曾经因在占星中亵渎耶稣而入狱。在对赌博的研究中，卡尔达诺发现了许多规则和问题，这些规则和问题后来成为概率论的经典，使得一些历史学家将卡尔达诺视为概率之父。

例 4　调查婚姻数据

表 13.2 总结了近年来美国 18 ~ 34 岁男性和女性的婚姻状况，单位为“千人”。如果随机选择 1 名男性，其已婚但未分居的概率是多少？

表 13.2　美国 18～34 岁男性和女性的婚姻状况（单位为千人）

	已婚（分居者除外）	丧　偶	离异或分居	未　婚
男性	9740	36	1621	24655
女性	12279	104	2328	20449

数据来源：美国人口普查局。

解：在该表中，只有标注“男性”的那行与本问题相关，认识到这一点非常重要。因此，样本空间 S 是表 13.2 中提到的男性数量（单位为千人），即

$$9740+36+1621+24655=36052$$

事件 M 由已婚但未分居的男性（9740 千人）组成。因此，选择未分居已婚男性的概率为

$$P(M)=\frac{n(M)}{n(S)}=\frac{9740}{36052}\approx 0.27$$

如 2.1 节所述，$n(M)$是集合 M 的基数。

现在尝试完成练习 45 ~ 46 和练习 51 ~ 54。

自测题 3

在表 13.2 中，如果选择 1 名未婚者，则其为女性的概率是多少？

13.1.2　计数和概率

确定概率的另一种方法是运用理论信息，例如第 12 章中讨论的计数公式。

要点　我们可以用计数公式来计算概率。

为了理解理论信息与经验信息之间的使用差异，对比以下两个试验。

试验 1：从摸奖箱中摸出 1 个球，记下颜色后放回。如果重复这个试验 100 次，且获得 60 个红球和 40 个蓝球，则基于此经验信息，预计下次摸得红球的概率应为 $\frac{60}{100}=0.60$。

试验 2：从一副标准 52 张扑克牌中，抽出 5 张牌。后面很快就会看到，运用理论信息（即第 12 章中的组合公式），即可计算“所有牌都是红桃”的概率。

生活中的数学——为什么总是发生在你身上？

在收费站等候缴费时，为什么你旁边的一辆汽车似乎走得更快？如果查看收纳袜子的抽屉，是否注意到里面有多少只左右不成双的袜子？如果制作三明治时不慎将面包掉落在地，为什么面包片上涂黄油的一侧几乎总是朝下？这样的烦恼是否只影响你？或者是否能够用数学进行解释？

首先考虑袜子问题。假设抽屉里有 10 双袜子，但是不慎丢失了 1 只，也就是毁掉了一双。在剩下的 19 只袜子中，只有 1 只不能成双。因此，如果丢失了第 2 只袜子，则其为成双袜子的概率是 $\frac{18}{19}$。现在，你有 2 只未成双的袜子和 16 只成双的袜子，因此如果丢失了第 3 只袜子，则其为成双袜子的概率仍然很大。继续沿用这一思路就会发现，在概率论预测你可能丢失一只未成双袜子前，尚需要很长一段时间。

黄油面包问题解释起来比较简单。实际上，你可以用一个物体（如电脑鼠标垫）进行模拟试验。如果将物体从桌子边缘滑下，则其开始下落后会在半途发生旋转，最后使得顶面朝下。但是，在物体撞击地面之前，通常没有足够的时间使其旋转回顶面朝上的位置。你可以重复进行 100 次这个试验，确定从桌子边缘滑下物体“正面朝下落地”的经验概率。因此，这并不是坏运气，而是概率在起作用。

收费站的慢行列最容易解释。如果假设“任何一列的速度较慢”均随机发生，则这几列之一（你所在列、左侧列或右侧列）将移动得最快，所以“最快一列是你所在列”的概率只有 $\frac{1}{3}$。

例 5　用计数公式计算概率

分配以下样本空间中各样本点的概率：a）掷 3 枚硬币。在这个样本空间中，每个样本点的概率是多少？b）从一副标准 52 张扑克牌中随机抽取 5 张牌，抽出特定一手牌的概率是多少？

解：回顾本书前文所述的系统化策略。

a）这个样本空间有 8 个样本点，如图 13.2 所示。由于硬币是公平的，预计正面朝上（h）和反面朝上（t）可能同等发生，所以在这个样本空间中，每个样本点的合理概率都是 $\frac{1}{8}$。

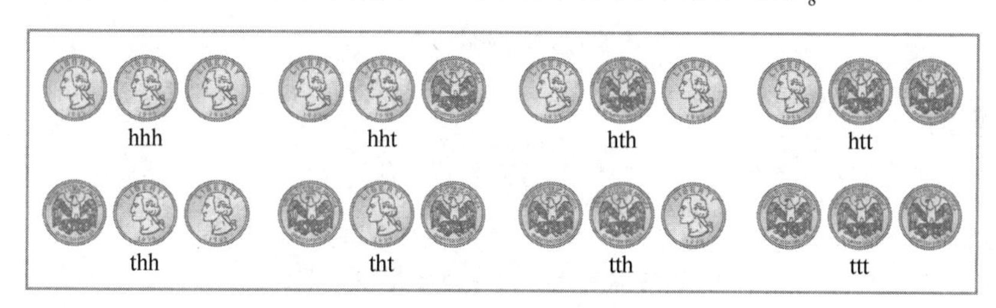

图 13.2　掷 3 枚硬币时的 8 种理论可能样本点

b）由第 12 章可知，从一副标准 52 张扑克牌中选择 5 张牌共有 $C(52,5)=2598960$ 种不同的方式。因为采用随机抽牌，每手牌的被抽机会相同，所以任何一手牌的抽取概率均为 $1/2598960$。

自测题 4

如果掷 4 枚硬币，则样本空间应当包含多少样本点？

在一个样本空间中，若所含各样本点的可能性相等，则运用以下公式很容易计算任何事件的概率。

计算可能性相等时的样本点概率　如果 E 是样本空间 S 中的一个事件，且所有样本点的可能性相等，则 E 的概率公式为

$$P(E)=\frac{n(E)}{n(S)}$$

计算概率时，“在计算概率之前，将样本空间和事件表示为集合”通常很有用。例6中将对此进行描述。

例6 计算事件的概率

a）在例1的b）问病毒检测示例中，阳性结果刚好为1次的概率是多少？

b）掷2个公平骰子，总点数为4的概率是多少？

c）如果从一副标准52张扑克牌中抽取5张牌，全部5张牌都是红桃的概率是多少？［注：c）问和d）问要用到第12章中的计数公式。］

d）莱纳德、谢尔顿、佩妮和拉杰是绿党（学校的10人环境俱乐部）成员，该俱乐部将随机挑选其中2人，参加在埃弗格莱兹举行的会议。在这4人中，2人被选中的概率是多少？

解：在每种情形下，我们均假设各样本点的可能性相等。

a）样本空间：由例1可知，该样本空间含有8个样本点，我们将其称为S。

事件：“阳性结果刚好为1次”事件可通过如下集合表示：

$$A=\{\text{PNN, NPN, NNP}\}$$

概率：利用“样本点可能性相等时的概率计算公式”（注：对于“病毒检测的阳性结果与阴性结果的可能性相等”这个假设，较真的学生可能会提出质疑，但是为了使讨论更简单，我们仍将做出这样的假设），可得

$$P(A)=\frac{n(A)}{n(S)}=\frac{3}{8}$$

b）样本空间：如例1所述，掷2个骰子的样本空间是“36个有序数字对”组成的一个集合，我们再次将其称为S。

事件：“总点数为4”事件可通过如下集合表示：

$$F=\{(1,3),(2,2),(3,1)\}$$

概率：再次利用概率计算公式得

$$P(F)=\frac{n(F)}{n(S)}=\frac{3}{36}=\frac{1}{12}$$

c）由例5可知，“从一副标准52张扑克牌中抽取5张牌”的方式有$C(52,5)$种。如果只想抽取5张红桃，则可采用$C(13,5)$种方式从总共13张可用红桃中进行抽取。因此，5张牌都是红桃的概率为

$$\frac{C(13,5)}{C(52,5)}=\frac{1287}{2598960}\approx 0.000495$$

d）样本空间S中包含了“可从俱乐部10名成员中选择2人”的所有方式。如第12章所述，“从10人中选择2人”的方式的数量为$C(10,2)=\frac{10!}{8!2!}=\frac{10 \cdot 9}{2}=45$种。事件$E$中包含了“可从4位朋友中选择2人”的所有方式，可采用$C(4,2)=6$种方式完成。由于S中所有元素（2人选择）的可能性相等，所以E的概率为

$$P(E)=\frac{n(E)}{n(S)}=\frac{C(4,2)}{C(10,2)}=\frac{6}{45}=\frac{2}{15}$$

现在尝试完成练习09～14。

自测题5

a）掷2个公平骰子，总点数为8的概率是多少？b）从一副标准52张扑克牌中随机选择2张牌，这2张牌都是人脸牌的概率是多少？

建议 如果样本空间中的样本点各不相等，则不能运用公式 $P(E)=n(E)/n(S)$。在这种情况下，为了计算出 $P(E)$，必须对“E 中单个样本点”的概率求和。

假设在样本空间 S 中，各样本点的可能性相等，事件 E 可能包含的样本点为“无、部分或全部”，因此可以表示为

$$0 \leqslant n(E) \leqslant n(S)$$

不等式两侧同时除以正值 $n(S)$ 得

$$\frac{0}{n(S)} \leqslant \frac{n(E)}{n(S)} \leqslant \frac{n(S)}{n(S)}$$

化简得 $0 \leqslant \frac{n(E)}{n(S)} \leqslant 1$，此即概率的第 1 种性质（见下）。其他各种性质显而易见。

概率的基本性质 假设 S 是某些试验的样本空间，E 是 S 中的事件。

1. $0 \leqslant P(E) \leqslant 1$ 2. $P(\varnothing)=0$ 3. $P(S)=1$

13.1.3 几率

人们常用几率一词来表达“概率”的概念，此时通常说明某件事情“不”发生的概率。例如，在 2019 年“肯塔基德比”赛马比赛当天的早晨，拉斯维加斯赌场将“乡舍（一匹赛马）不是最终获胜者”的几率（投注赔率）定为“30 比 1”。

计算某一事件不发生的几率时，将“事件不发生”与“事件发生”对比非常有用。例如，计算掷 2 个骰子时“点数不是 7”的几率时，30 个数字对会给出“非 7 点数”，6 个数字对会给出“点数 7”，所以“点数不是 7”的几率是“30 比 6”，通常表示为“30:6”。就像化简分数一样，我们可将其写为“5:1”。几率有时可写成分数（如 30/6），但在多数情况下我们将避免采用这种表示法。

要点 计算几率时，记住比较“事件不发生”与“事件发生”。

定义 在一个样本空间中，若各样本点的可能性相等，则“事件 E 不发生的几率”可简单地视为“事件 E 不发生的样本点数量”与“事件 E 发生的样本点数量”之比。这些几率可写为 $n(E'):n(E)$，其中 E' 是事件 E 的补集（要了解与补集相关的更多信息，请参阅 13.2 节）。

如例 1 所述，3 次病毒检测可能会出现 8 种情形。为了计算“所有检测结果相同”不发生的几率，可以比较“该情形不发生的 6 个样本点”与“该情形发生的 2 个样本点”，如右图所示。

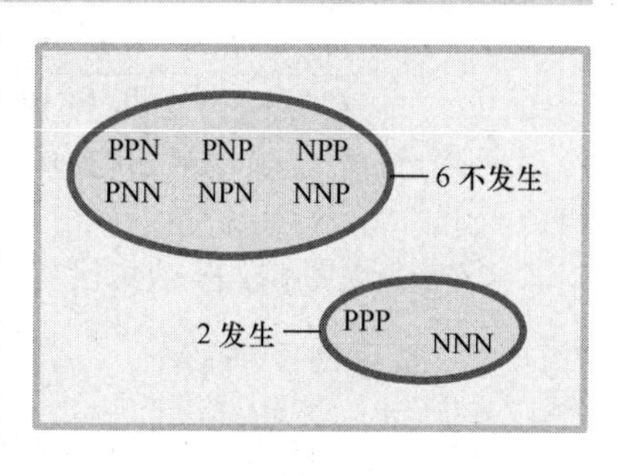

因此，“所有检测结果相同”不发生的几率是 6:2，它可化简为 3:1。我们还可以这样表述：“所有检测结果相同”发生的几率是 1:3。“某一事件发生的几率”与“某一事件发生的概率”不同，理解这一点非常重要。在讨论的示例中，“所有检测结果相同”的概率是 $2/8=1/4$。

解题策略：类比原则

“与实际情况进行类比”有助于记忆数学词汇的含义。例如，莽原之役（1864 年 5 月 5～7 日）是美国内战中最血腥的战役之一，尤利西斯 • 格兰特将军领导的联邦军约有 12 万人，罗伯特 • 李将军领导的同盟军只有 6.4 万人。因此，我们可以认为：“李将军获胜”不发生的几率是“12 万比 6.4 万”，化简可得“15 比 8”。

例 7　计算轮盘赌的几率

一种常见的轮盘赌包含 38 个大小相等的隔室，其中 36 个隔室的编号为 1 ~ 36，红黑各半；另 2 个隔室的编号为 0 和 00，均为绿色（见右图）。转轮上放有 1 个小球，当转轮停止转动时，小球落入其中一个隔室。“小球不落入红色隔室”的几率是多少？

解： 回顾本书前文所述的类比原则。

这个试验包含“可能性相等的 38 个样本点”，由于其中 18 个样本点支持事件“小球落入红色隔室”，20 个样本点不支持该事件，所以“小球落入红色隔室”不发生的几率是“20 比 18”。我们可将其写为“20:18”，化简得“10:9”。

虽然我们根据计数定义了几率，但是也可根据概率来考虑几率。可以看到，在下一个定义中，我们将比较“事情不发生的概率”和“事情发生的概率”。

计算几率的概率公式　如果 E' 是事件 E 的补集，则 E 不发生的几率为 $\dfrac{P(E')}{P(E)}$。

你可能会感到惊讶，因为这个几率定义中未采用“$a:b$”表示法，但是我们这样做的理由非常合理。如果事件 E 的概率是 0.30，则描述“E 不发生的几率是 0.70 比 0.30”不太好理解，此时最好表示为

$$E\text{不发生的几率}=\frac{E'\text{的概率}}{E\text{的概率}}=\frac{0.70}{0.30}=\frac{70}{30}=\frac{7}{3}$$

然后即可说 E 不发生的几率是“70 比 30”或“7 比 3”。例 8 中将采用这种方法。

例 8　飞机失事后无法幸存的几率

在飞机失事事件中，最安全的位置是机翼上方的靠通道座位，该位置的幸存概率是 56%。乘客无法幸存的几率是多少？

解： 我们将幸存情形称为事件 L，如图 13.3 所示。因此，乘客无法幸存的几率为

$$\frac{P(L')}{P(L)}=\frac{0.44}{0.56}=\frac{0.44\times100}{0.56\times100}=\frac{44}{56}=\frac{11}{14}$$

因此可以说，如果坐在飞机翅膀上方，则无法幸存的几率是“11 比 14”。

现在尝试完成练习 15 ~ 18。

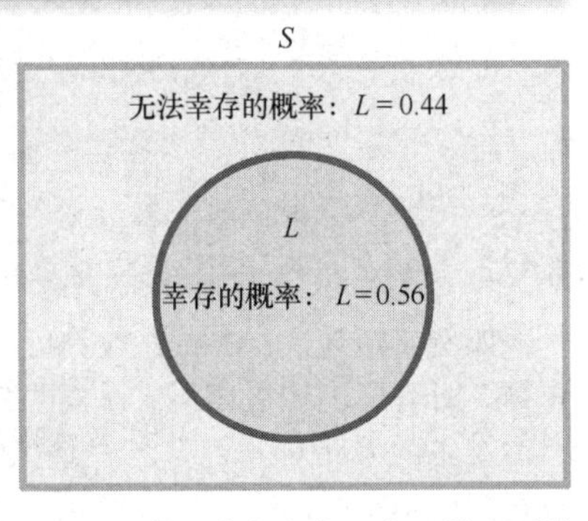

图 13.3 “无法幸存的几率”是“无法幸存的概率”与“幸存的概率”之比

13.1.4　概率和遗传学

19 世纪，奥地利修道士孟德尔注意到，在对植物进行杂交育种时，某一特征常在第 1 代（下一代）中消失，却在第 2 代（再下一代）中重新出现。据他推测，第 1 代植物应含有一种隐性因子（现在称之为“基因”），该因子能以某种方式传递给第 2 代植物，从而令其特征得以重现。

要点　概率论有助于解释遗传论。

为了验证自己的理论，他选择了一种植物特征，如种子的颜色。有些豌豆种子是黄色的，还有些豌豆种子是绿色的。然后，当确信自己培育的植物只能长出黄色或绿色种子时，他准备开始做试验。孟德尔认为，在这两种颜色中，一种是显性颜色，另一种是隐性颜色。实践证明

果真如此，当黄色种子植物与绿色种子植物杂交时，第 1 代为黄色种子。当对第 1 代黄色种子杂交而长出第 2 代时，孟德尔发现“6022 株植物是黄色种子，2001 株植物是绿色种子”，这个比例几乎刚好是 3:1。孟德尔精通数学和生物学，他对观察到的情况做出了如下解释。

我们准备用 Y 表示产生黄色种子的基因，用 g 表示产生绿色种子的基因。大写字母 Y 表示“黄色为显性”，小写字母 g 表示“绿色为隐性”。(注：生物学书籍上的基因表示法通常略有差异，例如用 Yy 表示“黄色显性优先于绿色”，其中大写字母 Y 表示“黄色显性基因”，小写字母 y 表示“绿色隐性基因”。)

纯黄色种子植物和纯绿色种子植物杂交后，第 1 代的可能基因组成如图 13.4 所示，每株植物都有一对 Yg 基因。因为“黄色种子”的显性优先于“绿色种子”，所以第 1 代中的每株植物都有黄色种子。

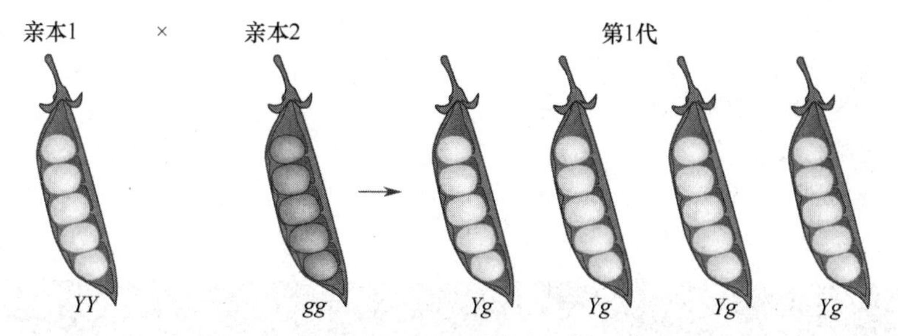

图 13.4　纯黄色和纯绿色亲本杂交可能获得的第 1 代后代

如果对两株第 1 代豌豆植物进行杂交，则可能发生的遗传结果如图 13.5 所示。表 13.3 中汇总了图 13.4 中的信息，该表称为旁氏表/庞纳特方格。

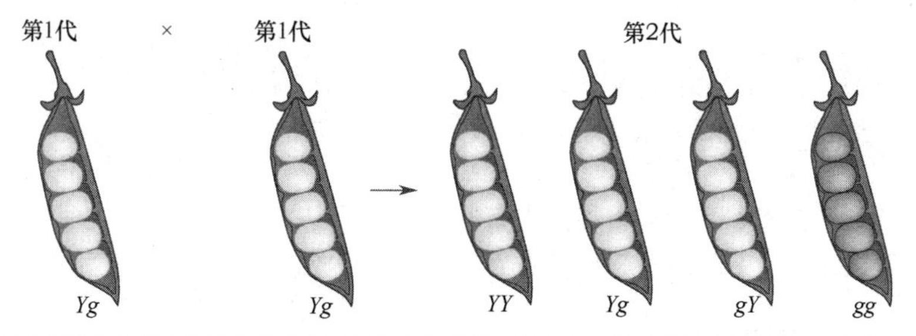

图 13.5　第 1 代（纯黄色和纯绿色亲本杂交结果）亲本杂交可能收获的第 2 代后代

由表 13.3 可见，“对 2 株第 1 代植物进行杂交”可能会出现 4 种结果，分别对应于 YY, Yg, gY 和 gg 类型的植物。在这 4 种可能性（概率）中，仅 gg 会产生绿色种子，因此孟德尔在第 2 代植物中看到的隐形特征数量约为 1/4。

表 13.3　2 株植物(各自含有 1 个黄色种子基因和 1 个绿色种子基因）杂交的遗传可能性

		第 1 代植物	
		Y	**g**
第 1 代植物	**Y**	YY	Yg
	g	gY	gg

例 9　用概率解释遗传性疾病

镰状细胞贫血症是一种严重的遗传性疾病，与非洲裔美国人相比，非洲裔美国人婴儿更容易罹患此病。患者有 2 个镰状细胞基因，携带者有 1 个镰状细胞基因。如果父母二人均为镰状细胞贫血症的携带者，则其 1 名子女在以下情形下的概率是多少？a）该子女是镰状细胞贫血症患者；b）该子女是携带者；

c）该子女是正常人。

解：当父母（镰状细胞贫血症携带者）生下该子女时，表 13.4 显示了各种遗传可能性（概率）。我们用 s 表示镰状细胞基因，用 n 表示正常基因，用小写字母表示“s 和 n 均非显性”。

表 13.4　父母均为携带者的子女的遗传可能性

		母亲	
		s	n
父亲	s	ss（患者）	sn（携带者）
	n	ns（携带者）	nn（正常人）

由表 13.4 可见，该子女具有可能性相等的 4 种结果（样本点）:

- 该子女从父母处获得 2 个镰状细胞基因，因此成为患者。
- 该子女从父亲处获得 1 个镰状细胞基因，从母亲处获得 1 个正常基因，因此成为携带者。
- 该子女从父亲处获得 1 个正常基因，从母亲处获得 1 个镰状细胞基因，因此成为携带者。
- 该子女从父母处获得 2 个正常基因，因此成为正常人。

从以上分析来看，答案非常明显:

a）P(该子女是镰状细胞贫血症患者) = 1/4 。

b）P(该子女是携带者) = 1/2 。

c）P(该子女是正常人) = 1/4 。

现在尝试完成练习 33 ~ 40。

练习 13.1

强化技能

在练习 01 ~ 04 中，将每个事件写成 1 个样本点集合。若事件较大，则描述即可（而不必写出）。

01．当掷 2 个骰子时，总点数显示 7。

02．当掷 2 个骰子时，总点数显示 5。

03．当掷 3 枚硬币时，正面朝上(h)多于反面朝上(t)。

04．从一副标准 52 张扑克牌中抽取 1 张红桃人脸牌。

在练习 05 ~ 08 中，利用给定的旋转器，将事件写为样本点集合。红色简称 r，蓝色简称 b，黄色简称 y 。

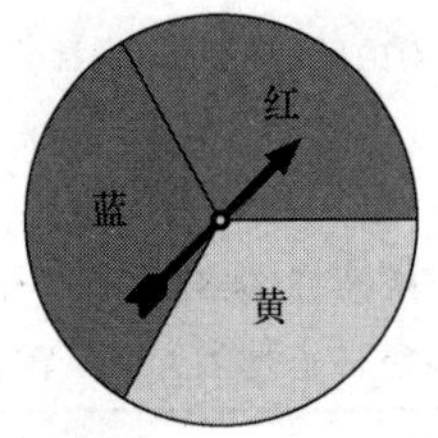

05．当给定旋转器旋转 2 次时，红色正好出现 1 次。

06．当给定旋转器旋转 2 次时，黄色至少出现 1 次。

07．当给定旋转器旋转 3 次时，蓝色正好出现 2 次。

08．当给定旋转器旋转 3 次时，红色不出现。

09．掷 2 个四面体骰子，各面数字是 1, 2, 3 和 4。在样本空间中，各样本点是数字对，如(1, 3)和(4, 4)。**a**．该样本空间包含多少个元素？**b**．将事件“总点数为偶数”表示为 1 个集合；**c**．总点数为偶数的概率是多少？**d**．总点数大于 6 的概率是多少？

10．掷 2 个四面体骰子，一个骰子表面的数字是 1, 2, 3 和 4，另一个骰子表面的数字是 3, 4, 5 和 6。**a**．该样本空间包含多少个元素？**b**．将事件“总点数等于 7”表示为 1 个集合；**c**．总点数等于 7 的概率是多少？

11．在一场世界饥饿问题慈善音乐会上，歌手恩里克（E）、凯蒂（K）、蕾哈娜（R）和布鲁诺（B）的表演顺序将随机选择。我们将样本空间中的各样本点表示为字符串，如 ERBK 或 KERB。**a**.该样本空间包含多少个元素？**b**.将事件“凯蒂和蕾哈娜连续表演”表示为 1 个集合；**c**.凯蒂和蕾哈娜连续表演的概率是多少？

12．掷 4 枚硬币。样本空间中各样本点由 H（正面朝上）和 T（反面朝上）字符串表示，如 TTHT 和 HHTT。**a**．该样本空间包含多少个元素？**b**．将事件“正面朝上多于反面朝上”表示为 1 个集合；**c**．正面朝上多于反面朝上的概率是多少？**d**．正面朝上和反面朝上数量相等的概率是多少？

13．在超感官能力测试中，一位被试有 5 张卡片，上面的图片分别是星形（s）、圆形（c）、波浪线（w）、美元符号（d）和心形（h）。她选择了 2 张卡片，且没有更换。在该样本空间中，各样本点由字母对表示，如(s, d)和(h, c)。**a**. 该样本空间包含多少个元素？**b**. 将事件“星形出现在其中1张卡片上”表示为1个集合；**c**. 其中1张卡片上出现星形的概率是多少？**d**. 心形不出现的概率是多少？

14. **剧院选座**。艾米（A）、路易莎（L）和3个朋友一道去看《阿凡达2》，假设这5人随机坐在5个连续的座位上。**a**. 在5个座位中，艾米和路易莎选择2个座位有多少种方式？**b**. 此二人选择2个相邻座位有多少种方式（忽略这2个座位的顺序）？**c**. 此二人相邻而坐的概率是多少？

在练习15～18中，a）计算给定事件的概率；b）计算给定事件不发生的几率。

15. 当掷2个公平骰子时，总点数为9。

16. 当掷2个公平骰子时，总点数为3。

17. 从一副标准52张扑克牌中，随机抽取1张牌，抽到红桃。

18. 从一副标准52张扑克牌中，随机抽取1张牌，抽到人脸牌。

在练习19～22中，假设从一副标准52张扑克牌中抽取5张牌。

19. 所有5张牌都是方块的概率是多少？

20. 所有5张牌都是人脸牌的概率是多少？

21. 所有5张牌都是同一花色的概率是多少？

22. 所有5张牌都是红桃的概率是多少？

学以致用

某小镇拟建设一个斯普林特赛车场，小镇及周边地区居民对此存在分歧。从一群居民中，某记者将随机挑选1人进行采访。用下表完成练习23～26。

	支 持 者	反 对 者
小镇居民	1512	2268
周边居民	3528	1764

23. **采访居民**。采访这群人中的任何居民：**a**. 该居民支持赛车场的概率是多少？**b**. 该居民支持赛车场的几率是多少？

24. **采访居民**。采访小镇居民：**a**. 该居民支持赛车场的概率是多少？**b**. 该居民支持赛车场的几率是多少？

25. **采访居民**。被采访者支持赛车场，其为小镇居民的概率是多少？

26. **采访居民**。被采访者不支持赛车场，其为周边居民的概率是多少？

27. **性别和概率**。在美国某年出生的婴儿中，男婴为2048861人，女婴为1951379人。从这些婴儿中随机选择1名，其为女婴的概率是多少？

28. **嘉年华游戏**。在嘉年华的一个鱼池中，共有84条金鱼、30条利乐鱼、17条神仙鱼和29只小龙虾。马塞洛从鱼池中随机挑选1条鱼，其为金鱼的概率是多少？

选择饼干。在练习29～32中，一篮女童子军饼干中包含16块淡薄荷、28块椰子焦糖、12块奶油酥饼和24块巧克力，从中随机挑选1块饼干，计算选中特定饼干的概率。

29. 淡薄荷。

30. 非巧克力。

31. 椰子焦糖或奶油酥饼。

32. 既非淡薄荷，又非奶油酥饼。

33. **遗传学**。在豌豆植物杂交试验中，孟德尔获得的部分经验结果如下表所示。

杂交特征	第1代植物	第2代植物
高株或矮株	全部是高株	787高株，277矮株
圆粒种子或皱粒种子	全部是圆粒种子	5474 圆粒种子，1850 皱粒种子

假设正在杂交“遗传纯高株植物”与“遗传纯矮株植物”，用此信息分配“第2代植物为矮株”的概率，并说明其与孟德尔获得的理论结果的一致程度。

34. **遗传学**。假设正在杂交“遗传纯圆粒种子”与“遗传纯皱粒种子”，用练习33中提供的信息分配“第2代植物为圆粒种子”的概率，并说明其与孟德尔获得的理论结果的一致程度。

在练习35～36中，构建类似于表13.4的旁氏表，显示后代的各种可能性。

35. 对于镰状细胞贫血症，如果父母双方分别为患者和携带者，其子女为携带者的概率是多少？

36. 对于镰状细胞贫血症，如果父母双方分别为患者和携带者，其子女为患者的概率是多少？

在研究“金鱼草的杂交”过程中，孟德尔发现花朵颜色并不像豌豆那样呈显性，例如“含有红色和白色基因各一”的金鱼草会开粉红色花朵。在练习37～38中，分析杂交试验（像例9之前的讨论那样）。

37. **花卉杂交**。**a**. 构建旁氏表，展示纯种白色金鱼草与纯种红色金鱼草的杂交结果。**b**. 第1代植物为红色花朵的概率是多少？白色花朵的概率是多少？粉红色花朵的概率是多少？

38. **花卉杂交**。a. 如果将2株粉红色金鱼草杂交，绘制旁氏表，显示这2株第1代植物的杂交结果；b. 第2代植物为红色花朵的概率是多少？白色花朵的概率是多少？粉红色花朵的概率是多少？

39. **囊性纤维化**。囊性纤维化是一种严重的遗传性肺部疾病，经常造成幼儿患者死亡。由于这种疾病的基因具有隐性特征，父母均为携带者（表面健康）的子女可能成为患者。这里用 N 表示正常基因，用 c 表示囊性纤维化基因（小写字母表示隐性特征）。a. 构建旁氏表（像例9中那样），描述父母均为携带者的子女的遗传可能性；b. 该子女成为患者的概率是多少？

40. **囊性纤维化**。由练习39中的旁氏表可知，若父母均为携带者，则子女在下列情况下的概率是多少？a. 正常人；b. 携带者。

在练习41～44中，假设投掷飞镖并击中下图中的某个位置，计算飞镖击中特定区域的概率。

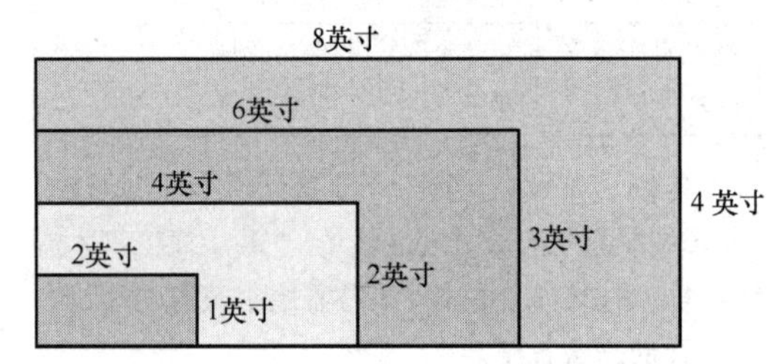

41. 黄色区域　　　　42. 绿色区域

43. 黄色或蓝色区域　　44. 非蓝色区域

45. **绩点和居住安排**。对于一组学生的居住安排与平均绩点之间的关系，相关调查结果如下表所示。

绩　点	学　校	家	公　寓	合　计
2.5 以下	98	40	44	182
2.5～3.5	64	25	20	109
3.5 以上	17	4	8	29
总计	179	69	72	320

如果从该组中随机选择1名学生，则其平均绩点至少为2.5分的概率是多少？

46. **绩点和居住安排**。利用练习45中的数据，如果随机选择1名学生，则其住在校外的概率是多少？

利用如下《大富翁》游戏板仿制品，回答练习47～50。

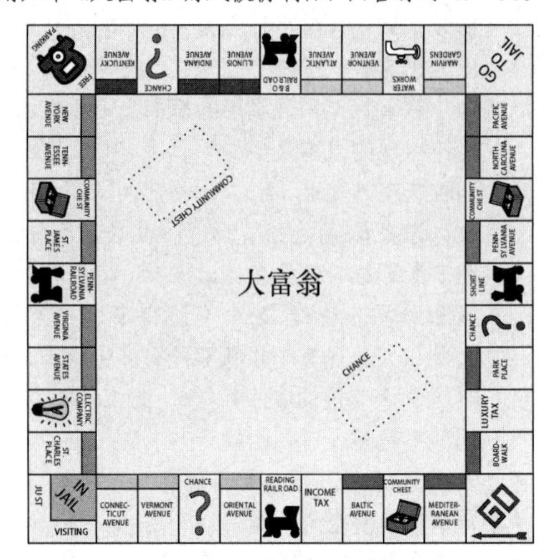

47. **大富翁游戏**。假设你的游戏段位于电力公司，若落入圣詹姆斯广场、田纳西大道或纽约大道，则你将破产。你避免落入这些地点的概率是多少？

48. **大富翁游戏**。假设你的游戏段位于太平洋大道，若落入公园或木栈道，则你将破产。你避免落入这些地点的概率是多少？

49. **大富翁游戏**。你的游戏段位于弗吉尼亚大道，你下一步落在铁路上的概率是多少？

50. **大富翁游戏**。你的游戏段位于宾夕法尼亚大道，你下一步要交税的概率是多少？

在练习51～54中，假设从例4的表13.2中随机选择1人。

51. **概率和婚姻状况**。如果选择1名离异或分居的人，则其为女性的概率是多少？

52. **概率和婚姻状况**。如果选择1名女性，则其已婚但未分居的概率是多少？

53. **概率和婚姻状况**。如果选择1名未婚人士，则其为男性的概率是多少？

54. **概率和婚姻状况**。如果选择1名男性，则其丧偶的概率是多少？

利用以下旋转器A、B和C，完成练习55～56。

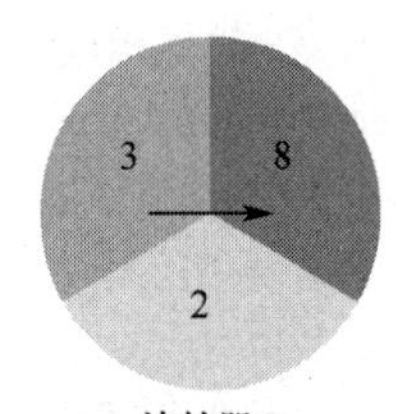

旋转器A

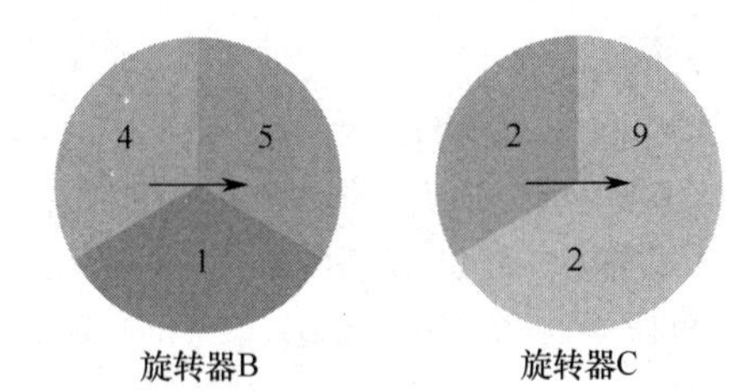

旋转器B　　旋转器C

55. **计算游戏的获胜概率**。假设你我二人正在玩游戏，你选择旋转器 A 或 B，我选择另一个（B 或 A）。我们每个人都旋转自己的旋转器，旋转数字较大者获胜（旋转器落在边界上时再次旋转）。你应选择哪个旋转器？你的获胜概率是多少？

56. **计算游戏的获胜概率**。利用旋转器 A 和 C，重做练习 55（2 个旋转器都停在 2 位置时，再次旋转）。

在赌马中，"三重彩"是指必须按照正确顺序选择第 1 名、第 2 名和第 3 名。

57. **赌马**。如果共有 8 匹马参赛，你随机选择其中 3 匹马作为三重彩赌注，获胜概率是多少？（假设所有马匹的获胜机会相同。）

58. **赌马**。如果共有 10 匹马参赛，你随机选择其中 3 匹马作为三重彩赌注，获胜概率是多少？（假设所有马匹的获胜机会相同。）

59. 如果事件 E 不发生的几率是"5 比 2"，则 E 的概率是多少？

60. 如果 $P(E)=0.45$，则 E 不发生的几率是多少？

61. **世界杯足球赛**。如果"美国女足赢得世界杯"不发生的几率是"7 比 5"，其赢得世界杯的概率是多少？

62. **奥运会排球赛**。在夏季奥运会上，如果"美国男排击败巴西队"不发生的几率是"9 比 3"，"美国男排击败巴西队"的概率是多少？

63. **世界系列赛（棒球）**。假设纽约洋基队赢得世界系列赛的概率是 0.30。**a**. 纽约洋基队赢得世界系列赛的几率是多少？**b**."纽约洋基队赢得世界系列赛"不发生的几率是多少？

64. **三冠王**。在赛马比赛中，假设"白手起家"赢得三冠王的概率是 0.15。**a**."白手起家"赢得三冠王的几率是多少？**b**."白手起家"赢得三冠王不发生的几率是多少？

在赌场的掷骰子游戏中，荷官（掷骰子的人）掷出 2 个骰子。游戏分为两个阶段，第 1 阶段称为"出局"阶段，第 2 阶段称为"点数"阶段。在练习 65 ~ 66 中，调查掷骰子游戏的概率。

65. **掷骰子**。在第 1 阶段中，若掷出点数 2, 3 或 12，则荷官出局并认输；若掷出点数 7 或 11，则荷官获胜；若掷出其他点数，则进入第 2 阶段。**a**. 玩家出局的概率是多少？**b**. 玩家获胜的概率是多少？**c**. 玩家进入第 2 阶段的概率是多少？

66. **掷骰子**。在第 1 阶段掷骰子时，若荷官既未获胜又未出局，则其一定掷出了点数 4, 5, 6, 8, 9 或 10。假设荷官掷出了点数 5。现在，在掷出点数 7 之前，荷官必须再次掷出点数 5，否则就输掉赌局。如果只考虑点数 5 或 7，则"掷出点数 5"不发生的几率是多少？

67. **强力球彩票中奖**。研究并计算当前"强力球彩票中头奖"不发生的几率。

68. 访问国家安全委员会网站，计算你一生中"被闪电击中而死亡"不发生的几率。与"强力球彩票中头奖"相比，"被闪电击中而死亡"的可能性要高多少倍？

对一个事件而言，我们有时会采用术语"几率是 1/10"，它可解释为"该事件的概率是 1/10"或"该事件发生的几率是 1 比 9"。

69. 在美国参议院中，一名议员（随机挑选）获得法律学位的几率是 1/1.75，其概率是多少？

70. 在大联盟棒球队中，如果经理是随机挑选的，则其在球队工作少于 4 年的几率是 1/1.43。经理在球队工作少于 4 年的概率是多少？

数学交流

71. 在一次考试中，艾莉安娜正在求解以下概率问题：从一条生产线中选择了 3 个数码相框，检测其是否存在缺陷。她打算利用公式 $P(E)=n(E)/n(S)$，这种方法是否有效？解释理由。

72. 如果某一事件不发生的几率是"a 比 b"，该事件发生的几率是多少？

73. 解释样本点和事件的差异。

74. 解释"事件的概率"和"事件发生的几率"的差异。

生活中的数学

在练习 75 ~ 76 中，内容与本节中的"生活中的数学"相关。

75. **模拟概率**。模拟黄油面包示例如下：在桌子上放一个平面物体（如鼠标垫），表示一片黄油面包，物体的"上表面"代表面包涂黄油的一面。将物体从桌子上推下 20 次，记录“涂黄油一面朝下”的下落次数。

76．**模拟概率**。假设你位于收费广场的 2 号车道上，1 号车道和 3 号车道分别位于左右两侧。你可以模拟交通亭示例，将编号为 1 的 10 张卡片、编号为 2 的 10 张卡片和编号为 3 的 10 张卡片放入一个容器，然后摇动该容器并抽取 1 张卡片，卡片上的数字表示驶入该车道的一辆新车。归还该卡片，然后抽取另 1 张卡片。抽取 20 张卡片后，记录哪条车道上的汽车最少。重复这个试验 20 次。你位于最短车道上的次数是多少？

挑战自我

在练习 77～80 中，登录某个计算机网络必须输入密码。假设一名黑客试图入侵该系统，且每 10 秒随机键入 1 个密码。如果黑客未在 3 分钟内输入有效密码，系统将不允许其进一步尝试登录。对于以下密码，黑客成功破译有效密码的概率是多少？

77．**形成密码**。密码由 2 个字母和 3 个数字组成，字母不区分大小写，如 Ca154 和 CA154 是相同的密码。

78．**形成密码**。重复练习 77，但是这次假设字母区分大小写，即大写字母和小写字母不同。

79．**形成密码**。密码由 2 个字母和 3 个数字组成，字母不区分大小写，如 B12q5 和 b12Q5 是相同的密码。

80．**形成密码**。重复练习 79，但是这次假设字母区分大小写，即大写字母和小写字母不同。

81．从媒体上查找一些广告案例，描述其采用何种方式的概率。

82．**a**．掷 1 枚硬币 100 次，对于正面朝上和反面朝上，经验结果与理论概率相比如何？**b**．掷 1 对骰子 100 次，对于 2、3 和 4 等总点数，经验结果与理论概率相比如何？**c**．投掷不规则物体（如图钉）1000 次。如此操作后，图钉尖部朝上的概率是多少？尖部朝下的概率是多少？采用何种类型的图钉是否重要？解释理由。

83．调查其他遗传性疾病，如家族黑蒙性白痴或亨廷顿舞蹈症。与本节中的各个示例相比，说明这些疾病的遗传数学相似性或差异性。

13.2 事件的补集和并集

假设你正在参加校园年终午餐会，见证对杰出学术成就获得者的表彰。当有人问及参会人数时，你发现房间里共有 8 张桌子，每张桌子能坐 10 人，目前尚存 6 个空位，因此没有必要实际计数，即可快速回答“74 人”。

与此类似，利用一些简单直观的公式，就可求解各种复杂的概率问题。本节利用第 2 章中介绍的一些集合论结果，提出“事件的补集和并集”的概率计算规则。

13.2.1 事件的补集

将数学问题重新表述为更容易回答的等价问题，通常能够求解数学问题。例如，假设你要计算事件 E 的概率（在本章的其余部分中，除非另有说明，E 和 F 等均表示样本空间 S 中的事件），但是发现 E 过于复杂而难以理解。此时，如果记得“样本空间中的可用总概率是 1”，则“先求 E 的补集的概率，然后用 1 减去该数”可能更简单。

要点 求解其补集的概率，可以计算一个事件的概率。

计算事件补集的概率 若 E 是一个事件，则 $P(E')=1-P(E)$。

当然，该结果还可采用另外 2 种不同的表达方式，即 $P(E)=1-P(E')$ 或 $P(E)+P(E')=1$。图 13.6 中说明了这个公式。

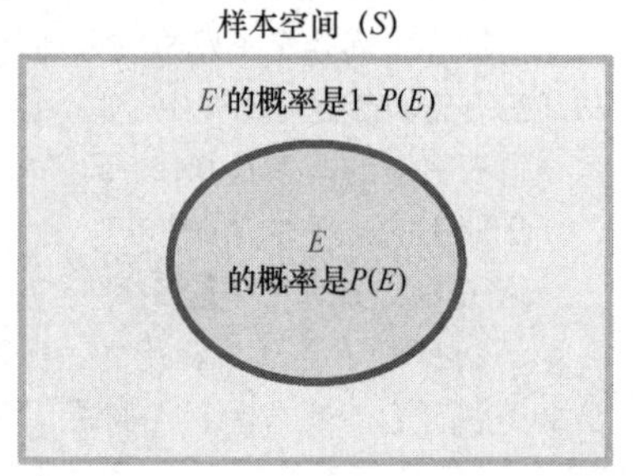

图 13.6 $P(E)+P(E')=1$

例 1　用补集公式研究选民派别

如下图所示，一组选民第一次参加投票，并根据党派进行分类。如果从这个群体中随机选择 1 人，则其归属于某一党派的概率是多少？

解： 回顾本书前文所述的画图策略。

设 A 为“有党派选民”事件，计算这个事件的概率时，更简单的方法是计算 A'（“无党派选民”事件）的概率，如图 13.7 所示。记住“这个样本空间中的可用总概率是 1”非常重要。

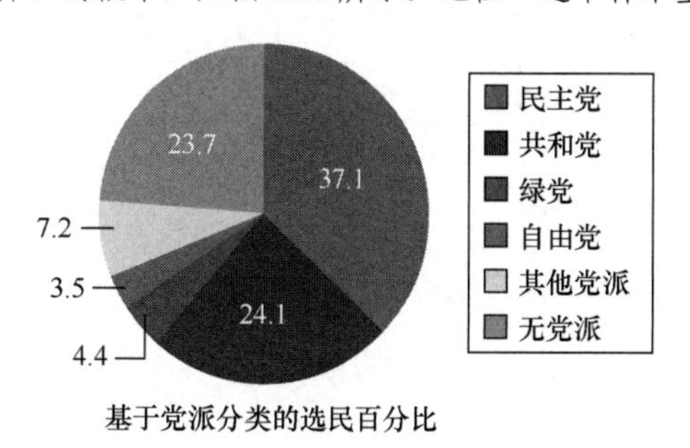

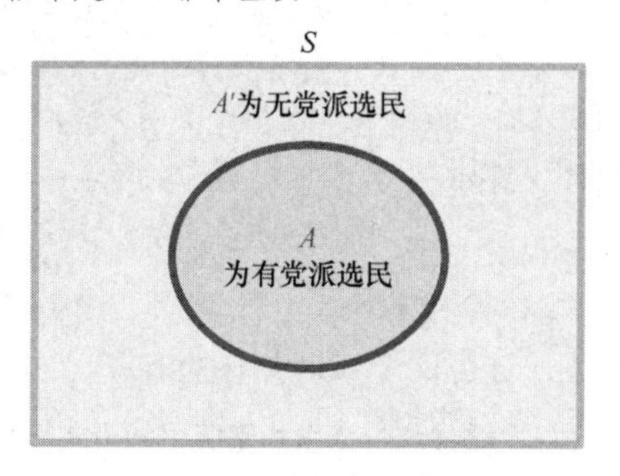

图 13.7　通过求 $P(A')$来计算 $P(A)$

由于 23.7%的选民为无党派人士，所以选择这样 1 人的概率是 0.237。因此，

$$P(A) = P(S) - P(A') = 1 - P(A') = 1 - 0.237 = 0.763$$

现在尝试完成练习 01 ~ 08。

自测题 6

如果掷 1 对骰子，总点数小于 11 的概率是多少？（利用补集规则。）

生活中的数学——你的机会有多大？

研究彩票和赌场游戏的概率时，因为意识到中奖的可能性极小，笔者的一名学生不禁脱口而出：“我再也不赌博了！”

在撰写本书籍，“强力球彩票中头奖”不发生的几率为“292201338 比 1”，远大于“被闪电击中而亡”不发生的几率。从长远来看，中奖希望极为渺茫，建议参考国家安全委员会提供的各种事件造成的死亡几率（注：某位评论家正确地指出，这些几率可以微调。如果你住在俄克拉何马州，则与纽约州相比，被闪电击中而亡的几率无疑会有所不同。不过，国家安全委员会以国家为单位整体给出了这些几率）。

事件（死亡原因）	该事件不发生的几率	强力球彩票中头奖可能性的倍数
被闪电击中	174426 比 1	1675
被蜜蜂、黄蜂或马蜂蜇伤	64706 比 1	4616
遭到枪击	358 比 1	816205
交通事故	113 比 1	2585853

13.2.2　事件的并集

在数学系统中，人们常将多个对象组合在一起，以获得系统中的其他对象。例如，在数字系统中，为了获得其他数字，可对多个数字执行加法和减法运算。在概率领域中，为了连接多个事件，可以采用“集合的并集和交集运算”（见 2.3 节）。对于本节中的事件，我们将研究其并集；对于下节中的事件，我们将研究其交集。描述多个事件的并集时，我们经常用到“或”这个词。

要点　我们经常用“或”这个词来描述多个事件的并集。

图 13.8 显示了事件 E 和 F 的并集。在计算 $P(E\cup F)$ 时，一种常见错误是“将 $P(E)$ 和 $P(E)$ 简单相加”。因为有些样本点可能同时属于 E 和 F，但是这种错误做法将 2 次计算其概率。要正确计算 $P(E\cup F)$，一定要减去 $P(E\cap F)$。

两个事件并集的概率计算规则 若 E 和 F 是事件，则

$$P(E\cup F)=P(E)+P(F)-P(E\cap F)$$

如果 E 和 F 没有公共样本点，则称为互斥事件/互不相容事件。在这种情况下，由于 $E\cap F=\varnothing$，所以前述公式可化简为

$$P(E\cup F)=P(E)+P(F)$$

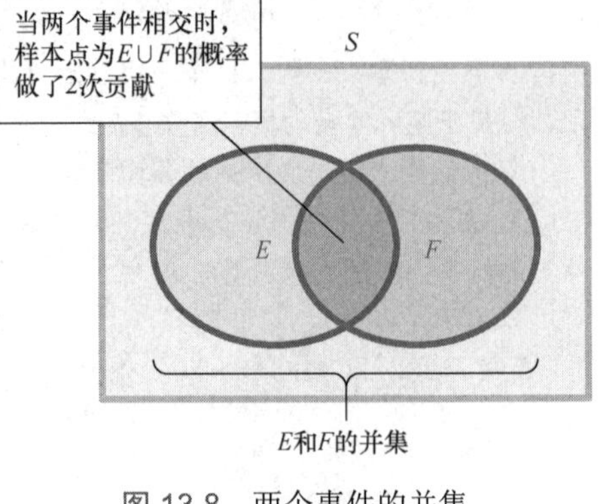

图 13.8 两个事件的并集

例 2 计算两个事件并集的概率

从一副标准 52 张扑克牌中抽取 1 张牌，抽取红桃或人脸牌的概率是多少？

解：回顾本书前文所述的画图策略。

设 H 为“抽取红桃”事件，F 为“抽取人脸牌”事件，待求解 $P(H\cup F)$。红桃共有 13 张，人脸牌共有 12 张，红桃人脸牌共有 3 张。图 13.9 有助于记忆要使用的公式。

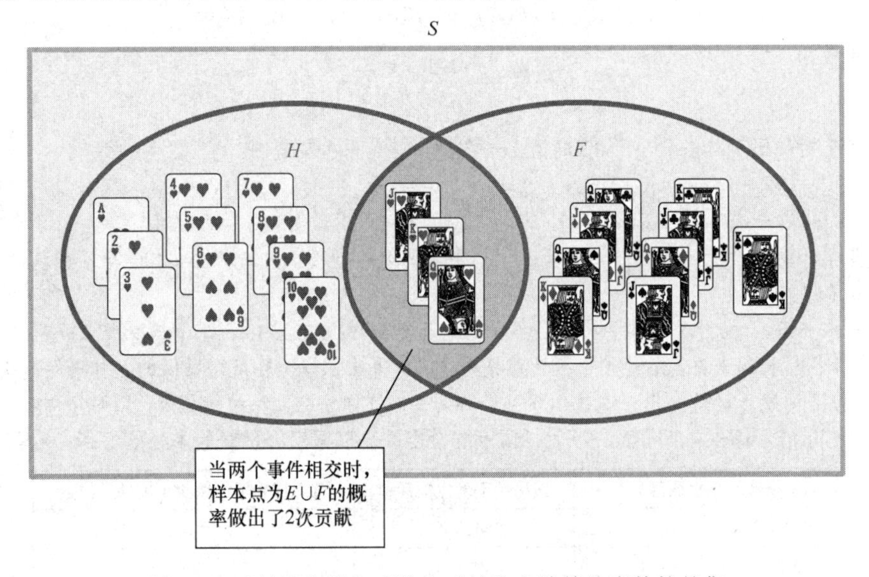

图 13.9 “抽取红桃”事件和“抽取人脸牌”事件的并集

因此，

红桃的概率　　人脸牌的概率

$$P(H\cup F)=P(H)+P(F)-P(H\cap F)=\frac{13}{52}+\frac{12}{52}-\frac{3}{52}=\frac{22}{52}=\frac{11}{26}$$

红桃人脸牌的概率

现在尝试完成练习 09 ~ 12。

建议 在公式 $P(E\cup F)=P(E)+P(F)-P(E\cap F)$ 中，如果已知 4 个量中的任意 3 个量，则可用代数来求解最后 1 个量。参见例 3。

例 3　用代数求缺失的概率

针对 18 ~ 25 岁年龄段的读者，某杂志开展了一项健康关注问题调查，编辑将利用这些信息来选择与读者相关的主题。调查结果表明，35%的读者关注心血管健康改善问题，55%的读者关注减肥问题，70%的读者关注“心血管健康改善问题”或“减肥问题”。如果编辑从被调查者中随机挑选 1 人，然后在专题文章中进行描述，则此人同时关注两个问题的概率是多少？

解：回顾本书前文所述的“为未知对象选择一个好名字”策略。

设 C 为事件“此人希望改善心血管健康状况”，W 为事件“此人希望减肥”，我们的目标是求 $P(C\cap W)$。

已知 35%的人希望改善心血管健康状况，所以 $P(C)=0.35$。同理可知，$P(W)=0.55$。事件“此人希望改善心血管健康状况或减肥”是事件 $C\cup W$，由题可知 $P(C\cup W)=0.70$。现在，图 13.10 将帮助你了解如何去做。

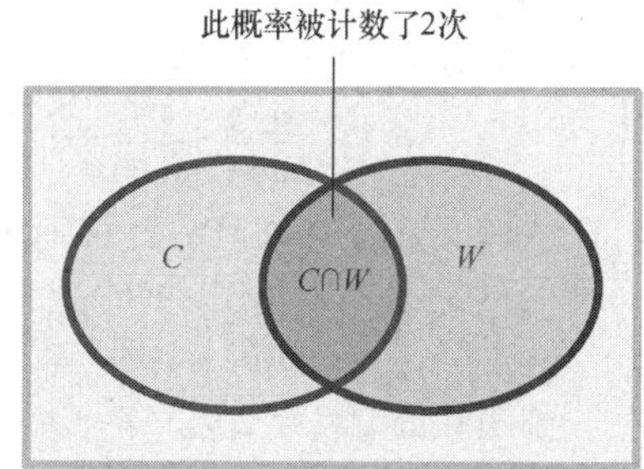

图 13.10　事件 C 和 W 的并集

由此图可得如下方程：

$$P(C\cup W)=P(C)+P(W)-P(C\cap W)$$

0.70　　0.35　0.55　　未知量

将此方程改写如下：

$$0.70=0.35+0.55-P(C\cap W)$$

$$P(C\cap W)=0.35+0.55-0.70$$

即可求得 $P(C\cap W)=0.20$。这意味着在被选中的读者中，20%的人“对改善心血管健康和减肥都感兴趣”。

现在尝试完成练习 13 ~ 16。

自测题 7

假设 A 和 B 均为事件，$P(A)=0.35$，$P(A\cap B)=0.15$，$P(A\cup B)=0.65$，求 $P(B)$。

我们并不总是通过画图来描述两个事件合并的概率计算规则，但是鼓励大家这样去做，因为这样做对计算有帮助。

13.2.3　补集公式和并集公式的组合

在例 4 中，为了计算某一事件的概率，我们将同时利用补集公式和并集公式。

要点　我们可以利用几个公式来计算一个事件的概率。

例 4　求两个事件并集的补集的概率

针对 1600 位消费者的调查对比了消费者的每月网购时间和年收入，如表 13.5 所示。

表 13.5　网购调查结果

年　收　入	10 + 小时（T）	3~9 小时	0~2 小时	合　计
高于 6 万美元（A）	192	176	128	496
4~6 万美元	160	208	144	512
低于 4 万美元	128	192	272	592
总计	480	576	544	1600

（注：192 为 $n(T\cap A)$，496 为 $n(A)$，480 为 $n(T)$，1600 为 $n(S)$）

假设这些结果代表所有消费者，随机选择 1 位消费者，其“每月网购时间低于 10 小时，且年收入低于 6 万美元”的概率是多少？

解：回顾本书前文所述的画图策略。

回答这个问题时，可用 13.1 节介绍的概率技术，但这里采用事件的补集公式和并集公式。

设 T 为事件“选定消费者的每月网购时间为 10+小时”，对应于表 13.5 中的第 1 列；设 A 为事件“选定消费者的年收入高于 6 万美元”，对应于表 13.5 中的第 1 行。

由图 13.11 可知，事件“选定消费者的每月网购时间低于 10 小时，且年收入低于 6 万美元”是 $T \cup A$ 之外的区域，即 $T \cup A$ 的补集。

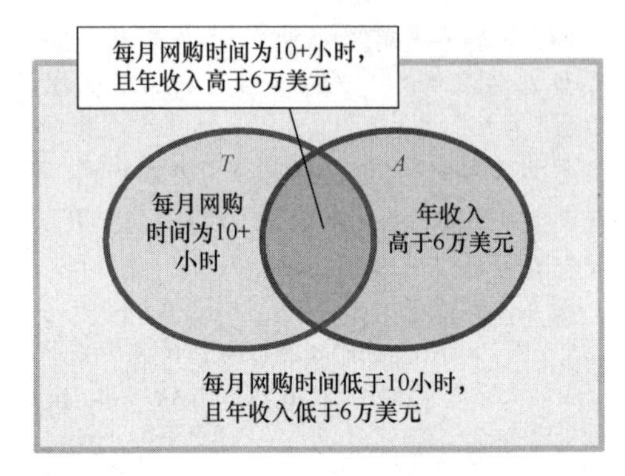

图 13.11　事件“既非 T 又非 A”对应于 $T \cup A$ 的补集

由表 13.5 可见，T 中的样本点数量为

$$n(T) = 192 + 160 + 128 = 480$$

在样本空间 S 中，样本点总数是被调查者总人数（1600 人）。因此，有

$$P(T) = \frac{n(T)}{n(S)} = \frac{480}{1600} = 0.30$$

同理，$n(A) = 192 + 176 + 128 = 496$，因此，有

$$P(A) = \frac{n(A)}{n(S)} = \frac{496}{1600} = 0.31$$

此外，查看“标 T 列”和“标 A 列”的交集，发现“每月网购时间为 10+小时，且年收入高于 6 万美元”的被调查者人数是 192 人。因此，有

$$P(T \cap A) = \frac{n(T \cap A)}{n(S)} = \frac{192}{1600} = 0.12$$

现在即可计算 $T \cup A$ 的补集的概率，如下所示：

$$P((T \cup A)') = 1 - P(T \cup A) = 1 - [P(T) + P(A) - P(T \cap A)]$$
$$= 1 - [0.30 + 0.31 - 0.12] = 1 - 0.49 = 0.51$$

这意味着，如果随机选择 1 位消费者，则其“每月网购时间低于 10 小时，且年收入低于 6 万美元”的概率是 51%。

现在尝试完成练习 21 ~ 24 和练习 29 ~ 32。

历史回顾——现代概率论

现代概率论发端于 17 世纪，当时布莱士 · 帕斯卡和朋友皮埃尔 · 费马开始研究赌博的数学原理，准备回答法国赌徒梅内向帕斯卡提出的如下两个问题：

“掷 1 个骰子时，要获得 2 个 6 点，应当掷多少次？”

“如果赌局因故无法完成，则应当如何公平分配奖金？”

1812 年，在《概率分析论》一书中，皮埃尔 · 西蒙 · 德 · 拉普拉斯提出了古典概型/经典概率论，并且大胆地断言“一切知识均可用他提出的原理获取”。

现在，物理学家用概率论研究辐射和原子物理学，生物学家将其用于遗传学和数学学习理论。在科学、工业和社会研究中，概率也被用作统计学的理论基础。

练习 13.2

强化技能

在练习 01 ~ 08 中，用补集公式计算每个事件的概率。

01．概率和保修期。如果“DVD 播放机在延长保修期到期前发生故障”的概率是 0.015，则“该播放机在延长保修期到期前不发生故障”的概率是多少？

02．**概率和疫苗**。接种疫苗后，如果不感染流感的概率是0.965，则感染流感的概率是多少？

03．**概率和彩票**。在今晚的彩票开奖中，如果你有1/1000的机会选对号码，则你未选对号码的概率是多少？

04．**概率和天气**。在7月4日烧烤计划中，如果下雨的可能性是1/4，则不下雨的概率是多少？

在练习05～08中，在计算事件的概率之前，先考虑其补集。

05．**掷骰子**。如果掷2个骰子，求2个骰子都不是5点的概率。

06．**掷骰子**。如果掷2个骰子，求总点数小于10的概率。

07．**掷硬币**。如果掷5枚硬币，则至少1枚硬币正面朝上的概率是多少？

08．**掷硬币**。如果掷5枚硬币，则至少1枚硬币正面朝上且至少1枚硬币反面朝上的概率是多少？

09．**抽牌**。如果从一副标准52张扑克牌中抽取1张牌，则其为5或红桃的概率是多少？

10．**抽牌**。如果从一副标准52张扑克牌中抽取1张牌，则其为人脸牌或红桃的概率是多少？

11．**概率和天气**。如果下雨的概率是0.6，起雾的概率是0.4，下雨且起雾的概率是0.15，则下雨或起雾的概率是多少？

12．**概率和分级**。假设你数学得A的概率是0.8，你进入院长名单的概率是0.72，你数学得A且进入院长名单的概率是0.6，则你数学得A或进入院长名单的概率是多少？

在练习13～16中，假设A和B均为事件。

13．若$P(A \cup B)=0.85$，$P(B)=0.40$，$P(A)=0.55$，求$P(A \cap B)$。

14．若$P(A \cup B)=0.75$，$P(B)=0.45$，$P(A)=0.60$，求$P(A \cap B)$。

15．若$P(A \cup B)=0.70$，$P(A)=0.40$，$P(A \cap B)=0.25$，求$P(B)$。

16．若$P(A \cup B)=0.60$，$P(B)=0.45$，$P(A \cap B)=0.20$，求$P(A)$。

17．假设$P(A)=0.45$，$P(A \cap B)=0.15$，“A和B均不发生”的概率是0.45，则B的概率是多少？

18．假设$P(B)=0.20$，$P(A \cap B)=0.15$，“A和B均不发生”的概率是0.60，则A的概率是多少？

学以致用

在美国劳工统计局的下表中显示了美国最近一年收入低于最低工资的工人年龄分布，用其回答练习19～20。

年　龄	收入低于最低工资的工人（单位为千人）
16～19	329
20～24	420
25～34	320
35～44	175
45～54	125
55～64	61
65及更大	53

19．如果从被调查者中随机选择1名工人，此人年龄小于55岁的概率是多少？

20．如果从被调查者中随机选择1名工人，此人年龄大于19岁的概率是多少？

收入和互联网使用。利用例4中提供的以下表格，将消费者的每月网购时间与其年收入相关联，回答练习21～24。

年收入	10+小时	3～9小时	0～2小时	合计
高于6万美元	192	176	128	496
4～6万美元	160	208	144	512
低于4万美元	128	192	272	592
总计	480	576	544	1600

21．随机选择1名消费者，其每月网购时间为0～2小时或年收入低于4万美元的概率是多少？

22．随机选择1名消费者，其每月网购时间为10+小时或年收入为4～6万美元的概率是多少？

23．随机选择1名消费者，其每月网购时间不超过2小时且年收入高于6万美元的概率是多少？

24．随机选择1名消费者，其每月网购时间不超过2小时且年收入高于4万美元的概率是多少？

兼职工作和毕业时间。下表显示了大学生每周兼职工作时间（单位为小时）与获得本科学位所需年限之间的关系，用表中的数据完成练习25～28，并将答案精确至小数点后3位。

每周兼职工作时间（单位：小时）	4年	5~6年	6年以上	合计
0~5	172	72	24	268
6~20	120	96	32	248
大于20	68	132	44	244
总计	360	300	100	760

25. 一名学生每周工作超过 20 小时，其在 4 年内毕业的概率是多少？

26. 一名学生每周工作时间少于 6 小时，其在 5~6 年内毕业的概率是多少？

27. 一名学生每周工作时间超过 5 小时，其在 6 年以上毕业的概率是多少？

28. 一名学生每周工作时间少于 21 小时，其在 4 年内毕业的概率是多少？

29. 从一副标准 52 张扑克牌中抽取 1 张牌，其既非红桃又非 Q 的概率是多少？（提示：在尝试计算概率前，首先对此情形画图。）

30. 从一副标准 52 张扑克牌中抽取 1 张牌，其既非“红色”又非 Q 的概率是多少？（提示：在尝试计算概率前，首先对此情形画图。）

31. **预测汽车维修。**汽车挡风玻璃的雨刮器无法正常工作，如果需要新电机的概率是 0.55，需要新开关的概率是 0.4，二者都需要的概率是 0.15，则二者都不需要的概率是多少？

32. **预测期末考试题。**研究《世界历史》课程的以往考试后，你认为期末考试题与俄罗斯相关的概率是 0.75，与波兰相关的概率是 0.6，与二者均相关的概率是 0.45，与二者均不相关的概率是多少？

为了研究“学术建议满意度”与“学术成就满意度”之间的关系，某大学管理部门对随机抽取的 200 名学生进行了调查，得到了如下结果：在 70 名学术试读（留校观察）学生中，32 人对学术建议不满意；在非学术试读学生中，仅 20 人对学术建议不满意。用这些数据回答练习 33 ~ 36，在每个练习中，假设随机选择 1 名学生。

33. 该学生为非学术试读学生的概率是多少？

34. 该学生对学术建议感到满意的概率是多少？

35. 该学生为学术试读学生且对学术建议感到满意的概率是多少？

36. 该学生为非学术试读学生且对学术建议感到满意的概率是多少？

37. **销售存在缺陷的相机。**某生产商已将 40 台数码相机运送到一家商场，其中 6 台相机存在缺陷。在发现部分相机存在缺陷之前，如果商场已售出 18 台相机，则至少售出 1 台存在缺陷相机的概率是多少？［提示：$C(34,18)/C(40,18)$ 是未销售存在缺陷相机的概率。］

38. **抽奖。**大学滑雪俱乐部（含 35 名成员）正在举行抽奖活动，奖项名额数量是 3 人。如果该俱乐部有 6 名新生，则至少 1 名新生获奖的概率是多少？（提示：考虑这个事件的补集。）

39. **提供变质食物。**某生鱼片餐厅准备了 18 份海鲜，其中 2 份由于时间太久而变质。在这 18 份食物中，如果 12 份随机提供给顾客，则至少 1 位顾客收到变质食物的概率是多少？（提示：考虑这个事件的补集。）

40. **获奖。**在一次宴会上，18 名学生（含 3 名国际学生）由于成绩优异而受到表彰，并且将接受各种奖项。如果从中随机选择 4 名学生并分别奖励 500 美元购书券，则至少 1 名国际学生获奖的概率是多少？（提示：考虑这个事件的补集。）

数学交流

在练习 41 ~ 42 中，判断事件 A 和 B 的命题真假，并解释理由。

41. $P(A)=P(A\cup B)-P(B)$

42. $P(A)+P(B)-P(A\cup B)=P(A\cap B)$

43. 讨论概率的许多资料认为，若事件 E 与 F 不相交，则 $P(E\cup F)=P(E)+P(F)$。解释为什么真的没有必要描述这个公式。

44. 如果 $P(E\cup F)=P(E)+P(F)$，则可得出关于 $P(E\cap F)$ 的什么结论？

生活中的数学

许多州都有一种名为“天天号码”的彩票，玩家通过正确选择 000 和 999 之间（含边界）的 1 个 3 位数号码而中奖，因此未中奖的几率是“999 比 1”。利用此信息和“生活中的数学”，完成练习 45 ~ 46。

45. **比较几率。**“被枪杀的可能性”是“买单张彩票中奖的可能性”的多少倍？

46. **比较几率。**“因车祸死亡的可能性”是“买单张彩票中奖的可能性”的多少倍？

挑战自我

47. 如果事件 A, B 和 C 如下边的维恩图所示，写出 $P(A \cup B \cup C)$ 的公式并解释理由。

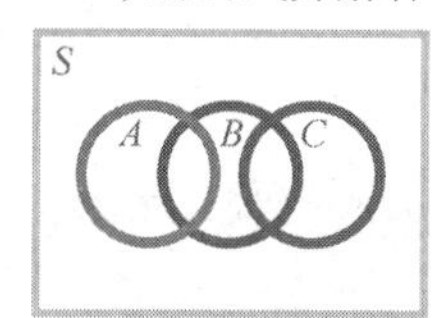

48. 如果事件 A, B 和 C 如下边的维恩图所示，写出 $P(A \cup B \cup C)$ 的公式并解释理由。

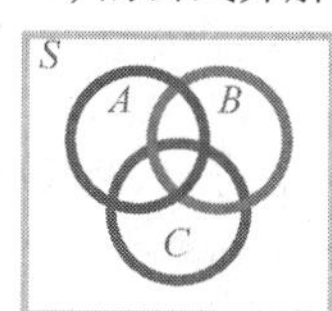

利用如下旋转器，回答练习 49 ~ 52。每个绿区占圆形面积的 10%，每个蓝区占 12%，每个红区占 9%，每个黄区占 4%。假设该旋转器旋转 1 次，下列每种情形的概率是多少？

49. 当旋转器停止时，指针不指向黄区。

50. 当旋转器停止时，指针指向奇数或绿区。

51. 当旋转器停止时，指针不指向奇数，也不指向蓝区。

52. 当旋转器停止时，指针不指向偶数，也不指向绿区。

对于练习 53 ~ 54，假设 A 和 B 是样本空间 S 中的事件。

53. 若 $P(A \cup B) = 0.8$ 和 $P(B) = 0.5$ 固定不变，增大 $P(A \cap B)$ 的值，$P(A)$ 会如何变化？

54. 若 $P(A) = 0.5$ 和 $P(B) = 0.5$ 固定不变，减小 $P(A \cap B)$ 的值，$P(A \cup B)$ 会如何变化？

13.3 条件概率和事件的交集

知道如何计算“事件的补集和并集”的概率后，下面介绍如何计算“事件的交集”的概率，但是首先要了解“一个事件的发生”如何影响“另一个事件的概率”。

13.3.1 条件概率

假设你正和朋友马库斯就租赁哪部电影争论不休，于是决定通过掷 1 对骰子来解决问题。每个人首先选择 1 个数字，然后掷 1 对骰子，总点数率先与数字相符的人获得选择机会。基于对概率知识的了解，你知道自己应该选择数字 7，因为它出现的概率最高——$1/6$。

要点 条件概率考虑到“1 个事件的发生”可能会改变“第 2 个事件的概率”。

为了说明“条件概率”这个概念，下面稍微变更一下实际场景。假设朋友珍妮在你和马库斯选择数字之前掷骰子，你不允许看骰子，但是珍妮会告诉你关于骰子的一些情况，然后你在看骰子之前选择数字。

假设珍妮告诉你“总点数是偶数”，此时你还会选择 7 吗？当然不会，因为一旦知道“总点数是偶数”这个条件，你就应该知道“7 的概率是 0”。这时的一种较好做法是：知道总点数是偶数后，一定要从样本空间中排除掉“总点数是奇数”的所有数对，如(1, 4), (5, 6)和(4, 3)。

采用一种类似的方式，假设你从一副标准 52 张扑克牌中抽取 1 张牌，放入口袋后接着抽取第 2 张牌，第 2 张牌为 K 的概率是多少？如何回答这个问题取决于你是否知道口袋里的牌是什么。如果口袋里的牌是 1 张 K，则剩余 51 张牌中还有 3 张 K，因此概率是 $3/51$；如果口袋里的牌不是 K，则第 2 张牌为 K 的概率是 $4/51$。为何如此？这一讨论将引出“条件概率”的正式定义。

定义 当在假设事件 E 已发生的情况下计算事件 F 的概率时，我们将其称为“已知 E 条件下 F 的条件概率”，这个概率可表示为 $P(F|E)$。

不要被这种新表示法吓到，$P(F|E)$ 仅意味着“在计算概率之前，某些其他事情已经发生”。

例如，在前面对珍妮的讨论中，我们说过“如果知道总点数是偶数，则总点数为 7 的概率是 0”。我们将多次重申这一点，每次都增加符号的使用，因此可以采用如下替代说法：

$$P(\text{总点数为7已知总点数为偶数}) = 0$$

或

$$P(\text{总点数为7} \mid \text{总点数为偶数}) = 0$$

现在，若用 F 表示事件“总点数为 7”，用 E 表示事件“总点数为偶数”，则可将原始命题写为

$$P(F \mid E) = 0$$

总点数为偶数（E）　总点数为 7（F）

与此类似，返回至抽取扑克牌示例。设 A 表示事件“第 1 张牌抽了 1 张 K，并将其放入口袋”，B 表示事件“第 2 张牌抽了 1 张 K”，然后即可将“已知第 1 张牌是 K 条件下抽取第 2 张牌的概率是 $3/51$”写为

$$P(B \mid A) = \frac{3}{51}$$

第 1 张牌是 K（A）　第 2 张牌是 K（B）

在图 13.12 中，维恩图可以帮助记忆如何计算条件概率。

在图 13.12 中，我们用加粗线条绘制了 E，这是为了强调“当假设 E 已经发生时，E 之外的样本点可以不予考虑”。在计算条件概率时，你会发现“将样本空间视为 E，将事件视为 $E \cap F$（而非 F）”非常有用。我们首先介绍一种特殊规则，用于计算各样本点的可能性相等（均具有相同的发生概率）时的条件概率，然后介绍更具普遍意义的条件概率规则。

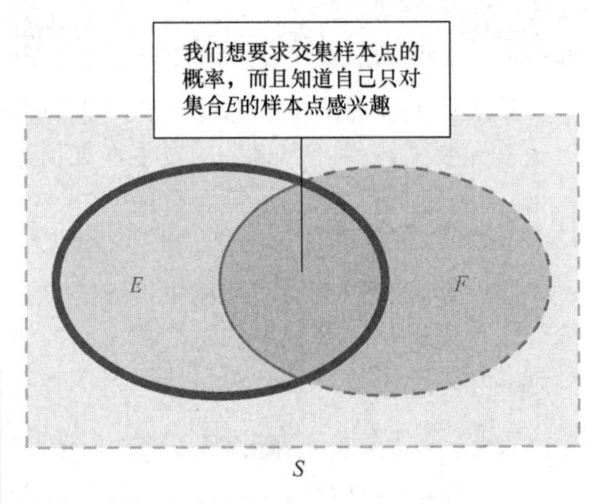

图 13.12　为了计算已知 E 时 F 的概率，将 $E \cap F$ 中的样本点与 E 中的样本点进行比较

通过计数计算 $P(F \mid E)$的特殊规则　在样本空间中，若 E 和 F 是含有可能性相等的样本点的事件，则

$$P(F \mid E) = \frac{n(E \cap F)}{n(E)}$$

例 1　通过计数计算条件概率

假设掷 2 个骰子，总点数大于 9，则总点数为奇数的概率是多少？

解：回顾本书前文所述的三法原则。

这个样本空间包含 36 个可能性相等的样本点，设 G 为事件“总点数大于 9”，O 为事件“总点数为奇数”。于是有

$$G = \{(4, 6), (5, 5), (5, 6), (6, 4), (6, 5), (6, 6)\}$$

集合 O 由“总点数为奇数”的所有数字对组成。图 13.13 显示了如何用“计算条件概率的特殊规则”来求解 $P(O \mid G)$。

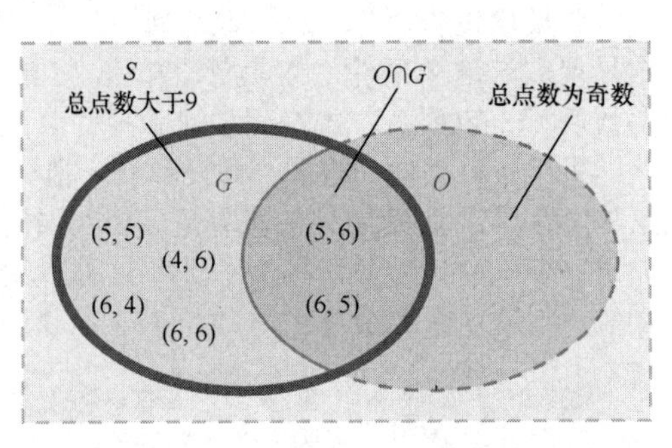

图 13.13　为了计算 $P(O \mid G)$，将 $O \cap G$ 中的样本点数量与 G 中的样本点数量进行比较

因此，

$$P(O|G)=\frac{n(O\cap G)}{n(G)}=\frac{2}{6}=\frac{1}{3}$$

已知总点数大于9时，注意观察“总点数为奇数”的概率如何从1/2变为1/3。

现在尝试完成练习01～14。

自测题 8

采用例1中的事件G和O，计算$P(G|O)$。

只有当样本空间中各样本点的可能性相等时，计算条件概率的特殊规则才适用，记住这一点非常重要。有时，你正在求解的问题可能不满足这一条件，或者可能无法对样本点进行计数，这时就需要采用基于概率（而非计数）的$P(F|E)$计算规则。

计算 $P(F|E)$的一般规则 如果E和F是样本空间中的事件，则

$$P(F|E)=\frac{P(E\cap F)}{P(E)}$$

为了记住这一规则，我们仍然能够利用图13.12，但是这次不比较“$E\cap F$中的样本点数量”和“E中的样本点数量”，而比较“$E\cap F$的概率”和“E的概率”。

例2 用一般规则计算条件概率

美国劳工统计局开展的一项调查对比了大学毕业生的起薪和专业，调查结果如表13.6所示。

表13.6 大学毕业生的起薪和专业的对比调查（单位为%）

专 业	≤30000美元	30001～35000美元	35001～40000美元	40001～45000美元	>45000美元	合计/%
人文科学	6	10	9	1	1	27
自然科学	2	4	10	2	2	20
社会科学	3	6	7	1	1	18
医药卫生	1	1	8	3	1	14
工程技术	0	2	7	8	4	21
总计/%	12	23	41	15	9	100

如果选择了起薪为40001～45000美元的一名毕业生，其获得医药卫生学位的概率是多少？

解：回顾本书前文所述的画图策略。

在表13.6中，每项都是某一事件的概率。例如，突出显示的8%是“选择一名起薪为40001～45000美元（含边界）的工程技术专业毕业生”的概率，突出显示的14%是“选择一名医药卫生专业毕业生”的概率。

设R表示事件“毕业生的起薪为40001～45000美元”，H表示事件“毕业生拥有医药卫生专业学位”。求解这个问题时，必须清楚已知条件和待求解目标。R为已知条件，待求解H的概率，因此要计算的是$P(H|R)$而不是$P(R|H)$。

因为希望求解已知R条件时H的概率，所以实际上可以忽略与“40001～45000美元起薪”不对应的所有样本点。在表13.7中，我们以较深的颜色显示了想要忽略的各列。

表 13.7　想要忽略的各列以较深的颜色显示

专业	≤30000 美元	30001～35000 美元	35001～40000 美元	40001～45000 美元	>45000 美元	合计/%
人文科学	6	10	9	1	1	27
自然科学	2	4	10	2	2	20
社会科学	3	6	7	1	1	18
医药卫生	1	1	8	3	1	14
工程技术	0	2	7	8	4	21
总计/%	12	23	41	15	9	100

为了应用计算条件概率的一般规则，首先要知道 $P(R)$ 和 $P(H\cap R)$，如图 13.14 所示。因此，

$$P(H\mid R)=\frac{P(H\cap R)}{P(R)}=\frac{0.03}{0.15}=0.20$$

如果一名毕业生的起薪为 40001 ~ 45000 美元，则其为医药卫生专业的概率是 0.20（或 20%）。

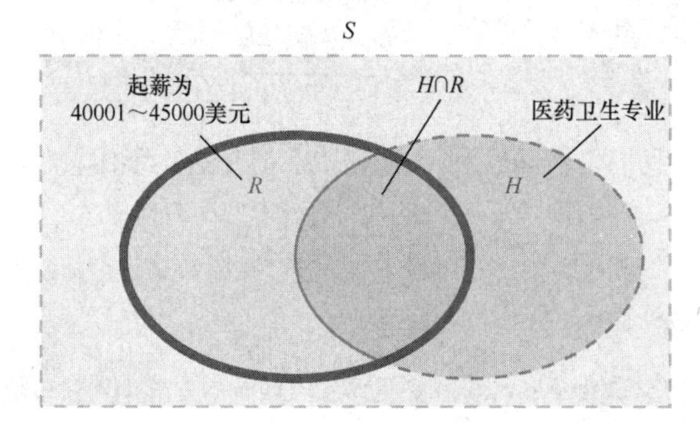

图 13.14　为了计算 $P(H\mid R)$，对比 $P(H\cap R)$ 与 $P(R)$

现在尝试完成练习 45 ~ 52。

自测题 9

假设选择了一名起薪超过 45000 美元的毕业生，利用表 13.7 计算其获得工程技术学位的概率。

13.3.2　事件的交集

要点　我们用条件概率来计算两个事件相交的概率。

现在，我们可以找到一个公式来计算两个事件相交的概率。计算条件概率的一般规则为

$$P(F\mid E)=\frac{P(E\cap F)}{P(E)}$$

等式两侧同时乘以表达式 $P(E)$ 得

$$P(E)\cdot P(F\mid E)=P(E)\cdot\frac{P(E\cap F)}{P(E)}$$

在上式右侧的分子和分母中同时消去 $P(E)$，可得“事件 E 和 F 的交集”的概率计算规则。

事件交集的概率计算规则　若 E 和 F 是两个事件，则

$$P(E\cap F)=P(E)\cdot P(F\mid E)$$

基于此规则，为了计算概率 $P(E\cap F)$，首先要计算 E 的概率，然后乘以“假设 E 已经发生条件下的 F 的概率”。

下面介绍一种有用方法，它可以直观地显示如何计算两个事件交集的概率。假设你有1张纸，代表样本空间S，概率是1；E是S中的一个事件，代表样本空间S的一半，概率是1/2。将这张纸撕成两等分，保留E，丢弃其余部分，如下图所示。

假设“已知E条件下F的条件概率”是1/3，可以直观地认为“从未丢弃的1/2概率中取1/3”。

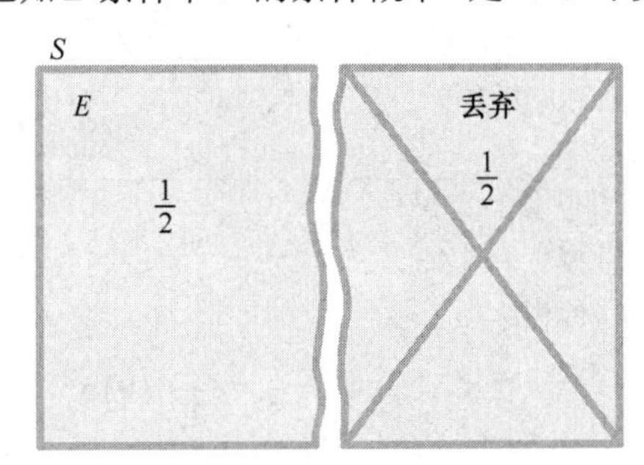

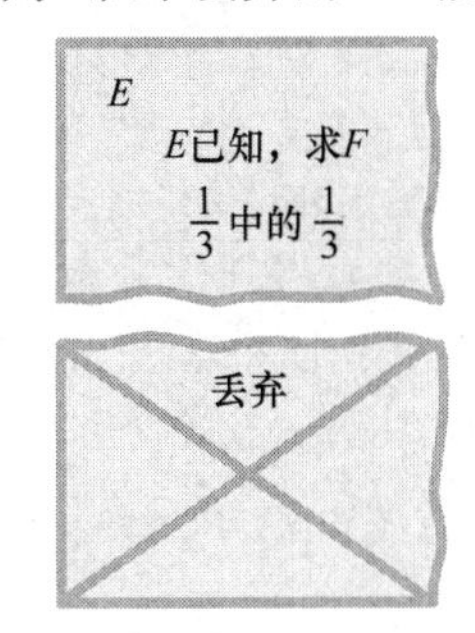

因此，“E和F同时发生”的结果概率是$\frac{1}{2}\times\frac{1}{3}=\frac{1}{6}$。

例3 评估班级成绩

假设在文学期末考试中，教授将问题写在10张卡片上，每张卡片对应1篇指定的阅读材料。你需要随机选择2张卡片，然后基于卡片上的问题撰写1篇文章。如果阅读了10篇阅读材料中的8篇，则你能够回答2个问题的概率是多少？（假设阅读某篇文章后可以回答这篇文章的相关问题，否则无法回答这个问题。）

解：我们可将这个事件视为两个事件A和B的交集，其中A是“你能够回答第1个问题”，B是“你能够回答第2个问题”。利用刚才介绍的规则，需要计算

$$P(A\cap B)=P(A)\cdot P(B\mid A)$$

因为阅读了10篇指定阅读材料中的8篇，所以有$P(A)=8/10$。为了计算$P(B\mid A)$，可以这样考虑：我们想要计算“在已经回答了第1个问题的条件下，你能够回答第2个问题的概率”。

现在，在剩余的9张卡片上，只有7个问题可供回答，所以$P(B\mid A)=7/9$。因此，基于已阅读的材料，你能够回答2个问题的概率为

$$P(A\cap B)=P(A)\cdot P(B\mid A)=\frac{8}{10}\cdot\frac{7}{9}=\frac{56}{90}\approx 0.62$$

注：思维敏捷的学生发现运用13.2节的技术也可求解此题，即计算$C(8,2)\div C(10,2)=28\div 45\approx 0.62$。但是，为了说明条件概率，本例还是选择了特定的方法。

现在尝试完成练习15～30。

建议 当计算条件概率时，一种常见的错误是误用公式$P(A\cap B)=P(A)\cdot P(B)$，即可能忘记考虑“事件$A$已经发生”的事实。注意，若在例3中采用了这个错误公式，则你能够回答第2个问题的概率应是8/10（而非7/9）。实际上，如此计算第2个概率时，第1个问题已经复位至原来的卡片。

我们可将条件概率的计算技术扩展至两个以上的事件，如例4所示。

例4 摸彩球

在一次嘉年华游戏中获胜后，为了确定自己得到的奖品，埃文将从不透明袋子中连续摸出3个彩球（不放回），如图13.15所示。如果摸出了3个红球，则可选择一种最受欢迎的奖品。他按顺序摸出红球、红球和绿球的概率是多少？

解：埃文摸彩球可划分为以下几个阶段。

第 1 阶段：首先从袋子里的 15 个球中摸出 1 个红球。

第 2 阶段：设未放回第 1 个红球，然后摸出第 2 个红球。

第 3 阶段：设未放回前 2 个红球，然后摸出 1 个绿球。

第 1 阶段：埃文摸出第 1 个红球的概率是 $3/15=1/5$。

第 2 阶段：在摸第 2 个球时，我们希望求“第 1 个球是红球且未放回，然后摸出第 2 个红球”的概率。剩余 14 个球中包含 2 个红球，所以此概率为 $2/14=1/7$。

第 3 阶段：现在，假设 2 个红球未放回，我们希望求“摸出 1 个绿球”的概率。剩余 13 个球中包含 7 个绿球，所以此概率为 7/13。

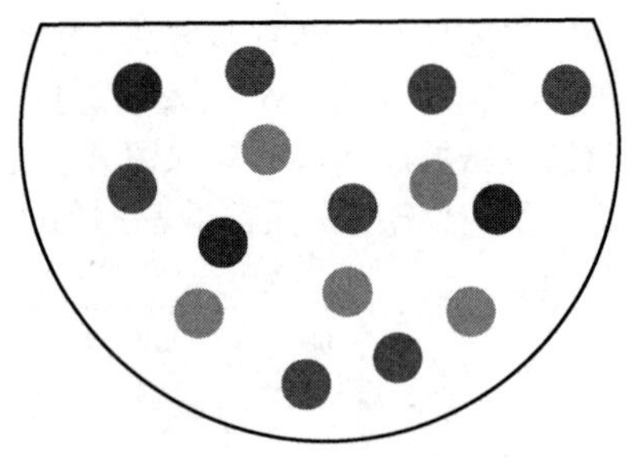

图 13.15　摸彩球

综上所述，“按顺序摸出 2 个红球和 1 个绿球”的概率为

$$P(\text{红球})\cdot P(\text{红球}\mid\text{摸出1个红球})\cdot P(\text{绿球}\mid\text{摸出2个红球})=\frac{1}{5}\cdot\frac{1}{7}\cdot\frac{7}{13}\approx 0.015$$

现在尝试完成练习 23 ~ 26。

自测题 10

在例 4 中，埃文按顺序摸出（但不放回）1 个绿球、1 个红球和 1 个蓝球的概率是多少？

13.3.3　概率树

如 1.1 节中的三法原则所述，画图是一种非常不错的解题技巧。对于理解条件概率问题而言，绘制概率树通常很有用。

要点　概率树有助于可视化概率计算。

用树图计算概率　我们可用树图来表示分阶段发生的试验，树图中的每个分支代表该试验的各个样本点。为了计算其中一个样本点的概率，可将代表该样本点的分支沿线的各个概率相乘。我们将这些树称为概率树。

例 5 描述了树图在概率情形可视化中的作用。

例 5　抓阄选宿舍

为了住进 2 栋新大学宿舍之一的 1 个房间，布莱安娜正在参加一次“抓阄选宿舍”活动。她将随机抽取 1 张卡片，每张卡片上都标有 1 栋宿舍的名称（X 或 Y）和 1 个房间号（双人间或公寓房）。可用空间的 30%位于 X 中，X 中 80%的可用空间是双人间，Y 中 40%的可用空间是双人间。

a）绘制概率树，可视化这种情形。

b）如果布莱安娜抽到的卡片是 X 宿舍，则其获配 1 个双人间的概率是多少？

c）布莱安娜获配 1 套公寓房的概率是多少？

解：回顾本书前文所述的画图策略。

a）绘制树图时，将布莱安娜的宿舍分配分为 2 个阶段发生。

第 1 阶段：为其分配 1 栋宿舍。

第 2 阶段：为其分配 1 个双人间，或者 1 套公寓房。

如图 13.16 所示，首先绘制对应于“选择宿舍（X 和 Y）”的 2 个分支，然后绘制对应于“选择房间（双人间和公寓房）”的其他更细分支。

在图 13.16 中，沿树图中的各个分支写下了不同的概率。检查下部的绿色分支，就会发现布莱安娜获配 Y 的概率是 0.70，所以 $P(Y)=0.70$。数字 0.60 是条件概率。假设“布莱安娜获配 Y”的条件发生，则其获配公寓房的机会是 0.60，可符号化表示为 $P(\text{公寓房}\mid Y)=0.60$。

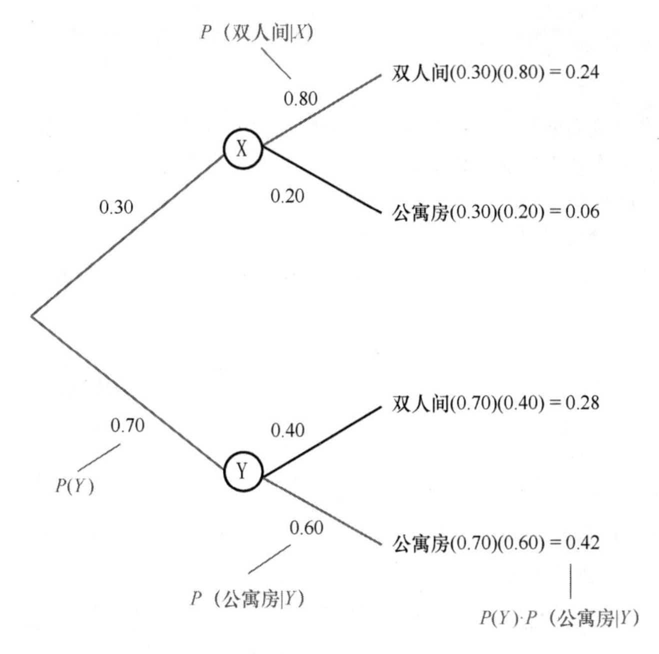

图 13.16　布莱安娜宿舍分配的概率树

乘积 (0.70)(0.60) = 0.42 是布莱安娜获配宿舍 Y 和公寓房的概率（注：我们似乎忘记了将事件视为样本空间子集的想法，但其实并非如此。"Y" 表示标有宿舍 Y 的卡片集合，"公寓房" 表示标有 "公寓房" 词汇的所有卡片集合）。这个数值型方程的正式写法为

$$P(Y \cap \text{公寓房}) = P(Y) \cdot P(\text{公寓房} \mid Y)$$

这是两个事件交集的概率计算公式。自测题 11 将要求你解释这些概率。

b）由树图的第 1 个分支（图 13.16 中的加粗红线）可知，一旦布莱安娜获配宿舍 X，她进一步获配双人间的概率将是 80%（或 0.80）。

c）布莱安娜获配 1 套公寓房的途径有 2 种：宿舍 X 或宿舍 Y。图 13.17 显示了如何计算其获配公寓房的概率。

如图 13.17 所示，事件 A "布莱安娜获配 1 套公寓房" 是两个 "不相交" 事件 $A \cap X$ 和 $A \cap Y$（概率分别为 0.06 和 0.42）的并集。

因此，布莱安娜获配 1 套公寓房的概率是 $0.06 + 0.42 = 0.48$。

现在尝试完成练习 57 ~ 58。

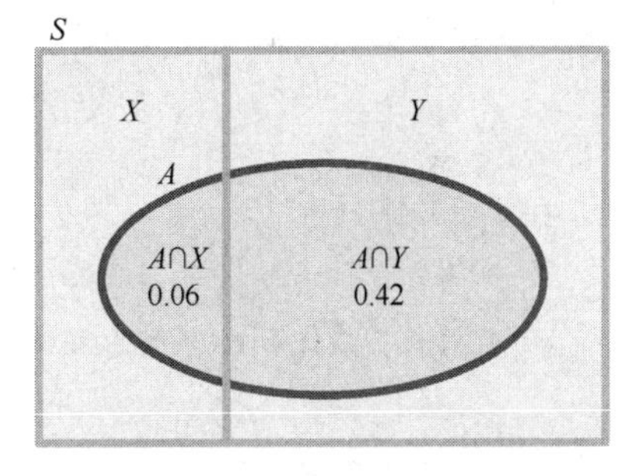

图 13.17　布莱安娜获配宿舍 X 或 Y 中的 1 套公寓房的概率

自测题 11

a）在例 5 中，若已知布莱安娜被分配到宿舍 X，则其获配 1 套公寓房的概率是多少？

b）布莱安娜获配 1 个双人间的概率是多少？

我们可将图 13.16 中的概率树视为 4 个事件，分别用有序数对（X, 双人间）、（X, 公寓房）、（Y, 双人间）和（Y, 公寓房）表示。通过求取该事件对应分支沿线的概率乘积，我们计算了每个事件的概率。例如，为了计算（Y, 双人间）（即布莱安娜获配宿舍 Y 中的 1 个双人间）的概率，我们将 0.70 乘以 0.40，结果为 0.28。

例 6 将讨论本章开篇部分提到的药物检测示例，你可能会发现 "查看解之前先评估问题答案" 非常有趣，我曾向许多人展示了结果令人震惊的这个示例。

例 6　药物检测

假设你受雇于一家实施强制性药物检测政策的公司，该公司约 2%的员工服用某种特定药物。该公司正在进行一项检测，对服药者的识别准确率为 99%。如果一名员工通过该检测被识别为服药者，其实际并非服药者的概率是多少？

解：设 D 为事件"该员工是服药者"，T 为事件"该员工药物检测结果呈阳性"，问题是：如果已知该员工药物检测结果呈阳性，其未服药的概率是多少？D 的补集（即 D'）为事件"该员工未服药"，所以我们要求的是如下条件概率：

$$P(D' \mid T)$$

该员工未服药　　已知该员工药物检测结果呈阳性

在图 13.18 中，概率树有助于加深我们对这个问题的理解。

由上可知，$P(D' \mid T) = \dfrac{P(D' \cap T)}{P(T)}$。在图 13.18 中，分支 1 和分支 3 对应于"药物检测结果呈阳性"，意味着 $P(T) = (0.02)(0.99) + (0.98)(0.01)$。事件 $D' \cap T$ 对应于分支 3，所以 $P(D' \cap T) = (0.98)(0.01)$。由此可知，一名无辜者药物检测结果呈阳性的概率是

$$P(D' \mid T) = \frac{P(D' \cap T)}{P(T)} = \frac{(0.98)(0.01)}{(0.02)(0.99) + (0.98)(0.01)} = \frac{0.0098}{0.0296} \approx 0.331$$

换句话说，如果一名员工药物检测结果呈阳性，则其未服药的可能性约为 $1/3$。

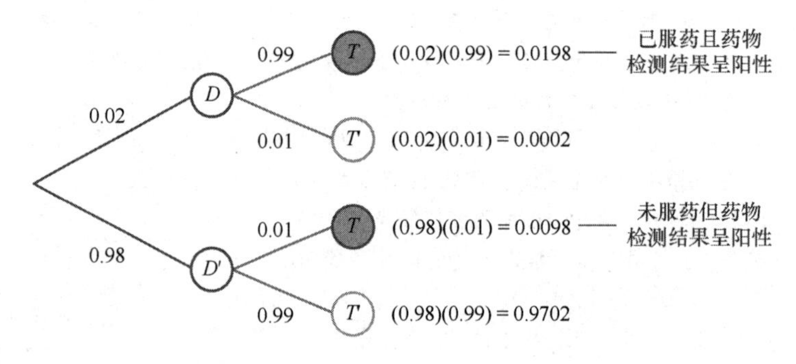

图 13.18　显示药物检测结果概率的树图

现在尝试完成练习 69 ~ 70 和练习 75 ~ 78。

生活中的数学——大夫，我到底有没有病？

例 6 中计算了 $P(D' \mid T)$，即"未服药但药物检测结果呈阳性"的概率，称为假阳性。$P(D \mid T')$ 是指"已服药但药物检测结果呈阴性"的概率，称为假阴性。此外，在这种情况下，我们还要考虑其他可能性。

假设你从印度归来后轻微发烧，然后接受了登革热检测。主治医生对如下两种可能性感兴趣：

1. 若药物检测结果呈阳性，患病的概率是多少？这称为阳性预测值，表示为 $P(D \mid T)$。
2. 若药物检测结果呈阴性，未患病的概率是多少？这称为阴性预测值，表示为 $P(D' \mid T')$。

这些概率的计算方法与例 6 中的相似。练习 75 ~ 78 中将进一步探讨这个话题。

13.3.4　相依事件和独立事件

要点　独立事件对彼此的概率没有影响。

如前所述，如果知道了第 1 个事件已经发生，则可能影响第 2 个事件的概率计算方法。例如，在例 3 中计算选择第 2 张卡片的概率时，已知第 1 张卡片已经选择且未放回。

但是，有些时候，第 1 个事件发生与否对第 2 个事件的概率无任何影响。如果从一副标准 52 张扑克牌中抽取 2 张牌后放回，就会出现这种情况。抽取第 1 张 K 的概率是 $4/52$，如果将这张 K 放回整副牌中，然后再次抽取，则抽取第 2 张 K 的概率也是 $4/52$。因此，“抽取第 1 张 K”应当不会影响“抽取第 2 张 K 的概率”。由此可见，两个事件有时会相互影响，有时则相互独立。

定义 如果 $P(F|E)=P(F)$，则事件 E 和 F 是独立事件/相互独立事件；如果 $P(F|E)\neq P(F)$，则事件 E 和 F 是相依事件/相关事件。

这个定义认为，如果 E 和 F 是独立事件，则“知道 E 已经发生”并不影响 F 的概率计算方式。

例 7　判断事件是独立事件还是相依事件

假设掷 1 个红色骰子和 1 个绿色骰子，事件 F“红色骰子的点数是 5”和事件 G“总点数大于 10”是独立事件还是相依事件？

解：回顾本书前文所述的类比原则。

要回答这个问题，就必须确定 $P(G|F)$ 和 $P(G)$ 是否相同。总点数大于 10 的样本点有 3 个，即(5, 6), (6, 5)和(6, 6)，所以 $P(G)=3/36=1/12$。

现在，我们有 $F=\{(5,1),(5,2),(5,3),(5,4),(5,5),(5,6)\}$，且 $G\cap F=\{(5,6)\}$，所以

$$P(G|F)=\frac{P(G\cap F)}{P(F)}=\frac{1/36}{6/36}=\frac{1}{6}$$

因为 $P(G|F)\neq P(G)$，所以这两个事件是相依事件。

现在尝试完成练习 35 ~ 40。

自测题 12

情况与例 7 中相同，事件 F“红色骰子的点数是 5”和事件 O“总点数是奇数”是相依事件还是独立事件？

虽然并未使用专业术语，但是本节中多次出现了“相依事件”概念。在例 5 中，当布莱安娜选择公寓房时，她获得公寓房的概率取决于分配至哪栋宿舍，相当于 $P(A|X)\neq P(A)$；在例 6 中，被试的药物检测结果呈阳性（或阴性）的机会取决于其是否服用了药物。

掷 2 个骰子（像例 7 中那样）时，你应能确定“红色骰子的点数是 5”和“绿色骰子的点数是 3”是两个独立事件，因为直觉上可判断出“一个骰子的样本点应不会影响另一个骰子的样本点”。

练习 13.3

强化技能

在下面的练习中，你可能发现“在计算概率之前，绘制树图很有帮助”。

在练习 01 ~ 04 中，假设正在掷 2 个公平骰子，首先计算 $P(F)$，然后计算 $P(F|E)$。解释为何添加“E 已经发生”条件时，F 的预期概率会那样改变。

01. E—骰子的总点数是奇数；F—总点数是 7。

02. E—骰子的总点数是偶数；F—总点数是 4。

03. E—至少 1 个骰子的点数是 3；F—总点数小于 5

04. E—至少 1 个骰子的点数是 2；F—总点数大于 5

在练习 05 ~ 08 中，从一副标准 52 张扑克牌中抽取 1 张牌，计算概率。

05. P(红桃|红色)　　**06**. $P(K|$人脸牌$)$

07. P(7|非人脸牌)　　**08**. P(偶数牌|非脸牌)

从包含下列盘子的袋子中随机挑选 1 个盘子，计算概率。例如，P(心形|黄色)意味着要计算“已知盘子是黄色”条件下的“盘子是心形”的概率。

09. P(心形|黄色)　　10. P(粉红色|笑脸)

11. P(黄色|心形)　　12. P(心形|蓝色)

13. P(心形|粉红色)　　14. P(笑脸|蓝色)

概率和抽牌。在练习 15 ~ 20 中，假设从一副标准 52 张扑克牌中抽取 2 张牌，求预期概率。a）首先，假设被抽取的牌不放回；b）假设被抽取的牌被放回。

15. 抽到 2 个 J 的概率。

16. 抽到 2 张红桃的概率。

17. “先抽到 1 张人脸牌，后抽到 1 张非人脸牌”的概率。

18. “先抽到 1 张红桃，后抽到 1 张黑桃”的概率。

19. 抽到 1 张 J 和 1 张 K 的概率。

20. 抽到 1 张红桃和 1 张黑桃的概率。

21. 从一副标准 52 张扑克牌中抽取 2 张牌，不放回，求至少抽到 1 张人脸牌的概率（提示：考虑补集）。

22. 从一副标准 52 张扑克牌中抽取 2 张牌，并放回，求至少抽到 1 张红桃的概率（提示：考虑补集）。

对于练习 23 ~ 26，假设正在从袋子中摸出 2 个彩球，且不放回。

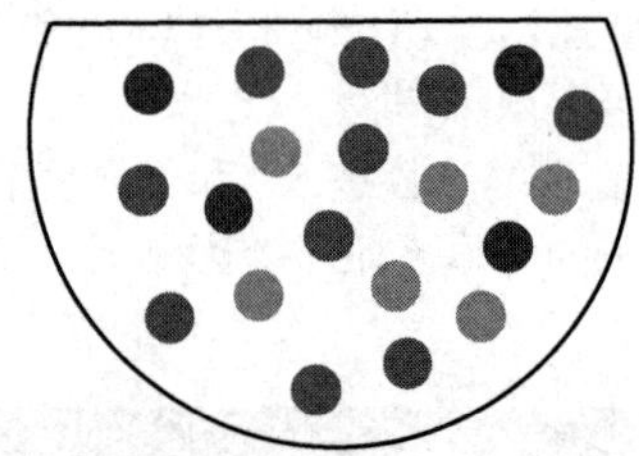

23. 摸出 2 个红球的概率是多少？

24. “先摸出 1 个绿球，后摸出 1 个蓝球”的概率是多少？

25. 摸出 1 个红球和 1 个蓝球的概率是多少？（提示：发生方式有 2 种。）

26. 2 个球都不是绿球的概率是多少？

27. 从一副标准 52 张扑克牌中抽取 3 张牌，不放回，求刚好 2 张是红桃的概率。

28. 从一副标准 52 张扑克牌中抽取 3 张牌，不放回，求刚好 2 张是 K 的概率。

29. 掷一对骰子 3 次，求“总点数是偶数”刚好为 1 次的概率是多少？

30. 掷一对骰子 3 次，求“总点数是 5”刚好为 2 次的概率是多少？

《汽车网》的编辑评估了欧洲（E）和日本（J）的几个交叉路口并评价了安全等级：高（H）或普通（A），研究成果如下面的概率树所示。如果随机选择研究中的 1 辆汽车，求练习 31 ~ 34 中提及的概率。

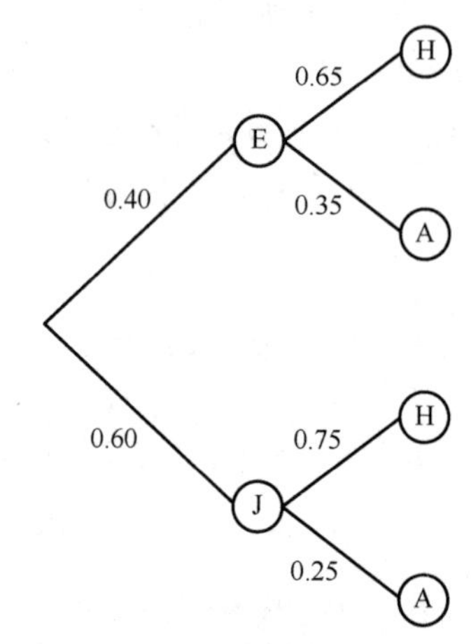

31. $P(A|J)$　　32. $P(H|E)$

33. $P(E \cap A)$　　34. $P(H)$

在练习 35 ~ 40 中，已知 1 次试验和 2 个事件，判断其是独立事件还是相依事件。

35. 掷 1 枚 1 分硬币和 1 枚 5 分硬币；“1 分硬币的正面朝上”和“5 分硬币的反面朝上”。

36. 掷 2 个骰子（红绿各一）；“红色骰子的点数小于 3”和“绿色骰子的点数是 2”。

37. 从一副标准 52 张扑克牌中随机抽取 1 张牌；“这张牌是红色的”和“这张牌是人脸牌”。

38. 从练习 23 所示的袋子中随机选择 2 个彩球，不放回；“第 1 个球是红球”和“第 2 个球是绿球”。

39. 掷 2 个骰子（红绿各一）；“总点数大于 9”和“总点数是偶数”。

40. 掷 2 个骰子（红绿各一）；“红色骰子的点数是 3”和“总点数是偶数”。

学以致用

根据美国政府的统计数据，大学生人群“单核细胞增多症”的发病率是其他人群的 4 倍。这种疾病的血液检测结果并非百分之百准确。假设下表中的数据来自大学健康中心的患病学生（症状为疲倦、喉咙痛和轻微发烧），用其回答练习 41 ~ 44。

	患　者	非患者	合　计
血检结果为阳性	72	4	76
血检结果为阴性	8	56	64
总计	80	60	140

如果从该人群中选择 1 名学生，每种情形的概率是多少？

41．已知血检结果为阳性，学生患有单核细胞增多症。

42．已知血检结果为阳性，学生未患单核细胞增多症。

43．已知学生患有单核细胞增多症，血检结果为阳性。

44．已知学生未患单核细胞增多症，血检结果为阴性。

概率和政治倾向。“政治行动俱乐部”调查了 240 名高校学生，了解其政治派别与 2020 年总统选举倾向之间的关系，调查结果如下表所示。

	民主党	共和党	独立党	合计
支持拜登	105	12	25	142
支持特朗普	15	68	15	98
总计	120	80	40	240

从被调查的高校学生中，如果随机选择 1 名学生，求该学生在以下情况下的概率。

45．已知该学生支持特朗普，民主党人。

46．已知该学生是独立党人，支持拜登。

47．已知该学生是共和党人，支持特朗普。

48．已知该学生支持拜登，独立党人。

分心驾驶。根据美国国家公路交通安全管理局提供的信息，下图总结了 40 岁以下人员分心驾驶发生致命车祸的相关统计数据。在练习 49 ~ 52 中，假设从 2829 个统计数据中随机选择 1 名司机。

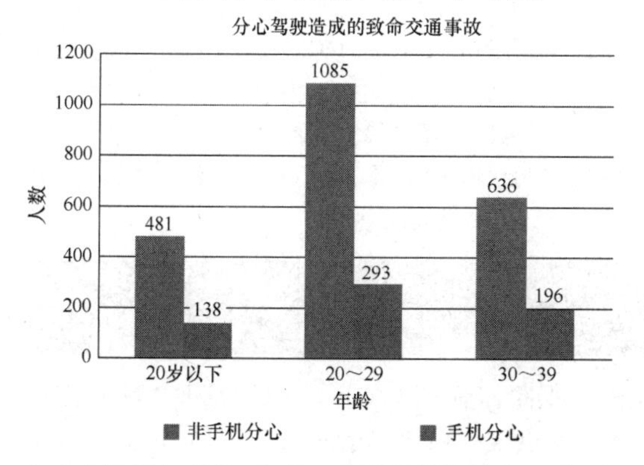

49．在这组人群中，如果 1 名司机的年龄在 20 岁以下，则事故与使用手机相关的概率是多少？

50．在这组人群中，如果 1 名司机的年龄为 20～29 岁，则事故与使用手机无关的概率是多少？

51．如果事故与使用手机相关，则司机年龄超过 29 岁的概率是多少？

52．如果事故与使用手机无关，则司机年龄为 20～29 岁的概率是多少？

假设一个垒球运动员的平均击球率是 0.300，为了保持这一说法简单易理解，假设这意味着该球员每次击球的击中概率都是 0.30，用此信息回答练习 53 ~ 56。假设该球员击球 4 次。

53．她仅在第 1 次击球时击中的概率是多少？

54．她刚好击中 1 次的概率是多少？（提示：要做到这一点，共有 4 种方式。）

55．她刚好击中 2 次的概率是多少？

56．她至少击中 1 次的概率是多少？（提示：考虑补集。）

选择宿舍房间。在练习 57 ~ 58 中，参考例 5 中的树图（见图 13.16）。

57．如果布莱安娜获配 1 套公寓房，则其住在 X 宿舍的概率是多少？

58．如果布莱安娜获配 1 个双人间，则其住在 Y 宿舍的概率是多少？

测试感冒药。假设你正在参与测试一款新型感冒药的研究。你虽然不知道正在服用何种药物，但 10%的概率是药物 A，20%的概率是药物 B，70%的概率是药物 C。从过往临床试验来看，这些药物治愈感冒的概率为 A（30%），B（60%），C（70%）。

59．绘制树图，描述药物试验情况。

60．已知你正在服用药物 B，治愈感冒的概率是多少？

61．你的感冒治愈概率是多少？

62．你的感冒如果治愈，服用药物 B 的概率是多少？

63．**概率和考试题**。在毕业必须通过的综合考试中，假设由安萨教授或布鲁尼奇教授负责出题。这两位教授的观点差异极大，所以“知道谁负责出题”很有用，这样你就能够有针对性地做好准备。假设安萨教授负责出题的概率是 60%。安萨教授有 30%的可能性出 1 道关于国际关系的考题，布鲁尼奇教授有 75%的可能性出 1 道类似的考题。若 1 道考试题与国际关系相关，安萨教授负责出题的概率是多少？

64．概率和考试题。假设第 3 位教授（乌巴鲁）出题的概率是 20%，布鲁尼奇教授出题的概率是 30%，安萨教授出题的概率是 50%。乌巴鲁有 40%的可能性出 1 道关于国际关系的考题，布鲁尼奇有 35%的可能性出 1 道关于国际关系的考题，安萨有 25%的可能性出 1 道关于国际关系的考题。如果 1 道考试题与国际关系相关，布鲁尼奇不负责出题的概率是多少？

商品可靠性。你要为笔记本电脑购买 DVD 驱动器。假设 65%的驱动器在美国境外制造。在美国制造的驱动器中，4%有缺陷；在外国制造的驱动器中，6%有缺陷。判断如下情形下的概率，舍入到小数点后 3 位。

65．购买的驱动器为美国制造且无缺陷的概率。

66．购买的驱动器是外国制造且有缺陷的概率。

67．如果你的驱动器有缺陷，其为外国制造的概率。

68．如果你的驱动器有缺陷，其为美国制造的概率。

药物检测。在练习 69 ~ 70 中，利用如下修订信息完成与例 6 中类似的计算。假设 4%的员工服用该药物，且药物检测结果的准确率是 98%。此外，假设该检测“将未服药者误判为服药者”的概率是 3%。

69．如果 1 名员工的药物检测结果呈阳性，其并非服药者的概率是多少？

70．如果 1 名员工的药物检测结果呈阴性，其是服药者的概率是多少？

数学交流

71．如果知道 $P(F \mid E)$ 的条件概率公式，如何求得 $P(E \cap F)$ 的概率公式？

72．如果 $P(F \mid E) = P(F)$，则事件 E 和 F 是独立事件。描述该等式的直观解释。

73．解释“相依事件和独立事件的正式定义”是如何对应于“你对英语中这些单词的直观理解”的。

74．一般而言，$P(E \cap F) = P(E) \cdot P(F)$ 不正确，何时可用它代替正确公式 $P(E \cap F) = P(E) \cdot P(F \mid E)$？

生活中的数学

75．药物检测的阳性预测值。计算例 6 中药物检测的阳性预测值。

76．药物检测的阴性预测值。计算例 6 中药物检测的阴性预测值。

77．血液检测的阳性预测值。计算练习 41～44 中“单核细胞增多症”血液检测的阳性预测值。

78．血液检测的阴性预测值。计算练习 41～44 中“单核细胞增多症”血液检测的阴性预测值。

挑战自我

生日问题。在许多关于概率的初级讨论中，“生日问题”的结果令人惊讶。简而言之，这个问题是：如果调查一定数量的人员，其中至少 2 人生日相同的概率是多少？例如，调查结果可能有 2 人均出生于 3 月 29 日。

为解此题，我们利用事件补集的概率计算公式。显然，

$$P(\text{生日重复}) = 1 - P(\text{不重复})$$

假设有 3 人，为了不重复，第 2 人的生日必须与第 1 人不同，第 3 人的生日必须与前 2 人的不同。第 2 人的生日与第 1 人不同的概率是 364/365，第 3 人的生日与前 2 个人不同的概率是 363/365。因此，对 3 人而言，

$$P(\text{生日重复}) = 1 - P(\text{生日不重复}) = 1 - \left(\frac{364}{365}\right)\left(\frac{363}{365}\right) = 0.0082$$

在练习 79 ~ 83 中，我们将研究几个其他的案例。

79．假设有 10 人，求其中至少 2 人生日相同的概率。

80．假设有 20 人，重做练习 79。

81．求人群的最小数量，使其中 2 人生日相同的概率大于 0.50。

82．对房间中 1 月份（31 天）出生的人，重做生日问题。在 2 人生日相同的概率大于 0.50 前，求可以选择的最少人数。

83．对于房间中 6 月、7 月和 8 月份出生的人（92 天），重做练习 82。

13.4 期望值

几年后，你或许会购买一辆新车，并且购买汽车保险。仔细想一下，就会发现“购买汽车保险”与“在赌场赌博”非常相像。你放下一笔钱，有点像“赌自己的车会出事故”，但是保险公司却“赌你的车不会出事故”。与此类似，在赌场玩轮盘赌时，你把钱押在数字 19 上，赌这

个数字会出现，但是赌场却赌这个数字不会出现。在这两种情况下，机构都知道“与你下相反赌注”的数学概率，并且通过数以百万次的此类下注而大赚特赚。

13.4.1 期望值

对于保险公司和赌场而言，支撑其事业兴旺发达的基础数学理论称为期望值/期望，下面对其进行解释。对于汽车何时发生事故以及轮盘赌下一次何时赢钱，我们虽然无法准确预测，但却可以精确计算“考虑数以百万计的案例时，很长时间后会发生些什么”。

为了使这种想法更加清晰，假设你所在学校为个人物品（如笔记本电脑、苹果无线耳机、智能手机甚至书籍）提供财产保险，例 1 显示了保险公司可能会如何设定保险费用。

例 1 评估保险单

假设你想为 1 台高端笔记本电脑、1 部 iPhone、1 辆越野自行车和教科书投保，表 13.8 中列出了这些物品的价值及其下一年的被盗概率。a）预测保险公司对保单索赔的可能预期支出金额；b）100 美元是该保单的合理保费吗？

表 13.8 个人物品的价值及其被盗概率

物 品	价 值	被盗概率	保险公司预期支出
笔记本电脑	2000 美元	0.02	0.02(2000美元) = 40美元
iPhone	400 美元	0.03	0.03(400美元) = 12美元
越野自行车	600 美元	0.01	0.01(600美元) = 6美元
教科书	800 美元	0.04	0.04(800美元) = 32美元

解：a）由表 13.8 可知，公司必须向你赔付 2000 美元的可能性是 2%，或者换个角度看，公司预期将为承保你的电脑而平均损失 0.02×2000美元$=40$美元。与此类似，公司预期为承保你的 iPhone 而平均损失 0.03×400美元$=12$美元。为了估算公司为所有 4 件物品承保的平均成本，我们计算以下总金额：

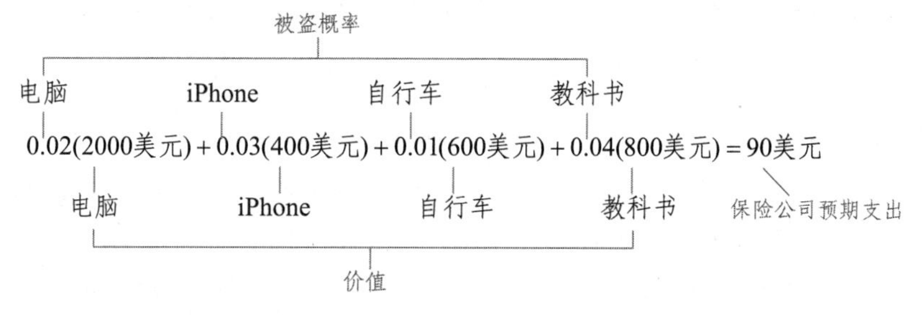

平均而言，在这样的保单上，90 美元代表公司的可能预期支出金额。

b）由 a）问中的 90 美元可知，如果保险公司承接 100 万份这样的保单，则其预期支出的赔付金额是 1000000×90美元$=90000000$美元。如果要盈利，公司收取的保费必须超过 90 美元，因此 100 美元保费似乎较为合理。

现在尝试完成练习 01 ~ 02。

自测题 13

在例 1 中，剔除对 iPhone 的保险，同时新增萨克斯的 1400 美元保险。如果萨克斯的被盗概率是 4%，教科书的被盗概率降至 3%，则保险公司现在的预期支出金额是多少？

在例 1 中，求出的 90 美元称为保险公司的赔付期望值，下面给出这个概念的正式定义。

定义 在一个试验中，假设各样本点的编号为 1 ~ n，概率为 $P_1, P_2, P_3, \cdots, P_n$。假设每个样本点都有 1 个与其相关的数值，分别记为 $V_1, V_2, V_3, \cdots, V_n$，则该试验的期望值为

$$(P_1 \cdot V_1) + (P_2 \cdot V_2) + (P_3 \cdot V_3) + \cdots + (P_n \cdot V_n)$$

在例 1 中，概率分别为 $P_1 = 0.02$, $P_2 = 0.03$, $P_3 = 0.01$ 和 $P_4 = 0.04$ ，数值分别为 $V_1 = 2000$, $V_2 = 400$, $V_3 = 600$ 和 $V_4 = 800$ 。

建议 注意观察这个概念告诉你在执行计算时要做什么。计算期望值时，它要求你先将每个样本点的概率乘以其数值，然后对这些乘积求和。

13.4.2 碰运气游戏的期望值

例 2 计算掷硬币时的期望值

掷 4 枚公平硬币时，正面朝上数量的期望值是多少？

解：回顾本书前文所述的系统化策略。

如前所述，掷 4 枚硬币的方式的数量为 16 种。我们将该试验的样本点考虑为“正面朝上可能出现的不同数量”。当然，这些样本点的可能性并不相等，如表 13.9 所示。如果最初没有看到这一点，则可以绘制树图，显示 4 枚硬币的 16 种可能翻转方式。你应当发现，在总共 16 个分支中，1 个分支对应于“无正面朝上”，4 个分支表示“刚好 1 个正面朝上”，6 个分支表示“刚好 2 个正面朝上”，以此类推。

表 13.9 掷 4 枚硬币时正面朝上数量的概率

正面朝上的数量	概　率	正面朝上的数量	概　率
0	1/16	3	4/16
1	4/16	4	1/16
2	6/16		

为了计算正面朝上数量的期望值，首先用每个样本点乘以其概率，然后对这些乘积求和：

$$\left(\frac{1}{16}\cdot 0\right)+\left(\frac{4}{16}\cdot 1\right)+\left(\frac{6}{16}\cdot 2\right)+\left(\frac{4}{16}\cdot 3\right)+\left(\frac{1}{16}\cdot 4\right)=\frac{32}{16}=2$$

因此，掷 4 枚硬币时，正面朝上数量的期望值是 2，这与我们的直觉一致。

采用“期望值”概念，我们能够预测自己在碰运气游戏（如 21 点、轮盘赌甚至彩票）中获胜（或者更可能是失败）的可能性。

例 3 轮盘赌的期望值

一种常见的轮盘赌（见 13.1 节中的例 7）总共包含 38 个隔室——红色 18 个，黑色 18 个，绿色 2 个。红色和黑色隔室（36 个）的编号为 1 ~ 36，绿色隔室（2 个）的编号为 0 和 00。转轮上放有 1 个小球，当转轮停止转动时，小球将落入其中一个隔室。假设你在编号 19 上下注 1 美元，如果这个号码出现，赌场就会付给你 35 美元，同时返还下注的 1 美元；如果这个号码未出现，则你将输掉下注的 1 美元。这个赌注的期望值是多少？

解：可将此投注计划视为包含如下 2 个样本点的试验。

a）若投注号码出现，则数值为+35 美元。

b）若投注号码未出现，则数值为-1 美元。

由于 38 个号码出现的可能性相等，所以第 1 个样本点的概率是 1/38，第 2 个样本点的概率是 37/38。

因此，这个投注的期望值为

$$\left(\frac{1}{38}\cdot 35\right)+\left(\frac{37}{38}\cdot(-1)\right)=\frac{35-37}{38}=-\frac{1}{19}\approx -0.0526$$

这个金额的含义是“平均而言，赌场期望你每赌 1 美元，输钱金额略多于 5 美分”。

现在尝试完成练习 03 ~ 08。

例 3 中的轮盘赌是不公平游戏的一个示例。

定义 期望值为 0 的游戏称为公平游戏，期望值不为 0 的游戏称为不公平游戏。

虽然看上去你应不想玩不公平游戏，但为了让赌场或彩票盈利，游戏必须对玩家有诱惑力。

例 4 确定彩票的公平价格

假设购买 1 注“天天号码”彩票需要 1 美元，玩家可选择 000 和 999 之间（含边界）的 1 个 3 位数号码。如果当天摇出了这个号码，玩家将赢得 500 美元（意味着玩家的收益是 500 美元 − 1 美元 ＝499 美元）。

a）这个游戏的期望值是多少？

b）为使其成为公平游戏，彩票价格应该是多少？

解：a）可供选择的号码共有 1000 个，其中 1 个号码会让你赢钱，其他 999 个号码会让你输钱。所以，你赢钱的概率是 1/1000，输钱的概率是 999/1000。表 13.10 中总结了这个游戏的数值及其相关概率。因此，该游戏的期望值为

表 13.10 “天天号码”彩票的数值及相关概率

样本点	数　值	概　率
赢钱	499 美元	1/1000
输钱	−1 美元	999/1000

$$\left(\frac{1}{1000}\cdot 499\right)+\left(\frac{999}{1000}\cdot(-1)\right)=\frac{499-999}{1000}=\frac{-500}{1000}=-0.50 \qquad (1)$$

这意味着平均而言，玩家每次下注都会输掉 50 美分。由此可见，这种彩票比轮盘赌糟糕 10 倍。

b）由 a）问可见，如果花 1 美元玩这种游戏，则预期平均每次输掉 0.50 美元。因此，为了使其成为公平游戏，玩家应少付 50 美分。我们可以通过以下方式对其进行验证。

假设花 0.50 美元重玩这个游戏，其他规则像以前一样，即猜中则赢得 500 美元，猜错则一无所获。我们将等式（1）重新计算为

$$\left(\frac{1}{1000}\cdot(500-0.50)\right)+\left(\frac{999}{1000}\cdot(-0.50)\right)=\frac{(500-0.50)-999\cdot(0.50)}{1000}=\frac{499.50-499.50}{1000}=0$$

现在，由于期望值为 0，所以该游戏是公平游戏。

当然，任何州都不会按 0.50 美元的价格销售这种彩票，因为这样做不赚钱。

现在尝试完成练习 09 ~ 12。

生活中的数学——傻瓜与金钱注定要分离

在研究这个主题时，笔者偶然发现了大量自我标榜的广告（如书籍、手册、图表等），例如“这本书会让你购买的彩票连续中奖！学习追踪号码的科学方法，揭开彩票的神秘面纱。采用经过我严格测试的方法，你可以将彩票作为一种可以获得丰厚利润的投资。”

偶尔有人向我推介他们开发的新系统，声称这种系统与本书中介绍的计数和概率原理相违背，但有助于“战胜几率”。这样的系统根本不存在！如果你每天都购买相同的号码，认为其“即将出现”，或者认为自己找到了号码规律，则要意识到“弹起的号码球并没有记忆”，这些球可能会也可能不会像以往（上周、上月或去年）那样表现。

无论是嘉年华游戏、赌场游戏还是州彩票，各种游戏通常都对玩家不利。也就是说，玩家的期望值是负数，玩的次数越多，就越有可能被“庄家”掏空自己的钱袋。

历史回顾——彩票的历史

彩票自古以来就存在，罗马皇帝尼禄将奴隶或别墅作为开门奖送给参加宴会的客人，奥古斯都·凯撒则利用公共彩票筹集资金来修复罗马。

16 世纪初，意大利佛罗伦萨首次在公共彩票中支付奖金。1870 年，意大利全国统一后，该彩票演变为意大利国家彩票。在这种彩票中，从 1 ~ 90 中抽取 5 个号码，猜中全部 5 个号码的赢家获得 100 万倍的奖金。选择这 5 个号码的可能方式的数量为 $C(90,5)=43949268$，因此与大多数彩票一样，这些几率使得该彩票对国家而言特别有利，但是对普通公民而言则意义不大。

在美国的早期历史中，彩票曾发挥了重要作用。1612 年，国王詹姆斯一世用彩票资助弗吉尼亚公司，将殖民者送往新大陆；本杰明·富兰克林用彩票筹集资金，购买大炮来保卫费城；乔治·华盛顿用彩票筹集资金，修建了穿过坎伯兰山脉的道路；1776 年，美国大陆会议通过彩票筹集了 1000 万美元，用其资助了美国独立战争。

13.4.3 期望值的其他应用

在标准化考试（如 GMAT）中，“计算期望值”有助于确定最佳答题策略。

例 5 期望值和标准化考试

某学生正在参加一次标准化考试，题型全部为单项选择题，每道题包含 5 个选项，答对得 1 分，答错扣 1/3 分，不答得 0 分。

a）求随机猜测试题答案的期望值，并解释这个结果的含义。

b）如果能够排除其中 1 个选项，则这种情况下猜测是否明智？

解： a）由于每道题包含 5 个选项，所以猜对答案的概率是 1/5，相关联的数值为+1 分；猜错答案的概率是 4/5，相关联的数值为 −1/3 分。由此可知，猜测答案的期望值为

$$\left(\frac{1}{5}\cdot 1\right)+\left(\frac{4}{5}\cdot\left(-\frac{1}{3}\right)\right)=\frac{1}{5}+\frac{-4}{15}=\frac{3}{15}-\frac{4}{15}=-\frac{1}{15}$$

因此，你可能会因为猜测而被扣分，所以应当尽量避免这样做。

b）若排除其中一个选项，然后从其余 4 个选项中随机选择，则猜对答案的概率是 1/4，关联的数值为+1 分；猜错答案的概率是 3/4，相关联的数值为 −1/3 分。现在，猜测答案的期望值为

$$\left(\frac{1}{4}\cdot 1\right)+\left(\frac{3}{4}\cdot\left(-\frac{1}{3}\right)\right)=\frac{1}{4}+\frac{-1}{4}=0$$

现在，你既不会因为猜测而受益，又不会因为猜测而受损。

现在尝试完成练习 19 ~ 22。

自测题 14

计算例 5 的 b）问中的期望值，但是这次假设学生能够排除其中的 2 个选项。解释结果。

订购库存时，商家必须小心谨慎。若订购太多，则容易积压而蒙受损失；若订购太少，则不得不拒绝客户而损失利润。

例 6 商业中的期望值

迦达是耶奥德咖啡店的经理，她正在决定明早需要订购的阿齐亚戈奶酪百吉饼数量，最近 10 天的需求记录如下:

阿齐亚戈百吉饼的需求	40	30
销售天数	4	6

百吉饼的进货单价是1.45美元，销售单价是1.85美元，若未售出则丢弃。如果她明早订购了40个百吉饼，求其盈亏的期望值。

解：计算期望利润（或亏损）时，必须要考虑如下因素：

1. 样本点。

2. 与样本点相关的概率。

3. 与每个样本点相关的价值（利润或亏损）。

1. 样本点为“百吉饼的需求量为30个”或“百吉饼的需求量为40个”。

2. 由最近的需求可知，“需求量为40个百吉饼”的概率是$4/10=0.4$，“需求量为30个百吉饼”的概率是$6/10=0.6$。

3. 如果需求量是40个百吉饼，则迦达能够售出全部百吉饼，每个百吉饼的利润为

$$1.85\text{美元}-1.45\text{美元}=0.40\text{美元}$$

如果需求量是30个百吉饼，则其销售利润总额为

$$\underbrace{30(0.40\text{美元})}_{30\text{个已售出百吉饼的利润}}-\underbrace{10(1.45\text{美元})}_{10\text{个未售出百吉饼的亏损}}=12.00\text{美元}-14.50\text{美元}=-2.50\text{美元}$$

也就是说，她将亏损2.50美元。下表总结了讨论结果。

需　求	概　率	盈利或亏损
40	0.4	16.00美元
30	0.6	−2.5美元

因此，订购40个百吉饼的盈亏期望值为

$$(0.40)(16)+(0.60)(-2.50)=+6.40+(-1.50)=4.90$$

所以，如果她订购40个百吉饼，则可期望盈利4.90美元。

现在尝试完成练习39~40。

自测题15

重做例6，假设迦达订购30个百吉饼。

练习13.4

强化技能

在练习01~02中，已知与一个试验中5个样本点相关的概率和数值，计算该试验的期望值。

01.

样　本　点	概　　率	数　　值
A	0.1	4
B	0.3	6
C	0.4	−2
D	0.15	−4
E	0.05	8
期望值：_______		

02.

样　本　点	概　　率	数　　值
A	0.2	6
B	0.35	−4
C	0.1	−2
D	0.25	12
E	0.1	8
期望值：_______		

在练习03~04中，你正在玩掷1个骰子的游戏。计算下列比赛的期望值，并判断其是否公平（假设不考虑成本因素）。

03. 如果出现奇数，则赢得点数对应的美元数；如果出现偶数，则输掉点数对应的美元数。

04. 如果出现 4 点或 5 点，则赢得 2 美元，否则将输掉 1 美元。

在练习 05～06 中，你正在玩“掷 1 对公平骰子”游戏，1 美元玩 1 次。计算你对该游戏的期望值（记住从赢得的奖金中减去玩游戏费用），并计算使其成为公平游戏的价格。

05. 如果出现 6, 7 或 8 点，则赢得 5 美元；如果出现 2 或 12 点，则赢得 3 美元；如果出现其他点数，则输掉为玩游戏而支付的美元。

06. 如果总点数小于 5，则赢得 5 美元；如果总点数大于 9，则赢得 2 美元；如果出现其他点数，则输掉为玩游戏而支付的美元。

在练习 07～08 中，从一副标准 52 张扑克牌中抽取 1 张牌，计算你对每次游戏的期望值。每次游戏需要支付 5 美元，必须从赢的钱中扣除。计算使其成为公平游戏的价格。

07. 如果抽到 1 张红桃，则赢得 10 美元，否则输掉 5 美元。

08. 如果抽到 1 张人脸牌，则赢得 20 美元，否则输掉 5 美元。

在练习 09～12 中，首先计算彩票的期望值，然后判断该彩票是否为公平游戏，如果不公平，确定使其成为公平游戏的价格。

09. “天天号码”彩票的每注费用为 1 美元，玩家必须按 0～9 的顺序选择 3 位数字，且允许重复。如果猜中号码，奖金是 600 美元。

10. Big Four 彩票的价格是 1 美元，玩家必须按 0～9 的顺序选择 4 位数字，且允许重复。如果猜中号码，奖金是 2000 美元。

11. 某一抽奖共计 500 次机会，以每次 5 美元的价格出售，其中包含 1 个 500 美元大奖、2 个 250 美元二等奖和 5 个 100 美元三等奖。

12. 某一抽奖共计 1000 次机会，以每次 2 美元的价格出售，其中包含 1 个 300 美元大奖、2 个 100 美元二等奖和 5 个 25 美元三等奖。

学以致用

13. **评估特许经销权的利润**。格雷斯·阿德勒计划从爱诗乐公司购买特许经销权，以销售家居装饰商品。下表显示了众多当前特许经销商的每周平均利润，舍入到最接近的 100 美元。如果准备购买特许经销权，其对每周利润的期望值应是多少？

每周平均利润（美元）	特许经销商数量
100	4
200	8
300	13
400	21
500	3
600	1

14. **为热浪做准备**。在最近几年中的热浪期间，德尔菲地铁消防部门持续跟踪每天非法打开的消防栓数量，相关数据如下表所示（舍入到最接近的 10 个）。用此信息计算“在即将到来的热浪期间，该部门对每天打开消防栓数量的期望值”。

打开的消防栓数量	天　数
20	13
30	11
40	15
50	11
60	9
70	1

在练习 15～18 中，我们描述了在轮盘赌上下注的几种方法。计算每次下注的期望值。下图显示了轮盘赌布局的一部分。提到某一赌注支付“k 比 1”时，其含义是如果一个玩家赢了，则其将赢得 k 美元，同时继续持有 1 美元下注资金；如果玩家输了，则其会损失 1 美元。回想一下，轮盘赌上有 38 个号码。

15. **玩轮盘赌**。在下图的位置 A 处放置筹码，玩家可以“在一条直线上下注”。将筹码放在 A 处，玩家可以对 1, 2, 3, 0 和 00 下注，这个赌注支付“6 比 1”。

16. **玩轮盘赌**。在两条直线的交叉点（如位置 D）

放置筹码，玩家可以“在一个正方形上下注”。将筹码放在D处，玩家可以对2, 3, 5和6下注，这个赌注支付“8比1”。

17．玩轮盘赌。在桌面（如位置B）放置筹码，玩家可以“在一条街道上下注”。现在，玩家正在对7, 8和9下注，这个赌注支付“8比1”。

18．玩轮盘赌。“在一条街道上下注”的另一种方式是在位置C放置筹码，此时玩家对7, 8, 9, 10, 11和12下注，这个赌注支付“5比1”。

在练习19～22中，一名学生正在参加美国研究生入学资格考试（GRE），包括若干单项选择题，每答对1题得1分，不答得0分。

19．期望值和标准化考试。如果每道题有4个选项，答错扣1/4分，则“猜测答案”是否符合考生的最大利益？解释理由。

20．期望值和标准化考试。如果每道题有3个选项，答错扣1/3分，则“猜测答案”是否符合考生的最大利益？解释理由。

21．期望值和标准化考试。如果每道题有5个选项，答错扣1/2分，则在“猜测的期望值为0”以前，考生必须能够排除掉多少个选项？

22．期望值和标准化考试。如果每道题有4个选项，答错扣1/2分，则在“猜测的期望值为0”以前，考生必须能够排除掉多少个选项？

在练习23～26中，假设你将10000美元投资于股票、债券或贵金属，下表显示了这些投资在下一年度的盈亏概率。

股票		债券		贵金属	
概率	变化	概率	变化	概率	变化
0.5	盈利6%	0.6	盈利4%	0.45	盈利10%
0.3	不变	0.3	不变	0.15	不变
0.2	亏损2%	0.1	亏损3%	0.4	亏损6%

23．评估投资。如果投资股票，则预期盈利（或亏损）多少美元？

24．评估投资。对于债券，重做练习23。

25．评估投资。对于贵金属，重做练习23。

26．评估投资。你认为每项投资的优势和劣势是什么？你个人觉得哪项投资最合适自己？

27． 基于死亡率表，假设“25岁男性活到26岁”的概率是0.98。如果25岁男性的1000美元1年期定期寿险的售价为27.50美元，则其期望值是多少？

28． 基于死亡率表，假设“22岁女性活到23岁”的概率是0.995。如果22岁女性的1000美元1年期定期寿险的售价为20.50美元，则其期望值是多少？

29． 某保险公司提供个人财产保险业务。假设你有一台价值2200美元的笔记本电脑，明年丢失或被盗的可能性是2%，则该保险的公平保费是多少？（假设保险公司不盈利。）

30． 假设你有一辆价值6500美元的二手汽车，由于担心被盗，你希望为其投保全部重置价值的保险。如果汽车被盗的概率是1%，这项保险的合理保费是多少？（假设保险公司不盈利。）

31． 某公司估计自己有60%的机会中标一份价值5万美元的合同，准备投标需要花5000美元咨询费。如果公司最终决定对合同进行投标，则其预期收益或损失是多少？

32． 在练习31中，假设该公司认为自己有40%的机会获得3.5万美元的合同，准备投标需要花2000美元咨询费。如果公司最终决定对本合同进行投标，则其预期收益或损失是多少？

数学交流

33． 用自己的语言解释“期望值”的定义。如果正在玩游戏（如轮盘赌），期望值会告诉你期望什么？

34．“公平游戏”是什么意思？游戏的“公平价格”是什么意思？如果玩一个游戏（如州彩票或赌场游戏），你是否能够猜到该游戏的期望值是正值还是负值？为什么？

生活中的数学

35．购买彩票中的更多机会。假设在例4的彩票中，你购买了10个不同号码上的10次机会，你的期望值如何变化？

36．购买彩票中的更多机会。继续练习35，假设你购买了5个不同号码上的10次机会（每个号码下注2美元），你现在的期望值是多少？

37．州彩票。调查你所在州的彩票，收集尽可能多的详细信息，并就发现撰写一份报告。如果可能，计算该彩票的期望值。

38．彩票研究。有些书籍和软件声称能够帮助玩家成为彩票赢家，从网络上搜索相关的广告信息，撰写相关报告，并表明你自己的看法。

挑战自我

39. 估算每日利润。尼尔开了一家咖啡店，主要经营咖啡、百吉饼、杂志和报纸。尼尔收集了过去 20 天内关于百吉饼需求的相关信息，如下表所示。

百吉饼销售需求	150	140	130	120
销售天数	3	6	5	6

尼尔想用期望值来计算她下周订购百吉饼的最佳策略。她打算每天订购相同的数量且必须是 10 的倍数，所以百吉饼的订购数量为 120, 130, 140 或 150。百吉饼的订购单价是 65 美分，以 90 美分的单价出售。

a. 如果尼尔每天订购 130 个百吉饼，其预期每日利润是多少？（提示：首先计算尼尔能够销售 150, 140, 130 和 120 个百吉饼的利润。）

b. 如果尼尔每天订购 140 个百吉饼，其预期每日利润是多少？

40. 估算每日利润。迈克在报摊上售卖当地报纸《城市快报》，最近 2 周的销售份数如下表所示。

销售份数	90	85	80	75
销售天数	2	3	4	1

每份报纸的进价是 40 美分，售价是 60 美分。假设这些数据未来不变。

a. 如果迈克每天订购 80 份报纸，其预期每日利润是多少？（提示：首先计算迈克能够卖出 90, 85, 80 和 75 份报纸的利润。）

b. 如果迈克每天订购 85 份报纸，其预期每日利润是多少？

41. 非标准骰子。**a**. 如果掷 1 对标准骰子，计算预期总点数；**b**. 西歇尔曼骰子是一种特殊骰子，编号如下。红色：1, 2, 2, 3, 3, 4；绿色：1, 3, 4, 5, 6, 8。如果掷 1 对这样的骰子，计算预期总点数。

42. 非标准骰子。假设有 2 对埃夫隆骰子，编号如下。第 1 对——红色：2, 2, 2, 2, 6, 6；绿色：5, 5, 6, 6, 6, 6；第 2 对——红色：1, 1, 1, 5, 5, 5；绿色：4, 4, 4, 4, 12, 12。如果你要玩“总点数最高者获胜”的游戏，哪一对更好？

43. 玩彩票时，为了提高中奖可能性（概率），有人可能会购买多个机会。购买多个机会是否会改变你对游戏的期望值？解释理由。

44. 如果必须从 40 个可能的号码中正确选择 6 个号码，则该彩票称为“$\frac{40}{6}$ 彩票”。一般而言，“$\frac{m}{n}$ 彩票”是必须从 m 个可能的号码中正确选择 n 个号码的彩票。调查你所在的州有哪些类型的彩票，这样一种彩票的中奖概率是多少？

13.5 深入观察：二项试验

你是否参加过未做任何准备的小测验？或许是 10 道判断题，或许是 5 道选择题。在这类小测验中，如果答题全凭猜测，成功的机会有多大？在你购买的谷物食品包装盒中，或许包含一张可供收藏的图形卡，要集齐一套完整的图形卡，必须购买多少盒谷物食品？在明显不同的情况下，某制药公司就一款新型疫苗的有效性发表了声明，我们应当如何测试该公司的有效性声明？

13.5.1 二项概率

这些问题均与概率论中的一类重要试验有关，值得我们花时间专门探讨。这类试验的共同点是都“包含两个样本点”，一个是“成功”，另一个是“失败”。这样的试验称为二项实验，也称伯努利实验，以 17 世纪瑞士杰出数学家雅各布·伯努利的名字命名。表 13.11 中列举了若干二项实验示例。“成功”或“失败”的说法似乎不甚确切，主要是想表达“将一个样本点视为成功，将另一个样本点视为失败”。

表 13.11　二项实验的示例

试　验	成　功	失　败
掷 1 个硬币	正面朝上	反面朝上
掷 2 个骰子	总点数是 7	总点数不是 7
测试电脑芯片	芯片正常工作	芯片存在缺陷
接种流感疫苗	未患流感	患流感
购买谷物食品	获得 1 张新收藏卡	获得 1 张已有收藏卡
猜测选择题	猜对答案	猜错答案

要点　二项实验仅有两个样本点。

二项试验的性质　一系列二项实验称为一个二项试验，具有如下性质：

1. 试验执行固定次数的实验。
2. 试验仅有两个样本点，即“成功”和“失败”。
3. 每次实验的“成功”概率均相同。
4. 各实验彼此之间相互独立。

例 1　非二项试验

解释下列试验为何不是二项试验。

a）掷 1 个骰子，直至出现 6 点。

b）一名学生选修了一门课程，成绩为 A, B, C, D 或 F。

c）选择 4 张牌且不放回，观察是否抽取红桃。

解：a）实验次数不固定。在出现 6 点之前，不知道需要掷多少次骰子。

b）样本点数量超过 2 个。

c）由于牌未放回，所以“抽取红桃”的概率每次都不一样。

现在尝试完成练习 01 ~ 06。

在例 2 中，可以看到计算二项概率时的一种常见模式。

要点　二项试验的概率具有相同的模式。

例 2　2 个骰子掷 3 次的二项试验

如果 1 对骰子掷 3 次，刚好掷出 1 次“总点数为 7”的概率是多少？

解：回顾本书前文所述的三法原则。

因为可将此试验视为分 3 个阶段发生（第 1 次掷、第 2 次掷和第 3 次掷），所以可用树图表示它，并将该试验某一阶段中每个样本点的概率放在对应的分支上，如图 13.19 所示。

在 3 次掷骰子的过程中，为了展示“刚好 1 次总点数为 7”的 3 种方式，我们加粗显示了图 13.19 中的 3 个分支。如果将“掷出 7 点”视为“成功”，将“掷出非 7 点”视为“失败”，则可知“第 1 次成功，第 2 次和第 3 次失败”的概率是 $\left(\frac{1}{6}\right)\left(\frac{5}{6}\right)\left(\frac{5}{6}\right)$。同理可知，“第 2 次成功，另 2 次失败”的概率是 $\left(\frac{5}{6}\right)\left(\frac{1}{6}\right)\left(\frac{5}{6}\right)$。最后，如果仅有第 3 次掷成功，则概率是 $\left(\frac{5}{6}\right)\left(\frac{5}{6}\right)\left(\frac{1}{6}\right)$。因此，掷 3 次骰子时，刚好掷出 1 次“总点数为 7”的概率是 $\left(\frac{1}{6}\right)\left(\frac{5}{6}\right)\left(\frac{5}{6}\right)+\left(\frac{5}{6}\right)\left(\frac{1}{6}\right)\left(\frac{5}{6}\right)+\left(\frac{5}{6}\right)\left(\frac{5}{6}\right)\left(\frac{1}{6}\right)=\frac{75}{216}\approx 0.3472$。

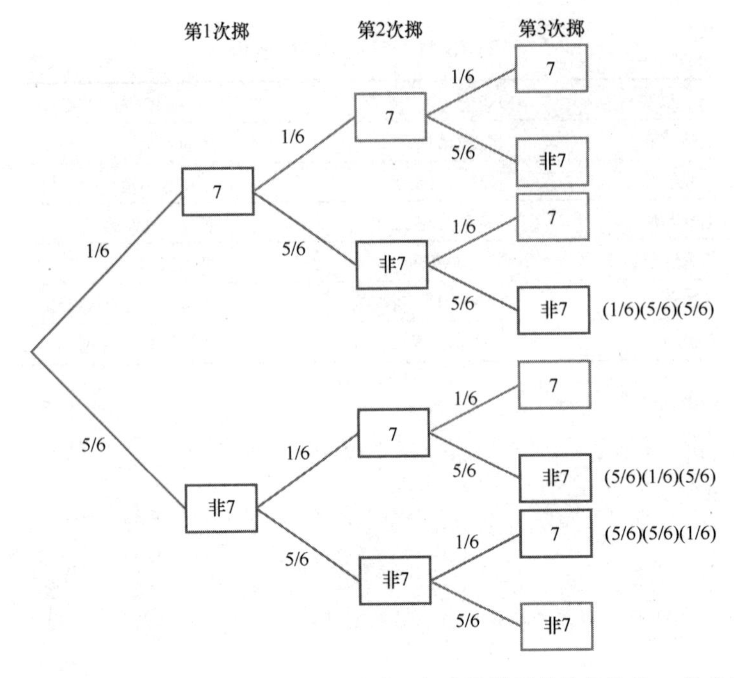

图 13.19　掷 3 次骰子可视为 1 个二项试验，每次掷骰子的结果均为 7 点或非 7 点

现在尝试完成练习 07 ~ 08。

在例 2 中，我们可将 3 个概率都写成$\left(\frac{1}{6}\right)^1\left(\frac{5}{6}\right)^2$形式，并进一步概括如下：

$$(\text{成功的概率})^{(\text{成功的次数})}\times(\text{失败的概率})^{(\text{失败的次数})}$$

现在，假设 1 对骰子掷 5 次，计算刚好掷出 2 次“总点数为 7”的概率。我们分阶段计算此概率。

首先，必须选择对应于“总点数为 7”的“5 次投掷中的 2 次”。由第 12 章可知，“从含有 5 个物件的集合中选择 2 个”的方式的数量为$C(5,2)=\frac{5!}{2!3!}=10$。

其次，执行与例 2 中类似的计算，可以看到在这 10 个样本点中，每个样本点的概率都是$\left(\frac{1}{6}\right)^2\left(\frac{5}{6}\right)^3$。因此，当掷 1 对骰子 5 次时，刚好掷出 2 次“总点数为 7”的概率如下：

点数为 7 的概率

点数不为 7 的概率

$$C(5,2)\left(\frac{1}{6}\right)^2\left(\frac{5}{6}\right)^3=10\cdot\frac{1}{36}\cdot\frac{125}{216}=\frac{1250}{7776}\approx 0.1608$$

“5 选 2”的方式数量

现在，我们将以通用形式说明此计算。

二项概率的计算公式　在一个包含 n 次实验的二项试验中，如果每次实验的成功概率为 p，则刚好成功 k 次的概率为

$$C(n,k)(p)^k(1-p)^{(n-k)}$$

我们将此概率表示为 $B(n,k;p)$。

13.5.2　二项概率的应用

二项概率广泛应用于涉及产品测试的实际生活情形中。

例 3　二项概率和药品检测

某制药公司称其一种新药的有效性为 75%。假设该公司的说法准确无误，如果面向 20 名患者测试该新药，刚好 15 名患者可从中受益的概率是多少？

解： 这是包含 20 个实验的一个二项试验，“成功”表示“该药品令患者受益”。由该公司的说法可知，成功的概率是 0.75，失败的概率是 0.25，所以“刚好 15 次成功”的概率是 $B(20,15;0.75)$。

采用二项概率公式，可以求得如下结果：

$$B(20,15;0.75)=C(20,15)(0.75)^{15}(1-0.75)^{(20-15)}=15504(0.75)^{15}(0.25)^{5}\approx 0.2023$$

自测题 16

如果掷 1 个骰子 8 次，刚好得到 2 次 3 点的概率是多少？

在练习中，我们将进一步研究如何检验制药公司的声明。

例 4　二项概率和考试猜测

玛丽亚翘了大量人类学课程，老师刚刚宣布举行突击小测验，内容是 10 道判断对错题。如果她必须至少答对 6 题才能通过测验，则其通过“猜测”而通过测验的概率是多少？

解： 为了通过测验，玛丽亚必须要答对 6, 7, 8, 9 或 10 题，概率如下：

猜对 6 题的概率　猜对 7 题的概率

$$B\left(10,6;\frac{1}{2}\right)+B\left(10,7;\frac{1}{2}\right)+B\left(10,8;\frac{1}{2}\right)+B\left(10,9;\frac{1}{2}\right)+B\left(10,10;\frac{1}{2}\right)$$
$$=0.2051+0.1172+0.0439+0.0098+0.0010=0.377$$

因此，她通过随机猜测而通过测验的概率接近 40%。

现在尝试完成练习 13 ~ 22。

在例 4 中，如果考试内容是 50 道判断对错题，且猜对 30 道题才能通过测验，则需要完成的计算工作量非常庞大。此时，某些应用程序可帮助我们快速完成这些计算，例如右侧屏幕截图中的应用程序就再现了例 4 中的计算。

n 10
p 0.5
BINOMIAL APP
TABLE　GRAPH　INFO

k	P(X = k)	P(X ≤ k)
0	0.0010	0.0010
1	0.0098	0.0107
2	0.0439	0.0547
3	0.1172	0.1719
4	0.2051	0.3770
5	0.2461	0.6230
6	0.2051	0.8281
7	0.1172	0.9453
8	0.0439	0.9893
9	0.0098	0.9990
10	0.0010	1.0000

刚好猜对5题或更少的概率

刚好猜对6、7、8、9或10题的概率

可以看到，0.6230（带圆圈数字）是“猜对 5 题或更少”的概率，这意味着测验“失败”，因此通过测验的概率是 $1-0.6230=0.3770$。如本书多次提到的那样，为正确运用技术解题，知道自己在做什么非常重要。

下面介绍与二项实验相关的另一种有趣应用。生产商经常将运动卡分别放入多个小包装，要集齐一套完整的运动卡，收藏者必须购买多件带包装商品。收藏者可能会问：“如果知道一套完整运动卡的数量，应当购买多少件商品才能集齐？”在回答该收藏者的问题前，我们需要了解与二项实验相关的更多知识。

假设正在进行一系列二项实验，成功的概率是 p，我们不断地重复该实验，直至获得成功。在获得成功之前，预计将进行多少次实验？如果成功的概率较小，则直觉告诉我们“在获得成功之前，预计将进行很多次实验”；如果成功的概率较大，则在获得成功之前，我们应当不必进行很多次实验。实际上，以下结论可以证明（但是这里不会证明）。

“成功”之前的可预期二项实验次数 如果重复进行“成功概率为 p”的一个二项实验，则获得成功之前的可预期实验次数是 $1/p$。

这意味着，如果一个二项实验的成功概率是 $1/100$，则获得成功之前应当预期执行该试验 100 次。现在，我们准备回答收藏者问题的简化版本。

例 5 你应当预期购买多少包商品才能集齐一整套收藏品？

假设一个人正在购买盒装谷物食品，每盒包装内都有当前热映电影中 1 位主角的肖像卡（共计 5 位）。该商品是密封包装的，所以购买者不知道每件商品中含有哪张肖像卡。在集齐 5 张肖像卡之前，收藏者预期将购买多少盒食品？

解：回顾本书前文所述的“找规律”策略。

为了获得完整集合 T，我们将计算购买数量的总数，于是有

$$\begin{aligned}T=&\text{获得第1张新肖像卡的购买数量}+\text{获得第2张新肖像卡的购买数量}+\\&\text{获得第3张新肖像卡的购买数量}+\text{获得第4张新肖像卡的购买数量}+\\&\text{获得第5张新肖像卡的购买数量}\end{aligned}$$

由于首次购买肯定能够获得第 1 张新肖像卡，所以“获得第 1 张新肖像卡的购买数量”是 1。

此时，我们有了 1 张肖像卡，下一张肖像卡的可能性是“4 新 1 旧”。现在，我们可将购买谷物食品视为一个二项试验，成功（获得 1 张新肖像卡）的概率是 4/5，失败的概率是 1/5。因此，在获得 1 张新肖像卡之前，我们的可预期实验次数是 $1\div\frac{4}{5}=\frac{5}{4}$。

拥有 2 张不同的肖像卡后，就要改变计算方式。下一张肖像卡的可能性是“3 新 2 旧”，“购买谷物食品”二项实验的成功概率是 3/5，因此“获得第 3 张新肖像卡”的可预期实验次数是 $1\div\frac{3}{5}=\frac{5}{3}$。

同理可知，在获得第 4 张新肖像卡之前，可预期购买数量是 5/2；在获得第 5 张新肖像卡之前，可预期购买数量是 5/1。

因此，在集齐一套完整肖像卡之前，可预期购买总数为

$$T=1+\frac{5}{4}+\frac{5}{3}+\frac{5}{2}+\frac{5}{1}=11.42$$

综上所述，购买 12 盒谷物食品时，收藏者预期 12 次购买后可能集齐一套完整 5 张肖像卡。

现在尝试完成练习 25 ~ 26。

练习 13.5

强化技能

在练习 01 ~ 06 中，判断每个试验是否为二项试验。若不是，解释不符合二项试验的哪种性质。

01. 从一副标准 52 张扑克牌中选择 4 张，且每次都放回，观察是否抽到 1 张 K。

02. 掷 1 对骰子 5 次，观察 2 个骰子是否点数相同。

03. 掷 3 枚硬币，直至全部正面朝上。

04. 某人购买了“天天号码”彩票的 5 次机会。

05. 某学生回答 10 道判断对错测验题。

06. 20 人被注射了一种新型感冒疫苗。

07. 如果掷 1 对骰子 3 次，刚好掷出 1 次“总点数为 5”的概率是多少？

08. 如果掷 1 对骰子 3 次，刚好掷出 2 次“总点数为 8”的概率是多少？

在练习 09 ~ 10 中，解释每个表达式的含义，并计算其数值。

09．$B(5,3;1/4)$　　10．$B(6,2;1/2)$

在练习 11 ~ 12 中，解释二项概率表示法的错误。

11．$B(3,5;1/3)$　　12．$B(4,3;2)$

学以致用

13．如果给定 12 道判断对错题，通过猜测答对 9 题的概率是多少？

14．如果给定 8 道单项选择题，通过猜测答对 6 题的概率是多少？假设每道题包含 4 个选项。

15．如果给定 12 道判断对错题，通过猜测答对至少 9 题的概率是多少？

16．如果给定 6 道单项选择题，通过猜测答对至少 4 题的概率是多少？假设每道题包含 5 个选项。

17．豪斯医生发明了一种新治疗方法，认为可以治疗一种危及生命的疾病。如果该方法的成功率为 80%，且对 10 名患者进行尝试性治疗，对至少 8 名患者有效的概率是多少？

18．你计划去海滨度假，天气预报说"在未来 3 天内，每天的降雨概率都是 30%"，降雨天数少于 2 天的概率是多少？

19．目前，迈克・特拉特的平均击球成功率是 0.250。如果忽略所有其他因素，当他在今天的比赛中击球 5 次时，刚好击中 2 次的概率是多少？

20．尼卡・欧古米克（美国女子篮球运动员）的投篮命中率是 50%。如果她今天投篮 8 次，其刚好命中 4 次的概率是多少？

21．某医院急需 3 个单位的 A^+型血。假设这种血型的人口比例约为 30%，如果 12 人等待献血 1 个单位，则能够满足该医院需求的概率是多少？（提示：从 1 中减去"A^+型血人数少于 3 人"的概率。）

22．蜂窝电话通信网络含有内置冗余，当多个组件发生故障时，网络仍然可能正常工作。如果网络包含 15 个组件（可靠性分别为 95%），且至少 12 个组件正常工作时网络才能正常，该网络发生故障的概率是多少？（提示：计算网络不发生故障的概率，然后从 1 中减去该值。）

在练习 23 ~ 24 中，补充完善缺失项，使等式为真。给出"等式两侧为何必须相等"的直观理由。

23．$B(5,3;1/4)=B(5,2;?)$

24．$B(10,3;0.4)=B(10,?;0.6)$

25．假设一个小女孩正在购买快餐，每份快餐中附带热门电影中的 1 个角色图片（随机），图片总数为 6 张。在集齐 6 张图片之前，她预计会购买多少份快餐？

26．假设一个小男孩正在购买糖果，每包糖果中附带 2016 年奥运会的 1 名男篮球员照片（随机），球员总数为 10 名。在集齐 10 张照片之前，他预计会购买多少包糖果？

数学交流

27．二项试验的 4 种性质是什么？

28．如果一个二项实验的成功概率是 1/5，则在获得成功之前，预期要进行多少次实验？

挑战自我

29．假设在冬季期间，50%的人会患普通感冒。假设某公司声明开发出了一种感冒疫苗，能够降低感染率。总共 10 人接种了该型疫苗，如果感冒人数少于 4 人，则可认为该公司的声明有价值。该公司的声明无价值的概率是多少？

30．继续练习 29 中的情形，对该公司的感冒疫苗是否有价值，假设我们采用一种更严格的要求。在 10 名接种者中，如果感冒人数少于 2 人，则认为该公司的声明有价值。该公司的声明无价值的概率是多少？

本章复习题

13.1 节

01．将每个事件描述为一个样本点集合：**a**．掷 3 枚硬币时，刚好 2 枚正面朝上；**b**．掷 2 个骰子时，总点数为 8。

02．如果从一副标准 52 张扑克牌中选择 1 张牌，选中红色人脸牌的概率是多少？

03．解释经验概率和理论概率之间的差异，每种概率类型举出一个示例。

04．在豌豆植物杂交育种中，孟德尔发现"高株"特征为显性，"矮株"特征为隐性。如果将纯高株植物与纯矮株植物杂交，第2代中高株植物的概率是多少？

05. **a**. 如果道奇队不能赢得世界系列赛的几率是“17 比 2”，其赢得该系列赛的概率是多少？**b**. 如果明天下雨的概率是0.55，明天不下雨的几率是多少？

13.2 节

06. **a**. 描述事件补集的概率计算公式；**b**. 画图解释这个公式；**c**. 在何种情况下你可能会使用此公式？

07. 如果从一副标准52张扑克牌中抽取1张牌，获得人脸牌或红色牌的概率是多少？画图说明。

08. 在给定旋转器上，每个绿区占圆形面积的10%，每个蓝区占12%，每个红区占9%，每个黄区占4%。假设旋转器旋转1次，下列情形下的概率是多少？**a**. 旋转器的停止位置不指向红区；**b**. 旋转器的停止位置指向偶数或蓝区。

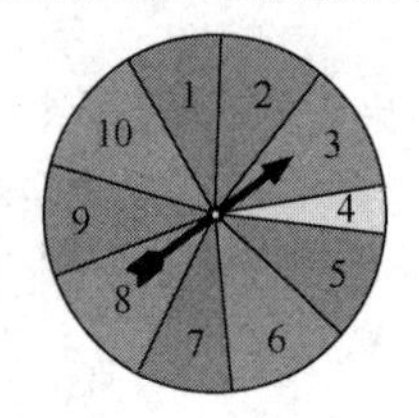

13.3 节

09. 用自己的语言解释条件概率的含义。

10. 如果掷1对公平骰子，已知总点数小于9，则总点数为5的概率是多少？

11. 假设从一副标准52张扑克牌中抽取2张牌，不放回。**a**. 抽取2张红桃的概率是多少？**b**.“先抽取1张Q，后抽取1张A”的概率是多少？

12. 掷1对公平骰子。事件 E 和 F 是否为独立事件？E—总点数为奇数；F—总点数小于6。

13. 假设艾滋病病毒在特定人群中的发病率是4%，病毒检测的准确率是90%，且假阳性的发生率是6%。如果某人的病毒检测呈阳性，其实际感染病毒的概率是多少？

13.4 节

14. 基于死亡率表，设“20岁男性活到21岁”的概率是0.99。从保险公司的角度看，为20岁男性投保1000美元1年期定期寿险的期望值是多少？假设每年保费为25.00美元。

15. 从一副标准52张扑克牌中抽取1张牌，如果抽到1张人脸牌，则可赢得15美元，否则将输掉4美元。计算该游戏的期望值。

16. 你正在掷4枚公平硬币，如果所有硬币显示相同（全部正面朝上或全部反面朝上），则可赢得5美元。计算使其成为公平游戏的价格。

13.5 节

17. 计算 $B(8,3;\frac{1}{2})$。

18. 如果猜测10道判断对错题，则猜对8道题的概率是多少？

本章测试

01. 将下列事件描述为一个样本点集合。**a**. 掷2个骰子时，总点数大于9；**b**. 掷4枚硬币时，“正面朝上”多于“反面朝上”。

02. 如果从一副标准52张扑克牌中选择1张牌，选中黑色K的概率是多少？

03. **a**. 如果海豚队不能赢得超级碗的几率是“28 比 3”，其赢得超级碗的概率是多少？**b**. 如果明天下雨的概率是0.15，明天不下雨的几率是多少？

04. 如果从一副标准52张扑克牌中抽取1张牌，获得红桃或K的概率是多少？

05. $P(B|A)$ 和 $P(A|B)$ 的含义有何不同？

06. 掷1对公平骰子。事件 E 和 F 是否为独立事件？E—2个骰子点数相同；F—总点数大于8。

07. 玩一次“掷2个骰子”游戏要花1美元。如果2个骰子点数相同，则可赢得5美元，否则就要认输出局。这个游戏的期望值是多少？

08. 计算 $B\left(10,2;\frac{1}{4}\right)$。

09. 如果猜测5道单项选择题，每道题有4个可能的答案，猜对3道题的概率是多少？

10. **a**. 完成等式 $P(E)+$ _____ $=1$；**b**. 画图说明这个公式。

11. 在豌豆植物中，紫色花朵为显性，白色花朵为隐性。但是，对金鱼草而言，当纯红色开花植物与纯白色开花植物杂交时，将生成一种粉红色开花植物。如果从纯红色和纯白色金鱼草杂交开始，第 2 代植物中出现粉红色花朵的概率是多少？

12．假设 2%的巴西人患有登革热，检测准确率是 95%，假阳性的发生率是 5%。如果一名巴西人登革热检测呈阳性，其实际患病的概率是多少？

13．买 1 张抽奖彩票要花 2 美元。如果共售出 500 张彩票，其中 1 张一等奖，奖金是 250 美元；3 张二等奖，奖金是 100 美元；5 张三等奖，奖金是 50 美元，此次抽奖的期望值是多少？

14．如果掷 1 对骰子，已知总点数小于 5，总点数为偶数的概率是多少？

15．假设从一副标准 52 张扑克牌中抽取 2 张牌，不放回。**a**．抽中 2 张人脸牌的概率是多少？**b**．抽中 1 张 K 和 1 张 A 的概率是多少？（提示：存在 2 种情况。）

第 14 章　描述性统计

无论你喜欢与否，数据都无处不在！登录到自己最喜欢的社交媒体平台后，查看点赞量、分享量或转发量等数据，你可以快速了解当前社会的热门话题。此外，你可能会观看某些统计研究成果展示，或者受邀向其他人展示此类数据。

信息如此丰富，问题不可避免，数据如何处理？统计数字确实无处不在，但是要谨慎面对，最好不要盲目相信某些研究。作为受过教育的人，你应当能够意识到“某些统计研究可能存在缺陷，有些可能故意误导”。

但是，即便存在着内在（或故意）缺陷，你也不应当拒绝所有统计分析数据。为了提高日常用品的质量和安全性，研究人员每时每刻都在分析数据。不久前，自动驾驶汽车仅存在于未来科幻电影中，但是得益于科学研究和数据分析的进步，自动驾驶汽车的部分功能目前已经具备，全自动无人驾驶汽车很快就会出现在你周围的道路上！但是，在交出手动驾车的钥匙之前，你还是应该了解一下这种车辆及其使用方法。

本章前 3 节介绍如何组织、汇总和可视化数据，14.4 节将对生产商如何预测“轮胎何时磨坏”给出有趣的解释。

14.1　数据的组织和可视化

2014 年 11 月，《普罗维登斯日报》开展了一项民意调查，结果显示“68%的受访者支持在罗得岛州实行休闲大麻合法化”。但是就在 12 天前，该报的另一项民意调查报告说“26%的受访者表示支持休闲大麻合法化”。这两项调查的结果相互矛盾，我们不知道哪项调查能够准确地反映罗得岛州居民的真实意见。

看到某一调查结果时，你应仔细查看具体细节，并询问关于如何采集信息的几个重要问题。在印刷精美的调查报告中，人们通常能够找到该调查的受访者人数，但是仍然要问一些其他问题：这项研究的组织者是谁？组织者的信誉是否良好？研究人员如何选定受访者以及接触人员的实际回应比例？查看调查问题的实际措辞也很重要，因为问题的措辞方式可能从根本上影响结果。

14.1.1　总体和样本

本章将介绍统计学知识，在这个数学领域中，人们对信息（称为数据）的采集、组织、分析和预测感兴趣。在前面的两项休闲大麻调查中，最理想的情形是研究人员能够联系到罗得岛州的所有居民，这个“所有居民”集合称为总体。当然，这种想法明显不切实际，所以研究人员的结论基于总体的一个子集，称为样本。“样本能够代表整个总体”非常重要。

如果某一样本不能准确反映所采集数据的总体情况，则称为存在偏差。若抽样技术比较糟糕，则偏差会经常出现。偏差可通过多种方式进入样本，由于确定“如何选择参与调查者”而可能产生的偏差称为选择性偏差。例如，如果在工作日下午进行关于“固定电话使用”的电话调查，则样本中退休人士和居家父母所占的比例可能过高；遇到提示并通过短信、电子邮件或推特发表意见时，选择性偏差也很容易出现。

如果在城镇里四处走动，邀请人们“随机”参加调查，则可能取得更可靠的信息。我们之所以将“随机”一词打上引号，是因为经研究发现“这种方法可能会产生选择性偏差”，采访者会倾向于选择着装更佳和看上去容易合作的人，因此会产生偏差样本。

在可能影响调查可靠性方面，另一个问题是调查问题本身的措辞。调查者需要避免以“措辞影响结果”的方式提出问题，即所谓的引导性问题偏差。引导性问题偏差是以“隐含答案”形式提出问题的，例如“撤销校园项目资金的决定有多糟糕？”，这个问题以“该决定是错误的”为前提，且不允许答题者指出其他情况。还有些时候，提问方式会让受访者对回答“是”的真正含义感到困惑，例如“学生在校园中捡废品不是不常见吗？”。在本章开篇提到的《普罗维登斯杂志》的民意调查中，措辞可能在形成巨大反差结果方面发挥了作用，第 1 个问题是“罗得岛州是时候让休闲大麻合法化了吗？”，第 2 个问题是“罗德岛州是否应当对大麻销售进行监管和征税？”。

对于“统计结论要基于无偏差可靠数据”的重要性，我们只是简单地介绍了基本观点，更多内容请参阅与抽样理论相关的大量书籍。至此，作为受过教育的统计信息消费者，希望你能认识到：对于某项研究所说的事情，就像某首歌中所唱“其实并不一定如此！”。

下面重点介绍“获得可靠数据后应该怎么办”。

14.1.2　频数表

采集“总体”相关信息时，我们常会采集到大量数据，除非能够以一种有意义的方式来组织数据，否则这些海量信息几乎不可能解释。例如，如果浏览一份报纸的金融部分，就会发现若干内容是关于股票市场中各种股票的每日涨跌的。关于市场活动的大量细节信息似乎势不可挡，从这些数字列表中，理解股票价格变化的一般规律非常困难。但是，如果收看晚间新闻，评论员可能会对这些数据进行总结：“道琼斯指数今天下跌了 147.7 点，收于 25400.6 点，下跌股票与上涨股票的比例为 3 比 1”。为了让任何大量数据都能轻松地被人们理解，我们必须对其进行组织和展示，使人们能够看到各种规律、趋势和关系。

定义　我们将一个信息集合称为数据。数据既可以是定性的，又可以是定量的。定性数据由具有某一特征（如眼睛颜色）的相关信息组成，定量数据则给出一种有意义的数值测度。

首先考虑定性数据，以及如何将信息组织到频数分布中。为了构建一个频数分布，我们要确定每个值出现的次数或频数。我们或许还对每个值出现的“次数比例”感兴趣，此时就需要确定相对频数。例 1 中将构建一个频数表，分别列出频数和相对频数的值。

要点　频数表是用于组织数据的一种方法。

历史回顾——总统选举民意调查

在美国政治中，总统选举民意调查似乎是永恒话题之一，谁领先？谁退出？各种信息可能会铺天盖地。但是，这些信息的可靠性究竟如何？在整个 20 世纪中，民意调查的最佳方法不断发展。1936 年，乔治·盖洛普（著名民意调查专家）大胆地宣称，《文学文摘》杂志应当错误预测了“阿尔弗雷德·兰登将击败富兰克林·罗斯福而连任美国总统”。盖洛普的说法似乎比较牵强，毕竟其样本规模只有 5 万人，而《文学文摘》杂志打算调查 1000 万人。

当罗斯福最终获胜时，盖洛普的优秀抽样方法明显胜过了更大的样本规模。在这次选举后，民意调查人员开发了配额抽样/定额抽样，各样本能够反映“总体”的构成，旨在让各类人员（如男性、女性、不同党派及不同宗教团体等）的样本百分比反映其在“总体”中的百分比。

但是，这种方法并非十全十美，1948 年的总统选举民意调查推出了头条新闻“杜威击败杜鲁门”，不过实际上杜鲁门才是最终获胜者。在 1948 年的总统选举中，民意调查者的主要问题是过早停止，从而错过了杜鲁门后期的选票激增。事实证明，正是这一点改变了选举结果。

进入 21 世纪后，民意调查的首次重大失误出现在 2000 年总统选举中，多家新闻机构利用“投票后民调数据”错误地预测了“戈尔将赢得佛罗里达州的25张选举人票”。后来，这些机构又不可思议地推翻了自己原来的预测，称佛罗里达州的投票结果由于太接近而无法预测。事实最终证明，由于存在选票争议和重新计票争议，致使全美国对选举结果的辩论一直持续至12月初。

利用样本（而非总体）执行统计分析时，结果总会不可避免地出错，记住这一点非常重要。统计学家的目标是尽量减少非抽样类型误差（因偏差、设计不当或调查实施缺陷而产生）。

例1　用表格汇总电视节目评价

为了评价《海军罪案调查处》某一集预告片，假设25位观众接受了民意调查，具体选项包括：

（E）好，（A）较好，（V）一般，（B）较差，（P）差

调查结束后，25位观众的评价结果如下：

A, V, V, B, P, E, A, E, V, V, A, E, P, B, V, V, A, A, A, E, B, V, A, B, V

为此评价列表构建频数表和相对频数表。

解：如果计数该列表中E, A, V, B和P的数量，则可得到如表14.1所示的结果。

表14.1　《海军罪案调查处》观众评价汇总频数表

评　价	频　数	评　价	频　数
E	4	B	4
A	7	P	2
V	8	合计	25

通过组织这张表格中的数据，我们能够更快地看到观众喜爱与否的评价分布。可以看到，表14.1中的频数总和是25，这是受邀评价该节目的观众人数。

通过将表14.1中的每个频数除以25，我们为这些数据构建了一个相对频数表。例如，因为E有4个，所以分数E的相对频数是$4/25=0.16$。表14.2显示了该评价集合的相对频数表。

在表14.2中，相对频数之和是1。但是在其他示例中，由于存在舍入因素，相对频数之和可能不完全为1。

表14.2　《海军罪案调查处》观众评价汇总相对频数表

评　价	相对频数	评　价	相对频数
E	$4/25=0.16$	B	$4/25=0.16$
A	$7/25=0.28$	P	$2/25=0.08$
V	$8/25=0.32$	合计	1.00

自测题1

为以下分布构建频数表和相对频数表：

1, 2, 7, 2, 6, 5, 2, 7, 8, 8, 1, 3, 10, 7, 9, 1, 7, 3, 5, 2

当数据是定量数据时，构建频数表具有多种选项。我们可在表格中设置每个单独数值的频数，但是对许多数据集而言，表格会因数值太多而变得过大。如例2所述，我们可将全部数值划分入不同的组中，然后确定每组中各数据值的数量。

例2　数据值分组

2020年大学毕业生不仅错过了许多传统，而且推迟了部分传统。某州要求夏季集会的人数上限是

100 人，该州 7~8 月举行了 40 场毕业典礼，参加人数的数据列表如下，为该数据构建频数表和相对频数表：79, 62, 87, 84, 53, 76, 67, 73, 82, 68, 82, 79, 61, 51, 66, 77, 78, 66, 86, 70, 76, 64, 87, 82, 61, 59, 77, 88, 80, 58, 56, 64, 83, 71, 74, 79, 67, 79, 84, 68。

解：因为这个列表中包含太多不同的数字，所以每个值的频数应当特别小，构建例 1 中那样的频数表应当无法提供有用的信息，因此我们将制作基于不同“值分组”的表格。

在制作表格前，必须决定如何对这些数据进行分组。人数的最小值是 51，最大值是 88，二者之差是 $88-51=37$，说明若采用 40 作为极差/范围并划分为若干等分，则可能会获得一种较为合理的数据分组。我们将这些数据分为若干组，每组包含 5 个值，其中第 1 组包含数字 50~54，第 2 组包含数字 55~59，以此类推。数据分组的方法很多，这里介绍的方法只是其中的一种。计数落入每组的数据点数量，即可获得表 14.3 第 2 列中的频数。

表 14.3　毕业典礼人数频数表和相对频数表

毕业典礼人数	频　数	相对频数
50～54	2	0.05
55～59	3	3 / 40 = 0.075
60～64	5	0.125
65～69	6	0.15
70～74	4	0.10
75～79	9	0.225
80～84	7	0.175
85～89	4	0.10
合　计	40	1.00

为了求出相对频数，我们将第 2 列中的每个频数除以 40（毕业典礼总次数）。例如，在标记为 55~59 的那一行中，用 3 除以 40，得到第 3 列中的 0.075。

表 14.3 可以帮助我们查看数据中的各种规律。这些典礼全都符合人数规模限制，实际而言，0.90（或 90%）的典礼出席人数还不到 85 人。

14.1.3　数据可视化表达

俗话说“一张图片胜过千言万语”，处理大型数据集时，这句话非常适用。以图形化方式展现数据，我们能够更容易地观察数据的各种规律。条形图是可视化“定性数据频数分布”的一种方法。绘制条形图时，我们在横轴上指定分组，在纵轴上指定频数。如果绘制相对频数分布图，则条形的高度对应于相对频数的大小，如例 3 所示。

要点　我们用条形图以图形化方式展现频数分布。

例 3　绘制观众评价数据条形图

a）为表 14.1 中的汇总数据，绘制《海军罪案调查处》观众反馈频数分布条形图。

b）为表 14.2 中的汇总数据，绘制《海军罪案调查处》观众反馈相对频数分布条形图。

解：a）因为最高频数是 8，所以将纵轴标注为 0~8。接下来，绘制高度为 4, 7, 8, 4 和 2 的 5 个条形，分别表示评价 E, A, V, B 和 P 的频数，如图 14.1(a)所示。

b）在图 14.1(b)中，因为最高相对频数是 0.32，所以将纵轴标注为 0~0.35。

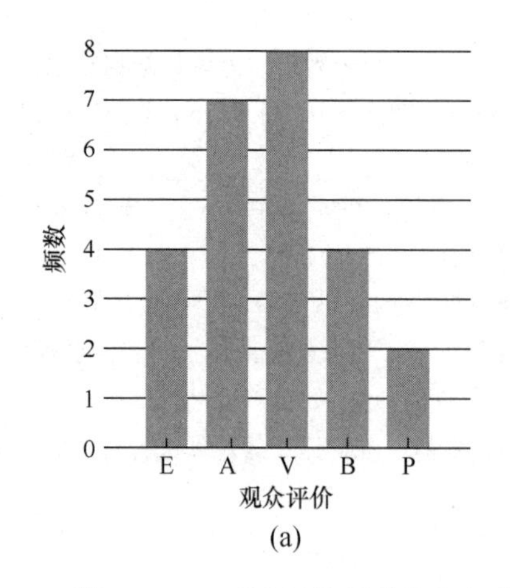

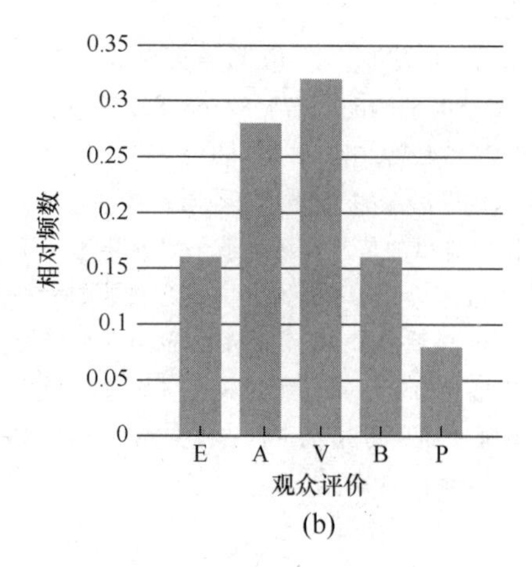

图 14.1 (a)观众评价频数分布条形图；(b)观众评价相对频数分布条形图

虽然这两个条形图的形状相同，但是在比较两个不同的数据集时，绘制相对频数分布条形图很有帮助。这些条形图可以通过运用技术而获得，图 14.2 是其中的一个示例。

现在尝试完成练习 01 ~ 02 和练习 11。

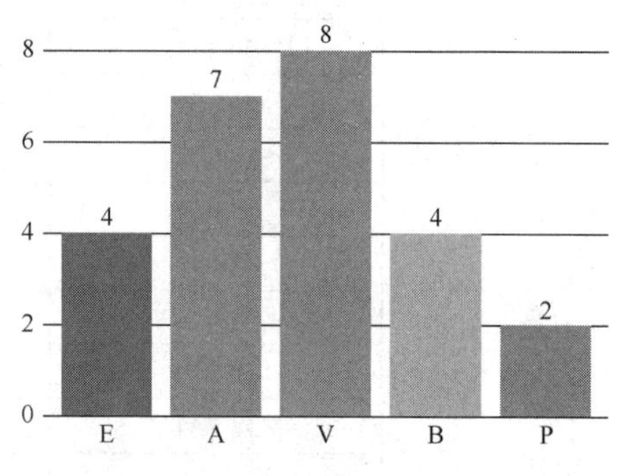

图 14.2 带数字的观众评价数据条形图

如果比较不同大小的两个数据集，则不要绘制数据集中的实际值，而要绘制其相对频数图，这样就能对分布情况进行比较。在这种情况下，不要绘制两个单独的条形图，而要在一个条形图上显示两个分布。例如，第 1 个分布中的各条形为红色，第 2 个分布中的各条形为绿色。

截至目前，我们组织和绘图的各种数据只能包含有限数量的值。在例 1 中，数据是定性数据，观众无法给出介于一般（V）与好（E）之间的评价；在例 2 中，数据是定量数据，但人数是非负整数值。仅能取若干特定值（而非其间任意值）的定量数据称为离散数据；可取若干特定值之间任意值的其他定量数据称为连续数据，此时无法写出全部可能性。体重是连续变量的一个示例，我们可以说一个人的体重是 150 磅，但是若用更准确的秤称重，则可能发现其实际体重为 150.2 磅或 150.25 磅。

当数据是定量数据时，我们用直方图来可视化表达频数分布。如果数据是离散的，我们可以为每个可能的值创建一个组，如例 2 所述，数据分组通常很有帮助；如果数据是连续的，我们将对所有数据进行分组，且要考虑“值落在边界上该怎么办”。例 4 中将探讨这个话题。

例 4 绘制直方图，表达考试分数增长

一位教授禁止学生在课堂上使用所有社交媒体，并采集了“考试成绩由此而提高”的相关数据（包括部分小数值），如表 14.4 所示。计算相对频数，然后用其绘制直方图。

解：频数分布如表 14.4 所示。可以看到，与例 2 中的离散数据分布不同，相邻各组的边界似乎重叠在一起（第 1 组是 0 ~ 10，第 2 组是 10 ~ 20）。为了确保每个值属于且仅属于其中的一组，我们将“等于 10 的倍数的任何值”归入下一组，并将其简写为 10+和 20+等。

为了计算相对频数，我们让列出的每个频数除以 65（即值的总个数）。在表 14.4 中，相对频数位于第 3 列。

表 14.4　考试分数增长的频数和相对频数分布

分数增长	频　数	相对频数
0～10	14	0.215
10+～20	23	0.354
20+～30	17	0.262
30+～40	8	0.123
40+～50	3	0.046
合计	65	1.00

现在绘制这个直方图，其与条形图比较相像，但是各条形之间没有空隙，如图 14.3 所示。此外，在横轴上，我们还标注了各组之间的端点。

现在尝试完成练习 03, 04, 07, 08 和练习 12。

自测题 2

利用自测题 1 中求得的相对频数，绘制直方图。

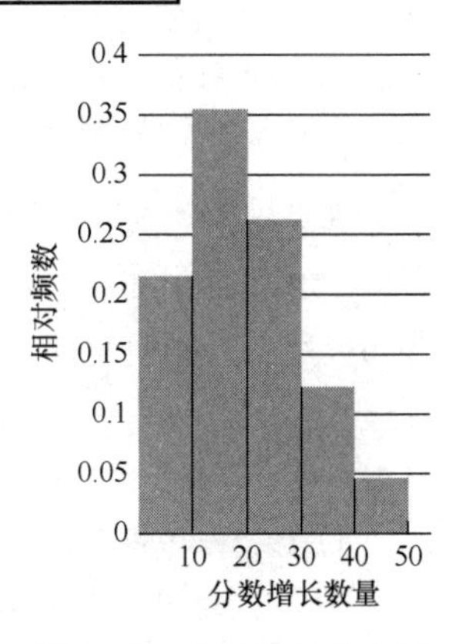

图 14.3　分数增长直方图

由图 14.3 可知，超过 35%的学生的增长分数为 10～20 分！因为此组中的值多于任何其他组，所以被称为众数组。虽然并不能说“禁用社交媒体提高了考试成绩”，但新规定确实与学生成绩的提高有关！

当为连续数据构建频数表和直方图时，对于如何选择各组并没有非常严格的规则。在例 4 中，教授采用的组距是 10，每组的下限值比前一组的下限值大 10 个单位。如果她采用的组距是 5，则各组的组限为 0～5，5+～10，以此类推。至于具体采用何种组距，决定权在你自己手中。“每个数据值一定要仅落入其中一组”非常重要，我们要求表格中各组的组距均保持一致。

例 5　从图表中确定信息

图 14.4 显示了一段时间内的大西洋飓风数量。对于这种离散数据的直方图构建，我们采用了单值分组。用此直方图回答以下问题：

a）在此期间，每年飓风数量的最小值是多少？最大值是多少？

b）每年飓风数量最常出现的次数是多少？

c）飓风数量计数了多少年？

d）在这些年中，飓风数量超过 10 次的百分比是多少？

解：a）在此期间，对于任意一年而言，飓风数量最少 4 次，最多 19 次。

b）每年飓风数量最常出现的次数对应于图 14.4 中的最高条形，其显示的数量是 11 次，因此 10 个不同年份分别出现了 11 次飓风。

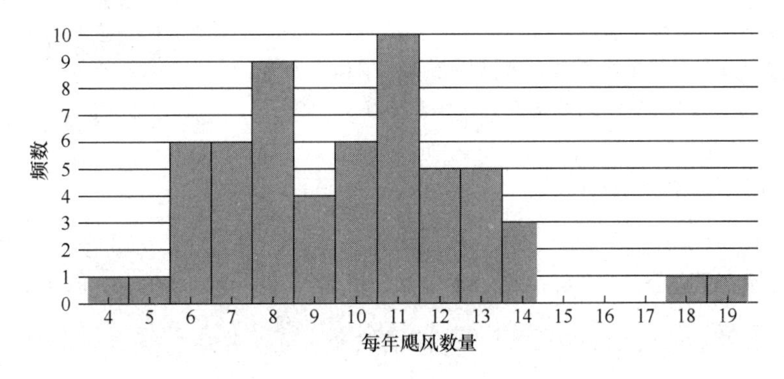

图 14.4　每年飓风数量

c）为了求取采集数据的总年数，可将所有条形的高度相加，得到

$$1+1+6+6+9+4+6+10+5+5+3+1+1=58\text{年}$$

d）首先计数发生 10 次以上飓风的年数。将这些值上各条形的高度相加，可得 $10+5+5+3+1+1=25$。因为共有 58 年的数据，所以计算 $\frac{25}{58}\approx 0.431$，约等于 43%。

现在尝试完成练习 13 ~ 14。

14.1.4 茎叶图

茎叶图是为分析目标而“并排”显示两组数据的一种有效方法，主要应用于探索性数据分析领域，该领域的开创者是普林斯顿大学和贝尔实验室的数学家约翰·图基。

有些体育发烧友认为，棒球运动员经常服用类固醇，所以近年来的本垒打记录变得毫无意义。在例 6 中，针对全国联赛中的本垒打，我们将用茎叶图来调查其数量近期是否有所增多。

要点 茎叶图是显示定量数据的另一种方法。

例 6 用茎叶图研究两个时代的本垒打记录

下面是两个时段（1975—1989 年和 2005—2019 年）内全国联赛本垒打冠军打出的本垒打数量，用茎叶图比较这些本垒打记录。

a）1975—1989 年：38, 38, 52, 40, 48, 48, 31, 37, 40, 36, 37, 37, 49, 39, 47。

b）2005—2019 年：51, 58, 50, 48, 47, 42, 39, 41, 36, 37, 42, 41, 59, 38, 53。

解：回顾本书前文所述的画图策略。

首先查看 1975—1989 年的本垒打数据。构建茎叶图时，我们将每个数字视为由两部分组成，左侧 1 位是茎，右侧 1 位是叶。例如，38 的茎是 3，叶是 8。在 a）问中，数据的茎是 3, 4 和 5。首先，按数字顺序垂直列出各茎，然后在其右侧绘制一条竖线，最后将每个茎对应的“叶”写在其茎和竖线的右侧。列举叶时，建议从茎开始按递增顺序排列。图 14.5 显示了 a）问中数据的茎叶图，图 14.6 显示了 b）问中数据的茎叶图。

茎	叶
3	1 6 7 7 7 8 8 9
4	0 0 7 8 8 9
5	2

图 14.5 1975—1989 年本垒打数据的茎叶图

茎	叶
3	6 7 8 9
4	1 1 2 2 7 8
5	0 1 3 8 9

图 14.6 2005—2019 年本垒打数据的茎叶图

由图 14.5 可知，几乎所有数据都是 30 多次和 40 多次，仅 1 名球员（乔治·福斯特）的本垒打数量超过 50 次。与此相比，由图 14.6 可知，1/3 的球员（15 人中的 5 人）的本垒打数量大于或等于 50 次。

对比两组数据时，制作茎叶图组合非常有用，如图 14.7 所示。由这幅图可知，21 世纪上半叶的本垒打冠军数量略多于 1975—1989 年。

1975-1989		2005-2019
9 8 8 7 7 7 6 1	3	6 7 8 9
9 8 8 7 0 0	4	1 1 2 2 7 8
2	5	0 1 3 8 9

图 14.7 本垒打数据组合茎叶图

现在尝试完成练习 09 ~ 10。

自测题 3

用茎叶图表示分数集合：92, 68, 77, 98, 88, 75, 82, 62, 84, 67, 62, 91, 82, 73, 66, 81, 63, 90, 83, 71。

历史回顾——弗洛伦斯·南丁格尔

在统计学讨论中，传奇护士弗洛伦斯·南丁格尔的出现可能会令人感到惊讶。虽然以“同情病人”

和“改进医院卫生条件”而闻名于世，但她也接受过数学方面的培训，年轻时曾与詹姆斯·西尔维斯特（19 世纪英国最杰出的数学家之一）一起学习。

在克里米亚战争期间，她在一家军队医院担任护士，对伤病员的高死亡率感到不安。利用自己发明的统计学方法，她说服上级进行了医院改革。由于卫生条件的改善，死亡人数大大减少，有些人认为她在克里米亚战争中拯救了英国军队。

为了表彰她在医学统计方法发展方面的革命性工作，南丁格尔当选为英国统计学会会员。在美国内战期间，她还是一名军事健康顾问。1874 年，她成为美国统计协会的名誉会员。著名统计学家卡尔·皮尔逊将南丁格尔描述为应用统计学发展的先驱者。

由于例 6 中的数字是两位数，我们用一位数字来表示茎。如果要表示像 325 这样的数字，既可以用 32 表示茎和用 5 表示叶，又可以用 3 表示茎和用 25 表示叶，具体取决于何种方式能够更清楚地表达数据。

“组织和显示数据集”一般并非最终目标，人们通常需要数据集的一种简明数字描述。14.2 节将讨论如何包含数据主要内容的相关信息。

练习 14.1

强化技能

在练习 01 ~ 02 中，构建给定数据的频数表、相对频数表和条形图。

01. 20 名学生到学校上数学课的交通方式：步行，步行，自行车，汽车，滑板，步行，公共汽车，汽车，自行车，步行，自行车，步行，公共汽车，汽车，汽车，自行车，步行，自行车，自行车，汽车。

02. 10 名学生在教师评分网站上的反馈：良好，良好，一般，优秀，差，良好，一般，良好，优秀，良好。

在练习 03 ~ 04 中，构建每个频数表中给定数据的直方图。

03. 下表包含 38 辆汽车的 EPA 续航里程等级。

英里/加仑（MPG）	19	20	21	22	23	24	25	26	27	28	29	30
频数	2	5	3	2	1	8	1	2	3	2	7	2

04. 下表包含 30 名参赛选手在《超级减肥王》节目中的减肥情况。

减重（磅）	0	1	2	3	4	5	6	7	8	9	10
频数	2	3	3	0	1	6	1	4	3	2	5

在练习 05 ~ 06 中，构建给定数据的相对频数表和直方图。

05. 救助海地地震灾民的 60 位志愿者的年龄：21, 23, 27, 22, 23, 29, 28, 24, 24, 25, 27, 22, 26, 26, 23, 23, 26, 28, 25, 24, 28, 27, 24, 23, 29, 28, 24, 22, 27, 26, 22, 24, 26, 21, 24, 28, 24, 25, 22, 25, 27, 21, 23, 26, 23, 23, 27, 27, 23, 21, 22, 27, 26, 23, 25, 29, 24, 27, 27, 26。

06. 为创业者提供咨询的 40 名资深志愿者的年龄：51, 56, 57, 52, 53, 59, 58, 52, 54, 55, 53, 56, 58, 55, 54, 58, 57, 52, 53, 59, 52, 54, 53, 51, 54, 58, 54, 55, 52, 55, 52, 57, 57, 53, 51, 52, 57, 56, 53, 55。

在练习 07 ~ 08 中，按要求对数据进行分组，并构建直方图。

07. 在美国女子职业篮球联赛的最新赛季中，东部联盟 4 支球队的球员身高（英寸），采用组距 2 和起始下组限 64.5：

芝加哥天空队：69, 71, 74, 74, 78, 68, 68, 71, 75, 69, 76, 68, 69, 74, 65, 73。

纽约自由人队：72, 67, 72, 73, 75, 77, 73, 69, 67, 75, 76, 76, 73, 74, 69, 70。

华盛顿神秘人队：68, 72, 75, 68, 70, 69, 68, 74, 74, 69, 73, 76, 76, 80, 73, 78。

亚特兰大梦想队：72, 77, 71, 80, 69, 73, 69, 75, 66, 68, 77, 74, 76, 73, 72, 75。

08. 申请加入和平队的 60 人的语言能力倾向测试分数(满分为 100 分)：83, 71, 92, 87, 56, 64, 41, 95, 88, 91, 78, 73, 81, 79, 59, 73, 81, 93, 84, 66, 74, 51, 85, 78, 81, 98, 63, 91, 89, 64, 74, 61, 92, 77, 86, 79, 63, 91, 86, 91, 58, 83, 81, 77, 89, 83, 61, 83, 94, 76, 78, 61, 84, 88, 87, 68, 83, 71, 85,

64。采用组距 10 和起始下组限 40.5。

在练习 09～10 中，用茎叶图组合表示两组数据。

09. A：29, 32, 34, 43, 47, 43, 22, 38, 42, 39, 37, 33, 42, 18, 22, 39, 21, 26, 18, 43。

B：32, 38, 22, 39, 21, 26, 28, 16, 13, 20, 21, 29, 22, 24, 33, 47, 23, 22, 18, 33。

10. X：29, 42, 34, 44, 47, 43, 22, 38, 42, 59, 41, 16, 47, 43, 42, 18, 22, 49, 21, 26, 18, 45, 24, 40。

Y：32, 48, 22, 59, 21, 26, 28, 16, 14, 20, 17, 45, 21, 29, 22, 24, 34, 47, 23, 22, 18, 45, 21, 16。

学以致用

11. 婚姻模式。频数表描述了 2019 年美国成年人的生活安排。计算相对频数，并构建条形图。

现　状	数量（单位为千人）
独居	36477
与配偶一起生活	128851
户主的子女	27543
与伴侣一起生活	18477
与其他亲属一起生活	29579
与非亲属一起生活	9511
总计	250438

12. **汽油价格**。下表包含 2017—2019 年 1 加仑无铅普通汽油的平均价格。采用组距 10 美分对数据分组，起始下组限为 2.20 美元。某一数字位于组限上时，计入下一更高组，如例 4 所述。用频数表构建直方图。

年度	1 月	2 月	3 月	4 月	5 月	6 月	7 月	8 月	9 月	10 月	11 月	12 月
2017	2.35	2.30	2.32	2.42	2.39	2.34	2.28	2.37	2.63	2.48	2.55	2.46
2018	2.54	2.58	2.57	2.74	2.91	2.91	2.87	2.86	2.87	2.89	2.67	2.41
2019	2.29	2.35	2.56	2.84	2.90	2.75	2.78	2.66	2.63	2.67	2.62	2.59

13. **星巴克的顾客**。在本地星巴克的繁忙周末，经理每小时清点一次顾客人数。以下直方图汇总了她得到的结果，用其回答问题。

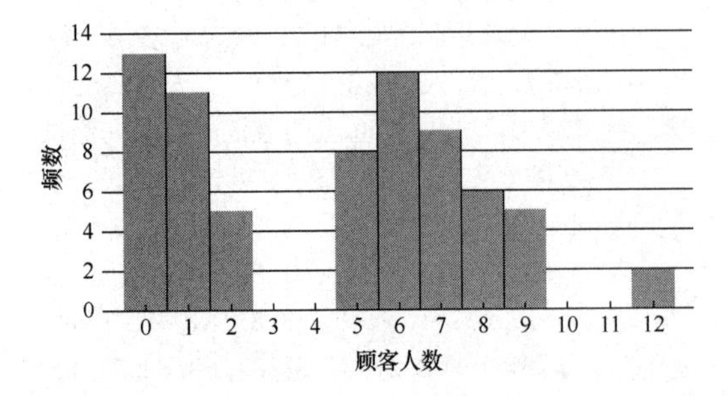

a. 店里顾客最多时有多少人？次数是多少？

b. 次数最多的非零顾客人数是多少？

c. 顾客被计数了多少小时？

d. 店里顾客超过 6 人的小时数占总小时数的比例是多少（用分数表示）？

14. **健身馆开放时间**。由于预算遭到削减，为了确定是否缩减开放时间，在一个学期的晚 9 点到午夜之间，校园健身馆每小时调查一次学生人数。利用给定图表中的结果，回答以下问题。

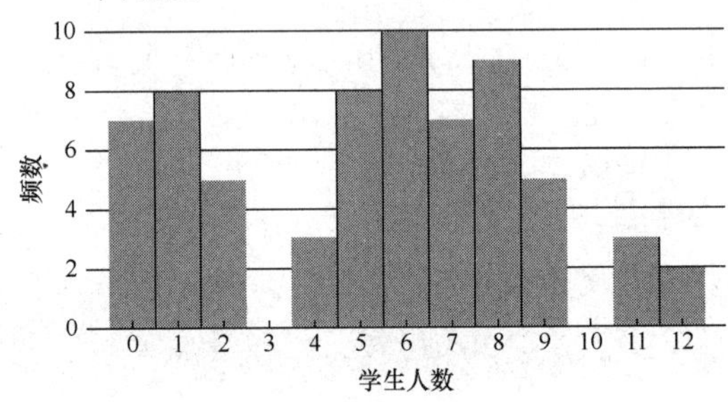

a. 健身馆里学生人数最少时有多少人？次数是多少？

b. 5～8 次（含边界）的最少学生人数是多少？这种情况发生了多少次？

c. 调查共进行了多少小时？

d. 学生人数少于 5 人的小时数占总小时数的比例是多少（以分数表示）？

利用与练习 11 中类似的数据，生成了以下条形图，用其回答练习 15～16。

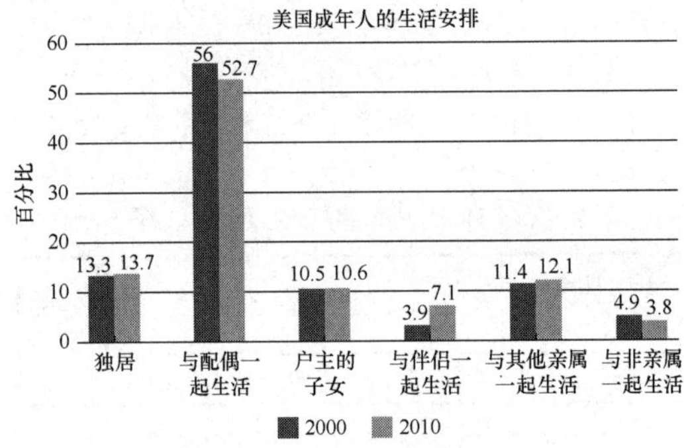

15. 以下是哪种类型的生活安排？

a. 人数在 10 年内至少增长 1%。

b. 人数在 10 年内至少减少 1%。

16. 利用第 8 章中的变化百分比公式(新数－基数)/基数，判断哪种生活安排的变化百分比最高。

工资数据比较。下列条形图比较了近年来女性和男性的每小时工资，用这些图来回答练习 17～22。

因为是通过查看图表来估计答案的，所以你的答案可能与本书的不完全一致。

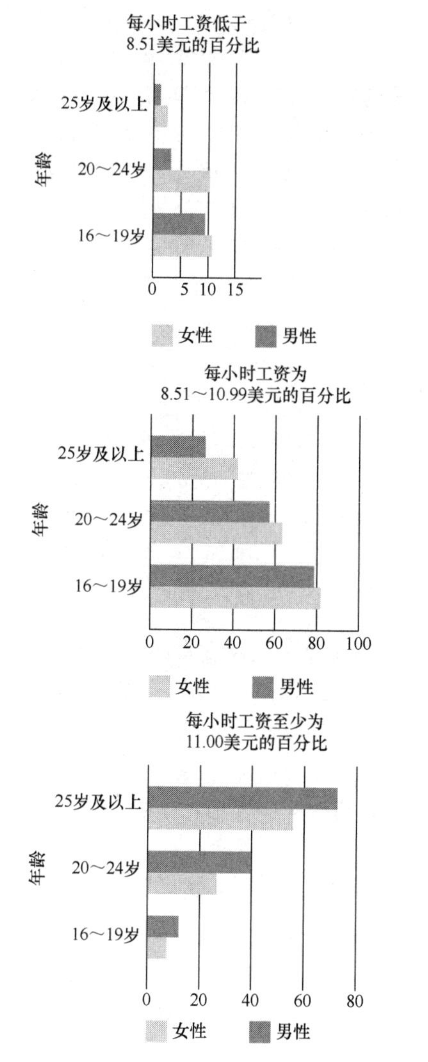

17. 在 20～24 岁的女性中，每小时工资为 8.50 美元或更低的百分比是多少？

18. 在 25 岁及以上的男性中，每小时工资为 8.51～10.99 美元的百分比是多少？

19. 在哪种年龄和工资类别中，男性与女性相比的优势最大（就百分比差值而言）？

20. 在哪种年龄和工资类别中，女性与男性相比的优势最大（就百分比差值而言）？

21. 在哪种年龄和工资类别中，男女似乎最平等？

22. 从这些数据中，你能得出什么样的一般性结论？

对于练习 23～26，利用相同（假想）数据的 4 张图表，说明参与志愿服务的大学生人数。

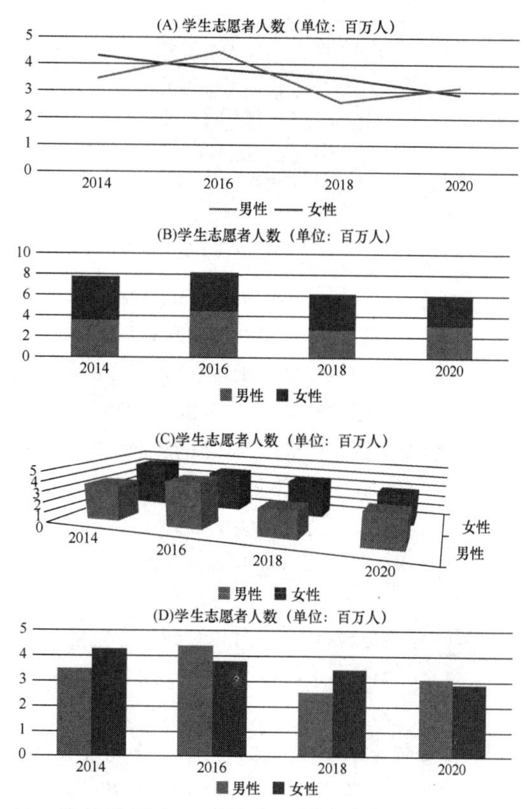

23. 你认为哪个（或几个）图表中的信息最容易理解？

24. 你认为哪个（或几个）图表最难理解？

25. 从哪个（或几个）图表中最容易看出哪些年的女性志愿者人数多于男性？

26. 图 B 的用途是什么？

27. **培训计划对比**。玫琳凯为新聘用员工提供销售培训，为了确定培训效果，公司对比了已完成培训团队和未完成培训团队的月销售额。以下数字是上个月的销售额，单位为千美元。用单个茎叶图表达两组数据。该培训计划看上去是否成功？

未培训：19, 22, 34, 23, 27, 43, 42, 28, 32, 29, 41, 26, 28, 26, 43, 40。

已培训：29, 21, 39, 44, 41, 36, 37, 29, 43, 45, 28, 32, 28, 33, 36, 32。

28. **减肥方案对比**。一家医院正在测试两种减肥方案，以确定哪种方案更有效。以下数据表示每个方案中可比客户的一年体重减轻量。用单个茎叶图表示两组给定的数据。哪个方案似乎更有效？

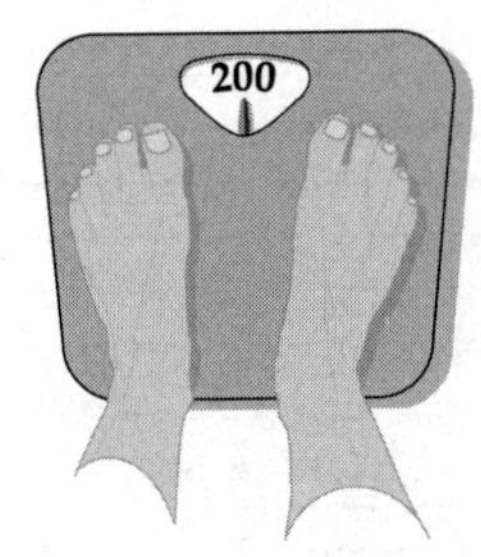

方案 A：19, 32, 27, 34, 33, 36, 47, 32, 25, 52, 29, 26, 37, 28, 26, 43, 31, 40。

方案 B：29, 21, 39, 44, 41, 36, 37, 26, 26, 43, 45, 28, 32, 28, 33, 36, 53, 39。

29．超级碗得分。在最近 20 年的美国橄榄球超级碗比赛中，国联（NFC）和美联（AFC）的得分如下。基于这些数据，绘制“背靠背”式茎叶图。哪个联合会的得分占优？

国联：20, 3, 41, 28, 10, 24, 43, 31, 21, 31, 31, 23, 17, 17, 10, 21, 29, 48, 17, 7。

美联：31, 13, 33, 34, 24, 28, 8, 34, 17, 25, 17, 27, 14, 29, 21, 24, 32, 21, 20, 34。

30．法学院入学考试分数。以下两个列表分别是 40 个法学院入学考试（LSAT）分数，其中 A 组以传统方式学习，B 组用新的在线辅导系统为考试做准备。基于这些数据，绘制“背靠背”式茎叶图。哪组的分数似乎更好？

A：140, 154, 140, 123, 121, 158, 174, 155, 157, 127, 155, 154, 122, 164, 160, 142, 159, 154, 163, 141, 141, 129, 172, 142, 152, 146, 137, 173, 154, 149, 155, 144, 152, 149, 170, 151, 146, 149, 140, 146。

B：155, 144, 151, 136, 149, 165, 150, 153, 135, 142, 158, 173, 155, 151, 127, 142, 173, 140, 162, 147, 141, 137, 147, 161, 155, 165, 161, 177, 143, 126, 149, 164, 161, 144, 149, 164, 157, 173, 128, 147。

在练习 31 ~ 34 中，首先对数据分组，采用适当的起始下组限和组距 10。然后确定频数，构建直方图（类似于练习 23 ~ 26 中的图 D）。

31． 用练习 29 中的数据绘图。

32． 用练习 30 中的数据绘图。

33．奥斯卡获奖者年龄。1990—2020 年奥斯卡获奖男演员（M）和女演员（F）的年龄如下。

F：80, 42, 29, 33, 36, 45, 49, 39, 34, 26, 25, 33, 35, 35, 28, 30, 29, 61, 32, 33, 45, 29, 62, 22, 44, 54, 26, 28, 60, 45, 50。

M：32, 42, 54, 52, 37, 38, 32, 45, 60, 46, 40, 36, 47, 29, 43, 37, 38, 45, 50, 48, 60, 50, 39, 55, 44, 33, 41, 41, 59, 37, 45。

34．锻炼和学习成绩。阅读美国运动生理学家协会的一份报告后，为了解定期锻炼与学业成绩之间是否相关，你所在学校实施了一项测试计划。列表 E 是锻炼者的 40 个测试分数集合，列表 N 是未锻炼者的 40 个测试分数集合。

E：84, 77, 77, 86, 72, 61, 74, 76, 85, 60, 66, 91, 80, 78, 89, 80, 88, 64, 69, 88, 77, 94, 76, 84, 77, 74, 62, 68, 85, 60, 70, 95, 69, 77, 81, 88, 74, 63, 87, 90。

N：73, 67, 88, 77, 71, 88, 69, 78, 93, 73, 74, 82, 64, 69, 78, 73, 75, 69, 68, 63, 67, 76, 65, 77, 80, 80, 71, 79, 69, 73, 73, 86, 85, 75, 70, 64, 61, 85, 73, 70。

数学交流

35． 总体和样本的区别是什么？描述可能导致“从总体中选择差样本”的几种情形。

36． 用条形图或直方图来比较两组数据时，为什么最好采用相对频数？

37． 离散变量和连续变量的区别是什么？给出每种类型的两个示例。

38． 你认为数据分组的优点是什么？缺点是什么？

挑战自我

39．电影数据图形化。修订本书时，票房 Mojo 网站统计了有史以来最卖座的 3 部电影，扣除票价上涨因素后，结果是《乱世佳人》《星球大战》和《音乐之声》。访问此网站（或类似的网站），查找有史以来最卖座的 25 部电影，并构建所找到数据的直方图。解释你如何决定组距和第 1 组，提出制作直方图时出现的任何数据问题。

40．电视收视数据图形化。在互联网上，搜索最近一周观看人数最多的电视节目。构建观众人数直方图，并讨论如何确定组距、第 1 组以及制作直方图时遇到的任何问题。

41． 在同一图表中，如何显示 3 组数据？

42． 下表为“双茎图”的示例。这里不解释此表，请尝试解释其含义，并列出表中的各数据项。

(201～250)	2	34	45	49	
(251～300)	2	57	68	77	82
(301～350)	3	23	45		
(351～400)	3	62	73	78	
(401～450)	4	12	34		
(451～500)	4	82	89	93	

43. 你可能会发现，从互联网上搜索“如何利用统计数字撒谎”很有趣。除了参考达莱尔·哈夫的经典著作《统计数字会撒谎》，你还会发现其他网站解释如何利用统计数字误导读者。找到一个感兴趣的网站，然后报告你的发现。

14.2 集中趋势的测度

在《美国之声》电视节目中，布雷克·谢尔顿曾经告诉一位选手“你不会赢的，因为你的声音太普通了”；儿童心理学教授认为，普通儿童每天要笑几百次；在社会学课堂上，你了解到在 1900 年，普通工人经常在工作岗位上死亡；某新闻博客声称，普通 Facebook 用户有 330 个好友；某新闻报道宣称，2018 届毕业生的平均学生贷款债务是 29200 美元。通过采用“普通/平均”一词的不同方式，前面几个示例描述了普通人，最后一个示例讨论了一组数据的平均值。

统计学家通常对描述一组数据的平均值感兴趣。集中趋势的测度有许多不同种类，每种测度均可用于描述平均值。本节讨论平均数、中位数和众数，其中平均数和中位数给人一种数据集中心的感觉，众数则是数据集中具有最高频数的一个（或多个）值。

14.2.1 平均数和中位数

考虑更换手机公司时，你可能要知道最近 6 个月的平均使用分钟数。为了计算这个平均值，应将 6 个月的分钟数相加，然后除以 6。以此种方式计算平均值时，就是在计算平均数/均值。

在统计学中，为了计算平均数及其他数字，必须添加数字列表。我们用希腊字母 Σ 来表示总和。若有 n 个数据值 $x_1, x_2, x_3, \cdots, x_n$，则可用 Σx 来表示这些数据值的和，例如可将数据值“7, 2, 9, 4, 10 之和”写为 $\Sigma x = 7+2+9+4+10=32$。

要点 平均数是最常见的平均值概念。

计算平均数 如果一个数据集包含 n 个数据值，则该数据集的平均数/均值 $\bar{x}$ 为

$$\bar{x} = \frac{\Sigma x}{n}$$

我们用 $\bar{x}$ 表示“总体中的样本”的平均数，用希腊字母 μ 表示“整个总体”的平均数。除非另有说明，否则假定本章中的数据集均为样本（而非总体）。

例 1 计算垃圾的平均磅数

“波纳罗音乐和艺术节”是每年在田纳西州曼彻斯特举办的为期 4 天的音乐节，组织者非常重视绿色环保，记录了自己在可持续发展方面做出的努力。假设在节日的第 1 天，5 个不同回收站收集的垃圾重量分别是 40, 42, 65, 51 和 55 磅，求平均垃圾磅数。

解： 为了计算平均数，将每个回收站收集的垃圾重量相加，然后除以 5，如下所示：

$$\bar{x} = \frac{\Sigma x}{n} = \frac{40+42+65+51+55}{5} = \frac{253}{5} = 50.6$$

由此可知，在节日的第 1 天，这 5 个回收站所收集垃圾重量的平均数是 50.6 磅。

自测题 4

对数据集“9, 12, 22, 6, 5, 15, 12, 25”执行以下计算：a）Σx；b）n；c）$\bar{x}$。

在平均数两侧，例 1 中的 5 个数据值保持均衡，如图 14.8 所示。可见，就像跷跷板上的孩子一样，“距离平均数（平衡点）较远的少量数字”将与“距离平均数较近的更多数字”保持均衡。

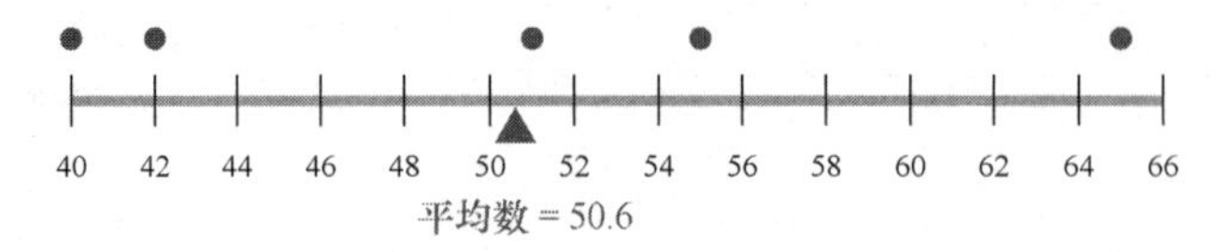

图 14.8　一组数据值在平均数位置保持均衡

人们常用平均数来比较数据或者观察趋势，例如查看这 5 个回收站在前一年节日期间的垃圾数量，或者将这个平均数与本年度节日（或其他活动）期间其他回收站的平均数进行比较。

在例 1 中，每个数据值仅出现 1 次。但是在很多数据集中，部分数据值会出现多次，此时可用频数表来计算平均数。

例 2　计算水温频数分布的平均数

鱼类近期大量死亡，美国环保署怀疑是某核电站排放热水所致。为调查该问题，环保署记录了电站下游某一点位的 30 天水温，得到了如图 14.9 所示的信息。该分布的水温平均数是多少？

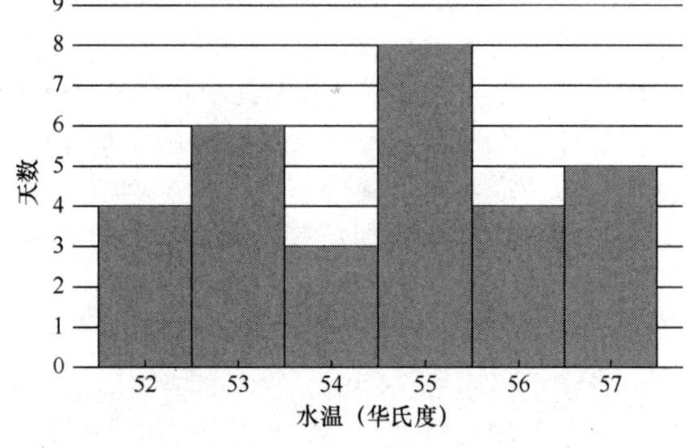

图 14.9　核电站下游的水温

解：由图 14.9 可知，52 在该数据中出现了 4 次，所以可用 $52 \cdot 4$ 替代 $52+52+52+52$。表 14.5 列出了水温及其频数的乘积。

表 14.5　水温分布中的数值数量和数据总和

水温（华氏度）x	频数 f	乘积 $x \cdot f$
52	4	$52 \cdot 4 = 208$
53	6	$53 \cdot 6 = 318$
54	3	$54 \cdot 3 = 162$
55	8	$55 \cdot 8 = 440$
56	4	$56 \cdot 4 = 224$
57	5	$57 \cdot 5 = 285$
合计	$\Sigma f = 30$	$\Sigma(x \cdot f) = 1637$

频数之和　　乘积之和

频数之和 Σf 与该分布中的数值总数 n 相同，$\Sigma(x \cdot f)$ 是该分布中的数据之和。因此，该分布的平均数为

$$\frac{\Sigma(x \cdot f)}{\Sigma f} = \frac{\text{数据之和}}{\text{数值数量}} = \frac{1637}{30} \approx 54.6\text{华氏度}$$

基于这些信息，环保署可能认定水并不太热，然后继续寻找造成鱼类死亡的其他原因。

如例 2 所述，计算频数分布的平均数时，必须先将各数据值乘以其频数，然后求和。

计算频数分布的平均数　我们用频数表来计算一个数据集的平均数，如下所示：

1. 将所有各值及其频数的乘积 $x \cdot f$ 写入表格的一个新列。

2. 用 $\Sigma(x \cdot f)$ 表示第 1 步中计算的乘积之和。
3. 用 Σf 表示频数之和。
4. 平均数为 $\dfrac{\Sigma(x \cdot f)}{\Sigma f}$。

建议 计算频数分布的平均数时，学生们偶尔会犯一种常见错误，即除以频数表第 1 列中的项数。这是不同数据值的数量，但不计数重复值。记住，一定要确保除以各频数之和。

自测题 5

某护理服务机构记录了 2 周内每天接到的电话数量，利用表 14.6 中的信息计算这段时间内的每天平均电话数量。

表 14.6 每天电话数量

电话数量，x	4	5	6	7	8	9	10
频数，f	1	4	1	2	3	2	1

用平均数来表示一个数据集中的平均值时，缺点之一是“一（或两）个极端数值可能会对平均数产生很大的影响”。

例 3 极端数值对平均数的影响

表 14.7 列出了最近 2 周内前 10 大社交媒体网站的独立访客估计数量。

a）独立访客数量的平均数是多少？

b）这是否意味着其为这些社交媒体网站的准确“平均”独立访客数量？

表 14.7 网站独立访客数量

排 序	访客（单位：百万人次）	排 序	访客（单位：百万人次）
1	1100	6	120
2	1000	7	110
3	310	8	100
4	255	9	85
5	250	10	80

解：a）将网站的访客人数相加，然后除以 10，即可得出平均数：

$$\bar{x} = \frac{1100+1000+310+255+250+120+110+100+85+80}{10} = 341\text{百万人次} = 3.41\text{亿人次}$$

b）下面回答第 2 个问题，可以看到其中 8 个网站的访客数量都低于平均数，而且不少网站的访客数量低了很多。因此，因为受到前 2 大社交媒体网站（访客数量超高）的影响极大，所以这个示例中的平均数无法给出这组数据中的准确“平均值”。

自测题 6

为了查看例 3 中前 2 大网站的效果，删除 2 个极端数值，然后重新计算平均数。（提示：网站数量现在是 8 而非 10。）

数据集中的极端数值称为异常值/离群值/极端值，分析数据时要确定如何对其进行处理。在自测题 6 中，可以看到“删除 2 个异常值”后的平均数变化。因此，除了平均数，你可能希望最好采用其他测度来描述数据。

描述一个数据集中间部分的测度称为中位数/中值。

计算中位数 如果按递增（或递减）顺序排列一组数据值，则中位数/中值是值列表中的中间值，但是需要考虑如下两种情形：

1. 如果值数量为奇数，则中位数是中间位置那个值。

2. 如果值数量为偶数，则中位数是 2 个中间值的平均数。

要点 中位数是一组数据的中间部分。

我们常用中位数来描述一组数据的中间部分，重要原因之一是想避免受到异常值的影响。

建议 求中位数时，常见错误之一是忘记按递增顺序排列各值。

当奥巴马竞选总统时，有些政治观察家认为他太年轻而不适合当总统。在例 4 中，我们将奥巴马的年龄与 20 和 21 世纪的其他总统进行比较。

例 4 求总统年龄的中位数

表 14.8 列出了 1901—2017 年期间就任总统的就职年龄，求该分布的年龄中位数，查看奥巴马的就职年龄与其他总统相比如何。

表 14.8 美国总统的就职年龄

老罗斯福	42	约翰逊	55
塔夫脱	51	尼克松	56
威尔逊	56	福特	61
哈丁	55	卡特	52
柯立芝	51	里根	69
胡佛	54	老布什	64
小罗斯福	51	克林顿	46
杜鲁门	60	小布什	54
艾森豪威尔	61	奥巴马	47
肯尼迪	43	特朗普	70

解：按递增顺序排列的年龄分布为

中位数位于 54 与 55 之间

42, 43, 46, 47, 51, 51, 51, 52, 54, 54, 55, 55, 56, 56, 60, 61, 61, 64, 69, 70

该分布中有 20 个标志值，所以中间标志值是第 10 个标志值和第 11 个标志值的平均数，即 54.5。奥巴马就任总统时的年龄远低于中位数，由此得出结论："相对而言，他上任时非常年轻"。

消费者保护机构经常对产品进行测试，查看其是否符合包装上规定的重量或体积。例 5 中将用中位数来评估包装信息的准确性。

例 5 用频数表求中位数

根据一位不满意顾客的提示，消费者保护署的代理人从多家超市购买了 50 盒特定品牌的牛奶，查看是否含有广告中宣称的 32 盎司牛奶，调查结果如表 14.9 所示。这个分布的中位数是多少？

表 14.9　50 盒牛奶的盎司数量

盎司数量，x	频数，f
27	8
28	5
29	12
30	16
31	9
	$\Sigma f = 50$

（27～29 行：这是 25 个标志值；30～31 行：这是 25 个标志值）

中位数位于第 25～26 个标志值之间

解：可以看到，由于表 14.9 中的 50 个标志值按升序排列，2 个中间标志值分别位于第 25 位和第 26 位。计数频数可知，第 25 个标志值是 29 盎司，第 26 个标志值是 30 盎司，所以该分布的中位数是 $(29+30)/2=29.5$。由于该中位数远低于广告中的 32 盎司，这种变化可能并非因为灌装容器的随机性，或许该牛奶的包装公司应当受到处罚。

现在尝试完成练习 01 ~ 08 和练习 13 ~ 16。

自测题 7

求表 14.10 中频数分布的中位数。

表 14.10　样本数据

x	72	86	91	95	100
频数，f	2	4	3	7	3

14.2.2　五数概括

中位数将全部数据一分为二。下面介绍四分位数的概念，顾名思义，四分位数将全部数据一分为四！与将比萨切成 4 等分的方式相比，四分位数的求解方式大致相同：首先将数据一分为二，然后求每半部分的中位数。

要点　五数概括描述了数据集中的数据项位置。

定义　五数概括/五数概括法

中位数将一个数据集分为两部分，中位数之下的数字集合称为下半部分，中位数之上的数字集合称为上半部分。下半部分的中位数称为第 1 四分位数，用 Q_1 表示；上半部分的中位数称为第 3 四分位数，用 Q_3 表示。一个数据集的五数概括由以下部分组成：

最小值，Q_1，中位数，Q_3，最大值

虽然并不常见，但是中位数仍可称为 Q_2。对于用 3 个数将数据划分为 4 部分（四分位数），没有必要感到困惑，假设要将下面的线段剪为 4 部分，需要剪几下？当然是 3 下啦！

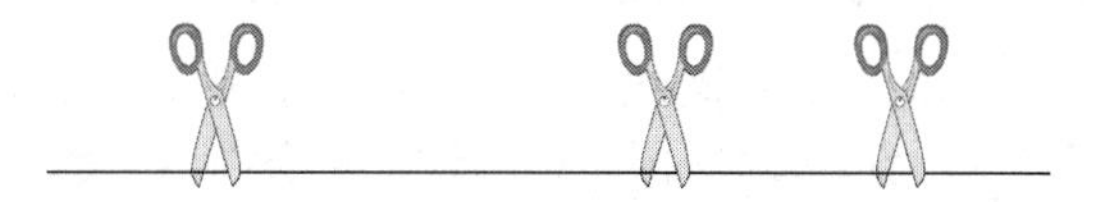

五数概括是描述一组数据的一种有效方法，如例 6 所述。

例 6　求总统年龄的五数概括

考虑例 4 中的总统年龄列表：

42, 43, 46, 47, 51, 51, 51, 52, 54, 54, 55, 55, 56, 56, 60, 61, 61, 64, 69, 70

求这个数据集的以下内容：a）下半部分和上半部分；b）第 1 四分位数和第 3 四分位数；c）五数概括。

解：回顾本书前文所述的三法原则。

考虑如下图表有助于理解题目：

$$42, 43, 46, 47, \underbrace{51, 51, 51, 52, 54, 54}_{}, 55, 55, 56, 56, 60, 61, 61, 64, 69, 70$$

42, 43, 46, 47, (51, 51), 51, 52, 54, 54, 55, 55, 56, 56, (60, 61), 61, 64, 69, 70

下半部分　　　　上半部分

a）因为中位数位于列表中的第 10 个位置和 11 个位置之间，所以下半部分是 42, 43, 46, 47, 51, 51, 51, 52, 54, 54，上半部分是 55, 55, 56, 56, 60, 61, 61, 64, 69, 70。

b）第 1 四分位数是下半部分的中位数，即 51 和 51（带圆圈者）的平均数，所以 $Q_1 = 51$。第 3 四分位数是上半部分的中位数，即 60 和 61（带圆圈者）的平均数，所以 $Q_3 = 60.5$。

c）这个数据集的五数概括为 42, 51, 54.5, 60.5, 70。

到目前为止，14.2 节讨论的工具是数值描述工具，即用于描述数据的数值测度。我们用五数概括创建了称为盒须图/箱线图/箱形图的一种图形，它类似于一种混合工具，在图形表达中纳入了数值测度。

构建盒须图

1. 确定五数概括的各个值。
2. 从最小值到最大值，画一条横轴。
3. 从 Q_1 到 Q_3，在横轴上画一个矩形框。框的高度不重要。
4. 在矩形框中的中位数位置，画一条垂线（注意其可能不位于框中心）。
5. 从框（四分位数）的左右边缘，绘制向最小值和最大值延伸的 2 条水平线，这些是“胡须”。

例如，在例 6 中，总统年龄的五数概括是 42, 51, 54.5, 60.5, 70，盒须图如图 14.10 所示。

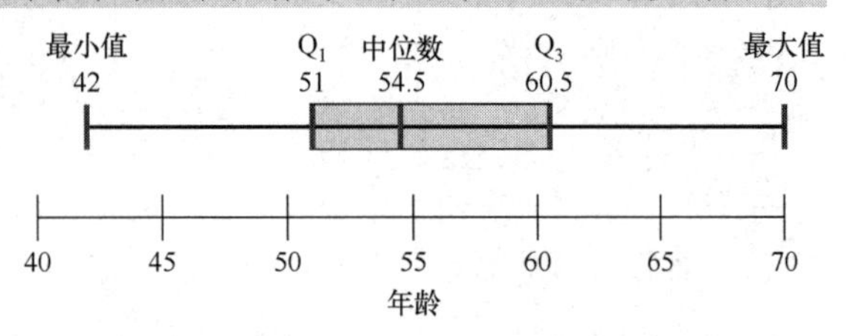

图 14.10　部分总统就职年龄盒须图

从盒须图中，我们可以获知大量信息。矩形框的长度称为四分位距/四分差/四分位差，给出了数据中间部位 50%的分布。我们将在下一节中讨论极差/位距概念，但你可将四分位距视为提供“数据中间半个部分的分布数量”。注意，在如图 14.10 所示的盒须图中，中位数并不位于矩形框的正中间！这种情况并不罕见，同样提供了一种有用信息，即中间部分的 50%数据不对称（或不均衡）。与 Q_3 相比，中位数年龄（54.5 岁）更接近于 Q_1。

在该盒须图中，“胡须”也给出了大量信息。注意观察左侧的胡须，其分布在数据下部 1/4 处，长度几乎与右侧的胡须相同，说明该数据“上部 1/4 的分布”与“下部 1/4 的分布”有些相似。

自测题 8

a）求例 3 中列出的独立访客数量的五数概括；b）用盒须图表示 a）问中的五数概括。

在一个数据集中，我们经常想要知道哪个数据值最常出现，例如时装设计师可能想要知道最常见的服装尺寸，汽车制造商可能对美国司机的最常见身高感兴趣。众数是描述一个数据集中最普遍存在值的一种易查找测度。

要点　众数是一个数据集中最频繁出现的值。

计算众数　在一个数据集中，众数是最频繁出现的数据值。一个数据集可能包含多个众数。如果没有一个值比其他值更频繁出现，则该数据集“没有众数”。

例 7　求数据集的众数

求下列每个数据集的众数：

a）{2, 1, 6, 9, 6, 11}；b）{4, 6, 2, 8, 6, 9, 4, 3}；c）{2, 1, 5, 6, 8}；d）{A, B, B, C, D, F}。

解：a）众数是 6，因为其出现了 2 次（只有它如此）；b）众数是 4 和 6；c）没有众数（每个值只出现 1 次）；d）众数是 B。

众数的一种重要特征是可用于计算定性数据［如例 7 中的 d）问］，我们可以讨论定性数据的众数，如眼睛颜色、政治派别或大学专业。中位数和平均数都不适用于此类数据。

14.2.3 集中趋势的测度对比

对于一组数据而言，平均数、中位数和众数通常是不相同的。因此，在展现一种数据概括时，你可能希望强调两种测度中的一种。

例 8 哪种集中趋势的测度最佳？

假设你正代表工会与梦龙工业公司进行合同谈判。为准备下一轮谈判会议，你收集了工人的年薪数据，发现其中 3 名工人的年薪是 30000 美元，5 名工人的年薪是 32000 美元，3 名工人的年薪是 44000 美元，1 名工人的年薪是 50000 美元。在谈判会议中，你应强调哪种集中趋势的测度？

解：你想让工资看起来尽可能低，因此应当选择最小的集中趋势的测度。表 14.11 列出了工人年薪的频数分布。

表 14.11 梦龙工业公司的工人年薪分布

年薪（单位：千美元），x	30	32	44	50
频数，f	3	5	3	1

由表 14.11 可见，众数是 32000 美元。由于年薪数据共有 12 个，为了求得中位数，查看位置 6 和 7，二者均包含 32000 美元。因此，中位数年薪也是 32000 美元。

利用表 14.11，计算平均数如下：

$$\overline{x}=\frac{\Sigma(x\cdot f)}{\Sigma f}=\frac{30\cdot3+32\cdot5+44\cdot3+50\cdot1}{12}=\frac{432}{12}=36$$

因此，平均数是 36000 美元。提出 32000 美元的中位数（或众数）对工会有利，但是公司管理层无疑会声称“36000 美元的平均数是平均年薪”。

现在尝试完成练习 21 ~ 28。

描述数据时，哪种测度（平均数、中位数或众数）最适合？回答这个问题并不简单，这 3 种测度通常不一样，你需要根据如何概括数据来确定。

如果正在考虑平均数，则要记住分布中的个别极端值（1 或 2 个）对平均数有不良影响。因此，在奥运会滑冰比赛中，最高分和最低分都会被去掉。如果一个数据集中包含几个异常值，则最好在计算平均数前将其忽略掉。

在一个分布中，如果各标志值在平均数两侧呈对称性平衡，则平均数、中位数和众数（假设只有 1 个众数）均相同。但是，有些分布高度不对称，因此平均数的一侧可能有许多较小的标志值，另一侧则可能存在少数较大的标志值。在这种情况下，平均数并非该数据中心的最佳测度。因此，获悉家庭平均收入或新房平均成本时，我们通常采用中位数（而非平均数）。“指定正在使用哪种测度”始终非常重要。

众数强调哪些标志值最频繁出现。例如，如果一家鞋店主要销售 9 码和 11 码的鞋子，则在报告中说“所售鞋子的平均尺码是 10 码”没有意义。

除了描述一个数据集的中心，理解各数据值如何分布也很重要。下一节将计算测度数据分布的数字，以便更好地理解一个分布。

生活中的数学——透过现象看本质

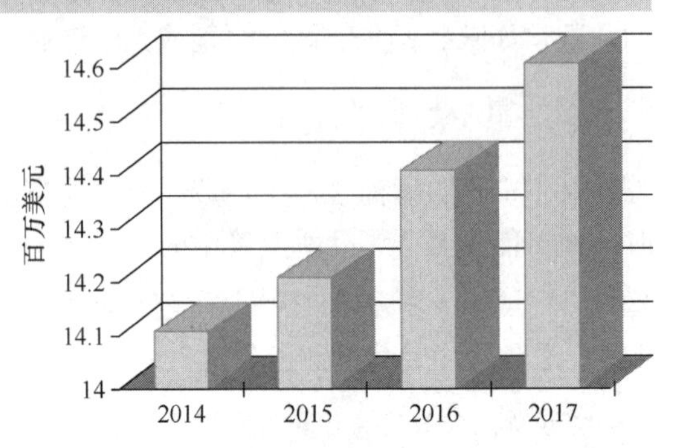

若干年前，笔者参加了一次由本地一位州代表组织的城镇会议。随着演示文稿渐次展开，我意识到幻灯片演示文稿经过了精心制作，主要目标是为了吸引观众中的大量老年人。他指着与右图相似的一张图表，指出为了推动政府降低税收，他始终关注着高等教育预算近几年的快速增长。

这张图表对你有什么困扰吗？应当存在。注意观察高等教育预算的这一特定增长，3 年增长了 50 万美元，相当于每年平均增长不到 1.2%。此外，纵轴上的标注呈浅灰色，且起点为 14（百万美元），使人很难看到数据全貌，并且导致图表呈现出快速增长的表象。为了争取更多高等教育拨款，你应当如何向州立法机关提交这些相同的数据？作为信息的聪明消费者，请始终知晓“有人可能会通过特定的数据展示方式对你进行误导”。

练习 14.2

强化技能

求以下分布的平均数、中位数和众数。

01. 4, 6, 8, 3, 9, 11, 4, 7, 5。

02. 8, 9, 4, 2, 10, 5, 5, 3, 3。

03. 4, 6, 4, 6, 7, 9, 3, 9, 10, 11。

04. 12, 11, 7, 9, 8, 6, 4, 5, 10, 1。

05. 7, 3, 1, 5, 8, 6, 2, 5, 9, 4。

06. 12, 4, 4, 8, 4, 7, 9, 8, 7, 7。

07. 7, 8, 6, 5, 7, 10, 2, 7, 9, 5, 8, 8, 10, 9, 6, 5, 10, 7, 9, 8。

08. 8, 8, 6, 6, 7, 10, 4, 7, 9, 5, 9, 8, 10, 10, 6, 5, 10, 8, 9, 8。

在练习 09 ~ 12 中，利用给定的图表，求该分布的平均数、中位数和众数。

09.

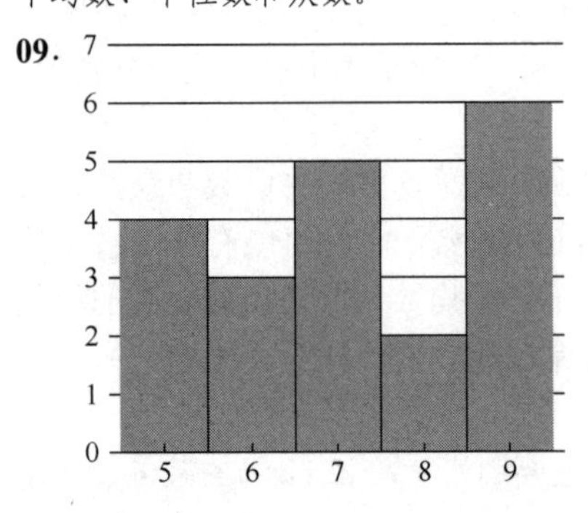

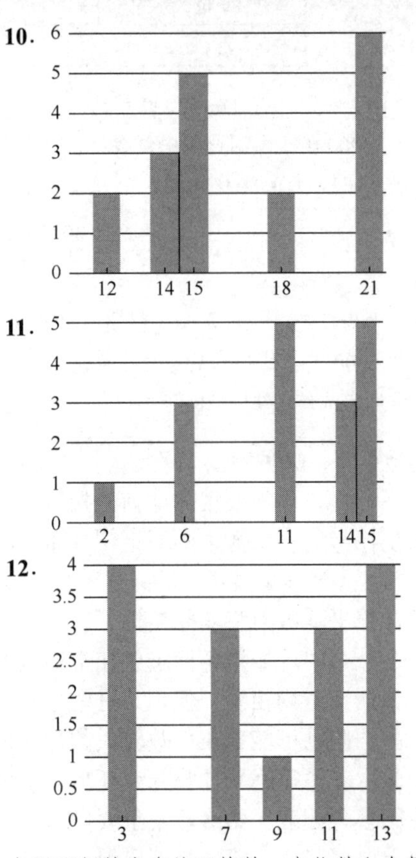

求以下频数分布的平均数、中位数和众数。

13.

x	f
3	2
4	5
6	3
7	1
8	4
10	3
11	2

14.

x	f
2	3
5	2
7	3
8	2
9	1
10	5
11	2

15.

x	f
5	1
8	3
11	6
12	2
14	5
15	4
18	3

16.

x	f
3	5
6	2
8	8
11	3
15	6
17	2
23	1

在练习 17 ~ 20 中，a）给出该分布的五数概括；b）绘制盒须图。

17. 11, 23, 25, 17, 26, 31, 45, 18, 41, 26, 31, 33, 48, 44, 53。

18. 21, 24, 15, 45, 18, 31, 26, 41, 23, 18, 44, 27, 36, 21, 43。

19. 31, 25, 41, 33, 28, 34, 37, 41, 33, 29, 49, 32, 38, 45, 30。

20. 13, 24, 27, 45, 32, 29, 28, 39, 25, 21, 37, 36, 42, 34, 49。

学以致用

在练习 21 ~ 28 中，求每个数据集的平均数、中位数和众数。在每种情况下，解释你认为哪种测度可最佳描述该分布中的一个典型值。

21. Facebook 使用情况。对于每周访问 Facebook 的次数问题，一组 20 名学生的回答如下：6, 20, 9, 18, 17, 25, 20, 4, 22, 25, 13, 5, 6, 9, 13, 23, 20, 13, 18, 14。

22. 真正的朋友。一个学期后，对于大学里结识了多少新朋友（非 Facebook），一组 15 名大一新生的回答结果如下：11, 9, 6, 9, 11, 7, 12, 13, 7, 14, 6, 11, 13, 9, 7。

23. 大学曲棍球。2005——2019 年，在曲棍球锦标赛甲组中，两支球队的总进球数如下表所示。

比赛场次	总进球数
弗吉尼亚 vs. 耶鲁	22
耶鲁 vs. 杜克	24
马里兰 vs. 俄亥俄州立	15
北卡罗来纳 vs. 马里兰	27
丹佛 vs. 马里兰	15
杜克 vs. 诺特丹	20
杜克 vs. 雪城	26
马里兰洛约拉 vs. 马里兰	12
弗吉尼亚 vs. 马里兰	16
杜克 vs. 诺特丹	11
雪城 vs. 康奈尔	19
雪城 vs. 约翰·霍普金斯	23
约翰·霍普金斯 vs. 杜克	23
弗吉尼亚 vs. 马萨诸塞	22
约翰·霍普金斯 vs. 杜克	17

24. 美国职业棒球大联盟的工资总支出。2019 年美国职业棒球大联盟工资总支出位居前 10 名的球队如下。

球　队	工资总支出（单位：百万美元）
波士顿红袜队	229
芝加哥小熊队	222
休斯敦太空人队	169
洛杉矶天使队	161
洛杉矶道奇队	207
纽约洋基队	223
费城费城人队	160
旧金山巨人队	179
圣路易斯红雀队	174
华盛顿国民队	172

25. 票房总收入。2019 年，票房总收入位居前 10 名的电影如下。

电影片名	票房总收入（单位：百万美元）
阿拉丁	355.6
复仇者联盟 4：终局之战	858.4
惊奇队长	426.8
冰雪奇缘 2	430.1
小丑回魂 2	211.6
小丑	333.8
蜘蛛侠：英雄远征	390.5
星球大战 9：天行者崛起	390.7
狮子王	543.6
玩具总动员 4	434.0

26. **总统行使否决权**。下表汇总了部分美国总统行使否决权（包括搁置否决权）的数量。

总　统	行使否决权数量
小罗斯福	635
杜鲁门	250
艾森豪威尔	181
肯尼迪	21
约翰逊	30
尼克松	43
福特	66
卡特	31
里根	78
老布什	44
克林顿	37
小布什	12
奥巴马	12

27. **健身俱乐部使用**。对 28 名会员最近 1 个月的到访天数，一家本地健身俱乐部进行了一项调查，结果如下：4, 8, 7, 9, 18, 6, 7, 5, 5, 15, 8, 11, 12, 8, 17, 7, 14, 5, 4, 16, 10, 13, 17, 7, 18, 17, 8, 6。

28. **国家公园**。2019 年，游客人数最多的前 10 大国家公园如下表所示。

国家公园	游客人数（单位：百万人）
阿卡迪亚	3.4
冰川	3.0
大峡谷	6.0
大提顿	3.4
大烟山	12.5
奥林匹克	3.2
洛基山	4.7
黄石	4.0
约塞米蒂	4.4
锡安	4.5

许多大学的数值型分数与绩等的关系如下：A-4, B-3, C-2, D-1, F-0。然后，将每门课程的学分数乘以其数值型等级，对这些乘积求和，再除以总学分数，即可计算出平均学分绩点（GPA）。例如，如果历史课程（3 学分）的成绩是 A，健身课程（2 学分）的成绩是 D，则平均学分绩点是 $\frac{3\times4+2\times1}{3+2}=\frac{14}{5}=2.8$。

在练习 29 ~ 30 中，用此方法计算每个学期成绩报告的平均学分绩点（GPA）。

29.

课　程	学　分	绩　等
英语	3	A
演讲	2	B
数学	3	A
历史	3	F
物理	4	B

30.

课　程	学　分	绩　等
哲学	3	C
健康	2	A
数学	3	B
心理学	3	D
音乐	1	B

31. **考试分数**。在前 2 次考试中，伊兹分别得了 84 分和 86 分，且相信自己在期末考试中表现足够好，完全可将总平均成绩保持为 B。但是，当拿到绩等时，他发现自己的成绩是 D。与导师沟通并核对后发现，导师录期末成绩时出现了差错，弄反了 2 个数字的顺序。如果伊兹该课程的错误平均分（平均数）是 69，则其期末考试的正确分数是多少？

32. **工作时间**。在最近 4 周内，拉斐尔的平均工作时间是 38.75 小时。如果他本周工作 42 小时，则其在 5 周内的平均工作时间是多少小时？

33. **里程额定值**。美国环保署（EPA）确定了 58 款外国汽车的每加仑英里数（MPG），参见如下频数表。求这些数据的平均数、中位数和众数。

练习 33～34 用表

英里/加仑（MPG）	19	20	21	22	23	24	25	26	27	28	29	30
频　数	2	5	3	5	4	8	8	6	3	5	7	2

34. **里程额定值**。劳斯莱斯和捷豹 XJ12 的额定里程是 11 英里/加仑，假设这个新标志值的频数是 2，且包含在练习 33 的表格中。该分布的新平均数、中位数和众数是多少？

35. **考试分数**。假设在电影史课程中，你的历次考试成绩分别是 78, 82, 56 和 72 分，且只剩下最后 1 次考试。**a**. 如果平均分是 70 分才能得 C，则最后 1 次考试必须得多少分？**b**. 如果平均分是 80 分才能得 B，则最后 1 次考试必须得多少分？

36．考试分数。假设在变态心理学课程中，你的历次考试成绩分别是 74, 81, 56 和 70 分，且只剩下最后 1 次考试。**a**．如果平均分是 70 分才能得 C，则最后 1 次考试你必须得多少分？**b**．如果平均分是 80 分才能得 B，则最后 1 次考试你必须得多少分？

信用卡公司通常按如下方式计算你账户中的日均余额（见 8.3 节）：如果从某月（共 31 天）的第 1 天开始，你的账户余额为 100 美元，然后第 5 天支出 50 美元，第 27 天支出 20 美元，则他们会说在第 1, 2, 3 和 4 天，你欠了 100 美元；在第 5, 6, 7,…, 25 和 26 天，你欠了 150 美元；在第 27, 28, 29, 30 和 31 天，你欠了 170 美元。因此，为了计算日均余额，他们应当会计算如下：

$$\frac{4\cdot 100+22\cdot 150+5\cdot 170}{31}=\frac{4550}{31}=146.77\text{美元}$$

用这种方法回答练习 37 ~ 38。

37．信用卡余额。假设你某月（共 31 天）的信用卡初始余额是 50 美元，然后当月 10 日支出 75 美元，当月 25 日支出 120 美元，你该月的信用卡日均余额是多少？

38．信用卡余额。假设你某月（共 31 天）的信用卡初始余额是 80 美元，然后当月 5 日支出 60 美元，当月 20 日支出 100 美元，你该月的信用卡日均余额是多少？

39．绘制盒须图。显示 14.1 节例 6 中两个给定时间段内本垒打数量的分布情况。

40． 在考虑练习 39 的答案时，在茎叶图和盒须图之间，哪种图能够更好地表达本垒打信息？

绘制盒须图，展示练习 41 ~ 42 图表中的数据，评论任何有趣的特征。

41．

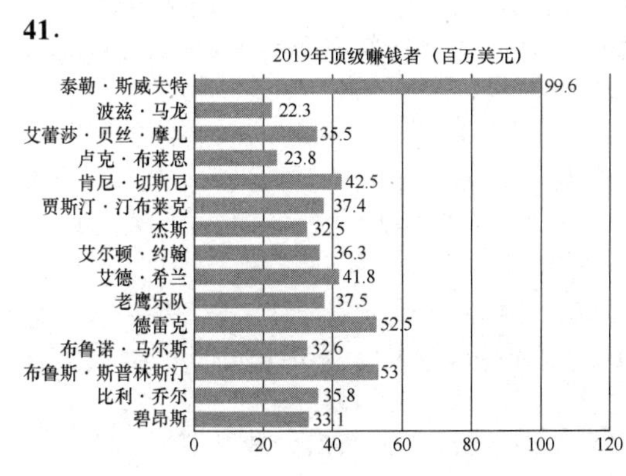

42．

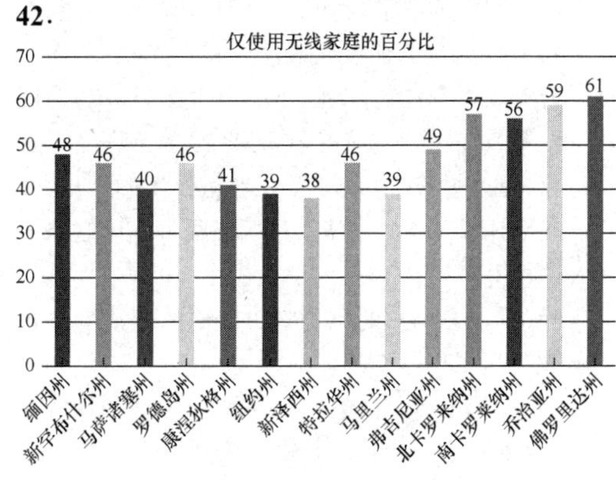

对于不同专业毕业生的起薪，某高校就业办公室进行了对比研究。利用以下盒须图（描述商务、教育、工程和人文的起薪），回答练习 43 ~ 48。

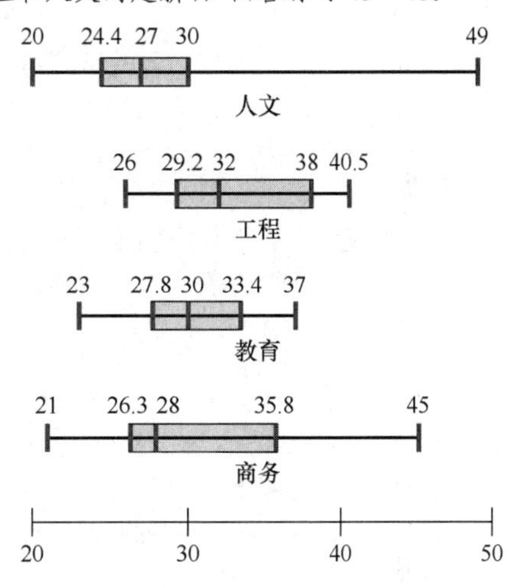

43．大学毕业生薪水。一般而言，哪个专业的薪水最低？

44．大学毕业生薪水。某学生希望获得 32000 美元或更高的起薪，哪个专业可提供实现该目标的最佳机会？

45．大学毕业生薪水。在教育和商务中，哪个专业的中位数薪水较高？这是否意味着教育专业的薪水普遍高于商务专业？解释理由。

46．大学毕业生薪水。在人文专业盒须图中，长须的含义是什么？

47．大学毕业生薪水。在工程专业盒须图中，短须的含义是什么？

48．大学毕业生薪水。尝试描述可能导致学生误解这些图中所含信息的具体情形。

数学交流

49． Σx 和 $\Sigma x\cdot f$ 的区别是什么？

50．盒须图中的五数是什么？在盒须图中，“盒”代表什么？“须”代表什么？

51．给出 3 个单独的实例，使“平均数、中位数或众数”是一个分布中平均值的适当测度。解释“给定情况下该测度应当适合”的理由。

52．在下列说法中，你认为采用了哪种集中趋势的测度？

“我听说在周六的比赛中，金熊队每次持球进攻距离平均是 7 码。”

“我观看了篮球队的全部比赛，甘纳平均每场得 21 分。”

“新房的平均售价是 278000 美元。”

“普通新车的价格区间为 24000～28000 美元。”

生活中的数学

53．**操纵数据**。选择一些可能涉及美国政治话题的数据集，如通货膨胀、失业和税收等。采用两种不同图表对数据进行展示，一种图表弱化数据趋势，另一种图表夸大数据趋势。

54．**分析误导性图表**。从媒体或网络上找到一张似乎能够产生误导性的图表，具体描述该图表的哪些特征可能具有误导性。

挑战自我

55．**超级碗**。许多人批评超级碗比赛不吸引人，因为比赛双方并不是势均力敌的。利用你在本章中学到的方法和 1967 年以来每场超级碗比赛的分差数据，支持或反对这一说法。

56．对虚拟棒球爱好者而言，当为自己喜爱的球队挑选球员时，往往喜欢比较不同球员的统计数据。例如，你可能喜欢比较红袜队的克里斯•赛尔和国民队的马克斯•谢尔泽。选择 2 名球员，利用本节中介绍的方法进行比较。

57．假设一个分布中包含 9 个标志值，数值区间为 1～10。可能的话，给出以下各项的示例。如果认为无法给出该分布，请解释理由。**a**．平均数、中位数和众数均为 5 的分布；**b**．中位数是 3 且平均数是 5 的分布；**c**．中位数是 5 且平均数小于 5 的分布。

58．假设一个分布中包含 9 个标志值，数值区间为 1～10。可能的话，给出以下各项的示例。如果认为无法给出该分布，请解释理由。**a**．平均数是 5、中位数是 4 且众数是 2 的分布；**b**．平均数是 3 且中位数是 5 的分布；**c**．平均数是 5 且中位数小于 5 的分布。

如果可能，举例说明具有练习 59 ~ 62 中指定属性的数据集（数字集合）。

59．平均数、中位数和众数均相同。

60．平均数、中位数和众数均不相同。

61．平均数大于中位数。

62．中位数大于平均数。

63．假设分布 X 和 Y 的平均数分别为 $\bar{x}$ 和 $\bar{y}$ 。若将 X 和 Y 组合成一个分布，新分布的平均数是 $\bar{x}+\bar{y}$ 吗？

64．假设分布 X 和 Y 的中位数分别为 a 和 b 。若将 X 和 Y 组合成一个分布，新分布的中位数是 $a+b$ 吗？

65．给出包含 2 个分布的一个示例，二者具有相同的平均数、中位数和众数。在其中的一个分布中，数据值应当较为密集；在另一个分布中，数据值应当较为分散。

14.3 离散趋势的测度

你是一名心脏外科医生，面对 2 块心脏起搏器电池，你必须从中选一。因为电池出现故障后必须更换，所以选用寿命更长的电池非常重要。假设电池 A 的平均使用寿命是 45000 小时（略多于 5 年），电池 B 的平均使用寿命是 46000 小时。

表面上看，你似乎应当选择电池 B。但是，假设你从电池检测结果获悉，电池 A 的使用寿命均在平均数的 500 小时范围内，但是电池 B 的使用寿命变化区间很大，部分寿命实际比平均数低 2500 小时。因此，电池 B 的寿命可能低至 46000 − 2500 = 43500 小时，电池 A 的寿命则从未低于 44500 小时。基于此信息，电池 A 似乎是更好的选择。

这个例子的主要结论是：虽然平均数和中位数可以表达与分布相关的部分信息，但无法说明全部情况。例如，以下 2 个分布的平均数和中位数都是 25，但与 X 相比，Y 中各值的分散度更高：

X: 24, 25, 25, 25, 25, 26　　　　Y: 1, 2, 3, 47, 48, 49

从这些示例可以清楚地看出，我们需要开发一些方法来测度“分布的分散度”。

14.3.1 数据集的极差

从心脏起搏器电池的讨论中可以清楚地看出“数据集的离散趋势（或分散度）的数字化测度”能够提供有用信息。要描述一组数据的分散度，一种简单方法是用最大数据值减去最小数据值。

要点 极差是对数据集分散度的粗略测度。

定义 极差/范围是数据集中最大数据值与最小数据值的差值。

例 1 身高比较

求表 14.12 中所列人员的身高极差。

表 14.12 身高（单位：英尺和英寸）

人员	身高	身高（单位：英寸）
罗伯特·瓦德罗（世界上最高的人）	8 英尺，11 英寸	107 英寸
乔·伯罗	6 英尺，3 英寸	75 英寸
波林·马斯特斯（世界上最矮的女人）	2 英尺，0 英寸	24 英寸
勒布朗·詹姆斯	6 英尺，9 英寸	81 英寸

解：这些数据的极差为

$$极差=最大数值-最小数值=107-24=83英寸=6英尺11英寸$$

历史回顾——统计学的起源

出于对可怕黑死病的恐惧，国王亨利七世从 1532 年开始出版每周死亡清单。商人约翰·格朗特特别关注这些报告，仔细研究了由事故、自杀和疾病所致死亡的规律，并得出结论“社会现象并不会随机发生”。在论文《基于死亡清单的自然和政治观察》中，他发表了自己的观察结果。国王查理二世对格朗特的工作印象深刻，虽然他的学历不高，但是仍然提名他加入了伦敦皇家学会。

在一篇题为《基于布列斯劳市的奇怪出生和死亡表格，评估人类死亡程度并尝试确定终身年金价格》的论文中，英国著名天文学家埃德蒙·哈雷延续了格朗特的工作。通过研究预期寿命数学，哈雷帮助奠定了精算学（保险公司用其确定保费）的基础。

一般而言，因为可能受到单个异常值的影响，极差并非一个分布中分散度的有用测度。例如，分布“2, 2, 2, 2, 3, 4, 100”的极差是 $100-2=98$，但其并不能表达关于该数据集的太多信息。

14.3.2 标准差

计算数据分散度的一种更好方法是标准差，这种测度基于“每个”数据值与平均数之间的距离计算。

要点 标准差是离散趋势的一种可靠测度。

定义 如果 x 是平均数为 $\bar{x}$ 的集合中的一个数据值，则 $x-\bar{x}$ 称为 x 与平均数的离均差/离差。

为了说明与平均数的离均差，考虑平均数是 17 的分布 A：16, 14, 12, 21, 22。表 14.13 中列出了每个数据值与平均数的离均差。在表 14.13 中，“通过平均与平均数的各个离均差测度 A 中的分散度”看

表 14.13 分布 A 中数据值与平均数的离均差

数据值，x	与平均数的离均差，$x-\bar{x}$
16	−1
14	−3
12	−5
21	4
22	5
合计	0

似合理，但其实根本行不通。由图 14.11 可知，对于“与平均数存在正离均差”的高于平均数的各标志值而言，必定存在“与平均数存在负离均差”的低于平均数的标志值。将正离均差和负离均差相加时，它们会相互抵消，从而使总离均差为 0。

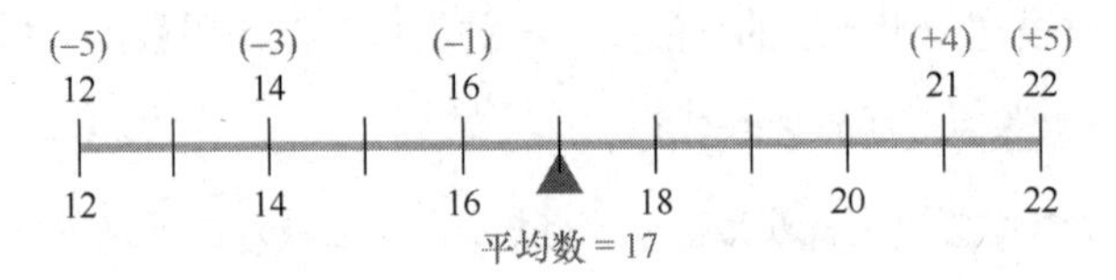

图 14.11　与平均数有正负离均差的各值必须在平均数两侧保持平衡

为了避免发生这种抵消，我们对每个离均差进行平方处理，如表 14.14 所示。

表 14.14　分布 A 中与平均数的离均差的平方

数据值，x	与平均数的离均差，$x-\overline{x}$	离均差的平方，$(x-\overline{x})^2$
16	−1	1
14	−3	9
12	−5	25
21	4	16
22	5	25

现在，如果对这些“离均差的平方”进行平均［注：对样本（相对于总体）进行这种计算时，统计学家会除以 $n-1$（而非 n），这样做的技术原因超出了本文的讨论范围；对总体进行这种计算时，我们将除以 n（而非 $n-1$）］，则可得到

$$\frac{1+9+25+16+25}{5-1}=\frac{76}{4}=19$$

这个数字明显太大了，无法表示各标志值与平均数的分散度。为了补偿“计算过程中对离均差进行平方”的事实，确保统计数据采用原始单位，我们取这个数字的平方根，结果为 $\sqrt{19}\approx 4.36$。这个数字是测度各标志值偏离平均数的一种更合理方式。我们刚才计算的这个量称为标准差。

定义　我们用 s 表示 n 个数据值样本的标准差，并定义如下：

$$s=\sqrt{\frac{\Sigma(x-\overline{x})^2}{n-1}}$$

注意：我们用 σ（而非 s）表示总体的标准差，并采用计算公式 $\sigma=\sqrt{\frac{\Sigma(x-\mu)^2}{n}}$。

标准差的计算可分为 4 个步骤。

计算标准差　为了计算由 n 个数据值组成的一个样本的标准差，可执行以下操作。

1. 计算该数据集的平均数 $\overline{x}$。
2. 对该数据集中的每个标志值 x 计算 $(x-\overline{x})^2$。
3. 将第 2 步中的各个平方值相加，然后将总和除以 $n-1$，求得方差如下：

$$\frac{\Sigma(x-\overline{x})^2}{n-1}$$

4. 计算第 3 步中求得数字的平方根。

例 2　计算飞机飞行成本的标准差

安排春假时，假设你去奥比茨网站查找从费城到奥兰多的最便宜航班，并找到以下价格：195 美元，213 美元，208 美元，219 美元，210 美元，215 美元。求这个数据集的标准差。

解：第 1 步：求平均数，结果为

$$\frac{195+213+208+219+210+215}{6}=\frac{1260}{6}=210$$

第 2 步：计算各数据值与平均数的离均差的平方，如表 14.15 所示。

表 14.15　求各离均差的平方和

价格，x	与平均数的离均差，$x-\overline{x}$	离均差的平方，$(x-\overline{x})^2$
195	$195-210=-15$	$(-15)^2=225$
213	$213-210=3$	$3^2=9$
208	$208-210=-2$	$(-2)^2=4$
219	$219-210=9$	$9^2=81$
210	$210-210=0$	$0^2=0$
215	$215-210=5$	$5^2=25$
		$\Sigma(x-\overline{x})^2=344$

第 3 步：求这些离均差的平方和的平均数，得到

$$\frac{225+9+4+81+0+25}{6-1}=\frac{344}{5}=68.8$$

第 4 步：取第 3 步中结果的平方根，得到标准差 $s=\sqrt{68.8}\approx 8.29$。

现在尝试完成练习 01 ~ 10。

自测题 9

求以下数据值样本的标准差：3, 4, 5, 6, 4, 2, 0, 8, 4。

建议　求标准差时，需要避免两种常见错误。首先，确保表 14.15 第 3 列中的离均差平方是正值！其次，按照正确顺序执行计算。一定要在第 3 步求和之前对表 14.15 中的各离均差求平方。

例 3 中将利用频数表计算一个分布的标准差。

例 3　用频数表计算标准差

安雅正在考虑投资 APPeal，这是一家专业从事智能手机应用的软件公司。为了测度该公司股价的近期稳定程度，她准备计算其标准差。该公司股票最近 20 个交易日的收盘价如下：37, 39, 39, 40, 40, 38, 38, 39, 40, 41, 41, 39, 41, 42, 42, 44, 39, 40, 40, 41。这个数据集的标准差是多少？

解：回顾本书前文所述的系统化策略。

由表 14.16 可知，20 个收盘价之和是 800，所以平均数是 $800/20=40$。我们在表中添加了多列，分别对应于“与平均数的离均差”和“这些离均差的平方”等。

计算标准差时，必须将“每个价格与平均数的离均差的平方”乘以其频数。标有“乘积，$(x-40)^2\cdot f$”的列中列出了这些乘积，且在该列底部显示了这些乘积之和。

表 14.16　计算 APPeal 股票收盘价的标准差

收盘价，x	频数，f	乘积，$x \cdot f$	离均差，$(x-40)$	离均差的平方，$(x-40)^2$	乘积，$(x-40)^2 \cdot f$
37	1	37	−3	9	9
38	2	76	−2	4	8
39	5	195	−1	1	5
40	5	200	0	0	0
41	4	164	1	1	4
42	2	84	2	4	8
44	1	44	4	16	16
	$\Sigma f = 20$	$\Sigma(x \cdot f) = 800$			$\Sigma(x-40)^2 \cdot f = 50$

现在可以计算标准差了。记住，Σf 是我们一直用 n 表示的数据值数量，因此标准差为

$$s = \sqrt{\frac{\Sigma(x-40)^2 \cdot f}{n-1}} = \sqrt{\frac{50}{19}} \approx 1.62$$

这个标准差相对较小，说明 APPeal 股票的近期收盘价变化不大。如果安雅是一位稳健的投资者，就会发现 APPeal 的股价稳定性很有吸引力。

现在尝试完成练习 11 ~ 16。

自测题 10

例 3 中的投资者还收集了 WebRanger（互联网软件公司）股票的收盘价，并将其列在表 14.17 中。该股票的平均收盘价是 42，求这个分布的标准差。

表 14.17　WebRanger 股票近 20 个交易日的收盘价

收盘价，x	频数，f	收盘价，x	频数，f
36	2	41	3
37	0	42	0
38	0	43	1
39	3	44	5
40	1	45	5

下面的公式总结了标准差的计算方法。

频数分布样本标准差的计算公式　计算作为频数分布给出样本的标准差 s 时，计算方法为

$$s = \sqrt{\frac{\Sigma(x-\overline{x})^2 \cdot f}{n-1}}$$

式中，$\overline{x}$ 是分布的平均数，f 是数据值 x 的频数，$n = \Sigma f$ 是分布中各数据值的数量。

如前所述，标准差描述了一个分布的分散度。在图 14.12 中，所有 3 种分布的平均数和中位数都是 5，但是随着分布分散度的增大，标准差也随之增大。

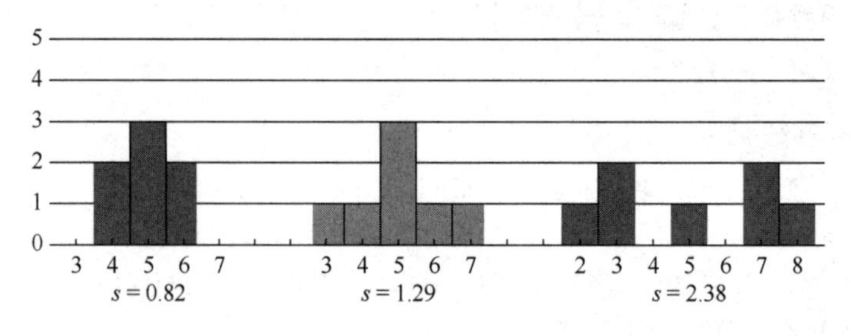

图 14.12　随着分布分散度的增大，标准差也随之增大

14.3.3　离散系数

例 3 中用到了一组数据的标准差。如果用标准差来比较两组数据，则两组数据必须相似，

且具有可比较的平均数。下面的情形说明了具体原因。

要点 我们用离散系数来比较不同数据集的标准差。

假设正在比较 2 组人群的体重，发现第 1 组的标准差是 3 磅，第 2 组的标准差是 10 磅。此时是否能说第 1 组比第 2 组的体重更均匀？在回答这个问题前，让我们多了解一些信息。第 1 组由学龄前儿童组成，第 2 组由全美橄榄球联盟前锋组成。显然，相对而言，与橄榄球运动员组（平均体重为 300 磅）的标准差 10 相比，学龄前儿童组（平均体重为 30 磅）的标准差 3 更重要。为了有效利用标准差来比较不同的数据集，必须先使数字具有可比性，我们通过求计算离散系数来实现这一点。

定义 对于一组平均数为 $\bar{x}$ 且标准差为 s 的样本数据，我们将其离散系数 CV 定义为

$$\mathrm{CV}=\frac{s}{\bar{x}}\cdot 100\%$$

离散系数对比标准差与平均数，并以百分数表示。学龄前儿童组的离散系数为

$$\mathrm{CV}=\frac{3}{30}\cdot 100\%=10\%$$

相比之下，全美橄榄球联盟前锋组的离散系数为

$$\mathrm{CV}=\frac{10}{300}\cdot 100\%=3.3\%$$

学龄前儿童组的离散系数较大，因此可以得出结论：相对而言，学龄前儿童的体重变化大于橄榄球运动员。

现在回到股票对比场景，并应用离散系数。

例 4 用离散系数对比数据

求表 14.18 中数据的平均数和标准差，然后计算离散系数，并基于 2020 年前 6 个月的收盘价判断哪只股票（Facebook 或 Twitter）的股价更稳定。

表 14.18 股票收盘价

月 份	Facebook	Twitter	月 份	Facebook	Twitter
1 月	201.91	32.48	4 月	204.71	28.68
2 月	192.47	33.20	5 月	225.09	30.97
3 月	166.80	24.56	6 月	230.77	34.87

解： 利用计算器、应用程序或 GeoGebra，可以验证 Facebook 的平均收盘价是 203.63 美元，标准差是 23.16 美元；Twitter 的平均收盘价是 30.79 美元，标准差是 3.70 美元。

Facebook 股票的离散系数为

$$\frac{23.16}{203.63}\cdot 100\%=11.37\%$$

Twitter 股票的离散系数为

$$\frac{3.70}{30.79}\cdot 100\%=12.02\%$$

Twitter 的标准差小于 Facebook 的标准差，但离散系数更大。应用离散系数，我们发现 Twitter 的相对变异性大于 Facebook。相对而言，Facebook 的收盘价更稳定，离散系数越高的股票，其波动性越大。

现在尝试完成练习 31 ~ 36。

练习 14.3

为了完成本节中的练习，你可能需要利用计算器或者电子表格软件。由于舍入方式的不同，你的答案可能与本书的答案略有差异。除非另有规定，否则假设正在计算“样本”的标准差。

强化技能

求下列数据集的极差、平均数和标准差。

01．19, 18, 20, 19, 21, 20, 22, 18, 18, 17。

02．89, 72, 100, 87, 65, 98, 77, 92。

03．5, 7, 9, 4, 6, 8, 7, 10。

04．8, 4, 7, 6, 5, 5, 4, 9。

05．2, 12, 3, 11, 14, 5, 8, 9。

06．21, 3, 5, 11, 7, 1, 9, 7。

07．18, 3, 8, 7, 7, 9, 13, 7。

08．22, 18, 15, 21, 21, 15, 19, 13。

09．3, 3, 3, 3, 3, 3, 3。

10．4, 6, 4, 6, 4, 6, 4, 6。

11．以下频数表显示了某城市的每月火灾次数，填写表格空项，并求分布的平均数和标准差。

次数，x	频数，f	乘积，$x\cdot f$	离均差，$(x-\bar{x})$	离均差 ^{2}，$(x-\bar{x})^2$	乘积，$(x-\bar{x})^2\cdot f$
2	1				
3	1				
4	0				
5	2				
6	3				
7	4				
8	4				
9	3				
10	2				
	$\Sigma f=$	$\Sigma x\cdot f=$			$\Sigma(x-\bar{x})^2\cdot f=$

12．在微软网络管理员认证计划中，向毕业生提供的工作机会数量汇总在如下频数表中。填写表格空项，并求分布的平均数和标准差。

数量，x	频数，f	乘积，$x\cdot f$	离均差，$(x-\bar{x})$	离均差 ^{2}，$(x-\bar{x})^2$	乘积，$(x-\bar{x})^2\cdot f$
4	2				
5	0				
6	3				
7	5				
8	4				
9	5				
10	1				
	$\Sigma f=$	$\Sigma x\cdot f=$			$\Sigma(x-\bar{x})^2\cdot f=$

求以下频数分布的平均数和标准差。

13．

x	f
2	2
3	4
4	2
5	0
6	4

14．

x	f
8	3
9	2
10	1
11	2
12	3

15．

x	f
3	1
4	1
5	0
6	2
7	5
8	3
9	3

16．

x	f
12	3
13	0
14	5
15	0
16	1
17	2
18	3

在练习 17~18 中，求图表给定分布的平均数和标准差。

17.

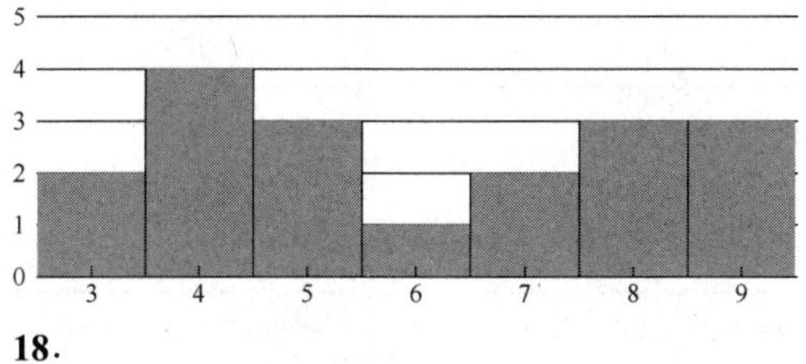

18.

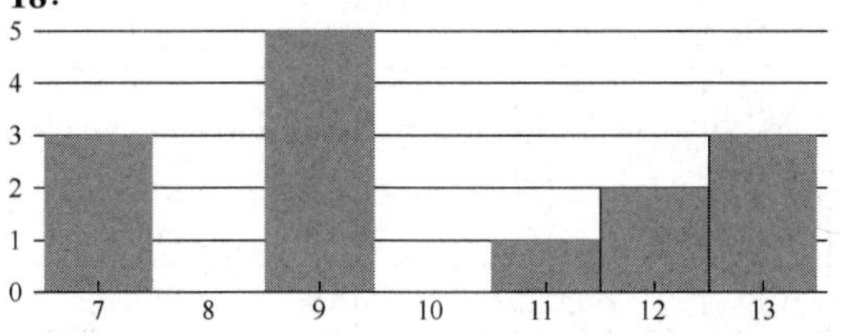

学以致用

19. 考试成绩数据汇总。20 人参加了护理人员执照考试，分数如下表所示，求这些数据的平均数和标准差。

分　数	72	73	78	84	86	93
频　数	7	1	3	6	2	1

20. 年龄数据汇总。下表列出了 16 名退伍军人的年龄，他们正在参加一个讨论创伤后应激障碍的小组。求这些数据的平均数和标准差。

年　龄	30	29	28	26	25	23
频　数	6	3	2	2	2	1

21. 税务数据汇总。下表列出了 2019 年若干州对“年收入 5 万美元个人”的所得税税率。**a**. 求这些数据的平均数和标准差；**b**. a 问求得的平均数是否代表这些州纳税人缴纳的平均个人所得税？解释理由。

州	税率/%
亚利桑那州	3.34
加利福尼亚州	8.00
夏威夷州	8.25
佐治亚州	5.75
新泽西州	5.53
新墨西哥州	4.90
宾夕法尼亚州	3.07
密歇根州	4.25

22. 贫困率。“贫困率调查”主要缘于人们对经济不平等的担忧，下表给出了梅森-迪克森线以下东海岸各州的 2018 年贫困率（收入低于政府官方贫困线的人口数量百分比），求这些数据的平均数和人口数量标准差。

州	贫困率（%）
马里兰州	9.0
弗吉尼亚州	10.7
北卡罗来纳州	14.0
南卡罗来纳州	15.3
佐治亚州	14.3
佛罗里达州	13.6

23. 顾客数据汇总。在一个繁忙的周末，星巴克经理每小时清点一次顾客人数，结果汇总在如下直方图中，求这些数据的平均数和标准差。

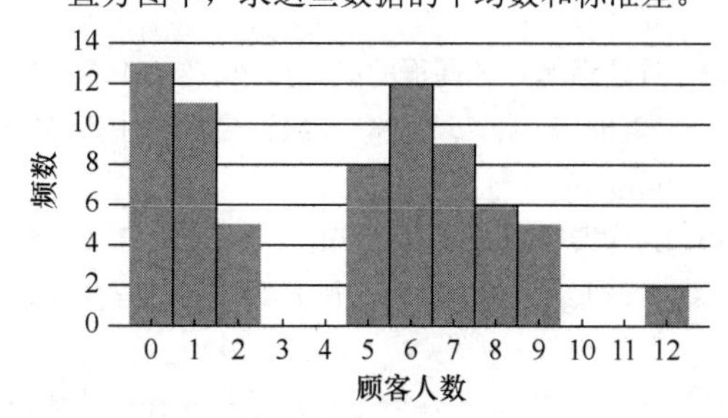

24. 测度服务时间。为了改善服务，赛百味记录了本地特许加盟店的顾客等待时间（单位为分钟），如下图所示。求该图表的平均数和标准差。

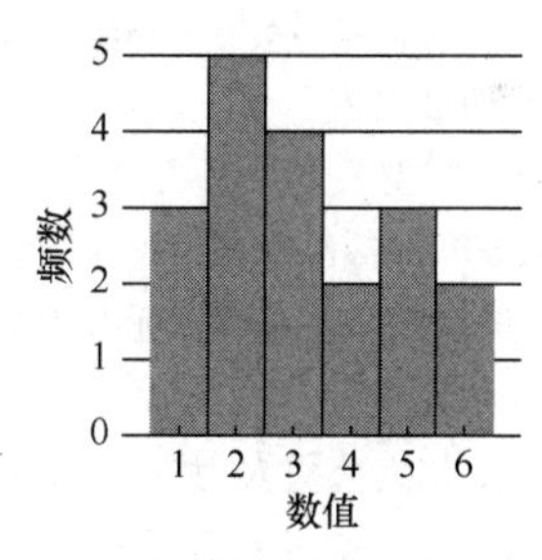

25. 家庭收入。下表列出了 8 个家庭的年收入（单位为千美元），求 H 家庭的收入与平均数之间相差多少个标准差。

家　庭	A	B	C	D	E	F	G	H
年收入（单位：千美元）	47	48	50	49	51	47	49	51

26. 家庭收入。下表列出了 8 个家庭的年收入（单位为千美元），求 A 家庭的收入与平均数之间相差多少个标准差。

家　庭	A	B	C	D	E	F	G	H
年收入（单位：千美元）	49	51	52	51	51	50	52	52

琼斯教授负责讲授现代诗歌课程，根据学生成绩在下图中的平均位置，她要向其评定绩等（边界上的平均值应评定为较高等级）。用此图完成练习 27 ~ 30。

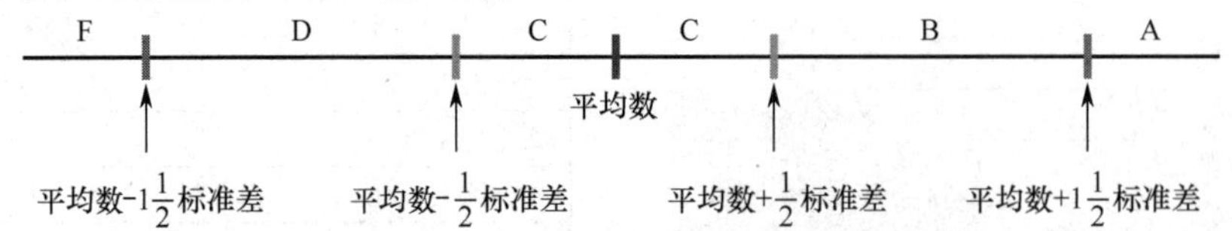

27．评定绩等。该课程的平均分为 80, 76, 81, 84, 79, 80, 90, 75, 75 和 80，获得 76 分的学生绩等是什么？

28．评定绩等。该课程的平均分为 72, 71, 73, 70, 71, 79, 65, 73, 74 和 72，获得 74 分的学生绩等是什么？

29．评定绩等。该课程的成绩为 80, 75, 81, 83, 80, 78, 84, 77 和 76，获得 A 级评定的学生数量是多少？

30．评定绩等。如果该课程的成绩为 80, 81, 81, 82, 81, 81, 82, 80 和 81，获得 F 级评定的学生数量是多少？

在练习 31 ~ 32 中，展示了给定月份各种股票的表现信息，离散系数越高的股票波动性越大。

31．股票对比。假设某个月苹果公司普通股的日均收盘价是 331.5，标准差是 26.5；戴尔公司股票的日均收盘价是 78.6，标准差是 7.2。哪只股票的波动性更大？

32．股票对比。假设某个月奈飞公司股票的日均收盘价是 380.0，标准差是 10.5；迪士尼公司股票的日均收盘价是 142.6，标准差是 2.8。哪只股票的波动性更大？

33．人力资源。作为公司人力资源部经理，你正在调查公司员工上年度的病假天数。其中，营销部门员工的平均病假天数是 4.2 天，标准差是 2；研发部门员工的平均病假天数是 5.6，标准差是 3。计算并比较每组数据的离散系数。

34．驾驶趋势。对于不同时代出生的人群，研究人员对其驾驶习惯的变化非常感兴趣。假设 2019 年千禧一代的每日平均驾驶里程是 37.5 英里，标准差是 7；X 世代的每日平均驾驶里程是 51 英里，标准差是 8。千禧一代每日驾驶里程的相对可变性是否较小？

35．价格稳定性。下表列出了 2019 年每加仑无铅汽油和柴油的月度价格，计算每组数据的“总体”标准差。

2019 年	汽油价格（美元/加仑）	柴油价格（美元/加仑）
1 月	2.60	3.02
2 月	2.66	2.99
3 月	2.86	3.06
4 月	3.15	3.13
5 月	3.22	3.19
6 月	3.08	3.10
7 月	3.11	3.08
8 月	3.00	3.03
9 月	2.98	3.03
10 月	3.03	3.09
11 月	2.96	3.09
12 月	2.92	3.09

36．价格稳定性对比。考虑练习 35 中的表格，对于 2019 年的汽油价格和柴油价格，用离散系数判断哪种价格更稳定。

37．贫困率对比。对于梅森-迪克森线以上的东海岸各州，2018 年的平均贫困率是 11.01%，标准差是 1.86%。将这些值与练习 22 中的结果进行对比，关于这两组数据，你能得出什么结论？

38．家庭收入对比。假设美国 X 年的平均家庭收入是 48000 美元，标准差是 1000 美元；$X+3$ 年（3 年后）的平均家庭收入是 51000 美元，标准差是 2250 美元。如果某个家庭 X 年的收入是 50000 美元，3 年后的年收入是 54000 美元，则相比于其他家庭，该家庭哪年的年收入更高？解释是如何得出答案的。

39．笔记本电脑电池。对于重新充电前的可用时间，人们对某品牌笔记本电脑进行了抽样调查，平均时间是 7.8 小时，标准差是 1.78 小时。计算这个示例的离散系数。

40．学习时间。为了了解学生准备数学期末考试的复习时间，学校对一组学生进行了抽样调查。平均时间是 6.4 小时，标准差是 2.1 小时。计算这个示例的离散系数。

数学交流

在练习 41 ~ 43 中，判断命题的真假，并用语言解释答案，或者给出适当的反例来支持答案。

41. **a**. 一组数字集合“−2, 2, −2, 2, −2, 2, −2, 2”的标准差是 0；**b**. 一组数据的标准差是 0，该数据集中的所有数字均相同。

42. 一个分布中的数字越多，标准差就越大。

43. A 和 B 是 2 个分布，如果 A 的平均数较大，则 A 的标准差也较大。

用以下图表完成练习 44。

44. **a**. 哪个数据集的标准差最小？**b**. 哪个数据集的标准差最大？**c**. 从最小到最大，按标准差对各数据集排序。只需要查看图表，不用进行任何计算即可完成此操作。

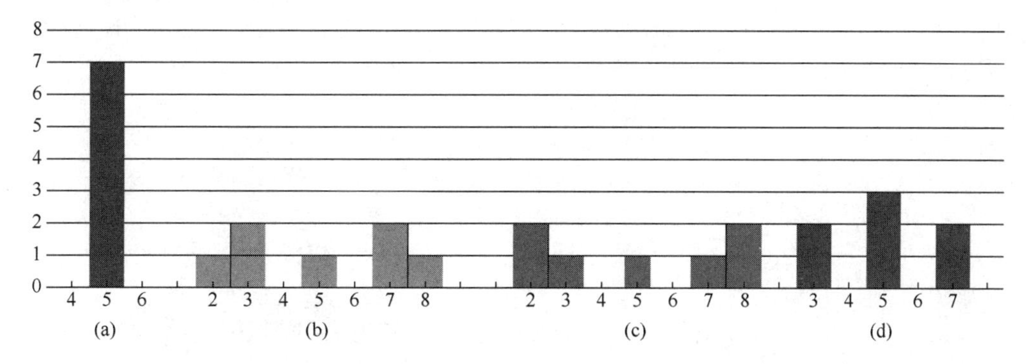

挑战自我

45. **a**. 选择由任意 5 个数字组成的数据集，计算其平均数和标准差(将数据集视为样本)；**b**. 在 a 问创建的数据集中，每个数字都加上 20，然后计算新数据集的平均数和标准差；**c**. 在 a 问创建的数据集中，每个数字都减去 5，然后计算新数据集的平均数和标准差；**d**. 当数据集中的每个标志值加上或减去相同数字时，你对平均数和标准差的变化有什么结论？**e**. 利用 d 问中得出的结论，简化分布“598, 597, 599, 596, 600, 601, 602, 603”的平均数和标准差的计算。

46. **a**. 选取任意 5 个数字，计算该数据集的平均数和标准差；**b**. 将 a 问创建的数据集中的每个数字乘以 4，然后计算新数据集的平均数和标准差；**c**. 将 a 问创建的数据集中的每个数字乘以 9，然后计算新数据集的平均数和标准差；**d**. 当数据集中的每个标志值乘以相同数字时，你对平均数和标准差的变化有什么结论？**e**. 数据集“3, 4, 7, 1, 5”的平均数是 4，标准差是 2.2。考虑 d 问的结论，计算数据集“15, 20, 35, 5, 25”的平均数和标准差。

47. 考虑练习 23～24 中条形图给出的 2 个分布。简单查看图表，能确定哪个分布的标准差更大吗？如果能，请描述“你在图表中寻找什么”来作为决策依据。

48. 考虑练习 27～30 中所用的成绩评定方法。**a**. 构建课程平均成绩分布（不能全都相同），无人得 A 或 F；**b**. 构建课程平均成绩分布，无人得 C。

14.4 正态分布

除了鞋子，电影院座位、男士领带和车内净空的合身程度如何？生产商如何决定你最喜欢的电影院的座位宽度？对大多数男士而言，多长的领带既不太长又不太短？为使大多数人不会头撞车顶，汽车空间应当如何设计？为避免给手腕和手臂带来不必要的压力，电脑桌的高度应是多少？在人体工程学领域，科学家为回答这样的问题而收集数据，确保大多数人舒适地适应环境。这些科学家的大部分工作均基于一条曲线，称为正态曲线或正态分布，本节将研究这条曲线。

14.4.1 正态分布

正态分布是统计学中最常见的分布类型，可描述许多实际数据集。如图 14.13 中的直方图所示，正态分布的形状大致如此。

要点 许多不同类型的数据集遵循正态分布。

用正态分布建模的数据集示例很多，如美国学业能力倾向测验（SAT）分数、人的身高、汽车轮胎磨损前的英里数，以及快餐店的汉堡大小等不同数据集的分布。

图 14.13 中的几种图案是所有正态分布的共同点。第一，取一根金属丝，将其附加至直方图中各条形的顶部，然后弯曲金属丝以形成平滑曲线，则该曲线应具有钟形外观，如图 14.14 所示。因此，正态分布常被称为钟形曲线。第二，该曲线关于平均数对称。如果该图形中的某些图案出现在平均数一侧，则平均数就像是一面镜子，在另一侧也会镜像出相同的图案。第三，对称性的一种结果是"平均数、中位数和众数均相同"。第四，正态曲线之下的面积等于 1。

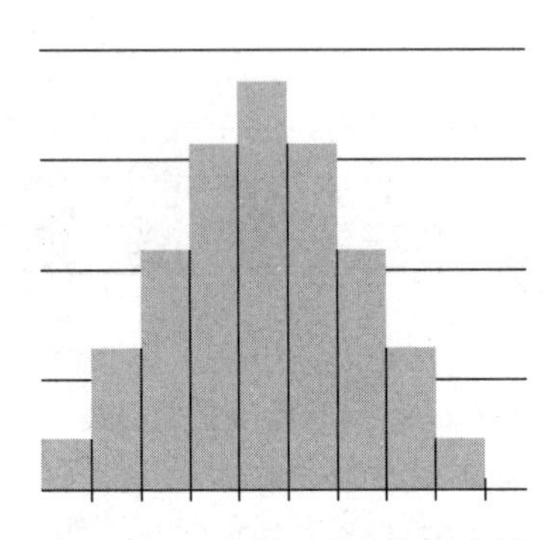

图 14.13 单峰对称分布直方图

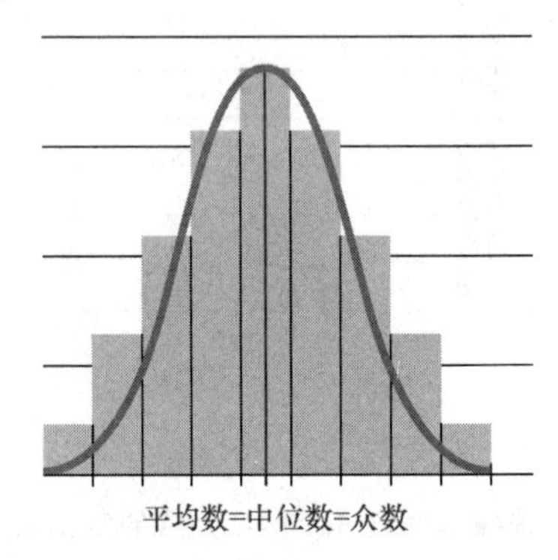

图 14.14 将正态分布直方图平滑为正态曲线

在图 14.15 中，我们标出了正态曲线的平均数和 2 个点（称为拐点）。拐点是曲线上的 2 个点，曲线在该点处从向上弯曲变为向下弯曲，或者相反。在一条正态曲线中，2 个拐点分别位于"与平均数相距 1 个标准差"的位置。此外，因为正态曲线关于平均数对称，所以该曲线之下面积的一半（或 50%）分别位于平均数的两侧。

在正态分布中，约 68%的数据值出现在平均数的 1 个标准差范围内，约 95%的数据值出现在平均数的 2 个标准差范围内，约 99.7%的数据值出现在平均数的 3 个标准差范围内，我们将这些事实称为"68-95-99.7 规则"，如图 14.15 所示。讨论正态分布时，我们通常假设正在处理整个总体（而非一个样本），所以在图 14.15 中我们用 μ（而非 $\bar{x}$）表示平均数，用 σ（而非 s）表示标准差。

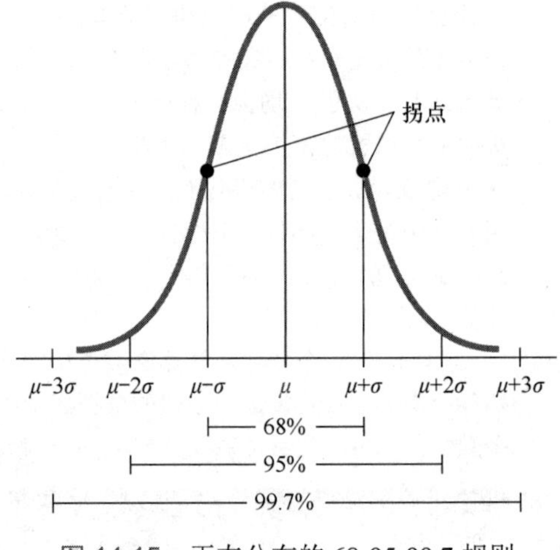

图 14.15 正态分布的 68-95-99.7 规则

下面总结了正态分布的性质。

正态分布的性质

1. 正态曲线呈钟形。

2. 该曲线关于其平均数（曲线最高点）对称。

3. 该分布的平均数、中位数和众数均相同。

4. 该曲线之下的总面积是 1。

5. 约 68%的数据值出现在平均数的 1 个标准差范围内，约 95%的数据值出现在平均数的 2 个标准差范围内，约 99.7%的数据值出现在平均数的 3 个标准差范围内。

利用 68-95-99.7 规则，可以估计多少值落在一个正态分布平均数的 1, 2 或 3 个标准差范围内。

例 1　正态分布和智力测验

假设 1000 名学生参加标准化智力测验，最终分数呈正态分布。若该分布的平均数是 450，标准差是 25，a）在 425 分和 475 分之间预计有多少个分数？b）预计有多少个分数超过 500 分？

解：回顾本书前文所述的画图策略。

a）由图 14.16 可知，425 分和 475 分分别位于平均数之下和之上的 1 个标准差处。

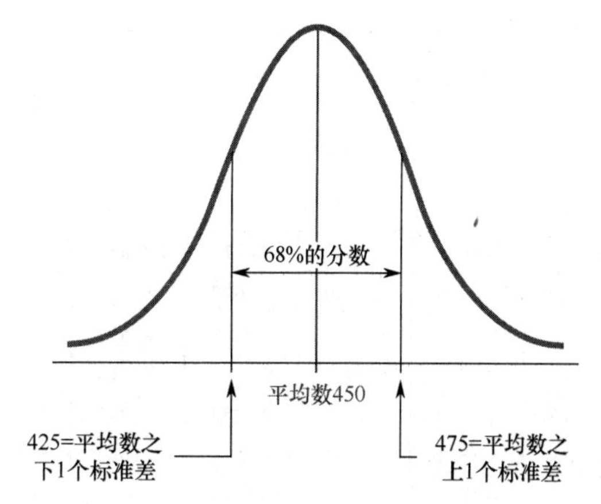

图 14.16　68%的分数落在平均数的 1 个标准差范围内

由 68-95-99.7 规则可知，68%（或 0.68）的分数位于平均数的 1 个标准差范围内。因为分数共有 1000 个，所以在 425 分和 475 分之间，预计约有 $0.68 \times 1000 = 680$ 个分数。

b）如图 14.17 所示，在正态分布中，95%的分数介于“平均数之下 2 个标准差”和“平均数之上 2 个标准差”之间。

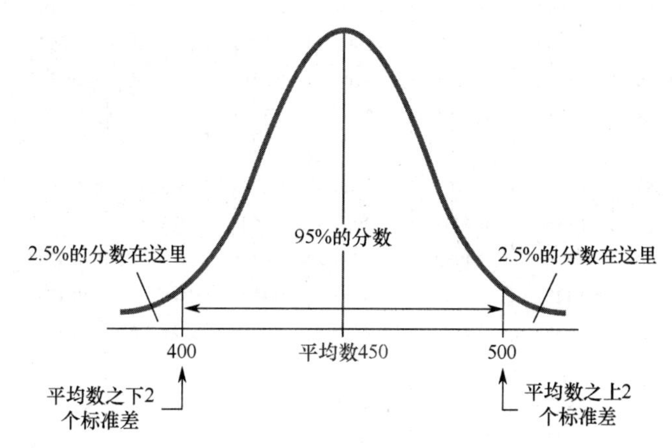

图 14.17　5%的分数位于平均数的 2 个标准差之外

这意味着 5%（或 0.05）的分数位于“平均数之上或之下 2 个标准差”之外，因此预计 $0.05/2 = 0.025$ 的分数超过 500 分。乘以 1000，预计有 $0.025 \times 1000 = 25$ 个分数高于 500 分。

现在尝试完成练习 01 ~ 12。

自测题 11

用例 1 中提供的信息回答以下问题：a）在 400 分和 500 分之间，预计有多少个分数？b）预计有多少个分数低于 400 分？

14.4.2　*z* 值

在例 1 中，我们估计了多少个值位于平均数的 1 个标准差范围内。人们自然会问“我们是否能够预测多少个值位于平均数的其他距离范围内？”，例如已知 18～25 岁女性的体重呈正态分布，某女装设计师可能想要知道“平均体重之上 1.3～2.5 个标准差之间的女性人口百分比”。

利用表 14.19（标准正态曲线之下的面积表）即可求得此答案。标准正态分布的平均数是 0，标准差是 1。

表 14.19　标准正态分布

正态曲线面积

z	**0.00**	**0.01**	**0.02**	**0.03**	**0.04**	**0.05**	**0.06**	**0.07**	**0.08**	**0.09**
0.0	0.0000	0.0040	0.0080	0.0120	0.0160	0.0199	0.0239	0.0279	0.0319	0.0359
0.1	0.0398	0.0438	0.0478	0.0517	0.0557	0.0596	0.0636	0.0675	0.0714	0.0753
0.2	0.0793	0.0832	0.0871	0.0910	0.0948	0.0987	0.1026	0.1064	0.1103	0.1141
0.3	0.1179	0.1217	0.1255	0.1293	0.1331	0.1368	0.1406	0.1443	0.1480	0.1517
0.4	0.1554	0.1591	0.1628	0.1664	0.1700	0.1736	0.1772	0.1808	0.1844	0.1879
0.5	0.1915	0.1950	0.1985	0.2019	0.2054	0.2088	0.2123	0.2157	0.2190	0.2224
0.6	0.2257	0.2291	0.2324	0.2357	0.2389	0.2422	0.2454	0.2486	0.2517	0.2549
0.7	0.2580	0.2611	0.2642	0.2673	0.2704	0.2734	0.2764	0.2794	0.2823	0.2852
0.8	0.2881	0.2910	0.2939	0.2967	0.2995	0.3023	0.3051	0.3078	0.3106	0.3133
0.9	0.3159	0.3186	0.3212	0.3238	0.3264	0.3289	0.3315	0.3340	0.3365	0.3389
1.0	0.3413	0.3438	0.3461	0.3485	0.3508	0.3531	0.3554	0.3577	0.3599	0.3621
1.1	0.3643	0.3665	0.3686	0.3708	0.3729	0.3749	0.3770	0.3790	0.3810	0.3830
1.2	0.3849	0.3869	0.3888	0.3907	0.3925	0.3944	0.3962	0.3980	0.3997	0.4015
1.3	0.4032	0.4049	0.4066	0.4082	0.4099	0.4115	0.4131	0.4147	0.4162	0.4177
1.4	0.4192	0.4207	0.4222	0.4236	0.4251	0.4265	0.4279	0.4292	0.4306	0.4319
1.5	0.4332	0.4345	0.4357	0.4370	0.4382	0.4394	0.4406	0.4418	0.4429	0.4441
1.5	0.4452	0.4463	0.4474	0.4484	0.4495	0.4505	0.4515	0.4525	0.4535	0.4545
1.7	0.4554	0.4564	0.4573	0.4582	0.4591	0.4599	0.4608	0.4616	0.4625	0.4633
1.8	0.4641	0.4649	0.4656	0.4664	0.4671	0.4678	0.4686	0.4693	0.4699	0.4706
1.9	0.4713	0.4719	0.4726	0.4732	0.4738	0.4744	0.4750	0.4756	0.4761	0.4767
2.0	0.4772	0.4778	0.4783	0.4788	0.4793	0.4798	0.4803	0.4808	0.4812	0.4817
2.1	0.4821	0.4826	0.4830	0.4834	0.4838	0.4842	0.4846	0.4850	0.4854	0.4857
2.2	0.4861	0.4864	0.4868	0.4871	0.4875	0.4878	0.4881	0.4884	0.4887	0.4890
2.3	0.4893	0.4896	0.4898	0.4901	0.4904	0.4906	0.4909	0.4911	0.4913	0.4916
2.4	0.4918	0.4920	0.4922	0.4925	0.4927	0.4929	0.4931	0.4932	0.4934	0.4936
2.5	0.4938	0.4940	0.4941	0.4943	0.4945	0.4946	0.4948	0.4949	0.4951	0.4952
2.6	0.4953	0.4955	0.4956	0.4957	0.4959	0.4960	0.4961	0.4962	0.4963	0.4964
2.7	0.4965	0.4966	0.4967	0.4968	0.4969	0.4970	0.4971	0.4972	0.4973	0.4974
2.8	0.4974	0.4975	0.4976	0.4977	0.4977	0.4978	0.4979	0.4979	0.4980	0.4981
2.9	0.4981	0.4982	0.4982	0.4983	0.4984	0.4984	0.4985	0.4985	0.4986	0.4986
3.0	0.4987	0.4987	0.4987	0.4988	0.4988	0.4989	0.4989	0.4989	0.4990	0.4990

表 14.19 中给出了该曲线之下“平均数与称为 z 值的 1 个数字之间”的面积。z 值/z 分数/标准分数/z 得分表示一个数据值与平均数之间的标准差数量。由例 1 可知，对于平均数是 450 且标准差是 25 的正态分布，值 500 是平均数之上的 2 个标准差，另一种说法是“值 500 对应于 z 值 2”。

注意，表 14.19 只给出了正 z 值面积，即位于平均数之上的数据。为了求对应于负 z 值的面积，我们将利用正态曲线的对称性。

例 2 将介绍如何使用表 14.19。因为正态曲线之下的总面积是 1，所以可将“标准正态曲线之下的面积”解释为“该分布中的数据值百分比”。此外，还要注意，因为平均数是 0 且标准正态曲线的标准差是 1，所以“1 个 z 值的值”也与“z 值与平均数的标准差数量”相同。练习使用标准正态分布后，我们将继续介绍如何运用所学技术解决实际数据问题。

要点　正态曲线之下的面积表示该分布中各值的百分比。

生活中的数学——你对下次考试的担心程度如何？

在一个人的身体、智力和心理构成中，遗传和环境因素分别占多大比重？人们经常对此争论不休。科学家已经发现了影响人体特征（如身高、脂肪、血压及智商等）的基因，甚至发现人类的焦虑也与基因构成有关。

据估计，20 多种基因能够影响人类的焦虑水平。如果含有全部这些基因，则有更焦虑的趋势（人们相信，人类 30%～40%的焦虑差异性来自遗传因素）；如果没有这些基因，就不会那么焦虑。如果绘制一张大量人群中焦虑基因的数量直方图，就会发现很少有人几乎没有这些基因，很多人有中等数量的这些基因，很少有人几乎拥有全部这些基因。如果绘制焦虑基因在人群中的分布，则其看起来很像你在本节中研究的正态曲线。

例 2　计算标准正态曲线之下的面积

利用表 14.19 计算位于标准正态分布以下区域中的数据百分比（曲线下面积）：a）$z=0$ 与 $z=1.3$ 之间；b）$z=1.5$ 与 $z=2.1$ 之间；c）$z=0$ 与 $z=-1.83$ 之间。

解：回顾本书前文所述的画图策略。

a）$z=0$ 与 $z=1.3$ 之间的曲线下面积如图 14.18 所示。为了查找该表中的面积，利用最左侧列查找 z 值的个位和十分位，然后利用顶部行查找相应的百分位所在列。因为 z 值是 1.3 或 1.30，所以利用 $z=1.3$ 的行和标有“0.00”的列，该区域的表格值是 0.4032。因此，在平均数之上的 0～1.3 个标准差之间，预计包含 0.4032（或 40.32%）的数据。

z	0.00
0.0	0.0000
0.1	0.0398
0.2	0.0793
0.3	0.1179
0.4	0.1554
0.5	0.1915
0.6	0.2257
0.7	0.2580
0.8	0.2881
0.9	03159
1.0	0.3413
1.1	03643
1.2	0.3849
1.3	0.4032

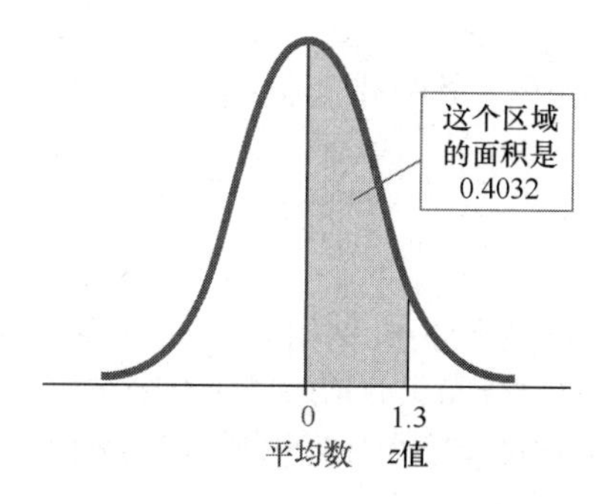

图 14.18　$z=0$ 与 $z=1.3$ 之间的标准正态曲线之下的面积

b）图 14.19 显示了目标区域的面积。在表 14.19 中，各面积对应于从 $z=0$ 到给定 z 值的各区域。因此，为了求 $z=1.5$ 与 $z=2.1$ 之间曲线下的面积，必须首先求从 $z=0$ 到 $z=2.1$ 的面积，然后减去从 $z=0$ 到 $z=1.5$ 的面积。由表 14.19 可见，$z=2.1$ 时的面积是 0.4821，$z=1.5$ 时的面积是 0.4332。为了求出本题的最终答案，按如下方式进行计算：

$$\begin{array}{lr} \text{从}z=0\text{到}z=2.1\text{的较大面积} & 0.4821 \\ -\text{从}z=0\text{到}z=1.5\text{的较小面积} & -0.4332 \\ \hline & 0.0489 \end{array}$$

减去面积，而非 z 值

0.0489 我们需要的面积

这意味着在标准正态分布中，$z=1.5$ 与 $z=2.1$ 之间的曲线下面积是 0.0489，即 4.89%。

c）因为正态分布具有对称性特征，所以“$z=0$ 与 $z=-1.83$ 之间的面积”等于“$z=0$ 与 $z=1.83$ 之间的面积”，如图 14.20 所示。利用表 14.19 求 $z=1.83$ 的面积时，首先转到 $z=1.8$ 所在的行，然后横移至标题为“0.03”所在的列。

z	**0.00**	**0.01**	**0.02**	**0.03**
1.8	0.4641	0.4649	0.4656	0.4664

可以看到，$z=0$ 与 $z=1.83$ 之间的正态曲线下面积是 0.4664，因此 46.64%的数据值位于 0 和−1.83 之间。

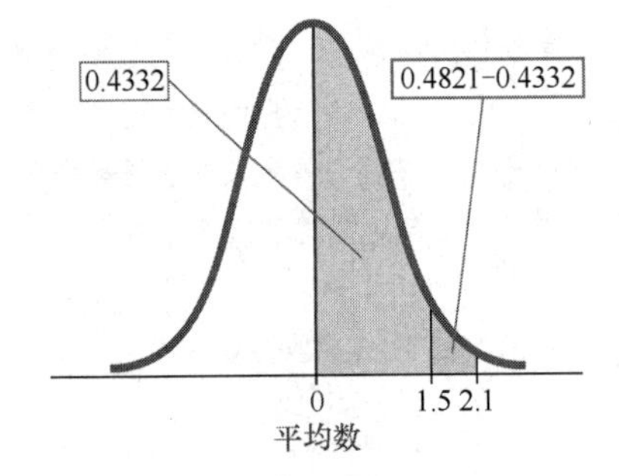

图 14.19　$z=1.5$ 与 $z=2.1$ 之间的标准正态曲线下的面积

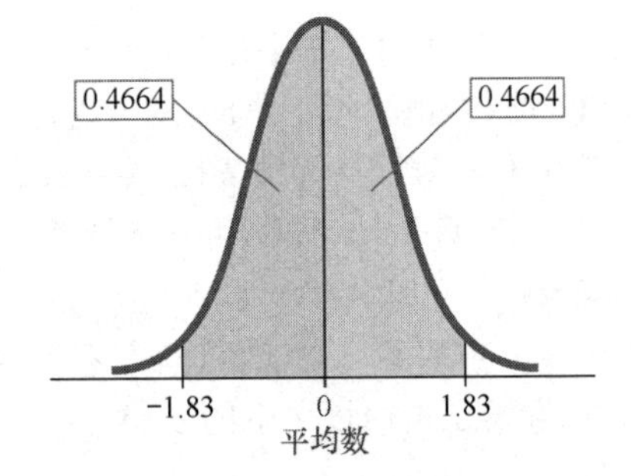

图 14.20　$z=-1.83$ 与 $z=0$ 之间的标准正态曲线下的面积

现在尝试完成练习 15～28。

自测题 12

利用表 14.19 求标准正态曲线下的面积：a）$z=0$ 与 $z=1.45$ 之间；b）$z=1.23$ 与 $z=1.85$ 之间；c）$z=0$ 与 $z=-1.35$ 之间。

建议　求解类似于例 2 中 b）间的问题时，一种常见错误是从 2.1 中减去 1.5，得到结果 0.6，然后错误地用其查找表 14.19 中的 z 值。如果考虑标准正态曲线的图形，则“$z=0$ 与 $z=0.6$ 之间的面积”与“$z=1.5$ 与 $z=2.1$ 之间的面积”明显不同。

14.4.3　原始值转换为 z 值

在现实生活中，有些正态分布并非标准正态分布，例如在 18～25 岁女性的所有体重集合中，平均数可能是 120 磅，标准差是 25 磅。这种分布具有前述的正态分布性质，但是因为该分布的平均数不为 0 且标准差不为 1，所以不能像例 2 中那样直接利用表 14.19。但是，如果首先将非标准值（称为原始值/原始分数）转换为 z 值，则仍然能够利用表 14.19。下列公式显示了非标准正态分布与 z 值之间的预期数值关系。

要点 我们将非标准正态分布中的值转换为 z 值。

原始值至 z 值的转换公式 假设正态分布的平均数为 μ，标准差为 σ，则可用以下等式将非标准分布中的值 x 转换为 z 值：

$$z=\frac{x-\mu}{\sigma}$$

利用这个公式，也可将 z 值转换为原始值：简单地替换 z、μ 和 σ，然后求解 x。

例 3 原始值转换为 z 值

为了应对狗肥胖症，“宠物肥胖预防协会”对一组巴辛吉犬（非洲无毛狗）称重，发现体重分布呈正态分布，平均数是 20 磅，标准差是 3 磅。在这组狗中，求体重如下的 1 只狗的对应 z 值：a）25 磅；b）16 磅。

解：a）图 14.21 描述了这种情形。我们利用转换公式 $z=(x-\mu)/\sigma$，其中原始值 $x=25$，平均数 $\mu=20$，标准差 $\sigma=3$。将 z 值舍入至百分位，代入相关数值得 $z=(25-20)/3=1.67$。这个结果可解释为“在这个分布中，25 是平均数之上 1.67 个标准差”。

b）再次利用图 14.21 和转换公式，但是这次 $x=16$，$\mu=20$，$\sigma=3$。因此，对应的 z 值为 $z=(16-20)/3=-1.33$。这个结果可解释为“16 是平均数之下 1.33 个标准差”。

现在尝试完成练习 35～40。

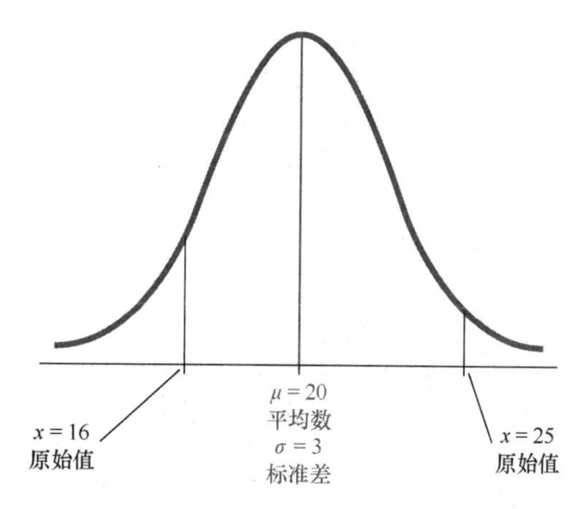

图 14.21 平均数是 20 且标准差是 3 的正态分布

自测题 13

假设正态分布的平均数是 50，标准差是 7，将下列每个原始值转换为 z 值：a）59；b）50；c）38。

如 1.1 节中的三法原则所述，运用几何学进行解释，即可记住原始值至 z 值的转换公式。在例 3 中，正态分布的平均数是 20，标准差是 3。为了使“非标准分布中的平均数 20”对应于“标准正态分布中的平均数 0”，可以考虑将该分布左滑 20 个单位，如图 14.22(a)所示。这就是“在 z 值公式的分子中，计算形式为 $x-20$ 的表达式”的原因。因为标准差是 3，所以将 $x-20$ 除以 3，以“挤压”该分布，使其标准差变为 1，如图 14.22(b)所示。如此一来，我们就可以利用表 14.19 了。

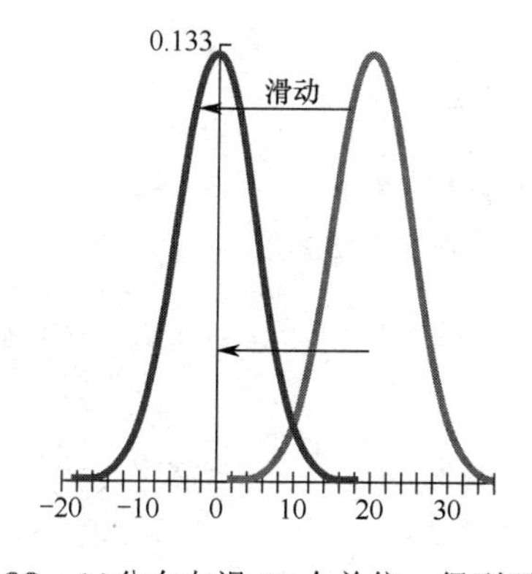

图 14.22 (a)分布左滑 20 个单位，得到平均数 0

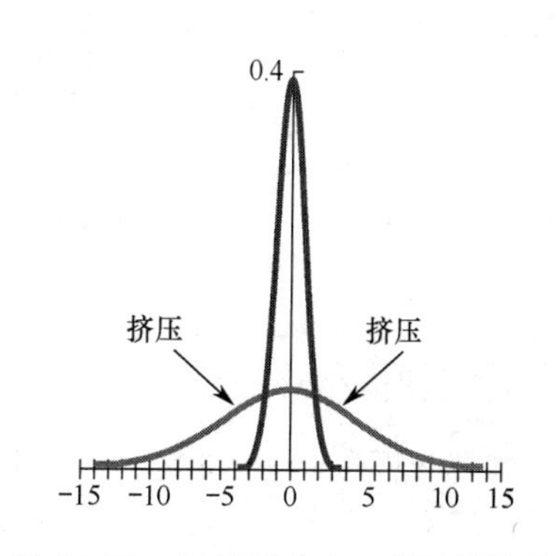

图 14.22 (b)挤压分布，得到标准差 1

14.4.4 应用

正态分布存在大量实际应用。

例 4 解释考试成绩的重要性

假设为了得到老板提供的管理培训计划资格，在参加标准化考试的所有员工中，你的成绩要位于前10%。假设成绩分数呈正态分布，平均数是65，标准差是4，你得到了72分。在参加这项考试的所有员工中，成绩低于你的百分比是多少？

解：我们将求你的成绩位于平均数之上的标准差数量，然后确定低于此数量的成绩百分比。首先，计算你的成绩（72分）的对应 z 值：

$$z=\frac{72-65}{4}=\frac{7}{4}=1.75$$

现在，从表14.19中查找 $z=1.75$，可知面积是0.4599。因此，45.99%的分数介于平均数与你的成绩之间，如图14.23所示。

但是，我们不能忘记低于平均数的分数。因为正态曲线呈对称分布，所以另外50%的分数均低于平均数。因此，共有 $50\%+45.99\%=95.99\%$ 的分数比你的成绩低。你的成绩位列前10%，所以有资格参加该培训计划。

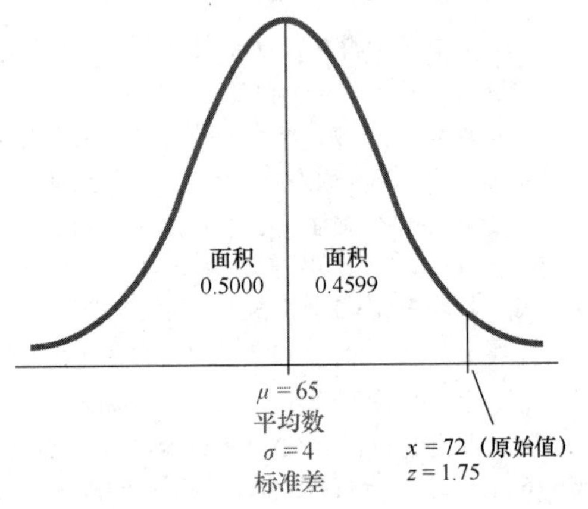

图 14.23 平均数是65且标准差是4的正态分布

棒球迷们经常争论谁是历史最佳球员。下例介绍了一种利用统计数据来比较不同时代的优秀球员的方法。

例 5 用 z 值比较数据

考虑以下信息：1911年，泰·柯布的打击率是0.420；1941年，泰德·威廉斯的打击率是0.406；20世纪10年代，平均打击率是0.266，标准差是0.0371；20世纪40年代，平均打击率是0.267，标准差是0.0326。

在这两个年代中，假设平均打击率均呈正态分布，用 z 值判断"在与同时代人的关系中，哪名击球手的排名较高？"。

解：我们将2个平均打击率分别转换为"球员所在时代的平均打击率分布"的对应 z 值。

20世纪10年代，泰·柯布的平均打击率是0.420，对应的 z 值为

$$\frac{0.420-0.266}{0.0371}=\frac{0.154}{0.0371}\approx 4.15$$

20世纪40年代，泰德·威廉斯的平均打击率是0.406，对应的 z 值为

$$\frac{0.406-0.267}{0.0326}=\frac{0.139}{0.0326}\approx 4.26$$

可见，用平均数和标准差来比较每名球员及同时代人时，泰德·威廉斯将获评为更佳打击者。

现在尝试完成练习69～70。

对于本章开篇做出承诺的示例（即生产商如何利用统计数据为其产品编写有效保修书），我们将用其小结对正态分布的讨论。在这个示例中，利用公式 $z=(x-\mu)/\sigma$ 求未知值 x（已知 z、μ 和 σ 的值）。

例 6 用正态分布编写保修书

为了增加销售量，三星公司计划为一款新电视提供保修。检测该款电视时，质量控制工程师发现其平均无故障工作时间是 3000 小时，标准差是 500 小时。假设典型购买者每天看电视 6 小时，如果生产商不希望保修期内的故障返修率超过 5%，保修期应当设定为多长时间？

解：求解这个问题时，首先利用标准正态分布，然后将答案转换为符合实际情况的非标准正态分布。标准正态曲线如图 14.24 所示。

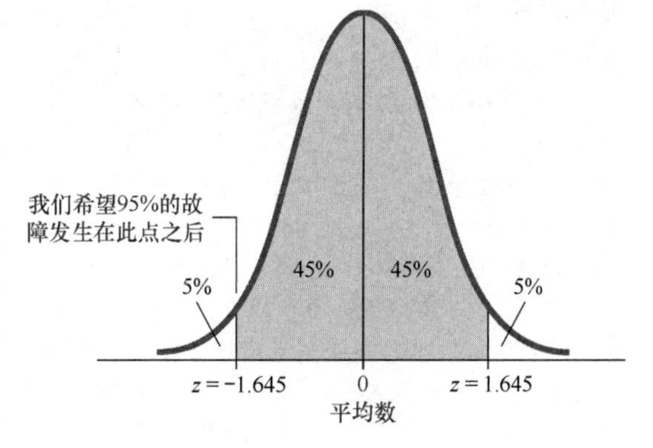

图 14.24 求负 z 值的标准正态曲线下的面积

由图 14.24 可见，我们需要找到一个 z 值，使得至少 95%的总面积在此点之外。注意，这个标志值是位于平均数左侧的负值，因此我们利用对称性求出 z 值，使得 95%的总面积位于该标志值之下。但是，表 14.19 仅给出了该分布上半部分的面积。这显然不是问题，因为我们知道 50%的总面积位于平均数之下，所以问题可归结为"找到一个大于 0 的 z 值，使得 45%的面积位于平均数与 z 值之间"。

我们反向查找表 14.19，已知预期面积是 0.4500，需要找到 z 值。在这类问题中，表格上的面积通常不精确。我们采用最接近预期的面积，除非其正好位于 2 个数字中间。在该例中，面积 0.4500 正好位于 0.4495 与 0.4505 之间，这两个面积分别对应的 z 值是 1.64 和 1.65，因此采用 $z = 1.645$ 。

z	0.00	0.01	0.02	0.03	0.04	0.05
1.6	0.4452	0.4463	0.4474	0.4484	0.4495	0.4505

这意味着在标准正态曲线之下，95%的面积位于 $z = 1.645$ 之下。利用对称性，也可认为 95%的值位于−1.645 之上。现在，要根据原始值的原始正态分布来解释这个 z 值。

回顾将分布中的各值与 z 值相关联的如下方程：

$$z = \frac{x - \mu}{\sigma} \tag{1}$$

此前，我们用此方程将原始值转换为 z 值；现在，我们用此方程回答相反的问题。具体地说，当 $\mu = 3000$ 、 $\sigma = 500$ 且 $z = -1.645$ 时， x 是多少？将这些数字代入方程（1）得

$$-1.645 = \frac{x - 3000}{500} \tag{2}$$

方程两侧同时乘以 500 得

$$-1.645 \cdot (500) = \frac{x - 3000}{500} \cdot (500)$$

化简该方程得

$$-822.50 = x - 3000$$

最后，方程两侧同时加上 3000 得 $x = 2177.5$ 小时，即预计 95%的故障发生在 2177.5 小时后。因为知道购买者每天看电视的时间约为 6 小时，所以将 2177.5 除以 6，结果为 $2177.5/6 \approx 362.9$ 天。因此，如果生产商希望保修期内发生的故障不超过 5%，则保修期应为 1 年左右。

现在尝试完成练习 71 ~ 72。

自测题 14

重做例 6，但是这次假设平均故障时间是 4200 小时，标准差是 600，生产商希望在保修期内不超过 2%的电视机因故障而返修。

练习 14.4

假设练习中提到的所有分布都是正态分布。

强化技能

在练习 01 ~ 06 中，设分布的平均数是 10，标准差是 2。利用 68-95-99.7 规则求所述分布中各值的百分比。

01. 10 与 12 之间
02. 12 与 14 之间
03. 14 之上
04. 8 之下
05. 12 之上
06. 10 之下

在练习 07 ~ 12 中，设分布平均数是 12，标准差是 3。利用 68-95-99.7 规则求所述分布中各值的百分比。

07. 9 之下
08. 12 与 15 之间
09. 6 之上
10. 12 之下
11. 15 与 18 之间
12. 18 之上

利用以下标准正态分布图和表 14.19，完成练习 13 ~ 14。

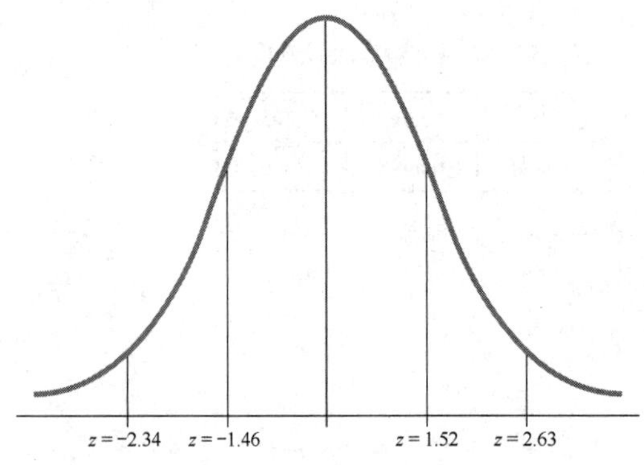

13. 求给定 z 值所指的面积：**a**. 0 与 1.52 之间；**b**. 0 与 2.63 之间；**c**. 1.52 与 2.63 之间；**d**. 2.63 之上。

14. 求给定 z 值所指的面积：**a**. 0 与−1.46 之间；**b**. 0 与−2.34 之间；**c**. −2.34 与−1.46 之间；**d**. −2.34 之下。

利用表 14.19，求给定标准正态曲线之下的面积百分比。

15. $z=0$ 与 $z=1.23$ 之间
16. $z=0$ 与 $z=2.06$ 之间
17. $z=0$ 与 $z=-0.75$ 之间
18. $z=0$ 与 $z=-1.35$ 之间
19. $z=1.25$ 与 $z=1.95$ 之间
20. $z=0.37$ 与 $z=1.23$ 之间
21. $z=-0.38$ 与 $z=-0.76$ 之间
22. $z=-1.55$ 与 $z=-2.13$ 之间
23. $z=1.45$ 之上
24. $z=-0.64$ 之下
25. $z=-1.40$ 之下
26. $z=0.78$ 之上
27. $z=1.33$ 之下
28. $z=-0.46$ 之上
29. 求一个 z 值，使得标准正态曲线之下 10%的面积位于该值之上。
30. 求一个 z 值，使得标准正态曲线之下 20%的面积位于该值之上。
31. 求一个 z 值，使得标准正态曲线之下 12%的面积位于该值之下。
32. 求一个 z 值，使得标准正态曲线之下 24%的面积位于该值之下。
33. 求一个 z 值，使得 60%的面积位于该值之下。
34. 求一个 z 值，使的 90%的面积位于该值之下。

在练习 35 ~ 40 中，已知平均数、标准差和原始值，求对应的 z 值。

35. 平均数 80，标准差 5，$x=87$。
36. 平均数 100，标准差 15，$x=117$。
37. 平均数 21，标准差 4，$x=14$。
38. 平均数 52，标准差 7.5，$x=61$。
39. 平均数 38，标准差 10.3，$x=48$。
40. 平均数 8，标准差 2.4，$x=6.2$。

在练习 41 ~ 46 中，已知平均数、标准差和 z 值，求对应的原始值:

41. 平均数 60，标准差 5，$z=0.84$。
42. 平均数 20，标准差 6，$z=1.32$。
43. 平均数 35，标准差 3，$z=-0.45$。
44. 平均数 62，标准差 7.5，$z=-1.40$。
45. 平均数 28，标准差 2.25，$z=1.64$。
46. 平均数 8，标准差 3.5，$z=-1.25$。

学以致用

由于自动咖啡机运转的随机变化，并非每满杯咖啡的数量都相同。假设每杯咖啡的平均数量是 8 盎司，标准差是 0.5 盎司，用图 14.15 求解练习 47 ~ 48。

47. 分析自动咖啡机。**a**. 咖啡数量至少是 8 盎司的杯子百分比是多少？**b**. 咖啡数量少于 7.5 盎司的杯子百分比是多少？

48. 分析自动咖啡机。**a**. 咖啡数量至少是 8.5 盎司的杯子百分比是多少？**b**．咖啡数量少于8盎司的杯子百分比是多少？

一台机器负责分装糖果，由于机器运转存在轻微不规则现象，并非每袋糖果的数量都完全相同。假设每袋糖果的平均数是 200 块，标准差是 2，用图 14.15 求解练习 49 ~ 50。

49．分析自动分装机。**a**．多少个袋子中装有 200～202 块糖果？**b**．多少个袋子中至少装有 202 块糖果？

50．分析自动分装机。**a**．多少个袋子中装有 198～200 块糖果？**b**．多少个袋子中至少装有 196 块糖果？

51．**高个子俱乐部**。作为高个子俱乐部联合会的一个分会，波士顿豆谈俱乐部是一家面向高个子人群的社会和教育俱乐部。女性要加入此俱乐部，身高至少要达到 5 英尺 10 英寸。假设成年女性的身高近似于正态分布，平均数是 64 英寸，标准差是 3 英寸，则加入该俱乐部所需的 z 值是多少？

52．**高个子俱乐部**。要加入波士顿豆谈俱乐部，男性身高至少要达到 6 英尺 2 英寸。假设成年男性的身高近似于正态分布，平均数是 69 英寸，标准差是 4 英寸，则加入该俱乐部所需的 z 值是多少？

53．**心率分布**。假设 21 岁女性静息状态下的心率分布平均数是 68 次/分钟，标准差是 4 次/分钟。对 200 名女性进行检查，预计多少人的心率低于 70 次/分钟？

54．**心率分布**。重做练习 53，但是这次预计多少人的心率低于 75 次/分钟？

55．**身高分布**。假设在美国职业篮球联赛中，球员身高分布的平均数是 6 英尺 8 英寸，标准差是 3 英寸。如果该联盟共有 324 名球员，则预计多少名球员的身高超过 7 英尺？

56．**身高分布**。重做练习 55，预计多少名球员的身高超过 6 英尺 6 英寸？

在练习 57 ~ 58 中，假设人类怀孕的平均时间是 268 天。

57．**出生统计**。如果 95%的人的怀孕时间为 250～286 天，人类怀孕时间分布的标准差是多少？预计人类怀孕至少 275 天的百分比是多少？

58．**出生统计**。第 37 周（怀孕 252 天）前出生的婴儿称为早产儿，预计早产儿的出生百分比是多少（见练习 57）？

59．**分析互联网使用情况**。康卡斯特电信公司分析了客户每次会话的时长，发现通话时间分布的平均数是 37 分钟，标准差是 11 分钟。对于这个分布，求对应 z 值 1.5 的原始值。

60．**分析客户服务**。在一家超市中，顾客排队时间分布的平均数是 3.6 分钟，标准差是 1.2 分钟。对于这个分布，求对应 z 值−1.3 的原始值。

61．**评定绩等**。假设数学课的期末成绩平均分是 72 分，标准差是 8。教授准备将前 10%的学生评定为 A 级，A 级的分数线是多少？

62．**评定绩等**。继续练习 61 中的情形，如果后 15%的学生将获评 F 级，则 F 级的分数线是多少？

63．**越野赛**。在一场越野赛中，如果比赛时间分布的平均数是 85 分钟，标准差是 9 分钟，则前 20%完赛选手的比赛时间是多少？

64．**举重**。在一场举重比赛中，总重量分布的平均数是 1100 磅，标准差是 20 磅。一名选手举起的总重量列在最后 30%，则其最多举起的总重量是多少？

65．**电缆强度**。某种电缆的平均断裂点是 150 磅，标准差是 8 磅。为使 95%的电缆不会因支撑该重量而断裂，预计应当限定的重量是多少？

66．**电缆强度**。重做练习 65，平均数是 180 磅，标准差是 11 磅，预计 90%的电缆不断裂。

67．**冥想**。冥想的益处包括减轻压力和改善健康状况。对于冥想者而言，假设每日冥想时间的平均数是 30 分钟，标准差是 6 分钟，则在 100 名冥想者中，预计多少人的每日冥想时间超过 33 分钟？

68．**冥想**。继续练习 67 中的情形，在 100 人中，预计多少人每天冥想 20～30 分钟？

在练习 69 ~ 70 中，利用例 5 中的信息和方法，进行以下比较。

69．**比较运动员**。1949 年，杰基·罗宾逊（布鲁克林道奇队）的打击率是 0.342；1973 年，罗德·卡鲁（明尼苏达双城队）的打击率是 0.350。20 世纪 70 年代，平均打击率是 0.261，标准差是 0.0317。判断谁更令人印象深刻？

70．**比较运动员**。1940 年，乔·迪马吉奥（纽约扬基队）的打击率是 0.352；1975 年，比尔·马德洛克（匹兹堡海盗队）的打击率是 0.354。20 世纪 70 年代，平均打击率是 0.261，标准差是 0.0317。判断谁更令人印象深刻？

71．**编写保修书**。一家生产商计划为 XBox One（微软发售的家用游戏机）提供保修，测试发现其无故障时间集合呈正态分布，平均无故障时间是 2000 小时，标准差是 800 小时。假设典型购买者每天使用 XBox One 2 小时。如果生产商不希望保修期内的返修率超过 4%，则保修期应当设定为多长时间？（假设每个月有 31 天。）

72．编写保修书。重做练习 71，但是这次假设无故障时间分布的平均数是 2500 小时，标准差是 600 小时，生产商希望保修期内的返修率不超过 2.5%。

73．投资分析。在最近 15 年中，某共同基金的年均回报率是 7.8%，标准差是 1.3%。**a**．如果你最近 15 年中投资过该基金，预期多少年的投资收益至少是 9%？**b**．预期多少年的投资收益低于 6%？

74．投资分析。在最近 12 年中，某债券基金的年均回报率是 5.9%，标准差是 1.8%。**a**．如果你最近 12 年中投资过该基金，预期多少年的投资收益至少是 8%？**b**．预期多少年的投资收益低于 4%？

75．分析学业能力倾向测验（SAT）。在学业能力倾向测验中，假设数学分数呈正态分布，平均数是 500，标准差是 100。如果你这次考试得了 480 分，则参加考试者分数比你低的百分比是多少？

76．分析学业能力倾向测验（SAT）。在学业能力倾向测验中，假设阅读分数呈正态分布，平均数是 500，标准差是 100。如果你这次考试得了 520 分，则参加考试者分数比你低的百分比是多少？

数学交流

77．**a**．若原始值对应于 z 值 1.75，则该值相对于分布的平均数说明了什么？**b**．若原始值对应于 z 值−0.85，则该值相对于分布的平均数说明了什么？

78．不查看表 14.19，在标准正态曲线下的面积中，能否确定“$z=0.5$ 与 $z=1.0$ 之间的面积”大于(或小于)“$z=1.5$ 与 $z=2.0$ 之间的面积”？解释理由。

79．如果要计算“$z=1.3$ 与 $z=2.0$ 之间”正态曲线下的面积，则“先执行减法 $2.0-1.3=0.7$，然后用 z 值 0.7 求面积”，为什么不正确？

80．解释应如何估计下图中 2 个正态分布的平均数和标准差。

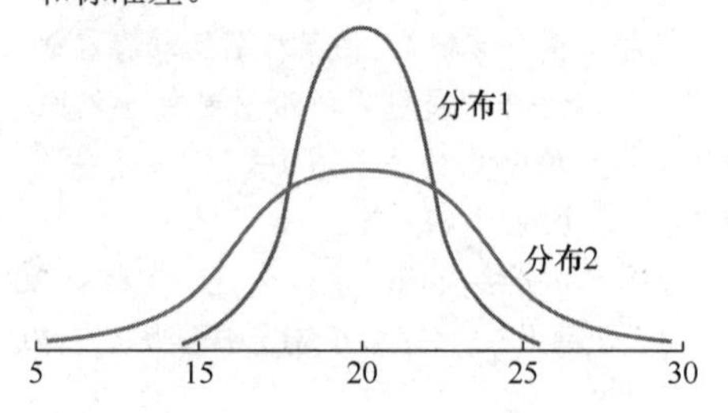

生活中的数学

81．如果 20 个基因可能影响焦虑，并且等概率出现（或不出现），则个体携带的此类基因数量近似为正态分布，平均数是 10，标准差是 2.2。利用这些信息预测至少携带 16 个焦虑相关基因的人群百分比。

82．继续练习 81 中的情形，用该分布判断一个人可能具有的焦虑影响基因的最大数量。如果将“低风险”定义为总体中最低的 10%，则可将其称为“低风险”。

挑战自我

83．如果收集了大量数据，如何确定其是否为正态分布？

84．在校园信用合作社，你和同学正在采集客户到达时间间隔数据。你们发现平均到达间隔时间是 3 分钟，标准差是 2 分钟。你的同学认为到达时间间隔数据为正态分布，这看上去是否合理？

在一个分布中，“第 n 个百分位数”是一个数字 x，该分布中 n%的值位于 x 之下。也就是说，该分布中 20%的值位于“第 20 个百分位数”之下。

85．在标准正态分布中，第 80 个百分位数的 z 值是多少？

86．在标准正态分布中，第 30 个百分位数的 z 值是多少？

87．如果一个分布的平均数是 40，标准差是 4，则第 75 个百分位数是多少？

88．如果一个分布的平均数是 80，标准差是 6，则第 35 个百分位数是多少？

89．求百分位数。如果商业飞行员考试的平均分是 68 分，标准差是 4 分，你考了 75 分，则你的分数所对应的百分位数是多少？

90．求百分位数。如果你所在职业的平均工资是 53000 美元，标准差是 2500 美元，你的工资是 57000 美元，则你的工资所对应的百分位数是多少？

14.5 深入观察：线性相关

怎样判断 2 组数据是否相关？例如，以下 2 个量之间是否存在关系？

- 一个人的膳食脂肪摄入量和超重磅数
- 课程辅导时间和学习成绩
- 手机用量和癌症

在每种情况下，我们都寻找第 1 个量与第 2 个量之间的某种联系，若二者以某种方式相互关联，则认为这 2 个变量之间存在相关性。例如，一个人的膳食脂肪摄入量与超重磅数之间是否存在相关性？虽然相关性包含许多不同的类型，但是本节主要讨论一种特定的类型，称为线性相关。

14.5.1 散点图

为了判断 2 个变量之间是否存在相关性，我们将获取称为数据点的成对数据，并在第 1 个变量与第 2 个变量之间建立联系，例如检查 100 名肥胖症患者并将在膳食脂肪摄入量与超重磅数之间建立联系。为便于理解这些数据，我们将所有数据点绘制在一幅图中，称为散点图。

例 1　绘制散点图

一位教师想知道学生们的"本学期参加辅导课程的次数"与其"考试成绩（总分为 50 分）"之间是否存在相关性，并且采集了 10 名学生的数据，如表 14.20 所示。绘制散点图，表示这些数据点，并解释该图表。

表 14.20　参加辅导课程与考试成绩

辅导课程次数，x	18	6	16	14	0	4	0	10	12	18
考试成绩，y	42	31	46	41	25	38	28	39	42	44

解：图 14.25 中绘制了数据点(18, 42), (6, 31), (16, 46)等。如散点图所示，随着辅导课程次数的增多，考试成绩普遍提高。基于该散点图，教师可能得出结论"学生参加辅导课程的次数与其考试成绩之间存在某种关系"。

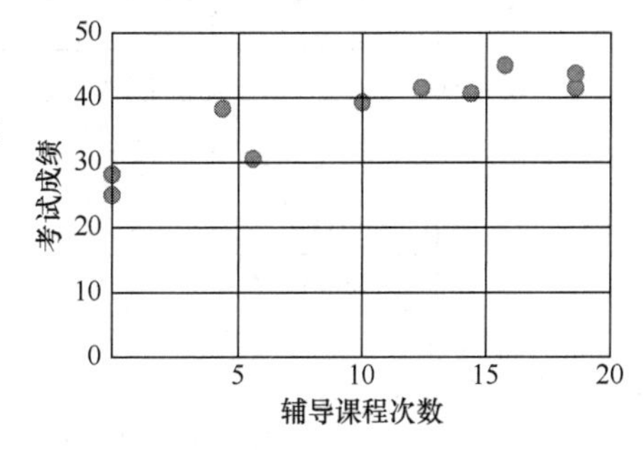

图 14.25　表 14.20 中数据的散点图

自测题 15

绘制表 14.21 中所示数据的散点图，并解释该图表。

表 14.21　变量 x 和 y 的成对数据

x	5	16	14	0	10	20	3	2
y	39	20	29	41	30	15	42	44

在例 1 中，不要轻率地认为参加辅导课程的次数与学生考试成绩之间存在必然的因果关系。学生考试成绩的影响因素很多，如上课出勤率、学习主动性和做作业的时间等。"相关并不意味着因果关系"是统计学家常说的一句话。基于该散点图，2 个变量之间似乎存在着某种关系，此处不展开介绍。

14.5.2 线性相关

下面讨论称为线性相关的一种相关性。在散点图中绘制 2 个变量时，如果图中各点的分布具有线性趋势，则称这 2 个变量之间存在线性相关。这个定义可能看上去比较模糊，采用称为线性相关系数的一个数字，还可以计算散点图中各点与线性规律的匹配程度。该数字的推导超出了本书的范围，这里只解释其含义并介绍用法。

线性相关系数的计算公式 如果存在 2 个变量 x 和 y 的成对数据，则这些数据的线性相关系数 r 由以下公式给出：

$$r = \frac{n\Sigma xy - (\Sigma x)(\Sigma y)}{\sqrt{n(\Sigma x^2) - (\Sigma x)^2}\sqrt{n(\Sigma y^2) - (\Sigma y)^2}} \qquad (1)$$

式中，n 是 x 和 y 数据对的数量。

下面首先介绍如何计算线性相关系数，然后解释如何理解其含义。

例 2 计算线性相关系数

计算表 14.20 中给定数据的线性相关系数。

解：我们首先描述方程（1）中的每个表达式，然后在表 14.22 中计算这些表达式。

Σx 是这些数据点的第 1 个坐标之和；Σy 是这些数据点的第 2 个坐标之和。

Σx^2 是这些数据点的第 1 个坐标的平方和；Σy^2 是这些数据点的第 2 个坐标的平方和。

Σxy 是这些数据点的第 1 个坐标与第 2 坐标的乘积之和。

表 14.22 相关系数的计算过程

x	y	x^2	y^2	xy
18	42	324	1764	756
6	31	36	961	186
16	46	256	2116	736
14	41	196	1681	574
0	25	0	625	0
4	38	16	1444	152
0	28	0	784	0
10	39	100	1521	390
12	42	144	1764	504
18	44	324	1936	792
$\Sigma x = 98$	$\Sigma y = 376$	$\Sigma x^2 = 1396$	$\Sigma y^2 = 14596$	$\Sigma xy = 4090$

因此，线性相关系数为

$$r = \frac{n\Sigma xy - (\Sigma x)(\Sigma y)}{\sqrt{n(\Sigma x^2) - (\Sigma x)^2}\sqrt{n(\Sigma y^2) - (\Sigma y)^2}} = \frac{10 \cdot 4090 - (98)(376)}{\sqrt{10 \cdot (1396) - 98^2}\sqrt{10 \cdot (14596) - 376^2}}$$

$$= \frac{4052}{\sqrt{4356}\sqrt{4584}} \approx 0.9068$$

现在尝试完成练习 03 ~ 06。

自测题 16

计算表 14.21 中所示数据的线性相关系数。

下面研究相关系数的含义。若 x 变量增大时 y 变量也增大，则二者之间存在正相关；若 x 变量增大时 y 变量减小，则二者之间存在负相关。线性相关系数 r 可测度 2 个变量之间的线性相关性，并且具有以下性质。

线性相关系数的性质

1. r 是介于-1和1之间（包含边界）的一个数字。如果 $r=1$ 或-1，则所有点均位于一条直线上。

2. 如果 r 是正值，则各变量之间存在正相关；如果 r 是负值，则各变量之间存在负相关。

3. 如果 r 趋近于1，则各变量之间存在显著正线性相关，散点图中的各点接近于形成自左至右的斜向上升直线。

4. 如果 r 趋近于-1，则各变量之间存在显著负线性相关，散点图中的各点接近于形成自左至右的斜向下降直线。

5. 如果 r 趋近于0，则各变量之间几乎不存在线性相关。

散点图与线性相关系数之间的关系如图14.26所示。

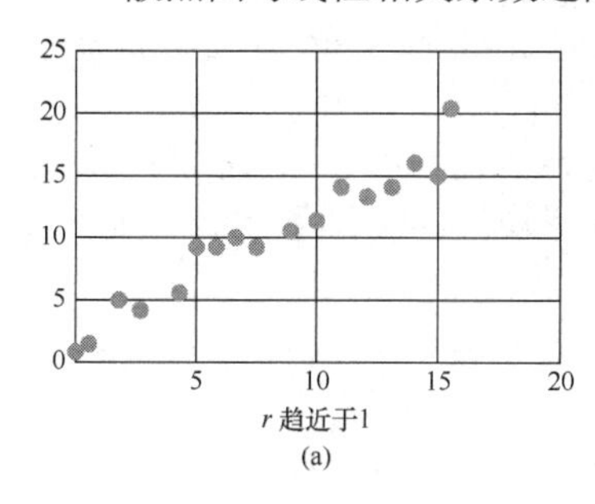

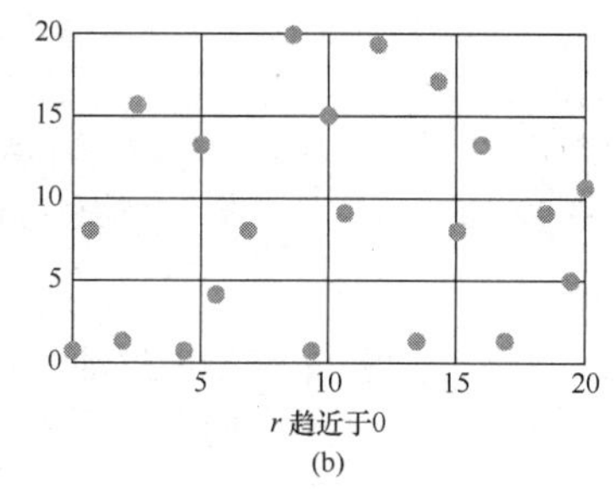

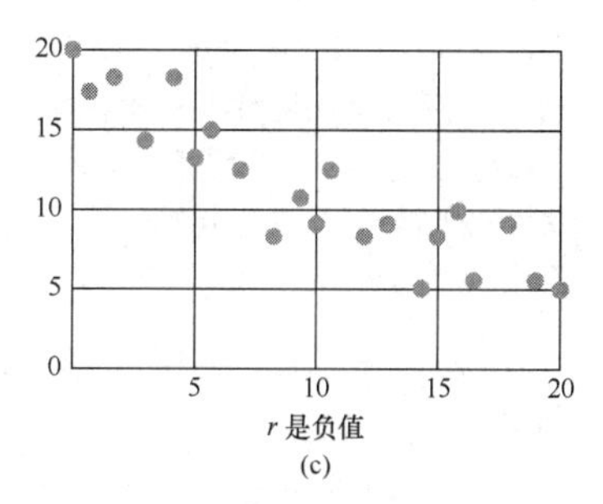

图14.26　r 值与散点图的形状相关

如上所述，如果 r 趋近于1或-1，则存在显著正（或负）线性相关。但是，要得出这个结论，r 需要多接近1（或-1）？表14.23包含了一个临界值列表，可用其确定2个变量之间是否存在显著线性相关。该表的使用方法如下：

1. 计算 n 对数据的线性相关系数 r。
2. 转到表14.23中的第 n 行。
3. 如果 r 的绝对值大于 $\alpha=0.05$ 列中的数字，则能够95%确信变量之间存在显著线性相关。换句话说，如果得出各变量之间存在线性相关的结论，则错误可能性只有5%。
4. 如果 r 的绝对值大于 $\alpha=0.01$ 列中的数字，则能够99%确信变量之间存在显著线性相关。换句话说，如果得出各变量之间存在线性相关的结论，则错误可能性只有1%。

现在，利用线性相关系数，确定自己对2个变量之间存在线性关系的信心。

表14.23　线性相关系数的临界值

n	$\alpha=0.05$	$\alpha=0.01$	n	$\alpha=0.05$	$\alpha=0.01$
4	0.950	0.999			
5	0.878	0.959	13	0.553	0.684
6	0.811	0.917	14	0.532	0.661
7	0.754	0.875	15	0.514	0.641
8	0.707	0.834	16	0.497	0.623
9	0.666	0.798	17	0.482	0.606
10	0.632	0.765	18	0.468	0.590
11	0.602	0.735	19	0.456	0.575
12	0.576	0.708	20	0.444	0.561

例3　确定汽车重量与汽油里程之间的相关性

假设你正在考虑购买一辆二手车，在与几家汽车经销商洽谈后，你确信汽车重量与汽油里程之间存在关系。为了验证这一点，你收集了不同重量汽车的汽油里程数据，并将其汇总在表 14.24 中，然后查看汽车重量和汽油里程之间的这些数据是否存在线性相关。

表 14.24　汽车重量与汽油里程

汽车重量（百磅）	29	28	31	24	25	30	24	28	32	26
城市 MPG（英里/加仑）	21	22	22	23	23	21	24	21	20	22

计算这些数据的相关系数，并判断是否存在 5%（或 1%）水平的显著线性相关。

解：回顾本书前文所述的有序性原则。

我们用 x 表示汽车重量，用 y 表示汽油里程。执行例 2 中的类似计算得 $\Sigma x = 277$，$\Sigma y = 219$，$\Sigma x^2 = 7747$，$\Sigma y^2 = 4809$，$\Sigma xy = 6040$。将这些值代入公式，即可求得相关系数 $r = -0.8507$。这个数字接近-1，所以预计该数据样本存在显著负线性相关。

因为存在 10 对数据，所以我们用表 14.23 确定对存在显著线性相关的信心。r 的绝对值是 0.85，大于表 14.23 第 10 行中的 0.765，所以能够 99%确信各变量（汽车重量和汽油里程）之间存在显著负线性相关。

现在尝试完成练习 07 ~ 10。

基于例 3 中的计算，我们对“各变量（汽车重量和汽油里程）之间存在显著线性相关”非常有信心，但是一定要记住“不能假设这些变量之间存在因果关系”。

某项研究可能会发现“咖啡消费量与某种疾病正相关”，但并不意味着“你早上喝咖啡会患该病”，精心控制的统计学试验可以显示因果关系，但这些内容超出了本书的范围。

要点　相关性表示 2 个变量之间的关联，但不表示因果关系。

14.5.3　最佳拟合线

由例 2 可知，在学生参加辅导课程的次数和考试成绩之间，存在较强的线性正相关关系。下面介绍如何求“对例 2 中所用数据进行最佳建模”的那条直线，称为最佳拟合线/最佳拟合直线，也称回归线或最小二乘线。虽然最佳拟合线通常不会过许多数据点，但其使各数据点与该直线之间的垂直距离的平方和最小，如图 14.27 所示。

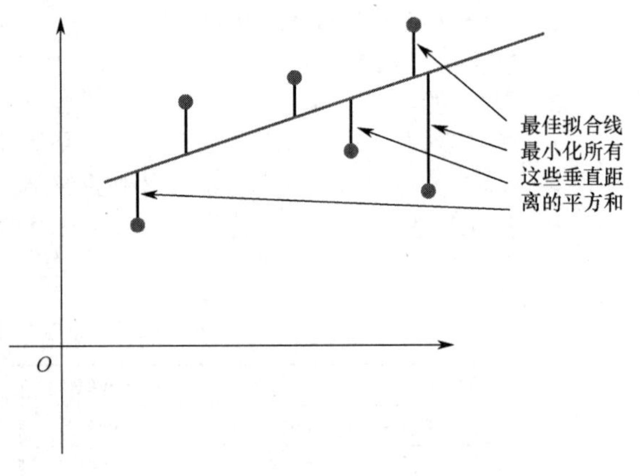

图 14.27　最佳拟合线是一组数据点的最佳线性近似

如前所述，除了垂线，我们总能以 $y = mx + b$ 形式写出一个线性方程，其中 m 是直线的斜率，b 是 y截距（见 7.1 节）。由以下定义可知，“求最佳拟合线的斜率和 y截距”与“求线性相关系数”的计算方法较为相似。

定义　(x, y) 形式数据点集合的最佳拟合线形式为 $y = mx + b$，其中，

$$m = \frac{n\Sigma xy - (\Sigma x)(\Sigma y)}{n(\Sigma x^2) - (\Sigma x)^2}, \quad b = \frac{\Sigma y - m(\Sigma x)}{n}$$

利用这个定义，下面求例 2 中各数据点的最佳拟合线。

例 4　求数据点集合的最佳拟合线

求例 2 中所用各数据点的最佳拟合线。

解：回顾本书前文所述的有序性原则。

在例 2 中，$n=10$，$\Sigma xy=4090$，$\Sigma x=98$，$\Sigma y=376$，$\Sigma x^2=1396$。将这些值代入直线的斜率公式得

$$m=\frac{n\Sigma xy-(\Sigma x)(\Sigma y)}{n(\Sigma x^2)-(\Sigma x)^2}=\frac{10\cdot 4090-98\cdot 376}{10\cdot 1396-(98)^2}=\frac{40900-36848}{13960-9604}=\frac{4052}{4356}\approx 0.9302$$

y 截距为

$$b=\frac{\Sigma y-m(\Sigma x)}{n}=\frac{376-(0.9302)98}{10}=\frac{376-91.1596}{10}\approx\frac{284.84}{10}\approx 28.48$$

因此，例 2 中数据的最佳拟合线为

$$y=0.93x+28.48$$

我们可将这个方程的斜率和截距解释如下：若一名学生参加过 0 次辅导课程，则其预期考试成绩约为 28.5 分；辅导课程的次数每增加 1 次，预期考试成绩增加近 1 分（0.93 分）。可以看到，这里的斜率是正值，例 2 中求得的线性相关系数（0.907）也是正值。

现在尝试完成练习 11 ~ 14。

练习 14.5

强化技能

在练习 01 ~ 02 中，说明每个散点图指示的相关性（如果有的话）。

01.

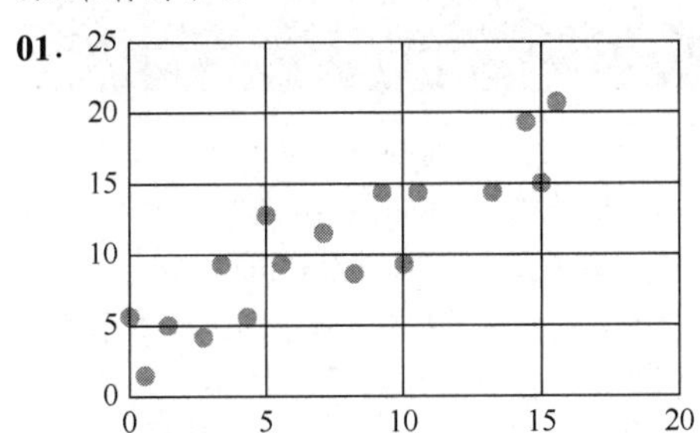

02.

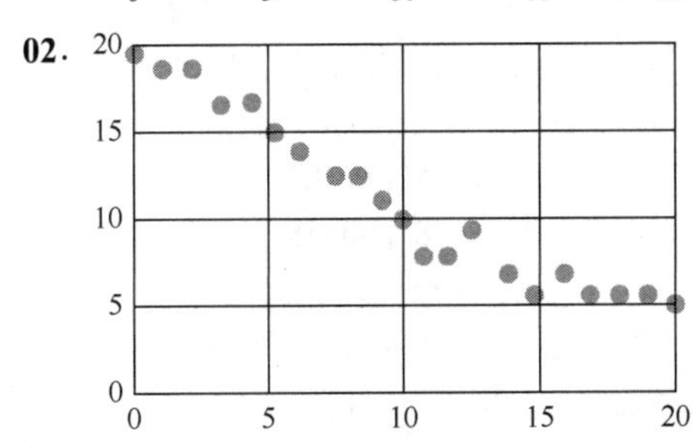

在练习 03 ~ 06 中执行以下操作：a）在散点图中，绘制 xy 对；b）估计 2 个数据集之间的线性相关系数；c）计算线性相关系数，查看你的猜测准确度。

03. (3, 5), (7, 8), (4, 6), (6, 7)

04. (4, 5), (6, 8), (5, 3), (5, 6)

05. (11, 5), (15, 8), (12, 3), (12, 6)

06. (3, 12), (7, 10), (4, 8), (6, 0)

在练习 07 ~ 10 中，利用表 14.23 和给定练习中求得的线性相关系数，判断是否能够 95%（或 99%）确信“x 与 y 之间存在显著线性相关”。

07. 练习 03。

08. 练习 04。

09. 练习 05。

10. 练习 06。

在练习 11 ~ 14 中，求特定练习中数据的最佳拟合线。

11. 练习 03。

12. 练习 04。

13. 练习 05。

14. 练习 06。

学以致用

在练习 15 ~ 18 中，确定数据的线性相关系数，判断能否 95%（或 99%）确信 2 个变量之间存在显著线性相关。

15. 下表列出了 5 个人高中毕业后的受教育年限和年收入。

高中毕业后的受教育年限	0	1	2	2	5
年收入（单位：千美元）	33	32	37	38	45

16. 近年来，后院养鸡变得非常流行。在一个母鸡样本中，某后院养鸡爱好者采集了每周产蛋量和鸡龄数据。

鸡龄（单位：岁）	每周产蛋量
2	5
2	6
3	4
4	2
7	1

17. 下表列出了 6 名选手（1 个样本）的年龄和 5 千米公路赛的完赛时间。

年　龄	5千米完赛时间(单位:分钟)
18	24
59	35
23	30
37	45
45	23
30	22

18. 下表数据引自美国国家卫生统计中心。

受教育年限	超重百分比
8	62.7
10	61.1
12	65.5
16	57.6
18	53.7

在练习 19~22 中，求特定练习中数据的最佳拟合线。将左列中的数据视为 x，将右列中的数据视为 y。

19. 练习 15。 **20.** 练习 16。

21. 练习 17。 **22.** 练习 18。

数学交流

23. 例 3 中求得线性相关系数 r 的绝对值是 0.85，大于表 14.23 中"标记为 10"的一行中的 0.765，这说明了什么？

24. 计算最佳拟合线的目标是什么？

25. **a**. 描述一种情形，预计 2 个数据集之间存在显著正相关；**b**. 描述一种情形，预计 2 个数据集之间存在显著负相关；**c**. 描述一种情形，预计 2 个数据集之间不相关。

挑战自我

26. 如果每个 y 值是相应 x 值的 2 倍，则一组 xy 对的线性相关系数是多少？这样的数对包括 (12, 24), (10, 20)和(23, 46)等。

27. 在一组 xy 对中，若 x 和 y 通过方程 $y=3x+5$ 相关联，则其线性相关系数是多少？这样的数对包括(4, 17), (10, 35)和(21, 68)等。

本章复习题

14.1 节

01. 为改善心血管健康，一组学生回答了自己最喜爱的活动，为其构建频数表和条形图：自行车，跑步，跑步，步行，爬楼梯，自行车，跑步，自行车，跑步，椭圆机，椭圆机，爬楼梯，椭圆机，步行，跑步。

02. 以下数据集表示某一城市最近 1 个月内每天发生的汽车事故数量：8, 8, 6, 6, 7, 10, 4, 6, 5, 10, 8, 9, 8, 7, 8, 8, 6, 9, 5, 9, 8, 10, 8, 8, 6, 10, 6, 5, 10, 8, 9。**a**. 为这些数据构建频数表；**b**. 为这些数据构建相对频数表。

03. 将练习 02 中的相对频数表显示为直方图。

04. 每隔 10 分钟，"六旗超人"过山车操作员计数 1 次特定时间段内的乘坐人数，结果汇总在右侧的直方图中，用其回答下列问题：

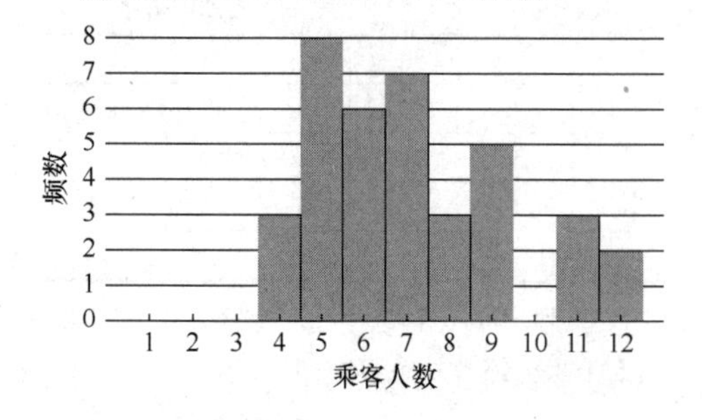

a. 乘坐过山车的最少人数是多少？发生频率如何？**b**. 最常出现的乘客人数是多少？**c**. 乘客被计数了多少个 10 分钟间隔？

05. 研究人员追踪了 24 位全膝关节置换术患者的康复情况，以下数据表示患者术后 2 周时的膝关节运动范围（单位为度）。患者按接受理疗的诊所分组。膝关节运动范围越大，说明膝盖进一步弯曲的能力越强。

诊所 A: 86, 83, 78, 80, 85, 85, 82, 90, 50, 95, 46, 94; 诊所 B: 65, 87, 67, 90, 85, 80, 93, 94, 95, 92, 86, 67。**a**. 利用茎叶图组合表示 2 个诊所患者的膝关节运动范围；**b**. 你对这 2 个诊所患者的膝关节运动范围有何看法？

14.2 节

06. 截至 2018 年的 12 个赛季，底特律活塞队的常规赛获胜场数分别为 41, 39, 37, 44, 32, 29, 29, 25, 30, 27, 39 和 59 次。求这个分布的平均数、中位数和众数。

07. 简要描述平均数、中位数和众数所传达的信息。

08. 计算以下分布的五数概括：10, 8, 6, 12, 6, 3, 11, 7, 6, 17, 4, 9, 13, 20, 7。

09. 为练习 08 中的分布绘制盒须图。

14.3 节

10. 计算以下分布的样本标准差：4, 6, 7, 3, 5, 6, 4, 5。

11. 解释标准差表现了分布的哪些信息。

14.4 节

12. 描述正态分布的基本性质。

13. 如果一个分布的平均数是 80，标准差是 7，则原始值 85 对应的 z 值是多少？

14. 如果一个分布的平均数是 60，标准差是 5，则 z 值 1.35 对应的原始值是多少？

15. 假设 1000 个值呈正态分布，平均数是 72，标准差是 4，预计多少个值介于 75 和 82 之间？

16. 假设历史考试的平均分是 78 分，标准差是 3，你得了 82 分；人类学考试的平均分是 79 分，标准差是 4，你得了 84 分。与全班其他同学相比，你的哪科考试成绩更好？

17. 重做 14.4 节中的例 6，考虑设定电视机的保修期。现在，假设平均无故障时间是 2500 小时，标准差是 500，希望保修期满前的返修率不超过 4%。

14.5 节

18. 描述以下散点图显示了何种相关性（如果有的话）。

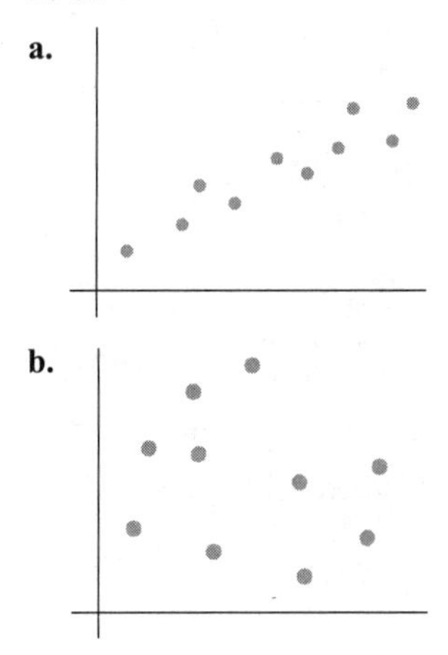

19. **a**. 计算如下这组数据点的相关系数：(3, 5), (4, 9), (5, 10), (6, 13)；**b**. 求这些点的最佳拟合线。

本章测试

01. 在一次课程评估中，学生们回答了希望取得的课堂成绩，为其构建相对频数表和条形图：A, C, D, B, C, B, A, D, C, B, C, F, D, C, B, C, C, D, B, C。

02. 以下数据集表示你所在学校最近 1 个月内的健康中心访客人数：7, 7, 8, 8, 6, 11, 5, 7, 6, 12, 4, 9, 8, 6, 9, 8, 9, 7, 6, 7, 7, 8, 6, 10, 9, 11, 8, 8, 7, 9, 10, 6, 7, 5, 5, 6, 6, 7, 9, 5。**a**. 为该数据构建频数表；**b**. 为该数据构建相对频数表。

03. 将练习 02 中的相对频数表显示为直方图。

04. 解释标准差表现了分布的哪些信息。

05. 计算以下分布的标准差：3, 4, 5, 6, 5, 6, 8, 9, 8。

06. 比较 2 组数据的可变性时，离散系数为什么是最佳测度？

07. 下面列举了贝比 • 鲁斯在洋基队效力期间打出的本垒打数，以及汉克 • 亚伦在其黄金 15 年期间打出的本垒打数。在单个茎叶图上表示这 2 组数据。

鲁斯：54, 59, 35, 41, 46, 25, 47, 60, 54, 46, 49, 46, 41, 34, 22。

亚伦：44, 30, 39, 40, 34, 45, 44, 32, 44, 39, 44, 38, 47, 34, 40。

08. 波士顿红袜队 2009—2019 年的获胜列表为 95, 89, 90, 69, 97, 71, 78, 93, 93, 108, 84。**a**. 计算这个分布的五数概括；**b**. 为这个分布绘制盒须图。

09. 假设统计学考试的平均分是 78 分，标准差是 4，你得了 85 分；社会学考试的平均分是 80 分，标准差是 5，你得了 88 分。与全班其他同学相比，你的哪科考试成绩更好？

10. 每隔 1 分钟，某网管记录 1 次特定时间段内的网站点击次数，结果汇总在下面的直方图中。用该图回答下列问题：**a**. 每分钟的最少点击次数是多少？发生频率如何？**b**. 最频繁的点击次数是多少？**c**. 点击次数已经计数了多少个 1 分钟间隔？

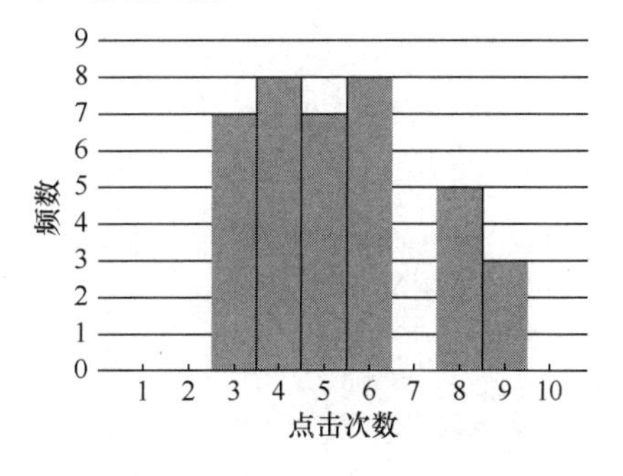

11．描述下面的散点图显示了何种相关性（如果有的话）。

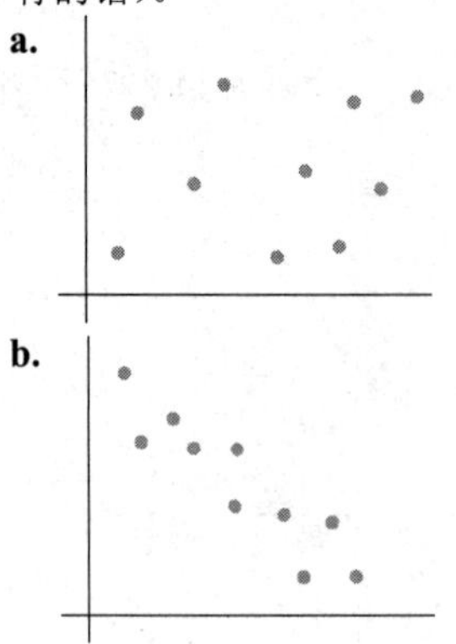

12．简要描述平均数、中位数和众数所传达的信息。

13．求以下分布的平均数、中位数和众数：9, 8, 6, 11, 5, 9, 7, 6, 3, 10, 11, 9, 9, 6, 10, 7, 8, 9, 5, 9。

14．如果一个分布的平均数是 50，标准差是 6，则 z 值 1.83 对应的原始值是多少？

15．如果一个分布的平均数是 75，标准差是 5，则原始值 82 对应的 z 值是多少？

16．假设 1000 个值呈正态分布，平均数是 54，标准差是 5，预计多少个值在 58 之上？

17．重做 14.4 节中的例 6，考虑设定电视机的保修期。现在，假设平均无故障时间是 2800 小时，标准差是 400，希望保修期满前的返修率不超过 6%。

18．**a**．计算以下数据点集合的相关系数：(3, 6), (4, 8), (5, 7), (6, 10)；**b**．求这些点的最佳拟合线。